代码大全

[美] 史蒂夫·麦康奈尔 著
（Steve McConnell）

陈玉毅 陈军 杨志昂 洪佳 徐东伟 王国良 徐毅 译

清華大學出版社
北 京

内 容 提 要

本书作为名家经典著作，是一本完整的软件构建手册，涵盖软件构建过程中的所有细节。它从软件质量和编程思想等方面论述软件构建的各个主题，并详细论述主流的新技术、高屋建瓴的观点和通用的概念，还含有丰富而典型的程序示例。本书所论述的技术不仅填补了初级与中高级编程技术之间的空白，同时还为程序员提供了一个有关编程技巧的信息来源。

本书对经验丰富的程序员、技术带头人、自学的程序员及几乎不懂太多编程技巧的学生大有帮助。无论是什么背景的读者，都可以通过阅读和领会本书，在更短的时间内更轻松地写出更好、更简洁和更优雅的程序。

北京市版权局著作权版权合同登记号　图字：01-2018-8803

图书在版编目(CIP)数据

代码大全：纪念版. 2 / (美) 史蒂夫・麦康奈尔(Steve McConnell) 著；陈玉毅等译. —北京：清华大学出版社，2022（2024.11 重印）
书名原文：Code Complete: A Practical Handbook of Software Construction, Second Edition
ISBN 978-7-302-58364-6

Ⅰ. ①代… Ⅱ. ①史… ②陈… Ⅲ. ①软件开发 Ⅳ. ①TP311.52

中国版本图书馆CIP数据核字(2021)第111130号

责任编辑：文开琪
封面设计：李　坤
责任校对：周剑云
责任印制：沈　露
出版发行：清华大学出版社
网　　址：https://www.tup.com.cn，https://www.wqxuetang.com
地　　址：北京清华大学学研大厦A座　　邮　　编：100084
社 总 机：010-83470000　　邮　　购：010-62786544
投稿与读者服务：010-62776969，c-service@tup.tsinghua.edu.cn
质量反馈：010-62772015，zhiliang@tup.tsinghua.edu.cn
印 装 者：三河市东方印刷有限公司
经　　销：全国新华书店
开　　本：185mm×230mm　　印　　张：57.25　　字　　数：1387千字
（附赠全彩小册子）
版　　次：2022年6月第1版　　印　　次：2024年11月第5次印刷
定　　价：256.00元

产品编号：081972-01

寄语清华版《代码大全 2》读者

史蒂夫·麦康奈尔

(Steve McConnell)

欣闻清华大学出版社即将推出《代码大全》的全新版本，我感到非常荣幸。

《代码大全》这本书的目标是描述软件开发实践，这些保证高质量代码的实践可以将安全性和高品质根植于每一行代码之中。

为了支持我们每个程序员创建高质量的代码，《代码大全》讨论了如何进行有效的设计、如何做好测试以及如何进行防御性编程。书里面描述了创建高质量类与子程序的关键要素，从细节上描述了良好的变量命名规范以及如何有效地使用不同类型的数据。此外，还探讨了如何组织代码，如何用好条件语句、循环和其他控制结构。考虑到场景的重要性，本书还描述了项目管理、软件质量、大型项目和协作等方面的议题。卓越的程序员都是细节控，因此，本书还描述了如何通过布局、注释、重构和调试技巧来改进代码。

《代码大全》的适用性很广，不管项目的规模大小如何，项目的类型如何，包括商业系统项目、安全性高的项目、游戏、科学应用和工程应用，尽管这些不同类型的项目在具体的代码实践上各有侧重。不同的实践应用于不同类型的软件，这个想法在软件开发中是最缺乏认知和理解的。值得庆幸的是，相比良好的需求、架构、测试和质量保证实践，良好的代码构建实践可以更好地适用于不同类型的软件。对于不同的项目类型，《代码大全》中包含的内容比其他软件开发主题的书更具有普适性。

写出高质量的代码相当重要，但令人遗憾的是，仍然还有很多人都只是口头上说说而已，真正实践的人还是比较少。我看见很多人在为自己马虎、粗糙和不严谨的做法冠上花里胡哨的名头。早在《代码大全》最初面市的时候，就有人说：“没有必要做需求和设计了，因为我做的是面向对象编程。”这完全是一个站不住脚的借口。大多数人并没有真正做面向对象编程，他们只不过是在瞎搞罢了，结果可以预料，肯定是糟糕极了。现在呢，人们又有了新的说辞：“没有必要做需求和设计，因为我在搞敏捷开发。”历史总是惊人地相似，结果依然是可以预料的，同样糟糕极了。

测试高手贝塞尔 (Boris Beizer) 说，他的客户有一次问他：“如何演进和转变我的软件开发实践呢？前提是只改改名称再把一些新的口号放到墙上，其他什么都不用改。”(Johnson 1994b) 卓越的程序员会把精力投入到学习运用当前的实践上。庸常的程序员，就只知道学一些虚头巴脑的热词。过去的半个世纪，软件行业一直就是这样的常态。《代码大全》的目标是一站式配齐所有有价值的信息，让追求卓越的程序员以更轻松的方式学到良好的实践。

《代码大全》问世近 30 年。它被翻译成近 30 种语言，帮助几百万名程序员从普通走向卓越，写成了好的代码。经历过时间洗礼的这部书，在当下依然发挥着重要的作用。我由衷地希望《代码大全 2》能够帮助你的项目取得成功。

（附英文原文）

*I am happy and very honored that Tsinghua University Press has published a new edition of **Code Complete** for Chinese readers.*

*The purpose of **Code Complete** is to describe the software development practices that lead to high quality code—the practices that support building safety and quality into every line of code.*

*In support of creating high quality code, **Code Complete** discusses how to design effectively, how to test well, and how to program defensively. It describes keys to creating high quality classes and routines. It describes all the details of how to create good variable names and how to use different types of data effectively. It talks about how to organize your code and the best ways to use conditionals, loops, and other control structures. Context is important, so **Code Complete** also describes issues involved in project management, software quality, large projects, and collaboration. Good programmers pay close attention to detail, so the book describes how to improve code through layout, commenting, refactoring, and debugging.*

*Both large and small projects will benefit from **Code Complete**, as will business-systems projects, safety-critical projects, games, scientific* *and engineering applications—but these different kinds of projects will emphasize different practices. The idea that different practices apply to different kinds of software is one of the least understood ideas in software development. Fortunately, good construction practices have more in common across types of software than do good requirements, architecture, testing, and quality assurance practices. The content in **Code Complete** is more applicable to different project types than books on other software development topics could be.*

*Writing high quality code is important, and unfortunately there are still far more people who talk about good practices than who actually use good practices. I see far too many people using current buzzwords as a cloak for sloppy practices. When the first edition of **Code Complete** was published, people were claiming, "I don't have to do requirements or design because I'm using object-oriented programming." That was just an excuse. Most of those people weren't really doing object-oriented programming——they were hacking, and the results were predictable, and poor. Right now, people are saying "I don't have to do requirements or design because I'm doing Agile development." Again, the results are easy to predict, and poor.*

*Testing guru Boris Beizer said that his clients ask him, "How can I revolutionize and transform my software development without changing anything except the names and putting some slogans up on the walls?"(Johnson 1994b). Good programmers invest the effort to learn how to use current practices. Not-so-good programmers just learn the buzzwords, and that's been a software industry constant for a half century. The purpose of **Code Complete** is to collect valuable information in one place so that motivated programmers will have an easier time learning good practices.*

*The first edition of **Code Complete** was published almost 30 years ago. Since then, the book has been translated into 30 languages, and it has helped hundreds of thousands of programmers write better code. The lessons in **Code Complete** have withstood the test of time. I hope you benefit from this new edition, and I wish you all the best on your software projects.*

推荐序：大道至简，悟在专精

获赠《代码大全2》(英文限量版)时，距离当年手捧第1版整整20年，时过境迁，然敬畏之心不变，但敬畏的原因却是越来越理解软件这个新兴产业对于工程匠艺追求的高标准。面对高速扩张的数字化世界，软件研发动辄成百上千人规模。在这样的复杂度之下，我们持续开发出了越来越多的可复用软件组件和脚手架，架构设计仿佛越来越像搭积木。然而，真正的架构仍然是程序员落在代码库里的那一行行代码，所以实际上每位程序员都是架构师。只有团队每个人对工程卓越的持续追求，软件研发才可能走向持续的高效能发展。

磨刀不误砍柴工，正是“变量”和“语句”这些细节的打磨，才成就了真正的软件工程匠艺。这些细微处的功夫，才是软件能够持续演进的关键。认识到软件开发的这个客观规律，才有可能建立真正的工程师文化，也才有可能在这个数字化时代成就一个卓越组织。

写这样一本针对程序员的大全非常困难，既要考虑宏观的架构设计，也要兼顾微观的代码实现，涉及很多当前仍然充满争议性的话题。但正如作者所言，关键点不是书里给出的实践，而是产生这些实践背后的挑战和问题。正是对于这些痛点的敏感，才督促着我们不懈地追求卓越。

作为敏捷开发的推崇者，本书虽厚却可以读薄，贯穿始终的是对于个人匠艺提升的关注。到了最后，对于“交流与合作”“创造性与规范性”的讨论实则已经体现了软件开发的敏捷宣言。只有重视程序员个人的刻意修炼，才有可能最终获得高质量的软件，由此也坚定了我们进一步推进敏捷教练的决心。和本书的目的一样，希望给一代又一代的程序员创造一个追求卓越匠艺的良好环境。

肖然，中国敏捷教练企业联盟秘书长

推荐序：有美感和有灵气的代码

这本书 (Code Complete 2) 曾经获得了如此众多的赞誉，我认为最重要的原因是，这本书把富有经验的程序员内心中想要传递的最佳实践都整理出来了。本书涵盖的内容，从变量的规范，到语句的组织，再到代码的调优，以及项目管理和文档风格，等等，涉及软件开发活动中代码冻结之前的每个环节。书中介绍的诸多实践，是许多优秀程序员自觉遵循的做法，因而本书阅读起来很能引起他们的共鸣，并进一步得到他们的推荐。

好的代码是有美感的，如何理解代码的美感呢？一方面是外表，从代码的缩进风格、右括号的位置，到变量的命名，再到整齐的注释等等，这是为了好看，好读，层次清晰，含义直观；另一方面是里子，讲究代码的组织，逻辑上易于理解和维护，避免在演进过程中给后来者增加不必要的理解负担。程序员编写代码所面对的最大敌人是复杂性，而复杂性来自于两个方面：一是业务逻辑的复杂性，二是代码实现的复杂性。业务逻辑的复杂性在于问题本身，需要行业专家分解问题，或者在逻辑上将复杂的问题不断地简化和迭代，从而获得一个逻辑清晰的解决方案；代码实现的复杂性则考验程序员的功力，良好的编码习惯有助于化解这一复杂性，而不好的编码习惯会加剧实现的复杂性，甚至引发不确定的意外。本书中介绍的代码最佳实践正是缓解代码实现复杂性的良方，遵循这些实践的代码易读懂、易维护、易调试，模块之间的界面清晰、逻辑合理，这就是有美感的代码。

程序设计既是一门艺术，也是一门技术。之所以是一门艺术，指程序的代码由人而写，不同的人可以写出风格迥异但都能正确工作的代码；而称之为一门技术，则是指代码需要满足很多约束条件，包括上下文环境、功能性要求，以及性能的要求，这背后有大量的理论和实践作为支撑。有意思的是，随着一个程序的功能粒度变大或者变小，其艺术性和技术性也相应变大或者变小。对于一个大粒度的程序功能，实现该功能的代码风格可以多种多样，在选用技术时也有足够的灵活性；而对于小粒度的程序功能，可自由发挥的空间和技术灵活性都小了很多。平衡程序功能粒度的有效手段是良好的架构设计，本书提及不多，但软件设计领域已经有了大量的成熟架构可供参考，即大粒度的程序功能可以通过架构设计分解为一些中等粒度的程序模块。由此，我们可以从中等粒度的程序模块来考察代码的质量，即它的艺术性是否合乎规范（甚至具有美感），技术性是否合乎程序的业务要求。

代码可以是人写的，也可以是机器生成的。随着人工智能的发展，机器生成代码的能力越来越强。理论上，能用形式化方法描述出来的问题，都可以由机器来生成代码或直接解决。从另一个角度来看，代码是为人写的，还是为机器写的。如果是为人写的，则可读性和易于理解就非常重要；而如果是为机器写的，则正确性和严密性可能更为重要。本书中讲到的代码最佳实践主要适合于人写的代码，并且也是为人而写的代码。但是在实际项目中，人写的代码和机器生成的代码往往混杂在一起，很多软件工具（譬如，一些描述语言的编译器或解释器）生成的代码也参与到人编写的代码中。经过过去二十多年软件技术的发展，这种倾向是在加剧的。

我们设想一下，将本书中讲到的最佳实践应用到机器生成的代码上，包括变量命名、注释、语句安排等，这样的代码是不是很有美感？我的看法是，这样的代码很规范，但也很呆板。你会发现，这样的代码感觉上缺乏灵气，就好像看着如今的人形机器人，跟真实的人相比，总是感觉不自然。人的创意能力和灵活性肯定优于机器。然而，另一方面，人写的代码有很大的概率比机器生成的代码更容易有 bug，取决于代码编写者的功力以及用心程度。诚然，有 bug 也是代码艺术性的一个方面，而且不同的人引入的 bug 可能不尽相同。而机器生成的代码，有可能做得到无 bug。这是客观的现实和趋势，机器生成代码的能力越来越强，人和机器的分工正在发生变化。如果只是机械地按照规范的需求描述来编写代码，这样的编码工作倾向于由机器来完成，如今出现的很多低代码工具甚至零代码工具，就是在践行这一发展趋势。人的价值应该体现在两个方面：要么研制这样的工具，使它们越来越强大、越来越好用；要么更深地理解业务和描述业务，使业务问题得以高效地解决。

最后，我也想谈谈这本书的书名之谬误。本书中文版的书名翻译成“代码大全”，这几乎是一个众所周知的错误。书很厚，但跟“大全”并无关系。我认为有两层意思可以在书名中体现：第一，这本书内容讲的是代码最佳实践；第二，原书名中的 Complete(结束、完成之意)，我认为这是在传递“以终为始”的思想，即，以代码完成那一刻的状态来指导我们编写代码。我向本书的编辑建议书名改为《代码实践论》，可以加上副标题“以终为始指导写代码”。然而，当编辑找到我写推荐序的时候，本书即将付印，最终我的建议未能得到采纳。我觉得甚是惋惜，一个错误在 18 年后被延续 (如果再追溯到本书第 1 版，则是将近 30 年了)。一些经典软件的代码中是否也如此潜藏着 18 年前的 bug 呢？

尽管如此，我仍然强烈推荐这本书，尤其是在开发岗位上时间不长 (半年到三年) 的软件工程师，读起来一定受益匪浅。

潘爱民，2022 年 5 月于杭州

推荐序：程序员的“飞行手册”

2006 年，读大二的时候，第一次邂逅《代码大全 2》。这本书的厚度与其中的一句话“程序员可以带到孤岛上的唯一一本书”，给我留下了印象的深刻，不过当时并没有决定买下来。我当时的目标是投身于游戏引擎开发，对更“硬核”的技术如算法、C++ 和图形学等更感兴趣。至于软件工程方面的书，个人总觉得比较虚，观其大略即可。不过呢，当时出于好奇心，还是仔细浏览了《代码大全 2》的目录，书海茫茫，有缘再相见。

毕业后，如愿进入心仪的公司从事游戏开发，实际接触到软件工程实战。当时，数据驱动编程的方式——程序员将游戏的逻辑与数据分离，游戏策划在 Excel 表格中进行大量数据的配置——让我感到非常新奇和实用。有一天，遽然想起此前看过的《代码大全 2》的目录，其中有一章讲到了表驱动法，似乎这就是数据驱动编程的别称，不由得想要一探究竟，立马购入了一本。翻开目录，很多之前觉得无足轻重的名词在工作经验的映射下，忽然之间有了份量，如软件隐喻、启发式设计、防御式编程、测试锦囊、调试技巧、重构策略和软件工艺等，精彩纷呈。于是，长期置于工作台前供随手翻阅，时有所得。

《代码大全 2》书中提到，对很多程序员来说，调试是程序设计中最困难的部分。对此，我感同身受。在无数次项目发布版本的紧张时刻，遇到疑难 bug 一筹莫展时，经常会翻阅一下 " 调试 " 这一章的核对表。其中一些条目，很多次都让我灵感迸发，顺利除虫 (debug)，鸣金收兵。核对表相当详细，比如“在桌上放一个记事本，把需要尝试的事情列出来”“找个人说说你碰到的问题”“理解整个程序而非具体的问题”等。

十余年光阴荏苒，手头的《代码大全 2》在不定期的浏览中，大部分章节已经变得非常熟悉，如同一坛醇厚香醇的老酒，历久弥新。时至今日，想想竟然还没有真正从头到尾仔细阅读过这部关于软件开发的巨著。近 900 页、近百万字的篇幅，厚，是这本书最明显的特征。也许大家都希望有一本薄薄的小册子，微言大义，见微知著，读完就可以完全掌握软件开发的上乘心法。对于厚到这样令人望而生畏的好书，反而容易因为误解而错过，就像我十六年前那次初见，以为里面可能都是些陈词滥调。而今，在我看来，它更像是一本《答案之书》，随便翻开一页，都会有所收获。

某日，我在读萨利机长的自传时，猛然间豁然开朗：飞行员在执行飞行任务时，人手一本飞行手册，里面以检查清单的形式，清楚写明各种紧急情况的操作流程，以便在分秒必争的危急时刻能够快速而有效地采取已知的最佳措施。其内容的来源，主要是将前人在各种飞行事故中积累的宝贵经验精心地系统化、条目化。如此一来，我也就不再纠结有没完整读过《代码大全》了，随需翻检，自用足矣。

《代码大全2》博采成百上千种书籍期刊，将其熔于一炉重构再造。书中各章后面的检查清单，可用于查漏补缺，是程序员日常开发工作中可以频繁用到的“飞行手册”。另外，作者的幽默感无处不在。以重构技术为例，无论是否读过《重构》这本书，都很难完全记清其中要点。然而，在经年累月的开发中，应用起来更是挂一漏万。但只要在进行重构活动时经常翻阅《代码大全》中的重构这一章，浏览这一章末尾的检查清单，然后再深入查看每一条所对应的细节，就能得其旨要，攻其要冲，眼前的问题往往就能迎刃而解。人生苦短，在需要解决任何问题的时候，若能屡屡如此一册在手，化繁为简，成为一名真正的智者，不亦乐乎？

李茂，2022年4月于广州

推荐序：过去、现在和将来

0x00 相识

问：一个医学生，想要变身为程序员，需要看哪些书？

答：一本《代码大全》就够了。

没错，这就是我的切身经历。

当我 2006 年从医学院毕业后，并没有如同我的同学一般，要么进入医学成为一名白衣天使，要么进入医疗仪器公司成为一名商业精英。我的选择是，读研。当然，并不是继续攻读医学，而是转为一个更加偏工科类型的学科。

既然是工科，编写代码自然是少不了的。但对于一个连高数习得并不多的医学生而言，编写代码还得依赖于谭浩强的《C 程序设计》的三脚猫功夫，通过一堆痛苦的 if、else、for 等运算符，拼凑出一些能用的代码。但也到此为止了。

然而，这种东西虽然能支撑我写毕业设计，却不能支持我在外面做实习生。

没错，我还是大着胆子去做实习了。仗着看了两天《Java 编程思想》，我去了一家公司，做起了实习生。此时，之前三脚猫的功夫，到了真实的环境，就彻底玩不转了。

此时，感谢《代码大全》的出现，让我知道这世上还有一本书叫《代码大全》。

0x01 相知

然而，初遇的时候，结果并不美好。

结果不好，主要有两个原因：第一，这本书的名字太奇怪了，给我的直观感受是一大堆“可重用的”代码。当时心高气傲，认为这种东西，难道不该是在 IDE 的帮助文档中查看一下就行了？ 第二，太贵了。

最后，我还是在学校图书馆借了这本书（感谢东大图书馆馆藏，我记得当时还是从九龙湖借出来带回四牌楼）。但那本书也就放在桌子上，我看了看目录，就把它放下了——无他，之前的偏见，让我并不能认真地去看这本书。

后来，有一次偶然的机会，好像是下雨还是别的什么事，跟女友约着逛街的计划落空。当时宿舍也没有网线，更没有智能手机，所以只能看书。于是，随手拿起来这本书，这一读，我才发现自己之前错过的是怎样的一本书。

当时，真的是生平第一次体会到什么叫“悔不当初，当时就该早点买！”

后来，后来，当然是我去“军人俱乐部”（当时南京很大的图书集散地）把这本书给买回来了。

0x02 一些模糊的记忆片段

PS：实在是年代太久远了，所以有些记忆不是那么准确，我只能根据自己残存的记忆来描述本节的内容。

当时市面上的很多书，都是集中讲解设计模式、OOP、软件工程方面（有没有像极了现在敏捷圈里张口闭口就是扩展和战略？），但针对代码自身的问题，比如函数名、变量名怎么起名，比如类与接口如何设计，作用域怎么选择，等等，很多书却对此不屑一顾。然而，这些问题才是当时程序员每天都为之困扰的（试想当时我们还在使用 EditPlus 这种软件写系统）。因此，有了这本书之后，这些偏实操的内容，就成了我每天写代码的导师（虽然没有手把手教我），让我对程序和代码的理解“更上一层楼”。虽然还是不能跟那些科班出身的人相比，但足以让我完成自己日常的工作，甚至可以看一些比如 CakePHP 之类当时看似高端的框架内容。

如果认为这本书仅限于此，那也太小看这本大部头了，这本书不仅仅手把手教你写代码，还会在软件生命周期的各个阶段都伴随着你，比如，既然做软件，总得考虑代码质量吧？质量除了手动测试，你还能从哪些方面下手？这本书从最开始的需求，再到代码质量（代码走查和结对编程）再到我们今天看起来习以为常但在当时却惊为天人的测试工作（单元测试和测试覆盖率等），这条线在过去学习编程的时候是不可能学到的。再比如，关于复杂度的问题，本质上是降低代码的维护成本，避免因为高耦合和硬编码等容易导致技术债务的实践，使得后续的代码无法维护或维护成本过高。因此，需要有系统切割和代码拆分等层面上的工作，这在一定程度上已经上升到了软件工程的层面。这些内容，对我日后自己独立完成系统开发、甚至带新人，都起到了非常重大的作用。

哦，对了，我是第一次在这本书中看到迄今为止都在影响我的两句话：

1. 代码是写给人看的，只是恰好机器也能执行；

2. 过早优化是万恶之源。

以我今天的眼光来看，光是这两句话就值得把这本书买回去放到案头上先供着。真的能做到这两点，其实就已经超过太多 CURD 程序员和“一年工作经验用 N 年的”程序员。甚至毫不夸张地说，当你读完本书并理解了前面两句话，就说明你已经摆脱了 “菜鸟”的头衔，正式进入可以独当一面的级别。

不过可惜的是，随着我几次搬家，那本写满笔记的《代码大全》被弄丢了。同时弄丢的还有好几本现在已经买不到的书以及我超级喜欢的一个双肩包。到现在，我严重怀疑是搬家公司直接给我弄丢件了，ε =(´ o ｀ *))) 唉，一个忧伤的故事。

0x03 影响还在继续

后来，随着我的个人职业生涯发生转变，2012 年转型为项目经理，我的程序员生涯也就此画上了句点。

但是，《代码大全》给我带来的影响与帮助远远没有结束。

原因很简单，即使是项目经理，也得懂技术。

我们姑且不论 PMI 如何定义项目经理的能力，但在我 2012—2015 最重要的转型时期，作为 PM，我需要做一定的代码工作。虽然已经竭力为公司引入项目管理体系，项目经理仍然是一个专职工作。但在转型过程中，依然需要有懂技术的项目经理帮助团队成员完成一定的编码工作，这些都需要有一定的编程功底才能胜任。对我而言，之前从《代码大全》中学习到的知识，已经成为我的一部分，所以虽然当时公司使用的是 Java 而我一直用的是 PHP 代码，但我依然可以读懂代码，并且实时给予一些指导。这在当时也算是一件奇事——一个号称只会写 PHP 的项目经理，可以指导一群 Java 程序员写代码，想想都觉得离谱。然而，在这些离谱的背后，当然都是前些年的苦练，离不开《代码大全》对自己的帮助。

后来，随着职业上第二次转型，我从项目经理转型为敏捷教练。原本以为这次可能真的彻底告别技术圈，毕竟在敏捷环境中，自组织团队注定了敏捷教练不会有太多的发挥空间。

结果，当然是我又错了。

的确，作为敏捷教练不需要再去写代码或者辅导团队，但《代码大全》讲的可不单纯是代码，书中还包含了全生命周期和复杂度管理等重要概念，这些概念都是敏捷教练在日常工作中会碰到的，甚至是工作的切入点。举个例子，有些研发人员告诉你，我不想写需求，故事我也只想用一句话就完事儿。你作为敏捷教练该怎么办？是生硬地告诉他“这是 SOP 要求的”，还是耐心地用《代码大全》中的生命周期这个概念跟他进行沟通？我想，每个敏捷教练心中都有一杆秤。

虽然有些人说，这些东西在其他书当中也有啊！嗯，我承认这些内容并不是《代码大全》所独有的，甚至有些东西都已经脱离了作者原来的意图 (比如上一段我说的生命周期的例子)，但《代码大全》的出版时间真的很早啊。我对 IT 的很多认知，都来自于这本书，因此，这本书基本上为我塑造了 IT 世界观，书里面的很多内容，都直接或间接影响到了我，让我成为今天的我，帮助我更好地理解 IT 人员、IT 环境和背后的逻辑。

我想这本书对我的影响，还会继续，我也会继续向所有程序员推荐这本书，让好书可以被更多的人知道。

甚至，如果我可以制定规则，我一定会要求每个程序员都必须阅读此书，每个公司都需要购买一定量的《代码大全》供员工查阅。就如同“为人不识陈近南”一样，“程序员不读《代码大全》，那还算是程序员么？”

0x04 遗憾与补缺

然而，遗憾的是，《代码大全》这本书，断货好长一段时间。

我记得前几年想起再买一本来收藏时，不论是京东、淘宝还是当当，要么没有货，要么就是若干倍的价格，要么就是所谓的扫描版，让我很是不爽。无奈之下，只好去美亚买了这本书的英文电子版。但是，在 Kindle 上阅读的感觉始终不对，所以这本书最终也成为了我心中的一块缺憾。虽然知道它就在我的 Kindle 中躺着，但总觉得有些可惜，毕竟，用 Kindle 来读这本书，体验真的是太“美妙”了。

然而，事情就是怎么巧，去年我在跟东伟聊天的时候，无意间提到这件事，当时，我还记得东伟很平静地跟我说：“哦，我们正在翻译这本书。”我当时心里如同小鹿撞，脑子里“嗡”的一下，冒出一句“爷的青春又回来了！”

看到译者当中几个熟悉的名字以及这本书的内容，我对它充满着信心。这次，请让我第一时间入手吧。虽然现在的我比第一次阅读此书时成长了很多，但翻开英文版目录，我仍然发现本书的内容在将近20年后的今天，依然能让新一代的IT从业者受益良多。

0x05 未来？

这一篇序言的标题中只有现在而没有未来，并不是我认为未来这本书跟我不再有关系。

恰恰相反，我认为未来的我，将会与这本书继续更多的关联。就如同我们现在再回头看《论语》《传习录》等书的时候依然能从中汲取到“养分”一样，这就是“经典”的力量。《代码大全》就是IT从业者的《论语》《传习录》，它从一开始就没有跟着时髦走，而是在一开始就紧抓 写代码 的核心，让你知道什么是写代码、如何写代码，只要IT的基础没有发生变化，只要代码依然需要我们人类去协作完成，需要一行一行写代码的时候，《代码大全》会一直为我们提供帮助。

虽然我已经不再从事编码工作，但是作为一个立志将“敏捷从业者”标签贯彻到底的人，在当前数字化转型靡然成风的时代，我相信我跟《代码大全》的渊源将不会停止，它将继续影响我、影响我身边的人、影响我身边的人的身边人，如同将一块石子投入湖中，激起层层叠叠的涟漪，终究会逐步传向远方。而那个远方，是我们每个人都期盼的未来，而《代码大全》，将继续扮演着路灯的角色——虽然它不能告诉我们什么是对，什么是错（毕竟是在VUCA时代），但它会照亮我们的当下，让我们每一步都走得踏实，不用担心被绊倒甚至掉进坑里。

这样的未来，我很期待，您呢？

陈连生，2022年4月于上海

推荐序：开发者的“码生宝典”

人生如戏，戏如人生。这句话放在开发者身上，或许可以改为“人生如码，码如人生。”对于开发者来说，最最直接和看得见的产出就是代码，说它就是开发者的脸面或许也不为过。

到如今，回顾我个人的职业生涯发展，还真不能说自己是一名专业的开发者人员，我全职写代码的时间也不过几年，大部分是测试自动化框架和库函数的代码。如果能够更早几年看到这本书，我的职业生涯或许会有不同的经历和结果，说不定正在某个平行宇宙拿着这本书狂啃呢。

新版的翻译是群体智慧的结晶，我选择参与的主要是第 32 章“自文档代码”。代码不会开口说话，因而代码本身及其文档化内容的排版、风格、文字就成为了传递和表达代码作者意图的重要甚至唯一的手段。如同沟通表达能力对所有职场人士都非常重要一样，代码的排版、风格和自文档化之于开发者，也有着同等甚至更高的重要性。

咱们中国人其实是很重视名字的。作为父母，最头疼的莫过于怎么给孩子取个好名字。不过，孩子再多也都只是个位数，如果我们程序员把变量和函数当作自己的孩子，这个伤脑筋的频次瞬间上升了好多个数量级，还好在代码的世界里取名字没有那么难，更强调的是表达清楚含义，不用去字斟句酌，更没有钻研到用文言文去命名的程度。即便真做到那个水平，恐怕也没有几个同行能够或愿意承接维护这些代码了。现代社会或许有很多汉服的爱好者，但鲜有人能把古汉语和古文变成一种爱好吧。在我看来，真要发生了《古今大战秦俑情》那样的剧情，恐怕没有人能够听得懂秦朝那个郎中令蒙天放在说些什么，只怕是当作外星人在说外星语了。

就本质而言，不同的编程语言类似于现实世界。比如，大家熟悉的汉语属于汉藏语系的汉语族，使用的是汉字，而英语则属于印欧语系的日耳曼语族，使用的是拉丁字母。但除此之外，还有很多其他的语系和语族、不同的文字形式。相对于人们对人类语言的研究，我们对编程语言的研究则远远不够，所谓的高级语言尚不能讲明白同为高级、内部还有多少细微的层级，而所谓第几代编程语言也不过是让人误以为最新代的才是最好的，实则最合适的才是最好的。语言的背后是思考方式，是对世界的理解和表达，编程语言也不例外。以我自己有所接触的语言来看，C、Java、Python、Ruby 等语言的写法和语法都有很大的不同，对于开发者来讲，大致相当于是学习一门外语或学习一门中国方言的性质。东北话、广东话、重庆话等，这些方言不只是发音和文字上有差异，背后是不同的生活习惯和逻辑。能不能掌握不同编程语言的精髓，如同能不能传神地说出"弄啥呢""好嗨森""哦豁"之类的经典方言词汇一般，可以被认为是"Java 当地人"或者"Ruby 当地人"。

当然，尽管语言和文字固然很是重要的，但开发者的编码人生并不只有文档，也只是 35 分之 1 或之 2。作者以其渊博的资深和积淀，为广大开发者展现了一个全面深邃的编码宇宙。就好像大家来到了《模拟人生》或是《我的世界》，首先是入门篇，然后逐步展开介绍这个宇宙里的基本组件，也即代码和变量，然后通过语句让它们"动起来"。如何检验和修缮"代码大厦"，如何考虑和看待自己的 " 代码大厦 " 和整个代码城市以及其他人的"代码大厦"之间的关系。最后则涉及人文艺术之于科学技术，探探如何让代码能有自己的个人特色，而不是像其他程序员那样千篇一律穿格子衫，要让人一看到代码脑海中就会浮现出你优雅的面孔，而不是胡子拉碴和满是汗臭味的乱发。

现在，我个人更关注的是，在云化、数字化、万物互联的时代，代码运行环境或设备相比以往已经发生了很大的变化，或许我们可以把这些环境或设备比喻成星球。如此一来，是否存在一种通用于宇宙中各个星球之间的通用语言？或者各个星球是否有各自的语言和文字，然后相互之间以某种协议形式来实现互通？本书中的内容，有多少是需要基于 PC 星球进行修改方可适用于移动星球、云星球、IoT 星球等新星球的呢？我暂时还没有答案，如果你找到了答案，请务必告诉我。

徐毅，2022 年 6 月于杭州

前 言

“最佳软件工程实践与一般软件工程实践，两者的差异非常大，用‘一个在天上，一个在地上’这样的比喻来形容，恐怕也不夸张，而且远远超过其他任何工程学科。从这一点来看，用于传播优秀软件工程实践的工具，其重要性不言而喻。”

—布鲁克斯

在写作本书的过程中，我主要考虑的是缩短同一个行业中两端的差距，一端是权威、专业人士，另一端是普通的商用实践人员。在如涓涓细流一般“浸润”并被普及成为业内知晓的通用实践之前，许多强大的编程技术其实早已经隐身于期刊杂志和学术论文中很多年。

在二十一世纪的前十年，处于前沿的软件开发实践已经得到了突飞猛进的发展。然而，通用实践却一直裹足不前。bug 随处可见，交付时间一拖再拖，超出预算，等等，这样的情形在很多软件项目中仍然屡见不鲜，甚至还有很多软件根本无法满足其用户的要求。来自软件行业和学术机构的研究人员发现，早在二十世纪七十年代，就有许多足以消除大多数编程难题的高效实践。然而，这些高效实践的报道并没有走出专业技术期刊的影响圈，以至于还有相当一部分软件组织在二十一世纪的前十几年，仍然没有采用这些高效的编程实践。研究还发现，一项研究进展走向商用实践，一般需要五到十年甚至更多的时间 (Raghavan and Chand 1989, Rogers 1995, Parnas 1999)。这本书最初的写作动机就是以高效的方式缩短这个过程，使这些关键的发现可以马上供大多数程序员采用。

哪些人适合阅读本书

本书中包含的研究和编程逸事将帮助大家创建高质量的软件，更轻松、更快速地做好自己的工作。本书将帮助你看清楚过去存在的难题，从而知道未来如何避免。书中描述的编程实践将帮助你从容掌控大型项目，帮助你成功维护和修改软件，直到满足项目变更的需求。

- 有经验的程序员　作为一本内容全面和容易上手的软件开发实践指南，本书适合有经验的程序员阅读。本书聚焦于软件构建(软件生命周期内程序员最熟悉的部分)，初衷是让自学成才的程序员以及受过正规训练的程序员能够透彻理解功能强大的软件开发技术。

- 技术带头人　许多技术带头人都用《代码大全 2》来培训过团队中资历较浅的程序员。不过，那么也可以用本书来填补自己的知识空白。如果是有经验的程序员，也许不会完全认同书中得出的结论，但如果仔细阅读本书并认真思考每个难题后，那么你会发现自己从此以后可以从容解答别人提出的任何一个软件构建方面的难题了，因为这些问题你都认真思考过。
- 自学的程序员　如果没有接受过太多正规培训，那么这本书将会是你如影随形的良伴。每年有近 5 万名新手进入软件开发行业 (BLS 2004, Hecker 2004)，但每年实际只有 3.5 万人有软件相关的学位 (NCES 2002)。[*] 根据这些数字，很快可以得出一个结论，有很多程序员都没有接受过正规的软件开发教育。在由工程师、会计、科学家、教师和小企业主组成的新兴专业人士团体中，出现了自学成才的程序员，编程是他们日常工作中的一部分，但他们并不认为自己就是程序员。无论受过什么程度的编程开发培训，本书都可以帮助你见微知著，洞悉高效的编程实践。
- 学生　前面提到经验丰富但缺乏正规专业教育的程序员，与其相对应的便是年轻的学生。作为职场新人，他们往往理论知识丰富，但缺乏构建软件产品的实际动手经验。那些实用的、关于好代码的学问和知识，通常传递得很慢，在软件架构师、项目主管、业务分析和资深程序员共同参与的形如宗教仪式的“舞蹈”中，真正传承下来的有用实践，可谓少之又少。留下来的往往都是个别程序员的试验品和错误。本书的目的是代替这些传统智慧盛宴的慢传递方式，通过精挑细选，将之前就有的技巧提示和有效的开发策略高度整合到一起。对学生而言，本书可以帮助他们从学术环境轻松迁移到专业开发环境。

译注

这里想谈一下 Github 的情况。Github 在 2021 年 11 月公布的 Octoverse 报告中指出，Github 开发者数量目前已达到 7300 万，其中美国开发者人数约 1355 万，中国有 755 万。总体而言，2021 年比前一年新增了 21.3 万名首次开源项目贡献者。到 2025 年，用户数量预计会达到1亿。

还可以从哪些地方找到更多相关信息

本书综合介绍大量软件构建技术，这些技术的来源很广泛。多年以来，除了广泛散落在很多地方以外，关于软件构建的大部分智慧结晶并没有作为书面参考被记录下来 (Hildebrand 1989, McConnell 1997a)。

其实呢，专业程序员用的那些高效、高能的编程技术并不神秘。只不过，在日复一日埋头于眼前项目的奔波和劳累中，真的几乎没有几个专家还能够有时间公开分享自己的经验和教训，导致广大程序员很难找到一个好的资源集中介绍编程相关信息。

本书描述的编程技术正好可以填补入门级教科书和高级编程教科书之间的空白。在读过 Java 编程入门、中高级 Java 编程和高级 Java 编程之后，你会读哪一本关于编程的书呢？你会读详细介绍英特尔或摩托罗拉硬件的书，介绍 Windows 或 Linux 操作系统功能以及其他编程语言的书，那些没有详细参考书的编程语言或程序，是没有人会用的。但是，本书是少数几本只专注于讨论编程的书。有些总能让人受益匪浅的编程技术就是适用于任何环境或者语言的通用实践。对于这样的实践，其他的书一般都略过不提，本书则不同，偏偏就要集中介绍这些通用实践。

本书可谓博采众长，选材来源广泛，如下图所示。要想获得本书包含的所有信息，另一个唯一可取的方式是遍历浩如烟海的文字，在汗牛充栋的书山和几百册技术类期刊中寻宝，同时你本人还需要加持丰富的开发实践经验。如果这些都没问题，你仍然可以从本书中受益，因为它“海纳百川”，把所有精华汇聚于一处，非常方便你随时参考。

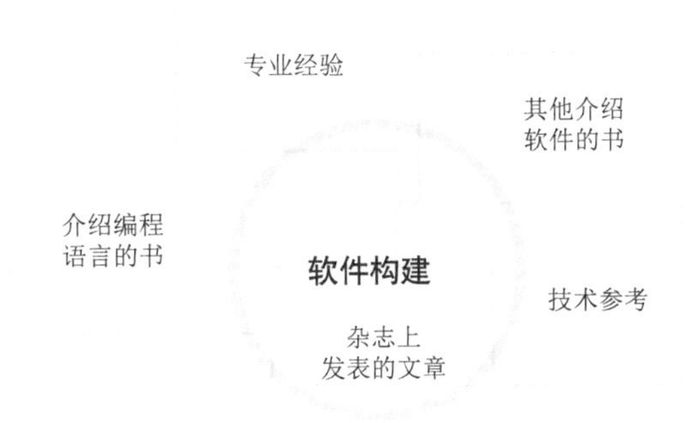

本书的关键收益

不管背景如何，本书都可以帮助你以更少的时间和更少的痛苦写出更好的程序。

- 一本完整的软件构建参考　本书讨论了软件构建的方方面面，比如软件质量和编程思维。它直击软件构建的真实细节，比如构建类的步骤，抽丝剥茧，阐述数据和控制结构的使用、调试、重构和代码调优技术及策略等。对于这些主题，不必按顺序从头读到尾。因为本书在设计的时候，已经优先考虑到要让大家更容易找到自己感兴趣的具体信息。
- 随时可用的检查清单　全书包含35个检查清单，可以用来评估软件架构、设计方法、类和子程序的质量、变量名称、控制结构、代码布局和测试用例等。
- 时新的信息　本书描述前沿技术，许多技术都还没有普及成为商业开发实践。本书的素材取自行业实践和研究机构，描述的很多开发技术在未来很多年都普遍适用。
- 从更广的视角来看待软件开发　通过本书，你将有机会以参观者的角度，不再疲于奔命，而是冷静下来搞清楚哪些行得通，哪些行不通。实干派的程序员基本上没有时间读上几百本书籍和专业技术期刊上发表的文章(其中的精华都包含在本书中)。纳入本书的研究经验和开发经验将帮助你展开想象，启发你对项目的思考，让你能够选择策略性的行动，从而使自己不至于反反复复地掉入同样的坑中。
- 字字珠玑，全是干货　有些技术书籍华而不实，废话十之八九，仅有一两成的真知灼见。本书兼容并蓄，会讲到每种编程技术的利与弊。对于特定项目的具体要求，你显然比旁观者更为清楚。所以，为了帮助你在特定条件下作出更好的决策，本书提供了你需要掌握的客观信息。
- 可以应用于大多数常见编程语言的概念　本书描述的技术可以充分用于你所选择的编程语言，不管是C++语言、C#语言、Java语言还是其他语言。
- 大量代码示例　本书包含将近500个代码示例，好代码有，烂代码也有。之所以包含这么多代码示例，是因为我个人从这些代码示例中受益匪浅。推己及人，我希望其他程序员也能够从中收获良多。这些代码范例涉及多种编程语言，因为至少掌握两种语言通常是区分专业程序员和非专业程序员的分水岭。作为一名程序员，一旦意识到编程准则超越于任何一种特定语言的语法，就意味着专业知识的殿堂已经向他敞开大门，质量和生产力从此以后将出现质的飞跃。为了尽可能减轻多种编程语言所带来的负担，我有意回避了只有真正内行才看得懂的语言特性（除非还有具体展开的讨论）。你不需要通过理解不同代码片段之间的每个细微差异来理解它们的意义。如果把注意力集中在要阐述的关键点上，你会发现自己完全能够读懂代码，不管它是用什么语言来写的。为了让你更容易理解，我特别针对代码范例中的重要部分增加了注释。

- *访问其他信息来源*　本书收集了大部分以软件构建为主题的信息，但这还没完。除第 1 章外，各章的“更多资源”小节还给出了其他书籍和文章，以方便大家进一步了解最感兴趣的主题。

为什么要写这本书

软件工程领域已经充分意识到，迫切需要一本全面包含高效开发实践的软件开发参考手册。

计算机科学与技术委员会有一份报告指出，软件开发质量和生产力要想取得最大的效益，只能来自于对现有高效软件工程实践相关知识进行编纂、分类并广泛传播 (CSTB 1990, McConnell 1997a)。该委员会最后得出一个结论：与这些软件工程实践相关的知识的传播策略要根植于“软件工程参考手册”这个基本概念。

- *软件构建是一个长期不受重视的主题*　有那么一段时间，软件开发和写代码被混为一谈。但在软件开发周期中一些独特的活动被识别出来之后，圈子中有些思想领袖就开始花时间分析项目管理、需求、设计和测试，并掀起一场轰轰烈烈的方法论之争。对这些新领域进行研究的热潮，把原本一脉相承的代码构建冷落在一旁，就像它和软件开发没有什么关系一样。

  对代码构建的讨论之所以冷门，还有一个原因。有人建议，如果把代码构建当作独立的软件开发活动，就意味着必须把它当作一个独立的阶段。实际上，软件活动和阶段真的没有必要有任何一一对应的特定关系，不管其他软件活动是以阶段、迭代还是其他方式来执行，都不影响我们对代码构建进行讨论，这样做才是“正确”的。

- 软件构建的重要性不可小觑 软件构建长期被研究人员和技术作家忽略的另一个原因是，他们错误地认为，相较于其他软件开发活动，代码构建是一个相对机械的过程，几乎没有任何改进的机会。然而，事实并非如此。

  在小型项目中，代码构建的投入占比一般为 65% 左右，中型项目为 50%。对于错误，小型项目中代码构建所产生的占比为 75%，中型和大型项目则为 50% ～ 75%。显然，错误占比为 50% ～ 75% 的任何活动都有机会得以显著改进 (第 27 章包含更详细的统计数据和分析)。

  有评论人士指出，尽管代码构建错误在总的错误中占比很高，但其修复成本低于需求和架构错误。言下之意，代码构建的重要性也就不该那么高。没错，构建错误的修复成本实际上并不高。但研究人员发现，一直以来，一些不起眼儿的代码错误却是最终造成修复成本高达几亿美元的一些软件错误 (Weinberg 1983, SEN 1990)。显然，修复成本不高，并不意味着它们就应该优先级低。

  具有讽刺意味的是，软件构建之所以不受重视，另一个原因居然是它是软件生命周期中唯一一个必须要认真完成的活动。需求可以靠假设，用不着认真开发；架构可以打折扣，用不着认真设计；测试可以缩水或者略过不做，用不着做全盘计划和执行。但是，如果要开发一个程序，那么一定得好好构建代码，这样一来，构建便在改进开发实践中成为一个独特而富有成效的领域。

关于高效构建实践，还没有一本理想的同类书。

软件构建的重要性既然那么明显，我便理所当然地认为我在构思这本书的时候，肯定已经有其他人写过高效构建实践的书。

显然，业界需要一本介绍如何进行高效编程的书。但我发现，软件构建方面的书乏善可陈，而且都不全面。有些书写于二十世纪九十年代之前甚至更早，讲的是只有真正内行才看得懂的小众语言，比如 ALGOL、PL/I、Ratfor 和 Smalltalk。有些是压根儿没有写过生产代码*

译注

*所谓生产代码，是指包含系统逻辑并在生产环境中运行的那部分代码。

“当艺术评论家们聚在一起的时候，谈的都是形式啊，结构和意义什么的。当艺术家们聚在一起的时候，谈论的却是在哪里可以买到便宜的松脂油。”

—毕加索

的教授写的。教授们写的技术书适用于学生的项目，但对于这些技术在整个大规模软件开发环境中是否适用，他们并没有多少概念。还有一些书呢，则鼓吹作者最新最爱的方法体系，完全忽略那些庞大的、经年累月沉淀下来的实践知识宝库。

简而言之，从来没有一本书能够像本书一样，从专业经验、行业研究和学术成果中萃取出这样一套实用的编程技术体系，包含当前的编程语言、面向对象的编程语言以及前沿的开发实践。显然，以编程为主题的书需要由知晓最新理论发展水平的人来写，而不是真正动手写代码构建软件产品并以实践为乐的人来写。对于本书，我的设想是全面而完整地讨论如何构建代码，是一本由程序员写给程序员看的书。

作者说明

欢迎来信讨论本书讨论的任何一个主题，勘误建议和其他相关话题都可以。请通过电子邮件 stevemcc@construx.com 联系，或者访问网站 www.stevemcconnell.com。

史蒂夫・麦康奈尔 (Steve McConnell)

2004 年阵亡将士纪念日

于华盛顿贝尔维尤

检 查 清 单

扫码查看合集

简明目录

详细目录

第Ⅰ部分　奠定基础

第Ⅱ部分　高质量的代码

第III部分　变量

第IV部分　语句

第Ⅴ部分 代码改进

第Ⅵ部分 系统化考虑

第Ⅶ部分 软件匠艺

第 I 部分
奠定基础

问题定义
详细设计
修复性维护
需求开发
编码与调试
集成
构建规划
集成测试
软件架构
单元测试
系统测试

第 1 章

欢迎来到软件构建的世界

内容

相关主题及对应章节

- 哪些人适合阅读本书：前言
- 本书的关键收益：前言
- 为什么要写这本书：前言

译注

原文 construction 包含的意义较广，针对软件开发活动，后文统一采用“构建”，但其寓意仍然包括相关的规划、设计及质量保证。

谁都知道在软件开发领域之外的“建筑或构筑 (construction)*”是什么意思，就是“建筑工人 (construction worker)”在建造房屋、学校或摩天大楼时所做的工作。在我们小的时候，可能也曾经用“绘图纸 (construction paper)”来做手工。在一般的用法中，“构建 (construction)”指的是建造过程。构建过程可能包括规划、设计和监理（质保）工作的某些方面，但在大多数情况下，都是指创建某些事物过程中实践动手（施工）的部分。

1.1 什么是软件构建

软件开发是一个复杂的过程，早在 2004 年，研究人员就已经识别和确定了软件开发过程中的各种活动，具体如下所示：

- 问题定义 (problem definition)
- 需求开发 *(requirements development)
- 构建规划 (construction planning)
- 软件架构 (software architecture) 或概要设计（也称为高层设计或概要设计，high-level design)
- 详细设计 (detailed design)
- 编码与调试 (coding and debugging)
- 单元测试 (unit testing)

译注

在本书中，指代的是整个需求开发过程中包括需求分析、定义、梳理和确定等。

- 集成测试 (integration testing)
- 集成 (integration)
- 系统测试 (system testing)
- 修复性维护 (corrective maintenance)

如果是一些非正式的项目，那么我们可能会认为前面列出的活动过于繁复 (官方规范)。但如果是一些非常正规的项目，我们就知道这就是所谓的官方规范性文档！太正规和欠规范之间很难取得平衡，本书稍后将对此进行讨论。

如果是自学编程或主要做不太正规的项目，那么可能分辨不出软件开发过程中许多不同的活动，心里可能已经将所有这些活动都统一归为“编程”。如果做的是不太正式的项目，那么在考虑软件开发细节时，所能想到的主要活动可能就是研究人员所说的“构建”活动。

这种来自于直觉的“构建”概念相当准确，但缺乏认知视角。把构建活动放在由其他活动构成的环境中一起讨论，有助于在“构建”期间专注于正确的任务，并适当地强调重要的“非构建性的活动”。

图 1-1 展示了构建活动与其他相关软件开发活动的相对位置。

图 1-1　灰色椭圆代表构建活动。构建活动侧重于编码和调试，但也包括详细设计、单元测试、集成测试以及其他一些活动

如图 1-1 所示，构建活动主要涉及编码和调试，另外还涉及详细设计、构建规划、单元测试、集成、集成测试以及其他活动。如果这是一本全面介绍软件开发的书，就会全面讨论开发过程中的所有活动。然而，这是一本关于构建技术的手册，所以会偏重于构建并且只涉及相关的主题。如果把这本书比作一只小狗，那么它会用鼻子去闻闻构建活动，冲着设计和测试摇摇尾巴，向其他开发活动“虚张声势”地“汪汪汪”叫上几声 (管闲事儿)。

构建有时也称为“编码”“编程”“开发”或“程序设计”。“编码”并不是最合适的词，因为它暗示着“将一个预先存在的设计机械地转换成计算机语言”；构建完全不是机械式的，需要大量的创造力和判断力。不过在整本书中，我也常常将“编程”与“构建”混着用。

与图 1-1 中软件开发的平面图不同，图 1-2 展示了本书的立体构成。

图 1-2　本书大致以图示的比例来关注编码与调试、详细设计、构建规划、单元测试、集成、集成测试及其他活动

图 1-1 和图 1-2 是软件构建活动的概要视图，但细节信息如何呢？构建活动中，包含以下任务(部分)。

- 验证相关的基础工作已经做好，可以顺利进行构建工作。
- 决定如何测试代码。
- 设计和编写类与子程序。
- 创建并命名变量和命名常量。
- 选择控制结构和组织语句块。
- 写好代码后，做单元测试、集成测试和调试。
- 与其他团队成员一起对低层级的设计和代码进行交叉评审。
- 不断地打磨代码，具体方式是认真对待代码的格式化和注释。
- 对单独开发的软件组件进行集成。
- 代码调优，使其运行更快，占用资源更少。

要想获得更完整的构建活动列表，请查看目录中各个章节的标题。

软件构建包含这么多活动，你可能会说："好吧，伙计，哪些活动不属于构建？"这是个好问题。一些重要的非构建活动包括管理、需求开发、软件架构、UI 设计、系统测试和维护。这些活动中的每一项，都像构建活动一样影响着项目的最终成败，至少那些需要一两个人持续几周才能完成的项目是这样的。

至于每个环节的好书，可以参见本书各章的"更多资源"部分和本书末尾的第 35 章。

1.2 软件构建为何如此重要

关联参考　关于项目规模和构建活动耗时占比的关系，请参见第 27.5 节。

既然你在读这本书，就说明多半也认同提高软件质量和开发人员的生产率非常重要。许多激动人心的项目都在广泛使用软件。互联网、电影特效、医疗生命保障系统、太空计划、航空学、高速金融分析和科学研究等都只是一小部分例子。这些项目，甚至更常见的项目，都从软件开发实践的改进中受益，因为基础部分有很多是相同的。

如果你也认同改进软件开发过程往往十分重要，那么作为本书读者，会提出这样一个问题："为什么软件构建是一个非常重要的焦点话题？"

构建活动是软件开发的主要组成部分　取决于项目规模的大小，构建活动在项目总时长中通常占比 30% 到 80%。任何占用项目时间过多的活动都必然会影响项目的成败。

构建活动是软件开发中的核心活动　如果在构建活动之前完成需求分析和架构设计，就可以有效进行构建。系统测试 (严格意义上的独立测试) 通常在构建活动之后进行，以验证构建的正确性。构建活动是软件开发过程的核心。

关联参考　关于程序员之间的 (能力) 差异，请参见第 28.5 节。

将精力集中于构建活动，可以显著提高程序员的生产力　有一项经典研究表明，在构建过程中，单个程序员的生产力的差异可达到 10 到 20 倍 (Sackman, Erikson, and Grant 1968)。自研究结果发表以来，他们的结论已经被许多研究所证实 (Curtis 1981, Mills 1983, Curtis et al. 1986, Card 1987, Valett and McGarry 1989, DeMarco and Lister 1999, Boehm et al. 2000)。这本书可以帮助程序员学到大师级程序员早就已经在用的技术。

译注

漫画家戈德堡 (Rube Goldberg) 塑造的巴茨教授言谈举止怪诞，总是以过度复杂和效率低下 (通常包含连锁反应) 且奇特的方式来解决一个简单的任务。按此方式制造出来的怪异机械或装置称为戈德堡装置。

构建活动的产物，即源代码，通常是对软件的惟一准确的描述　在许多项目中，程序员惟一可用的文档就是源代码本身。需求规格说明书和设计文档可能已经过时，但源代码总是最新的。因此，源代码必须是高质量的。统一运用各种技术来改进源代码的质量也就产生了差异：得到的是戈德堡笔下的另类产品，还是详细、正确且信息丰富的程序？这类技术在构建活动中有着最有效的应用。

KEY POINT

构建活动是惟一能确保开发完成的工作　理想情况下，软件项目在开始构建之前，都要经过谨慎的需求开发 (分析) 和架构设计。理想的情况下，项目在完成构建后，都要进行全面的、统计意义上可控的系统测试。然而，现实中的项目常常会跳过需求和设计，直接进入构建，因为项目中有太多错误需要修复，而且已经没有时间了，所以只好丢掉测试环节。但无论项目有多么匆忙或计划有多么糟糕，都不能放弃构建，只有它，可以理论联系实际并最终发挥实际作用。因此，构建活动的任何改进，都可以有效改进软件开发工作，无论这样的改进是否微不足道。

1.3 如何阅读本书

为了方便阅读，本书有意设计成既可以从头到尾阅读，也可以按主题阅读。如果喜欢从头到尾地阅读，那么可以直接进入第 2 章。如果想要了解具体的编程技巧，那么可以从第 6 章开始，然后按照关联参考的提示去阅读自己感兴趣的其他主题。如果不确定这些建议是否适合自己的具体要求，请从第 3.2 节开始。

要点回顾

- 软件构建是软件开发的核心活动；软件构建是每个项目惟一不可或缺的活动。
- 软件构建主要包括详细设计、编码、调试、集成和开发者测试（单元测试和集成测试）活动。
- 软件构建的其他常用术语是“编码”“编程”和“程序设计”。
- 软件构建活动的质量对软件质量有实质性的影响。
- 最后，个人对软件构建的理解程度，决定着一名程序员的优秀程度，这是本书其余部分的主题。

学习心得

1. ______________________________
2. ______________________________
3. ______________________________
4. ______________________________
5. ______________________________

第2章

通过隐喻更充分地理解软件开发

内容

相关主题及对应章节

- 设计挑战：第5.1节

在计算机科学领域中，有一些语言描述来自于其他领域。想一想在哪个领域有这样的描述：走进一个安防严密、室温精确控制到20摄氏度的房间，发现里面的场面(特指字面上)着实让人惊恐，病毒(viruses)、特洛伊木马(Trojan Horses)、蠕虫(worm)、虫子(bugs)、炸弹(bombs)、崩溃(crashes，也指现实中的车祸)、口水大战(flames)*、双绞线转接器(twisted sex changers)*以及致命错误(fatal errors)等。

译注
计算机网络用语，尤其特指没有礼貌地炮轰和自己意见相左的人，在其他领域也指火焰。到2012年，出现了一款同名的恶意病毒，被译作“超级火焰”。

译注
在其他领域有别的含义，比如双性人这种极端个别的现象。

这些形象的隐喻描述了具体的软件现象。像这种生动形象的隐喻还可以描述更广泛的现象，借助于这些隐喻，我们能够更深刻地理解软件开发过程。

本书其他章节的内容并不直接依赖于本章中探讨的隐喻。如果希望直接了解构建实践，就可以跳过本章。如果希望更清晰地理解软件开发过程，那就好好阅读这一章。

2.1 隐喻的重要性

重要的研发成果往往来自于类比。如果我们把一个不太熟悉的主题和一个比较好理解且类似的主题进行比较，就可以更好地理解这个不熟悉的主题。这种使用隐喻的方法称为“建模”。

科学史上有很多新的发现都借助了隐喻强大的力量。德国化学家凯库勒做了一个梦，梦见一条蛇首尾相连，咬住了它自己的尾巴。醒来后，他意识到可以用一个基于相似环状结构的分子结构来解释苯的性质。进一步的实验证实了他的假设(Barbour 1966)。

译注
凯库勒(1829—1896)，理论化学领域的有机化学家，化学结构理论的创始人。

气体的分子运动理论则基于一种“撞球”模型，气体分子被想象成具有质量且彼此之间有弹性碰撞的小球，就像撞球一样，后来许多有用的定理都是从这个模型发展而来的。

译注
请参见《爱因斯坦传》，了解爱因斯坦发现光量子理论的故事。

光的波动理论主要是通过探索光与声的相似性而发展起来的。光和声音有振幅（亮度、响度）、频率（颜色、音调）和其他共同的属性。针对声波理论和光的波动理论之间的对比研究成果相当丰硕，以至于科学家们花了大量的精力去寻找一种在真空中传播光的介质（就像声波能在空气介质中传播声音一样）。他们甚至给它起了个名字“以太”(ether)，但遗憾的是，他们从未找到过这种介质。这个类比在某些方面催生了丰硕的成果，但在这个案例中却把人们引入了歧途。

一般来说，模型的威力在于它们很形象，可以让人理解整个概念。模型可以暗示各种属性、关系和其他需要补充查证的领域。不过有时，当一个模型的隐喻被过度引申扩展后，也会误导人。当科学家们寻找“以太”(ether)，就是过度扩展了他们的模型。

正如你所预期的那样，有些隐喻比其他的隐喻更为贴切一些。好的隐喻简单，与其他相关的隐喻密切相关，能够解释大部分实验证据和其他观察到的现象。

我们来看一下这个例子：把一块沉重的石头绑在绳子上，任其来回摆动。在伽利略之前，亚里士多德学派看到那块晃动的石头时，认为是重物自然从较高处坠落，落向较低位置后静止下来。亚里士多德学派认为，下落的石头遇到了阻碍。然而，伽利略看到那块摆动的石头时，想到的却是钟摆。他认为，石头实际上是在一遍又一遍近乎完美地重复着同样的运动。

这两种模型的启发能力是截然不同的。亚里士多德学派把摇摆的石头看作一个正在下落的物体，因此观察到的是石头的重量、石头被拉起的高度及其达到静止状态所需要的时间。伽利略钟摆模型中的要素则完全不同。伽利略观察到的是石头的重量、钟摆摆动的半径、角位移和每次摆动的时间。伽利略之所以能够发现亚里士多德学派发现不了的定律，正是因为他用了不同的模型，才引导他观察到不同的现象并提出了不同的问题。

隐喻有助于更好地理解软件开发问题，就像它们有助于更好地理解科学问题一样。在 1973 年的图灵奖演讲中，巴赫曼 (Charles

Bachman)讲述了当时盛行的地心说(以地球为中心的宇宙观)到日心说(以太阳为中心)宇宙观的转变。托勒密的地心说(以地球为中心的宇宙观模型)持续了1400年，没有受到过任何大的挑战。直到1543年，哥白尼提出了日心说，认为宇宙的中心是太阳而不是地球。这个认知模型的改变，最终帮助人们发现了新的行星，并将月球重新定义为地球的卫星而不是一颗独立的行星，也使人们对人类在宇宙中的地位有了一个完全不同的理解。

“隐喻的价值千万不可低估。隐喻的优点在于其可预期的效果：能够被所有的人理解，减少了不必要的沟通和误解；学和教更为快速。实际上，隐喻是对概念进行内在化和抽象，可以让人们在更高的层面上思考问题，从而避免了低级的错误。”

—柯巴托(Fernando J. Corbató，1926—2019，1990年图灵奖得主，计算机密码的发明人)

巴赫曼曾经对比过天文学中的托勒密到哥白尼的转变与20世纪70年代早期计算机编程的变化。1973年，他在进行比较时，数据处理正在从“以计算机为中心”的观点转向“以数据库为中心”的观点。巴赫曼指出，过去的数据处理是将所有的数据看作流经计算机的连续的穿孔卡上保存的数据(以计算机为中心的观点)，现在则转变为把焦点放在数据池上，而计算机偶尔涉足其中(以数据库为中心的观点)。

今天，我们已经很难想象还会有人认为太阳是绕着地球转的。类似地，我们也很难想象程序员会认为所有数据都可以看作保存在穿孔上。在这两个例子里，旧的理论被抛弃后，我们都觉得难以置信，竟然有人曾经相信过这些理论。更不可思议的是，那些相信旧理论的人，同样认为新的理论很荒谬，正如我们今天对旧理论的看法一样。

以地球为中心的宇宙观让天文学家们步履蹒跚，虽然有了更好的理论，但是他们仍然坚持原有的观点。与此类似，以计算机为中心的观点让计算机科学家屡屡受阻，直到出现以数据库为中心的理论，他们都还在顽固地坚持这个观点。

人们很容易忽视隐喻的力量。对于前面的每一个例子，自然有人会说：“当然，正确的隐喻更有用。之前的那个隐喻是错误的！”虽然这样的反应自然简单，但科学发展的历史并不是一系列“错误”隐喻直接切换到“正确”隐喻，而是一系列“不太合适”的隐喻转变为“更好”的隐喻，从不那么贴切的隐喻转变为更贴切的隐喻，从一个领域的暗示到另一个领域的暗示。

事实上，被更好的模型所取代的旧模型仍然有用。尽管牛顿力学在理论上已经被爱因斯坦的理论所取代，但是工程师们仍然在用牛顿力学来解决大多数工程问题。

与其他领域相比，软件开发还是一个很年轻的学科。它还没有成熟到自有一套标准隐喻的程度，因此必然存在很多或许相互抵触的隐喻。某些隐喻好一些，而另一些则差一些。对隐喻的理解程度决定着每个人对软件开发的理解程度。

2.2 如何使用软件隐喻

软件隐喻更像是探照灯而不是路线图。它不会告诉你可以在哪里找到答案，而是只告诉你如何寻找答案。隐喻的作用更像是启发，而不是算法。

算法是一组定义明晰的指令，用来完成特定的任务。算法是可以预测的、确定的且不易变化的。一个告诉你如何从 A 点到 B 点的算法，不会让你走弯路，不会让你绕道经过 D 点、E 点和 F 点，更不会让你停下来闻一闻玫瑰花或喝一杯咖啡。

启发式方法*是一种帮助人们寻找答案的技术。但它给出答案是偶然性的，因为启发式方法只告诉你如何查找，并不会告诉你要找什么。它并不会告诉你如何直接从 A 点到达 B 点，它甚至可能连 A 点和 B 点在哪里都不知道。实际上，启发式方法是一种看似有趣的算法。它不太好预测，但更有趣，而且不会给你 30 天退款保证这样的结果。

关联参考　有关如何在软件设计中使用启发式方法的具体做法，请参见 5.1 节。

译注
原文为 heuristic，一种非最优但实用的解决问题的方案，用于进行改进或者从中学习或者了解更多可以进一步逼近答案。

这里有一个开车去别人家的算法：沿着 167 号公路向南开到普亚卢普。从南山购物中心出口往山上开 7.2 公里。在一个杂货店旁边的红绿灯处右转，然后在第一个路口左拐。转到左边大棕褐色房子的车道上，就是北雪松街 714 号。

如果用启发式方法来描述，则是这样：

> “找出我们上次寄给你的信，照着上面寄件人的地址开车来到镇上。到了镇上，找个人问问我们的房子在哪儿。大家都认识我们，有人会很高兴帮助你。如果找不到人问，就打电话给我们，我们来接你。”

算法和启发式方法的区别很微妙，而且这两个术语的含义有些重叠。就本书的目的而言，两者的区别主要在于与解决方案的间接程度。算法直接给出解决问题的指令，而启发式方法则告诉你该如何发现这些指导信息或者至少可以在哪里找到指导信息。

如果有指令可以准确告诉你如何解决编程问题，那么编程当然更容易，结果更可预测。但编程科学还没有那么先进，也许永远不可能那么先进。对编程而言，最有挑战的是将问题概念化，编程中的许多错误都是概念性的错误。因为每个程序在概念上都是惟一的，所以在每种情况下都能找到解决方案，但要创建一套可以解决所有问题的通用指导规则，很难甚至不太可能。因此，知道能以一般的方式来解决问题，其价值至少也相当于知道以特定的方案来解决特定的问题。

如何使用软件中的隐喻呢？用它们来提高我们对编程问题和编程过程的洞察力。用它来帮助我们思考编程中的活动，并帮助我们想象出更好的做事方式。我们不能看到一行代码就说它有悖于本章描述的某个隐喻。然而，随着时间的推移，与那些不善于运用隐喻的人相比，人们普遍认为，那些使用隐喻来指明软件开发过程的人明显更能理解编程并能更快地写出更好的代码。

2.3 常见的软件隐喻

围绕着软件开发，令人困惑的隐喻越来越多。格里斯 (David Gries) 说，编写软件是一门科学 (a science，1981)。而高德纳 (Donald Knuth) 说，这是一门艺术 (an art，1998)。汉弗莱 (Watts Humphrey) 说，是一个过程 (a process，1989)。普劳戈和贝克 (P. J. Plauger&Kent Beck) 说，就像开车一样(driving a car),但他们得出的结论却几乎完全相反 (Plauger 1993, Beck 2000)。科博恩 (Alistair Cockburn) 说，是一场游戏 (a game，2002)。雷蒙德 (Eric Remond) 说，像个集市 (a bazaar，2000)。亨特 & 托马斯 (Andy Hunt & Thomas) 说，像园艺一样 (gardening)。黑克尔 (Paul Heckel) 说，就像拍《白雪公主和七个小矮人》(1994)。布鲁克斯说，就像农耕或像狩猎，或者好比与恐龙一起被埋入焦油坑里 (1995)……如此种种，最好的隐喻是什么呢？

软件中的“书法”：编写代码

关于软件开发，最原始的隐喻就是编写代码。这个写作隐喻告诉我们，开发程序就好比写信，坐下来，拿出笔墨纸砚，从头到尾地写就好了。不需要任何正式的计划，可以想到什么东西就写什么。

许多想法都来源于写作这个隐喻。本特利 (Jon Bentley) 说，要能够坐在火炉旁，品着一杯白兰地或抽着上好的雪茄，边儿上趴着自己心爱的猎犬，就像读一本好的小说一样，品读一段“字里行间，行云流水般的程序”(literate program，高德纳提出的文学编程)。柯宁汉和普

劳戈 (Brian Kernighan&P. J. Plauger) 参考《英文写作指南》(Strunk&White 2000)，将他们的一本关于编程风格的书籍重新命名为《编程风格的要素》。程序员也经常在谈论“程序的可读性”。

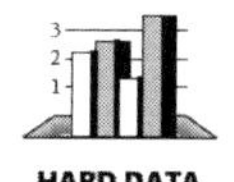

对于个人的工作或小型的项目，写信的隐喻已经足够贴切了，但对于其他场景，这个隐喻还远远不够，也不够恰当，并没有完整、充分地刻画出软件开发的所有工作。写代码通常是一个人的活动，而一个软件项目多半涉及许多不同职责的人。写完一封信后，只要把它塞进信封后寄出去，就算是完成了，不能再修改了，因为从任何程度和目的上看，这件事情实际上已经结束了。而软件的修改并不难，而且很难说有真正完全结束的时候。典型的软件系统在首次发布后的工作量可能占整个工作量的 90%，典型情况下，也有三分之二 (Pigoski 1997)。然而，就写作而言，最重要的是其原创性受到高度重视。但在软件构建中，试图创建真正的原创工作通常不如专注于重用以往项目中的一些设计思想、代码和测试用例有效。简而言之，写作这个隐喻所暗含的软件开发过程过于简单和僵化，不利于理解。

遗憾的是，作为全球最流行的软件书籍之一，布鲁克斯的《人月神话》(Brooks 1995) 延续了写信的隐喻。他说：“务必计划着要废掉一个，因为迟早都会这样，无法避免。”这不禁让人联想到如图 2-1 所示的画面，一堆半成品草稿被扔进了废纸篓。

“务必计划着要废掉一个，迟早都会这样，不可避免。”
—布鲁克斯 (Fred Brooks)

“如果计划着要废掉一个，接下来就会废掉俩，最后习惯成自然。”
—泽罗尼 (Craig Zerouni)

图 2-1　写信的隐喻暗示着软件开发过程是一种代价昂贵的试错过程，而不是精心规划和设计的过程

在给自己的姨妈或者姑妈写一封“最近好吗”这样的问候信时，计划扔掉一个草稿可能还算可行。但对软件开发来说，如果将“写软件”的隐喻引申为计划扔掉一个软件，则是一个糟糕的建议，尤其是软件的一个主要系统花的代价相当于一幢 10 层楼高的办公楼或一艘远洋客轮时。只要能忍受，坐在自己喜欢的旋转木马上足够多的次数，就很容易够得着铜环，成为可以不限次数免费玩儿的幸运儿。诀窍在于第一次就成功或者在成本最低的时候多冒几次险。其他一些隐喻更好地阐明了实现这些目标的方法。

软件如同农耕：培育系统

与前面教条式的写作隐喻相比，一些软件开发人员认为，应该把打造软件想象成农作物的播种和耕耘。一次设计一部分系统，写一段代码，一次做一些测试，一点儿一点儿逐次添加到整个系统中。通过采取这种小步骤来最小化每次可能遇到的麻烦。

有时，一个好的技术找不到一个好的隐喻来描述。在这种情况下，要尝试保全这个技术，找到更好的隐喻。在这里，增量技术是很有价值的，但把它比作播种和耕耘无疑很糟糕。

深入阅读　如果想看另一个关于软件耕耘的隐喻，请阅读《重新思考系统分析与设计》“设计者直觉的源泉”一章(Weinberg 1988)。

“每次做一点儿”的想法可能与农作物的生长方式有一些相似之处，但把软件开发类比为耕作很不贴切，也没有太多意义，而且，我们很容易用下面将要介绍的更好的隐喻来替代它。耕耘的隐喻很难超越“一次做一点儿”这种简单的概念。如果接受图 2-2 中的耕耘隐喻，那么可能发现自己在讨论如何对系统规划进行施肥、详细设计并通过有效的田间管理来增加代码产量，最终收获代码“大丰收”。会讲到“轮种”C++和大麦或者让土地休耕一年来增加硬盘中“天然氮肥的供应”。

“软件如同农耕”，这个隐喻的缺点在于，意味着我们将无法直接控制软件开发过程。春天播下代码的“种子”，然后按照农夫日历上的时令向老天爷许下心愿，将有望在秋天喜获代码“大丰收”。

图 2-2　很难将农耕恰当地引申到软件开发领域

软件如同牡蛎养殖：系统生长

在谈论软件开发时，有时实际上是指软件“生成”。这两个隐喻密切相关，但软件的“生成”是对未来更有洞察力的描述。看到这个词，即使手头儿没有字典，也能明白它的意思是通过外部增加或吸收而逐渐地生长或变大。这个词描述了牡蛎通过逐渐加入少量碳酸钙而形成珍珠的过程。在地质学中，这个词是指通过水的沉积作用缓慢地增加陆地沉积物。在正式的术语中，“生成”(accretion) 是指海岸沿线的陆地因为受到水流冲击，水中夹带的沉积物不断沉积而形成更多的土地。

关联参考 要想进一步了解如何在系统集成时使用迭代策略，请参见第 29.2 节。

这并不是说必须学会如何从水流中夹带的沉积物提炼出代码，而是说需要学习如何向软件系统一次少量增加一小部分。其他与“生成”密切相关的词汇有“增量的”“迭代的”“自适应的”和“演进的”。以增量方式进行设计、编译和测试，都是目前风头正盛的软件开发概念。

在进行增量开发时，首先要做出尽可能简单但能运行的软件系统版本。它不需要接受真实的输入，也无须对数据进行真正的处理，更不用产生实际的输出，它只需要有一个足够强壮的骨架，在开发过程中能够支撑未来真实的系统。对敲定的每个基本功能，可能只需要调用虚拟的类。这个基本的开始，就像牡蛎开始从那颗小沙粒孕育珍珠。

在形成骨骼之后，一点儿一点儿地添上肌肉和皮肤：可以将每个虚拟的类更改为真正的类：不再让程序假装接收输入，而是接收真实输入的代码；不需要让程序假装产生输出，而是产生真实输出的代码。一次添加一小部分代码，直到得到一个完全可以工作的系统。

支持这个隐喻方法的逸事或证据令人印象深刻。布鲁克斯在 1975 年曾经建议试错 (多做几个软件，总有被扔掉的)，声称在他写了里程碑式著作《人月神话》之后的十年，只有增量开发从根本上改变了他的个人实践效率 (1995)。1988 年，吉尔伯 (Tom Gilb) 在其突破性著作《软件工程管理原理》中提出了同样的观点。该书介绍了迭代交付，在很大的程度上奠定了今天敏捷开发的基础。目前的许多方法都基于这个想法 (Beck 2000, Cockburn 2002, Highsmith 2002, Reifer 2002, Martin 2003, Larman 2004)。

作为隐喻，增量开发的优势在于，不做过度承诺。比起农耕这个隐喻，对它进行不恰当的引申更难一些。牡蛎孕育珍珠的画面也生动地刻画了增量式开发 (或生长)。

软件构建：构建软件

与“编写”(writing) 写出来的软件或“培育生成”的软件相比，“构建”出来的软件更形象。它兼容了软件“生成”的思想，并提供了更

详细的指导。构建软件，意味着软件开发中包含很多个阶段，例如计划、准备和实现等，这些阶段的类型和程度随着构建的内容而发生变化。如果进一步探究这个隐喻，就会发现其他方面还有许多相似之处。

建造一座高约 1.2 米的塔，需要一双稳定的手、一个平整的表面以及 10 个完好无损的啤酒罐。而建造大小约为其 100 倍的塔，区区 100 倍数量的啤酒罐并不够，还需要一种完全不同的规划和施工方案。

如果建一个简单的建筑物，比如一个狗屋，那么可以开车去木材店买一些木材和钉子。到下午傍晚时分，为爱犬费多*提供的狗屋就建好了。如果像图 2-3 那样忘记弄个门或者犯了其他错误，那么没什么大不了的，完全可以修复，甚至可以从头开始，不过浪费一个下午而已。这种宽松的方式也适用于小型软件项目。如果对 1 000 行代码使用了错误的设计，那么完全可以重构或从头再来，并没有多大损失。

译注
原文为 Fido，美国前总统林肯的宠物狗就叫这个名字。林肯入住白宫后，费多交给了伊利诺伊州的一位木匠代为照顾。

图 2-3　一个简单的结构错误，惩罚只是多花一点儿时间或稍微有些尴尬而已

如果建房子，过程就会复杂得多，因为糟糕的设计也会带来严重的后果。首先，必须确定想要建什么样的房子，这类似于软件开发中的问题定义。其次，必须和建筑师探讨总体设计并通过审批，这类似于软件架构设计。再次，画出详细的蓝图，然后雇一个承包商。这类似于详细的软件设计。最后，确定地点，打地基，架房屋，安墙板和房顶，接通水、电、煤气等。这类似于软件构建，当房子大部分完工后，庭院设计者、油漆工和装修工入场。这类似于软件的优化过程。在整个过程中，各种监理来检查现场、地基、框架、布线和其他需要检查的地方。这类似于软件评审 (review) 和审查 (inspection)。

在这两个活动中，复杂性更大和规模更大，产生的后果也更大。在盖房子时，建材有些贵，但主要的是人工费用。拆掉一堵墙再移动15厘米很贵，不是因为浪费了多少钉子，而是因为必须花钱请工人额外花时间移动这堵墙。设计必须尽可能好，就像图2-4那样，不至于浪费时间来修复本来可以避免的错误。开发软件产品时，原材料甚至更便宜，但劳动力成本也一样。改一份报告的格式与移动房屋中的墙一样贵，因为这两种情况下的主要成本都是人工费用。

图2-4 更复杂的结构，需要更精心的规划

这两个活动还有哪些相似之处呢？在建房子时，不会试图去做可以直接买的成品。会买洗衣机、烘干机、洗碗机、电冰箱以及冷藏柜。除非是机电奇才，否则不会有人自己动手做这些东西。还可以买预先定制的橱柜、餐桌、窗户、门窗和淋浴房等。如果正在开发软件系统，就会这样做。将广泛使用高级语言所提供的特性，而不是自己写操作系统层级的代码。还可能使用现成的程序库，比如一些容器类、科学函数、用户界面类和数据库访问组件等。总之，如果可以买到现成的，通常就不值得亲自动手写代码。

然而，如果正在建一栋拥有一流家具的高档住宅，那么可能会定制橱柜及其配套的洗碗机、冰箱和冰柜等，也可能会定制不同形状和特别尺寸的窗户。在软件开发中，也有这种类似的定制。如果正在开发一流的软件产品，那么可能会自己动手写科学函数，获得更快的速度或更高的准确度。可以自己动手构建容器类、用户界面组件和数据库访问组件，使产品各部分可以无缝衔接并在界面和体验上完全一致。

建造房子和软件，都得益于适当的多层级的规划。如果以错误的顺序构建软件，那么编码、测试和调试都会很难。可能需要更长的时间才能完成或者整个项目早就“玩儿完了”，因为每个人的工作都太复杂，导致所有工作集成在一起的时候会变得混乱不堪。

精心规划并不一定意味着巨细靡遗的规划或过度的规划。可以把房屋的结构承重规划清楚，然后再决定是铺硬木地板还是铺地毯，墙上涂什么颜色，屋顶用什么材料，等等。一个精心规划的项目可以提高后期改变细节的能力。对于正在构建的软件，经验越多，越了解更多的细节。只要确保规划足够充分，就不至于到后来因为规划不足而产生大的问题。

用建筑房屋来比喻构建软件，也有助于解释为什么不同的软件项目受益于不同的开发方法。在建筑中，如果是盖仓库或工具棚，完全不同于建医疗中心或核反应堆，就需要完全不同的规划、设计和质量保证。盖学校、盖摩天大楼或盖一栋三居室的小别墅，用的方法也不相同。同样，在软件开发中，可能通常只用灵活的、轻量级的开发方法，但有时必须得用严格的、重量级的方法来实现系统所需要的安全目标和其他目标。

对软件进行变更时，会带来另一个与建房子类似的问题。与移动隔墙 (非承重墙) 相比，移动一堵承重墙 15 厘米的费用肯定更高。与此类似，对软件进行结构性的更改，在费用上远远高于添加或删除一些外围功能。

最后，建筑这个隐喻让我们对超大型软件项目有了更加深刻的洞察。超大型结构一旦被破坏，后果就非常严重，因此，要对这样的结构进行超出常规的工程规划。建筑人员仔细制订和检查计划，在建设时留有余地以保障安全，宁可多花 10% 的成本买更坚固的材料，也胜过建成的摩天大楼最后倒塌。还要非常注重时间的安排。在建设帝国大厦时，每辆运货卡车运输时都留出 15 分钟的富余时间 *。如果一辆卡车没有在指定的时间到位，那么整个项目的工期都会推迟。

译注
建筑商为了快速交付建筑材料而专门设定了时间限制和空间限制，因为每天有 200 辆卡车在建筑工地上运送材料。

同样，与一般规模的项目相比，超大型的软件项目需要更高层次的规划设计。琼斯 (Capers Jones) 发表的报告称，一套 100 万行代码的软件系统，平均需要 69 种文档 (1998)。这种系统的需求规范通常有 4 000~5 000 页的篇幅，设计文档的篇幅常常是需求的两到三倍。个人不太可能理解这种大规模的项目的所有设计细节，甚至只是通读一遍

深入阅读 关于“构建隐喻”的引申，请参见“用什么支撑屋顶的？”(Starr 2003)。

都不太容易。因此，更充分的准备工作也是理所当然的。

如果是在经济规模上相当于帝国大厦的大型软件项目，那么还要有相应水准的技术和管理控制。

房屋建筑隐喻可以扩展到许多方向，这就是隐喻方法如此强大的原因。软件开发中，相当一部分常见术语都来自建筑上的隐喻：软件架构(建筑学，architecture)、开发工具支持脚手架(脚手架，scaffolding)、构建(建设，construction)、基础类(foundation，地基)和分解代码(tearing code apart)这一类的词语。

应用软件技术：智慧工具箱

擅长开发高质量软件的人，多年来积累了大量的技术、技巧和诀窍。技术不是“铁律”，它们只是分析工具。能工巧匠知道如何使用合适的工具，也知道该怎样正确使用工具。程序员也一样。编程方面的知识学得越多，思维工具箱里的分析工具就越多，也知道该在何时使用以及如何正确使用它们。

关联参考 要想进一步了解如何在设计中选择并组合各种方法，请参见第5.3节。

在软件领域，咨询顾问有时要求我们购买某些软件开发方法而远离其他方法。这是不妥的，因为如果完全只依赖于某一种方法，就只会用这种方法来看待整个世界。在某些情况下，还有其他更好的方法。这种“工具箱隐喻”有助于保留所有方法、技术和技巧，以便在适当的时候按需选用。

组合各种隐喻

因为隐喻是一种启发式方法而不是算法，所以彼此之间并不排斥。可以同时使用“生成”(accretion)和“构筑”(construction)这两个隐喻。如果想用“写作”隐喻也行，还可以把“写作”和“驾驶”“追捕狼人”或者“和恐龙一起掉在焦油坑里”等隐喻组合起来。可以使用任何隐喻或隐喻的组合来激发自己的思考，并和团队中的成员进行充分地沟通。

隐喻的使用有时不是那么明确，必须扩展，才能从隐喻的启发中获益。但如果外延太多或方向错了，就会受到它们的误导。就像可以误用任何强大的工具一样，隐喻也有可能被误用，但它们强大的功效，使其仍然不失为智慧工具箱中的宝物。

更多资源

译注
编程范式一般包括三个方面：规则范式(学科的逻辑体系)、心理范式(心理认知因素)以及观念范式(自然观/世界观)。简而言之，所谓编程范式，是指程序员看待程序时应当具备的观念，代表设计者是如何看待程序如构建和执行的。常见的编程范式有命令式(COBOL)、过程式(Ada)、说明式(HTML)、面向对象(Java)、函数式(Haskell)以及泛型编程(Swift)等。

关于隐喻、模型和范例的众多书籍中，库恩(Thomas Kuhn)的著作是标准的试金石。

Kuhn, Thomas S. *The Structure of Scientific Revolutions, 3d ed.* Chicago, IL: The University of Chicago Press, 1996. 书中讲述了科学理论是如何在达尔文周期中出现、发展和屈服于其他理论的。这本书 1962 年首次出版就引起了科学哲学界的注意。此书简明扼要，列举了科学中隐喻、模型和范式兴衰的有趣例子。中译本《科学革命的结构》

Floyd, Robert W. "The Paradigms of Programming." 1978 Turing Award Lecture. *Communications of the ACM,* August 1979, pp. 455–60. 这是一篇关于软件开发模型的精彩讨论，作者将库恩的想法应用到了编程领域。

要点回顾

- 隐喻是启发式方法而不是算法，因而往往有些随意。
- 隐喻把软件开发过程与人们熟知的活动联系在一起，帮助人们更好地理解。
- 有些隐喻比其他一些隐喻更为贴切。
- 通过把软件的构建过程比作房屋的建设过程，我们发现，必须要精心准备，而大型项目和小型项目也是有区别的。
- 把软件开发的实践比作智慧工具箱中的工具，进一步表明每个程序员都有许多工具，但并不存在任何一个能适合所有工作的工具，为每个问题选择合适的工具是成为高效率程序员的关键。
- 不同的隐喻并不排斥，要使用对自己最有用的隐喻组合。

读书心得

1. ____________________
2. ____________________
3. ____________________
4. ____________________
5. ____________________

第3章

谋定而后动：前期准备

内容

相关主题及对应章节

- 关键的构建决策：第4章
- 程序规模对构建的影响：第27章
- 软件质量概述：第20章
- 管理构建：第28章
- 软件构建的设计：第5章

在开始建造房屋之前，施工方要审查蓝图，核验所有的许可证是否已经齐备，并勘察地基。针对摩天大楼、住宅和狗屋这三种不同的建筑物，施工方的建造方式不同。无论什么项目，都要根据项目的具体需要，在实施前认真做好准备工作。

本章描述了为软件构建所必须做的准备工作。就像建筑施工一样，工程的成败在开工之前就已经决定了。如果地基不牢或者规划不充分，那么在施工期间充其量只能勉强把损失降到最低。

木匠中有句行话，量两次，切一次，这种说法很适用于软件开发的构建部分。构建的成本可以占到项目总成本的65%。最糟糕的软件项目最终要进行两三次甚至更多次的构建。与其他行业相比，如果软件行业中项目最昂贵的部分需要重复执行两次，那么一样很糟糕。

虽然本章可以为成功的软件构建奠定基础，但是没有直接讨论构建本身。如果觉得自己是食肉动物或者已经非常熟悉软件工程的生命周期，那么可以从第5章开始寻找“干货”。如果不喜欢构建的前期准备这种想法，请参见第3.2节，根据自己的具体情况来判断需要做哪些前期准备，然后看一下 3.1 节中的数据，这些数据描述了不做前期准备会付出多少代价。

3.1 前期准备的重要性

构建高质量软件的程序员，都有一个共同的特征，即他们用的是高质量的实践。这样的实践在项目开始、中间和结束时始终都在强调质量。

关联参考 重视质量也是提高生产率的最佳途径。详情参见第 20.5 节。

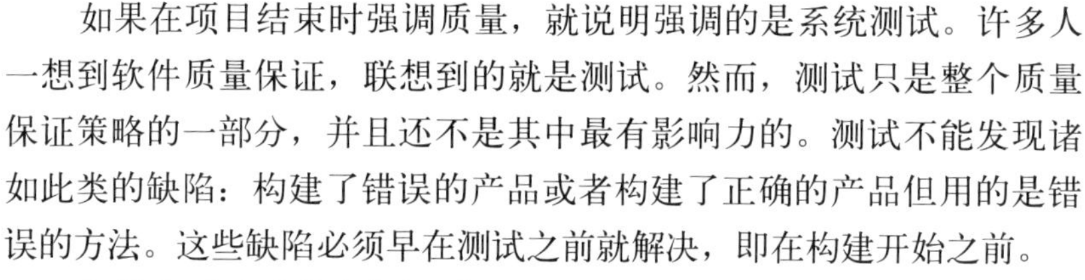

如果在项目结束时强调质量，就说明强调的是系统测试。许多人一想到软件质量保证，联想到的就是测试。然而，测试只是整个质量保证策略的一部分，并且还不是其中最有影响力的。测试不能发现诸如此类的缺陷：构建了错误的产品或者构建了正确的产品但用的是错误的方法。这些缺陷必须早在测试之前就解决，即在构建开始之前。

如果在项目过程中强调质量，就说明强调的是构建实践。这些实践是本书大部分内容的重点。

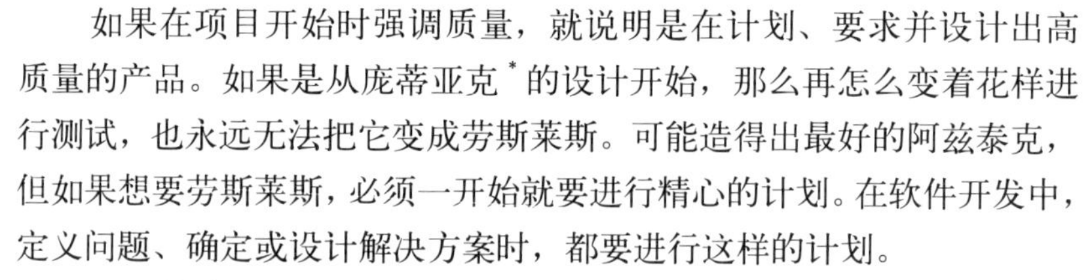

如果在项目开始时强调质量，就说明是在计划、要求并设计出高质量的产品。如果是从庞蒂亚克*的设计开始，那么再怎么变着花样进行测试，也永远无法把它变成劳斯莱斯。可能造得出最好的阿兹泰克，但如果想要劳斯莱斯，必须一开始就要进行精心的计划。在软件开发中，定义问题、确定或设计解决方案时，都要进行这样的计划。

译注
通用汽车公司 2001～2003 年生产的中型 SUV，以“丑”闻名，它的中控台是 NASA 的承包商江森自控设计的。

由于构建处于软件项目的中间，所以开始构建时，项目的早期部分已经为成功或失败打下了一些基础。然而，在构建过程中，至少应该能够确定具体情况并在面临失败的风险时做好备用方案。本章的其余部分将详细描述为什么适当的前期准备很重要以及如何确定是否真的充分准备好了。

前期准备是否适用于现代软件项目

“方法论应该选择最新最好的，而不应该无知地做出选择。当然也应该公平地对待旧有且可靠的方法。”
—米尔斯（Harlan Mills，IBM 研究员，净室开发创始人）

有些人断言，架构、设计和项目规划这一类的前期准备活动对现代软件项目毫无用处。总而言之，过去或现在的研究，或当前的数据都不能充分支持这种断言。详情可参见本章剩余部分。反对进行前期准备的人通常会展示一些例子来说明前期准备做得很差，然后指出这样的工作并不有效。然而，前期准备活动可以做得很好，从 20 世纪 70

年代至今的工业数据表明，如果在真正开始构建之前进行适当的准备工作，那么项目就能够以最佳状态运行。

准备工作的首要目标是降低风险：好的项目规划要尽早清除主要的风险，让项目的主体尽可能顺利地进行。到目前为止，软件开发中最常见的项目风险是糟糕的需求和糟糕的项目规划，因此，准备工作往往集中于改进需求和项目计划上。

为构建做前期准备不是一门精确的科学，用于降低风险的具体方法也必须因不同的项目而异。在不同的项目中，细节可能会有很大的差异。有关这方面的更多信息，请参见第 3.2 节。

准备工作不充分的根本原因

你可能认为，所有专业程序员都知道准备工作的重要性，并在开始构建之前检查所有先决条件是否都满足。然而不幸的是，事实并非如此。

深入阅读　有关培养这些技能的专业发展计划的描述，请参见最新中译本《软件开发的艺术》的第 16 章。

准备不足的一个常见原因是，被指派从事前期准备活动的开发人员不具备完成任务所需要的专门知识。计划项目、创建有说服力的商业案例、开发全面和准确的需求以及创建高质量架构所需的技能并非微不足道，但大多数开发人员都没有接受过做好这些活动的培训。当开发人员不知道如何做前期准备工作时，建议做更多的前期准备工作听起来就毫无意义：如果工作一开始就没有做好，那么做得再多也是徒劳！对执行这些活动的讲解不在本书的范围内，但本章末尾的更多资源部分提供了获得这些专业知识的很多途径。

有些程序员虽然确实知道如何执行前期准备活动，但他们事实上并没有落实到行动上，因为无法抗拒尽快开始编码的冲动。如果这是你所面临的情况，那么我有两个建议：一是阅读下一节的讨论，了解你之前没有想到的事情；二是留意以前经历过的问题。只要做几个大的项目，就知道很多压力是可以通过提前计划来避免的。个人经历是你最好的导师。

深入阅读　有关软件需求的经典著作有《软件需求》(第 3 版)和《软件需求与可视化模型》。

程序员不做准备的最后一个原因是，管理人员并不关注那些做足构建前期准备的程序员，这是出了名的。鲍姆 (Barry Boehm)、布奇 (Grady Booch) 和威格斯 (Karl Wiegers) 等人已经在需求和设计方面呼吁了 25 年，你或许期望管理人员已经开始意识到软件开发真的并不只是编码。

深入阅读　关于这个主题的各种有趣版本，请阅读温伯格的经典著作《计算机编程心理学》(Weinberg, 1998)。

话说几年前，我在做国防部的一个项目，当负责该项目的陆军将军来访时，我们正在集中精力做需求准备和分析。我们告诉他，我们正在准备和分析需求，我们主要是与客户沟通、获取需求并进行概要设计。无论我们怎么解释，他都要坚持看代码。我们告诉他还没有代码，但他仍然坚持在一个容纳百人的工作间里走来走去，决心要看看谁正在编程。看到这么多人离开办公桌或者正在从事需求和设计工作，这位高大魁梧、声音洪亮的先生感到很沮丧，最后指着坐在我旁边的工程师吼道：“他在干什么？他一定是在写代码！”事实上，这位工程师正在开发一个文档格式化实用程序，但将军想要找到代码，认为它看起来像代码，并且希望工程师在开发代码，于是我们干脆顺水推舟，告诉他这就是代码。

这种现象被称为“WISCA 或 WIMP 综合征”：“为什么山姆没有在敲代码？(Why Isn’t Sam Coding Anything?) 或者为什么玛丽没有在编程？(Why Isn’t Mary Programming?)”

如果项目经理以一位陆军准将的姿态命令你马上开始写代码，你很容易说：“好的，先生！”(这有什么害处呢？“老司机”一定知道。) 这是一种糟糕的反应，而你有更好的选择。

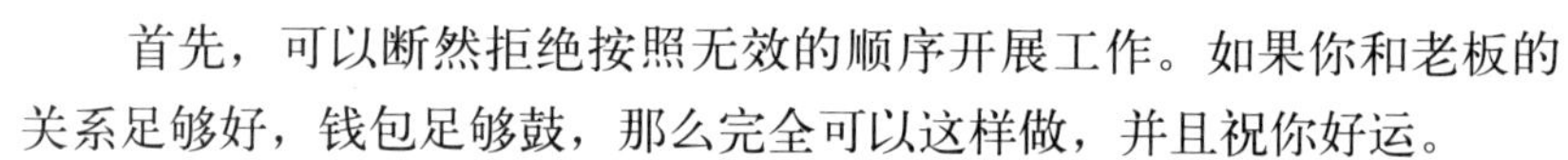

首先，可以断然拒绝按照无效的顺序开展工作。如果你和老板的关系足够好，钱包足够鼓，那么完全可以这样做，并且祝你好运。

其次，这个选择充满了争议。把一个旧的程序清单放在桌子的角落里。然后，不管有没有得到老板的批准，你都要继续开发需求和架构。这样，你就会更快地完成项目，并且得到更高质量的结果。有些人觉得这种做法在道德上令人反感，但从老板的角度来看，无知反而得福。

再其次，可以让老板了解一下技术项目的细微差别。这是一个很好的方法，因为它有利于增加世界上开明老板的数量。下一小节给出了在构建之前花时间完成先决条件的更多理由。

最后，可以另谋高就。尽管经济形势起起落落，但优秀的程序员总是供不应求 (BLS 2002)。当有很多更好的选择时，不能把短暂的生命浪费在这样令人不爽的码农工厂。

构建前要做前期准备，有绝对有力且简明的论据

设想走过“问题定义”之山，与名为“需求”之人同行数里，来到“架构”之泉前，脱下脏兮兮的外套，然后沐浴在“前期准备”的纯净水中。

那么你就会知道，在实现一个系统之前，需要理解这个系统需要做什么以及它要如何做到这些。

作为一名技术人员，一部分工作是教育周围的非技术人员，让他们了解开发过程。本节将帮助你应对那些尚未觉悟的管理人员和老板。下面有支持“在开始编码、测试、调试之前进行需求分析和架构设计，才能保证关键的方面都做正确”这个观点的大量论据。掌握这些论据，然后和老板坐下来，针对编程过程展开一次坦诚的交谈。

诉诸于逻辑

有效编程的关键思想之一是重视前期准备工作。在着手开始一个大的项目之前，要精心计划好项目，这是有意义的。大的项目需要更多规划；小的项目需要较少的规划。从管理的角度来看，计划意味着确定项目所需要的时间、人员和计算机的数量。从技术的角度来看，计划意味着理解你想要构建什么，这样就不至于浪费钱去构建错误的东西。有时，用户一开始并不能完全确定自己想要什么，因此可能需要花费比理想情况下更大的力气才能找出他们真正想要的。但相比构建错误的东西而不得不扔掉并重新开始，这样做成本更低。

在开始构建系统之前，考虑如何构建也很重要。没有人希望花上很多的时间和金钱，最后却徒劳无功，尤其是还可能导致成本增加。

诉诸于类比

构建软件系统与任何其他需要人力和金钱的项目一样。假设你在建一座房子，在开始敲钉子之前，要先画好建筑图纸和蓝图。在浇筑混凝土之前，要先审查和审批图纸。在软件领域，做技术计划也包含同样多的事情。

这好比直到你摆好圣诞树，才可以开始装饰圣诞树。除非打开烟道，否则不要生火。没有人会空着油箱跑长途。没有人会在洗澡前就穿好衣服，以及在穿袜子前先穿鞋。至于软件，也必须按照正确的顺序进行操作。

程序员处于软件“食物链”的末端。架构师“消化”需求；设计者“消化”架构；编码“消化”设计。

对比软件“食物链”与生物的食物链，在生态良好的环境中，海鸥吃活的鲑鱼（又称为三文鱼）。这对它们来说营养丰富，因为鲑鱼吃活的鲱鱼，而它们又吃活的浮游生物。这样就形成了一个健康的食物链。在编程中，如果在食物链的每个阶段都有健康的食物，最终结果就是快乐的程序员编写出健康的代码。

在一个被污染的环境中，浮游生物在核废料中游动，鲱鱼被多氯联苯污染，吃鲱鱼的鲑鱼游过泄漏入海的石油。不幸的是，海鸥处于这个食物链的顶端，所以它们不只是吃了鲑鱼里的漏油，它们还吃了鲱鱼带来的多氯联苯和浮游生物带来的核废料。在编程中，如果你的需求被“污染”，那么它们就会“污染”架构，而架构又会“污染”构建。得！脾气暴躁、营养不良的程序员不就是这么来的吗！开发出的软件有放射性污染，并且到处都是缺陷。

如果正在为某个高度迭代的项目做计划，那么在开始构建活动之前，需要针对将要构造的每个片段，先弄清楚哪些是最重要的需求和架构要素。建造房屋的建筑商在动工建造项目中第一幢房子之前，不需要知道将要开发的所有房子的每一个细节。但是，建筑商会勘测场地，画出下水道和电线，等等。如果施工人员没有做好前期准备，需要在已经建好的房子下面再挖一条下水道，施工就会被推迟。

诉诸于数据

过去 25 年的研究已经证明，第一次就把事情做好是最合算的。非必要的改动会让你付出昂贵的代价。

惠普公司、IBM、休斯飞机公司、天合汽车集团和其他组织的研究人员发现，与“在开发过程的最后阶段（在系统测试期间或者发布之后）做同样的事情”相比，在构建活动开始之前清除错误，返工成本仅仅是前者的到百分之一到十分之一 (Fagan 1976; Humphrey, Snyder, and Willis 1991; Leffingwell 1997; Willis et al. 1998; Grady 1999; Shull et al. 2002; Boehm and Turner 2004)。

一般来说，这里的原则是，发现错误的时间要尽可能接近于引入该错误的时间。缺陷在软件“食物链”中停留的时间越长，造成的破坏越多。需求是最先完成的，所以，需求缺陷可能在系统中存在的时间更长，并且成本更高。软件上游引入的缺陷也比软件下游引入的缺陷影响更为广泛。因此，早期引入的缺陷代价更高。

HARD DATA

表 3-1 展示了修复缺陷的相对成本，这取决于缺陷是在何时引入和发现的。

表 3-1　基于缺陷引入和检测时间的平均修复成本

	检测到的时间				
引入的时间	需求阶段	架构阶段	构建阶段	系统测试阶段	发布之后
需求阶段	1	3	5~10	10	10~100
架构阶段	—	1	10	15	25~100
构建阶段	—	—	1	10	10~25

资料来源：改编自“Design and Code Inspections to Reduce Errors in Program Development”（Fagan 1976), Software Defect Removal (Dunn 1984),“Software Process Improvement at Hughes Aircraft”（Humphrey, Snyder, and Willis 1991),“Calculating the Return on Investment from More Effective Requirements Management”（Leffingwell 1997),“Hughes Aircraft's Widespread Deployment of a Continuously Improving Software Process”（Willis et al. 1998),“An Economic Release Decision Model: Insights into Software Project Management”（Grady 1999),“What We Have Learned About Fighting Defects”（Shull et al. 2002), and Balancing Agility and Discipline: A Guide for the Perplexed (Boehm and Turner 2004)

表 3-1 中的数据显示，在创建架构时需要花 1000 美元来修复的架构缺陷，在系统测试期间就需要花 15 000 美元来修复。图 3-1 说明了同样的现象。

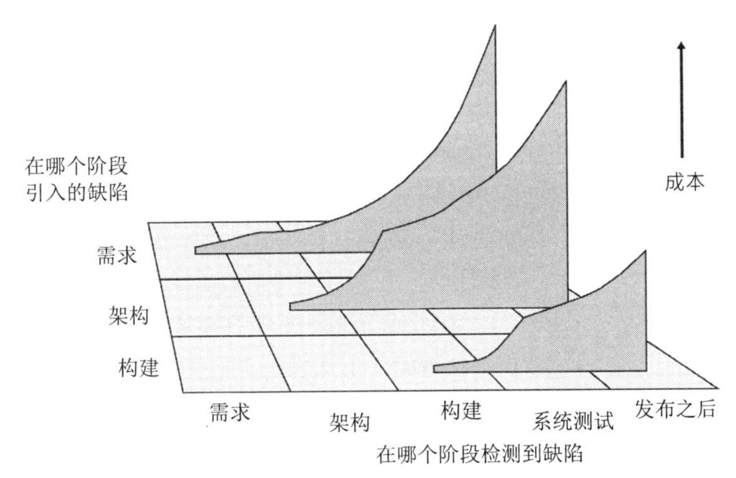

图3-1　修复缺陷的成本随着从引入缺陷到检测到缺陷的时间拉长而急剧上升。无论项目是高度序列化的（预先完成 100% 的需求和设计）还是高度迭代的（预先完成 5% 的需求和设计），都有这个现象

一般的项目仍然在图 3-1 的右侧进行大部分缺陷纠正工作，这意味着在一个典型的软件开发周期中，调试及其相关的返工花了大约 50% 的时间 (Mills 1983; Boehm 1987a; Cooper and Mullen 1993; Fishman 1996; Haley 1996; Wheeler, Brykczynski, and Meeson 1996; Jones 1998; Shull et al. 2002; Wiegers 2002)。数十家公司都发现，在一个项目中，只是重点关注尽早纠正缺陷，就可以将开发成本和时间减少一半或降

到更低 (McConnell 2004)。尽早发现并解决问题，本身就是一个良性的激励。

老板就绪测试

如果觉得老板已经明白在构建之前做好准备工作的重要性，试试做个下面这样的测试，来确保他真的明白了。

下面的句子中，哪些是自证预言*？

- 我们最好马上开始编码，因为有许多调试工作在等着我们。
- 我们没有为测试规划太多的时间，因为我们不会发现很多缺陷。
- 我们对需求和设计进行了大量的研究，以至于我想不出在编码或调试过程中会遇到什么主要问题。

所有这些说法都是自证预言。要瞄准最后那个。

如果仍然不确定，那么请继续阅读。

译注

自证预言又称为“自我应验预言”或“自我实现预言”，是美国社会学家罗伯特·金·莫顿提出的一种社会心理学现象，指先入为主的判断，无论正确与否，都会或多或少影响到人们的行为，以至于这样的判断最后被应验。吸引力法则就属于这样的自我应验。

3.2 确定要开发什么类型的软件

软件生产力研究中心的首席科学家琼斯 (Capers Jones) 总结 20 年的软件研究后指出，在各种项目中，他和他的同事看到过 40 种需求收集方法、50 种软件设计方法、30 种测试方法和 700 种编程语言 (Jones 2003)。

不同种类的软件项目在准备工作和构建时，各有侧重。每个项目都是独特的，但通常可以归为几种通用的开发风格。表 3-2 列出了三种最常见的项目类型，并列出了最适合每种项目的实践。

表 3-2 三种常见软件项目的典型优秀实践

	软件类型		
	商业系统	任务攸关系统	嵌入式生命攸关系统
典型应用	互联网网站 内部网网站 库存管理 游戏 信息管理系统 薪资管理系统	嵌入式软件 游戏 互联网网站 打包软件 软件工具 网络服务	航天软件 嵌入式软件 医疗设备 操作系统 打包软件
生命周期模型	敏捷开发（极限编程、Scrum 和时间盒开发等） 演进式原型法	阶段式交付 演进式交付 螺旋式开发	阶段式交付 螺旋式开发 演进式交付

续表

软件类型			
	商业系统	任务攸关系统	嵌入式生命攸关系统
计划与管理	增量式项目计划 按需测试及质量保证计划 非正式变更控制	基本的前期规划 基本的测试计划 按需质量保证计划 正式变更控制	充分的前期规划 充分的测试计划 充分的质量保证计划 严格的变更控制
需求	非正式的需求规格	半正式的需求规格 按需需求评审	正式的需求规格 正式的需求审查
设计	设计和编码相结合	架构设计 非正式的详细设计 按需设计评审	架构设计 正式架构审查 正式详细设计 正式详细设计审查
构建	结对编程或个体编码 非正式代码签入流程或无代码签入流程	结对编程或个体编码 非正式代码签入流程 按需代码评审	结对编程或个体编码 正式代码签入流程 正式代码审查
测试与质量保证	开发自测代码 测试先行开发 单独测试组无须测试或执行少量测试	开发自测代码 测试先行开发 单独的测试组	开发自测代码 测试先行开发 独立的测试组 独立的质量保证组
部署	非正式部署流程	正式部署流程	正式部署流程

在实际项目中，你会发现本表中列出的三种主要的软件类型有无数种变化形式；无论如何，表中已经列举了它们的共性。商业系统项目往往受益于高度迭代的方法，在这种方法中，规划、需求和架构与构建、系统测试和质量保证活动交织在一起。生命攸关系统往往要求采用更加序列化的方法，需求稳定性是确保超高等级可靠性的必备条件之一。

迭代方法对前期准备的影响

有些作者断言，使用迭代技术的项目根本不需要过多地关注前期准备工作。但是，这种观点是错误的。迭代方法倾向于减少前期准备不足所造成的影响，但并不能消除它。让我们看一下表 3-3 所示的不关注前期准备的项目。一种方法是项目按顺序进行，并且仅仅依靠测试来发现缺陷；另一种方法是迭代进行的，并在进行过程中发现缺陷。第一种方法将大部分缺陷纠正工作延迟到项目的末尾，使成本更高，如表 3-1 所示。迭代方法在项目过程中零碎地吸收返工，这使总成本更低。表 3-3 中的数据仅仅是为了举例说明，但本章前面描述的研究对这两种一般方法成本的相对关系提供了很好的支持。

与完成相同任务的序列化开发项目相比，那些简化或取消前期准备工作的迭代项目有两方面的不同。一方面，平均的缺陷修复成本将会更低，因为缺陷会在接近于引入的时候被检测出来。另一方面，在每次迭代的后期仍然会检测到缺陷，纠正的话需要重新设计、重新编码和重新测试软件的某些部分，使缺陷纠正的成本远远高于实际所需。

表 3-3　序列式和迭代项目不做前期准备所造成的影响

	方法 1：不做前期准备的序列式方法		方法 2：不做前期准备的迭代方法	
项目完成状态	实施成本（美元）	返工成本（美元）	实施成本（美元）	返工成本（美元）
20%	100 000	0	100 000	75 000
40%	100 000	0	100 000	75 000
60%	100 000	0	100 000	75 000
80%	100 000	0	100 000	75 000
100%	100 000	0	100 000	75 000
项目结束时返工	0	500 000	0	0
小计	500 000	500 000	500 000	375 000
总计		1000 000		875 000

其次，使用迭代方法，成本将在整个项目过程当中分次支付，并不会集中在项目结尾时一次性支付。整个项目尘埃落定时，实际的总成本是相似的，但看起来却没有那么高，因为开发费用是在整个项目过程中分次支付的，而不是在项目最后一次性付清。

如表 3-4 所示，无论是使用迭代方法还是序列式，关注前期准备工作都可以降低成本。由于诸多原因，所以迭代方法通常是更好的选择，但是，与密切关注前期准备工作的序列式项目相比，忽略前期准备工作的迭代项目的成本可能要高得多。

表 3-4　序列式和迭代项目做前期准备的效果

	方法 3：做前期准备的序列式方法		方法 4：做前期准备的迭代方法	
项目完成状态	实施成本（美元）	返工成本（美元）	实施成本（美元）	返工成本（美元）
20%	100 000	20 000	100 000	10 000
40%	100 000	20 000	100 000	10 000
60%	100 000	20 000	100 000	10 000
80%	100 000	20 000	100 000	10 000
100%	100 000	20 000	100 000	10 000
项目结束时返工	0	0	0	0
小计	500 000	100 000	500 000	50 000
总计		600 000		550 000

如表 3-4 所示，大多数项目既不完全采用序列式开发，也不是完全采用迭代式开发。预先详细说明 100% 的需求或预先设计虽然不切实际，但是对绝大多数项目来说，尽早把那些关键的需求要素和架构要素确定下来，这是很有价值的。

关联参考　要想进一步了解如何针对不同规模的程序调整开发方法，请参见第 27 章。

一个常见的经验法则是，预先确定大约 80% 的需求，为以后再确定的额外需求预留时间，然后采用系统化的变更控制，以确保随着项目的进展只接受最有价值的新需求。另一种选择是预先确定最重要的 20% 需求，并计划以小的增量来开发软件的其余部分，然后随着时间的推移来确定新增的需求和设计。图 3-2 和图 3-3 展示了这两种不同的方法。

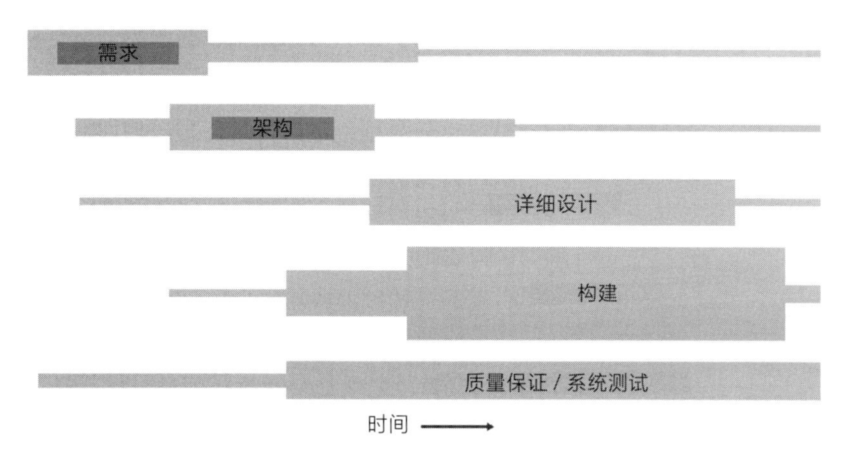

图 3-2　大多数项目的活动在一定的程度上都会重叠，即使是高度序列化的

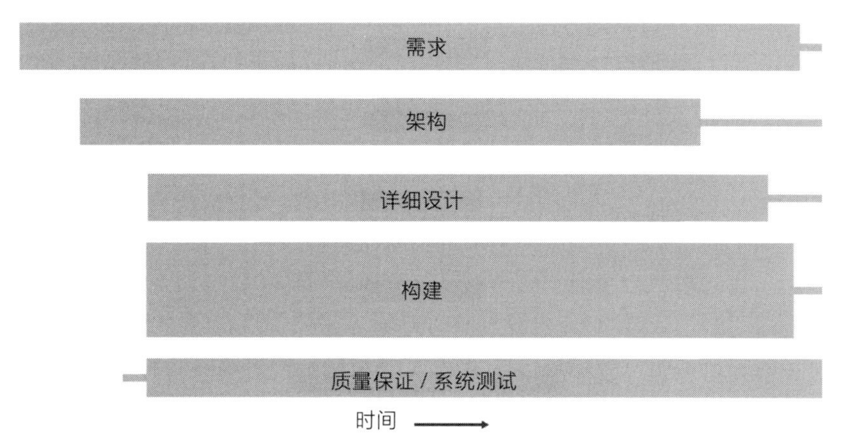

图 3-3　在其他项目上，各种活动在项目期间会重叠起来。成功构建的一个关键是了解前期准备已经完成的程度，并相应地调整方法

迭代式和序列式，如何选择

预先满足前期准备工作的程度将根据表 3-2 所示的项目类型、项目形式、技术环境、人员能力和项目业务目标而有所不同。如果存在下述情况，那么可能会选择序列式(注重前期准备)方法。

- 需求相当稳定。
- 设计很简单，也很容易理解。
- 开发团队熟悉应用程序领域。
- 项目几乎没有风险。
- 长期的可预测性很重要。
- 后期变更需求、设计和代码的成本可能很昂贵。

可能会因为下列原因选择迭代(走着瞧)方法。

- 需求没有得到充分理解，或者出于其他原因，而认为它们不稳定。
- 设计是复杂的、有挑战性的，或者两者兼而有之。
- 开发团队不熟悉应用程序领域。
- 项目有很多风险。
- 长期的可预测性并不重要。
- 后期变更需求、设计和代码的成本可能很低。

事实上，在软件开发中，与序列式方法的适用场景相比，迭代方法的适用场景多得多。要想使前期准备适用于具体项目，根据需要调整其正式程度和完备程度即可。针对适用于大型项目和小型项目的不同方法(也称为适用于正式项目和非正式项目的不同方法)的详细讨论，请参见第 27 章。

首先确定哪些构建前期准备工作非常适合自己的项目。有些项目在前期准备上花的时间太少，使构建活动中不得不反复进行太多不必要的修改，同时还阻碍了项目的稳步前进。有些项目预先做了太多的工作，固执地坚持原有的需求和计划，事后证明这些需求和计划无效，也阻碍了构建过程的顺利进行。

研究表 3-2 并确定需要为当前项目做哪些前期准备，可通过本章的其余部分来确定各项特定的构建前期准备工作是否已经做到位。

3.3 定义问题的先决条件

在开始构建之前，需要满足的第一个先决条件是对系统要解决的问题进行清楚地说明。这有时称为“产品愿景”“愿景声明”“使命

“如果框框是约束和条件的边界，那么诀窍就是找到这个框框……不要在框框之外思考，而是要找到这个框框。”
—亨特和托马斯 (Hunt & Thomas)

声明”或“产品定义”，本书称为“问题定义”。因为本书的主题是软件构建，所以这里不会告诉你如何编写问题定义，而是告诉你如何辨明是否已经写好了问题定义以及它能否为构建活动奠定一个良好的基础。

问题定义只定义了问题是什么，并不涉及任何可能的解决方案。它是一个很简单的陈述，可能只有一两页的篇幅，并且听起来要像是问题。好比“我们无法跟踪 Gigatron 的订单”，这样的陈述听起来像是个问题，而且确实是一个很好的问题定义。“我们需要优化我们的自动数据输入系统以便跟进 Gigatron 的订单”，这个很糟糕的问题定义，看起来不像是一个问题，更像是一个解决方案。

如图 3-4 所示，问题定义先于详细的需求工作，它是对问题更深入的研究。

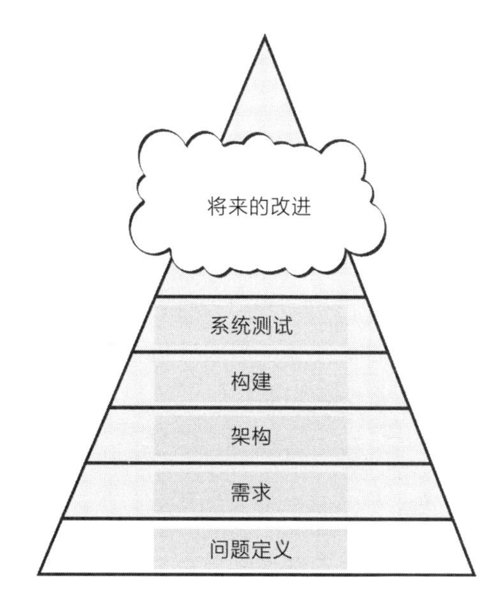

图 3-4　问题定义为随后的编程过程打下了基础

问题定义要使用用户的语言，并且应该从用户的角度描述问题。它通常不应该用计算机术语来表述。最好的解决方案未必是计算机程序。设想需要一份显示年度利润的报告。你已经用计算机做了显示季度利润的报表。如果受制于程序员的思维定式，就会认为向一个已经完成季度报告的系统中添加年度报告应该很容易。然后，付钱给程序员编写和调试一个计算年度利润的程序，这个程序的开发需要耗费些时日。如果没有受制于程序员的思维定式，那么可以吩咐秘书来完成。

她只需要用一分钟的时间在袖珍计算器上把每个季度的数字加起来，就能完成这个任务。

这个规则也有例外，那就是需要解决的问题是与计算机相关的：编译时间太长，或者开发工具缺陷太多。在这种情况下，使用计算机术语或程序员术语来陈述问题是恰当的。

如图 3-5 所示，如果问题的定义不精准，那么我们可能会将精力放在解决错误的问题上。

图 3-5　在射击之前，确保已经精确瞄准目标

未能定义问题的后果是，可能会浪费大量时间来解决错误的问题。这是一个双重处罚，因为正确的问题并没有得到正确的解决。

3.4 需求的先决条件

需求详细描述了软件系统应该做什么，它们是解决方案的第一步。需求活动也称为需求开发、需求分析、分析、需求定义、软件需求、规格书、功能规格书和规格。

为什么要有正式的需求

为什么说有一套明确的需求很重要呢？原因很多。

明确的需求有助于确保是用户而不是程序员在驾驭系统的功能。如果需求是明确的，那么用户可以自行评审，并进行核准。否则，程序员往往会在编程期间自行决定需求。明确的需求能免得我们去猜用户到底想要什么。

明确的需求也有助于避免争论。在开始编程之前，要确定系统的范围。如果与其他程序员在程序功能上有分歧，那么可以考虑大家一起查看需求。

重视需求，有助于在进入开发阶段之后尽可能少去进行系统变更。如果在编码过程中发现编码错误，只需要修改几行代码，然后就能继

续工作。但如果在编码过程中发现一个需求错误，就必须更改设计使之符合更改后的需求。可能不得不丢弃旧设计的一部分，并且因为要与已经编写的代码相适应，可能导致新的设计，与在项目之初进行同样的设计对比，花费的时间更多。此外，还必须废掉受当前需求变更影响的代码和测试用例，还需要编写新的代码和测试用例。即使是未受影响的代码也需要重新进行测试，以确保其他地方的更改没有引入新的错误。

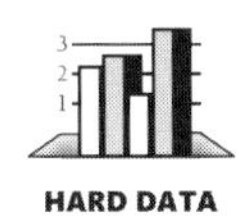

如表 3-1 报告的那样，来自众多组织的数据显示，在大型项目中，如果在架构阶段检测到需求错误，那么修复成本通常是在需求阶段检测并修复该错误的成本的 3 倍。如果在编码阶段检测到需求错误，那么修复成本是修复错误的成本的 5 至 10 倍。在系统测试阶段，修复成本是修复错误的成本的 10 倍。在发布之后，修复成本陡增至 100 到 1000 倍 (以在需求分析阶段检测并修复错误的成本为基数)。对于小型项目，管理成本较低，那么发布之后的修复成本倍数更是接近于 5~10 倍，比 100 小得多 (Boehm and Turner 2004)。无论哪种情况，都不会有人愿意自己掏腰包。

充分详尽地描述需求是项目成功的关键，甚至可能比有效的构建技术更重要 (图 3-6)。关于如何清楚描述需求，已经有了很多优秀的书籍。因此，接下来的几节并不打算讲如何清楚地描述需求，而是介绍如何确定需求是否已经分析好以及如何充分利用现有的需求。

图 3-6　没有好的需求，虽然能从总体方向上把握问题，但是无法精准定位问题具体细节上的特定方面

稳定需求的神话

“需求好比水。冻结之后，才更容易在上面开展工作。”
—佚名

稳定的需求是软件开发的圣杯。一旦需求稳定，项目就能够以一种有序、可预测和平稳的方式，完成从架构到设计、编码和测试的一系列工作。这简直就是软件开发的天堂！能预测开支，而且根本不必担心实现某项特性的开支增至原计划的 100 倍，因为在开发者完成调试之前，用户并没有考虑到这项特性。

一旦客户接受了一份需求文档，就再也不做更改，说真的，这只是一个美好的愿望。然而，对一个典型的项目来说，在编写代码之前，客户无法准确地描述自己到底想要什么。问题不在于客户是低级生物。就像我们做这个项目的时间越多，就越了解它一样，客户参与项目的时间越长，他们就越了解它。开发过程能帮助客户更好地理解他们自己的需求，这是需求变更的主要来源 (Curtis, Krasner, and Iscoe 1988; Jones 1998; Wiegers 2003)。计划严格遵循需求行事，其实就是不打算对客户的要求做出回应。

典型情况下需求会有多少改动？IBM 和其他公司的研究发现，平均水平的项目，在开发过程中需求会有 25% 的变化 (Boehm 1981, Jones 1994, Jones 2000)。需求变更产生的返工占到返工总量的 75%~85% (Leffingwell 1997, Wiegers 2003)。

也许有人认为庞蒂亚克是有史以来最伟大的汽车，也许有人属于扁平地球协会，并且每四年就到外星人降落的地点新墨西哥州罗斯威尔朝圣一次。如果真的是这样，就放手去做吧，并坚信项目上的需求永远不会更改。反过来，如果已经不再相信圣诞老人和牙仙子或者至少不再承认有这么回事，可以采取几个步骤来使需求变更的负面影响最小化。

在构建期间处理需求变更

在构建期间，要想充分应对需求变更，可以采用以下方式。

使用本节末尾的需求检查清单来评估需求的质量　如果你的需求不够好，那么停止工作，退回去，先把它做好，然后再继续前进。当然，因为在此期间你会停止编写代码，所以感觉似乎进度会落后。不过，假设正从芝加哥开车去洛杉矶，突然看到去纽约的路牌，那么停下来看看路线图是不是浪费时间呢？当然不是。如果没有对准正确的方向，就需要停下来检查一下路线。

确保每个人都知道需求变更的代价　客户只要想到一个新特性，他们就会感到兴奋。在兴奋时会上头，失去理智，他们会把之前所有讨论需求的会议、签字仪式和完成的需求文档统统抛诸脑后。面对这种新功能中毒症患者，最简单的方法是说：“哇，这听起来很不错。不过，由于它不在需求文档中，所以我要整理一份修订过的时间表和成本估算，让你决定是现在实施还是过一阵子再说。”进度和成本这两个词比咖啡和冷水浴更容易让人清醒，许多必须有的东西很快就会变成有就最好。

如果组织对先做需求分析的重要性并不敏感，就要指出，在需求阶段进行修改比之后进行修改的成本低得多。

关联参考　要想进一步了解如何处理设计和代码变更，请参见 28.2 节。

建立一套变更控制程序　如果客户激情不减，那么可以考虑建立一个正式的变更控制委员会，评审提交上来的变更方案。客户改变想法，认识到他们需要更多的功能，这并不是坏事。问题是他们提出变更方案太频繁了，让人跟不上进度。如果有一套固定的变更控制程序，那么大家就会很愉快，一方面知道自己只需要在特定的时候处理变更，另一方面客户也知道你打算处理他们的提议。

关联参考　要想进一步了解迭代开发方法，请参见 5.4 节中的迭代部分和 29.3 节中的增量式集成策略部分。

使用能适应变更的开发方法　某些开发方法能够让人充分响应需求变更。演进原型法能够让人在投入全部精力构建系统之前，先探索系统的需求。演进交付是一种分阶段交付系统的方法。可以先建一小块、从用户那里获得一点儿反馈，调整一点儿设计，做少量改动，再多建一小块。关键在于缩短开发周期，以便更快地响应用户的要求。

深入阅读　要想进一步了解支持灵活需求的开发方法，请参见 2021 年出版发行的中译本《快速开发》(纪念版)。

放弃这个项目　如果需求特别糟糕或者不稳定，并且前面的建议都不可行，就取消这个项目。即使无法真的取消这个项目，也设想一下取消之后会怎样。在取消之前，想想它可能会变得多糟糕。假设在某种情况下可以放弃这个项目，那么至少也要认真考虑，目前的情况和设想的情况有多大距离。

关联参考　要想进一步了解正式项目和非正式项目有哪些区别(通常由项目规模的差异引起)，请参见第 27 章。

关注项目的商业案例　在提到实施这个项目的商业理由时，许多需求事项就会从眼前消失。有些需求作为功能特色来看不错，但当评估增加的商业价值时，就会觉得糟透了。始终从商业价值的角度来做决策，这样的程序员身价堪比黄金，不过，我更乐意为此建议获得现金报酬。

检查清单：需求

这个需求检查清单包含一系列的问题，用于检查项目的需求工作做得如何。本书并不介绍如何做出好的需求分析，所以表里也不会有这样的问题。在开始构建之前，用这张表做一次健全检查，看看地基到底有多牢固：用需求里氏震级来衡量。

并不是所有问题都适用于具体的项目。如果是在做一个非正式的项目，就会发现一些你甚至不需要考虑的东西。你可能还会发现一些问题需要考虑但不需要做出正式的回答。然而，如果是在做一个大型、正式的项目，那么可能需要考虑每一个问题。

具体的功能需求

- ❑ 是否指定了系统的所有输入，包括其来源、精度、值的范围和出现频率？
- ❑ 是否指定了系统的所有输出，包括其目标、精度、值的范围、出现频率和格式？
- ❑ 是否为 Web 页面和报表等指定了所有输出格式？
- ❑ 是否指定了所有外部硬件和软件接口？
- ❑ 是否指定了所有外部通信接口，包括握手、错误检查和通信协议？
- ❑ 是否指定了用户想要执行的所有任务？
- ❑ 是否指定了每个任务中使用的数据和每个任务产生的数据？

特定的非功能性（质量）需求

- ❑ 从用户的角度来看，是否为所有必要的操作指定了预期的响应时间？
- ❑ 是否指定了其他时间考虑因素，比如处理时间、数据传输速率和系统吞吐量？
- ❑ 是否指定了安全级别？
- ❑ 是否指定了可靠性，包括软件故障的后果、需要在故障中得到保护的重要信息以及错误检测和恢复策略？
- ❑ 是否指定了最小机器内存和空闲磁盘空间？
- ❑ 是否指定了系统的可维护性，包括适应特定功能的更改、操作环境的更改以及与其他软件接口的更改的能力？
- ❑ 是否包括了成功和失败的定义？

需求质量

- ❑ 需求是用用户的语言编写的吗？用户这么认为吗？
- ❑ 每个需求都避免了与其他需求的冲突吗？
- ❑ 是否详细说明了竞争属性之间的可接受的折中，例如健壮性和正确性的折中？
- ❑ 是否避免了在需求中规定设计？
- ❑ 需求在详细程度上是一致的吗？是否有需求需要更详细的说明？是否有需求不需要那么详细的说明？
- ❑ 需求是否足够清晰，以至于可以移交给一个独立的团队进行构建，且不会产生误解？开发人员这么认为吗？
- ❑ 每个条款都与待解决的问题及其解决方案相关吗？能从每个条款上溯到在问题域中对应的根源吗？
- ❑ 每个需求都是可测试的吗？是否有可能通过进行独立测试来确定每个需求都被满足了？
- ❑ 是否说明了需求的所有可能变更以及每种变更的可能性？

需求的完整性

❑ 对于在开发中无法获得的信息，是否详细描述了信息不完全的区域？

❑ 需求的完备程度是否可以达到这种程度：如果产品满足所有需求，就说明它是可接受的？

❑ 对全部需求都感到满意吗？是否已经去掉了那些不可能实现的需求，那些只是为了安抚客户和老板的东西？

3.5 架构的先决条件

关联参考 关于在各个层次进行设计的细节，请参见第 5 章～第 9 章。

软件架构是软件设计的高层部分，是用于支撑更多细节的设计框架 (Buschman et al. 1996; Fowler 2002; Bass Clements, Kazman 2003; Clements et al. 2003)。架构也称为“系统架构”“高层设计”或“顶层设计”。通常有一份统一的文档描述架构，这份文档称为“架构规格书”或者“顶层设计”。有些人对架构和高层设计进行区分——架构是指适用于整个系统范围的设计约束，而高层设计是指适用于子系统层次或者多个类的层次上的设计约束 (但不是整个系统范围的设计)。

这本书的主题是构建，所以不会介绍如何开发软件架构，而是关注如何确定现有架构的质量。然而，由于架构比需求更接近于构建，所以对架构的讨论比需求的讨论更详细一些。

为什么要把架构作为先决条件？因为架构的质量决定着系统的概念完整性。这反过来又决定着系统的最终质量。一个经过慎重考虑过的架构为从顶层到底层维护系统的架构完整性提供了必备的结构和体系，它为程序员提供了指引——其细节程度要与程序员的技能和手头儿的工作相匹配。它将工作分为几个部分，以便多个开发人员或多个开发团队能够独立工作。

好的架构可以使构建活动变得更容易。糟糕的架构则会使构建活动寸步难行。图 3-7 说明了糟糕架构的另一个问题。

图 3-7 没有好的架构，即使可能瞄准了正确的问题，但若是用错了解决方案，也完全不可能成功构建好软件

在构建期间或者更晚的时候进行架构变更，代价也是很高的。修复软件架构中的错误所需的时间与修复需求错误所需的时间处于同一个数量级，即多于修复编码错误所需的时间 (Basili and Perricone 1984, Willis 1998)。架构变更如同需求变更一样，看似很小的一个改动，影响却可能非常深远。无论是想修正错误还是改进设计而引发的架构变更，越早识别出变更越好。

典型的架构元素

关联参考　关于程序的底层设计的具体情况，请参见第 5 章 ~ 第 9 章。

很多元素是优秀的系统架构所共有的。如果是自己构建整个系统，那么架构工作会与更详细的设计工作有重叠的部分。在这种情况下，至少要思考架构包含哪些元素。如果目前从事的系统的架构是别人做的，就应该能轻松找出重要的元素 (用不着戴着猎鹿帽、牵着猎犬和手持放大镜)。在这两种情况下，都需要考虑以下 20 个架构元素。

1. 程序的组织

“有些事情，如果你无法向一个六岁的孩子解释清楚，则说明你自己还没有能够真正理解。”
—爱因斯坦

系统架构首先要以概括的形式对系统做一个综述。如果没有这种综述，很难将碎片化的局部图 (或十多个单独的类) 拼成一幅完整的图。如果系统是只有 12 块的小型拼图玩具，就连一岁的小孩儿也能分分钟搞定。然而，把 12 个子系统拼在一起要困难得多，而且如果不能把它们拼起来，就无法理解自己正在开发的类对系统有什么贡献。

在架构中，应该能发现证据来说明之前考虑过最终组织结构的其他候选方案，找到最终组织结构胜于其他候选方案的理由。如果没有想清楚某个类在系统中的作用，那么编写这个类就会让人灰心丧气。通过描述其他组织结构，说明架构最后选定系统组织结构的缘由，说明各个类都是经过慎重考虑的。有一份对设计实践的评论发现，设计的缘由和设计本身对维护工作的作用一样重要 (Rombach 1990)。

关联参考　关于设计中不同大小的构建基块，请参见 5.2 节。

架构应当定义系统主要的组件。根据程序的规模不同，各个组件既可能是单独的类，也可能是一个由许多类组成的子系统。每个组件不管是一个单独的类，还是一组协同工作的类和子程序，它们共同实现一种概要功能，诸如与用户交互，显示 Web 页面，解释命令，封装业务规则，访问数据，等等。列在需求中的每条功能特性至少都有一个组件覆盖它。如果两个或多个组件声称实现了同一个功能，那么它们就要相互配合和不产生冲突。

关联参考　使每个构造块知道其他构造块的信息越少越好，这是实现信息隐藏的关键。有关详细信息，请参见第 5.3 节。

应该明确定义各个组件的责任。每个组件应该负责某个区域的事情，并且对其他组件负责的区域，知道的越少越好。通过使各个组件对其他组件知道的最少，你能将设计的信息局限于各个组件之内。

应该明确定义每个组件的通信原则。对于每个组件，架构应当能够描述它能直接使用哪些组件，能间接使用哪些组件，以及不能使用哪些组件。

2. 主要的类

关联参考　要想进一步了解类的设计，请参见第 6 章。

架构应当详细定义所使用的主要的类。它应当指出每个主要的类的责任及如何与其他类交互。它应当包含对类的继承体系、状态转换以及对象持久化等的描述。如果系统足够大，那么应当描述如何将这些类组织成一个个子系统。

架构应当记述曾经考虑过的其他的类设计方案，并给出选择当前的组织结构的理由。架构无须详细说明系统中的每一个类。瞄准 80/20 原则：对构成系统 80% 的行为的 20% 的类进行详细说明 (Jacobsen, Booch, and Rumbaugh 1999; Kruchten 2000)。

3. 数据设计

关联参考　要想进一步了解变量的使用细节，请参见第 10 章~第 13 章。

架构应当描述所用到的主要文件和数据表的设计。它应当描述之前考虑过的其他方案，并说明做出选择的理由。如果应用程序要维护一个客户 ID 的列表，而架构师决定使用顺序访问的列表来表示该 ID 表，那么文档就应当解释为什么顺序访问的列表比随机访问的列表、堆栈和散列表更好。在构建期间，这些信息让人能够洞察架构师的意图。在维护阶段，这种洞察力弥足珍贵。离开它，就像看一部没有字幕的外文原声电影。

数据通常只能由一个子系统或一个类直接访问；例外的情况是通过访问器类或访问器子程序，以受控且抽象的方式来访问数据。第 5.3 节的“隐藏秘密 (信息隐藏)”有更详细的解释。

架构应当详细定义所用数据库的高层组织结构和内容。架构应当解释为什么单个数据库比多个数据库更好 (或者反过来)，解释为什么不用平面文件 (即没有内部层次结构的文件) 而是用数据库，指出与其他访问同一数据库的程序的交互方式，说明会创建哪些数据视图，等等。

4. 业务规则

如果架构依赖于特定的业务规则，就应该详细描述这些规则，并描述这些规则对系统设计的影响。例如，假设要求系统遵循这样一条业务规则：客户信息过时的时间不能超过 30 秒。在此情况下，架构就应当描述这条规则对架构采用的保持客户信息及时更新且同步的方法的影响。

5. 用户界面设计

用户界面常常在需求阶段进行详细说明。如果没有，就应当在软件架构中进行详细说明。架构应当详细定义 Web 页面格式、GUI 以及命令行接口等的主要元素。精心设计的用户界面架构决定了最终做出来的是人见人爱的程序还是没人爱用的程序。

架构应该模块化，以便在用户界面替换时不影响业务规则和程序的输出部分。例如，架构应当使我们很容易做到：砍掉交互式界面的类，插入一组命令行的类。这种替换能力常常很有用，尤其是因为命令行界面便于单元级别和子系统级别的软件测试。

用户界面的设计值得用整本书来讨论，但超出了本书的讨论范围。

6. 资源管理

架构应当描述一份管理稀缺资源的计划。稀缺资源包括数据库连接、线程、句柄等。在内存受限的应用领域，如驱动程序开发或嵌入式系统中，内存管理是架构应当认真对待的另一个重要领域。架构应当估算在正常情况和极端情况下的资源使用量。在简单情况下，估算数据应当说明：预期的实现环境(运行环境)有能力提供所需的资源。在更复杂的情况下，也许会要求应用程序更主动地管理其所拥有的资源。如果是这样，那么资源管理器应当和系统的其他部分一样进行认真的架构设计。

7. 安全性

深入阅读 有关软件安全性的精彩讨论，请参见 (Howard and LeBlanc 2003) 以及《IEEE 软件》2002 年 1 月号。

架构应当描述实现设计层面和代码层面安全性的方法。如果之前尚未建立威胁模型，就应当在架构阶段建立威胁模型。在制定编码规范的时候应当把安全性牢记在心，包括处理缓冲区的方法、处理不可信数据(用户输入的数据、cookie、配置数据和其他外部接口输入的数据）的规则、加密、错误消息的细致程度、保护内存中的秘密数据，以及其他事项。

8. 性能

深入阅读　关于设计高性能系统的更多信息，请参见 (Smth 1990)。

如果需要关注性能，就应当在需求中详细定义性能目标。性能目标可以包括资源的使用，这时，性能目标也应当详细定义资源（速度、内存及成本）之间的优先顺序。

架构应当提供估计的数据，并解释为什么架构师相信可以达到性能目标。如果某些部分存在达不到性能目标的风险，那么架构也应当指出来。如果为了满足性能目标，需要在某些部分使用特定的算法或数据类型，那么架构也应当说清楚。架构中也应当包括各个类或各个对象的空间和时间预算。

9. 可伸缩性

可伸缩性是系统增长以满足未来需求的能力。架构应该描述系统将如何应对用户数量、服务器数量、网络节点数量、数据库记录数量、数据库记录长度、交易量等的增长。如果预计到系统不会增长，并且可伸缩性不是问题，那么架构应该明确列出这个假设。

10. 互操作性

如果希望系统与其他软件或硬件共享数据或资源，那么架构应该描述如何实现这一点。

11. 国际化 / 本地化

国际化是一项让程序支持多个地域的技术活动。国际化常常被称为“I18n”，因为国际化的英文单词“Internationalization”首尾两个字符“I”和“n”之间一共有 18 个字母。本地化“Localization”(称为“L10n”，理由同上）活动是翻译一个程序，以支持当地特定的语言的工作。

对交互系统，国际化问题值得在架构中关注。大多数交互系统包含上百条提示、状态显示、帮助信息、错误信息，等等。应该估算这些字符串所用的资源。如果这是一个在商业中使用的程序，那么架构应该表现出已经考虑过典型的字符串问题和字符集问题，包括所用的字符集 (ASCII、DBCS、EBCDIC、MBCS、Unicode、ISO 8859 等），所用的字符串类型 (C 字符串和 Visual Basic 字符串等），如何无须更改代码就能维护这些字符串，如何将这些字符串翻译成另一种语言而又尽量不影响代码和用户界面。架构可以决定在需要的时候，是在代码中直接嵌入字符串，还是将这些字符串封装到某个类并通过类的接口来使用它或者将这些字符存入资源文件。架构应当说明选用的是哪种方案，并解释其原因。

12. 输入 / 输出

输入 / 输出 (I/O) 是架构中值得注意的另一个领域。架构应该详细定义读取策略是先查看 (look-ahead)、后查看 (look-behind) 还是及时 (just-in-time) 查看。而且，应当描述是在哪一层检测 I/O 错误：字段、记录、流或文件的层次。

13. 错误处理

错误处理是现代计算机科学中最棘手的问题之一，你不能武断地处理它。有人估计，程序中有 90% 的代码是用来处理异常情况、进行错误处理或做内务处理的，这意味着只有 10% 的代码是用来处理常规情况 (Shaw in Bentley 1982)。既然这么多代码致力于错误处理，那么就应该在架构层面有一个清楚、一致的错误处理策略。

等到真的有人注意到错误的时候，错误处理会被认为需要在代码约定这个层面来解决。然而，因为错误的处理牵涉整个系统，所以最好能够上升到架构层面上来建立一个错误处理策略。下面是一些需要考虑的问题。

- 错误处理是进行纠正，还是仅仅进行检测？如果是纠正，那么程序可以尝试从错误中恢复过来。如果仅仅是检测，那么程序可以像没有发生任何事一样继续运行，也可以选择退出程序。无论哪一种情况，都应当通知用户说检测到一个错误。
- 错误检测是主动的还是被动的？系统可以主动地预测错误，例如，通过检查用户输入的有效性，也可以在不能避免错误的时候，被动地响应错误，例如，当用户输入的组合产生了一个数值溢出的错误时。前者可以扫除障碍，后者可以清除混乱。同样，无论采用哪种方案，都对用户界面有影响。
- 程序如何传播错误？程序一旦检测到错误，就可以立刻丢弃产生错误的数据，也可以进入错误处理状态，或者可以等到所有处理完成，再通知用户说在某个地方发现了错误。
- 错误消息的处理有什么约定？如果架构没有定义一个一致的处

关联参考 有害参数的一致性处理方法是错误处理策略的另一个方面，应该在架构中加以说明。参见第 8 章中提供的示例。

理策略，那么用户界面看起来就像令人困惑的乱七八糟的拼贴画，由程序的不同部分的各种界面拼接而成。要避免这种外观体验，架构应该建立一套有关错误消息的约定。

- 如何处理异常？架构应该规定代码何时可以抛出异常，在何处捕获异常，如何记录异常，以及如何在文档中描述异常，等等。
- 在程序中，在什么层次上处理错误？你可以在发现错误的地方处理，可以将错误传递到专门处理错误的类进行处理，还可以沿着函数调用链往上传递错误。
- 每个类在验证其输入数据的有效性方面需要负何种责任？是每个类负责验证自己的数据有效性，还是有一组类负责验证整个系统的数据有效性？某个层次上的类是否能假设它接收的数据是干净的（即没有错误）？
- 你是希望用运行环境中内建的错误处理机制，还是想建立自己的一套机制？事实上，运行环境所拥有的某种特定的错误处理方法，并不一定是符合你的需要的最佳方法。

14. 容错性

深入阅读 有关容错的详细介绍，请参见《IEEE 软件》2001 年 7 月号。这篇文章不只是一篇好的介绍性文章，还引用了许多关于这个主题的重要书籍和重要文章。

架构还应当详细定义所期望的容错种类。容错是增强系统可靠性的一组技术，包括检测错误。如果可能就从错误中恢复。如果不能从错误中恢复，就包容其不利影响。

举个例子：为了计算某数的平方根，系统的容错策略有以下几种。

- 系统在检测到错误的时候退回去，再试一次。如果第一次的结果是错误的，那么系统可以退回到之前一切正常的时刻，然后从该点继续运行。
- 系统拥有一套辅助代码，以备在主代码出错的时候使用。在本例中，如果发现第一次的答案似乎有错，系统就切换到另一个计算平方根的子程序，以取而代之。
- 系统使用一种投票算法。它可以有三个计算平方根的类，每个类都使用不同的计算方法。每个类分别计算平方根，然后系统对结果进行比较。根据系统内建的容错机制的种类，系统可以以三个结果的均值、中值或模数作为最终结果。
- 系统使用某个不会对系统其余部分产生危害的虚假值代替这个错误的值。

其他容错方法包括，在遇到错误的时候，让系统转入某种部分运转的状态，或者转入某种功能降级的状态。系统可以自动关闭或重启。这些例子经过了必要的简化。容错是一个吸引人的复杂主题，可惜，它超出了本书的讨论范围。

15. 架构可行性

设计者多半会关注系统的各种能力，例如是否达到性能目标，能够在有限的资源下运转，实现环境（运行环境）是否提供足够支持。架构应当论证系统的技术可行性。如果在任何一个方面不可行都会导致项目无法实施，那么架构应该说明这些问题是如何进行调研的——通过验证概念的原型、研究或其他手段。必须在全面开始构建之前解决这些风险。

16. 过度工程

健壮性是系统在检测到错误后继续运行的能力。通常架构考虑的系统要比需求期望的系统更健壮。理由之一是，如果组成系统的各个部分都只能在最低限度上满足健壮性要求，那么系统整体上是达不到所要求的健壮程度的。在软件中，链条的强度不是取决于最薄弱的一环，而是等于所有薄弱环节的乘积。架构应当清楚地指出程序员应当为了谨慎起见宁可进行过度工程，还是应该做出最简单能工作的东西。

详细定义一种过度工程的方法很重要，因为很多程序员会出于职业自豪感，对自己编写的类做过度工程。通过在架构中明确设立期望目标，就能避免出现某些类异常健壮，而其他类勉强够健壮的情况。

17. 是购买还是构建，如何进行决策？

关联参考　第 30.3 节的“代码库”列出了各种可以买到的软件组件和程序库。

最激进的构建软件的解决方案是根本不去构建它，而是购买软件，或者免费下载开源的软件。能买到 GUI 控件、数据库管理器、图像处理程序、图形与图标组件、网络通信组件、安全与加密组件、电子表格工具、文本处理工具，等等，这个列表几乎无穷无尽。在现代的 GUI 环境中编程的最大好处之一是，大量功能都能自动实现：处理图形的类、对话框管理器、键盘与鼠标的事件处理函数、能自动与任何打印机或显示器打交道的代码等。

如果架构没有使用现成的组件，就应该说明自己定制的组件应该在哪些方面胜过现成的程序库和组件。

18. 关于复用的决策

如果开发计划采用业已存在的软件、测试用例、数据格式或其他原料，那么架构应该说明：如何对复用的软件进行加工，使之符合其他架构目标——如果需要使之符合。

19. 变更策略

关联参考　关于系统化处理变更的更好方法，请参见第 28.2 节。

因为对于程序员和用户来说，构建软件产品都是一个学习的过程，所以在开发过程中产品很可能会发生变化。这些变更来自不稳定的数据类型和文件格式、功能需求的变更、新的功能特性，等等。这些变更可能是计划增加的新功能，也可能是没有添加到系统的第一个版本中的功能。因此，软件架构师面临的一个主要挑战是，让架构足够灵活，能够适应可能出现的变化。

“设计缺陷通常很不易觉察出来，并且，随着系统的新特性或新用途的添加加上早期的假设被遗忘才显现出来。”
— 柯巴托 (Fernando J. Corbató，1926—2019，分时系统和计算机密码之父，1990 年图灵奖得主)

架构应当清晰地描述处理变更的策略。架构应当列出已经考虑过的可能会有所增强的功能，并说明最有可能增强的功能同样也是最有可能会去实现的。如果变更很可能出现在输入输出格式、用户交互的风格、需求的处理等方面，那么架构就应当说明：这些变更已经被预料到了，并且任何单一的变更都只会影响少数几个类。架构应对变更的计划可以很简单，比如在数据文件中放入版本号、保留一些供将来使用的字段或者将文件设计成能够添加新的表格。如果使用了代码生成器，那么架构应当说明，可预见的变更都不会超出该代码生成器的能力范围。

关联参考　关于延迟承诺的完整解释，请参见 5.3 节的“有意识地选择绑定时间”。

架构应当指出延迟承诺所用的策略。比如说，架构也许规定使用表驱动技术 (而不是使用硬编码的 if 语句)。它也许还规定表中的数据是保存在外部文件中，而非直接写在程序代码中，这样就能做到在不重新编译的情况下修改程序。

20. 架构的总体质量

关联参考　关于质量特性相互影响的更多信息，请参见 20.1 节。

优秀的架构规格书的特点在于，讨论了系统中的类，讨论了每个类后面的隐藏信息，讨论了采纳或排斥所有可能的设计替代方案的根本理由。

架构应当是带有少量特殊情况的精炼且完整的概念体系。《人月神话》的中心论题说的就是大型系统的本质问题是维持其概念完整性 (Brooks 1995)。好的架构设计应当与待解决的问题一致。在查看架构的时候，你应该很愉快，因为它给出的解决方案看上去既自然又容易，而不应该看起来像是把架构和待解决的问题强行关联在一起。

在架构开发过程中，有多种变更方式。每一项变更都应当干净地融入整体概念。架构不应该看起来像美国国会的年度预算案一样，由各议员为自家选民所争取的地方建设经费拼凑而成。

架构的目标应当阐述清楚。以系统可变性为首要目标的设计方案，肯定不同于性能第一的设计方案，即使两个系统的功能一样。

架构应当描述所有主要决策的动机。提防“我们向来都是这么做的”这种自认为是的说法。有一个这样的故事，贝丝想按照她丈夫家祖传的广受好评的炖肉菜谱来做一锅炖肉。她的丈夫阿卜杜勒说，他母亲是这样教他的：先撒上盐和胡椒，然后去掉两端，最后放在平底锅里盖上盖子炖。贝丝就问了：“为什么要去头去尾呢？”阿卜杜勒回答说：“我不知道。我向来这么做。这得问一下我的母亲。”他给母亲打电话，母亲说：“我不知道。我一直都是这么做的。这得问一下你的祖母。”他母亲打电话给祖母，祖母回答说：“我不知道你为什么要去头去尾。我这么做，是因为我的锅太小了，装不下。”

优秀的软件架构在很大的程度上与机器和编程语言无关。不可否认的是，我们不能忽视构建的环境。无论如何，要尽可能地独立于环境，这样就能抵抗对系统进行过度架构的诱惑，也避免提前去做那些放到构建设计期间能做得更好的工作。如果程序的用途就是去试验某种特定的机器或者语言，那么这条指导原则就不适用了。

架构应该踏在对系统欠描述和过度描述之间的那条分界线上。没有哪一部分架构应当得到比实际需要更多的关注，也不应当过度设计。设计者不应当将注意力放在某个部件上，而损害其他部件。架构应当处理所有的需求，同时又不去镀金（即不要包含不需要的元素）。

架构应当明确地指出有风险的区域。它应该解释为什么这个区域是有风险的，并说明已经采取了哪些步骤以使风险最小化。

架构应该包含多个视角。房屋的设计图包括正视图、平面图、结构图、电路布线图及其他视图。软件架构的描述也能从提供系统的不同视图中受益，包括暴露隐藏的错误和不一致的情况以及帮助程序员完整地理解系统的设计 (Kruchten 1995)。

最后，作为程序员，心态上要达到这样的高度：不要对架构的任何部分感到不安。架构不应该包含任何只是取悦老板的东西。它不应该包含任何自己无法理解的东西。作为实现架构的人，如果自己都弄不懂，又怎么实现呢？

检查清单：架构

以下是一份问题列表，优秀的架构应该关注这些问题。这份检查清单并非试图作为一份有关如何做架构的完全指南，而是作为一种实用的评估手段，用来评估软件食物链到程序员这一头还有多少营养成分。这张检查清单可以作为你的检查清单的起点。就像需求的检查清单一样，如果从事的是非正式项目，就会发现其中某些条款甚至都不用去想。如果从事的是更大型的项目，那么大多数条款都很有用。

针对各架构主题

- ❑ 项目的整体组织是否清晰，包括良好的架构概述及其理由？
- ❑ 主要构件是否定义良好，包括它们的职责范围以及它们与其他构件的接口？
- ❑ 在需求中列出的所有功能都被合理覆盖了吗？
- ❑ 最关键的类是否有描述和论证？
- ❑ 数据设计是否有描述和论证？
- ❑ 是否说明了数据库的组织和内容？
- ❑ 是否确定了所有关键业务规则及其对系统的影响？
- ❑ 是否描述了用户界面设计的策略？
- ❑ 用户界面是模块化的，因此它的更改不会影响程序的其余部分吗？
- ❑ 是否描述并论证了处理 I/O 的策略？
- ❑ 是否估算了稀缺资源（如线程、数据库连接、句柄和网络带宽等）的使用量，是否描述并论证了资源管理的策略？
- ❑ 是否描述了架构的安全需求？
- ❑ 架构是否为每个类、每个子系统或每个功能域提出时间和空间预算？
- ❑ 架构是否描述了如何实现可伸缩性？
- ❑ 架构是否关注了互操作性？
- ❑ 是否描述了国际化和本地化的策略？
- ❑ 是否提供了一套一致性的错误处理策略？
- ❑ 是否提供了容错的方法（如果需要的话）?
- ❑ 是否证实了系统各部分的技术可行性？
- ❑ 是否详细描述了过度工程的方法？
- ❑ 是否包含了必要的购买还是构建的决策？
- ❑ 架构是否描述了如何加工被复用的代码，使之符合其他架构目标?
- ❑ 架构的设计是否能够适应极有可能出现的变更？

架构的总体质量

- ❑ 架构是否解决了全部需求？
- ❑ 有没有哪个部分是过度架构或欠架构？是否明确提出了这方面的具体目标？
- ❑ 整个架构是否在概念上协调一致？
- ❑ 顶层设计是否独立于用于实现它的机器和语言？
- ❑ 是否提供了所有主要决策的动机？
- ❑ 作为一个将要实现系统的程序员，你是否对架构感到满意？

3.6 前期准备所花费的时间

关联参考　前期准备所花的时间取决于项目的类型。具体办法请参见本章前面的 3.2 节。

花在问题定义、需求和软件架构上的时间根据项目的需要而变化。一般来说，一个运行良好的项目会在需求、架构和其他前期准备方面投入 10%~20% 的工作量和 20%~30% 的时间 (McConnell 1998, Kruchten 2000)。这不包括详细设计所花的时间，那是构建活动的一部分。

如果需求不稳定，并且处理的是一个大型的正式项目，那么你可能必须与需求分析人员合作，以便解决在构建早期识别的需求问题。要留出时间与需求分析人员协商，还要预留时间给需求分析人员修订需求，这样才能得到一份可行的需求。

如果需求不稳定，同时做的是一个小型的非正式项目，那么可能需要自己解决需求方面的问题。留出足够的时间，将需求定义得足够清晰，将需求不稳定性对构建活动的负面影响降至最低。

关联参考　有关处理需求变更的方法，请参见本章前面的第 3.4 节。

如果需求在任何项目上都不稳定，无论正式项目还是非正式项目，那就将需求分析工作视为独立的项目来做。在完成需求之后，预估项目剩余部分的时间。这是一个明智的方法，因为在弄清楚正在做的是什么之前，没人相信你能估算出合理的进度表。就好比你是一个承包商，被叫去盖房子。客户问，做这项工作要花多少钱？你当然有理由问他想让你做什么？客户说：“我不能告诉你，但告诉我你要多少钱？”你该明智地感谢客户浪费了自己的时间，然后转身回家。

对于一栋建筑，还没有等客户告诉你要建什么就先出价，显然是不合理的。客户呢，也不希望你在建筑师完成蓝图之前就摆出木料、榔头和钉子开始忙活儿，开始花他们的钱。然而，人们对软件开发的理解，往往不如对建筑所用的木条和石膏板的理解，因此，客户可能无法“秒懂”为什么需求分析需要列为单独的项目。为此，可能需要给他们一个解释。

当为软件架构分配时间时，使用与对待需求分析类似的方法。如果软件是一种以前从未使用过的软件，那么请留出更多的时间来考虑在新领域中进行设计时的不确定性。确保创建良好的架构所需的时间不会被"为做好其他方面工作所需的时间"挤占。如果需要，还可以将架构作为单独的项目来规划。

更多资源

以下是关于需求方面更多的资源。

需求

下面这些书更详细地介绍了需求分析。

Wiegers, Karl. *Software Requirements*, 2d ed. Redmond, WA: Microsoft Press, 2003，这是一本以实践者为中心的实用书籍，描述了需求活动的具体细节，包括需求引出、需求分析、需求规范、需求验证和需求管理。中译本最新版《软件需求》(第 3 版)

Robertson, Suzanne and James Robertson. *Mastering the Requirements Process*. Reading, MA: Addison-Wesley, 1999. 对于更高级的需求实践者来说，可以选择这本书。

Gilb, Tom. *Competitive Engineering*. Reading, MA: Addison-Wesley, 2004. 本书描述了 Gilb 的需求语言，称为 Planguage，书中涵盖了 Gilb 对需求工程、设计和设计评估以及演进项目管理的特定方法。可从 Gilb 的网站 www.gilb.com 下载。

IEEE Std 830-1998. *IEEE Recommended Practice for Software Requirements Specifications.* Los Alamitos, CA: IEEE Computer Society Press。本文集是编写软件需求规范的 IEEE-ANSI 指南。它描述了规范文档中应该包含的内容，并展示了一个规范的几个备选大纲。

Abran, Alain, et al. *Swebok: Guide to the Software Engineering Body of Knowledge*. Los Alamitos, CA: IEEE Computer Society Press, 2001. 包含对软件需求知识主体的详细描述。也可以从 www.swebok.org 下载。

下面这些书也不错。

Lauesen, *Soren. Software Requirements: Styles* and Techniques. Boston, MA: Addison-Wesley, 2002.

Kovitz, Benjamin L. *Practical Software Requirements: A Manual of Content and Style*. Manning Publications Company, 1998.

Cockburn, Alistair. *Writing Effective Use Cases*. Boston, MA: Addison-Wesley, 2000.

软件架构

在过去几年，已经出版了许多关于软件架构的书籍，以下是其中最好的几本。

Bass, Len, Paul Clements, and Rick Kazman. *Software Architecture in Practice*, 2d ed. Boston, MA: Addison-Wesley, 2003. 中译本最新版《软件构架实践》(第 3 版)

Buschman, Frank, et al. *Pattern-Oriented Software Architecture, Volume 1 A System of Patterns*. New York, NY: John Wiley & Sons, 1996. 中译本《面向模式的软件体系结构 (卷 1)》

Clements, Paul, ed. *Documenting Software Architectures: Views and Beyond*. Boston, MA: Addison-Wesley, 2003. 中译本《软件构架编档》

Clements, Paul, Rick Kazman, and Mark Klein. *Evaluating Software Architectures: Methods and Case Studies*. Boston, MA: Addison-Wesley, 2002. 中译本《软件构架评估》

Fowler, Martin. *Patterns of Enterprise Application Architecture*. Boston, MA: Addison-Wesley, 2002. 中译本《企业应用架构模式》

Jacobson, Ivar, Grady Booch, and James Rumbaugh. *The Unified Software Development Process*. Reading, MA: Addison-Wesley, 1999. 中译本《统一软件开发过程》

IEEE Std 1471-2000. Recommended Practice for Architectural Description of Software Intensive Systems. Los Alamitos, CA: IEEE Computer Society Press. 本文集是创建软件架构规范的 IEEE-ANSI 指南。

常规的软件开发方法

很多书都列出了执行软件项目的不同方法。有些偏重序列式开发，而有些注重迭代开发。

McConnell, Steve. *Software Project Survival Guide*. Redmond, WA: Microsoft Press, 1998. 这本书介绍了一种执行项目的特殊方法。书中提出的方法强调预先考虑周全的规划、需求开发和体系结构工作，然后仔细执行项目。它提供了成本和时间表的长期可预测性、高质量和适度的灵活性。中译本最新版《软件项目的艺术》

Kruchten, Philippe. *The Rational Unified Process: An Introduction*, 2d ed. Reading, MA: Addison-Wesley, 2000. 介绍了一种以架构为中心和用例驱动的项目方法。与《软件项目的艺术》一样，它关注前期工作，这些工作提供了成本和进度的良好长期可预测性、高质量和适度的灵活性。本书中方法的使用比《软件项目的艺术》和《极限编程详解》中描述的方法更复杂。

Jacobson, Ivar, Grady Booch, and James Rumbaugh. *The Unified Software Development Process. Reading*, MA: Addison-Wesley, 1999. 这本书对《统一软件过程》第 2 版中涉及的主题进行了更深入的探讨。

Beck, Kent. Extreme *Programming Explained: Embrace Change*. Reading, MA: Addison-Wesley, 2000. Beck 描述了一种高度迭代的方法，注重迭代式开发需求和设计，同时结合构建。极限编程方法提供很少的长期可预测性，但提供了高度的灵活性。中译本《极限编程详解》

Gilb, Tom. *Principles of Software Engineering Management*. Wokingham, England: Addison-Wesley, 1988. Gilb 的方法探索项目早期的关键规划、需求和架构问题，然后随着项目的进展不断调整项目计划。这种方法提供了长期可预测性、高质量和高度灵活性的组合。它的使用比《软件项目的艺术》和《极限编程详解》更复杂。

McConnell, Steve. *Rapid Development.* Redmond, WA: Microsoft Press, 1996. 这本书介绍了项目规划的工具箱方法。有经验的项目计划人员可以使用这本书中介绍的工具来创建高度适应项目独特需求的项目计划。中译本《快速开发》(纪念版)

Boehm, Barry and Richard Turner. *Balancing Agility and Discipline: A Guide for the Perplexed*. Boston, MA: Addison-Wesley, 2003. 这本书探讨了敏捷开发和计划驱动开发风格之间的对比。第 3 章有 4 个特别有启发性的章节："使用 PSP/TSP 的典型的一天""使用极限编程的典型的一天""使用 PSP/TSP 的充满危机的一天"和"使用极限编程的充满危机的一天"。第 5 章是关于使用风险来平衡敏捷性的，它为选择敏捷方法和计划驱动方法提供了精辟的指导。第 6 章也给出了很好的视角。附录 E 是个金矿，有丰富的敏捷实践经验数据。

Larman, Craig. *Agile and Iterative Development: A Manager's Guide*. Boston, MA: Addison-Wesley, 2004. 书中介绍了多种灵活的、渐进式的开发风格。它概述了 Scrum、极限编程、统一过程和 Evo 等开发方法。

检查清单：前期准备

❑ 你是否已经确定了你正在从事的软件项目的类型，并适当地调整了你的方法？

❑ 需求是否有充分明确的定义，并且足够稳定，可以开始构建(详见需求检查清单)?

❑ 架构是否有充分明确的定义，以便开始构建(详见架构检查清单。)?

❑ 你的特定项目所特有的其他风险是否得到了解决，从而使构建不会被暴露在不必要的风险中？

要点回顾

- 构建准备的首要目标是降低风险。确保你的准备活动可以减少而不是增加风险。
- 如果你想开发高质量的软件，那么从开始到结束，对质量的关注必须是软件开发过程的一部分。在项目初期关注质量，对产品质量的正面影响比在项目末尾关注质量的影响要大。
- 程序员的一部分工作是教育老板和合作者，告诉他们软件开发过程，包括在编程开始前做好充分准备的重要性。
- 你所从事的项目类型对构建活动的前期准备有很大影响，有些项目应该是高度迭代的，有些项目应该是序列式的。
- 如果没有明确的问题定义，那么你有可能会在构建期间解决错误的问题。
- 如果没有做完良好的需求分析工作，你可能没有察觉待解决的问题的重要细节。如果需求变更发生在构建之后的阶段，那么其代价是在项目早期更改需求的 20 到 100 倍。因此，在开始编程之前，需要确定需求已经到位。
- 如果没有做完良好的架构设计，那么你可能会在构建期间用错误的方法解决正确的问题。架构变更的代价随着为错误的架构编写的代码数量增加而增加，因此，也要确保架构已经到位了。
- 要理解项目前期准备所采用的方法，并相应地选择构建方法。

读书心得

1. ______________________________
2. ______________________________
3. ______________________________
4. ______________________________
5. ______________________________

第 4 章

关键的构建决策

内容

相关主题及对应章节

- 谋定而后动：前期准备：第 3 章
- 确定要开发什么类型的软件：第 3.2 节
- 程序规模对构建的影响：第 27 章
- 管理构建：第 28 章
- 软件设计：第 5 章，第 6 章到第 9 章

一旦确定已经为构建打好适当的基础，准备工作就开始转向针对构建细节的决策。第 3 章讨论了设计蓝图和施工许可证如何对应于软件行业。你可能对准备工作没有太多的话语权，然而，这一章的重点是评估在动手构建软件时必须处理什么。本章关注的焦点是程序员和技术领导直接或间接负责的准备工作。在前往工地之前，如何选择特定的工具加入腰间的工具包？手推车里该装上哪些东西？本章讨论的是软件构建活动中如何选择工具。

如果觉得在构建准备方面已经了解得差不多了，那么可以直接阅读第 5 章。

4.1 编程语言的选择

“一套好的符号系统能把大脑从所有不必要的工作中解放出来，集中精力去对付更高级的问题，从成效上说，这增强了人类的智力。在阿拉伯数字出现之前，乘法运算是很困难的，而除法（即便只是整数除法）更需要人发挥全部的数学才能。在现代世界，最能让希腊数学家吃惊的恐怕是，绝大多数西欧人都能做大整数除法。以下事实在

译注
全名阿尔弗雷德·诺斯·怀特海(1861—1947)，英国数学家和哲学家，与罗素合著了《数学原理》。

“他看来几乎是不可能的……我们现在能够精确计算小数，这完全是逐步发现了完美表示法的令人惊叹的结果。”

—怀特海 (Alfred North Whitehead)

用以实现系统的编程语言与你息息相关，因为从构建开始到结束都得用这种语言。

研究表明，编程语言的选择从多个方面影响着生产率和代码质量。

从效率上看，程序员使用熟悉的语言比不熟悉的语言更高。COCOMO Ⅱ评估模型的数据表明，使用一门语言三年或三年以上的程序员在工作效率上比具有同等经验但刚接触这门语言的程序员高出30% (Boehm et al. 2000)。IBM 公司较早的一项研究发现，具有丰富编程语言经验的程序员的生产力是几乎没有经验的程序员的 3 倍以上 (Walston and Felix 1977)。COCOMO Ⅱ更是进一步分离出单个因素的影响，这就解释了这两项研究结果为何不同。

使用高级语言的程序员比使用低级语言的程序员能获得更高的生产力和质量。人们相信，C++、Java、Smalltalk 和 Visual Basic 等语言比汇编和 C 等低级语言在生产率、可靠性、简单性和可理解性方面高出 5 到 15 倍不等 (Brooks 1987, Jones 1998, Boehm 2000)。当你不必每次都为 C 语句实现它应有的功能而欢呼庆祝时，时间自然就省出来了。此外，高级语言比低级语言的表达力更强。每行代码都能表达更多的含义。表 4-1 从典型代码行数上对比了几种高级语言的源代码与等效的 C 语言源代码。更高的比率意味着所列语言中的每一行代码能比 C 语言的每一行代码完成的任务更多。

表 4-1 高级语言语句与等效 C 语言代码行数之比

编程语言	相对于 C 语言的比率
C	1
C++	2.5
FORTRAN 95	2
Java	2.5
Perl	6
Python	6
Smalltalk	6
Visual Basic	4.5

来源：改编自 *Estimating Software Costs* (Jones 1998), *Software Cost Estimation with COCOMO II* (Boehm 2000), and “An Empirical Comparison of Seven Programming Languages” (Prechelt 2000).

译注
沃尔夫假说又称为“语言相对论”，是关于语言、文化和思维三者关系的重要理论，即在不同文化背景下，不同语言所具有的结构、意义和使用等方面的差异，在很大的程度上影响着使用者的思维方式。

某些语言更能表达各种编程概念。可以将自然语言(如英语)和编程语言(如 Java 和 C++) 做一个类比。对于自然语言，语言学家萨皮尔和沃尔夫对语言的表达能力与个人思考一个想法的能力之间的关系提出了一个假说。这个假说认为，思考一个想法的能力取决于个人是否知道能够表达这个想法的词汇。如果不知道这些词汇，就不能表达自己的想法，甚至可能无法形成任何想法 (Whorf 1956)。

程序员同样也受到他们所用编程语言的影响。编程语言中用于表达编程思想的词汇无疑会决定着他们如何表达自己的想法，甚至可能决定他们能表达出什么样的想法。

编程语言影响着程序员的思维，这样的证据随处可见。典型的故事是这样的：“我们正在用 C++ 写一个新的系统，但我们大多数程序员都没怎么用过 C++。他们以前用的是 FORTRAN。他们编写的代码能用 C++ 编译，但实际上编写的是伪装成 C++ 的 FORTRAN 代码。他们无视 C++ 丰富的面向对象能力，仍然像用 FORTRAN 那样使用 C++(比如 goto 和全局数据)。” 在整个行业中，这种现象多年来频繁出现在各种各样的报道中 (Hanson 1984, Yourdon 1986a)。

语言描述

某些语言的发展历史和它们的整体能力一样有趣。下面描述了现今最常见的十几种编程语言。

- **Ada 语言**　这是一种通用的、基于 Pascal 的高级编程语言。它是在美国国防部的资助下开发的，尤其适合用于实时和嵌入式系统。Ada 着重强调数据抽象和信息隐藏，强制要求程序员区分每个类和包的公共部分及私有部分。Ada 作为该语言的名字，是为了纪念被认为是世界上第一个程序员的数学家*。目前，Ada 语言主要用于军事、太空和航空电子系统。

译注
即 Ada Lovelace(1818—1852)，英国著名诗人拜伦的女儿，循环和子程序的概念也是她建立的。

- **汇编语言**　又称为“汇编”，是一种低级语言，其中每条语句对应一条机器指令。因为其语句对应特定的机器指令，所以一种汇编语言针对一种特定的处理器，例如针对 Intel 或 Motorola CPU。汇编语言被认为是第二代语言。大多数程序员都避免使用汇编语言，除非是为了突破执行速度或代码大小的限制。

- **C 语言** C 语言是一种通用的中级语言，最初与 UNIX 操作系统紧密关联。C 语言具有某些高级语言特性，如结构化数据、结构化的控制流程、机器无关性以及一套丰富的运算符。它还被称为“可移植汇编语言”，因为它广泛使用指针和地址，具有一些低级操作，如位操作，而且是弱类型的。

  C 语言是 20 世纪 70 年代贝尔实验室开发的。最初设计为在 DEC PDA -11 小型机上使用，它的操作系统、C 编译器和 UNIX 应用程序都是用 C 语言编写的。1988 年，C 语言的 ANSI 标准发布，该标准 1999 年又作了修订。在 20 世纪 80 年代和 90 年代，C 语言是微机和工作站编程的事实标准。
- **C++ 语言** 这是一种基于 C 语言的面向对象语言，是贝尔实验室在 20 世纪 80 年代开发的。除了与 C 语言兼容之外，C++ 语言还提供了类、多态性、异常处理、模板，并且提供了比 C 语言更健壮的类型检查功能。它还提供了一套内容广泛而强大的标准库。
- **C# 语言** 这是一种通用的、面向对象的语言和编程环境，由微软开发，语法类似于 C 语言、C++ 语言和 Java 语言，它提供了大量的工具来帮助程序员在微软平台上进行开发。
- **Cobol 语言** 这是一种类似英语的编程语言，最初是在 1959 年到 1961 年为美国国防部使用而开发的。Cobol 语言主要用于商业应用程序，现在仍然是使用最广泛的语言之一，流行程度仅次于 Visual Basic (Feiman and Driver 2002)。这些年来，Cobol 语言一直在更新，已经包含数学函数和面向对象的特性。Cobol 语言是指面向业务的通用语言。
- **FORTRAN 语言** 这是第一种高级计算机语言，引入了变量和高级循环的概念。FORTRAN 的全称是 FORmular TRANslation 的缩写。FORTRAN 最初开发于 20 世纪 50 年代，而且有若干重大的修订版，包括 1977 年的 FORTRAN 77，其中添加了块结构的 if-then-else 语句和字符串操作。FORTRAN 90 增加了用户定义的数据类型、指针、类和一套丰富的数组运算。FORTRAN 语言主要用于科学和工程应用。
- **Java 语言** 这是一种面向对象的语言，语法类似于 C 语言和 C++ 语言，由 Sun 开发，可以在任何平台上运行，将 Java 源代码转换为字节码，然后在各个平台的虚拟机环境中运行。Java 语言广泛用于编写 Web 应用程序。

- **JavaScript 语言**　JavaScript 是一种解释脚本语言，它最初与 Java 略有关系。它主要用于客户端编程，例如向 Web 页面添加简单的功能和在线应用程序。
- **Perl 语言**　Perl 是一种基于 C 和若干 UNIX 实用程序的字符串处理语言。Perl 通常用于系统管理任务 (如创建脚本) 以及生成和处理报表。它还用于创建诸如 Slashdot 这样的 Web 应用程序。Perl 是 Practical Extraction and Report Language 的缩写。
- **PHP 语言**　这是一种开源脚本语言，语法简单，类似于 Perl、Bourne Shell、JavaScript 和 C。PHP 能在所有的主要操作系统上运行，用来执行服务器端的交互功能。它可以嵌入到 Web 页面中以访问和显示数据库信息。缩写 PHP 最初代表 Personal Home Page，但现在代表 Hypertext Processor。
- **Python 语言**　这是一种解释型、交互式、面向对象的语言，可以在多种环境中运行。它最常见的用处是编写脚本和小型 Web 应用程序，还支持创建大型程序。
- **SQL 语言**　实际上是查询、更新和管理关系数据库的事实标准语言。SQL 语言代表结构化查询语言。与本节中列出的其他语言不同，SQL 语言是一种声明式语言，这意味着它并不定义一系列操作，而是定义某些操作的结果。
- **Visual Basic 语言**　最初的 Basic 是达特茅斯学院在 20 世纪 60 年代开发的一种高级语言。BASIC 是初学者通用符号指令码 (Beginner’ s All-purpose Symbolic Instruction Code) 的缩写。Visual Basic 语言是微软开发的 Basic 的高级、面向对象的可视化编程版本，最初是为创建 Microsoft Windows 应用程序而设计的。此后，它经过扩展，可以定制桌面应用程序 (如 Microsoft Office)、创建 Web 程序和其他应用程序。专家报告称，到 21 世纪初，使用 Visual Basic 的专业开发人员比使用任何其他语言的都多 (Feiman and Driver 2002)。

4.2 编程约定

关联参考　要想进一步了解编程约定的威力，请参见第11.3节至第11.5节。

译注

在近现代史上，先后出现过一些有重大影响的流派。启蒙时期的新古典主义，代表人物有大卫(成名作《荷拉斯兄弟之誓》)和安格尔(代表作《大宫女》)等。兴起于19世纪后期的印象主义，代表人物有莫奈(《日出·印象》)、雷诺阿(《弹琴少女》)、希涅克(《早餐》)、梵高(《星空》)、高更(《何来？何谓？何如？》)及塞尚(《苹果和柳橙》)等。1908年崛起的立体主义，代表人物有毕加索(《格尔尼卡》)等。

在高质量的软件中，可以看出架构的概念完整性与其底层实现之间的关系。实现必须与其指南保持一致，且在实现的内部保持一致。变量名、类名、子程序名、格式化约定和注释约定也要遵循这样的构建指南。

在一个复杂的项目中，架构指南可以使程序的结构保持平衡，而构建指南则可以提供底层的协调，将每一个类都衔接到一个完整的设计中，成为其可靠的组成部件。任何大型程序都需要一个可以统一其编程语言细节的控制结构。大型结构的细节之美在于，各个具体的部件都能体现出整体架构的内涵。如果没有统一的原则，那么做出来的东西会风格不一，显得混乱而无章法。这些不同的风格会使大脑不堪重负(把脑力花在理解风格不统一所产生的差异上)。高质量的程序，一个关键是避免这种风格上随心所欲的变化，让大脑可以专注于真正需要动脑的变化上。详情可参见5.2节。

对于一幅绘画作品，如果你有一个很好的设计思路，但其中一部分是古典主义的，一部分是印象派的，一部分是立体主义的，设想一下会是什么样子？* 无论怎么遵循其宏大的设计思路，都不会有概念上的完整性，怎么看都像是一幅七拼八凑来的画作。同理，程序也需要底层上的完整性。

在开始构建之前，先阐明计划要用的编程约定。编码约定在细节上要达到这样的精确度：按照约定来写的软件基本上不再需要进行任何“翻新”或者说“回炉再造”。本书提供了这些约定的详细信息。

4.3 判断个人处于技术浪潮中的哪个阶段

在我的职业生涯中，见证过个人电脑之星的升起和大型机之星的陨落，见证过GUI程序代替字符界面程序，见证过Web的崛起和Windows的衰落。我只能假设，当你读到本书时，又有某些新的技术蒸蒸日上，而我当前(2004年)所知道的Web编程即将慢慢消失。这些技术周期或浪潮意味着随着你在浪潮中的位置不同，编程实践也会不同。

在成熟的技术环境中(即浪潮之末)，例如二十一世纪最初十年中的 Web 编程——我们受益于丰富的软件开发基础设施。在浪潮后期，我们有大量的编程语言可供选择，拥有能对这些语言编写的代码进行全面错误检查的工具、强大的调试工具和自动的可靠的性能优化。编译器几乎没有 bug。各种工具都有很好的文档，它们来自工具厂商、第三方书籍文章以及大量 Web 资源。各种工具集成在一起，因此可以在单个环境中设计用户界面、数据库、报表和业务逻辑。如果确实遇到问题，那么可以很容易地在常见问题列表中找到对工具的各种古怪问题的描述。还能获得众多咨询支持和培训课程。

在技术浪潮的前期 (例如二十世纪九十年代中期的 Web 编程) 情况正好相反。几乎没有什么可选的编程语言，而且这些语言往往还有 bug，文档也很少。程序员要花大量的时间尝试弄清楚语言是如何工作的，而不是用它来编写新的代码。程序员还要花大量时间绕过编程语言产品、底层操作系统和其他工具中的 bug。浪潮早期，编程工具往往很原始。调试器可能根本就没有，编译器优化只是某些程序员眼中对未来的一种盼望。工具厂商经常修改编译器的版本，而且似乎每个新版本都会破坏你代码中的重要部分。工具还没有集成起来，所以程序员往往需要使用不同的工具完成用户界面、数据库、报表和业务逻辑的设计。这些工具往往不太兼容，程序员需要花费大量的精力在编译器和函数库新版本的冲击下保持你的代码的现有功能。如果遇到麻烦，那么在网上可以找到某种形式的参考文献，但它并不总是可靠的。而就算能找到文献也不一定管用，每次遇到麻烦时，总觉得自己像是第一个遇到这种问题的人。

这些讨论看起来像是如此建议：“应该避免在浪潮的早期从事编程。”然而，这并不是我的本意。一些最具有创新性的应用程序是从浪潮早期的应用程序中涌现出来的，如 Turbo Pascal、Lotus 1-2-3、Microsoft Word 和 Mosaic 浏览器。关键在于，如何面对编程工作，取决于自己处于技术浪潮的哪个阶段。如果处在浪潮的后期，那么可以计划用大部分时间持续稳定地编写新的功能。如果处在浪潮的早期，那么估计得花很大一部分时间找出文档中未说明的编程语言特性、调试程序库代码缺陷带来的错误、修订代码以适应厂商提供的新版本函数库等。

如果是在一个很初级的环境中工作就会发现，与成熟的环境相比，本书介绍的编程实践将更有帮助。正如格里斯 (David Gries)* 所指出的，编程思路不要受制于编程工具 (Gries 1981)。他对用语言来编程和深入

译注

康奈尔大学计算机系教授，倡导一种兼具逻辑与美感方法：通过程序的正确性来计算出程序，之后再来分析程序的时空复杂度。他在 1974 年发表的论文《我们应该在编程入门课程中做什么》，这篇文章被认为是奠定计算机科学领域的十大研究论文之一。他认为，入门及高级课程应关注三个方面：如何解决问题；如何描述解决问题的算法方案；如何验证算法是否正确。

语言去编程做了区分。用语言来编程的程序员将自己的思想限制在语言直接支持的组件上。如果语言工具是初级的，那么程序员的思想也是初级的。

深入语言去编程的程序员首先决定要表达什么思想，然后决定如何使用特定语言提供的工具来表达这些思想。

深入语言去编程

在早期使用 Visual Basic 的时候，我想把产品中的业务逻辑、用户界面和数据库分离开，但最后没有做到，因为这种语言中没有任何内置的方法可以做到这一点。我知道如果处理不够小心，那么过一段时间某些 Visual Basic 窗体 (form) 将包含业务逻辑，某些将包含数据库代码，而另一些将都不包含，最后我根本记不清哪个代码位于哪个位置。当时，我刚刚完成了一个 C++ 项目，该项目中没有很好地分离这些功能，我不想用另一种语言再来尝试一遍这些让人头疼的事情。

因此，我采用了一种设计约定，即只允许 .frm 文件从数据库检索数据并将数据存储回数据库中。不允许将数据直接与程序的其他部分进行交互。每个窗体都有一个 IsFormCompleted() 子程序，其他子程序调用它来判断当前已激活的窗体是否保存了数据。IsFormCompleted() 是窗体允许拥有的惟一的公用子程序。同时窗体也不允许包含任何业务逻辑。所有其他代码都必须放在对应的 .bas 文件中，包括检查窗体中数据有效性的代码。

Visual Basic 并不鼓励这种方法。它鼓励程序员将尽可能多的代码放入 .frm 文件中，并且在 .frm 文件回调其对应的 .bas 文件中的子程序也不容易。

这个约定非常简单，但随着我对项目的深入了解，我发现它给了我很大的帮助。假如没有这个约定，我将写出许多缠夹不清、令人费解的代码。假如没有这个约定，我也许就会加载某个窗体之后不显示它，而这只是为了调用其中检查数据有效性的子程序，或者也许我会把窗体中的代码复制到其他地方，然后维护这些分布在各处功能相同的代码。IsFormCompleted() 约定也使事情变得简单。因为每个窗体都以完全相同的方式工作，所以我从不需要猜测 IsFormCompleted() 的语义，每次使用它时，它的含义都是相同的。

Visual Basic 并不直接支持这种约定，但我凭借一种简单的编程约定，深入语言去编程，弥补了语言当时在结构上的不足，使该项目的管理变得更轻松。

理解用语言来编程和深入语言去编程之间的区别，对于理解本书至关重要。大多数重要的编程原则并不依赖于特定的语言，而是取决于我们如何使用它们。如果编程语言缺少我们想要使用的结构，或者容易出现其他类型的问题，那就试着去弥补它。发明自己的编码约定、标准、类库以及其他改进措施。

4.4 选择重要的构建实践

部分构建准备工作取决于个人注重哪些良好的编程实践，有大量的实践可供选择。某些项目使用结对编程和测试先行开发，而其他项目使用单人开发和正式审查。根据项目的具体情况，两种技术组合都可以很好地发挥作用。

下面的检查清单总结了在构建过程中要有意使用或排除的具体实践。这些实践的细节贯穿于整本书中。

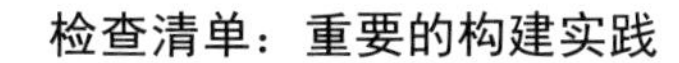
检查清单：重要的构建实践

编码

❑ 是否定义了有多少设计工作要预先完成，以及多少工作在编码的同时完成？

❑ 是否为名称、注释和代码格式等制定了编码约定？

❑ 是否定义了架构所隐含的特定编码实践？例如，如何处理错误条件？如何处理安全性？类接口使用什么约定？对重用代码应用什么标准？在编码时对性能要考虑到什么程度？

❑ 是否已经确定了自己在科技浪潮中所处的阶段，并调整了自己的方法来适应？如果有必要，是否已经确定了如何深入语言来编程，而不是受限于只会用语言来编程？

团队工作

❑ 是否定义了集成工序，即是否定义了程序员在将代码签入主干之前必须经过的特定步骤？

❑ 程序员是结对编程还是独立编程，还是采用两者的组合？

关联参考　要想进一步了解质量保证，请参见第 20 章。

质量保证

❑ 程序员会在编写代码之前为自己的代码编写测试用例吗？

❑ 程序员会为他们的代码编写单元测试（不管是先写还是最后写）吗？

❑ 程序员在签入代码之前会在调试器中单步调试自己的代码吗？

❑ 程序员在签入代码之前会对代码进行集成测试吗？

❑ 程序员会评审或者互相检查代码吗？

关联参考　要想进一步了解工具，请参见第 30 章。

工具

❑ 是否选择了版本控制工具？

❑ 是否选择了一种语言和语言版本或编译器版本？

❑ 是否选择了诸如 J2EE 或 Microsoft .NET 之类的框架，还是明确决定不使用框架？

❑ 是否已经决定允许使用非标准语言特性？

❑ 是否已经确定并获得了将使用的其他工具，比如编辑器、重构工具、调试器和测试框架以及语法检查器等？

要点回顾

- 每种编程语言都有各自的优缺点。注意各种语言的优缺点。
- 在开始编程之前建立编程约定。代码成形之后再适配约定几乎是不可能的。
- 现有的构建实践比你可以在任何单个项目上使用的都多。用心选择最适合具体项目的实践。
- 问问自己，正在用的编程实践是对自己所用编程语言的正确响应，还是受它的控制。记住，要深入语言去学习编程，而不是浮于语言表面进行编程。
- 在技术浪潮中处于哪个阶段决定着哪种方法是有效的或者是可能的。确定自己在技术浪潮中所处的阶段，并相应地调整计划和期望。

学习心得

1.____

2.____

3.____

4.____

5.____

第 II 部分 高质量的代码

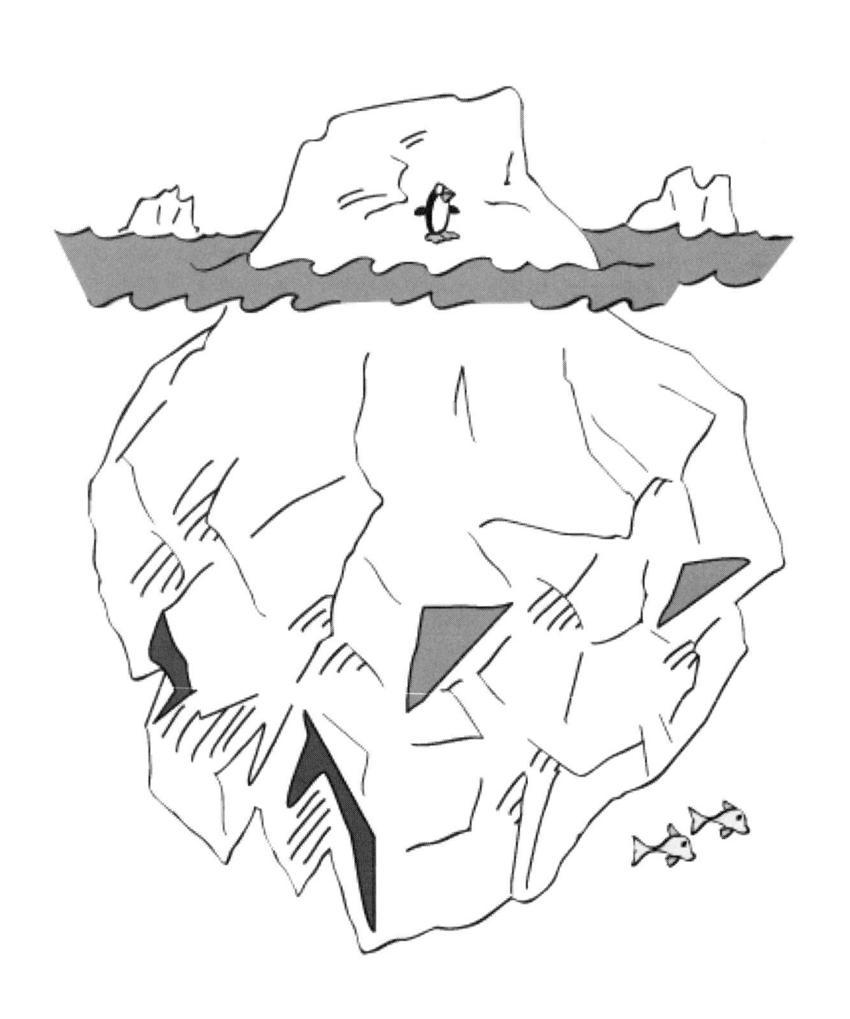

第5章

软件构建的设计

内容

相关主题及对应章节

- 架构的先决条件：第3.5节
- 可以工作的类：第6章
- 高质量的子程序：第7章
- 防御式编程：第8章
- 重构：第24章
- 程序规模对构建的影响：第27章

有些人可能会说，设计并不是真正的构建活动，但在小型项目中，许多活动都被认为是构建，其中通常包括设计在内。在一些较大型的项目中，正式架构可能只关注系统级的问题，许多设计工作则可能有意留给构建。在其他大型项目中，设计可能有意详细到足以使编码变成一种机械的劳动，但设计很少有那么完整——程序员通常会正式或非正式地设计程序的一部分。

在小型非正式的项目中，很多设计是程序员坐在键盘前完成的。“设计”可能只是在详细编码之前用伪代码写一个类接口。可能是在编码前画一些类关系图。可能是问另一个程序员哪种设计模式更好。不管以什么方式设计，小项目和大项目一样，都能从精心的设计中受益，而将设计作为一项明确的活动来认识，可以使你从中获得最大的收益。

关联参考 要想进一步了解大项目和小项目所要求的不同正式程度，请参见第27章。

设计是一个庞大的话题，所以本章只考虑它的几个方面。类或子程序设计得好不好，很大一部分由系统架构决定，所以要确保第3.5节讨论的架构的先决条件已得到满足。更多设计工作是在单个类和子程序的层级上完成的，具体在第 6 章和第 7 章讲述。

如果已经熟悉软件设计的主题，那么可以从本章中挑出一些重点来看，包括第 5.1 节和第 5.3 节。

5.1 设计挑战

关联参考　要想了解启发式过程和确定性过程的差异，请参见第 2 章。

“软件设计”是指构思、发明或设计将计算机软件规范变成可工作的软件的一种方案。“设计”是将需求与编码和调试联系起来的活动。好的顶层设计提供了可以安全地包含多个低层设计的结构。好的设计对小的项目有用，对于大型的项目，更是不可或缺的刚需。

设计也存在许多挑战，本节接下来要对它们进行一些概括。

设计是一个棘手的问题

译注

“棘手问题”也称为“抗解问题”“吊诡问题”，特指无法用简单方法来解决的错综复杂的问题，最初用于设计领域，后来被社会学领域广泛借用。

“期望软件设计者以合理的、无错误的方式从需求说明中直接推导出设计，这是非常不现实的。从来没有一个系统是以这种方式开发的，以后也不可能有。即使是教科书和论文中显示的小程序开发也是不现实的。作者其实一直在修改和完善这些程序，你却天真地以为他们是直接拿出设计的，真相不是这样的。”

— **帕纳斯和克莱门茨**

(David Parnas 和 Paul Clements)

里特尔 (Horst Rittel) 和韦伯 (Melvin Webber) 将“棘手问题”*(wicked problem) 定义为只有通过解决它或解决它的一部分才能明确定义的问题 (1973)。这个悖论意味着，本质上必须“解决”一次问题才能清晰地定义它，然后再解决一次才能创建有效的解决方案。几十年来，这个过程一直是软件开发的核心 (Peters and Tripp 1976)。

在我所在的地区，这种棘手问题的一个戏剧性的例子是塔科马海峡吊桥最初的设计。当时建桥的主要设计考虑是要有足够的强度来支持计划的负载。在塔科马海峡吊桥这个例子中，风产生了意想不到的侧向谐波。1940 年的一个大风天，谐波不受控制地增长，最终导致桥梁坍塌，如图 5-1 所示。

这是一个典型的棘手问题，因为直到桥梁坍塌，桥梁工程师们都不知道空气动力学需要考虑到如此程度。只有通过建桥 (解决问题)，他们才能了解到还需要将哪些额外的因素考虑在内，才能另外再建一座至今依然屹立不倒的桥梁。

图 5-1　塔科马海峡吊桥是棘手问题的典型

在学校以学生身份开发的程序和工作后以专业人员身份开发的程序，有一个主要的区别在于，学校里写的程序解决的设计问题很少（甚至根本没有）是棘手的问题。学校的编程作业是为了让人从头到尾顺利完成。如果老师布置了一个编程作业，然后在刚完成设计时就修改了作业，在准备交作业时又改了一次，那么你可能会想给他涂上柏油，粘上羽毛。但是，这个过程正是专业程序员日常的基操。

设计没有章法，即使它产生的结果有条理

深入阅读　要想全面了解针对这个观点的探讨，请参见“A Rational Design Process: How and Why to Fake It”一文 (Parnas and Clements 1986)。

关联参考　关于这个问题，更好的回答请参见第 5.4 节。

完成后的软件设计应该看起来井井有条、清楚明了，但用于开发设计的过程却远不如最终结果这般有条理。

设计之所以“没有章法”，是因为你会采取许多不恰当的步骤，走入许多死胡同——总之，会犯很多错。事实上，犯错是设计的重点——犯错并予以纠正，与犯同样的错误直到完成编码后才意识到不得不纠正都要写完的代码相比，要便宜得多。设计没有章法，是因为好的解决方案与差的解决方案往往只有一些微妙的差异的区别。

设计之所以没有章法，还因为很难知道自己的设计何时“足够好”。多少细节才够？有多少设计应该用正式的设计表示法来完成，又有多少应该留到键盘上完成？什么时候才算完成？由于设计永无止境，所以针对这个问题，最常见的回答是“当你时间不够的时候”。

设计关乎取舍和优先级

在理想世界中，每个系统都能立即运行，消耗零存储空间，使用零网络带宽，永远没有任何错误，而且不用花费任何成本来构建。但在现实世界中，设计工作的一个关键部分是权衡相互竞争的设计特性，并从中取得平衡。如果快速响应速度比最小化开发时间更重要，就要对设计做出选择。如果尽可能缩短开发时间更重要，那么好的设计者会精心打造另一个不同的设计。

设计涉及限制

设计的要点在于，它的一部分是在创造可能性，另一部分是在限制可能性。如果人们有无限的时间、资源和空间来建造实体结构，那么你会看到令人难以置信的、无边无际的建筑，有数百个房间，甚至每只鞋都有自己的房间。这就是软件在没有刻意施加限制的情况下的结果。由于建造建筑物的资源有限，所以人们不得不简化解决方案，并最终优化解决方案。软件设计的目标亦是如此。

设计是不确定的

派三个人去设计同一个程序，他们很容易带着三种截然不同的设计回来，而且每种都是完全可以接受的。做某些事情的时候，方法或许不止一种，但计算机程序的设计方法往往至少有好几十种。

设计是启发式过程

由于设计是不确定的，所以设计技术往往是启发式（探索式）的，即需要用到“经验法则”或者“试行”的策略，而不是使用保证能产生可预测结果的一种可重复的过程。设计涉及试验和错误。一个设计工具或技术在一项工作或工作的一个方面做得很好，但在下一个项目中可能没那么有效。没有一种工具是万能的。

设计是水到渠成的

深入阅读　软件不是惟一会随时间而变的结构。物理结构也在演进，详情可参见《建筑养成记》(Brand 1995)。

总结上述设计特性，我们可以说设计是一个“水到渠成”、自然浮现的过程。设计不会从人的大脑一出来便是完整形式。它们需要通过设计评审、非正式讨论、写代码的过程以及修改代码的过程来发展和改进。

几乎所有系统在最初的开发过程中都经历了某种程度的设计变化，在演进成后来的版本时，它们通常会发生更大的变化。变化在多大程度上有益或者可以接受，具体取决于所构建软件的性质。

5.2 关键设计概念

好的设计取决于对少数几个关键概念的理解。本节讨论了复杂性在其中扮演的角色、理想的设计特征以及设计的层次。

软件的首要技术使命：管理复杂性

关联参考　第 34.1 节讨论了复杂性如何影响设计以外的编程问题。

为了理解管理复杂性的重要性，请参考布鲁克斯 (Fred Brooks) 那篇里程碑式的论文“没有银弹：软件工程的本质与偶然”(Brooks 1987)。

偶然性和本质性困难

布鲁克斯认为，软件开发之所以困难，是因为存在两类不同的问题：本质的 (essential) 和偶然的 (accidental)。他提出的这两个术语借鉴了源自亚里士多德的哲学传统。在哲学体系中，“本质的属性”是指一个事物为了成为该事物而必须具备的属性。汽车必须有发动机、车轮和车门才能成为汽车。缺少其中任何一个基本属性，就不成其为汽车。

关联参考　相较于后期开发，偶然性的困难在早期开发中更为突出。这方面的详情可参见第 4.3 节。

“偶然的属性”是指一个事物碰巧拥有的属性，这些属性并不影响该事物是否能成为该事物。汽车可以装一台 V8 发动机、涡轮增压四缸发动机或其他类型的发动机。不管这个细节如何，它都是一辆汽车。汽车可以双门或四门；可以用普通轮毂或者镁合金轮毂。所有这些细节都是偶然的属性。也可以将偶然的属性看成是附带的、随意的、可选的和意外的。

布鲁克斯观察到，软件中的主要偶然性困难在很久以前就已经解决了。例如，与笨拙的语言语法相关的偶然性困难在从汇编语言到第三代语言的演变过程中已基本消除，且其重要性从那时起逐渐下降。与非交互式计算机有关的偶然性困难在分时操作系统取代批处理模式系统时得到了解决。集成编程环境进一步消除了因为工具配合不当而导致的编程效率低下。

他认为，在软件剩下的本质性困难方面，进展必然比较缓慢。原因是，就其本质而言，软件开发是为了解决一套高度错综复杂、环环相扣的概念的全部细节问题。之所以存在本质上的困难，是因为要和复杂、无序的现实世界对接；要准确、完整地识别依赖关系和例外情况；要设计出完全正确而不能只是大致正确的解决方案，等等。即使能发明出一种编程语言，使用与我们试图解决的现实世界问题相同的术语，编程也是困难的，因为在精确判断现实世界如何运作方面依然存在挑战。随着软件解决越来越大的现实世界问题，现实世界实体之间的相互作用变得越来越复杂，这反过来又增加了软件解决方案的本质性困难。

所有这些本质性困难的根源在于复杂性，无论偶然的还是本质的。

管理复杂性的重要性

“有两种构建软件设计的方法：一种是使其简单到明显没有缺陷，另一种是使其复杂到没有明显的缺陷。”
—霍尔爵士 (C. A. R. Hoare，英国计算机科学家 1980 年图灵奖得主，设计了快速排序算法和霍尔逻辑等)

软件项目调查在报告项目失败的原因时，它们很少将技术原因作为项目失败的主要原因。项目失败最常见的原因是需求不到位、计划不周或管理不善。但是，当项目确实主要是因为技术而失败时，原因往往是失控的复杂性。软件变得如此复杂，以至于没人真正知道它在做什么。一旦没人完全能够理解一个区域的代码变化对其他区域造成的影响，项目就无法进一步发展了。

管理复杂性是软件开发最重要的技术课题。在我看来，它是如此重要，以至于软件的首要技术使命必须是管理复杂性。

复杂性并不是软件开发的一个新特征。计算机先驱戴克斯特拉 (Edsger W. Dijkstra) 指出，计算是惟一一种一个人的思维必须跨越从一个比特到几百兆字节的距离，比例为 $1:10^9$，即 9 个数量级的职业 (Dijkstra

1989)。这个巨大的比例非常惊人。对此，他是这样说的：“与这个语义层级数量相比，一般的数学理论几乎是平的。通过唤起对深层概念层次的需求，自动计算机使我们面临着一个全新的、史无前例的智力挑战。”当然，和 1989 年相比，软件又变得复杂了许多，当年的 $1:10^9$ 的比例在今天很容易变成 $1:10^{15}$。

“陷入复杂性过载的一个症状是，你发现自己在顽固地运用一种明显不相干的方法(至少对任何旁观者来说是如此)。这就像一个不懂机械的人，他的车坏了，于是他向电池里倒水，并把烟灰缸倒掉。”
—普劳戈 (P. J. Plauger，曾先后参与创造“编程风格”的理念和“软件工具”这个术语。从 1973 年起到现在，还出版了十几部科幻小说)

戴克斯特拉 (Edsger W. Dijkstra) 指出，没有谁的大脑真正足以容下一个现代计算机程序 (Dijkstra 1972)，这意味着作为软件开发人员，我们不应该尝试将整个程序一次性塞进自己的大脑。相反，应该用一种安全的、一次只专注于其中一部分的方法来组织程序。目标是尽量减少任何时候都要考虑的程序的数量。可以把这看成一种心智游戏——程序要求你在空中同时保持的心智球越多，就越有可能丢掉其中一个球，从而导致设计或编码错误。

在软件架构层面，问题的复杂性通过将系统划分为子系统来降低。人类理解几小段简单的信息比理解一大段复杂的信息要容易得多。所有软件设计技术的目标都是将复杂问题分成简单的部分。子系统越是独立，就越能使其安全地专注于解决一个复杂的点。精心定义的对象将关注点分开，这样就可以一次只专注于一件事。包在更高的聚合层次上提供了类似的好处。

保持子程序简短，有助于减轻心智负担。从问题领域的角度来写程序，而不是从低层次的实现细节的角度来写，并在最高的抽象层次上工作，可以减少大脑的负担。

这里的要点在于，程序员只有认识到人类的先天不足，并对此予以弥补，写出来的代码对自己和其他人来说才更容易理解，错误也更少。

如何应对复杂性

高成本、低效率的设计有三个来源。

- 用复杂方案解决简单问题。
- 用简单的、不正确的方案解决复杂问题。
- 用不合适的、复杂的方案解决复杂问题。

正如戴克斯特拉 (Edsger W. Dijkstra) 所指出的，现代软件本质上是复杂的，无论如何努力，最终都会碰到现实世界问题本身所固有的某种程度的复杂性。所以，对复杂性的管理要双管齐下。

- 尽量减少任何人的大脑在任何时候都必须处理的本质上的复杂性的数量。
- 防止偶然的复杂性无谓地扩散。

一旦理解了软件其他所有技术目标对于复杂性的管理来说均为次要，许多设计上的考虑就会变得简单明了。

理想的设计特征

“我处理问题的时候，从来不考虑美不美的问题。我只想着如何解决问题。但是，在我完成后，如果发现解决方案不漂亮，我就知道它是错的。”
—富勒 (R. Buckminster Fuller, 1895—1983，发明家，“无证”建筑师，他发明或发展的Dymanion思想、短线程穹顶、张拉整体概念及索穹顶至今仍然是结构工程研究的前沿课题)

关联参考　这些特性与常规的软件质量特性有关。要想进一步了解常规特性的细节，请参见第 20.1 节。

高质量设计有几个常规特征。如果能实现所有这些目标，那么设计确实会非常好。有的目标与其他目标相矛盾，但这就是设计的挑战——从相互竞争的目标中创造出一套好的折中方案。设计质量的一些特征也是好程序的特征：可靠性、性能等。其他则是设计的内部特征。

下面列出内部设计特征。

最小化的复杂性　设计的首要目标是出于之前讲述的各种原因，将复杂性降至最低。避免做“聪明的”设计。聪明的设计通常难以理解。相反，要做“简单的”和“容易理解的”设计。如果设计不能让你在沉浸在一个特定的部分时安全地忽略程序的其他大多数部分，这个设计就不对。

易于维护　易于维护意味着要为负责维护的程序员而设计。不断想象维护程序员会对你所写的代码提出哪些问题。将维护程序员当作你的听众，然后把系统设计得不言而喻。

松散耦合　松散耦合是指在设计时，将程序不同部分之间的关联控制在最小范围内。通过遵循良好的类接口抽象、封装和信息隐藏等原则来设计相互关联尽可能少的类。最小的关联性能将集成、测试和维护时的工作量降至最低。

可扩展性　可扩展性意味着可在不破坏底层结构的前提下对系统进行增强。可在不影响其他部分的情况下改变系统的某一部分。而且最有可能的改变给系统带来的创伤最小。

可重用性　可重用性是指在设计系统时，可在其他系统中重用它的某些部分。

高扇入　高扇入是指有许多类在使用一个特定的类。高扇入意味着一个系统被设计成可以很好地利用系统中较低层次的实用类。

低到中等扇出　低到中等的扇出意味着一个特定的类使用了低到中等数量的其他类。高扇出（超过 7 个）表明一个类使用了其他大量类，因此可能过于复杂。研究人员发现，无论考虑在一个子程序内调用的子程序数量，还是在一个类内使用的类的数量，低扇出原则都是有益的 (Card and Glass 1990; Basili, Briand, and Melo 1996)。

移植性　移植性是指设计的系统很容易转移到其他环境。

精简性　精简性意味着设计系统，使其没有多余的部分 (Wirth 1995, McConnell 1997)。伏尔泰说过，一本书什么时候才算完成？不是在增无可增的时候，而是在删无可删的时候。在软件中，这一点尤其正确，因为只要修改了其他代码，就必须开发、审查、测试和考虑额外的代码。软件的后续版本必须与额外的代码保持向后兼容。要回答一下严肃的问题："这很容易，所以把它放进去会造成什么伤害？"

层次性　层次性是指尽量保持分层的层次，以便可以在任何一个层次上查看系统，并得到一致的见解。设计的系统应该在一个层次上就可以观察，而不必非要跑到其他层次。

关联参考　要想进一步了解旧系统的使用，请参见第 24.5 节。

例如，假设要写一个现代系统，但其中必须用到大量设计不良的旧代码，就可以在新系统中专门写一层来负责与旧代码的接口。这一层的设计宗旨是隐藏旧代码的低质量，为较新的层提供一组一致的服务。然后，让系统其余部分使用这些类而不是旧代码。在这种情况下，分层设计有两个好处：它可以把不良代码的混乱分隔开；如果以后可以抛弃旧代码或重构它，那么除了接口层，不需要修改任何新代码。

关联参考　一种尤其有价值的标准化是使用设计模式，详情参见第 5.3 节。

标准技术　系统越是依赖外来的部分，对于第一次试图理解它的人来说就越是令人生畏。尽量使用标准化的、常见的方法，使整个系统看起来很熟悉。

设计的层次

软件系统需要在几个不同的细节层次上进行设计。有的设计技术适合所有层次，有些设计只适合一两个层次。图 5-2 展示了这些层次。

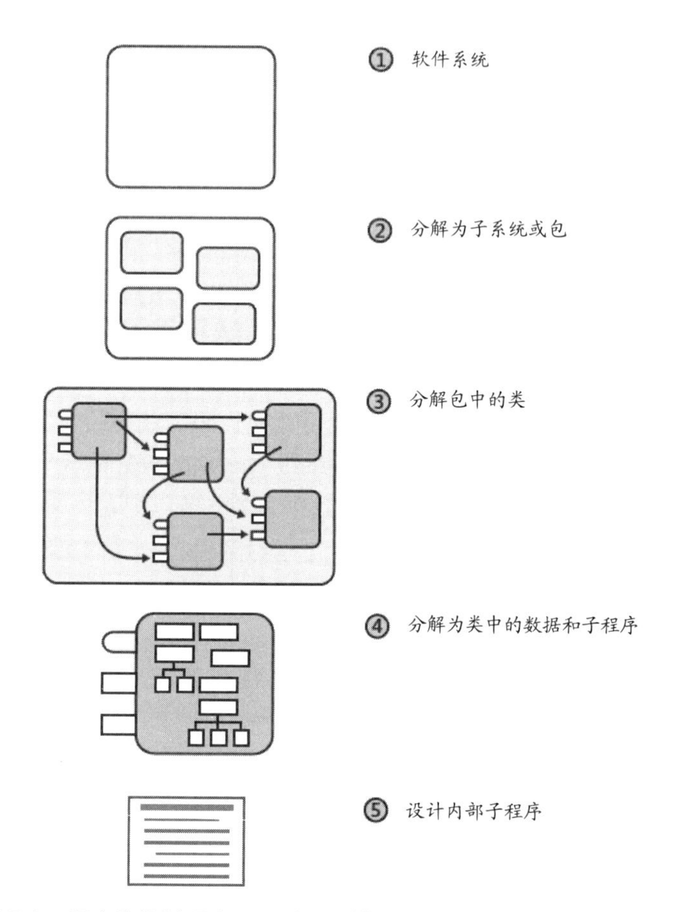

图 5-2 程序的设计层次。系统 ① 首先分解为多个子系统 ②，子系统进一步分解为类 ③，类又分解为子程序和数据 ④，每个子程序的内部细节也需要设计 ⑤

"换言之，其根本设计缺陷完全隐藏在表面设计缺陷之下，正是凭借着这条铁律，这家公司才在整个银河系获得了巨大的成功。"
—亚当斯 (Douglas Adams)

第一层：软件系统

第一层是整个系统。有的程序员直接从系统层跳到类的设计。但是，从更高层次的类的组合（比如子系统或包）来思考问题是有益的。

第二层：分解为子系统或包

这一层设计的主要产出是识别出所有主要子系统。子系统可以很大：数据库、用户界面、业务规则、命令解释器、报表引擎等。这个层次的主要设计活动是决定如何将程序划分为主要的子系统，并定义每个子系统如何使用其他子系统。任何耗时几周的项目都需要这个层次的分解。每个子系统可以使用不同的设计方法，系统的每一部分都要选择最合适的方法。在图 5-2 中，这一层的设计标注为 2。

在这个层次上，尤其重要的是各个子系统的通信规则。如果所有子系统都能与其他所有子系统通信，就丧失了将它们分开的好处。应该限制通信，使每个子系统变得有意义。

例如，假设要定义一个有 6 个子系统的系统，如图 5-3 所示。如果没有规则，热力学第二定律就会起作用，系统的熵* 会增加。熵增的一种方式是，如果对子系统之间的通信没有任何限制，通信将以不受限制的方式发生，如图 5-4 所示。

译注
熵是一个热力学和化学中的概念，最初是德国物理学家克劳修斯在 1865 年提出的，希腊语原意为"内向"，即"一个系统不受外部干扰时往内部最稳定发展的特性"，与之对应的是反熵。熵的量度是能量退化的指标，在控制论、概率论、数论、天体物理、生命科学等领域有重要的应用，在不同的学科中可引申出更为具体的定义。熵增定律是指在一个孤立的系统中，如果没有外力做功，其熵 (总体混乱度) 会不断增大，最后归为热寂。

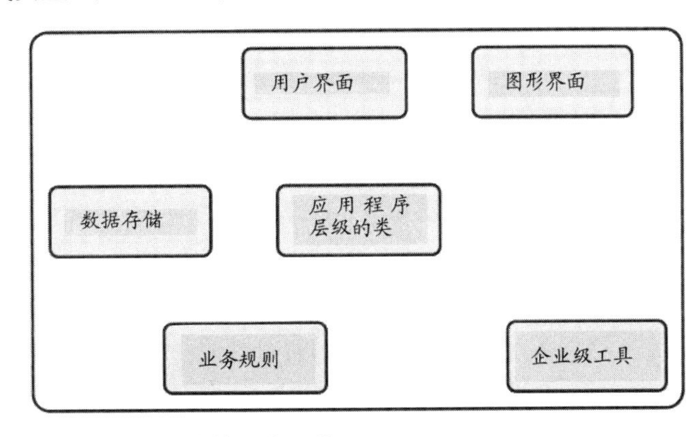

图 5-3　包含 6 个子系统的一个系统

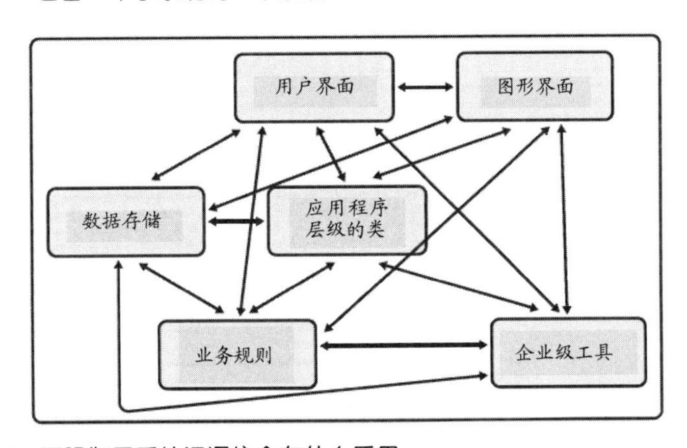

图 5-4　不限制子系统间通信会有什么后果

如你所见，每个子系统最终都会直接与其他每个子系统通信，这就提出了一些重要问题。

- 开发人员至少需要理解系统的多少个不同的部分，才能更改图形子系统中的一些东西？
- 试图在另一个系统中使用业务规则会发生什么？
- 如果给系统换一个用户界面 (或许是用于测试的命令行 UI) 会发生什么？
- 将数据存储放在一台远程机器上时会发生什么？

可将子系统之间的那些连线想象成水管，水在其中流淌。如果想伸手拉出一个子系统，这个子系统会有一些水管连接到它。必须断开和重新连接的水管越多，你会变得越湿。你要设计的系统应该是这个样子的：如果拉出一个子系统在其他地方使用，不会有很多水管需要重新连接，而且这些水管很容易重连。

只要做到未雨绸缪，解决所有这些问题都只需很少的额外工作。基于“需要知道”(need to know) 原则来允许子系统之间的通信，而且最好有一个合适的理由。但凡有疑问，就尽早限制通信并在以后放宽。这比尽早放宽，然后在写了几百个子系统间的调用后再收紧要容易得多。图 5-5 说明了只需要遵循几条通信原则，图 5-4 的系统就能有大幅改进。

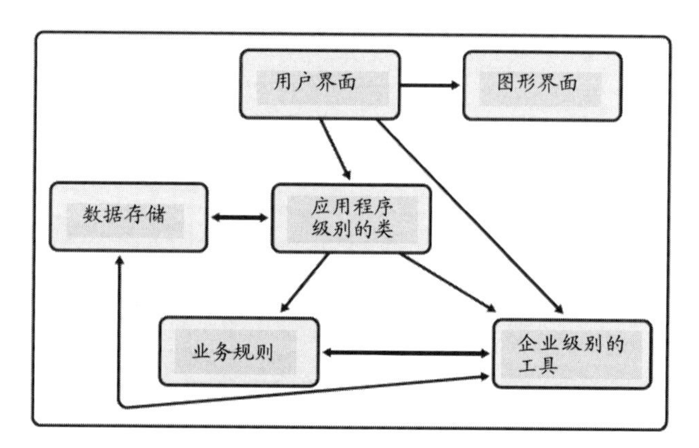

图 5-5　几条通信规则就能显著简化子系统的交互

为了使相互间的联系易于理解和维护，要在简单的子系统间的关系上多下功夫。最简单的关系是让一个子系统调用另一个子系统的子程序。更复杂的关系是让子系统包含另一个子系统的类。最复杂的关系是让一个子系统的类继承另一个子系统的类。

一条好的常规原则是，像图 5-5 这种系统层次的图应该是无环图。换言之，程序不应包含任何循环关系，即类 A 使用类 B，类 B 使用类 C，类 C 又使用类 A。

对于大型程序和程序家族，子系统层次上的设计至关重要。如果认为自己的程序不大，以至于可以跳过子系统层次的设计，至少要想好理由，不要任性而为。

关联参考　要想进一步了解如何用表格来表示业务逻辑，从而对其进行简化，请参见第 18 章。

常见的子系统　有些类型的子系统在不同的系统中反复出现，下面列出了一些常见的。

- *业务规则*　业务规则是编码到计算机系统中的法律、法规、政策和过程。如果要写一个工资系统，可能需要对美国国税局 (IRS) 关于允许的预扣税优待项数和估计税率的规则进行编码。工资系统的其他规则可能来自工会合同，其中规定了加班费率、休假和节假日工资等等。如果写的是一个车保费率报价程序，规则可能来自政府对强险的要求、精算费率表或承保限制。
- *用户界面*　创建一个子系统来隔离 UI 组件，这样 UI 就可以在不破坏程序其他部分的情况下演进。大多数时候，UI 子系统会使用几个附属子系统或类来处理 GUI 界面、命令行界面、菜单操作、窗口管理、帮助系统等。
- *数据库访问*　可将数据库访问的实现细节隐藏起来。这样一来，程序的大多数部分就不必关注对低级结构进行处理时的混乱细节。相反，只需关注数据在业务问题的层次上如何使用。隐藏实现细节的子系统提供了一个宝贵的抽象层次，降低了程序的复杂性。它们将数据库操作集中在一处，减少了处理数据时出错的几率。现在不需要对程序动大手术，即可轻松完成对数据库设计结构的更改。
- *系统依赖项*　出于和打包硬件依赖项一样的原因，将操作系统依赖项打包成一个子系统。例如，如果是为 Microsoft Windows 开发程序，为什么非要将自己限制在 Windows 环境中呢？用一个 Windows 接口子系统隔离所有 Windows 调用。以后若要将程序移植到 Mac OS 或 Linux，所要改变的只有接口子系统。接口子系统的覆盖面可能太广，你自己无法实现，但这样的子系统在一些商业代码库中很容易获得。

第三层：分解为类

深入阅读　关于数据库设计的一个很好的讨论，请参见《敏捷数据库技术》(Ambler 2003)。

这一层次的设计包括识别系统中的所有类。例如，一个数据库接口子系统可被进一步划分为数据访问类、持久化框架类以及数据库元数据。图 5-2 的第三层展示了将第二层的一个子系统分解为类的样子，第二层其他三个子系统也会做类似分解。

指定了类之后，每个类与系统其他部分的交互方式细节也会被指定。特别是，类的接口会被定义。总的来说，这一层的主要设计活动是确保所有子系统都已分解得足够精细，可将它们的各个部分作为单独的类来实现。

关联参考　关于高质量的类的具体特征，请参见第 6 章。

在任何需要超过几天时间的项目中，通常都需要将子系统分解为类。如果项目很大，这种分解会与第二层的程序划分有显著的不同。如果项目很小，可考虑直接从第一层的全系统视图跳到第 3 层的类视图。

类和对象　面向对象设计的一个关键概念是区分对象和类。对象是在运行时存在于程序中的任何特定实体。类是在程序的代码清单中看到的静态事物。对象是在运行程序时看到的具有特定值和属性的动态事物。例如，可声明一个具有姓名、年龄、性别等属性的 Person 类。在运行时，会出现 nancy、hank、diane、tony 等对象 (均为人名)，也就是该类的特定实例。如果熟悉数据库术语，这就类似于“模式”和“实例”之间的区别。可将类想象成饼干刀，将对象想象成饼干。本书非正式地使用这些术语，类和对象这两个术语多少会互换着使用。

第四层：分解为子程序

这一层的设计是将每个类分解为子程序。第三层定义的类接口会定义一些子程序。第四层设计的目的就是细化出类的私有子程序。如图 5-2 所示，查看类中的子程序的细节时，会发现许多子程序都是简单的方框，但也有几个是由以层次化的方式组织的更多子程序构成的，这就需要更多的设计。

完整定义了类的子程序后，往往会对类的接口有一个更好的理解，而这又会引起接口的变化，换言之，要回到第三层去修改。

这一层次的分解和设计通常由个人程序员决定，而且任何需要超过几个小时的项目都需要这样做。不需要很正式，但至少要在心头过一遍。

第五层：子程序的内部设计

关联参考　要想进一步了解如何创建高质量子程序，请参见第 7 章和第 8 章。

子程序层次的设计是详细布置各个子程序的功能。子程序内部设计通常由从事单个子程序的程序员来完成。设计活动包括写伪代码、在参考书上查找算法、决定如何组织子程序中的代码段以及用编程语言写代码等。这一层次的设计是肯定要做的，尽管有时在无意识的状态下会做得很差。若有意识地去做，效果可能会好一些。在图 5-2 中，这一层的设计标注为“5”。

5.3 设计构建基块：启发式方法

软件开发人员喜欢我们给出干脆利落的答案：“做 A、B 和 C，每次都会得到 X、Y 和 Z。”我们以习得产生所需结果的一系列神秘步骤为荣。一旦这些指示不能像宣传的那样工作，就会感到恼火。这种对确定性行为的渴望非常适合细节程度上的计算机编程。在这种情况下，对细节的严格关注决定了程序的成败。但软件设计与此大相径庭。

由于设计是不确定的，所以熟练运用一套有效的启发式方法便成了优秀软件设计的核心活动。后面几个小节描述了一些启发式方法。我们用这些方法思考设计，而且有时会获得好的设计见解。可将启发式方法看成是一种“试错”指南。毫无疑问，你以前就用到过其中的一些方法。所以，以下小节将从软件的首要技术使命“管理复杂性”的角度来描述每一种启发式方法。

找出现实世界中的对象

“先别问系统是用来做什么的，先问它是为什么而做的！”
—梅耶斯 (Bertrand Meyers，苏黎世理工大学软件工程先驱，Eiffel 软件首席架构师，契约式设计之父)

第一种也是最流行的确定设计方案的方法是“按部就班”的面向对象方法，它侧重于确定现实世界对象和合成对象。

使用对象进行设计的步骤如下。

- 确定对象及其属性 (方法和数据)。
- 确定可以对每个对象做什么。
- 确定每个对象允许对其他对象做什么。

关联参考 要想进一步了解如何使用类来进行设计，请参见第 6 章。

- 确定每个对象的哪些部分对其他对象可见——哪些部分公共，哪些私有。
- 定义每个对象的公共接口。

这些步骤不一定按此顺序进行，而且经常会重复。迭代很重要。下面总结了这些步骤中的每一步。

确定对象及其属性　计算机程序通常基于现实世界的实体。例如，一个时间计费系统可建立在真实世界的雇员 (Employee)、客户 (Client)、工时卡 (Timecard) 和账单 (Bill) 之上。图 5-6 展示了这样一个计费系统的面向对象视图。

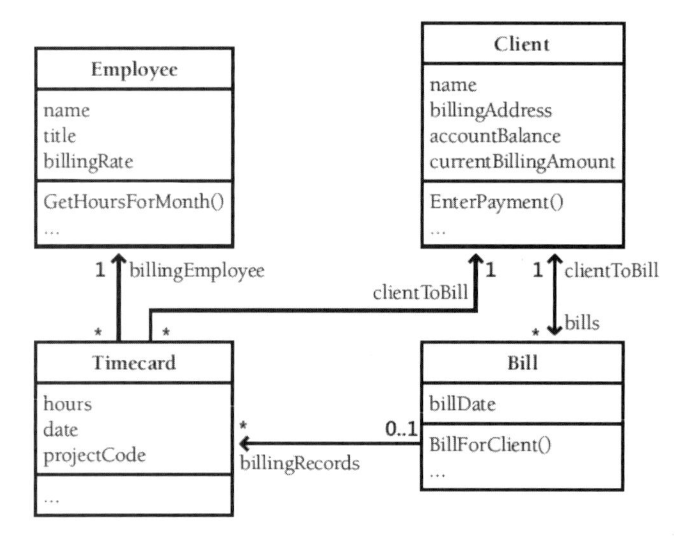

图 5-6　该计费系统由四个主要对象构成，本例对这些对象进行了简化

确定对象的属性并不比确定对象本身更复杂。每个对象都有与计算机程序相关的特征。例如，在时间计费系统中，雇员对象有名字、职务和费率。客户对象有名字、账单地址和账户余额。账单对象有账单金额、客户名称、账单日期。

GUI 系统中的对象包括窗口、对话框、按钮、字体和绘图工具。相较于到现实世界对象的一对一映射，在进一步研究了问题领域之后，也许会产生更好的软件对象选择。但是，现实世界中的对象是一个很好的开始。

确定可以对每个对象做什么 可以对每个对象执行多种操作。在图 5-6 的计费系统中，雇员对象可以改变职务或费率，客户对象可改变名称或账单地址，等等。

确定每个对象允许对其他对象做什么 对象之间可以做的两种常规的事情是包含 (containment) 和继承 (inheritance)。前者也称为“has a”关系，后者也称为“is a”关系。哪些对象可以包含其他哪些对象？哪些对象可以从其他哪些对象继承？在图 5-6 中，一个工时卡对象可以包含一个雇员对象和一个客户对象，而一个账单可以包含一张或多张工时卡。此外，一个账单可以指出已向客户开具账单，客户可为此账单付款 (EnterPayment())。更复杂的系统将包含更多的交互。

关联参考 要想进一步了解类和信息隐藏，请参见第 5.3 节。

确定每个对象的哪些部分对其他对象可见 一项关键的设计决定是确定对象的哪些部分应该公开，哪些部分应该保持私有。对数据和方法都必须做出这一决定。

定义每个对象的接口 为每个对象定义正式的、语法上的、编程语言级别的接口。对象向其他所有对象公开的数据和方法称为该对象的“公共接口”(public interface)。如果对象的某一部分通过继承向派生对象公开，则称为该对象的“受保护接口”(protected interface)。这两种接口都要考虑。

完成了面向对象系统的顶层组织后，将以两种方式进行迭代。第一种是对顶层系统组织进行迭代，以获得更好的类的组织方式。第二种是对定义的每个类进行迭代，将每个类的设计推向一个更详细的层次。

形成一致的抽象

抽象是指在使用一个概念时，安全忽略其部分细节的能力，也就是在不同层次处理不同细节的能力。任何时候只要使用一个集合体，就是在使用抽象。例如，假设将一个东西称为“房子”，而不是玻璃、木材和钉子的组合，就是在抽象。将房子的集合称为一个“镇”，也是在进行抽象。

基类是一种抽象，它允许你专注于一组派生类的共同属性，允许在处理基类时忽略具体类的细节。好的类接口也是一种抽象，它允许你专注于接口而不必关心类的内部工作方式。一个设计良好的子程序的接口在较低的细节层次上提供了同样的好处，而一个良好设计的包或子系统的接口在较高的细节层次上也提供了这样的好处。

从复杂性的角度看，抽象的主要好处在于，它允许你忽略不相关的细节。大多数现实世界中的物体已经是某种抽象了。如前所述，一栋房子是对窗户、门、壁板、电线、管道、绝缘材料以及组织它们的特殊方式的抽象。一扇门是对一块带有铰链和门把手的长方形材料的特殊形式的抽象。门把手又是对黄铜、镍、铁或钢等特定结构的抽象。

人们无时无刻不在使用抽象。如果每次推开前门时都要和单独的木纤维、油漆分子和钢分子打交道，每天就不用进出家门了。如图 5-7 所示，抽象是我们在现实世界中处理复杂性的一个重要部分。

图 5-7　抽象使我们能以更简单的方式看待复杂概念

关联参考　要想进一步了解类设计中的抽象，请参见第 6.2 节。

软件开发人员有时会在木纤维、油漆分子和钢铁分子这样的层次上构建系统。这使系统过于复杂，在智力上难以管理。若程序员不能提供更强大的编程抽象，系统本身有时就进不了门。

好的程序员会在路由接口层、类接口层和包接口层创建抽象，也就是门把手、门和房子这几个层次，以更快和更安全的方式进行编程。

封装实现细节

封装是抽象的延续。抽象的意思是“你允许从高的细节层次观察对象。”封装的意思是“除此之外，你不可以从其他任何细节层次观察对象。”

沿用房子建筑材料的比喻：封装是指你可以从外面看房子，但不能靠得足够近以看清楚门的细节。你可以知道有一扇门，也可以知道门是开着还是关着，但不知道这扇门是木头、玻璃纤维、钢还是材质。自然，更不可能看到每一根木质纤维。

如图 5-8 所示，封装通过禁止你看到复杂的细节来管理复杂性。第 6.2 节中的“良好的封装”介绍了更多关于封装之于类的设计的背景知识。

图 5-8　封装，不只是允许以更简单的方式看一个复杂概念，还不允许看到这个复杂概念的任何细节。所见即所得，这就是得到的全部

能简化设计的，就继承

设计软件系统时，经常会发现一些对象与其他对象很相似，只有些许区别。例如一个会计系统可能有全职和兼职雇员。与这两种雇员相关的大部分数据都是一样的，只有一些不同。使用面向对象的编程，可以首先定义一个常规雇员类型，然后将全职雇员定义为这种常规雇员，但引入一些差异；兼职雇员也定义成常规雇员，同样引入一些差异。如果对一个雇员的操作不依赖于雇员类型，就可将该雇员当作一个常规雇员来处理。如果操作需取决于雇员是全职还是兼职，处理方式就不同了。

定义这些对象之间的相似性和差异性就是所谓的“继承”，因为更具体的兼职和全职雇员继承了常规雇员类型的特征。

继承的好处在于，它能与抽象很好地协作。抽象处理不同细节层次的对象。还是以那扇门为例，它在一个层次上是某种分子的集合，在下个层次上是木质纤维的集合，而在下个层次上是防止小偷进入房子的东西。木材有一定的属性。例如，可以用锯子切割，或者用木胶黏合。无论标准木板还是雪松木片瓦，都具有木材的这些常规属性。但与此同时，它们还有自己的一些特殊属性。

继承简化了编程，因为可以写一个常规的子程序来处理任何依赖于“门的常规属性”的事情。然后，再写特定的子程序来处理对特定种类的门的特定操作。一些操作，如 Open() 或 Close()，可能适用于各种门：实心门、内门、外门、纱门、法式门或滑动玻璃门。一种语言如果支持像 Open() 或 Close() 这样的操作，而且在运行时才知道具体处理的是哪种门，这种能力就称为“多态性”(polymorphism)。包括 C++、Java 和 Visual Basic(要较新的版本) 在内的面向对象的语言都支持继承和多态性。

继承是面向对象编程最强大的工具之一。如果用得好，它可以提供巨大的好处；如使用不当，它也会造成巨大的损失。详情参见第 6.3 节。

隐藏秘密 (信息隐藏)

信息隐藏是结构化设计和面向对象设计的基础之一。结构化设计的“黑盒”概念就源自信息隐藏。在面向对象设计中，它产生了封装和模块化的概念，并与抽象概念密切关联。信息隐藏是软件开发的开创性思想之一，所以这里专门用一个小节来深入探讨。

信息隐藏这个概念最早出现在派纳斯 (David Parnas) 1972 年发表的论文中，标题为“On the Criteria to Be Used in Decomposing Systems Into Modules”，引起了公众的普遍关注。信息隐藏的特色概念是“秘密”，即软件开发者将设计和实现的决定隐藏在某个地方，与程序的其他部分分开。

在《人月神话》20 周年纪念版中，布鲁克斯总结说，他对信息隐藏的批评是此书第一版中为数不多的错误之一。他坦率承认：“派纳斯 (Parnas) 是对的，我对信息隐藏的看法才是错的。” (Brooks 1995) 鲍姆 (Barry Boehm) 认为，信息隐藏是一种消除返工的强大技术。他指出，这种技术在增量、高度变化的环境中特别有效 (Boehm 1987)。

对于软件的首要技术使命 (管理复杂性) 来说，信息隐藏是一种特别强大的启发式方法，因为从它的名字到所有细节，都在强调隐藏复杂性。

秘密和隐私权

“类的接口要尽可能地完整且最小。”
—梅耶斯 (Scott Meyers)

在信息隐藏中，每个类 (或者包、子程序) 都因为向其他所有类隐藏的“设计或构造决策”而具有了不同特征。这个隐藏起来秘密也许是一个容易变化的区域、文件格式、数据类型的实现方式或者需要与程序的其他部分隔离的区域 (目的是最小化该区域的错误所造成的破坏)。类的职责是将这些信息隐藏起来，同时保护自身的隐私权。系统的微小变化可能影响类中的几个子程序，但不会影响到类的接口之外。

设计类的时候，一项关键任务是决定哪些特性应向类的外部公开，哪些则应保密。类可以使用 25 个子程序，但只公开其中 5 个，另外 20 个仅限内部使用。类可以使用几种数据类型，但选择不公开关于它们的信息。类设计的这个方面也称为“可见性”，因其与类的哪些特性在类的外部“可见” (visible) 或“公开” (exposed) 有关。

类的接口应尽可能少地透露其内部运作情况。如图 5-9 所示，类很像一座冰山：八分之七在水下，你只能看到水面以上的八分之一。

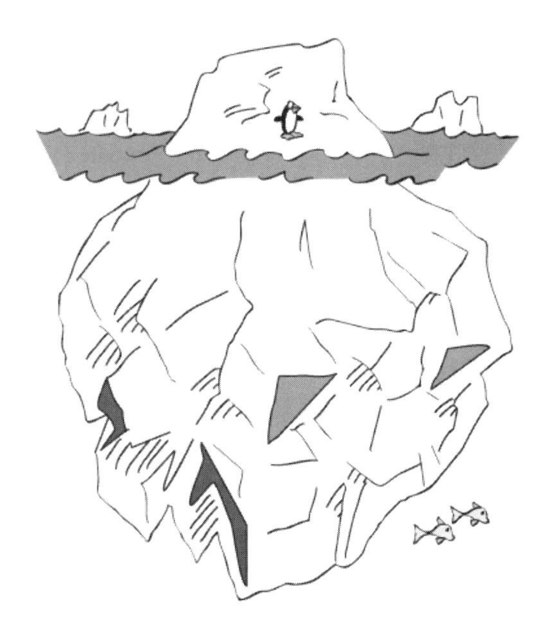

图 5-9　好的类的接口如同冰山之一角，类的大多数部分都不会暴露在外

类的接口的设计是一个迭代过程，这和设计的其他方面是一样的。如果第一次没有把接口设计好，就多试几次，直到稳定下来。如果稳定不下来，就表明需要尝试一种不同的方法。

一个信息隐藏的例子

假设某个程序中的每个对象都应该有一个惟一 ID，存储在名为 id 的成员变量中。一个设计方法是使用整数作为 ID，并将迄今为止分配的最高 ID 存储在名为 g_maxId 的全局变量中。为每个新对象分配存储空间时 (或许是通过每个对象的构造函数)，可以简单地使用 id = ++g_maxId 语句，这保证会分配一个惟一 ID，而且在创建对象的每个地方，都只会增加绝对最少量的代码。这样做有什么问题呢？

会出许多问题。如果想保留一个 ID 范围作为特殊用途呢？如果想使用非连续的 ID 来提高安全性呢？如果想重用已被销毁的对象的 ID 呢？如果想添加一个断言，在分配的 ID 超过预期的最大数量时触发呢？如果用于分配 ID 的 id = ++g_maxId 语句在程序中到处都是，那么你就不得不修改与每条语句相关的代码。另外，如果程序是多线程的，那么这种方法还不利于线程安全。

创建新 ID 的方式属于设计决策的范畴，应将其隐藏起来。如果在程序中到处使用 ++g_maxId，就会暴露创建新 ID 的方式，即简单地递增 g_maxId。相反，如果在程序中到处使用的是 id = NewId() 语句，就可以将创建新 ID 的方式隐藏起来。在 NewId() 子程序中，可以仍然只有一行代码，返回 (++g_maxId) 或其等价物。但如果以后决定为特殊目的保留某些范围的 ID 或重用旧 ID，可以在 NewId() 子程序本身进行这些修改，而不必修改几十乃至几百条 id = NewId() 语句。无论 NewId() 内部的修改有多么复杂，都不会影响程序其他部分。

现在，假设你决定将 ID 的类型从整数改为字符串。如果将 int id 这样的变量声明散布在整个程序中，那么即便是用 NewId() 子程序也无济于事。仍然需要在程序的几十乃至几百个地方进行修改。

所以，另一个要隐藏的秘密是 ID 的类型。通过公开 ID 是整数这一事实，来鼓励程序员对其进行整数操作，例如 >、< 和 =。在 C++ 语言中，可用一个简单的 typedef 来声明 ID 是 IdType(可解析为 int 的用户定义类型)，而不是直接声明为 int 类型。另外，在 C++ 和其他语言中，可以创建一个简单的 IdType 类。隐藏这个设计决策后，可以再一次从数量上极大减少会受变化影响的代码。

KEY POINT

信息隐藏在设计的各个层次都很有用，从使用具名常量而不是字面量，到创建数据类型，再到类设计、子程序设计和子系统设计。

两种类型的秘密

信息隐藏中的“秘密”主要有下面两种。

- 隐藏复杂性，这样你的大脑就不必处理它，除非你特别关注它。
- 隐藏变化源，这样当变化发生时，其影响被限制在局部。

复杂性的源头包括复杂的数据类型、文件结构、布尔测试、复杂的算法等。本章稍后会全面介绍引发变化的这些源头。

信息隐藏的障碍

深入阅读　本小节部分内容改编自文章“Designing Software for Ease of Extension and Contraction”(Parnas 1979)。

少数情况下，信息隐藏确实不可能，但信息隐藏的大多数障碍是在习惯性地使用其他技术的过程中建立起来的心理障碍。

信息过度分散　信息隐藏的一个常见障碍是信息在整个系统中的过度分散。你或许在系统的许多地方都硬编码了 100 这个字面量。将 100 作为字面量使用，会分散对它的引用。最好是将这种信息隐藏在一个地方 (例如常量 MAX_EMPLOYEES)。这样要修改时，只需在一个地方修改。

另一个信息过度分散的例子是在系统中到处间插与人类用户的交互。假如交互方式发生变化 (例如从 GUI 界面改为命令行界面)，那么几乎所有代码都要修改。最好将用户交互集中到单一的类、包或子系统中，这样在修改时就不至于影响整个系统。

关联参考　关于通过类的接口来访要想进一步了解通过类接口来访问全局数据，请参见第 13.3 节。

再举一个全局数据的例子，也许是一个最多 1000 个元素的雇员数据数组。程序的许多地方都访问了该全局数据。假如程序直接使用全局数据，那么它的实现细节 (它是一个数组，最多有 1000 个元素) 将在整个程序中传播。相反，如果程序只通过访问器子程序来使用该数据，那么只有访问器子程序才知道这一实现细节。

循环依赖　信息隐藏的一个更微妙的障碍是循环依赖 (circular dependencies)。例如，假设类 A 的一个子程序调用类 B 的一个子程序，类 B 的一个子程序又调用类 B 的一个子程序，就会发生循环依赖。

这种循环依赖必须避免，它们会造成系统测试难以进行，因为在另一个类的至少一部分准备好之前，类 A 和类 B 都无法单独测试。

类数据误作全局数据　如果是勤勉的程序员，有效信息隐藏的障碍之一可能是将类数据当成了全局数据，并有意识地避免它，因为想避免牵扯到全局数据的问题。虽然通往编程地狱的道路是由全局变量铺就的，但类数据带来的风险要小得多。

全局数据通常有两个问题：子程序对全局数据进行操作，却不知道其他子程序也在对其进行操作；子程序知道其他子程序正在操作全局数据，但不清楚进行的是什么操作。类数据则不受这两个问题的影响。对数据的直接访问被限制在用单一的类来组织的几个子程序中。这些子程序知道有其他子程序在操作数据，而且清楚是哪些子程序。

当然，上述讨论的前提是你的系统使用了良好设计的小类。如果程序被设计成使用，其中包含数十个子程序的大的类，则类数据和全局数据之间的界限会开始变得模糊，类数据会遇到许多与全局数据一样的问题。

关联参考　代码级的性能优化将在第 25 章和第 26 章讨论。

显著的性能损失　信息隐藏的最后一个障碍可能是试图避免在架构和编码层次的性能损失。但在这两个层次上都无需担心。在架构层次上，这种担心是不必要的，因为针对信息隐藏而设计的系统与针对性能而设计的系统并不冲突。如果兼顾信息隐藏和性能，这两个目标都可以实现。

更常见的担心是在编码层次。人们担心的是，间接访问数据项会因为额外的对象实例化、子程序调用等造成运行时的性能损失。这种担心为时过早。在能够度量系统的性能并找出瓶颈之前，为代码级性能工作做准备的最好方法是创建一个高度模块化的设计。以后检测到热点时，可在不影响系统其余部分的情况下对类和子程序进行单独优化。

信息隐藏的价值

信息隐藏是为数不多在实践中无可争议证明了其价值的理论技术之一且久经考验 (Boehm 1987a)。人们多年前就发现使用信息隐藏的大型程序比不使用信息隐藏的程序更容易修改，程度能达到 4 倍之多 (Korson and Vaishnavi 1986)。此外，信息隐藏是结构化设计和面向对象设计的基础的一部分。

信息隐藏具有独特的启发式力量，即一种能激励有效设计方案的独特能力。传统的面向对象设计提供了用对象建模世界的启发式力量，但对象思维不能帮助你避免将 ID 声明为 int 而不是 IdType。面向对象的设计者会问：“ID 应该被视为对象吗？”取决于项目的编码标准，若答案为“是”，程序员可能就需要写一套构造函数、析构函数、拷贝操作符和赋值操作符；全都加上注释；并将其置于源代码管理之中。

大多数程序员会决定：“不，不值得为一个 ID 创建完整的类。用 int 就好。”

注意刚才发生了什么事情。一个有用的设计方案 (简单隐藏 ID 的数据类型) 甚至想都没有想到。相反，如果设计者这样问自己：“ID 的什么东西应该隐藏？”他可能就会决定把它的类型隐藏在一个简单的类型声明背后，用 IdType 代替 int。在这个例子中，面向对象设计和信息隐藏之间的差异比明确的规则 (rules) 和条例 (regulations) 的冲突更微妙。其实，面向对象的设计会和信息隐藏一样赞同该设计决策。两者之间的区别更多地在于一种启发式方法：对信息隐藏的思考会激励并促进设计决策的形成，而习惯于用对象来思考则不会。

信息隐藏在设计类的公共接口时也很有用。在类的设计中，理论和实践之间的差距很大。而且在许多类的设计者当中，本应决定将什么放到类的公共接口中，最后却变成了决定接口怎么使用最方便，这通常会导致类暴露过多。根据我的经验，有的程序员宁愿暴露类的所有私有数据，也不愿多写 10 行代码来保护类的秘密。

“这个类需要隐藏什么？”这个问题是接口设计问题的核心。如果能将函数或数据放到类的公共接口中而不影响它的秘密，那就去做。否则就不要做。

习惯于深入思考哪些细节需要隐藏，有助于在所有层次上得到好的设计决策。它在构建层次促进了具名常量的使用 (而不是使用字面量)。它有助于在类中创建良好的子程序名和参数名。它还为类和子系统的分解以及系统级互连的决策提供了指引。

养成习惯，多思考“我该隐藏哪些细节”。很快，你就会惊讶地发现，许多困难的设计问题都能迎刃而解。

识别容易变动的区域

深入阅读　本小节描述的方法改编自文章“Designing Software for Ease of Extension and Contraction”(Parnas 1979)。

KEY POINT

对一些优秀设计师的研究发现，他们的一个共性是有预测变化的能力 (Glass 1995)。适应变化是优秀程序设计最具有挑战性的一个方面。目标是隔离不稳定的区域，这样变化的影响就会被限制在一个子程序、类或者包中。以下是在准备应对这种扰动时应遵循的步骤。

1. 确定可能会有变动的地方。如果需求做得好，就会有一份清单列举出潜在的变化以及每个变化的可能性。如果是这种情况，确定潜在的变化很容易。如需求中没有包括潜在的变化，请参考后面对可能发生变化的领域的讨论。

2. 分离 (separate) 可能发生变化的项。将步骤 1 所确定的每个易变的组件单独划分为类，或与其他可能同步变化的易变组件划分为同一个类。
3. 隔离 (isolate) 可能发生变化的项。设计类间的接口，使其对潜在的变化不敏感。设计接口，将变化限制在类的内部，确保不会影响到外部。任何使用被改变的类的其他类都不应该知道变化已经发生。类的接口应保护类的秘密。

关联参考 预测变化的最强大技术之一是使用表驱动法，详情参见第18章。

下面列举可能发生变化的一些领域。

业务规则 业务规则是软件频繁变化的常见根源。税务部门可能改变税收结构，工会可能重新谈判合同，而保险公司可能改变其费率表。如遵循信息隐藏的原则，基于这些规则的逻辑就不会在程序中散布得到处都是。这些逻辑会被隐藏在系统的某个黑暗角落里，直到需要改变的时候再暴露出来。

硬件依赖性 硬件依赖性的例子包括与屏幕、打印机、键盘、鼠标、磁盘驱动器、声音设备和通信设备的接口。在各自的子系统或类中隔离硬件依赖性。将程序转移到一个新的硬件环境时，对这种依赖关系的隔离会有所帮助。为不稳定的硬件开发程序时，它最初也有帮助。可以编写模拟与特定硬件交互的软件，只要硬件不稳定或不可用，就让硬件接口子系统使用模拟器。等硬件就绪后，将硬件接口子系统与模拟器脱离关联，重新将新子系统与硬件建立关联。

输入和输出 在比原始硬件接口稍高的设计层次上，输入 / 输出是一个不稳定的领域。如果应用程序创建了自己的数据文件，文件格式可能随应用程序的进化而改变。用户层次的输入和输出格式也会发生变化，页面上字段的定位、每个页面上字段的数量、字段的顺序等等。一般来说，最好是检查所有外部接口可能的变化。

非标准的语言特性 大多数语言的实现都包含了方便的、非标准的扩展。这些扩展是一把双刃剑，因为它们到了一个不同的环境就可能无法使用，无论该环境使用的是不同的硬件，不同厂商的语言实现，还是同一厂商的语言新版本。

如果使用了编程语言的非标准扩展，将这些扩展隐藏在自己的类中，这样在转移到不同的环境时，就可以用自己的代码替换它们。类似地，如果使用的库子程序不是在所有的环境中都可用，就将实际的库子程序隐藏在一个在其他环境中能很好工作的接口背后。

困难的设计和构建区域　隐藏困难的设计和构建区域是个好主意，因为它们可能做得不好，以后需要返工。对它们进行划分，将不良设计或构建对系统其他部分可能造成的影响降到最小。

状态变量　状态变量表示程序的状态，往往比其他大多数数据更频繁地改变。在一个典型场景中，你最开始将一个错误状态变量定义为布尔变量，后来又觉得把它实现为具有 ErrorType_None、ErrorType_Warning 和 ErrorType_Fatal 值的枚举类型更佳。

可为状态变量的使用至少增加两个层次的灵活性和可读性。

第一，不要用布尔变量作为状态变量。改为使用枚举类型。经常需要为状态变量添加一种新状态，为枚举类型添加一种新类型只需重新编译，不大费周章地修改检查了该变量的每一行代码。

第二，使用访问器子程序而不是直接检查变量。通过检查访问器子程序而不是变量，可以进行更复杂的状态检测。例如，假设要检查错误状态变量和当前功能状态变量的组合，如果测试隐藏在一个子程序中，就很容易做到。相反，如果是在整个程序中硬编码的复杂测试，就很难做到。

数据大小限制　声明一个大小为 100 的数组，就向外部暴露了一些外部不需要看到的信息。捍卫你的隐私权！信息隐藏并不总是像一个完整的类那么复杂。有时只需简单地使用一个具名常量 (如 MAX_EMPLOYEES) 来隐藏 100。

预测变更的不同程度

关联参考　本节描述的预测变化的方法不涉及提前设计和提前编码。关于这两种实践方法，请参见第 24.2 节。

考虑系统的潜在变化时，要设计系统使变化的影响或范围与变化发生的几率成正比。如果一个变化可能发生，就确保系统能很容易地适应它。只有极不可能的变化才应允许对系统的一个以上的类产生剧烈影响。好的设计师还会考虑预测变化的成本。如某个变化的可能性不大，但很容易计划，就应更努力地去预测它。如可能性不大且难以计划，就不要浪费工夫。

深入阅读　这里的讨论取自文章“On the design and development of program families”所描述的方法 (Parnas1976)。

识别可能发生变化的领域的一个好办法是，首先识别可能对用户有用的程序最小子集。这个子集构成了系统的核心，不太可能会变。接着，定义系统的最小增量。它们可以小到看起来微不足道。考虑功能的变化时，一定要同时考虑质量的变化：使程序线程安全，使其可局部化(使变化只影响局部)，等等。这些潜在的改进领域构成了系统的潜在变化；根据信息隐藏原则设计这些领域。通过首先确定核心，可以看出哪些组件是真正的附加组件，然后推断并隐藏对它们的改进。

保持松散耦合

耦合描述的是一个类或子程序与其他类或子程序的关系有多紧密。我们的目标是创建与其他类和子程序有小的、直接的、可见的和灵活的关系的类和子程序，这称为“松散耦合”。类和子程序都有耦合的概念，所以在接下来的讨论中，我将用“模块”这个词来指代类和子程序。

在模块之间，好的耦合是足够松散的，一个模块可以很容易地被其他模块使用。模型火车的车厢通过对向的一对车钩来耦合，碰到一起就会闭锁。所以连接两节车厢很容易，推到一起即可。想象一下，如果必须用螺丝来拧它们，或者要连接一组线，或者只能将某些种类的车连接到某些其他种类的车上，那会有多困难。模型火车的耦合之所以起作用，是因为它实在是很简单。在软件中，也要使模块之间的连接尽可能简单。

试着创建很少依赖其他模块的模块。让它们像商业伙伴那样彼此分离，而不是像连体婴儿那样彼此相连。像 sin() 这样的子程序是松散耦合的，因为要向其传递一个以度为单位的角度，而这是它惟一需要知道的东西。像 InitVars(var 1, var2, var3 ... varN) 这样的子程序则耦合得较紧密，作为调用方的模块根据必须传递的所有这些变量，实际上知道 InitVars() 内部发生了什么。如两个类相互依赖对方对同一个全局数据的使用，它们耦合得更紧密。

耦合标准

根据以下标准评估模块之间的耦合。

规模 规模指的是模块之间有多少个连接。对于耦合，小即是美。这是因为模块的接口越小，其他模块连接它越容易。相较于带 6 个参数的子程序，带一个参数的子程序与调用它的模块的耦合更松散。相较于公开了 37 个公共方法的类，有 4 个良好定义的公共方法的类与使用它的模块的耦合更松散。

可见性　可见性是指两个模块之间的连接有多显著。编程和中情局的工作不一样；你不会因为偷偷摸摸而获得荣誉。它更像是广告业，你会因为使连接变得更显眼而获得大量荣誉。通过参数列表传递数据就建立了一种明显的连接，所以是好的。修改全局数据使另一个模块可以使用这些数据，则是一种偷偷摸摸的连接，所以不好。如果用文档标注了全局数据的连接，使其更加明显，那么会稍微好一点。

灵活性　灵活性是指能多容易地改变模块之间的连接。理想情况下，你想要的是电脑 USB 连接器那样的东西，而不是裸线和焊枪。灵活性的一部分是其他耦合特征的产物，但它也有一点不同。假设有一个名为 LookupVacationBenefit() 子程序能在给定雇用日期 (hiring date) 和职位分类 (job classification) 的前提下查询雇员每年获得的休假天数。假设另一个模块中有一个 employee 对象，该对象包含雇用日期、职位分类和其他东西，该模块将该对象传递给 LookupVacationBenefit()。

从其他标准的角度看，两个模块是松散耦合的。两个模块之间的雇员连接可见，且只有一个连接。现在，假设需要从第三个模块中使用 LookupVacationBenefit() 模块，该模块没有 employee 对象，但有一个雇用日期和职位分类。LookupVacationBenefit() 突然就不那么友好了，不愿意和新的模块建立连接。

第三个模块要使用 LookupVacationBenefit()，就必须知道 Employee 类的情况。它可以伪造一个只有两个字段的 employee 对象，但这要求对 LookupVacationBenefit() 内部情况的了解，而且要求那些是它惟一使用的字段。这样的解决方案显得非常笨拙和丑陋。第二个方案是修改 LookupVacationBenefit()，使其获取雇用日期和职位分类而不是 employee 对象。无论哪种情况，原来的模块都没有一开始看起来那么灵活。

这个故事的欢乐结局是，如果一个不友好的模块愿意变得灵活的话，还是能交到朋友的。在本例中，它改成专门接收雇用日期和职位分类而不是 employee。

简而言之，一个模块越容易被其他模块调用，它就越松散。这很好，因为它更灵活，更易维护。创建系统结构时，要沿着最小化相互连接的线来分解程序。搞定，将程序想象成一块木头，尝试着顺着纹理切割。

耦合的种类

下面列出了最常见的几种耦合。

简单数据 - 参数耦合　如果两个模块之间传递的所有数据都是基本数据类型，而且所有数据都通过参数列表传递，这两个模块就是简单数据 - 参数 (simple-data-parameter) 耦合。这种耦合是正常的，可以接受。

简单对象耦合　如果一个模块实例化了一个对象，它和那个对象之间就是简单对象 (simple-object) 耦合。这种耦合没问题。

对象 - 参数耦合　如果 Object1 要求 Object2 向它传递一个 Object3，两个模块相互之间就是对象 - 参数 (object-parameter) 耦合。这种耦合比 Object1 要求 Object2 只向它传递基本数据类型更紧密，因为它要求 Object2 了解 Object3。

语义耦合　最隐蔽的一种耦合发生在一个模块不是利用另一个模块的某些语法元素，而是利用关于后者内部工作方式的某些语义知识。下面是一些例子。

- Module1 向 Module2 传递一个控制标志，告诉 Module2 要做什么。这种方法要求 Module1 知道 Module2 的内部工作方式，即 Module2 会用控制标志做什么。如果 Module2 为控制标志定义了一个特定的数据类型 (枚举类型或对象)，那么这种用法或许可行。
- Module2 使用被 Module1 修改之后的全局数据。这种方法要求 Module2 假设 Module1 是按 Module2 需要的方式修改数据，而且 Module1 是在正确的时间调用。
- Module 1 的接口规定，其 Module1.Initialize() 子程序应在 Module1.Routine() 之前调用。Module2 知道 Module1.Routine() 无论如何都会调用 Module1.Initialize()，所以它直接实例化 Module1 并调用 Module1.Routine()，而没有先调用 Module1.Initialize()。
- Module1 将 Object 传递给 Module2。由于 Module1 知道 Module2 只使用了 Object 的 7 个方法中的 3 个，所以只对

Object 进行了部分初始化 (使用这 3 个方法需要的特定数据)。

- Module1 将 BaseObject 传给 Module2。由于 Module2 知道 Module1 真正传给它的是 DerivedObject，所以将 BaseObject 转型为 DerivedObject，并调用 DerivedObject 特有的方法。

语义耦合很危险，因为一旦修改了被使用的模块中的代码，就会以编译器完全无法检测的方式破坏使用了该模块的那个模块中的代码。代码以一种很微妙的方式被破坏，似乎与被使用的模块中的改变无关，这就使调试变成了一项西西弗斯 * 式的任务。

译注
西西弗斯 (Sisyphus) 是希腊神话中不停推着石头上山的人。他因触怒众神而被罚将一块巨石推上山顶，但因为巨石太重，以至于眼看着就要成功，却又再次滚回到山下，由此前功尽弃，周而复始。现在，“西西弗斯式的任务”经常用来形容没有尽头的徒劳之事。

松散耦合的意义在于，有效的模块提供了一个额外的抽象层次，一旦写好，就保证能用。这就降低了整个程序的复杂性，使开发者一次只需关注一件事。如果在使用一个模块的时候，还要同时关注好几件事情 (内部工作方式、对全局数据的修改、不确定的功能)，那么抽象的力量就会丧失，模块帮助管理复杂性的能力就会降低或消失殆尽。

类和子程序是降低复杂性的首选智力工具。如果它们不能使工作变得简单的话，也没有什么意义。

寻找常用的设计模式

设计模式 (design patterns) 精炼了众多现成的解决方案，可用于解决软件许多最常见的问题。有的软件问题需要从第一性原理 * 中衍生出解决方案。但大多数问题其实都有共性，可用类似的解决方案或称为“模式”来解决。常见模式包括 Adapter、Bridge、Decorator、Façade、Factory Method、Observer、Singleton、Strategy 和 Template Method。《设计模式》(Gamma, Helm, Johoson and Vlissides, 1995) 对设计模式进行了权威的论述。

译注
第一性原理是个哲学与逻辑名词，是一个最基本的命题或假设，不能被省略或删除，也不能被违反。第一性原理相当于数学中的公理，最早由亚里斯多德提出。

与完全定制的设计相比，模式具有以下几方面的好处。

模式提供既有的抽象来降低复杂性　如果你说：“这段代码使用 Factory Method 来创建派生类的实例”，项目中的其他程序员立即明白你的代码会涉及相当丰富的相互关系和编程协议。只要提到 Factory Method 设计模式，一切都不言而喻。

Factory Method 允许实例化从特定基类派生的任何类，不需要在除了 Factory Method 之外的任何地方关注派生类的情况。《重构》(Fowler

1999) 中充分探讨了 Factory Method。

不需要向其他程序员解释每一行代码，他们能理解你的代码采用的是什么设计方法。

模式通过将常见解决方案的细节制度化来减少错误　软件设计问题的精妙只有在问题被解决过一两次 (或三次四次，或……) 后才会完全体现出来。由于模式代表的是解决常见问题的标准化方法，所以体现了多年来尝试解决这些问题所积累的智慧，它们还体现了对人们在解决这些问题时所做的错误尝试的纠正。

使用设计模式在概念上类似于使用库代码而不是自己写。当然，每个人都写过几次自定义的 Quicksort，但你的自定义版本第一次就完全正确的概率有多大？同样，许多设计问题与过去的问题有足够的相似性，所以最好使用预先构建好的设计方案，而不是创建一个新的。

模式通过推荐替代设计方案来提供启发式的价值　熟悉常见模式的设计者可以很轻松地过一遍模式清单，然后深入思考："这些模式中哪一个适合我的设计问题？"从一组熟悉的替代方案中寻找，比从头创建一个自定义设计方案要容易得多。而且，相比完全自定义的代码，根据熟悉的模式来生成代码也更容易被读者理解。

模式通过将设计对话转移到一个更高的层次来简化沟通　除了管理复杂性的好处，设计模式还通过允许设计者在更大的颗粒度上进行思考和讨论来加速设计讨论。如果你说"我不确定在这种情况下应该使用 Creator 模式还是 Factory Method 模式"，那么只用几个字就传达出了许多信息。当然，前提是你和你的听众都熟悉这些模式。想象一下，如果还需要深入了解 Creator 模式和 Factory Method 模式的代码细节，那么在对这两种方法进行对比之前会花多少时间呢？

针对还不太熟悉设计模式的读者，表 5-1 总结了一些常见设计模式，希望能引发大家的学习兴趣。

表 5-1　常见的设计模式

模式	描述
Abstract Factory	指定集合类型而非单个对象的类型，从而支持创建相关对象的集合
Adapter	将类的接口转换成为一个不同的接口
Bridge	构建接口和实现，可独立于彼此改变
Composite	创建包含其他同类对象的对象，使客户端代码可与顶层对象交互而无需考虑所有的细节对象
Decorator	直接为对象动态附加新职能，无需为每种可能的职能配置去创建专门的子类
Facade	为没提供一致接口的代码提供一致的接口，也称门面模式
Factory Method	实例化特定基类的派生类时，除了在工厂方法内部，其他地方无须跟踪单独的派生类。换言之，工厂方法让类的实例化推迟到子类中进行
Iterator	提供遍历集合元素的统一接口，用一致的方法遍历集合元素，不需要知道集合对象的底层表示
Observer	在一个由相关对象构成的集合中，任何成员发生改变时，都由一个对象将这种改变通知给集合中的所有对象，从而保持多个对象的同步
Singleton	为有且仅有一个实例的类提供全局访问功能
Strategy	定义一组可动态互换的算法或者行为
Template Method	定义算法的结构，但将部分实现细节留给子类

如果之前没有见过设计模式，对表 5-1 的反应可能是大多数概念都懂。这种反应是设计模式之所以有价值的重要原因。大多数有经验的程序员都很熟悉这些模式，为它们指定约定俗成的名称更有利于交流。

模式一个潜在的陷阱是让代码强行使用某模式。一些情况下，稍微修改代码以符合一个公认的模式会提高代码的可理解性。但是，如果代码必须大幅修改，强迫使其看起来像一个标准模式，则可能增加复杂性。

模式另一个潜在的陷阱是特征强迫症：之所以使用一个模式，是因为想尝试这个模式，而不是因为该模式是合适的设计方案。

总的来说，设计模式是管理复杂性的一种强大工具。可利用本章末尾列出的任何一本好书深入学习。

其他启发式方法

之前的小节描述了主要的软件设计启发式方法。下面描述其他一些启发式方法，它们可能不那么常用，但仍然值得一提。

力求强内聚性

内聚性是结构化设计的产物，通常与耦合性放到同一背景下讨论。内聚性指的是类中的所有子程序或者子程序中的所有代码对一个中心目的的支持有多紧密。换言之，类的目标有多集中。我们说包含强相关功能的类具有很强的内聚性，启发式方法的目标就是使内聚性尽可能地强。内聚性是管理复杂性的一种有用的工具，因为类中的代码越是支持一个中心目的，我们人的大脑越容易记住代码所做的一切。

几十年来，在子程序层次上思考内聚性一直是一种有用的启发式方法，今天依然有用。在类的层面上，内聚性的启发式方法在很大程度上已被归纳为良好的抽象，后者覆盖范围更广，这在本章之前已讨论过(详见第 6 章)。抽象在子程序层次上也是有用的，但在细节层次上，它与内聚性的地位更平等。

建立层次结构

层次结构是一种分层信息结构，最顶端包含的是概念最一般或最抽象的表示，往下的表示则越来越详细和具体。软件的层次结构存在于类层次结构中，也存在于子程序调用层次结构中，如图 5-2 中的第四层所示)。

用层次结构来管理复杂的信息至少有两千年的历史。亚里士多德用层次结构来组织过动物王国。人类经常使用大纲来组织复杂的信息(如本书)。研究人员发现，人们普遍认为层次结构是组织复杂信息的一种自然方式。他们画一个复杂的物体(如房子)时，会分层次地画。首先画房子的轮廓，然后是窗户和门，最后是更多的细节。他们不会一砖一瓦地画，也不会挨个儿画完所有的钉子 (Simon 1996)。

层次结构是实现“软件的首要技术使命”(即管理复杂性)的有用工具，因为它允许你只关注当前要考虑的细节层次。细节并没有消失，它们只是被推到了另一个层次，等以后想起的时候再去关注，而不必一直想着所有细节。

正式化类的契约

关联参考　要想进一步了解对契约的讨论，请见第 8.2 节。

在更详细的层次上，将每个类的接口视为与程序其余部分建立的契约可获得很好的见解。契约通常是这样的：“如果承诺提供数据 x、y 和 z，并承诺它们具有特征 a、b 和 c，我就承诺基于约束 8、9 和 10

来执行操作 1、2 和 3。”类的客户向类做出的承诺通常称为“前置条件”，对象向客户做出的承诺则称为“后置条件”。

契约对复杂性的管理很有用，因为至少从理论上讲，对象可以安全地忽略任何非契约行为。但在实践中，这个问题要困难得多。

分配职责

另一种启发式方法是思考应该如何将责任分配给对象。询问每个对象应负责什么，这类似于询问它应该隐藏什么信息。但是，我认为它可以产生更广泛的答案，这使该启发式方法具有独特的价值。

为测试而设计

有一种思考过程可以产生有趣的设计见解，那就是问一下如果设计系统时倾向于容易测试的容易性，那么这个系统会是什么样子。是否需要将用户界面与代码的其他部分分开来独立测试？是否需要组织每个子系统，使其尽量减少对其他子系统的依赖？为测试而设计往往会导致更正式的类接口，而这通常是有益的。

避免失败

土木工程教授佩特罗斯基*写了一本有趣的书《设计范式：工程领域中的失误与评估》(Petroski 1994)，书中记录了桥梁设计失败的历史。他认为，许多重大的桥梁失败案例都是因为专注于之前的成功而未充分考虑可能的失败模式。他的结论是，如果设计者仔细考虑桥梁可能失败的方式，而不只是照搬其他成功设计的属性，像塔科马海峡大桥这样的失败是可以避免的。

译注
原名 Henry Retroski，同时也是历史学家，著作有《所走的道路：美国基础设施的历史和未来》《器具的进化》《设计，人类的本性》。

过去几年，各种著名系统的重大安全失误让人很难不同意软件行业也得借鉴一下佩特罗斯基所介绍的设计失误。

有意识地选择绑定时间

关联参考　要想进一步了解绑定时间，请参见第 10.6 节。

绑定时间是指将特定值绑定到变量的时间。如采用早期绑定的形式，代码往往更简单，但也往往不那么灵活。有的时候，可通过思考这样的问题来获得一个很好的设计见解：更早绑定这些值会怎样？晚点绑定呢？这张表就在代码的这个地方初始化怎样？如果在运行时从用户那里读取这个变量的值会怎样？

建立中心控制点

普劳戈 (P. J. Plauger) 说他最关心的是“惟一正确地方原则 (The Principle of One Right Place)，任何重要的代码都只放在一个正确的地方，任何可能的维护更改都只在一个正确的地方进行”(Plauger 1993)。控制可以集中在类、子程序、预处理宏、#include 文件中，甚至一个具名常量也可以是中心控制点。

降低复杂性的好处在于，需要寻找的地方越少，修改起来越容易、越安全。

考虑使用蛮力

“拿不准的话，就穷举。”
—兰普森 (Butler Lampson)

一种强大的启发式工具是使用蛮力。不要轻视它。一个有效的蛮力解决方案胜过一个优雅却无用的解决方案。一个优雅的解决方案要发挥作用，可能需要很长的时间。例如，在描述查找算法的历史时，高德纳*指出，尽管第一个关于二分查找算法的描述是在 1946 年发表的，但 16 年之后才有人发表了能正确查找各种规模的列表的算法 (Knuth 1998)。二分查找固然更优雅，但使用蛮力的顺序搜索往往就足够了。

译注
原名 Donald Knuth，计算机科学家斯坦福大学计算机系荣誉教授，36岁凭借《计算机程序设计艺术》获得图灵大奖，算法大师，倡导“文学编程”，认为写出人机皆可阅读的代码很重要。“过早优化乃万恶之源。”他的这句话广为人知。“快乐也许是一直以来的主要目标。”这句话被两年一度的“算法的乐趣”大会作为宗旨。

画图

画图是另一种强大的启发式工具。一图胜千言——某种程度上。实际上，这“千言”中的大部分你都想略去，因为使用图片的一个重要目的是在更高的抽象层次上表示问题。有时确实希望在细节层次上处理问题。但其他时候，往往希望从更一般的角度去处理。

保持设计的模块化

模块化的目标是使每个子程序或类像一个“黑盒”。你知道进去的是什么，也知道出来的是什么，但不知道内部发生了什么。黑盒提供了如此简单的接口和良好定义的功能，以至于针对任何特定的输入，我们都能准确预测相应的输出。

模块化的概念与信息隐藏、封装和其他设计启发式方法有关。但有时想想如何基于一组黑盒来组装出一个系统，可获得信息隐藏和封装所不能提供的见解，所以这个概念值得放在设计工具箱中。

对设计启发式方法的总结

“更可怕的是，同一个程序员会用两种或三种方式完成同一任务。这有时是下意识的，但很多时候只是为了改变，或者为了提供优雅的变化形式。”
— 布朗与桑普森
(A. R. Brown and W. A. Sampson)

主要的启发式设计方法总结如下：

- 找出现实世界的对象
- 形成一致的抽象
- 封装实现细节
- 能简化设计就继承
- 隐藏秘密（信息隐藏）
- 确定容易改变的区域
- 预测变化的不同程度
- 保持松散耦合
- 寻找常用设计模式

以下启发式方法有时也很有用：

- 力求强内聚性
- 建立层次结构
- 正式化类的契约
- 分配职责
- 为测试而设计
- 避免失败
- 有意识地选择绑定时间
- 建立中心控制点
- 考虑使用蛮力
- 画图
- 保持设计的模块化

使用启发式方法的原则

软件设计的方法可从其他领域的设计方法中借鉴。波利亚 (George Pólya) 的《怎样解题》(1957) 是关于问题求解过程中的启发式方法的早期著作之一。波利亚的广义问题求解方法侧重于数学。图 5-10 对他的方法进行了总结，改编自他在书中所做的类似的总结。

译注
著名数学家和教育家，生于匈牙利布达佩斯。1912 年获得布达佩斯大学博士学位。著作有《数学的发现》和《数学与猜想》等。

1. 理解问题。首先必须理解问题。
   未知数是什么？数据是什么？条件是什么？条件可以满足吗？条件是否足以确定未知数？或者不充分？或者多余？或者矛盾？
   画一个图。引入适当的符号。将条件的各个部分分开。能把它们写下来吗？
2. 制订计划。找到数据和未知数之间的联系。如果找不到中间的联系，可能不得不考虑辅助性问题。终究要拿出一个解决方案的计划。
   以前见过这个问题吗？或者是否见过形式稍微不同的同样的问题？知道一个相关的问题吗？知道一个可能有用的定理吗？
   注意这个未知数！试着去想有相同或类似未知数的一个熟悉的问题。这里有一个与你的问题相关而且已被解决的问题。能使用它吗？能使用它的结果吗？能使用它的方法吗？是否应该引入一些辅助元素，使它的使用成为可能？
   能重述这个问题吗？而且能以不同的方式重述它吗？不行就回归定义。
   如果不能解决所提出的问题，先试着先解决一些相关问题。能想出一个更容易获得的相关问题吗？一个更普遍的问题？一个更特殊的问题？一个类似的问题？能解决问题的一部分吗？只保留条件的一部分，放弃另一部分；离未知数的确定近了多少，它可以如何变化？能从数据中推导出有用的东西吗？能想到其他适合确定未知数的数据吗？能改变未知数或数据，或者必要时两者都改变，使新的未知数和新的数据更接近吗？
   使用了所有的数据吗？使用了整个条件吗？是否考虑到了问题中涉及的所有基本概念？
3. 执行计划。执行具体的计划。
   执行具体的计划，检查每一步。能清楚地看到这个步骤是正确的吗？能证明它是正确的吗？
4. 向后看。检查解决方案。
   能核实结果吗？能核实论证吗？能以不同的方式推导出结果吗？能一目了然地看出来吗？
   能在其他问题上使用这一结果或方法吗？

图 5-10 波利亚开发的一种数学解题方法，对解决软件设计中的问题也很有用 (Polya 1957)

最有效的原则之一是不要拘泥于单一的方法。如果用 UML 绘制设计图不奏效，就用自然语言写。写一个简短的测试程序。尝试一种完全不同的方法。想一个使用蛮力的解决方案。一直用铅笔勾画，大脑就会跟上。如果其他所有方法都失败了，就放下这个问题。出去走走，或者在回到问题前先想点别的事情。如尽力而为之后也毫无进展，就清空大脑，抛开一段时间，这往往比纯粹的坚持更快见效。

不必一下子就解决整个设计问题。如果卡住了，就记着这个地方，同时认识到现在还没有充分的信息来解决这个具体的问题。本来下一次就能豁然开朗的事情，为何非要在设计的最后 20％时苦苦挣扎？

本可在积累了更多经验后做出好的决定，为何非要在经验有限的时候做出错误的决定？在一个设计周期后，如果事情没有完成，有的人会觉得不舒服。但是，如果先把问题放在一边，并动手创建一些设计，会发现在没有足够充分的信息之前，本来就不适合强行解决那些问题 (Zahniser 1992, Beck 2000)。

5.4 设计实践

上一节主要介绍了与设计特性有关的启发式方法——你希望完成的设计是什么样子。本节描述设计实践的启发式方法，即可以采取的且通常能得到良好结果的步骤。

迭代

你可能有过这样的经历：从写程序的过程中学到了很多东西，以至于希望带着第一次写程序所获得的见解再写一遍。设计也有同样的现象，但设计周期更短，对下游的影响也更大，所以只能负担不多的几次设计循环。

设计是一个迭代的过程。通常不是只从 A 点到 B 点；而是从 A 点到 B 点，再回到 A 点。

在候选设计中循环往复并尝试不同的方法时，要同时从高层和低层的角度看问题。从高层问题中获得的大局观将帮助你正确看待低层细节。从低层问题中得到的细节则将为高层决策提供坚实的现实基础。顶层和底层考虑之间的拉锯战是一种健康的动态；它创造了一个应力结构，比一个完全自上而下或者自下而上建立的结构更稳定。

许多程序员 (这个意义上说，就是许多人) 在高低层视角之间的转换存在一定的困难。从系统的一个角度转换到另一个角度，在心智上是很吃力的，但这对创造有效的设计至关重要。关于如何提高心智灵活性的一些有趣的练习，请参见本章末尾的“更多资源”推荐的《突破思维的障碍》(Adams 2001)。

关联参考　重构是一种在代码中尝试不同替代方案的安全方式，详情可参见第 24 章。

如果第一次设计尝试看起来不错，请不要停止！第二次尝试几乎总是比第一次好，而且每次都能从中学到一些东西，从而改善整体设计。据报道，爱迪生在尝试了一千种不同的灯丝材料而没有成功之后，有人问他是否觉得时间被浪费了，因为他什么也没有发现。“我没有失败！我只不过是发现了一千种不可行的方式而已。”爱迪生这样回答。许多时候，用一种方法解决问题会产生一些见解，使人能用另一种更好的方法解决问题。

分而治之

正如戴克斯特拉 (Edsger W. Dijkstra) 所指出的，没有人的大脑容量大到足以容纳一个复杂程序的全部细节，这同样适用于设计。将程序分解为不同的关注领域，再单独解决每个领域的问题。如果在其中一个领域进入了死胡同，那就迭代吧！

增量改进是管理复杂性的一个强有力的工具。正如波利亚 (Polya) 在解决数学问题时建议的那样，理解问题，制订计划，执行计划，再回头看看自己做得怎样 (Polya 1957)。

自上而下和自下而上设计方法

“自上而下”和“自下而上”可能听起来有点老套，但它们为创建面向对象的设计提供了宝贵的见解。自上而下的设计开始于一个高层次的抽象。定义基类或其他非具体的设计元素。随着设计的发展，增加细节的层次，确定派生类、协作类和其他详细设计元素。

自下而上的设计则是先具体再概括。它通常从确定具体的对象开始，然后从这些具体的对象中概括出对象的集合和基类。

有些人激烈地争论说，从一般情况开始，然后向具体发展是最好的，另一些人则认为，除非解决了重要的细节问题，否则无法真正确定一般的设计原则。下面是双方的观点。

自上而下的论点

自上而下方法背后的指导原则是，人类的大脑一次只能专注于一定数量的细节。如果从一般的类开始，一步一步把它们分解成更具体的类，大脑就不会被迫一次处理太多细节。

分而治之的过程从两种意义上说是迭代的。首先，通常不会只分解一层便停止，而是会持续分解几层。其次，通常不会满足于自己的第一次尝试会以一种方式分解程序。在分解的不同阶段，要选择以何种方式来划分子系统，布置继承树，形成对象的组合。做出选择，看看会发生什么。然后重新开始，以另一种方式分解，看看效果是否更好。

经过几次尝试后，会对什么会起作用以及为什么起作用有一个很好的想法。

程序要分解到什么程度？持续分解，直到似乎为下一级直接写代码比分解还要容易。要到设计变得非常清晰和简单，觉得没有耐心再分解下去为止。这个时候，就算是完成了。如果还不清晰，就再做一些。如果现在的解决方案对你来说都有点棘手，后面的人更会觉得无所适从。

自下而上的论点

有的时候，自上而下的方法是如此抽象，以至于无从下手。如果需要处理更具体的东西，可试试自下而上的设计方法。问问自己："这个系统需要做什么？"无疑，这个问题你是可以回答的。你或许能确定一些低层次的职责，并将其分配给具体的类。例如，你可能知道系统需要格式化一个特定的报表，为该报表计算数据，标题居中，在屏幕上显示报表，在打印机上打印报表，等等。确定了几个低层次的职责后，通常就会开始感到舒适，这个时候就可以看高一些。

在其他一些情况下，设计问题的主要特性是由底层决定的。你可能需要与硬件设备对接，设计的一大块内容都要由这些设备的接口决定。

下面是在进行自下而上设计时需要记住的一些事情。

- 问自己对系统要做的事情有什么了解。
- 从对这个问题的回答中确定具体的对象和职责。
- 确定通用的对象，使用子系统组织、包、对象内的组合或者继承对它们进行分组，哪种合适就用哪种。
- 继续向上一层，或回到顶层并再次尝试自上而下

其实真的没有争议

自上而下和自下而上策略的关键区别在于，一个是分解 (decomposition) 策略，另一个是合成 (composition) 策略。一个从一般性的问题出发，将其分解成可管理的部分；另一个从可管理的部分出发，建立起一般性的解决方案。这两种方法各有优点和缺点，将它们应用于自己的设计问题时，要考虑这些优缺点。

自上而下的设计的优点是很容易。人们善于把大的东西分解成小的部分，而程序员尤其精于此道。

自上而下设计的另一个优点是，可以推迟细节的构建。由于系统经常受到构建细节的变化(例如，文件结构或报表格式的变化)的干扰，因而尽早知道这些细节隐藏在层次结构底部的类中非常有用。

自下而上的方法的一个优点是，它通常能尽早识别出需要哪些实用功能来形成一个紧凑的、进行了良好分解的设计。如已经构建过类似的系统，则可以通过自下而上的方法观察旧系统的组成部分并问“我可以重用什么？”来开始新系统的设计。

自下而上合成方法的一个缺点是，它很难单独用。大多数人更善于将一个大概念分解成小概念，而不是把小概念做成一个大概念。这就像一个古老的“自行组装”问题：我觉得都完成了，为什么盒子里还有零件？幸好，你并非只能单纯地使用自下而上组合方法。

自下而上设计策略的另一个缺点是，有时会发现无法用最初的部件构建出程序。毕竟，砖头是造不出飞机的。可能要先在顶层工作，然后才能知道底层需要什么样的部件。

总之，自上而下往往开始时很简单，但有时低级别的复杂性会波及顶层，而这些会使事情变得复杂，完全没必要。自下而上往往开始时很复杂，但在早期识别这种复杂性会导致更好地设计更高层次的类，如果这种复杂性没有先使整个系统遭受破坏的话！

归根结底，自上而下和自下而上的设计并不是相互竞争的策略，两者是相辅相成的。设计是一个启发式(探索式)的过程，这意味着没有任何解决方案可以保证每次都能成功。试验和错误都是正常的设计元素。尝试各种不同的方法最合适、有效的。

实验性的原型设计

有的时候，除非更好地理解了一些实现细节，否则无法真正知道一个设计是否奏效。可能不知道一种特定的数据库组织方式是否可行，直到知道它是否能满足性能目标。可能不知道一个特定的子系统设计是否可行，直到选好了要使用的特定 GUI 库。这些都是软件设计中必不可少的“棘手”问题，除非至少解决了设计问题的一部分，否则无法完全定义这个问题。

以低成本解决这些问题的一般技术是实验性原型设计。针对不同的人，原型设计 (prototyping) 一词有许多不同的含义 (McConnell 1996)。在当前的上下文中，原型设计意味着写最少的抛弃型代码

(throwaway code) 来回答一个特定的设计问题。

如果开发人员不自律，没有用尽可能少的代码来回答问题，原型化的效果就会很差。假设有这样一个设计问题："我们选择的数据库框架能否支持需要的事务处理量？"不需要写任何生产代码来回答该问题。甚至不需要知道数据库的具体细节。只需要知道估算问题空间所需的就可以了，即表的数量、表中条目的数量，等等。接着，可以写非常简单的原型代码，表使用 Table1、Table2、Column1 和 Column2 等"占位符"形式的名称，用垃圾数据填充这些表，然后进行性能测试。

若设计问题不够具体，原型设计的效果也会很差。像"这个数据库框架能不能用？"这样的设计问题不能为原型设计提供足够的方向。而像"在假设 X、Y 和 Z 的条件下，这个数据库框架能否支持每秒 1 000 个事务处理？"这样的设计问题能为原型设计提供更坚实的基础。

原型设计的最后一个风险发生在开发人员不将代码当成抛弃型代码的时候。我发现，只要人们觉得代码最终会出现在生产系统中，就不可能写出绝对最少的代码来回答问题。这就变得是在实现系统而非进行原型设计。一定要坚持这样的态度：一旦问题得到回答，代码就会被扔掉。这样才能将这种风险降至最低。避免这个问题的一个做法是用不同于生产代码的技术来创建原型。例如，可用 Python 创建一个 Java 设计的原型，或者用 Microsoft PowerPoint 模拟一个用户界面。如确实要用生产技术来创建原型，一个实用的标准也可以帮到你，那就是要求原型代码的类或包的名称以 prototype 作为前缀。这至少能让程序员在试图扩展原型代码之前三思而行 (Stephens 2003)。

在遵守纪律的情况下，原型设计是设计者对抗"棘手问题"的主要工具。如果不遵循规范，原型设计本身也会带来一些"棘手问题"。

协作式设计

关联参考　要想进一步了解协作式开发，请参见第 21 章。

对于设计，两个人往往比一个好，无论这两个人是正式的还是非正式地结对在一起。协作可采取以下任何一种形式之一。

- 随意走到一个同事的办公桌前，想要和对方交换一些想法。
- 和同事一起坐在会议室里，在白板上画设计方案。
- 和同事一起坐在键盘前，用你们选择的编程语言进行详细设计。换言之，可使用第 21 章描述的结对编程。

- 安排一场会议，和一个或多个同事探讨设计思路。
- 安排对第 21 章描述的所有结构的一次正式审查。
- 找不到人来对自己工作进行评审，那就自己先做一些初步的工作，放到抽屉里，一周后再回来看它。这时已经忘得差不多了，可以给出一个中肯的评价。
- 向公司外部的人寻求帮助：把问题发送到专门的论坛或新闻组。

如果目标是保证质量，我倾向于推荐高度结构化的评审实践，即正式检查，原因将在第 21 章描述。但是，如果目标是培养创造力和增加备选设计方案的数量，而不仅仅是为了发现错误，那么结构化程度较低的方法会更好。确定了具体设计方案之后，取决于项目的性质，可能需要改为一种更正式的检查。

设计的颗粒度

“我们试图通过匆忙的设计过程来解决问题，以便在项目结束时还有足够的时间来发现那些因为匆忙设计而产生的错误。”
—迈尔斯
(Glenford Myers)

有的时候，在编码开始之前，只绘制了最基本的架构草图。其他时候，团队创造的设计是如此详细，以至于编码成为一项机械劳动。开始编码之前，应该做多少设计？

一个相关的问题是设计要变得多正规。需要正规的、精心设计的图表，还是对着白板上画的几张图拍几张数码照片就够了？

决定在开始全面编码之前要做多少设计，以及设计文档需要多正规，这几乎不可能有定论。团队的经验、系统的预期寿命、期望的可靠性水平以及项目和团队的规模都应考虑在内。表 5-2 总结了这些因素中的每一个是如何影响设计方法的。

表 5-2　设计的正规程度和所需的细节程度

因素	开始构建之前设计所需的细节程度	文档的正规程度
设计或构建团队在应用程序领域有很丰富的经验	低	低
设计或构建团队经验丰富，但在这个应用领域缺乏经验	中	中
设计或构建团队缺乏经验	中到高	低到中
设计或构建团队人员变动适中或者很频繁	中	—
应用程序对安全性要求很严格	高	高
应用程序对任务的完成要求很严格	中	中到高
小型项目	低	低

续表

因素	开始构建之前设计所需的细节程度	文档的正规程度
大型项目	中	中
软件预期的生命周期很短 (数周或数月)	低	低
软件预期的生命周期很长 (数月或数年)	中	中

其中两个或多个因素可能会在任何特定的项目中发挥作用，而且在某些时候，这些因素可能提出相互矛盾的建议。例如，你可能有一个经验丰富的团队在做对安全性要求很严格的软件。在这种情况下，你可能倾向于较高程度的设计细节和正规性。这时就需要权衡每个因素的重要性，并判断什么最重要。

如果设计层次交由每个人决定，那么一旦设计下沉至你以前完成过的任务的水平，或者下沉至只需对这样的任务做一次简单修改或扩展，那么就可能已准备好停止设计，开始编码。

“我从来没有遇到过有人愿意阅读 17 000 页文档。如果有的话，我会杀了他，让他离开这个人类基因库。”
—卡斯特罗 (Joseph Costello)

如果我无法确定开始编码之前要对一个设计进行多深入的调研，会倾向于选择更多的细节。最大的设计错误来自于这样的情况：我认为已经走得够远了，但其实并没有走得多远，以至于没有意识到还存在其他设计挑战。换言之，最大的设计问题往往不是来自于我知道有困难而做了糟糕设计的领域，而是来自于我认为很容易而根本没有做任何设计的领域。我很少遇到因为做了太多的设计而受影响的项目。

译注
格雷欣(Thomas Gresham，1518—1579)，英国金融家和富豪，伦敦证券交易所的出资人和创办人。

另一方面，我偶尔也会看到一些项目因为过多的设计文档而受到影响。格雷欣法则*(劣币驱逐良币) 指出：“程序化的活动往往会驱逐非程序化的活动。” (Simon 1965) 急于润色设计描述就是该法则的一个很好的例子。我宁愿看到 80% 的设计工作用于创建和探索多种备选设计方案，20% 用于创建粗略不太精炼的文档，也不愿意看到 20% 用于创建平庸的设计方案，80% 的工作浪费在打磨拙劣的设计文档上。

记录设计工作

记录设计工作的传统方法是将设计写在正式的设计文档中。但是，还可以用其他许多方法来记录设计，下面这些方法在小型项目、非正式项目或者需要以轻量级的方式记录设计的项目中效果很好。

> "坏消息是，在我们看来，我们永远找不到点金石。我们永远找不到一个能让我们以完全理性的方式设计软件的过程。好消息是，我们可以伪造它。"
> —帕纳斯与克莱门茨 (David Parnas & Paul Clements)

在代码中插入设计文档　以代码注释的形式记录关键设计决策。一般将这些注释放在文件或类的头部。将这种方法与 JavaDoc 这样的文档提取器结合使用，就保证了设计文档可以随时提供给正在编写某段代码的程序员，并且更利于程序员保持设计文档的同步更新。

在 Wiki 上记录设计讨论和决策　在项目 Wiki(一个网页的集合，项目中的任何人都可通过网页浏览器轻松编辑) 上以书面形式记录大家的设计讨论。虽然打字比说话麻烦一些，但这将自动记录设计讨论和决策。还可以在 Wiki 上截取数字或图片为文字讨论提供补充，提供支持设计决策的网站链接，展示白皮书和其他材料等。如果开发团队成员分布于不同的地方，这种技术就特别有用。

写电子邮件汇总　在设计讨论之后，指定某人写一份讨论汇总 (尤其是已经确定下来的内容)，并将其发送给项目组。项目的公共电子邮件文件夹中保存一个副本。

使用相机　记录设计时的一个常见障碍在于，用一些流行的绘图工具来创建设计图时过于繁琐。但是，文档的选择并非只能是"用格式优美的正式符号来记录设计"和"没有任何设计文档"非此即彼的二选一。

用相机给白板上的图拍照，将图片嵌入传统文档。为此付出的精力相当少，只需大约 1% 的工作，就可以获得用绘图工具来保存设计图 80% 的好处。

保存设计挂图　没有任何法律规定设计文档只能使用标准打印纸。如果用大的挂图纸画设计图，就可以简单地将挂图存放在一个方便的地方。更好的做法是，将它们张贴在项目区周围的墙上，方便大家在需要的时候参考和更新。

使用 CRC(类、职责、合作者，原文为 Class, Responsibility, Collaborator) 卡片　另一种记录设计的低技术含量的方法是使用索引卡。在每张卡片上，设计者写上类名、类的职责和合作者 (与这个类合作的其他类)。然后，设计小组用这些卡片工作，直到他们对自己的设计感到满意。到那个时候，就可以简单地保存这些卡片以备参考。索引卡很便宜，不吓人，且便于携带，它们鼓励小组互动 (Beck 1991)。

在适当的细节层次上创建 UML 图　一种流行的设计图表技术称为"统一建模语言" (UML)，是由 Object Management Group 定义的 (Fowler 2004)。本章前面的图 5-6 就是 UML 类图的一个例子。UML 为设计实体和关系提供了一套丰富的正规表示。可用 UML 的非正式版本来探索和讨论设计方法。从最基本的草图开始，只有在确定了最终设计方案后才可以增加细节。由于 UML 是标准化的，所以有利于在沟通设计思路时取得共识，而且在团队工作中，通过它能加速考虑替代设计方案的过程。

以上技术可通过不同的组合来发挥作用，所以请在每个项目 (甚至在一个项目的不同区域) 中自由组合和匹配这些方法。

5.5 点评各种流行的方法论

在软件设计的历史中，出现过许多对自相矛盾的设计方法的热潮。我在二十世纪九十年代初出版《代码大全》的第 1 版时，设计狂热者主张，在开始编码之前，设计的每一个细节都要搞得清清楚楚。在我看来，这个建议毫无意义。

“有些人鼓吹软件设计是一种有严明纪律的活动，他们付出如此多的精力来布道，连我们自己都感到内疚。我们永远不可能有足够的结构化或面向对象的能力在自己的一生中实现涅槃。我们都有一种原罪，那就是在可塑性很强的年龄学会了 Basic 语言。但我敢打赌，我们中的大多数人都是比纯粹主义者眼中的设计者更好。”
—普劳戈 (P. J. Plauger)

我在写《代码大全》第 1 版的时候，一些软件专家正在为不做任何设计而争论。“Big Design Up Front 就是 BDUF(预先做大设计)，”他们说：“BDUF 不好。最好在开始编码之前不做任何设计！”

此后十年的时间，钟摆已经从“设计一切”摆到了“零设计”。但是，BDUF 的替代方案并不是不预先设计，而是少量预先设计 (Little Design Up Front，LDUF) 或者足够的预先设计 (Enough Design Up Front，ENUF)。

如何判断多少设计才够？这是一道主观判断题，没有人能够完美做出判断。但是，虽然无法判断准确的设计量，但有两种设计量保证是错误的：设计每一个细节和根本不做任何设计。极端主义者所主张的两种立场，是两种必然错误的立场。

正如普劳戈 (P. J. Plauger) 所言：“应用一种设计方法时，越是教条，解决的现实问题就越少。” (Plauger 1993)。我们要将设计当作一个棘手的 (wicked)、没有章法的 (sloppy)、启发式的 (heuristic) 过程。不要满足于自己想到的第一个设计。要协作。要努力追求简单。在需要的时候进行原型设计。迭代，迭代，再迭代。到最后，得到一个让自己满意的设计。

更多资源

软件设计是一个资源相当丰富的领域。真正的挑战在于识别出哪些资源最有用。这里提供一些建议。

软件设计的一般性问题

Weisfeld, Matt. *Object-Oriented Thought Process,* 2d ed, SAMS, 2004. 这是一本容易理解的介绍面向对象编程的书。如果已经熟悉面向对象编程，你可能想要一本更高阶的书。但如果是刚开始接触面向对象，这本书就适合你，它介绍了基本的面向对象概念，包括对象、类、接口、继承、多态性、重载、抽象类、聚合和关联、构造函数或析构函数、异常等。

Riel, Arthur J. *Object-Oriented Design Heuristics*, Reading, MA: Addison-Wesley, 1996. 这本书很容易理解，重点介绍在类的层次上进行设计。

Plauger, P. J. *Programming on Purpose: Essays on Software Design*, Englewood Cliffs, NJ: PTR Prentice Hall, 1993. 我从这本书学到的软件设计技巧和我从读过的其他所有书中学到的一样多。作者精通大量设计方法，他很务实，是一位了不起的作者。

Meyer, Bertrand. *Object-Oriented Software Construction, 2d ed*, New York, NY: Prentice Hall PTR, 1997. 书中倡导硬核的面向对象编程。

Raymond, Eric S. *The Art of UNIX Programming*, Boston, MA: Addison-Wesley. 2004. 本书从UNIX的角度很好地研究了软件设计。1.6节用12页的篇幅简明扼要地解释了17条关键UNIX设计原则。中译本《UNIX编程艺术》

Larman, Craig. A*pplying UML and Patterns: An Introduction to Object-Oriented Analysis and Design and the Unified Process*, 2d ed, Englewood Cliffs, NJ: Prentice Hall, 2001. 这是一本很流行的基于统一过程介绍面向对象设计的著作。书中还讨论了面向对象分析。

软件设计理论

Parnas, David L., and Paul C. Clements. “A Rational Design Process: How and Why to Fake It.” *IEEE Transactions on Software Engineering SE-*12, no.2(February 1986)：251-257. 这篇经典文章描述了程序的设计理想和实际之间的巨大差距。其主旨在于，没人真正经历过理性的、有序的设计过程，但以此为目标，确实能在最后获得更好的设计方案。

我没有找到对信息隐藏进行全面论述的资料。大多数软件工程教科书都只是简单提了一下，通常都是在面向对象技术的语境中提及。下面列出的三篇论文，是他对这一观点的开创性介绍，可能仍然是信息隐藏方面最好的资源。

Parnas, David L. “On the Criteria to Be Used in Decomposing Systems into Modules.” *Communications of the ACM 5*, no. 12(December1972): 1053-1058.

Parnas, David L. “Designing Software for Ease of Extension and Contraction.” *IEEE Transactions on Software Engineering SE-5*, no.2 (March1979): 128-138.

Parnas, David L., Paul C. Clements, and D.M.Weiss. “The Modular Structure of Complex Systems.”*IEEE Transactions on Software Engineering SE-11*, no.3(March 1985): 259-266.

设计模式

Gamma, Erich, et al. *Design Patterns*, Reading, MA: Addison-Wesley, 1995. 四位作者合称 GoF，这本著作是设计模式的开山之作。中译本《设计模式》

Shalloway, Alan, and James R.Trott. *Design Patterns Explained*, Boston, MA: Addison-Wesley, 2002. 这本书对设计模式做了深入浅出的介绍。

广义设计

Adams, James L. *Conceptual Blockbusting: A Guide to Better Ideas*, 4th ed. Cambridge, MA: Perseus Publishing, 2001. 虽然这本书不是专门讲软件设计的，但斯坦福大学用它来向工科学生讲设计。即使不做任何设计，这本书也对创新思维过程做了非常棒的描述。书中包含很多有效设计所需的思维训练，还给出了一份详细注释的，关于设计和创造性思维的参考书目。如果读者喜欢解决问题，相信也会喜欢这本书的。中译本《突破思维的障碍》

Polya, G. *How to Solve It: A New Aspect of Mathematical Method*, 2d ed. Princeton, NJ: Princeton University Press, 1957. 这本书讲解了数学领域中的启发式方法和问题求解，但同样适用于软件开发。这本书首次在数学问题求解领域中引入启发式方法。他在书中清楚地区分了在探索问题时使用的杂乱无章的启发式方法和一旦找到解决方案后用于呈现解法的更整洁的方法。这本书读起来并不容易，但如果读者对启发式方法感兴趣，那么不管想不想读，最终都绕不开它。作者在书中明确说明，问题求解并不是一个确定性的活动，如固守于某一种方法，则无异于作茧自缚。有一段时间，这本书，微软新入职的程序员人手一本。中译本《怎样解题：数学思维的新方法》

Michalewicz, Zbigniew, and David B. Fogel. *How to Solve It: Modern Heuristics*, Berlin: Springer-Verlag, 2000. 这本书对前面波利亚 (Polya) 的书做出了更新，相比之下更容易阅读，而且包含一些非数学领域的例子。中译本《如何求解问题：现代启发式方法》

Simon, Herbert. *The Sciences of the Artificial*, 3d ed. Cambridge, MA: MIT Press, 1996. 这本书对与自然界相关的科学 (生物学、地质学等) 和与人造世界相关的科学 (商业、建筑以及计算机科学) 之间的差异做了非常精彩的描述。然后，这本书讨论了人工科学的特征，并着重强调了设计科学。对于那些渴望在软件开发或者任何“人工的”领域内工作的人员来说，这都是一本很好的学院派论著，值得一读。中译本《人工科学》

Glass, Robert L. *Software Creativity*, Englewood Cliffs, NJ: Prentice Hall PTR, 1995. 软件开发更多是由理论指导还是由实践指导？软件开发本质上是创造性的还是确定性的？软件开发人员需要什么样的智力素质？这本书针对软件开发的本质展开有趣的讨论，并特别强调了设计。

Petroski, Henry. *Design Paradigms: Case Histories of Error and Judgment in Engineering*, Cambridge: Cambridge University Press, 1994. 这本书大量借鉴土木工程领域 (特别是桥梁设计) 的设计案例来诠释一个主要观点：成功的设计至少同等取决于吸取过去的失败教训和成功经验。

标准

IEEE Std 1016-1998, *Recommended* Practice for Software Design Descriptions. 这份文档包含用于描述软件设计的 IEEE-ANSI 标准。其中描述了软件设计文档中应该包含哪些内容。

IEEE Std 1471-2000, Recommended Practice for Architectural Description of Software Intensive Systems. 这份文档是用于创建软件架构规范的 IEEE-ANSI 指南。

检查清单：软件构建中的设计

设计实践

❑ 是否已做过迭代，从多个结果中选择了最佳的一种，而不是简单地选择首次尝试的结果？

❑ 尝试过以多种方式分解系统以确定哪种最好吗？

❑ 同时采用了自上而下和自下而上的方法来解决设计问题吗？

❑ 针对系统中有风险或者不熟悉的部分进行过原型设计，写数量最少的抛弃型代码来回答特定问题吗？

❑ 自己的设计方案被其他人评审过吗？无论正式与否。

❑ 一直在推动设计，直至实现细节昭然若揭吗？

❑ 使用某种适当的技术（例如 Wiki、电子邮件、挂图、数码照片、UML、CRC 卡片或者代码中内嵌的注释）来记录设计了吗？

设计目标

❑ 设计是否充分解决了在系统架构层次确定并决定推迟实现的问题？

❑ 设计是分层的吗？

❑ 对于程序分解为子系统、包和类的方式感到满意吗？

❑ 对于类分解为子程序的方式感到满意吗？

❑ 类的设计是否使它们之间的交互最小化？

❑ 类和子系统的设计是否方便你在其他系统中重用？

❑ 程序是否容易维护？

❑ 设计是否精简？它的所有部分都是绝对必要的吗？

❑ 设计是否使用了标准技术来避免奇特的、难以理解的元素？

❑ 总的来说，这个设计是否有助于将偶然和本质的复杂性降至最低？

要点回顾

- 软件的首要技术使命是管理复杂性。以简单性作为目标的设计方案对此最有帮助。
- 简单性可通过两种方式来实现：一是尽量减少任何人的大脑在任何时候必须处理的本质上复杂性的数量；二是防止偶然的复杂性无谓地扩散。
- 设计是一种启发式过程。固守于某种单一的方法会抑制创新能力，进而损及程序。

- 优秀的设计都是迭代而来的。尝试的设计可能性越多，最终的设计方案越好。
- 信息隐藏是一个非常有价值的概念。通过询问“我应该隐藏什么？”来解决许多非常困难的设计问题。
- 在本书之外，还有其他许多有用和有趣的关于设计的资源。我们在这里提出的只是冰山之一角。

学习心得

1. ______________________________
2. ______________________________
3. ______________________________
4. ______________________________
5. ______________________________

第 6 章

可以工作的类

内容

相关主题及对应章节

- 软件构建的设计：第 5 章
- 架构的先决条件：第 3.5 节
- 高质量的子程序：第 7 章
- 伪代码编程过程：第 9 章
- 重构：第 24 章

在跨入计算时代的早期岁月，程序员基于语句思考编程问题。到二十世纪七八十年代，程序员开始基于子程序来思考编程。进入二十一世纪之后，程序员基于类来思考编程。

类是一组数据和子程序的集合，这些数据和子程序共享一组内聚的、良好定义的职责。类也可以是一组子程序的集合，这些子程序提供一组内聚的服务，即使其中并未涉及共用的数据。成为高效程序员的一个关键在于，在处理任何一段代码时，程序的其余部分，能忽略的细节越多越好，也就是说，尽可能专注于当前要解决的主要问题。类，是实现这一目标的主要工具。

针对创建高质量的类，本章提炼了一些建议。如果是刚开始接触面向对象的概念，本章可能显得过于深奥，不容易理解。请确保已经读完了第 5 章，再阅读第 6.1 节开始，这样其余小节读起来就比较轻松了。如果已经熟悉了类的基础知识，则可以粗略看一下第 6.1 节，然后直接看第 6.2 节对类的接口所进行的讨论。本章末尾的

“更多资源”列出了入门读物、高级读物以及与特定编程语言相关的资源。

6.1 类的基础：抽象数据类型 (ADT)

关联参考 首先考虑 ADT，然后才考虑类，这是“深入语言去编程”(programming into a language)，而不是“用语言来编程”(programming in a language) 的例子。详情可参见第 4.3 节和第 34.4 节。

抽象数据类型 (Abstract Data Type，ADT) 是数据和对这些数据进行的操作的一个集合。这些操作既向程序的其余部分描述数据，又允许程序的其余部分改变数据。“抽象数据类型”中的“数据 ”一词用得很宽泛。一个 ADT 可以是一个图形窗口和所有影响它的操作、一个文件和文件操作、一个保险费率表和对它的操作或者其他东西。

理解 ADT 是理解面向对象编程的关键。不了解 ADT，程序员创建的类就只是名义上的“类”，实际只是塞满了各种松散相关的数据和子程序的一个“行李箱”。通过对 ADT 的理解，程序员可创造出最初更容易实现，以后也更容易修改的类。

传统的编程书籍在谈到抽象数据类型的话题时，喜欢以数学的方式来阐述，往往会说：“可以将抽象数据类型看成是定义了一系列操作的数据模型。”这样的书让人觉得除了可以催眠，似乎永远不会真正用到抽象数据类型。

这种对抽象数据类型的干巴巴的解释完全没有抓住重点。抽象数据类型是令人振奋的，因为可以用它来操作真实世界的实体，而不是操作底层的实现实体。例如，你不是在一个链接列表中插入节点。相反，是直接在电子表格中添加一个单元格，在窗口类型列表中添加一种新的窗口类型，或者在火车模拟中添加另一节乘客车厢。能直接在问题领域中工作，而不是非要下到底层的实现领域去干活儿，是不是很酷？

需要用到 ADT 的例子

为展开讨论，先来看可以体现 ADT 用途的例子。有了一个例子之后，再来讨论细节问题。

假设要写一个程序，用多种字体、字号和字体属性 (如粗体和斜体) 控制文本在屏幕上的输出。程序的一部分负责操作文本的字体。如果使用一个 ADT，会有一组捆绑数据 (字体名称、字号和字体属性) 的字体子程序，子程序对这些数据进行操作。字体子程序和数据合起来就是一个 ADT。

```
currentFont.size = 16
```

但是，如果事先构建了一个子程序库，那么代码的可读性就会好一些：

```
currentFont.size = PointsToPixels( 12 )
```

或者可以为属性提供一个更具体的名称，如下所示：

```
currentFont.sizeInPixels = PointsToPixels( 12 )
```

但不能同时拥有 currentFont.sizeInPixels 和 currentFont.sizeInPoints，因为，如果这两个数据成员都在发挥作用，currentFont 就没办法知道它应该使用这两个中的哪一个。另外，如果程序的好几个地方都要修改字号，那么类似的代码行会散布于整个程序中。

如果需要将一种字体设为粗体，就可能写出下面这样的代码，它用到了一个逻辑 or 和一个十六进制常量 0x02：

```
currentFont.attribute = currentFont.attribute or 0x02
```

如果运气好，就可以写出比这更清楚的代码。但是，只要使用的是临时性解决方案，得到的最好的代码也不过如此：

```
currentFont.attribute = currentFont.attribute or BOLD
```

或者是这样：

```
currentFont.bold = True
```

和修改字号的情况一样，由于客户端代码需要直接控制数据成员，所以限制了 currentFont 的使用方式。

像这样编程，程序中的许多地方很可能都会出现类似的代码行。

ADT 的好处

问题不在于临时性方法是一种糟糕的编程实践。问题在于，完全可以换用一种更好的编程实践来获得以下好处。

可以隐藏实现细节　隐藏字体数据类型的信息意味着一旦数据类型发生变化，可以在一个地方修改而不会影响整个程序。例如，除非在 ADT 中隐藏了实现细节，否则一旦将数据类型从加粗的第一种表示法改为第二种表示法，就需要在设置加粗的每个地方(而不只限于一个地方)修改程序。如果决定将数据存储在外部存储而不是内存中，或者用另一种语言重写所有字体操作子程序，隐藏这种信息也能保护程序的其余部分。

修改不会影响整个程序　如果字体需要变得更丰富，支持更多操作(比如转换为小写、变成上标或加删除线等),只需要在一个地方修改。这样的改动不会影响程序的其余部分。

可让接口提供更多信息　像 currentFont.size = 16 这样的代码是有歧义的，因为 16 可能是一个以像素或磅数为单位的字号。上下文并未说明哪个是哪个。如果将所有类似的操作收集到一个 ADT 中，就可以明确以磅为单位定义整个接口，以像素为单位定义整个接口，或者明确区分两者。再也不会出现模棱两可的情况。

更容易提高性能　如果需要提高性能，那么可以重新编码几个经过良好定义的子程序，而不必折腾整个程序。

更容易确定程序的正确性　不用麻烦地验证 currentFont.attribute = currentFont.attribute or 0x02 这样的语句是否正确。相反，简单验证对 currentFont.SetBoldOn() 的调用是否正确即可。在第一个语句的情况下，可能会使用错误的结构名称、错误的字段名称、错误的操作 (比如写成 and 而不是 or) 或者错误的属性值 (写成 0x20 而不是 0x02)。在第二个语句的情况下，调用 currentFont.SetBoldOn() 惟一可能出错的地方就是它调用了错误的子程序名称，所以更容易看出正确与否。

程序可读性更佳　虽然可将 0x02 替换为 BOLD 或任何 0x02 代表的东西，从而改善 currentFont.attribute 或 0x02 这样的语句的可读性，但在可读性方面，显然不如 currentFont.SetBoldOn() 这样的子程序调用。

研究表明，让计算机专业的研究生和高年级本科生回答关于两个程序的问题：一个按功能分解为 8 个子程序，另一个分解为 8 个 ADT 子程序 (Woodfield, Dunsmore and Shen, 1981)。结果，使用后者的学生比使用前者的学生得分至少高出 30%。

不必在程序中到处传递数据　在之前的例子中，必须直接修改 currentFont 或将其传给每个要处理字体的子程序。如果使用抽象数据类型，就不必在程序中到处传递 currentFont，也不必把它变成全局数据。可在 ADT 中用一个结构来包含 currentFont 的数据。只有属于 ADT 一部分的子程序才可直接访问这些数据。不属于 ADT 的子程序则不必关心这些数据。

可以直接操作现实世界的实体，不必操作低级的实现结构　可以定义字体操作，使程序的大部分能直接操作字体，而不是搞什么数组访问、结构定义以及 True/False。

就本例来说，为了定义一个抽象数据类型，可以像下面这样定义几个用于控制字体的子程序：

```
currentFont.SetSizeInPoints( sizeInPoints )
currentFont.SetSizeInPixels( sizeInPixels )
currentFont.SetBoldOn()
currentFont.SetBoldOff()
currentFont.SetItalicOn()
currentFont.SetItalicOff()
currentFont.SetTypeFace( faceName )
```

这些子程序中的代码可能很短，也许类似于之前临时字体解决方案中的代码。不同的是，现在用一组子程序来隔离字体操作。这为程序的其余部分提供了一个更好的抽象层次来处理字体。它还提供了一层保护来防止字体处理方式变化后影响到整个程序。

更多 ADT 示例

假设要写一个软件来控制核反应堆冷却系统。可以将冷却系统视为一个抽象数据类型，为它定义以下操作：

```
coolingSystem.GetTemperature()
coolingSystem.SetCirculationRate( rate )
coolingSystem.OpenValve( valveNumber )
coolingSystem.CloseValve( valveNumber )
```

具体环境决定着为实现这些操作而编写的代码。程序其余部分可通过这些函数来操作冷却系统，同时不必担心数据结构的内部实现细节、数据结构的限制、未来可能的变化等。

下面列举更多抽象数据类型以及可能的操作。

巡航控制	**搅拌机**	**油箱**
设置速度	开启	填充油箱
获取当前设置	关闭	排空油箱
恢复之前的速度	设置速度	获取油箱容积
停止运行	启动“即时粉碎模式”	获取油箱状态
	停止“即时粉碎模式”	

列表	**灯**	**栈**
初始化列表	开	初始化栈
向列表中插入条目	关	向栈中压入条目
从列表中删除条目		从栈中弹出条目
读取列表中的下一个条目		读取栈顶条目

帮助屏幕
添加帮助主题
删除帮助主题
设置当前帮助主题
显示帮助屏幕
关闭帮助屏幕
显示帮助索引
返回上个屏幕

指针
获取新分配内存的指针
清理现有指针指向的内存
更改已经分配内存大小

菜单
开始新的菜单
删除菜单
添加菜单项
删除菜单项
激活菜单项
禁用菜单项
显示菜单
隐藏菜单
获取菜单选项

文件
打开文件
读取文件
写入文件
设置当前文件位置
关闭文件

电梯
向上一层
向下一层
到指定层
报告当前楼层
回到底层

通过对这些例子的研究，可归纳出几个指导原则，后续几个小节会逐一进行解释。

将典型的低级数据类型作为 ADT 来构建或使用，而不是作为低级数据类型 大多数关于 ADT 的讨论都集中在将典型的低级数据类型作为 ADT 来表示。从之前的例可以看出，可以将栈、列表、队列和其他几乎任何典型数据类型都表示为 ADT。

你的问题是："这个栈、列表或队列代表什么？"如果栈代表一组雇员，就将 ADT 视为雇员而不是栈。如果列表代表一组计费记录，就将其视为计费记录而不是列表。如果队列代表电子表格中的单元格，那么就将其视为单元格的集合，而不是队列中的常规项。总之，要视为尽可能最高的抽象级别。

将文件等通用对象视为 ADT 大多数语言都包括一些你可能熟悉但没有想到是 ADT 的抽象数据类型。文件操作就是一个很好的例子。向磁盘写入时，操作系统让你不必操心如何将读或写头定位到特定物理地址、旧的磁盘扇区满后后分配新的以及对神秘的错误代码进行解释。操作系统提供第一级抽象和该级别的 ADT。高级语言提供第二级抽象和该更高级别的 ADT。高级语言帮你避免了生成操作系统调用和操作数据缓冲区的繁琐细节，允许你将一大块磁盘空间当作一个"文件"。

自己可用类似的方式为 ADT 分级 例如，可以在一个级别使用提供了数据结构级操作（例如入栈和出栈）的 ADT，然后，在这一级的上方再创建另一级，在现实世界中的问题层面上展开工作。

简单的东西也能当作 ADT　不一定要用复杂的数据类型来证明使用 ADT 的合理性。在前面的示例列表中，有一个 ADT 是一盏灯，它只支持两个操作：开和关。你可能认为将简单的“开”和“关”操作隔离在它们自己的子程序中是一种浪费。但是，即使是简单的操作也能从使用 ADT 中受益。把灯和它的操作放到一个 ADT 中，可以使代码更可读，更容易修改，修改也只会影响 TurnLightOn() 和 TurnLightOff() 子程序内部，并减少了必须传递的数据项的数量。

直接引用 ADT 而不必关心它的存储介质　假设一个保险费率表非常大，一直存储在磁盘上。最初可能会想把它称为“费率文件”并创建 RateFile.Read() 这样的访问器子程序。但是，一旦把它称为文件，就不必要地暴露了更多关于数据的情报。以后若修改程序，将表存储到内存而不是磁盘，以前把它作为文件来引用的代码就是不正确、误导性和混乱的。试着使类和访问子程序的名称和数据的存储方式无关，并改为引用抽象数据类型，例如“保险费率表”。这样类名和访问子程序的名称就可以变成 rateTable.Read() 或更简单的 rate.Read()。

在非面向对象环境中用 ADT 处理多个数据实例

面向对象的语言为 ADT 多个实例的处理提供了自动化支持。如果只在面向对象的环境中工作过，而且完全不需要自己处理多实例的实现细节，那你应该感到庆幸！可以直接跳到下一节“ADT 和类”。

如果在非面向对象的环境 (比如 C 语言) 中工作，就不得不手动构建对多实例的支持。通常，这意味着要为 ADT 提供创建和删除实例的服务，还要设计 ADT 的其他服务，使它们能与多个实例一起工作。

本章前面讲过的字体 ADT 最初提供了以下服务：

```
currentFont.SetSize( sizeInPoints )
currentFont.SetBoldOn()
currentFont.SetBoldOff()
currentFont.SetItalicOn()
currentFont.SetItalicOff()
currentFont.SetTypeFace( faceName )
```

在非面向对象环境中，这些函数不附属于一个类，看起来更像下面这样：

```
SetCurrentFontSize( sizeInPoints )
SetCurrentFontBoldOn()
SetCurrentFontBoldOff()
SetCurrentFontItalicOn()
SetCurrentFontItalicOff()
SetCurrentFontTypeFace( faceName )
```

如果要同时处理多种字体，就需要添加创建和删除字体实例的服务，例如：

```
CreateFont( fontId )
DeleteFont( fontId )
SetCurrentFont( fontId )
```

这里添加 fontId 作为创建和使用多种字体时对它们进行跟踪的一个手段。对于其他操作，可以从三种处理 ADT 接口的方式中选择。

- 选项 1：每次使用 ADT 服务时都显式标明实例。本例没有“当前字体”的表示法。相反，是将 fontId 传给每个操作字体的子程序。Font 的函数负责对所有底层数据的跟踪，而客户端代码只需跟踪 fontId。采用这种方式，需要添加 fontId 作为每个字体子程序的参数。
- 选项 2：显式提供 ADT 服务要使用的数据。采用这种方法，要在使用了 ADT 服务的每个子程序中声明 ADT 要使用的数据。换言之，要创建一个 Font 数据类型，并将其传给每个 ADT 服务子程序。必须设计 ADT 服务子程序，使它们在每次被调用时都使用传入的 Font 数据。采用这种方式，客户端代码就不需要一个字体 ID，因为它自己负责字体数据的跟踪。即使这些数据可以直接从 Font 数据类型获得，也只应通过 ADT 服务子程序来访问。这就是所谓的保持结构的“闭合”状态。

  这个方式的优点在于，ADT 服务子程序不必根据一个字体 ID 来查找字体信息。缺点是它将字体数据暴露给了程序的其他部分，这增加了客户端代码会利用 ADT 的实现细节的可能性，而这些细节本应隐藏在 ADT 内部。

- 选项 3：使用隐式实例 (要非常小心)。设计一个新服务，调用它将一个特定的字体实例变成当前字体，例如 SetCurrentFont(fontId)。设置当前字体会使其他所有服务在被调用时都使用当前字体。如采用这种方式，就不需要将 fontId 作为其他服务的参数。对于简单的应用程序，这能简化多个实例的使用。对于复杂的应用程序，这种系统范围内对状态的依赖意味着必须在使用了 Font 的各种函数的所有代码中跟踪当前字体实例。复杂性往往会激增。而且无论什么规模的应用程序，都存在更好的替代方案。

抽象数据类型内部有大量选项可以供处理多个实例，但在外部，如果使用的是一种非面向对象的语言，选择就只有这么多了。

ADT 和类

抽象数据类型构成了类的概念的基础。在支持类的语言中，可以将每个抽象数据类型作为它自己的类来实现。类通常涉及继承和多态性的额外概念。一种思考类的方式就是为抽象数据类型加上继承和多态性。

6.2 良好的类接口

创建高质量类的第一步，也可能是最重要的一步，是创建一个良好的接口，其中包括创建良好的抽象供接口呈现，并确保细节隐藏在抽象背后。

良好的抽象

正如第 5.3 节描述的那样，抽象是以简化形式看待一个复杂操作的能力。类的接口为隐藏在接口背后的实现提供了一个抽象。类的接口应提供一组明显应放在一起的子程序。

假设用一个类来实现雇员。它包含对雇员的姓名、地址、电话号码等进行描述的数据。它还要提供一些服务，以便对雇员进行初始化和使用，如下所示：

关联参考 本书代码示例采用强调了多语言风格相似性的一种编码惯例。关于该惯例的细节以及关于多种编码风格的讨论，请参见第11.4节。

```
C++ 代码示例：表达抽象的类接口（良好的）
class Employee {
public:
   // public constructors and destructors
   Employee();
   Employee(
      FullName name,
      String address,
      String workPhone,
      String homePhone,
      TaxId taxIdNumber,
      JobClassification jobClass
   );
   virtual ~Employee();
   // public routines
   FullName GetName() const;
   String GetAddress() const;
   String GetWorkPhone() const;
   String GetHomePhone() const;
   TaxId GetTaxIdNumber() const;
   JobClassification GetJobClassification() const;
   ...
private:
   ...
};
```

在内部，这个类可能有额外的子程序和数据来支持这些服务，但类的用户不需要知道这些。类的接口抽象非常好，因为接口中的每个子程序的都在朝一个方向努力。

如下例所示，抽象不好的类会是一个包含诸多函数的集合：

```
C++ 代码示例：表达抽象的类接口（糟糕的）
class Program {
public:
   ...
   // public routines
   void InitializeCommandStack();
   void PushCommand( Command command );
   Command PopCommand();
   void ShutdownCommandStack();
   void InitializeReportFormatting();
   void FormatReport( Report report );
   void PrintReport( Report report );
   void InitializeGlobalData();
   void ShutdownGlobalData();
   ...
private:
   ...
};
```

如果一个类同时包含了处理命令栈、格式化报告、打印报告和初始化全局数据的子程序，那么在命令栈和报告子程序或全局数据之间，我们很难看到任何联系。类的接口没有呈现出一致的抽象，所以该类的内聚性很差(越明显相关，说明内聚性越好)。这些子程序应重新组织到职能更专一的类中，每个类都通过其接口提供更好的抽象。

如果这些子程序是 Program 类的一部分，可以像下面这样修订它们以呈现出一致的抽象：

```
C++ 代码示例：表达抽象的类接口(良好的)
class Program {
public:
    ...
    // public routines
    void InitializeUserInterface();
    void ShutDownUserInterface();
    void InitializeReports();
    void ShutDownReports();
    ...
private:
    ...
};
```

对这个接口的清理假定原来的一些子程序已经被转移到其他更合适的类中，另一些被转换为 InitializeUserInterface() 和其他子程序所使用的私有子程序。

这种对类抽象的好坏的评估是基于类的公共子程序集合，也就是类的接口提供的那些。不能认为整个类的抽象不错，类内部的单独子程序就肯定有良好的抽象。这些单独的个体也需要专门设计，使其呈现出良好的抽象。第 7.2 节提供了这方面的指导原则。

创建类的接口时，遵循以下指导原则的话，可以实现良好的接口抽象。

在类的接口中呈现一致的抽象级别　可以将类看成是实现第 6.1 节所描述的抽象数据类型 (ADT) 的一种机制。每个类都应实现一个且只有一个 ADT。如发现某个类实现了不止一个 ADT，或无法确定该类实现了什么 ADT，就应将该类重新组织成一个或多个良好定义的 ADT。

下面这个类呈现了不一致的接口，因其抽象级别不统一：

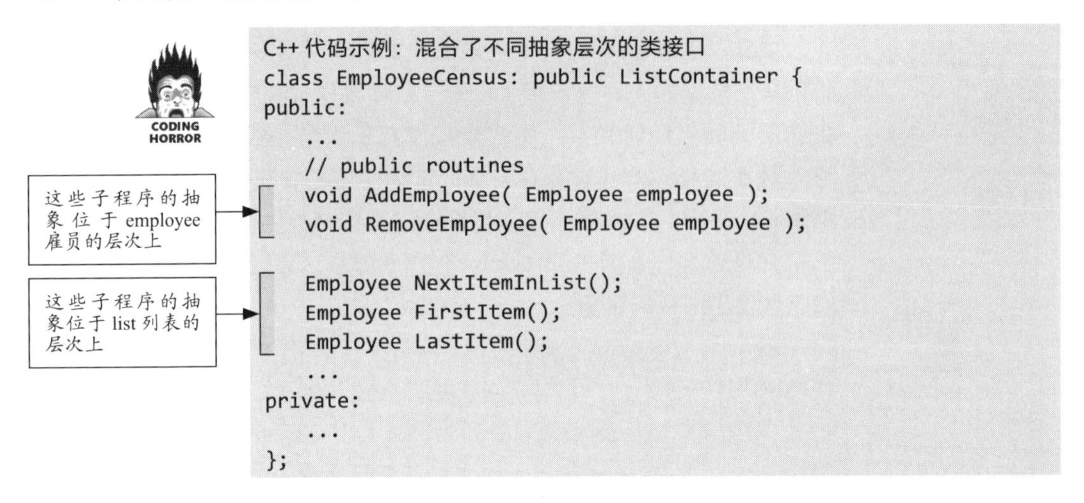


```
C++ 代码示例：混合了不同抽象层次的类接口
class EmployeeCensus: public ListContainer {
public:
   ...
   // public routines
   void AddEmployee( Employee employee );
   void RemoveEmployee( Employee employee );

   Employee NextItemInList();
   Employee FirstItem();
   Employee LastItem();
   ...
private:
   ...
};
```

该类呈现了两个 ADT，即 EmployeeCensus 和 ListContainer。若程序员使用容器类或其他来自库的类进行实现，但又不隐藏使用了库中的类这一事实，通常就会出现这种混合抽象。要问问自己：使用容器类的事实是否应成为抽象的一部分？那通常属于实现细节的范畴，应该向程序的其余部分隐藏，如下所示：

```
C++ 代码示例：拥有一致抽象层次的类接口
class EmployeeCensus {
public:
   ...
   // public routines
   void AddEmployee( Employee employee );
   void RemoveEmployee( Employee employee );
   Employee NextEmployee();
   Employee FirstEmployee();
   Employee LastEmployee();
   ...
private:
   ListContainer m_EmployeeList;
   ...
};
```

所有这些子程序的抽象现在已经位于 employee 雇员的层次上

使用 ListContainer 类库的实现细节已经被隐藏起来

程序员可能会争辩说，从 ListContainer 继承很方便，因为它支持多态性，允许外部搜索或排序函数获取一个 ListContainer 对象。但这一论调无法通过继承的主测试，即“是否只将继承用于 is a 关系？”从 ListContainer 继承，就意味着 EmployeeCensus “is a” ListContainer，而这显然是不成立的。如果 EmployeeCensus 对象的抽象类接口可以搜索或排序，就应作为的一个显式的、一致的部分被纳入。

如果将类的公共子程序想象成防止水进入潜艇的气闸，那么不一致的公共子程序就是这个类“漏水的仪表盘”。漏水的仪表盘可能不会像打开的气闸那样可以让水迅速进入，但如果给它们足够的时间，它们迟早会把潜艇给弄沉的。在实践中，混合抽象级别时会发生这样的情况。随着程序的修改，混合的抽象级别使程序越来越难理解。而且它会逐渐退化，直到变得不可维护。

一定要理解类实现的是什么抽象　有的类非常相似，必须准确无误地理解类的接口应捕捉哪种抽象。我做过一个程序，需要允许以表格形式编辑信息。我们想用一个简单的网格控件，但现有的网格控件不允许为数据输入单元格着色，所以我们决定使用一个提供了这种功能的电子表格控件。

电子表格控件比网格控件复杂得多，它提供了 150 个子程序，而网格控件只提供了 15 个。由于目标是使用网格控件，而不是电子表格控件，所以我们指派一个程序员来写一个包装类以隐藏“我们将电子表格控件作为网格控件使用”这一事实。这个程序员对不必要的开销和官僚作风抱怨了一通，然后离开了。几天后，他带来了一个包装类，忠实暴露了电子表格控件的全部 150 个子程序！

然而，这并不是我们想要的。我们想要的是一个网格控件接口，其中封装了“我们在幕后使用一个复杂得多的电子表格控件”的事实。程序员应只暴露 15 个网格控制子程序，另加第 16 个支持单元格着色的子程序。但如果公开全部 150 个子程序，程序员就创造了这样一种可能性：如果以后想改变底层实现，就需要支持全部 150 个公共子程序。这个程序员并没有实现我们所期望的封装，而且他的好多工作都白做了。

取决于具体情况，正确的抽象可能是一个电子表格控件，也可能是一个网格控件。若不得不从两个相似的抽象中选择，请确保自己的选择是正确的。

成对提供服务并包含反向操作　大多数操作都有对应、等同和相反的操作。如果有一个开灯操作，可能还需要一个关灯操作。如果有一个向列表添加数据项的操作，可能还需要一个从列表中删除数据项的操作。如果有一个激活菜单项的操作，可能还需要一个禁用菜单项的操作。设计类时要检查每个公共子程序，确定是否需要它的互补操作。虽然不要无脑地创建反向操作，但要核实是否需要一个。

将不相关的信息移到另一个类中 某些时候，你会发现类的一半子程序操作该类的一半数据，而一半子程序操作另一半数据。这其实是两个类伪装成了一个。把它们拆开吧！

尽可能使接口可编程而不是表达语义 每个接口都由一个可编程的部分和一个语义部分构成。可编程部分 (programmatic part) 由数据类型和接口的其他属性构成，可由编译器予以强制 (在编译时检查错误)。接口的语义部分 (semantic part) 则由关于这个接口应该如何使用的假设构成，这些假设无法由编译器强制。语义接口包括诸如“必须在 RoutineB 之前调用 RoutineA”或者“如果 dataMember1 在传递给 RoutineA 之前没有被初始化，RoutineA 将崩溃”之类的考虑。语义接口要用注释来说明，但要尽量保证不看这些说明也能理解接口。接口的任何方面如果不能被编译器强制，这个方面就可能被误用。想一些办法，利用断言或其他技术，将接口的语义元素转换为接口的可编程元素。

关联参考 要想进一步了解如何在修改代码时保持代码质量，请参见第 24 章。

小心接口的抽象在修改过程中被侵蚀 对类进行修改和扩展的时候，经常发现需要额外的功能，这些功能与原来的类接口不完全吻合，但似乎又很难用其他方式实现。例如，Employee 类可能演化成这样：

C++ 代码示例：在维护时被破坏的类接口

```
class Employee {
public:
   ...
   // public routines
   FullName GetName() const;
   Address GetAddress() const;
   PhoneNumber GetWorkPhone() const;
   ...
   bool IsJobClassificationValid( JobClassification jobClass );
   bool IsZipCodeValid( Address address );
   bool IsPhoneNumberValid( PhoneNumber phoneNumber );

   SqlQuery GetQueryToCreateNewEmployee() const;
   SqlQuery GetQueryToModifyEmployee() const;
   SqlQuery GetQueryToRetrieveEmployee() const;
   ...
private:
   ...
};
```

起初清晰的抽象，现在已经演变成只有松散联系的一些函数的大杂烩。在雇员和检查邮编、电话号码或职位的子程序之间，没有逻辑联系。暴露 SQL 查询细节的子程序比 Employee 类的抽象级别低得多，它们破坏了 Employee 的抽象。

不要添加与接口抽象不一致的公共成员　每当为类的接口添加子程序时，都要问：“这个子程序是否与现有接口提供的抽象一致？”如果不一致，就找一种不同的方式来修改，并保持抽象的完整性。

把抽象和内聚放在一起考虑　抽象和内聚的概念密切相关，呈现良好抽象的类接口通常有很强的内聚性。具有强大内聚性的类往往也会呈现出良好的抽象，虽然这种关系不如前者那么强。

我发现，相较于关注类的内聚性，若是关注类的接口所呈现的抽象性，往往能为类的设计提供更多见解。如果发现一个类的内聚性很弱，但又不知道如何去纠正，就换个角度问：“这个类是否呈现了一致的抽象？”

良好的封装

关联参考　关于封装的更多内容，请参见第 5.3 节。

第 5.3 节讲过，相比抽象，封装是一个更强大的概念。抽象通过提供一个让你忽略实现细节的模型来管理复杂性。封装是一个执法官，它阻止你看到细节，想看也不行。

两个概念之所以相关，是因为如果没有封装，抽象往往会被打破。根据我的经验，要么同时拥有抽象和封装，要么两个都没有。没有所谓的中间地带。

“区分设计良好和不良的模块，最重要的因素在于，该模块在多大程度上对其他模块隐藏了它的内部数据和其他实现细节。”
—布洛克 (Joshua Bloch)

最小化类和成员的可访问性　最小化可访问性是旨在鼓励封装的若干规则之一。如果不确定一个特定的子程序应该公共、私有还是受保护，有一个学派认为应支持可行的、最严格的隐私级别 (Meyers 1998, Bloch 2001)。我认为这是一个很好的指导原则，但我认为更重要的原则是：“什么能最好地保护接口抽象的完整性？”若将子程序公开的做法是和抽象一致的，那么公开它可能是好的。如果不确定，一般多隐藏比少隐藏好。

不要公开成员数据　公开成员数据破坏了封装，而且限制了你对抽象的控制。正如瑞尔 (Arthur Riel) 所指出的，若一个 Point 类公开了以下成员：

```
float x;
float y;
float z;
```

它就破坏了封装，因为客户端代码可自由操作 Point 的数据，而 Point 甚至不一定知道自己的值何时会被改变 (Riel 1996)。但是，若 Point 类公开的是以下成员：

```
float GetX();
float GetY();
float GetZ();
void SetX( float x );
void SetY( float y );
void SetZ( float z );
```

则表明是在保持封装完美。你不知道底层实现是否以 float x，y 和 z 为单位，不知道 Point 是否将这些数据项存储为 double 并将其转换为 float，也不知道 Point 是否将它们存储在月球上并从外层空间的卫星上检索它们。

避免将私有实现细节放到类的接口中 如果是真正的封装，程序员根本看不到实现细节。它们会隐藏起来，无论是从形象上说，还是从字面意义上说。但在包括 C++ 在内的一些流行语言中，语言的结构要求程序员在类的接口中暴露实现细节，如下例所示：

C++ 代码示例：暴露了类内部的实现细节

```
class Employee {
public:
    ...
    Employee(
       FullName name,
       String address,
       String workPhone,
       String homePhone,
       TaxId taxIdNumber,
       JobClassification jobClass
    );
    ...
    FullName GetName() const;
    String GetAddress() const;
    ...
private:
    String m_Name;
    String m_Address;
    int m_jobClass;
    ...
};
```

这里暴露实现细节

在类的头文件中包括 private 声明，这似乎只是稍微有些违反封装，

译注
梅耶斯提出了 61 条面向对象设计原则。据他所称，可以正确分清为什么要多重继承和能够正确运用多重继承的开发者少得可怜，甚至不到 2%。

但它是在鼓励其他程序员检查实现细节。在本例中，客户端代码本应使用 JobClassification 类型表示职位 (job class)，但头文件暴露了职位是作为整数存储这一实现细节。

梅耶斯 (Scott Meyers)* 在《Effective C++(第 2 版)》(Meyers 1998) 的第 34 条中描述了一个解决该问题的常规方法。将类的接口和类的实现分开，然后在类的声明中包含指向类的实现的一个指针，但不包含其他任何实现细节。

C++ 代码示例：隐藏类的实现细节

```
class Employee {
public:
   ...
   Employee( ... );
   ...
   FullName GetName() const;
   String GetAddress() const;
   ...
private:
   EmployeeImplementation *m_implementation;
};
```

这样就把实现细节藏在指针之后

现在可以将实现细节放在 EmployeeImplementation 类中，它应该只对 Employee 类可见，而不是对使用 Employee 类的任何代码都可见。

如果已经为项目写了许多没有采用这种方法的代码，那么你可能会觉得不值得为了采用这种方法而转换大量现有的代码。但是，在看公开其实现细节的代码时，就要克制，不要有梳理类接口的 private 部分来寻找实现线索的冲动。

不要对类的用户做出预设 类的设计和实现应遵守类接口所隐含的契约。除了接口文档所提供的内容，不要对接口的使用方式做出其他任何预设。如果提供下面这样的注释，就表明类对用户做出了过多的预设：

```
-- 将 x、y 和 z 初始化为 1.0，因为如果初始化为 0.0，
--DerivedClass 就会崩溃
```

避免友元类 在少数情况下，例如 State 模式，可以谨慎使用友元类以管理复杂性 (Gamma et al. 1995)。但一般情况下，友元类违反了封装。它们增大了你在任何时候要考虑的代码量，从而增加了复杂性。

不要因为子程序只使用了公共子程序就把它放到公共接口中 子

程序是否只使用公共子程序这一事实并不是重要的考虑因素。相反，真正的问题是："公开该子程序是否与接口所呈现的抽象一致？"

倾向于读代码方便而不是写代码方便 即使在最初的开发阶段，读代码的频率也要远远多于写代码的频率。牺牲读代码的方便性来换取写代码的方便性，这非常不可取。这一点尤其适合类接口的创建。有的时候，即使一个子程序不符合接口的抽象，你也会想在接口中加入它，以方便当时正在开发的类的特定客户端代码。但是，添加这个子程序是走下坡路的开始，不到万不得已，千万不要迈出这一步。

"如果必须看底层实现才能理解发生的事情，就谈不上什么抽象。"
—普劳戈 (P. J. Plauger)

格外警惕在语义上破坏封装 我一度以为，学会如何避免语法错误就可以万事大吉。但我很快发现，学会如何避免语法错误，只是为我买了一张通往全新的编码错误剧场的门票，其中大多数错误比语法错误更难诊断和纠正。

语义的封装难度和语法的封装相近。在语法上，只需将类内部的子程序和数据声明为 private，就可以相对容易地避免窥探另一个类的内部工作情况。实现语义上的封装则完全是两码事。以下是类的用户在语义上破坏封装的一些例子。

- 不调用类 A 的 InitializeOperations() 子程序，因为你知道类 A 的 PerformFirstOperation() 子程序会自动调用它。
- 调用 employee.Retrieve(database) 之前不调用 database.Connect() 子程序，因为你知道 employee.Retrieve() 函数会在没有建立连接的前提下自动连接数据库。
- 不调用类 A 的 Terminate() 子程序，因为你知道类 A 的 PerformFinalOperation() 子程序已经调用过它了。
- 即使在 ObjectA 离开作用域后，也使用由 ObjectA 创建的到 ObjectB 的指针或引用，因为你知道 ObjectA 将 ObjectB 放在静态存储中，ObjectB 依然有效。
- 使用类 B 的 MAXIMUM_ELEMENTS 常量，而不是使用 ClassA.MAXIMUM_ELEMENTS，因为你知道它们都等于同一个值。

KEY POINT

这些例子的问题在于，它们使客户端代码不是依赖于类的公共接口，而是依赖于其私有实现。任何时候，只要注意到自己需要看一个类的实现才能弄清楚如何使用该类，就意味着你并不是在为接口编程；

而是在“通过”接口来为实现进行编程。如果是通过接口编程，封装就被打破了，一旦封装被打破，接着就该轮到抽象了。

如果不能仅仅根据类的接口文档来搞清楚如何使用该类，正确反应不是调出源代码并查看实现。意图很好，方法却是错的。正确的反应是联系该类的作者，说：“我不知道如何使用这个类。”类的作者的正确反应不是直接回答你的问题。相反，是签出类接口文件，修改类接口文档，签入文件，然后跟你说：“现在看看能不能理解它是怎么工作的。”像这样的对话你希望发生在接口代码本身，这样能留下来给未来的程序员看。你不希望这种对话只发生在自己的脑海中，因为这样会将微妙的语义依赖植入使用该类的客户代码中。你也不希望这个对话发生在人和人之间，这样的话，就说明它只适合你的代码，不适合其他人的。

警惕过于紧密的耦合　耦合是指两个类的联系有多紧密。通常，联系越松越好。针对这个概念有几个常规的指导原则。

- 最小化减少类和成员的可访问性。
- 避免使用 friend 类，因其紧密耦合。
- 将基类中的数据变成 private 而不是 protected，使派生类与基类的耦合不那么紧密。
- 避免在类的公共接口中公开成员数据。
- 警惕在语义上破坏封装。
- 遵守“得墨忒耳法则”(在本章第 6.3 节介绍)。

耦合与抽象 / 封装相辅相成　若抽象出现漏洞或者封装被破坏，就会发生紧密耦合的情况。如果类提供了一套不完整的服务，其他子程序可能就会发现自己需要直接读取或写入该类的内部数据。这样类就被开了一个口子，使它变成了一个玻璃盒子，而不是一个黑盒子，而且类的封装性几乎被完全消除了。

6.3 设计和实现问题

定义良好的类接口对创建高质量的程序有很大的帮助。类内部的设计和实现也很重要。本节讨论了与包含、继承、成员函数和数据、类耦合、构造函数以及值对象 / 引用对象相关的问题。

包含

包含 (has a 关系) 是一个简单的概念，即类中包含一个基本数据元素或对象。关于继承的文章比关于包含的文章多得多，但那是由于继承需要更多的技巧，更容易出错，而不是由于它更好。“包含”是面向对象编程的主要技术。

通过包含实现“has a”关系　可以将“包含”想象成一种 has a (有一个) 关系。例如，雇员“有一个”姓名，“有一个”电话号码，“有一个”税号，等等。通常可以使姓名、电话号码和税号成为 Employee 类的成员数据来建立这种关系。

除非万不得已经，否则不要通过私有继承实现 has a 关系　有时可能无法通过使一个对象成为另一个对象的成员来实现包含。针对这种情况，一些专家建议以私有方式从被包含的对象继承 (Meyers 1998, Sutter 2000)。这样做的主要原因是使负责包含的类能访问被包含类的受保护成员函数或受保护成员数据。但在实践中，这个方式与祖先类建立了一种过于舒适的关系，破坏了封装。应将这种方式视为设计上存在错误的一种警告信号，应通过私有继承以外的其他方式予以解决。

警告数据成员超过 7 个的类　7±2 被认为是一个人在执行其他任务时能记住的离散项目的数量 (Miller 1956)。如果一个类包含的数据成员超过 7 个，就要考虑该类是否应分解成多个小类 (Riel 1996)。如果数据成员是整数和字符串这样的基本数据类型，7±2 可以往高了算；如果数据成员是复杂的对象，则往低了算。

继承

继承 (is a 关系) 是指一个类是另一个类的“特化”。继承的目的是定义一个基类，在其中包含两个或多个派生类的通用元素，从而简化代码的编写。这些通用元素可以是子程序接口、实现、数据成员或数据类型。继承将代码和数据集中于基类，避免在多处重复。

决定使用继承时，必须做出下面几个决定。

- 每个成员子程序是否对派生类可见？是否有默认实现？默认实现是否可被覆盖 (override 或称“重写”) ？
- 每个数据成员 (包括变量、具名常量、枚举等) 是否对派生类可见？

下面几个小节将详细解释做这些决定时要考虑的东西。

通过 public 继承实现“is a”关系　若程序员决定通过继承现有的类来创建一个新类，其实就是说新类是旧类的一个更具体的版本 (特化)。基类设定了关于派生类如何运作的预期，并对派生类如何运作施加了限制 (Meyers 1998)。

如果派生类不打算完全遵守基类所定义的相同接口契约，继承就不是正确的实现技术。请考虑使用“包含”(has a)，或在继承层次结构的更上层进行修改。

“用 C++ 语言进行面向对象编程时，最重要的法则就是：public 继承意味着‘is a’关系。将这一法则铭记于心。”
—梅耶斯 (Scott Meyers)

要么设计继承并提供文档说明，要么禁止继承　继承会增加程序的复杂性，所以是一种危险的技术。正如 Java 大师布洛克 (Joshua Bloch) 所说：“要么设计继承并提供文档说明，要么禁止继承 (Design and document for inheritance, or prohibit it)。”如果一个类不是为了被继承而设计的，在 C++ 中，就要把它的成员定义成非 virtual，在 Java 中，定义成 final，在 Microsoft Visual Basic 中，定义成 NotOverridable，从而禁止从该类继承。

遵循里氏替换原则 (Liskov Substitution Principle，LSP)　• 里斯科夫 (Barbara Liskov)* 在一篇面向对象编程的开创性论文中提出，除非派生类真的“is a”(是一个) 基类更具体的版本，否则不应从基类继承 (Liskov 1988)。亨特与托马斯 (Andy Hunt 和 Dave Thomas) 这样总结 LSP：“子类必须能通过基类的接口来使用，使用者无需知道两者的差异。”(Hunt and Thomas 2000)

译注
里斯科夫出生于 1939 年，计算机科学家，2008 年图灵奖得主以及 2004 年约翰 • 冯 • 诺伊曼奖得主。

换言之，基类中定义的所有子程序在任何派生类中使用时，其含义都应该相同。

假设 Account 基类有三个派生类：CheckingAccount、SavingsAccount 和 AutoLoanAccount。在 Account 的任何子类型上，程序员都可以调用从 Account 继承的任何子程序，而无需关心一个特定的账户对象到底是什么子类型 (无论是支票、储蓄还是汽车贷款账户)。

程序员应该能调用这三个派生类中从 Account 继承而来的任何一个子程序，而无须关心到底使用的是 Account 哪一个派生类的对象。

如果程序遵循里氏替换原则，继承就能成为降低复杂性的一种强大工具，因为它能让程序员专注于对象的一般特性而不必关心细节。如程序员必须不断思考子类的实现在语义上的差异，继承会增大而不是降低复杂性。

假设程序员必须这样想："如果在 CheckingAccount 或 SavingsAccount 上调用 InterestRate() 子程序，它返回银行支付给消费者的利息，但如果在 AutoLoanAccount 上调用 InterestRate()，就必须修改正负号，因为它返回消费者向银行支付的利息。"若遵循 LSP，本例的 AutoLoanAccount 就不应该从 Account 基类继承，因为 InterestRate() 子程序的语义与基类的 InterestRate() 子程序的语义不同。

确保只继承想要继承的东西 派生类可以继承成员子程序接口、实现或同时继承两者。表 6-1 总结了对子程序进行实现和覆盖 (override) 的各种方式。

表 6-1 继承而来的子程序的各种变化

	可覆盖的	不可覆盖的
提供默认实现	可覆盖的子程序	不可覆盖的子程序
未提供默认实现	抽象且可覆盖的子程序	不会用到 (一个未经定义但又不让覆盖的子程序是没有意义的)

如表所示，继承而来的子程序有三种基本形式。

- 抽象且可覆盖的子程序 (abstract overridable routine) 是指派生类只继承子程序的接口，但不继承其实现。
- 可覆盖的子程序 (overridable routine) 是指派生类继承子程序的接口及其默认实现，并且可以覆盖该默认实现。
- 不可覆盖的子程序 (non-overridable routine) 是指派生类继承子程序的接口及其默认实现，但不允许覆盖该默认实现。

选择通过继承来实现一个新类时，需考虑每个成员子程序的继承方式。不要因为继承了接口就一定要继承实现，或者因为要继承实现就一定要继承接口。如果只想使用类的实现而不是它的接口，应使用"包含"(has a) 而不是"继承"(is a)。

不要"覆盖"不可覆盖的成员函数 C++ 和 Java 都允许程序员以某种形式覆盖不可覆盖的成员子程序。如果函数在基类中是私有的，派生类就可以创建一个同名函数。对于看派生类代码的程序员来说，这样的函数会造成混乱，因为它看起来应该是多态的，但实际又不是，只是恰好同名而已。这个指导原则还有另一种说法："不要在派生类中重用不可覆盖的基类子程序名称。"

将通用接口、数据和行为移到继承树中尽可能高的位置 这些东西移得越高，派生类就越容易使用它们。到底要多高？以抽象性为准。如发现将一个子程序移到高处会破坏高处对象的抽象性，就应该停手了。

对仅一个实例的类持怀疑态度　单一实例可能表明设计中混淆了对象和类。考虑一下是否能直接创建一个对象而不是新类。派生类的差异是否可以用数据来表示，而不是非要作为一个不同的类？这个指导原则最引人注目的一个特例是 Singleton 模式。

对仅一个派生类的基类持怀疑态度　当我看到某个基类只有一个派生类时，会怀疑有的程序员做了“提前设计”，试图预测未来的需求，但通常并不完全理解这些未来的需求。要为将来做准备，最好的办法不是设计“某天可能会要到”的额外基类层级，而是使当前的工作尽可能清晰、直接和简单。这意味着不要创建非绝对必要的继承结构。

对覆盖了子程序但在子程序的派生版本中什么都不做的类持怀疑态度　这通常表明基类设计存在错误。例如，假设有一个 Cat 类和一个 Scratch() 子程序，再假设最终发现有的猫已经“去爪”(declawed)，不能做“抓挠”(scratch) 这个动作。这个时候，你可能会想创建一个从 Cat 派生的 ScratchlessCat 类，并覆盖 Scratch() 子程序，使其不做任何事情。这样做会带来下面几个问题。

- 它破坏了 Cat 类所呈现的抽象 (接口契约)，改变了其接口的语义。
- 若继续将这种做法扩展到其他派生类，局面很快就会失控。发现一只没尾巴的猫怎么办？一只不捉耗子的猫？一只不喝牛奶的猫？最终会得到像 ScratchlessTaillessMicelessMilklessCat(不能抓挠、没尾巴、不捉耗子、不喝牛奶的猫) 这样的派生类。
- 随着时间的推移，这种做法会导致代码的维护变得混乱，因为祖先类的接口和行为几乎没有为其后代的行为提供任何线索。

解决这个问题的地方不是在派生类，而是在最初的 Cat 类中。创建一个 Claw(爪子) 类并将其“包含”在 Cat 类中。问题的根源是假设所有猫都会“抓挠”，所以要从源头上解决这个问题，而不是“头痛医头，脚痛医脚”那样的治标不治本。

避免过深的继承树　面向对象编程提供了许多技术来管理复杂性。但每个强大的工具都有其危害，一些面向对象技术甚至有增加而不是降低复杂性的倾向。

瑞尔 (Arthur Riel) 在他的优秀著作《OOD 启思录》(Riel 1996) 中，建议将继承层级限制在最多 6 层。他的建议建立在“神奇数字 7±2”

的基础上，但我认为这过于乐观。依我的经验，大多数人都很难在大脑中同时处理超过两到三层的继承关系。“神奇数字 7±2”或许更适合限制基类的子类总数，而不是限制继承树的层级数。

人们发现，嵌套过深的继承树与故障率的增加有密切的联系 (Basili, Briand, and Melo 1996)。任何尝试过调试复杂继承层次结构的人都知道原因。深的继承树增加了复杂性，而这恰恰与继承所要达到的目的背道而驰。牢记自己的首要技术使命。确保自己的目的是用继承来避免重复的代码，并尽量降低复杂性。

尽量利用多态而不是全面的类型检查　如果有经常重复的 case 语句，有时表明继承可能是一个更好的设计选择，虽然这并非肯定成立。下面是应该采用面向对象方法的一个经典例子：

C++ 代码示例：或许应该使用多态来替代 case 语句

```
switch ( shape.type ) {
   case Shape_Circle:
      shape.DrawCircle();
      break;
   case Shape_Square:
      shape.DrawSquare();
      break;
   ...
}
```

在这个例子中，对 shape.DrawCircle() 和 shape.DrawSquare() 的调用应该被一个名为 shape.Draw() 的子程序所取代；无论形状是圆是方，都可以调用该子程序。

但有的时候，case 语句被用来分隔真正不同种类的对象或行为。下面是一个在面向对象程序中使用得当的 case 语句：

C++ 代码示例：或许不应该使用多态来替代 Case 语句

```
switch ( ui.Command() ) {
   case Command_OpenFile:
      OpenFile();
      break;
   case Command_Print:
      Print();
      break;
   case Command_Save:
      Save();
      break;
   case Command_Exit:
```

```
        ShutDown();
        break;
    ...
}
```

在这个例子中，可以创建一个允许派生的基类，并为每个命令创建一个多态的 DoCommand() 子程序 (和 Command 模式一致)。但对于这个简单的例子，DoCommand() 会被淡化至毫无意义，case 语句才是更容易理解的解决方案。

让所有数据 private 而不是 protected　正如布洛克 (Joshua Bloch) 所说的"继承破坏了封装"(2001)。从对象继承，就获得了对该对象的 protected 子程序和数据的特许访问权。如果派生类真的需要访问基类的属性，请改为在基类中提供 protected 访问器。

多重继承

继承是一种"电动工具"(power tool，作者巧用了双关语)。这类似于用链锯而不是手锯伐木。如果小心使用，它可能非常有用。但是，在不采取适当预防措施的人手中，它又显得很危险。

"C++ 多重继承一个毋庸置疑的事实就是，它打开了潘多拉的盒子，里面全都是单一继承所没有的复杂性。"
—梅耶斯 (Scott Meyers)

如果说继承是一把链锯，那么多重继承 (multiple inheritance) 就是一把二十世纪五十年代的链锯，没有护罩，不支持自动关闭，马达也难以伺候。这样的工具有时还是有价值的；但大多数时候，最好还是把它妥善藏在车库里以绝后患。

虽然一些专家建议广泛使用多重继承 (Meyer 1997)，但依我的经验，多重继承主要用于定义"mixins"(混合体)，即用来给对象增加一组属性的简单类。之所以取"mixins"这个名字，是因为它们允许属性被"混入"(mix in) 到派生类中。mixins 可以是像 Displayable(可显示)、Persistant(持久化)、Serializable(可序列化) 或 Sortable(可排序) 这样的类。mixins 几乎都是抽象的，不打算独立于其他对象进行实例化。

mixins 需要使用多重继承，但只要所有 mixins 都真正独立于彼此，就不会出现多重继承特有的经典钻石继承 * 问题。由于属性是"串"(chunking) 到一起，它们还使设计更容易理解。如果对象使用了 Displayable 和 Persistent 这两个 mixins，那么相较于使用了 11 个更具体的子程序的对象 (需要这些子程序来实现那两个属性)，前者显然更容易理解。

译注
钻石继承也称为"菱形继承"，是指当两个类 B 和 C 继承自 A，而类 D 同时继承自 B 和 C 时产生的一种歧义。如果 A 中有一个方法被 B 和 C 覆盖了，而 D 没有覆盖它，那么 D 继承的是哪个版本的方法：B 的还是 C 的？

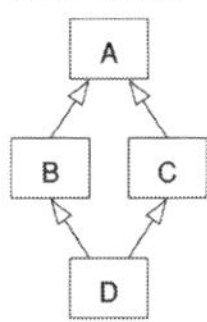

Java 和 Visual Basic 已经意识到了 mixins 的价值。为此，它们允许了接口的多重继承，但类还是只允许单继承。C++ 则同时支持接口和实现的多重继承。程序员只有在仔细考虑了替代方案，并权衡了对系统复杂性和可理解性的影响之后，才应该使用多重继承。

继承的规则为何这么多？

本节介绍了许多避免继承出麻烦的规则。所有这些规则最基本的一点在于，继承往往与你作为程序员的首要技术使命 (管理复杂性) 相违背。为了控制复杂性，应对继承持十分警惕的态度。下面总结了何时使用“继承”(is a) 以及何时使用“包含”(has a)。

关联参考　要想进一步了解复杂性，请参见第 5.2 节。

- 如果多个类有共同的数据，但没有共同的行为，就创建一个共同的对象供这些类包含。
- 如果多个类有共同的行为，但没有共同的数据，就从定义了共同子程序的一个共同基类中派生出这些类。
- 如果多个类有共同的数据和行为，就从定义了共同数据和子程序的一个共同基类中继承。
- 如果希望由基类控制你的接口，就选择继承；如果想控制自己的接口，就选择包含。

成员函数和数据

关联参考　第 7 章进一步讨论了子程序的常规问题。

下面是一些有效实现成员函数和成员数据的指导原则。

尽量减少类中的子程序数量　对 C++ 程序的研究发现，每个类中较多的子程序数量与较高的故障率有关 (Basili, Briand, and Melo 1996)。但是，其他竞争因素更重要，包括嵌套较深的继承树、类内调用的大量子程序以及类之间的强耦合。一边要最小化子程序数量，另一边也要照顾到其他这些因素。

禁止隐式生成不需要的成员函数和操作符　有时需要禁止某些函数，可能想禁止赋值，或者不想让一个对象被构造。你可能以为，既然编译器自动生成了操作符，那就只能允许访问。但在这些情况下，可以通过将构造函数、赋值操作符或其他函数 / 操作符声明为 private 来阻止客户访问它。使构造函数 private 成为定义单例 (singleton) 类的标准技术，本章后面会讨论。

尽量减少类调用的不同子程序的数量　一项研究表明，类中的错误数量与类中所调用的子程序总数在统计学意义上相关 (Basili, Briand,

译注
类或方法的“扇出”是指该类所使用的其他类的数量或该方法所调用的其他方法的数量。

深入阅读 要想进一步了解得墨忒耳法则，推荐阅读三本著作：Pragmatic Programmer(Hunt and Thomas2000)、Applying UML and Patterns(Larman 2001) 和 Fundamentals of Object-Oriented Design in UML(Page-Jones 2000)。

译注
得墨忒耳法则可以简单地陈述为“只使用一个.操作符”。a.b.Method() 违反了此法则，而 a.Method() 不违反。一个简单的例子是，人可以命令一条狗行走 (walk)，但不应直接指挥狗的腿行走，应该由狗来指挥和控制自己的腿应该如何行走。

and Melo 1996)。同一项研究发现，类使用的类越多，其故障率往往越高。这些概念有时称为“扇出”(fan out) *。

尽量减少对其他类的间接子程序调用 直接连接就已经很危险了，而间接连接(例如 account.ContactPerson().DaytimeContactInfo().PhoneNumber()) 往往更危险。研究人员总结出了一条“得墨忒耳法则” *(Lieberherr and Holland 1989)，意思是对象 A 可以调用它自己的任何子程序。如对象 A 实例化了一个对象 B，它可以调用对象 B 的任何子程序。但是，它应避免在对象 B 提供的对象上调用子程序。在上面的账户例子中，这意味着调用 account.ContactPerson() 可以，但不可以调用 account.ContactPerson().DaytimeContactInfo()。

这只是一个简化的解释。要想进一步了解详情，请参见本章末尾的“更多资源”。

通常情况下，要尽量减少一个类与其他类的协作程度 要尽量减少以下数值。

- 实例化的对象种类。
- 在实例的对象上进行的各种直接子程序调用的数量。
- 在其他实例化的对象所返回的对象上的子程序调用。

构造函数

深入阅读 在 C++ 语言中实现这个的代码十分类似。详情可参见《More Effective C++ 中文版》中的第 26 条 (Meyers 1998)。

以下是专门针对构造函数的一些指导原则。这些指导原则在不同语言 (C++，Java 和 Visual Basic 等) 中非常相似。析构函数的差别要大一些，所以请查看本章最后的“更多资源”，进一步了解析构函数。

尽可能在所有构造函数中初始化所有成员数据 在所有构造函数中初始化所有数据成员是一种低成本的防御性编程实践。

使用 private 构造函数强制单例属性 为了强制类只能实例化一个对象，可以隐藏该类的所有构造函数，再提供一个静态 GetInstance() 子程序来访问该类的单一实例，如下例所示：

Java 代码示例：使用私有构造函数来实现单例

这里就是私有构造函数 →

```
public class MaxId {
   // constructors and destructors
   private MaxId() {
      ...
   }
   ...
```

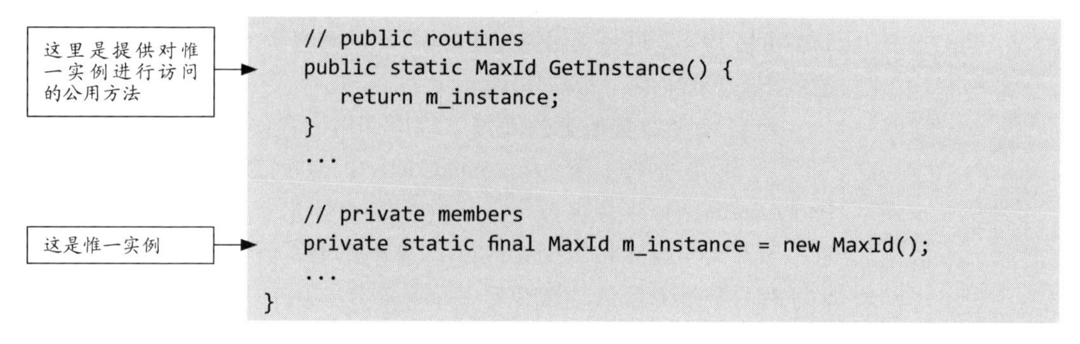


```
   // public routines
   public static MaxId GetInstance() {
      return m_instance;
   }
   ...

   // private members
   private static final MaxId m_instance = new MaxId();
   ...
}
```

只有初始化静态对象 m_instance 时，才会调用该 private 构造函数。采用这种方法，如果想引用 MaxId 单例，引用 MaxId.GetInstance() 即可。

除非论证可行，否则使用深拷贝而不是浅拷贝　你对复杂对象所做的主要决定是，要实现对象的深拷贝 (deep copy) 还是浅拷贝 (shallow copy)？对象的深拷贝是指成员数据也要逐一拷贝；浅拷贝则通常只拷贝引用 (指针)，不拷贝它们所指向的数据，虽然“深”和“浅”的具体含义有时会有区别。

创建浅拷贝的动机通常是为了提升性能。虽然创建大型对象的多个拷贝可能引起审美疲劳，但很少会引起任何可衡量的性能损失。少许对象可能出现性能问题，但至于猜测哪些代码是真正导致问题的“元凶”，程序员往往并不在行 (详见第 25 章)。

既然糟糕的权衡反而会为可疑的性能提升带来复杂性，那么在深拷贝和浅拷贝的问题上，一个好的办法是除非证明浅拷贝更佳，否则索性无脑使用深拷贝。

深拷贝比浅拷贝更容易编码和维护。除了两种对象都要包含的代码，浅拷贝还增加了用于引用计数的代码，以确保安全拷贝对象、安全比较对象、安全删除对象等等。这种代码很容易出错，除非有令人信服的理由，否则应尽量避免。

如果确实需要使用浅拷贝，《More Effective C++ 中文版》(Meyers, 1996) 的第 29 条包含了对 C++ 中的这些问题的精辟讨论。《重构》(Martin Fowler, 1999) 描述了从浅拷贝到深拷贝以及从深拷贝到浅拷贝转换所需的具体步骤 (作者将浅拷贝称为“引用对象”，将深拷贝称为“值对象”)。

6.4 创建类的理由

> **关联参考**　创建类的理由和创建子程序的理由有共同之处，详情参见第 7.1 节。

> **关联参考**　要想进一步了解如何识别现实世界中的对象，请参见第 5.3 节。

如果看到什么就信什么，或许会以为创建类惟一的理由是建模现实世界中的对象。实际上，创建类的理由还有很多。下面列出了创建类的一些很好的理由。

建模现实世界中的对象　对现实世界中的对象进行建模或许不是创建类的惟一理由，但仍然是一个很好的理由！为程序建模的每种现实世界的对象都创建一个类。将对象所需的数据放入类中，然后构建服务子程序来模拟对象的行为。第 6.1 节在讨论 ADT 时提供了许多例子。

建模抽象对象　创建类的另一个很好的理由是建模抽象对象，一种不具体的、现实世界的对象，但它提供了对其他具体对象的抽象。一个很好的例子是经典的 Shape(形状) 对象。Circle 和 Square 是具体存在的形状，而 Shape 是对其他具体形状的抽象。

在编程项目中，抽象并不像 Shape 那样是现成的，所以必须更努力地归纳出清晰的抽象。从现实世界的实体提炼抽象概念的过程是不确定的，不同设计者会抽象出不同的共性。例如，如果我们不知道圆形、正方形和三角形等几何形状，我们可能会想出更多不寻常的形状，例如南瓜形、大头菜和庞蒂亚克 (以不一般的丑闻名)。想出合适的抽象对象是面向对象设计的主要挑战之一。

降低复杂性　创建类最重要的原因是降低程序的复杂性。创建类来隐藏信息，这样不用去考虑它们了。当然，写类的时候还是考虑这些信息。但写完之后，应该就能忘记这些细节，在不关心内部运作的情况下使用该类。创建类的其他理由，比如最小化代码规模、提高可维护性和改善正确性，也都是很好的理由，但如果没有类的抽象能力，就无法管理复杂的程序。

隔离复杂性　所有形式的复杂性 (复杂的算法、大的数据集、复杂的通信协议等) 都容易出错。如果一个错误真的发生了，如果它不是在代码中蔓延，而只是在一个类的局部出现，就更容易被发现。修复错误所产生的变化不会影响其他代码，因为只有一个类需要修复，其他代码不会被波及。如果发现一个更好、更简单或更可靠的算法，如果它被隔离在一个类中，那么替换旧算法会更容易。在开发过程中，尝试几种设计并保留效果最好的那一种会更容易。

隐藏实现细节 隐藏实现细节是创建类的绝佳理由，无论这些细节是像数据库访问那么复杂，还是像数据成员是用数字还是字符串来存储那么简单。

关联参考 第13.3节讨论了使用全局数据时的一些问题。

限制变化造成的影响 隔离可能发生变化的区域，将变化的影响限制在一个或几个类的范围中。设计时要使最可能会变的领域最容易改变。可能改变的领域包括硬件依赖性、输入/输出、复杂的数据类型以及业务规则。第5.3节描述了几种常见的变化来源。

隐藏全局数据 如果需要使用全局数据，可以将其实现细节隐藏在一个类的接口背后。与直接使用全局数据相比，通过专门的访问子程序来使用全局数据有几个好处。可以改变数据的结构而不改变程序。可以监控对数据的访问。每次都要使用访问子程序，这也会鼓励思考数据是否真的是全局性的；经常都会发现所谓的"全局数据"实际只是对象数据。

关联参考 要想进一步了解信息隐藏，请参见5.3节。

简化参数传递 如果需要在几个子程序之间传递一个参数，可能表明应将这些子程序纳入一个类，将参数作为对象数据来共享。简化参数传递本身并不是目标，但大量数据传来传去，表明换成一种不同的类组织方式可能更佳。

建立中心控制点 每个任务都集中在一个地方控制是个好主意。控制有很多形式。对表中条目数量的了解是一种形式。对设备(文件、数据库连接、打印机等等)的控制是另一种形式。使用类来读写数据库也是一种集中控制形式。如果将数据库转换为一个平面文件或内存数据，那么这些变化将只会对一个类产生影响。

集中控制的概念类似于信息隐藏，但它具有独特的启发式能力，值得收入你的编程工具箱。

使代码更容易重用 相较于将代码强行塞到一个大类中，如果将相同的代码放入分解得当(well-factored)的类中，会更容易重用于其他程序中。即便一段代码仅在程序的一个地方调用，并且可以理解为大类的一部分，但只要这段代码可能用在另一个程序中，把它放到自己的类中就是有意义的。

关联参考 要想进一步了解如何实现最基本的刚需功能，请参见第24.2节。

NASA的软件工程实验室研究了十个积极追求重用的项目(McGarry, Waligora, and McDermott 1989)。不管采用的是面向对象的方法，还是面向功能的方法，最初的项目都不能从以前的项目中获取很多代码，因为以前的项目没有建立充分的代码库。后来，采用功能化设计的项目能从以前的项目中获取大约 35% 的代码。使用面向对象方法的项目能从以前的项目中获得超过 70% 的代码。如果能通过提前规划来避免写 70% 的代码，就大胆放手去做！

值得注意的是，NASA 创建可重用类的方法的核心并不涉及“为重用而设计”。相反，NASA 是在其项目结束时确定要重用的候选者。然后，他们进行必要的工作，使这些类在主项目的最后作为一个特殊项目来重用，或作为新项目的第一步来重用。这种方法有助于防止“镀金”，即创建不需要的功能，从而不必要地增加复杂性。

为程序家族做计划　如果预期一个程序会被修改，最好将预期要改变的部分隔离出来，把它们放到自己的类中。然后，就可以在不影响程序其余部分的情况下修改这些类，或者可以加入全新的类。不要只是想一个程序会是什么样子，还要想整个程序家族会是什么样子，这是一个强大的启发式方法，可以预测到全部类型的变更 (Parnas 1976)。

我几年前管理过一个团队，负责写一系列程序供我们的客户销售保险。我们必须根据特定客户的保险费率、报价 - 报表格式等来定制每个程序。但这些程序的许多部分是相似的，包括输入潜在客户信息的类、在客户数据库中存储信息的类、查询费率的类、计算团体总费率的类等等。团队对程序进行了良好的分解，使每个因客户而异的部分都在自己的类中。最初的编程可能花了三个月左右的时间，但一旦我们有了新的客户，就只需为新客户写几个新类，然后把它们放到其他代码中。只需干几天的活儿，哇！定制软件！

关联参考　关于使用全局数据的问题，请参见第 13.3 节。

打包相关操作　在不能隐藏信息、共享数据或为灵活性规划的情况下，仍然可以将一组操作打包成合理的组，例如三角函数、统计函数、字符串处理子程序、位操作子程序、图形子程序等等。类是组合相关操作的一种手段。也可以使用包、命名空间或头文件，具体取决于所用的语言。

实现特定的重构　第 24 章描述的许多特定的重构都会产生新类，其中包括将一个类转换为两个，隐藏委托，去除中间人以及引入扩展类。为了更好地完成本节描述的任何目标，都可能需要创建新的类。

要避免的类

关联参考　这种类通常称为结构或结构体，详情可以参见第 13.1 节。

虽然一般来说类是好东西，但也可能会遇到一些麻烦。下面列举一些需要避免的类。

避免创建万能类　避免创建无所不知、无所不能的类。如果一个类花了很多时间用 Get() 和 Set() 子程序从其他类获取数据 (换言之，挖掘它们的内部业务，并告诉它们该怎么做)，就问自己这些功能是否能更好地组织到其他类而不是万能类中 (Riel 1996)。

消除无关紧要的类　如果一个类只有数据而无行为，想一想它是否真的是一个类，并考虑将其降级，使其成员数据成为一个或多个其他类的属性。

避免以动词命名的类　一个只有行为而无数据的类通常不是真正的类。考虑将负责 DatabaseInitialization() 或 StringBuilder() 等操作的类变成其他类的子程序。

总结创建类的理由

下面总结创建类的正当理由：

- 建模现实世界的对象
- 建模抽象对象
- 降低复杂性
- 隔离复杂性
- 隐藏实现细节
- 限制变化造成的影响
- 隐藏全局数据
- 简化参数传递
- 创建中心控制点
- 使代码更容易重用
- 为程序家族做计划
- 打包相关操作
- 实现特定的重构

6.5 语言特定问题

不同编程语言对类的处理方法不同，其中许多还很有趣。以如何覆盖成员子程序，从而在派生类中实现多态性为例。在 Java 中，所有子程序默认可覆盖，子程序必须声明为 final 才能防止派生类覆盖它。在 C++ 中，子程序默认不可覆盖。要允许覆盖的子程序必须在基类中声明为 virtual。在 Visual Basic 中，要允许覆盖的子程序必须在基类中声明为 Overridable，派生类还必须使用 Overrides 关键字。

下面这些与类有关的领域因语言的不同而呈现出很大差异。

- 继承树中被覆盖的构造函数和析构函数的行为。
- 构造函数和析构函数在异常处理情况下的行为。
- 默认构造函数 (无参构造函数) 的重要性。
- 析构函数或终结器的调用时机。
- 对语言内置操作符(包括赋值和等于操作符)进行覆盖的智慧。
- 对象在创建和销毁时，或者在它们声明和超出作用域时，如何处理内存？

对这些问题的详细讨论超出了本书的范围，可以参考“更多资源”进行延伸阅读。

6.6 超越类：包

关联参考 要想了解类和包的更多区别，请参见第 5.2 节。

类是程序员当前实现模块化的最佳方式。但模块化是一个很大的主题，它超出了类的范围。过去几十年，软件开发的进步在很大程度上是通过提高我们所要处理的聚合的粒度来实现的。我们拥有的第一个聚合是语句，这在当时算得上机器指令的一个大进步。然后是子程序，再后来是类。

很明显，如果有好的工具来聚合对象组，就能更好地支持抽象和封装的目标。Ada 早在上世纪八九十年代就支持包的概念，Java 今天也支持包了。如果用一种不直接支持包的语言编程，可以创建自己的可怜的程序员版本的包，并通过以下编程标准来强制它。

- 用于区分哪些类是 pubic 的，哪些类供包私用。
- 使用命名约定，使用代码组织约定 (项目结构)，或同时使用两者，以确定每个类归属于哪个包。

关联参考　这个检查清单关注于类的质量。构建类的步骤列表请参见第 9 章的“检查清单：伪代码编程过程”。

- 定义哪些包允许使用其他哪些包的规则，包括是以继承、包含或同时以这两种方式使用。

这些变通方法很好地演示了“用语言来编程”(programming in a language) 和“深入语言去编程”(programming into a language) 的区别。要想进一步了解这种区别，请参见第 34.4 节。

检查清单：类的质量

抽象数据类型

❑ 是否将程序中的类视为抽象数据类型？是否从这个角度评估了它们的接口？

抽象

❑ 类是否有一个中心目的？

❑ 类的命名是否恰当？其名字是否表达了其中心目的？

❑ 类的接口是否呈现了一致的抽象？

❑ 类的接口是否让人一眼就知道应该如何使用这个类？

❑ 类的接口是否足够抽象，使开发者无需考虑它的服务具体是如何实现的？能将类看成是一个黑盒吗？

❑ 类的服务是否足够完整，使其他类无需摆弄其内部数据？

❑ 是否已经从类中移除了无关信息？

❑ 是否考虑过把类进一步分解为组件类？是否已经尽可能地分解了？

❑ 修改类时是否保持了其接口的完整性？

封装

❑ 是否最小化了类成员的可访问性？

❑ 类是否避免了公开其成员数据？

❑ 在编程语言允许的范围内，类是否尽可能对其他类隐藏了其内部实现细节？

❑ 类的设计是否避免了对其用户 (包括其派生类) 做出预设。

❑ 类是否不依赖于其他类？是松耦合的吗？

继承

❑ 继承是否只用来建立“is a”关系？换言之，派生类是否遵循了里氏替换原则？

❑ 类的文档是否描述了其继承策略？

❑ 派生类是否避免了“覆盖”不可覆盖的方法？

❑ 是否将通用接口、数据和行为都放在继承树尽可能高的地方了？

- ❑ 继承树很浅吗？
- ❑ 基类中的所有数据成员是否都被定义为 private 而非 protected？

与实现相关的其他问题

- ❑ 类的数据成员是否只有 7 个或更少？
- ❑ 是否将类中直接和间接调用其他类的子程序的数量减到最少了？
- ❑ 类是否只在绝对必要时才与其他类协作？
- ❑ 是否所有数据成员都在构造函数中初始化了？
- ❑ 是否除非经过论证，否则类都被设计成深拷贝而不是浅拷贝来使用？

语言特定问题

- ❑ 针对你所用的编程语言，是否研究过语言特有的和类相关的问题？

更多资源

类的常规话题

Meyer, Bertrand. *Object-Oriented Software Construction*, 2d ed. New York, NY: Prentice Hall PTR, 1997. 这本书详细讨论了抽象数据类型，并解释了它如何构成类的基础。第 14 章 ~ 第 16 章深入讨论了继承。第 15 章提出了支持多重继承的正面论据。中译本《面向对象软件构造》

Riel, Arthur J. *Object-Oriented Design Heuristics*. Reading, MA: Addison-Wesley, 1996. 这本书就如何改善程序设计给出了大量建议，其中大多从类的角度出发。我有几年一直在回避这本书，因为它看上去实在太庞杂了，有时还在探讨“玻璃屋中的人”这样的主题(意思是五十步笑百步)。不过，这本书的主体部分只有大约 200 页。作者的写作风格通俗易懂。内容重点突出，也很有实用性。中译本《OOD 启思录》

C++

Meyers, Scott. *Effective C++: 50 Specific Ways to Improve Your Programs and Designs*，*2d ed*. Reading, MA: Addision-Wesley, 1998。

Meyers, Scott, 1996, *More Effective C++: 35 New Ways to Improve Your Programs and Designs*. Reading, MA: Addison-Wesley, 1996.5。

这两本书都有同名中文版，算得上 C++ 程序员的权威之作。诙谐的字里行间向我们展示了一位语言大师是如何欣赏 C++ 语言之精妙的。

Java

Bloch, Joshua. *Effective Java Programming Language Guide*. Boston, MA: Addison-Wesley, 2001. 这本书给出了很多关于 Java 语言的实用建议，还介绍了一些更常规的、好的面向对象实践。中译本《Effective Java 中文版》

Visual Basic

下面几本书对 Visual Basic 语言中的类进行了非常好的介绍：

Foxall, James. *Practical Standards for Microsoft Visual Basic. NET*. Redmond, WA: Microsoft Press, 2003.

Cornell, Gary, and Jonathan Morrison. *Programming VB. NET: A Guide for Experienced Programmers*. Berkeley, CA: Apress, 2002.

Barwell, Fred, et al. *Professional VB. NET,* 2d ed. Wrox, 2002.

要点回顾

- 类的接口应提供一致的抽象。许多问题都是由于违反该原则而引起的。
- 类的接口应隐藏一些信息，包括系统接口、设计决策或实现细节。
- “包含”(has a) 往往比“继承”(is a) 更可取，除非必须建模 is a 关系。
- 继承是有用的工具，但它会增加复杂性，这违背了软件的首要技术使命，即“管理复杂性”。
- 类是管理复杂性的首选工具。只有在设计类时给予足够的关注，才能实现这一目标。

学习心得

1.____

2.____

3.____

4.____

5.____

第 7 章

高质量的子程序

内容

相关主题及对应章节

- 子程序构建步骤：第 9.3 节
- 可以工作的类：第 6 章
- 设计实践：第 5.4 节
- 架构的先决条件：第 3.5 节

第 6 章描述了创建类的种种细节。本章讨论的主题是子程序，以及根据一些特征来区分优秀的子程序和糟糕的子程序。如果希望在深入细节之前阅读那些会影响子程序设计的问题，请一定要先阅读第 5 章，然后再回来阅读这一章。还有一些高质量子程序的重要属性也将在第 8 章中展开讨论。如果对创建子程序和类的详细步骤更感兴趣，从第 9 章开始阅读可能更好。

在深入探讨高质量子程序的细节之前，先对两个基本说法达成共识是不无裨益的。第一个是子程序。子程序是为单一目的而可被调用的单个方法或过程。一个子程序可能是使用 C++ 语言的函数、一个使用 Java 语言的方法、一个 Microsoft Visual Basic 中的函数过程或子过程。在某些情况下，C 和 C++ 语言中的宏也可以被视为子程序。可以应用多种技术为这些不同名称的方法或过程创建高质量的子程序。

第二个是高质量的子程序。什么是高质量的子程序？这是一个更难回答的问题。也许最简单的答案是向人们展示一个高质量的子程序不是什么。下面的示例就是一个低质量的子程序：

C++ 代码示例：低质量的子程序

```
void HandleStuff( CORP_DATA & inputRec, int crntQtr, EMP_DATA empRec,
   double & estimRevenue, double ytdRevenue, int screenX, int screenY,
   COLOR_TYPE & newColor, COLOR_TYPE & prevColor, StatusType & status,
   int expenseType )
{
int i;
for ( i = 0; i < 100; i++ ) {
   inputRec.revenue[i] = 0;
   inputRec.expense[i] = corpExpense[ crntQtr ][ i ];
   }
UpdateCorpDatabase( empRec );
estimRevenue = ytdRevenue * 4.0 / (double) crntQtr;
newColor = prevColor;
status = SUCCESS;
if ( expenseType == 1 ) {
     for ( i = 0; i < 12; i++ )
           profit[i] = revenue[i] - expense.type1[i];
     }
else if ( expenseType == 2 ) {
          profit[i] = revenue[i] - expense.type2[i];
          }
else if ( expenseType == 3 )
          profit[i] = revenue[i] - expense.type3[i];
          }
```

看出这个子程序的问题了吗？这里有一个提示：在这段代码中，至少能够找到 10 处不同的毛病。如果已经列出一张自己找到的错误清单，不妨对照看看下面的清单。

- 该子程序本身有一个糟糕的名称。HandleStuff() 这样含义模糊的名称无法表明该子程序到底要做什么。
- 该子程序没有做任何文档化工作。文档化的主题已超出了单个子程序的范围，详细信息请参见第 32 章。
- 该子程序的排版很糟糕。在此页面上代码的视觉空间组织结构并没有与其背后的逻辑条理对应起来。这段代码的排版策略可谓毫无章法，在子程序中的不同部分采用了不同的排版风格。比如，expenseType == 2 和 expenseType == 3 上下两个 if 语句的布局就不一样。本书会在第 31 章中专门讨论布局。
- 输入变量 inputRec 在该子程序中被更改了。如果是一个输入变量，它的值就不应该在子程序中被修改（在 C++ 语言中，它应该被声明为 const 变量)。如果在该子程序中需要修改该变量的值，则不应该把这个变量命名为 inputRec。

- 该子程序读取和写入了一些全局变量，例如，它对 corpExpense 执行了读取，并对 profit 执行了写入。正确的做法是应该与其他子程序进行通信，而不是直接地对全局变量进行读写。
- 该子程序目的并不单一。它一开始初始化了一些变量，对数据库执行了写入，又进行了一些计算，这些事情看起来彼此毫无关联。每个子程序都应该有一个单一的、明确定义的目的。
- 该子程序无法防御不良数据。比如，如果 crntQtr 等于 0，表达式 ytdRevenue * 4.0 / (double) crntQtr 将导致除零错误。
- 该子程序中使用了几个意义不明的“魔术数字”：100、4.0、12、2 和 3。要想进一步了解魔术数字，请参见第 12.1 节。
- 该子程序的一些输入参数并未使用：例如 screenX 和 screenY 在整个子程序中都没有被引用过。
- 该子程序还有一个参数传递错误：prevColor 被标记为一个引用参数 (&)，但它在该子程序中并没有被赋值。
- 该子程序的参数太多了。通常基于便于理解的原则，参数的数量上限约为 7，而这个程序足足有 11 个参数。而且，这些参数并没有以容易理解的方式进行排列，以至于大多数人都不会试图仔细检查这些参数，甚至可能连数一数这些参数都不愿意。
- 该子程序参数的排列顺序也很糟糕，且没有进行文档化处理。本章后面要讨论参数顺序排列。文档相关主题将在第 32 章讨论。

除了计算机本身，子程序是计算机科学中最伟大的发明。比起编程语言的所有其他特性，在让程序变得更容易阅读和理解方面，子程序这一机制贡献最多。因此，如果像上面展示的示例那样，在代码中滥用这个计算机科学的高级发言人，简直就像犯罪一样不可饶恕。

关联参考　提到计算机科学中最伟大的发明，“类”也是一个有力的竞争者。要想进一步了解如何有效使用类的详细信息，请参见第 6 章。

在节省空间和提高性能这方面，子程序这种机制也是有史以来最伟大的技术。想象一下，如果没有子程序，在现在每次调用子程序的地方都必须出现重复的代码，而不是通过调用跳转到子程序的分支，那么整套代码将会变得多么臃肿。再想象一下，做性能改进时则需要修改十几处相同的代码，而不是在单独一个子程序里做修改，这将是多么困难的事情。所以说，子程序让现代编程成为可能。

“好吧，”有人可能会说，“我知道程序很棒，而且我一直都在用子程序进行编程。这时再倒过来讨论子程序似乎是亡羊补牢，如此说来，你想让我怎么用子程序？”

本书的目的是希望让人们明白，创建子程序是需要有一些正当理由的，而且使用子程序，有正确的方法，也有错误的方法。当我自己在本科阶段主修计算机专业的时候，我认为创建子程序的主要原因就是为了避免重复代码。我以前用的入门教材说，子程序之所以好，是因为它避免了代码重复，让程序更容易开发、调试、文档化和维护，然后就此打上了句号。书上往往还会包含一些语法细节说明如何使用参数和局部变量，这就是那本教科书所涵盖的内容，此外无他。对于子程序的理论和实践而言，这些并不是一个好的或完整的解释。本章下面几节对此给出了更好的解释。

7.1 创建子程序的正当理由

下面列出创建子程序的一些正当理由。这些理由彼此之间有一定的重叠性，但我们原本的目的也并不要求它们形成一个彼此毫无交集的正交集合。

KEY POINT

降低复杂性　创建子程序时，一个最重要的原因是降低程序的复杂性。创建一个子程序来隐藏细节信息，这样一来，人们就不需要在使用它时去考虑所有细枝末节。当然，在编写子程序时是需要考虑这些信息的。但一旦这段代码写好之后，程序员就可以忘记这些细节，在不了解其内部工作原理的情况下使用该子程序。创建子程序的其他类似理由可能是：为了最小化代码规模、提高可维护性和提高正确性。这些也是不错的理由，但降低复杂性依然是最重要的理由，如果没有子程序的抽象功能，复杂的程序根本不可能实现智能管理。

一个子程序需要从另一个子程序中单独剥离出来的一个征兆是代码中一个内部循环或条件判断中有深层嵌套。通过将嵌套的部分剥离出来，并将其放入另一个独立的子程序，能降低原来子程序的复杂性。

引入一个中间的、易于理解的抽象概念。将一段代码放入命名良好的子程序中是实现其功能自文档化的最好方法之一。采用这种方法之后，就用不着去阅读一行又一行的代码语句了，比如：

```
if(node<>NULL)then
  while(node.next<>NULL)do
```

```
        node = node.next
        LeafName = node.name
    end while
else
    LeafName = ""
end if
```

只需要读下面这样的语句，简单明了：

```
leafName=GetLeafName(node)
```

这个新的子程序非常简短，所以在很多时候，要做好文档工作，甚至只需要一个好的名称。该子程序的名称提供了比原来 8 行代码更高层次的抽象，这使得代码更容易阅读和理解，同时降低了原本包含该段代码的子程序的复杂性。

避免重复代码　毫无疑问，创建子程序最普遍的原因是避免代码重复。实际上，在两个子程序中创建类似的代码意味着错误分散在不同的地方。从两个子程序中提取重复的代码，将通用代码的泛型版本放入基类中，然后将两个不同的子程序移到子类中。或者，可以把公共代码迁移到单独一个子程序中，然后让这两处代码都去调用被放入到新的子程序中的公共部分。让代码只出现在一个地方，可以节省重复代码所占用的空间。一方面，这样会让代码修改变得更容易，因为只需要在一个位置进行修改。另一方面，这样会使代码变得更加可靠，因为只需要检查一个地方就能确保代码是正确的。再有就是，修改代码更加可靠，因为可以避免人们连续做出多处修改时误以为所有修改都一致，留意不到这些修改之间略有不同。

支持子类化　同样是写一些新代码，重写一个简短的、构造良好的子程序所需的代码少于重写一个冗长的、构造混乱的子程序所需的代码。如果让可重写的子程序保持简单，还可以减少子类实现出错的几率。

隐藏处理顺序　隐藏处理事件的顺序是个好主意。例如，如果一个程序通常先从用户处获取数据，然后从一个文件中获取辅助数据，那么无论是获取用户数据的子程序还是获取文件数据的子程序，都不应该依赖于另一个子程序是否首先执行。另一个例子是，有两行代码都去读取堆栈顶部并弹出一个栈顶变量。如果将这两行代码放入

PopStack() 子程序中，就隐藏了执行这两个操作的必须顺序。隐藏这种信息，绝对胜于在系统的每个角落都把这些代码暴露出来。

隐藏指针操作　指针操作往往可读性很差，也容易出错。通过将指针操作隔离在子程序中，人们可以把注意力集中于这些操作的意图，而不是去琢磨指针操作的技术细节。此外，如果指针操作只在一个地方执行，则更能保障代码的正确性。如果未来找到比指针更好的数据类型，也可以很轻松地更改程序，而不至于影响这些现有使用指针操作的代码。

提高可移植性　子程序的使用还能隔离一些不可移植的功能，从而显式地标识并隔离未来的可移植性工作。不可移植的功能通常包括非标准语言特性、硬件依赖性、操作系统依赖性等。

简化复杂的布尔表达式　对于理解程序流程而言，从细节上理解各种复杂的布尔表达式在很多时候并不是必要的。如果将这样的布尔表达式放到函数中，可以使代码可读性更强，原因有两个：第一，不用再琢磨布尔表达式的细节了；第二，描述性函数名已经概括了该布尔表达式的目的。

把这样的布尔表达式放入一个独立的函数，也能强调该布尔表达式的意义。这种方式鼓励人们额外花上一些功夫来使布尔表达式的细节在函数中的可读性更强。这样的好处是代码的主线逻辑和布尔表达式本身意义都变得更加清晰。也可以把简化布尔表达式当作是降低代码复杂性的一个例子，这条创建子程序的理由在前面已经讨论过。

提高性能　可以只在一个地方而不是在多处对代码进行优化。只把代码放在一个位置可以更容易地剖析问题并发现低效率的代码。同时，将代码集中到一个子程序中，意味着单独一个地方的优化足以使得所有使用该子程序的代码从中受益，无论它们是直接还是间接使用该子程序。将代码放在同一个位置，以便未来需要重写该子程序的时候，可以更方便地使用更高效的算法或者更快、更高效的编程语言来进行改善。

关联参考　要想进一步了解信息隐藏，请参见第 5.3 节。

为了确保所有的子程序都是简短的？当然不是。虽然有这么多好理由促使人们把代码放入子程序，但这个理由并不是必要的。事实上，有些工作在单一的大型子程序中执行得更好。子程序的最佳长度将在第 7.4 节中进行讨论。

过于简单而无需放到子程序中的操作

阻止人们创建高效率子程序最大的一个心理障碍，恐怕是不愿意为一个简单的目的创建一个简单的子程序。花时间构建一个子程序，却只包含两三行代码，这样似乎颇有些杀鸡焉用牛刀的感觉，但种种经验表明，小而美的子程序相当有用。

小而美的子程序有几个优点。一个是它们提高了代码可读性。我个人的一个程序中，有十几个地方都有如下一行代码：

```
伪代码示例：某种计算
points = deviceUnits * ( POINTS_PER_INCH / DeviceUnitsPerInch() )
```

这么一行代码当然算不上是大家所读过的最复杂的代码。大多数人应该都能看出来，这行代码是把一个以设备单位为计量单位的测量转换为以点数为单位的测量。大家会发现，在多处都出现了这样一行代码，且每一次都在做同样的事情。但是，这行代码的功能原本可以表达得更清晰一些，所以我创建了一个命名良好的子程序，让代码集中进行这种转换：

```
伪代码示例：使用函数来完成计算
Function DeviceUnitsToPoints ( deviceUnits Integer ): Integer
   DeviceUnitsToPoints = deviceUnits *
      ( POINTS_PER_INCH / DeviceUnitsPerInch() )
End Function
```

当这个子程序替换了分散到多处的代码时，看起来或多或少会像下面这样：

```
伪代码示例：调用计算函数
points = DeviceUnitsToPoints( deviceUnits )
```

这一行代码的可读性更强一些，甚至已经接近于代码自文档化的程度。

这个示例还向大家暗示了将简单操作改写为函数的另一个原因：一些简单操作频繁出现之后，就会变成繁复的操作。我当时写这个子程序时还不知道，但在某些条件下，当某些设备处于激活状态时，DeviceUnitsPerlnch() 会返回 0。这意味着我还必须考虑除 0 的情况，就这样，该子程序又多了三行代码：

```
伪代码示例：维护代码时对函数进行扩展
Function DeviceUnitsToPoints( deviceUnits: Integer ) Integer;
   if ( DeviceUnitsPerInch() <> 0 )
      DeviceUnitsToPoints = deviceUnits *
         ( POINTS_PER_INCH / DeviceUnitsPerInch() )
   else
      DeviceUnitsToPoints = 0
   end if
End Function
```

假设原来的代码仍然分散在 12 个地方，该条件判断就会重复 12 次，于是总共会增加 36 行新的代码。而一个简单的子程序能把 36 行新的代码减少到只有 3 行。

创建子程序的正当理由

创建子程序的正当理由总结如下：

- 降低复杂性
- 引入一个中间的、易于理解的抽象概念
- 避免重复代码
- 支持子类化
- 隐藏处理顺序
- 隐藏指针操作
- 提高可移植性
- 简化复杂的布尔表达式
- 提高性能

此外，许多创建类的理由也是创建子程序的正当理由：

- 隔离复杂性
- 隐藏实现细节
- 限制变更的影响
- 隐藏全局数据
- 建立集中的控制点
- 促进代码的重用
- 完成特定的重构

7.2 子程序级别的设计

内聚性的概念来自一篇论文 (Stevens,Myers and Constantine 1974)。后来还有其他更现代化的类似概念，包括大家很熟悉的抽象和封装，这些概念更适用于类这一设计级别 (而实际上，这些概念的确已经在很大程度上取代了类级别的内聚性说法)，但内聚性这一概念仍然普遍适用，并且在单个子程序设计级别上作为主要的设计启发式方法。

关联参考 关于通用性质的内聚性的讨论，请参见第 5.3 节。

对于子程序来说，内聚性是指子程序中的操作之间的联系有多紧密。一些程序员更喜欢使用“强度”这个术语：子程序中操作的相关性有多强？像 Cosine() 这样的函数就有完美的内聚性，因为整个子程序都用于执行单个数学函数，即余弦函数。但像 CosineAndTan() 这样的函数内聚性较弱，因为它又要执行余弦函数，又要执行正切函数，试图做好多件事。我们的目标是让每个程序只做好一件事做好，而不再去做其他任何事情。

这样的设计回报是更高的软件可靠性 一项针对 450 个子程序的研究发现，高内聚性子程序中，50% 是没有任何故障的，而低内聚性子程序中，只有 18% 没有任何故障 (Card, Church, and Agresti 1986)。另一项针对不同 450 个子程序的研究 (两项研究的子程序数量相同，这真的是纯属巧合) 发现，具有最高耦合 - 内聚性比率的子程序的错误数量是那些具有最低耦合 - 内聚性比率的子程序的 7 倍，而且前者的修复成本是后者的 20 倍 (Selby and Basili 1991)。

关于内聚性，通常分几个层次进行讨论 而且，理解概念比记住特定术语更重要。应该使用这些概念来帮助自己思考如何让子程序尽可能有内聚性。

- 功能内聚性　功能内聚性是最强的、最好的内聚类型，发生在一个子程序执行一个且只执行一个操作的时候。高内聚性子程序的例子包括 sin()、GetCustomerName()、EraseFile()、CalculateLoanPayment() 和 AgeFromBirthdate() 等。当然，对其内聚性的评估是基于一个假设，即这些子程序的确依照其名称完成了相应的功能，如果它们的代码实际上做了其他事情，则说明它们的内聚性就会降低，而且命名也有问题。

与最理想的功能内聚性相比，还有其他几种不是太理想的内聚性情况。

- 顺序内聚性　当子程序包含必须按照特定顺序执行的操作时，即依照顺序逐步进行数据共享，并且所有步骤都完成后才能构成一个完整的功能，这种情况下，就存在着顺序内聚性。

  顺序内聚性的一个子程序例子是，给定一个出生日期，计算雇员的年龄和退休时间。如果子程序必须先计算年龄，然后再使用该结果来计算员工的退休时间，那么它就具有顺序内聚性。如果子程序计算年龄，然后在一个完全独立的计算中计算退休时间，只是恰好使用了相同的出生日期数据，就算是只有通信内聚性。

  如何使子程序具有最理想的功能内聚性？在这个例子中，可以为两种计算分别创建独立的子程序，比如一个子程序根据出生日期计算员工的年龄，另一个根据出生日期计算退休时间。计算退休时间的子程序可以调用计算年龄的子程序。这样一来，两个子程序都具有功能内聚性。而其他子程序也可以调用其中任意一个子程序，也可以同时调用两个子程序。

- 通信内聚性　当一个子程序中有多项操作都使用了相同的数据但彼此没有任何其他关联时，就会存在通信内聚性。比如，一个子程序先打印了一份汇总报告，然后重新初始化传递给它的汇总数据，就说明这个子程序有通信内聚性，这两个操作仅因为它们使用了相同的数据而有所关联。

  为了使这个子程序具有更好的内聚性，应该在接近汇总数据创建的地方对汇总数据进行重新初始化，而且该汇总数据的创建不应该出现在汇总报告打印子程序中。这样一来，就把两个操作分解为两个单独的子程序。第一个子程序完成汇总报告打印。第二个子程序在创建或修改数据的代码附近执行数据重新初始化。然后，把最初存在通信内聚性的子程序改造为更高层级的子程序，让它来调用这两个新的子程序。

- 瞬时内聚性　有时，因为在同一时间会完成多项操作而把这些操作合并为一个子程序，这时就会产生瞬时内聚性。典型的例子有 Startup()、CompleteNewEmployee() 和 Shutdown()。有些程序员认为，瞬时内聚性是不可接受的，因为这种内聚性有时是因为采用了糟糕的编程实践，比如，在 Startup() 启动子程序中塞了一堆乱七八糟的代码。

为了避免这个问题，可以让这个瞬时子程序扮演组织者的角色去调用其他事件。例如，Startup() 子程序可能需要读取一个配置文件，初始化一个临时文件，设置一个内存管理器，并显示一个初始化屏幕。为了使得该子程序效率最高，可以把这个瞬时内聚性的子程序改造为调用其他子程序来执行特定的活动，而不是在该子程序中去直接执行这些操作。这样，子程序的意义就很清晰了，即负责指挥调度一系列活动，而不是自己直接去完成这些活动。

这个例子还提出了一个问题，何如在正确的抽象级别上选择一个恰当的名称来描述子程序。可以选择将该子程序命名为 ReadConfigFileInitScratchFileEtc()，这个名称就暗示着该子程序只具有并不理想的偶发内聚性。但如果将其命名为 Startup()，那么很明显，这个子程序只有一个目的，并且具有功能内聚性。

剩下一些其他类型的内聚性通常都是不可接受的。这些类型的内聚性会导致代码组织混乱，难以调试和难以修改。如果一个子程序的内聚性很差，那么最好在重写代码的过程中投入更多精力以求获得更好的内聚性，而不是投入更多精力去精准地诊断问题。然而，知道应该避免哪些情况可能对大家来说是有益的，所以这里列出一些不可接受的内聚性类型。

关联参考 虽然子程序可能具有更好的内聚性，一个更高层次的设计问题则是系统是否应该使用条件语句而不用多态。要想进一步了解这个问题，请参考第 6.3 节。

- 过程内聚性　当一个子程序中的操作按照特定顺序执行时，就存在过程内聚性。一个例子是，一个子程序先获取一个员工姓名，之后获取一个地址，然后再获取一个电话号码。这些操作的顺序之所以重要，只是因为它与用户在屏幕上被要求输入数据的顺序一一对应。此外还有另一个子程序根据这些数据再去获取剩余的员工数据。该子程序具有过程内聚性，因为它按照特定的顺序安排了一组操作，而这些操作之所以被合并在一起，仅仅是因为这样的特定安排，而不是出于任何其他关联性。

  为了获得更好的内聚性，应该这些操作分别放入各自独立的子程序中，并让原来的子程序去调用这些独立子程序。这能确保原来的子程序只有一个惟一且完整的任务 GetEmployee()，而不是完成诸如 getfirstparttofemployeedata() 这样反复的功能。可

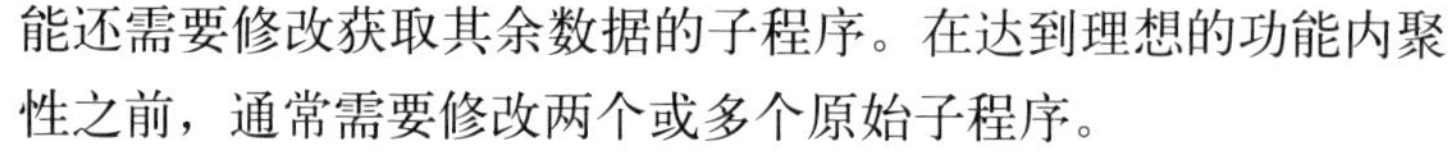

能还需要修改获取其余数据的子程序。在达到理想的功能内聚性之前，通常需要修改两个或多个原始子程序。

- 逻辑内聚性　当多个操作被塞进同一个子程序并且通过传入的控制标志来控制一个操作是否执行时，就会产生逻辑内聚。之所以被称为“逻辑内聚”，是因为子程序的控制流或“逻辑”主干是惟一能将多个操作绑定在一起的东西，它们可能都聚集在一个大型的 if 语句或 case 语句中。但这并不是因为这些操作之间本身存在着任何其他意义上的逻辑关联。考虑到逻辑内聚性的属性定义中指出了这些多项操作彼此原本是没有相关性的，其实，针对这种类型的内聚性，一个更好的名称可能是“非逻辑内聚性”。

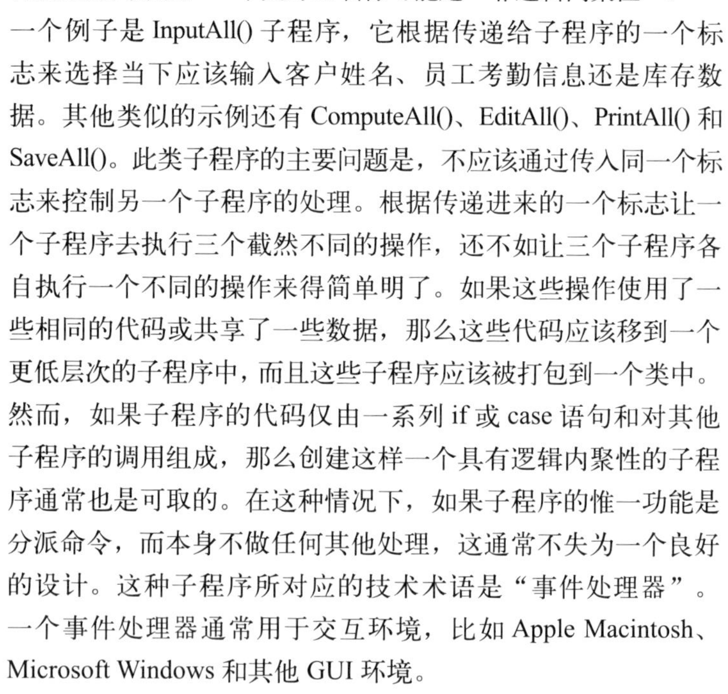

一个例子是 InputAll() 子程序，它根据传递给子程序的一个标志来选择当下应该输入客户姓名、员工考勤信息还是库存数据。其他类似的示例还有 ComputeAll()、EditAll()、PrintAll() 和 SaveAll()。此类子程序的主要问题是，不应该通过传入同一个标志来控制另一个子程序的处理。根据传递进来的一个标志让一个子程序去执行三个截然不同的操作，还不如让三个子程序各自执行一个不同的操作来得简单明了。如果这些操作使用了一些相同的代码或共享了一些数据，那么这些代码应该移到一个更低层次的子程序中，而且这些子程序应该被打包到一个类中。

关联参考　尽管子程序可能通过改造获取更好的内聚性，但一个更高层次的设计问题是系统是否应该使用 case 语句而不是多态。有关这个问题的更多信息，请参见第 6.3 节。

然而，如果子程序的代码仅由一系列 if 或 case 语句和对其他子程序的调用组成，那么创建这样一个具有逻辑内聚性的子程序通常也是可取的。在这种情况下，如果子程序的惟一功能是分派命令，而本身不做任何其他处理，这通常不失为一个良好的设计。这种子程序所对应的技术术语是“事件处理器”。一个事件处理器通常用于交互环境，比如 Apple Macintosh、Microsoft Windows 和其他 GUI 环境。

- 偶发内聚性　当子程序中的多项操作彼此之间没有任何可识别的关联时，就存在偶发内聚性。这种类型的内聚性其他的恰当名称是“无内聚性”或“混乱内聚性”。本章开头的低质量 C++ 示例就具有偶发内聚性。很难将偶发内聚性转换为更好的内聚性，通常需要进行更深入的重新设计和重新实现。

以上这些术语并不神秘或神圣。我们需要学习其中蕴含的思想而不是死记硬背这些术语。在任何情况下，几乎总能找到办法写出带有

功能内聚性的子程序，因此请将注意力集中在功能内聚性上，力求获得最大的收益。

7.3 好的子程序名称

好的名称可以清楚地描述子程序所做的一切事情。以下是创建子程序有效名称的一些指导原则。

关联参考　要想进一步了解变量的命名，请参见第 11 章。

描述子程序所做的一切事情　在子程序的名称中应该描述其所有的输出和副作用。如果一个子程序计算报告总数并打开一个输出文件，那么 ComputeReportTotals() 这样的名称就不是该子程序恰当的名称。而 ComputeReportTotalsAndOpenOutputFile() 则是恰当的名称，只不过这个名称又长又傻。如果子程序有一些副作用，通常就会出现很多这样又长又傻的名称。而为了解决这个问题，不要只是改下名称，真正根治问题的手段是通过编程来让正常的事情发生，而不是产生副作用。

避免使用无意义、模糊或空泛的动词　有些动词含义比较灵活，几乎可以延伸表达任何意思。所以，诸如 HandleCalculation()、PerformServices()、OutputUser()、ProcessInput() 和 DealWithOutput() 这样的子程序名称无法清晰地表明该子程序的用途。这些名称最多只能告诉人们这个子程序可能与计算、服务、用户、输入和输出有关。在这些动词中，只有一个例外，那就是只在特定技术意义下对事件处理使用动词“handle”。

有时，子程序惟一存在的问题是名称空泛，代码本身却可能设计得很好。这种时候，如果把 HandleOutput() 这样的空泛名称改为 FormatAndPrintOutput()，那么子程序的功能就一目了然了。

在其他情况下，动词的含义模糊是因为子程序执行的操作本身就是模糊不清的。当子程序的目的不明确时，含义模糊的名称可能就是一种症状。如果是这种情况，最好的解决方案是对子程序以及任何与之相关的子程序进行重构，使其用途更明确、统一，名称更明确。

不要只用数字来区分子程序名称　曾经有个开发人员先在一个大型函数中编写了他所有的代码。然后，他每隔 15 行就创建一个名为 Part1、Part2 的函数并用这样的数字名称继续往下编号。在做完这些之后，他创建了一个高层级的函数来调用这些小的函数。这种创建和命名子程序的方法真是让人震惊，我希望这也是很罕见的。但是，程序员有时会用数字来区分像 OutputUser、OutputUser1 和 OutputUser2 这样的子程序名称。这些名称末尾的数字并没有体现出这些子程序所代表的不同抽象功能，因此他们的命名方式真的是相当糟糕。

根据需要为子程序名称选取合适的长度　研究表明，变量名的最佳平均长度为 9 到 15 个字符。子程序往往比变量更复杂，所以合适的子程序名字往往更长。另一方面，子程序名称通常附加在对象名称之后，这实际上已经为子程序免费提供了部分名称。总的来说，在创建子程序名称时，重点应该是使名称尽可能含义清晰，这可能意味着根据需要有时名称应该长一些，有时应该短一些，但最终目的都是使其名称容易理解。

命名函数时，请使用对其返回值的描述　一个函数会返回一个值，函数应该根据它的返回值进行命名。例如，诸如 cos()、customerId.Next()、printer.IsReady() 和 pen.CurrentColor() 这样的名称都是很好的函数名，因为它们精确地描述了函数会返回的内容。

关联参考　关于过程和函数之间的区别，请参见后面的第 7.6 节。

命名过程时，请使用强势动词后接一个对象宾语　一个具有功能内聚性的过程通常是针对某个对象执行一项操作，所以它的名称应该反映该过程所做的事情，加在对象之上的操作意味着应该使用“动词 + 对象”这样的动宾结构名称。诸如 PrintDocument()、CalcMonthlyRevenues()、CheckOrderlnfo() 和 RepaginateDocument() 这样的名称都是很好的过程名。

在面向对象语言中，不需要在过程名称中包含对象的名称，因为对象本身已经包含在调用中了。大家会使用 document.Print()，orderInfo.Check() 和 monthlyRevenues.Calc() 这样的语句来调用子程序。因此，像 document.PrintDocument() 这样的名称就显得冗余了，而且当这些过程被传递到派生类时可能会让名称意义变得不准确。比如，如果 Check 是一个派生自 Document 的类，那么 check.Print() 这样的名称明显描述的是执行支票打印，而 check.PrintDocument() 这样的名称听起来像是在打印支票簿或每月对账单，反正听起来不像是在打印支票。

关联参考　关于变量名称中类似的反义词列表，请参见 11.1 节。

准确使用反义词　命名时使用一套反义词命名规范有助于实现名称的一致性表达，从而提高名称的可读性。比如，像 first/last 这样的一对反义词通俗易懂。诸如 FileOpen() 和 _lclose() 这样的反义词在格式上是非对称的，会让人产生困惑。下面是一些常见的反义词组合：

add/remove	increment/decrement	open/close
begin/end	insert/delete	show/hide
create/destroy	lock/unlock	source/target
first/last	min/max	start/stop
get/put	next/previous	up/down
get/set	old/new	

为常用操作建立命名规范　在某些系统中，明确区分不同类型的操作很重要。因而，使用一套命名规范来明确指示这些区别的话，往往是最简单和最可靠的。

我做过一个项目，为代码中每个对象分配惟一的标识符。我们当时忽视了为返回对象标识符的多个子程序建立一套命名规范，就这样，代码中的此类子程序出现了五花八门的名称：

```
employee.id.Get()
dependent.GetId()
supervisor()
candidate.id()
```

从前面可以看到，为了返回对象标识符，Employee 类公开了它的 id 对象，而 id 对象又公开了它的 Get() 子程序。Dependent 类公开了一个 GetId() 子程序。Supervisor 类将 id 作为默认的返回值。Candidate 类却利用了 id 对象的默认返回值是 id 这一代码实现，并公开了 id 对象。在项目进行到中期时，没有人记得哪一个对象应该对应哪一个子程序，但那时已经编写了太多代码，无法退回去重新使其所有内容保持一致。因此，团队中的每个人都不得不消耗脑力来记住这些原本无关紧要的细节，即在检索每个对象的 id 时具体使用了哪些语法。如果一开始有一个可用于检索 id 子程序的命名规范，就不会有这样的烦恼。

7.4 一个子程序应该有多长

据说，在最初前往美国的途中，清教徒们就因为日常工作 (英语中的日常工作和子程序都是 routine) 最合适的最大长度产生了内部争论。在整个路途中，他们一直都在争论，最后抵达美国马萨诸塞州的普利茅斯岩，开始起草《"五月花号"公约》。但这时，他们还没有商定最大长度的问题，因为不签协议就不得上岸，所以他们只好放弃，没有在公约里加上一个定论。从那以后，至于一个 routine 应该有多长，就开始了无休止的争论。

理论上，子程序的最理想的长度通常被描述为一屏显示或打印出一到两页的代码，这大概是 50 到 150 行的代码。本着这种精神，IBM 曾经将子程序的最大长度限制为 50 行，而天合汽车集团 (TRW) 则将子程序长度限制在两页纸 (McCabe 1976)。现代程序倾向于在代码里将大量极短的子程序与少量较长的子程序混在一起。然而，较长的子程序并没有绝迹。就在这本书完成之前不久，我在一个月内访问了两个客户的工作现场。在其中一个客户的现场，程序员们正在和一个大约 4 000 行的子程序奋战；而在另一个客户的现场，程序员们正在全力驯服一个超过 12 000 行的子程序！

多年以来，关于子程序长度的研究多如牛毛，但其中有一些适用于现代软件编程，有一些则并不适用。

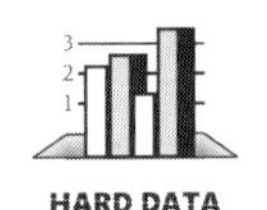

- 有项研究结果发现，子程序大小与错误数量成反比，即随着子程序大小的增加 (200 行代码以内)，每行代码的平均错误数量会减少 (Basili and Perricone 1984)。
- 另一项研究发现，尽管代码结构复杂性和数据量与错误数量相关，但子程序大小与错误数量并没有什么关系 (Shen et al. 1985)。
- 1986 年的一项研究发现，小型子程序 (代码少于或等于 32 行) 并不能带来更低的开发成本或错误率 (Card, Church, and Agresti 1986; Card and Glass 1990)。有证据表明，更长的子程序 (代码多于或等于 65 行) 每行代码的开发成本更低。
- 一项针对 450 个子程序的实证性研究发现，相比大型的子程序，小型子程序 (在包括注释的情况下少于 143 条源语句) 每行代码的错误数量多 23%，但在错误修复成本上，大型子程序成本高出小型子程序 2.4 倍 (Selby and Basili 1991)。

- 另一项研究发现，当子程序平均长度为 100 到 150 行时，通常情况下，需要更改的代码最少 (Lind and Vairavan, 1989)。
- IBM 的一项研究发现，最容易出错的是那些代码超过 500 行的子程序。一旦子程序超过 500 行，其错误率往往就与子程序的长度成正比 (Jones 1986a)。

看过以上各种研究结论之后，在面向对象的程序中，子程序又应该多长呢？面向对象程序中有很大比例的子程序是访问器子程序，这种类型的子程序都应该非常短。偶尔，复杂的算法会导致子程序更长，在这种情况下，应该允许子程序增长到 100 ～ 200 行代码。这里，一行指的是非注释、非空行的源代码。几十年的证据表明，这种长度的子程序相比短的子程序更不容易出错。实际上，并不需要对子程序强制实行一个长度限制，而是应该结合子程序的内聚性、嵌套深度、变量数量和决策点的数量、解释子程序所需的注释数量以及其他一些与复杂性相关的考量因素来综合判断子程序的长度。

也就是说，如果一个人想要编写超过 200 行代码的子程序，那么一定要小心。从来没有一项研究报告显示大于 200 行的大型子程序能够显著降低成本、降低错误率或者同时降低两者。而且，代码一旦超过 200 行，多少都有些可读性问题。

7.5 如何使用子程序参数

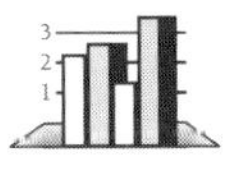

HARD DATA

子程序之间的接口是程序中最容易出错的。有项被频繁引用的研究发现，39% 的程序错误是内部接口错误，即子程序之间的通信错误 (Basili and Perricone, 1984)。下面是一些尽量减少接口问题的指导原则。

关联参考　要想进一步如何针对子程序参数进行文档化，请参见 32.5 节。要想了解如何对参数进行布局，请参见 31.7 节。

按“输入 - 修改 - 输出”的顺序来排列参数　不要将参数进行随机排列或按字母顺序排列，而是将仅用于输入的参数列在最前面，其后列出既用于输入又用于输出的参数，列在最后的是仅用于输出的参数。这种排序方式暗示着在子程序中所发生的操作顺序，即先输入数据、然后修改数据并在最后输出结果。下面是 Ada 编程语言中参数列表的示例：

Ada 语言使用 in 和 out 关键字来显式地定义参数的输入和输出属性

```
Ada 语言示例：按照“输入 - 修改 - 输出”排列参数列表
procedure InvertMatrix(
   originalMatrix: in Matrix;
   resultMatrix: out Matrix
);
...

procedure ChangeSentenceCase(
   desiredCase: in StringCase;
   sentence: in out Sentence
);
...

procedure PrintPageNumber(
   pageNumber: in Integer;
   status: out StatusType
);
```

但是，这种排序规范与 C 语言库中将“修改”的参数放在首位的编程规范有冲突。我还是觉得输入 - 修改 - 输出这种排序规范对自己来说更有意义，但如果始终以某种始终如一的方式对参数进行排序，也没有必要调整排序规范让阅读代码的人改变习惯。

可以考虑创建自己专属的 IN 关键字和 OUT 关键字 虽然其他现代编程语言不像 Ada 语言那样显式支持 IN 关键字和 OUT 关键字，但在这些编程语言中，仍然可以使用预处理器来创建自己专属的 IN 关键字和 OUT 关键字：

```
C++ 语言示例：定义自己专属的 in 关键字和 out 关键字
#define IN
#define OUT
void InvertMatrix(
   IN Matrix originalMatrix,
   OUT Matrix *resultMatrix
);
...

void ChangeSentenceCase(
   IN StringCase desiredCase,
   IN OUT Sentence *sentenceToEdit
);
...

void PrintPageNumber(
   IN int pageNumber,
   OUT StatusType &status
);
```

在该示例中，IN 和 OUT 两个宏关键字的目的只是对功能进行文档化说明。如果要让被调用的子程序去改变参数的值，参数仍然需要作为指针或引用进行参数传递。

在采用这种技术之前，一定要注意两个很明显的弊端　第一个弊端是，以定义自己专属的 IN 关键字和 OUT 关键字的方式对 C++ 语言进行扩展，其实大多数阅读代码的人并不熟悉。如果要以这种方式对编程语言进行扩展，请确保始终如一地采用同样的方式，最好是整个项目范围内保持一致。第二个弊端是，编译器不能强制执行 IN 关键字和 OUT 关键字，这意味着代码可以将一个参数标记为 IN，然后在子程序中仍然对它进行修改。这样可能会使阅读代码的人误以为代码是正确的，其实不然。通常情况下，声明只用于输入的参数时，最理想的做法是使用 C++ 语言的 const 关键字。

如果有几个子程序使用了相似的一组参数，请将这些相似的参数按一致的顺序排列　子程序参数的顺序有助于人们产生记忆效应，而不一致的顺序会使参数难以记忆。例如，在 C 语言中，fprintf() 子程序与 printf() 子程序基本上是一样的，只是 fprintf() 添加了一个文件作为第一个参数。类似的还有子程序 fputs() 与 puts()，但不同的是，fputs() 添加了一个文件作为最后一个参数。这个令人恼怒的、毫无意义的差异，让人们很难记住这些子程序的参数。

另一方面，C 语言中的子程序 strncpy() 按照目标字符串、源字符串和最大字节数这样的排列顺序接受参数，子程序 memcpy() 也按照相同顺序接受相同的参数。就这样，这两个子程序之间的相似性有助于帮助我们记住其中任何一个子程序里的参数。

请使用所有参数　如果给一个子程序传递了一个参数，就应该使用它。如果不使用它，则应该从子程序接口中把该参数删除掉。未使用的参数与增加的错误率有一定的相关性。一项研究显示，在没有任何未使用变量的子程序中 46% 是没有错误的，而在有一个以上未使用变量的子程序中只有 17% 到 29% 是没有错误的 (Card, Church，and Agresti 1986)。

删除未使用参数的规则有一个例外。如果带有条件地去编译程序的一部分，对于某个特定子程序可能在编译时会去掉子程序使用某个参数的那一部分代码。请务必小心这种实践，但如果确信它是正确有效的，那也没什么问题。总的来说，如果有很好的理由非得定义了某个参数但不使用它，那就继续保留它吧。如果没有好的理由，那么就请努力清理代码吧。

将状态或错误变量放在最后　按照惯例，状态变量和指示错误发生的变量应当排在参数列表的最后面。它们与子程序的主要目的无关，只是附带发生的事件，并且它们是只用于输出的参数，这是一种合理的规范。

不要把子程序参数作为工作变量使用　把传递给子程序的参数用作工作变量很危险。其合理的代替方法是使用局部变量。例如，在下面的 Java 代码片段中，变量 inputVal 被不恰当地用来存储计算的中间结果：

```
Java 语言示例：不恰当地使用输入参数
int Sample( int inputVal ) {
   inputVal = inputVal * CurrentMultiplier( inputVal );
   inputVal = inputVal + CurrentAdder( inputVal );
   ...
   return inputVal;
}
```

此时此刻，inputVal 已经不再包含此前输入时的值了

在这段代码中，inputVal 这个名称具有误导性，因为当执行到最后一行时，inputVal 已经不再包含此前输入时的值；它此时包含一个部分基于输入值的计算结果，因此这也是一种命名错误。如果以后需要修改该子程序，以便在其他位置使用原始的输入值，可能会误用 inputVal，并假定它还包含着原始的输入值，实际上并非如此。

应该如何解决这个问题呢？能通过重命名 inputVal 来解决吗？可能不行。还可以将它命名为类似 workingVal，但这仍然是一个不完整的解决方案，因为名称未能表明变量的原始值来自于子程序之外的输入。还可以给它起个很可笑的名字，比如 inputValThatBecomesWorkingVal，或者完全放弃有意义的命名，给它起个诸如 x 或 val 的名称，所有这些方法并不是特别理想。

一个更好的方法是通过显式使用工作变量来避免当前和未来的问题。下面这段代码展示了具体做法：

```
Java 语言示例：恰当地使用输入参数
int Sample( int inputVal ) {
   int workingVal = inputVal;
   workingVal = workingVal * CurrentMultiplier( workingVal );
   workingVal = workingVal + CurrentAdder( workingVal );
   ...
```

如果需要在这里或其他地方使用 inputVal 的原始输入值，该输入值依然未变

```
    ...
    return workingVal;
}
```

引入一个新的变量 workingVal 可以明确 inputVal 作为其输入的角色，并消除未来在错误的时间错误之后，使用 inputVal 的可能性。但不要把这种论调作为将变量命名为 inputVal 或 workingVal 的正当理由。通常，inputVal 和 workingVal 都是很糟糕的变量名称，本例中使用这些名称只是想进一步澄清变量所扮演的角色而已。

关联参考　要想进一步了解接口的假设，请参见第 8 章。关于文档化的详细信息，请参见第 32 章。

将输入值赋给一个工作变量可以强调该值的来源　它消除了参数列表中的变量被意外修改的可能性。在 C++ 语言中，编译器可以使用关键字 const 来强制执行这一实践。如果将一个参数指定为 const，则不允许在一个子程序中修改其值。

对有关参数的接口假设进行文档化说明　如果假定传递给子程序的数据具有某些特征，那么在做出这些假设时就要用文档来加以说明。在子程序自己的代码中和调用子程序的地方对这些假设进行说明，是值得的。不要等到写完子程序之后再回头去写注释，很少有人记得住所有的假设。比起使用注释来对假设进行说明，更好的文档方式是在代码中使用断言。

参数的哪些接口假设应该进行文档说明呢？

- 参数是仅用于输入、修改还是仅用于输出
- 数字参数的单位 (英寸、英尺、米等)
- 如果没有使用枚举类型，状态码和错误值有哪些具体的意义
- 期望值的范围
- 绝不应该出现的特定值

将子程序的参数限制在 7 个左右　对于认知，7 是一个神奇的数字。心理学研究发现，超过 7 个信息块的话，人们通常很难同时记住 (Miller 1956)。这一发现被应用到很多学科中，于是我们似乎可以放心地推测，大多数人最多一次只能记住大约 7 个子程序参数。

现实世界中，对参数个数的最大限制取决于具体使用的编程语言是如何处理复杂数据类型的。如果使用支持结构化数据的现代编程语言来写代码，则可以传递包含 13 个字段的复合数据类型，并将其视作一个数据“信息块”。如果使用比较原始的编程语言来写代码，可能需要单独传递所有 13 个字段。

关联参考　要想进一步了解接口的设计，请参见 6.2 节。

如果发现自己总是在子程序之间传递许多个参数，则说明这些子程序之间的耦合过于紧密，需要重新设计一个或一组子程序以减少耦合性。如果要将相同的数据传递给许多不同的子程序，请将这些子程序聚集到一个类中，并把经常使用的数据变为类数据。

考虑为参数的输入、修改和输出使用命名规范　如果发现区分输入、修改和输出参数很重要，那么就建立一个命名规范。可以用 i_， m_ 和 o_ 作为前缀。如果觉得冗长的话，也可以用 Input_、Modify_ 和 Output_ 作为前缀。

传递维护子程序接口抽象所需的变量或对象　关于如何将对象的成员传递给子程序，有两种难分伯仲的观点或者说流派。假设有一个对象，它通过 10 个访问器子程序公开数据，而被调用的子程序需要使用其中 3 个数据元素来完成它自身的功能。

第一种观点或者说流派的支持者认为，只需要传递子程序所需要的三个特定数据元素　他们认为，这样做将使子程序之间的关联性降到最低，从而降低耦合性，并且使这些子程序更容易理解和重用等。他们说，将整个对象传递给一个子程序违反了封装原则，因为这可能会将所有 10 个访问器子程序全部暴露给被调用的子程序。

第二种观点或者说流派的支持者认为，整个对象都应该被传递　他们认为，如果被调用的子程序能够在不改变子程序的接口的情况下灵活地使用对象的其他成员，则可以更容易保持接口的稳定性。他们认为，传递三个特定元素才是违反封装原则，因为它暴露了子程序需要使用的特定数据元素。

我却认为，这两条规则都过于简单粗暴，并且忽略了最重要的考虑因素：子程序的接口所呈现的抽象本质是什么？如果接口的抽象本质是子程序只希望取用三个特定的数据元素，并且这三个元素碰巧由同一个对象提供，那么就应该单独传递这三个特定的数据元素。然而，如果抽象的本质是总是希望取用一整个特定的对象，并且子程序可能会对该对象做这样那样的事情，那么选择只公开三个特定的数据元素的确算是打破了接口的抽象。

如果在传递整个对象时发现自己创建了一个对象，从被调用的子程序中移植了填充该创建对象所需的三个元素，然后在调用子程序之后仅仅把这三个元素从创建对象里取了出来，那么这个迹象清楚表明，只需传递三个具体的数据元素，而不是整个对象。一般来说，代码在调用一个子程序前进行的“组装”，和调用一个子程序后的“拆卸”，都是子程序设计不良的症状。

如果一位程序员发现自己经常更改子程序的参数列表，且每次修改的参数都来自同一个对象，就表明应该传递的是整个对象，而不是其中特定的几个数据元素。

使用有具化名称的参数 在某些编程语言中，可以显式地将形参与实参关联起来。这使得参数的使用进一步自文档化，并有助于避免参数不匹配造成的错误。下面是一个 Visual Basic 示例：

Visual Basic 语言示例：显式定义参数

```
Private Function Distance3d( _
   ByVal xDistance As Coordinate, _
   ByVal yDistance As Coordinate, _
   ByVal zDistance As Coordinate _
)
   ...
End Function
...
Private Function Velocity( _
   ByVal latitude as Coordinate, _
   ByVal longitude as Coordinate, _
   ByVal elevation as Coordinate _
)
   ...
   Distance = Distance3d( xDistance := latitude, yDistance := longitude, _
      zDistance := elevation )
   ...
End Function
```

这里是形式参数被声明的地方

这里是实际参数被映射到形式参数的地方

当具有比平均长度更长的同类型参数列表时，这种映射技术尤其有用，因为如果有太多同类型的参数，更有可能会插入不匹配的参数，且编译器无法检测到这种错误。在许多环境中，显式地关联参数看上去有点多此一举，但在关键性安全环境或其他高可靠性环境中，要想以自己期望的方式进行参数匹配，加上一些额外保障可能也是值得的。

确保实参与形参匹配 形参，也称为“虚拟参数”，是子程序定义中声明的变量。而实参是子程序实际调用中使用的变量、常量或表达式。

常见的错误是在子程序调用中放入错误类型的变量 例如，在需要浮点数类型时使用整数类型。这可能只在弱类型编程语言，如 C 语言中，并且没有打开完整的编译器警告时会成为一个问题。在 C++ 和 Java 这样的强类型编程语言中，就没有这个问题。当参数只被用作输入时，很少会成为问题；通常，编译器在将实参类型传递给子程序之前，会先将其转换为形参类型。如果这样有问题的话，编译器通常会产生一条警告。但是在某些情况下，特别是当参数同时用于输入和输出时，可能会因为传递错误类型的参数而出问题。

请养成检查参数列表中参数类型的习惯，并注意编译器对不匹配参数类型的警告。

7.6 函数使用中的特别注意事项

许多现代编程语言，比如 C++、Java 和 Visual Basic，都支持函数和过程。一个函数就是一个带有返回值的子程序；而一个过程是不带返回值的子程序。在 C++ 语言中，所有的子程序通常都被称为“函数”，但是，返回类型为 void 的函数在语义上其实是一个过程。函数和过程不仅在于语义上有区别，它们在语法上也有区别，但在这里，还是把重点放在语义差别上。

何时使用函数，何时使用过程

一些编程语言的纯粹主义者认为，一个函数应该只返回一个值，就像数学函数一样。这意味着函数只能接受用于输入的参数，并通过函数本身功能返回只返回一个值。函数总是应该以其返回值进行命名，如 sin()、CustomerID() 和 ScreenHeight() 等。另一方面，一个过程可以接受输入、修改和输出参数，即每个过程都可以接受它所需要的任意数量的参数。

一种常见的编程实践是使用函数，但像过程一样运行其功能，并在最后返回一个状态值。因此，从逻辑上来看，它其实是一个过程，但因为会返回一个值，所以从语法角度来看，是一个函数。例如，可能有一个名为 FormatOutput() 的子程序，在下面这样的语句中被一个 report 对象使用：

```
if ( report.FormatOutput( formattedReport ) = Success ) then ...
```

在这个例子中，report.FormatOutput() 像一个过程一样运行功能，但因为它返回一个输出参数 formattedReport，所以从技术而言它是一个函数，因为子程序本身带了一个返回值。这是使用函数的一种有效方法吗？为了捍卫这种方法，有些人可能会坚称函数返回值与该子程序的主要目的格式化输出或子程序名称 report.FormatOutput() 统统无关。所以从这个意义上说，这个函数更像是一个过程，即使它在技术上仍然算是一个函数。如果能在代码中始终如一地使用这种方法，那么这样使用返回值来指示过程的成功或失败状态倒也不至于给人们造成困惑。

关联参考 即使开发者所使用的编程语言不支持宏的预处理器，也可以自己创建。更多详细信息，可以参见第 30.5 节。

另一种方法是创建一个具有状态变量作为显式参数的过程，这种方法鼓励人们写出下面这样的代码：

```
report.FormatOutput( formattedReport, outputStatus )
if ( outputStatus = Success ) then ...
```

我个人更喜欢第二种编程风格，但并不是因为我特别在意函数和过程之间的区别，而是因为这种方法明确区分了子程序调用和对状态值的条件判断。把调用和对于状态值的条件判断合并到一行代码中会增加语句的密度，同时也会相应地增加语句的复杂性。因此，下面这样的函数用法也不错：

```
outputStatus = report.FormatOutput( formattedReport )
```

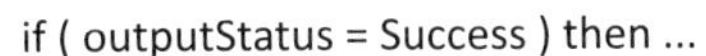

```
if ( outputStatus = Success ) then ...
```

简而言之，如果子程序的主要目的是返回由函数名指示的返回值，那么就应该使用函数。否则，请使用过程。

设置函数的返回值

当然，使用函数可能会带来风险：函数返回错误的返回值。这通常发生在一个函数中有几条不同的逻辑路径而其中一条路径没有设置返回值的情况下。如果想要降低这种风险，请务必做到以下几件事情。

检查所有可能的返回逻辑路径　在创建函数时，需要在脑海里执行每条逻辑路径，以确保函数在所有可能的情况下返回一个值。而且，在函数的开头将返回值初始化为一个默认值，是一个很好的实践，这至少可以在没有设置正确的返回值的情况下提供一个安全保障。

不要返回指向局部数据的引用或指针　一旦子程序执行结束，局部数据就会超出作用域，指向局部数据的引用或指针随之失效。如果一个对象需要返回其内部数据的信息，就应该将这些信息保存为类数据成员。然后，它应该使用访问器函数返回数据成员项的值，而不是返回指向局部数据的引用或指针。

7.7 宏子程序和内联子程序

用宏预处理器创建的子程序需要有一些特殊的考虑注意事项。下面是关于在 C++ 语言中使用预处理器的规则和示例。如果使用的是不同的语言或预处理器，请根据具体情况对规则进行调整。

请把宏表达式放置于圆括号之内 因为宏和它的参数会被展开成代码，所以要小心谨慎地以期待的方式展开。一个常见的问题是创建出下面这样的宏：

关联参考 即使使用的编程语言不支持宏预处理器，也可以构建自己的宏预处理器。相关详细信息，可以参见第 30.5 节。

```
C++ 语言示例：不能正确展开的宏
#define Cube( a ) a*a*a
```

如果在这个宏中，给 a 赋以非原子性的值，它就无法正确完成乘法运算。比如，如果使用表达式 Cube(x+1)，它将扩展为 x+1 * x+1 * x+1，再加上乘法和加法运算符的优先级顺序，这和原来设想的运算功能大相径庭。而对于这个宏，一个稍好的但仍不完美的修改版本是下面这样的：

```
C++ 语言示例：仍然不能正确展开的宏
#define Cube( a ) (a)*(a)*(a)
```

这个版本已经很接近于成功了，但还是有一步之遥。如果在一个运算符优先级高于乘法的表达式中使用 Cube() 这个宏，那么 (a)*(a)*(a) 表达式就会被分解开。为了防止这种情况发生，请把整个表达式放置于圆括号中：

```
C++ 语言示例：正确的宏
#define Cube( a ) ((a)*(a)*(a))
```

把包含多条语句的宏放置于花括号内 一个宏可以包含多条语句，如果把它当作一条单独的语句来对待，就会出现问题。下面是一个会遇到麻烦的宏示例：

CODING HORROR

```
C++ 语言示例：一个带有多条语句的无法正常工作的宏
#define LookupEntry( key, index ) \
   index = (key - 10) / 5; \
   index = min( index, MAX_INDEX ); \
   index = max( index, MIN_INDEX );
...

for ( entryCount = 0; entryCount < numEntries; entryCount++ )
   LookupEntry( entryCount, tableIndex[ entryCount ] );
```

这个宏会遇到麻烦，因为宏的工作方式和常规函数是不一样的。如上图所示，在 for 循环中使用该宏其实只会执行宏的第一行代码：

```
Index = (key - 10) / 5;
```

为了避免这个问题，应该把该宏放置于花括号内：

```
C++ 语言示例：带有多条语句的可以正常工作的宏
#define LookupEntry( key, index ) { \
   index = (key - 10) / 5; \
   index = min( index, MAX_INDEX ); \
   index = max( index, MIN_INDEX ); \
}
```

使用宏来代替函数调用，这样的做法通常被认为是有风险的，而且还会使代码变得难以理解，这并不是一种好的编程实践，所以只限于在特定环境需要且万不得已时才用。

如果该宏展开后类似于一个子程序，请按子程序的命名方式给宏命名，以便在必要时可以用真正的子程序来替换它。C++ 中宏的命名规范是全部使用大写字母。如果宏可能在以后被子程序替换，那么就用子程序的命名规范来命名这个宏。这样，想用子程序来替换宏时，只用改动子程序里面的代码，不需要改动其他任何调用该宏的地方；反之亦然，想用宏来替换子程序时，也能使得代码改动最小化。

但是，遵循这一建议会带来一些风险。如果在代码中经常使用 ++ 运算符和 -- 运算符的副作用作为其他语句的一部分，那么当把宏当成一般子程序来使用的时候，可能会出现意外。考虑到副作用所带来的其他问题，建议大家尽量避免使用副作用。

宏子程序在使用上的限制

像 C++ 这样的现代编程语言已经提供了许多方法来替代宏：

- 关键字 const 用于声明常量值
- 关键字 inline 用于定义将被编译为内联代码的函数
- 关键字 template 用于以类型安全的方式定义标准操作，例如 min 和 max 等

- 关键字 enum 用于定义枚举类型
- 关键字 typedef 用于定义简单的类型替换

关联参考　这是一份关于子程序质量注意事项的清单。关于构建子程序的步骤列表，请参见第 9 章 的“检查清单：伪代码编程过程”。

正如 C++ 之父所指出的：“几乎每个宏都展示出了编程语言、程序本身或程序员所存在的缺陷…… 当人们使用宏的时候，应该预料到自己会从调试器、交叉引用工具和分析器等工具中得到较差的服务体验。”(Stroustrup 1997) 虽然宏对于支持条件编译很有用 (详细信息请参见第 8.6 节)，但用宏来取代子程序，谨慎的程序员不到万不得已通常是不会这样的。

内联子程序

C++ 支持 inline 关键字　内联子程序允许程序员在编写代码时将代码视为子程序，但编译器通常会在编译时将该子程序的每个实例转换为内联代码。理论上，内联可以帮助程序生成高效的代码，从而避免调用子程序的开销。

请少用内联子程序　内联子程序违反了封装原则，因为 C++ 语言要求程序员将内联子程序实现的代码全都放在头文件中，这将向使用该头文件的所有程序员公开其实现代码。

而且内联子程序要求在每个调用子程序的地方都生成该子程序的完整代码，无论任何长度的内联子程序展开都将增加代码大小。这本身就会产生问题。

出于性能原因使用内联子程序的底线和使用任何其他由性能驱动的编程技术的底线是一样的：分析代码并度量改进。如果预期得到的性能增益并不值得如此劳神费力地去做代码分析从而证实性能得到了改进，那么就不值得使用该方法去降低代码质量。

检查清单：高质量的子程序

主体问题

❑ 是否有创建该子程序的充足理由？

❑ 在该子程序中，那些更适合抽出来放入单独子程序的部分是否都已经放入了单独的子程序中？

❑ 关于该子程序的命名，是否使用了一个清晰的强势动词加对象的动宾结构来作为一个过程的名称，或者使用了对返回值的描述来作为一个函数的名称？

❑ 该子程序的名称是否准确地描述了子程序所做的一切事情？

❑ 是否为一些常用操作建立了命名规范？

❑ 该子程序是否具有强大的功能内聚性，即做且只做一件事，并且完成得很好？

❑ 该子程序有松散的耦合性吗？该子程序与其他子程序的关联是简单的、专用的、可见的和灵活的吗？

❑ 该子程序的长度是否是由它的功能和逻辑自然决定的，而不是由人为制定的编码标准决定的？

参数传递问题

❑ 该子程序的参数列表作为一个整体而言，是否呈现了一致的接口抽象？

❑ 该子程序的参数是否以一个合理的顺序进行了排列，该排列顺序是否与其他类似子程序的参数顺序一致？

❑ 对于接口假设是否有文档化记录？

❑ 该子程序的参数数量少于或等于 7 个吗？

❑ 该子程序中是否使用了每个输入参数？

❑ 该子程序中是否使用了每个输出参数？

❑ 该子程序中是否避免了把输入参数作为工作变量使用？

❑ 如果该子程序是一个函数，它是否在所有可能的情况下都返回了一个有效值？

要点回顾

- 创建子程序最重要的原因是为了提高程序的智能可管理性，还可以出于许多其他的原因创建子程序。节省空间往往只是次要原因，而提高可读性、可靠性和可修改性是更重要的原因。
- 有时候，把一个十分简单的操作改写为一个单独的子程序也能受益匪浅。
- 可以将子程序的内聚性分为各种类型，但通过努力可以让大多数子程序实现功能内聚性，这是最理想的内聚性。
- 一个子程序的名称代表了其质量。如果名称不好，但却能准确地描述该子程序，那么很有可能是因为这个程序本身设计得不够好。如果名称不好，而且不够准确，它没有告诉人们程序到底做了什么事情。无论怎样，一个糟糕的子程序名称往往意味着程序需要更改。
- 只有当子程序的主要目的是返回其名称所描述的特定返回值时，才应该使用函数。
- 细心谨慎的程序员会小心使用宏子程序，并且不到万不得不会使用。

学习心得

1. ________________________________
2. ________________________________
3. ________________________________
4. ________________________________
5. ________________________________

第 8 章

防御式编程

内容

相关主题及对应章节

- 信息隐藏：第 5.3 节
- 为变更而设计：第 5.3 节
- 架构的先决条件：第 3.5 节
- 软件构建中的设计：第 5 章
- 调试：第 23 章

KEY POINT

防御式编程并不意味着要对自己的编程采取防御性的态度："它就是这么工作的！"这个想法来自于防御式驾驶。在防御式驾驶中，需要采取这样一种思维：你永远不知道其他司机会干出什么事来。这样才能确保即使其他人做出危险的事情你也不会受到伤害。你要承担起保护自己的责任，即使可能错在其他司机。防御式编程的主要思想是：即使向子程序传入错误数据，它也不会受到破坏，哪怕这些错误数据是由其他子程序产生的。说白了，它承认程序都会有问题，而且都会被修改，聪明的程序员会根据这一理念来写代码。

译注
防御式驾驶的核心在于预防，指驾驶员在驾驶过程中能够准确"预见"到由其他驾驶员、行人、不良气候或路况所引发的危险，并能及时地采取必要的、安全的、有效的措施来防止事故的发生。防御式驾驶有八大基本安全原则：放眼远方；环回视野；视线灵活；留有余地；引起注意；保持清醒；轻车熟路；有备无患。

本章讲述面对冰冷残酷的无效数据的世界、"绝不会发生"的事件以及其他程序员所犯的错误时应该如何保护自己。如果你是一位经验丰富的程序员，那可以跳过下一节关于处理输入数据的内容，直接进入第 8.2 节，进一步了解断言的使用。

8.1 保护程序，使其免受无效输入的影响

在学校里，你可能听说过“垃圾进，垃圾出”(garbage in, garbage out，GIGO)。这句话本质上是软件开发领域的“一经售出，概不退换”原则，是提醒用户自己小心。

对生产软件来说，“垃圾进，垃圾出”是不够的。不管进来的是什么，好的程序都不会生成垃圾。好的程序应该做到“垃圾进，什么都不出”“垃圾进，错误提示出”或“不许垃圾进来”。按今天的标准来看，“垃圾进，垃圾出”已然成为草率、不安全程序的标志。

一般有三种方法来处理进来的垃圾。

检查来源于外部的所有数据的值　当从文件、用户、网络或其他外部接口获取数据时，请检查数据以确保它们在允许的范围内。要确保数值处于可接受范围内，字符串不超长。如果字符串代表某个特定范围内的数据 (如金融交易 ID 或其他类似内容)，要确保其取值合乎用途，否则就拒绝它。如果正在开发一个对安全性要求很高的应用程序，要特别注意可能对系统造成攻击的数据：使缓冲区溢出的数据、注入的 SQL 命令、注入的 HTML 或 XML 代码、整数溢出以及传递给系统调用的数据，等等。

检查子程序所有输入参数的值　检查子程序输入参数的值与检查来源于外部的数据本质上是一样的，只不过数据是来自于其他子程序而非外部接口。第 8.5 节，提供了一种实用方法来确定哪些子程序需要检查其输入参数。

决定如何处理错误的输入数据　一旦检测到无效参数，又该如何处理呢？根据情况的不同，可以选择十几种不同方法中的任何一种，后面的第 8.3 节会详细介绍这些方法。

防御式编程作为本书中描述的其他质量改进技术的辅助手段是有用的。防御式编码的最佳方式是一开始就不要引入错误。使用迭代式设计、编码前先写伪代码、写代码前先写测试用例、低层设计审查等活动，都有助于防止引入缺陷。因此，要在防御式编程之前优先考虑这些技术。幸运的是，可以将防御式编程和其他技术结合使用。

正如图 8-1 所示，防范看似微小的错误，收益可能远远超出你的想象。本章的剩余部分将介绍用于检查外部数据、检查输入参数和处理错误输入的许多具体选择。

图 8-1　1990 年 11 月，西雅图 90 号洲际公路浮桥有一截桥面断裂后沉入了湖底，除了激烈的大风和强降雨，还有一个原因是浮箱的阀门未确认关闭所造成的严重后果——浮箱被灌满水后变得太重而无法继续漂浮。在施工过程中，要在细节上做好重点防范，因为由此而来的严重后果，可以超乎你的想象

8.2 断言

断言是在开发过程中使用的代码(通常是一个子程序或宏)，它允许程序在运行时进行自查。如果断言为真，则表明程序运行正常；而断言为假，则意味着它在代码中检测到一个意外的错误。例如，如果系统假定一份客户信息文件所含的记录数永远不会超过 50 000 条，那么程序可能包含这样一个断言：记录数小于等于 50 000。只要记录数小于等于 50 000，该断言都会保持“沉默”。然而，一旦记录数超过 50 000，它就会“大声断言”程序中存在一个错误。

断言在大型复杂程序和对可靠性要求很高的程序中特别有用。它们使程序员能更快地排查出不匹配的接口假设，以及在修改代码时引入的错误等情况。

断言通常有两个参数：一个描述了假设为真时的布尔表达式，以及一个在假设不成立时要显示的信息。如果假设变量 denominator 为非零值，那么在 Java 语言中断言的写法如下：

```
Java 代码示例：断言
assert denominator != 0 : "denominator is unexpectedly equal to 0.";
```

这个断言声明了 denominator 不会等于 0。第一个参数 denominator != 0 是个布尔表达式，其结果为 true 或 false。第二个参数是当第一个参数为 false 时（即断言为假）要打印的信息。

请使用断言来声明代码中所做的假设，从而排查出各种意外情况。断言可以用于检查如下类型的假设。

- 入参或出参的值在预期范围内。
- 子程序开始或结束执行时，文件或流处于打开或关闭状态。
- 子程序开始或结束执行时，文件或流处于开始或结束的位置。
- 文件或流以只读、只写或读写的方式打开。
- 只读属性的入参值没有被子程序修改。
- 指针不为空。
- 传入子程序的数组或其他容器至少可以容纳 X 个数据元素。
- 表已经使用真实的值进行了初始化。
- 子程序开始或结束执行时，容器是空的或满的。
- 一个经过高度优化的复杂子程序的运算结果与一个较慢但条理清晰的子程序的结果是一致的。

当然，这里列出的只是一些基本假设，子程序中可以包含更多可以用断言来声明的具体的假设。

正常情况下，你不希望用户在生产代码中看到断言信息；断言主要是在开发和维护期间使用。断言通常在开发阶段被编译到代码中，在生产代码中是不会被编译进去的。在开发过程中，断言会排查出相互矛盾的假设、意外情况、传递给子程序的错误值等。在生产环境中，断言不会被编译进去，这样断言就不会降低系统性能了。

自己构建断言机制

关联参考　构建自己的断言子程序，是一个“深入语言去编程”而不仅仅是“用语言来编程”的典型例子。关于这一区别的更多细节，请参见第 34.4 节。

包括 C++、Java 和 Microsoft Visual Basic 在内的许多语言都内置对断言的支持。如果使用的语言不直接支持断言子程序，自己实现也是很容易的。标准 C++ 的 assert 宏不提供文本信息。下面的例子中，使用了 C++ 宏来改进 ASSERT 实现：

```
C++ 代码示例：实现断言的宏
#define ASSERT( condition, message ) {      \
   if ( !(condition) ) {                    \
      LogError( "Assertion failed: ",       \
         #condition, message );             \
      exit( EXIT_FAILURE );                 \
   }                                        \
}
```

使用断言的指导原则

下面是使用断言的一些指导原则。

用错误处理代码来处理预期会发生的情况；用断言来处理永远不应该发生的情况　断言检查的是永远不应该发生的情况；而错误处理代码检查的是可能不会经常发生的非正常情况，程序员在代码中已经预判到了这些情况，并且也要在生产代码中加以处理。错误处理通常用来检查错误的输入数据，而断言用来检查代码中的 bug。

如果用错误处理代码处理异常情况，则程序就能够对错误做出优雅的响应。如果在发生异常情况时触发了断言，那么要采取的纠正措施就不仅仅是优雅地处理错误，而是应该修改程序的源代码、重新编译并发布软件新的版本。

要想理解断言，一个好的方法是将其视为可执行文档 (executable documentation)，你不能依赖于它们来使代码正常运行，但它们可以比编程语言中的注释更主动地说明各种假设。

关联参考　把多行语句放入一行会引起很多问题，可以把这个例子视为其中的问题之一。想要了解更多示例，请参见第 31.5 节。

避免将要执行的代码放到断言中　将要执行的代码放到断言中，那么当关闭断言时，编译器就会跳过这些代码。假设有这样一个断言：

```
Visual Basic 代码示例：危险
Debug.Assert( PerformAction() ) ' Couldn't perform action
```

这段代码的问题在于，如果不编译断言，那么其中用于执行操作的代码也就不会被编译。应该把要执行的语句提取出来，将结果赋值给状态变量，再对状态变量进行判断。下面是一个安全使用断言的例子：

```
Visual Basic 代码示例：安全
actionPerformed = PerformAction()
Debug.Assert( actionPerformed ) ' Couldn't perform action
```

使用断言来声明和验证前置条件和后置条件 前置条件 (precondition) 和后置条件 (postcondition) 是“契约式设计 (design by contract)”这种程序设计和开发方法的一部分 (Meyer 1997)。使用前置条件和后置条件时，每个子程序或类都与程序的其余部分形成了一份契约。

前置条件是子程序或类的调用方代码在调用子程序或实例化对象之前所承诺为真的属性。前置条件是调用方代码对其所调用的代码所承担的义务。

后置条件是子程序或类在执行结束后承诺为真的属性。后置条件是该子程序或类对调用方代码所承担的义务。

断言是用来声明前置条件和后置条件的一个十分有用的工具。注释也可以用来声明前置条件和后置条件，但与注释不同的是，断言可以动态地判断前置条件和后置条件是否为真。

延伸阅读 要想进一步了解前置条件和后置条件，请阅读《面向对象的软件构建》(Meyer 1997)。

在下面这个例子中，就使用了断言来说明 Velocity 子程序的前置条件和后置条件：

Visual Basic 代码示例：采用断言来说明前置条件和后置条件

```
Private Function Velocity ( _
   ByVal latitude As Single, _
   ByVal longitude As Single, _
   ByVal elevation As Single _
   ) As Single

   ' Preconditions
   Debug.Assert ( -90 <= latitude And latitude <= 90 )
   Debug.Assert ( 0 <= longitude And longitude < 360 )
   Debug.Assert ( -500 <= elevation And elevation <= 75000 )

   ...

   ' Postconditions
   Debug.Assert ( 0 <= returnVelocity And returnVelocity <= 600 )

   ' return value
   Velocity = returnVelocity
End Function
```

如果变量 latitude、longitude 和 elevation 都来源于外部，则应该使用错误处理代码而不是断言来检查和处理无效值。如果这些变量是来自于一个可信内部源，并且该子程序的设计是基于这些值都在有效范围内的假设，那么就适合使用断言。

关联参考　关于健壮性的更多内容，请参见本章后面的第 8.3 节。

对健壮性要求很高的代码，应先使用断言再处理错误　对于任何给定的错误条件，子程序通常要么使用断言，要么使用错误处理代码，但不会同时使用二者。一些专家主张使用一种处理方法即可 (Meyer 1997)。

然而，现实世界中的程序和项目往往都很混乱，仅仅依赖于断言是不够的。在一个大型的、长期运行的系统中，系统的不同部分可能是由不同的设计者在 5 ～ 10 年甚至更长时间里设计的。这些设计者可能在不同的时期工作，还跨越了很多的版本。在系统开发的不同时间点，他们在设计时所关注的技术也不同。设计者也可能处于不同的地理位置上，特别是当系统的某些部分是从外部收购而来的时候更是如此。程序员在系统生命周期的不同阶段会采用不同的编码规范。在大型开发团队中，有些程序员明显比其他人更谨慎，也会看到代码某些部分的评审会比其他部分更严格。有些程序员会比其他人对代码进行更彻底的单元测试。当测试团队分布在不同地理位置并且受到业务压力而导致每次发行版本的测试覆盖率都不尽相同时，根本无法指望有全面的系统级回归测试。

在这种环境中，可能同时用断言和错误处理代码来处理同一个错误。例如，在 Microsoft Word 的源代码中，对应该始终为真的条件都加上了断言，但同时也用错误处理代码处理了这些错误，以应对断言失败的情况。对于 Word 这样极其庞大、复杂且长期性的应用程序而言，断言是很有价值的，因为在开发阶段它们有助于排查出尽可能多的错误。然而，这样的应用程序实在太复杂了 (数百万行代码)，而且经历了多次的修改，以至于想要在软件交付之前发现并纠正所有可能的错误是不现实的，因此在系统的生产版本中也必须对错误进行处理。

下面说明如何把这一规则应用到 Velocity 示例中。

Visual Basic 代码示例：采用断言来说明前置条件和后置条件

```
Private Function Velocity ( _
   ByRef latitude As Single, _
   ByRef longitude As Single, _
   ByRef elevation As Single _
   ) As Single

   ' Preconditions
   Debug.Assert ( -90 <= latitude And latitude <= 90 )
   Debug.Assert ( 0 <= longitude And longitude < 360 )
   Debug.Assert ( -500 <= elevation And elevation <= 75000 )
```

这里是断言代码

```
...

' Sanitize input data. Values should be within the ranges asserted above,
' but if a value is not within its valid range, it will be changed to the
' closest legal value
If ( latitude < -90 ) Then
   latitude = -90
ElseIf ( latitude > 90 ) Then
   latitude = 90
End If
If ( longitude < 0 ) Then
   longitude = 0
ElseIf ( longitude > 360 ) Then
...
```

这里是在运行时处理错误输入数据的代码

8.3 错误处理技术

断言用于处理代码中永远不应该发生的错误。那些预料中可能会发生的错误又该如何处理呢？根据所处情形的不同，可以返回中立值(neutral value)、换用下一条有效数据、返回与上次相同的答案、换用最接近的合法值、在文件中记录警告信息、返回一个错误码、调用错误处理子程序或对象、显示出错信息或关闭程序，或者也可以把这些技术结合起来使用。

下面是对这些选择的详细说明。

返回中立值　有时，处理错误数据的最佳做法是继续执行操作，并简单返回一个已知无害的值。比如数值计算可以返回 0，字符串操作可以返回空字符串，指针操作可以返回一个空指针。如果视频游戏中的绘图子程序接收到一个错误的颜色输入，那么它可以用默认的背景色或前景色继续绘制。然而，显示癌症患者 X 光片数据的绘图子程序是不希望显示“中立值”的。在这种情况下，最好关闭程序，而不是显示错误的患者数据。

换用下一条有效数据　在处理数据流时，某些情况需要简单地返回下一条有效数据。如果从数据库中读取记录时，遇到一条损坏的记录，你可以简单地继续读取，直到找到一条有效的记录为止。如果以每秒 100 次的速度读取温度计上的数据，并且有一次没有读到有效数据，那就可以简单地再等 1/100 秒，进行下一次读取。

返回与上次相同的答案 如果温度计读取软件在某次读取中没有获得数据，那么可以简单返回上一次的读取结果。我们假定温度在 1/100 秒内可能不会发生太大变化，当然这也要看具体的温度计读取软件。在视频游戏中，如果发现请求使用一种无效的颜色绘制屏幕的某个区域，你可以简单地使用上一次绘图使用的颜色。但如果是在提款机上授权交易，你可能不想使用“与上次相同的答案 ”，因为那可是前一个用户的银行账号！

换用最接近的合法值 在某些情况下，可以选择返回最接近的合法值，如前面的 Velocity 示例所示。当从已校准的仪器上读数时，这通常是一种合理的方法。例如，温度计也许已经校准在 0 到 100 摄氏度之间。如果检测到的读数小于 0，则可以替换为 0，这是最接近的合法值。如果检测到的值大于 100，则可以替换为 100。对于字符串操作，如果报告字符串长度小于 0，则可以替换为 0。每次我倒车时，我的车都会使用这种方法来处理错误。因为我的速度表无法显示负速度，所以当我倒车时，它只是简单显示速度 0 这个最接近的合法值。

在文件中记录警告信息 当检测到错误数据时，可以选择将警告信息记录到文件中，然后继续。这种方法可以与其他技术结合使用，如换用最接近的合法值或换用下一条有效数据。如果使用日志，请考虑是否可以安全地将其公开，或者是否需要加密或以其他方式保护它。

返回一个错误代码 可以决定只让系统的某些部分处理错误。其他部分不会在本地处理错误，它们只是简单地报告已检测到错误，并信任调用层次结构中上游的其他子程序会处理该错误。通知系统其余部分已经发生错误可以采用下列方法之一：

- 设置一个状态变量的值
- 用状态值作为函数的返回值
- 用语言内建的异常机制抛出异常

在这种情况下，与确定具体的错误报告机制相比，更为重要的是确定系统的哪些部分负责直接处理错误，哪些部分只负责报告错误已经发生。如果安全性很重要，请确保调用子程序的时候始终要检查返回码。

调用错误处理子程序或对象 另一种方法是将错误处理集中在一个全局的错误处理子程序或错误处理对象中。这种方法的优点是把错误处理的职责集中到一起，让调试工作更容易。而代价是整个程序都要知道这个集中点并与之紧密耦合。如果想在另一个系统中重用此系统中的任何代码，你也必须将错误处理代码与要重用的代码一并带过去。

这种方法对代码的安全性有一个重要的影响。如果代码遇到缓冲区溢出，那么攻击者可能已经篡改了错误处理子程序或对象的地址。这样一来，一旦在应用程序运行期间发生缓冲区溢出，再使用这种方法就不安全了。

在遇到错误的地方显示出错消息　这种方法可以把错误处理的开销减到最小；然而，它可能会使用户界面中出现的信息散布在整个应用程序中。当你需要创建一致的用户界面时，当你试图清楚地将用户界面与系统的其他部分分开时，或者当你尝试将软件本地化为其他语言时，都会面临挑战。另外，当心，不要告诉系统的潜在攻击者太多东西。攻击者有时会利用错误消息来发现如何攻击这个系统。

用最妥当的方式在局部处理错误　一些设计方案要求在局部处理所有错误，至于使用哪种具体的错误处理方法，则由设计和实现会遇到错误的这部分系统的程序员来决定。

这种方法为个体开发人员提供了极大的灵活性，但也带来了显著的风险，即系统的整体性能将无法满足其对正确性或可靠性的要求 (稍后会具体讲这个问题)。根据开发人员最终处理特定错误的方法不同，这样做也有可能导致与用户界面相关的代码散布在整个系统中，使程序可能面临与显示错误消息相关的所有问题。

关闭程序　一些系统在检测到错误时会关闭。这种方法适用于人身安全第一 (safety-critical) 的应用程序。例如，如果控制 (用于治疗癌症患者的) 放疗设备的软件收到了错误的放射剂量输入数据，那么最好怎么处理这一错误呢？应该使用与上次相同的值吗？应该使用最接近的合法值吗？应该使用中立值吗？在这种情况下，关闭程序是最佳选择。我们更愿意重启机器，而不是冒着风险施放错误的剂量。

可以使用类似的方法来提高 Microsoft Windows 的安全性。默认情况下，即使其安全日志已满，Windows 仍会继续运行。但可以配置 Windows，让它在安全日志已满的时候停止服务，这样的做法在与信息安全第一 (security-critical) 的环境中是合适的。

健壮性与正确性

正如前面视频游戏和 X 光机示例向我们展示的那样，最合适的错误处理方式取决于错误发生所在的软件类型。这两个例子还说明，错误处理有些更侧重于正确性更多一些，而有些更侧重于稳健性。开发人员倾向于非正式地使用这两个术语，但严格来说，这两个术语的方向是相反的。正确性意味着永远不会返回不准确的结果；不返回结果显然胜于返回不准确的结果。稳健性意味着总是试图做一些能让软件继续运行的事情，即使这会导致有时结果不准确。

强调人身安全第一的应用往往更注重正确性而非健壮性。不返回结果也比返回错误的结果强。放疗仪就是体现这个原则的一个范例。

消费类应用往往更注重健壮性而非正确性。通常只要返回一些结果就比软件关闭要好。我使用的字处理软件偶尔会在屏幕底部只显示一行文本的一小部分。如果它检测到这种情况，我希望字处理软件关闭吗？不。我知道下次我按下 Page Up 或 Page Down 键时屏幕会刷新，而且显示会恢复正常。

高层级设计对错误处理方式的影响

既然有如此多的选择，就需要在整个程序中以一致的方式慎重地处理无效的参数。错误处理方式会影响软件能否满足在正确性、稳健性和其他非功能性属性方面的要求。确定一种通用的处理错误参数的方法，是架构或高层级的设计决策，需要在那里的某个层级上解决。

一旦确定了要用某种方法，就要确保始终如一地遵循。如果决定让高层级代码处理错误，而低层级代码只需报告错误，请确保高层级代码真的在处理错误！有些语言允许忽略“函数返回错误代码”这一事实，在 C++ 语言中，无需对函数的返回值做任何处理，但千万不要忽略错误信息！一定要测试函数的返回值。即使认定某个函数绝对不会出错，也无论如何要检查一下。防御式编程全部的重点就在于防御那些意想不到的错误。

该指导建议普遍适用于系统函数以及我们自己写的函数。除非你设置了不检查系统调用是否有错误的架构指南，否则请在每个系统调用后检查错误代码。一旦检测到错误，要及时记下错误编号和错误描述。

8.4 异常

异常是把代码中的错误或异常事件传递给调用方代码的一种特定方式。如果子程序中的代码遇到不知该如何处理的意外情况，可以抛出一个异常，就好比是举起双手大喊："我不知道该怎么办，我真希望有谁知道应该如何处理！"对错误上下文没有感知的代码，可以将控制权转交给系统中其他能更好解释错误并对其采取措施的部分。

异常还可用于清理一段代码中存在的混乱逻辑，例如第 17.3 节中的"使用 try-finally 重写"示例。异常的基本结构是，子程序使用 throw 抛出一个异常对象，调用层级上游的其他子程序的代码将在 try-catch 块中捕获该异常。

几种流行的编程语言在实现异常的方式上各有千秋。表 8-1 总结了其中三种语言在这方面的主要差异。

表 8-1 流行语言对异常的支持

跟异常相关的属性	C++	Java	Visual Basic
支持 try-catch 语句	支持	支持	支持
支持 try-catch-finally 语句	不支持	支持	支持
可以抛出的异常	std::exception 对象或 std::exception 派生类的对象；对象指针；对象引用；string 或 int 等数据类型	Exception 对象或 Exception 派生类的对象	Exception 对象或 Exception 派生类的对象
未捕获异常的影响	调用 std::unexpected() 函数，该函数在默认情况下将调用 std::terminate()，而这一函数在默认情况下又将调用 abort()	如果是一个"受检异常"，则终止正在执行的线程；如果是"运行时异常"，则不产生任何影响	终止程序执行
必须在类的接口中定义可能会抛出的异常	否	是	否
必须在类的接口中定义可能会捕获的异常	否	是	否

"把异常作为正常处理逻辑的一部分的程序，都会遭受经典意大利面条式代码那样的可读性和可维护性问题。"
—亨特和托马斯 (Andy Hunt & Dave Thomas)

异常和继承有一点是相同的：若是使用得当，可以降低复杂性；如果草率使用，只会使代码变得几乎无法理解。本节给出的一些建议有助于你获得使用异常的好处，并避免与之相关的困境。

使用异常来通知程序其他部分不应忽略的错误　异常机制的优越之处在于它能以一种无法被忽略的方式通知有错误发生 (Meyers 1996)。其他处理错误的方法有可能导致错误在代码库中进行扩散却不被发现，异常消除了这一可能性。

仅在真正异常的情况下才抛出异常　仅在真正发生异常情况时才使用异常，换句话说，就是仅在其他编码实践无法解决的情况下才使用异常。异常的应用情形与断言相似，都是用来处理那些不仅罕见甚至永远不该发生的情况。

异常需要在两方面进行权衡：一方面它是处理意外情况的强大方法，另一方面增加了程序的复杂度。它需要调用方了解被调用的子程序可能会抛出什么样的异常，因而封装性被削弱了。这同时还增加了代码的复杂度，这与第 5 章所提到的软件的首要技术使命“管理复杂度”背道而驰。

不要使用异常来推卸责任　如果某个错误情况能够在局部进行处理，就局部处理。不要把本来可以在局部处理的错误当成一个未被捕获的异常抛出去。

除非是在同一位置捕获，否则避免在构造函数和析构函数中抛出异常　当在构造函数和析构函数中抛出异常时，处理异常的规则马上会变得非常复杂。例如，在 C++ 语言中，只有在对象已构造完成之后才可能调用析构函数，这意味着如果构造函数的代码抛出异常，则不会调用析构函数，从而造成潜在的资源泄露 (Meyers 1996, Stroustrup 1997)。在析构函数中抛出异常也有类似复杂的规则。

语言律师[*]可能会说记住这样的规则是小事一桩，但普通程序员要想记住它就非常费劲。更好的编程实践是，一开始就不要编写类似代码，以免由此产生的额外复杂度。

在合适的抽象层级抛出异常　子程序应在其接口中呈现出一致的抽象，类也应该如此。抛出的异常是子程序接口的一部分，就像具体的数据类型也是子程序接口的一部分一样。

关联参考　要想进一步了解如何维护一致的接口抽象，请参见第 6.2 节。

译注

在编程领域，“语言律师”特指这样的人：可以回答有关编程语言的任何问题，但并没有真正的编程能力；它们可以很容易过面试，但真正编程的时候却会“翻车”。他们只知道怎么做，却并不真正动手去做，去做成。

当你选择把一个异常传递给调用方时，请确保异常的抽象层级与子程序接口的抽象层级是一致的。下面这个例子说明了应该避免什么样的做法：

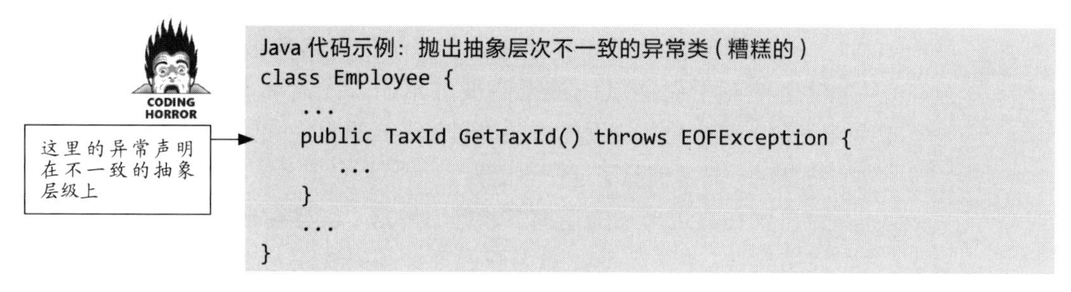

Java 代码示例：抛出抽象层次不一致的异常类（糟糕的）

```
class Employee {
   ...
   public TaxId GetTaxId() throws EOFException {
      ...
   }
   ...
}
```

GetTaxId() 把更底层的 EOFException 异常返回给它的调用方。它并没有这一异常本身的所有权；它通过将底层的异常传递给其调用方，从而暴露自身的一些实现细节。这就使得子程序的调用方代码不是与 Employee 类的代码耦合，而是与低于 Employee 类的、抛出 EOFException 异常的代码耦合。这样做既破坏了封装性，也削弱了代码的智力可管理性。

相反，GetTaxId() 代码应该抛回一个与其所属类的接口相一致的异常，如下所示：

Java 代码示例：抛出抽象层次相一致的异常类（良好的）

这里的异常声明在一致的抽象层级上

```
class Employee {
   ...
   public TaxId GetTaxId() throws EmployeeDataNotAvailable {
      ...
   }
   ...
}
```

GetTaxId() 中的异常处理代码可能只需要将 io_disk_not_ready 异常映射到 EmployeeDataNotAvailable 异常上，以便充分保持接口的抽象性。

在异常消息中包括导致异常的所有信息　每个异常都是在代码抛出异常时的特定环境下发生的。这些信息对阅读异常信息的人来说非常有价值。因此，要确保消息包含理解异常抛出原因所需的信息。如果是由于数组索引错误而抛出异常，请确保异常消息中包括数组上界、下界以及非法索引的值。

避免使用空的 catch 块　有时可能想要有意敷衍一个不知该如何处理的异常，就像下面这样：

Java 代码示例：忽略了异常处理的代码（糟糕的）

```
try {
   ...
```

```
    // lots of code
   ...
} catch ( AnException exception ) {
}
```

这种做法意味着，要么是 try 块中的代码不对，因为它无缘无故地抛出了一个异常；要么是 catch 块中的代码不对，因为它没有处理有效的异常。确定一下问题产生的根源，然后修复 try 块或 catch 块中的代码。

你可能偶尔会发现这样一些罕见的情况，较低层级上的异常实际上并不意味着调用方子程序抽象层级上的异常。如果是这种情况，至少要记录为什么空的 catch 块是合适的。可以使用注释或将错误消息写到文件中来“记录”这种情况，如下所示：

```
Java 代码示例：忽略了异常处理的代码（良好的）
try {
    ...
    // lots of code
   ...
} catch ( AnException exception ) {
    LogError( "Unexpected exception" );
}
```

了解库代码所抛出的异常　如果所用的编程语言不要求子程序或类去定义它可能抛出的异常，那么一定要知道所用的库代码都会抛出哪些异常。由库代码抛出的异常如果不能捕捉到，会导致程序崩溃，就如同未能捕获由自己代码抛出的异常一样。如果库代码没有说明它可能抛出哪些异常，可以通过编写一些原型代码来演练，找出可能发生的异常。

考虑创建一个集中式异常报告程序　有一种方法可以确保异常处理的一致性，即创建一个集中式异常报告程序。这个集中式报告程序提供了一个中心化的知识库，其中包括有哪些类型的异常、每个异常又该如何处理以及异常消息的格式等。

下面这个简单的异常处理程序例子只打印了一条错误诊断信息：

```
Visual Basic 代码示例：集中的异常报告机制（第 1 部分）
Sub ReportException( _
    ByVal className, _
    ByVal thisException As Exception _
)
    Dim message As String
    Dim caption As String
```

```
    message = "Exception: " & thisException.Message & "." & ControlChars
CrLf & _
       "Class: " & className & ControlChars.CrLf & _
       "Routine: " & thisException.TargetSite.Name & ControlChars.CrLf
    caption = "Exception"
    MessageBox.Show( message, caption, MessageBoxButtons.OK, _
       MessageBoxIcon.Exclamation )

End Sub
```

深入阅读 关于此技术更详细的阐述，请参见《Visual Basic. NET 实用标准》(Foxall 2003)。

可以像下面这样在代码中使用这个通用的异常处理程序：

Visual Basic 代码示例：集中的异常报告机制（第 2 部分）

```
Try
   ...
Catch exceptionObject As Exception
   ReportException( CLASS_NAME, exceptionObject )
End Try
```

这个版本的 ReportException() 代码非常简单。在实际的应用程序中，可以根据异常处理的需要开发或简或繁的代码。

如果确定要创建一个集中式的异常报告程序，请务必考虑第 8.3 节讲到的和集中式错误处理相关的事宜。

把项目中对异常的使用标准化 为了保持异常处理尽可能便于管理，可以通过以下几种方式把对异常的使用标准化。

- 如果使用的语言可以像 C++ 这样允许抛出对象、数据、指针等各种异常，就应该建一个标准来说明到底可以抛出哪些种类的异常。为了与其他语言兼容，可以考虑只抛出从 Exception 基类派生的对象。
- 考虑创建特有的异常类，它可以作为该程序抛出的所有异常的基类，支持集中化、标准化的日志记录和错误报告等。
- 定义在什么情况下允许代码使用 throw-catch 语法在局部进行错误处理。
- 定义在什么情况下允许代码抛出一个不在局部进行处理的异常。

关联参考　更多关于错误处理的可选方案，请参见本章前面的第 8.3 节“错误处理技术”。

译注
1950 年出生于丹麦，计算机科学家。他以创造 C++ 编程语言而闻名，被誉为“C++ 之父”。斯特劳斯特鲁普于 1975 年获得丹麦奥胡斯大学的数学和计算机科学硕士学位，1979 年获得英国剑桥大学的计算机科学博士学位。从贝尔实验室大规模编程研究部门设立之初到 2002 年后期，一直担任负责人。2002 年至 2014 年间，他在德州农工大学工学院担任信息科学教授一职。2014 年 1 月起，担任摩根史丹利技术部门董事，担任哥伦比亚大学信息科学系客座教授。

- 确定是否要使用集中式的异常报告程序。
- 定义是否允许在构造函数和析构函数中使用异常。

考虑异常的替代方案　一些编程语言对异常的支持已有 5 到 10 年甚至更久的历史，但几乎没有什么惯例可以说明如何使用异常才是安全的。

有些程序员用异常来处理错误，只是因为他们采用的语言提供了这种特殊的错误处理机制。你应该始终考虑都有哪些可能的错误处理可选方案：在局部处理错误、通过使用错误码来传递错误、在文件中记录调试信息、关闭系统或使用其他方法。仅仅因为编程语言提供了异常处理，就用异常来处理错误，是一个典型的“用语言来编程 (programming in a language)”而非“深入语言去编程 (programming into a language)”的例子。关于这一区别的详细信息，请参见第 4.3 节和第 34.4 节。

最后，请考虑程序是否真的需要处理异常。正如斯特劳斯特卢普 (Bjarne Stroustrup)* 所指出的，应对程序运行时发生的严重错误最佳的做法有时是，释放所有已获得的资源并终止运行，而让用户使用正确的输入数据重新运行程序 (Stroustrup 1997)。

8.5 隔离程序，使之包容由错误造成的损害

隔栏 (barricade) 是一种容损策略 (damage-containment strategy)。这与船体上装备隔离舱的原因是类似的。如果船只与冰山相撞导致船体破裂的话，隔离舱就会被封闭起来，以保证船体的其余部位不会受到影响。这也与建筑物中的防火墙很像。建筑物中的防火墙能阻止火势从建筑物的一个部位位置蔓延到其他位置。隔栏过去被称为“防火墙”，但现在，“防火墙”这一术语通常用于指代阻止恶意的网络流量。

以防御式编程为目的而进行隔离的一种方法是，指定某些接口作为“安全”区域的边界。这些接口对跨越安全区域边界的数据进行有效性检查，并在数据无效时做出敏锐的反映。图 8-2 展示了这一概念。

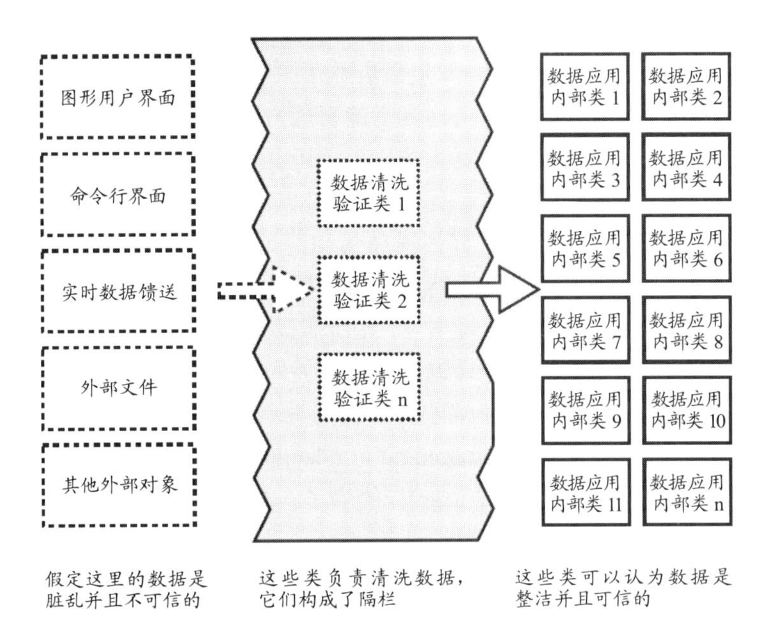

图 8-2　定义软件的某些部分处理“不干净的”数据，而让另一些部分处理“干净的＂数据，可以让大部分代码无需再担负检查错误数据的职责

同样的方法也可以在类的层级中使用。类的 public 方法假设数据是不安全的，会负责检查数据并进行清理。一旦类的 public 方法接受了数据，那么类的 private 方法就可以假定数据都是安全的。

也可以把这种方法用手术室里使用的一种技术来做类比。数据在被允许进入手术室之前都要经过消毒处理，使得手术室里的任何东西都被认为是安全的。其中最关键的设计决策是规定什么可以进入手术室，什么不可以进入，还有手术室的门应该安装在哪里，在编程中也就是规定哪些子程序可认为是在安全区域内，哪些是在安全区域外，哪些负责清理数据。完成这一工作最简单的方法是在得到外部数据时立即进行清理，不过，数据通常需要在不同的抽象层级上进行清理，因此有时需要进行多层清理。

在输入时将输入数据转换为合适的类型　输入的数据通常都是字符串或数字的形式。这些数据有时要被映射为“yes”或“no”这样的布尔类型，有时要被映射为像 Color_Red、Color_Green 和 Color_Blue 这样的枚举类型。在任何时间携带类型不明的数据都会增加程序的复杂性，并增加某人通过输入“yes”之类的颜色值而使程序崩溃的可能性。请在输入后尽快将输入数据转换为合适的类型。

隔栏与断言的关系

隔栏的使用使断言和错误处理之间的区别变得更清晰。隔栏外部的子程序应使用错误处理技术，因为对数据进行任何假定都是不安全的。而隔栏内部的子程序里应该使用断言，因为传递给它们的数据应该在通过隔栏之前就已经被清理过。如果隔栏内部的某个子程序检测到错误数据，则说明这是程序出错而不是数据出错。

隔栏的使用还说明了在架构层级上决定如何处理错误的价值。确定隔栏内外的代码是架构层级上的决策。

8.6 调试辅助代码

防御式编程的另一关键方面是使用调试辅助代码，它们是一个强大的盟友，可以帮助你快速检测错误。

不要自动将生产版本的约束应用于开发版本

程序员一个常见的盲点是，假设生产版本的限制也适用于开发版本。生产版本的运行速度要快，而开发版本则可能运行很慢。生产版本必须非常节约地使用资源，而开发版本在使用资源时可以比较奢侈。生产版本不应向用户暴露可能引起危险的操作，而开发版本则可以有一些在没有安全网的情况下可以使用的额外操作。

深入阅读　关于使用调试代码来支持防御式编程的更多信息，请参见《编写安全的代码》(Maguire 1993)。

我参与开发的一个程序大量使用了四重链表 (quadruply linked list)。链表的代码容易出错，并且链表很容易损坏。于是乎，我添加了一个菜单项来检测链表的完整性。

在调试模式下，Microsoft Word 在空闲循环中加入一些代码，每隔几秒钟就检查一次 Document 对象的完整性。这样既有助于快速检测到数据是否被损坏，也方便了对错误进行诊断。

KEY POINT

在开发阶段，我们有时需要勇于牺牲一些速度和对资源的使用，从而让我们能够使用一些内置的工具来助力开发工作顺利进行。

尽早引入调试辅助代码

越早引入调试辅助代码，它们对你的帮助就越大。通常情况下，除非被某个问题反复纠缠，否则你不会花精力去编写调试辅助代码。但是，如果第一次遇到问题就编写调试辅助代码，或使用之前项目中的调试辅助代码，它将在整个项目中帮助到你。

使用进攻式编程

应该以这么一种方式来处理异常情况：在开发阶段让它显现出来，而在生产代码运行时让它可恢复。这就是霍华德和勒布朗 (Michael Howard & David LeBlanc) 所称的“进攻式编程”(offensive programming) (Howard and LeBlanc 2003)。

关联参考 要想进一步了解如何处理异常情况，请参见第 15.2 节。

假设有一段 case 语句，你希望它只处理 5 种事件。在开发阶段，default case 应该用来生成警告：“嘿！这儿还有一种情况没有处理！请修复程序！”但是在生产环境的代码中，default case 应该做得更优雅，比如说将消息记录到错误日志文件中。

“相比残废的程序，死掉的程序造成的伤害通常要小得多。”
—亨特和托马斯 (Andy Hunt & Dave Thomas)

可以用以下方式进行进攻式编程。

- 确保断言语句可以使程序终止运行。不要让程序员养成遇到已知问题只知道按回车键绕过的习惯。要让问题痛苦到必须进行修复。
- 完全填充分配到的所有内存，以便可以检测内存分配方面的错误。
- 完全填充分配到的所有文件或流，以便可以排查任何文件格式错误。
- 确保每个 case 语句中的 default 分支或 else 分支都能产生严重错误，比如说让程序终止运行，或者至少让这些错误不会被忽视。
- 在删除对象之前使其填满垃圾数据。
- 让程序把错误日志文件通过电子邮件发送给你，让你可以看到已发布软件中发生的各种错误。

有时，最好的防御就是大胆进攻。在开发过程中惨败，能使人不至于在生产环境中败得太惨。

计划删除调试辅助代码

如果是编写程序给自己用，将所有调试代码都保留在程序中可能并无大碍。但如果是商用软件，调试代码在大小和速度方面的性能损失可能高得惊人。要事先做好计划，以免调试代码和程序代码纠缠不清。下面是一些可以采用的方法。

使用版本控制工具和类似 ant 与 make 这样的构建工具　版本控制工具可以从同一套源文件构建出不同版本的程序。在开发模式下，可以让构建工具把所有调试代码都包含进来。在生产模式下，又可以让构建工具把那些不希望包含在商用版本中的调试代码排除在外。

关联参考　要想进一步了解版本控制，请参见第 28.2 节。

使用内置的预处理器　如果所用的编程环境中有预处理器 (C++ 语言就是这样)，则可以通过设置编译器开关来包含或排除调试代码。既可以直接使用预处理器，也可以写一个能与预处理器指令同时使用的宏。下面是一个直接使用预处理器来编写代码的例子：

要想包含调试代码，请使用 #define 来定义 DEBUG 符号。要想排除调试代码，请不要定义 DEBUG 符号

C++ 代码示例：直接使用预处理器来控制用于调试的代码
```
#define DEBUG
...

#if defined( DEBUG )
// debugging code
...

#endif
```

这一用法有几种变体。除了可以直接定义 DEBUG 以外，还可以为其分配一个值，然后判断该值，而不是去判断它是否已经定义。这么做可以区分不同级别的调试代码。你可能希望让某些调试代码一直留在程序中，这时就可以用类似 #if DEBUG > 0 这样的语句把这些代码括起来。另一些调试代码可能仅用于特定目的，因此可以用类似 #if DEBUG == POINTER_ERROR 这样的语句把它们括起来。在其他一些地方，你可能想要设置调试级别，这时就可以使用类似 #if DEBUG > LEVEL_A 这样的语句。

如果不喜欢让 #if defined() 一类语句散布在代码各处，则可以编写一个预处理器宏来完成同样的任务。例子如下：

C++ 代码示例：使用预处理宏来控制用于调试的代码
```
#define DEBUG
#if defined( DEBUG )
```

```
#define DebugCode( code_fragment ) { code_fragment }
#else
#define DebugCode( code_fragment )
#endif
...

DebugCode(
   statement 1;
   statement 2;
   ...
   statement n;
);
...
```

根据是否定义 DEBUG 符号，可选择是否编译此处的代码

和前面第一个使用预处理器的例子一样，这种方法在使用时也可以有多种变化，使其能够处理更复杂的情况，而不仅仅是要么包含所有调试代码，要么排除所有调试代码这么简单。

自己动手写预处理器 如果某种语言不包含预处理器，自己动手写一个包含和排除调试代码的预处理器也是相当容易的。首先确立一套声明调试代码的规则，然后遵循这个规则自己动手写预编译器。例如，在 Java 中，可以写一个预编译器来处理 //#BEGIN DEBUG 和 //#END DEBUG 关键字。编写一个脚本来调用该预处理器，然后再编译处理后的代码。从长远看，这样做可以节省时间，并且不会不小心编译了未做预处理的代码。

关联参考 要想进一步了解预处理器和如何自己动手写预处理器，请参见第 30.3 节。

使用调试桩 在很多情况下，可以调用子程序进行调试检查。在开发阶段，该子程序可能要执行多个操作之后才将控制权交还给调用方。对于生产代码，可以将复杂的子程序替换为桩子程序 (stub routine)，要么只是立即将控制权交还给调用方，要么在返回控制权之前执行一些快速操作。这种方法只会造成很小的性能损耗，并且比自己动手编写预处理器更快。开发版本和生产版本的桩子程序都要保留下来，以便将来可以随时在两者之间来回切换。

关联参考 要想进一步了解何为桩，请参见第 22.5 节。

可以先写一个检查传入指针是否有效的子程序：

C++ 代码示例：采用了调试桩子程序的代码

```
void DoSomething(
   SOME_TYPE *pointer;
   ...
   ) {

   // check parameters passed in
```

这行代码将调用检查指针的子程序

```
    CheckPointer( pointer );
    ...
}
```

在开发阶段，CheckPointer() 子程序会对传入的指针进行全面检查。这虽然比较慢，但很有效，看起来可能是下面这样：

这个子程序检查任何传入的指针。在开发阶段，可以用它来执行尽可能多的检查

C++ 代码示例：在开发阶段用于检查指针的子程序

```
void CheckPointer( void *pointer ) {
    // perform check 1--maybe check that it's not NULL
    // perform check 2--maybe check that its dogtag is legitimate
    // perform check 3--maybe check that what it points to isn't corrupted
    ...
    // perform check n--...
}
```

当代码准备好要发布时，你可能不希望这项指针检查影响到性能。这时，可以用下面这个子程序来代替前面的那段代码：

这个子程序只是立即返回调用方

C++ 代码示例：生产代码中用于检查指针的子程序

```
void CheckPointer( void *pointer ) {
    // no code; just return to caller
}
```

就移除调试辅助代码而言，这里列出的方法还算不上详尽，但它们应该已经可以提供足够多的想法并让你了解到应该如何因地制宜地使用这些方法。

8.7 确定在生产代码中保留多少防御式代码

防御式编程中存在这么一种矛盾的观念，在开发阶段希望错误是显而易见的，宁愿看到它心生厌恶，也不愿冒险忽视它。但在生产阶段，你却想让错误尽可能不显山不露水，让程序能优雅地恢复或失败。下面给出一些指导原则，用于决定哪些防御式编程工具要留在生产代码中，哪些应该排除在外。

保留用于检查重要错误的代码 确定程序的哪些部分能够承受未检测出错误而造成的后果，哪些部分不能。比如开发一个电子表格程序，可以承受程序中屏幕刷新部分的代码存在未检测到的错误，因为错误造成的主要后果只是把屏幕搞乱而已。但是如果在计算引擎中存在未检测到的错误，就无法承受了，因为这种错误可能导致用户的电子表

格中出现难以察觉的错误结果。对于大多数用户来说，宁愿承受屏幕上的显示杂乱无章，也不愿意因为算错税额而被国税局审计。

删除用于检查微不足道错误的代码 如果一个错误带来的影响确实微不足道，可以考虑删除用于检查它的代码。在前面的例子中，可以删除用于检查电子表格屏幕刷新的代码。这里的“删除”并不意味着物理删除，而是指使用版本控制、预编译器开关或其他技术来编译不包含这段特定代码的程序。如果程序所占的空间不是问题，也可以保留错误检查代码，但应该让它悄悄地把消息记录在错误日志文件中。

删除导致硬性崩溃的代码 正如我所提到的，当程序在开发阶段检测到错误时，你会希望该错误尽可能很明显，以便可以及时修复。实现该目标的最佳方法通常是当检测到错误时，让程序打印调试信息然后崩溃。这种方法也适用于小的错误。

在生产阶段，用户需要有机会在程序崩溃之前保存自己的工作，为了能够让程序给自己留出足够的保存时间，用户可能愿意容忍程序表现出一些怪异的行为。相反，如果程序中的一些代码导致用户工作丢失，那么无论这些代码对帮助调试以及最终提高程序质量有多大贡献，用户也不会心存感激。如果程序包含可能导致数据丢失的调试代码，请将其从生产版本中删除。

保留有助于程序优雅崩溃的代码 如果程序包含能够检测出潜在致命错误的调试代码，请保留这些代码，因为它们有助于程序优雅地崩溃。以运载人类第一部火星车的火星探路者号*为例，它的工程师有意保留了一些调试代码。探路者号着陆之后，发生了一个故障，喷气推进实验室 (JPL) 的工程师利用保留下来的调试辅助代码来诊断问题，并把修复后的代码上传给探路者号，最后，探路者号圆满完成了任务 (March 1999)。

译注

火星探路者号是 NASA “更快、更好、更省”探索计划的第二次任务，也是 NASA 第一次将一架自动登陆车送入另一个世界，其目标是验证一种新的思路，即是否可以用降落伞和气囊来实现火星着陆。发射时间为 1996 年 12 月 4 日。

为技术支持人员记录错误信息 可以考虑在生产代码中保留调试辅助代码，但要改变它们的行为，使其更适合生产版本。如果开发阶段在代码里大量使用断言来中止程序的执行，那么在生产阶段可以考虑把断言子程序改为向日志文件中记录信息，而不是彻底去掉这些代码。

确认留下的错误消息是友好的 如果在程序中留下了内部错误消息，请确保其用词对用户是友好的。一天，我早期写过一个程序，有个用户给我打电话，说她收到了一条消息，上面写着“出现指针分配错误，有异常！”幸运的是，她很有幽默感。一种常用且有效的方法是通知用户出现了“内部错误”并提供一个可用来报告错误的电子邮件地址或电话号码。

8.8 对防御式编程采取防御的姿态

“凡事过犹之不及，但威士忌除外。”
—马克·吐温

过度的防御式编程本身就会产生问题。如果在每个可能的地方以各种可能的方式检查从参数传入的数据，程序会变得臃肿且缓慢。更糟糕的是，防御式编程引入的额外代码增加了软件的复杂度。防御式编程引入的代码并非不会出现缺陷，在防御式编程代码中发现缺陷的可能性和在任何其他代码中发现缺陷的可能性一样大，尤其是在很随意地写这些代码时。因此，要考虑好需要在什么地方进行防御，然后因地制宜地调整防御式编程的优先级。

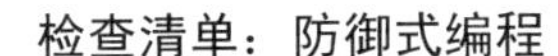

检查清单：防御式编程

一般事宜

- ❑ 子程序是否可以保护自己免遭错误输入数据的破坏？
- ❑ 是否使用断言来声明假设，包括前置条件和后置条件？
- ❑ 断言是否仅用于声明永远不应该发生的情况？
- ❑ 是否在架构或高层级设计中指定了一组特定的错误处理技术？
- ❑ 是否在架构或高层级设计中规定了错误处理是应更倾向于健壮性还是正确性？
- ❑ 是否建立了隔板来包容错误可能造成的破坏，并减少与错误处理有关的代码数量？
- ❑ 代码中是否使用了辅助调试代码？
- ❑ 如果要启用和停用辅助调试代码，是否不需要大动干戈？
- ❑ 防御式编程引入的代码的数量是否合适，既不太多，也不太少？
- ❑ 在开发阶段是否使用进攻式编程技术来使错误很难被忽视？

异常

- ❑ 在项目中是否定义了一种标准化的异常处理方法？
- ❑ 是否考虑过异常之外的其他替代方案？
- ❑ 错误是不是已尽可能在局部处理，而不是作为异常向外抛出？
- ❑ 代码中是否避免了在构造函数和析构函数中抛出异常？
- ❑ 是否所有的异常都与抛出它们的子程序处于同一抽象层次上？

❑ 每个异常是否包含了关于异常发生的所有背景信息？

❑ 代码中是否没有使用空的 catch 块？或者，如果使用空的 catch 块确实很合适，是不是明确声明了？

安全事宜

❑ 检查错误输入数据的代码是否也检查了缓冲区溢出、SQL 注入、HTML 注入、整数溢出和其他恶意输入？

❑ 是否检查了所有错误返回码？

❑ 是否捕获了所有的异常？

❑ 出错消息中是否避免了出现有助于攻击者攻入系统的信息？

更多资源

请参阅以下有关防御式编程的资源。

安全

Howard, Michael, and David LeBlanc. *Writing Secure Code,* 2d Ed. Redmond, WA: Microsoft Press, 2003. 本书讲述了信任输入数据在安全方面意味着什么。这本书让人大开眼界，它展现了到底有多少种方法能够攻破一个程序，其中一些与软件构建实践有关，而很多却与之无关。书中涵盖了需求、设计、代码和测试等各环节。中译本《编写安全的代码》

断言

Maguire, Steve. *Writing Solid Code*. Redmond, WA: Microsoft Press, 1993. 第 2 章精彩地讨论了断言的使用，并列举了几个知名微软产品中断言的有趣示例。中译本《编写可靠的代码》

Stroustrup, Bjarne. *The C++ Programming Language,* 3d ed. Reading, MA: Addison-Wesley, 1997. 第 24.3.7.2 节描述了在 C++ 中实现断言这一主题的几种变体，包括断言与前置条件和后置条件之间的关系。中译本《C++ 程序设计》

Meyer, Bertrand. *Object-Oriented Software Construction,* 2d ed. New York, NY: Prentice Hall PTR, 1997. 书中包含对前置条件和后置条件的权威论述。中译本《面向对象的软件构造》

异常

Meyer, Bertrand. *Object-Oriented Software Construction,* 2d ed. New York, NY: Prentice Hall PTR, 1997. 第 12 章详细讨论了异常处理。

Stroustrup, Bjarne. *The C++ Programming Language, 3d ed.* Reading, MA: Addison-Wesley, 1997. 第 14 章详细讨论了 C++ 中的异常处理。第 14.11 节还精彩总结了处理 C++ 异常的 21 条小提示。

Meyers, Scott. *More Effective C++: 35 New Ways to Improve Your Programs and Designs*. Reading, MA: Addison-Wesley, 1996. 第 9 ～ 15 条描述了在 C++ 中进行异常处理的许多细节问题。有同名中译本

Arnold, Ken, James Gosling, and David Holmes. *The Java Programming Language, 3d ed.* Boston, MA: Addison-Wesley, 2000. 第 8 章讨论了 Java 中的异常处理。中译本《Java 程序设计》

Bloch, Joshua. *Effective Java Programming Language Guide*. Boston, MA: Addison-Wesley, 2001. 第 39 ～ 47 条描述了 Java 中异常处理的细节问题。中译本《Effective Java（中文版）》

Foxall, James. *Practical Standards for Microsoft Visual Basic .NET*. Redmond, WA: Microsoft Press, 2003. 第 10 章介绍了 Visual Basic 中的异常处理。

要点回顾

- 生产代码应该以更复杂的方式处理错误，而不只是“垃圾进，垃圾出”。
- 防御式编程技术使错误更容易发现，更容易修复，并能减少对生产代码的损害。
- 断言有助于尽早发现错误，尤其是在大型系统、高可靠性系统和快速变化的代码中。
- 关于如何处理错误输入的决策是一项关键的错误处理决策，也是一项关键的高层级设计决策。
- 异常提供了一种与代码正常工作流维度不同的错误处理手段。如果谨慎使用，它可以成为程序员知识工具箱的一个宝贵的补充，同时它应该与其他错误处理技术进行权衡比较后使用。

- 适用于生产系统的约束不一定适用于开发版本。可以利用这一优势，在开发版本中添加有助于快速排查错误的代码。

学习心得

1. ______________________________
2. ______________________________
3. ______________________________
4. ______________________________
5. ______________________________

第 9 章

伪代码编程过程

内容

相关主题及对应章节

- 创建高质量的类：第 6 章
- 高质量的子程序：第 7 章
- 软件构建中的设计：第 5 章
- 注释的风格：第 32 章

虽然《代码大全》整本书都可以当作是创建类和子程序的编程过程的一个扩展描述，但本章要从更宏观的层面看待这个过程中所涉及的步骤。本章关注小规模编程 (programming in the small)，即构建单独的类及其子程序的具体步骤，这些步骤在各种规模的项目中都至关重要。本章还描述了伪代码编程过程 (Pseudocode Programming Process，PPP)，它减少了设计和文档编写工作，并提高了两者的质量。

如果你是专家级程序员，可以只是粗读一下本章，但请看一下步骤总结，并注意第 9.3 节使用伪代码编程过程构建子程序的提示。很少有程序员充分发掘了该过程的全部潜力，这个过程有许多好处。

PPP 并不是创建类和子程序的惟一过程。本章末尾的第 9.4 节介绍了最流行的替代方法，包括测试优先开发 (test-first development) 和契约式设计 (design by contract)。

9.1 类和子程序构建步骤总结

类的构建可从多方面着手，但通常是一个迭代的过程，其中包括为类创建常规设计，列出类中的具体子程序，构建具体的子程序，以及将类作为整体进行审查。如图 9-1 所示，类的创建可能是一个混乱的过程，原因与设计同样混乱一样，详见第 5.1 节。

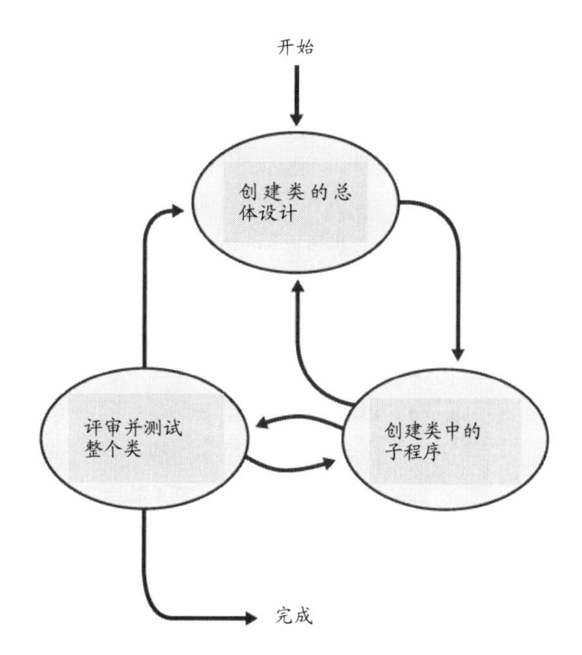

图 9-1　类的构建细节不一，但涉及的活动一般按此顺序进行

创建类的步骤

构建类的关键步骤如下所示。

创建类的常规设计　类的设计涉及许多具体问题。定义类的具体职责，定义类将隐藏哪些“秘密”，并准确定义类的接口要捕获的抽象。确定该类是否要从另一个类派生，以及是否允许其他类从该类派生。确定类的关键 public 方法，并确定和设计该类所用的任何重要的数据成员。根据需要多次重复这些任务，为子程序创建一个直接、易懂的设计。这些考虑因素和其他许多因素将在第 6 章中详细讨论。

构建类中的每个子程序　在第一步确定类的主要子程序后，必须构建每个具体的子程序。每个子程序的构建通常都会引发对额外子程序的需求，包括次要的和主要的，而创建这些额外的子程序时所引发的问题往往又会反过来影响到类的总体设计。

将类作为一个整体来审查和测试　通常，每个子程序在创建好后都要测试。在整个类可以运作后，应将类作为一个整体进行审查和测试，以发现在单个子程序的层次上无法测试的问题。

构建子程序的步骤

类的许多子程序实现起来简单而直接：成员访问子程序、直通到其他对象的子程序，等等。另一些子程序实现起来要复杂一些，创建这样的子程序可从一种系统化方法中受益。创建子程序所涉及的主要活动包括设计子程序、检查设计、编码子程序和检查代码，一般按图 9-2 所示的顺序进行。

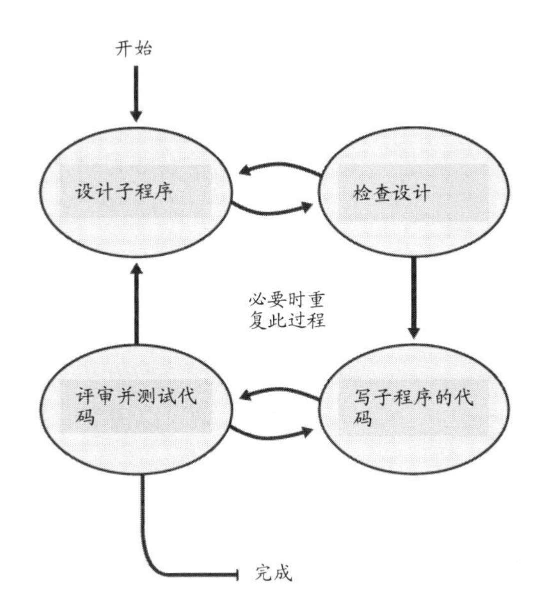

图 9-2　这些是构建子程序时的主要活动，一般按此顺序进行

专家们开发了许多创建子程序的方法，我最喜欢的是伪代码编程过程，详情在下一节中介绍。

9.2 面向专家的伪代码

伪代码是指非正式的和自然语言差不多的一种表示法，描述了算法、子程序、类或程序如何工作。伪代码编程过程 (Pseudocode Programming Process，PPP) 定义了使用伪代码来简化子程序内部代码创建的具体方法。

由于伪代码像自然语言，所以我们很自然地以为，凡是收集想法的任何像自然语言那样的描述都差不多。但在实践中，会发现有些风格的伪代码比其他风格的伪代码更有用。以下是有效使用伪代码的指导原则。

- 使用自然语言风格的语句，精确描述具体的操作。
- 避免使用目标编程语言的语法元素。有了伪代码，就能在一个比代码本身稍高的层次上进行设计。一旦使用了编程语言结构，就会下沉到一个较低的层次，丧失在较高层次上进行设计的重要好处，而且会给自己带来不必要的语法限制。

关联参考 要想进一步了解意图层级的注释，可参见第 32.4 节。

- 在意图层级上写伪代码。描述方法的含义，而不描述方法在目标语言中如何实现。
- 在足够低的层次上写伪代码，目的是几乎能直接转换成代码。如果伪代码层次太高，可能会掩盖代码中的问题细节。用越来越多的细节来完善伪代码，直到最后似乎能直接转换成代码。

写好伪代码后，就可以围绕它来写代码，让伪代码变成编程语言的注释。这就省去了大部分注释的工作。如果按上述原则来写伪代码，注释既完整，又有意义。

下面这个伪代码设计的例子几乎违反了刚才描述的所有原则。

CODING HORROR

```
烂的伪代码
increment resource number by 1
allocate a dlg struct using malloc
if malloc() returns NULL then return 1
invoke OSrsrc_init to initialize a resource for the operating system
*hRsrcPtr = resource number
return 0
```

以上伪代码的意图是什么？由于写得很糟糕，所以很难理清楚。这个所谓的伪代码之所以不好，是因为它包括目标语言的编码细节，比如 *hRsrcPtr(C 特有的指针表示法) 和 malloc()(C 特有的函数)。以上伪代码关注的是如何编写代码，而不是设计的含义。它深入到了编码细节，即子程序是返回 1 还是 0。只要想想它能不能转变成好的注释，就能理解它为什么没有太大的帮助。

以下修改过的伪代码就好得多：

```
好的伪代码
Keep track of current number of resources in use
If another resource is available
   Allocate a dialog box structure
   If a dialog box structure could be allocated
      Note that one more resource is in use
      Initialize the resource
      Store the resource number at the location provided by the caller
   Endif
Endif
Return true if a new resource was created; else return false
```

这个版本比第一个好，因为它完全是用自然语言写的，没有用到目标编程语言的任何语法元素。在第一个例子中，伪代码只能用 C 语言实现。而在第二个例子中，伪代码没有限制对语言的选择。第二个伪代码块还是在意图层级上写的。相较于原来的伪代码块，修改过的版本更容易理解其含义。

虽然是用清晰的自然语言写的，但修改过的版本足够精确和详细，可以很容易用作编程语言代码的基础。将伪代码语句转换成注释时，它们也能很好地解释代码的意图。

使用这种风格的伪代码有以下好处。

深入阅读　要想进一步了解在代价最小的阶段进行修改的好处，可参见《高输出的管理》(Grovel 1983)。

- *伪代码有利于设计审查*　可在不检查源代码的情况下审查详细的设计。伪代码使低级别的设计审查更容易，并减少审查代码本身的需要。
- *伪代码支持迭代细化的理念*　从高层级设计开始，将设计细化为伪代码，再将伪代码细化为源代码。通过这种小步骤的连续细化，在推动设计向更低层级的细节发展时，你可以方便地检查设计。结果就是，可在最高层级捕捉高级错误，在中间层级捕捉中级错误，在最低层级捕捉低级错误。这样可提前避免它们成为问题，或者对下个细节层级的工作造成污染。
- *伪代码使修改更容易*　几行伪代码比一页代码更容易修改。你是愿意修改蓝图上的一条线，还是愿意拆掉一堵墙，然后去别的地方钉木板呢？软件中，后果虽然没有这么严重，但在产品最具可塑性的时候改动，原则是一样的。项目取得成功的关键之一就是在“代价最小的阶段”捕捉错误，这个阶段投入的精力最少。在伪代码阶段投入的精力要比经过完整的编码、测试和调试之后少得多。因此，及早发现错误是有经济意义的。

- *伪代码使注释工作最小化* 典型的编码场景是先写代码，再添加注释。而在 PPP 中，伪代码语句可直接成为注释，所以实际上删除注释比保留注释更花费精力。
- *伪代码比其他形式的设计文档更容易维护* 在其他方法中，设计和代码是分开的。其中一个发生变化，两者就会不一致。而在 PPP 中，伪代码语句成为代码中的注释。只要维护好这些内联的注释，伪代码的设计文档就仍然是准确的。

KEY POINT

作为一种用于详细设计的工具，伪代码的地位很稳。一项调查表明，程序员之所以更喜欢伪代码，是因为它能简化用编程语言进行的构建，能帮助他们发现不够充分的设计，而且简化了文档编制和修改 (Ramsey, Atwood, and Van Doren 1983)。伪代码并不是用于详细设计的惟一工具，但伪代码和 PPP 是程序员工具箱中有用的工具，试试吧。下一节将解释具体如何做。

9.3 使用 PPP 构建子程序

本节描述构建子程序所涉及的活动，具体如下。

- 设计子程序
- 编码子程序
- 检查代码
- 收尾
- 根据需要重复

设计子程序

关联参考 要想进一步了解设计的其他方面，可以参见第 5 章到第 8 章。

确定类需要的子程序后，为了构造该类任何一个比较复杂的子程序，第一步就是设计。假设要写一个子程序根据错误代码输出错误信息，并假设该子程序是 ReportErrorMessage()。以下是 ReportErrorMessage() 的一个非正式规范：

关联参考　要想进一步了解如何检查先决条件，可参见第 3 章和第 4 章。

“ReportErrorMessage() 获取一个错误代码作为输入实参，输出与代码对应的错误消息。它应能处理无效的代码。如果程序以交互方式运行，ReportErrorMessage() 就会向用户显示消息。如果以命令行模式运行，ReportErrorMessage() 将消息记录到一个消息文件中。输出消息后，ReportErrorMessage() 返回一个状态值，表明其操作是成功还是失败。”

本章剩余部分会将该子程序作为一个不断演化的运行实例。本节其余部分将介绍如何设计该子程序。

检查先决条件　在对子程序本身进行任何工作之前，要检查该子程序的工作是否已经准确定义并清晰地融入总体设计中。核实该子程序确实是项目所要求的，至少是间接要求的。

定义子程序要解决的问题　足够详细地说明子程序要解决的问题，为子程序的创建提供方便。如果高层级设计足够详细，这项工作可能已经完成了。高层级设计至少应提供以下内容。

- 子程序隐藏的信息。
- 子程序的输入。
- 子程序的输出。
- 在调用该子程序之前保证成立的前置条件，输入值在特定范围内，流已初始化，文件已打开或关闭，缓冲区已填充或刷新，等等。
- 子程序在将控制权传回调用者之前保证成立的后置条件，输出值在指定范围内，流已初始化，文件已打开或关闭，缓冲区已填充或刷新，等等。

关联参考　要想进一步了解前置条件和后置条件，可参见第 8.2 节。

下面说明在 ReportErrorMessage() 的例子中如何解决这些问题。

- 该子程序隐藏了两个事实，分别是错误信息文本和当前处理方法 (交互式或命令行)。
- 该子程序没有任何前置条件。
- 该子程序的输入是一个错误代码。
- 输出有两种，分别是错误信息和 ReportError Message() 返回给调用方的状态。
- 该子程序保证状态值要么是 Success，要么是 Failure。

关联参考　要想进一步了解如何为子程序命名，可参见第 7.3 节。

命名子程序　为子程序命名表面上微不足道，但好的子程序名字是优秀程序的标志之一，而且不容易想出来。一般来说，子程序应该有一个清晰的、不含糊的名字。如果想不出一个好名字，通常表明该子程序的目的不明确。含糊不清的名字，就像政客参加竞选时的表演。听起来好像是说了什么，但当你凝神想要领会的时候，却搞不清楚他到底在说啥。如果能使名字更清晰，就一定要下工夫。如果模糊不清的名字是由模糊不清的设计造成的，请注意这个警告信号。回退并改进设计。

深入阅读　一种完全不同的构建方法是先写测试用例，详情可参见《测试驱动开发》(Beck 2003)。

在本例中，ReportErrorMessage() 不含糊，是个好名字。

决定如何测试子程序　写子程序时，要想好如何测试。无论是自己来做单元测试，还是测试人员来独立测试你写的子程序，这都很有用。

本例的输入很简单，所以可计划用所有有效的错误代码和多种无效代码来测试 ReportErrorMessage()。

研究标准库中可用的功能　改进代码质量和工作效率最重要的一种方式就是重用好的代码。如发现自己正在努力设计一个似乎过于复杂的程序，问问这个程序的部分或全部功能是否已经存在于你所用的语言、平台或工具的代码库中。问问该代码是否能在公司维护的代码库中找到。人们已经发明、测试、在文献中讨论、评审并改进了许多算法。与其花时间去发明已经有人写成博士论文的东西，还不如花几分钟检索人家都已经写好的代码。一定不要重复发明轮子去做多余且不必要的工作。

考虑错误处理　考虑所有可能在子程序中出错的事情。想想糟糕的输入值、从其他子程序返回的无效值等。

子程序可通过许多方式处理错误，应该有意识地选择错误处理方式。如果程序的架构定义了程序的错误处理策略，那么简单遵循策略即可。在其他情况下，则必须决定哪种方法对特定的子程序最好。

考虑效率问题　根据具体情况，可以用两种方式之一处理效率问题。第一种情况针对的是绝大多数系统，它们对效率要求不高。在这种情况下，要确保子程序的接口进行了很好的抽象，而且代码有良好的可读性，以便日后可根据需要进行改进。只要有良好的封装，就可以在不影响其他子程序的情况下，用更好的算法或快速、节省资源的低级语言实现来取代一个缓慢、占用资源的高级语言实现。

关联参考　要想进一步了解效率，可参见第 25 章和第 26 章。

第二种情况针对的是少数系统，性能对它们来说至关重要。性能问题可能和稀缺的数据库连接、有限的内存、很少的可用句柄、严格的时间限制或其他一些稀缺资源有关。架构应该说明每个子程序(或类)允许使用多少资源以及应该以多快的速度执行其操作。

设计自己的子程序，使其能满足资源和速度目标。如果资源或速度中的任何一个似乎更关键，设计时可考虑用资源换速度或相反。在程序的初始构建过程中，对其进行足够的调整来满足资源和速度预算是可以接受的。

除了针对这两种一般情况所推荐的方法，就单个子程序进行效率调整通常是对精力的一种浪费。大幅的优化来自对高层级设计的完善，而不是来自单个子程序。通常，只有当高层级设计被证明无法支持系统的性能目标时，才应当考虑进行微优化，而在整个程序完成之前，实际上是无法得知这一点的。除非确定需要，否则不要浪费时间去搞增量改进。

关联参考　这里的讨论假定是用好的技术编写子程序的伪代码版本。要想进一步了解设计，可参见第 5 章。

研究算法和数据类型　如果所需的功能在可用的库中没有，就到算法类的书中找一找。开始从头写复杂的代码之前，查看一下手边的算法书，看看有什么资源可以用。如果使用的是预定义的算法，一定要根据自己的编程语言正确改编。

写伪代码　完成前面的步骤后，你现在可能还没有写出什么东西。这些步骤的主要目的是建立一个心理定位，在真正写子程序的时候，这是很有帮助的。

初始步骤完成后，就可着手用高层级的伪代码写这个子程序。使用代码编辑器或集成环境来写伪代码，因为它们很快会被用作编程语言代码的基础。

先从最常规的开始，然后越来越具体。子程序最常规的部分是描述该子程序作用的头部注释 (header comment)，所以先写一个关于该子程序作用的简要声明。写下这个声明，将有助于澄清自己对该子程序的理解。如果写常规注释时遇到麻烦，表明需要更好地理解这个子程序在整个程序中的作用。通常，如果很难归纳出子程序的作用，就可以认为某个环节出了问题。下面展示的这段头部注释，简明扼要地对子程序进行了描述：

一个子程序的头部注释示例

```
This routine outputs an error message based on an error code
supplied by the calling routine. The way it outputs the message
depends on the current processing state, which it retrieves
on its own. It returns a value indicating success or failure.
```

写好常规注释后，可以开始为该子程序写高层次的伪代码。本例的伪代码如下所示：

一个子程序的伪代码示例

```
This routine outputs an error message based on an error code
supplied by the calling routine. The way it outputs the message
depends on the current processing state, which it retrieves
on its own. It returns a value indicating success or failure.

set the default status to "fail"
look up the message based on the error code

if the error code is valid
   if doing interactive processing, display the error message
   interactively and declare success

   if doing command line processing, log the error message to the
   command line and declare success

if the error code isn't valid, notify the user that an internal error
has been detected

return status information
```

关联参考 要想深入了解如何有效使用变量，可以参见第10章～第13章。

注意，这些伪代码是在相当高的层次上写的。在其中找不到任何一种编程语言的影子。相反，它是用准确的自然语言来表达子程序需要做的事情。

思考数据 可在过程的几个不同的点设计子程序的数据。本例的数据很简单，而且数据处理并不是子程序的重要组成部分。但是，如果数据处理对子程序很重要，那么在考虑子程序的逻辑之前，值得先考虑一下主要数据。关键数据类型的定义对于子程序的逻辑定义非常有用。

过一遍伪代码 写好伪代码并设计好数据后，花点时间过一遍写好的伪代码。退后一步，想想如何向别人解释它。

关联参考 要想进一步了解评审技术，可以参见第21章。

请别人看一下或者听你详细解释。你可能以为让别人看11行伪代码很傻，但最后，你会惊讶地发现，相较于用编程语言写的代码，伪代码更能凸显最初的预设和高层次错误。人们也更愿意评审几行伪代码，而不是审查长达35行的C++或Java代码。

关联参考　要想进一步了解迭代，可以参见第 34.8 节。

确定自己能轻松自如地理解这个子程序的作用以及它是如何做到的。如果不能在伪代码的层次从概念上理解它，还有什么机会在编程语言的层次上理解它？如果自己都不理解，还有谁能理解呢？

在伪代码中多尝试一些思路，保留其中最好的（这就是迭代）　开始编码之前，尽量多用伪代码尝试一些思路。因为一旦开始编码，就会对自己的代码产生某种感情，即使设计得糟糕，也很难抛弃后重新开始。

常规思路是在伪代码中迭代子程序，直到伪代码语句变得足够简单，以至于可在每个语句下面直接填上对应的代码，并保留原始伪代码作为文档。最开始尝试的一些伪代码可能过于高级，需要进一步分解。请务必这么做！如果一样东西不确定应该如何编码，就继续使用伪代码，直到最后能够确定。不断完善和分解伪代码，直到觉得写伪代码是在浪费时间，反而不如直接写实际的代码。

子程序的编码

一旦设计好子程序，就开始构建。可按近乎标准的一个顺序执行构建步骤，但也可根据需要自由变化。图 9-3 展示了子程序的构建步骤。

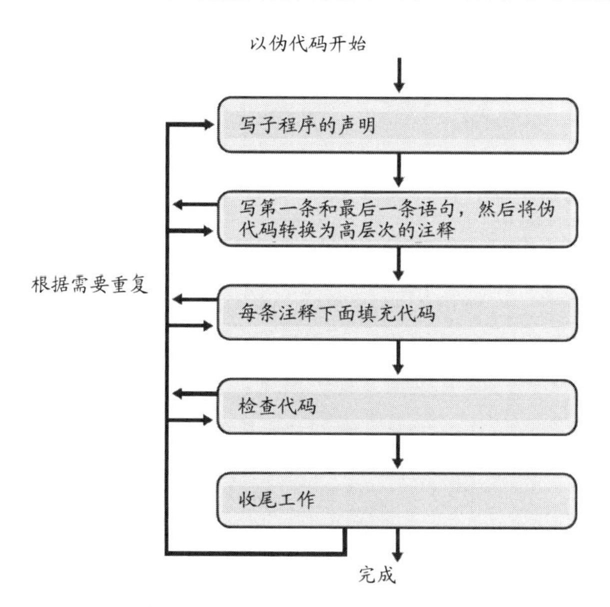

图 9-3　设计子程序时要执行所有这些步骤，但不一定按照这里的顺序

写子程序声明　写子程序的接口声明。C++ 是函数声明，Java 是方法声明，Visual Basic 是函数或 Sub 过程声明，或者所用语言的对应结构。

将原来的头部注释转变成编程语言的注释风格，并将其留在已经写好的伪代码上方。下面展示了 C++ 语言的子程序接口声明和头部注释：

C++ 代码示例：向伪代码添加子程序接口声明和头部注释

已经转换为 C++ 语言风格的头部注释

这是接口语句

```
/* This routine outputs an error message based on an error code
supplied by the calling routine. The way it outputs the message
depends on the current processing state, which it retrieves
on its own. It returns a value indicating success or failure.
*/

Status ReportErrorMessage(
   ErrorCode errorToReport
   )
set the default status to "fail"
look up the message based on the error code

if the error code is valid
   if doing interactive processing, display the error message
   interactively and declare success

   if doing command line processing, log the error message to the
   command line and declare success

if the error code isn't valid, notify the user that an
internal error has been detected

return status information
```

这是将任何对接口的预设记录下来的好时机。本例的接口变量 errorToReport 非常直截了当，自己就能说明其具体的目的，所以无需另行记录。

将伪代码转换成高层次的注释　将第一条和最后一条语句写下来以界定子程序。在 C++ 语言中，就是写“{”和“}”。然后，将伪代码转换成注释，如下所示：

C++ 代码示例：在伪代码首尾写出第一条和最后一条语句

此后的伪代码语句已经转换为 C++ 语言风格的注释

```
/* This routine outputs an error message based on an error code
supplied by the calling routine. The way it outputs the message
depends on the current processing state, which it retrieves
on its own. It returns a value indicating success or failure.
*/

Status ReportErrorMessage(
   ErrorCode errorToReport
   ) {

   // set the default status to "fail"
```

```
    // look up the message based on the error code
    // if the error code is valid
       // if doing interactive processing, display the error message
       // interactively and declare success

       // if doing command line processing, log the error message to the
       // command line and declare success

    // if the error code isn't valid, notify the user that an
    // internal error has been detected

    // return status information
}
```

关联参考　这是“写作”隐喻在小范围内运作良好的一个例子。要想进一步了解对大范围内应用“写作”隐喻的批评，可参见第 2.3 节。

到这个时候，子程序就已经尘埃落定了。设计工作已经完成，即使没有见到任何代码，也能感受到它是如何工作的。你应该能感受到，这个时候，将伪代码转换为编程语言的代码会是一个机械、自然和容易的过程。如果没有感受到，就继续用伪代码进行设计，直到设计变得靠谱为止。

在每条注释下填写代码　在每行伪代码注释下方填写代码。这个过程很像写一篇期末论文 (term paper)。首先写一个大纲，再为大纲中的每个论点写一段话。每条伪代码注释都描述了一个代码块或段落。和文学作品中的段落一样，代码段落的长度也因其表达的思想而异，而段落的质量取决于思想的生动性和重点。

在本例中，前两条伪代码注释生成了两行代码：

C++ 代码示例：将伪代码注释表示为代码

```
/* This routine outputs an error message based on an error code
supplied by the calling routine. The way it outputs the message
depends on the current processing state, which it retrieves
on its own. It returns a value indicating success or failure.
*/

Status ReportErrorMessage(
   ErrorCode errorToReport
   ) {
   // set the default status to "fail"
   Status errorMessageStatus = Status_Failure;        <-- 这是填入的代码

   // look up the message based on the error code
   Message errorMessage = LookupErrorMessage( errorToReport );   <-- 新变量 errorMessage

   // if the error code is valid
      // if doing interactive processing, display the error message
```

```
      // interactively and declare success

      // if doing command line processing, log the error message to the
      // command line and declare success

   // if the error code isn't valid, notify the user that an
   // internal error has been detected

   // return status information
}
```

这是代码开始的地方。由于使用了 errorMessage 变量，所以需要声明它。如采用的是先编码再注释的方法，两行代码就有两行注释，这似乎有些用力过猛。但在这种方法中，重要的是注释的语义内容，而不是它们注释了多少行代码。注释本来就在那里，而且它们解释了代码的意图，所以把它们留在那里。

剩余每条注释下方的代码都需要填上：

从此往后的伪代码，每行注释下面都已经填入了代码

```
/* This routine outputs an error message based on an error code
supplied by the calling routine. The way it outputs the message
depends on the current processing state, which it retrieves
on its own. It returns a value indicating success or failure.
*/

Status ReportErrorMessage(
   ErrorCode errorToReport
   ) {
   // set the default status to "fail"
   Status errorMessageStatus = Status_Failure;

   // look up the message based on the error code
   Message errorMessage = LookupErrorMessage( errorToReport );

   // if the error code is valid
   if ( errorMessage.ValidCode() ) {
      // determine the processing method
      ProcessingMethod errorProcessingMethod =
CurrentProcessingMethod();

      // if doing interactive processing, display the error message
      // interactively and declare success
      if ( errorProcessingMethod == ProcessingMethod_Interactive ) {
         DisplayInteractiveMessage( errorMessage.Text() );
         errorMessageStatus = Status_Success;
      }
```

```
      // if doing command line processing, log the error message to the
      // command line and declare success
      else if ( errorProcessingMethod == ProcessingMethod_CommandLine ) {
         CommandLine messageLog;
         if ( messageLog.Status() == CommandLineStatus_Ok ) {
            messageLog.AddToMessageQueue( errorMessage.Text() );
            messageLog.FlushMessageQueue();
            errorMessageStatus = Status_Success;
         }
         else {
            // can't do anything because the routine is already error
processing
         }
      else {
         // can't do anything because the routine is already error
processing
      }
   }

   // if the error code isn't valid, notify the user that an
   // internal error has been detected
   else {
      DisplayInteractiveMessage(
         "Internal Error: Invalid error code in ReportErrorMessage()"
      );
   }

   // return status information
   return errorMessageStatus;
}
```

这段代码可以进一步分解为一个新的子程序: DisplayCommand-LineMessage()

这段代码和注释是新加入的，为了充实 if 判断

这段代码和注释也是新加入的

每条注释都产生了一行或多行代码。每个代码块都在注释的基础上形成一个完整的思想。保留这些注释是为了对代码进行更高层次的解释。所有变量都在靠近它们第一次使用的地方声明和定义。每条注释通常扩充为大约 2~10 行代码。由于本例只是为了说明问题，所以代码的扩充程度只是实际开发时的下限。

回头看看 9.3 节开头展示的规范和初始的伪代码。最初的五句话规范扩充为 15 行伪代码 (取决于如何统计行数)，后者进而扩充为一页篇幅的程序。虽然规范很详细，但创建该子程序还是需要对伪代码和代码进行大量设计工作。这种低层次的设计很好地解释了为什么说“编码”是一项不简单的任务，也很好地解释了本书的主题为什么很重要。

检查代码是否要进一步分解　某些时候，某个初始伪代码行下方会出现代码爆炸的情况。在这种情况下，可以从两种方案中选择一种。

关联参考　要想进一步了解重构，可参见第 24 章。

- 将注释下方的代码重构为新的子程序。如果发现一行伪代码扩充出来的代码超出预期，请将代码重构为自己的子程序。写代码来调用该子程序，加入子程序的名字。如果一直在很好地运用 PPP，新子程序的名字应该很容易从伪代码中提取。完成最开始创建的子程序后，就可深入新的子程序中，再次对其应用 PPP。
- 以递归方式运用 PPP。与其在一行伪代码下面写几十行代码，不如花时间把原来的一行伪代码分解成几行伪代码。继续在每行新的伪代码下方填入代码。

检查代码

设计并实现子程序之后，构建子程序的第三大步骤是进行检查，确保所构建的东西是正确的。在这一阶段遗漏的任何错误只有在以后测试时才能发现。那时发现和纠正这些错误的成本会更高，所以应该在这一阶段尽可能地找出错误。

关联参考　要想进一步了解如何检查架构和需求中存在的错误，可参见第 3 章。

问题之所以在子程序完全编好码后才出现，是出于几方面的原因。伪代码中的错误可能在详细的实现逻辑中才变得明显。一个在伪代码中看起来很优雅的设计，在用于实现的语言中可能变得很笨拙。在详细的实现过程中，可能会发现架构、高层设计或需求中的错误。最后，代码中也可能出现一个老套的、乱七八糟的编码错误，毕竟，人无完人！基于所有这些原因，继续之前要对代码进行评审。

用心检查子程序的错误　对子程序的第一次正式检查是用心检查。之前提到的清理和非正式检查步骤是用心检查的两种形式。还有一种是心头过一下每个执行路径。心头过一遍并执行子程序很困难，而这种困难正是要保持子程序短小的原因之一。确保检查正常路径、端点以及所有异常情况。既要自己检查，这称为“桌面检查”(desk-check)，也要和一个或多个同行一起检查，这称为“同行评审”(peer review)、“走查”(walk-through) 或者“检查”(inspection)，具体取决于如何做。

HARD DATA

业余爱好者和专业程序员最大的区别之一是从迷信进入理解而产生的区别。这里的“迷信”并不是指程序在月圆之夜会令人感到毛骨悚然或者产生额外的错误。它是指凭对代码的感觉来代替理解。如果经常发现自己怀疑编译器或硬件出了错误，表明你仍处于迷信的阶段。多年前的一项研究发现，所有错误中只有大约 5% 是硬件、编译器或操

作系统错误 (Ostrand and Weyuker 1984)。如今，这个比例甚至更低。相反，已进入理解阶段的程序员总是首先怀疑自己的工作，因为他们知道 95% 的错误都是由自己造成的。理解每一行代码的作用以及为什么需要它。没有什么只是因为它似乎能工作就一定正确。如果不知道它为什么能工作，它就可能无法工作，只是你还不知道而已。

这里的要点在于，一个能工作的子程序还不够。如果不理解它为什么能工作，就研究，讨论，用替代设计方案来做实验，直到理解为止。

编译子程序　完成对子程序的评审后就编译。由于代码完成于很久之前，所以等这么长时间来编译似乎不划算。无可否认，可以早点编译子程序，让计算机检查一下未声明的变量、命名冲突等等，这样能省去一些工作。

但是，如果在程序后期才进行编译，会从几个方面受益。主要原因是，编译新代码时，内部秒表就开始计时。首次编译后，压力会增大："只要再编译一次，就能搞定。"这种"再编译一次"综合征会导致仓促而就、容易出错的修改，因而从长远来看花费的时间更多。避免急于求成，在确信程序是正确的前提下才进行编译。

本书的一个重点是告诉你如何跳出试错的怪圈，即不管三七二十一，先把东西拼凑在一起，然后再跑一下，看它是否能起作用。在确定程序可以工作之前就进行编译，这是拼凑思维的一个典型症状。如果没有陷入"拼凑 - 编译"的怪圈，就会在感觉合适的时候才进行编译。但同时要意识到，其实大多数人都在以"拼凑 - 编译 - 修改"的方式来开发能工作的程序。

以下指导原则可以让人在编译程序时获得最大的收益。

- *将编译器的警告级别设为最高*　只要让编译器去做，它就能检测出数量令人震惊的、不容易察觉的小错误。
- *使用校验工具*　语言 (例如 C) 所进行的编译器检查可通过 lint 等工具来予以补充。即使是没有编译的代码 (例如 HTML 和 JavaScript)，也能通过校验工具进行检查。
- *消除所有错误信息和警告的根源*　注意，它们传达的是代码相关消息。大量警告往往意味着代码质量低，应尝试理解显示的每一个警告。在实践中，反复出现的警告有两种可能的结果：要么忽略它们 (它们就会掩盖其他更重要的警告)；要么它们只是变得越来越烦人。通常，重写代码以解决潜在的问题并消除警告，这种做法比较安全和省力。

在调试器中逐行执行代码　一旦程序编译完成，就把它放到调试器中，逐行执行每一行代码。确保每一行都能按照自己的期望执行。这个简单的做法有助于发现许多不容易察觉的错误。

关联参考　详情可参见第 22 章。同时参见第 22.5 节。

测试代码　使用在开发程序时计划或创建的测试用例来测试代码。可能需要开发脚手架来支持测试用例，仅在测试时用于支持子程序的代码，这些代码并不包括到最终产品中。脚手架可以是一个用测试数据调用子程序的测试工具，也可以是供子程序调用的桩 (stub)。

关联参考　详情可参见第 23 章。

消除子程序中的错误　检测到任何错误都必须消除。如果正在开发的子程序当前漏洞百出，它很可能会一直漏洞百出。发现一个子程序漏洞百出，就重新开始。不要再试图去拼拼凑凑，直接重写完事。但凡出现需要拼凑的情况，就通常意味着你对它的理解还不完整，因而不管是现在还是将来，肯定都还会出错。为一个漏洞百出的子程序创建全新的设计是值得的。重写一个有问题的子程序，并确保以后再也挑不出它的任何错误，没有什么比这更让人有满足感了。

收尾

检查代码的问题后，请核实它是否具有本书描述的常规特征。可采取几个清理步骤来确保该子程序的质量达到自己的标准。

- 检查子程序的接口　确保所有输入和输出数据都有始有终，所有参数都用到了。详情可参见第 7.5 节。
- 检查常规设计质量　确保该子程序只做并做好了一件事，它与其他子程序的耦合很松散，而且它的设计是防御性的。详情可参见第 7 章。
- 检查子程序的变量　检查是否存在不准确的变量名、未使用的对象、未声明的变量、初始化不当的对象等。详情可参见关于变量使用的第 10 章 ~ 第 13 章。
- 检查子程序的语句和逻辑　检查是否有“相差一”错误、无限循环、不正确的嵌套和资源泄漏。详情可参见第 14 章 ~ 第 19 章对语句的介绍。
- 检查子程序的布局　确保使用空白来澄清子程序、表达式和参数列表的逻辑结构。详情可参见第 31 章。
- 检查子程序的文档　确保转换为注释的伪代码仍然是准确的。

检查算法描述，检查接口预设和非明显的依赖关系的文档，检查不明确的编码实践的理由，等等。详情可参见第 32 章。

- 删除多余注释　有的时候，伪代码注释对注释所描述的代码来说确属多余，尤其是假如 PPP 已经被递归地运用，而注释恰好在对一个良好具名的子程序进行调用之前。

有需要的话，再重复

如果子程序质量堪忧，就退回到伪代码编程那一步。高质量编程是一个迭代过程，所以不要犹豫，再来一轮构建活动。

9.4 PPP 的替代方案

在我看来，PPP 是创建类和子程序的最佳方法。下面是其他专家推荐的一些不同方法。可将这些方法作为 PPP 的替代或补充。

测试优先开发　测试优先 (或测试先行，test-first development) 是一种流行的开发风格，它是指在写任何代码之前，先写好测试用例。这种方法在第 22.2 节中有更详细的描述。关于测试优先于编程，有一本好书是《测试驱动开发》 (Beck 2003)。

重构　作为一种开发方法，重构是指通过一系列保留了语义的转换来改进代码。程序员根据不良代码的模式或“臭味”来识别需改进的部分。第 24 章详细讲述了这种方法，关于这个主题的一本好书是《重构》(Fowler 1999)。

契约式设计　作为一种开发方法，契约式设计 (design by contract) 中的每个子程序都被认为是有前置和后置条件的。这种方法在第 8.2 节中的“采用断言来说明前置条件和后置条件”进行了讲述。关于契约式设计的最佳信息来源是《面向对象的软件构建》 (Meyer 1997)。

拼凑？　一些程序员试图拼凑出能工作的代码，而不是采用像 PPP 这样的系统化方法。如果曾在编码一个子程序时陷入僵局而不得不重新开始，就表明 PPP 可能会更有效。如果发现自己在编码一个子程序的中途迷失，也表明 PPP 会有好处。是否经历过忘记写类或子程序一部分的情况？如果使用 PPP，这种情况几乎不会发生。如果发现自己盯着电脑屏幕不知道从何处下手，就说明可以通过这个积极的信号，让 PPP 使编程生活变得更容易。

关联参考　此清单旨在核实创建子程序时是否遵循了一系列良好的步骤。至于专注于程序自身质量的检查清单，可以参见第 7 章的“检查清单：高质量的子程序”。

检查清单：伪代码编程过程

- ❑ 确认已满足所有先决条件了吗？
- ❑ 定义好类要解决的问题了吗？
- ❑ 概要设计足够清晰，能为类及其每个子程序起一个好的名字吗？
- ❑ 想过应该如何测试类及其每个子程序吗？
- ❑ 主要是从可靠的接口和可读性好的实现，还是从满足资源和速度预算的角度去考虑效率？
- ❑ 在标准库或其他代码库中找过可用的子程序或组件了吗？
- ❑ 在参考书中查找过有用的算法了吗？
- ❑ 采用详细的伪代码去设计了每一个子程序吗？
- ❑ 已经在心头检查过伪代码吗？这些伪代码容易理解吗？
- ❑ 关注过那些可能会让自己重返设计的警告信息了吗？例如，关于全局数据的使用以及一些似乎更适合放在另一个类或子程序中的操作等？
- ❑ 将伪代码准确转换成实际代码了吗？
- ❑ 以递归方式运用 PPP 并根据需要将一些子程序拆分成更小的子程序了吗？
- ❑ 在做出预设时对它们进行说明了吗？
- ❑ 删除多余注释了吗？
- ❑ 是否从几次迭代中选择了效果最好的，而不是在第一次迭代之后就停止尝试？
- ❑ 是否完全理解了自己写的代码？它们是否容易理解？

要点回顾

译注
社会心理学家卡尔·威克曾经说过："思考不一定会产生行动，但在行动的过程中，一定会产生思考。"这就是所谓的"先行动，再思考。"

- 类和子程序的构建通常是一个迭代过程。构建子程序过程中所获得的认知常常会反过来影响类的设计。
- 编写好的伪代码需要使用容易理解的自然语言，要避免使用特定编程语言才有的特性，同时要在意图层级上编写伪代码，说明设计应该做什么，而不是具体怎么做。
- 伪代码编程过程 (PPP) 是进行详细设计的一种有用的工具，它也使编码工作变得更容易。伪代码可直接转换为注释，从而确保了注释的准确性和实用性。
- 不要只停留在自己想到的第一个设计方案上。可以反复使用伪代码迭代出若干个方案，选出其中最好的再开始着手编码。
- 每一步完成后都检查自己的工作，并鼓励其他人帮忙检查。这样就能够在投入精力最少的时候，用最低的成本发现错误。

学习心得

1.____
2.____
3.____
4.____
5.____

第 III 部分
变量

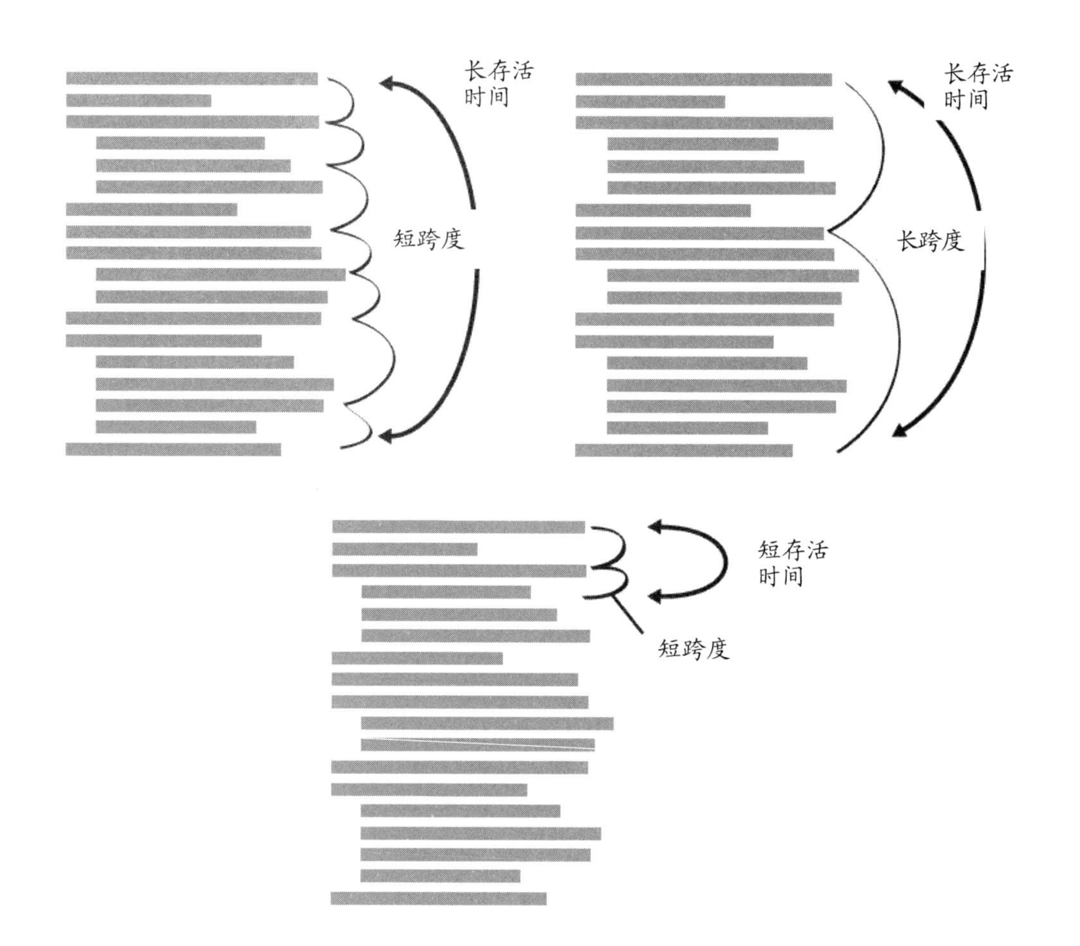
长存活
时间
短跨度
长存活
时间
长跨度
短存活
时间
短跨度

第10章

变量使用中的常规问题

内容

相关主题及对应章节

- 变量的命名：第11章
- 基本数据类型：第12章
- 不常见的数据类型：第13章
- 数据声明的格式化：第31.5节
- 变量的注释：第32.5节

希望通过软件构建来弥补需求和架构之间的差异，这是正常的，也是可取的。将蓝图设计得精细到所有细节都有详细说明，这样做很低效。本章描述一个基本但也重要的构建问题：使用变量时所涉及的诸多细节。

对于有经验的程序员，本章的内容特别有价值。在还没有完全意识到自己有更多的选择之前，很容易开始使用危险的做法，甚至在学会了避免这些错误做法之后，也可能出于惯性而继续用。有经验的程序员可能会觉得第10.6节对绑定时间的讨论和第10.8节对每个变量只限一个用途的讨论特别有趣。如果不确定自己是否是一名有经验的程序员，请通过第10.1节中的数据扫盲测试来找到答案。

在本章中，使用变量 (variable) 这个词来指代对象 (object) 以及内置数据类型 (built-in data type)，比如整数和数组等。数据类型 (data type) 一词通常指内置数据类型，而数据 (data) 一词指的是对象 (object) 或内置类型 (built-in type)。

10.1 数据扫盲

创建有效的数据，第一步是知道自己要创建哪种类型的数据。一个相对完善的数据类型库是程序员工具箱的关键组成部分。关于数据类型的教程超出了本书的范围，但数据扫盲测试可以帮助确定可能还需要掌握多少种数据类型。

数据扫盲测试

在下面每个看起来很熟悉的术语旁边写上 1。如果认为自己了解某个术语但不是很确定其含义，就给自己打 0.5 分。完成后计算总分，并根据后面的评分表来解读分数。

________ 抽象数据类型 (abstract data type)
________ 字面量 (literal)
________ 数组 (array)
________ 局部变量 (local variable)
________ 位图 (bitmap)
________ 查找表 (lookup table)
________ 布尔变量 (boolean variable)
________ 数据成员 (member data)
________ 平衡多路查找树 (B-tree)
________ 指针 (pointer)
________ 字符变量 (character variable)
________ 私用 (private)
________ 容器类 (container class)
________ 可追溯突触 (retroactive synapse)
________ 双精度 (double precision)
________ 引用完整性 (referential integrity)
________ 引申流 (elongated stream)
________ 栈 (stack)
________ 枚举类型 (enumerated type)
________ 字符串 (string)
________ 浮点 (floating point)
________ 结构变量 (structured variable)
________ 堆 (heap)
________ 树 (tree)
________ 索引 (index)
________ typedef
________ 整数 (integer)
________ 联合 (union)
________ 链表 (linked list)
________ 价值链 (value chain)
________ 命名常量 (named constant)
________ 变体 (variant)
________ 总分

可以按照如下标准来解读自己的得分 (标准仅供参考):

0-14	你是一名初级程序员，可能在学校里刚学习计算机科学一年，或者是在自学第一门编程语言。通过阅读下一小节列出的书籍，你可以学到很多东西。本书这一部分对技术的许多描述是针对高级程序员的，所以如果读了其中一本书后再来看这些内容，你将有更多的收获。
15-19	你是一名中级程序员，或者是一名经验丰富但忘性很大的程序员。尽管上述的许多概念对你来说已经很熟悉了，但阅读下面列出的书籍依然可以有收获。
20-24	你是一名专家级程序员。书架上可能已经有了下面的某一本书。
25-29	你比我更了解数据类型。可以考虑自己写一本计算机方面的书。(给我寄一本！)
30-32	你是一个自大的骗子。术语"引申流 (elongated stream)"、"可追溯突触 (retroactive synapse)"和"价值链 (value chain)"所指的并不是数据类型，它们是我杜撰的。请阅读第 33 章中介绍的知识分子的理性诚实！你是个骗子。

关于数据类型的其他资源

下面这些书是学习数据类型的非常好的资料。

Cormen, H. Thomas, Charles E. Leiserson, Ronald L. Rivest. *Introduction to Algorithms*. New York, NY: McGraw Hill. 1990. 中译本《算法导论》

Sedgewick, Robert. *Algorithms in C++, Parts 1-4,* 3d ed. Boston, MA: Addison-Wesley, 1998. 中译本《算法 I ～ IV(C++ 实现)》

Sedgewick, Robert. *Algorithms in C++, Part 5*, 3d ed. Boston, MA: Addison-Wesley, 2002. 中译本《算法 I ～ IV(C++ 实现)》

10.2 简化变量声明

关联参考 关于变量声明布局的详细信息，请参见第 31.5 节。关于对变量声明进行说明的详细信息，请参见第 32.5 节。

本节讲述如何简化变量声明的工作。诚然，这是一个很小的任务，你可能认为它太小了，不值得在本书中单独用一个小节来讨论。然而，创建变量的确很花时间，因此养成一个正确的习惯可以在整个项目周期内省时省力。

隐式声明

有些语言支持隐式变量声明。例如，如果在 Microsoft Visual Basic 中使用一个未声明变量的时候，编译器就会自动声明该变量，取决于编译器的设置。

隐式声明对任何一种语言来说都是最危险的特性之一。如果是用 Visual Basic 编程，那么，当你在试图弄清楚为什么 acctNo 没有正确的值的时候，最终却发现是不慎将 acctNo 写成 acctNum 而且又将 acctNum 重新初始化为 0，此时的你会有多么的沮丧。如果所用的编程语言不要求对变量预先声明，就很容易出现这一类错误。

如果所用的编程语言要求声明变量，必须得先犯下两个错误才可以避免程序产生不良的后果：首先，必须把 acctNum 和 acctNo 都放到子程序的主体中；然后，必须在子程序中同时声明这两个变量。这个错误比较难犯，它几乎消除了同义词变量 (synonymous-variables) 的问题。那些要求显式声明数据的语言实质上是要求你更谨慎地使用来数据，这是它们的主要优势之一。如果要用一种隐式声明的语言来编程，怎么办？这里有一些建议。

关闭隐式声明 有些编译器允许禁用隐式声明。例如，在 Visual Basic 中，可以使用 Option Explicit 语句，该语句强制在使用所有变量之前必须先声明。

关联参考 关于缩写标准化的详细信息，请参见第 11.6 节。

声明所有变量 当输入一个新变量时，要对它做出声明，即使编译器不要求你一定要这样做。这样做虽然不会捕获所有的错误，但至少能发现其中的一部分。

遵循命名规范 为常见变量名后缀 (如 Num 和 No) 建立一套命名规范，这样一来，在打算定义一个变量时，不会出现两种变量后缀。

检查变量名 使用编译器或其他应用程序生成的关联参考列表 (cross-reference list)。很多编译器会把一个子程序内的全部变量都列出来，以便能够发现 acctNum 和 acctNo。它们还会列出那些已经声明但还未使用的变量。

10.3 变量初始化指南

不恰当的数据初始化是计算机编程中最典型的错误来源之一。开发有效的技术来避免初始化问题可以节省大量调试时间。

初始化不当的问题源于变量包含了一个你不希望它包含的初始值。发生这种情况的原因有以下几种。

关联参考 关于基于数据初始化和使用模式的测试方法，请参见第 22.3 节。

- 从未对变量赋值 它的值是程序启动时碰巧在其内存区域中存在的任何一个值。

- **变量值已经过期**　变量是在某个时间点赋值的，但该值已经不再有效。
- 变量的一部分已被赋值，而另一部分没有。

最后一种有几种可能。你可能初始化了一个对象的部分成员，而不是所有成员。也可能忘记分配内存，就去初始化一个未经初始化的指针所指向的“变量”。这意味着你实际上是在随机选取计算机内存的一部分并给它赋值。这块内存存储的可能是数据，也可能是代码，甚至可能是操作系统。指针问题可能会表现出完全让人出乎意料的症状，并且，每次症状都不一样，这就是调试指针错误比调试其他错误更困难的原因。

下面是一些避免初始化问题的建议。

在声明时初始化每个变量　在声明变量时对其进行初始化是一种低成本的防御性编程方法。这是防范初始化错误的一种很好的策略。下面的示例确保了每次调用包含 studentGrades 的子程序时该变量都会被重新初始化。

关联参考　检查输入参数是防御性编程的一种形式。关于防御性编程的详细信息，请参见第 8 章。

C++ 代码示例：在声明变量的同时进行初始化

```
float studentGrades[ MAX_STUDENTS ] = { 0.0 };
```

在靠近首次使用的地方初始化每个变量　包括 Visual Basic 在内的一些语言不支持在声明变量的同时进行初始化。这可能会导致如下编码风格，即把变量的声明集中放在一个地方，把变量的初始化集中放在另一个地方，所有这些都距离变量的首次实际使用太远。

Visual Basic 代码示例：初始化（糟糕的）

```
' declare all variables
Dim accountIndex As Integer
Dim total As Double
Dim done As Boolean

' initialize all variables
accountIndex = 0
total = 0.0
done = False
...

' code using accountIndex
...

' code using total
```

```
...

' code using done
While Not done
   ...
```

更好的做法是尽可能在第一次使用变量的地方初始化该变量：

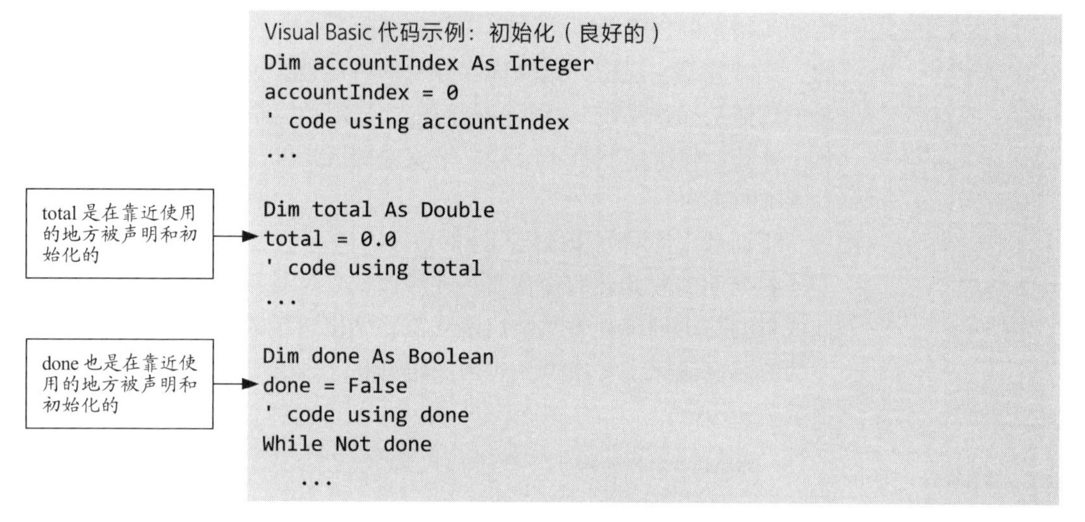

第二个示例优于第一个示例，原因如下：当第一个示例执行到使用 done 的代码时，done 可能已经被修改了。即使你第一次写这个程序时不会这样，后续的修改也可能会导致这样的错误。第一种方法还有一个问题，它把所有的变量初始化放在一起，让人觉得所有的变量都是在整个子程序中使用的，实际上，done 只在最后才使用。最后，当程序被修改时（即使只是为了调试，也会被修改），可能会围绕 done 相关的代码构建循环，这时 done 需要被重新初始化。在这种情况下，第二个示例中的代码几乎不需要修改。第一个示例中的代码更容易产生令人讨厌的初始化错误。

关联参考 要想了解如何将相关操作放在一起，请参见第 10.4 节。

这是“就近原则”(Principle of Proximity) 的一个示例：即把相关的操作放在一起。这一原则也同样适用于让注释靠近它们所描述的代码——让控制循环的代码靠近循环本身，将直线型代码中的语句进行分组——以及其他许多领域。

在理想情况下，应在靠近首次使用变量的地方声明和定义每个变量 声明确定了变量的类型。定义为变量赋一个特定的值。在 C++ 和 Java 这类允许这样操作的语言中，变量应该在靠近首次使用的地方进行声明和定义。在理想情况下，每个变量都应该在声明的同时被定义，如下所示：

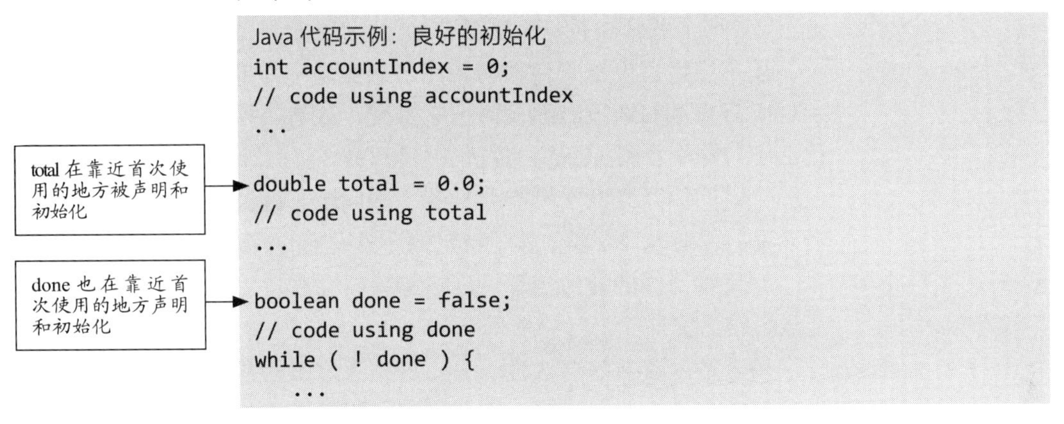


```
Java 代码示例：良好的初始化
int accountIndex = 0;
// code using accountIndex
...

double total = 0.0;
// code using total
...

boolean done = false;
// code using done
while ( ! done ) {
   ...
```

尽可能使用 final 或 const　通过在 Java 中将变量声明为 final，或者在 C++ 中将变量声明为 const，可以防止该变量在初始化之后再被赋值。final 和 const 这两个关键字对于定义类常量 (class constant)、仅用于输入的参数 (input-only parameter) 以及任何初始化后其值保持不变的局部变量时很有用。

特别注意计数器和累加器　i、j、k、sum 和 total 等变量常用作计数器或累加器。一个常见的错误是在下一次使用计数器或累加器之前忘记重置它。

在构造函数中初始化该类的成员数据　就像一个子程序的变量应该在每个子程序中被初始化一样，一个类的数据也应该在其构造函数中被初始化。如果在构造函数中分配了内存，则应该在析构函数中释放这些内存。

检查是否需要重新初始化　问问自己这个变量是否需要重新初始化，要么是因为子程序内的某个循环需要多次使用该变量，要么是因为该变量会在子程序调用之间保留它的值，因此需要在每次调用时重新赋值。如果需要重新初始化，请确保初始化语句在那些重复执行的代码内部。

对具名常量进行一次初始化：在可执行代码中初始化变量　如果想用变量来模拟具名常量，那么可以在程序开始时对常量做一次初始化。要做到这一点，可以在 Startup() 子程序中初始化它们。对于真正的变量，则应在可执行代码中靠近使用它们的地方进行初始化。对程序常做的修改之一就是把一个原本只调用一次的子程序修改为可以调用多次。那些由程序级 (program-level)startup() 子程序进行初始化的变量不会在该子程序中再一次重新初始化。

使用编译器设置来自动初始化所有变量 如果编译器支持自动初始化所有变量的选项，那么请把它打开，这是一种靠编译器完成初始化工作的简单方式。然而，当把代码移到另一台机器或者编译器的时候，依赖特定的编译器设置可能会导致一些问题。确保记下了所用的编译器设置，否则很难发现依赖于特定编译器设置的假设。

关联参考 关于检查输入参数的更多信息，请参见第 8.1 节以及第 8 章的其余部分。

利用编译器的警告信息 许多编译器会在使用一个未经初始化的变量时给出警告。

检查输入参数的合法性 另一种颇有价值的初始化形式是检查输入参数的合法性。在把输入值向任何对象赋值之前，请确保这些数值是合理的。

使用内存访问检测工具来检查错误的指针 在一些操作系统中，操作系统的代码会检查无效的指针引用；而在另一些操作系统中，你只能靠自己。然而，不必自己去做，因为可以购买内存访问检查工具来检测程序中的指针操作。

在程序开始初始化工作内存处 把工作内存初始化为一个已知的值有助于暴露初始化问题。可以采用如下任意一种方法。

- 可以使用预编程内存填充工具以一个可预测的值填充内存。在某些情况下，0 是一个不错的填充值，因为它会确保那些尚未初始化的指针指向内存底端，因为它确保未初始化的指针指向低内存，使其很容易被检测出误用未初始化指针的情况。在 Intel 处理器上，0xCC 是一个不错的填充值，因为它是用于断点中断的机器码：如果在调试器中运行代码，并试图执行数据而不是代码，会被断点淹没。0xCC 的另一个优点是，它很容易在内存转储 (memory dump) 中被识别，而且它很少有合法的用途。另外，柯宁汉和派克建议用常量 0xDEADBEEF 来填充内存，这在调试器中很容易被识别出来 (Kernighan and Pike1999)。
- 如果是在使用内存填充工具，可以偶尔改变一下用来填充内存的值。如果项目环境从未改变过，那么“抖动”一下程序有时会发现一些隐藏的问题。

- 可以让程序在启动时初始化其工作内存。使用预编程内存填充工具的目的是暴露缺陷，而这种技术的目的是隐藏它们。通过每次用相同的值填充工作内存，可以保证程序不会受到启动内存 (startup memory) 随机变化的影响。

10.4 作用域

作用域是一种思考变量的知名度的方式，即它有多出名？作用域或可见性 (visibility)，是指变量在整个程序内的可见和可引用的程度。一个作用域有限的或者作用域很小的变量只能在程序的很小范围内可见，例如，循环索引 (loop index) 只在一个小循环内使用。一个作用域很大的变量在程序的很多地方都是可见的，例如，在整个程序中会用到的员工信息表。

不同的语言处理作用域的方式也有所不同。在一些早期的语言里，所有的变量都是全局变量，因此无法控制变量的作用域，这会产生很多问题。在 C++ 类似的语言中，变量可以对一个代码块 (用大括号括起来的一段代码)、一个子程序、一个类 (可能还有它的派生类) 或整个程序可见。在 Java 和 C# 中，变量也可以对一个包 (package) 或命名空间 (namespace，一组类的集合) 可见。

下面几节提供了一些作用域使用指南。

变量引用局部化

不同变量引用之间的代码是一个漏洞窗口。在这个窗口中，可能会添加新的代码，不经意间改变了变量，或者阅读代码的人可能忘记了变量应该包含的值。将变量的引用局部化，把变量的引用紧密地放在一起，总是一个好主意。

对变量的引用进行局部化的想法不言自明，但这种想法只适合有正式度量手段来判断集中程度的场景。衡量一个变量不同引用点之靠近程度的一种方法是计算该变量的“跨度”。这里有一个例子：

```
Java 代码示例：变量跨度
a = 0;
b = 0;
c = 0;
a = b + c;
```

在这个例子中，对变量 a 的第一次引用和第二次引用之间有两行代码，所以变量 a 的跨度是 2。对变量 b 的两个引用之间有一行代码，所以变量 b 的跨度是 1，而变量 c 的跨度为 0。下面是另一个例子：

```
Java 代码示例：跨度 1 和 0
a = 0;
b = 0;
c = 0;
b = a + 1;
b = b / c;
```

深入阅读 关于变量跨度的更多内容，请参见《软件工程度量指标与模型》(Conte, Dunsmore, and Shen 1986)。

在上面这个示例中，对变量 b 的第一次引用和第二次引用之间有一行代码，其跨度为 1。对变量 b 的第二次和第三次引用之间没有代码间隔，因此跨度为 0。

平均跨度是通过对各个跨度计算平均值而得出的。在第二个示例中，对于变量 b，(1+0)/2 算得的平均跨度是 0.5。如果把变量的引用放在一起，可以使阅读代码的人每次只关注代码的一部分。如果这些引用相隔很远，读代码的人就不得不在程序里来回跳转。因此，把变量的引用集中在一起的主要好处是，可以提高程序的可读性。

尽可能缩短变量的“存活”时间

与变量跨度相关的一个概念是变量的存活时间 (live time)，即一个变量存活的总语句数。一个变量的存活时间开始于引用它的第一条语句，结束于引用它的最后一条语句。

与跨度不同的是，存活时间不受变量在第一次和最后一次引用之间使用次数的影响。如果变量第一次被引用是在第 1 行，最后一次被引用是在第 25 行，那么它的存活时间就是 25 条语句。如果只有这两行引用了该变量，那么它的平均跨度就是 23 条语句。如果从第 1 行到第 25 行的每一条语句都使用了该变量，那么它的平均跨度就是 0 条语句，但它的存活时间仍然是 25 条语句。图 10-1 说明了跨度和存活时间。

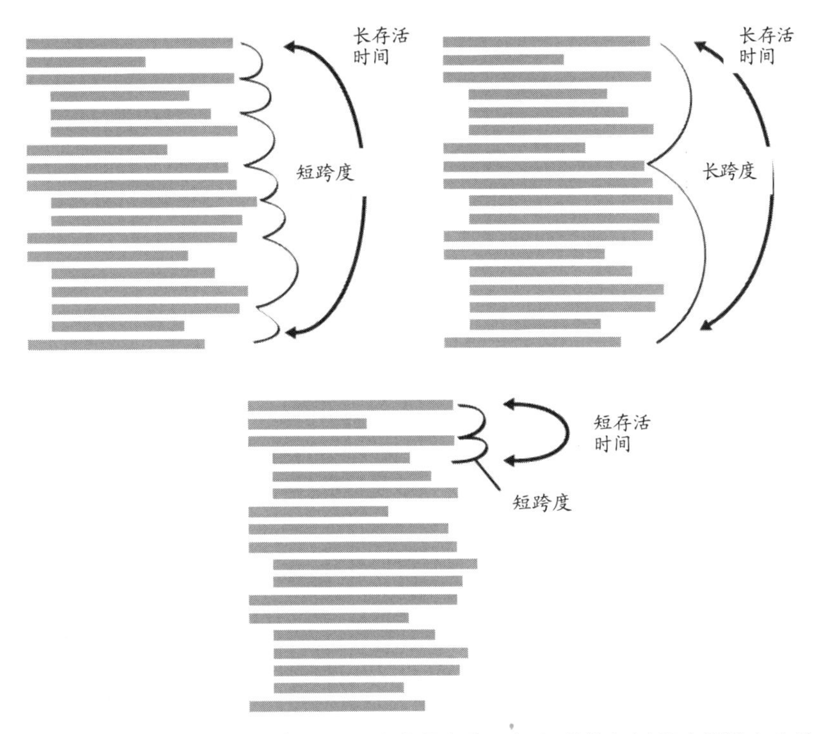

图 10-1　“长存活时间”意味着一个变量在许多语句的执行过程中都是存在的，而“短存活时间”意味着它只在几条语句中存在。“跨度”指的是对一个变量引用的集中程度

与跨度类似，保持较短存活时间也是我们的目标，我们应该让变量的存活时间尽可能短。和跨度一样，保持较短存活时间的基本好处还有减少了漏洞窗口。这可以降低在代码之间不经意改变一个变量的几率。

保持短暂存活时间的第二个好处是，它可以让你对自己的代码有一个更准确的认识。如果一个变量在第 10 行赋值，直到第 45 行才使用，那么这两个引用之间的距离就暗示着该变量在第 10 行到第 45 行之间使用。如果该变量是在第 44 行赋值，并在第 45 行使用，则意味着该变量不会有其他的用途，因而在思考该变量时，可以将精力集中在范围更小的代码段上。

短暂的存活时间还可以降低初始化错误的可能。在修改程序的时候，通常都要把顺序代码修改为循环，但同时往往忘记那些远离循环位置的初始化代码。通过把初始化代码和循环代码更紧密地放在一起，可以减少因修改代码而导致初始化错误的可能性。

短暂的存活时间使代码可读性更强。读代码的人在同一时间内需要记住的代码行数越少，越容易读懂代码。同样，在编辑和调试的过程中想要查看对某一变量的所有引用时，变量的存活时间越短，需要在屏幕上显示的代码行数也就会越少。

最后，当需要把一个大的子程序拆分成多个小的子程序时，较短的变量存活时间也很有用的。如果对变量的引用都集中在一起，更容易将相关的代码片断重构为单独的子程序。

度量变量的存活时间

可以计算对某一变量第一次和最后一次引用之间的代码行数（包含第一行和最后一行），以这种方式来将存活时间这一概念正式化。这里有一个存活时间过长的例子：

Java 代码示例：变量的存活时间过长

```
1 // initialize all variables
2 recordIndex = 0;
3 total = 0;
4 done = false;
  ...
26 while ( recordIndex < recordCount ) {
27 ...
28   recordIndex = recordIndex + 1;
     ...

64 while ( !done ) {
     ...
69   if ( total > projectedTotal ) {
70      done = true;
```

最后一次引用 recordIndex

最后一次引用 total

最后一次引用 done

示例中变量的存活时间如下：

```
recordIndex                 ( 第 28 行 - 第 2 行 +1)=27
Total                       ( 第 69 行 - 第 3 行 +1)=67
Done                        ( 第 70 行 - 第 4 行 +1)=67
Average Live Time           ( 27 + 67 + 67 ) / 3 ≈ 54
```

下面重写该示例，使变量引用更紧凑：

对 recordIndex 的初始化从第 3 行移到这里

对 total 和 done 的初始化分别从第 4 行和第 5 行移到这里

Java 代码示例：变量具有良好的较短存活时间

```
   ...
25 recordIndex = 0;
26 while ( recordIndex < recordCount ) {
27 ...
28    recordIndex = recordIndex + 1;
      ...
62 total = 0;
63 done = false;
64 while ( !done ) {
      ...
69    if ( total > projectedTotal ) {
70       done = true;
```

示例中变量的存活时间如下：

Recordlndex	(第 28 行 - 第 25 行 +1)=4
Total	(第 69 行 - 第 62 行 +1)=8
Done	(第 70 行 - 第 63 行 +1)=8
Average Live Time	(4+8+8)/3≈7

直观上看，第二个例子似乎比第一个更好，因为变量的初始化是在更接近于使用变量的地方进行的。这两个示例之间计算出来的平均存活时间的差异很大：54 ∶ 7 的结果为选择第二段代码提供了很好的定量支持。

深入阅读　要想进一步了解变量的存活时间，请参见《软件工程度量指标和模型》(Conte, Dunsmore, and Shen 1986)。

那么，能通过一个硬性数字来区分存活时间和跨度的好坏优劣吗？研究人员目前还没有制作出这样的定量数据，但可以肯定的是，尽量减少变量跨度和存活时间是一个好主意。

如果试图将跨度和存活时间的概念应用于全局变量，会发现全局变量的跨度和存活时间都很长——这是避免使用全局变量的众多好理由之一。

缩小作用域的一般原则

以下是一些可以用来缩小作用域的具体的原则。

关联参考　要想进一步了解如何在靠近使用的地方初始化变量，请参见 10.3 节。

在循环之前立即初始化循环中使用的变量，而不是在包含该循环的子程序的开头进行初始化　这样做以后，当修改循环时，会记得对循环的初始化也做相应的修改。之后，当修改程序并在初始循环之外增加一层循环时，初始化将在新循环的每一次执行都发挥作用，而不是只其第一次执行有效。

关联参考　要想进一步了解这种变量是如何声明和定义的，请参见第 10.3 节。

在使用变量之前不要为其赋值　你可能有过这样的挫败感：搞不清楚一个变量是在哪里被赋值的。让变量的赋值位置越明显越好。C++ 和 Java 等语言支持如下变量初始化的方法：

```
C++ 代码示例：良好的变量声明与初始化
int receiptIndex = 0;
float dailyReceipts = TodaysReceipts();
double totalReceipts = TotalReceipts( dailyReceipts );
```

关联参考　要想进一步了解如何把相关语句放在一起，请参见第 14.2 节。

把相关语句放到一起　下面这个例子展示了一个用于总结每日收入的子程序，说明了应该怎样把变量的引用放在一起，以便更容易找到它们。第一个例子违背了这一原则：

```
C++ 代码示例：令人困惑的使用两组变量的做法
void SummarizeData(...) {
   ...
   GetOldData( oldData, &numOldData );
   GetNewData( newData, &numNewData );
   totalOldData = Sum( oldData, numOldData );
   totalNewData = Sum( newData, numNewData );
   PrintOldDataSummary( oldData, totalOldData, numOldData );
   PrintNewDataSummary( newData, totalNewData, numNewData );
   SaveOldDataSummary( totalOldData, numOldData );
   SaveNewDataSummary( totalNewData, numNewData );
   ...
}
```

请注意，在这个例子中，需要同时跟踪 oldData、newData、numOldData、numNewData、totalOldData 和 totalNewData 这 6 个变量。下面这个例子展示了如何将每个代码块中的变量数减少到只有 3 个：

```
C++ 代码示例：更易于理解的使用两组变量的做法
void SummarizeData( ... ) {
   GetOldData( oldData, &numOldData );
   totalOldData = Sum( oldData, numOldData );
   PrintOldDataSummary( oldData, totalOldData, numOldData );
   SaveOldDataSummary( totalOldData, numOldData );
   ...
   GetNewData( newData, &numNewData );
   totalNewData = Sum( newData, numNewData );
   PrintNewDataSummary( newData, totalNewData, numNewData );
   SaveNewDataSummary( totalNewData, numNewData );
   ...
}
```

把这段代码拆分开以后，得到的两个代码块比原来的代码块都要短，并且各自包含的变量更少。它们更容易理解，而且，如果需要把这段代码拆分成单独的子程序，那么更少的变量和更短的代码块将有助于更好地定义子程序。

把相关语句组拆分成单独的子程序　在其他条件相同的情况下，相比位于较长子程序中的变量，位于较短子程序中的变量通常跨度更小和存活时间更短。通过把相关的语句拆分成独立的、更小的子程序，可以缩小变量的作用域。

开始时严格限制可见性，若非必要，不宜扩大变量的作用域　缩小变量作用域的方法之一就是尽可能使其保持局部化。相比将作用域小的变量的作用域扩大，缩小一个作用域大的变量的作用域更困难——换句话说，把全局变量转变为类成员变量相比把类成员变量转变成全局变量，要难得多。把一个 protected 数据成员转变为 private 数据成员的难度也比反向操作更难。出于这个原因，如果对变量的作用域有疑问，应该尽可能为变量选择最小的作用域：首选将变量局部化到某个特定的循环和局部化到某个子程序，然后是成为类的 private 变量、protected 变量，接下来是对包 (package) 可见 (如果编程语言支持的话)，最后只有在不得已的情况才使用全局作用域。

关联参考　关于全局变量的更多信息，请参见第 13.3 节。

关于缩小作用域的说明

程序员采用哪种方法来缩小变量的作用域，取决于他如何看待“方便性”(convenience) 和“智力上的可控性”(intellectual manageability)。一些程序员之所以把很多变量定义为全局变量，是因为全局变量访问起来非常方便，而且不必浪费时间去处理参数列表和类作用域规则。在他们看来，能够在任何时候访问变量所带来的便利性超过了这样做所带来的风险。

另一些程序员更喜欢尽可能使变量局部化，因为局部化的作用范围有助于提高智力上的可控性。能够隐藏的信息越多，任何时候所需要记住的信息就越少。需要记住的信息越少，越不太可能由于忘记许多需要记住的细节而出错。

关联参考　缩小作用域与信息隐藏的思想相关，详情可参见第 5.3 节。

KEY POINT

“方便性”和“智力上的可控性”这两种理念之间的区别，可以归结为写程序和读程序的侧重点不同。使作用域最大化可以使程序写起来比较容易，但相对于子程序功能划分明确的程序，允许任何子程序在任何时间使用任何变量的程序更难以理解。在这样的程序中，不能只理解一个子程序，还必须理解与该子程序共享全局数据的其他所有子程序。这种程序无论是阅读、调试还是修改，都很困难。

因此，应该把每个变量定义为只对需要看到它的最小范围的那段代码可见。如果能把变量的作用域限定到一个单独的循环或子程序中，就太好了。如果无法把作用域限定在一个子程序中，那么就把可见性限定到单个类中。如果无法把变量的作用域限定在对该变量承担最主要责任的那个类里面，就创建一些存取子程序来与其他类共享该变量的数据。这样一来，会发现很少(如果有的话)需要用到裸露的全局数据。

关联参考 要想进一步了解如何存取子程序，请参见第 13.3 节。

10.5 持久性

“持久性”是对一段数据之生命期的另一种描述。持久性有几种形式，一些变量会持久存在。

- 在一个特定代码块或子程序的生命周期内，例如 C++ 语言或 Java 语言中在 for 循环中声明的变量。
- 只要允许，它们就会持续下去。在 Java 语言中，用 new 创建的变量会一直持久存在，直到被垃圾回收。在 C++ 语言中，用 new 创建的变量会一直持续到被删除 (delete)。
- 存在于程序的整个生命期内。大多数语言的全局变量都属于这一类，C++ 语言和 Java 语言中的 static 变量也是如此。
- 永久存在。这一类变量可能包括存储在数据库中的、能够在程序多次执行之间存留的数据。例如，如果有一个用户可以自定义屏幕颜色的交互式程序，就可以将用户设定的颜色保存在一个文件里，供每次程序加载时读取。

持久性的主要问题出现在假设变量的持久时间比变量的实际生命期更长时。变量就像冰箱里的那罐牛奶。它应该能保存一个星期，但有时它又能保存一个月，而有时保存五天就会变酸。变量的生命周期也一样难以预料。如果试图在一个变量正常的生命周期结束之后使用它的值，它还会保留它的值吗？有时变量中的值过期了，让你知道自己犯错了。而有时，计算机会把旧值保留在变量中，使你误以为自己用得正确。

可以采取以下步骤来避免这类问题。

关联参考　调试代码很容易包含在存取子程序中，详情参见第 13.3 节。

- 在程序中使用调试代码或者断言来检查那些关键变量的合理值。如果变量的值不合理，你就会看到一个警告，提示去找不正确的初始化。
- 使用完变量后，给它们赋上不合理的值。例如，可以在删除一个指针后把它的值设置为 null。
- 编写代码时，要假定数据不是持久的。例如，如果一个变量在你退出某个子程序时有一个特定的值，那么在下次进入该子程序时不要假定该变量还有同样的值。如果使用的是某种编程语言中保持变量值不变的特殊功能，例如 C++ 和 Java 中的 static，那么这一点就不适用了。
- 养成在使用前声明和初始化所有数据的习惯。如果数据使用附近没有初始化代码，就要小心了！

10.6 绑定时间

对程序维护和可修改性有很深远影响的初始化话题是“绑定时间”：把变量和它的值绑定在一起的时间 (Thimbleby 1988)。变量和值是在什么时间绑定在一起的呢？是在编写代码时？编译程序时？程序加载时？程序运行时？还是其他时间？

越晚绑定越有利。一般来说，绑定时间越晚，代码的灵活性就越大。下面的例子展示了最早期做绑定，也就是编写代码时做绑定：

```
Java 代码示例：在编写代码时绑定其值的变量
titleBar.color = 0xFF; // 0xFF is hex valuc for color blue
```

由于 0xFF 是硬编码 (hard-coded) 到程序里的字面值，所以在编写代码时会被绑定到变量 titleBar.color。像这样的硬编码技术通常都非常糟糕，因为一旦 0xFF 这个值发生变化，就可能会与代码中其他使用 0xFF 的地方不同步，而这些 0xFF 必须与新值相同。

下面是一个在中后编译时进行绑定的例子：

```
Java 代码示例：在编译时绑定其值的变量
private static final int COLOR_BLUE = 0xFF;
private static final int TITLE_BAR_COLOR = COLOR_BLUE;
...
titleBar.color = TITLE_BAR_COLOR;
```

TITLE_BAR_COLOR 是一个具名常量，编译器会在编译时替换该表达式的值。如果编程语言支持这种特性，那么这种方法几乎可以肯定地说，这种做法是要好于硬编码的。因为与 0xFF 相比，TITLE_BAR_COLOR 能进一步表示它所代表的内容，增加了代码的可读性。它也使得修改标题栏颜色变得更加容易，因为一处改动即可适用于所有位置，并且它也不会影响运行时的性能。

下面是一个在后期运行时进行绑定的例子：

```
Java 代码示例：在运行时绑定其值的变量
titleBar.color = ReadTitleBarColor();
```

ReadTitleBarColor() 是一个在程序运行时读取值的子程序，数值来源可能是 Microsoft Windows 的注册表，也可能来自某个 Java 属性文件。

与硬编码相比，这样的代码可读性和灵活性更高。无需通过修改程序来改变 titleBar.color，修改 ReadTitleBarColor() 读取的数据源的内容即可。这种方法通常用于允许用户自定义应用程序环境的交互式应用程序中。

绑定时间还有一种变化，它与何时调用 ReadTitleBarColor () 子程序有关。这个子程序可以在程序加载时、每次创建弹窗时或者是每次重绘弹窗时被调用一次——这里每种方案的绑定时间都晚于前一种。

下面对本例中变量与值的绑定时间进行总结 (在某些情况下，细节可能会有些不同)。

- 编码时 (使用魔法数字)
- 编译时 (使用具名常量)
- 加载时 (从 Windows 注册表、Java 属性文件等外部数据源中读取一个值)
- 对象实例化时 (例如在每次创建弹窗时读取值)
- 即时 (例如在每次重绘弹窗时读取值)

一般来说，绑定时间越早灵活性就越低，但复杂度也会越低。就前两种方案而言，使用具名常量比使用魔数 (magic number) 更好，因此，只要使用良好的编程实践，就可以获得具名常量所带来的灵活性。除此之外，灵活性越大，支持这种灵活性所需要的代码复杂度就越高，代码也就越容易出错。由于成功的编程依赖于最小的代码复杂度，因此经验丰富的程序员会在满足软件需求的基础上尽可能兼顾灵活性，但不会增加需求范围之外的任何灵活性以及相应的复杂度。

10.7 数据类型和控制结构之间的关系

数据类型和控制结构之间以一种定义明确的方式相互关联，这种方式最早是由英国计算机科学家杰克逊 (Michael Jackson) 所描述的 (Jackson 1975)。本节概述了数据和控制流之间的常规关系。

他绘制出了三种类型的数据和相应的控制结构之间的关系。

关联参考　要想进一步了解顺序执行的语句，请参见第 14 章。

序列型数据转化为程序中的顺序语句　序列由按特定顺序一起使用的数据集群组成，如图 10-2 所示。如果在一排中有 5 条语句分别处理 5 个不同的值，就说明它们是顺序语句。如果从一个文件中读取员工的姓名、社会保险号、住址、电话号码和年龄，那么程序中就会有顺序语句来读取文件中的序列型数据。

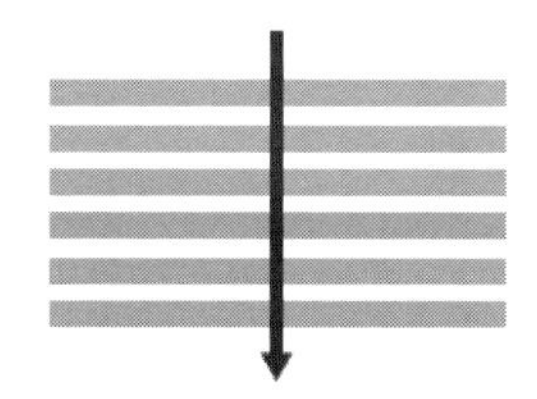

图 10-2　序列型数据就是按照规定顺序来处理的数据

关联参考　要想进一步了解条件语句，请参见第 15 章。

选择型数据转化为程序中的 if 和 case 语句一般来说，选择型数据是一个集合，这组数据在任一特定时刻有且仅有一个数据片段会被使用，如图 10-3 所示。相应的程序语句必须执行实际的选择，它们由 if-then-else 或 case 语句组成。一个员工薪资程序，可能会根据员工是按小时还是按工资计酬来做不同的处理。同样，代码中的模式与数据中的模式相匹配。

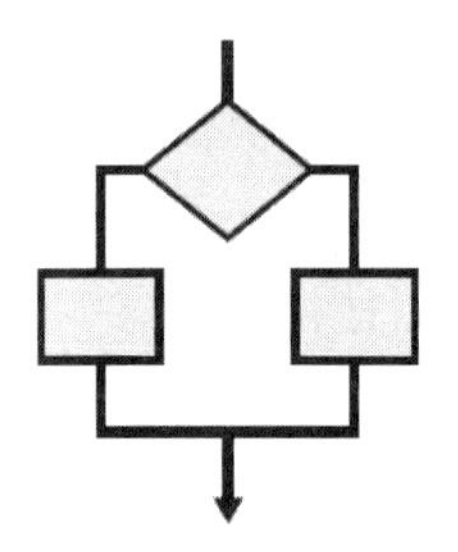

图 10-3　选择型数据允许使用一个或另一个，但不能两者同时使用

迭代型数据转化为程序中的 for、repeat、while 等循环结构　迭代型数据是指同一类型的数据重复多次，如图 10-4 所示。迭代型数据通常被存储为容器中的元素、文件中的记录或者数组中的元素。可能从文件中读取一个社会保险号列表。迭代型数据对应的是用于读取数据的迭代代码循环。

关联参考　要想进一步了解循环，请参见第16章。

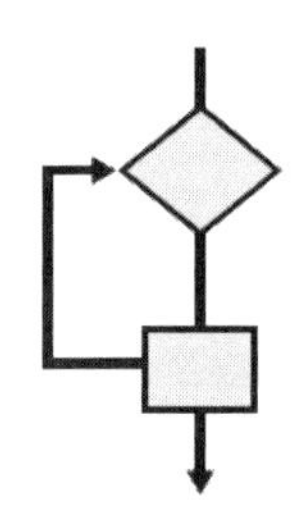

图 10-4　迭代型数据被重复使用

真实数据可以是序列型、选择型和迭代型数据的组合。可以把这些简单的“积木”组合起来来描述更复杂的数据类型。

10.8 每个变量只有一个用途

可以通过几种微妙的方式为变量指定多个用途，不过，最好不要使用这种微妙的方式。

每个变量只限用于单一用途　有的时候，在两个不同的地方把同一个变量用于两个不同的活动是很诱人的。通常情况下，该变量在其中一个用途上的命名是不适当的，或者在两种情况下都使用了一个“临时”变量，其名称通常是没有什么实际含义的 x 或 temp。下面的例子显示了一个用于两种用途的临时变量：

C++ 代码示例：同一个变量用于两种用途（糟糕的实践）

```
// Compute roots of a quadratic equation.
// This code assumes that (b*b-4*a*c) is positive.
temp = Sqrt( b*b - 4*a*c );
root[0] = ( -b + temp ) / ( 2 * a );
root[1] = ( -b - temp ) / ( 2 * a );
...

// swap the roots
temp = root[0];
root[0] = root[1];
root[1] = temp;
```

关联参考　子程序的每个参数的用途也应当是惟一的。要想进一步了解如何使用子程序参数，请参见第 7.5 节。

问题：前几行代码中的 temp 与后几行代码中的 temp 之间有什么关系？答案：这两个 temp 之间毫无关系。在这两种情况下使用同一个变量，会使它们看起来似乎彼此相关，其实并不然。为每个用途单独创建一个变量，可以使代码更具有可读性。下面是改进后的代码：

C++ 代码示例：两个变量用于两种用途（良好的实践）

```
// Compute roots of a quadratic equation.
// This code assumes that (b*b-4*a*c) is positive.
discriminant = Sqrt( b*b - 4*a*c );
root[0] = ( -b + discriminant ) / ( 2 * a );
root[1] = ( -b - discriminant ) / ( 2 * a );
...

// swap the roots
oldRoot = root[0];
root[0] = root[1];
root[1] = oldRoot;
```

避免使用具有隐含含义的变量　把同一变量用于多个用途的另外一种方式是，变量的不同值代表着不同的含义。

- 变量 pageCount 的值可能表示打印的页数，除非它等于 -1，在这种情况下，它表示发生了错误。
- 变量 customerId 可能代表一个客户账号，除非它的取值大于 500 000，在这种情况下，减去 500 000 就能得到一个逾期账户的号码。
- 变量 bytesWritten 可能表示写入输出文件的字节数，除非它的取值为负，在这种情况下，它表示的是用于输出的磁盘驱动器的编号。

避免使用这类具有隐含意义的变量。这种滥用在技术领域被称为“混合型耦合 (hybrid coupling)”(Page-Jones 1988)。这个变量覆盖了两项工作，意味着该变量的类型对其中一项工作来说是错误的。在 pageCount 一例中，pageCount 通常表示页面的数量：它是一个整数。然而当 pageCount 等于 -1 时，它表示发生了一个错误：这个整数被当作布尔值来使用了！

即使写代码的人很清楚这种双重用途，但其他人并不明白。使用两个变量来保存两种信息的话，清晰度更高，更让人惊喜，而且，多用的那一点存储空间，不会有人抱怨的。

确保使用了所有已声明的变量　与同一变量多种用途相反，还有一种做法是声明了变量却不使用它。有一份研究发现，未引用的变量与错误率呈正相关的关系 (Card, Churchand Agresti, 1986)。请养成检查的习惯，以确保使用了声明的所有变量。一些编译器和工具 (如 lint) 会把没有用到的变量报告为警告。

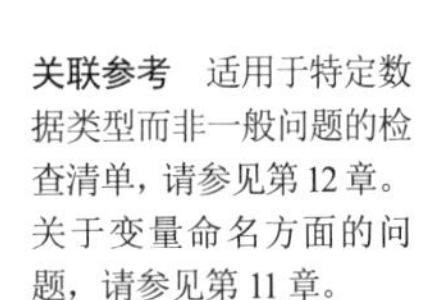
关联参考　适用于特定数据类型而非一般问题的检查清单，请参见第 12 章。关于变量命名方面的问题，请参见第 11 章。

检查清单：数据使用中的常规注意事项

初始化变量

- ❑ 每一个子程序都检查其输入参数的合法性吗？
- ❑ 每个子程序是否检查输入参数的有效性？
- ❑ 代码是否在首次使用变量的地方声明变量？
- ❑ 如果可能的话，代码是否在声明变量时对其进行初始化？
- ❑ 如果不能同时声明和初始化变量，代码是否在靠近首次使用的地方初始化变量？
- ❑ 是否正确初始化了计数器和累加器？如有必要，是否在每次使用时都重新初始化？
- ❑ 在重复执行的代码中，变量的重新初始化是否正确？
- ❑ 代码编译时，编译器是否发出警告？启用所有可用的警告了吗？
- ❑ 如果所用的语言允许隐式声明，是否为由此引发的问题做好了补偿措施？

使用数据的其他事项

- ❑ 所有变量都有最小的作用域吗？
- ❑ 对变量的引用都尽可能集中在一起吗？对同一变量的两次相邻引用以及变量的整个生命期，是否都这样做了？
- ❑ 控制结构是否与数据类型相对应？
- ❑ 是否使用了所有已声明的变量？

- ❑ 变量都是在适当时间绑定的吗？也就是说，是否有意在后期绑定所带来的灵活性与增加的复杂度之间做出了平衡？
- ❑ 每个变量是否都是有且只有一个用途？
- ❑ 每个变量的含义都很明确且没有隐含含义吗？

要点回顾

- 数据的初始化很容易出错，所以请使用本章描述的初始化技术来避免由意外初始值引起的问题。
- 最小化每个变量的作用域。把对同一变量的引用集中在一起。把它限定在子程序或类的范围内。避免使用全局数据。
- 处理相同变量的语句，尽可能集中在一起。
- 早期绑定往往会限制灵活性，但有助于降低复杂度。后期绑定往往会增加灵活性，但代价是增加了复杂度。
- 每个变量只有一个用途。

学习心得

1.______________________________
2.______________________________
3.______________________________
4.______________________________
5.______________________________

第 11 章

变量名称的威力

内容

相关主题及对应章节

- 子程序的名称：第 7.3 节
- 类的名称：第 6.2 节
- 变量使用中的常规问题：第 10 章
- 数据声明的格式化：第 31.5 节
- 变量注释：第 32.5 节

尽管好的名称对有效的编程很重要，但我从来没有读到过任何论述能够好好谈一谈创建好的名称有哪些注意事项。很多编程教科书都只用几段话来讨论如何选择缩写，简单说上几句陈词滥调，然后就指望读者自个儿琢磨着解决这个问题。为此，我打算反其道而行之，专门针对变量的命名来穷尽所有有用的相关信息。

本章的指导原则主要适用于变量（对象和基本数据）的命名。但也适用于类、包、文件以及其他编程实体的命名。想要进一步了解如何为子程序命名，请参见第 7.3 节。

11.1 选择好名称的注意事项

有人可能会因为某个名字很可爱或者听上去还不错，就把它用作自家小狗的名字，但变量不能这样命名。狗和它的名字是不同的实体 (entity)，两者是不同的，然而，变量和变量名本质上却是同一回事。因此，变量的好坏在很大程度上取决于它的命名。变量名称的选择，务必要慎重。

下面的代码示例中，使用的变量名也很糟糕：

```
Java 代码示例：糟糕的变量名
x = x - xx;
xxx = fido + SalesTax( fido );
x = x + LateFee( x1, x ) + xxx;
x = x + Interest( x1, x );
```

这段代码里发生了什么？x1、xx 和 xxx 是什么意思？fido 又是什么意思？假如有人告诉你这段代码是根据未付余额和新的几笔消费来计算客户账单总额，你会使用哪个变量来打印客户新增消费的账单呢？

下面是以上代码的另一个版本，可以更容易地回答这个问题：

```
Java 代码示例：好的变量名
balance = balance - lastPayment;
monthlyTotal = newPurchases + SalesTax( newPurchases );
balance = balance + LateFee( customerID, balance ) + monthlyTotal;
balance = balance + Interest( customerID, balance );
```

从这两段代码的对比可以看出，好的变量名是可读的、好记的和恰当的。可以应用几个通用的原则来实现这几个目标。

最重要的命名注意事项

在给变量命名时，最重要的考虑因素是，变量名称要足够充分而准确地描述变量所代表的实体。要想有一个好的名称，一个有效的技巧是用文字来表达该变量代表的是什么实体。通常，这句话本身就是最好的变量名。这种名字很容易阅读，因为它不包含晦涩的缩写，而且还没有歧义。因为它是对实体的完整描述，所以也不会与其他东西产生混淆。而且，由于这一命名与其表达的概念相似，因此也很容易记住。

表示美国奥运会代表队人数的变量，可以命名为 numberOfPeopleOnTheUsOlympicTeam。表示体育场内座位数量的变量命名为 numberOfSeatsInTheStadium。表示国家代表队在现代奥运会上获得的最高分的变量命名为 maximumNumberOfPointsInModernOlympics。表示当前利率的变量最好命名为 rate 或 interestRate，而不是 r 或 x。看，这下明白了吧。

请注意这些命名的两个特征。首先，它们都很容易理解。事实上，它们根本不需要任何解释，一看就明白。其次，有些名字太长了，长到很不实用。下面马上要讲到变量名的长度问题。

表 11-1 给出了几个变量名的例子，其中有好的，也有差的。

表 11-1　变量名的好与差示例

变量用途	好的命名，好的描述	糟糕的命名，糟糕的描述
已开支票总额	runningTotal，checkTotal	written，ct，checks，CHKTTL，x，x1，x2
子弹头火车的时速	velocity，trainVelocity，velocityInMph	velt，v，tv，x，x1，x2，train
当前日期	currentDate，todaysDate	cd，current，c，x，x1，x2，date
每页的行数	linesPerPage	lpp，lines，l，x，x1，x2

currentDate 和 todaysDate 都是很好的名称，因为它们都完整而准确地描述了“当前日期”的概念。事实上，这两个名字都用了非常直白的单词。程序员有时会忽略使用这些看似普通的单词，然而，这往往却是最简单的解决方案。cd 和 c 这样的名称很糟糕，因为它们太短了，同时完全不具有描述性。current 这个名称也很糟糕，因为它并没有指明当前的什么。date 看上去不错，但经过最终分析，它也被判定为糟糕的名称，因为这里所说的日期并不是任何日期，而是当前日期，date 本身并没有表达出这层含义。x、x1 和 x2 这几个名称也很糟糕，因为它们一直都被认为是很糟糕的，传统上 x 代表一个未知数：如果不希望变量是一个未知数，那么请想一个更好的名称吧。

命名应该尽可能清楚明确。像 x、temp、i 这几个名称都相当笼统，可以用于多种目的，并不能提供足够多的信息来说明变量的用途，因此，这些名称通常都被认为是糟糕的。

以问题为导向

能帮助记忆的名称通常会针对问题，而不是针对解决方案。好的名称倾向于可以表达“什么 (what)”，而不是“如何 (how)”。一般而言，如果一个变量的名称指的是计算的某些方面而不是问题本身，那么它反映的就是“how”而非“what”。请避免使用这样的名称，名称要能够用来指代问题本身。

员工数据的记录可以命名为 inputRec 或者 employeeData。inputRec 是一个反映输入、记录等计算概念的计算机术语。employeeData 指的是问题领域，与计算的领域无关。同样，如果是一个表示打印机状态的位字段 (bit field)，bitFlag 相比 printReady，计算机更容易识别。在财务软件里，calcVal 相比 sum，也更有利于计算机识别。

名称最优长度

变量名的最优长度似乎应该介于 x 和 maximumNumberOfPointsInModernOlympics 之间。太短，无法充分表达含义。像 x1 和 x2 这样的命名，存在的一个问题是，即使知道 x 代表什么，也无从知道 x1 和 x2 之间的关系。太长，输入难，而且还会使程序的视觉结构变得不清晰。

有研究发现 (Gorla、Benander and Benander，1990)，当变量名的平均长度在 10 ～ 16 个字符的时候，调试程序花费的力气最小。平均命名长度在 8 ～ 20 个字符的程序也差不多同样易于调试。这个原则并不意味着应该努力把变量名称的长度控制在 9 ～ 15 或者 10 ～ 16 个字符。但这确实意味着，如果查看自己的代码并看到许多较短的名称，就说明需要检查一下，确保这些变量名称的含义足够清晰，因为这对代码的可读性非常有必要。

采用经典童话《金发姑娘与三只小熊》(经常用来比喻权衡和比较)的方法来命名变量，可能会有所收获，如表 11-2 所示。

表 11-2 变量名太长、太短或正好

太长	numberOfPeopleOnTheUsOlympicTeam numberOfSeatsInTheStadium maximumNumberOfPointsInModernOlympics
太短	n，np，ntm n，ns，nsisd m，mp，max，points
正好	numTeamMembers，teamMemberCount numSeatsInStadium，seatCount teamPointsMax，pointsRecord

作用域对变量名称的影响

关联参考 要想进一步了解作用域，请参见第 10.4 节。

是不是说短的变量名成就是总不受待见呢？不，并不总是这样。给一个变量起名为 i 这样的短名称时，长度本身就说明了这个变量的一些情况，即该变量代表的是一个临时数据，它的作用域非常有限。

读到这个变量的程序员应该能够假设它的值只是作用于几行代码。在把一个变量命名为 i 时，实际上是指“这个变量是一个普通的循环计数器或者数组索引，在这几行代码之外，它没有任何意义。”

有一项研究发现 (Shneiderman 1980)，如果是很少使用的变量或全局变量，名称最好能够长一些，但如果是局部变量或循环变量，名称最好短一点。然而，变量名太短的话，容易引起很多问题，因此，一些谨慎的程序员出于防御性编程策略的考虑，基本上不用太短的变量名。

对全局命名空间中的命名使用限定符　如果有全局命名空间中的变量 (具名常量和类名等)，请考虑是否需要采用一种规范来划分全局命名空间以避免命名冲突。在 C++ 和 C# 这两种语言中，可以用 namespace 关键字来划分全局命名空间。

```
C++ 代码示例：使用 namespace 关键字来划分全局命名空间
namespace UserInterfaceSubsystem {
   ...
   // lots of declarations
   ...
}

namespace DatabaseSubsystem {
   ...
   // lots of declarations
   ...
}
```

如果在 UserInterfaceSubsystem 和 DatabaseSubsystem 中同时声明一个 Employee 类，可通过 UserInterfaceSubsystem::Employee 或 DatabaseSubsystem::Employee 来确定自己想要引用哪个类。在 Java 语言中，可以使用包 (package) 来达到同样的目的。

在不支持命名空间或包的语言中，仍然可以使用命名规范来划分全局命名空间。一个惯例是要求为全局可见的类以子系统助记符作为前缀。用户界面相关的员工类可能会被命名为 uiEmployee，数据库相关的员工类可能会被命名为 dbEmployee。这样做的话，可以把全局命名空间的命名冲突风险降到最低。

变量名称中的计算值限定符

很多程序都有包含计算值的变量，分别是总计 (total)、平均值 (average)、最大值 (maximum) 等。如果要使用类似于 Total、Sum、Average、Max、Min、Record、String 或 Pointer 这样的限定符来修改某个名称，请把这个限定符放在名称的最后。

这种做法有很多优点。首先，变量名称中最重要的部分，即为变量赋予主要含义的部分，放在最前面，所以它最突出，也是最先被读到的。其次，通过建立这个规范，可以避免在同一个程序中同时使用 totalRevenue 和 revenueTotal 时可能产生的混淆。这两个名称在语义上是等价的，这个规范将防止它们被用作不同的名称。再其次，像 revenueTotal、expenseTotal、revenueAverage、expenseAverage 这样的名称具有令人愉悦的对称性。像 totalRevenue、expenseTotal、revenueAverage、averageExpense 这样的名称则并不具有秩序上的美感。最后，这种一致性可以提高可读性并简化后期的代码维护工作。

把计算值放在名称末尾这个规范的一个例外情况是，Num 限定符的习惯位置。Num 放在变量名的开头，代表的是总数：numCustomers 表示客户的总数；Num 放在变量名的末尾，代表的是索引：customerNum 表示的是当前客户的编号。numCustomers 末尾的 s 是另一个提示，说明了其含义的不同。但是，使用 Num 常常会造成混淆，因此最好的办法是避开这个问题，用 Count 或 Total 来指代客户总数，用 Index 来指代特定的客户。因此，customerCount 是指客户总数，customerIndex 是指一个特定的客户。

变量名称中常见的对仗词

关联参考　要想进一步了解子程序命名中的类似对仗词清单，请参见第 7.3 节。

对仗词的使用要准确。对对仗词应用命名规范，有助于提高一致性，进而提高代码的可读性。像 begin/end 这样的对仗词很容易理解和记忆。偏离常见对仗词的一组对立词汇往往难以记忆，因此很容易混淆。下面是一些常用的对仗词：

- begin/end
- first/last
- locked/unlocked
- min/max
- next/previous
- old/new
- opened/closed
- visible/invisible
- source/target

- source/destination
- up/down

11.2 特定数据类型的命名

除了命名数据的常规注意事项，在命名特定类型的数据时，还有一些特殊的注意事项。本节专门描述循环变量、状态变量、临时变量、布尔变量、枚举类型和具名常量的注意事项。

循环索引的命名

关联参考　要想进一步了解循环，请参见第 16 章。

由于循环是计算机编程中的一个常见特性，所以循环中变量的命名原则也由此应运而生。i、j 和 k 是惯用的名称：

```
Java 代码示例：简单的循环变量名
for ( i = firstItem; i < lastItem; i++ ) {
   data[ i ] = 0;
}
```

如果一个变量要在循环之外使用，那么应该给它一个比 i、j 或 k 更有意义的名称。例如，如果正在从一个文件中读取记录，并且需要记住已经读取了多少条记录，那么像 recordCount 这样的名称就比较合适：

```
Java 代码示例：描述性良好的循环变量名称
recordCount = 0;
while ( moreScores() ) {
   score[ recordCount ] = GetNextScore();
   recordCount++;
}

// lines using recordCount
...
```

如果循环超过一定行数，很容易让人忘记 i 代表什么，因此最好给循环索引起一个更有意义的名称。由于代码经常会被修改、扩展、复制到其他程序中，所以许多有经验的程序员会完全避免使用像 i 这样的名称。

循环之所以会变得太长，一个常见的原因通常是出现了循环嵌套。如果有多个嵌套的循环，那么，可以为循环变量指定较长的名称来增强它的可读性：

```
Java 代码示例：嵌套循环中良好的循环变量名称
for ( teamIndex = 0; teamIndex < teamCount; teamIndex++ ) {
   for ( eventIndex = 0; eventIndex < eventCount[ teamIndex ];eventIndex++ ) {
      score[ teamIndex ][ eventIndex ] = 0;
   }
}
```

为循环索引变量精心选择的名称避免了常见的索引串扰 (crosstalk) 问题：即在想用 j 的时候可能写了 i，想用 i 的时候却写了 j。它们也使数组访问更加清晰：score[teamIndex][eventIndex] 比 score[i][j] 的信息更丰富。

如果必须使用 i、j 和 k，除了简单循环的循环索引，不要再将它们用于别的地方，该规范已经成为一种惯例，打破这个规范而以其他方式使用会让人产生困惑。要想避免这类问题，最简单的方法就是选择比 i、j 和 k 更具有描述性的名称。

状态变量的命名

状态变量用于描述程序的状态。它的命名准则如下所述。

为状态变量取一个比 flag 更好的名称 最好把标记 (flag) 看成是状态变量。标记的名称不应该含有 flag，因为它并不能说明该标记的用途。为了清楚起见，标记应该用枚举类型、具名常量或用作具名常量的全局变量来为其赋值，而且，应该用前面这些值来校验该标记。下面展示的标记中，名称就很糟糕：

```
C++ 代码示例：含义隐晦的标记
if ( flag ) ...
if ( statusFlag & 0x0F ) ...
if ( printFlag == 16 ) ...
if ( computeFlag == 0 ) ...

flag = 0x1;
statusFlag = 0x80;
printFlag = 16;
computeFlag = 0;
```

像 statusFlag = 0x80 这样的语句无法向读代码的人表明这段代码的用途，除非这段代码就是你自己写的或者另外有文档说明 statusFlag 是什么以及 0x80 代表什么。下面的代码示例作用相同但更为清晰：

```
C++ 代码示例：更好地使用状态变量
if ( dataReady ) ...
```

```
if ( characterType & PRINTABLE_CHAR ) ...
if ( reportType == ReportType_Annual ) ...
if ( recalcNeeded = false ) ...

dataReady = true;
characterType = CONTROL_CHARACTER;
reportType = ReportType_Annual;
recalcNeeded = false;
```

相比 statusFlag = 0x80，characterType = CONTROL_CHARACTER 的意思显然更明确。同样，条件判断语句 if (reportType == ReportType_Annual) 要比 if (printFlag == 16) 更清晰。第二个例子表明，可以对枚举类型和预定义的具名常量来使用这种方法。下面的例子展示了如何使用具名常量和枚举类型来进行设置：

```
C++ 代码示例：声明状态变量
// values for CharacterType
const int LETTER = 0x01;
const int DIGIT = 0x02;
const int PUNCTUATION = 0x04;
const int LINE_DRAW = 0x08;
const int PRINTABLE_CHAR = ( LETTER | DIGIT | PUNCTUATION | LINE_DRAW );

const int CONTROL_CHARACTER = 0x80;

// values for ReportType
enum ReportType {
   ReportType_Daily,
   ReportType_Monthly,
   ReportType_Quarterly,
   ReportType_Annual,
   ReportType_All
};
```

一旦发现自己正在“揣摩”一段代码，请务必考虑重新命名这些变量。一桩谋杀案背后隐藏着哪些秘密，可以揣摩，但是自己写的代码，绝对不可以让别的人去“揣摩”，应该能够让他们一看就懂。

临时变量的命名

临时变量用于保存计算的中间结果、作为临时占位符以及保存辅助值 (housekeeping value)。它们通常被赋予 temp、x 或者其他一些模糊的、缺乏描述性的命名。一般来说，临时变量是程序员还没有完全理解问题的一个标志。而且，这些变量被正式赋予一种“临时”状态，因此，相比其他变量，程序员在对待这些变量的时候往往更为随意，从而增加了出错的可能性。

警惕"临时"变量 临时保存一些值往往是有必要的。但在某种程度上来说，程序中的大部分变量都是临时的。把其中几个称为临时变量的话，可能表明自己目前还不能确定它们的真实用途。请考虑下面的示例：

```
C++ 代码示例：不提供信息的"临时"变量名
// Compute solutions of a quadratic equation.
// This assumes that (b^2-4*a*c) is positive.
temp = sqrt( b^2 - 4*a*c );
solution[0] = ( -b + temp ) / ( 2 * a );
solution[1] = ( -b - temp ) / ( 2 * a );
```

把表达式 sqrt(b^2 - 4 * a * c) 的结果存储在一个变量中没有问题，尤其是它还要用在后面两个地方时。但是，temp 这样的名称并没有说清楚这个变量的用途。下面的例子展示了一种更好的做法：

```
C++ 代码示例：使用真正的变量名来替代"临时"变量名
// Compute solutions of a quadratic equation.
// This assumes that (b^2-4*a*c) is positive.
discriminant = sqrt( b^2 - 4*a*c );
solution[0] = ( -b + discriminant ) / ( 2 * a );
solution[1] = ( -b - discriminant ) / ( 2 * a );
```

这段代码本质上与前面那段代码一样，但在使用准确的、具有描述性的变量名之后，代码显然得到了很大的改善。

布尔变量的命名

布尔变量的命名指导方针如下。

牢记典型的布尔名称 下面是一些特别有用的布尔变量名称。

- done 使用 done 来表示某件事情是否完成。这个变量可用于表示循环或其他一些操作是否已经完成。在某件事情完成之前将 done 设置为 false，在完成时将其设置为 true。
- error 使用 error 来表示发生了错误。如果没有发生错误，就将该变量设置为 false；一旦发生错误，就将其设置为 true。
- found 使用 found 来表示是否找到某个值。如果没有找到该值，就将 found 设置为 false；一旦找到该值，则设置为 true。在如下场景中，使用 found 来搜索一个数组中某个值、一个文件中某个员工的 ID 以及某工资金额的工资单列表等。

- **success 或 ok**　使用 success 或 ok 来表示操作是否成功。当操作失败时，将该变量设置为 false；当操作成功时，将其设置为 true。如果可以的话，用一个更具体的名称来代替 success，以便更准确地描述成功的含义。如果处理完成，就表示这个程序执行成功，则可以用 processingComplete 来代替。如果找到某个值就表示程序执行成功，则可以使用 found 来代替。

给布尔变量赋予一个隐含真或假的命名　像 done 和 success 这样的名称就很好，因为其状态要么是 true，要么是 false；某件事情要么已经完成，要么没有完成；要么成功，要么失败。另一方面，像 status 和 sourceFile 这样的名称就不好，因为它们并没有明确的 true 或者 false。status 取值为 true 时意味着什么？是否意味着某个对象拥有一个状态？每个对象都有一个状态。true 表明某对象的状态是好的吗？还是说 false 意味着一切正常？ status 这样的名称，什么也看不出来。

为了取得更好的效果，建议用 error 或 statusOK 这样的名称来替换 status，同时将 sourceFile 替换为 sourceFileAvailable、sourceFileFound 或其他能体现该变量所表示内容的任何名称。

有些程序员喜欢把 Is 放在布尔变量名的前面。如此一来，变量名就变成了一个问题：isDone ？ isError ？ isFound ？ isProcessingComplete ？用 true 或 false 来回答这个问题，就可以提供该变量的值。这种方法的一个好处是，不能用于本身模糊不清的命名：isStatus ？没有任何意义。缺点是它降低了简单逻辑表达式的可读性：相比 if (found)，if (isFound) 的可读性略微差一些。

使用肯定的布尔变量名　像 notFound、notdone 和 notSuccessful 这样带否定词的名称，一旦被取反，就很难读懂。例如下面这行代码：

```
if not notFound
```

这样的名称应该替换为 found、done 或者 processingComplete，然后再根据情况运用运算符来取反。如果找到了想要的答案，就可以直接用 found 来代替 not notFound。

枚举类型的命名

关联参考　要想进一步了解使用枚举类型，请参见第 12.6 节。

当使用枚举类型时，可以通过使用组前缀 (如 Color_，Planet_ 或者 Month_) 来确保该类型的成员都属于同一个组。下面的例子运用前缀来标识枚举类型元素：

```
Visual Basic 代码示例：为枚举类型采用前缀命名约定
Public Enum Color
   Color_Red
   Color_Green
   Color_Blue
End Enum

Public Enum Planet
   Planet_Earth
   Planet_Mars
   Planet_Venus
End Enum

Public Enum Month
   Month_January
   Month_February
   ...
   Month_December
End Enum
```

此外，枚举类型本身 (Color、Planet 或 Month) 可以通过多种方式来识别，包括全部大写或前缀 (e_Color、e_Planet 或 e_Month)。有人可能会说，枚举本质上是一个用户定义的类型，所以枚举的命名应该与其他用户定义的类型 (如类等) 相同。一个不同的观点认为，枚举是一种类型，但它们也是常量，因此，枚举类型的命名应该遵循常量的格式。本书对枚举类型的命名采用了大小写混合的方式。

在有些编程语言里，枚举类型被处理得更像类，枚举成员总是以枚举名为前缀，比如 Color.Color_Red 或 Planet.Planet_Earth。如果用的是这样的语言，那么重复类似的前缀就没有什么意义。因此，可以把枚举类型本身的命名作为前缀，把两个名称分别简化为 Color.Red 和 Planet.Earth。

常量的命名

关联参考 要想进一步了解具名常量，请参见第 12.7 节。

常量的命名，要根据常量所代表的抽象实体来进行，而不是根据常量所指代的数字。FIVE 这样的常量名就很糟糕，不论它代表的值是否为 5.0。CYCLES_NEEDED 就很好。CYCLES_NEEDED 可以等于 5.0 或者 6.0，而 FIVE = 6.0 就很荒谬了。同理，BAKERS_DOZEN 很糟糕；而 DONUTS_MAX 就很好。

11.3 命名规范的威力

有些程序员很抵制标准和规范，当然也有一定的道理。一些标准和规范非常僵化且低效，会破坏他们的创造性和程序的质量。这真的让人觉得遗憾，因为有效的标准是我们所能掌握的最强大的工具，没有之一。本节将讨论为什么、何时以及如何建立自己的变量命名标准。

为什么要有规范

规范可以提供以下几个具体的好处。

- *让人觉得更理所当然*　通过做出一项全局决策而不是许多局部决策，我们可以把精力集中在更重要的代码特性上。
- *有助于在不同的项目间传递知识*　命名的相似性可以让人更容易、更自信地理解那些不熟悉的变量有何意图。
- *有助于在新项目中更快地学习代码*　与其学习安妮塔把代码写成这样，朱丽叶又把代码写成那样以及克里斯汀所写的代码又和大家都不一样，不如统一使用一套更一致的代码规范。
- *减少命名的扩散*　如果没有命名规范，同一个东西很容易分别用两个不同的名称来指代　例如，同样是总分，有人可能会用 pointTotal 和 totalPoints 来命名。在编码时，自己可能还不至于感到迷惑，但日后读代码的人，可能会觉得很困惑。
- *弥补编程语言的不足*　可以用规范来模拟具名常量和枚举类型。规范可以区分局部数据、类数据和全局数据，还可以将编译器不支持的类型信息纳入其中。
- *强调相关变量之间的关系*　如果使用对象数据，编译器会自动处理这些问题。如果编程语言不支持对象，编程的时候可以用命名规范来补充。像 address、phone 以及 name 这样的名称并不能表明这些变量是相关的。但是，假设决定所有的员工数据变量都以 Employee 作为前缀，则表明 employeeAddress、employeePhone 和 employeeName 这几个变量肯定是有关联的。编程的时候，良好的编码规范可以弥补特定编程语言固有的缺陷。

关键的一点是，有规范通常比没有规范更好。规范可能针对编码的方方面面。命名规范的威力并非来源于选择了哪个特定的规范，而是来源于这样的事实：规范的存在，可以使代码更加结构化，让程序员少操闲心。

何时建立命名规范

至于应该什么时候建立命名规范，并没有什么严格的规定，但在以下几种情况下，命名规范是很有价值的：

- 当多个程序员一起做同一个项目时；
- 当一个程序员打算把手上的代码交接给另一位程序员来修改和维护时，这可能是常态；
- 当程序在接受组织中其他程序员的评审时；
- 当程序规模太大，以至于大脑无法掌握全貌而必须分而治之时；
- 当程序的生命周期足够长，长到可能需要搁置几周或几个月再进行修改时；
- 当项目中存在一些不常见的术语并且希望有标准的术语或缩写可用于编码时。

命名规范肯定总是有好处的。这些注意事项应该有助于确定在特定项目中应当如何把握编程规范的尺度。

正式程度

关联参考　关于小型项目和大型项目在正式程度上的区别，请参见第 27 章。

不同的规范有不同的正式程度 (degrees of formality)。非正式的规范可能只是简单提一句“使用有意义的名称”。下一节要讲述其他非正式的规范。一般来说，需要什么样的正式程度，取决于项目组成员、项目的规模以及项目的预期寿命。如果是小型的短期项目，严格的规范可能是一种不必要的开销。如果是多人协作的大型项目，无论是在开始阶段还是在整个项目的生命周期，正式的规范是提高代码的可读性的“标配”。

11.4 非正式的命名规范

大多数项目采用的规范与本节所讲的相似，都是相对非正式的命名规范。

语言无关的命名规范指导原则

下面的指导原则适用于建立与语言无关的命名规范。

区分变量名和子程序名　本书所采用的命名规范是，变量名和对象名以小写字母开头，子程序名以大写字母开头，比如 variableName 对 RoutineName()。

区分类和对象　类名和对象名之间的对应关系，或者说类型和这些类型的变量之间的对应关系，可能会很棘手。有几个标准选项可用，如下例所示：

```
方案 1：通过首字母大写来区分类型和变量
Widget widget;
LongerWidget longerWidget;
```

```
方案 2：通过全部大写来区分类型和变量
WIDGET widget;
LONGERWIDGET longerWidget
```

```
方案 3：通过给类型增加“t_”前缀来区分类型和变量
t_Widget Widget;
t_LongerWidget LongerWidget;
```

```
方案 4：通过给变量增加“a”前缀来区分类型和变量
Widget aWidget;
LongerWidget aLongerWidget;
```

```
方案 5：通过对变量采用更加明确的名称来区分类型和变量
Widget employeeWidget;
LongerWidget fullEmployeeWidget;
```

每种选项都有其优点和缺点。选项 1 在大小写敏感的语言 (如 C++ 和 Java) 中是一种常见的规范，但是，有些程序员不习惯只用大写字母来区分命名。事实上，创建两个只有首字母大小写不同的命名，它们所能提供的心理距离 * 和视觉差异都很小。

译注

即 psychological distance，是一种社会心理学术语，指个体对另一个体或群体亲近、接纳或难以相处的主观感受程度。表现为在感情、态度和行为上的疏密程度。疏者心理距离远，密者心理距离近。

在混合语言环境中，如果各个语言都不区分大小写，那么选项 1 就不能被一致应用。以 Microsoft Visual Basic 为例，Dim widget as Widget 就会产生语法错误，因为 widget 和 Widget 会被处理为同一个标识符。

选项 2 在类型名和变量名之间做出了一个更明显的区别。然而，由于历史原因，在 C++ 语言和 Java 语言中，字母全部大写只用于表示常量，而且这种方法在混合语言环境中也会遇到选项 1 那样的问题。

选项 3 适用于所有的编程语言，但有些程序员会出于个人审美的主观原因而不喜欢加前缀。

选项 4 有时可以用来替代选项 3，但它的缺点是需要修改类的每个实例的命名，而不是只修改一个类名。

选项 5 需要基于每个变量的实际情况进行更多的考量。在大多数情况下，强制为每个变量指定一个具体的名称，可以使代码的可读性更高。但有些时候，一个 widget 确实只是一个通用的 widget，在这种情况下，会发现自己想出的都是些不那么显而易见的名称，如 genericWidget，可读性显然比较差。

简而言之，每个选项都不是十全十美的。本书代码采用的是选项 5，因为在阅读代码的人不一定熟悉一种不太直观的命名规范时，这种做法最容易理解。

标识全局变量　一个常见的编程问题是对全局变量的滥用。例如，如果给所有的全局变量名加上 g_ 前缀，那么程序员在看到 g_RunningTotal 时就会知道这是一个全局变量，并将其作为全局变量来对待。

标识成员变量　标识类的成员数据，清楚表明该变量不是局部变量，也不是全局变量。例如，可以用 m_ 前缀来标识类的成员变量，表明它是成员数据。

标识类型定义　为类型建立命名规范有两个目的：一是显式将一个命名标识为类型名；二是避免与变量发生名称冲突。为了满足这些要求，前缀或后缀是一个很好的方法。在 C++ 语言中，习惯的做法是把类型名全部大写，例如 COLOR 和 MENU，这个规范适用于 typedef 和 struct，但不适用于类名。但这可能会与命名预处理器常量 (named preprocessor constant) 混淆。为了避免混淆，可以为类型名增加 t_ 前缀，如 t_Color 和 t_Menu。

标识具名常量　具名常量需要有标识，以判断是在通过另一个变量 (其值可能会改变) 还是从具名常量在给一个变量赋值。在 Visual Basic 语言中，还有另外一种可能，即该值可能来自某个函数。Visual Basic 语言不要求函数名使用圆括号，而在 C++ 语言中，即使是没有参数的函数，也要用圆括号。

如果要给常量命名，一种方法是为常量名使用 c_ 这样的前缀。这样一来，就可以写出 c_RecsMax 或者 c_LinesPerPageMax 这样的名称。C++ 语言和 Java 语言的规范是全部用大写，可能用下划线来分隔单词，比如 RECSMAX 或 RECS_MAX，以及 LINESPERPAGEMAX 或 LINES_PER_PAGE_MAX。

标识枚举类型的元素　枚举类型的元素需要标识出来，其原因与具名常量相同，以便辨别出它是用于枚举类型的，而不是用于变量、具名常量或函数。标准方法如下：对类型本身的命名全部用大写，或者加上 e_ 或 E_ 前缀，并使用基于特定类型的前缀（如 Color_ 或 Planet_）来表示该类型的成员。

在不强制入参只读的语言中标识只读入参　有时，入参会被意外修改。在 C++ 和 Visual Basic 等语言中，必须明确指出是否希望把修改后的值返回给调用子程序。在 C++ 中，这是用 *、& 和 const 限定符来表示的。在 Visual Basic 中，则用 ByRef 和 ByVal 来表示。

在其他语言中，如果修改了输入变量，无论是否愿意，返回的都是它的新值。在传递对象时，尤其如此。例如，在 Java 中所有对象都是按值 (by value) 传递的，因此，在把一个对象传递给一个子程序时，该对象的内容可以在被调用的子程序中修改 (Arnold, Gosling, Holmes 2000)。

关联参考　通过命名规范来增强语言以弥补语言本身的不足，这种方式正是“深入语言去编程”而非仅仅“用语言来编程”的典范。这方面的详情，可以参见第 34.4 节。

在这些语言中，如果建立了一个为只读入参增加 const 前缀 (或 final、nonmodifiable 或类似的前缀) 的命名规范，那么，一旦发现等号左侧有 const 前缀，就知道肯定发生了错误。如果看到 constMax.SetNewMax(...)，就知道这是一个错误，因为 const 前缀表明这个变量不应该被修改。

格式化命名以提高可读性　有两种常用技术可以提高可读性，即用大写字母和分隔符来分隔单词。例如，相比 gymnasticsPointTotal 或 gymnastics_point_total，GYMNASTICSPOINTTOTAL 的可读性就是要差一些。C++、Java、Visual Basic 和其他的编程语言允许混合使用大小写。另外，C++、Java、Visual Basic 和其他的编程语言也允许使用下划线 (_) 来作为分隔符。

尽量不要混用上述技术，因为这会使代码的可读性很差。然而，如果老老实实地坚持使用这些可读性技术中的任何一种，代码质量肯定可以得到改善。人们曾经就诸如变量名的第一个字母是不是应该大写 (PointsTotal 对 pointsTotal) 等细节问题进行过激烈的讨论，但只要和团队保持一致，就不会有太大的区别。基于 Java 实践的影响，同时为了促进几种语言之间风格的融合，本书采用的是首字母小写。

特定语言的命名规范指导原则

遵循所用语言的命名规范。对于大多数语言，都可以找到描述其规范原则的书籍。下面几节将提供 C、C++、Java 和 Visual Basic 的指导原则。

C 语言的命名规范

深入阅读 描述 C 语言编程风格的经典读物是《C 语言编程指南》(Plum 1984)。

有几个命名规范特别适用于 C 语言。

- c 和 ch 是字符变量。
- i 和 j 是整型索引。
- n 是表示某物的数字。
- p 是指针。
- s 是字符串。
- 预处理宏全部大写，通常也包括 typedef。
- 变量名和子程序名全部小写。
- 下划线 (_) 用作分隔符：letters_in_lowercase 比 lettersinlowercase 更具可读性。

这些是通用的、UNIX 风格和 Linux 风格的 C 语言编码规范，但在不同的环境中，C 语言的规范也是不同的。在 Microsoft Windows 中，C 程序员倾向于使用匈牙利命名法，并在变量名中混合使用大小写。在 Macintosh 中，C 程序员倾向于使用混合大小写的子程序名，因为 Macintosh 的工具箱和操作系统子程序最初是为 Pascal 界面设计的。

C++ 语言的命名规范

深入阅读 要想进一步了解 C++ 编程风格，请参见《C++ 编程风格》(Misfeldt, Bumgardner, and Gray 2004)。

以下是围绕 C++ 编程发展起来的命名规范。

- i 和 j 是整型索引。
- p 是指针。
- 常量、typedef 和预处理宏全部大写。
- 类名和其他类型名混合大小写。
- 变量名和函数名的第一个单词小写，后面每个单词的首字母大写，如 variableOrRoutineName。
- 下划线不用做命名的分隔符，但全大写的命名和某些类型的前缀 (如用于标识全局变量的前缀) 除外。

与 C 语言一样，这种规范远非标准，并且不同的环境也会形成不同的规范细则。

Java 语言的命名规范

与 C 和 C++ 相比，Java 编码风格的规范自语言诞生之初就已经建立起来了。

深入阅读　要想进一步了解 Java 编程风格，请参见《Java 编程风格》(第 2 版) (Vermeulen et al. 2000)

- i 和 j 是整型索引。
- 常量全部大写，并用下划线分隔。
- 类名和接口名中每个单词的首字母大写，包括第一个单词，如 ClassOrInterfaceName。
- 变量名和方法名中第一个单词使用小写，后面每个单词的首字母大写，如 variableOrRoutineName。
- 除全大写的命名外，下划线不作为命名的分隔符。
- 访问器方法使用 get 和 set 前缀。

Visual Basic 语言的命名规范

Visual Basic 还没有建立真正固定的规范。下一节将为 Visual Basic 推荐一份规范。

混合语言编程的注意事项

在混合语言环境中编程时，可以通过优化命名规范(以及格式规范、文档规范和其他规范)来实现整体的一致性和可读性，即使这意味着要违背混合语言中某一种语言的规范。

例如，在本书中，变量名均以小写字母开头，这与传统的 Java 和一些(但不是全部)C++ 编程实践的规范相一致。本书中所有子程序名的格式都是以大写字母开头，这符合 C++ 的规范。Java 规范中的方法名是以小写字母开头的，但为了整体的可读性，本书在所有语言中都使用了以大写字母开头的子程序名。

命名规范示例

上述的标准规范往往忽略了前几页所谈论的有关命名的若干重要事项，包括变量的作用域(私有的、类的或全局的)以及类名、对象名、子程序名和变量名等方面的差异。

当命名规范的指导原则长度超过了一定篇幅之后，就会显得非常复杂。然而，它们并不需要如此复杂，可以根据自己的需要来调整。变量名包含以下三种信息：

- 变量的内容（它代表什么）
- 数据的种类（具名常量、基本变量、用户自定义类型或类）
- 变量的作用域（私有的、类的、包的或全局的）

根据上述指导原则，表 11-3、表 11-4 和表 11-5 提供了 C、C++、Java 和 Visual Basic 的命名规范。这些特定的规范虽然不一定是推荐使用的，但足以让我们了解一份非正式的命名规范应该包含哪些内容。

表 11-3　C++ 和 Java 的命名规范示例

实体	描述
ClassName	类名混合使用大小写，首字母大写
TypeName	类型定义（包括枚举类型和 typedef）混合使用大小写，首字母大写
EnumeratedTypes	除了上述规则外，枚举类型总以复数形式表示
localVariable	局部变量混合使用大小写，首字母小写。命名应该与底层数据类型无关，并反映该变量所代表的任何内容
routineParameter	子程序参数的格式与局部变量相同
RoutineName()	子程序名混合使用大小写（第 7.3 节讨论了什么是好的子程序名）
m_ClassVariable	对类的多个子程序可见（且只对该类可见）的成员变量以 m_ 作为前缀
g_GlobalVariable	全局变量以 g_ 作为前缀
CONSTANT	具名常量全部大写
MACRO	宏全部大写
Base_EnumeratedType	枚举类型使用一个以单数表示的基础类型助记符作为前缀，如 Color_Red 和 Color_Blue

表 11-4　C 语言的命名规范示例

实体	描述
TypeName	类型定义混合使用大小写，首字母大写
GlobalRoutineName()	公用子程序混合使用大小写
f_FileRoutineName()	只用于单一模块（文件）的子程序以 f_ 作为前缀
LocalVariable	局部变量混合使用大小写。其命名应与底层数据类型无关，并反映该变量所代表的任何内容
RoutineParameter	子程序参数的格式与局部变量相同
f_FileStaticVariable	模块（文件）变量以 f_ 作为前缀

续表

实体	描述
G_GLOBAL_GlobalVariable	全局变量名以 G_ 和模块 (文件) 的助记符作为前缀，该助记符全部大写，如 G_ SCREEN_Dimensions
LOCAL_CONSTANT	只用于单一子程序或模块 (文件) 的具名常量全部大写，如 ROWS_MAX
G_GLOBALCONSTANT	全局具名常量全部大写，并以 G_ 和模块 (文件) 的助记符作为前缀，该助记符全部大写，如 G_SCREEN_ROWS_MAX
LOCALMACRO()	只用于单一子程序或模块 (文件) 的宏定义全部大写
G_GLOBAL_MACRO()	全局宏定义全部大写，并以 G_ 和宏的模块 (文件) 的助记符作为前缀，该助记符全部大写，如 G_SCREEN_LOCATION()

因为 Visual Basic 不区分大小写，所以需要采取一些特殊的规则来区分类型名和变量名，请参见表 11-5。

表 11-5　Visual Basic 的命名规范示例

实体	描述
C_ClassName	类名混合使用大小写，首字母大写，并以 C_ 作为前缀
T_TypeName	类型定义 (包括枚举类型和 typedef) 混合使用大小写，首字母大写，并以 T_ 作为前缀
T_EnumeratedTypes	除上述规范外，枚举类型总是以复数形式表示
localVariable	局部变量混合使用大小写，首字母小写。其命名应与底层数据类型无关，并反映该变量所代表的任何内容
routineParameter	子程序参数的格式与局部变量相同
RoutineName()	子程序名混合使用大小写 (第 7.3 节讨论了什么样的名称最适合子程序)
m_ClassVariable	对类的多个子程序可见 (且只对该类可见) 的成员变量以 m_ 作为前缀
g_GlobalVariable	全局变量名以 g_ 作为前缀
CONSTANT	具名常量全部大写
Base_EnumeratedType	枚举类型使用一个以单数表示的基础类型助记符作为前缀，如 Color_Red 和 Color_Blue

11.5 前缀的标准化

对常见的含义建立标准化的前缀，可以提供一种简洁、一致且可读的数据命名方法。最著名的前缀标准化方案是匈牙利命名法，它是

深入阅读　要想进一步了解匈牙利命名法，请参见文章“The Hungarian Revolution”(Simonyi and Heller 1991)。

一组详细的变量和子程序命名(不是匈牙利语)指南，一度广泛应用于 Microsoft Windows 编程中。尽管目前匈牙利命名法已经成为明日黄花，但对简洁、精确的缩写进行标准化的基本理念而言，仍然很有价值。

标准化的前缀由两部分组成：用户自定义类型 (UDT，user-defined type) 缩写和语义前缀。

用户自定义类型缩写

UDT 缩写可以用来标识被命名的对象或变量这样的数据类型。UDT 缩写可能指代窗体、屏幕区域和字体等实体。UDT 缩写通常不用于任何由编程语言提供的预定义数据类型。

UDT 被描述为短代码，专用于特定的程序，这些短代码在程序中的用法是标准化的。它们是一些助记符，如用 wn 代表窗体，scr 代表屏幕区域。表 11-6 列出了一份 UDT 示例列表，可以在字处理软件中使用这些 UDT。

表 11-6　字处理软件的 UDT 示例

UDT 缩写	含义
ch	字符 (character，不是指 C++ 意义上的字符，而是指文字处理程序用来表示文档中的字符的数据类型)
doc	文档 (document)
pa	段落 (paragraph)
scr	屏幕区域 (screen region)
sel	所选数据 (selection)
wn	窗体 (window)

在使用 UDT 时，还要按 UDT 一样的缩写定义编程语言的数据类型。因此，如果有表 11-6 中的 UDT，就会看到下面这样的数据声明：

```
CH      chCursorPosition;
SCR     scrUserWorkspace;
DOC     docActive;
PA      firstPaActiveDocument;
PA      lastPaActiveDocument;
WN      wnMain;
```

同样，这些例子与字处理软件有关。为了在自己的项目中使用，需要为环境中最常用的 UDT 创建 UDT 缩写。

语义前缀

语义前缀比 UDT 更进一步，描述变量或对象的使用方式。语义前缀不同于 UDT 的是，UDT 因项目而异，而语义前缀在不同的项目中都有一定可参考的标准。表 11-7 列出了一组标准的语义前缀。

表 11-7　语义前缀

语义前缀	含义
c	计数 (如记录、字符等的数量)
first	数组中需要处理的第一个元素。first 与 min 类似，但 min 是相对于当前操作的，并不是数组本身
g	全局变量
i	数组的索引
last	数组中需要处理的最后一个元素。last 与 first 相对应
lim	数组中需要处理的元素的上限。lim 不是一个有效的索引。和 last 一样，lim 是与 first 相对应的概念。与 last 不同的是，lim 表示的是一个数组中并不包括的上限；而 last 表示的是最后一个合法元素。一般来说，lim 等于 last + 1
m	类级别的变量
max	数组或其他类型的列表中的绝对最后一个元素。max 指的是数组本身，而不是针对数组的操作
min	数组或其他类型的列表中的绝对第一个元素
p	指针

语义前缀的格式为全部小写或大小写混合，并根据需要与 UDT 以及其他语义前缀相结合。例如，文档中的第一段将被命名为 pa，表明它是一个段落，而 first 表明它是第一个段落：firstPa。一组段落的索引命名为 iPa；cPa 是计数或段落的数量；firstPaActiveDocument 和 lastPaActiveDocument 分别表示当前活动文档中的第一段和最后一段。

标准前缀的优势

除了具备命名规范所能提供的一般优势，标准前缀还能够带来其他的一些优势。因为很多命名都标准化了，所以作为程序员，任何一个程序或类中需要记忆的名称就更少了。

标准前缀能够为一些含义比较模糊的领域提供更为精确的命名。如果准确区分 min、first、last 和 max 的话，将特别有用。

标准前缀使命名更加紧凑。例如，可以用 cpa 来表示段落总数，而不是 totalParagraphs。可以用 ipa 来表示一个段落数组的索引，而不是 indexParagraphs 或 paragraphsIndex。

最后，在编译器不一定能检查抽象数据类型时，标准前缀有助于准确对该类型进行检查：paReformat = docReformat 可能是错误的，因为 pa 和 doc 是不同的 UDT。

标准前缀的主要缺陷是程序员在使用前缀时忽略了给变量起一个有意义的名字。如果 ipa 已经能够明确表示一个段落数组的索引，那么大家很可能就不会再去想什么更有意义的名称了，比如 ipaActiveDocument。为了提高可读性，请不要讨价还价，需要想一个更具有描述性的名称。

11.6 创建可读的短名称

KEY POINT

从某种程度上说，变量名称要短，这个要求是计算机发展早期遗留下来的问题。像汇编、一般的 Basic 和 FORTRAN 这样的早期语言都把变量名称的长度限制为 2 ～ 8 个字符，使得程序员不得不用简短的变量名。早期的计算与数学的联系更为紧密，并使用像 i、j 和 k 这样的术语作为求和及其他方程中的变量。在 C++、Java 和 Visual Basic 等现代编程语言中，可以创建任意长度的名称，几乎没有任何理由必须进一步编短有意义的名称。

如果编程环境确实要求采用短的名称，也要注意有些缩短名称的方法相比其他的方法更好一些。可以通过消除冗余的单词、使用简短的同义词以及使用诸多缩写策略中的任意一种来创建更好、更简短的变量名称。最好是熟悉很多种缩写方法，因为没有任何一种方法能够普遍适用于所有的情况。

缩写的一般指导原则

缩写的指导原则如下，其中有些原则是相互冲突的，所以不要试图同时应用所有的原则。

- 使用标准的缩写 (在字典中列出的常用缩写)。
- 去掉所有非前置元音 (computer 缩写成 cmptr，screen 缩写成 scrn，apple 缩写成 appl，integer 缩写成 intgr)。

- 删除虚词：and，or 和 the 等。
- 使用每个单词的第一个或前几个字母。
- 在每个单词的第一、第二或第三个字母后持续截断，选择最合适的一个。
- 保留每个单词的第一个和最后一个字母。
- 使用名字中的每个重要单词，最多不超过三个。
- 删除无用的后缀 ing 和 ed 等。
- 保留每个音节中最引人注意的发音。
- 确保不改变变量的含义。
- 反复使用这些技术，直到将每个变量名的长度缩减到 8-20 个字符之间，或者语言对变量名限制的字符数。

语音缩写

有些人提倡根据单词的发音而不是拼写来创造缩写。于是 skating 缩写成了 sk8ing，highlight 缩写成了 hilite，before 缩写成了 b4，execute 缩写成了 xqt，等等。对我来说，这很像是强行要求人们搞清楚个性化车牌的含义，因此，我不建议这么做。下面有一个小练习，请猜猜这些名字的含义：

ILV2SK8　XMEQWK　S2DTM8O　NXTC　TRMN8R

关于缩写的几个说明

在创建缩写词时，可能会落入很多陷阱。下面是一些避坑规则。

不要通过从每个单词中删除一个字符来得出缩写词　输入一个字符虽然并不是什么额外的工作，省略一个字符却很难弥补由此而损失的可读性。就像日历中的“Jun”和“Jul”，只有在非常着急的情况下才有必要把 June 拼成“Jun”。大多数删除个别字母的做法，事后很难记得住自己是否删除了这个字符。所以，要么删除一个以上的字符，要么把单词拼写完整。

缩写要保持一致　始终使用相同的缩写。例如，要么全用 Num，要么全用 No，但不要两者同时用。同样，不要在一些命名中缩写某个单词而在其他命名中不缩写。例如，不要在有些地方使用完整的单词 Number，而在别的地方使用缩写的 Num。

创建的名称要能够读得出来 建议使用 xPos 而不是 xPstn，使用 needsComp 而不是 ndsCmptg。在这种情况下，可以运用"电话测试"的方法来检验，也就是说，如果不能通过电话向别人读出自己写的代码，就重新给变量起一个更有特色的名称 (Kernighan and Plauger 1978)。

避免导致误读或发音错误的组合 要指代 B 的结尾，我倾向于 ENDB 而不是 BEND。如果使用的是一种较好的分隔技术，就不需要这一条原则，因为 B-END、BEnd 或者 b_end 这几个都不容易读错。

使用同义词词典来解决命名冲突 创建短命名规则会带来一个命名冲突的问题，即缩写后名称相同。例如，如果命名长度被限制在 3 个字符内，而在程序的同一区域内又必须要用 fired 和 full revenue disbursal 的话，可能就会不小心将两者都缩写成 frd。

要想避免命名冲突，一个简单的做法是，使用具有相同含义的不同单词，因此使用同义词词典会很方便。在这个例子中，可以用 dismissed 来替换 fired，用 complete revenue disbursal 来替换 full revenue disbursal。这样，三个字母的缩写变成 dsm 和 crd，从而消除了命名冲突。

在代码中使用缩写对照表记录极短命名的含义 如果编程语言只允许使用非常短的名称，请增加一张缩写对照表来提醒变量的助记符内容，并把它作为注释包含在代码块的开头。这里有一个例子：

FORTRAN 代码示例：良好的名称对照表

```
C *******************************************************************
C    Translation Table
C
C    Variable    Meaning
C    --------    -------
C    XPOS        x-Coordinate Position (in meters)
C    YPOS        Y-Coordinate Position (in meters)
C    NDSCMP      Needs Computing (=0 if no computation is needed;
C                                 =1 if computation is needed)
C    PTGTTL      Point Grand Total
C    PTVLMX      Point Value Maximum
C    PSCRMX      Possible Score Maximum
C *******************************************************************
```

你可能认为这种做法已经过时了，但就在 2003 年年中，我有个客户，他们有几十万行用 RPG 语言写成的代码，变量名限定在 6 个字符以内。这样的问题还是经常有的。

在一份项目级的"标准缩写"文档中记录所有缩写 代码中的缩写会带来两个常见的风险。

- 代码的读者可能不理解这个缩写。
- 其他程序员可能会用多个缩写来指代同一个单词，从而造成不必要的混淆。

为了解决这两个潜在的问题，可以创建一份“标准缩写”文档来记录项目中用到的所有编码缩写。这份文档可以是文字处理文档或电子表格。在一个超大型的项目中，也可以是一个数据库。这份文档要签入 (check in) 到版本控制系统中，一旦有人想在代码中创建新的缩写词，就可以签出 (check out) 文档。文档中的条目应该按照完整的单词进行排序，而不是按照缩写排序。

这看起来可能开销很大，但除了开始时的少量开销外，实际上就只是建立了一种可以帮助项目有效使用缩写的机制。通过记录所有在用的缩写，解决了上述两个常见风险中的第一个。事实上，程序员如果不从版本控制系统中签出标准缩写词文档、输入缩写并重新将其签入，就不能创建新的缩写词，这是一件好事。这意味着，除非一个缩写词非常普遍，值得不怕麻烦地记录在文档中，否则不会创建。

这种方法通过降低程序员创建冗余缩写词的可能性来解决第二个风险。想要创建缩写的程序员签出缩写词文档并输入新的缩写词。如果想要缩写的单词已经有了一个缩写词，程序员会注意到这一点，从而使用现成的而不是新建一个。

这条指导原则所说明的通用问题是编写代码方便和阅读代码方便之间的差异。这种方法显然造成了编写代码时的不便，但在整个项目周期内，程序员读代码所花的时间远远多于写代码所花的时间。这种方法提高了读代码的便利性。当一个项目尘埃落定时，很可能也会提高写代码的便利性。

记住，相比写代码的人，名称的意义对读代码的人更为重要 读一下自己写的但至少最近六个月没再看过的代码，注意哪些名称是自己需要花些脑力才能理解的。务必下决心改变那些导致这种混乱的做法。

11.7 变量名称避坑指南

以下是一些避坑指南。

避免使用误导性的命名或缩写 确保名称的含义是明确的。例如，FALSE 常常用作 TRUE 的反义词，如果把它用作“Fig and Almond Season”的缩写，就太糟糕了。

避免使用含义相似的命名 如果调换两个变量的名称并不会妨碍对程序的理解，就需要考虑重新命名这两个变量。例如，input 和 inputValue，recordNum 和 numRecords，以及 fileNumber 和 fileIndex，这几组词在语义上就非常相似，如果把它们用在同一段代码中，就很容易混淆，并且会埋下一些微妙且难以发现的错误隐患。

关联参考 类似变量名之间的这种差异，专业术语叫“心理距离”，详情可参见第 23.4 节。

避免使用含义不同但命名相似的变量 如果有两个名称相似但含义不同的变量，请尝试给其中一个重新命名或修改缩写。避免用类似于 clientRecs 和 clientReps 这样的名称。它们之间只有一个字母的差异，而且这个字母很难被注意到。两个名称之间至少要有两个字母的区别，或者把这些区别放在开头或结尾。clientRecords 和 clientReports 就比原来的名称好。

避免使用发音相近的命名，如 wrap 和 rap 在尝试和别的人讨论代码的时候，同音异义词很碍事。对于“极限编程”(Beck 2000)，我最讨厌的是，它过度巧妙地使用了“目标捐助者 (Goal Donor)”和“金主 (Gold Owner)”这两个术语，这两个术语在口头上容易让人傻傻分不清。所以最后会出现下面这样的对话：

我刚和 Goal Donor 谈过话 ......

你是说“Gold Owner”还是“Goal Donor”？

我是说“Goal Donor”。

什么？

GOAL，DONOR！

好吧，Goal Donor。你不用大喊大叫，该死。

你是说“Gold Donut”吗？

记住，“电话测试”也适用于测试发音相似的命名，就像它适用于奇怪的缩写词一样。

避免在命名中使用数字 如果名称中的数字确实非常重要，就用数组而不是单独的变量。如果数组不合适，那么数字就更不合适。例如，要避免用 file1 和 file2，或者 total1 和 total2。要想区分两个变量，总能想到一种相对更好的方法，而不是在名称后面顺手加上一个 1 或 2。我不能说永远不要用数字。有些现实世界的实体 (如 66 号公路或 405 号州际公路) 中就用了数字。不过，在创建一个含有数字的名称之前，务必考虑一下是否还有更好的选择。

避免在名称中拼错单词　要记住单词的拼写方式已经很难了。要求人们记住“正确的”错误拼写方式，简直就是“不要太过分”。例如，有人为了节省三个字符而将 highlight 错拼成 hilite，这让读代码的人很难记住 highight 的错拼该怎么拼：是 highlite ？ hilite ？ hilight ？ hilit ？ jai-a-lai-t ？谁知道呢？

避免使用英语中常常拼错的单词　Absense，acummulate，acsend，calender，concieve，defferred，definate，independance，occassionally，prefered，reciept，superseed 以及其他很多单词都是英语中常见的拼写错误。大多数英语手册都有一个常见的拼写错误单词列表。请避免在变量名中使用这些单词。

不要仅通过大小写来区分变量名　如果正在使用 C++ 等区分大小写的语言进行编程，可能会倾向于用 frd 来表示 fired，用 FRD 来表示 final review duty，用 Frd 来表示 full revenue disbursal。请避免这种做法。尽管这些命名都是惟一的，但每个命名与特定含义的关联是主观的，让人很困惑。Frd 很容易联想到 final review duty，而 FRD 则很容易让人想起 full revenue disbursal，没有任何逻辑规则可以帮助自己或者其他人记得住哪个是哪个。

避免使用多种自然语言　在跨国项目中，对于所有代码，要强制指定使用一种自然语言，包括类名和变量名等。如果读不懂其他程序员写的代码，那么让一个火星人来读另一个程序员的代码简直就是一个不可能的任务。

一个更不容易察觉的问题出现在英语的变体中。如果一个项目分布到多个英语国家共同完成，请使用其中一种英语版本作为标准，这样就不至于经常纠结于代码应该用“color”(美式)还是“colour”(英式)，“check”(美式)还是“cheque”(英式)，等等。

避免使用标准类型、变量和子程序的名字　所有编程语言指南都包含一份该语言保留的和预定义的名称列表。偶尔读一下这份列表，确保自己采用的命名规则没有冒犯到所使用的语言。例如，下面的代码在 PL/I 中是合法的，但如果真的这么用，只能说明你还真是个小白：

```
if if = then then
  then = else;
else else = if;
```

不要使用与变量所代表内容完全无关的名称 如果在程序中随意使用 margaret 和 pookie 这样的名称，基本可以保证没有人能够理解。避免使用男朋友的名字、妻子的名字、最喜欢的啤酒的名字或者其他自作聪明的(也就是愚蠢的)名字来为变量命名，除非程序真的和你的男朋友、妻子或最喜欢的啤酒有关。即便如此，也应该明智地认识到，这些名称中，个个都可能发生变化，因此，boyfriend、wife 和 favoriteBeer 这些通用的名称会更好！

避免在命名中包含容易混淆的字符 请注意，有些字符看起来非常相似，很难区分。如果两个名称的惟一区别是这些字符中的一个，可能很难区分出来。例如，请试着把下列每组中不属于该组的名字圈出来：

eyeChartl eyeChartI eyeChartl

TTLCONFUSION	TTLCONFUSION	TTLC0NFUSION
hard2Read	hardZRead	hard2Read
GRANDTOTAL	GRANDTOTAL	6RANDTOTAL
ttl5	ttlS	ttlS

难以区分的配对包括 (1 和 l)，(1 和 I)，(. 和，)，(0 和 O)，(2 和 Z)，(; 和：)，(S 和 5)，以及 (G 和 6)。

关联参考 关于数据使用注意事项，参见第 10 章的核对清单。

这些细节真的重要吗？真的很重要！温伯格 (Gerald Weinberg) 有报告指出，在二十世纪七十年代，一条 FORTRAN FORMAT 语句中的句号被错写成逗号，最后导致科学家们算错宇宙飞船的运行轨道，最终把一个价值高达十六亿美元的太空探测器给弄丢了 (Weinberg 1983)。

检查清单：变量命名

命名的常规注意事项

- ❑ 名称是否完整且准确地描述了变量所代表的内容？
- ❑ 名称是指现实世界的问题，而不是编程语言解决方案吗？
- ❑ 名称是否长到没有必要去猜测它的含义？
- ❑ 如果有计算值限定符，是否把它放在了命名的末尾？
- ❑ 名称是否使用了 Count 或 Index 而不是 Num ？

特定类型数据的命名

- ❑ 循环索引的命名是否有意义(如循环超过一两行或是嵌套的，则不应是 i、j 或 k)？
- ❑ 所有“临时”变量是否被重新命名为更有意义的名字？

- ❑ 当布尔变量的值为真时，变量名能准确表达其含义吗？
- ❑ 枚举类型的**名称**是否包含一个表示其类别的前缀或后缀，比如将 Color_ 用于 Color_Red、Color_Green、Color_Blue 等？
- ❑ 具名常量是以其所代表的抽象实体而不是所指代的数字来命名的吗？

命名规范

- ❑ 规范是否对局部数据、类数据和全局数据进行了区分？
- ❑ 规范是否对类型名、具名常量、枚举类型和变量进行了区分？
- ❑ 在不强制检测只读入参的语言中，规范是否标识了子程序中的只读入参？
- ❑ 规范是否能够兼容于语言的标准规范？
- ❑ 名称的格式是否便于阅读？

短名称

- ❑ 代码是否使用了长的名称（除非有必要用短的名称）？
- ❑ 代码是否避免了使用只节省一个字符的缩写？
- ❑ 所有单词的缩写是否一致？
- ❑ 名称是否可读？
- ❑ 是否避免了可能被误读或发音错误的名称？
- ❑ 短的名称是否记录在了缩写对照表中？

常见的命名问题：你是否避免了使用……

- ❑ ……有误导性的名称？
- ❑ ……含义相似的名称？
- ❑ ……只有一两个字符不同的名称？
- ❑ ……发音相似的名称？
- ❑ ……包含数字的名称？
- ❑ ……为了更短而故意拼错的名称？
- ❑ ……英语中经常拼错的名称？
- ❑ ……与标准库子程序名或预定义变量名冲突的名称？
- ❑ ……过于随意的名称？
- ❑ ……包含容易混淆字符的名称？

要点回顾

- 好的变量名是程序可读性的关键要素之一。对特定类型的变量，如循环索引和状态变量，需要加以特殊的考量。
- 命名应该尽可能具体。太模糊或太宽泛、可用于多种用途的名称通常都不是好的名称。
- 命名规范应该能够区分局部数据、类数据和全局数据。它们应该还可以区分类型名、具名常量、枚举类型和变量。
- 无论正在做哪种类型的项目，都应该采用一种变量命名规范。具体采用哪种规范取决于项目的规模及人员数量。
- 现代编程语言很少需要使用缩写。如果确实要用缩写，请在项目字典中记录缩写或使用标准化的前缀方法。
- 代码阅读的次数远远多于编写的次数。请确保选择的名称更倾向于便于阅读而不是只考虑写代码的时候是不是方便。

读书心得

1.____

2.____

3.____

4.____

5.____

第12章

基本数据类型

内容

相关主题及对应章节

- 数据命名：第 11 章
- 不常见的数据类型：第 13 章
- 变量使用中的常规问题：第 10 章
- 数据声明的格式化：第 31.5 节
- 变量的注释：第 32.5 节
- 类的创建：第 6 章

基本数据类型是所有其他数据类型的基本构成要素。本章包含数字（一般意义上的数字）、整型、浮点型、字符和字符串、布尔变量、枚举类型、具名常量以及数组的一些使用技巧。本章的最后一节要介绍如何创建自定义类型。

本章要介绍基本数据类型的常见故障排除法。如果已经有了基本数据类型的基础，可以直接跳到本章末尾，查看需要避免的问题清单，然后继续阅读第 13 章，了解不常见的数据类型。

12.1 一般的数字

关联参考 要想进一步了解如何使用命名常量来代替魔法数字，请参见本章后面的第 12.7 节。

这里有一些建议有助于减少数字 (number) 使用过程中的错误。

避免使用魔数 魔数是指那些在程序中出现而没有给出说明性文字的数字字面量 (literal number)，如 100 或 47 523。如果使用的编程语言支持具名常量，那么就用它们来代替魔法数字。如果不能使用具名常量，只要是可行，都可以使用全局变量。

避免使用魔法数字有以下三个好处。

- 代码修改更可靠 如果使用具名常量，就不会在修改时忽略多个 100 中的某一个或者修改了指代其他内容的 100。
- 代码修改更容易 当最大记录值由 100 变为 200 时，如果使用魔法数字，就必须找到所有的 100 并将其改为 200。如果使用的是 100+1 或者 100−1，还得找出所有的 101 和 99 并把其改为 201 和 199。如果使用具名常量，就只需要在一个地方将常量的定义从 100 改为 200。
- 代码可读性更好 当然，对于以下表达式：

  ```
  for i = 0 to 99 do ...
  ```

  很容易猜到 99 指的是最大记录值。但是以下表达式：

  ```
  for i = 0 to MAX_ENTRIES-1 do ...
  ```

  根本就不需要去猜。即使确定一个数字永远不会改变，使用具名常量也可以使代码可读性更强。

如果需要，可以使用 0 和 1 硬编码 数值 0 和 1 用于增量、减量和从数组的第一个元素开始循环。0 用于以下表达式是可以接受的：

```
for i = 0 to CONSTANT do ...
```

而 1 用于以下表达式也是可以的：

```
total = total + 1
```

一条很好的经验法则是，程序中惟一能出现的字面量是 0 和 1。任何其他字面量都应该用更具描述性的内容来替换。

预防除零错误 每次使用除法符号 (在大多数语言中都是 “/”) 时，都要考虑表达式的分母是否有可能为 0。如果有这种可能，就应该在编写代码时防止除零 (divide-by-zero) 错误。

使类型转换变得明显　确保当不同数据类型之间发生转换时读代码的人可以意识到这一点。在 C++ 语言中，可以像下面这样：

```
y = x + (float) i
```

在 Microsoft Visual Basic 语言中，可以像下面这样：

关联参考　关于本例的变体，请参见第 12.3 节。

```
y = x + CSng( i )
```

这种做法还有助于确保转换是你希望发生的，即不同的编译器执行不同的转换，因此，如果不这么做，那就只能碰运气了。

避免混合类型的比较　如果 x 是浮点型，i 是整型，则几乎可以断定，下面的判断：

```
if ( i = x ) then ...
```

不可行。等到编译器弄清楚要使用哪种类型进行比较、将其中一种类型转换为另一种类型、进行大量的四舍五入运算并最终确定答案后，如果程序能够运行，只能说明你太幸运了。请手动进行类型转换，让编译器可以比较同一类型的两个数字，而你也可以确切知道比较的是什么。

KEY POINT

留心编译器的警告　当同一个表达式中出现不同的数字类型时，许多现代编译器都会发出警告。请留心这些警告！每个程序员都或多或少被要求帮助别人查找一个讨厌的错误，结果却发现编译器一直在警告这个错误。顶尖的程序员会修改自己的代码来消除所有的编译器警告。相比自己动手来做这些事情，通过编译器警告来发现问题显然容易得多。

12.2 整型

使用整型时，有以下注意事项。

检查整数除法　当使用整数时，7/10 不等于 0.7，它通常等于 0，或者负无穷，或者是最接近的整数，或者，你应该明白我的意思了吧。其结果因编程语言而异。这同样适用于中间结果。在现实世界中 10 * (7/10) = (10*7) / 10 = 7。但在整数运算的计算机世界里却不是这样。10 * (7/10) 等于 0，因为整数除法 (7/10) 等于 0。解决这个问题最简单的办法是重新排列表达式的顺序，除法最后进行：(10*7) / 10。

检查整数溢出　在做整数乘法或加法时，需要知道可能的最大整数。最大的无符号整数通常是 232–1, 有时是 216–1，即 65535。当把两个整数相乘得到一个大于最大整数的数字时，就会出问题。例如，如果执行 250*300，正确的答案是 75000。但如果最大整数是 65535，得到的答案可能会是 9464，因为发生了整数溢出 (75000−65536 = 9464)。常见整数类型的取值范围如表 12-1 所示。

表 12-1　不同类型整数的取值范围

整数类型	取值范围
8 位带符号整型	−128 至 127
8 位无符号整型	0 至 255
16 位带符号整型	−32 768 至 32 767
16 位无符号整型	0 至 65 535
32 位带符号整型	−2 147 483 648 至 2 147 483 647
32 位无符号整型	0 至 4 294 967 295
64 位带符号整型	−9 223 372 036 854 775 808 至 9 223 372 036 854 775 807
64 位无符号整型	0 至 18 446 744 073 709 551 615

防止整数溢出最简单的办法是仔细考虑算术表达式中的每一项，设想每项可能达到的最大预期值。例如，如果在整型表达式 m = j * k 中，j 的最大预期值是 200，k 的最大预期值是 25，那么 m 的最大预期值就是 200 * 25 = 5000。这在 32 位机器上是可以的，因为最大的整数是 2147483647。然而，如果 j 的最大预期值是 200000，k 的最大预期值是 100000，那么 m 的最大预期值就是 200000 * 100000 = 20000000000。这是不对的，因为 20000000000 比 2147483647 大。在这种情况下，必须用 64 位整型或浮点型来容纳 m 的最大预期值。

另外，还要考虑程序在未来的扩展。如果 m 永远不会大于 5000，那很好。但如果预计 m 会在未来几年内稳步增长，就还要考虑到这种情况。

检查中间结果是否溢出　等式右侧的结果并不是惟一需要担心的数字。假设有以下代码：

```
Java 代码示例：中间结果溢出
int termA = 1000000;
int termB = 1000000;
int product = termA * termB / 1000000;
System.out.println( "( " + termA + " * " + termB + " ) / 1000000
= " + product );
```

如果认为 product 的赋值结果与 (100000*1000000) / 1000000 相同，可能期望可以得到结果 1000000。但这段代码在除以最后面的 1000000

之前，必须先计算出 1000000*1000000 这个中间结果，这意味着它需要一个大到 1000000000000 的数字。你猜会怎样？结果会像下面这样：

(1000000 * 1000000) / 1000000 = -727

如果整型数值最大值只到 2147483647，那么中间结果对于整型数据类型来说就太大了。在这种情况下，本该是 1000000000000 的中间结果实际上是 -727379968。所以，除以 1000000 时，得到的是 -727 而不是 1000000。

可以像处理整数溢出一样处理中间结果中的溢出，即切换为长整型或浮点型。

12.3 浮点型

KEY POINT

使用浮点型的时候，一个主要的考虑是，很多十进制小数不能用数字计算机中的 1 和 0 来精确表示。像 1/3 或 1/7 这样的无限循环小数通常只能用 7 位或 15 位精度来表示。在我的 Visual Basic 版本中，1/3 的 32 位浮点表示法等于 0.33333330。它的精度是小数点后 7 位。这对于大多数用途来说是足够精确的，但它的不精确性有时也是有欺骗性的。

使用浮点型的时候，可以考虑以下具体指导原则。

关联参考　第 10.1 节列出的算法书描述了如何解决这些问题。

避免对大小差别很大的数做加减运算　对于 32 位浮点型变量，1000000.00 + 0.1 的答案可能是 1000000.00，因为 32 位无法提供足够的有效位数来涵盖 1000000 和 0.1 之间的范围。同样，5000000.02 - 5000 000.01 的结果可能是 0.0。

如何解决这个问题呢？如果必须要把一系列差异如此巨大的数相加，请首先对这些数进行排序，然后从最小值开始相加。同样，如果需要对一个无穷数列进行求和，就从最小的值开始——本质上，就是做逆向求和运算。这样做并不能消除四舍五入的问题，但可以将其影响降到最低。许多算法书都有处理此类情况的建议。

避免相等判断　应该相等的浮点数并不总是相等的。发生这种情况的主要问题是，用两种不同方法来计算同一数值，结果并不一定总能得到同一个值。例如，10 个 0.1 加起来很少能等于 1.0。下面例子显示了本应该相等但实际并不相等的两个变量 nominal 和 sum：

“如果 1 的值足够大，1 就可以等于 2。”
—佚名

变量nominal是一个64位实数

sum是10*0.1。它应该是1.0

这里是错误的比较

```
Java 代码示例：对浮点数进行错误的比较
double nominal = 1.0;
double sum = 0.0;

for ( int i = 0; i < 10; i++ ) {
   sum += 0.1;
}

if ( nominal == sum ) {
   System.out.println( "Numbers are the same." );
}
else {
   System.out.println( "Numbers are different." );
}
```

正如你可能已经猜到的那样，这个程序的输出如下：

Numbers are different.

按代码逐行运行，for 循环中的 sum 值是下面这样的：

0.1

0.2

0.30000000000000004

0.4

0.5

0.6

0.7

0.7999999999999999

0.8999999999999999

0.9999999999999999

关联参考　这个例子印证了“凡事皆有例外”这句老话。在这个实际例子中，变量名包含了数字。关于变量名中不使用数字的规则，请参见第 11.7 节。

因此，最好找到一种替代方法，而不是对浮点数使用相等比较。一种行之有效的方法是先确定可接受的精度范围，然后用布尔函数判断数值是否足够接近。通常应该写一个 Equals() 函数，如果值足够接近就返回 true，否则就返回 false。 在 Java 语言中，这个函数应该类似这样：

```
Java 代码示例：比较浮点数的函数
final double ACCEPTABLE_DELTA = 0.00001;
boolean Equals( double Term1, double Term2 ) {
   if ( Math.abs( Term1 - Term2 ) < ACCEPTABLE_DELTA ) {
      return true;
   }
```

```
   else {
      return false;
   }
}
```

如果使用上述子程序做比较，修改前面“浮点数的糟糕比较”示例中的代码，那么新的比较就会是下面这样：

```
if ( Equals( Nominal, Sum ) ) ...
```

当使用这样的判断方法时，程序的输出如下：

```
Numbers are the same.
```

根据应用程序的要求，对 ACCEPTABLE_DELTA 使用一个硬编码值可能不合适。可能需要根据被比较的两个数值的大小来计算 ACCEPTABLE_DELTA。

预测舍入误差　四舍五入的误差问题与大小差别很大的数的问题没什么不同。由于涉及的问题相同，所以解决问题的许多技术也是相同的。此外，这里还有一些常见的具体解决舍入问题的方法。

- *改为具有更高精度的变量类型*　如果使用的是单精度浮点型，就改为双精度浮点型，以此类推。
- *改为二进制编码的十进制变量*　BCD(binary coded decimal) 方案通常比较慢，并占用更多的存储空间，但它能防止很多四舍五入的错误。如果使用的变量代表美元、美分或其他必须精确结算的数量，这种方法就特别有价值。

关联参考　通常情况下，转换为 BCD 对性能的影响是很小的。如果对这一影响仍心存疑虑，请参见第 25.6 节。

- *将浮点型变量改为整型变量*　这是一种自行处理 BCD 变量的方法。可能必须要用 64 位整型才能获得所需的精度。这种方法要求自己记录数字的小数部分。假设原来是用浮点型来记录美元，其中美分表示为美元的小数部分。这是处理美元和美分的正常方式。当改用整型时，必须要用整数来记录美分，用 100 美分的倍数来记录美元。换句话说，将美元乘以 100，并将美分保持在 0 到 99 的变量范围内。这样做乍一看可能很荒唐，但就速度和精度而言，是一种有效的解决方案。可以通过创建一个能够隐藏整数表示并支持必要数值运算的 DollarsAndCents 类来简化这些操作。

检查语言和库对特定数据类型的支持　包括 Visual Basic 语言在内的一些语言，包含一些像 Currency 这样的数据类型，专门支持对舍入误差敏感的数据。如果编程语言中有内置的数据类型提供了这样的功能，请尽可能多用！

12.4 字符和字符串

本节提供了一些使用字符串的技巧。第一种技巧适用于所有语言中的字符串。

关联参考 使用魔法字符和魔法字符串的问题与第 12.1 节讨论的魔法数字的问题相似。

避免使用魔法字符和魔法字符串 魔法字符 (magic character) 是指在整个程序中出现的字面量字符 (literal character，如 'A')，同理，魔法字符串 (magic string) 是指字面量字符串 (literal string，如"Gigamatic Accounting Program")。如果使用的编程语言支持具名常量，则就用它们来替换，否则就用全局变量来替换。几个避免使用字面量字符串的原因如下。

- 对于在程序名、命令名、报表标题等常常出现的字符串，有时可能需要修改它们的内容。例如，"Gigamatic Accounting Program"可能会在一个新版本中改为"New and Improved! Gigamatic Accounting Program"。
- 国际市场变得越来越重要，存放在字符串资源文件中的字符串翻译起来比在整个程序中就地翻译要容易。
- 字面量字符串往往会占用大量内存空间。它们被用于菜单、消息、辅助屏幕、注册表等。如果有太多的字符串，它们就会超出控制范围并导致内存问题。字符串内存空间在许多环境中并不是一个问题，但是在嵌入式系统开发以及其他存储空间非常宝贵的应用程序中，如果字符串相对独立于源代码，那么字符串空间问题的解决方案将更容易实现。
- 字面量字符和字面量字符串的含义是模糊的。注释或具名常量可以澄清程序的意图。在下一个示例中，0x1B 的含义并不清晰。ESCAPE 常量的使用使其含义更加明显。

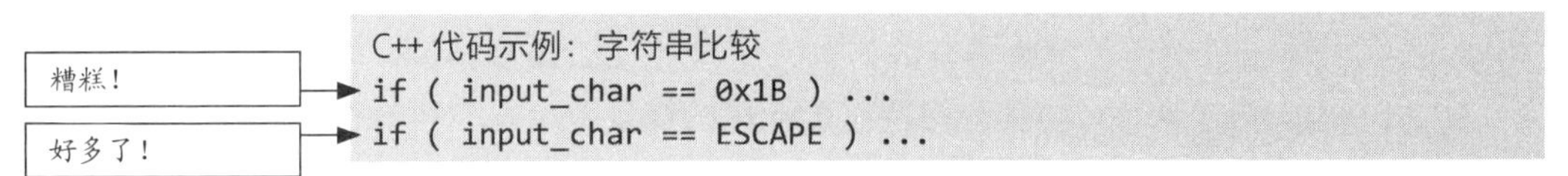


```
C++ 代码示例：字符串比较
if ( input_char == 0x1B ) ...
if ( input_char == ESCAPE ) ...
```

注意差一错误 由于子字符串 (substring) 可以像数组一样被索引，因此在读或写的过程中，要注意超过字符串末尾的差一错误 (off-by-one error)。

了解语言和环境是如何支持 Unicode 的 在某些语言 (如 Java) 中，所有字符串都是 Unicode 的。在 C 和 C++ 等其他的语言中，处理

Unicode 需要有自己的一组函数。在与标准库与第三方库进行通信时，常常需要在 Unicode 和其他的字符集之间进行转换。如果有些字符串不使用 Unicode(例如在 C 或 C++ 中)，请尽早决定是否使用 Unicode 字符集。如果决定使用 Unicode 字符串，请决定在何时何地使用它们。

在程序生命周期的早期决定国际化 / 本地化策略　与国际化和本地化相关的问题都是很重要的问题。关键的考虑因素包括以下决定事项：是否把所有字符串存储在外部资源中，是否为每种语言创建单独的构建还是在运行时确定具体的语言。

如果知道只需要支持一种字母语言，请考虑使用 ISO 8859 字符集　对于只需要支持单一字母语言 (alphabetic language，如英语) 而无需支持多语言或表意语言 (ideographic language，如书面中文) 的应用程序，ISO 8859 扩展 ASCII 类型 (extended-ASCII-type) 标准是 Unicode 的一个很好的替代方案。

如果需要支持多种语言，请使用 Unicode　与 ISO 8859 或其他标准相比，Unicode 对国际字符集提供更为全面的支持。

采用一致的字符串类型转换策略　如果使用多种字符串类型，有一种常用方法有助于保持不同的字符串类型，那就是在程序中把所有字符串都处理为单一格式，并在输入和输出操作中尽可能地将字符串转换成其他格式。

C 语言中的字符串

C++ 标准模板库 (Standard Template Library) 中的 string 类已经消除了 C 语言中字符串的大多数遗留问题。对于那些直接使用 C 语言字符串的程序员，这里有一些避免常见陷阱的方法。

注意字符串指针和字符数组之间的区别　字符串指针 (string pointer) 和字符数组 (character array) 的问题源于 C 语言处理字符串的方式。它们有两个方面的区别。

- 警惕任何包含等号的字符串表达式　C 语言中的字符串操作差不多都是通过 strcmp()、strcpy()、strlen() 和相关的子程序来完成的。等号往往意味着某种指针错误。在 C 语言中，赋值不会将字面量字符串复制到字符串变量中。假设有这样一条语句：

  ```
  StringPtr = "Some Text String";
  ```

在这种情况下，Some Text String 是一个指向字面量字符串的指针，赋值只是将指针 StringPtr 设置为指向该字面量字符串。赋值不会将字符串的内容复制到 StringPtr。

- **使用命名规范来指示变量是字符数组还是指向字符串的指针**　一种常见的规范是用 ps 作为前缀来表示指向字符串的指针，用 ach 作为字符数组的前缀。尽管同时包含 ps 和 ach 前缀的表达式不一定总是错的，但对于这类表达式，还是应该持有怀疑的态度。

把 C 类型的字符串的长度声明为 CONSTANT+1　在 C 语言和 C++ 语言中，C 语言风格 (C-style) 字符串的差一错误 (off-by-one error) 很常见，因为很容易忘记长度为 n 的字符串需要 n+1 字节的存储空间，从而忘记为空终止符 (null terminator，字符串末尾取值为 0 的字节) 留下空间。避免此类问题的有效方法是使用具名常量来声明所有字符串。这种方法的关键之处在于每次都以同样的方式使用具名常量。把字符串的长度声明为 CONSTANT+1，然后在代码的其余部分使用 CONSTANT 来指代字符串的长度。这里有一个例子。

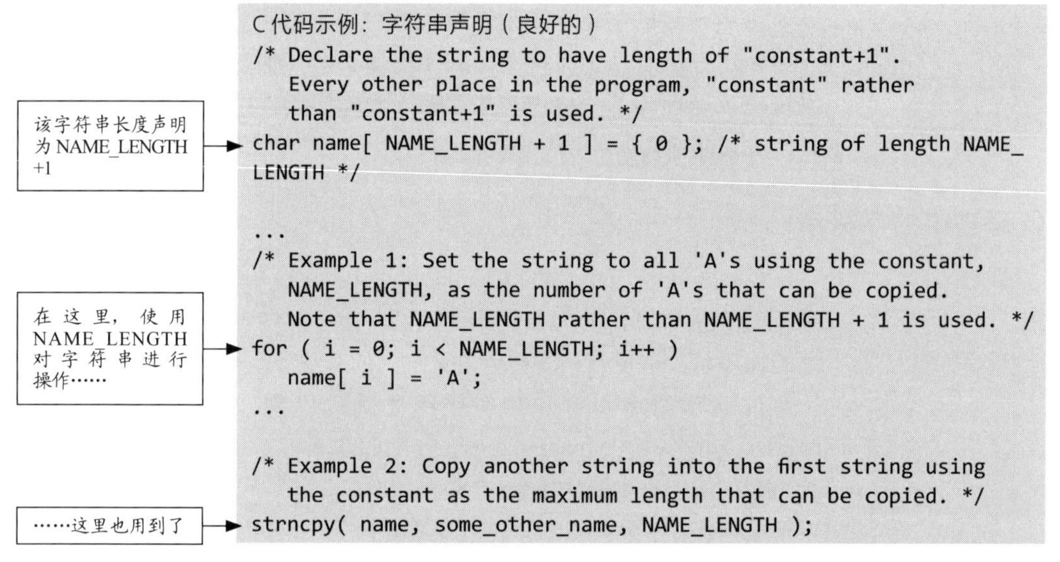


```
C代码示例：字符串声明（良好的）
/* Declare the string to have length of "constant+1".
   Every other place in the program, "constant" rather
   than "constant+1" is used. */
char name[ NAME_LENGTH + 1 ] = { 0 }; /* string of length NAME_
LENGTH */

...
/* Example 1: Set the string to all 'A's using the constant,
   NAME_LENGTH, as the number of 'A's that can be copied.
   Note that NAME_LENGTH rather than NAME_LENGTH + 1 is used. */
for ( i = 0; i < NAME_LENGTH; i++ )
   name[ i ] = 'A';
...

/* Example 2: Copy another string into the first string using
   the constant as the maximum length that can be copied. */
strncpy( name, some_other_name, NAME_LENGTH );
```

如果没有处理这类问题的规范，有时就要声明字符串的长度为 NAME_LENGTH，对它的操作使用 NAME_LENGTH-1；有时又将声明字符串的长度为 NAME_LENGTH+1，对它的操作使用 NAME_LENGTH。每次使用字符串时，都必须记住自己是如何声明的。

当每次都用相同的方式来使用字符串时，就没有必要记住自己是如何单独处理每个字符串的，从而可以避免因忘记单个字符串的处理细节而导致的错误。使用规范的话，可以最大限度地减少脑力消耗和编程错误。

关联参考 要想进一步了解如何初始化数据，请参见第 10.3 节。

用空值初始化字符串以避免无休止的字符串 C 语言通过查找空终止符（字符串末尾取值为 0 的字节）来确定字符串的末尾。无论字符串有多长，只要 C 语言没有找到空终止符，它就认为字符串还没有结束。如果忘记在字符串的末尾添加一个空值，字符串的操作可能就不会按照期望的方式进行。

有两种方法可以避免无休止的字符串。首先，在声明字符数组时将其初始化为 0：

```
C代码示例：声明字符数组（良好的）
char EventName[ MAX_NAME_LENGTH + 1 ] = { 0 };
```

其次，当动态分配字符串时，使用 calloc() 而不是 malloc() 来将其初始化为 0。calloc() 会分配内存并将其初始化为 0。malloc() 只分配内存，并不执行初始化，因此，使用 malloc() 分配内存是要冒一定风险的。

关联参考 要想进一步了解数组，请参见本章后面的第 12.8 节。

在 C 语言中使用字符数组而不是指针 如果内存不是限制性因素（通常也都不是），那么请将所有的字符串变量都声明为字符数组。这有助于避免指针问题，并且一旦出错，编译器会给出更多的警告。

使用 strncpy() 而不是 strcpy() 以避免无休止的字符串 C 语言中的字符串子程序有安全版本和危险版本。较危险的子程序如 strcpy() 和 strcmp()，会在遇到空终止符前一直运行下去。它们的安全版本即 strncpy() 和 strncmp()，会接收一个表示最大长度的参数，因此一旦处理到此参数的长度位置，即使字符串一直持续下去，函数调用也会及时返回。

12.5 布尔变量

关联参考 要想进一步了解如何用注释来记录程序，请参见第 32 章。

虽然很难误用逻辑变量或布尔变量，但如果能深思熟虑之后再使用，会使程序更加简洁。

用布尔变量来记录程序细节 除了对布尔表达式做出判断，还可以将表达式赋值给一个变量，使得判断的含义不至于被误解。例如，在下面这段代码中，我们根本搞不清楚 if 判断的目的是检查是否结束、是否有错误、还是其他什么情况：

关联参考　关于使用布尔函数来记录程序的示例，请参见第 19.1 节。

```
Java 代码示例：目的不够明确的布尔判断
if ( ( elementIndex < 0 ) || ( MAX_ELEMENTS < elementIndex ) ||
   ( elementIndex == lastElementIndex )
   ) {
   ...
}
```

在下面这段代码中，布尔变量的使用使得 if 判断的目的更加明确。

```
Java 代码示例：目的很明确的布尔判断
finished = ( ( elementIndex < 0 ) || ( MAX_ELEMENTS < elementIndex ) );
repeatedEntry = ( elementIndex == lastElementIndex );
if ( finished || repeatedEntry ) {
   ...
}
```

用布尔变量来简化复杂的判断　通常情况下，如果必须编写一个复杂的判断，需要尝试多次才能得到正确的结果。稍后如果想要尝试修改这一判断，可能很难理解这个判断最初想要做什么。逻辑变量可以简化这种判断。在前面的示例中，程序实际上是在判断两个条件：子程序是否结束以及是否在处理重复条目。通过创建 finished 和 repeatedEntry 这两个布尔变量，if 判断变得更简单，更容易阅读，更不容易出错，也更容易修改。

下面再举一个复杂判断的例子。

```
Visual Basic 代码示例：复杂的判断
If ( ( document.AtEndOfStream() ) And ( Not inputError ) ) And _
   ( ( MIN_LINES <= lineCount ) And ( lineCount <= MAX_LINES ) ) And _
   ( Not ErrorProcessing() ) Then
   ' do something or other
   ...
End If
```

示例中的判断相当复杂，但并不罕见。它给读者带来了沉重的心理负担。我猜你甚至都不愿意尝试理解这个 if 判断，而是会看着它说："以后需要的话，我会弄明白的。"请注意这种想法，因为其他人在读到包含类似判断的代码时，也会冒出同样的想法。

下面是重构的代码，其中添加了布尔变量来简化判断：

```
Visual Basic 代码示例：简化后的判断
allDataRead = ( document.AtEndOfStream() ) And ( Not inputError )
legalLineCount = ( MIN_LINES <= lineCount ) And ( lineCount <=
MAX_LINES )
```

这是简化后的判断

```
If ( allDataRead ) And ( legalLineCount ) And ( Not ErrorProcessing() ) Then
   ' do something or other
   ...
End If
```

第二个版本更简单。我猜你在阅读 if 判断的布尔表达式时不会有任何困难。

如有必要，创建自己的布尔类型　有些语言 (如 C++、Java 和 Visual Basic) 都有预定义的布尔类型。而其他语言 (如 C) 则没有。在 C 这样的语言中，可以定义自己的布尔类型。在 C 语言中，可以像下面这样做。

C 代码示例：使用 typedef 来定义 BOOLEAN 类型

```
typedef int BOOLEAN;
```

或者也可以像下面这样做，这种方式提供了一个额外的好处，即可以同时定义 true 和 false：

C 代码示例：使用枚举来定义 Boolean 类型

```
enum Boolean {
   True=1,
   False=(!True)
};
```

将变量声明为 BOOLEAN 而非 int，可以使其预期用途更为明显，并使程序可以进行自我说明。

12.6 枚举类型

枚举类型是一种数据类型，它允许用英语来描述一类对象的每个成员。枚举类型在 C++ 和 Visual Basic 中都可用，一般用在知道一个变量的所有可能取值并希望用文字来表示它们时。下面是 Visual Basic 中一些枚举类型的示例。

Visual Basic 代码示例：枚举类型

```
Public Enum Color
   Color_Red
   Color_Green
   Color_Blue
End Enum

Public Enum Country
   Country_China
```

```
    Country_England
    Country_France
    Country_Germany
    Country_India
    Country_Japan
    Country_Usa
End Enum

Public Enum Output
    Output_Screen
    Output_Printer
    Output_File
End Enum
```

枚举类型是原有方案的强有力替代者，在原有方案中，需要明确地说明“1 代表红色，2 代表绿色，3 代表蓝色……”这种能力为使用枚举类型提供了几个指导原则。

使用枚举类型来提高可读性　不要像下面这样写：

```
if chosenColor = 1
```

可以通过下面这样的语句来写出可读性更强的表达式：

```
if chosenColor = Color_Red
```

只要一看到字面量数字，就认真想一想换成枚举类型是否更合理。

枚举类型对定义子程序参数特别有用。有谁知道下面这个被调函数的参数代表的是什么吗？

```
C++ 代码示例：函数调用时，使用枚举类型的参数会更好一些
int result = RetrievePayrollData( data, true, false, false, true );
```

相比之下，下面这个被调用函数中的参数更容易理解：

```
C++ 代码示例：函数调用时，使用枚举类型的参数以提高可读性
int result = RetrievePayrollData(
   data,
   EmploymentStatus_CurrentEmployee,
   PayrollType_Salaried,
   SavingsPlan_NoDeduction,
   MedicalCoverage_IncludeDependents
);
```

使用枚举类型以提高可靠性　对于一些语言 (尤其是 Ada)，编译器会对枚举类型执行比整型和常量更为彻底的类型检查。对于具名常量，编译器无法知道 Color_Red，Color_Green 和 Color_Blue 才是仅有的合法值。编译器不会对 color = Country_England 或 country = Output_

Printer 这样的语句报错。如果使用的是枚举类型，把一个变量声明为 Color 的话，编译器将只允许该变量被赋值为 Color_Red，Color_Green 或 Color_Blue。

使用枚举类型以提高可修改性　枚举类型使得代码更容易修改。如果在“1 代表红色，2 代表绿色，3 代表蓝色”的方案中发现了一个缺陷，必须翻阅代码并修改所有的 1、2、3 等等。但如果使用枚举类型，只需将元素加入类型定义并重新编译，即可继续向枚举列表中添加元素。

使用枚举类型替换布尔变量　通常情况下，布尔变量不够丰富，不足以表达它所需要的含义。例如，假设有一个子程序，如果成功执行任务则返回 true，否则就返回 false。后来，可能又发现实际上有两种 false：第一种意味着任务失败，其影响仅限于子程序本身；第二种意味着任务失败且导致了一个致命的错误，需要将其通知到程序的其他部分。在这种情况下，相比一个值为 true 和 false 的布尔类型，一个值为 Status_Success、Status_Warning 和 Status_FatalError 的枚举类型更有用。如果需要处理成功或失败的其他区别，对枚举类型进行扩展也是非常容易的。

检查无效值　在 if 或 case 语句中判断一个枚举类型时，要检查该值是否为无效值。在 case 语句中使用 else 子句来捕获无效值：

Visual Basic 代码示例：检查枚举类型数据中的无效值

```
Select Case screenColor
   Case Color_Red
      ...
   Case Color_Blue
      ...
   Case Color_Green
      ...
   Case Else
      DisplayInternalError( False, "Internal Error 752: Invalid color." )
End Select
```

这里是对无效值的判断（指向 Case Else）

定义枚举的第一项和最后一项，以便用于循环控制　把枚举的第一个和最后一个元素定义成 Color_First，Color_Last，Country_First，Country_Last 等，以便能写出遍历所有枚举元素的循环。可以使用明确的值来设置枚举类型，如下所示：

```
Visual Basic 代码示例：设置枚举类型数据的第一项和最后一项
Public Enum Country
   Country_First = 0
   Country_China = 0
   Country_England = 1
   Country_France = 2
   Country_Germany = 3
   Country_India = 4
   Country_Japan = 5
   Country_Usa = 6
   Country_Last = 6
End Enum
```

现在，Country_First 和 Country_Last 的值可以用作循环控制：

```
Visual Basic 代码示例：遍历枚举类型的数据元素
' compute currency conversions from US currency to target
currency
Dim usaCurrencyConversionRate( Country_Last ) As Single
Dim iCountry As Country
For iCountry = Country_First To Country_Last
   usaCurrencyConversionRate( iCountry ) = ConversionRate(
Country_Usa, iCountry )
Next
```

将枚举类型的第一个元素留做无效值 在声明枚举类型时，把第一个值保留为无效值。很多编译器将枚举类型中的第一个元素赋值为 0。将映射到 0 的元素声明为无效值，有助于捕捉那些没有正确初始化的变量，因为与其他无效值相比，这些变量值更有可能为 0。

下面是采用了这种方法后的 Country 声明：

```
Visual Basic 代码示例：将枚举中第一个元素声明为无效值
Public Enum Country
   Country_InvalidFirst = 0
   Country_First = 1
   Country_China = 1
   Country_England = 2
   Country_France = 3
   Country_Germany = 4
   Country_India = 5
   Country_Japan = 6
   Country_Usa = 7
   Country_Last = 7
End Enum
```

在项目编码标准中精确定义第一个和最后一个元素的使用方式，并在使用的时候保持一致 在枚举中使用 InvalidFirst、First 和 Last 元素可以使数组声明和循环可读性更强。但这样做可能会造成混乱，比如枚举中的合法项是从 0 开始还是从 1 开始以及枚举中的第一个元素和最后一个元素是否有效。如果使用这种技术，项目的编码标准应要求在所有的枚举中一致地使用 InvalidFirst、First 和 Last 元素，以减少错误。

谨防为枚举元素明确赋值的陷阱 有些语言允许对枚举中的元素指定特定的值，如下面的 C++ 例子所示：

```
C++ 代码示例：对枚举元素进行显式赋值
enum Color {
   Color_InvalidFirst = 0,
   Color_First = 1,
   Color_Red = 1,
   Color_Green = 2,
   Color_Blue = 4,
   Color_Black = 8,
   Color_Last = 8
};
```

在本例中，如果声明了一个 Color 类型的循环索引试图遍历 Colors，将同时遍历 1、2、4、8 这些有效值以及 3、5、6、7 这些无效值。

如果编程语言没有枚举类型

如果编程语言没有枚举类型，可以使用全局变量或类来模拟枚举类型。例如，可以在 Java 中使用下面这些声明：

关联参考 在我写这一章的时候，Java 还不支持枚举类型。当你读到本章时，它可能已经支持了，有力地证明了第 4.3 节所讨论的技术的浪潮奔腾不息。

```
Java 代码示例：模拟枚举类型
// set up Country enumerated type
class Country {
   private Country() {}
   public static final Country China = new Country();
   public static final Country England = new Country();
   public static final Country France = new Country();
   public static final Country Germany = new Country();
   public static final Country India = new Country();
   public static final Country Japan = new Country();
}

// set up Output enumerated type
class Output {
   private Output() {}
   public static final Output Screen = new Output();
   public static final Output Printer = new Output();
   public static final Output File = new Output();
}
```

这些枚举类型会使程序可读性更强，因为可以用 Country.England 和 Output.Screen 等公用类成员来代替具名常量。这种创建枚举类型的特殊方法也是类型安全 (typesafe) 的：因为每种类型都声明为类的话，编译器会检查非法的赋值，比如 Output output = Country.England(Bloch 2001)。

在不支持类的语言中，可以通过为枚举的每个元素有规律地使用全局变量来达到同样的基本效果。

12.7 具名常量

具名常量类似于变量，只是分配常量后无法更改常量的值。具名常量允许通过命名而不是数字来引用固定的数量，例如，最大员工数使用 MAXIMUM_EMPLOYEES 而不是 1000 来表示。

使用具名常量是一种参数化程序的方法　即把程序中可能发生变化的某个方面放到一个参数中，这样就可以只在一个地方进行修改，而不必在整个程序中逐一进行修改。如果声明过一个自认为大小肯定够用的数组，当后来因为容量不够而快耗尽空间时，就能体会到具名常量的价值。当数组大小发生变化时，只需要修改用来声明数组长度的常量定义。这种单点控制 (single-point control) 有助于使软件真正“软”下来，也就是说更容易使用和修改。

在数据声明中使用具名常量　在需要知道所处理数据大小的数据声明和其他语句中，使用具名常量有助于提高程序的可读性和可维护性。在下面的例子中，就是使用 LOCAL_NUMBER_LENGTH 而不用数字 7 来描述员工电话号码的长度。

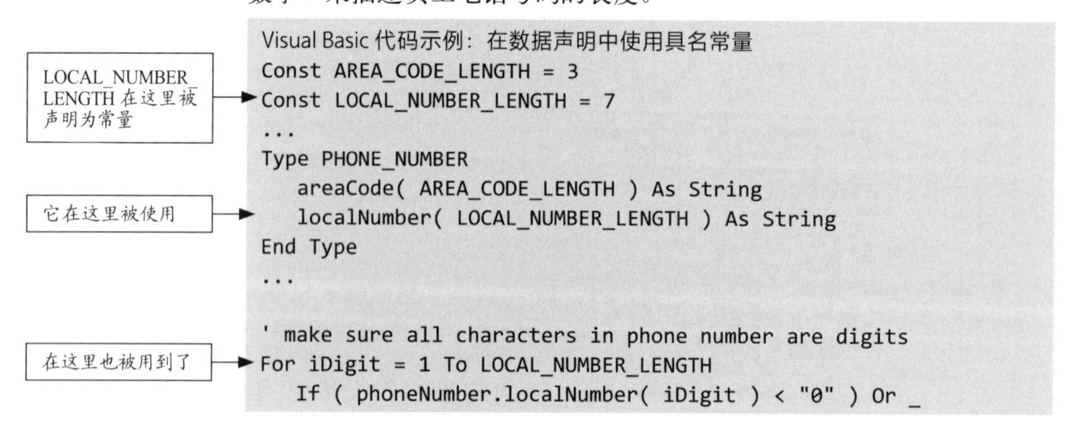

Visual Basic 代码示例：在数据声明中使用具名常量

```
Const AREA_CODE_LENGTH = 3
Const LOCAL_NUMBER_LENGTH = 7
...
Type PHONE_NUMBER
   areaCode( AREA_CODE_LENGTH ) As String
   localNumber( LOCAL_NUMBER_LENGTH ) As String
End Type
...

' make sure all characters in phone number are digits
For iDigit = 1 To LOCAL_NUMBER_LENGTH
   If ( phoneNumber.localNumber( iDigit ) < "0" ) Or _
```

```
     ( "9" < phoneNumber.localNumber( iDigit ) ) Then
     ' do some error processing
     ...
```

这个例子很简单，但可能可以设想这样一个程序，在这个程序中，很多地方都需要关于电话号码长度的信息。

关联参考 要想进一步了解单点控制，请参见《软件冲突》(Glass 1991) 第 57 到 60 页。

在创建这个程序时，所有员工都在同一个国家，所以只需要 7 位数字的电话号码。随着公司的扩张和在不同国家建立分支机构，需要更长的电话号码。如果已经将号码长度参数化，则只需在一个地方进行修改，即在具名常量 LOCAL_NUMBER_LENGTH 的定义处。

由此可见，具名常量的使用已被证明对程序维护有很大的帮助。一般来说，对变化的任何一种集中控制技术都是减少维护工作的好方法 (Glass 1991)。

避免使用字面量，即使是“安全”的 在下面这个循环中，你认为 12 代表什么？

Visual Basic 代码示例：含义模糊的代码

```
For i = 1 To 12
   profit( i ) = revenue( i ) - expense( i )
Next
```

根据这段代码的特定性质，看起来它可能是在遍历一年中的 12 个月。不过你确定吗？敢不敢用《巨蟒马戏团》(*Monty Python*) 的收藏品来打赌？

在这种情况下，不需要使用具名常量来支持未来的灵活性，因为一年有十二个月不太可能很快改变。但是，如果代码的写法会让人想不透代码的意图，就应该用一个命名良好的常量来澄清它，如下所示：

Visual Basic 代码示例：含义清晰的代码

```
For i = 1 To NUM_MONTHS_IN_YEAR
   profit( i ) = revenue( i ) - expense( i )
Next
```

这样做好多了，但要使这个例子更加完善，还应该给循环索引起一个信息量更大的名称：

Visual Basic 代码示例：含义更加清晰的代码

```
For month = 1 To NUM_MONTHS_IN_YEAR
   profit( month ) = revenue( month ) - expense( month )
Next
```

这个例子看起来已经相当不错了，但还可以通过使用枚举类型使其更清晰一些：

```
Visual Basic 代码示例：含义相当清晰的代码
For month = Month_January To Month_December
   profit( month ) = revenue( month ) - expense( month )
Next
```

在最后这个例子中，没有人会疑惑循环的目的。即使认为字面量是安全的，也要使用具名常量来代替。请坚定不移地从代码中根除字面量。使用文本编辑器来搜索代码中的 2、3、4、5、6、7、8 和 9，确保没有误用。

关联参考　要想进一步了解模拟枚举类型，请参见第 12.6 节。

使用具有适当作用域的变量或类来模拟具名常量　如果编程语言不支持具名常量，则可以创建自定义常量。通过使用类似前面 Java 示例中建议的模拟枚举类型的方法，可以获得具名常量的许多优点。典型的作用域规则适用于如下顺序，优先选择局部作用域，其次选择类作用域，最后选择全局作用域。

具名常量的使用要一致　在一个地方使用具名常量，而在另一个地方使用字面量来表示同一个实体，这样做是很危险的。这些编程实践会导致错误的发生，堪比拨打 800 免费电话要求把错误送上门来。如果需要修改具名常量的值，可以直接修改它并认为已经做了所有必要的改动。这样就可以忽略掉那些硬编码的字面量，这些字面量会导致程序出现神秘的缺陷，而解决这些缺陷比拿起电话大喊救命要难得多。

12.8 数组

数组是最简单、最常用的结构化数据类型。在某些编程语言里，数组是惟一的结构化数据类型。一个数组包含一组类型全部相同，并可以通过使用数组索引直接访问的元素。下面是使用数组的一些技巧。

确保所有的数组索引都在数组的边界范围内　在某种程度上，数组的所有问题都是由数组元素可被随机访问这一事实引起的。最常见的问题出现在程序试图访问超出数组边界的元素时。在一些语言中，这将产生一个错误；而在其他语言中，它可能只是产生一个奇怪的、意想不到的结果而已。

考虑使用容器而不是数组，或将数组视为顺序结构　计算机科学领域有一些最聪明的人建议，数组永远不可以随机访问，而只能按顺序访问 (Mills and Linger 1986)。他们的观点是，数组中的随机访问就像程序中随意使用的 goto 语句一样：这种访问往往是无序的，很容易出错，而且要证明其是否正确也很困难。他们建议使用集合 (set)、堆栈 (stack) 和队列 (queue) 等按顺序访问元素的数据结构，而不要使用数组。在一个小型实验里，他们发现，以这种方式创建的设计只需要更少的变量和更少的变量引用。这些设计相对来说是有效的，并产生了高度可靠的软件。

HARD DATA

在习惯性地选用数组之前，请考虑使用可顺序访问数据的容器类 (如集合、堆栈、队列等) 作为替换方案。

检查数组的边界点　正如考虑循环结构中的边界很有帮助一样，可以通过检查数组的边界点来发现很多错误。问问自己，代码是正确访问了数组的第一个元素，还是错误访问了第一个元素之前或之后的元素？那最后一个元素呢？代码是否会产生差一错误？最后，再问问自己代码是否正确访问了数组的中间元素。

关联参考　使用数组和使用循环的问题是相似的，也是有联系的。要想进一步了解循环，请参见第 16 章。

如果数组是多维的，请确保索引的使用顺序是正确的　很容易把 Array[j][i] 写成是 Array[i][j]，所以要花些时间仔细检查索引的顺序是否正确。在 i 和 j 的含义不是很清晰的情况下，可以考虑使用更有意义的命名。

提防索引串扰　如果使用嵌套循环，很容易把 Array[i] 写成是 Array[j]。循环索引的交换称为“索引串扰”(cross-talk)。请仔细检查这种问题。一种更好的做法是，使用比 i 和 j 更有意义的索引名，从而在一开始就降低发生索引串扰错误的几率。

在 C 语言中，使用 ARRAY_LENGTH() 宏来处理数组　通过定义类似于下面的 ARRAY_LENGTH() 宏，可以更加灵活地使用数组：

C 代码示例：定义 ARRAY_LENGTH() 宏
```
#define ARRAY_LENGTH( x )   (sizeof(x)/sizeof(x[0]))
```

在操作数组时，使用 ARRAY_LENGTH() 宏代替具名常量来表示数组大小的上限，如下例所示：

C 代码示例：使用 ARRAY_LENGTH() 宏对数组进行操作
```
ConsistencyRatios[] =
   { 0.0, 0.0, 0.58, 0.90, 1.12,
   1.24, 1.32, 1.41, 1.45, 1.49,
   1.51, 1.48, 1.56, 1.57, 1.59 };
   ...
for ( ratioIdx = 0; ratioIdx < ARRAY_LENGTH( ConsistencyRatios );
ratioIdx++ );
   ...
```

这里使用了宏

这种技术对于本利中出现的这种一维数组特别有用。如果增加或减少了数组中的元素，则不必记住去改变用于描述数组大小的具名常量。当然，该技术也适用于多维数组，如果使用此方法，则并不总是需要为数组定义创建额外的具名常量。

12.9 创建自定义类型（类型别名）

程序员自定义的数据类型是语言所能赋予的最强大的能力之一，它有助于澄清对程序的理解。它们可以保护程序免受不可预见的更改的影响，并使其更容易阅读，所有这些都不需要去设计、构造或者测试新的类。如果你正在使用 C、C++ 或其他支持用户自定义类型的语言，请充分利用它们！

关联参考　在很多情况下，相比创建一个简单的数据类型，最好能够创建一个类。详情可参见第 6 章。

为了体会创建自定义类型的威力，假设此时正在编写一个程序，把 x、y、z 系统中的坐标转化为纬度、经度和海拔高度。你觉得可能需要双精度浮点数，但在完全确定之前，愿意使用单精度浮点数来编写程序。可以通过使用 C 语言或 C++ 语言中的 typedef 语句或其他语言中的类似语句来创建一个专门用于坐标的新类型。下面是如何在 C++ 语言中创建该类型定义的代码：

```
C++ 代码示例：创建一个数据类型
typedef float Coordinate; // for coordinate variables
```

该类型定义声明了一个新的类型 Coordinate，它在功能上与 float 类型相同。要使用这一新类型，只需要像使用 float 等预定义类型一样用它来声明变量。下面是一个例子：

```
C++ 代码示例：使用自己创建的数据类型
Routine1( ... ) {
   Coordinate latitude;    // latitude in degrees
   Coordinate longitude;    // longitude in degrees
   Coordinate elevation;    // elevation in meters from earth center
   ...
}
...

Routine2( ... ) {
   Coordinate x; // x coordinate in meters
   Coordinate y; // y coordinate in meters
   Coordinate z; // z coordinate in meters
   ...
}
```

在这段代码中，变量 latitude，longitude，elevation，x，y 和 z 都被声明为 Coordinate 类型。

现在假设程序发生了变化，你最终发现需要对坐标使用双精度变量。由于已经专门为坐标数据定义了一种类型，因此需要修改的只是类型定义。而且只需要改动一处：在 typedef 语句中。下面是修改后的类型定义：

C++ 代码示例：改变后的类型定义

最初的 float 改成了 double

```
typedef double Coordinate; // for coordinate variables
```

下面是第二个例子，这个例子用的是 Pascal。假设此时正在开发一套薪资系统，其中员工姓名最长不超过 30 个字符。用户告诉你，所有人的姓名都不会超出 30 个字符。你会在整个程序中到处硬编码 30 这个数字吗？如果这样做，说明你对用户的信任远远超过了我对我的用户的信任！一种更好的做法是为员工姓名定义一种类型：

Pascal 代码示例：为员工姓名创建数据类型

```
Type
   employeeName = array[ 1..30 ] of char;
```

一旦涉及字符串或数组，一种明智的做法往往是定义一个具名常量来表示字符串或数组的长度，然后，在类型定义中使用该具名常量。在程序中，会发现有许多地方需要使用这个常量，这里是第一次使用它的地方。它看起来像下面这样：

Pascal 代码示例：创建数据类型更好的做法

这里是声明具名常量的地方

这里是使用具名常量的地方

```
Const
   NAME_LENGTH = 30;
   ...
Type
   employeeName = array[ 1..NAME_LENGTH ] of char;
```

一个更强大的例子是将创建自定义类型的想法与信息隐藏的想法结合起来。在某些情况下，要隐藏的信息是数据类型的相关信息。

前面 C++ 坐标的示例中只是部分地实现了信息隐藏。如果始终使用 Coordinate 而非 float 或 double，则可以有效地隐藏数据类型。在 C++ 语言中，这就是语言能够隐藏的全部信息。除此之外，你或代码的后续用户必须遵守不查看 Coordinate 定义的规则。C++ 语言提供的是形象的、而不是字面量的信息隐藏能力。

其他语言 (如 Ada) 则更进一步，它们支持字面量信息隐藏。以下代码是在 Ada 包中声明 Coordinate 的

该语句将 Coordinate 声明为包的私用成员

```
Ada 代码示例：将类型细节隐藏到包内部
package Transformation is
   type Coordinate is private;
   ...
```

下面的代码是在另一个包中使用 Coordinate：

```
Ada 代码示例：使用另外一个包内的类型
with Transformation;
...
procedure Routine1(...) ...
   latitude: Coordinate;
   longitude: Coordinate;
begin
   -- statements using latitude and longitude
   ...
end Routine1;
```

注意，Coordinate 类型在程序包规格说明 (package specification) 中声明为私用。这意味着程序中惟一知道 Coordinate 类型定义的部分是 Transformation 包的私用部分。在一个有一群程序员共同开发的环境中，可以只分发程序包规格说明，从而使开发其他包的程序员更难以查看 Coordinate 的底层类型。这些信息会被隐藏起来。C++ 等语言要求在头文件中发布 Coordinate 的定义，这会破坏真正的信息隐藏。

这些例子说明了创建自定义类型的几个原因。

- *易于修改*　创建一个新类型并不费事，而且它能带来很大的灵活性。
- *避免信息过度分散*　采用硬编码而非集中在一处管理数据的方式会导致数据类型的细节散布于程序内部。这是第 6.2 节讨论的集中化信息隐藏原则的一个示例。
- *提高可靠性*　在 Ada 中，可以自定义一些类型，比如 type Age is range 0...99。编译器接着就会生成运行时检查，以验证所有 Age 类型变量的取值都处于 0 到 99 区间。
- *弥补语言的不足*　如果语言没有自己想要的预定义类型，可以自己新建。例如，C 语言没有布尔类型或逻辑类型。这个不足很容易通过创建自定义类型来弥补：

  ```
  typedef int Boolean;
  ```

为什么创建自定义类型的示例是用 Pascal 和 Ada 来写的

Pascal 和 Ada 已经在走向消亡，总的来说，取代它们的语言都更加实用。然而，在简单类型定义方面，我认为 C++、Java 和 Visual Basic 代表的是前进三步后退一步的情况。Ada 声明如下：

```
currentTemperature: INTEGER range 0..212;
```

它包含下述语句所不具备的重要语义信息：

```
int temperature;
```

再进一步，像下面这样的类型声明：

```
type Temperature is range 0..212;
...
currentTemperature: Temperature;
```

可以使编译器确保 currentTemperature 只被赋值给其他 Temperature 类型的变量，而且几乎不需要额外的编码就能为程序提供更大的安全界限。

当然，程序员可以创建一个 Temperature 类，来实现由 Ada 语言自动强制执行的相同语义，但是从一行代码创建一个简单数据类型到创建一个类，是很大的一步。在许多情况下，程序员会创建简单数据类型，但是因为要做很多额外的工作，他们不会去创建类。

创建自定义数据类型的指导原则

在创建自己的用户自定义类型时，记住以下指导原则。

关联参考 在每种情况下，请考虑创建类是否比创建简单数据类型效果更好，详情可参见第 6 章。

以功能导向的方式来命名新创建的类型 避免使用那些指代该类型的基础计算机数据种类的类型名。请使用能代表该新类型所指代的现实世界问题的类型名。在前面例子中，定义给坐标和人员姓名(真实世界的实体)创建了贴切的类型命名。与之相似，可以为货币、支付码、年龄等现实世界问题创建类型。

用指向预定义类型名称来命名新创建的类型 像 BigInteger 或 LongString 这样的类型名称指的是计算机数据，而不是现实世界的问题。创建自定义类型的最大优点是它在程序和实现语言之间提供了一层绝缘层。指向底层编程语言类型的类型名会在该绝缘层上打一个洞。与使用预定义类型相比，它们不会给你带来多大的优势。另一方面，以问题为导向的命名可以提供易于修改和自我记录的数据声明。

避免预定义类型　如果类型有可能发生变化，除了在 typedef 或类型定义中，要避免在任何地方使用预定义类型。创建功能导向的新类型很容易，而在那些使用了硬编码类型的程序中修改数据却很难相比 float x 这样的声明。此外，使用功能导向的类型声明可以部分地解释用它们声明的变量。像 Coordinate x 这样的声明能透露更多关于 x 的信息。请尽可能多用自定义类型。

不要重新定义预定义类型　改变一个标准类型的定义会造成混乱。例如，如果编程语言中有一个预定义的 Integer 类型，则不要创建名为 Integer 的自定义类型。读代码的人可能会忘记你已经重新定义了这个类型，并认为他们所看到的 Integer 就是他们习惯看到的那个 Integer。

定义可移植的替代类型　与不要修改标准类型定义的建议相反，你可能需要为标准类型定义替代类型，以便让变量在不同的硬件平台上代表完全相同的实体。例如，可以定义一个 INT32 类型，用它来代替 int，或者用 LONG64 类型来代替 long。最初，这两种类型之间惟一的区别就是它们名字的大小写不同。但是，把程序移植到一个新的硬件平台时，可以重新定义大写版本，以便它们能够与原来硬件上的数据类型相匹配。

注意，不要定义那些容易被误认为是预定义类型的类型　定义 INT 而不是 INT32 在功能上是可以的，但在自定义类型和语言所提供的类型之间，最好要有一个明确的区分。

考虑创建一个类而不是使用 typedef　简单的 typedef 在隐藏变量底层类型的信息方面作用很大。但在某些情况下，可能希望通过创建类来实现额外的灵活性和控制力。详细信息请参见第 6 章。

关联参考　要想进一步了解一般数据问题而非特定类型数据的核对清单，请参见第 10 章。要想进一步了解为变量命名的注意事项检查清单，请参见第 11 章。

检查清单：基本数据类型

一般的数字

❑ 代码是否避免了魔法数字？

❑ 代码是否考虑了除零错误？

❑ 类型转换是否明显？

❑ 如果在同一个表达式中使用了两个不同类型的变量，该表达式是否会像你所期望的那样进行计算？

- ❑ 代码是否避免了混合类型的比较？
- ❑ 程序编译时是否没有警告？

整型

- ❑ 使用整数除法的表达式是否能按预期的方式工作？
- ❑ 整数表达式是否避免了整数溢出问题？

浮点型

- ❑ 代码是否避免了对大小差别很大的数字进行加减运算？
- ❑ 代码是否系统地防止了舍入错误？
- ❑ 代码是否避免了对浮点数做等价比较？

字符和字符串

- ❑ 代码是否避免了魔法字符和魔法字符串？
- ❑ 使用字符串时是否避免了差一错误？
- ❑ C 语言的代码是否区别对待了字符串指针和字符数组？
- ❑ C 语言的代码是否遵循了把字符串长度声明为 CONSTANT+1 的规范？
- ❑ C 语言的代码是否在适当的时候使用字符数组而不是指针？
- ❑ C 语言的代码是否把字符串初始化为 NULL 以避免无休止的字符串？
- ❑ C 语言的代码是否使用 strncpy() 而不是 strcpy()？以及 strncat() 和 strncmp()？

布尔变量

- ❑ 程序是否使用额外的布尔变量来记录条件判断？
- ❑ 程序是否使用额外的布尔变量来简化条件判断？

枚举类型

- ❑ 程序是否使用枚举类型而非具名常量来提高可读性、可靠性和可修改性？
- ❑ 当变量的使用不能只用 true 和 false 来表示时，程序是否用枚举类型来取代布尔变量？
- ❑ 使用枚举类型的判断是否能检测出无效值？
- ❑ 枚举类型的第一个元素是否保留为“无效值”？

具名常量

- ❑ 程序是否将具名常量而非魔法数字用于数据声明和循环控制？
- ❑ 具名常量的使用是否一致——有没有在有些地方使用具名常量而在其他地方使用字面量？

数组

❑ 所有的数组索引是否都在数组的边界范围内？

❑ 数组引用是否避免了差一错误？

❑ 多维数组的所有索引顺序是否正确？

❑ 在嵌套循环中，是否使用正确的变量作为数组索引来避免循环索引串扰？

创建类型

❑ 程序是否为每一种可能变化的数据使用不同的类型？

❑ 类型名称是否以类型所代表的现实世界实体为导向，而不是以编程语言类型为导向？

❑ 类型名是否足够具有描述性，可以帮助解释数据声明？

❑ 是否避免了重新定义预定义类型？

❑ 是否考虑过创建一个新的类而不是简单地重新定义一个类型？

要点回顾

- 使用特定的数据类型意味着要为每种类型记住许多单独的规则。使用本章的核对清单来确保已经考虑到常见的问题。
- 如果语言支持这种能力，创建自定义类型可以使程序更易于修改，并更具自我描述性。
- 使用 typedef 或类似方式创建了一个简单类型时，须考虑是否应该创建一个新的类。

读书心得

1.____

2.____

3.____

4.____

5.____

第 13 章

不常见的数据类型

内容

相关主题及对应章节

- 基本数据类型：第 12 章
- 防御性编程：第 8 章
- 不常见的控制结构：第 17 章
- 软件开发的复杂度：第 5.2 节 .

除了第 12 章中讨论的数据类型，有些语言还支持一些独特的数据类型。第 13.1 节描述了在某些情况下可能更适合使用结构体而不是类。第 13.2 节描述了使用指针的来龙去脉。如果你曾经遇到过全局数据相关的问题，那么第 13.3 节将会为你解释如何避免这些麻烦。如果觉得本章描述的数据类型并不是常见于一些现代面向对象编程书籍中的类型，那么你的感觉是对的。这正是本章标题命名为“不常见的数据类型”的原因。

13.1 结构体

“结构体”这一术语是指由其他类型构建的数据。因为数组是一个特殊情况，所以本书把它单独放到了第 12 章。本节将讨论用户创建的结构化数据，C 和 C++ 中的 struct 以及 Microsoft Visual Basic 中的 Structure。在 Java 和 C++ 中，类有时也表现得像是结构体，当类完全由公用数据成员组成而不包含公用子程序的时候。

通常情况下，你会希望创建类而不是结构体，这样除了结构体所支持的公用数据外，还能利用类所提供的隐私性和函数性。但有时直接操作数据块也是很方便的，所以下面列出使用结构体的一些理由。

使用结构体澄清数据关系　结构体把相关联的一组数据项捆绑在一起。有时，想要读懂程序的话，最为困难的部分就在于厘清哪些数据之间是相互联系的。这就像是去一个小镇问谁认识谁一样：你会发现每个人和其他人都有某种联系，但事实并不是这样，你永远不会得到一个完美的答案。

如果数据经过周密的结构化处理，那么弄清楚哪些数据对应哪些数据就容易得多了。下面是一个没有被结构化的数据的例子：

```
Visual Basic 代码示例：令人误解的，结构混乱的一堆变量
name = inputName
address = inputAddress
phone = inputPhone
title = inputTitle
department = inputDepartment
bonus = inputBonus
```

因为这些数据是非结构化的 (unstructured)，所以看起来似乎所有赋值语句都是彼此关联的。而实际上，name、address 和 phone 是与员工相关的变量，title、department 和 bonus 是与主管相关的变量。该代码片段没有提示其实是有两种数据在起作用。在下面的代码片段中，结构体的使用使得关系更加清晰：

```
Visual Basic 代码示例：提供了更多信息，结构清晰的变量
employee.name = inputName
employee.address = inputAddress
employee.phone = inputPhone

supervisor.title = inputTitle
supervisor.department = inputDepartment
supervisor.bonus = inputBonus
```

在使用了结构化变量的代码中，很明显可以看出一些数据与员工相关，另一些数据是与主管相关的。

使用结构体简化对数据块的操作　可以将相关的元素组合到一个结构体中，并对该结构体执行操作。对结构体执行操作比对每个元素执行同样的操作要容易。它也更可靠，并且需要的代码行数更少。

假设有一组彼此关联的数据元素，例如，在人才数据库中关于某一员工的数据。如果这些数据没有组合到一个结构体中，那么仅仅复制这组数据就会涉及很多条语句。下面是一个 Visual Basic 示例：

Visual Basic 代码示例：复制一组数据项（笨办法）
```
newName = oldName
newAddress = oldAddress
newPhone = oldPhone
newSsn = oldSsn
newGender = oldGender
newSalary = oldSalary
```

每次想要传递员工信息时，你都不得不写出这一整组语句。如果增加一项新的员工信 息，如 numWithholdings，则必须找到每个赋值代码块的位置，然后增加一条赋值语句：newNumWithholdings = oldNumWithholdings。

想象一下，交换两个员工的数据会是多么可怕。你不必发挥个人的想象力，因为例子就在下面：

Visual Basic 代码示例：交换两组数据（死办法）
```
' swap new and old employee data
previousOldName = oldName
previousOldAddress = oldAddress
previousOldPhone = oldPhone
previousOldSsn = oldSsn
previousOldGender = oldGender
previousOldSalary = oldSalary

oldName = newName
oldAddress = newAddress
oldPhone = newPhone
oldSsn = newSsn
oldGender = newGender
oldSalary = newSalary

newName = previousOldName
newAddress = previousOldAddress
newPhone = previousOldPhone
newSsn = previousOldSsn
newGender = previousOldGender
newSalary = previousOldSalary
```

解决该问题的一种更简单的方法是声明一个结构体变量：

Visual Basic 代码示例：声明 Structure
```
Structure Employee
   name As String
   address As String
   phone As String
   ssn As String
```

```
    gender As String
    salary As long

End Structure
Dim newEmployee As Employee
Dim oldEmployee As Employee
Dim previousOldEmployee As Employee
```

现在，只需要简单三条语句就可以交换新旧员工结构体中的所有元素：

```
Visual Basic 代码示例：交换两组数据（更简单的做法）
previousOldEmployee = oldEmployee
oldEmployee = newEmployee
newEmployee = previousOldEmployee
```

如果想要增加一个字段，如 numWithholdings，只需要将其添加到结构体的声明中即可。前面的三条语句以及程序中的任何类似语句都无须改动。C++ 和其他语言都具有类似的功能。

关联参考 要想进一步了解不同子程序间应该共享多少数据，请参见第 5.3 节。

使用结构体简化参数列表 可以通过使用结构体变量来简化子程序的参数列表。该技巧与刚才展示的技巧类似。与其单独传递所需的每个元素，不如把相关的元素组合到一个结构体中，然后把它作为一个整体传递过去。下面是传递一组相关参数的困难模式示例：

```
Visual Basic 代码示例：笨拙的子程序调用（没有使用结构体）
HardWayRoutine( name, address, phone, ssn, gender, salary )
```

下面的方法简单得多，使用了一个包含上例参数列表中所有元素的结构体变量作为惟一参数：

```
Visual Basic 代码示例：优雅的子程序调用（使用了结构体）
EasyWayRoutine( employee )
```

如果想在第一个调用中增加一个 numWithholdings 参数，那么就必须仔细检查所有代码并修改对 HardWayRoutine() 的每一处调用。如果给 Employee 结构体添加一个 numWithholdings 元素，则根本不需要修改 EasyWayRoutine() 的参数。

关联参考 要想进一步了解传递过多数据的危害，请参见第 5.3 节。

可以将这种技术发挥到极致，把程序中的所有变量都放在一个巨大的、内容丰富的变量中，然后将其传递到任何需要使用它的地方。除非逻辑上有必要，谨慎的程序员都会避免捆绑过多的数据。此外，当只需要使用结构体中的一两个字段时，谨慎的程序员会避免将结构体作为参数传递过去，而是只传递具体需要的特定字段。这是信息隐藏原则的一个体现：有些信息对子程序是可见的，而有些信息对子程序是隐藏的。信息应该按照“必要原则”(need-to-know basis) 进行传递。

使用结构体减少维护　由于在使用结构体时对相关数据进行了分组，因此对结构体的修改只会导致对程序做较小的改动。特别是那些逻辑关系与结构体变化没有关联的代码，这一点尤为明显。由于更改往往会产生错误，因此较少的更改意味着较少的错误。如果想删除 Employee 结构体中的 title 字段，不需要对任何用到了 Employee 结构体的参数列表或赋值语句做出修改。当然，必须修改那些用到员工 title 的代码，但从概念上来说，这与删除 title 字段有关，这是没法忽略的。

结构化数据的最大优势体现在那些与 title 字段没有逻辑关系的代码片段中。有时，程序中的语句在概念上指的是一个数据集合，而不是单个的组件。在这些情况下，单个组件 (如 title 字段) 被引用只是因为它是集合的一部分。这样的代码片段与 title 字段之间并没有任何直接的逻辑关系，并且当修改 title 时，这些代码片段很容易被忽略。如果使用结构体，则可以忽略这些代码片段，因为这些代码引用的是相关数据的集合，而不是单独引用某个组件。

13.2 指针

在现代编程中，指针的使用最容易出错，以至于 Java、C# 和 Visual Basic 等现代语言甚至干脆不提供指针数据类型。使用指针本质上是很复杂的，要想正确使用，必须透彻理解编译器的内存管理机制。很多常见的安全问题 (特别是缓冲区溢出) 都可以追溯到对指针的错误使用 (Howard and LeBlanc 2003)。

即使语言不要求使用指针，对指针的良好理解也将有助于理解编程语言的工作原理。适当的防御性编程实践有助于我们进一步提升代码质量。

理解指针的范式

从概念上讲，每个指针都由两部分组成：内存中的位置以及如何解释该位置的内容。

内存中的位置

内存中的位置就是一个地址，通常用十六进制符号表示。32 位处理器中的地址应该是一个 32 位的值，比如 0x0001EA40。指针本身只包含这个地址。要使用指针所指向的数据，就必须访问该地址，并解释该位置的内存内容。如果查看该位置的内存，你会发现它只是一组比特的集合，只有经过解释后，才会有意义。

如何解释指针所指的内容

关于如何解释内存中某个位置的内容，是由指针的基类型 (base type) 决定的。如果指针指向整型，这实际上意味着编译器将指针给出的内存位置解释为一个整数。当然，可以让一个整型指针、一个字符串指针和一个浮点数指针都指向同一个内存位置，但只有一个指针能正确地解释该位置的内容。

在理解指针时，请记住内存是不包含任何与之相关联的内在解释的。只有通过使用特定类型的指针，才能将特定位置的比特解释为有意义的数据。

图 13-1 显示了对内存中相同位置的数据用不同的方式解释，会得出几个不同的观点。

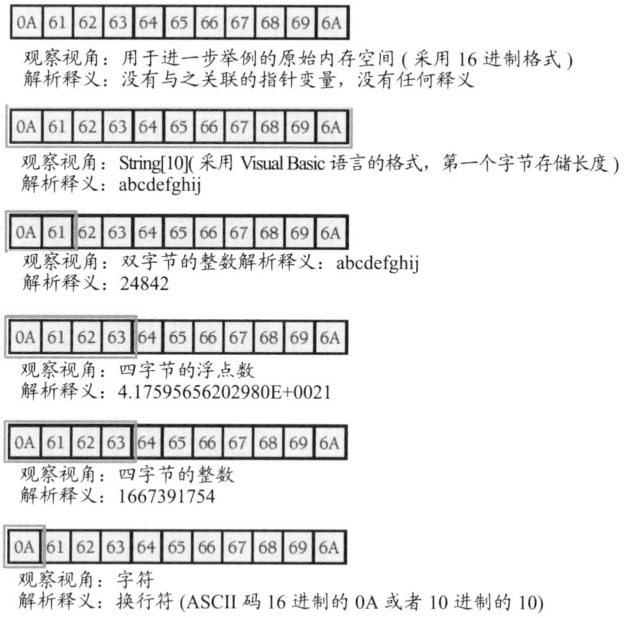

0A	61	62	63	64	65	66	67	68	69	6A

观察视角：用于进一步举例的原始内存空间 (采用 16 进制格式)
解析释义：没有与之关联的指针变量，没有任何释义

0A	61	62	63	64	65	66	67	68	69	6A

观察视角：String[10](采用 Visual Basic 语言的格式，第一个字节存储长度)
解析释义：abcdefghij

0A	61	62	63	64	65	66	67	68	69	6A

观察视角：双字节的整数解析释义：abcdefghij
解析释义：24842

0A	61	62	63	64	65	66	67	68	69	6A

观察视角：四字节的浮点数
解析释义：4.17595656202980E+0021

0A	61	62	63	64	65	66	67	68	69	6A

观察视角：四字节的整数
解析释义：1667391754

0A	61	62	63	64	65	66	67	68	69	6A

观察视角：字符
解析释义：换行符 (ASCII 码 16 进制的 0A 或者 10 进制的 10)

图 13-1 每种数据类型所占用的内存以双线框表示

在图 13-1 中的每种情况下，指针指向的都是包含十六进制值 0x0A 的位置。0A 之后使用的字节数取决于对内存的解释方式。内存内容的使用方式也取决于对内存的解释方式，这也取决于使用的是什么处理器，所以如果想在桌面超级计算机上复现这些结果，请记住这一点。同样的原始内存内容可以解释为字符串、整数、浮点数或其他任何内容，这都取决于指向该内存指针的基类型。

指针的一般使用技巧

对于很多类型的缺陷，定位错误是处理错误中最容易的部分，而改正错误才是最难的。然而指针错误则不同。指针错误通常是由于指针指向了不该指向的地方。当你为错误的指针变量赋值时，会将数据写入不该写入的内存区域。这称为“内存损坏”(memory corruption)。内存损坏有时会导致可怕的、严重的系统崩溃；有时会篡改程序另一部分的计算结果；有时会导致程序不可预知地跳过某些子程序；而有时又根本不做任何事。在最后一种情况下，指针错误是一颗定时炸弹，在你向最重要的客户展示程序的 5 分钟前，它可能会毁掉你的程序。指针错误的症状往往与指针错误的原因无关。因此，改正指针错误的大部分工作都是在定位原因。

要想成功使用指针，需要采取双管齐下的策略。一个策略是，首先要避免初始化指针错误。指针错误很难发现，因此额外的预防措施是合理的。另一个策略是，在代码编写完成后尽快检测指针错误。指针错误的症状相当不稳定，因此有必要采取额外的措施来提高症状的可预测性。下面是实现这些关键目标的方法。

隔离子程序或类中的指针操作　假设程序中的多个地方使用了同一个链表。与其在使用链表的每个地方手动遍历它，不如编写一组诸如 NextLink()，PreviousLink()，InsertLink() 和 DeleteLink() 这样的访问器子程序来完成这些操作。通过最大限度地减少访问指针位置的数量，可以最大限度地减少因粗心而出错的可能性，而这些错误会蔓延到整个程序中，并且要花很长时间才能找到。由于代码与数据实现细节相对独立，因此还可以提高代码在其他程序中复用的可能性。编写指针分配子程序是集中控制 (centralize control) 数据的另一种方法。

同时声明和定义指针　在靠近变量声明的地方为变量赋予初始值通常是一种良好的编程实践，这在处理指针时更有价值。要避免如下示例的实践：

```
C++ 代码示例：指针初始化（糟糕的实践）
Employee *employeePtr;
// lots of code
...
employeePtr = new Employee;
```

即使这段代码最初可以正常工作，在修改时也很容易出错，因为有人可能会在指针的声明和初始化之间尝试使用 employeePtr。下面是一种更为安全的实践：

```
C++ 代码示例：指针初始化（良好的实践）
// lots of code
...
Employee *employeePtr = new Employee;
```

在相同的作用域层级上分配和释放指针　请保持指针的分配和释放的对称性。如果在单个作用域内使用指针，那么就在同一作用域内调用 new 分配指针，并调用 delete 释放指针。如果在一个子程序内分配了指针，那么就在同一个子程序内释放它。如果在一个对象的构造函数中分配了指针，请在该对象的析构函数中释放它。如果一个子程序分配了内存，然后期望调用它的代码来手动释放该内存，这种不一致的操作很容易出错。

在使用之前先检查指针　在程序的关键部分使用指针之前，请确保它所指向的内存位置是合理的。例如，如果期望内存位置介于 StartData 和 EndData 之间，则应该对指向 StartData 之前或 EndData 之后的指针持怀疑态度。必须确定环境中 StartData 和 EndData 的值。如果通过访问器子程序使用指针而不是直接操作指针，则可以在访问器子程序中自动执行此项检查。

在使用之前先检查指针所引用的变量　有时可以对指针所指向的值进行合理性检查。例如，如果指针应该指向的是 0 到 1000 之间的一个整数值，那么就应该对大于 1000 的值产生怀疑。如果指针指向的是一个 C++ 类型的字符串，那么就应该对长度超过 100 的字符串持怀疑态度。如果通过访问器子程序来使用指针，也可以在访问器子程序中自动执行此操作。

使用狗牌字段来检查损坏的内存　“标记字段”(tag field) 或“狗牌”(dog tag) 是指添加到结构体中仅用于错误检查的字段。在分配变量时，将一个应该保持不变的值放入它的标记字段中。当使用该结构体时（特别是释放内存时）检查该标记字段的值。如果这个标记字段的值与预期不符，则该数据已损坏。

当释放指针时，请破坏该字段，以便在不小心再次尝试释放同一指针时，能检测到该损坏。例如，假设需要分配 100 个字节。

1. 首先，分配 104 个字节，比实际需要的多 4 个字节。

104 个字节空间

2. 其次，将前 4 个字节设置为狗牌值，返回指向这 4 个字节后面的内存地址的指针。

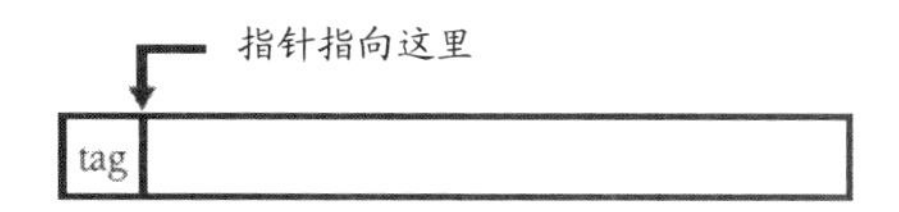

3. 当需要释放指针时，检查该标记。

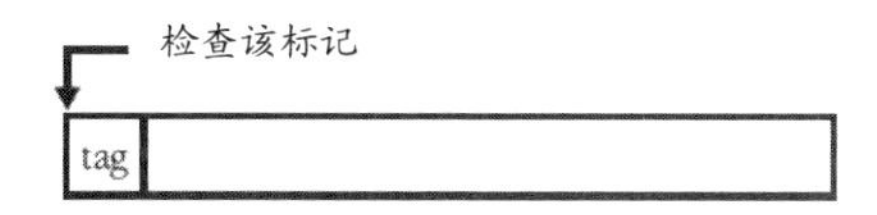

4. 如果标记没问题，就将其设置为 0 或其他一些程序可以识别为无效标记值的值。你肯定不希望在释放该内存后，该值依然被误认为是有效标记。出于同样的原因，请将数据也设置为 0、0xCC 或其他一些非随机值。

5. 最后，释放指针。

释放全部 104 个字节空间

在一个已分配的内存块开头放置一个狗牌，可以用来检查是否多次执行了释放内存的操作，而无需维护一个已分配的内存块列表。将狗牌放置在内存块的末尾，可以检查是否做过超出该内存块末尾的数据操作。可以在内存块的开头和结尾同时使用标记来实现这两个目标。

可以将此方法与前面建议的合理性检查一起使用，检查指针是否位于 StartData 和 EndData 之间。若要确保指针指向的是合理的位置，而不是检查可能的内存范围，请检查该指针是否在已分配指针列表中。

可以只在删除变量时做一次标记字段的检查　损坏的标记会告诉你，在该变量生命周期内的某个时候，其内容已被损坏了。但是，标记字段的检查频率越高，就越接近问题的根源。

增加显式冗余　使用标记字段的替代方法是将某些字段重复两次。如果冗余字段中的数据不匹配，就可以知道内存已被损坏了。如果直接操作指针，这可能会导致大量开销。然而，如果把指针操作隔离在子程序中，则只会在少数几个地方添加重复代码。

使用更多的指针变量以提高清晰度　无论如何，不要吝啬指针变量。在本书其他地方提到过一个要点，即一个变量不能用于多个目的。这一点对于指针变量来说尤为正确。在没弄清楚为什么要反复使用 genericLink 变量或者 pointer->next->last->next 指向什么之前，很难明白别人在用链表做什么。请考虑以下代码片段：

C++ 代码示例：传统的插入节点的代码

```
void InsertLink(
   Node *currentNode,
   Node *insertNode
   ) {
   // insert "insertNode" after "currentNode"
   insertNode->next = currentNode->next;
   insertNode->previous = currentNode;
   if ( currentNode->next != NULL ) {
      currentNode->next->previous = insertNode;
   }
   currentNode->next = insertNode;
}
```

这一行本来不应该如此复杂

这是往链表里插入一个节点的传统代码，它本不必如此难以理解。插入一个新节点涉及三个对象：当前节点、当前节点后面的节点以及要在它们之间插入的节点。这段代码片段只明确地认可两个对象：insertNode 和 currentNode。它迫使你找出并记住 currentNode->next 这个隐藏的对象也参与其中了。如果试图绘制出在没有 currentNode 之后节点的情况下正在发生的事情，会得到下面这样的结果：

currentNode　insertNode

更好的图示是将所有三个对象都识别出来。它看起来是下面这样的：

startNode　newMiddleNode　followingNode

下面的代码明确引用了涉及的所有三个对象：

```
C++ 代码示例：可读性更强的插入节点代码
void InsertLink(
   Node *startNode,
   Node *newMiddleNode
   ) {
   // insert "newMiddleNode" between "startNode" and "followingNode"
   Node *followingNode = startNode->next;
   newMiddleNode->next = followingNode;
   newMiddleNode->previous = startNode;
   if ( followingNode != NULL ) {
      followingNode->previous = newMiddleNode;
   }
   startNode->next = newMiddleNode;
}
```

这个代码片段多了一行代码，但是由于没有了前一个代码片段中的 currentNode->next->previous，因此更容易理解。

简化复杂的指针表达式　复杂的指针表达式很难理解。如果代码中包含 p->q->r->s.data 这样的表达式，请考虑一下必须得读这个表达式的读者的感受吧。下面这个例子特别令人震惊：

```
C++ 代码示例：难以理解的指针表达式
for ( rateIndex = 0; rateIndex < numRates; rateIndex++ ) {
   netRate[ rateIndex ] = baseRate[ rateIndex ] * rates->discounts
->factors->net;
}
```

复杂的表达式（如本例中的指针表达式）使得代码的可读性很差，代码阅读者需要花费大量精力才能明白代码的含义。如果代码中包含复杂的表达式，请将其赋值给一个具有良好命名的变量，以阐明操作的意图。下面是上述示例的改进版本：

```
C++ 代码示例：简化一个复杂的指针表达式
quantityDiscount = rates->discounts->factors->net;
for ( rateIndex = 0; rateIndex < numRates; rateIndex++ ) {
   netRate[ rateIndex ] = baseRate[ rateIndex ] * quantityDiscount;
}
```

经过这种简化，不仅可以提高可读性，而且还可以通过简化循环内的指针操作来提升性能。像往常一样，在下注之前，必须要先度量它的性能收益。

画一幅图　指针的代码描述可能会让人困惑。画一幅画通常会很有帮助。例如，链表插入问题的图示可能如图 13-2 所示。

关联参考　像图 13-2 这样的图示可以作为程序外部文档的一部分。要想进一步了解良好的文档实践，请参见第 32 章。

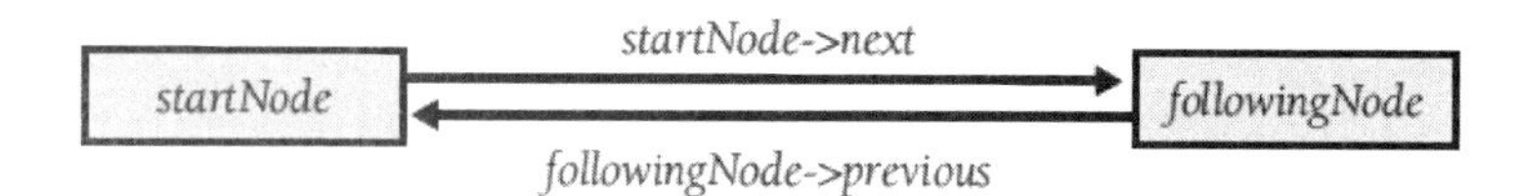

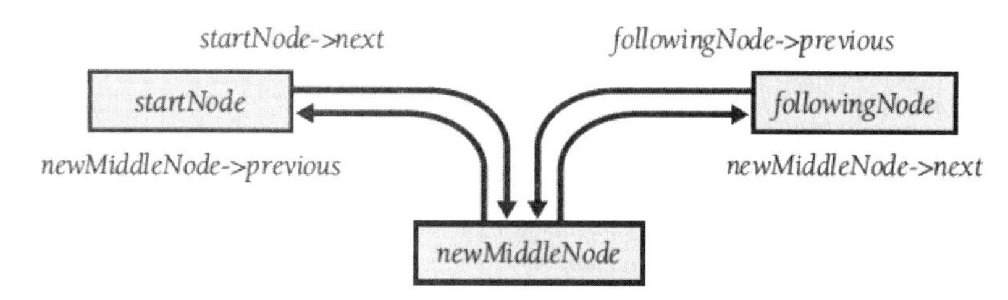

图 13-2　有助于思考指针重新链接步骤的图示

按照正确的顺序删除链表中的指针　在处理动态分配链表时，一个常见的问题是如果首先释放链表中的第一个指针，就会导致链表中的下一个指针无法访问。若要避免这个问题，请确保在释放当前元素之前有一个指向链表下一元素的指针。

分配一片紧急备用内存　如果程序中使用了动态内存，则需要避免内存突然耗尽的问题，这个问题会导致用户的数据在 RAM 空间中丢失。让程序对这类错误留有缓冲的一种方法是预先分配一片紧急备用内存。请确定程序需要多少内存来对手头的工作执行保存、清理和正确退出。在程序初始化阶段分配该数量的内存作为紧急备用，然后将其单独放置。当内存耗尽时，就释放紧急备用内存来使用，执行清理然后退出。

粉碎垃圾数据　指针错误是很难调试的，因为指针指向的内存变为无效的时间点是不确定的。有些时候，内存内容在指针释放后很长时间内仍然有效。而在其他时候，内存内容会在释放时立即改变。

深入阅读　要想进一步了解对安全操作 C 语言指针的精彩论述，请参见《编写安全的代码》(Maguire 1993)。

在 C 语言中，通过在释放指针之前用垃圾数据覆盖内存块，可以强制与使用释放指针相关的错误更加一致。与许多其他操作一样，如果使用了访问器子程序，则可以自动完成此操作。在 C 语言中，每当删除指针时，都可以使用如下代码：

```
C 代码示例：强制让释放的内存对象中含有垃圾数据
pointer->SetContentsToGarbage();
delete pointer;
```

当然，这种技术在 C++ 语言中行不通，因为 C++ 语言中的指针指向的是一个对象，这需要为每个对象实现一个 SetContentsToGarbage() 子程序。

在删除或释放指针后将其设置为空　一种常见的指针错误是“野指针”(dangling pointer，又称迷途指针或悬空指针)，即使用已被删除或释放的指针。指针错误难于检测的一个原因是，有时错误并不产生任何症状。虽然通过在释放指针后将其设置为空，不能改变可以读取野指针所指向数据的事实，但是确实可以确保写入数据到野指针时会产生错误。它可能是一个丑陋的、讨厌的、灾难性的错误，但至少你会首先发现它而不是等着别人发现它。

可以扩充上例中位于 delete 操作之前的代码，通过这种方式来处理这个问题：

```
C++ 代码示例：删除指针内容后将其指向 Null 值
pointer->SetContentsToGarbage();
delete pointer;
pointer = NULL;
```

在删除变量之前检查非法指针　要想毁掉一个程序，最好的一个办法是在指针已被删除或释放之后再次调用 delete() 或 free()。不幸的是，很少有语言能检测出这类问题。

如果将已释放的指针设置为空，就可以在使用或试图再次删除之前检查指针是否为空。如果不将已释放的指针设置为空，就没有这个选择。这表明上例中的指针删除代码又可以增加一项内容：

```
C++ 代码示例：删除指针前先断言该指针不为 Null
ASSERT( pointer != NULL, "Attempting to delete null pointer." );
pointer->SetContentsToGarbage();
delete pointer;
pointer = NULL;
```

跟踪指针分配情况　保留一份已分配指针的列表。这样就可以在释放指针之前检查它是否在列表中。下面是一个例子，说明如何修改标准的指针删除代码来包含这一项：

```
C++ 代码示例：检查是否已经分配了某个指针
ASSERT( pointer != NULL, "Attempting to delete null pointer." );
```

```
if ( IsPointerInList( pointer ) ) {
   pointer->SetContentsToGarbage();
   RemovePointerFromList( pointer );
   delete pointer;
   pointer = NULL;
}
else {
   ASSERT( FALSE, "Attempting to delete unallocated pointer." );
}
```

编写覆盖子程序，以这种方式来避免指针问题的策略集中化　从前面的例子可以看出，每次新建或删除指针时，都需要编写大量额外的代码。本节中描述的一些技术是互斥或冗余的，而你肯定不希望在同一个代码库中使用多个冲突的策略。例如，如果维护了一份自己的有效指针列表，则无需创建和检查“狗牌”值。

通过为常见的指针操作创建覆盖子程序，可以最大限度地减少编程开销并降低出错的几率。在 C++ 语言中，可以使用下面两个子程序。

- SAFE_NEW　这个子程序调用 new 来分配指针，将新指针添加到已分配指针列表中，并将新分配的指针返回给调用子程序。它还可以在该子程序内检查异常或在 new 时直接返回空值（又称为“内存不足”错误），从而简化了程序其他部分的错误处理。
- SAFE_DELETE　这个子程序检查传递给它的指针是否在已分配指针列表中。如果它在列表中，就将该指针所指向的变量设置为垃圾值，从列表中移除指针，调用 C++ 语言的 delete 操作符来释放指针，并将指针设置为空。如果该指针不在列表里，那么 SAFE_DELETE 将显示一条错误信息，并终止程序运行。

下面的代码示例中，用宏来实现 SAFE_DELETE 子程序：

```
C++ 代码示例：为删除指针的代码外加一层封装
#define SAFE_DELETE( pointer ) { \
   ASSERT( pointer != NULL, "Attempting to delete null pointer."); \
   if ( IsPointerInList( pointer ) ) { \
      pointer->SetContentsToGarbage();
      RemovePointerFromList( pointer ); \
      delete pointer; \
      pointer = NULL; \
   } \
   else { \
      ASSERT( FALSE, "Attempting to delete unallocated pointer." ); \
   } \
}
```

关联参考　要想进一步了解如何删除调试代码，请参见第 8.6 节。

在 C++ 语言中，这个子程序将删除单个指针，但还需要实现一个类似的 SAFE_DELETE_ARRAY 子程序来删除数组。

通过将内存处理集中到这两个子程序中，还可以使 SAFE_NEW 和 SAFE_DELETE 在调试模式和生产模式中的行为有所不同。例如，当 SAFE_DELETE 在开发期间检测到试图释放一个空指针时，它可能会终止程序的运行，但在生产环境中，它可能只是简单地记录下这个错误，然后继续执行。

可以轻松地将此方案改写为 C 语言中的 calloc 和 free 以及其他使用指针的语言。

使用去指针技术　指针很难理解，还容易用错，而且相关代码往往依赖于机器并不可移植。如果能想到一个替代指针的方案，并且能合理地工作，那么请使用该方案来替代指针，以便为自己省去一些麻烦。

C++ 语言的指针

深入阅读　关于在 C++ 中使用指针的更多技巧，请参见《Effective C++ 中文版》(第 2 版和第 1 版，原英文版分别出版于 1998 年和 1996 年)。

C++ 语言引入了一些与使用指针和引用相关的特殊细节。下面介绍一些适合在 C++ 语言中使用指针的指导原则。

理解指针和引用之间的区别　在 C++ 语言中，指针 (*) 和引用 (&) 都间接指向一个对象。对于外行来说，惟一的差别似乎只是字面上的不同：object->field 和 object.field。其实，它们最重要的区别是，引用必须总是引用一个对象，而指针则可以指向空值，并且引用所引用的内容在引用初始化后不能更改。

“传址”(pass by reference) 参数使用指针，“传值”(pass by value) 参数使用 const 引用　C++ 语言向子程序传递参数的默认方式是传值而不是传址。当以传值的方式向一个子程序传递一个对象时，C++ 会创建该对象的一份拷贝，当对象被传递回调用子程序时，会再次创建一份拷贝。对于大型对象而言，这种拷贝非常费时且耗资源。因此，当向子程序传递对象时，通常会希望避免拷贝对象，这就意味着你希望传址而不是传值。

然而，有时你可能希望将“传值”的语义 (即传递的对象不应该被改变) 与“传址”的实现 (即传递对象本身而不是拷贝) 相结合。

在 C++ 语言中，这个问题的解决方法是使用指针 (pointer) 来实现“传址”，同时——虽然术语听起来很奇怪——使用“const 引用”(const reference) 来实现“传值”。下面举一个例子：

```
C++ 代码示例：参数传递方式：按引用传递和按值传递
void SomeRoutine(
   const LARGE_OBJECT &nonmodifiableObject,
   LARGE_OBJECT *modifiableObject
);
```

这种方法还有一个额外的好处，那就是在被调用的子程序中对可修改的和不可修改的对象提供了语法上的区分。在可修改的对象中，对成员的引用使用 object->member 表示法，而在不可修改的对象中，对成员的引用使用 object.member 表示法。

这种方法的局限性在于难以传播常量引用。如果你控制着自己的代码库，那么就应尽可能地应用 const(Meyers 1998)，并且应该能够将传值参数声明为 const 引用。对于库代码 (library code) 或者其他无法控制的代码，使用 const 子程序参数会遇到问题。退而求其次的做法是仍然使用引用来表示只读参数，但不将它们声明为 const。使用这种方法，将无法获得编译器检查的全部好处，因为它不能自动检查试图修改传入子程序中不可修改参数的情况，但 object->member 和 object.member 至少会给自己带来视觉上的区分。

使用 auto_ptrs　如果还没有养成使用 auto_ptrs 的习惯，那么请养成这个习惯吧！通过在超出作用域时自动释放内存，auto_ptrs 避免了许多与常规指针相关的内存泄漏问题。在《Effective C++ 中文版》一书中，第 9 项包含对 auto_ptrs 的充分探讨 (Meyers 1996)。

灵活使用智能指针　智能指针 (smart pointer) 是常规指针或“非智能”(dumb) 指针的替代品 (Meyers 1996)。它们的操作类似于常规指针，但它们对资源管理、拷贝操作、赋值操作、对象构造和对象析构提供了更多的控制。这些涉及的议题都是 C++ 所特有的。《Effective C++ 中文版》中的第 28 项包含完整的讨论。

C 语言的指针

下面是一些特别适用于 C 语言指针的使用技巧。

使用显式指针类型而不是默认类型　C 语言允许对任何类型的变量使用 char 或 void 指针。C 语言只关心指针的指向，而不会真正关心它指向什么。然而，如果使用了显式指针类型，编译器会对不匹配的指针类型和不恰当的解除引用发出警告。如果不这样做的话，编译器就无法给出警告。请尽可能使用特定的指针类型。

这条规则的一个推论是，在必须进行类型转换时使用显式类型转换。例如，在下面的代码片段中，很明显正在分配一个 NODE_PTR 类型的变量：

```
C 代码示例：显式类型转换
NodePtr = (NODE_PTR) calloc( 1, sizeof( NODE ) );
```

避免类型转换　避免类型转换与上表演学校或者摆脱总是演“反面角色”没有任何关系。它与避免将一种类型的变量挤压到另一种类型变量的空间有关。类型转换关闭了编译器检查类型不匹配的能力，因此这相当于是在防御性编程的“铠甲”上挖了一个洞。需要许多类型转换的程序可能在架构上存在一些缺陷，这需要重新审视这个问题。如果可能的话，请重新设计软件架构，尽可能避免类型转换。

遵循参数传递的星号规则　在 C 语言中，只有当在赋值语句的参数前面有星号 (*) 时，才能从子程序中回传参数。很多 C 程序员很难确定 C 语言何时允许将值传回给调用子程序。只要在参数赋值时在它前面加上星号，该值就会被传回调用方子程序，这点对程序员来说很容易记住。无论在声明中添加了多少个星号，如果想将值传递回来，则赋值语句中必须至少有一个星号。例如，在下述代码片段中，由于赋值语句没有使用星号，所以赋给 parameter 的值不会传递回给调用子程序：

```
C 代码示例：不起作用的参数传递
void TryToPassBackAValue( int *parameter ) {
   parameter = SOME_VALUE;
}
```

下面这个例子，赋给 parameter 的值会被传递回去，因为 parameter 前面有一个星号：

```
C 代码示例：会起作用的参数传递
void TryToPassBackAValue( int *parameter ) {
   *parameter = SOME_VALUE;
}
```

使用 sizeof() 来确定内存分配中变量的大小　使用 sizeof() 比在使用手册中查找大小更容易，并且 sizeof() 能够用于自定义结构体，而这些结构体在使用手册中是查不到的。由于 sizeof() 是在编译时计算的，因此并不会带来性能的损失。它是可移植的，在不同的运行环境中重新编译，将自动更改 sizeof() 的计算值。而且它几乎不需要维护，因为当修改已定义类型时，内存分配将自动调整。

13.3 全局数据

关联参考 关于全局数据和类数据之间的区别，请参见第 5.3 节。

全局变量可以在程序的任何地方访问。这个术语有时也被草率地用于指代作用域比局部变量更广的变量，比如在类中的任何地方都可以访问的类变量。但是，在类中的任何地方都可以访问，这本身并不意味变量是全局的。

大多数有经验的程序员都认为，使用全局数据比使用局部数据风险更大。大多数有经验的程序员还认为，通过子程序来访问数据是非常有用的。

KEY POINT

即使全局数据并不总是产生错误，它们也很难成为最佳编程方式。本节的剩余部分将充分探讨其中的问题。

全局数据的常见问题

如果随意使用全局变量，或者认为不能使用全局变量是一种限制，那么你可能还没有完全领会到信息隐藏和模块化的意义。模块化、信息隐藏以及与之相关的设计良好的类可能还算不上是绝对真理，但它们对提升大型程序的可理解性和可维护性方面有很大的帮助。一旦明白了这个道理，在编写子程序和类时就会想尽可能少地与全局变量和外部世界发生联系。

人们在使用全局数据时遇到了许多问题，这些问题可以归结为下述少数几个主要问题。

无意中修改了全局数据 你可能在一个地方修改了全局变量的值，却错误地认为它在其他地方的值保持不变。这样的问题称为“副作用”(side effect)。例如，在下面的例子中，theAnswer 是一个全局变量：

theAnswer 是全局变量

GetOtherAnswer() 修改了 theAnswer

averageAnswer 的值是错误的

Visual Basic 代码示例：副作用带来的问题

```
theAnswer = GetTheAnswer()
otherAnswer = GetOtherAnswer()
averageAnswer = (theAnswer + otherAnswer) / 2
```

你可能会认为调用 GetOtherAnswer() 不会修改 theAnswer 的值，而如果它确实修改了，那么第三行求出的平均值将是错误的。而事实上，GetOtherAnswer() 确实修改了 theAnswer 的值，所以这个程序有一个需要修复的错误。

全局数据中怪异和令人惊讶的别名问题 “别名”是指两个或多个不同的名称调用同一变量。当全局变量被传递给一个子程序，然后被该子程序既作为全局变量又作为参数使用时，就会出现这种情况。下面是一个使用了全局变量的子程序：

Visual Basic 代码示例：为别名问题做好准备的子程序

```
Sub WriteGlobal( ByRef inputVar As Integer )
   inputVar = 0
   globalVar = inputVar + 5
   MsgBox( "Input Variable: " & Str( inputVar ) )
   MsgBox( "Global Variable: " & Str( globalVar ) )
End Sub
```

下面是以全局变量为参数调用该子程序的代码：

Visual Basic 代码示例：将全局变量作为参数来调用子程序，从而暴露出别名问题

```
WriteGlobal( globalVar )
```

由于 inputVar 被初始化为 0，WriteGlobal() 对 inputVar 加 5 算出了 globalVar 的值，所以你可能认为 globalVar 比 inputVar 多 5。但下面给出了令人惊讶的结果：

Visual Basic 代码示例：语言中别名问题而得到的结果

```
Input Variable:  5
Global Variable: 5
```

这里的微妙之处在于 globalVar 和 inputVar 实际上是同一个变量！由于 globalVar 是由调用子程序传入 WriteGlobal() 的，所以它被两个不同的名称引用了，或者说是被该全局变量的两个“别名”引用了。因此，那两行 MsgBox() 代码的效果就与预期效果完全不同了：它们将同一个变量显示了 2 次，尽管它们引用了两个不同的名称。

全局数据的可重入代码问题　可以由多个控制线程输入的代码正变得越来越常见。多线程代码创造了这样一种可能性，即全局数据将不仅在子程序之间共享，而且会在同一程序的不同副本之间共享。在这种环境下，必须确保全局数据即使在程序的多个副本同时运行时也能保持其含义。这是一个很重要的问题，可以通过使用本节后面建议的技术来规避。

全局数据阻碍代码复用　要在另一个程序中使用一个程序的代码，必须能够把它从第一个程序中取出，并将其放入到第二个程序中。理想情况下，可以抽取出一个子程序或类，将其放入另一个程序中，然后继续愉快地编码。

全局数据使情况变得复杂 如果想复用读取或写入了全局数据的类，则不能将其放入新程序。必须修改新程序或旧类，使它们能够兼容。如果选择上策，就应该修改旧类，让它不再使用全局数据。如果这样做了，那么下次需要复用该类时，就可以不费吹灰之力地将其放入到新程序中。如果选择下策，那就去修改新程序以创建旧类需要使用的全局数据。这就像病毒一样，全局数据不仅会影响原来的程序，还会传染到任何使用旧程序类的新程序中。

不确定的全局数据初始化顺序问题 在特别是 C++ 等语言中，没有定义数据在不同“编译单元”(文件) 之间初始化的顺序。如果一个文件中全局变量的初始化使用在另一个文件中初始化的全局变量，则除非采取明确的步骤来确保这两个变量能按照正确的顺序初始化，否则第二个变量的值是无法确定的。

这个问题可以通过《Effective C++ 中文版》(Meyers 1998) 第 47 项中描述的一个变通方法来解决。但是这个解决方案的棘手性也在侧面印证了使用全局数据的复杂性。

全局数据破坏了模块化和智力的可管理性 创建超过几百行代码的程序的本质是管理的复杂性。能够在智力上管理一个大型程序的惟一方法就是把它拆分成几部分，这样每次只需要考虑其中一部分。模块化是你可以使用的把程序拆分成几部分的最有力的工具。

全局数据会给模块化能力带来漏洞 如果使用全局数据，能同一时间只关注一个子程序吗？不能，必须关注一个子程序以及其他所有使用了同样全局数据的子程序。尽管全局数据并没有完全破坏程序的模块化，但会削弱它，而这足以促使我们去寻找更好的问题解决方案。

使用全局数据的理由

数据纯粹主义者 (data purists) 有时会争辩说，程序员不应该使用全局数据，但大多数程序都在使用广义上“全局数据”。数据库中的数据是全局数据，Windows 注册表等配置文件中的数据也是全局数据。具名常量也是全局数据，只不过不能全局访问。

遵循以下规则，全局变量在这几种情况下也是有用的。

保存全局值 有时有一些数据在概念上适用于整个程序。这可能是一个用于表示程序状态的变量，例如，交互式模式与命令行模式、正常模式与错误恢复模式。或者也可能是在整个程序中需要用到的信息，例如，程序中每个子程序都会用到的数据表。

模拟具名常量　尽管 C++、Java、Visual Basic 和大多数现代语言都支持具名常量，但是 Python、Perl、Awk 和 UNIX shell script 等语言仍然不支持。当语言不支持具名常量时，可以使用全局变量来代替。例如，可以将字面量 1 和 0 替换为设置为 1 和 0 的全局变量 TRUE 和 FALSE，或者可以用 LINES_PER_PAGE = 66 替换每页的行数。使用这种方法以后，代码更易于修改，而且往往也更易于阅读。这种对全局数据有规可循的使用是区分“用语言来编程 (programming in a language)”和“深入语言去编程 (programming into a language)”的一个主要示例，第 34.4 节对此进行了深入探讨。

关联参考　要想进一步了解具名常量，请参见第 12.7 节。

模拟枚举类型　还可以在 Python 等不直接支持枚举类型的语言中使用全局变量来模拟枚举类型。

简化对极其常用数据的使用　有时会大量引用同一个变量，以至于它出现在你所编写的每个子程序的参数列表中。与其将它包含在每个参数列表中，不如将其设置成全局变量。然而，在变量似乎随处都可能被访问的情况下，它其实很少被访问。通常情况下，它只被一组为数不多的子程序访问，可以把这些子程序以及它们所用到的数据封装到一个类中。稍后将对此进行详细介绍。

消除流浪数据　有时把数据传递给一个子程序或类，仅仅是为了让它能被传递给另一个子程序或类。例如，可能有一个在每个子程序中都使用的错误处理对象。当调用链中间的某个子程序不使用这一对象时，该对象就被称为“流浪数据”(tramp data，又称“临时传递数据”)。使用全局变量可以消除流浪数据。

非必要，不用全局数据

在使用全局数据之前，请考虑以下这些替代方案。

所有变量开始都声明为局部变量，若非必要，不要设为全局变量　一开始将所有变量都设置为各个子程序的局部变量。如果发现其他地方也需要这些变量，那么在将它们修改为全局变量之前，先把它们修改为类的私有 (private) 或保护 (protected) 变量。如果最终发现必须要让它们成为全局变量，那就去做吧，不过在这么做之前请先确定你确实已别无选择。如果一开始就把变量设置为全局的，永远不会将其改为局部变量；而如果一开始就把它设置为局部变量，可能永远不需要将其改为全局变量。

区分全局变量和类变量 有些变量是真正的全局变量，因为它们可以在整个程序中被访问。其他的只在一组特定的子程序中被频繁使用的变量实际上是类变量。在频繁使用类变量的子程序组中，以任何方式来访问类变量都是可以的。如果类外部的子程序需要使用该变量，请通过访问器子程序来提供该变量的值。即便编程语言允许，也不要直接访问类变量的值(就好像它们是全局变量一样)。这个建议相当于重要的事情说三遍："模块化！模块化！模块化！"

使用访问器子程序 创建访问器子程序是解决全局数据问题的主要方法。下一节将对此进行详细介绍。

使用访问器子程序来替代全局数据

任何能用全局数据做的事情，都可以通过访问器子程序更好地完成。访问器子程序的使用是一种实现抽象数据类型和信息隐藏的核心方法。即使不想使用完整的抽象数据类型，仍然可以使用访问器子程序来集中控制数据并保护其不被更改。

访问器子程序的优势

使用访问器子程序可以带来以下优势。

- 可以集中控制数据 如果后来发现了一种更合适该结构的实现方式，则不必到处修改引用该数据的代码。修改不会波及整个程序，它被限制在访问器子程序的内部。

关联参考 要想进一步了解隔拦，请参阅第 8.5 节。

- 可以确保所有对变量的引用都被隔离了 如果使用 stack.array[stack.top] = newElement 这样的语句将元素推入堆栈，则很容易忘记检查栈溢出，从而犯下严重错误。如果使用了访问器子程序，例如 PushStack(newElement)，则可以将堆栈溢出检查写到 PushStack() 子程序中。每次调用子程序时，检查都会自动执行，可以不用管。

关联参考 要想进一步了解信息隐藏，请参见第 5.3 节。

- 可以自动获得信息隐藏的大部分好处 访问器子程序是信息隐藏的一个例子，即使并不是出于这个原因才设计它们的。可以修改访问器子程序的内部代码而无须修改程序的其余部分。访问器子程序允许在不改变房子外观的情况下重新对内部进行装修，这样一来，就好比你的朋友仍然认得出你的房子。

- 访问器子程序很容易转换为抽象数据类型　访问器子程序的一个优点是，可以创建一个很难用全局数据来直接创建的抽象层。例如，访问器子程序建议编写 if PageFull() 这样的代码，而不是写成 if lineCount > MAX_LINES 这个样子。这个小改动记录了 if lineCount 判断的意图，并且代码做到了自解释。这只是在可读性方面的一点小收获，但正是对此类细节的持续关注，才使得优秀的软件有别于杂乱的代码。

如何使用访问器子程序

这是访问器子程序的理论和实践的简单总结：在类中隐藏数据。通过使用 static 关键字或其等价物来声明该数据，以确保只存在该数据的单一实例。提供一个可以查看并修改该数据的子程序，并要求类外部的代码使用访问器子程序，而不是直接处理该数据。

例如，如果有一个用于描述程序整体状态的全局状态变量 g_globalStatus，可以创建两个访问器子程序：globalStatus.Get() 和 globalStatus.Set()，它们所执行的操作都和名字所描述的一样。这些子程序访问了隐藏在类内部的一个变量，该变量取代了 g_globalStatus。程序的其余部分可以通过访问 globalStatus.Get() 和 globalStatus.Set() 来获得原有全局变量所能提供的全部好处。

关联参考　即使编程语言并不直接支持，我们也要限制对全局变量的访问，这也是“深入语言去编程 (programming into a language)”而非“用语言来编程 (programming in a language)”的一个例子。更多细节请参见第 34.4 节。

如果语言不支持类，仍然可以通过创建访问器子程序来操作全局数据，但必须通过编码标准来强制限制对全局数据使用，而不是通过编程语言内置的标准来限制。

下面是一些详细的指导原则，用于在语言没有内置对类支持的情况下，使用访问器子程序来隐藏全局变量。

要求所有的代码通过访问器子程序来操作数据　这是一个很好的规范：要求所有的全局数据都以 g_ 前缀开头，并进一步要求除该变量的访问器子程序外，任何代码都不能访问带有 g_ 前缀的变量。所有其他代码都通过访问器子程序来操作数据。

不要将所有的全局数据都放在一起　如果将所有全局数据都放到一起并为其编写访问器子程序，是可以消除全局数据的问题，但这也丢失了信息隐藏和抽象数据类型的一些优势。在编写访问器子程序时，请花点时间思考一下每个全局变量属于哪个类，然后将该数据及其访问器子程序与该类中的其他数据和子程序打包到一起。

使用上锁来控制对全局变量的访问　与多用户数据库环境中的并发控制类似，上锁 (locking) 要求在使用或更新全局变量的值之前，必须签出 (check out) 该变量。在使用变量后再将其签入 (check in)。在变量使用期间 (已签出)，如果程序的其余部分尝试签出它，则锁定 / 解锁子程序就会显示一条错误消息或触发一个断言。

关联参考　关于如何对程序的开发版本和生产版本之间的差异进行规划，请参见第 8.6 节和第 8.7 节。

这种对上锁的描述忽略了编写代码以充分支持并发的许多细节。因此，像这样简化的上锁方案在开发阶段是最有用的。除非这个方案是经过深思熟虑的，否则它可能不足以可靠到直接发布生产。当把程序发布到生产环境中时，代码需要被修改，以执行比显示错误消息更安全、更优雅的操作。例如，当代码检测到程序的多个部分都在试图锁定同一个全局变量时，它可能会将错误消息记录到一个文件中。

当对全局数据使用访问器子程序时，这种开发时的保障措施相当容易实现，但如果直接使用全局数据，实现起来就会很困难。

在访问器子程序中构建一个抽象层　在问题域层面而不是实现细节层面构建访问器子程序。这种方法可以提供更好的可读性，并为实现细节的变化提供了安全保障。

请比较表 13-1 中的语句。

表 13-1　直接访问全局数据和通过访问器子程序访问全局数据

直接使用全局数据	通过访问器子程序使用全局数据
node = node.next	account = NextAccount(account)
node = node.next	employee = NextEmployee(employee)
node = node.next	rateLevel = NextRateLevel(rateLevel)
event = eventQueue[queueFront]	event = HighestPriorityEvent()
event = eventQueue[queueBack]	event = LowestPriorityEvent()

在前三个例子中，关键的一点是抽象访问器子程序比通用结构更能说明问题。如果直接使用访问器子程序这种结构，可以一下子做很

多事情：既显示了结构自身要做什么(移到链表的下一个节点)，又显示了它所代表的实体在做什么(获取账户、下一个员工或费率级别)。对于简单的数据结构赋值来说，这是一笔很大的开销。将信息隐藏在抽象访问器子程序后面，可以让代码做到自解释，并使代码在问题域层面而不是实现细节层面上被阅读。

关联参考　对事件队列使用访问器子程序意味着需要创建一个类，详情可参见第 6 章。

将对数据的所有访问保持在同一抽象层上　如果使用访问器子程序对一个结构体执行了某种操作，那么对该结构体的其他操作也应该使用访问器子程序来执行。如果使用访问器子程序从结构体中读取数据，那么对该结构体写入数据也应该使用访问器子程序来执行。如果调用 InitStack() 来初始化栈，并调用 PushStack() 将一个元素推入栈中，就创建了一个一致的数据视图。如果通过 value = array[stack.top] 来将元素从栈中推出，就创建了不一致的数据视图。这种不一致会使其他人更难理解这段代码。应该创建一个 PopStack() 子程序来代替 value = array[stack.top]。

在表 13-1 的示例中，两个事件队列的操作是一一对应的。向队列中插入一个事件比表中这两个操作都要复杂，这需要很多行代码来找到插入事件的位置，调整现有事件以便为新事件腾出空间，以及调整该队列的前后链接。从队列中移除一个事件也同样十分复杂。在编码过程中，这些复杂的操作会被放入子程序中，而其他的直接对数据进行操作的功能将被保留。这种对结构体的使用方式是不优雅、不协调的。现在比较一下表 13-2 中的语句。

表 13-2　对复杂数据的一致操作和不一致操作

对复杂数据的不一致操作	对复杂数据的一致操作
event = EventQueue[queueFront]	event = HighestPriorityEvent()
event = EventQueue[queueBack]	event = LowestPriorityEvent()
AddEvent(event)	AddEvent(event)
eventCount = eventCount – 1	RemoveEvent(event)

尽管可能认为这些指导原则只适用于大型的程序，但访问器子程序已被证明是避免全局数据问题的一种有效解决方案。除此之外，它们还使代码的可读性和灵活性更强。

如何降低使用全局数据的风险

在大多数情况下，全局数据实际上是并没有被精心设计或实现的类数据。在少数情况下，一些数据确实需要是全局的，但可以使用访问器子程序对其进行封装，以最大限度地减少潜在问题。在剩下的极少数情况下，确实需要使用全局数据。在这些情况下，你可以把遵循本节的指导原则视为打预防针，这样一来，你在国外旅行的时候，就可以放心地喝水了，虽然有些苦，但能提高保持健康的几率。

关联参考 要想进一步了解全局变量的命名规范，请参见第 11.4 节。

制定一种命名规范，使全局变量一目了然 让人明确地知道自己是在使用全局数据可以避免一些错误。如果将全局变量用于多个目的(例如，作为变量和具名常量的替代变量)，请确保命名规范能够区分开这些不同的使用类型。

为所有全局变量创建一份注释良好的列表 一旦命名规范表明某个变量是全局的，那么说明该变量的用途将会很有帮助。全局变量列表是使用程序的人可以获得的最有用的工具之一。

不要使用全局变量保存中间结果 如果需要为全局变量计算新值，请在计算结束时再将最终值赋给该全局变量，而不要用它来保存计算的中间结果。

不要把所有数据都放在一个庞大的对象中并到处传递，假装没有在使用全局数据 把所有内容都放入一个庞大的对象中可能会满足各种规则的要求，但这纯粹是一种额外的开销，无法产生封装所能带来的真正好处。如果要使用全局数据，那就大大方方地用。不要试图通过使用巨大的对象来掩盖这一点。

更多资源

下面是一些关于不常见数据类型的更多资源。

Maguire, Steve. *Writing Solid Code*. Redmond, WA: Microsoft Press, 1993. 第 3 章精彩地论述了使用指针的危害以及避免指针问题的许多具体技巧。中译本《编写安全的代码》

Meyers, Scott. *Effective C++*, 2d ed. Reading, MA: Addison-Wesley, 1998; Meyers, Scott, *More Effective C++*. Reading, MA: Addison-Wesley,

1996. 正如书名所示，这些书包含了许多用于改进 C++ 程序的具体技巧，包括安全、有效地使用指针的指导原则。《More Effective C++ 中文版》特别就 C++ 的内存管理问题做了精彩的论述。

检查清单：使用不常见数据类型的注意事项

结构体

- ❑ 是否使用结构体而不是使用单纯的变量来组织和操作相关的数据组合？
- ❑ 是否考虑过使用类来替代结构体？

全局数据

- ❑ 除非绝对有必要，否则所有变量都是局部作用域或类作用域？
- ❑ 变量命名规范是否区分了局部数据、类数据和全局数据？
- ❑ 所有全局变量是否都有文档说明？
- ❑ 代码中是否没有伪全局数据 (pseudoglobal data)，包含传递给每个子程序杂乱数据的巨大对象？
- ❑ 是否使用了访问器子程序替代全局数据？
- ❑ 访问器子程序和数据是否组织到了类中？
- ❑ 访问器子程序是否提供了一个在底层数据类型实现之上的抽象层？
- ❑ 所有相关的访问器子程序是否都处于同一抽象层？

指针

- ❑ 指针操作是否隔离在了子程序中？
- ❑ 指针引用是否有效？或者指针是否有可能成为野指针？
- ❑ 代码在使用指针之前是否检查了其有效性？
- ❑ 在使用指针引用的变量之前是否检查了其有效性？
- ❑ 指针释放后是否被设置为空？
- ❑ 为了提高可读性，代码是否使用了所需的所有指针变量？
- ❑ 链表中的指针是否按照正确的顺序被释放？
- ❑ 程序是否分配了一块紧急备用内存，以便在内存耗尽时可以优雅地退出？
- ❑ 是否是在没有其他方法可用的情况下最后才使用指针？

要点回顾

- 结构体可以帮助程序变得更简单，更容易理解，更易于维护。
- 每当打算使用结构体时，都要考虑类是否更合适。
- 指针很容易出错。请使用访问器子程序、类以及防御性编程实践来保护自己的代码。
- 避免用全局变量，不仅仅是因为它们很危险，还因为你可以用更好的方法来替代它们。
- 如果不能避免全局变量，那么就通过访问器子程序来处理它们。访问器子程序能为你提供全局变量所能提供的一切，甚至更多。

读书心得

1.____
2.____
3.____
4.____
5.____

第Ⅳ部分 语句

Choose your battles. If rapid development is truly top priority, don't shackle your developers by insisting on too many priorities at once.

The trouble with quick and dirty is that dirty remains long after quick has been forgotten.

第 14 章

直线型代码的组织

内容

相关主题及对应章节

- 常规控制问题：第 19 章
- 条件代码：第 15 章
- 循环代码：第 16 章
- 变量和对象的作用域：第 10.4 节

本章从以数据为中心的编程视角转向以语句为中心的视角，将要介绍最简单的控制流，即按照顺序进行排列的语句和语句块。

虽然对直线型代码进行组织是一项相对简单的任务，但组织方式上一些微妙的细节影响着代码的质量、正确性、可读性和可维护性。

14.1 顺序攸关的语句

显然，那些必须采用特定顺序的语句是最容易组织的，如下例所示：

```
Java 代码示例：语句顺序至关重要
data = ReadData();
results = CalculateResultsFromData( data );
PrintResults( results );
```

除非这个代码片段发生了什么神秘的事情，否则语句必须按照以上顺序执行。计算结果之前必须先读取数据“data”，打印结果之前，必须先计算结果“results”。

本例的基本概念是依赖关系。第三条语句依赖于第二条，第二条依赖于第一条。在这个例子中，一个语句依赖于另一个语句的事实可以从子程序名称“ReadData”中看出来。在下面的代码片段中，依赖关系则不太明显：

```
Java 代码示例：语句顺序仍然重要，但不太明显
revenue.ComputeMonthly();
revenue.ComputeQuarterly();
revenue.ComputeAnnual();
```

在本例中，季度收入的计算基于对月收入的计算。熟悉会计业务的人，甚至是稍有常识的人，可能会告诉你，完成计算季度收入之后，才能计算年收入。这里存在一个隐性的依赖关系，但只读代码的话，是不太容易看出来的。在下例中，依赖关系不仅不明显，实际上甚至还是隐藏的。

```
Visual Basic 代码示例：语句对顺序的依赖被隐藏起来了
ComputeMarketingExpense
ComputeSalesExpense
ComputeTravelExpense
ComputePersonnelExpense
DisplayExpenseSummary
```

假设 ComputeMarketingExpense() 负责初始化类成员变量，以便其他所有子程序在其中存储数据。所以，它需要先于其他子程序调用。但是，怎么才能通过阅读这段代码来知道这一点呢？由于这些子程序的调用没有任何参数，所以你或许能猜到这些子程序中的每一个都是在访问类的数据。但是，这是无法通过阅读这段代码来确定的。

KEY POINT

若语句存在依赖性，就必须以特定顺序排列，采取措施来明确依赖关系。下面有一些简单的语句排序指南。

组织代码，使依赖关系显而易见 在刚才的 Microsoft Visual Basic 例子中，ComputeMarketingExpense() 不应初始化类成员变量。子程序的名称表明，ComputeMarketingExpense() 与 ComputeSalesExpense()、ComputeTravelExpense() 和其他子程序相似，只不过它操作的是营销 (marketing) 数据而非销售数据或其他数据。让 ComputeMarketingExpense() 负责成员变量的初始化过于任性，必须要避免这种做法。为什么要在这个子程序中而不是其他两个子程序的任何一个中进行初始化？除非有一个很好的理由，否则应该写另一个子程序 InitializeExpenseData() 来初始化成员变量。而且，这个新的子程序的名称也清楚地表明，它应该在其他计算开销的子程序之前被调用。

子程序的命名要揭示依赖关系 在 Visual Basic 的例子中，ComputeMarketingExpense() 的命名是错误的，因它不只是计算营销费用，它还要初始化成员数据。如果不想新建一个子程序来初始化数据，至少也应该把 ComputeMarketingExpense() 换成别的名称，足以描述它

所执行的所有功能。在本例中，ComputeMarketingExpenseAndInitializeMemberData() 或许是一个合适的名字。你可能会说，这个名字真可怕，因为它太长了。但是，这个名字忠实地描述了该子程序的作用，并不可怕。可怕的是子程序本身！

关联参考　要想进一步了解子程序及其参数，请参见第 5 章。

使用子程序参数来揭示依赖关系　在 Visual Basic 的例子中，由于子程序之间没有传递数据，所以看不出子程序是否使用了相同的数据。通过重写代码使数据在子程序之间传递，可以提供一个线索来表明执行顺序的重要性。新的代码如下所示：

```
Visual Basic 代码示例：数据揭示了对顺序的依赖
InitializeExpenseData( expenseData )
ComputeMarketingExpense( expenseData )
ComputeSalesExpense( expenseData )
ComputeTravelExpense( expenseData )
ComputePersonnelExpense( expenseData )
DisplayExpenseSummary( expenseData )
```

所有子程序都使用了 expenseData，由于处理的数据相同，所以语句的顺序可能很重要。

在这个特定的例子中，一个更好的方法可能是将这些子程序转换为函数，将 expenseData 作为输入，并将更新后的 expenseData 作为输出结果返回，从而明确代码对顺序有依赖关系。

```
Visual Basic 代码示例：数据和子程序调用明确了对顺序的依赖
expenseData = InitializeExpenseData( expenseData )
expenseData = ComputeMarketingExpense( expenseData )
expenseData = ComputeSalesExpense( expenseData )
expenseData = ComputeTravelExpense( expenseData )
expenseData = ComputePersonnelExpense( expenseData )
DisplayExpenseSummary( expenseData )
```

也可以通过数据来表明执行顺序并不重要，如下例所示：

```
Visual Basic 代码示例：从数据就看不出依赖顺序
ComputeMarketingExpense( marketingData )
ComputeSalesExpense( salesData )
ComputeTravelExpense( travelData )
ComputePersonnelExpense( personnelData )
DisplayExpenseSummary( marketingData, salesData, travelData,
personnelData )
```

前四行的子程序没有任何共同的数据，暗示它们的调用顺序并不重要。但是，由于第五行的子程序使用了来自之前四个子程序的数据，因而可以认为它需要安排在前面四个子程序之后执行。

用注释记录不明确的依赖关系　首先，尝试写不依赖于顺序的代码。然后，尝试写依赖关系明显的代码。如果仍然担心顺序依赖不够明确，就把它记录下来。记录不明确的依赖关系是记录编码预设的一个方面，这对编写可维护、可修改的代码至关重要。在 Visual Basic 代码示例中，像下面这样添加注释会很有帮助：

Visual Basic 代码示例：用注释澄清隐蔽的顺序依赖

```
' Compute expense data. Each of the routines accesses the
' member data expenseData. DisplayExpenseSummary
' should be called last because it depends on data calculated
' by the other routines.InitializeExpenseData
ComputeMarketingExpense
ComputeSalesExpense
ComputeTravelExpense
ComputePersonnelExpense
DisplayExpenseSummary
```

这段代码没有使用可以使顺序依赖关系变得更明显的技术。平时，最好是依靠这种技术而非注释，但如果正在维护的代码有严格的控制或由于其他原因不能对代码本身进行改进，就用文档来弥补代码的不足。

用断言或错误处理代码来检查依赖关系　如果代码非常关键，可以用状态变量以及错误处理代码或断言来记录关键的顺序依赖关系。例如，在类的构造函数中，可先将一个类成员变量 isExpenseDataInitialized 初始化为 false，再在 InitializeExpenseData() 中将 isExpenseDataInitialized 设为 true。在对 expenseData 进行其他操作之前，每个要求 expenseData 已初始化的函数可以检查 isExpenseDataInitialized 是否已被设为 true。取决于依赖关系的广泛程度，可能还需要 isMarketingExpenseComputed 和 isSalesExpenseComputed 这样的变量。

这种技术创建了新的变量、新的初始化代码和新的错误检查代码，所有这些都可能额外带来错误。技术虽然不错，但也要考虑额外增加的复杂性和二次出错的几率。

14.2 顺序无关的语句

你可能会遇到这样的情况，即几个语句或几个代码块的顺序似乎根本不重要。一个语句不依赖于另一个语句或者逻辑上必须跟上另一个语句。但是，它们的排序会影响到可读性、性能和可维护性。若对执行顺序没有依赖，可依据次要标准来决定语句或代码块的顺序。这里用到的指导原则是“就近原则”，即把相关的行动放在一起。

按自上而下的顺序阅读代码

一个常规的准则是按自上而下的顺序阅读代码，而不是需要跳转顺序。专家们同意，自上而下的顺序对可读性贡献最大。仅仅使程序控制在运行时自上而下地流动，是不够的。如果别的人在看你的代码时必须得在整个程序中需要寻找别的信息来帮助理解，你就应该考虑重新组织代码。如下例所示：

C++ 代码示例：糟糕的代码（看不太懂）
```
MarketingData marketingData;
SalesData salesData;
TravelData travelData;

travelData.ComputeQuarterly();
salesData.ComputeQuarterly();
marketingData.ComputeQuarterly();

salesData.ComputeAnnual();
marketingData.ComputeAnnual();
travelData.ComputeAnnual();

salesData.Print();
travelData.Print();
marketingData.Print();
```

为确定 marketingData 是如何计算的，必须从最后一行开始，跟踪所有对 marketingData 的引用，并追溯到第一行。虽然只在其他几个地方用到了 marketingData，但不得不牢记 marketingData 在第一次和最后一次引用之间的所有地方是如何使用的。换言之，必须检查并思考这段代码中的每一行代码，弄清楚 marketingData 是如何计算的。当然，这只是一个简化的例子，实际系统中比这个复杂得多。对同样的代码进行更优化的组织后，如下所示：

C++ 代码示例：好代码（自上而下，一看就懂）
```
MarketingData marketingData;
marketingData.ComputeQuarterly();
marketingData.ComputeAnnual();
marketingData.Print();

SalesData salesData;
```

```
salesData.ComputeQuarterly();
salesData.ComputeAnnual();
salesData.Print();

TravelData travelData;
travelData.ComputeQuarterly();
travelData.ComputeAnnual();
travelData.Print();
```

关联参考　第 10.4 节在介绍测量变量的生存时间时，针对变量“存活”给出了一个技术性更强的定义。

这段代码在几个方面做得更好。对每个对象的引用都放在一起，它们是“局部”的。对象“存活”的代码行数很少。或许最重要的是，这段代码现在看起来可被分解为针对 marketing，sales 和 travel 这三类数据的不同子程序。之前那段代码，看不出还可以这样分解。

把相关的语句分为一组

关联参考　如果遵循伪代码编程过程进行开发，代码会自动按相关的语句进行分组。详情参见第 9 章。

将相关的语句放在一起。若语句处理的是相同的数据，执行的是类似的任务，或要依赖于彼此的执行顺序，我们就可以认为这些语句是相关的。

为测试相关语句是否可以进行合理分组，一个简单的方法是打印出子程序的代码清单，将相关语句框到一起。如果这些语句的顺序很好，就会得到如图 14-1 所示的图片，不同的方框不会重叠。

图 14-1　如代码分组合理，围绕相关部分所画的方框就不会重叠或嵌套

关联参考　第 10.4 节详细解释了如何把变量的操作全部集中到一起。

如果语句排列不整齐，就会得到类似于图 14-2 所示的图片，不同的方框发生了重叠。如果发现有方框重叠，请重新组织代码，使相关的语句可以实现合理分组。

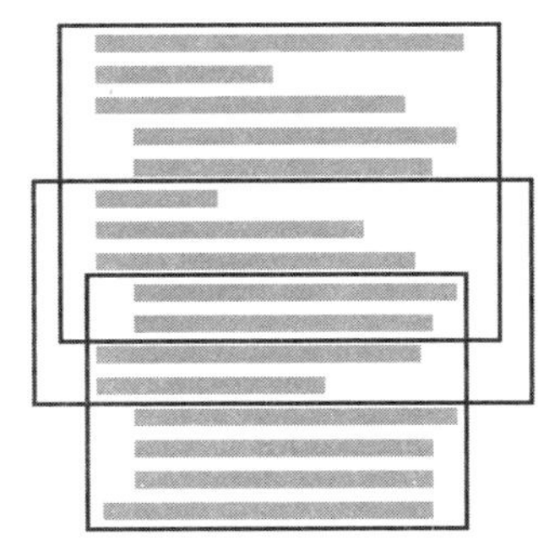

图 14-2　代码组织不合理，围绕相关区域所画的方框会发生重叠

对相关语句进行分组后，可能发现它们是强相关的，与前后语句没有任何有意义的关系。在这种情况下，可以考虑把这些强相关的语句独立重构为子程序。

检查清单：组织直线型代码

- ❑ 代码能明确语句之间的依赖关系吗？
- ❑ 子程序的名称能明确依赖关系吗？
- ❑ 子程序的参数能明确依赖关系吗？
- ❑ 用注释描述了不甚明确的依赖关系吗？
- ❑ 使用内务处理变量来核实关键代码中的顺序依赖了吗？
- ❑ 代码能自上而下流畅地阅读吗？
- ❑ 相关语句是否进行了分组？
- ❑ 相对独立的语句组是否转为独立的子程序？

要点回顾

- 主要基于顺序依赖关系对直线型代码进行组织。
- 可使用良好的子程序名称、参数列表、注释以及（如果代码至关重要的话）用内务处理变量使依赖关系变得明显。
- 如果代码之间没有顺序依赖关系，就设法使相关语句尽可能放在一起。

读书心得

1.____________________
2.____________________
3.____________________
4.____________________
5.____________________

第 15 章

使用条件语句

内容

相关主题及对应章节

- 驾驭深层嵌套：第 19.4 节
- 常规控制问题：第 19 章
- 循环代码：第 16 章
- 直线型代码：第 14 章
- 数据类型和控制结构之间的关系：第 10.7 节

条件语句用于控制其他语句的执行，其他语句的执行以 if、else、case 和 switch 等语句作为“条件”。虽然从逻辑上讲，while 和 for 等循环控制也称为“条件语句”，但它们依据惯例会被区别对待。第 16 章将专门研究 while 和 for 这两种语句。

15.1 if 语句

取决于具体的编程语言，可以使用几种 if 语句中的任何一种。最简单的是普通的 if 或 if then 语句。if-then-else 要复杂一些，而链式 if-then-else-if 最为复杂。

普通的 if-then 语句

写 if 语句时，须遵循以下指导原则。

先写代码的正常路径；再写不寻常的情况　代码要有清晰的正常执行路径。确保罕见情况不会掩盖正常执行路径。这对可读性和性能都很重要。

基于对相等性的测试正确地分支　使用 > 而非 >=，或使用 < 而非 <=，这类似于在访问数组或计算循环索引时犯下“差一”(off-by-one) 错误。循环结构中，需要考虑端点以避免这种错误。在条件语句中，

关联参考　参见第 19.4 节，了解其他编写错误处理代码的方法。

也要考虑相同的情况以免犯错。

将正常情况放在 if 而非 else 之后　期望处理的情况通常放在前面。这符合“因决策而执行的代码，尽可能放在决策附近”的一般原则。下面的例子做了大量的错误处理，一直在没有章法地检查错误：

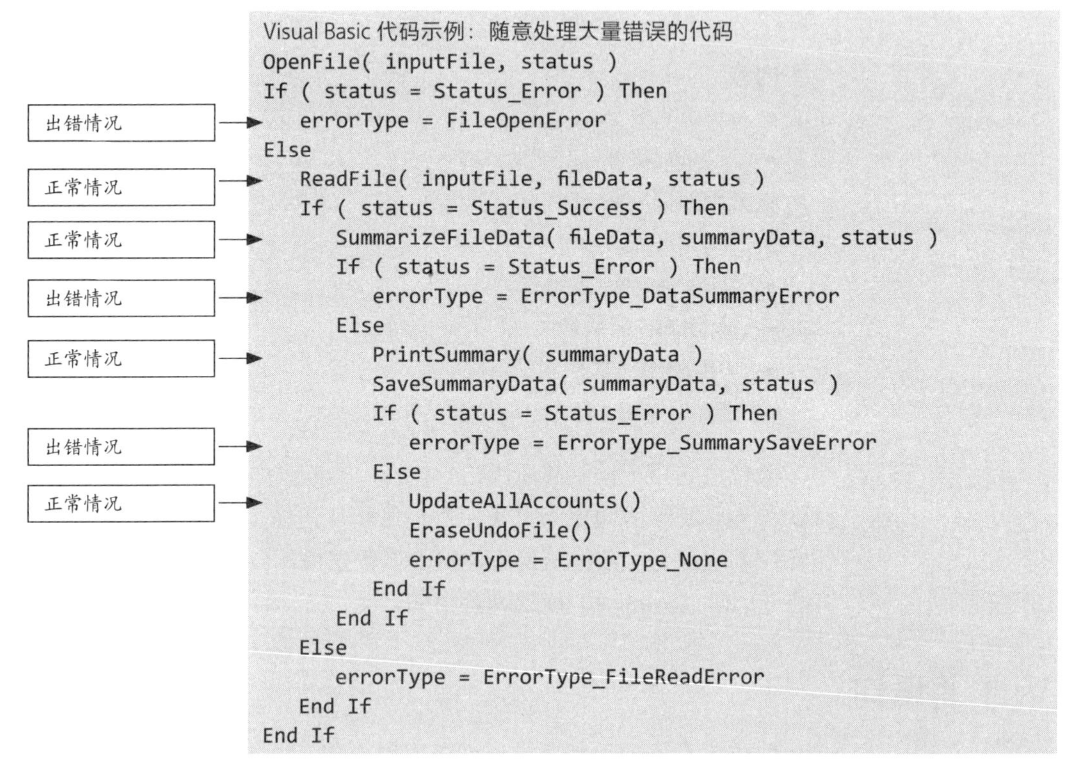

Visual Basic 代码示例：随意处理大量错误的代码

```
OpenFile( inputFile, status )
If ( status = Status_Error ) Then
   errorType = FileOpenError
Else
   ReadFile( inputFile, fileData, status )
   If ( status = Status_Success ) Then
      SummarizeFileData( fileData, summaryData, status )
      If ( status = Status_Error ) Then
         errorType = ErrorType_DataSummaryError
      Else
         PrintSummary( summaryData )
         SaveSummaryData( summaryData, status )
         If ( status = Status_Error ) Then
            errorType = ErrorType_SummarySaveError
         Else
            UpdateAllAccounts()
            EraseUndoFile()
            errorType = ErrorType_None
         End If
      End If
   Else
      errorType = ErrorType_FileReadError
   End If
End If
```

这段代码很难理解，因为正常情况和出错情况混在一起。很难找出正常的代码执行路径。此外，由于出错情况有时是在 if 子句中处理的，而不是在 else 子句中处理，所以很难判断正常情况对应的是哪个 if 测试。在下面重写后的代码中，正常路径始终写在前面，所有出错情况都写在后面。这样便可以轻松查找和阅读正常情况。

Visual Basic 代码示例：有条理地处理大量错误

正常情况
正常情况
正常情况

```
OpenFile( inputFile, status )
If ( status = Status_Success ) Then
   ReadFile( inputFile, fileData, status )
   If ( status = Status_Success ) Then
      SummarizeFileData( fileData, summaryData, status )
      If ( status = Status_Success ) Then
         PrintSummary( summaryData )
```

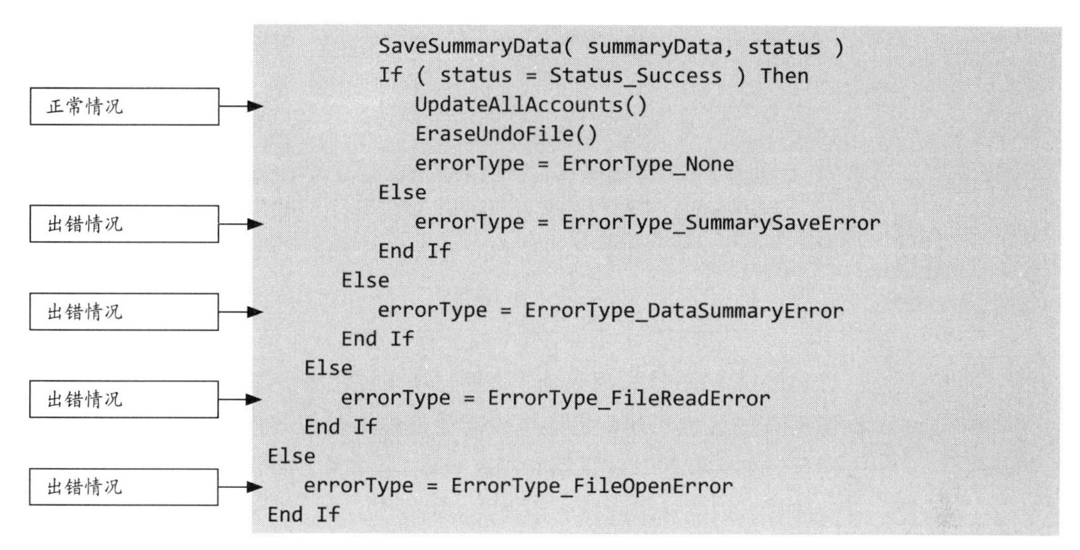


```
         SaveSummaryData( summaryData, status )
         If ( status = Status_Success ) Then
            UpdateAllAccounts()
            EraseUndoFile()
            errorType = ErrorType_None
         Else
            errorType = ErrorType_SummarySaveError
         End If
      Else
         errorType = ErrorType_DataSummaryError
      End If
   Else
      errorType = ErrorType_FileReadError
   End If
Else
   errorType = ErrorType_FileOpenError
End If
```

在修订后的例子中，可通过阅读 if 测试的主流程来找到正常情况。修订后的例子将重点放在阅读主流程上，而不是还要被迫看一遍特殊情况，这样一来代码总体上更容易阅读。一堆出错的情况都集中在底部，这是错误处理代码写得好的一个标志。

这个例子说明了处理正常情况和出错情况的一种系统化方法。本书还讨论了其他解决方案，包括使用防卫子句 (guard clauses)、转换为多态分派 (polymorphic dispatch) 以及将测试的内部部分提取到一个单独的子程序中。关于可用方法的完整列表，请参见第 19.4 节对减少深层嵌套的技术总结。

在 if 子句后面跟一个有意义的语句　有时会看到下面这样的代码，其中的 if 子句是空的：

```
Java 代码示例：一个空的 if 子句
if ( SomeTest )
   ;
else {
   // do something
   ...
}
```

关联参考　要想构造有效的 if 语句，关键在于写出正确的布尔表达式来控制它。详情参见第 19.1 节。

单是考虑到可以少写额外的空行和 else 子句，大多数有经验的程序员都会避免把代码写成这样。这看起来很傻，很容易改进，即对 if 语句中的谓词取反，将代码从 else 子句移到 if 子句中，再删除 else 子句。下面是修改后的代码：

```
Java 代码示例：转换后的空 if 子句
if ( ! someTest ) {
   // do something
   ...
}
```

考虑 else 子句　如果认为自己只需要一个普通的 if 语句，就可以考虑是否真的不需要 if-then-else 语句。通用汽车做过的一项经典分析发现，有 50% 到 80% 的 if 语句都应配备一个 else 子句 (Elshoff 1976)。

一个选择是写 else 子句 (如果有必要写成空语句的话)，表明 else 情况已经考虑过了。仅仅为了表明已考虑过相应情况而写空的else语句，似乎有些过犹不及，但这至少能促使程序员在写代码时要考虑到 else 情况。如果有些 if 测试语句没有 else，除非原因显而易见，否则需要通过注释来说明这里为什么不需要 else 子句，如下所示：

```
Java 代码示例：一个有帮助的、添加了注释的 else 子句
// if color is valid
if ( COLOR_MIN <= color && color <= COLOR_MAX ) {
   // do something
   ...
}
else {
   // else color is invalid
   // screen not written to -- safely ignore command
}
```

测试 else 子句的正确性　测试代码时，可能会以为主子句 (即 if) 是需要测试的全部内容。然而，如果可以测试 else 子句，一定要这样做。

检查 if 和 else 子句是否颠倒　写 if-then 时，一个常见的错误是，本应该跟在 if 子句后的代码和本应该跟在 else 子句后的代码颠倒了，或者 if 测试的逻辑颠倒了。检查代码，看是否有这种常见的错误。

if-then-else 测试链

在不支持 case 语句或者只部分支持 case 语句的语言中，经常需要写 if-then-else 测试链。例如，对一个字符进行分类的代码可能会用到下面这样的链：

关联参考　参见第 19.1 节，进一步了解如何对复杂的表达式进行简化。

```
C++ 代码示例：使用 if-then-else 链进行字符分类
if ( inputCharacter < SPACE ) {
   characterType = CharacterType_ControlCharacter;
}
else if (
```

```
   inputCharacter == ' ' ||
   inputCharacter == ',' ||
   inputCharacter == '.' ||
   inputCharacter == '!' ||
   inputCharacter == '(' ||
   inputCharacter == ')' ||
   inputCharacter == ':' ||
   inputCharacter == ';' ||
   inputCharacter == '?' ||
   inputCharacter == '-'
   ) {
   characterType = CharacterType_Punctuation;
}
else if ( '0' <= inputCharacter && inputCharacter <= '9' ) {
   characterType = CharacterType_Digit;
}
else if (
   ( 'a' <= inputCharacter && inputCharacter <= 'z' ) ||
   ( 'A' <= inputCharacter && inputCharacter <= 'Z' )
   ) {
   characterType = CharacterType_Letter;
}
```

写这种 if-then-else 语句链时，请遵循以下指导原则。

用布尔函数调用简化复杂测试　前面示例代码难以阅读的一个原因是，对字符进行分类的测试非常复杂。为了提高可读性，可以换用布尔函数调用。

下例用布尔函数替换了测试：

```
C++ 代码示例：使用布尔函数调用的 if-then-else 链
if ( IsControl( inputCharacter ) ) {
   characterType = CharacterType_ControlCharacter;
}
else if ( IsPunctuation( inputCharacter ) ) {
   characterType = CharacterType_Punctuation;
}
else if ( IsDigit( inputCharacter ) ) {
   characterType = CharacterType_Digit;
}
else if ( IsLetter( inputCharacter ) ) {
   characterType = CharacterType_Letter;
}
```

最常见的情况放在最前面　将最常见的情况放在最前面，可以最大限度地减少人们为寻找常见情况而必须阅读的异常情况处理代码的数量。效率也得到了提升，因为最大限度减少了代码为寻找最常见的情况所做的测试。在前面的例子中，字母比标点符号更常见，但先测试的是标点符号。下面是修改后的代码，已经改为先测试字母：

这个测试最常见，现在最先进行

这个测试最不常见，现在最后进行

C++ 代码示例：先测试最常见的情况

```
if ( IsLetter( inputCharacter ) ) {
   characterType = CharacterType_Letter;
}
else if ( IsPunctuation( inputCharacter ) ) {
   characterType = CharacterType_Punctuation;
}
else if ( IsDigit( inputCharacter ) ) {
   characterType = CharacterType_Digit;
}
else if ( IsControl( inputCharacter ) ) {
   characterType = CharacterType_ControlCharacter;
}
```

关联参考 这个例子也很好地说明了可用 if-then-else 测试链来替换深度嵌套的代码。该技术的详情，请参见第 19.4 节。

确保覆盖所有情况 最后写一个 else 子句，用出错消息或者断言来捕捉没有预计到的情况。错误消息是给自己看的，而不是给用户看的，所以措辞要得当。下面展示了如何修改字符分类例子来执行对“其他情况”的测试：

C++ 代码示例：用默认情况捕捉其他所有错误

```
if ( IsLetter( inputCharacter ) ) {
   characterType = CharacterType_Letter;
}
else if ( IsPunctuation( inputCharacter ) ) {
   characterType = CharacterType_Punctuation;
}
else if ( IsDigit( inputCharacter ) ) {
   characterType = CharacterType_Digit;
}
else if ( IsControl( inputCharacter ) ) {
   characterType = CharacterType_ControlCharacter;
}
else {
   DisplayInternalError( "Unexpected type of character detected." );
}
```

若语言支持，就用其他结构来替换 if-then-else 链 一些语言 (例如 Microsoft Visual Basic 和 Ada) 支持使用字符串、枚举和逻辑函数的 case 语句。它们比 if-then-else 链更容易编码和阅读，所以尽量优先使用它们。在 Visual Basic 中，使用 case 语句对字符类型进行分类的代码可以像下面这样写：

Visual Basic 代码示例：使用 case 语句来替换 if-then-else 链

```
Select Case inputCharacter
   Case "a" To "z"
      characterType = CharacterType_Letter
   Case " ", ",", ".", "!", "(", ")", ":", ";", "?", "-"
      characterType = CharacterType_Punctuation
   Case "0" To "9"
      characterType = CharacterType_Digit
   Case FIRST_CONTROL_CHARACTER To LAST_CONTROL_CHARACTER
      characterType = CharacterType_Control
   Case Else
      DisplayInternalError( "Unexpected type of character detected." )
End Select
```

15.2 case 语句

case 或 switch 语句的结构因语言不同而存在很大的差异。C++ 和 Java 的 case 语句只支持一次取一个值的序号类型。Visual Basic 支持序号类型的 case，并有强大的速记符号来表达值的范围和组合。许多脚本语言根本就不支持 case 语句。

下面几个小节要介绍有效使用 case 语句的指导原则。

选择最有效的 case 顺序

可以选择多种方式组织 case 语句针对的不同情况　如果是一个小的 case 语句，只有三个选项和三行对应的代码，那么顺序并不重要。但是，如果是一个长的 case 语句(例如，在事件驱动的程序中用一个 case 语句处理几十个事件)，那么顺序就很重要。各种排序方案列举如下。

按字母或数字顺序排列各种情况　如果所有情况同等重要，就按 A-B-C 的顺序排列它们，提高其可读性。这样一来，就可以从一组情况中轻松挑出一个特定的。

将正常情况放在最前面　如果有一个正常情况和几个异常情况，就将正常的放在最前面。用注释说明这是正常情况，其他的是异常。

按频率排列情况　将最经常执行的情况放在最前面，将最不常执行的放在最后。这种方法有两个好处。首先，人类读者可以很容易发现最常见的情况。扫视列表来搜索一个特定的情况时，读者最感兴趣的可能是其中一个最常见的情况。将最常见的情况放在代码的前面部分，可以加快搜索速度。

case 语句使用技巧

以下是使用 case 语句的技巧。

关联参考　参见第 24 章，进一步了解简化代码的其他技巧。

每个 case 的动作要简单　与每个 case 相关的代码，要尽可能简短。跟在每个情况后的代码短的话，会使 case 语句的结构更清晰。如果一个 case 的操作很复杂，可以写一个子程序，从 case 中调用它，而不是将完整代码放到 case 本身。

不要为了使用 case 语句而虚构变量　case 语句应该用于容易归类的简单数据。如果数据不简单，可以使用 if-then-elses 链来代替。虚构的变量会令人困惑，应避免使用。例如，不要像下面这样做：

Java 代码示例：创建虚构的 case 变量（糟糕的实践）

```
action = userCommand[ 0 ];
switch ( action ) {
   case 'c':
            Copy();
   break;
   case 'd':
            DeleteCharacter();
   break;
   case 'f':
      Format();
      break;
   case 'h':
            Help();
   break;
   ...
   default:
            HandleUserInputError( ErrorType.InvalidUserCommand );
}
```

关联参考　与这个建议相反，有时可将某个复杂的表达式赋值给一个命名良好的布尔变量或函数以提高代码可读性。详情参见第 19.1 节。

控制 case 语句的变量是 action。在这个 case 中，action 是通过截取 userCommand 字符串的第一个字符来创建的，该字符串由用户输入。

这样写代码只会带来麻烦。通常，如果专门创建一个用于 case 语句的变量，真实数据可能不会如期映射到 case 语句中。在本例中，如果用户输入 copy，case 语句会截取第一个“c”，并正确调用 Copy() 子程序。但是，如果用户随便输入一个 c 开头的变量，例如 cement overshoes，clambake 或 cellulite，case 语句一样会截取“c”并调用 Copy()。在 case 语句的 else 子句中对错误命令的测试不会有很好的效果，因为它只能检测出首字母有误的情况，检测不到命令有误的情况。

对于这一段代码，与其虚构变量，不如用一个 if-then-else-if 测试链来检查整个字符串。正确重写之后，得到以下代码：

Java 代码示例：使用 if-then-elses 来替换虚构的 case 变量（良好的实践）
```
if ( UserCommand.equals( COMMAND_STRING_COPY ) ) {
   Copy();
}
else if ( UserCommand.equals( COMMAND_STRING_DELETE ) ) {
   DeleteCharacter();
}
else if ( UserCommand.equals( COMMAND_STRING_FORMAT ) ) {
   Format();
}
else if ( UserCommand.equals( COMMAND_STRING_HELP ) ) {
   Help();
}
...
else {
   HandleUserInputError( ErrorType_InvalidCommandInput );
}
```

只用 default 子句来检测正当的默认情况　有时，可能只剩一种情况，所以决定将这种情况编码为 default 子句。看起来很诱人，但其实是个笨办法。不仅失去了 case 语句标签所提供的自动注释，还失去了用 default 子句来检测错误的能力。

这样写的 case 语句，日后在碰到需要修改时，会发生混乱。如果之前用的是一个正当的 default，那么添加新的 case 会非常简单，添加 case 和相应的代码即可。但是，如果之前使用的是一个虚构的 default，修改起来就比较麻烦。必须添加新的 case，可能要把它变成新的 default，然后，再修改之前用作 default 的 case，使其成为一个正当的 case。鉴于此，一开始就应该使用一个正当的 default。

使用 default 子句来检测错误　如果 case 语句中的 default 子句没有用作其他处理，正常情况下也不应发生，就在其中放入一条诊断消息。

Java 代码示例：使用 default 情况检测错误（良好的实践）
```
switch ( commandShortcutLetter ) {
   case 'a':
         PrintAnnualReport();
   break;
   case 'p':
         // no action required, but case was considered
   break;
   case 'q':
         PrintQuarterlyReport();
   break;
   case 's':
         PrintSummaryReport();
```

```
    break;
    default:
            DisplayInternalError( "Internal Error 905: Call
customer support." );
}
```

像这样的消息在调试和生产代码中都很有用。大多数用户宁愿收到类似“内部错误：请致电客服人员”这样的消息，也不愿看到系统崩溃，或者更糟，在老板查看之前，提供一个看起来正确但实则不然的结果。

如果 default 子句被用作错误检测之外的目的，意味着其实每个 case 选择分支都是正确的。请反复确认每个可能进入 case 语句的值都是正当的。如果存在不正当的值，就重写语句，用 default 子句检查错误。

在 C++ 和 Java 这两种语言中，避免直通到 case 语句的结尾　C 风格的语言 (C、C++ 和 Java) 不会自动跳出每个 case。相反，必须明确编码每个 case 的结束，否则会直通 (fall-through) 到下个 case。这可能导致一些特别恶劣的结果，如下例所示：

关联参考　不要被这段格式上看上去很美的代码给骗了。参见 31.3 节和第 31 章，了解如何通过代码的格式化使好的代码看起来舒服以及使不好的代码看起来也不舒服。

C++ 代码示例：滥用 case 语句（糟糕的实践）

```
switch ( InputVar ) {
   case 'A': if ( test ) {
                  // statement 1
                  // statement 2
   case 'B':      // statement 3
                  // statement 4
                  ...
                  }
               ...
            break;
   ...
}
```

这种做法不好，因为它使控制结构混杂在一起。嵌套控制结构已经很难理解了；重叠的结构几乎不可能理解。修改 case 'A' 或 case 'B' 比做脑外科手术更难，而且任何修改要想生效，可能都需要对各种 case 进行清理。所以说，还不如一开始就做对。一般来说，最好能避免在 case 语句的结尾处直通到下个 case。

在 C++ 中，要明确无误地在 case 语句的结尾处标识直通　如果是故意写代码使其在 case 的结尾处直通到下个 case，请清楚地加以注释，解释为什么需要这样编码。

就像选择二手车庞蒂亚克的人肯定不如买全新雪佛兰的人多一样，这个技术的使用场景也不多。通常情况下，代码中如果从一个 case 直通到下一个 case，后期修改的时候特别容易犯错，所以一定要尽量避免。

C++ 代码示例：用注释说明要在 *case* 语句结尾处直通

```
switch ( errorDocumentationLevel ) {
   case DocumentationLevel_Full:
      DisplayErrorDetails( errorNumber );
      // FALLTHROUGH -- Full documentation also prints summary comments

   case DocumentationLevel_Summary:
      DisplayErrorSummary( errorNumber );
      // FALLTHROUGH -- Summary documentation also prints error number

   case DocumentationLevel_NumberOnly:
      DisplayErrorNumber( errorNumber );
      break;

   default:
      DisplayInternalError( "Internal Error 905: Call customer support." );
}
```

检查清单：使用条件语句

if-then 语句

- ❑ 代码中的正常路径清晰吗？
- ❑ if-then 基于相等性测试正确分支了吗？
- ❑ else 子句是否使用并添加了注释？
- ❑ else 子句用得正确吗？
- ❑ 是否正确使用了 if 和 else 子句？它们有没有被用反？
- ❑ 正常情况是否跟在 if 后面而非 else 后面？

if-then-else-if 链

- ❑ 复杂测试封装到布尔函数调用中了吗？
- ❑ 最先测试的是最常见的情况吗？
- ❑ 覆盖了所有情况吗？
- ❑ if-then-else-if 链是最佳实现方式吗？是否比 case 语句还好？

case 语句

- ❑ 所有 case 都按有意义的方式排列吗？
- ❑ 每个 case 的动作都简单吗？必要时是否调用了其他子程序？
- ❑ case 语句判断的是一个真实变量，而非只为滥用 case 语句而虚构的变量吗？
- ❑ default 子句用得正当吗？
- ❑ default 子句是不是用来检测和报告出乎预料的情况？
- ❑ 在 C 语言、C++ 语言或 Java 语言中，每个 case 的结尾处都有 break 吗？

要点回顾

- 对于简单 if-else 语句，要注意 if 和 else 子句的顺序，尤其是它们在处理大量错误的时候。确保正常情况清晰可见。
- 对于 if-then-else 链和 case 语句，选一个最有利于可读性的顺序。
- 捕捉错误时，要用 case 语句中的 default 子句或在 if-then-else 链中使用最后一个 else。
- 所有控制结构的创建方式都不一样。要为每部分代码选择最合适的。

读书心得

1.______________________________
2.______________________________
3.______________________________
4.______________________________
5.______________________________

第16章

控制循环

内容

相关主题及对应章节

- 驾驭深层嵌套：第19.4节
- 常规控制问题：第19章
- 条件代码：第15章
- 直线型代码：第14章
- 数据类型和控制结构之间的关系：第10.7节

“循环”是一个非正式的术语，泛指任何类型的迭代控制结构，即使程序重复执行一个代码块的任何结构。常见的循环类型有C++语言和Java语言的for、while和do-while，以及Visual Basic语言的For-Next、While-end和Do-Loop-While。循环的使用是编程中最复杂的，因此，知道每种循环结构的用法和使用时机是构建高质量软件的决定性因素。

16.1 选择循环类型

大多数语言都只支持下面几种循环。

- 计数循环执行特定的次数，例如，为每个员工执行一次。
- 连续求值循环事先不知道要执行多少次，而是每次迭代都测试是否已经完成。例如，只要账户上有钱，就一直运行，直到用户选择退出或遇到错误。
- 无限循环一旦开始，就一直执行，常用于嵌入式系统，例如心脏起搏器、微波炉和巡航控制。

- 迭代器循环对容器类中的每一个元素执行一次操作。

循环的类型首先按灵活度来区分，即循环是执行指定次数，还是每次迭代都测试是否都已经完成。

循环的类型还由测试完成的位置来区分。可以把测试放在循环的开始、中间或结尾处。根据测试的位置，可判断循环是否至少执行一次。如果循环一开始就测试，其主体就不一定会执行。如果循环在结束时测试，其主体至少会执行一次。如果循环在中间测试，则测试之前的循环部分至少执行一次，但测试之后的部分可能完全不执行。

灵活度和测试位置决定着选择哪种类型的循环作为控制结构。表16.1 总结了几种语言的循环类型，描述了每种循环的灵活度和测试位置。

表 16-1　循环类型

编程语言	循环的类型	灵活度	判断位置
Visual Basic	For-Next	严格	开始
	While-end	灵活	开始
	Do-Loop-While	灵活	开始或者结尾
	For-Each	严格	开始
C、C++、C# 和 Java	for	灵活	开始
	while	灵活	开始
	do-while	灵活	结尾
	foreach	严格	开始

何时使用 while 循环

新手程序员可能认为 while 循环会不停地求值，一旦 while 条件的求值结果变成 false，无论执行到循环中的哪条语句，都会立即终止(Curtis et al. 1986)。虽然没有那么灵活，但 while 循环仍然不失为一种灵活的循环。如果事先不知道循环要迭代多少次，就可考虑 while。与某些新手的想法相反，循环的退出测试每次迭代只进行一次。while 循环的主要问题在于决定测试是在循环开始处还是结尾处进行。

在开始处测试

若循环需要在开始处测试，可使用 C++、C#、Java、Visual Basic 和其他大多数语言的 while 循环。其他语言也可以模拟 while 循环。

在结尾处测试

有时，可能需要一个灵活的循环，但该循环需要至少执行一次。这时，就可使用在结尾处进行测试的 while 循环。C++、C# 和 Java 可使用 do-while，Visual Basic 可使用 Do-Loop-While，或者可以在其他语言中模拟在结尾处进行测试的循环。

何时使用带退出的循环

至于带退出的循环 (loop-with-exit)，它的退出条件出现在循环中间而非首尾。Visual Basic 明确支持带退出的循环，C++ 语言、C 语言和 Java 语言可以用结构化的 while 和 break 来模拟，其他语言可以用 goto 来模拟。

正常带退出条件的循环

带退出的循环由循环头、循环体 (包括退出条件) 和循环尾构成，下面是 Visual Basic 的一个例子：

Visual Basic 代码示例：带退出条件的常规循环

```
Do
   ...                                        ← 语句
   If ( some exit condition ) Then Exit Do
   ...                                        ← 更多语句
Loop
```

放在循环开始或结尾处的测试要求编写一个 loop-and-a-half，为了避免这个要求，通常只需要换用一个带退出条件的循环。以下 C++ 代码示例就应该换成带退出条件的循环：

C++ 代码示例：重复的代码给维护带来麻烦

```
// Compute scores and ratings.
score = 0;
GetNextRating( &ratingIncrement );             ← 这些行出现在这里……
rating = rating + ratingIncrement;
while ( ( score < targetScore ) && ( ratingIncrement != 0 ) ) {
   GetNextScore( &scoreIncrement );
   score = score + scoreIncrement;
   GetNextRating( &ratingIncrement );          ← ……在这里也有重复
   rating = rating + ratingIncrement;
}
```

顶部两行代码在 while 循环的最后两行重复出现了。以后修改时，很容易忘记保持这两处代码的一致性。而负责修改代码的程序员可能意识不到这两处代码都需要修改。无论哪种情况，都会由于修改不彻底而导致出错。以更清楚的方式重写代码，结果如下所示：

C++ 代码示例：带退出的循环更容易维护

```
// Compute scores and ratings. The code uses an infinite loop
// and a break statement to emulate a loop-with-exit loop.
score = 0;
while ( true ) {
   GetNextRating( &ratingIncrement );
   rating = rating + ratingIncrement;

   if ( !( ( score < targetScore ) && ( ratingIncrement != 0 ) ) ) {
      break;
   }

   GetNextScore( &scoreIncrement );
   score = score + scoreIncrement;
}
```

这是循环退出条件（现在可用第 19.1 节描述的德摩根定律简化）

以下是这个例子的 Visual Basic 版本：

Visual Basic 代码示例：带退出条件的循环

```
' Compute scores and ratings
score = 0
Do
   GetNextRating( ratingIncrement )
   rating = rating + ratingIncrement

   If ( not ( score < targetScore and ratingIncrement <> 0 ) ) Then Exit Do

   GetNextScore( ScoreIncrement )
   score = score + scoreIncrement
Loop
```

关联参考　本章稍后要详细讲解退出条件。参见第 32.5 节对注释控制结构的介绍，了解如何在循环中合理使用注释。

使用这种循环时，要注意以下细节。

将所有退出条件都放在一个地方　若将其分散，调试、修改或测试期间很容易会忽略这个或那个退出条件。

使用注释来澄清　如果语言不直接支持带退出的循环，使用这种技术时请用注释来说明你在做什么。

HARD DATA

带退出条件的循环是一种单进单出的结构化控制结构，是首选的循环控制方式 (Software Productivity Consortium 1989)。它已被证明比其他类型的循环更容易理解。一项对学生程序员的研究将这种循环与那些在顶部或底部退出的循环进行了比较 (Soloway, Bonar, and Ehrlich 1983)。使用带退出的循环后，学生的理解力测试得分提高了 25%。这项研究的作者得出结论，带退出的循环结构相比其他循环结构更接近于人们对迭代控制的思考方式。

在通常的实践中，带退出条件的循环还没有得到广泛的使用。陪审团仍然被锁在一个烟雾缭绕的房间里，无法判定它是不是生产代码的一个好实践。在陪审团做出决议之前，带退出的循环是程序员工具箱中的好东西，只要合理而谨慎使用的话。

非正常带退出条件的循环

下面是用于避免 loop-and-a-half 的另一种带退出的循环：

C++ 代码示例：用 goto 跑到循环中间（糟糕的实践）

```
goto Start;
while ( expression ) {
   // do something
   ...

   Start:

   // do something else
   ...
}
```

乍一看，这似乎与前面带退出条件的循环示例相似。它用于模拟这样一种情况：//do something 不需要在第一次循环迭代时执行，但 //do something else 需要。这是一个单入单出的控制结构：进入循环惟一的途径是通过顶部的 goto，而离开循环惟一的途径是通过 while 测试。这种方法有两个问题：一是使用了一个 goto，二是它很不寻常，足以让人困惑。

在 C++ 中，可在不用 goto 的情况下实现同样的效果，如下例所示。如果使用的语言不支持 break 命令，可用 goto 来模拟一个。

C++ 代码示例：重写的代码不用 goto（良好的实践）

break 前后的代码块被交换了

```
while ( true ) {
   // do something else
   ...

   if ( !( expression ) ) {
      break;
   }

   // do something
   ...
}
```

何时使用 for 循环

深入阅读 参见《编写高质量的代码》(Maguire 1993)，深入了解使用 for 循环时的指导原则。

如果需要一个执行指定次数的循环，for 循环就是一个不错的选择。它可以用在 C++ 语言、C 语言、Java 语言、Visual Basic 语言和其他大多数语言中。

不需要内部循环控制的简单活动，可以考虑使用 for 循环。如果循环控制涉及简单的递增或递减，例如迭代一个容器中的元素，就使用 for 循环。for 循环的意义在于，在循环顶部设置好就可以不用管它了。无需在循环内部做任何事情来控制它。如果有一个必须跳出循环的条件，就用 while 循环来代替。

类似地，不要显式更改 for 循环的索引值来迫使其终止。这时应换用 while 循环。for 循环是用于简单的用途。大多数复杂的循环任务最好用 while 循环来处理。

何时使用 foreach 循环

foreach 循环或其等价的结构，比如 C# 中的 foreach，Visual Basic 中的 For-Each，Python 中的 for-in，特别适合对数组或其他容器中的每个成员进行操作。其优点是避免了循环内务处理运算，进而消除了这种运算中出错的机会。

这种循环的例子如下：

```
C# 代码示例：一个 foreach 循环
int [] fibonacciSequence = new int [] { 0, 1, 1, 2, 3, 5, 8, 13, 21, 34 };
int oddFibonacciNumbers = 0;
int evenFibonacciNumbers = 0;

// count the number of odd and even numbers in a Fibonacci sequence
foreach ( int fibonacciNumber in fibonacciSequence ) {
   if ( fibonacciNumber % 2 ) == 0 ) {
      evenFibonacciNumbers++;
   }
   else {
      oddFibonacciNumbers++;
   }
}

Console.WriteLine( "Found {0} odd numbers and {1} even numbers.",
   oddFibonacciNumbers, evenFibonacciNumbers );
```

16.2 控制循环

循环会出现哪些问题呢？答案至少包括循环初始化不正确或是被遗漏，遗漏循环变量或其他循环相关变量的初始化，不正确嵌套，不正确终止循环，忘记或不正确地递增循环变量，不正确地用循环索引来索引数组元素，等等。

可通过遵循两个实践来预防这些问题。首先，尽量减少影响循环的因素的数量。简化！简化！简化！重要的事情说三遍。其次，将循环内部当作一个子程序来处理，尽量把控制留在循环外部。明确说明循环体的执行条件。不要让读者通过查看循环内部来了解循环的控制。将循环想象成黑盒，外围程序知道控制条件，但不知道内容。

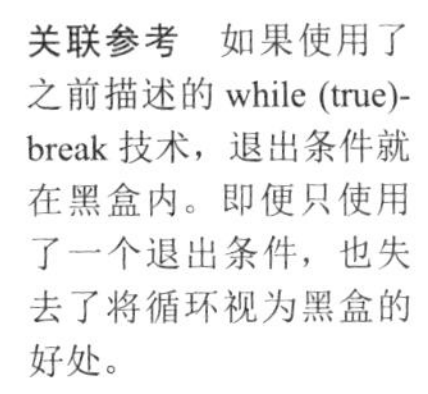
关联参考　如果使用了之前描述的 while (true)-break 技术，退出条件就在黑盒内。即便只使用了一个退出条件，也失去了将循环视为黑盒的好处。

C++ 代码示例：将循环视为黑盒

```
while ( !inputFile.EndOfFile() && moreDataAvailable ) {

}
```

这个循环的终止条件是什么？很明显，要么 inputFile.EndOfFile() 为 true，要么 MoreDataAvailable 为 false。

进入循环

循环的进入，需要遵循以下指导原则。

只从一个位置进入循环　多种循环控制结构都允许在循环的开始、中间或结尾进行测试。这些结构足够丰富，允许每次都从顶部进入循环。不需要在多个位置进入。

将初始化代码直接放在循环之前　就近原则主张将相关语句放在一起。如果相关的语句散落在一个子程序中的不同位置，以后修改时很容易找不全，并做出不正确的修改。相关语句都放在一起的话，修改时不容易犯错。

关联参考　要想进一步了解对循环变量作用域的限制，请参阅本章后面介绍如何把循环索引的作用域限制在循环内部。

将循环初始化语句和相关的循环放在一起。如果不这样做，将循环放到一个更大的循环而忘记修改初始化代码时，就很有可能出错。将循环代码移动或复制到一个不同的子程序时，如果忘记移动或复制其初始化代码，也会发生同样的错误。将初始化放在远离循环的地方（例如数据声明部分，或循环所子程序顶部的内务处理部分），除了给初始化带来麻烦，看不出有什么好处。

将 while(true) 用于无限循环　有的循环可能需要无休止地运行，例如用在心脏起搏器或微波炉控制系统中的循环。有的循环只在发生特定事件时终止，这称为“事件循环”。可用几种方式编码这样的无限循环。用 for i = 1 to 99999 这样的语句来伪造无限循环是一个糟糕的选择，因为具体的循环限制混淆了循环的意图，99999 可能是一个合法的值。这种假的无限循环在维护时也容易出问题。

用 C++、Java、Visual Basic 和其他支持类似结构的语言来写无限循环的时候，while(true) 是一个公认的标准方式。有的专家喜欢用 for(;;)，这也是可以接受的。

如果有可能，就首选 for 循环　for 循环将循环控制代码集中在一处，这使循环易于阅读。程序员在修改软件时，经常犯的一个错误是修改了 while 循环顶部的循环初始化代码，却忘记修改底部的相关代码。而在 for 循环中，所有相关代码都集中在循环顶部，这使修改更容易正确。只要 for 循环比其他循环更合适，就用它。

若 while 循环更合适，就不要使用 for 循环　C++ 语言、C# 语言和 Java 语言提供了灵活的 for 循环结构，但一个常见的滥用方式是将 while 循环的内容随便放入 for 循环头，示例如下：

C++ 代码示例：while 循环被随便塞入一个 for 循环头

```
// read all the records from a file
for ( inputFile.MoveToStart(), recordCount = 0; !inputFile.EndOfFile();
   recordCount++ ) {
   inputFile.GetRecord();
}
```

和其他语言的 for 循环相比，C++ 语言的 for 循环结构的优势在于，它在初始化和终止信息的类别上更灵活。但这种灵活性所固有的不足是，与控制循环无关的语句可以被放入循环结构的头部。

for 循环结构的头部只留给循环控制语句，也就是初始化循环、终止循环或使其趋于终止的语句。在刚才的例子中，循环主体中的 inputFile.GetRecord() 语句会使循环趋于终止，但 recordCount 语句不会；它们是和循环进度控制无关的内务处理语句。将 recordCount 语句放在循环头，却将 inputFile.GetRecord() 语句排除在外，造成 recordCount 控制循环的错误印象。

如果想在这种情况下使用 for 循环而不是 while 循环，就将循环控制语句放在循环头，其他的都不要。循环头的正确用法如下所示：

```
C++ 代码示例：符合逻辑但非常规的 for 循环头用法
recordCount = 0;
for ( inputFile.MoveToStart(); !inputFile.EndOfFile(); inputFile.
GetRecord() ) {
   recordCount++;
}
```

在这个例子中，循环头的内容全都与循环控制相关。inputFile.MoveToStart() 语句初始化循环，!inputFile.EndOfFile() 语句测试循环是否结束，而 inputFile.GetRecord() 语句使循环趋于终止。影响 recordCount 的语句并不直接使循环趋于终止，所以从循环头中把它拿掉了。while 循环仍然可能更适合这项工作，但上述代码使用循环头的方式最起码还算是符合逻辑的。为了内容的完整性，下面的版本使用了 while 循环：

```
C++ 代码示例：while 循环的合适用法
// read all the records from a file
inputFile.MoveToStart();
recordCount = 0;
while ( !inputFile.EndOfFile() ) {
   inputFile.GetRecord();
   recordCount++;
}
```

处理循环体

下面几个小节描述如何处理循环主体。

使用一对花括号 { 和 } 来封闭循环体 任何循环都要用花括号封闭循环体。它们在运行时不会造成任何速度或空间上的损失，有利于提升可读性，且有利于防止以后修改代码时出错。这是一种良好的防御性编程实践。

避免空循环 C++ 和 Java 允许创建空循环，即循环所做的工作与检查工作是否完成的测试放在同一行代码中，如下例所示：

```
C++ 代码示例：空循环
while ( ( inputChar = dataFile.GetChar() ) != CharType_Eof ) {
   ;
}
```

在这个例子中，循环体是空的，因为 while 表达式做了两件事：第一，循环的工作，即 inputChar = dataFile.GetChar()；第二，测试循环是否应该终止，即 inputChar != CharType_Eof。如果能够重新编码，可以使读者轻松理解循环所做的工作，该循环也可以更清晰：

```
C++ 代码示例：将空循环转换为充实的循环
do {
   inputChar = dataFile.GetChar();
} while ( inputChar != CharType_Eof );
```

新的代码占用了完整的三行，而不是一行和一个分号，这很合适，因为它本来就是做的三行代码的工作，而不是一行和一个分号的工作。

只在循环开头或末尾进行循环内务处理　循环内务处理是指 i = i + 1 或 j++ 这样的表达式，这些表达式的主要目的并不是做循环的工作，而是控制循环。下例的内务处理在循环末尾完成：

```
C++ 代码示例：循环末尾的内务处理语句
nameCount = 0;
totalLength = 0;
while ( !inputFile.EndOfFile() ) {
   // do the work of the loop
   inputFile >> inputString;
   names[ nameCount ] = inputString;
   ...

   // prepare for next pass through the loop--housekeeping
   nameCount++;
   totalLength = totalLength + inputString.length();
}
```

这些是内务处理语句（指向 nameCount++; 和 totalLength = totalLength + inputString.length(); 两行）

通用规则是，在循环前初始化的变量就是要在循环的内务处理部分操作的变量。

每个循环只执行一个功能　虽然循环可以同时做两件事，但这不足以成为两件事情非要一起做的理由。和子程序一样，每个循环都应该只做一件事，而且要做好。如果觉得在一个循环就够用的情况下使用两个循环的话效率不高，那么还是写成两个循环，通过注释的方式来说明它们也许能合并起来提高效率。然后，等到基准测试表明程序的这一部分确实存在性能问题的时候，再将两个改成一个。

关联参考　参见第 25 章和第 26 章，深入了解如何优化代码。

退出循环

下面几个小节描述如何处理循环的结束。

确保循环会终止　这是最基本的要求。自己想着模拟循环的执行，直到确信它无论如何都会终止。想想正常情况、终止点以及每一种异常情况。

使循环结束条件显而易见　如果使用 for 循环，没有乱动循环索引，也没有使用 goto 或 break 来退出循环，终止条件就会很明显。类似地，如果使用 while 或 repeat-until 循环，并将所有控制放在 while 或 repeat-until 子句中，终止条件也会很明显。关键是要把控制放在同一个地方。

乱动 for 循环索引，试图以这种方式来终止循环。这是不可以的　有些程序员改动 for 循环索引值来提前终止循环，如下例所示：

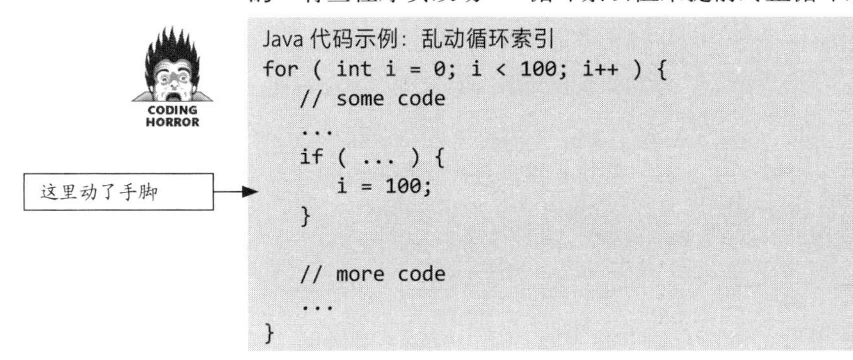

Java 代码示例：乱动循环索引

```
for ( int i = 0; i < 100; i++ ) {
   // some code
   ...
   if ( ... ) {
      i = 100;
   }

   // more code
   ...
}
```

本例的目的是，一旦符合某个条件，就将 i 设为 100 来终止循环，该值超出了 for 循环的 0 到 99 这个范围。几乎所有优秀程序员都会避免这样做，因为太不专业了。设置好 for 循环后，其循环计数器就不受控制了。可以改用 while 循环对退出条件进行更多的控制。

避免依赖于循环索引终值的代码　在循环之后使用循环索引的值，并不是一个值得推荐的好做法。循环索引终值在不同语言和不同实现中是不相同的。循环正常终止和异常终止时，其值也是不同的。即便自己碰巧知道终值是什么，但下一个读代码的人可能不得不绞尽脑汁去想。在循环内部的适当位置将终值赋给一个变量，不仅可以使代码的形式更好，还可以体现出不言自明的自文档优势。

以下代码滥用了索引终值：

C++ 代码示例：滥用循环索引的终值

```
for ( recordCount = 0; recordCount < MAX_RECORDS; recordCount++ ) {
   if ( entry[ recordCount ] == testValue ) {
      break;
   }
}
// lots of code
...
if ( recordCount < MAX_RECORDS ) {
   return( true );
}
else {
   return( false );
}
```

这里滥用了循环索引的终值

在这段代码中，对 recordCount < MaxRecords 的第二个测试使循环看似要遍历 entry[] 数组中的所有值；找到与 testValue 相等的值之后，就返回 true，否则返回 false。很难记住越过循环结尾后索引是否会递增，所以自然也很容易出现差一错误。最好写一些不依赖于索引终值的代码。重写后的代码如下：

C++ 代码示例：没有滥用循环索引的终值

```
found = false;
for ( recordCount = 0; recordCount < MAX_RECORDS; recordCount++ ) {
   if ( entry[ recordCount ] == testValue ) {
      found = true;
      break;
   }
}
// lots of code
...
return( found );
```

这段重写的代码使用了一个额外的变量，使得对 recordCount 的引用进一步局部化。额外使用布尔变量，通常可以使最终的代码更清晰。

考虑使用安全计数器　安全计数器是每完成一次循环迭代就会递增的变量，目的是判断循环是否已执行过多次。在对安全性要求较高的程序里，如果错误会造成灾难性的后果，就可用安全计数器来确保终止所有的循环。以下 C++ 循环用安全计数器的话，就会有好处：

C++ 代码示例：适合使用安全计数器的循环

```
do {
   node = node->Next;
   ...
} while ( node->Next != NULL );
```

以下版本添加了安全计数器：

C++ 代码示例：使用安全计数器

```
safetyCounter = 0;
do {
   node = node->Next;
   ...
   safetyCounter++;
   if ( safetyCounter >= SAFETY_LIMIT ) {
      Assert( false, "Internal Error: Safety-Counter Violation." );
   }
   ...
} while ( node->Next != NULL );
```

这里是安全计数器代码

安全计数器也并不是万能的。在代码中每使用一次，都会增加一定的复杂性，并可能造成额外的错误。由于并不是每个循环中都会用到它，所以以后修改程序中使用安全计数器的那部分循环时，可能会忘记维护安全计数器的相关代码。但是，如果安全计数器已被规定为项目范围内的关键循环的标准，以后就要习惯于找出它们，相比其他代码，安全计数器代码也并不见得更容易出错。

提前退出循环

许多语言都提供了某种机制来允许循环提前终止，而不必非要完成 for 或 while 条件。在我们的讨论中，会用 break 泛指 C++、C 和 Java 的 break；Visual Basic 的 Exit-Do 和 Exit-For；以及其他类似结构，包括在不直接支持 break 的语言中用 goto 来模拟的结构。break 语句 (或等同形式) 使一个循环通过正常的退出通道终止，程序将在循环后的第一个语句处恢复执行。

continue 语句与 break 相似，都是一种辅助性的循环控制语句。但是，continue 不会导致循环退出，而是使程序跳过当前迭代，开始循环的下一个迭代。contiune 语句是 if-then 子句的简写，用于阻止执行当前循环迭代中剩余的部分。

考虑在 while 循环中使用 break 语句而不是布尔标志 在某些情况下，在 while 循环中加入布尔标志来模拟从循环体中退出，会使循环难以阅读。有的时候，可通过使用 break 语句而不是一系列的 if 测试来消除循环内部的几级缩进，进而简化循环控制。将多个 break 条件放到单独的语句中，并使其位于产生中断的代码附近，可以减少嵌套，使循环更容易阅读。

警惕其中散布大量 break 的循环 含有大量 break 的循环可能表明写代码的时候没有想清楚对循环的结构或者它在周边代码中的作用。大量的 break 意味着可能要将含有多个退出条件的循环拆分为多个循环，使代码的结构更清晰。

根据《软件工程笔记》的一篇文章，1990 年 1 月 15 日导致纽约市电话系统停机 9 个小时的软件故障，其罪魁祸首就是多了一个 break 语句 (SEN 1990)：

C++ 代码示例：在 do-switch-if 语句块中错误使用了一个 break 语句

```
do {
```

这个 break 原定用于 if，实际上却退出了整个 switch

```
   ...
   switch
      ...
      if () {
         ...
         break;
         ...
      }
      ...
} while ( ... );
```

多个 break 不一定意味着有错，但它们在循环中的存在是一个警告信号，是煤矿中的金丝雀，因为缺氧而窒息，而不是本来应该大声歌唱。

在循环顶部使用 continue 进行测试　continue 有一个很好的用途，在循环顶部测试了一个条件后，它会放弃此次对循环体的执行。例如，如果循环的工作是读取记录，丢弃一种记录，接着处理另一种记录，就可在循环顶部放一个如下例所示的测试：

```
伪代码示例：这样使用 contiune 是相对安全的
while ( not eof( file ) ) do
   read( record, file )
   if ( record.Type <> targetType ) then
      continue

   -- process record of targetType
   ...
end while
```

像这样使用 continue，可避免使用一个会造成整个循环体都缩进一级的 if 测试。另一方面，如果 continue 出现在循环中间或末尾，就用 if 来代替。

如果语言支持，就使用带标签的 break 结构　Java 支持带标签的 break，以防出现纽约电话系统停机那种问题。带标签的 break 可用来退出 for 循环、if 语句或任何用花括号封闭的代码块 (Arnold, Gosling, and Holmes 2000)。

关于纽约电话系统的代码问题，有一个可能的解决方案，那就是不要用 C++，换用 Java 之后，就可以用带标签的 break 了：

```
Java 代码示例：在 do=switch=if 代码块中，最好使用带标签的 break 语句
do {
   ...
   switch
```

带标签后，break 语句的目标一目了然

```
    ...
    CALL_CENTER_DOWN:
    if () {
       ...

       break CALL_CENTER_DOWN;
       ...
    }
    ...
} while ( ... );
```

慎用 break 和 continue 一旦用了 break，就不能再将循环体用作黑盒了。只用一个语句来控制循环退出条件，是对循环进行简化的有力手段。只要用了 break，读代码的人就不得不查看循环内部来理解循环控制，使得循环变得更难理解。

仅在已经充分考虑了其他所有选项且在不得已的情况下，才使用 break。无法确定 continue 和 break 是良性还是恶性结构。一些计算机科学家认为，它们是结构化编程中的合理技术；另一些人则不然。由于一般不知道 continue 和 break 是对是错，所以可以使用，但必须担心可能用错。这其实是一个简单的命题：只要无法证明 break 或 continue 的合理性，就不要用。

检查端点

循环通常只需要关注三种情况：第一种情况、随意选择的中间情况以及最后一种情况。所以，在创建循环时，先分别通盘过一遍第一种、中间和最后一种情况，确保该循环没有任何差一错误。如果存在任何有别于第一种和最后一种情况的特殊情况，也要检查那些情况。如果循环中包含复杂的计算，就用计算器手动核实。

KEY POINT

愿不愿意进行这种检查，是一个关键的分水岭，用来区分高效率的程序员和低效率的程序员。高效率的程序员会在脑海中模拟和手动计算，因为他们知道这样做可以帮助自己发现错误。

低效率的程序员倾向于随机试错，直到找到一个似乎有效的组合。如果循环没有按设想的那样工作，低效率的程序员会将 < 改为 <=。如果还不行，低效率的程序员又会对循环索引进行加 1 或减 1。这样做虽然还是有可能碰巧发现正确的组合，但也可能用一个更不容易察觉的错误来取代原来的错误。即便这样瞎蒙的过程确实能做出正确的程序，但程序员并不知道真正的原因。

在脑海中模拟和手动计算有几方面的好处。在脑海中模拟的话，一开始就可以避免更多编码错误，调试期间能更快地检测到错误，而且对程序的总体理解更充分。它还意味着你是真正理解了代码，而不是纯粹靠瞎蒙。

使用循环变量

关联参考　参见第 11.2 节，进一步了解如何为循环变量命名。

以下是使用循环变量时的指导原则。

为数组和循环的限制使用序数或枚举类型　一般来说，循环计数器应该是整数值。浮点值不好递增。例如，26742897.0 加 1.0 得 26742897.0 而非 26742898.0。如果递增的值是循环计数器，就会得到一个无限循环。

使用有意义的变量名来改善嵌套循环的可读性　循环索引变量通常也用于索引数组。一维数组用什么变量名来索引都可以，i、j 或 k 都可以。但如果是二维或更多维度的数组，就应该使用有意义的索引名称来明确自己的意图。有意义的数组索引名称既可以说明循环的目的，也可以说明打算访问数组的哪一部分。

以下代码不符合这个指导原则，它使用了无意义的名称 i、j 和 k：

```
Java 代码示例：循环变量名称（糟糕的实践）
for ( int i = 0; i < numPayCodes; i++ ) {
   for ( int j = 0; j < 12; j++ ) {
      for ( int k = 0; k < numDivisions; k++ ) {
         sum = sum + transaction[ j ][ i ][ k ];
      }
   }
}
```

transcation 的数组索引是什么意思？i、j 和 k 能否告诉你关于 transaction 内容的任何事情？根据 transaction 的声明，能轻易确定索引顺序是否正确吗？下面是同一个循环，循环变量名称更容易理解：

```
Java 代码示例：循环变量名称（良好的实践）
for ( int payCodeIdx = 0; payCodeIdx < numPayCodes; payCodeIdx++ ) {
   for (int month = 0; month < 12; month++ ) {
      for ( int divisionIdx = 0; divisionIdx < numDivisions;
divisionIdx++ ) {
         sum = sum + transaction[ month ][ payCodeIdx ][ divisionIdx ];
      }
   }
}
```

这次能明白 transcation 中数组索引的意思吗？修改之后好懂多了，因为变量名 payCodeIdx、month 和 divisionIdx 比 i、j 和 k 更能说明问题。是的，这两个版本的循环在计算机眼中没有区别。但对人来说，第二个版本更容易阅读。而且，第二个版本更好，因为读代码的主要是人而非计算机。

使用有意义的名称来避免循环索引串扰　如果习惯于使用 i、j 和 k，容易造成索引发生“串扰”(cross-talk)，即同一个索引名称被用于两个不同的目的，如下例所示：

i 首次在这里使用……

……又在这里使用

```
C++ 代码示例：索引“串扰”
for ( i = 0; i < numPayCodes; i++ ) {
   // lots of code
   ...
   for ( j = 0; j < 12; j++ ) {
      // lots of code
      ...
      for ( i = 0; i < numDivisions; i++ ) {
         sum = sum + transaction[ j ][ i ][ k ];
      }
   }
}
```

i 用得如此纯熟，以至于在同一个嵌套结构中使用了两次。由 i 控制的第二个 for 循环与第一个 for 循环发生了冲突，这就是所谓的索引“串扰”。使用比 i、j 和 k 更有意义的名称可以避免这个问题。通常，如果循环主体不止两三行，以后可能扩充，或者在一组嵌套循环中，就应避免 i、j 和 k。

将循环索引变量的作用域限制在循环内部　循环索引的串扰及其在循环外部的随意使用造成了严重的问题，所以 Ada 的设计者决定使循环索引在其循环外部无效；试图在其所在 for 循环的外部使用的话，在编译时会报错。

C++ 语言和 Java 语言在某种程度上实现了相同的理念，允许在循环内声明循环索引，只是不强求。在前面的“C++ 示例：滥用循环索引的终值”中，recordCount 变量可在 for 语句中声明，这样即可将其作用域限定在 for 循环内，如下例所示：

```
C++ 代码示例：在 for 循环内部声明循环索引变量
for ( int recordCount = 0; recordCount < MAX_RECORDS; recordCount++ ) {
   // looping code that uses recordCount
}
```

原则上，这种技术应允许在多个循环中重新声明 recordCount，同时又不至于有滥用两个不同 recordCount 的风险，如此便可以写出下面这样的代码：

```
C++ 代码示例：在 for 循环内部声明循环索引并安全地重用（希望如此）
for ( int recordCount = 0; recordCount < MAX_RECORDS; recordCount++ ) {
   // looping code that uses recordCount
}
// intervening code
for ( int recordCount = 0; recordCount < MAX_RECORDS; recordCount++ ) {
   // additional looping code that uses a different recordCount
}
```

这个技术有助于为 recordCount 变量的用途添加注解；但是，不要依赖编译器来强制限定 recordCount 的作用域。《C++ 程序设计》(Stroustrup 1997) 的第 6.3.3.1 节建议，recordCount 的作用域限定在循环中。但当我用三个不同的 C++ 编译器检查这个功能时，却得到了三个不同的结果。

- 第一个编译器将第二个 for 循环中的 recordCount 标记为变量的重复声明并报错。
- 第二个编译器接受第二个 for 循环中的 recordCount，但允许在第一个 for 循环外部使用。
- 第三个编译器允许 recordCount 的两种用法，且不允许在各自 for 循环外部使用。

这很常见，和其他罕见的语言特性一样，编译器的实现各不相同。

循环的理想长度

循环长度可用代码行数或嵌套深度来衡量。下面是一些指导原则。

循环要足够短，要让人一目了然　如果一般选择在显示器上看循环，且一屏最多 50 行，这就意味着 50 行的限制。专家建议将循环长度限制为一页。但一旦开始重视编写简单代码的原则，就很少会写超过 15 或 20 行的循环。

关联参考　参见第 19.4 节，进一步了解如何简化嵌套循环。

将嵌套限制在三层以内　研究表明，程序员对循环的理解能力在超过三层嵌套后会明显下降 (Yourdon 1986a)。如果要超过这一限制，就可以考虑将部分循环分解成子程序或简化控制结构，使循环在概念上更短。

将长循环的内部代码移到子程序中　如果循环设计得好，循环内部的代码往往可以移到一个或多个子程序中，然后再从循环内部调用。

让长循环特别清晰　长度增加了复杂性。如果写的是短循环，可以使用风险较大的控制结构，如果 break 和 continue、多个退出条件、复杂的终止条件等等。如果写的是较长的循环，并且怕读者搞不清楚，就限定该循环仅一个退出条件，并使退出条件明确无误。

16.3 轻松创建循环：由内而外

有时，如果在写复杂的循环时，有时如果遇到了困难(大多数程序员都会遇到)，那么可以用一个简单的技巧一开始就做对。下面是常规过程。先从一种情况开始。用字面量来编码。缩进，用一个循环来包围，然后将字面量替换成循环索引或计算的表达式。如果有必要，再用一个循环来包围，再替换更多字面量。只要需要，就继续这一过程。完成后，添加所有必要的初始化代码。由于是从简单情况开始，然后再向外扩展，所以可认为这是由内而外的编码。

关联参考　由内而外编写循环的过程类似于第 9 章所描述的过程。

假设要为某保险公司写一个程序。它的人寿保险费率因人的年龄和性别而异。你的工作是写子程序来计算一组人员的人寿保险总额。需要一个循环，将列表中每个人的费率加到总额中。

首先，在注释中写出循环主体需要执行的步骤。先不考虑语法、循环索引、数组索引等细节，写下需要做的事情会更容易。

```
步骤 1：由内向外创建循环(伪代码示例)
-- get rate from table
-- add rate to total
```

然后，在不实际写整个循环的情况下，将循环主体中的注释尽可能多地转换成代码。本例是获取一个人的费率并加到总额。使用具体、特定的数据，不要使用抽象的。

```
步骤 2：由内向外创建循环(伪代码示例)
rate = table[ ]
totalRate = totalRate + rate
```

table 还没有腾和索引

本例假定 table 是容纳费率数据的数组。最开始不必关心数组索引。rate 变量容纳从费率表选择的费率数据。类似地，totalRate 变量容纳费率总额。

接着为 table 数组添加索引：

```
步骤 3：由内向外创建循环（伪代码示例）
rate = table[ census.Age ][ census.Gender ]
totalRate = totalRate + rate
```

数组通过年龄和性别来访问，所以用 census.Age 和 census.Gender 来索引数组。本例假定 census 是一个容纳计费组内人员信息的结构。

下一步是围绕现有语句构建循环。由于循环的工作是计算组内每个人的费率，所以循环应该按人来索引。

```
步骤 4：由内向外创建循环（伪代码示例）
For person = firstPerson to lastPerson
   rate = table[ census.Age, census.Gender ]
   totalRate = totalRate + rate
End For
```

这里只需要用 for 循环包围现有代码，然后缩进现有代码，并将其放到一对 begin-end 中。最后，核实依赖于 person 循环索引的变量已进行了常规化 (generalized)。在本例中，census 变量随 person 而变，所以要相应地进行常规化处理。

```
步骤 5：由内向外创建循环（伪代码示例）
For person = firstPerson to lastPerson
   rate = table[ census[ person ].Age, census[ person ].Gender ]
   totalRate = totalRate + rate
End For
```

最后写必要的初始化代码。在本例中，totalRate 变量需要初始化。

```
最后一步：由内向外创建循环（伪代码示例）
totalRate = 0
For person = firstPerson to lastPerson
   rate = table[ census[ person ].Age, census[ person ].Gender ]
   totalRate = totalRate + rate
End For
```

如果要用另一个循环包围 person 循环，可采取相同的方式继续。不需要死板遵循这些步骤。我们的思路是，从具体的东西开始，一次只关注一件事，然后从简单的组件开始建立循环。在循环变得越来越常规和复杂的过程中，每次都采取小的、可理解的步骤。这样一来就能将任何时候都必须关注的代码从数量上降到最少，从而最大限度地减少出错的可能性。

16.4 循环和数组的对应关系

关联参考　参见第 10.7 节，进一步了解循环和数组的对应关系。

循环和数组通常是相关的。许多时候需要创建循环来执行数组操作，而且循环计数器与数组索引一一对应。例如，以下 Java for 循环索引对应于数组索引：

```
Java 代码示例：数组乘法
for ( int row = 0; row < maxRows; row++ ) {
   for ( int column = 0; column < maxCols; column++ ) {
      product[ row ][ column ] = a[ row ][ column ] * b[ row ][ column ];
   }
}
```

在 Java 中，这种数组操作确实需要一个循环。但要注意，循环结构和数组并不是天生联系在一起的。某些语言，尤其是 APL 和 FORTRAN 90 及更高版本，支持强大的数组操作，因而消除了对上述循环的需要。以下 APL 代码执行相同的操作：

```
APL 代码示例：数组乘法
product <- a x b
```

APL 更简单，更不容易出错。它只使用了三个操作数，而上述 Java 代码使用了 17 个。它没有循环变量、数组索引或控制结构，能最大程度地避免错误编码。

这个例子的一个要点是，通过一些编程手段来解决问题时，解决方案可能依赖于特定的编程语言。用于解决问题的语言可能极大影响着可选择什么样的 解决方案。

检查清单：循环

循环的选择和创建

- ❑ 在合适的时候采用 while 循环取代 for 循环了吗？
- ❑ 循环是由内向外创建的吗？

进入循环

- ❑ 是从顶部进入循环的吗？
- ❑ 初始化代码直接放在循环前面了吗？
- ❑ 如果是无限循环或事件循环，其结构是否清晰，而不是采用类似 for i=1 to 9999 这样蹩脚的代码？
- ❑ 如果循环属于 C++、C 或者 Java 的 for 循环，循环控制代码都放在循环头部了吗？

循环内部

- ❑ 是否使用 { 和 } 或其等价形式来封闭循环体以免修改不当而出错？
- ❑ 循环体里面有内容吗？它是非空的吗？
- ❑ 内务处理代码集中存放在循环开始或者循环结束的位置了吗？
- ❑ 循环是否就像定义良好的子程序那样只执行一种功能？
- ❑ 循环是否短到足以让人一目了然？
- ❑ 循环的嵌套层数控制在三层以内吗？
- ❑ 长循环的内容转移到相应的子程序中了吗？
- ❑ 如果循环很长，是不是特别清晰？

循环索引

- ❑ for 循环体内的代码有没有随意改动循环索引值？
- ❑ 是否专门用变量保存重要的循环索引值，而不是在循环体外部使用循环索引？
- ❑ 循环索引是否是整数类型或者枚举类型而不是浮点类型？
- ❑ 循环索引的名称有意义吗？
- ❑ 循环是否避免了索引串扰问题？

退出循环

- ❑ 循环在所有可能的情况下都能终止吗？
- ❑ 如果已规定安全计数器标准，循环是否使用了安全计数器？
- ❑ 循环的终止条件是否显而易见的？
- ❑ 如果用到了 break 语言或者 continue 语句，它们的用法是否正确？

要点回顾

- 循环比较复杂。保持简单有助于别人看懂你的代码。
- 保持循环简单的技巧包括避免使用怪异的循环、减少嵌套、提供清晰的入口和出口、将内务处理代码集中在一个地方。
- 循环索引很容易被滥用。要清楚地命名并限定单一用途。
- 想清楚循环结构，确定在每种情况下都能正常运行，而且在所有可能的情况下都能终止。

读书心得

1.______________________________

2.______________________________

3.______________________________

4.______________________________

5.______________________________

第 17 章

不常见的控制结构

内容

相关主题及对应章节

- 常规控制问题：第 19 章
- 直线型代码：第 14 章
- 条件代码：第 15 章
- 循环代码：第 16 章
- 异常处理：第 8.4 节

有几个控制结构处于一个灰色地带，介于先进和被质疑和否定之间，而且往往是同时存在于这两个地方！这些结构并非所有语言都有，但在提供了这些结构的编程语言中，只要小心使用，就会很有用。

17.1 子程序中的多个返回点

大多数编程语言都支持在子程序中途退出的一些方法。作为一种控制结构，return 语句和 exit 语句允许程序随意从子程序中退出。由此而来的后果是，子程序不再走正常的退出通道，而是直接将控制权返回给发出调用的子程序 (calling routine)。这里说的 return 泛指 C++ 和 Java 的 return、Visual Basic 的 Exit Sub 和 Exit Function 以及其他类似结构。下面是使用 return 语句的指导原则。

在有助于增强可读性时，使用 return 语句　在某些子程序中，一旦获得了答案，就想立即把它返回给发出调用的子程序。如果某个子程序被定义成在检测到错误时不需要执行进一步清理，不立即返回就意味着必须写更多的代码。

下面的例子很好地说明了从一个子程序中的多个地方返回是有意义的：

该子程序返回一个 Comparison 枚举类型

```
C++ 代码示例：从子程序多个地方放回（良好的实践）
Comparison Compare( int value1, int value2 ) {
   if ( value1 < value2 ) {
      return Comparison_LessThan;
   }
   else if ( value1 > value2 ) {
      return Comparison_GreaterThan;
   }
   return Comparison_Equal;
}
```

如下一小节所述，其他的例子不是那么明显。

使用防卫子句（提前返回或退出）来简化复杂的错误处理 必须在执行正常行动之前检查许多错误情况的话，代码会出现深度缩进的情况，从而可能掩盖正常执行路径，如下例所示：

用于正常执行情况的代码

```
Visual Basic 代码示例：掩盖了正常情况
If file.validName() Then
   If file.Open() Then
      If encryptionKey.valid() Then
         If file.Decrypt( encryptionKey ) Then
            ' lots of code
            ...
         End If
      End If
   End If
End If
```

像这样将子程序的主体缩进到 4 个 if 语句内，从美学角度来看，太丑了，尤其是最里面的 if 语句内还有很多代码时。在这种情况下，如果先检查错误情况，可能会使代码的流程更清晰，可以更清楚地看出代码的正常执行路径，如下所示：

```
Visual Basic 代码示例：使用防卫子句来澄清正常执行路径
' set up, bailing out if errors are found
If Not file.validName() Then Exit Sub
If Not file.Open() Then Exit Sub
If Not encryptionKey.valid() Then Exit Sub
If Not file.Decrypt( encryptionKey ) Then Exit Sub

' lots of code
...
```

当然，本例非常简单，使得这个技术看起来像是一个整洁的解决方案。但是，生产代码往往需要在检测到错误情况时进行更全面的内务处理或清理。下面是一个更现实的例子：

更真实的 Visual Basic 代码示例：使用防卫子句来澄清正常执行情况

```
' set up, bailing out if errors are found
If Not file.validName() Then
   errorStatus = FileError_InvalidFileName
   Exit Sub
End If

If Not file.Open() Then
   errorStatus = FileError_CantOpenFile
   Exit Sub
End If

If Not encryptionKey.valid() Then
   errorStatus = FileError_InvalidEncryptionKey
   Exit Sub
End If

If Not file.Decrypt( encryptionKey ) Then
   errorStatus = FileError_CantDecryptFile
   Exit Sub
End If

' lots of code
...
```

用于正常执行情况的代码

对于生产代码，Exit Sub 方法会在处理正常情况之前产生大量的代码。但是，Exit Sub 方法确实避免了第一个例子中的深度嵌套。另外，若扩展第一个例子中的代码以加入对 errorStatus 变量的赋值，Exit Sub 方法还能更好地将相关语句保持在同一个地方。无论如何，Exit Sub 方法确实提升了可读性和可维护性，虽然幅度有限。

尽量减少每个子程序中的返回语句的数量　看子程序的底部时，如果不知道它可能在上面某个地方返回，就很难理解。出于这个原因，只有在能提高可读性的情况下，才可以斟酌着使用返回语句。

17.2 递归

在递归中，子程序负责解决问题的一小部分，将问题分解为更小的部分，再调用该子程序自身来解决每一个更小的部分。若问题的一小部分很容易解决且一个大部分很容易分解成小块，通常就可以考虑使用递归。

递归并不常用，但用得合理的话会产生非常优雅的解决方案。下例中的排序算法很好地利用了递归。

```
Java 代码示例：使用递归的一个排序算法
void QuickSort( int firstIndex, int lastIndex, String [] names ) {
   if ( lastIndex > firstIndex ) {
      int midPoint = Partition( firstIndex, lastIndex, names );
      QuickSort( firstIndex, midPoint-1, names );
      QuickSort( midPoint+1, lastIndex, names )
   }
}
```

这里是递归调用

在这个例子中，排序算法将数组一分为二，然后调用自身对数组的每一半进行排序。一旦子数组太小以至于无法继续排序，比如 (lastIndex <= firstIndex)，它就停止调用自身。

对于一小部分问题，递归可能产生简单、优雅的解决方案。对于稍大的一部分问题，它可能产生简单、优雅但难以理解的解决方案。对于大多数问题，它会产生非常复杂的解决方案——对于这些情况，简单的迭代通常更容易理解。要选择性地使用递归。

递归的例子

假定有一个代表迷宫的数据类型。迷宫基本上是一个网格，在网格上的每个点，可以向左转、向右转、向上移动或向下移动。经常能够移向多个方向。

如图 17-1 所示，如何写一个程序来寻找走出迷宫的方法？如果使用递归，答案就是相当直接的。从入口开始，尝试所有可能的路径，直到走出迷宫。首次到达一个点时，尝试向左移动。如果不能向左，就尝试向上或向下。如果不能向上或向下，就尝试向右。不必担心迷路，因为每次到达一个点，都会在这个点撒下一些面包屑，以免重复访问同一个点。

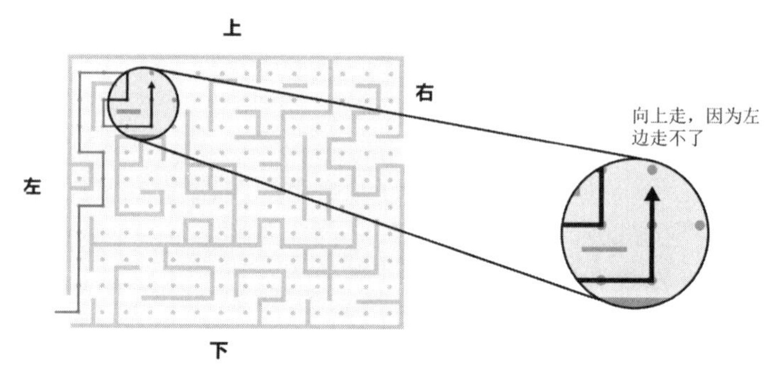

图 17-1　递归可以是一个对抗复杂性的有价值的工具，前提是问题要合适

以下是递归代码：

C++ 代码示例：用递归的方式走迷宫

```
bool FindPathThroughMaze( Maze maze, Point position ) {
   // if the position has already been tried, don't try it again
   if ( AlreadyTried( maze, position ) ) {
      return false;
   }

   // if this position is the exit, declare success
   if ( ThisIsTheExit( maze, position ) ) {
      return true;
   }

   // remember that this position has been tried
   RememberPosition( maze, position );

   // check the paths to the left, up, down, and to the right; if
   // any path is successful, stop looking
   if ( MoveLeft( maze, position, &newPosition ) ) {
      if ( FindPathThroughMaze( maze, newPosition ) ) {
         return true;
      }
   }

   if ( MoveUp( maze, position, &newPosition ) ) {
      if ( FindPathThroughMaze( maze, newPosition ) ) {
         return true;
      }
   }

   if ( MoveDown( maze, position, &newPosition ) ) {
      if ( FindPathThroughMaze( maze, newPosition ) ) {
         return true;
      }
   }

   if ( MoveRight( maze, position, &newPosition ) ) {
      if ( FindPathThroughMaze( maze, newPosition ) ) {
         return true;
      }
   }
   return false;
}
```

第一行代码检查这个点是否已经尝试过。写递归程序的一个关键目标是防止无限递归。在本例中，如果不检查一个点是否已经尝试，就可能无限次尝试。

第二个语句检查这个点是不是迷宫出口。如果 ThisIsTheExit() 返回 true，则子程序本身返回 true。

第三个语句记住这个点是否已经访问过。这可以防止因为循环路径而造成无限递归。

子程序其余几行代码试图找到一条向左、向上、向下和向右的路径。只要子程序返回 true(换言之，子程序找到了通过迷宫的路径)，代码就停止递归。

这个子程序所采用的逻辑是相当直观的。大多数人在最初使用递归时，都会感到有些不适应，因为它是在自己调用自己。但就本例来说，其他解决方案会复杂得多，递归的效果很好。

递归使用技巧

使用递归时，要注意以下几个技巧。

确保递归可以停止 核实子程序，确保它包括一个非递归路径。这通常意味着该子程序要有一个测试，一旦不需要，就停止进一步递归。在迷宫这个例子中，对 AlreadyTried() 和 ThisIsTheExit() 的测试确保了递归可以停止。

使用安全计数器来防止无限递归 如果无法进行上述简单测试，就用安全计数器来防止无限递归。安全计数器必须是一个每次调用子程序时都不会重建的变量。可以用类成员变量或将安全计数器作为参数传递，如下例所示：

递归子程序必须能更改 safetyCounter 变量的值，所以该变量在 Visual Basic 中是一个 ByRef 参数

Visual Basic 代码示例：用安全计数器来防止无限递归

```
Public Sub RecursiveProc( ByRef safetyCounter As Integer )
   If ( safetyCounter > SAFETY_LIMIT ) Then
      Exit Sub
   End If
   safetyCounter = safetyCounter + 1
   ...
   RecursiveProc( safetyCounter )
End Sub
```

在本例中，子程序一旦超出安全限制 (SAFETY_LIMIT)，就停止递归。

如果不想将安全计数器作为一个显式的参数来传递，可以使用 C++ 语言、Java 语言或 Visual Basic 语言中的成员变量或使用其他语言提供的等价物。

将递归限制在一个子程序中 循环递归 (A 调用 B，B 调用 C，C

调用 A) 很危险，因为它很难理顺。单靠脑力来管理一个子程序中的递归已经很难了，理解跨子程序的递归更是难上加难。如果有循环递归，通常可以重新设计子程序，将递归限制在单个子程序中。如果做不到，仍然认为递归是最好的方案，那就用安全计数器作为递归的“保险杠”吧。

留意栈以防溢出　使用递归时，无法保证程序用了多少栈空间，也很难提前预测程序在运行时的表现。但是，可以采取几个步骤来控制其运行时的表现。

首先，如果准备使用安全计数器，那么在为其设置限制时，有一个考虑因素是愿意为递归子程序分配多少栈空间。请将安全限制设得足够低，以防止栈溢出。

其次，留心递归函数中局部变量的分配，尤其是内存消耗大的对象。换言之，要用 new 关键字在堆上创建对象，而不是让编译器在栈上创建 auto 对象。

计算阶乘或斐波那契数时，不要用递归　计算机教科书的一个问题是，它们经常用些超级简单的例子来说明递归。典型的例子是阶乘(或斐波那契数列)的计算。递归很强大，但在这两种情况下使用，无疑真的是非笨即蠢。如果我手下的程序员用递归来计算阶乘，我情愿雇别的人。下面是阶乘子程序的递归版本：

Java 代码示例：用递归的方式计算阶乘（不合适）
```
int Factorial( int number ) {
   if ( number == 1 ) {
      return 1;
   }
   else {
      return number * Factorial( number - 1 );
   }
}
```

相较于如下所示的迭代版本，它不仅速度慢，无法预测运行时内存的使用，甚至也更难理解。

Java 代码示例：用迭代的方式计算阶乘（合适）
```
int Factorial( int number ) {
   int intermediateResult = 1;
   for ( int factor = 2; factor <= number; factor++ ) {
      intermediateResult = intermediateResult * factor;
   }
   return intermediateResult;
}
```

从这个例子可以得到三个教训。首先，计算机教科书中的递归例子并没有给世界带来任何好处。其次，更重要的是，在计算阶乘或斐波那契数时使用阶乘，并不能体现出阶乘真正的强大优势。最后，也是最重要的，决定使用递归之前，应考虑递归的替代方案。可以用栈和迭代来做任何递归能做的事情。有时，一种方法效果更好，有时，另一种方法效果更好。做出决定之前，两种方法都要考虑。

17.3 goto 语句

很多人可能以为，与 goto 语句相关的争论已经销声匿迹，但快速浏览一下现代的源代码库 (如 GitHub)，就会发现，goto 仍然活得好好的，而且早就已经深深地植根于各大公司的服务器中。此外，现代的 goto 争论仍然以各种名义出现，其中涉及多个返回点、多个循环出口、具名循环出口、错误处理和异常处理。

反对 goto 语句的理由

反对 goto 的一般理由是，没有 goto 的代码，就是质量更高的代码。最初引发争议的是戴克斯特拉 (Edsger Dijkstra)1968 年 3 月发表在《ACM 通讯》上的文章“Go To 语句有害论”(Go To Statement Considered Harmful)。根据他的观察，代码的质量与程序员使用的 goto 数量成反比。在其随后的文章中，他认为，更容易证明“代码中就是应该不包含 goto 语句”是正确的。

含有 goto 语句的代码很难格式化。缩进本来应该用于显示程序的逻辑结构，但 goto 语句会影响逻辑结构。因此，用缩进来显示 goto 及其目标的逻辑结构非常困难，甚至根本不可能。

用 goto 语句会使编译器优化失效。一些优化依赖于程序的控制流程停留在少数几个语句中。无条件的 goto 使得控制流程更难分析，因而削弱了编译器优化代码的能力。所以，即使引入 goto 可以在源语言层面上产生效率，但也可能因为妨碍编译器优化而降低整体效率。

支持用 goto 语句的人有时会争论说，它们使代码运行速度更快，代码量更小。但是，包含 goto 的代码很少是这样的。高德纳 (Donald Knuth) 的经典文章“用 GO TO 语句进行结构化编程”(Structured Programming with GO TO Statements) 给出了几个例子来说明使用 goto 语句会使代码运行速度变慢，代码量变大 (Knuth 1974)。

在实践中，goto 的使用违反了代码应严格自上而下流动的原则。

即使 goto 在谨慎使用的前提下不至于造成混乱，但一旦引入，它们就会像“在破败的老房子中的白蚁”一样在代码中传播。如果允许用 goto，局面就会变得不可控，坏的 goto 可能混入好的 goto，所以最好完全禁用 goto。

译注
施奈德曼教授是美国计算机科学家，马里兰大学人机交互实验室创始人，主要在人机交互领域进行基础研究，开发新的思想、方法和工具。

总之，在戴克斯特拉引发 goto 语句有害论之后的整整二十年，经验表明，在程序代码中大量使用 goto 简直是非愚即蠢。在一份文献调查中，施奈德曼 (Ben Shneiderman)* 总结说，有证据可以支持戴克斯特拉的观点，即最好不要使用 goto 语句 (Shneiderman1980)。另外，许多现代语言，包括 Java，甚至根本就没有 goto 语句。

赞成 goto 语句的理由

译注
意大利面条式代码是软件工程中的一种反模式，是指源代码的控制流程复杂、混乱而难以理解，尤其是用了很多 goto、异常、线程或其他无组织的分支。得名于程序的执行路径就像意面那样扭曲而纠结。

赞成 goto 语句的理由主要是，只要不滥用，在特定情况下谨慎使用 goto 语句的话，可以发挥奇效。大多数人之所以反对 goto 语句，是因为它很容易被无脑使用。当初 FORTRAN 最流行的语言时候，就爆发了 goto 语句争论。FORTRAN 没有现成的循环结构，当时也没人为 goto 编码循环提出良好的建议，所以程序员写了许多意大利面条式代码*。这样的代码无疑低质量的产品，但它与谨慎使用 goto 语句来弥补现代语言能力的不足没有多大关系。

只要用的位置得当，goto 语句就可以消除对重复代码的需要。重复出现的代码在修改时如果不一致，会导致问题。重复的代码会增加源文件和可执行文件的大小。在这种情况下，goto 语句的不良影响可以被重复代码修改不彻底的风险所抵消。

关联参考　要想深入理解如何在分配资源的代码中使用 goto 语句，请参见本节对错误处理和 goto 语句的介绍，同时请参见第 8.4 节对异常处理的讨论。

在分配资源、对这些资源进行操作并释放资源的子程序中，goto 语句很有用。此时，可用 goto 语句在一段代码内集中完成清理工作。有了 goto 语句，在每个检测到错误的地方忘记释放资源的可能性就少了。

加入 goto 语句之后，有时能使代码的运行速度加快，代码量更少。高德纳在 1974 年发表的文章中，也提到在极少数情况下，goto 语句的确有实际的好处。

并不是说，不用 goto 语句就说明程序写得好。大多数时候，对控制结构进行有条理的分解、提炼和选择，可以自然消除对 goto 语句的需要。实现无 goto 语句的代码，并非目的，而是结果。如果一味把重点放在避免 goto 语句上，无异于缘木求鱼。

过去几十年来对 goto 语句的研究并不能证明 goto 语句有害。有文献调查总结说，不现实的测试条件、糟糕的数据分析以及不确定的结果都不能支持施奈德曼和其他人的说法，即代码中的 bug 数量与 goto 语句的数量成正比 (Sheil 1981)。当然，谢尔 (Sheil) 也并没有说使用 goto 语句是一个好主意，他只是说反对使用 goto 语句的实验证据不确凿。

“这些证据只能证明有意采用杂乱的控制结构会降低(程序员)的性能，不能证明对控制流程进行结构化的任何一种方法能带来积极影响。”
—B. A. 谢尔 (B. A. Sheil)

最后，goto 语句被纳入许多现代编程语言，包括 Visual Basic、C++ 和有史以来设计得最用心的 Ada 编程语言。Ada 语言是在 goto 语句争论双方论点得到充分发展的很长一段时间之后才开发出来的，充分考虑到问题的方方面面之后，Ada 的工程师才决定将 goto 语句包括在内。

没有抓住重点的 goto 语句口水大战

大多数关于 goto 语句的争论都没有抓住重点。认为“goto 语句害处大”的一方首先展示使用 goto 语句的一个无足轻重的代码片段，然后展示不用 goto 语句的话重写代码有多容易。这主要是想证明无需 goto 语句即可轻松写出一些无足轻重的代码。

支持“goto 语句好处多”的这一方通常提出这样一种情况，即删除 goto 语句会导致额外的比较或一行代码有重复。这主要是想证明在某些时候，使用 goto 语句会导致更少的比较，这对今天的计算机来说并不是一个显著的收益。

大多数教科书在这方面也没有什么帮助。它们可能提供一个简单的例子，说明能在没有 goto 语句的情况下重写一些代码，好像这样就算是把整个事情都说清楚了。下面是一个没有抓住重点的例子，这段简单的代码就选自这种教科书：

C++ 代码示例：试图证明不用 goto 也能轻松重写

```
do {
   GetData( inputFile, data );
   if ( eof( inputFile ) ) {
      goto LOOP_EXIT;
   }
   DoSomething( data );
} while ( data != -1 );
LOOP_EXIT:
```

书中紧接着把以上代码替换成无 goto 语句的版本：

C++ 代码示例：误以为等价而不用 goto 来重写的代码

```
GetData( inputFile, data );
while ( ( !eof( inputFile ) ) && ( ( data != -1 ) ) ) {
```

```
   DoSomething( data );
   GetData( inputFile, data )
}
```

这个所谓简单的例子包含一个错误。在 data 等于 -1 的情况下进入循环，重写的代码检测到了 -1 并在执行 DoSomething() 之前就退出了循环。原来的代码在检测到 -1 之前，执行了 DoSomething()。那本试图展示不用 goto 也能轻松编程的教科书错误地解读了自己的例子。但作者也别往心里去，因为其他书好不了多少，也犯了类似的错误。即使是专家，在解读使用 goto 语句的代码时，也会觉得到困难。

下面才是不用 goto 语句的忠实翻译：

C++ 代码示例：真正等价的、不用 goto *语句*来重写的代码

```
do {
   GetData( inputFile, data );
   if ( !eof( inputFile )) {
      DoSomething( data );
   }
} while ( ( data != -1 ) && ( !eof( inputFile ) ) );
```

即使对代码进行了正确的翻译，这个例子仍然没有抓住重点，因为它只展示了 goto 语句的简单用法。细心的程序员如果选择 goto 语句作为首选控制方式，情况就不是这样了。

都这么久远了，我们很难为理论上的 goto 语句辩论添加任何有价值的东西。但有一个情况许多人都没有提到，即程序员可能在通盘考虑 goto 语句的替代方案后，最终还是选择用 goto 语句来改善可读性和可维护性。

下面几个小节介绍一些有经验的程序员主张使用 goto 语句的案例。要展示用 goto 语句和不用 goto 语句的两个版本，并评估两者的利与弊。

错误处理和 goto 语句

写交互性强的代码时，需要重点关注错误处理和错误发生时的资源清理。以下代码用于清除一组文件。子程序首先获得一组要清除的文件，然后找到每个文件，打开，覆盖，最后删除。子程序在每一步都会检查是否出错。

Visual Basic 代码示例：用于处理错误和清理资源的 goto 语句

```
' This routine purges a group of files.
Sub PurgeFiles( ByRef errorState As Error_Code )
   Dim fileIndex As Integer
   Dim fileToPurge As Data_File
```

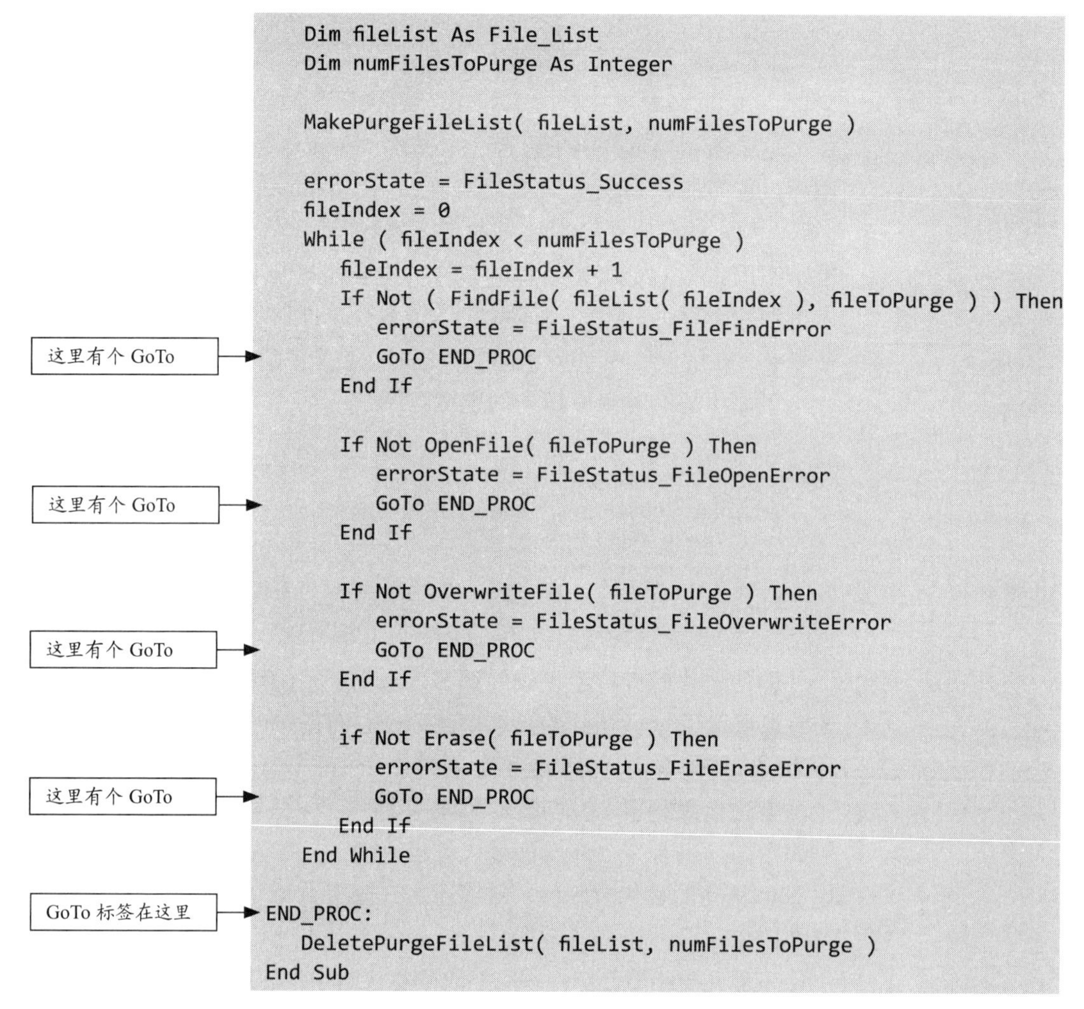

```
   Dim fileList As File_List
   Dim numFilesToPurge As Integer

   MakePurgeFileList( fileList, numFilesToPurge )

   errorState = FileStatus_Success
   fileIndex = 0
   While ( fileIndex < numFilesToPurge )
      fileIndex = fileIndex + 1
      If Not ( FindFile( fileList( fileIndex ), fileToPurge ) ) Then
         errorState = FileStatus_FileFindError
         GoTo END_PROC
      End If

      If Not OpenFile( fileToPurge ) Then
         errorState = FileStatus_FileOpenError
         GoTo END_PROC
      End If

      If Not OverwriteFile( fileToPurge ) Then
         errorState = FileStatus_FileOverwriteError
         GoTo END_PROC
      End If

      if Not Erase( fileToPurge ) Then
         errorState = FileStatus_FileEraseError
         GoTo END_PROC
      End If
   End While

END_PROC:
   DeletePurgeFileList( fileList, numFilesToPurge )
End Sub
```


这个子程序是有经验的程序员选择使用 goto 语句的典型情况。程序需要分配和清理资源（如数据库连接、内存或临时文件）时，也会出现类似的情况。在这些情况下，不用 goto 语句的替代方案通常都要求重复资源清理代码。所以，在权衡 goto 语句的坏处和对重复代码进行维护的麻烦后，程序员会两害相权取其轻，最终选择 goto 语句。

有几种方法可以重写前面的子程序以避免使用 goto 语句，但都需要权衡利弊。可能的重写策略如下所示。

用嵌套 if 语句重写 将 if 语句嵌套起来，这样一来，每个 if 语句仅限于在之前测试成功的前提下才执行。这是消除 goto 语句的标准教科书式的编程方法。用标准方法重写之后，得到如下程序：

关联参考　该子程序也可以用 break 语句重写，也不需要用到 goto 语句。详情参见 16.2 节对提前退出循环的介绍。

Visual Basic 代码示例：用嵌套 if 来避免使用 goto 语句

```
' This routine purges a group of files.
Sub PurgeFiles( ByRef errorState As Error_Code )
   Dim fileIndex As Integer
   Dim fileToPurge As Data_File
   Dim fileList As File_List
   Dim numFilesToPurge As Integer

   MakePurgeFileList( fileList, numFilesToPurge )

   errorState = FileStatus_Success
   fileIndex = 0
   While ( fileIndex < numFilesToPurge And errorState = FileStatus_Success )

      fileIndex = fileIndex + 1

      If FindFile( fileList( fileIndex ), fileToPurge ) Then
         If OpenFile( fileToPurge ) Then
            If OverwriteFile( fileToPurge ) Then
               If Not Erase( fileToPurge ) Then
                  errorState = FileStatus_FileEraseError
               End If
            Else ' couldn't overwrite file
               errorState = FileStatus_FileOverwriteError
            End If
         Else ' couldn't open file
            errorState = FileStatus_FileOpenError
         End If
      Else ' couldn't find file
         errorState = FileStatus_FileFindError
      End If
   End While
   DeletePurgeFileList( fileList, numFilesToPurge )
End Sub
```

修改 While 测试，添加对 errorState 的测试

这一行代码距离调用它的 if 语句有 13 行之远

对于习惯不用 goto 语句来编程的人来说，这段代码比 goto 版本更容易阅读。采用这种方法，将不必面对“goto 执法队”的灵魂拷问。

关联参考　缩进和其他代码排版问题的详情，请参见第 31 章。嵌套层级的详情，请参见第 19.4 节。

这种嵌套 if 方法的主要缺点在于，嵌套的层级很深，非常深。要想理解代码，整个嵌套 if 都得记在心里。此外，错误处理代码和调用它的代码之间的距离太大。例如，将 errorState 设为 FileStatus_FileFindError 的代码距离调用它的 if 语句有 13 行之远。

而在 goto 版本中，任何语句距离调用它的条件都不会超过 4 行。另外，不必将整个结构都记在心里。基本上可以忽略之前成功的任何条件，只需要专注于下一个操作。在本例中，goto 版本比嵌套 if 版本

更具有可读性和可维护性。

用状态变量重写 要想用状态变量重写，需要创建一个变量来指示子程序是否处于错误状态。在本例中，该子程序已经使用了 errorState 状态变量，所以可以直接用。

Visual Basic 代码示例：用状态变量来避免使用 goto 语句

```
' This routine purges a group of files.
Sub PurgeFiles( ByRef errorState As Error_Code )
   Dim fileIndex As Integer
   Dim fileToPurge As Data_File
   Dim fileList As File_List
   Dim numFilesToPurge As Integer

   MakePurgeFileList( fileList, numFilesToPurge )

   errorState = FileStatus_Success
   fileIndex = 0

   While ( fileIndex < numFilesToPurge ) And ( errorState = FileStatus_
Success )

      fileIndex = fileIndex + 1

      If Not FindFile( fileList( fileIndex ), fileToPurge ) Then
         errorState = FileStatus_FileFindError
      End If
      If ( errorState = FileStatus_Success ) Then
         If Not OpenFile( fileToPurge ) Then
            errorState = FileStatus_FileOpenError
         End If
      End If
      If ( errorState = FileStatus_Success ) Then
         If Not OverwriteFile( fileToPurge ) Then
            errorState = FileStatus_FileOverwriteError
         End If
      End If
      If ( errorState = FileStatus_Success ) Then
         If Not Erase( fileToPurge ) Then
            errorState = FileStatus_FileEraseError
         End If
      End If
   End While
   DeletePurgeFileList( fileList, numFilesToPurge )
End Sub
```

修改了 While 测试，添加了对 errorState 的测试

测试状态变量

测试状态变量

测试状态变量

状态变量方法的优点在于，它避免了第一个重写版本中深度嵌套的 if-then-else 结构，所以更容易理解。它还将 if-then-else 测试之后的

行动放在比嵌套 if 方法更接近于测试的地方，而且完全避免了 else 子句。

理解嵌套 if 版本，是需要费一些脑力的。状态变量版本更容易理解，因为它更接近于我们人类思考问题的方式。首先找到文件。如果一切正常，就打开该文件。如果一切正常，就覆盖该文件。如果一切还正常的话，……

这个方法的缺点在于，使用状态变量并不像它应该的那样普遍。要用注释来补充解释它们的使用，否则一些程序员可能不明白这段代码在做什么。在本例中，使用命名良好的枚举类型大有帮助。

用 try-finally 重写　包括 Visual Basic 语句和 Java 语句在内的一些编程语言提供了 try-finally 语句，可以用它在出错时清理资源。

为了用 try-finally 方法重写，要将检查错误的代码放在 try 块中，将清理代码放在 finally 块中。try 块指定了异常处理的范围，而 finally 块负责清理资源。无论是否抛出异常，也无论 PurgeFiles() 子程序是否捕捉到抛出的异常，finally 块都会被调用。

Visual Basic 代码示例：用 try-finally 避免 goto 语句

```
' This routine purges a group of files. Exceptions are passed to the caller.
Sub PurgeFiles()
   Dim fileIndex As Integer
   Dim fileToPurge As Data_File
   Dim fileList As File_List
   Dim numFilesToPurge As Integer
   MakePurgeFileList( fileList, numFilesToPurge )
   Try
      fileIndex = 0
      While ( fileIndex < numFilesToPurge )
         fileIndex = fileIndex + 1
         FindFile( fileList( fileIndex ), fileToPurge )
         OpenFile( fileToPurge )
         OverwriteFile( fileToPurge )
         Erase( fileToPurge )
      End While
   Finally
      DeletePurgeFileList( fileList, numFilesToPurge )
   End Try
End Sub
```

这个方法假定所有函数调用在失败时都会抛出异常，而不是返回错误代码。

try-finally 的优点在于，它比 goto 语句更简单，而且用不到 goto 语句。它还避免了深度嵌套的 if-then-else 结构。

try-finally 的局限在于，它必须在整个代码库中统一实现。如果之前的代码属于除了异常还使用了错误代码的代码库，就会要求异常代码为每个可能的错误设置错误代码。一旦有这方面的要求，代码就会变得和其他方法一样复杂。

关联参考　第 19.4 节提供了一个完整的、适用于这种情况的技术清单。

各种方法的对比

以上四种方法各有千秋。goto 语句可以避免深度嵌套和不必要的测试，但前提是一定得用 goto 语句。嵌套 if 可以避免 goto 语句，但又深度嵌套，给人一种逻辑上复杂到非常夸张的印象。状态变量可以避免 goto 语句和深度嵌套，但又引入了额外的测试。try-finally 既可以避免 goto 语句，也可以避免深度嵌套，但并非所有语言都如此。

若语言提供了 try-finally，且代码库尚未用另一种方法标准化，那么 try-finally 是显而易见的选择。如果用不了 try-finally，那么状态变量比 goto 语句和嵌套 if 略胜一筹，因其更易读且能更好地建模问题。但是，这并不意味着它在所有情况下都是最佳的选择。

对于一个项目中所有的代码，如果能够做到一致应用，那么这些技术中的任何一种都不错。先充分考虑各个方法的得失，再从整个项目的角度决定具体采用哪一种。

goto 和 else 子句中的共享代码

有些程序员会在一个很有挑战的情况下使用 goto，即当前有两个条件测试和一个 else 子句，而如果既想执行其中一个条件的代码，也想执行 else 子句中的代码，如下例所示：

C++ 代码示例：用 goto 共享 else 子句中的代码

```
if ( statusOk ) {
   if ( dataAvailable ) {
      importantVariable = x;
      goto MID_LOOP;
   }
}
else {
   importantVariable = GetValue();

   MID_LOOP:

   // lots of code
   ...
}
```

这是一个很好的例子，因为它在逻辑上缠夹不清，以至于几乎没有人能够理得顺，而且不用 goto 语句也很难正确重写。如果可以在不用 goto 的情况下轻松重写它，最好还是请别的人把关审查一下你的代码吧！在改写这样的代码时，就连几个专家级的程序员也出了错。

可以用几种方法重写。可以复制代码，将共用的代码放到一个子程序中，然后从两个地方调用它或重新测试条件。在大多数编程语言中，重写的代码相比原来的代码，数量要大一些，速度要慢一些，但也非常接近。除非代码是在频繁执行的循环中，否则重写时不必考虑效率问题。

重写的时候，最好是将 // lots of code 部分放到它自己的子程序中。然后，从本来用作 goto 起点或终点的地方调用该子程序，同时保留条件的原始结构。如下所示：

C++ 代码示例：将共用代码放到子程序中以共享 else 子句中的代码

```
if ( statusOk ) {
   if ( dataAvailable ) {
      importantVariable = x;
      DoLotsOfCode( importantVariable );
   }
}
else {
   importantVariable = GetValue();
   DoLotsOfCode( importantVariable );
}
```

通常，最好的方案是写一个新的子程序。但有的时候，将重复代码放到自己的子程序中并不现实。这时，可以考虑通过重构条件来解决问题，使代码保留在同一个子程序中，而不是必须把它放到一个新的子程序中：

C++ 代码示例：不用 goto 共享 else 子句中的代码

```
if ( ( statusOk && dataAvailable ) || !statusOk ) {
   if ( statusOk && dataAvailable ) {
      importantVariable = x;
   }
   else {
      importantVariable = GetValue();
   }

   // lots of code
   ...
}
```

关联参考　解决该问题的另一个方案是使用决策表，详情参见第 18 章。

这是对 goto 版本中代码逻辑所进行的忠实和机械的翻译。它额外测试了 statusOK 两次以及 dataAvailable 一次，但代码是等价的。如果觉得重新测试条件麻烦，那就注意，不需要在第一个 if 测试中测试 statusOK 的值两次。另外，还可以在第二个 if 测试中放弃对 dataAvailable 的测试。

goto 语句使用原则总结

goto 语句的使用是个信仰问题。我的信条是，在现代编程语言中，可以轻松做到用等价的顺序结构来取代 10 个 goto 语句中的 9 个。在这些简单的情况下，应该想都不用想，果断放弃 goto。在一些困难的情况下，10 种情况中的 9 个仍然可以选择放弃 goto。可以将代码分解成更小的子程序，使用 try-finally，使用嵌套 if，测试并重新测试状态变量，以及对条件进行重构。在这些情况下，消除 goto 的确比较难，但这是一种很好的思维训练，本节讨论的技术可以作为相应的工具。

最后，如果 goto 确实是解决问题的正当方案，请明确注释，然后用它！雨靴都穿上了，实在是值不得为了避开泥坑而绕道走，对吧？但是，同时也要能接受其他程序员提出的不用 goto 的方案，保持开放的心态。毕竟，有时真的是旁观者清。

goto 的使用原则总结如下。

- 若编程语言不直接支持结构化控制结构，就用 goto 来模拟。模拟需要准确，不要滥用 goto 额外带来的灵活性。
- 若有等同的内置结构，就不要用 goto。

关联参考　第 25 章和第 26 章更详细地介绍了如何提高效率。

- 选择用 goto 来提高效率时，就实际度量一下性能。大多数时候，都可以在不用 goto 的情况下重新编码，既可以提高可读性，同时还不至于损失效率。如果情况特殊，就将提高效率这一点记录下来。这样一来，反对 goto 的人以后看到的时候也不至于随便删除它。
- 除非是在模拟结构化结构，否则每个子程序都应当只能有一个 goto 标签，goto 语句通过标签来实现代码之间的无条件跳转。
- 除非是在模拟结构化结构，否则应当限制 goto 只能向前，不要向后。
- 确保所有 goto 标签都要用到。未使用的标签表明缺少代码，即通往标签的代码。删除未使用的标签。

- 确保 goto 不会产生不可抵达的代码。
- 如果你是管理人员，要记得有大局观，不值得为区区一个 goto 浪费自己太多时间。只要程序员意识到虽然有其他选择但仍然愿意为这个 goto 辩护，就说明该 goto 可能没有问题。

17.4 众说纷纭，谈谈不常见的控制结构

曾几何时，有人认为下面各个控制结构都不错。

- 不受限制地使用 goto。
- 能动态计算 goto 目标并跳转到计算得出的位置。
- 能用 goto 从一个程序的中间跳到另一个程序的中间。
- 调用子程序时传递一个行号或标签，以便从子程序中间的某个位置开始执行。
- 能让程序动态生成代码，然后执行这些刚写好的代码。

以上这些想法，每一个都曾经被认为是可以接受的，甚至是可取的，虽然现在看起来都是那么的古板、过时或危险。软件开发领域所取得的进步在很大程度上体现在限制程序员可以用他们的代码来做什么上。所以，对于不常见的控制结构，我始终抱有高度怀疑的态度。我猜想，本章描述的大多数结构最终都会和计算的 goto 标签、可变的子程序入口、自动修改代码以及其他倾向于灵活性和便利性的结构一起，而非用于管控复杂性的结构和能力，被程序员无情地抛弃。

其他资源

以下资源也讲述了一些不常见的控制结构。

return

《重构》在讲述“使用防卫子句替代嵌套条件”的重构技巧时，建议子程序使用多个 return 语句来减少 if 语句的嵌套层级。该书作者认为，多个 return 语句能显著提升结构的清晰程度，而一个子程序中有多个 return 语句是可以的，没有害处。

goto

以下文章全面覆盖了 goto 大辩论。大多数工作场所、教科书和杂志，仍然时不时引发这样的争论，但不过是在拾人牙慧罢了，而且还是三十年前那些人的。

“Go To Statement Considered Harmful”这篇文章 1968 年发表于《ACM 通讯》3 月号：147-48，作者的个人主页是 www.cs.utexas.edu/users/EWD/)，此文引发了一场旷日持久的争议。

“A Case Against the GOTO”这篇论文初次发表于 *Proceedings of the 25th National ACM Conference*，1972 年 8 月：791–97。作者在文中也反对不分青红皂白地使用 goto。作者认为，如果编程语言提供了足够的控制结构，就没有太大必要非要用 goto。自 1972 年这篇论文发表以来，C++、Java 和 Visual Basic 等语言已经证明作者是正确的。

“Structured Programming with go to Statements”这篇文章在 1979 年被收入了《软件工程经典》中。这篇长文并没有完全针对 goto，但包含大量通过消除 goto 后变得更有效率的代码实例以及其他大量通过增加 goto 而变得更有效率的代码实例。

“‘GOTO Considered Harmful’ Considered Harmful”这篇文章在 1987 年发表于《ACM 通讯》3 月号：195–96。作者在发给编辑的信中断言，没有 goto 的程序设计使企业损失了“数亿美元”。然后，他提供一个使用了 goto 语句的简短代码片段，并论证了它比无 goto 的替代方案更好。

这封信所造成的反响比信本身想要陈述的观点更有趣。在 5 个月的时间里，《ACM 通讯》刊登了读者为作者原本只有 7 行代码的程序所写的不同版本。这些信中，捍卫 goto 的人和指责 goto 的人不相上下，他们一共提出大约 17 种不同的改写方法，这些代码覆盖了避免使用 goto 的全部方法。CACM 的编辑指出，这封信所造成的反响远远大于他们历史上刊发的所有文章。

这些后续的信件分别刊载于《ACM 通讯》5，6，7，8，12 号刊。

“A Linguistic Contribution of GOTO-less Programming”，作者 Clark, R. Lawrence，1973 年 12 月发表于《自动化数据处理》。这篇经典论文幽默地论证了用 come from 语句代替 go to 的可行性。1974 年 4 月，《ACM 通讯》也转载了此文。

检查清单：不常见的控制结构

return

❑ 每个子程序是否都只是在必要的时候才使用 return 吗？

❑ return 是否增强了可读性？

递归

- ❑ 递归子程序是否包含用于终止递归的代码？
- ❑ 子程序是否使用安全计数器保证自己终止？
- ❑ 递归是否只限于一个子程序（没有循环递归）？
- ❑ 子程序递归深度是否在栈的大小限制范围内？
- ❑ 递归是实现子程序最好的方式吗？比简单的迭代好？

goto

- ❑ goto 只是用作最后的杀手锏，还是只是为了增强代码的可读性和可维护性？
- ❑ 如果为了效率而使用 goto，是否对效率的提升进行了度量和注释？
- ❑ 每个子程序的 goto 是否只限于使用一个标签？
- ❑ 所有 goto 是否都是向前的而不是向后的？
- ❑ 所有 goto 标签都用到了吗？

要点回顾

- 多个返回点(多个 return)可以提高子程序的可读性和可维护性，并有助于防止深度嵌套逻辑。尽管如此，还是要谨慎使用。
- 递归为一小部分问题提供了优雅的解决方案。但使用也须谨慎。
- 少数情况下，goto 是编写可读性和可维护性良好的代码的最佳方式。这种情况极为罕见。不到万不得已的时候，不要用 goto 语句。

读书心得

1.____
2.____
3.____
4.____
5.____

第 18 章

表驱动法

内容

相关主题及对应章节

- 信息隐藏：5.3 节
- 类的设计：第 6 章
- 采用决策表来代替复杂的逻辑：第 19.1 节
- 采用查询表来代替复杂的表达式：第 26.1 节

表驱动法 (table-driven method) 是这样一种允许在表中查询信息，不必用逻辑语句 (if 和 case) 来查询。任何能用逻辑语句选择的东西，几乎都可换用表来选择。在简单情况下，逻辑语句更容易，更直接。但是，随着逻辑链变得越来越复杂，表变得越来越有吸引力。

对于已经熟悉表驱动法的读者，也许可以把这一章当作是复习。如果是这样，可以研究一下第 18.2 节介绍的灵活消息格式示例，这是一个很好的例子，说明面向对象的设计并不因为它是面向对象的就一定优于其他类型的设计。然后，可以快进到第 19 章，看看对常规控制问题的讨论。

18.1 表驱动法使用总则

KEY POINT

在适当的情况下使用，表驱动的代码比复杂的逻辑更简单，更容易修改，也更高效。假设要将字符分类为字母、标点符号和数字，可能会用到如下所示的复杂逻辑链：

```
Java 代码示例：用复杂逻辑进行字符分类
if ( ( ( 'a' <= inputChar ) && ( inputChar <= 'z' ) ) ||
   ( ( 'A' <= inputChar ) && ( inputChar <= 'Z' ) ) ) {
   charType = CharacterType.Letter;
}
else if ( ( inputChar == ' ' ) || ( inputChar == ',' ) ||
   ( inputChar == '.' ) || ( inputChar == '!' ) || ( inputChar == '(' ) ||
   ( inputChar == ')' ) || ( inputChar == ':' ) || ( inputChar == ';' ) ||
   ( inputChar == '?' ) || ( inputChar == '-' ) ) {
   charType = CharacterType.Punctuation;
}
else if ( ( '0' <= inputChar ) && ( inputChar <= '9' ) ) {
   charType = CharacterType.Digit;
}
```

换用查询表 (lookup table) 的话，可以将每个字符的类型存储在一个通过字符编码来访问的数组中。前面这段复杂的代码可以如下替换为：

```
Java 代码示例：用查询表进行字符分类
charType = charTypeTable[ inputChar ];
```

这段代码假定已事先设置好了 charTypeTable 数组。总之，目的是将程序已知的信息放到它的数据中，而不是放到逻辑中。换言之，是放到表中，而不是放到 if 测试中。

使用表驱动法的两个问题

KEY POINT

使用表驱动法需要解决两个问题。首先，必须解决如何在表中查询记录的问题。可用一些数据直接访问表。例如，如果需要按月对数据进行分类，可以直接创建一个以月份作为键的表。可以使用一个索引值为 1~12 的数组。

其他数据则有点麻烦，不好直接用来查询记录。例如，如果需要按社会安全号码对数据进行分类，就不能将社会安全号作为键，除非能在表中存储 999-99-9999 个记录。这时，必须得用一种更复杂的方法。下面列出了在表中查询记录的各种方式：

- 直接访问 (direct access)
- 索引访问 (indexed access)
- 阶梯访问 (stair-step access)

下面几个小节将详细探讨每一种访问方式。

使用表驱动法的必须解决的第二个问题是应该在表中存储什么。某些时候，表查询的结果是数据。在这种情况下，可以将数据存储到

表中。在其他情况下，表查询的结果是一个动作。在这种情况下，可存储描述该动作的代码；或者在某些语言中，可以存储对实现该动作的子程序的引用。在这两种情况下，表都会变得更复杂。

18.2 直接访问表

和所有查询表一样，直接访问表 (direct-access tables) 代替了更复杂的逻辑控制结构。之所以是“直接访问”，是因为不必费力讨好地查找表中的信息。如图 18-1 所示，可以直接挑出想要的记录。

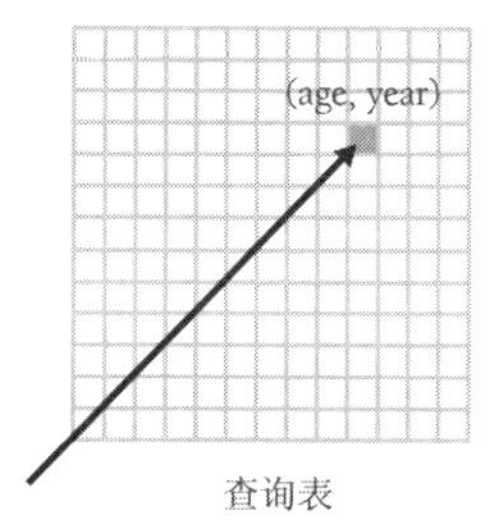

图 18-1　顾名思义，直接访问表允许直接访问需要的表中元素

示例：一个月有多少天

假设需要确定每个月有多少天 (为方便讨论，先忘记闰年)。当然，一个笨拙的方法是写一个大型的 if 语句：

Visual Basic 代码示例：判断一个月有多少天 (笨办法)

```
If ( month = 1 ) Then
   days = 31
ElseIf ( month = 2 ) Then
   days = 28
ElseIf ( month = 3 ) Then
   days = 31
ElseIf ( month = 4 ) Then
   days = 30
ElseIf ( month = 5 ) Then
   days = 31
ElseIf ( month = 6 ) Then
   days = 30
ElseIf ( month = 7 ) Then
   days = 31
ElseIf ( month = 8 ) Then
   days = 31
ElseIf ( month = 9 ) Then
   days = 30
ElseIf ( month = 10 ) Then
```

```
   days = 31
ElseIf ( month = 11 ) Then
   days = 30
ElseIf ( month = 12 ) Then
   days = 31
End If
```

更容易、也更容易修改的办法是将数据放到一个表中。下面以 Visual Basic 为例，先创建一个表：

```
Visual Basic 代码示例：判断一个月有多少天（优雅方式）
' Initialize Table of "Days Per Month" Data
Dim daysPerMonth() As Integer = _
   { 31, 28, 31, 30, 31, 30, 31, 31, 30, 31, 30, 31 }
```

现在，可以不使用长的 if 语句，只通过一个简单的数组访问来找出一个月有多少天：

```
Visual Basic 代码示例：判断一个月有多少天（优雅方式）续
days = daysPerMonth( month-1 )
```

在表查询版本中，如果想把闰年考虑在内，代码仍然很简单，假设 LeapYearIndex() 的值为 0 或 1：

```
Visual Basic 代码示例：判断一个月有多少天（优雅方式）续
days = daysPerMonth( month-1, LeapYearIndex() )
```

在 if 语句版本中，如果要考虑闰年，一长串的 if 会变得更加复杂。

判断一个月的天数是一个简单的例子，因为可用 month 变量来查询表中的一条记录。一般都可以使用本来控制着大量 if 语句的数据来直接访问一个表。

示例：保险费率

假定要写一个计算医保费率的程序，费率因年龄、性别、婚姻状况和是否吸烟而不同。如果必须为费率写一个逻辑控制结构，那么会得到下面这样的代码：

```
Java 代码示例：判断保险费率（笨办法）
if ( gender == Gender.Female ) {
   if ( maritalStatus == MaritalStatus.Single ) {
      if ( smokingStatus == SmokingStatus.NonSmoking ) {
         if ( age < 18 ) {
            rate = 200.00;
         }
```

```
      else if ( age == 18 ) {
         rate = 250.00;
      }
      else if ( age == 19 ) {
         rate = 300.00;
      }
      ...
      else if ( 65 < age ) {
         rate = 450.00;
   }
   else {
      if ( age < 18 ) {
         rate = 250.00;
      }
      else if ( age == 18 ) {
         rate = 300.00;
      }
      else if ( age == 19 ) {
         rate = 350.00;
      }
      ...
      else if ( 65 < age ) {
         rate = 575.00;
      }
   }
else if ( maritalStatus == MaritalStatus.Married )
...
}
```

这个逻辑结构的简略版足以让人意识到这样的事情可以变得多么复杂。它还没有显示已婚女性、任何男性或 18 到 65 岁之间的大部分年龄。可以想象，完整的费率表编程会有多么复杂。

你可能会说："好吧，但为什么每个年龄都要测试？为什么不直接将每个年龄的费率放到数组中？"这个问题提得很好，一个明显的改进就是将每个年龄的费率放到单独的数组中。

但是，一个更好的解决方案是将考虑到所有因素的费率放入数组中，而不是只考虑年龄。像下面这样在 Visual Basic 中声明数组：

```
Visual Basic 代码示例：声明数组来建一个保险费率表
Public Enum SmokingStatus
   SmokingStatus_First = 0
   SmokingStatus_Smoking = 0
   SmokingStatus_NonSmoking = 1
   SmokingStatus_Last = 1
End Enum
```

```
Public Enum Gender
   Gender_First = 0
   Gender_Male = 0
   Gender_Female = 1
   Gender_Last = 1
End Enum

Public Enum MaritalStatus
   MaritalStatus_First = 0
   MaritalStatus_Single = 0
   MaritalStatus_Married = 1
   MaritalStatus_Last = 1
End Enum

Const MAX_AGE As Integer = 125

Dim rateTable ( SmokingStatus_Last, Gender_Last, MaritalStatus_Last, _
   MAX_AGE ) As Double
```

关联参考 表驱动法的一个优势是能将表中的数据放到文件中，并在程序运行时读取。这样一来，就可以在不必修改程序本身的前提下修改保险费率什么的。第 10.6 节深入讨论了这个思路。

声明好数组后，必须想法把数据录入其中。可以使用赋值语句，从磁盘文件读取数据，计算数据，或采取其他任何合适的方法。设置好数据后，如果需要计算一个费率，直接取用即可。前面展示的复杂逻辑可以换为下面这样简单的语句：

Visual Basic 代码示例：判断保险费率（优雅方式）

```
rate = rateTable( smokingStatus, gender, maritalStatus, age )
```

这个方法具有将复杂逻辑替换成表查询的常规优势。表查询更易读，也更容易修改。

示例：灵活消息格式

可以用表格描述那些过于动态而无法用代码表示的逻辑。在字符分类的例子中、在一月多少天的例子中以及在保险费率的例子中，我们至少已经知道可以在需要的时候写一长串 if 语句。但在某些情况下，数据过于复杂，即使是硬编码的 if 语句，也不好使。

如果认为自己已经了解了直接访问表的工作方式，可能想要跳过下面的例子。不过，这个例子比之前的例子要复杂一些，它进一步演示了表驱动法的威力。

假设要写一个子程序来打印存储在文件中的信息。文件通常含有约 500 条消息，而且每个文件有约 20 种消息。这些消息最初来自于一个浮标，描述了水温和浮标位置等。

每条消息都有几个字段，每条消息都从一个消息头 (header) 开始，这个消息头有一个 ID，表明处理的是 20 多种消息中的哪一种。图 18-2 说明了信息的存储方式。

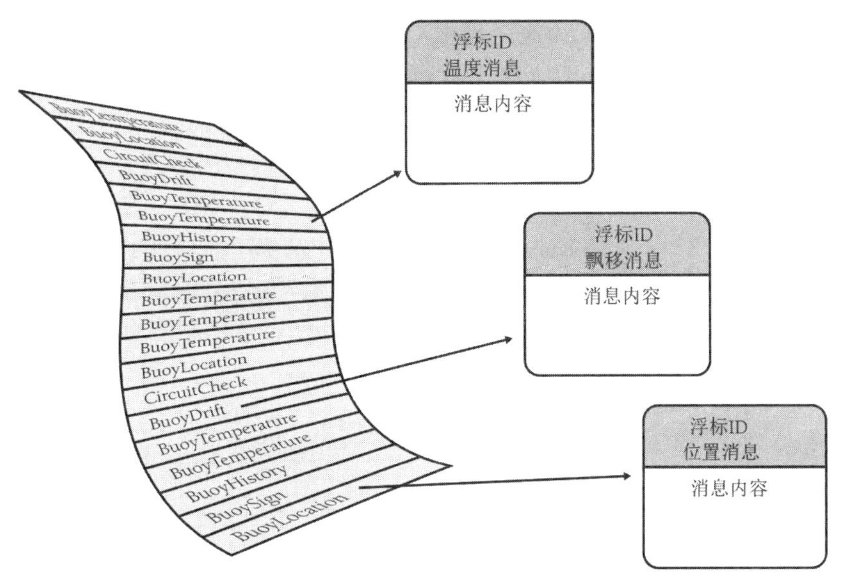

图 18-2　消息不按特定顺序存储，每条消息都用一个消息 ID 来标识

消息格式不固定，由客户决定，而你对客户的控制力不够，无法把它稳定下来。图 18-3 展示了几条消息的详情。

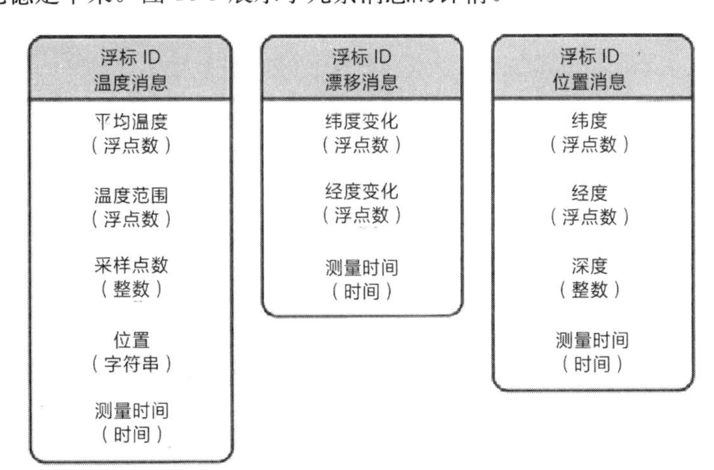

图 18-3　除了消息 ID，每种消息都有自己的格式

基于逻辑的方法

如果使用基于逻辑的方法，可能会读取每条消息，检查 ID，再调用一个设计用于读取、解释和打印每种消息的子程序。有 20 种消息就有 20 个子程序。另外，还有不知道多少个用于支持它们的低级子程序来支持它们。例如，可能有一个 PrintBuoyTemperatureMessage() 子程序来打印浮标温度消息。面向对象的方法也好不到哪里去，通常得使用一个抽象消息对象，每一类消息一个子类。

一旦有任何消息的格式发生变化，都必须更改负责该消息的子程序或类的逻辑。在前面的示例详细消息中，如果“平均温度”字段从浮点变成别的东西，就必须修改 PrintBuoyTemperatureMessage() 的逻辑。如果是浮标本身从“浮点”变成了别的东西，恐怕就只能换一个新浮标了！

在基于逻辑的方法中，消息读取子程序由一个循环组成，它读取每条消息，解码 ID，然后根据消息 ID 调用 20 个子程序中的一个。以下是基于逻辑的方法的伪代码：

关联参考　这些伪代码有别于平时用于子程序设计的伪代码，它们更低级，目的也不一样。参见第 9 章，进一步了解如何运用伪代码来进行设计。

```
While 有更多消息可供读取
   读取一个消息头 (header)
   从消息头解码消息 ID
   If 消息头是类型 1，then
      打印类型 1 消息
   Else if 消息头是类型 2，then
      打印类型 2 消息
   ...
   Else if 消息头是类型 19，then
      打印类型 19 消息
   Else if 消息头是类型 20，then
      打印类型 20 消息
```

这些伪代码进行了简化，用不着看完所有 20 种情况就能心领神会。

面向对象的方法

如果只是生硬地使用面向对象的方法，逻辑可以隐藏在对象的继承结构中，但基本结构一样复杂：

```
While 有更多消息可供读取
    读取一个消息头 (header)
    从消息头解码消息 ID
    If 消息头是类型 1，then
        实例化一个类型 1 消息对象
    Else if 消息头是类型 2， then
        实例化一个类型 2 消息对象
    ...
    Else if 消息头是类型 19， then
        实例化一个类型 19 消息对象
    Else if 消息头是类型 20， then
        实例化一个类型 20 消息对象
    End if
End While
```

无论逻辑是直接写的，还是包含在专门的类中，20 种消息中，各自都有自己的消息打印子程序。每个子程序也可用伪代码表示。这个用于读取和打印浮标温度消息的子程序有如下伪代码：

```
打印 “浮标温度消息”

读取一个浮点值
打印 ” 平均温度 ”
打印浮点值

读取一个浮点值
打印 ” 温度范围 ”
打印浮点值

读取一个浮点值
打印 ” 样本数 ”
打印整数值

读取一个浮点值
打印 ” 位置 ”
打印字符串
```

```
读取一个时间
打印 " 测量时间 "
打印时间
```

这还只是一种消息的代码。其他 19 种消息的每一种都需要类似的代码。如果增加了第 21 种消息，就需要增加第 21 个子程序或第 21 个子类，无论如何，新的消息类型都要求对代码进行修改。

表驱动法

表驱动法比之前的方法更经济。读取消息的子程序由一个循环组成，它读取每个消息头，解码 ID，在 Message 数组中查询消息描述，然后每次都调用同一个子程序来解码消息。采用表驱动法，可以在表中描述每种消息的格式，而不必在程序逻辑中硬编码。这使代码的编写一开始就很容易，代码量也少得多，而且以后维护时无需修改代码。

要想使用这种方法，首先需要列出消息种类和字段类型。在 C++ 语言中，可以像下面这样定义所有可能的字段的类型：

```
C++ 代码示例：定义消息中的数据的类型
enum FieldType {
   FieldType_FloatingPoint,
   FieldType_Integer,
   FieldType_String,
   FieldType_TimeOfDay,
   FieldType_Boolean,
   FieldType_BitField,
   FieldType_Last = FieldType_BitField
};
```

不需要为 20 种消息中的每一种分别硬编码打印子程序。相反，可以创建少量的子程序来打印每一种主要数据类型：浮点、整数、字符串等。首先，可以在一个表中描述每种消息的内容，包括每个字段的名称。然后，根据表中的描述对每种消息进行解码。下面展示了表中对一种消息进行描述的记录：

```
示例
Message Begin
   NumFields 5
   MessageName "Buoy Temperature Message"
   Field 1, FloatingPoint, "Average Temperature"
   Field 2, FloatingPoint, "Temperature Range"
   Field 3, Integer, "Number of Samples"
```

```
    Field 4, String, "Location"
    Field 5, TimeOfDay, "Time of Measurement"
Message End
```

这个表可以硬编码到程序中，在这种情况下，所显示的每个元素都要赋给变量，也可在程序启动时或之后从文件中读取。

程序一旦读取了消息定义，所有消息就不再是嵌入程序逻辑中，而是嵌入数据中。数据往往比逻辑更灵活。以后，消息格式一旦发生改变，数据也很容易改变。如果必须添加新的消息，在数据表中添加另一个元素即可。

以下是表驱动法顶层循环的伪代码：

前三行和基于逻辑的方法一样

```
While 有更多消息可供读取
    读取一个消息头（header）
    从消息头解码消息ID
    从消息描述表查询消息描述
    读取消息中的字段，并根据消息描述打印它们
End While
```

不同于基于逻辑的方法之伪代码，本例的伪代码并没有为了节省篇幅而简化，因为它的逻辑实在是太简单了。在这一层级往下的逻辑中，有一个子程序能解释来自消息描述表的消息描述，读取消息数据，并打印一条消息。该子程序比任何一个基于逻辑的消息打印子程序都要常规，而且简单许多。最重要的是，只有一个子程序，而不是 20 个。以下是该子程序的伪代码：

```
While 有更多字段需要打印
    从消息描述中获取字段类型
    case ( 字段类型 )
        of ( 浮点 )
            读取浮点值
            打印字段标签
            打印浮点值

        of ( 整数 )
            读取整数值
            打印字段标签
            打印整数值
```

```
        of ( 字符串 )
            读取字符串
            打印字段标签
            打印字符串

        of ( 时间 )
            读取时间
            打印字段标签
            打印时间

        of ( boolean )
            读取单一标志位 (single flag)
            打印字段标签
            打印单一标志位

        of ( 位段 )
            读取位段 (bit field)
            打印字段标签
            打印位段
    End Case
End While
```

诚然，这个子程序包含 6 种情况，比打印浮标温度信息子程序要长一些。但只有这个子程序是“刚需”。不需要其他 19 个子程序来处理其他种类的信息。这个子程序处理 6 种字段类型，足以兼顾所有种类的信息。

这个子程序还展示了实现这种表查询的最复杂的方法，因为它使用了 case 语句。另一个办法是创建抽象类 AbstractField，然后为每种字段类型创建子类。这样一来，就不需要 case 语句了，调用相应对象类型的成员子程序即可。

下面，在 C++ 语言中设置对象类型：

```
C++ 代码示例：设置对象类型
class AbstractField {
   public:
   virtual void ReadAndPrint( string, FileStatus & ) = 0;
};

class FloatingPointField : public AbstractField {
   public:
   virtual void ReadAndPrint( string, FileStatus & ) {
   ...
   }
};

class IntegerField ...
class StringField ...
...
```

这段代码为每个类声明一个成员子程序，它有一个字符串参数和一个 FileStatus 参数。

下一步是声明一个数组来容纳对象集合。这个数组就是查询表，如下所示：

```
C++ 代码示例：创建表以用来存放各种类型的对象
AbstractField* field[ Field_Last+1];
```

设置对象表时，最后一步是将特定对象的名称赋给 Field 数组：

```
C++ 代码示例：设置对象列表
field[ Field_FloatingPoint ] = new FloatingPointField();
field[ Field_Integer ] = new IntegerField();
field[ Field_String ] = new StringField();
field[ Field_TimeOfDay ] = new TimeOfDayField();
field[ Field_Boolean ] = new BooleanField();
field[ Field_BitField ] = new BitFieldField();
```

这段代码假定 FloatingPointField 和赋值语句右侧的其他标识符是 AbstractField 类型的对象的名称。将对象赋值给数组中的数组元素，意味着可通过引用数组元素来调用正确的 ReadAndPrint() 子程序，而不必直接使用特定种类的对象。

一旦设置好子程序表，就可以通过访问对象表并调用表中的一个成员子程序来处理消息中的一个字段。代码如下：

这些是针对消息中每个字段的内务处理代码

这是一个表查询，它根据字段类型调用一个子程序——在对象表中查找即可

C++ 代码示例：在表中查找对象和成员子程序

```
fieldIdx = 1;
while ( ( fieldIdx <= numFieldsInMessage ) && ( fileStatus == OK ) ) {
   fieldType = fieldDescription[ fieldIdx ].FieldType;
   fieldName = fieldDescription[ fieldIdx ].FieldName;
   field[ fieldType ].ReadAndPrint( fieldName, fileStatus );
   fieldIdx++;
}
```

还记得当时含有 case 语句的 34 行表格查询伪代码吗？用一个对象表来代替 case 语句可实现相同的功能。令人难以置信的是，这也是代替基于逻辑的方法中所有 20 个单独子程序所需要的全部代码。另外，如果消息描述是从文件中读取的，除非有新的字段类型，否则新增消息类型将无需更改代码。

可以在任何面向对象的语言中使用这种方法。相比冗长的 if 语句、case 语句或大量的子类，它更不容易出错，更容易维护，效率也更高。

不是说用了继承和多态性的设计就肯定是个好的设计。之前在“面向对象的方法”一节中描述的生硬的面向对象的设计，需要和生硬的功能 (函数) 式设计一样多的代码，甚至更多。这种方法使得解决方案变得复杂化而不是简单化。在这种情况下，关键的设计理念既不是面向对象，也不是面向功能，而是使用一个经过深思熟虑的查询表。

编造查询键

之前的三个例子可以直接使用数据来作为表键。换言之，可用 messageID 作为键，不需要做任何改动。在每月天数的例子中可使用 month，在保险费率的例子中可使用 gender(性别)，maritalStatus(婚姻状态) 和 smokingStatus(吸烟状态)。

谁都想直接访问键，因为它简单而又快速。但有些时候，数据并不配合。在保险费率的例子中，使用 Age 作为键并不好。逻辑是 18 岁以下的人一个费率，18 到 65 每一个年龄都有单独的费率。65 岁以上的人则又是一个费率。这意味着对于 0 到 17 岁和 66 岁及以上的人来说，由于表中只为一些年龄存放了一组费率，所以不能直接将 Age 作为键来查询该表。

这就引出了需要编造表查询键的话题。可以用下面几种方法来编造键。

复制信息，使键能直接使用　要使 Age 成为费率表的键，一个直接的方法是复制 0 至 17 岁费率中的每一个 (费率相同)，然后直接使用 Age 作为键。对 66 岁以上的人做同样的事情。这种方法的好处是，表结构本身是直接的，表的访问也是直接的。以后如果想更改年龄在 17 岁及以下的费率，为每个年龄都设置特定的费率，可以直接修改表格。这样做的缺点在于，重复会浪费冗余信息的空间，还增大了表出错的可能性，还不仅仅是因为表中含有冗余数据。

转换键使其能直接作为表键　使 Age 直接成为键的另一个方法是向 Age 应用一个函数。在这种情况下，该函数必须将所有 0~17 岁的年龄更改为一个键 (例如 17)，而所有 66 岁以上的年龄更改为另一个键 (例如 66)。这个特定的范围是良构的，可用 min() 和 max() 函数来进行转换。例如，可以用以下表达式来创建 17 到 66 的表键：

```
max( min( 66, Age ), 17 )
```

创建转换函数要求在想作为键使用的数据中识别出一种模式，而这并不总是像使用 min() 和 max() 子程序那样简单。假设费率每 5 岁一个年龄段而不是每 1 年一个年龄段。除非想把所有的数据复制 5 次，否则必须想出一个函数，将 Age 除以 5，再使用 min() 和 max() 子程序。

在自己的子程序中隔离键的转换　如果必须编造数据使其作为表键使用，就将数据改为键的操作放到它自己的子程序中，从而避免在不同的地方使用不同的转换。以后修改转换时也更容易。一个好的子程序名称，例如 KeyFromAge()，还可澄清并记录数学运算的目的。

如果开发环境提供了现成的键转换，请使用它们。例如，Java 提供的 HashMap 可用于关联“键 / 值”对。

18.3 索引访问表

有的时候，一个简单的数学转换还不足以实现从 Age 这样的数据到表键的变迁。在这种情况下，适合使用索引访问方案。

使用索引时，要用主数据查询索引表中的一个键，然后用索引表中的值来查询感兴趣的主要数据。

假设你经营着一个仓库，有大约 100 件物品的库存。再假设每件物品都有一个四位数零件编号 (part number)，范围从 0000 到 9999。在这种情况下，如果想用零件编号作为键来查询描述了每件物品的某些方面的一个表格，就需要建立一个有 10 000 条记录 (0~9 999) 的索引数组。该数组基本上是空的，其中只有 100 条记录与仓库中 100 件物品的零件编号相对应。如图 18-4 所示，这些记录都指向一个物品描述表，该表的记录数远远少于 10 000。

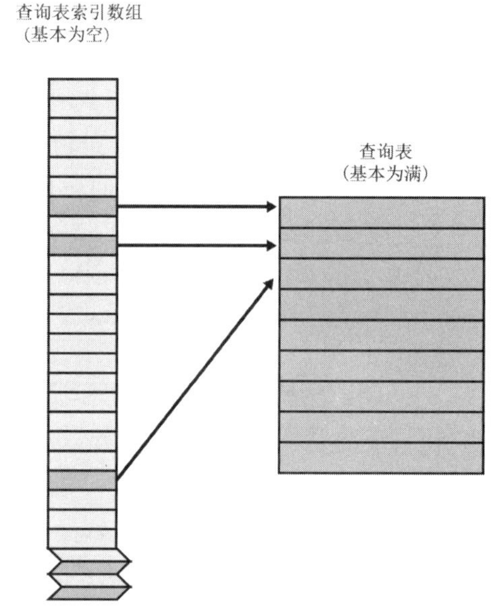

图 18-4　索引访问表不是直接访问，而是通过一个中间索引来访问

索引访问方案主要有两个优点。第一个优点是，如果主查询表中的每条记录都很大，创建一个浪费了大量空间的索引数组比创建一个浪费了大量空间的主查询表要少很多空间。例如，假设主表每条记录需要 100 字节，索引数组每条记录只需要 2 字节。假设主表有 100 条记录，用于访问它的数据有 10 000 个可能的值。在这种情况下，要么选择有 10 000 条记录的索引，要么选择有 10 000 条记录的主数据成员。如果使用索引，总的内存开销是 30 000 字节。如果放弃索引结构而在主表中浪费空间，总内存开销就变成了 1 000 000 字节。

第二个优点是，即使使用索引未能节省空间，有时操作索引中的记录比操作主表中的记录更便宜。例如，如果有一个包含员工姓名、招聘日期和工资的表，可创建一个索引，按员工姓名访问该表，创建另一个索引按招聘日期来访问该表，再创建一个索引按工资来访问该表。

索引访问方案的最后一个优点是表查询最基本的可维护性。编码到表中的数据比嵌入代码的数据更易维护。为最大限度提高灵活性，可将索引访问代码放在它自己的子程序中，需要从一个零件编号获得表键时，调用该子程序即可。需要修改表的时候，可切换索引访问方案或完全切换到另一个表查询方案。只要索引访问不要在整个程序中到处都是，访问方案会更容易更改。

18.4 阶梯访问表

访问表的另一种方法是阶梯访问。这种访问方法不像索引结构那样直接，但不会浪费那么多数据空间。如图 18-5 所示，阶梯结构的基本思路是，表中的记录对数据范围有效，而不是对不同数据点有效。

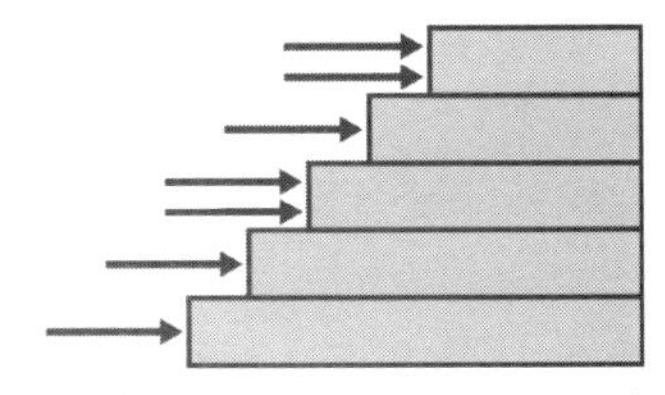

图 18-5　阶梯法通过确定每条记录所处的“阶梯”层级对其进行分类。“台阶”决定了它的类别

例如，假设要写一个成绩评定程序，B 条目的范围从 75% 到 90%，下面展示了一个可能的成绩范围：

≥ 90.0%	A
< 90.0%	B
< 75.0%	C
< 65.0%	D
< 50.0%	F

对于表查询来说，这样的区间太难看，因为不能用一个简单的数据转换函数将字母 A 到 F 作为键。由于是浮点数，所以不好用索引方案。可考虑将浮点数转换成整数，在这种情况下，这确实是一个有效的设计方案。但是，为了说明问题，这个例子将坚持使用浮点数。

为了使用阶梯法，需要将每个区间的上限放到一个表中，然后写一个循环，根据每个区间的上限检查一个分数。找到分数首次超过区间上限的那一点时，就知道字母成绩是多少了。使用阶梯技术，必须注意正确处理区间的端点。下面在 Visual Basic 中根据这个例子给一组学生分配成绩：

Visual Basic 代码示例：阶梯表查询

```
' set up data for grading table
Dim rangeLimit() As Double = { 50.0, 65.0, 75.0, 90.0, 100.0 }
Dim grade() As String = { "F", "D", "C", "B", "A" }
maxGradeLevel = grade.Length - 1
...

' assign a grade to a student based on the student's score
gradeLevel = 0
studentGrade = "A"
While ( ( studentGrade = "A" ) and ( gradeLevel < maxGradeLevel ) )
   If ( studentScore < rangeLimit( gradeLevel ) ) Then
      studentGrade = grade( gradeLevel )
   End If
   gradeLevel = gradeLevel + 1
Wend
```

虽然这个例子很简单，但很容易推广到处理多个学生、多个成绩评定方案(例如，不同的作业有不同的绩点区间，所以有不同的成绩)以及成绩评定方案的变化。

相比其他的表驱动法，这种方法的优势在于它能很好地处理不规则数据。成绩评定的例子很简单，因为虽然成绩是以不规则的间隔分配的，但数字本身已做过“四舍五入”，以 5 和 0 结束。阶梯法同样适合那些并非整齐地以 5 和 0 结束的数据。可以在统计工作中使用阶梯法处理像下面这样的概率分布：

概率	保险索赔额度（美元）
0.458747	0.00
0.547651	254.32
0.627764	514.77
0.776883	747.82
0.893211	1, 042.65
0.957665	5, 887.55
0.976544	12, 836.98
0.987889	27, 234.12
……	

对于如此丑陋的数字，实在想不出哪个函数可以将其整齐地转化为表键。这时，阶梯法就是答案。

这个方法还享有表驱动法的常规优势：灵活且易修改。如果成绩评定例子中的成绩区间发生变化，可通过修改 RangeLimit 数组中的条目来轻松调整程序。可以很容易地将程序的成绩分配部分进行常规化，使其接受一个成绩表和相应的截断分数。程序的成绩分配部分不必非要使用百分比分数；完全可以使用原始分数而不是百分比，而且程序不必做太多改动。

使用阶梯技术时，需要注意下面几个容易忽视的问题。

注意端点　确保覆盖了每个阶梯区间的上界 (top end)。运行阶梯查询以找出映射到最上层区间以外的任何区间的条目，然后使其余条目落入最上层区间。有的时候，需要为最上层区间的上界创建一个人为的值。

注意，不要误将 < 写成 <=。确保循环能够正确终止于值落入最上层区间时以及区间边界能够得到正确的处理。

考虑使用二分搜索而不是顺序搜索　在成绩评定的例子中，分配字母成绩的循环是在成绩限制列表中顺序搜索。但是，如果列表很大，顺序搜索的成本会变得很高。在这种情况下，可考虑用一个准二分搜索来代替它。之所以是“准”二分搜索，是因为大多数二分搜索的重点是要找到一个值。但在本例中，并不期望找到这个值，期望找到的是这个值的正确类别。二分搜索算法必须正确判定该值的归属。另外，记住，要将端点当作特例来处理。

考虑使用索引访问而不是阶梯技术　第 18.3 节描述的索引访问方案可能是阶梯技术的一个很好的替代方案。阶梯法所需要的搜索可能会累加，如果执行速度是问题，可以考虑用额外索引结构所占用的空间来换取更直接的访问方法所带来的时间优势。

显然，该替代方案并非所有情况下的优选方案。判成绩的例子或许可以使用它，如果只有 100 个离散的绩点，建立一个索引数组的内存成本不会太高。但另一方面，如果是之前列出的概率数据，就不能建立一个索引方案，因为不能用 0.458747 和 0.547651 这样的数字来作为键。

译注
计算机科学家，出生于美国华盛顿特区。1992 年图灵奖得主，主要贡献为提出了个人电脑的设计概念和存取控制矩阵。

某些时候，这几种方案中的任何一种都可使用。设计的重点是针对具体情况从几个好的方案中选择一个。不必太纠结于选出最佳方案。正如微软杰出的工程师兰普森 (Butler Lampson)[*] 所说，与其试图找到最佳方案，不如努力找一个好的方案后尽量并避免灾难 (Lampson 1984)。

关联参考　参见第 5 章，进一步了解如何选择替代的设计方案。

将阶梯表查询放到它自己的子程序中　创建转换函数将 StudentGrade 这样的值转换为表键时，把它放到它自己的子程序中。

18.5 表查询的其他示例

本书其他章节还出现了其他一些表查询的例子，是在讨论其他技术的过程中使用的，当时的背景并没有强调表查询本身。具体如下所示：

- 在保险表中查询费率，参见第 16.3 节
- 使用决策表来替代复杂逻辑，参见第 19.1 节
- 表查询期间的内存分页，参见第 25.3 节
- 布尔值的组合 (A or B or C)，参见第 26.1 节
- 预先计算贷款还款表中的值，参见第 26.4 节

检查清单：表驱动法

❑ 考虑过把表驱动法作为复杂逻辑的替代方案吗？

❑ 考虑过把表驱动法作为复杂继承结构的替代方案吗？

❑ 考虑过把表数据存储在程序外部并在运行期间读取，使其可在不修改代码的前提下修改吗？

❑ 如果无法采用一种直接的数组索引（像 age 例子那样）来直接访问表，就将访问键的计算功能提取为一个单独的子程序而不是在代码中复制这些计算，是这样吗？

要点回顾

- 表提供了复杂逻辑和继承结构的一种替代方案。如果发现自己对某个应用程序的逻辑或继承树感到困惑，不妨好好想一想是否可以通过查询表来进行简化。
- 如果使用表，一项关键的考虑因素就是决定如何访问表。可以采取直接访问、索引访问或阶梯访问的方式。
- 使用表时，另一个关键考虑因素是决定要把哪些内容放入表中。

读书心得

1.____

2.____

3.____

4.____

5.____

第 19 章

常规控制问题

内容

相关主题及对应章节

- 直线型代码：第 14 章
- 条件代码：第 15 章
- 循环代码：第 16 章
- 不常见的控制结构：第 17 章
- 软件开发的复杂度：第 5.2 节

当我们在思考控制结构时，有几个常规的问题需要注意，对控制进行讨论的时候，不能忽略它们。本章大部分信息都是详细而实用的。如果只是想了解控制结构的理论而不在意具体细节，可以直接阅读 19.5 节以了解结构化编程的历史观点和 19.6 节以了解控制结构之间的关系。

19.1 布尔表达式

除了最简单的控制结构(即顺序结构)，所有控制结构都依赖于对布尔表达式的求值。

用 true 和 false 进行布尔测试

在布尔表达式中，需要用 true 和 false 这两个标识符，而不是使用 0 和 1 这样的值。大多数现代编程语言都支持布尔数据类型，并为 true 和 false 提供预定义的标识符。就这样，事情变简单了，甚至不允许给布尔变量赋值为 true 或 false 之外其他的值。不支持布尔数据类型的编程语言，则要求程序员自律，要主动使布尔表达式的可读性更强。下面是这个问题的一个例子：

CODING HORROR

Visual Basic 代码示例：将有歧义的标志作为布尔值使用
```
Dim printerError As Integer
Dim reportSelected As Integer
Dim summarySelected As Integer
...
If printerError = 0 Then InitializePrinter()
If printerError = 1 Then NotifyUserOfError()

If reportSelected = 1 Then PrintReport()
If summarySelected = 1 Then PrintSummary()

If printerError = 0 Then CleanupPrinter()
```

既然大家普遍都在使用 0 和 1 这样的标志 (flag)，为什么我们还说它有问题呢？通过阅读代码，我们并不清楚这些函数调用是在测试为 true 时还是在测试为 false 时执行。这段代码本身并没有指出 1 代表 true，0 代表 false，或是相反。甚至不清楚 1 和 0 这两个值是否被用来代表 true 和 false。例如，在 If reportSelected = 1 这一行中，1 很容易代表第一份报告，2 代表第二份，3 代表第三份；代码中没有任何线索表明，1 代表 true 或 false。明明意思是 1 时，也很容易写成 0，反之亦然。

用布尔表达式来进行测试时，要使用 true 和 false 这两个关键字。如果语言不直接支持这些关键字，可用预处理宏或全局变量来创建。前面的例子用 Visual Basic 内置的 True 和 False 进行了重写，如下所示：

关联参考　参见下个代码示例，了解实现同一个测试判断的更优方案。

Visual Basic 代码示例：好多了，但并不出彩；使用 True 和 False 而非数值来进行测试
```
Dim printerError As Boolean
Dim reportSelected As ReportType
Dim summarySelected As Boolean
...
If ( printerError = False ) Then InitializePrinter()
If ( printerError = True ) Then NotifyUserOfError()

If ( reportSelected = ReportType_First ) Then PrintReport()
If ( summarySelected = True ) Then PrintSummary()

If ( printerError = False ) Then CleanupPrinter()
```

使用 True 和 False 常量可以使意图变得更明确。即使记不住 1 和 0 代表什么，也不至于意外地把它们用颠倒。另外，在重写的代码中，明显可以看出，在原始版本的代码中，有些 1 和 0 并没有被用作布尔标志。If reportSelected = 1 这行代码根本就不是布尔测试，它测试的是第一份报告是否被选中。

这种方法可以向读代码的人表明，这里做的是一个布尔测试。本意是 false 时，很难错写成 true，本意是 0 时，也很难写成 1，而且可以避免在代码中频繁用到神秘的数字 0 和 1。在布尔测试中，定义 true 和 false 的技巧如下。

将布尔值隐式地和 true 与 false 进行比较 可以将表达式视为布尔表达式来写更清晰的测试。例如，可以像下面这样写：

```
while ( not done ) ...
while ( a > b ) ...
```

而不是像这样写：

```
while ( done = false ) ...
while ( (a > b) = true ) ...
```

使用隐式比较的话，读代码的人必须要记住的术语变得更少了，而且，生成的表达式读起来更接近于日常的会话。前面的例子如果像下面这样改写，可读性更强：

```
Visual Basic 代码示例：隐式测试 True 和 False
Dim printerError As Boolean
Dim reportSelected As ReportType
Dim summarySelected As Boolean
...
If ( Not printerError ) Then InitializePrinter()
If ( printerError ) Then NotifyUserOfError()

If ( reportSelected = ReportType_First ) Then PrintReport()
If ( summarySelected ) Then PrintSummary()

If ( Not printerError ) Then CleanupPrinter()
```

如果编程语言不支持布尔变量但又必须模拟它们，可能无法使用这一技术，因为对 true 和 false 的模拟并不一定能用 while (not done) 这样的语句来进行测试。

关联参考 要想进一步了解布尔变量，可以参见第 12.5 节。

简化复杂的表达式

可以采取下面几个步骤来简化复杂的表达式。

用新的布尔变量将复杂的测试拆分为部分测试 与其用好多个单项来创建一个庞杂的测试，不如给各个单项分配中间值来执行一个更简单的测试。

将复杂的表达式转移到布尔函数中 如果一个测试经常重复或者从程序主要流程中分离，那我们就可以将测试代码转移到一个函数中，测试该函数的值。以下面这个复杂的测试为例：

Visual Basic 代码示例：一个复杂测试

```
If ( ( document.AtEndOfStream ) And ( Not inputError ) ) And _
   ( ( MIN_LINES <= lineCount ) And ( lineCount <= MAX_LINES ) ) And _
   ( Not ErrorProcessing( ) ) Then
   ' do something or other
   ...
End If
```

如果对测试本身不感兴趣，就没必要纠结于这个复杂的测试。把它放到一个布尔函数中，即可将测试隔离出来。读代码的人除非觉得重要，否则完全可以忽略它。下例展示了如何将这个 if 测试放到自定义的函数中：

关联参考 要想深入了解如何借助于中间变量来澄清布尔测试，请参见第 12.5 节介绍的使用布尔变量对程序进行文档说明。

Visual Basic 代码示例：将复杂测试转到布尔函数中并用新的中间变量来使测试更清晰

```
Function DocumentIsValid( _
   ByRef documentToCheck As Document, _
   lineCount As Integer, _
   inputError As Boolean _
   ) As Boolean

   Dim allDataRead As Boolean
   Dim legalLineCount As Boolean

   allDataRead = (documentToCheck.AtEndOfStream) And (Not inputError)
   legalLineCount = (MIN_LINES <= lineCount) And (lineCount <= MAX
_LINES)
   DocumentIsValid = allDataRead And legalLineCount And (Not
ErrorProcessing() )

End Function
```

这里引入中间变量以澄清最后一行的测试

本例假定 ErrorProcessing () 是表示当前处理状态的布尔函数。现在，如果是阅读代码的主要流程，就不必再去深究复杂的测试：

```
Visual Basic 代码示例：去掉复杂测试的代码主流程
If ( DocumentIsValid( document, lineCount, inputError ) ) Then
   ' do something or other
   ...
End If
```

如果测试只用一次，可能会让人觉得不值得把它放到一个单独的子程序中。但是，把测试放到一个名字取得好的函数中，可以改善可读性，能帮助读代码的人更清楚地理解代码的意图。仅此一个理由，足矣。

新的函数名称在程序中引入一个抽象的概念，在代码中说明了测试的目的。这甚至胜于用注释来说明测试，因为人们主要是在看代码，而不是注释。此外，也更容易保持更新。

关联参考 要想深入了解如何使用表来替代复杂逻辑，请参见第 18 章。

使用决策表替代复杂条件 有些时候，一个复杂的测试会涉及好几个变量。此时可以考虑用决策表来完成测试，而不是使用大量的 if 或 case。决策表查询最开始比较容易编码，只有几行代码，没有棘手的控制结构。由于尽可能降低了复杂性，所以不太容易出错。如果数据发生变化，可以修改决策表而不必修改代码，即只需要更新数据结构的内容。

构建肯定形式的布尔表达式

“我又不是没有不显得没那么傻。”(and I ain't not no un-dummy.)
—辛普森
(Homer Simpson)

如果一个较长的表述采用了非肯定的形式，那么很少有人会在理解的时候不觉得困难，换言之，大多数人在理解多重否定表述时都有困难。可以做几件事情来避免程序中出现复杂的否定布尔表达式。

在 if 语句中，将否定转为肯定并在 if 子句和 else 子句中翻转代码 下面是一个对否定表述进行测试的例子：

这里取反

```
Java 代码示例：让人困惑的取反布尔测试
if ( !statusOK ) {
   // do something
   ...
}
else {
   // do something else
   ...
}
```

简单修改一下，即可对肯定的表述进行测试：

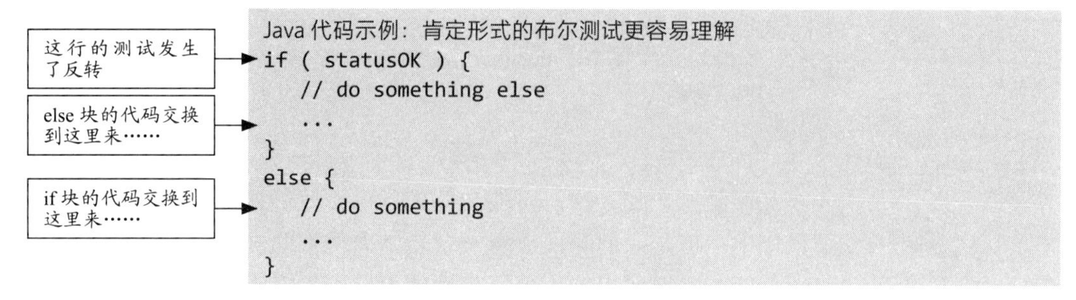


```
Java 代码示例：肯定形式的布尔测试更容易理解
if ( statusOK ) {
   // do something else
   ...
}
else {
   // do something
   ...
}
```

修改后的版本和原始版本在逻辑上是一致的，但更容易理解，因为否定的表述已被改为肯定。

另一个方案是选择一个不同的变量名，一个可以反转测试真值的变量。本例可用 ErrorDetected 来代替 statusOK。当 statusOK 为 false 时，它为 true。

关联参考　这里建议将布尔表达式换成肯定形式，但这和“在 if 后面而不是在 else 后面编码正常情况”的建议相矛盾（参见第 15.1 节）。此时，必须考虑每种方法的好处，并根据自己的具体情况来选择更合适的方法。

用德摩根定理简化否定形式的布尔判断　德摩根定律让我们能充分利用一个表达式和另一个含义相同、但却采用双重否定形式的表达式之间的逻辑关系。例如，可能会遇到包含如下测试的代码片段：

```
Java 代码示例：一个否定测试
if ( !displayOK || !printerOK ) ...
```

在逻辑上等价于以下代码：

```
Java 代码示例：应用了德摩根定律之后
if ( !( displayOK && printerOK ) ) ...
```

这里不需要交换 if 和 else 子句，前面两段代码的表达式在逻辑上等价。为了将德摩根定律应用于逻辑运算符 and/or 和一对操作数，需要对每个操作数进行取反，将 and 和 or 进行互换，再对整个表达式进行取反。表 19-1 总结了所有可能基于德摩根定律定理的转换。

表 19-1　基于德摩根定律转换逻辑表达式

原始表达式	等价表达式	原始表达式	等价表达式
not A and not B	not（A or B）	not A or not B*	not（A and B）
not A and B	not（A or not B）	not A or B	not（A and not B）
A and not B	not（not A or B）	A or not B	not（not A and B）
A and B	not（not A or not B）	A or B	not（not A and not B）

* 说明：这就是本例采用的表达式

用圆括号澄清布尔表达式

关联参考 有关借助于圆括号来使其他类型表达式更加清晰易懂的示例，请参见第 31.2 节对括号的介绍。

对于复杂的布尔表达式，与其依赖于语言的求值顺序，不如用圆括号来明确意图。使用圆括号来减轻读者的负担，因其可能不了解该语言的布尔表达式求值细节。如果你足够聪明，就不会要求自己或读者牢记求值优先级，尤其是必须在两种或更多语言之间切换时。和发电报不一样，使用圆括号的时候，每个新增的字符又不需要你多花钱。

下面是一个圆括号用得太少的表达式：

```
Java 代码示例：这个表达式的圆括号用得太少
if ( a < b == c == d ) ...
```

乍一看，这个表达式就让人犯晕。更让人犯晕的是，搞不清楚写代码的人是想测试 (a < b) == (c == d) 还是 ((a < b) == c) == d。下面这个版本的表达式还是有些费解，但是，圆括号的确提供了很大的帮助：

```
Java 代码示例：多用圆括号后，表达式变得更好了
if ( ( a < b ) == ( c == d ) ) ...
```

在这个例子中，圆括号有助于提升可读性和程序的正确性——编译器不会以这种方式解释第一个代码片段。但凡有疑问，就用圆括号吧。

关联参考 许多代码编辑器都提供圆括号、方括号和花括号的配对功能。有关代码编辑器的详情，请参见第 30.2 节对编辑代码的介绍。

使用一个简单的计数技巧使圆括号对称 如果不好判断小括号是否对称，可以借助于一个简单的计数技巧。先说“0”。沿着表达式从左向右移动。遇到一个起始圆括号 ((), 说“1”。每遇到一个起始圆括号，都递增这个数字。每遇到一个结束圆括号 ()), 都递减这个数字。在表达式结束时归 0，表明圆括号是对称的。

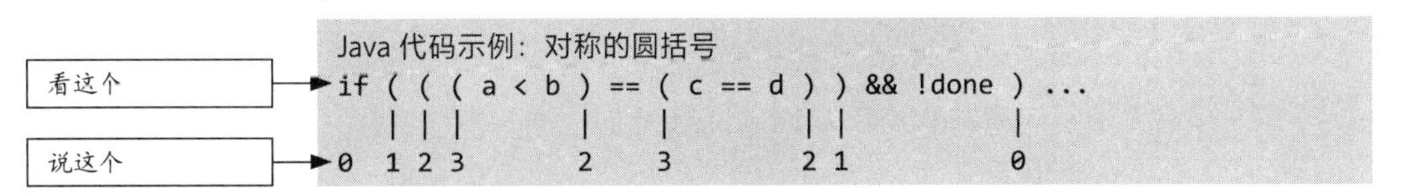

本例收尾于 0，表明圆括号是对称的。下例中的圆括号是不对称的：

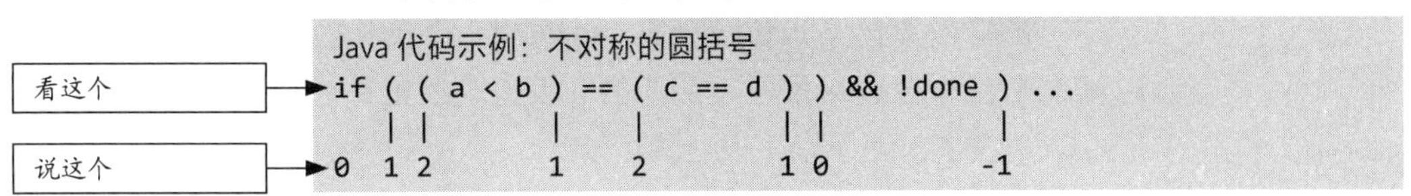

到最后一个结束圆括号之前就归 0，表明此前少了一个圆括号。在表达式的最后一个圆括号之前，不应该归 0。

用圆括号完整描述逻辑表达式　圆括号没什么代价且有助于改善可读性。要习惯于完整地用圆括号来描述逻辑表达式。

理解布尔表达式如何求值

对布尔表达式进行求值时，许多语言都支持一种隐含的控制形式。一些语言的编译器会先求值布尔表达式中的每一项，再合并这些项后对整个表达式进行求值。其他语言的编译器支持“短路”(short-circuit) 或称“惰性”(lazy) 求值，即求值必要的部分。如果基于第一个测试的结果，第二个测试没必要继续，这个设计就特别好用。例如，假设要用以下测试对一个数组的元素进行检查：

```
伪代码示例：错误的测试
while ( i < MAX_ELEMENTS and item[ i ] <> 0 ) ...
```

如果对整个表达式进行求值，那么在循环的最后一次迭代时，会得到一个错误。变量 i 等于 maxElements，所以表达式 item[i] 等同于 item[maxElements]，这是一个数组索引错误。你可能会说：“我只是在查看值，又不会更改它，所以无所谓。”但这样的代码实践不严谨，会使读代码的人陷入困惑。在许多环境中，还会引发运行时错误或内存保护异常。

可以在伪代码中重构测试以免出错：

```
伪代码示例：正确重构的测试
while ( i < MAX_ELEMENTS )
   if ( item[ i ] <> 0 ) then
      ...
```

这是正确的，因为除非 i 小于 maxElements，否则 item[i] 不会被求值。

许多现代编程语言都提供一些机制来避免出现这种错误。例如，C++ 语言使用短路求值：如果 and 的第一个操作数为 false，就不会对第二个操作数进行求值，因为整个表达式反正都为 false。换言之，在 C++ 语言中，对于以下表达式：

```
   if ( SomethingFalse && SomeCondition ) ...
```

一旦 SomethingFalse 求值为 false，就停止对整个表达式求值。

or 操作符也有类似的短路求值机制。在 C++ 和 Java 中，对于以下表达式：

```
if ( somethingTrue || someCondition ) ...
```

一旦 somethingTrue 求值为 true，就会终止对整个表达式进行求值，因为任何一部分为 true，整个表达式都必然为 true。

基于这种求值方法，以下语句不仅写得很好，而且还完全合法：

```
Java 代码示例：利用短路求值
if ( ( denominator != 0 ) && ( ( item / denominator ) > MIN_VALUE ) ) ...
```

若整个表达式在分母为 0 时求值，第二个操作数的除法会造成除以 0 错误。但由于第二部分仅在第一部分为 true 时才会求值，所以只要分母为 0，第二部分就永远不会求值，因此不会出现被零除这样的错误。

另一方面，由于 &&(and) 从左向右求值，所以如下逻辑上等价的语句无法工作：

```
Java 代码示例：短路求值也没有
if ( ( ( item / denominator ) > MIN_VALUE ) && ( denominator != 0 ) ) ...
```

在这种情况下，item / denominator 先于 denominator != 0 求值。所以，这段代码会出现被零除错误。

Java 的逻辑操作符使得这个情况进一步复杂化。Java 逻辑 & 和 | 操作符保证所有项都被完全求值，它们会忽略短路求值。换言之，在 Java 中，像下面这样写，就很安全：

```
Java 代码示例：因为有短路（条件）求值，所以这个测试能起作用
if ( ( denominator != 0 ) && ( ( item / denominator ) > MIN_VALUE ) ) ...
```

但像下面这样写，则不安全：

```
Java 代码示例：由于不保证短路求值，所以这个测试不起作用
if ( ( denominator != 0 ) & ( ( item / denominator ) > MIN_VALUE ) ) ...
```

KEY POINT

不同语言使用不同的求值方式，而且，对于表达式的求值，语言的实现者往往采取自由的态度。所以，请检查语言相应版本的手册，了解具体用的是哪种求值方式。更好的办法是，因为读代码的人可能不如写代码的人那么敏锐，所以写代码的人要用嵌套测试来澄清代码的意图，而不是单纯依赖于求值顺序和短路求值。

按数轴顺序来写数值表达式

组织数值测试的时候，要使其跟着数轴上的点走。通常情况下，组织数值测试的时候，要考虑到以下形式的比较：

```
MIN_ELEMENTS <= i and i <= MAX_ELEMENTS
i < MIN_ELEMENTS or MAX_ELEMENTS < i
```

思路是使元素从左向右排序，从最小到最大。在第一行代码中，MIN_ELEMENTS 和 MAX_ELEMENTS 是两个端点，因此被放在两端。变量 i 应该在两者之间，所以放在中间。在第二行代码中，因为要测试 i 是否在范围之外，所以将 i 放在测试两端，MIN_ELEMENTS 和 MAX_ELEMENTS 则位于中间，如图 19-1 所示。

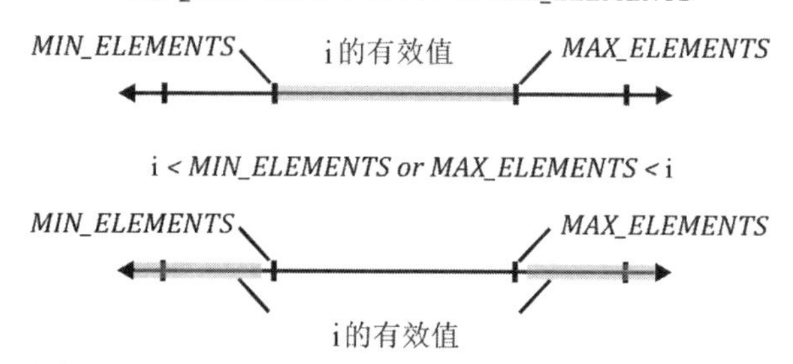

图 19-1　按数轴顺序进行布尔测试

如果只是拿 i 和 MIN_ELEMENTS 进行测试，i 的位置就应根据测试成功时 i 的位置而变化。如果 i 应该更小，就像下面这样写测试：

```
while ( i < MIN_ELEMENTS ) ...
```

但是，如果 i 应该更大，则应该像下面这样写：

```
while ( MIN_ELEMENTS < i ) ...
```

这种方法比以下测试更清晰：

```
( i > MIN_ELEMENTS ) and ( i < MAX_ELEMENTS )
```

以上测试并不能帮助读代码的人直观地了解被测试的内容。

和 0 进行比较时的指导原则

编程语言中的 0 有几种用途。它是数值，是字符串中的空终止符，是空指针的值，是枚举中第一项的值，是逻辑表达式中的 false。它的用途这么多，所以写代码时一定要强调 0 的具体用法。

隐式比较逻辑变量　如前所述，应该使用下面这样的逻辑表达式：

```
while ( !done ) ...
```

这样隐式和 0 进行比较很恰当，因为这样的比较是在一个逻辑表达式中进行的。

将数字和 0 进行比较　虽然也适合进行隐式比较逻辑表达式，但数值表达式应显式比较。对于数字，应该像下面这样写：

```
while ( balance != 0 ) ...
```

而不是像下面这样写：

```
while ( balance ) ...
```

在 C 语言中显式将字符和空终止符 (('\0')) 进行比较　字符和数字一样，都不是逻辑表达式。所以，对于字符，要像下面这样写：

```
while ( *charPtr != '\0' ) ...
```

不要像下面这样：

```
while ( *charPtr ) ...
```

这个建议违背了处理字符数据的一般 C 规范 (如第二个例子所示)，但它强调了表达式处理的是字符数据而非逻辑数据。有些 C 语言规范并不是从最大化可读性或可维护性来出发的，这就是一个例子。幸好，随着越来越多代码用 C++ 语言和 STL 字符串来写，这个问题正在逐渐消失，不再是个问题。

对指针和 NULL 进行比较　对于指针，要像下面这样写：

```
while ( bufferPtr != NULL ) ...
```

不要像下面这样：

```
while ( bufferPtr ) ...
```

和字符的建议一样，它违背了约定俗成的 C 规范，但好处是可读性增强了。

布尔表达式的常见问题

特定语言所存在的一些额外的陷阱会对布尔表达式产生影响。

在 C 语言家族中，将常量放在比较表达式的左侧　C 语言家族的布尔表达式存在一些特殊的问题。如果担心自己不小心把 == 写成 =，可以遵循将常量和字面量放在表达式左侧的编程惯例，例如：

```
C++ 代码示例：常量放在表达式左侧（出错的话，编译器可捕获）
if ( MIN_ELEMENTS = i ) ...
```

在这个表达式中，编译器应将单个 = 标记为错误，因为将任何值赋给常量都是无效的。相反，如果是下面的表达式，编译器只会将其标记为警告，而且只有完全打开编译器警告才看得见：

```
C++ 代码示例：常量放在表达式右侧（出错后，编译器可能无法捕获）

if ( i = MIN_ELEMENTS ) ...
```

这个建议与使用数轴顺序的建议相冲突。我个人倾向于使用数轴排序，并让编译器对非预期的赋值发出警告。

在 C++ 语言中，考虑为 &&、|| 和 == 创建预处理宏替代物，但仅限于万不得已的情况　如果有这样的问题，可以考虑为布尔 and 和 or 创建 #define 宏，并用 AND 和 OR 替代 && 和 ||。与此类似，人们很容易在本应该用 == 的时候错误用了 =。如果经常受到这个错误的困扰，可以考虑为逻辑相等 (==) 创建一个类似于 EQUALS 的宏。

许多有经验的程序员认为，这种方法对那些不能正确掌握编程语言细节的程序员来说是提升了可读性，但对那些更为精通编程语言的程序员来说，却是降低了可读性。此外，大多数编译器会对似乎有错的赋值和按位 (bitwise) 操作符使用发出警告。相比创建不标准的宏，启用完整的编译器警告通常更好。

在 Java 语言中，a==b 和 a.equals(b) 是有区别的　在 Java 中，a==b 测试的是 a 和 b 是否引用同一个对象，而 a.equals(b) 测试的是对象是否有相同的逻辑值。通常，Java 程序应该使用 a.equals(b) 而非 a==b。

19.2 复合语句（语句块）

复合语句或代码块是一组语句的集合，它们出于程序流程控制的目的而被视为一条语句。在 C++ 语言、C# 语言、C 语言和 Java 语言中，复合语句通过在一组语句周围添加 { 和 } 来创建。有的时候，它们可用一个命令的关键字所指代，比如 Visual Basic 中的 For 和 Next。有效使用复合语句的指导原则如下。

关联参考　许多代码编辑器都提供圆括号、方括号和花括号的配对功能。有关代码编辑器的详情，请参见第 30.2 节。

先写好成对的花括号　写好代码块的起始和结束花括号之后，再在中间填充内容。人们经常抱怨花括号的配对太难。但这个问题完全不必操心。只要遵循这一原则，就绝对不会再有配对问题了。

先写循环头：

```
for ( i = 0; i < maxLines; i++ )
```

再像下面这样写空白循环体：

```
for ( i = 0; i < maxLines; i++ ) { }
```

最后填充内容：

```
for ( i = 0; i < maxLines; i++ ) {
  // whatever goes in here     ...
}
```

所有成块的结构都适合这样做，包括 C++ 语言和 Java 语言中的 if、for 和 while 以及 Visual Basic 语言中的 If-Then-Else、For-Next 和 While-Wend 循环结构。

使用花括号来澄清条件　如果不先确定哪些语句与 if 测试配对，就很难理解条件。在 if 测试后面放一条语句似乎很酷，但在后期维护时，单条的语句往往需要扩充成更复杂的语句块，不加花括号的单条的语句在这种情况下很容易出错。

无论块内的代码是 1 行还是 20 行，都要用语句块来明确代码的意图。

19.3 空语句

C++ 语言支持空语句 (null statement)，即完全由一个分号构成的语句，如下所示：

```
C++ 代码示例：传统的空语句
while ( recordArray.Read( index++ ) != recordArray.EmptyRecord() )
   ;
```

关联参考　处理空语句最好的方法或许就是避免使用。详情可以参见第 16.2 节。

C++ 语言中，要求 while 语句后面跟一个语句，但它可以是一个空语句。单独占一行的分号就是空语句。下面列出 C++ 处理空语句的指导原则。

提醒注意空语句　空语句并不常见，所以一定要使它看起来更明显。一个方法是让空语句的分号单独占一行。并像其他语句一样缩进，就像前面的例子一样。另外，也可用一组空的花括号来强调空语句。下面是两个例子：

C++ 代码示例：对空语句加以强调

用这个方法来强调空语句

这是另一个办法

```
while ( recordArray.Read( index++ ) ) != recordArray.EmptyRecord() ) {}

while ( recordArray.Read( index++ ) != recordArray.EmptyRecord() ) {
   ;
}
```

为空语句创建预处理 DoNothing() 宏或内联函数　空语句不做任何事，只是为了说明“什么都不做”这一事实。这相当于在空白页上标注“本页故意留白”。虽然这一页并不是真的空白，但看的人都明白这一页上不应该有任何内容。

下面展示如何在 C++ 语言中利用 #define 来写一个空语句。也可以将其创建为内联函数，效果一样。

C++ 代码示例：用 DoNothing() 来强调这是空语句

```
#define DoNothing()
...
while ( recordArray.Read( index++ ) != recordArray.EmptyRecord() ) {
   DoNothing();
}
```

除了在空的 while 和 for 循环中使用 DoNothing()，还可以把它用在 switch 语句并不重要的选择中，因为有了 DoNothing()，可以清楚表明已经考虑过，而且什么都不用做。

如果语言不支持预处理宏或内联函数，可以创建一个 DoNothing() 子程序并在该子程序中直接将控制返回给发出调用者的子程序。

想想换用非空的循环体是否能让代码更清晰　大多数导致循环体为空的代码都依赖于循环控制代码的副作用。大多数时候，显式声明的副作用可以提升代码的可读性，如下例所示：

C++ 代码示例：用非空循环体重后，代码变得更清晰

```
RecordType record = recordArray.Read( index );
```

```
index++;
while ( record != recordArray.EmptyRecord() ) {
   record = recordArray.Read( index );
   index++;
}
```

这种方法引入了一个额外的循环控制变量。虽然要写的代码更多，但它强调了直观的编程实践，而不是抖小机灵，巧用副作用。生产代码尤其需要这样着重强调。

19.4 驾驭深层嵌套

过度缩进或“嵌套”在计算机文献中“背负骂名”二十五年，并且仍然是造成代码混乱的主要原因之一。乔姆斯基 (Noam Chomsky) 和温伯格 (Gerald Weinberg) 的研究表明，很少有人能够理解三层以上的嵌套 if 语句 (Yourdon 1986a)，许多研究人员建议，嵌套不要超过三或四层 (Myers 1976, Marca 1981, and Ledgard and Tauer 1987a)。深层嵌套与第 5 章描述的软件首要技术使命“管理复杂度”相悖。仅仅这一个理由，就足以说服你放弃深层嵌套。

避免深层嵌套并不难。如果有深层嵌套，可以重新设计在 if 和 else 子句中进行的测试，或者将代码重构为更简单的子程序。减少嵌套深度的方法如下所述。

通过重复测试部分条件来简化嵌套 if　如果嵌套太深，可以通过重复测试部分条件来减少嵌套层级。下例的嵌套深度足以说明必须要进行重构了：

C++ 代码示例：深层嵌套代码（糟糕的实践）

```
if ( inputStatus == InputStatus_Success ) {
   // lots of code
   ...
   if ( printerRoutine != NULL ) {
      // lots of code
      ...
      if ( SetupPage() ) {
         // lots of code
         ...
         if ( AllocMem( &printData ) ) {
            // lots of code
            ...
         }
      }
   }
}
```

关联参考　重复测试部分条件以降低复杂度的方法类似于重复测试状态变量。该方法的详情，请参见第 17.3 节对错误处理和 goto 语句的介绍。

本例是为了演示嵌套层级而刻意设计的。// lots of code 部分表明该子程序有足够多的代码，需要多屏显示或者会超出页面。以下是修改后的代码，利用的是重复测试而不是嵌套：

C++ 代码示例：通过重复测试来减少嵌套

```
if ( inputStatus == InputStatus_Success ) {
   // lots of code
   ...
   if ( printerRoutine != NULL ) {
      // lots of code
      ...
   }
}

if ( ( inputStatus == InputStatus_Success ) &&
   ( printerRoutine != NULL ) && SetupPage() ) {
   // lots of code
   ...
   if ( AllocMem( &printData ) ) {
      // lots of code
      ...
   }
}
```

这是一个特别现实的例子，表明减少嵌套层级并非没有代价，要想减少嵌套层级，必须得忍受更复杂的测试。但是，从四层减少到两层，可以大大提升可读性，这是值得考虑的。

使用 break 块简化嵌套 if　除了刚才描述的方法，一个替代方法是定义一个代码块。如果块中某些条件失败了，就通过 break 跳转到这个代码块的末尾。

C++ 代码示例：利用 break 代码块

```
do {
   // begin break block
   if ( inputStatus != InputStatus_Success ) {
      break; // break out of block
   }
   // lots of code
   ...
   if ( printerRoutine == NULL ) {
      break; // break out of block
   }

   // lots of code
   ...
```

```
   if ( !SetupPage() ) {
      break; // break out of block
   }

   // lots of code
   ...
   if ( !AllocMem( &printData ) ) {
      break; // break out of block
   }

   // lots of code
   ...
} while (FALSE); // end break block
```

但是，这个技术并不常见，仅用于整个团队都熟悉且已经被团队纳为公认的编码实践之后。

将嵌套 if 转换为一组 if-then-else　慎重考虑嵌套 if 测试，也许能发现可以重新组织，变成一组 if-then-else 而不是嵌套 if。以下面这个复杂的决策树为例：

```
Java 代码示例：过犹之不及的决策树
if ( 10 < quantity ) {
   if ( 100 < quantity ) {
      if ( 1000 < quantity ) {
         discount = 0.10;
      }
      else {
         discount = 0.05;
      }
   }
   else {
      discount = 0.025;
   }
}
else {
   discount = 0.0;
}
```

这个测试在几个方面组织得很差，其中之一是，有多余的测试。在测试数量是否大于 1000 的时候，并不需要同时测试它是否大于 100 和大于 10。所以，可以像下面这样重新组织代码：

```
Java 代码示例：将嵌套 if 转换为一组 if-then-else
if ( 1000 < quantity ) {
   discount = 0.10;
}
```

```
else if ( 100 < quantity ) {
   discount = 0.05;
}
else if ( 10 < quantity ) {
   discount = 0.025;
}
else {
   discount = 0;
}
```

相比其他一些方案，这个方案更容易懂，因为数字看起来很整齐。如果数字不是那么整齐，就像下面这样重新设计嵌套 if 语句：

```
Java 代码示例：若数字显得有点“乱”，将嵌套 if 转换为一组 if-then-else
if ( 1000 < quantity ) {
   discount = 0.10;
}
else if ( ( 100 < quantity ) && ( quantity <= 1000 ) ) {
   discount = 0.05;
}
else if ( ( 10 < quantity ) && ( quantity <= 100 ) ) {
   discount = 0.025;
}
else if ( quantity <= 10 ) {
   discount = 0;
}
```

相比之前的代码，这段代码的主要差异在于，else-if 子句中的表达式并不依赖于之前的测试。这段代码不需要 else 子句，而且测试实际上可以按任意顺序进行。这段代码可以由 4 个 if 构成，不需要使用 else。之所以说 else 版本更好一些，只有一个原因，那就是可以避免不必要的重复测试。

将嵌套 if 转换为 case 语句　可以重新编码某些类型的测试（尤其是那些带整数的），使用 case 语句而不是 if 和 else 链。某些语言不支持这样的技术，但在那些支持的语言中，这是一个强大的技术。下面的例子展示了 Visual Basic 重新编码后的版本：

```
Visual Basic 代码示例：将嵌套 if 转换为 case 语句
Select Case quantity
   Case 0 To 10
      discount = 0.0
   Case 11 To 100
      discount = 0.025
   Case 101 To 1000
      discount = 0.05
```

```
   Case Else
      discount = 0.10
End Select
```

这个例子读起来像一本书。和前几页的两个多重缩进例子相比，它显得特别清爽。

将深层嵌套的代码纳入自己的子程序　如果深层嵌套发生在循环内部，通常可以将循环内部的代码纳入自己的子程序，以此来改善这种情况。如果嵌套是条件和迭代的结果，这样做尤其有效。将 if-then-else 分支保留在主循环中以显示决策分支，然后将分支内的语句移到自己的子程序中。以下代码需要如此改进：

```
C++ 代码示例：这些嵌套代码需要提取为单独的子程序
while ( !TransactionsComplete() ) {
   // read transaction record
   transaction = ReadTransaction();

   // process transaction depending on type of transaction
   if ( transaction.Type == TransactionType_Deposit ) {
      // process a deposit
      if ( transaction.AccountType == AccountType_Checking ) {
         if ( transaction.AccountSubType == AccountSubType_Business )
            MakeBusinessCheckDep( transaction.AccountNum,
transaction.Amount );
         else if ( transaction.AccountSubType == AccountSubType_Personal )
            MakePersonalCheckDep( transaction.AccountNum,
transaction.Amount );
         else if ( transaction.AccountSubType == AccountSubType_School )
            MakeSchoolCheckDep( transaction.AccountNum,
transaction.Amount );
      }
      else if ( transaction.AccountType == AccountType_Savings )
         MakeSavingsDep( transaction.AccountNum, transaction.Amount );
      else if ( transaction.AccountType == AccountType_DebitCard )
         MakeDebitCardDep( transaction.AccountNum, transaction.Amount );
      else if ( transaction.AccountType == AccountType_MoneyMarket )
         MakeMoneyMarketDep( transaction.AccountNum, transaction.Amount );
      else if ( transaction.AccountType == AccountType_Cd )
         MakeCDDep( transaction.AccountNum, transaction.Amount );
   }
   else if ( transaction.Type == TransactionType_Withdrawal ) {
      // process a withdrawal
      if ( transaction.AccountType == AccountType_Checking )
         MakeCheckingWithdrawal( transaction.AccountNum,
transaction.Amount );
```

```
      else if ( transaction.AccountType == AccountType_Savings )
         MakeSavingsWithdrawal( transaction.AccountNum,
transaction.Amount );
      else if ( transaction.AccountType == AccountType_DebitCard )
         MakeDebitCardWithdrawal( transaction.AccountNum,
transaction.Amount );
   }
   else if ( transaction.Type == TransactionType_Transfer ) {
      MakeFundsTransfer(
         transaction.SourceAccountType,
         transaction.TargetAccountType,
         transaction.AccountNum,
         transaction.Amount
      );
   }
   else {
      // process unknown kind of transaction
      LogTransactionError( "Unknown Transaction Type", transaction );
   }
}
```

这里是 Transaction Type Transfer 交易类型

代码虽然很复杂，但还不算是最糟糕的。因为它只有四层嵌套，有注释，有逻辑缩进，功能分解也很充分，特别是对于 TransactionType_Transfer 交易类型。虽然已经很充分，但还是有改进的空间，具体做法是将内层 if 测试的内容分解成它们自己的子程序。

C++ 代码示例：分解成子程序后的、嵌套的代码

```
while ( !TransactionsComplete() ) {
   // read transaction record
   transaction = ReadTransaction();

   // process transaction depending on type of transaction
   if ( transaction.Type == TransactionType_Deposit ) {
      ProcessDeposit(
         transaction.AccountType,
         transaction.AccountSubType,
         transaction.AccountNum,
         transaction.Amount
      );
   }
   else if ( transaction.Type == TransactionType_Withdrawal ) {
      ProcessWithdrawal(
         transaction.AccountType,
         transaction.AccountNum,
         transaction.Amount
      );
   }
```

关联参考 如果一开始就按照第 9 章描述的步骤来创建子程序，这种功能分解会相当容易。有关功能分解的指导原则，可参见第 5.4 节。

```
   else if ( transaction.Type == TransactionType_Transfer ) {
      MakeFundsTransfer(
         transaction.SourceAccountType,
         transaction.TargetAccountType,
         transaction.AccountNum,
         transaction.Amount
      );
   }
   else {
      // process unknown transaction type
      LogTransactionError("Unknown Transaction Type", transaction );
   }
}
```

新的子程序中的代码只是从原来的子程序中提取出来，形成了新的子程序。这里没有显示新的子程序。新的代码有几个优点。首先，两级嵌套使得结构更简单，更容易理解。其次，可以在一屏上阅读、修改和调试较短的 while 循环，不需要跨屏，也不会超出页面。然后，将 ProcessDeposit() 和 ProcessWithdrawal() 的功能放到子程序中，可以获得模块化的其他所有常规优势。最后，现在很容易看出代码可以被分解成一个 case 语句，这会进一步提升它的可读性，如下所示：

C++ 代码示例：分解并使用 case 语句之后，得到更好的、嵌套的代码

```
while ( !TransactionsComplete() ) {
   // read transaction record
   transaction = ReadTransaction();

   // process transaction depending on type of transaction
   switch ( transaction.Type ) {
      case ( TransactionType_Deposit ):
         ProcessDeposit(
            transaction.AccountType,
            transaction.AccountSubType,
            transaction.AccountNum,
            transaction.Amount
            );
         break;

      case ( TransactionType_Withdrawal ):
         ProcessWithdrawal(
            transaction.AccountType,
            transaction.AccountNum,
            transaction.Amount
            );
         break;
```

```
      case ( TransactionType_Transfer ):
         MakeFundsTransfer(
            transaction.SourceAccountType,
            transaction.TargetAccountType,
            transaction.AccountNum,
            transaction.Amount
            );
         break;

      default:
         // process unknown transaction type
         LogTransactionError("Unknown Transaction Type", transaction );
         break;
   }
}
```

使用更面向对象的方法　在面向对象的环境中，简化这种特殊代码的直接方法是创建一个抽象 Transaction 基类，再派生出 Deposit(存)、Withdrawal(取) 和 Transfer(转) 子类。

系统无论规模，都可将 switch 语句转换为一个工厂方法，以便可以复用于任何需要创建 Transaction 类型之对象的地方。如果上述代码是在这样的系统中，这部分就会变得更简单：

关联参考　参见第 24 章，进一步了解这样的代码改进措施。

C++ 代码示例：使用多态和对象工厂之后，得到更好的代码

```
TransactionData transactionData;
Transaction *transaction;

while ( !TransactionsComplete() ) {
   // read transaction record and complete transaction
   transactionData = ReadTransaction();
   transaction = TransactionFactory.Create( transactionData );
   transaction->Complete();
   delete transaction;
}
```

考虑到内容的完整，TransactionFactory.Create() 子程序中的代码要从上例的 switch 语句中摘录过来：

C++ 代码示例：一个对象工厂的好代码

```
Transaction *TransactionFactory::Create(
   TransactionData transactionData
   ) {

   // create transaction object, depending on type of transaction
   switch ( transactionData.Type ) {
      case ( TransactionType_Deposit ):
         return new Deposit( transactionData );
```

```
            break;

         case ( TransactionType_Withdrawal ):
            return new Withdrawal( transactionData );
            break;

         case ( TransactionType_Transfer ):
            return new Transfer( transactionData );
            break;

         default:
            // process unknown transaction type
            LogTransactionError( "Unknown Transaction Type", transactionData );
            return NULL;
      }
}
```

重新设计深层嵌套的代码　一些专家认为，在面向对象的程序设计中，case 语句几乎总是烂代码的同义词，很少有它的用武之地，甚至根本不要用 (Meyer 1997)。从调用子程序的 case 语句到多态对象工厂方法的转换，就属于这种情况。

更常规的情况是，复杂代码是一个信号，表明你对程序不够了解，因而不能把它变得更简单。深层嵌套是一个警告信号，表明需要把复杂的代码分解成子程序或重新设计代码中复杂的部分。这并不是说必要须修改子程序，但如果不这样做，需要有一个充分的理由。

关于减少深层嵌套的技术总结

下面列出可以用来减少深度嵌套的技术及其在本书中位于哪些章节：

- 重复测试条件的一部分 (本节)
- 转换为 if-then-else(本节)
- 转换为 case 语句 (本节)
- 将深度嵌套的代码提取为自己的子程序 (本节)
- 使用对象和多态分派 (本节)
- 重写代码以使用状态变量 (第 17.3 节)
- 使用防卫子句退出子程序，使得代码的正常路径更清晰 (第 17.1 节)
- 使用异常 (第 8.4 节)
- 完全重新设计深层嵌套的代码 (本节)

19.5 编程基础：结构化编程

“结构化编程”一词起源于戴克斯特拉 (Edsger W. Dijkstra)1969 年在 NATO 软件工程会议上发表的一篇具有里程碑意义的论文“结构化编程”(Dijkstra 1969)。结构化编程这个概念提出以后，“结构化”一词便火了，被广泛应用于每个软件开发活动，包括结构化分析、结构化设计和“结构化偷懒”。然而，各种结构化的方法论并没有任何共同点，惟一的共同点是它们都是在“结构化”这个词可以为其增光添彩时产生的。

结构化编程的核心思想很简单，即程序应该只使用单进单出的控制结构。单进单出的控制结构是一个代码块，只可以从一个地方开始，只可以从一个地方结束。没有其他入口或出口。结构化编程不同于结构化、自上而下的设计。它只针对详细编码这一层级。

结构化的程序以一种有序的、有规律的方式进行，不会不可预测地跳转。可以自上而下阅读，其执行方式基本也是这样。由于方法不太规范，所以不好通过阅读源代码来弄清楚程序在机器中的执行方式。可读性差，意味着不好理解，最终降低程序的质量。

结构化编程的核心概念在今天仍然有用，break、continue、throw、catch、return 的使用以及其他主题都需要考虑。

结构化编程的三个组成部分

接下来三个小节描述构成结构化编程核心的三种结构。

顺序

顺序结构指的是一组按顺序执行的语句。典型的顺序语句包括赋值和调用子程序。下面是两个例子：

关联参考 要想深入了解顺序结构的使用，请参见第 14 章。

```
Java 代码示例：顺序代码
// a sequence of assignment statements
a = "1";
b = "2";
c = "3";

// a sequence of calls to routines
System.out.println( a );
System.out.println( b );
System.out.println( c );
```

选择

关联参考　要想深入了解选择结构的使用，请参见第 15 章。

选择结构指的是使语句选择性执行的结构。if-then-else 语句是一个常见的例子。要么执行 if-then 子句，要么执行 else 子句，但不能都执行，选择的是执行其中一个子句。

case 语句是另一个选择程序执行控制的例子。C++ 和 Java 中的 switch 语句和 Visual Basic 中的 select 语句都是 case 语句的例子。在这些例子中，都是从几种 case 中选择一个来执行。从概念上讲，if 语句和 case 语句是相似的。如果语言不支持 case，可以用 if 语句来模拟。下面是两个例子：

Java 代码示例：选择

```
// selection in an if statement
if ( totalAmount > 0.0 ) {
   // do something
   ...
}
else {
   // do something else
   ...
}

// selection in a case statement
switch ( commandShortcutLetter ) {
   case 'a':
      PrintAnnualReport();
      break;
   case 'q':
      PrintQuarterlyReport();
      break;
   case 's':
      PrintSummaryReport();
      break;
   default:
      DisplayInternalError( "Internal Error 905: Call customer support." );
}
```

迭代

关联参考　要想深入了解迭代结构的使用，请参见第 16 章。

迭代结构使一组语句被多次执行。迭代通常也称为“循环”。迭代的种类包括 Visual Basic 中的 For-Next 以及 C++ 和 Java 中的 while 和 for。以下代码展示了 Visual Basic 中迭代的例子：

Visual Basic 代码示例：迭代

```
' example of iteration using a For loop
For index = first To last
   DoSomething( index )
Next

' example of iteration using a while loop
index = first
While ( index <= last )
   DoSomething ( index )
   index = index + 1
Wend

' example of iteration using a loop-with-exit loop
index = first
Do
   If ( index > last ) Then Exit Do
   DoSomething ( index )
   index = index + 1
Loop
```

结构化编程的核心论点是，任何控制流程都可以运用顺序、选择和迭代这三种结构来创建 (Böhm Jacopini 1966)。程序员有时更青睐于那些用起来方便的语言结构，但编程的进步在很大程度上似乎得益于我们想要编程语言来做更多的事情。在结构化编程出现之前，goto 语句的使用便是控制流程的“天花板”，但最后，以这种方式写成的代码被证明是不容易理解和不容易维护的。我认为，除了三种标准的结构化编程结构之外，任何控制结构的使用，也就是 break、continue、return 和 throw-catch 等，都应该秉持批判性思维。

19.6 控制结构与复杂度

对控制结构之所以如此关注，一个原因是它们对整个程序的复杂度影响很大。控制结构用得不好的话，会加大复杂度；用得好的话，则会降低复杂度。

“凡事都要力求简单，不过也不能过于简单。”
—爱因斯坦

KEY POINT

编程复杂度的一个衡量标准是为理解程序而必须同时关注多少心智对象。这种心智上的博弈是编程中最大的难点，也是编程相比其他活动需要更多注意力的原因。它是程序员对“不时被打断”感到不安的原因，这种打断无异于要求杂剧团的小丑玩杂耍，一边要关注空中下落的三个球，一边手上还得拿着杂货。

直观地说，程序的复杂度似乎在很大程度上决定了理解程序需要多少工作量。麦凯布 (Tom McCabe) 发表了一篇有影响力的论文，认为程序的复杂度是由其控制流程定义的 (1976)。其他研究人员已确定了 McCabe 循环复杂度度量 (cyclomatic complexity metric) 之外的因素，例如子程序所用的变量数量。但他们同意，控制流程至少也算得上是造成复杂性的最大因素之一，而且可能是最大的。

复杂度有多重要呢

关联参考 复杂度的详情，请参见第 5.2 节介绍的“软件的首要技术使命：管理复杂度”（第 73 页）。

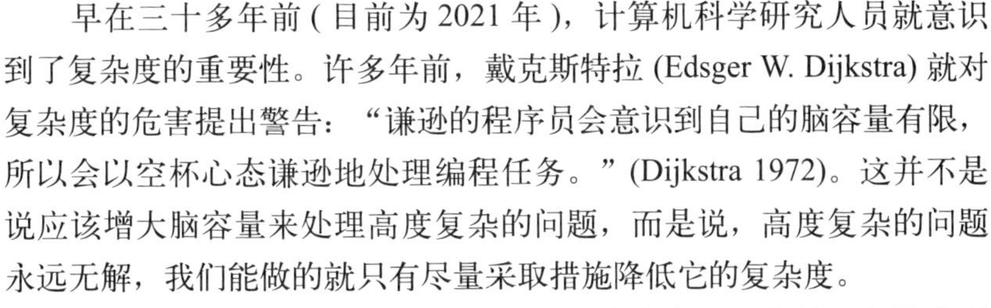

早在三十多年前 (目前为 2021 年)，计算机科学研究人员就意识到了复杂度的重要性。许多年前，戴克斯特拉 (Edsger W. Dijkstra) 就对复杂度的危害提出警告：“谦逊的程序员会意识到自己的脑容量有限，所以会以空杯心态谦逊地处理编程任务。” (Dijkstra 1972)。这并不是说应该增大脑容量来处理高度复杂的问题，而是说，高度复杂的问题永远无解，我们能做的就只有尽量采取措施降低它的复杂度。

与控制流程相关的复杂度很重要，因为它与低可靠性和频繁出现的错误密切相关 (McCabe 1976, Shen et al. 1985)。1989 年，沃德 (William Thomas Ward) 在惠普的一个报告指出，使用麦凯布 (McCabe) 的复杂度度量后，软件的可靠性得到了显著的提高。麦凯布的度量标准被应用于一个 77 000 行的程序来识别哪些区域有问题。该程序在发布后的缺陷率为每千行代码 0.31 个缺陷。一个有 125 000 行的程序发布后，缺陷率为每千行代码 0.02 个缺陷。报告说，由于它们的复杂度较低，所以这两个程序的缺陷比 HP 公司的其他程序少得多。我自己的公司 Construx Software 在 21 世纪初曾经用复杂度度量来识别有问题的子程序，得出的结果也与此类似。

降低复杂度的常规指导原则

可以通过以下两种方式之一来更好地处理复杂度。首先，可通过心智训练来提高自己的智力。但是，编程本身通常就能够为我们提供足够多的练习，而且，人们似乎难以处理超过大约 5 到 9 个心智对象 (Miller 1956)。所以，这方面的改进空间很小。其次，可以降低程序的复杂度，并减少关注，尽可能让它们更容易理解。

如何度量复杂度

深入阅读　这里描述的方法来源于麦凯布在 1996 年发表的颇有影响力的论文“A Complexity Measure”。

你可能有一种直觉，就是知道什么因素会使一个子程序变得更复杂或不复杂。研究人员试图将这种直觉正规化，并提出几种方法来衡量复杂度。最有影响力的数字技术或许是麦凯布 (Tom McCabe) 提出的。在他看来，复杂度是通过计算子程序中的“决策点”数量来衡量的。表 19-2 描述了用于统计决策点数量的方法。

表 19-2　用于统计子程序中的决策点数量的技术

1. 从 1 开始，沿子程序常规路径开始计数。
2. 遇到以下每个关键字或其等价表示都递增 1：if while repeat for and or。
3. 为 case 语句中的每个 case 递增 1。

下面是一个例子：

```
if ( ( (status = Success) and done ) or
   ( not done and ( numLines >= maxLines ) ) ) then ...
```

对于这段代码，从 1 开始计数，遇到 if 变成 2，遇到 and 变成 3，遇到 or 变成 4，遇到 and 变成 5。所以，这段代码一共有 5 个决策点。

如何衡量复杂度

计算好决策点之后，可以用这个数字来分析子程序的复杂度：

0~5	子程序可能还行
6~10	开始考虑如何简化这个子程序
10+	将子程序的一部分分解成第二个子程序，并从第一个调用

将一个子程序的一部分移到另一个子程序，并不会降低程序的整体复杂度，它只是将决策点移动了一下。但它降低了任何时候都需要应对的复杂度。由于重要目标是尽量从数量上减少必须由心智来处理的项目，所以降低特定子程序的复杂度是值得尝试的。

最多 10 个决策点并不是一个绝对的限制。将决策点数量作为一种警告标志，用它来表明程序可能需要重新设计。但也不要死守这个规则。一个有很多个 case 的 case 语句可能含有超过 10 个元素；取决于 case 语句的目的，对它进行强拆可能是很愚蠢的。

其他类型的复杂度

深入阅读　有关复杂度度量的精辟论述，请参见《软件工程度量与模型》(Conte, Dunsmore, and Shen 1986)。

虽然麦凯布的复杂度衡量不是惟一合理的方式，但它却是计算相关文献中讨论最多的。考察控制流程时，它特别有帮助。其他衡量方式还有使用的数据量、控制结构中的嵌套层数、代码行数、对变量的连续引用之间的行数（跨度）、变量被使用的行数（存活时间）以及输入和输出量。一些研究人员在这些较简单的指标的组合基础上开发了复合型的衡量指标。

检查清单：控制结构问题

- ❑ 表达式中采用的是 true 和 false，而不是 1 和 0 吗？
- ❑ 布尔值是与 true 和 false 进行隐式比较吗？
- ❑ 数值是与它们的测试值进行显式比较吗？
- ❑ 通过新增布尔变量、使用布尔函数和决策表来简化表达式了吗？
- ❑ 采用的是肯定形式的布尔表达式吗？
- ❑ 花括号正确配对了吗？
- ❑ 在必要时使用花括号来使语句更清晰了吗？
- ❑ 逻辑表达式都用圆括号括起来了吗？
- ❑ 测试是按数轴顺序写的吗？
- ❑ 在适当的时候，Java 测试用的是否是 a.equals(b) 形式，而非 a==b 形式？
- ❑ 空语句看起来明显吗？
- ❑ 通过重复测试条件的一部分、转换成 if-then-else 或 case 语句、提取到单独的子程序中、转换为更面向对象的设计或采用其他改进方法来简化嵌套语句了吗？
- ❑ 如果一个子程序的决策点超过 10 个，是否有充分的理由不进行重新设计？

要点回顾

- 使布尔表达式简单易懂将非常有助于提升代码的质量。
- 深层嵌套导致子程序变得难以理解。幸好，这种情况可以相对容易地加以避免。
- 结构化编程是一种简单且仍然适用的理念：可以通过组合顺序、选择和迭代这三种基本结构来构建出任何程序。
- 要想最小化复杂度，写出高质量的代码是关键。

读书心得

1. ______________________________
2. ______________________________
3. ______________________________
4. ______________________________
5. ______________________________

第Ⅴ部分
代码改进

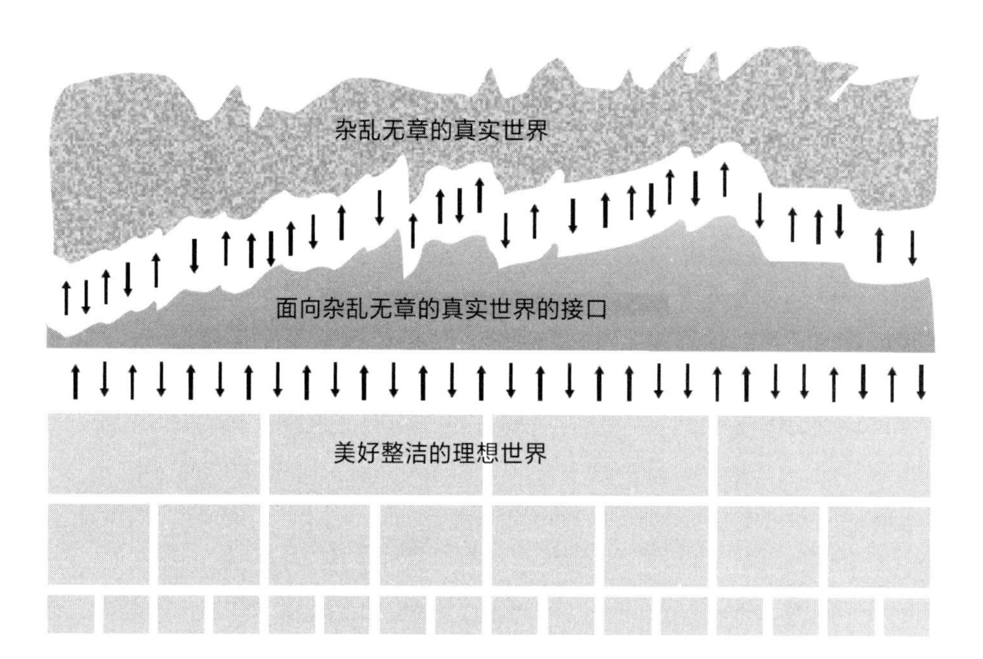
杂乱无章的真实世界
面向杂乱无章的真实世界的接口
美好整洁的理想世界

第 20 章

软件质量概述

内容

相关主题及对应章节

- 协同构建：第 21 章
- 开发者测试：第 22 章
- 调试：第 23 章
- 构建的先决条件：第 3 章和第 4 章
- 先决条件是否适用于现代软件项目：第 3.1 节

本章从构建的角度来审视软件质量保证技术。当然，整本书都是讲如何改进软件的质量，但本章主要关注质量和质量保证本身。本章更多以宏观的视角进行讨论，而不是深入到实际的技术操作细节中。如果读者正在寻找有关协同构建、测试和调试的实用建议，请直接阅读第 21~23 章。

20.1 软件质量的特性

软件同时具有外部和内部质量特性。外部特性是软件产品的用户能够感知到的特性，包括以下内容。

- 正确性 (correctness)　系统在规范、设计和实现方面错误的稀少程度。
- 易用性 (usability)　用户学习和使用系统的容易程度。
- 效率 (efficiency)　是否尽可能少占用系统资源，包括内存和执行时间。
- 可靠性 (reliability)　系统能够按需在指定的条件下完成所需功

能的能力，即平均故障间隔时间 (MBTF) 长。

- 完整性 (integrity)　系统阻止未经授权或不正确访问其程序及其数据的能力。完整性的概念包括限制未经授权的用户访问以及确保数据能够正确访问，例如，保证那些保存着并行数据的表格能够正确并行修改，日期字段仅包含有效日期，等等。
- 适应性 (adaptability)　指为特定应用或者环境设计的系统，在不做修改的情况下能够在其他应用或者环境中使用的程度。
- 精确性 (accuracy)　指对所构建的系统来说，其输出结果的误差程度，尤其在输出结果为数量值的时候。精确性和正确性的不同在于，前者用来判断系统完成工作的优劣程度，而后者用于判断系统是否被正确开发出来。
- 健壮性 (robustness)　指的是系统在接收无效输入或处于压力环境时正常运行的能力。

以上这些特性中，有一部分是互相重叠的，但它们都有不同的含义，并且在不同场合下，重要性也有所不同。

质量的外部特性是用户惟一关心的软件特性。用户关心软件是否易于使用，而不关心对程序员来说是否容易修改。他们关心软件是否正常工作，而不关心代码是否可读或结构良好。

程序员除了关心软件的外部特性之外，还要关心软件的内部特性。本书的核心是代码，因此侧重于内部质量特性，具体如下。

- 可维护性 (maintainability)　指是否能够很容易对系统进行修改，以改变或添加功能、提高性能或修正缺陷。
- 灵活性 (flexibility)　对于一个为特定用途或环境设计的系统，当该系统被用于其他的目的或者环境时，需要对该系统做出修改的程度。
- 可移植性 (portability)　指为了在原来设计的特定环境之外运行，对系统进行修改的难易程度。
- 可重用性 (reusability)　指系统的某些部分可被应用到其他系统中的程度以及此项工作的难易程度。
- 可读性 (readability)　指阅读并理解系统源代码的难易程度，尤其实在细节语句的层次上。

- 可测试性 (testability)　指可以对系统进行单元测试和系统测试的程度；可以验证系统满足需求的程度。
- 可理解性 (understandability)　在系统组织和细节语句层次上理解系统的难易程度。与可读性相比，可理解性对系统的内在一致性方面提出了更高的要求。

正如外部质量特性一样，一些内部质量特性之间也是有所重叠的，同样，其中的每一个在特定场合中重要性不同。

系统质量的内部特性是本书的主要内容，所以本章不对内部特性做更深入的讨论。

内部特性和外部特性之间的差异并不是泾渭分明的，因为在某些层次上，内部特性会影响外部特性。一个无法从系统内部理解或者维护的软件，其缺陷也是难以修正的，进而影响到正确性和可靠性这两个外部特性。不灵活的软件不能根据用户需求进行改进，进而影响到可用性这个外部特性。重点在于，我们强调某些质量特性是为了让用户的生活更加轻松，而强调另一些质量特性是为了让程序员的生活更加轻松。我们要弄清楚这些特性都是什么，何时以及如何相互作用。

要让所有特性都达到极致是不可能的。需要从一组互相竞争的目标中寻找最佳解决方案，正是这种情况，使软件开发成为一个真正的工程学科。图 20-1 显示了关注某些外部质量特性会如何影响其他特性。在软件质量的内部特性中可以找到类似的关系。

该图最有趣的是，关注某个特性并不总是意味着要牺牲另一个特性。有时，一个特性会损害另一个特性，而有时，一个特性还可能会促进另一个特性，还有时既不会损害，也不会促进。例如，正确性是指实际功能与规格说明完全相同。健壮性是指即使意外也有能力继续运行。专注于正确性会损害健壮性，反之亦然。相反，关注适应性有助于提高健壮性，反之亦然。

该图展示的仅仅是质量特性之间的典型关系。在任何一个项目中，两个特性之间的关系可能与典型的关系不同。思考一下自己的具体质量目标，看看它们是相互促进还是相互制约，这样做非常意义。

专注于下面的因素会对右侧的因素产生什么样的影响	正确性	易用性	效率	可靠性	完整性	适应性	精确性	健壮性
正确性	↑		↑	↑			↑	↓
易用性		↑				↑	↑	
效率	↓		↑	↓	↓	↓	↓	
可靠性	↑			↑	↑		↑	↓
完整性			↓	↑	↑			
适应性					↓	↑		↑
精确性	↑		↓	↑		↓	↑	↓
健壮性	↓	↑	↓	↓	↓	↑	↓	↑

提升 ↑　减弱 ↓

图 20-1　关注软件质量的某个外部特性，可能对其他特性有正面或负面的影响，也可能没有任何影响

20.2 改进软件质量的技术

软件质量保证是一项需要预先计划的、系统性的活动，其目标是确保系统具有人们所期望的特性。虽然开发高质量产品最好的方法似乎是关注产品本身，但在软件质量保证方面，还需要关注软件开发过程。下面将对软件质量方案的一些要素进行描述。

软件质量目标　改进软件质量的一种强有力的方法，就是根据上一节中描述的外部和内部特性，设定明确的质量目标。如果没有明确的目标，程序员做到极致的特性可能与你希望做到极致的特性不同。设置明确目标的威力将在本节后面详细讨论。

明确的质量保证活动　在质量保证工作中，一个常见问题是质量被视为次要目标。确实，在某些组织中，快而糙 (quick and dirty) 的编程方式已经成为一种常态，而非另类。在这种组织当中，有这种胡乱堆砌劣质代码并能快速“完成”程序开发的程序员，也有写好代码并

在发布之前确保程序能正常运行的程序员，而前者在组织中获得的报酬有可能高于后者。在这样的组织中，如果发现程序员不把质量当作头等大事，没有什么好奇怪的。组织必须以实际行动向程序员表明“质量第一”的重要性。因此，将质量保证工作明确下来，可以清楚地表明质量的优先程度，如此一来，程序员就会有相应的响应。

关联参考　第 22 章对测试进行了详细的讨论。

测试策略　执行测试可以为产品的可靠性进行详细评估。质量保证的一部分是结合产品需求、架构和设计制定相关的测试策略。许多项目的开发人员都将测试作为质量评估和质量改进的首要方法。本章的其余部分将更详细地说明这样的想法会导致测试不堪重负。

关联参考　第 4.2 节介绍了针对软件构建的一些软件工程指南。

软件工程指南　在开发过程中，指南应该控制软件的技术特性。此类指南适用于所有软件开发活动，包括问题定义、需求开发、架构设计、构建和系统测试。从某种意义上说，本书是用于构建的软件工程指南。

非正式技术评审　许多软件开发人员会在正式评审之前自行检查自己的工作，非正式评审包括对设计或代码进行桌面检查，或与几个同事一起走查代码。

关联参考　第 21 章将对评审和审查进行介绍。

正式技术评审　管理软件工程过程的一部分工作就是在“价值最低”阶段捕获问题，也就是说，在投资最少且修正问题成本最小的时候。为了实现这一目标，开发人员使用“质量关卡”，定期测试或评审，来确定产品在一个阶段的质量是否满足了要求，从而能够进入下一个阶段。质量关卡通常在需求开发和架构、架构和构建，以及构建和系统测试之间转换的时候使用。“关卡”可以是审查、同行评审、客户评审或一次审计。

关联参考　开发方法随着项目类型的不同会有很大的差异，第 3.2 节有详细介绍。

“关卡”并不意味着架构或需求需要 100%完成或冻结；而是用这个关卡来确定需求或架构是否足够好，以能够支持下游开发工作。“足够好”可能意味着已经勾勒出最关键的 20%的需求或架构，它也可能意味着已经指定了 95%的细得不能再细的细节，至于得达到什么程度，取决于具体项目的性质。

外部审计　外部审计是一种特定的技术评审，用于确定项目的状态或正在开发的产品的质量。审计小组从组织外部引入，并将其审计结果报告给委托方，委托方通常是管理层。

开发过程

深入阅读　《软件开发的艺术》(McConnell 1994) 对软件开发过程进行了详细的讨论。

到目前为止，提到的每个要素都同软件质量保证有着明确的关系，与软件开发过程也有千丝万缕的关系。相对于不包含质量保证活动的开发工作，包含质量保证活动的开发工作能够产出更好的软件。还有其他的一些流程，其本身并不是明确的质量保证活动，但也会对软件质量产生影响。

关联参考　第 28.2 节将对变更控制进行说明。

变更控制过程　实现软件质量目标的拦路虎之一就是失控的变更。需求变更的失控可能扰乱设计和编码工作。设计中失控的变更可能导致代码与需求不符、代码内部一致性很差或者花费更多时间修改代码以满足不断变化的设计而不是花费在推进项目上。代码本身变更的失控，可能导致内部不一致，程序员无法确定哪些代码已经做过全面评审和测试，哪些代码没有。变更的自然影响是导致质量变得不稳定并且质量下降，因此有效地管理变更是实现高质量的关键。

结果的度量　除非对质量保证计划的结果进行度量，否则无法知道该计划是否有效。度量可以告诉你计划是成功还是失败，还可以让你以受控方式改变流程，从而了解如何能够改进流程。你还可以度量质量特性本身：正确性、可用性，以及效率等等，这样做很有用。有关度量质量特性的详细信息，请参阅《软件工程原理》(Gilb 1988) 的第 9 章。

制作原型　制作原型是指开发出系统中关键功能的实际模型。开发人员可以对用户界面的一部分进行原型设计以确定其可用性，也可以对关键算法进行原型设计以确定其执行时间，或对典型数据集进行原型设计以确定其对内存的要求。有一项研究对 16 个已公布和 8 个未公布的案例进行了分析，以便对原型开发方法和传统的依照规范开发的方法进行了对比。结果表明，构建原型能够产生更好的设计，能够更好地满足用户需求，同时提高可维护性 (Gordon and Bieman, 1991)。

设置目标

明确设置质量目标是实现高质量软件的一个简单、显而易见的步骤，但它很容易被忽视。你可能想知道，如果设定了明确的质量目标，程序员是否真的会朝这个方向努力并最终实现了？答案是肯定的，如果知道目标是什么，并且这些目标合理的话，他们会这么做。面对天天都在变或者无法实现的目标，程序员是无法做出回应的。

有一项引人入胜的实验用于研究设定质量目标对程序员效能的影响 (1974)。其中有五个程序员团队分别在做同一个程序的五个版本上。五个团队中的每个团队都有相同的五个质量目标，但要求每个团队优化不同的目标。一个团队将所需内存降至最小，另一个团队产生的输出最清晰，另一个团队写出的代码可读性最强，另一个使用最少数量的语句，最后一组在尽可能少的时间内完成程序。表 20-1 展示了每个团队在各个目标上的排名情况。

表 20-1 每个团队在各个目标上的排名

团队被告知要优化的目标	内存使用最小化	可读性最强的输出	可读性最强的代码	代码最少	编程时间最少
最小内存	1	4	4	2	5
输出可读性	5	1	1	5	3
程序可读性	3	2	2	3	4
代码最少	2	5	3	1	3
编程时间最少	4	3	5	4	1

来源：修改自 (Weinberg and Schulman, 1974)

这项研究的结果引人注目。五个团队中有四个团队在要求他们优化的目标上排名第 1，剩下的那个团队排名第二。没有一个团队在所有目标中都做得很好。

这一惊人的结果暗示人们确实会按要求去做。程序员有很高的成就动机：他们会努力达成指定的目标，但必须告诉他们目标是什么。第二个暗示是，正如预期的那样，目标之间是会发生冲突的，而且通常不可能在所有目标上做得很好。

20.3 质量保证技术的相对效能

各种质量保证实践并非都具有相同的效能。人们已经研究了许多技术，并且了解到了它们在检测和排除缺陷方面的效能。本节将讨论质量保证实践“效能”的方方面面。

缺陷检测率

“如果建筑工人像程序员写程序那样造房子，那么第一只飞到房顶上的啄木鸟将足以毁掉整个人类文明。”
—温伯格

在缺陷检测方面，有些实践会比其他实践更加有效，不同的方法会找出不同类型的缺陷。测定所找到的缺陷占该项目当时所有存在缺陷的百分比，是评估各种缺陷检测方法的一种途径。表 20-2 展示了几种常见缺陷检测技术的缺陷检出率。

检测措施	最低检出率	典型检出率	最高检出率
非正式设计评审	25%	35%	40%
正式设计审查	45%	55%	65%
非正式代码评审	20%	25%	35%
正式代码审查	45%	60%	70%
建模或原型法	35%	65%	80%
代码的个人桌面检查	20%	40%	60%
单元测试	15%	30%	50%
新功能(组件)测试	20%	30%	35%
集成测试	25%	35%	40%
回归测试	15%	25%	30%
系统测试	25%	40%	55%
小规模 Beta 测试 (<10 个站点)	25%	35%	40%
大规模 Beta 测试 (>1000 个站点)	60%	75%	85%

来源：修改自 *Programming Productivity*(Jones 1986a)，*Software Detect-Removal Efficiency*(Jones 1996) 以及 *What We Have Learned About Fighting Defects*(Shull et al. 2002)

该数据揭示的最有趣的事实是，对于任何单一技术，其典型检出率都没有超过 75%，并且平均值约为 40%。此外，对于最常用的缺陷检测方法 ÷ 单元测试和集成测试，它们的典型检出率仅为 30%~35%。典型的组织会借助一项大规模测试来检测缺陷，并且仅实现约 85%的缺陷排除效率。先进的组织会使用更多种技术，能够实现 95%或更高的缺陷排除率 (Jones 2000)。

译注
计算机科学家、企业家和作家，在微处理器体系结构方面做出了重要的贡献。他有一个观点是，好的测试用例有极高的概率检出未被发现的错误，而不是用来演示程序运行是否正常。

这些数据明显在提醒我们，如果项目开发人员正在努力争取更高的缺陷检测率，他们需要综合运用各种技术。迈尔斯 (Glenford Myers)* 的一项经典研究证实了这一命题 (Myers 1978b)。他研究了一组程序员，他们至少有 7 年、平均 11 年的专业经验。他给出了具有 15 个已知错误的程序，他让每个程序员使用下列技术中的一种来查找错误：

- 根据规格说明执行测试；
- 参考源代码，根据规格说明执行测试；
- 参考规格说明和源代码，对代码进行走查 / 审查。

迈尔斯发现，程序员检测到的缺陷数量存在巨大的差异，从 1.0 到 9.0 不等，平均值为 5.1，约为已知缺陷数量的三分之一。

单独使用时，没有任何一种方法在统计意义上比其他方法有显著优势。人们所发现的错误种类繁多。然而，一旦组合使用任意两种方法，包括让两个独立的小组使用相同的方法，都能将发现缺陷的总数增加近 2 倍。根据 NASA 软件工程实验室、波音和其他一些公司的报告，不同的人往往会发现不同的缺陷。发现的错误中只有大约 20%是由多审查员发现的 (Kouchakdjian, Green, and Basili 1989; Tripp, Struck and Pflug 1991; Schneider; Martin and Tsai 1992)。

迈尔斯指出，在查找某些特定类型的错误时，人工方法 (例如审查和走查) 往往比基于计算机的测试更有效，而对很多其他类型的错误来说则相反 (1979)。这个结果在后来的一项研究中得到证实，该研究发现，阅读代码能检测到更多的接口缺陷，功能测试能够检测到更多的控制缺陷 (Basili，Selby and Hutchens 1986)。测试大师贝塞尔 (Boris Beizer) 的报告指出，除非使用覆盖率分析工具，否则非正式测试方法通常只能达到 50%~60%的测试覆盖率 (Johnson 1994)。

这一结果表明，采用多种缺陷检测方法联合作战，效果比某种方法单打独斗要好。琼斯 (Carpers Jones) 也得出了相同的结论，他观察到，不同方法累积产生的缺陷检出率明显高于任意一种方法。仅仅使用测试所能达到的效能是惨不忍睹的。琼斯指出，即使把单元测试、功能测试以及系统测试结合到一起，累积起来的缺陷检出率还是要低于 60%，对于产品级软件来说，这通常是不够的。

这些数据还可以解释为什么开始使用更规范的缺陷排除技术 (如极限编程)，能够让程序员体验到比过去更高的缺陷排除水平。如表 20-3 所示，极限编程中使用的那一套缺陷排除方法，在一般情况下可实现约 90%的缺陷排除效率，在最好情况下可达到 97%，这远远优于行业平均值 85%。虽然有些人将此效能归功于极限编程实践之间的协同作用，但只要使用了这些特定的缺陷排除方法，这样的结果并非遥不可及。结合使用多种实践的其他组合也可以达到同样甚至更好的效果，而确定使用哪些缺陷排除方法来达到期望的质量水平，正是有效的项目计划的一部分。

表 20-3　极限编程的预估缺陷排除率

检测措施	最低检出率	典型检出率	最好检出率
非正式设计评审 (结对编程)	25%	35%	40%
正式代码评审 (结对编程)	20%	25%	35%
代码的个人桌面检查	20%	40%	60%
单元测试	15%	30%	50%
集成测试	25%	35%	40%
回归测试	15%	25%	30%
缺陷排除的预期累积效率值	约 74%	约 90%	约 97%

找出缺陷的成本

某些缺陷检测方法的成本比其他方法要高。最经济的实践会让单位缺陷寻找成本最低，而所有其他方面同别的实践相同。“所有其他方面必须相同”这一点非常重要，因为单位缺陷成本受发现的缺陷总数、缺陷被发现时所处的阶段，以及特定缺陷检测技术经济因素之外的其他因素影响。

大多数研究发现，审查比测试成本更低。软件工程实验室的一项研究发现，阅读代码每小时检测到的缺陷比测试多出约80% (Basili and Selby 1987)。另一个组织发现，通过使用测试来检测设计缺陷的成本是使用审查的6倍 (Ackerman，Buchwald and Lewski 1989)。IBM后来的一项研究发现，审查发现一个错误只需要3.5个工时，而测试需要15~25个工时 (Kaplan 1995)。

修正缺陷的成本

找出缺陷的成本只是综合成本的一部分，另一部分是修复缺陷的成本。乍一看上去，似乎缺陷是怎么发现的并不重要，因为无论怎么发现的，修复缺陷的成本总是相同的。

关联参考 缺陷在系统中存在的时间越长，修正缺陷的成本也越高。这一点在第3.1节的“诉诸于数据”有详细的讨论。第22.4节对错误本身展开了讨论。

事实并非如此，因为一个缺陷在系统中存在的时间越长，消除它的代价就越高。因此，能够尽早发现错误的检测技术可以降低消除错误的成本。更重要的是，有些技术，如审查，可以一举检测出缺陷的现象和原因；而另一些技术，如测试，则只能发现问题表象，如需诊断并从根本上解决问题，还要做额外的工作。我们可以得到的结论是，一步到位的方法明显比两步走的方法更划算。

微软的应用部门发现，通过使用代码审查这种一步到位的技术找出并修正一个缺陷需要3个小时，而使用测试这种两步完成的技术需要12个小时 (Moore 1992)。有报告称，在一个由400多名开发人员 (Collofello and Woodfield 1989) 构建的70万行代码的程序中，他们发现，代码评审的成本效益是测试的好几倍，前者的投资回报率为1.38，而后者只有0.17。

最重要的是，有效的软件质量计划必须在开发的所有阶段联合使用多种技术。下面是一套推荐阵容，通过它们可以得到高于平均水平的质量：

- 对所有需求、所有架构以及系统关键部分的设计进行正式审查
- 建模或创建原型

- 代码阅读或审查
- 执行测试

20.4 何时进行质量保证

关联参考 前期准备工作：需求和架构方面的质量保证不在本书讨论范围之内。可以从本章末尾“更多资源”部分列出的书目中找到与这个主题相关的描述。

正如第 3 章所指出的那样，错误越早引入到软件当中，它与软件的其他部分就越缠夹不清，修正这个错误的成本就越高。需求中的一个错误有可能会产生一个或多个设计中的错误，这会进而产生许多相应的代码错误。需求错误可能导致多余的架构设计或糟糕的架构决策。多余的架构设计会导致多余的代码、测试用例和文档。或者，需求错误可能导致架构、代码和测试用例最终不得不被抛弃。这就如同在浇筑地基之前，应当先在建筑图纸上把问题解决了。在需求或者架构的缺陷影响到后续工作之前将其捕获不失为上策。

此外，相对于构建阶段的错误，需求或架构方面的错误往往会产生更为广泛的影响。单个架构错误可能会影响几个类和几十个子程序，而单个构建错误的影响范围不太可能超过一个子程序或者类。也正是基于这个理由，尽早捕获错误才能有效节省成本。

缺陷可能在任何阶段渗透到软件中。因此，需要在项目的早期阶段就开始强调质量保证工作，并将其贯彻到项目的后续部分。在开工之时，这一工作就应该纳入计划，在项目进行中作为技术脉络的一部分，并且应该作为项目的结束点，当整个工作结束的时候检验产品的质量。

20.5 软件质量的普遍原理

世界上没有免费的午餐，即使有，味道也不一定会好到哪里去。然而，软件开发与高级烹饪技术相去甚远，并且软件质量又是如此与众不同。软件质量的普遍原理就是改进代码质量从而降低开发成本。

理解这一原理依赖于理解一个很容易观察到的关键事实：提高生产率和改进质量的最佳方法是减少花费在代码返工上的时间，无论返工是由需求变化、设计变更还是调试引起的。软件产品的业界平均生产率大约是每人每天 10 到 50 行最终交付代码（包括所有非编码开销）。敲出 10 到 50 行代码只需几分钟，那么每天剩下的时间是如何度过的？

关联参考 编写单个程序和编写软件产品是有区别的，第 27.5 节对此做了说明。

这一生产率数据显得如此低下，部分原因是这样的业界平均值把非程序员所花费的时间也纳入每日代码行数的计算里了。测试人员、项目经理以及行政支持的时间都包含在里面。诸如需求开发和设计这种非编码工作，也会在计算时被考虑进去。但这些都不是时间花费如此惊人的主要原因。

大多数项目中，规模最大的活动(没有之一)是调试和修正无法正常运行的代码。调试和与此相关的重构或者其他的返工工作，在传统的不成熟的软件开发周期中会消耗大约 50%的时间。(详情参见第 3.1 节。)只要避免引入错误，就可以减少调试时间，从而提高生产力。因此，缩短开发周期的最显著方法是改进产品质量，由此减少在调试和软件返工上所花费的时间。

相关领域的数据可以证明这一分析结论。NASA 软件工程实验室在分析了总计 400 人年工作量的 50 个开发项目的 300 万行代码后发现，更多的质量保证工作能降低错误率，但不会增加开发的总成本 (Card 1987)。

IBM 的一项研究也得到了类似的结论：

> 缺陷最少的软件项目的开发时间最短，并且又有最高的开发生产率……消除软件缺陷实际上是软件最昂贵且最耗时的软件工作 (Jones 2000)。

即便是在最小的尺度上，这一结论同样正确。1985 年，有人进行了一项研究，要求 166 名专业程序员根据相同的规范来写程序，他们写出来的程序平均有 220 行代码，每个人的平均时间会略少于 5 小时。令人吃惊的是，那些花中位数时间完成程序的程序员写的程序中错误最多，而那些花多于或少于中位数时间的程序员产生的程序错误显著减少 (DeMarco and Lister 1985)。图 20-2 显示了这一结果。

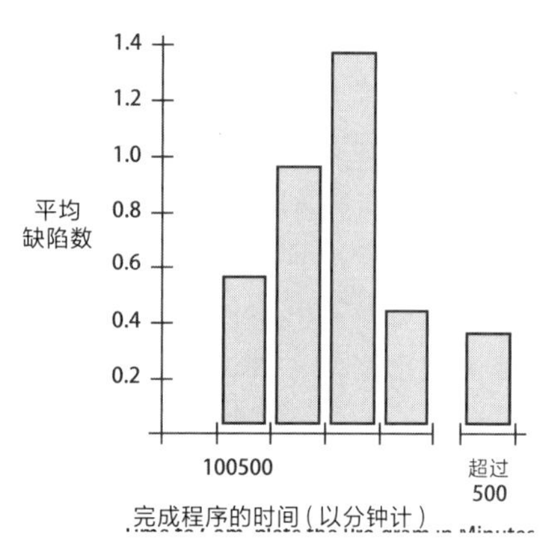

图 20-2　既非最快也非最慢的开发方法产出的软件缺陷最多

最慢的两个小组花费的时间大约是最快小组的 5 倍，而缺陷率却不相上下。因此，写没有缺陷的软件并不一定比写富含缺陷的软件花费更多的时间。正如图中所示的结果，写无缺陷的软件可能让我们花费更少的时间。

诚然，在某些项目中，质量保证需要花费大量金钱。如果你正在为航天飞机或某个医用生命支持系统编写代码，则所需的可靠程度会使项目更加昂贵。

与传统的“编码 - 测试 - 调试”周期相比，先进的软件质量计划可能更省钱。这种计划将资源从调试和重构重新分配到上游质量保证活动中。与下游活动相比，上游活动对产品质量的影响更大，因此你在上游投资的时间可以节省更多下游时间。最终效果是软件的缺陷更少，开发时间更短，成本也更低。你将在接下来的三章中，看到更多体现软件质量普遍原理的例子。

检查清单：质量保证计划

- ❑ 是否确定了对项目至关重要的具体的质量特性？
- ❑ 是否让其他人员了解到项目的质量目标？
- ❑ 是否区分了外部和内部质量特性？
- ❑ 是否考虑过某些特性与其他特性相互制约或相互促进的具体方式？
- ❑ 项目是否要求针对不同错误类型使用不同的错误检测技术？
- ❑ 项目计划中是否有计划有步骤地保证了软件在开发各阶段的质量？
- ❑ 是否以某种方式度量质量，以便你可以判断其质量是在改进还是在降低？
- ❑ 管理层是否理解质量保证会在前期消耗额外成本，目的是在项目后期减少成本？

更多资源

要列出同本章主题有关的书目并不难，因为几乎所有关于高效软件方法论的著作都会提到各种能够改进软件质量和提高生产率的方法。真正困难的是要找出从本质上讨论软件质量的书籍，下面有两本。

Ginac，Frank P. *Customer Oriented Software Quality Assurance* Englewood Cliffs, NJ: Prentice Hall, 1998. 这本言简意赅的书描述了质量属性、质量度量指标、质量保证计划、测试在质量中的作用以及众所周知的质量改进计划，包括软件工程研究所制定的 CMM 和 ISO 9000。

Lewis，William E. *Software Testing and Continuous Quality*

Improvement, 2n ed. Auerbach Publishing, 2000. 本书全面讨论质量生命周期以及测试技术，还提供了许多表格和清单。

相关标准

IEEE Std 730-2002, IEEEE Standard for Software Quality Assurance Plans.

IEEE Std 1061-1998, IEEE Standard for Software Quality Metrics Methodology.

IEEE Std 1028-1997, Standard for Software Review.

IEEE Std 1008-1987(R1993), Standard for Software Unit Testing.

IEEE Std 829-1998, Standard for Software Test Documentation.

要点回顾

- 高质量代码最终会让我们倍感轻松，无需付出更多，但是需要重新分配资源，以低廉的成本来防止缺陷出现，从而避免代价高昂的修正工作。
- 并非所有质量保证目标都可以同时实现。明确哪些目标是你希望达到的，并就这些目标与团队中的其他人员进行沟通。
- 没有任何一种缺陷检测技术能够解决全部问题，测试本身并不是排除错误的最有效方法。成功的质量保证计划使用多种不同的技术来检测不同类型的错误。
- 可以在构建期间应用有效的质量保证技术，并且在构建前采用许多同样强大的技术。越早找到缺陷，它与代码的其余部分就会越少纠缠在一起，造成的损害就越小。
- 软件领域的质量保证是面向过程的。软件开发与制造业不一样，在这里并不存在影响最终产品的重复阶段，因此最终产品的质量受控于开发软件时所采用的过程。

读书心得

1. ______________________________
2. ______________________________
3. ______________________________
4. ______________________________
5. ______________________________

第 21 章

协同构建

内容

相关主题及对应章节

- 软件质量概述：第 20 章
- 开发者测试：第 22 章
- 调试：第 23 章
- 软件构建的前期准备：第 3 章和第 4 章

和许多程序员一样，你可能有过这样的经历。你走进另一个程序员的隔间，说："嘿，哥们儿，能帮我看看这段代码吗？我遇到麻烦了。"你开始解释这个问题："不可能是这个原因造成的，因为我做了这个。也不可能是那个原因，因为我做了那个。这也不可能是……且慢，可能是那个原因。谢谢！""帮手"还来不及开腔，你就这样自言自语，自个儿就把问题解决了！

所有的协同构建技术都试图通过这样或那样的途径，让你能够按照规范化的流程，向其他人展示自己的工作，及时把错误暴露出来。

如果你以前读过关于审查和结对编程的文章，那么本章的内容对你来说也许并不新鲜。不过第 21.3 节中提到审查效能的客观数据，其变化范围可能会让你大吃一惊，并且你可能也不曾考虑过第 21.4 节中描述的替代方案——代码阅读。你可能还应该看看本章末尾的表 21-1。如果你拥有的知识全部来自个人的亲身经历，那么请继续读下去！其他人也许有着不同的经历，你可以从中发现一些新的想法。

21.1 协同开发实践概述

译注
Contrux 首席技术官，认为优秀的程序员聪明，专注于细节而又顾全大局，精力充沛且有良好的协作能力。

“协同构建”包括结对编程、正式审查、非正式技术评审、文档阅读以及其他能够让开发人员为创建代码和其他工作产品共同承担责任的技术。在我的公司，“协同构建”这一术语是由佩洛奎因 (Matt Peloquin)* 在大约 2000 年前后创造的。在同期，也有其他人独立创造过这一术语。

各种协同构建技术之间尽管存在着一些差异，但都基于同一个思想，那就是开发人员会对工作中某些有问题的地方无法察觉，而其他人可能没有相同的盲点，所以开发人员请其他人来检查自己的工作是非常有好处的。CMU 软件工程研究所的研究发现，开发人员在设计阶段，平均每小时会引入 1 到 3 个缺陷，在编码阶段，平均每小时会引入 5 到 8 个缺陷 (Humphrey 1997)，因此，全力对付这些盲点是有效构建代码的关键。

协同构建是其他质量保证技术的补充

协同构建的首要目的是提高软件质量。正如第 20 章中提到的那样，软件测试在单独使用时效果有限：单元测试的平均缺陷检出率只有大约 30%，集成测试约为 35%，小规模 Beta 测试为 35%。相比之下，设计和代码审查的平均效能为 55% 和 60%(Jones 1996)。协同构建还有另外一个好处，它可以缩短开发周期，从而降低开发成本。

关于结对编程的早期报告表明，使用结对编程可以达成与正式审查相当的代码质量水平 (Shull et al. 2002)。全程采用结对编程的成本可能比单人开发高出大约 10%~25%，但开发周期大概会缩短 45%。虽然在很多情况下，这样的结果相对于正式审查来说并无优势，但相对于单人开发来说，结对编程具有决定性优势 (Boehm and Turner 2004)。

人们对技术评审的研究历史比结对编程要长很多，正如许多案例研究及其他一些地方所描述的那样，这些研究成果给人留下了深刻的印象。

- IBM 公司研究发现，一个小时的审查能够节省大约 100 小时的相关工作 (测试和缺陷修正)(Holland 1999)。
- 雷神公司通过一项专注于审查的举措，将缺陷修正 (返工) 的成本从占项目总成本的 40% 降低到 20% 左右 (Haley 1996)。
- 惠普公司报告称，他们的审查计划每年为公司节省了约 2 150 万美元 (Grady and Van Slack 1994)。

- 帝国化工发现，维护一个包含 400 个程序的套件，其成本仅为维护一组类似规模但未经审查的程序成本的 10%(Gilb and Graham 1993)。
- 对一些大型程序的一项研究发现，在审查上面花一个小时，平均可以避免 33 个小时的维护工作，而且审查的效率比测试高 20 倍 (Russell 1991)。
- 在一个软件维护组织中，引入代码评审之前，其 55% 的单行代码维护性修改是有错误的。在引入代码评审之后，这一数字降低到了 2%(Freedman and Weinberg 1990)。如果把所有修改都计算在内，在引入评审后 95% 的修改是一次做对的，而在引入评审之前只有不到 20% 能够一次做对。
- 同一组人员开发了 11 个程序并把它们发布到生产环境中。前 5 个没有经过评审，平均每 100 行代码有 4.5 个错误。另外 6 个经过评审，平均每 100 行代码只有 0.82 个错误。评审消灭了 80% 以上的错误 (Freedman and Weinberg 1990)。
- 卡珀斯 (Capers Jones) 报告称，他研究过的所有缺陷清除率达到或超过 99% 的项目，都采用了正式的代码审查。同时，缺陷清除率低于 75% 的项目，都没有使用正式的代码审查 (Jones 2000)。

这些例子阐释了关于软件质量的普遍原理，即在减少软件中缺陷数量的同时，开发周期也能得到缩短。

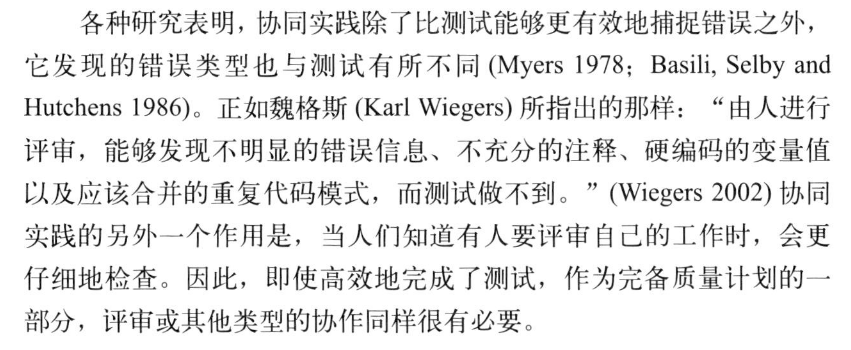

各种研究表明，协同实践除了比测试能够更有效地捕捉错误之外，它发现的错误类型也与测试有所不同 (Myers 1978；Basili, Selby and Hutchens 1986)。正如魏格斯 (Karl Wiegers) 所指出的那样："由人进行评审，能够发现不明显的错误信息、不充分的注释、硬编码的变量值以及应该合并的重复代码模式，而测试做不到。" (Wiegers 2002) 协同实践的另外一个作用是，当人们知道有人要评审自己的工作时，会更仔细地检查。因此，即使高效地完成了测试，作为完备质量计划的一部分，评审或其他类型的协作同样很有必要。

译注
卡尔・魏格斯，出生于 1953 年，软件工程师，在软件需求、项目管理、过程改进、质量和咨询等领域颇有建树，代表作有《软件需求》系列版本。

协同构建能够培育公司文化并加强编程技能

软件标准可以写下来并发布出去，但如果没有人谈论或者鼓励其他人使用这些标准，就不会有人去遵循这些标准。评审是为程序员的代码提供反馈的重要机制。代码、标准以及让代码符合标准的理由，都是评审讨论中的好话题。

“非正式的评审过程在广泛的开发文化中口口相传了很多年，后来才以文字的形式得到认可。对最好的程序员来说，评审的必要性是如此明显，以至于他们很少以文字的形式提及它，而最差的程序员则认为他们是如此优秀，以至于他们的工作不需要评审。”
—费里曼和温伯格
(Daniel Freedman and Genald Weinberg)

在评审的反馈中，程序员除了需要知道自己如何遵循标准之外，还需要得到关于程序设计更主观方面的反馈，比如格式、注释、变量名、局部变量和全局变量的使用、设计方法以及“我们这里就是这样做事情的”(the-way-we-do-things-around-here)，等等。新手程序员需要知识更丰富的程序员给予指导，而知识更丰富的程序员往往太忙，需要鼓励他们花时间多多分享和指导新人。评审为这两种人提供了一个技术交流平台。因此，无论在现在还是未来，评审都是培育质量改进文化的好时机。

有个使用正式审查的团队报告称，审查可以快速将所有开发人员的水平提升到最优秀开发人员的高度 (Tackett and Van Doren 1999)。

集体所有制适用于所有形式的协同构建

在集体所有制下，所有代码都属于团队而不是某个人，并且团队中的所有人都可以进行访问和修改。这会带来一些很有价值的好处。

- 很多双眼睛的检查以及众多程序员的协作，可以使代码的质量变得更好。
- 因为每一段代码都有多个人熟悉，所以某个人离开项目造成的影响会更小。
- 总体上缺陷修正周期变短了，因为几个程序员中的任何一个有空，就能随时被指派去修正缺陷。

关联参考 贯穿所有协同构建技术的一个概念是集体所有权思想。在某些开发模型中，程序员拥有自己编写的代码，并且对别人已有代码的修改往往受到正式或非正式的限制。集体所有权对协调大家的工作，特别是配置管理方面，提出了更高的要求。详情可参阅第 28.2 节。

有些方法论，例如极限编程，建议正式进行结对编程，并随着时间安排交换工作。在我的公司，我们发现程序员不需要正式结对，也能够实现良好的代码覆盖率。随着时间的推移，我们结合正式和非正式的技术评审，在必要时进行结对编程以及轮流指派执行缺陷修正的任务，从而逐渐达成交叉覆盖。

在构建前后都应保持协作

本书的主题是软件构建，因此在详细设计和编码方面的协作是本章的重点。然而，本章中关于协同构建的大多数见解也适用于评估、计划、需求、架构、测试和维护工作。通过研究本章末尾的参考资料，可以将协作技术应用到大多数软件开发活动中。

21.2 结对编程

在进行结对编程时，一位程序员在键盘上敲代码，另一位程序员观察是否有错误，并策略性地思考代码的写法是否正确以及这些代码是否干了正确的事。结对编程最初由极限编程所推广 (Beck 2000)，现在用得更加广泛 (Williams and Kessler 2002)。

成功运用结对编程的关键

虽然结对编程的基本概念很简单，但要想从中获益，需要遵守下述几条指导原则。

- *用编码规范支持结对编程*　如果结对的两个人整天把时间浪费在争论编码风格上，那么结对编程就不可能发挥它的威力。应该尝试将第 5 章中所谓的“偶然属性”进行标准化，使程序员可以专注于手头“本质”的任务。
- *不要让结对编程变成旁观*　不掌握键盘的那个人应该主动参与到编程中，他要分析代码，提前思考接下来的代码应该做些什么，对设计进行评估，并计划如何测试代码。
- *不要强迫在简单的问题上使用结对编程*　一个运用结对编程来写最复杂代码的小组发现，在白板上做 15 分钟的详细设计，然后再分别独立编程会，这样做更好 (Manzo 2002)。大多数尝试过结对编程的组织最终决定使用结对来完成部分工作，而不是全部工作 (Boehm and Turner 2004)。
- *定期对结对人员和分配的工作任务进行轮换*　与其他协作开发实践一样，结对编程的好处在于能够让不同的程序员学习系统的不同部分。定期轮换工作分配有助于知识的相互传播，有些专家建议每天进行结对轮换 (Reifer 2002)。
- *鼓励双方跟上对方的步伐*　如果一方走得太快，结对的意义就非常有限。速度较快的一方需要放慢步伐，否则这对组合就应拆开，分别与其他人重新组合。
- *确保双方都能看到显示器*　有时虽然能够看到显示器，但使用的字体太小，看起来很平常的事反而注定会出问题。
- *不要强迫彼此看不顺眼的人结对*　有时性格冲突会妨碍人们结对的效率。强迫“彼此相克”的人结对毫无意义，所以要特别

留心个性匹配度 (Beck 2000，Reifer 2002)。

- 避免新手组合　至少有一方以前做过结对编程时，结对编程才可能效果最好 (Larman 2004)。
- 指定一个组长　即使整个团队希望所有工作都通过结对编程的方法来做，还是需要指定一个人来协调工作的分配，对结果负责，并作为联络人与项目外部人员进行沟通。

结对编程的好处

结对编程有很多好处。

- 与单独开发相比，结对能够使人们在压力之下保持更好的状态。结对编程鼓励彼此将代码质量保持在较高水平，即使是在需要快速写代码以至于轻视代码整洁的压力之下。
- 它能够提升代码质量。代码的可读性和可理解性往往可以提高到团队中最优秀程序员的水平。
- 它能够缩短进度时间表。结对编程的速度更快，错误也更少，这样，项目团队在项目后期花费更少的时间来修正缺陷。
- 它还具有协同构建的其他所有常见好处，包括传播企业文化、指导初级程序员和培养集体所有权意识。

检查清单：有效的结对编程

❑ 是否有编码规范，以便结对编程人员能够专注于编程，而不是在编码风格的讨论上纠缠？

❑ 结对双方是否都积极参与？

❑ 是否避免了对所有内容进行结对编程，而是选择真正能够受益于结对编程的任务？

❑ 是否定期对人员和工作任务进行轮换？

❑ 两人在速度和个性方面是否匹配良好？

❑ 是否有组长担任联络人来负责与项目外部管理层和其他人员沟通？

21.3 正式审查

深入阅读　如果想阅读最早的关于审查的文章，请参阅文章“运用设计和代码审查来减少程序开发中的错误”(Fagan 1976)。

审查是一种特殊的评审，事实证明，它在检测缺陷方面非常有效，与测试相比，又相对经济。审查这个概念是由费根 (Michael Fagan) 首先提出来的，在 IBM 使用了几年之后，费根公开发表了一篇论文。尽管任何审查都涉及阅读设计或代码，但审查与普通的评审有如下几个关键的不同。

- 检查清单将评审人员的注意力聚焦于过去有问题的地方。
- 审查的重点是缺陷检测，而不是修正。
- 评审人员提前为审查会议做准备，并将发现的问题列出来带到会议中。
- 为所有参与者分配清晰的角色。
- 审查会议的主持人不是待审查工作产品的作者。
- 审查会议的主持人在主持审查方面接受过具体培训。
- 只有在与会者都做好充分准备后，才可以举行审查会议。
- 每次审查时都要收集数据，并将这些数据应用于未来的审查会议中，以改进这些会议。
- 高层管理人员不参加审查会议，除非是审查项目计划或其他管理材料。但技术负责人可能要出席。

期望审查能够带来什么结果

独立的审查通常会捕捉到大约 60% 的缺陷，胜过原型和大规模 Beta 测试以外的其他技术。这一结论已在各种组织中多次得到确认，包括 Harris BCSD、美国国家软件质量实验室 (National Software Quality Experiment)、软件工程研究所以及惠普公司等 (Shull et al 2002)。

设计审查和代码审查的结合通常可以消除产品中 70%~85% 或更多的缺陷 (Jones 1996)。审查可以在早期就发现容易出错的类。卡珀斯 (Capers Jones) 有报告称，与不那么正式的审查实践相比，正式审查使每 1000 行代码的缺陷减少了 20%~30%。设计者和程序员通过参与审查学习了如何改进工作，并且，审查提高了 20% 左右的生产效率 (Fagan 1976; Humphrey 1989; Gilb and Graham 1993; Wiegers 2002)。对设计和代码都进行审查的项目，审查占项目预算的 10%~15%，并且通常会降低项目的整体成本。

审查也可用于评估进度，但评估的是技术层面的进度。这通常意味着回答两个问题：技术工作是否完成了？技术工作做得好吗？这两个问题的答案都是正式审查的副产品。

审查活动中的人员角色

审查活动的一个关键特征是，每个参与者都要扮演一个明确的角色。以下是各种角色的相关介绍。

- 主持人 主持人负责让审查以一定的速度进行，速度要快得足以保证会议富有成效，但也要慢得足以尽可能找出最多错误。主持人必须具备技术胜任力：不一定是所审查的设计或代码方面的专家，但要能够理解相关细节。主持人也管理审查的其他方面，例如分发待评审的设计或代码、分发审查清单、安排会议室、报告审查结果以及跟踪审查会议上分配的各项行动的执行情况。
- 作者 设计或写代码的人在审查中扮演相对次要的角色。审查的部分目标是确保设计或代码能够不言而喻。如果待审查的设计或代码不清楚，作者的任务就是让它变得更清楚。换句话说就是，作者要负责解释设计或代码中不清楚的部分，偶尔也要解释为什么看起来像错误的东西实际上是可以接受的。如果评审人员对项目不熟悉，作者可能还需要介绍该项目的概况，从而为审查会议做准备。
- 审查员 审查员是对设计或代码有直接兴趣但不是作者的任何人。设计的评审员可能是将要实现该设计的程序员。测试人员或更高级别的架构师也可能参与其中。审查员的作用是找出缺陷。他们通常在准备过程中发现部分缺陷，然后，随着设计或代码在审查会议中进行讨论，应该能够发现更多缺陷。
- 记录员 记录员记录在审查会议期间发现的错误和行动项的分配情况。作者和主持人都不应该担任记录员。
- 管理者 邀请管理者参加审查通常不是一个好主意。软件审查的意义在于这只是一个纯粹的技术审查。管理者的存在会改变参会人员之间的交互，他们会觉得是自己(而不是所评审的材料)在接受评估，这样容易使审查的焦点从技术转移到政治。但是，管理者有权了解审查的结果，需要准备审查报告以使经理了解情况。

同样，在任何情况下，都不应将审查结果用于绩效评估。这种杀鸡取卵的行为不可取。在审查中检查的代码仍处于开发阶段。绩效评估应该基于最终产品，而不是基于未完成的工作。

总的来说，参加审查的人不宜少于三人。主持人、作者和评审员都要由不同的人担任，所以不会少于三个人，而且这些角色不应该合并。传统的建议是将审查限制在六个人左右，如果再多，这个群体变得太大，无法管理。研究人员普遍发现，评审员的数目超过两到三个似乎不会增加发现的缺陷数量 (Bush and Kelly 1989, Porter and Votta 1997)。然而，这些说法并未得到公认，并且审查结果似乎也会因被审查材料的不同而有所不同 (Wiegers 2002)。无论如何，要根据个人的经验进行调整。

审查的一般步骤

审查由几个不同的阶段组成。

规划 作者将设计或代码提交给主持人。主持人决定由谁来审查该材料以及何时何地召开审查会议；主持人随后会将设计或代码以及需要审查人注意的检查清单分发下去。材料应打印出来并带有行号，以便在会议中更快标识出错误的位置。

概述 当评审员不熟悉待评审的项目时，作者可以花不超过一小时的时间来描述在其中创建设计或代码的技术环境。设置概述阶段往往很危险，因为它可能会掩盖待审查设计或代码中不清楚的地方。设计或代码本身应该不言而喻，不需要用概述来进行说明。

准备 每个人独立审查设计或代码中是否有错误。他们使用检查清单来激励和指导对材料进行检查。

审查用高级语言写的应用程序代码，审查人的准备速率可以达到每小时约 500 行代码。审查用高级语言写的系统代码，准备速率只能达到每小时约 125 行代码 (Humphrey 1989)。最有效的准备速率的变化范围是很大的，所以需要在组织中对准备速率进行记录，以确定在具体环境中最有效的准备速率。

有些组织发现，当每个审查人都被分配一个特定的视角时，检查会更有效。例如，可能要求审查人以负责维护工作的程序员、客户或设计者的角度准备审查。对基于视角的审查的研究虽然还不全面，但已有研究成果表明，基于视角的审查可能比一般的评审发现更多错误。

审查准备中的另一个变体是为每个审查人分配一个或多个要检查的场景。场景可以涉及一些特定的问题需要审查人来回答，例如“有什么需求是该设计无法满足的？”场景还可以涉及特定的任务，需要评审员执行，例如列出某个特定的设计元素所满足的特定需求。还可以指定某些审查人从前往后、从后往前或由内向外阅读材料。

审查会议 主持人选择除作者以外的某个人来阐述设计或阅读代码(Wiegers 2003)。所有的逻辑都要解释，包括每个逻辑结构的每个分支。在陈述过程中，记录员需要记录发现的错误，但是所有的讨论在确认它确实是一个错误的时候就停止。记录员记录错误的类型和严重程度，然后审查继续进行。如果讨论的过程无法保持聚焦，主持人可能会通过摇铃来引起大家的注意，让讨论回到正轨。

对设计或代码的思考速度既不应太慢，也不应太快。如果速度太慢，注意力可能会不集中，会议就没有效率。如果速度太快，小组可能会忽略本来能捕捉到的错误。最佳的审查速度就像准备速度一样，会随着环境的不同有很大的变化。保留以前的记录，这样随着时间的推移，你就可以知道你所在环境的最佳速度。有些组织发现，对于系统级代码，每小时 90 行代码的审查速度是最佳的。对于应用程序代码，审查速度可以达到每小时 500 行代码 (Humphrey 1989)。平均每小时审查 150 到 200 行非空白非注释的源代码语句的速度是很好的开始 (Wiegers 2002)。

会议期间不要讨论解决方案。小组应集中精力识别缺陷。某些审查小组甚至不允许讨论某个缺陷是否真的是缺陷。他们认为，如果有人感到困惑，觉得这是一个缺陷，就说明设计、代码或文档需要进一步澄清。

会议一般不宜超过两个小时。这并不意味着必须两个小时一到就拉响火警并把人们都赶出会议室。根据 IBM 和其他公司的经验，审查人的专注时间超不过两个小时。出于同样的原因，同一天安排多项审查是不明智的。

审查报告 在审查会议的一天内，主持人制作一份审查报告(电子邮件或其他等价形式)，列出每个缺陷，包括其类型和严重程度。审查报告有助于确保所有缺陷都得到修正并可用于开发一个检查清单，以强调该组织特有的问题。随着时间的推移，如果收集审查所花的时间和发现的错误数，就可以用这种客观数据来应对有关审查有效性的质询。否则，只能说审查似乎更好。对于那些认为测试似乎更好的人来说，这并没有那么令人信服。还可以据此判断审查是否在具体环境中真的不起作用，然后对其进行修改或者干脆放弃审查。数据收集之所以很重要，也是因为任何新的方法都需要证明它有存在的必要性。

返工 主持人将缺陷分配给某人 (通常是作者) 进行修复。认领人负责修正列表中的每个缺陷。

跟进 主持人负责监督审查期间分配的所有返工工作都已执行。根据发现的错误数量和这些错误的严重程度，跟踪工作进展的方式可以是让审查人重新审查整个工作成果、让他们只重新审查修复的部分，或者允许作者完成修复而不需要其他人跟进。

第三个小时的会议 即使在审查期间不允许参与者讨论所提出问题的解决方案，一些人可能仍然想要讨论。可以举行一个非正式的第三个小时的会议，让感兴趣的相关方在正式审查结束后讨论解决方案。

对审查进行微调 一旦能熟练地“按部就班”执行审查，通常就可以找到一些方法来改进它们。不过，不要随意引入变化。度量审查过程，让自己知道变化是否有用。

很多公司经常发现，去掉或合并某些步骤往往都是增加了成本而不是降低了成本 (Fagan 1986)。如果想在不度量变更影响的情况下改变审查过程，不要这样做。如果已经度量了审查过程，并且知道变更后的过程比这里描述的过程更有效，就做变更。

在进行审查时，会注意到某些类型的错误比其他类型的错误发生得更频繁。创建一个检查清单能够让评审员将注意力集中在这些错误上。随着时间的推移，会发现有些错误不在检查清单中，那就把它们加进去。也有可能会发现初始检查清单上的某些错误不再发生，那就把它们从清单中删除。经过几次审查之后，组织将有一个适合自身需求的审查清单，它还能提供一些线索，帮助弄清程序员需要在哪些麻烦的领域中得到更多的培训或支持。将检查清单的长度限制在一页篇幅以内。从审查所需的详细程度来看，过长的检查清单很难用。

审查与自尊心

深入阅读 有关“无我编程”的讨论，请参阅《计算机编程心理学》(第 2 版)(Weinberg 1998)。

审查本身的意义是发现设计或代码中的缺陷。它不是去探索替代方案，也不是去争论谁对谁错。审查当然也绝不是批评设计或代码的作者。审查对作者来说应该是有积极意义的，很明显，群体的参与使程序的质量得到了提高，对所有参与者来说都是一个学习的过程。它不应该让作者认为团队中的某些人是混蛋，或者自己应该另谋高就。像诸如“任何了解 Java 的人都知道，从 0 到 num–1 的循环比从 1 到

num 的循环更有效率”这样的评论是极不恰当的。如果是这样，主持人就应该明确说明这种做法不恰当。

由于设计或代码受到了批评，作者可能觉得有点难辞其咎，自然会觉得那些代码让自己脸上无光。作者应该能料到会听到对某些所谓的缺陷的批评，实际上，这些缺陷有些并不是真正的缺陷，而且还有更多是有争议的。尽管如此，作者应该认可每一个疑似的缺陷并让审查继续下去。认可批评并不意味着作者认同批评的内容。作者不要试图为正在接受评审的工作辩护。在评审之后，作者可以独立思考收到的每一条评论，并判断它们是否在理。

评审员必须记住，最终由作者来决定如何处理缺陷。乐于发现缺陷(并且在评审之外，乐于提出解决方案)很好，但每个评审员必须尊重作者决定如何解决错误的最终权利。

审查和《代码大全》

在写《代码大全》(第 2 版)的过程中，我对审查的使用有着切身的体会。对于本书第 1 版，我最初写了一个很粗略的草稿。把这堆“粗稿”搁到抽屉里一两周以后，我重新阅读了每一章，并修正了我自己发现的所有错误，惊得我直冒冷汗。然后，我将修改后的章节分发给十几个同行进行评审，其中几个人对其进行了非常彻底的审查。我把他们发现的错误也逐一修正了。再过几个星期，我自己又审查了一遍，修正了更多的错误。最后，我把书稿交给了出版社，由一名文字编辑、一名技术编辑和一名校对对书稿进行审阅。那本书出版之后的十多年间，仍然有热心的读者们总共寄来大约 200 处勘误建议。

你可能认为，经过这么多轮审阅，这本书应该不会有太多错误了吧。然而，事实并非如此。为了这个第 2 版，我对第 1 版使用了正式审查技术来确定需要在第 2 版中解决的问题。由 3~4 人组成的审查小组根据本章所述的指导步骤进行准备。让我感到有些小惊讶的是，我们在正式审查第 1 版的过程中发现了好几百个错误，这些错误在以前任何的活动中从未发现过。

如果说我过去对正式审查的价值还心存疑虑，那么《代码大全(第 2 版)》的写作经历让我完全打消了这些疑虑。

审查总结

在审查中使用检查清单能够帮助大家集中注意力。审查是一个系统性流程，因为它有标准检查清单和标准角色。它还可以自我优化，因为它使用一个正式的反馈循环来改进检查清单并监控准备和审查的速度。通过对过程的控制和持续的优化，审查很快成为一种强大的技术，无论刚开始时的状况如何。

深入阅读　关于 SEI 的软件开发能力成熟度模型这一概念，可参阅 (Humphey 1989)。

有关 SEI 开发成熟度概念的更多详细信息，请参阅《软件过程管理》(Humphrey 1989)。软件工程研究所 (SEI) 定义了一个能力成熟度模型 (CMM)，用于衡量组织的软件开发过程的有效性 (SEI 1995)。审查过程展示了该模型最高级别是什么样的。这个过程是系统化的和可重复的，并且使用量化的反馈来自我改进。可以将这种思想应用到本书所描述的许多技术中。当把这一思想推广到整个开发组织时，简而言之，会把组织的质量和生产力水平提升到一个较高的水平。

检查清单：有效的审查

❑ 是否有清单可以使审查人的注意力集中于过去有问题的领域？

❑ 是否将审查侧重于找出缺陷，而不是去修正它们？

❑ 是否考虑过为审查人分配特定的视角或场景，以帮助他们在做准备工作时更加专注？

❑ 审查人在审查会议前是否有充足的时间进行准备，并且每个人都做好了准备？

❑ 每个参与者是否都扮演了明确的角色：主持人、审查人和记录员等？

❑ 会议是否以高效的速度进行？

❑ 会议时间是否限制在两小时以内？

❑ 所有审查参与者是否都接受过有针对性的审查培训，以及主持人是否接受过专门的主持技能培训？

❑ 每次审查时是否收集有关错误类型的数据，以便为组织量身定制未来的检查清单？

❑ 是否收集了有关准备速度和审查速度的数据，以便优化未来的准备和审查工作？

❑ 每次审查是否分配了行动项，由主持人亲自跟进或者安排一次重新审查进行跟进？

❑ 管理层是否理解自己不应该参加审查会议？

❑ 是否有跟进计划以确保问题已经得到正确修复？

21.4 其他类型的协同开发实践

与审查和结对编程相比，其他类型的协作方法还没有积累足够的实践经验作为支持，因此这里不进行很深入的讨论。本节所覆盖的协作方法包括走查、代码阅读以及公开演示。

走查

走查是一种流行的评审方法。这个术语定义得很随意，它的流行，至少有一部分原因是，人们几乎将任何类型的评审都称为“走查”。

因为这个术语的定义实在是太宽松了，所以很难确切地说出什么是“走查”。可以肯定的是，走查涉及两个或更多人讨论设计或代码。它可以像在白板前即兴闲谈一样非正式；也可以像计划好的会议一样正式，由美工部门准备一份演示，最够给管理层呈上一份正式的总结。从某种意义上说，三三两两的小聚，即为走查。支持走查的人喜欢这种定义的宽松性，因此，我这里仅仅指出所有走查都有的一些共同点，而剩下的细节就留给你了。

- 走查通常由待评审的设计或代码的作者来召集和主持。
- 走查的焦点是技术，这是一个工作会议。
- 所有参与者准备阶段的工作就是阅读设计或代码并查找其中的错误。
- 走查是高级程序员向初级程序员传授经验和企业文化的机会。对于初级程序员来说，可以趁此机会提出新的方法和挑战过时的或可能过时的假设。
- 走查的持续时间通常为 30 到 60 分钟。
- 重点是检测错误，而不是修正它们。
- 管理层不参加。
- 走查的概念很灵活，可以根据组织的具体需要进行适当的调整。

希望能从走查中获得什么结果

聪明、规范地使用走查，可以得到类似于审查的结果，也就是说，它通常可以发现程序中 20% 到 40% 的错误 (Myers 1979; Boehm 1987b; Yourdon 1989b; Jones 1996)。但总的来说，走查的效果明显不如审查 (Jones 1996)。

如果不动脑筋的话，走查带来的麻烦比好处要多。走查效率的下限值 (20%) 并没有太大价值，至少有一个组织 (波音计算机服务) 发现代码的同行评审“极端昂贵”。波音发现，很难激励项目人员一直应用走查技术，一旦项目压力增加，走查几乎是不可能的任务 (Glass 1982)。

在过去的 10 年中，基于我在公司的咨询业务中所看到的情况，我对走查越来越倾向于持批评的态度。我发现，当人们讲述技术评审方面糟糕的经历时，他们几乎都是采用了诸如走查这样的非正式实践，而不是正式审查。评审基本上是要举行一次会议，而会议的成本是很高的。如果你决心承担召开会议的代价，那么把会议安排成正式审查是非常值得的。如果你要审查的工作产品不足以成为正式审查开销的正当理由，那就根本没有理由召开一次会议。在这种情况下，你最好使用文档阅读或其他互动较少的方法。

在消除错误方面，审查似乎比走查更有效。那么，为什么有人会选择使用走查呢？

如果你有一个很大的评审团队，那么走查将是一个很好的评审选择，因为它会为项目带来许多不同的观点。如果参与走查的每个人都能被说服，他们能够相信解决方案是正确的，那么这个解决方案可能没有任何重大缺陷。

如果有其他组织的评审员参与进来，则走查也许会更好。相比之下，审查中的角色更加正式，并且需要先接受一定的训练才能有效地进行审查。以前没有审查经历的评审员就无法施展拳脚。如果你希望获得他们的帮助，那么走查可能是最好的选择。

审查比走查更为聚焦，而且通常效果更好。因此，如果要为组织选择一个评审策略的话，请将审查作为第一选择，除非有充足的反对理由。

代码阅读

代码阅读是审查和走查的另一种替代方案。在代码阅读中，可以阅读源代码并查找错误。还可以对代码做出定性评价，例如代码的设计、风格、可读性、可维护性和效率。

美国国家航空航天局 (NASA) 软件工程实验室的一项研究发现，通过代码阅读，每小时可检测出大约 3.3 个缺陷。测试每小时检测到大约 1.8 个错误 (Card 1987)。在整个项目生命周期中，相比各种测试，代码阅读还能多发现 20% 到 60% 的错误。

就像走查的概念一样，代码阅读概念的定义也是相当宽松的。代码阅读通常需要两个或更多人独立阅读代码，然后与代码的作者见面讨论。下面是代码阅读的过程。

- 在会议的准备阶段，代码作者向代码读者分发源代码清单。这份代码清单的长度是从 1 000 行到 10 000 行之间，典型的长度是 4 000 行。
- 两个或更多的人阅读代码。至少有两个人是为了鼓励评审员之间的竞争。如果是两个人以上，要量化每个人的贡献，这样就知道多出来的那些人有什么贡献。
- 评审员独立阅读代码。估计一天大约阅读 1 000 行。
- 当评审员读完代码后，由代码作者主持代码阅读会议。会议持续一到两个小时，主要讨论代码阅读者发现的问题。不要试图逐行走查代码。这个会议甚至不是严格必需。
- 代码作者负责修复评审员发现的问题。

代码阅读与审查和走查之间的区别在于，代码阅读更侧重于对代码进行个人评审，而不是在会议中进行评审。结果是，每个评审员的时间都集中在查找代码问题上。这样，大家在会议上花的时间更少，实际上在会议中每个人只在一部分时间做出贡献，并且很大一部分精力用于保持团队的活力而不是查找问题。使用代码阅读，也不用像以前那样，为了等待团队中所有人能在一起开两个小时的会议而延迟那么多会议时间了。在评审员分散在不同地理位置的情况下，代码阅读尤其有价值。

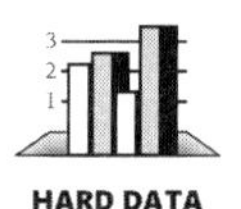

AT&T 对 13 项评审的研究发现，评审会议本身的重要性被高估；90% 的缺陷是在准备审查会议时发现的，只有 10% 是在审查过程中发现的 (Votta 1991, Glass 1999)。

公开演示

公开演示是一种向客户展示软件产品的评审。客户评审在政府项目中很常见，通常规定对需求、设计和代码进行评审。公开演示的目的是向客户阐明项目进展顺利，所以说是管理评审而不是技术评审。

不要依靠公开演示来提高产品的技术质量。为它们做准备可能会对技术质量产生间接的正向影响，不过，人们通常会花更多的时间用于制作好看的演示幻灯片，而不是用于改进软件质量，所以，还是要依靠审查、走查或代码阅读来提高技术质量。

协同构建技术的比较

不同类型的协同构建有什么区别？表 21-1 总结了每种技术的主要特点。

表 21-1　协同构建技术的比较

内容	结对编程	正式审查	非正式评审（走查）
对参与者角色做出定义	是	是	否
包含有关如何执行角色的正式训练	有可能，通过指导	是	否
谁来主导协作	掌握键盘的人	主持人	通常是作者
协作的焦点	设计、编码、测试以及错误修正	仅仅是检测缺陷	多方面
评审注意力集中在最常见类型的错误	即使能够做到，也只能算是非正式的	是	否
采取跟进措施以减少不正确的修正	是	是	否
由于每个程序员都得到详细的对错误的反馈，未来出现的错误更少了	偶尔如此	是	偶尔如此
对结果的分析提高了流程效率	否	是	否
对非构建活动有用	有可能	是	是
典型的缺陷检出率	40%~60%	45%~70%	20%~40%

结对编程并不像正式审查那样有几十年的数据足以支持它的有效性，但最初的数据表明它与审查基本上是等效的，并且各种有趣的报告也都给出了正面的结论。

如果结对编程和正式审查在质量、成本和进度方面产生了类似的结果，那么在这两者之间的选择就变成了个人风格的问题，而不是技术性的问题。有些人更喜欢单独工作，只是偶尔会为了审查会议从个人模式中切换出来。其他人更愿意花更多的时间直接与他人合作。这两种技术之间的选择可以由团队特定开发人员的工作风格偏好决定，甚至团队中的小团体可以选择自己喜欢的方式完成大部分工作。也应该在项目中适当运用不同的技术。

更多资源

下面是有关协同构建的更多资源。

结对编程

Williams, Laurie and Robert Kessler. *Pair Programming Illuminated*. Boston, MA: Addison-Wesley, 2002. 这本书解释了结对编程里里外外的各种细节，包括如何处理各种个性匹配问题（例如，专家和非专家以及内向的人和外向的人）以及其他实施方面的问题。

Beck, Kent. *Extreme Programming Explained: Embrace Change*. Reading, MA: Addison-Wesley, 2000. 这本书简要介绍了结对编程，并展示了如何与其他辅助技术（包括编码标准、频繁集成和回归测试）结合使用。

Reifer, Donald. *How to Get the Most Out of Extreme Programming/Agile Methods*, *Proceedings, XP/Agile Universe 2002*. New York, NY: Springer; pp.185–196. 这本书总结了极限编程和敏捷方法在业界的应用经验，并介绍了成功实施结对编程的关键。

审查

Wiegers, Karl. *Peer Reviews in Software: A Practical Guide*. Boston, MA: Addison-Wesley, 2002. 这本书写得很好，描述了各种评审方法的方方面面，包括正式的审查和其他不那么正式的实践方法。这本书基于严谨认真的研究，关注实践，可读性较强。

Gilb, Tom and Dorothy Graham. *Software Inspection*. Wokingham, England: Addison-Wesley, 1993. 这本书包含 20 世纪 90 年代初有关审查的深入讨论，它注重实践，并包含一些研究案例，这些案例描述了几个组织在制定审查机制方面的经验。

Fagan, Michael E. “Design and Code Inspections to Reduce Errors in Program Development.” *IBM Systems Journal 15*, no. 3 (1976): 182–211.

Fagan, Michael E. "Advances in Software Inspections." *IEEE Transactions on Software Engineering*, SE-12, no. 7 (July 1986): 744–51. 由开发审查方法的人所写。包含执行审查需要了解的精华内容，包括所有的标准审查形式。

相关标准

IEEE Std 1028-1997, *Standard for Software Reviews*

IEEE Std 730-2002, *Standard for Software Quality Assurance Plans*

要点回顾

- 相比测试，协同开发实践往往能发现更多的缺陷，并且更高效。
- 与测试相比，协同开发实践往往会发现不同类型的错误，这意味着需要同时使用评审和测试来保证软件的质量。
- 正式审查使用检查清单、准备工作、明确定义的角色和持续的过程改进，以最大限度地提高错误检测效率。正式审查发现的缺陷往往比走查更多。
- 结对编程的成本通常与审查大致相同，并产生类似质量的代码。当需要缩短开发周期时，结对编程尤其有价值。有些开发人员更喜欢结对工作而不是独自工作。
- 正式审查还可用于代码之外的很多工作成果上，比如需求、设计和测试用例。
- 走查和代码阅读是审查的替代方案。代码阅读在有效利用每个人的时间方面提供了更多的灵活性。

读书心得

1. ____________________
2. ____________________
3. ____________________
4. ____________________
5. ____________________

第22章

开发人员测试

内容

相关主题及对应章节

- 软件质量概述：第20章
- 协同构建：第21章
- 调试：第23章
- 集成：第29章
- 软件构建的前期准备：第3章

测试应该算是最常用的质量改进活动了，而且这一实践还得到了大量行业和学术研究以及商业经验的支持。对软件进行测试的方法有很多种，其中一些测试通常由开发人员来执行，另一些通常由专门的测试人员执行。

- **单元测试** 是指对一名程序员或一个开发团队所编写的一个完整的类、子程序或小程序所执行的测试，是独立于更完整的系统进行测试。
- **组件测试** 是指对多名程序员或多个开发团队共同编写的一个类、包、小程序或其他程序元素执行的测试，是独立于更完整的系统进行测试。
- **集成测试** 是指对多名程序员或多个开发团队共同编写的两个或多个类、包、组件或子系统的执行的组合测试。这种类型的测试通常是在编写完两个类之后就开始测试，并一直持续到整个系统完成开发。

- **回归测试**　是指重复先前执行的测试用例，软件曾经做过这些测试，目的是用同一组测试在当前软件中查找缺陷。
- **系统测试**　是指对软件在最终配置环境中执行的测试，包括与其他软硬件系统的集成。它会查找安全性、性能、资源消耗、时序问题和其他在较低集成级别上无法进行测试的问题。

在本章中，“测试”指的是由开发人员执行的测试，这些测试活动通常包括单元测试、组件测试和集成测试，但有时也包括回归测试和系统测试。而许多其他类型的测试则由专门的测试人员执行，很少由开发人员来执行，这些测试活动包括 beta 测试、客户验收测试、性能测试、配置测试、平台测试、压力测试以及可用性测试等。这些测试不打算在本章中进一步讨论。

测试通常分为两大类：黑盒测试和白盒（或玻璃盒）测试。“黑盒测试”是指测试者在无法获知所测试程序的内部工作原理的情况下所执行的测试。如果是测试自己所编写的代码，这种黑盒测试显然就不适用！而“白盒测试”是指测试者在了解所测试程序的内部工作原理情况下所执行的测试。这就是作为开发者的程序员所执行的测试活动，目的是检验自己编写的代码。黑盒测试和白盒测试各有利弊；而本章主要聚焦于白盒测试，因为这种类型的测试正是开发人员日常执行的测试。

有些程序员认为，“测试”和“调试”这两个术语是可以互换的，但严谨的程序员会对这两种活动进行严格的区分。测试是检测错误的一种手段。而调试是针对已经检测到的错误的根本原因进行诊断和修正的一种手段。本章只专注于讨论检测错误，即测试。而错误修正将在第 23 章中进行详细讨论。

测试的整个主题比构建过程中的测试主题要宏大得多。系统测试、压力测试、黑盒测试以及与专门测试人员相关的其他主题将在本章末尾的“更多资源”部分进行讨论。

22.1 开发者测试对软件质量所起的作用

测试是所有软件质量保证项目的重要组成部分，而且在许多情况下，软件质量保证完全依赖于测试。这的确是一种遗憾，因为事实已经证明，各种形式的协同开发实践的错误检出率高于单纯依靠测试来

"程序不会像人感染病毒一样被其他有 bug 的程序传染。所有 bug 都是程序员引入的。"
—米尔斯 (Harlan Mills，IBM 研究员)

查错，而且这些实践发现每个错误的成本不到测试成本的一半 (Card 1987, Russell 1991, Kaplan 1995)。对于所有存在的错误，如果单独执行单元测试、组件测试和集成测试中任何一种测试，找出的错误通常甚至也不到 50%。即使将这些测试测组合起来执行，发现的错误通常也不到 60%(Jones 1998)。

如果要在《芝麻街》节目中列出一系列软件开发活动，然后问："这些活动中，哪一个与其他的活动不一样？" 毫无疑问，答案肯定是"测试"。对大多数开发者来说，测试活动都是痛苦的，原因如下。

- 测试的目标与其他开发活动的目标背道而驰。因为测试的目标是找出错误。成功的测试会让软件失效。然而，其他所有开发活动的目标都是避免出错和防止失效。
- 通过测试，永远不能证明软件中已经彻底没有错误。如果已经执行了广泛的测试并发现了数以千计的错误，是意味着已经找出了所有的错误，还是意味着仍然有数千个错误等待人们去发现？没有错误，有可能意味着软件完美无瑕，但同样，也可能意味着使用的测试用例无效或者不完整。
- 测试本身并不能直接提高软件质量。测试结果是衡量质量的一个指标，但就其本身而言，这些指标并不能提高软件质量。试图通过增加测试量来提高软件质量，就好比试图通过更频繁地称体重来减肥。在站上体重秤之前，饮食已经决定了一个人的体重，类似地，程序员使用的软件开发技术决定了测试可能发现多少错误。如果想减肥，别忙着去买新的体重秤，而是要改变饮食习惯。同理，如果想提高软件质量，别只是一味地多做测试，而是需要更好的软件开发方法。

- 测试活动要求测试者假定自己会在代码中发现错误。如果从心理上已经预设自己找不到错误，那么很有可能真的找不出什么问题，只是因为程序员已经为自己设立了一个自我实现的预言。如果在测试中执行程序时希望它不会出现任何错误，那么就很容易忽略掉自己发现的错误。在一项已经成为经典的研究中，研究人员让一组经验丰富的程序员去测试一段已知有 15 个缺陷的程序。这些程序员平均只能找到 15 个错误中的 5 个。最好的也只找到 9 个错误。未检测到错误的主要原因是对错误的输出没有进行足够细致的检查。也就是说，这些错误很明显，但程序员就是没有注意到它们 (Myers 1978)。

必须预设自己能在代码中找到错误。这样的期待貌似有悖常理，但作为程序员，应该希望发现错误的是自己本人，而不是别人。

这里有一个关键的问题是，在一个典型的项目中，开发人员应该花费多少时间进行测试？一个经常被引用的数据指出花费在所有测试的时间大约是项目总时间的 50%，但这个数据具有一定误导性。首先，这个特定数据其实合并了测试和调试；而单独花费在测试上的时间会更少。其次，这个数据代表的是通常所花费的时间，而不是应该花费的时间。再则，这个数据既包括独立测试，又包括开发者测试。

如图 22-1 所示，根据项目的规模大小和复杂性，开发者测试可能需要占用项目总时间的 8% 到 25%。这与许多报告的统计数据是一致的。

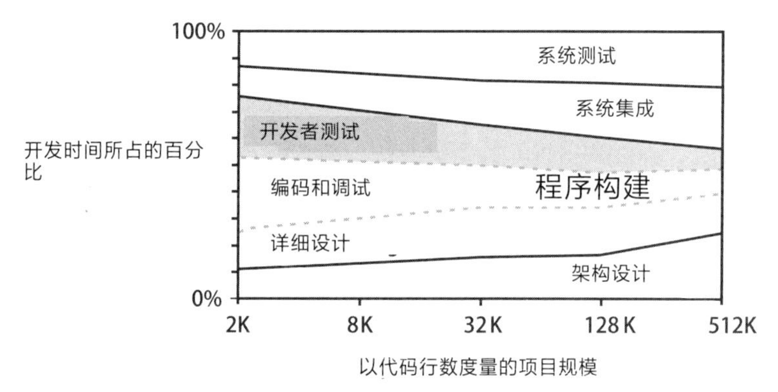

图 22-1 显示，随着项目规模的增加，在总开发时间中，开发人员花在测试的百分比越来越小。程序规模大小的影响在第 27 章中有更详细的描述

第二个关键问题是，如何利用开发者测试的结果？ 最直接的一个做法是，可以使用这些结果来评估正在开发的产品的可靠性。即使完全不去纠正测试中发现的缺陷，这些测试结果也会为人们描绘出软件的可靠性状况。这些结果的另一个用途是，它们能够而且通常的确对软件的修正提供了指导。最后，随着时间的推移，通过对测试中已发现的缺陷进行记录有助于揭示开发中最容易出现的错误类型。可以使用这些信息来选择适当的培训课程，或者引导将来的技术评审活动以及指导将来的测试用例设计。

构建过程中的测试

在浩瀚的测试世界中，有时会忽略本章的主题："白盒"或"玻璃盒"

测试。程序员通常希望将一个类设计成一个黑盒，让该类的用户无法通过接口进入内部去了解工作原理。然而，在开发人员测试这个类时，最好将其视为一个玻璃盒，以便查看类的内部源代码及其输入和输出。此时，如果知道盒子里面到底是什么，就可以更彻底地对这个类进行测试。当然，在测试这个类时也可能会带有与编写这个类时相同的盲点，所以黑盒测试也是有其优点的。

在程序构建过程中，通常情况下，在编写一个子程序或类的时候，先在脑子里检查一遍，然后再对它进行评审或测试。不管采取哪种集成或系统测试策略，都应该在将每个代码单元与任何其他代码单元合并之前彻底地对它们进行测试。如果是在编写多个子程序，那么应该一次只测试一个子程序。单独测试一个子程序虽然不容易，但这样可以使调试变得更简单。如果把几个未经测试的子程序放在一起测试并发现了一个错误，则说明这几个子程序都有出错的嫌疑。如果在此前已经测试过的子程序集合之上每次只添加一个子程序，那么就可以清楚地判断，新产生的错误只可能来自于新增子程序内部或其他部分与新增子程序的接口交互。这样一来，调试工作就变得更容易了。

协作构建实践有许多测试无法比拟的优势。但是，测试的部分问题其实在于它通常并没有得到应有的良好的执行。有些开发人员执行了数以百计的测试，但仍然只能实现部分代码覆盖。而且，对测试覆盖率感觉良好也并不意味着实际上真正实现了足够的测试覆盖率。了解基本的测试概念，可以更好地为测试活动提供支持，并提高测试的有效性。

22.2 开发人员测试的推荐方法

用系统化的方法进行开发人员测试，能够最大限度地提高程序员的能力，以最小的成本查出各种错误。请务必保证测试可以做到以下几点。

- 测试每个相关的需求，以确保需求已经实现。这个步骤的测试用例，应该在需求阶段就开始规划，或者越早越好，最好是在开始编写要测试的单元代码之前。请把需求中常见的遗漏点纳入测试计划的考虑范围。例如安全性级别、存储、安装过程和系统可靠性等等，在需求阶段常常被忽略，但其实都是非常值得测试的。

- 对每个相关的设计重点进行测试，以确保设计已经实现。这个步骤的测试用例，应该在设计阶段就开始规划，或者越早越好，最好在对要测试的子程序或类开始进行详细编码之前。
- 为这些需求和设计添加详细的测试用例时，先加入一些“基础测试”。在这个基础上再添加数据流测试，然后添加其他测试用例，从而彻底测试代码所需的测试。至少应该保证对每一行代码都进行了测试。基础测试和数据流测试将在本章后面展开描述。
- 列出一个错误检查清单，记录到目前为止在该项目中或在以前项目中所出现过的错误类型。

设计测试用例应该与设计产品同步进行。这有助于避免需求阶段和设计阶段出现错误，而这些错误往往比代码错误的代价更高昂。应该尽早开始规划测试并找出缺陷，因为越早修复缺陷，成本越低。

测试是先做还是后做

程序员有时会产生疑问：在写代码之前还是之后写测试用例更好 (Beck 2003)。本书第 3 章的图 3-1 缺陷 - 成本增长图显示，如果先写测试用例，会让从缺陷的存活时间，即缺陷插入到代码到缺陷被检测和移除之间的时间最小化。这只是先写测试用例的众多原因之一。

- 在写代码之前写测试用例，并不比在写代码之后写测试用例花费更多的精力；它只是将写测试用例的活动调换了一下顺序。
- 如果先编写测试用例，就可以更早地检测到缺陷，并且可以更轻松地修正这些错误。
- 先编写测试用例，就会迫使程序员在写代码之前至少会考虑一下需求和设计，这往往会让人们编写出更好的代码。
- 在编写代码之前写测试用例会更早暴露出需求相关的问题，因为根据糟糕的需求编写测试用例会举步维艰。
- 一件理所当然的事是人们会将写好的测试用例保存下来，这种情况下，先做测试还是后做，决定权完全在程序员。

总而言之，我认为先写测试用例再写代码是过去十年中出现的最有用的软件实践之一，也是一种优秀的通用方法。但它对于测试而言并不是一种万能灵药，因为它受制于开发人员测试普遍存在的局限性，后面将对此进行描述。

开发人员测试的局限性

请务必留心以下开发人员测试的各种局限性。

开发人员测试往往是“干净测试”　程序员们往往倾向于以验证代码是否工作的方式进行测试(即干净测试)，而不是想尽办法破坏代码使其失效(肮脏测试)。在测试方法不成熟的组织中，干净测试和肮脏测试的比例通常约为 5∶1。而在有成熟测试方法的组织中，正好反过来，干净测试和肮脏测试的比例大概通常是 1∶5。而且，无法通过单纯减少干净测试来逆转这个比例，只能通过创建 25 倍数量的肮脏测试来扭转比例 (Boris Beizer & Johnson 1994)。

开发人员测试往往对测试覆盖率过于乐观　通常，平均能力水平的程序员自认为已经达到 95% 测试覆盖率的时候，其实一般在最多的情况下只达到了大概 80% 的测试覆盖率，而在最坏的情况下只有 30%，在平均情况下大概就是 50% ～ 60% 的样子 (Boris Beizer & Johnson 1994)。

开发人员测试往往会跳过更复杂的测试覆盖类型　大多数开发人员认为那些号称“100% 语句覆盖”的测试覆盖类型已经保证了足够的测试。而这只是一个好的开始，但多半还差得远。更好的覆盖率标准是满足所谓的“100% 分支覆盖率”，对每个判断语句都应执行至少一个真值和一个假值的测试。第 22.3 节提供了具体实现这一点的更多细节。

但以上这些局限性并不是贬低开发人员测试的价值，但这些的确有助于人们以正确的视角去看待开发人员测试。虽然开发人员测试非常有价值，但单独只靠它并不足以为软件提供足够的质量保证，所以应该辅以其他实践，包括独立测试和协同构建技术。

22.3 一些测试技巧

为什么无法通过测试来证明一个程序的正确性呢？如果想要使用测试的方法来证明程序是正确的，就必须测试程序的每一个可能的输入值以及多个输入值的每一种可能的组合。即使对于简单的程序，这样庞大的测试任务工作量也会让人望而生畏。例如，假设有一个程序，它接受的输入包括一个姓名、一个地址和一个电话号码，并将这些信息存储到一个文件里。和那些真正让人操心正确性的任何复杂程序相比，这确实是一个挺简单的程序。进一步假设，每个可能的姓名和地址的长度为 20 个字符，而每个字符有 26 个英文字母可选。于是，该程序可能的输入数量如下：

姓名	26^{20}(26 的 20 次方)(20 个字符，每个字符有 26 种可能选择)
地址	26^{20}(26 的 20 次方)(20 个字符，每个字符有 26 种可能选择)
电话号码	10^{10}(10 的 10 次方)(10 位数字，每个数字有 10 种可能选择)
所有的输入可能性	$= 26^{20} * 26^{20} * 10^{10} \approx 10^{66}$

可以看到，即使针对以上如此少量的输入项，也有可能有 10 的 66 次方如此庞大数量的测试用例。换个角度来讲，假设诺亚走下方舟的时候 * 就开始以每秒一万亿 (10 的 12 次方) 个测试用例的速度测试这个程序，那么即便他一刻不停地做到今天，所完成的测试也远不到测试用例总量的 1%。而这还只是一个简单例子，显然，如果添上一些更符合实际数量的数据，那么遍历所有可能性的测试任务将会更加无法完成。

译注
据《创世纪》记载，是公元前 2369 年 11 月。

非完整测试

关联参考 判断是否覆盖了所有代码的一种判断方法是使用覆盖监控，相关详细信息，请参见本章后面 22.5 节。

因为彻底遍历的测试是无法实现的，从实用角度而言，测试的艺术性就在于挑选最可能发现错误的测试用例。比如在上述 10 的 66 次方个可能的测试用例中，其实只有少数用例是特别的，能暴露出其他测试用例所无法暴露的错误。所以需要集中精力去挑选出一些与众不同的测试用例，它们可能会告诉人们不一样的信息，而不是执行一组只是在简单重复类似测试的用例。

在对测试活动进行规划时，请剔除掉那些不会产生任何新信息的测试，也就是说，在其他类似的输入数据没有产生错误的情况下，这些新数据的测试也理应不会产生错误。已经有许多人提出了各种有效覆盖代码的方法，其中几种方法将在下面的内容中讨论。

结构化基础测试

尽管名字有点吓人，但结构化基础测试其实是一个相当简单的概念。其核心思想是，需要对程序中的每条语句至少进行一次测试。如果语句是逻辑语句，例如 if 或 while 语句，则需要根据 if 或 while 语句中表达式的复杂程度去派生出不同的测试用例，以确保对语句进行了完全测试。确保已经覆盖了所有基础测试的最简单方法是计算贯穿程序的逻辑路径的数量，然后开发出最小数量的测试用例集合去保证遍历过程序中每条逻辑路径。

你可能听说过“代码覆盖率测试”或“逻辑覆盖率测试”。它们是测试所有程序路径的方法。因为它们保证覆盖程序中所有路径，所以它们和结构化基础测试是类似的，但它们并不强调用最小的测试用例集合去覆盖所有路径的核心思想。也就是说，为了覆盖相同程序逻辑，与使用结构化基础测试所需的测试用例集合相比，使用代码覆盖测试或逻辑覆盖测试创建的测试用例可能会多得多。

可以用这种简单的方法计算基础测试所需的最小用例数量。

关联参考 这个过程类似于 19.6 中度量复杂度的过程。

1. 对于子程序的逻辑路径，从 1 开始计数。

2. 每遇到一次关键字：if，while，repeat，for，and，以及 or，或任何等价逻辑，计数加 1。

3. 在 case 语句中为每个 case 计数加 1。如果 case 语句没有 default case 缺省情况语句，计数再加 1。

下面有一个示例：

一个简单例子展示如何计算 Java 程序中的逻辑路径数量

```
Statement1;      <- 该子程序本身“1”开始计数
Statement2;
if ( x < 10 ) {  <- if 语句，计数加 1 变为“2”
   Statement3;
}
Statement4;
```

在这个示例中，从 1 开始计数，并因为遇到 if 语句加 1，从而使总计数变为 2。这意味着需要至少两个测试用例来覆盖程序中的所有逻辑路径。在这个例子中，需要有以下测试用例。

- 程序执行由 if 条件所控制的语句 (即 x < 10)。
- 程序不执行由 if 条件所控制的语句 (即 x >= 10)。

然而，实例代码需要更符合实际一些才能让大家更准确地认识到这种测试方法是如何工作的。为了贴近现实，代码中应该包含一些缺陷。

下面展示的是一个稍微复杂一些的示例。这段代码将在本章中反复出现，贯穿始终，并且包含一些常见的可能错误。

子程序本身从“1”开始计数

for语句，计数1变为“2”

if语句，计数变为“3”

if语句，计数“4”，关键字&&，计数变为“5”

if语句，计数变为“6”

如何计算 Java 程序所需的基础测试用例数量

```
1 // Compute Net Pay
2 totalWithholdings = 0;
3
4 for ( id = 0; id < numEmployees; id++ ) {
5
6    // compute social security withholding, if below the maximum
7    if ( m_employee[ id ].governmentRetirementWithheld < MAX_
GOVT_RETIREMENT ) {
8         governmentRetirement = ComputeGovernmentRetirement( m_
employee[ id ] );
9    }
10
11   // set default to no retirement contribution
12   companyRetirement = 0;
13
14   // determine discretionary employee retirement contribution
15   if ( m_employee[ id ].WantsRetirement &&
16      EligibleForRetirement( m_employee[ id ] ) ) {
17      companyRetirement = GetRetirement( m_employee[ id ] );
18   }
19
20   grossPay = ComputeGrossPay ( m_employee[ id ] );
21
22   // determine IRA contribution
23   personalRetirement = 0;
24   if ( EligibleForPersonalRetirement( m_employee[ id ] ) ) {
25      personalRetirement = PersonalRetirementContribution( m_
employee[ id ],
26         companyRetirement, grossPay );
27   }
28
29   // make weekly paycheck
30   withholding = ComputeWithholding( m_employee[ id ] );
31   netPay = grossPay - withholding - companyRetirement -
governmentRetirement -
32      personalRetirement;
33   PayEmployee( m_employee[ id ], netPay );
34
35   // add this employee's paycheck to total for accounting
36   totalWithholdings = totalWithholdings + withholding;
37   totalGovernmentRetirement = totalGovernmentRetirement +
governmentRetirement;
38   totalRetirement = totalRetirement + companyRetirement;
```

```
39 }
40
41 SavePayRecords( totalWithholdings, totalGovernmentRetirement,
totalRetirement );
```

在本例中，需要一个初始测试用例，然后为五个关键字中的每一个都加上一个测试用例，所以总共是 6 个。但这并不意味着任意用 6 个测试用例都能覆盖所有的基础测试。这仅仅意味着，至少需要 6 个测试用例才能进行覆盖。除非很细心地构建这些测试用例，否则几乎很难完整覆盖所有的代码。这里的诀窍是，留心那些关键字，也正是在计算所需测试用例数量时的有效关键字。代码中的每个关键字都代表了一些可以为真或为假的逻辑；确保每个为“真”的逻辑分支至少有一个测试用例，而每个为“假”的分支也至少有一个测试用例进行覆盖。

下面是一组测试用例，覆盖了本例中的所有基础测试。

用例	测试描述	测试数据
1	标称情况用例	所有布尔表达式条件都为“真”
2	for 语句初始条件为“假”	numEmployees < 1
3	第一个 if 语句为“假”	m_employee[id].governmentRetirementWithheld >=MAX_GOVT_RETIREMENT
4	因为 && 的第一个部分为“假”，第二个 if 语句为“假”	not m_employee[id].WantsRetirement
5	因为 && 的第二个部分为“假”，第二个 if 语句为“假”	not EligibleForRetirement(m_employee[id])
6	第三个 if 语句为“假”	not EligibleForPersonalRetirement(m_employee[id])

说明：将在本章后面内容中会为这张表格增加更多的测试用例

如果子程序比该示例复杂得多，那么为了覆盖所有路径而必需的测试用例数量将会迅速增加。较短的子程序往往需要测试的逻辑路径也更少。如果布尔表达式中没有大量的“and”和“or”，要测试的分支就会更少。因此，易于测试是保持子程序简短和布尔表达式简单的另一个充分理由。

现在既然已经为示例中的子程序创建了 6 个测试用例，并且满足了结构化基础测试的需求，就能宣布我们已经对该子程序进行了彻底的测试吗？可能还不行。

这种类型的测试正如其名，基础测试，只能确保覆盖了所有的代码。但它没有考虑数据的变化。

数据流测试

考虑到上一节的内容，这一节为程序员们提供了另一个实例，以便说明逻辑控制流和数据流在计算机编程中有同等的重要性。

数据流测试基于的核心思想是：数据在使用过程中其实也和逻辑控制流一样容易出错。贝塞尔 (Boris Beizer) 宣称，至少一半的代码由数据声明和数据初始化构成 (Beizer 1990)。

数据可能以下面三种状态之一存在。

- **已定义** 数据已经被初始化，但还没有被使用。
- **已使用** 数据已经被用于计算，或作为一个子程序调用的参数，或用于其他事情。
- **已撤销** 数据曾经被定义过，但在某种意义上它已经撤销了原来的定义，使之无效。例如，如果数据是一个指针，那么该指针可能已经被释放。如果它是一个 for 循环中的索引值，可能程序已经跳出了循环，而一旦出了循环，而编程语言不会定义 for 循环索引值在循环之外的值。而如果它是一个指向文件中记录的指针，可能该文件已经关闭，该记录指针不再有效。

除了“已定义”“已使用”和“已撤销”这些术语之外，为了方便，还会使用一些术语来描述在对某个变量执行某些操作之前或之后立即进入或退出一个子程序的即时情况。

- **已进入** 对变量执行操作之前，逻辑控制流刚刚进入该子程序。例如，在子程序的顶部初始化一个工作变量。
- **已退出** 对变量执行操作之后，逻辑控制流立即退出该子程序。例如，在子程序结束时，将返回值赋给一个状态变量。

数据状态的组合

数据状态的正常组合是先定义一个变量，使用一次或多次该变量，并可能撤销它。因此，一旦看到以下组合模式，就要怀疑其正确性。

- **已定义 - 已定义** 如果必须在一个变量有固定的赋值之前对其进行两次定义，那么这位程序员需要的不是更好的程序，而是一台更好的计算机！这不仅是一种浪费，而且很容易出错，即使实际上并没有报错。
- **已定义 - 已退出** 如果变量是一个局部变量，那么在定义之后，没使用它就退出子程序是完全没有意义的行为。但如果它是一个子程序参数或全局变量，或许不会产生问题。

- **已定义 - 已撤销**　先定义一个变量，然后再撤销它，这说明要么该变量是冗余的，要么就是缺失了原本应该使用该变量的那段代码。
- **已进入 - 已撤销**　如果变量是局部变量，这样就会出问题。如果它都没有被定义或使用过，它就不需要被撤销。另一方面，如果它是一个子程序参数或全局变量，只要变量在被撤销之前在其他地方定义过，那么使用这种模式就不会出问题。
- **已进入 - 已使用**　同样，如果变量是局部变量，这样也会出问题。在使用一个变量之前需要先对其进行定义。另一方面，如果它是一个子程序参数或全局变量，那么只要变量在被撤销之前在其他地方进行过定义，使用这种模式就不会出问题。
- **已撤销 - 已撤销**　一个变量无需被撤销两次。这些变量并不会死而复生。如果真出现了“复活”的变量只能说明代码写得粗心大意。两次撤销这种行为对指针来说也是致命的，让计算机停摆的最好方法之一就是撤销 (释放) 同一指针两次。
- **已撤销 - 已使用**　在一个变量被撤销之后再次使用它，这肯定是一个逻辑错误。如果代码貌似还能继续工作 (例如，一个指针仍然指向已释放的内存)，这只能说是一个意外侥幸，而墨菲定律告诉我们，代码往往会在造成最严重破坏的时候停止工作。
- **已使用 - 已定义**　先使用一个变量，灾后再对它进行定义，这可能会产生问题，也可能不会，这取决于变量在被使用之前是否已经对它进行了定义。当然，如果发现一个这样的“已使用 - 已定义”模式，那么还是有必要再检查一下之前的定义。

在开始测试之前，请务必检查这些异常的数据状态组合模式。检查过异常模式之后，编写数据流测试用例的关键是对所有可能的“已定义 - 已使用”路径进行测试。可以选取不同级别的测试完备性策略进行测试，请参考如下信息。

- **所有定义**　测试每个变量的每个定义，即针对所有变量接收赋值的每一位置都进行测试。这是一种较弱的策略，因为如果已经尝试用测试覆盖了每一行代码，默认情况下已经完成了这样的测试。

- **所有“已定义 - 已使用”的组合** 测试在一个地方定义一个变量并在另一个地方使用它的每种组合。这是一种比上述测试“所有定义”更强大的策略，因为只覆盖每一行代码的测试并不能保证每种“已定义 - 已使用”的组合都被测试到。

下面有一个示例：

在Java程序中进行数据流测试

```
if ( Condition 1 ) {
   x = a;
}
else {
   x = b;
}
if ( Condition 2 ) {
   y = x + 1;
}
else {
   y = x - 1;
}
```

要让测试覆盖该程序，其中每一条逻辑路径都需要一个测试用例，需要一个测试用例去测试 Condition 1 为真的情况，需要另一个测试 Condition 1 为假，需要一个测试用例测试 Condition 2 为真，需要另一个测试 Condition 2 为假。于是，可以通过两个测试用例来完成测试：用例 1 测试 Condition 1 为真且 Condition 2 为真，以及用例 2 测试 Condition 1 为假且 Condition 2 为假。这两个测试用例就是前面提及的结构化基础测试所需要的全部测试了。同时它们也是在“所有定义”策略下，覆盖变量定义相关的每一行代码所需要的全部测试；它们已经自动地提供了较弱形式的数据流测试。

然而，为了涵盖每种“已定义 - 已使用”的组合，则需要添加更多的测试用例。现在有 Condition 1 和 Condition 2 同时为真的情况，Condition 1 和 Condition 2 同时为假的情况：

```
x=a
…
y=x+1
```

以及

```
x=b
…
y=x-1
```

但还需要另外两个测试用例来测试每种“已定义 – 已使用”的组

合：(1)x = a，然后 y = x − 1 以及 (2) x = b，然后 y = x + 1。在这个例子中，可以通过添加另外两个测试用例来覆盖这些组合：用例 3 测试 Condition 1 为真且 Condition 2 为假，和用例 4 测试 Condition 1 为假且 Condition 2 为真。

开发测试用例的一种好方法是首先从结构化基础测试开始，这将覆盖一些 (即使不是全部的)“已定义 - 已使用”的数据流。然后请继续添加一些需要的用例，用以完整地覆盖所有“已定义 - 已使用”的数据流。

正如前面部分所讨论的，结构化基础测试为之前的示例子程序提供了 6 个测试用例。但为了覆盖每个“已定义 - 已使用”组合的数据流，还需要更多的测试用例，其中一些已经被现有的基础测试用例覆盖，而另一些则没有。以下测试用例不属于结构化基础测试所生成的测试用例，但为了覆盖所有数据流组合需要额外添加：

用例	测试描述
7	在第 12 行定义 companyRetirement，并在第 26 行第一次使用这个变量。此情况并未被先前任何测试用例覆盖
8	在第 12 行定义 companyRetirement，并在第 31 行第一次使用这个变量。此情况并未被先前任何测试用例覆盖
9	在第 17 行定义 companyRetirement，并在第 31 行第一次使用这个变量。此情况并未被先前任何测试用例覆盖

按照上述的过程，一旦多尝试几次写出针对数据流测试用例，你就会找到一些感觉，知道哪些用例是富有成效的，而哪些用例已经在之前就被其他测试用例覆盖了。当思路受阻时，不妨列出所有“已定义 - 已使用”的组合。这种方法可能看起来工作量很大，但可以保证向你展示出那些在基础测试方法中没有覆盖的所有测试用例。

等价划分

关联参考　等价划分在本章末尾的“更多资源”中列出的书籍中有更深入的讨论。

好的测试用例能代表一大部分可能的输入数据。如果两个测试用例产生了完全相同的错误，那么只需要其中一个用例就够了。“等价划分”的概念是这一思想的正式说法，使用这种方法有助于减少所需测试用例的数量。

在之前贯穿全章的示例子程序中，第 7 行代码是应用等价划分的好地方。这里需要测试的条件是 m_employee[ID]. governmentretiRementWithheld < MAX_GOVT_RETIREMENT。在这个测试用例中有两个等价类别：即 m_employee[ID]. governmentretiRementWithheld 小

于 MAX_GOVT_RETIREMENT 的类别和它大于或等于 MAX_GOVT_RETIREMENT 的类别。而程序的其余部分可能有其他相关联的等价类别，意味着可能需要为 m_employee[ID]. governmentretiRementWithheld 测试两种以上的可能取值，但仅仅就程序的这一部分而言，只需要两个等价类别。

当已用基础测试和数据流测试开发了测试用例并覆盖了所有代码之后，等价划分一般不会提供太多关于程序的新颖见解。但是，当从外部 (从需求规格而不是源代码的视角) 查看程序时，或者当数据十分复杂且这些复杂性并不全都体现在程序逻辑中时，使用等价划分方法还是大有裨益的。

错误猜测

关联参考　要想进一步了解启发式技术，请参见第 2.2 节。

除了正式的测试技术外，优秀的程序员还会使用各种不太正式的启发式技术来查找代码中的错误。其中一种启发式技术就是通过猜测来寻找错误的技术。“错误猜测”这个术语，是一个明智策略的通俗说法。这意味着依据对程序可能出错的地方的猜测来创建测试用例，尽管这意味着猜测过程中有一些说不清道不明的成分。

人们可以凭借直觉或过去的经验来进行猜测。在第 21 章中指出，审查的一个优点是该过程能产生并维护一个常见错误清单。而该清单能用于检查新的代码。因此，如果记录之前所犯的错误类型，就可以提高“错误猜测”方法发现错误的可能性。

接下来的几节将描述一些特定类型的错误，这些错误很容易通过使用错误猜测的方法找出来。

边界分析

最容易发现错误的测试领域之一是边界条件下的差一错误。在代码里想表达 num 的时候却用了 num - 1，当想表达 > 的时候却用了 >=，这些都是常见的错误。

边界分析的思想是编写测试用例来检验边界条件。可以用图示来展现这种方法，如果正在对小于 max 的取值范围进行测试，则有三种可能的条件：

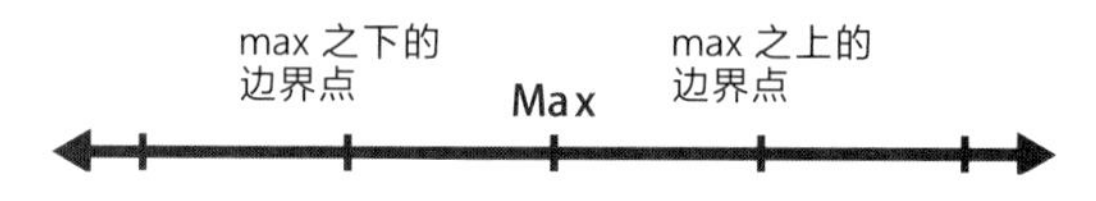

如上图所示，有三种边界测试用例：刚好小于 max、等于 max 和刚好大于 max。这需要三个测试用例来确保程序中不会出现任何常见错误。

在之前贯穿全章的 Java 示例子程序中包含对 m_employee[ID].governmentRetirementWithheld < MAX_GOVT_RETIREMENT 条件的判断。根据边界分析的原则，有以下三种情况需要进行测试：

用例	测试描述
1	之前已经创建的用例 1 中，m_employee[ID]. governmentRetirementWithheld < MAX_GOVT_RETIREMENT 为真，于是这就是边界情况为真的第一种情况。因此，测试用例 1 将 m_employee[ID]. governmentetiRementrWithheld 设置为 MAX_GOVT_RETIREMENT-1。这个测试用例在之前已经创建了
3	之前已经创建的用例 3 中，m_employee[ID]. governmentRetirementWithheld < MAX_GOVT_RETIREMENT 为假，于是这就是边界情况为假的情况。因此，用例 3 测试用例将 m_employee[ID]. governmentetiRementrWithheld 设置为 MAX_GOVT_RETIREMENT+1。这个测试用例在之前也已经创建了
10	还需要添加一个新的测试用例，测试取值正好处于边界上的情况，即在这个用例中设置 m_employee [ID].governmentRetirementWithheld = MAX_GOVT_RETIREMENT

复合边界

边界分析也适用于变量的最小和最大允许取值。在本例中，它可能是 grossPay、companyRetirement 或 PersonalRetirementContribution 的最小值或最大值，但因为这些值的计算过程超出了该子程序的范围，所以这里就不进一步讨论它们相关的测试用例了。

当边界包含多个变量的组合时，会出现一种更隐蔽微妙的边界条件。例如，如果两个变量相乘，那么当它们都是非常大的正数时，会怎样？当它们都是非常大的负数呢？或者都是 0 呢？ 如果传递给子程序的所有字符串都非常长怎么办？

在本章所使用的示例中，对于 totalWithholdings、totalGovernment Retirement 和 totalRetirement 这些变量，我们可能会想试试当一大批雇员中每位成员都有一笔巨额薪水时，会发生什么情况，比如说，一群程序员每人都有 25 万美元薪水（我们一直梦寐以求）， 这就需要创建另一个测试用例：

用例	测试描述
11	一大群员工，每个人都有一笔巨额薪水的例子（当然怎样算是“巨额”取决于正在开发的特定系统）。举个例子，我们可以说有 1000 名员工，每一位都有 250000 美元的薪水，每一位都没有任何社保扣缴税款，他们都希望有退休金扣缴

在类似的逻辑下，但是数据朝向另一个方向发展，另一个测试用例是假设有一小群员工，他们每个人的工资都是 0.00 美元：

用例	测试描述
12	10 名员工组成的团队，每个人的工资都是 0 美元

不良数据的类别

除了猜测在边界条件附近会出现错误外，还可以猜测并测试其他几种类型的错误数据。典型的不良数据测试用例如下：

- 数据过少 (或没有数据)
- 数据过多
- 错误的数据类型 (无效数据)
- 错误的数据大小
- 未初始化的数据

如果遵循了上面的建议，可能有一些能想到的测试用例已经包含在之前列出的测试用例中了。例如，用例 2 和用例 12 就覆盖了“数据过少”这种情况，但针对“错误的数据大小”这个类别很难创建出任何测试用例。尽管如此，针对不良数据的类别仍然可以为贯穿本章的示例添加一些新的测试用例：

用例	测试描述
13	输入 100000000 名员工的数列。测试数据过多的情况。当然，多少算“过多”会因系统的不同而有所区别，但为了举例说明，假设这个数量已经算是极其过量了
14	薪水取值为负数，这是为了测试错误的数据类型
15	员工数量为负数，这是为了测试错误的数据类型

良好数据的类别

当试图在程序中查找错误时，很容易忽略这样一个事实，标称情况也可能包含错误。通常，在基础测试部分所描述的标称情况会代表一种类型的良好数据。而下面是一些其他值得检验的良好数据。检查每一种类型的数据都有可能发现错误，这取决于所测试对象的具体情况。

- 标称情况，即不偏不倚的普通情况，正常取值范围
- 最小正常配置
- 最大正常配置

- 与旧数据的兼容性

最小正常配置不仅适用于测试一个对象，而且适用于测试一组对象。它在本质上类似于测试一系列设为最小值的边界条件，但它的不同之处在于，它是在通常的正常取值范围内所创建的最小值集合。举一个例子，在测试电子表格时，保存一个空的电子表格。在测试一个文字处理器时，保存一个空文档。在贯穿本章的示例中，为了测试最小正常配置将创建以下测试用例：

用例	测试描述
16	创建一个只有一名员工的团队，这是为了测试最小正常配置

而最大正常配置与最小配置恰好相反。它在本质上也类似于边界测试，但是同样地，它是在通常的正常取值范围内所创建的最大值集合。这方面的一个例子是保存一个电子表格，它与产品包装上宣传的“最大电子表格尺寸”规格一致。或者执行打印最大尺寸的电子表格来进行测试。为了测试文字处理器，保存一个推荐的最大文件大小的文档。在贯穿本章的示例中，测试最大正常配置取决于员工的最大正常数量。假设这个数量是 500，将创建以下测试用例：

用例	测试描述
17	有 500 名员工的团队，这是为了测试正常配置的最大值

最后一种常规数据测试是测试与旧数据的兼容性，这种测试主要在新的程序或子程序替换旧的程序或子程序时发挥作用。同样使用旧数据，新的子程序应该产生与旧的子程序相同的结果，除非旧的子程序本身有缺陷。版本之间的这种连续性是回归测试的基础，其目的是确保程序修正缺陷和增强功能之后依然能维持以前的软件质量水平，而不至于出现质量倒退。在贯穿本章的示例中，并不涉及兼容性问题，所以无需为之创建任何测试用例。

使用便于进行手工检查的测试用例

假设正在为标称工资编写一个测试用例；需要为测试用例设置一份正常的薪水，而设置这样薪水的方法就是输入一个任意数字。于是，我试着输入：

1239078382346

好吧，就选这个数字。这是一个相当高的工资，实际上超过一万亿美元，但如果我把这份薪水削减到一个更现实的数字，就设定为 90783.82 美元吧。

现在，我们进一步假设，该测试用例成功了，也就是说，它发现了一个错误。怎么知道它发现了一个错误呢？想必你知道正确答案是什么，也知道它怎么得来的，因为你用手算得出了正确的答案。然而，如果尝试对 90783.82 这样难看的数字进行手工计算，恐怕手算出错的可能性不亚于程序出错误的可能性。而另一方面，选取 2 万美元这样一个漂亮的偶数取值会让数字计算变得轻而易举。不仅 0 很容易在计算器中输入，并且大多数程序员不用绞尽脑汁就能完成对其乘以 2 的计算。

你可能认为 90783.82 这样看似不寻常的数字更有可能暴露出软件错误，但事实上，与其等价类别中的其他任何取值相比，它发现错误的几率并不会更高。

22.4 典型错误

本节的主旨是，知己知彼百战百胜，如果程序员能尽量去了解自己的敌人——错误，就可以为程序执行最合适的测试。

哪些类包含的错误最多

我们常常想当然地假设缺陷会均匀地分布在整个源代码中。如果平均每 1000 行代码中有 10 个缺陷，当看到一个包含 100 行代码的类时，可能就会假设这里面应该有一个缺陷存在。这是一个自然而然的假设，但是这种想法是错误的。

琼斯 (Capers Jones) 有一份报告曾提及，在 IBM 的一个专门的质量改进项目中发现 IMS 系统中 425 个类中有 31 个类是经常容易出错的。然后他们针对这 31 个类进行了修复甚至完全重新开发，之后在不到一年的时间里，针对 IMS 的客户缺陷报告降至原来的十分之一。于是，其总体维护成本降低了约 45%。客户满意度也从“不可接受”提高到“良好” (Jones 2000)。

大多数错误往往集中在几个缺陷率较高的子程序中。下面是错误和代码之间的关系。

- 80% 的错误出现在项目 20% 的类或子程序中 (Endres 1975, Gremillion 1984, Boehm 1987b, Shull et al 2002)。
- 项目 50% 的错误出现在 5% 的类中 (Jones 2000)。

这些关系可能看起来无关紧要，直到你认识到由此引发的一些推论。首先，项目 20% 的子程序却占据了 80% 的开发成本 (Boehm 1987b)。这并不一定意味着开发成本最高的 20% 部分和缺陷最多的 20% 部分正好能对应上，但这很有启发性。

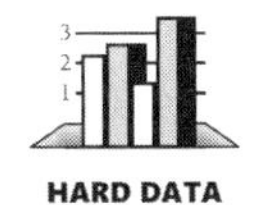

其次，不管高缺陷率的子程序到底贡献了多大比例的开发成本，高缺陷率的子程序都是代价很高的。二十世纪六十年代，有一项经典研究中，IBM 对其 OS/360 操作系统进行了分析，发现错误并不是均匀地分布在所有代码中，而是集中在少数子程序中。那些容易非常出错的子程序被证实是“编程中耗资最多的”(Jones 1986a)。在这些子程序中，每 1000 行代码中竟然包含高达 50 个缺陷，而且修复这些缺陷的成本往往是开发整个系统所需成本的 10 倍。(这里的成本包括客户支持和现场维护。)

关联参考　另一类容易包含大量错误的子程序是那种过于复杂的子程序。关于识别和简化代码的详细信息，请参见 19.6 节。

第三，开发过程中代价高昂的子程序的所带来的影响是显而易见的。有句老话说得好：“时间就是金钱。” 反之亦然，“金钱就是时间”，如果能避免写出缺陷多的子程序，就可以减少近 80% 的成本，还可以砍掉大量的开发时间。这清楚地说明了软件质量的普遍性原则：提高质量可以缩短开发周期并降低开发成本。

第四，避免维护千疮百孔的子程序，其好处也是不言而喻的。因此，维护活动应该聚焦于识别、重新设计甚至彻底重写那些被识别为容易出错的子程序。在前面提到的 IMS 项目中，在替换了容易出错的类之后，IMS 版本的生产效率提高了大约 15%(Jones 2000)。

错误分类

关联参考　书中所有检查清单的合集，请参见本书目录之后的列表。

一些研究人员试图按类型对错误进行分类，并确定每种错误发生的频繁程度。每个程序员都有一系列让自己特别头疼的错误：差一错误、忘记重新初始化循环变量等等。可以在贯穿本书的多份检查清单中找到更多细节。

贝塞尔 (Boris Beizer) 结合了几个研究的数据，得出了一个尤其详细的错误分类 (Beizer 1990)。以下是他的研究成果总结：

25.18%	结构性错误	8.12%	功能需求错误
22.44%	数据错误	2.76%	测试定义或测试执行错误
16.19%	功能实施错误	1.74%	系统、软件架构错误
9.88%	构建错误	4.71%	其他非特定类型错误
8.98%	集成错误		

"一看到马蹄印，请首先联想到马，而不是斑马。与此类似，程序出问题也别去怀疑那些不太常见的事情，操作系统可能并没有崩溃，数据库也运行正常。"
—亨特和托马斯（Andy Hunt & Dave Thomas）

虽然前面贝塞尔报告的结果精确到小数点后两位，但对错误类型的研究通常还是带有很多不确定性。不同的研究报告所统计的错误类型相差甚远，针对相似错误类型的研究报告所得到的结果也常常相差很大，而且有些差异不是一点半点，甚至高达 50%。

考虑到报告中的各种差异，像贝赛尔所做的综合多个研究得出的结果或许也难以产生有意义的数据。即使不能产生定论，但其中一些数据也能带给我们许多启发。以下是从数据中可以得出的一些建议：

大多数错误的范围是相当有限的　有项研究发现，85% 的错误可以在改动范围不超过一个子程序的情况下得到修正 (Endres 1975)。

许多错误和代码构建无关　曾经有研究人员进行了一系列 97 次访谈，发现三个最常见的错误来源是缺乏相关应用领域知识，需求频繁变动和冲突，以及沟通和协调障碍 (Curtis, Krasner, and Iscoe 1988)。

大多数代码构建错误都是程序员的人为错误　多年前进行的两项研究发现，在报告的总错误中，大约 95% 是由程序员造成的，2% 是由系统软件 (编译器和操作系统) 造成的，2% 是由其他软件造成的，还有剩下 1% 是由硬件造成的 (Brown and Sampson 1973, Ostrand and Weyuker 1984)。比起二十世纪七八十年代，今天使用系统软件和开发工具的程序员多得多，因此我的大胆猜测是，今天，程序员人为错误的比例甚至会更高。

令人惊讶的是，笔误 (拼写错误) 是问题的常见来源　一项研究发现，36% 的代码构建错误是笔误 (Weiss 1975)。1987 年，一项对近 300 万行代码的飞行动力学软件的研究发现，18% 的错误是笔误 (Card 1987)。而另一项研究发现，4% 的错误来自消息中的拼写错误 (Endres 1975)。在我的一个程序中，一个同事仅仅通过使用一个拼写检查程序去对可执行文件中的所有字符串进行检查，就发现了好几个拼写错误。注意，细节真的很重要。如果对这一点持有怀疑态度，请回顾一下历史上最昂贵的三大软件错误，其代价分别高达 16 亿美元、9 亿美元和 2.45 亿美元，究其根源，都是在原先正确的程序中不小心更改了一个字符 (Weinberg 1983)。

在对程序员错误的研究中，对设计的误解是个老生常谈的主题　上述贝塞尔所汇总的研究显示，16% 的错误源于对设计的曲解 (Beizer 1990)。另一项研究则显示，19% 的错误源于对设计的误解 (Weiss 1975)。所以，值得多花一些时间去彻底理解设计。虽然花在这上面的时间貌似不会立即产生回报，但其效果是厚积薄发的，会在项目的整个生命周期中持续不断地产生积极效果。

大多数错误修复起来都很容易　大约有 85% 错误可以在几个小时内完成修复。大约有 15% 错误可以在几个小时到几天内完成修复。而大约只有 1% 的错误需要花更长时间 (Weiss 1975, Ostrand And Weyuker 1984, Grady 1992)。这个结果和鲍姆 (Barry Boehm) 的观察结果也不谋而合：需要花费大约 80% 的资源来修复大约 20% 的错误 (Boehm 1987b)。所以，应该尽可能通过在上游进行需求评审和设计评审来避免这些棘手的错误。程序员应该尽可能高效率地处理众多的小错误。

度量自己组织的错误相关经验是个好主意　本节中引用的各种研究结果所展现出的多样性表明，不同组织中的人员错误相关经验也迥然不同。这使得你很难将其他组织的经验直接照搬到自己身上。有些结果是违背直觉的，可能需要使用其他工具来对这些直觉提供补充性佐证。正确做法的第一步是开始度量自己的开发过程，以便知道问题出在哪里。

由错误构建造成的错误比例

如果说对错误进行分类的研究数据没有定论，那么将错误归因于各种开发活动的许多研究数据同样也带有许多不确定性。可以肯定的是，代码构建总是会导致大量的错误。有时人们认为，修复由代码构建引起的错误比修复由需求或设计引起的错误成本更便宜。修复单个构建错误可能会更便宜，但证据显示总成本算下来并不见得更低。

以下是我得出的一些结论。

- **在小型项目中，大部分错误来自于代码构建缺陷**　在一个小型项目 (大约 1 000 行代码) 的代码错误研究中，75% 的缺陷来自编程，10% 来自需求，15% 来自设计 (Jones 1986a)。这个错误类别比例貌似在许多小项目中都颇具代表性。
- **无论项目规模大小，代码构建缺陷至少占据所有缺陷的 35%**　虽然在大型项目中，构建缺陷的比例相对小一些，但它们仍然

占所有缺陷至少 35% 的比例 (Beizer 1990, Jones 2000)。根据一些研究人员的报告，甚至在规模超大的项目中也可能出现比例高达 75% 的构建缺陷 (Grady 1987)。一般来说，对应用领域的理解越深，整体架构就越好。在这样的情况下，错误往往会集中在详细的设计和编码中 (Basili and Perricone 1984)。

- **构建错误虽然比需求和设计错误更容易修复，但成本仍然昂贵** 惠普公司对两个超大项目的研究发现，修复构建缺陷的平均成本是修复设计错误的平均成本的 25% ～ 50% (Grady 1987)。但当更多数量的构建缺陷被纳入整体缺陷修复成本计算时，修复构建缺陷的总成本是修复设计缺陷的成本的一到两倍。

图 22-2 显示了项目规模大小和错误来源之间关系的大致情况。

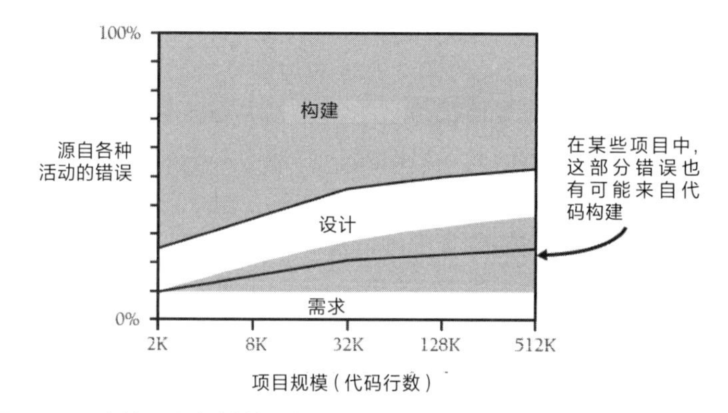

图 22-2　随着项目规模的增加，代码构建过程中出现错误的比例降低。然而，即使在规模最大的项目中，构建错误也会占所有错误的 45% ～ 75%

期望发现多少错误

期望发现的错误数量应根据所使用的开发过程的具体质量而有所不同。以下是可能的数量范围。

- 业内经验是，平均每 1 000 行交付软件的代码中有 1~25 个错误。软件开发通常是应用各种技术的开发活动 (Boehm 1981, Gremillion 1984, Yourdon 1989a, Jones 1998, Jones 2000, Weber 2003)。如果能做到只有这种平均水平十分之一的错误率是相当罕见的；而超过这个水平十倍的软件项目也闻所未闻，因为这种病入膏肓的项目很可能根本无法完成！

- 在内部测试期间，微软的应用程序部门的经验是大约每 1 000 行代码中有 10~20 个缺陷，在正式发布的产品中每 1 000 行代码中平均有 0.5 个缺陷 (Moore 1992)。为达到这个质量级别，他们综合应用了 21.4 节中描述的代码阅读技术以及独立测试技术。
- 米尔斯 (Harlan Mills) 所开创的“净室开发”技术，这种技术能够实现在内部测试阶段每 1 000 行代码只有平均 3 个缺陷，在正式发布的产品中每 1 000 行代码只有 0.1 个缺陷 (Cobb and Mills 1990)。一些项目，例如航天飞机软件，通过使用正式开发方法、同行评审和统计测试组成的一套开发系统，在 50 万行代码中实现了零缺陷的惊人质量水平 (Fishman 1996)。
- 汉弗莱 (Watts Humphrey) 报告说，使用团队软件过程 (Team Software Process, TSP) 的团队已经达到了每 1 000 行代码中大约只有 0.06 个缺陷的质量水平。TSP 聚焦于对于开发人员的培训，将避免缺陷放在首位 (Weber 2003)。

HARD DATA

TSP 和净室项目的结果从另一方面证实了软件质量的通用原则：构建高质量的软件比构建和修复低质量的软件成本更低。一个使用净室开发方法、全面验证交付 8 万行代码的项目，其生产效率是每个工作月 740 行代码。而对于全面验证交付代码的项目，软件行业平均生产效率大概是每个工作月 250 ～ 300 行代码，这包含了所有非编码开销 (Cusumano et al 2003)。节省成本和提高生产效率的原因竟然是，TSP 或净室项目中几乎没有时间专门花费在调试上。没有时间花在调试上？这真是一个有价值的目标！

测试本身的错误

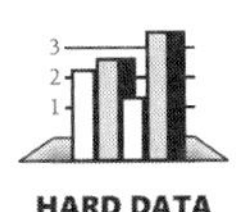

程序员可能都有过这样的经历：发现软件有错误。甚至立即预感到代码的某个部分可能是错误的，但所有这些代码表面看上去都是正确的。或许会运行多个测试用例来尝试定位错误，但是所有新增的测试用例都得到了正确的结果。于是又花费几个小时反复阅读代码并手工计算结果。所有的办法都尝试过了。几个小时后，有些事情迫使自己去重新检查测试数据。终于找到了！原来是测试数据本身有错！花费好几个小时的时间追踪一个错误，最终发现错误竟然在测试数据中而不是代码里，这真的是愚蠢到家了！

这种事情很常见。通常而言，测试用例与被测试的代码包含错误的机会是均等的，甚至测试用例可能包含更多错误 (Weiland 1983, Jones 1986a, Johnson 1994)。错误原因往往也很容易发现，尤其是当开发人员自己编写测试用例时。测试用例往往是匆忙之间创建的，并未经过精心设计和构建。这些测试通常被当成是一次性的测试，正因为态度像是在对待会被扔掉的东西一样，开发过程中常常并没有给予足够的细心。

可以做几件事来降低测试用例中的错误数量。

检查自己的工作　像开发代码一样认真细致地开发测试用例。这样的态度当然包括仔细检查自己的测试。也应该在调试器中逐行检查测试代码，就像对待代码那样。对测试数据进行走查和审查也是有必要的。

在开发软件时也要规划测试用例　有效的测试规划应该从需求阶段开始，或者在接到编写程序的任务时就开始。这有助于避免出现基于错误假设的测试用例。

保留测试用例　在测试用例上花点时间进行管理。为了之后的回归测试和下一版本的开发工作，将这些测试用例好好地保存下来。如果程序员明白这些测试用例会被保留而不是被丢弃，那么就更容易为它们不厌其烦地投入更多。

将单元测试放入测试框架　先为单元测试编写代码，在完成每次测试时之后就把它们集成到一个系统级的测试框架 (如 JUnit) 中去。有一个集成的测试框架可以有效防止前面提到的测试用例用完就抛弃的不良倾向。

22.5 测试支持工具

本节列举了人们可以购买的商业化工具或自己构建的各种测试工具。但本书不会列出具体的产品名称，因为当你读到这些文字时，这些品牌很有可能已经过时了。还是请参考自己最喜欢的程序员杂志，了解一下最新测试工具的具体细节。

构建脚手架来测试单个类

“脚手架”这个词最初来源于建筑施工。脚手架的建造是方便工人攀爬到他们原本无法到达的建筑部分进行工作。而在软件中构建脚手架的惟一目的就是为了简化代码的测试。

深入阅读 关于脚手架的几个优秀示例，请参阅在《编程珠玑》(第 2 版)(Bentley 2000) 中的文章“写代码时的一件小事”。

有一种类型的脚手架本身就是一个模拟出来的类，以便它可以被另一个正在测试的类使用。这样的类被称为“模拟对象”或“桩对象”(Mackinnon, Freemand, and Craig 2000; Thomas and Hunt 2002)。类似的方法也可以应用于低级子程序，这些子程序称为“桩程序”。模拟时，可以选择对象或桩子程序的逼真程度，这取决于具体需要的真实性。在这些测试用例里，脚手架可以执行以下操作。

- 在没有执行任何动作的情况下，立即返回控制。
- 检查传递给它的数据。
- 打印诊断信息，可能是输入参数的回显，或者将信息记录到一个文件中。
- 从交互输入中得到返回值。
- 不管输入是什么，返回一个标准响应。
- 消耗原本分配给真实对象或子程序的时钟周期。
- 以缓慢、冗余、简单或不太准确的方式来完成真实对象或子程序的功能。

另一种脚手架是一个假的子程序，它会调用正在测试的真实子程序。这也称为“驱动程序”，有时也称为“测试套件”。这样的脚手架可以做下面几件事情。

- 用一组固定的输入来调用该对象。
- 交互式地提示输入并调用该对象。
- (在支持它的操作系统中)从命令行中获取参数并调用该对象。
- 从文件中读取参数并调用该对象。
- 运行预定义的输入数据集并多次调用该对象

关联参考 测试工具和调试工具之间的界限有些模糊。关于调试工具的详细信息，请参见第 23.5 节。

最后一种脚手架是模拟文件，它是真实文件的一个的迷你版本，麻雀虽小五脏俱全，它具有与全尺寸文件相同类型的组件。一份小巧的模拟文件有两个优点。首先因为它很小，所以一眼就能看清其内容，同时确保文件本身是明确无误的。而且因为它是专门为测试而被创建的，所以可以对它的内容进行设计，因此使用它进行测试时，任何错误都是显而易见的。

显然，构建脚手架也需要一些工作量，但如果在一个类中检测到错误，那么这些脚手架还可以被重用。还有许多工具可以帮助简化模拟对象和其他脚手架的创建。而且，如果使用脚手架来测试一个类，可以避免与其他类交互从而影响该类测试结果的风险。当涉及到复杂微妙的算法时，脚手架特别有用。很容易遇到一种情况，因为需要测试的代码嵌在其他代码之中，执行每个测试用例都需要花上好几分钟。而使用脚手架可以直接对这些代码进行测试。花上几分钟就可以构建出脚手架，用它来测试深层嵌套的代码可以节省好几个小时的调试时间。

可以从众多的现成测试框架中任意选取一个来为自己的程序提供测试支撑，如 JUnit、CppUnit、NUnit 等。如果现有的测试框架不支持当前用的开发环境，还可以在类中编写一些子程序，在文件中包含一个 main() 脚手架程序来对类进行测试，即使被测试的子程序原本并不能独立运行。这个 main() 函数可以从命令行中读取参数，并将它们传递给被测试的子程序，这样就能在该子程序与程序的其他部分集成之前单独测试该子程序。集成代码时，将子程序和测试它们的脚手架代码留在文件中，并使用预处理器命令或注释来禁用脚手架代码。因为它已经在预处理时就被禁用，所以不会影响到实际的可执行代码，而且因为它位于文件的底部，所以它也并不妨碍代码阅读。把它留在文件里面并没有什么坏处。如果需要再次使用，也能迅速找到这些代码，也就不用花时间对它们进行删除或者归档了。

Diff 工具

关联参考　关于回归测试的详细信息，请参见第 22.6 节。

如果有自动化工具来比对预期输出和实际输出，那么回归测试 (又称反复测试) 就会容易许多。检查输出数据的一种简单方法是将输出重定向到一个文件，并使用文件比较工具 (如 diff) 将新的输出与之前存放至文件的预期输出进行比较。如果两个输出不一致，则表示检测到一个回归错误。

测试数据生成器

也可以编写代码来系统地运行选定的程序片段。几年前，我曾经开发了一个加密算法专利，还为此编写了一个文件加密程序。该程序的目的是对一个文件进行加密，只有使用正确的密码才能解密。加密不只是在表面上改变了文件，它会彻底改变整个文件的内容。因此，程序的关键功能就是能够正确地对文件执行解码，否则文件会被破坏。

我建立了一个测试数据生成器，用它来彻底测试程序的加密和解密部分。它会生成随机字符写入文件，且文件大小随机，从 0 KB 到 500 KB 不等。它也会随机生成密码，字符长度从 1 到 255 不等。对于每个随机生成的测试用例，它会为随机文件生成两个副本，然后加密其中一个副本，重新初始化，再解密该副本，然后将解密得到的副本与未修改副本中进行逐个字节比较。如果有任何字节差异，生成器就会打印出重现错误所需的所有信息。

我根据文件平均长度对测试用例进行了加权，让所有文件的平均长度为 30 KB，这比允许的文件最大长度 500 KB 要短得多。如果不做这种加权处理，原本随机生成的文件长度会均匀地分布在 0 KB 和 500 KB 之间，那么测试文件的平均长度应该为 250 KB。但我为更短长度的文件测试用例赋以了更高的权重。与均匀分布的随机长度相比，较短的文件平均长度意味着，我可以测试更多的文件、密码、文件结束条件、怪异的文件长度和其他可能产生错误的情况。

结果令人满意。在运行了大约 100 个测试用例后，我就发现了程序中有两个错误。这两种情况都是在特殊的测试用例下发现的，虽然这些用例在现实中可能永远都不会出现，但它们的确都是错误，我很高兴找到了这些错误。修复错误后，我继续让测试数据生成器程序运行了几个星期，对超过 100 000 个文件进行了加密和解密，没有发现任何错误。鉴于测试范围中所包含的各种各样的文件内容、长度和密码，我可以十分自信地宣布我的程序没有问题了。

从这个故事中，得到下面这些经验教训。

- 合理设计的随机数据生成器可以生成不同寻常的测试数据组合，以达到意想不到的效果。
- 随机数据生成器可以比手动构建测试更彻底地测试程序。
- 随着时间的推移，还可以改进随机生成的测试用例，以便让它们更符合真实的输入范围。这会将测试集中在用户实际应用中最有可能涉及的领域，从而在这些领域中最大限度地提高软件的可靠性。
- 在测试过程中，使用模块化设计是有优势的。如果能够剥离出加密和解密代码模块，并独立于用户界面代码对它们进行调用，这让编写测试驱动程序的工作变得简单。

- 如果被测试的代码需要更改，还可以重用测试驱动程序。在前面的故事中，一旦纠正了两个早期的错误，我就可以立即开始重新测试了。

覆盖率监测

有报告说，没有度量代码覆盖率的测试，其实通常只测试了大约 50%~60% 的代码 (Wiegers 2002)。覆盖率监测器是一种工具，它对已测试的代码和未测试的代码进行追踪。覆盖率监测器对于系统化测试特别有用，因为它能告诉你一组测试用例是否对代码进行了全面测试。如果已经运行了完整的测试用例集，但覆盖率监测器指示还有一些代码仍然没有被测试到，那么就需要添加更多的测试。

数据记录器 / 日志

一些工具可以监测程序，并在发生故障时收集有关程序状态的信息，这类似于飞机用来诊断坠机原因的“黑匣子”。强大的日志记录有助于错误诊断，并在软件发布后为客户服务提供有效支持。

可以自己打造一个数据记录器，将重要事件记录到文件中。还可以记录错误发生前的系统状态和关于错误条件的详尽信息。此功能可以被编译进代码的开发版本中，在正式发布版本中去掉。或者，如果实现日志记录时使用了自动裁剪存储功能，并精心设计了存放位置和错误消息内容，那么也可以在正式发布版本中包含该日志记录功能。

符号调试器

关联参考　调试器的可用性随技术环境的成熟度而不断变化。关于这一现象的详情，可参见第 4.3 节。

符号调试器是对代码走读和审查的一种技术补充。一个调试器有能力单步执行每一行代码，跟踪变量的取值变化，并始终以与计算机相同的方式对代码进行解译。在调试器中单步调试一段代码并观察它的运行状况是极其有价值的一件事。

从很多方面而言，在调试器中走查代码的过程与让其他程序员逐行审查代码的过程是类似的。所谓旁观者清，无论是同事还是调试器，通常都不会和你有一样的盲点。而使用调试器的额外好处是，它比团队评审更省时省力。观察代码在各种输入数据集合下的执行情况，可以很好地确保代码已经实现了想要实现的功能。

好的调试器甚至是学习编程语言的好工具，因为程序员可以清楚地观察到代码是如何执行的。程序员可以在高级语言代码的视图和汇编程序代码的视图之间来回切换，以查看高级代码是如何转换为汇编程序的。可以观察寄存器和堆栈的状态，以了解参数是如何传递的。还可以查看编译器优化过的代码，以了解编译器到底执行了哪些类型的优化。这些好处都与调试器的预期用途，即诊断已经检测到的错误，并没有多大关系，但基于调试器的各种创新应用其好处已经远远超出了调试器的本来功能。

系统干扰器

另一类测试支持工具被专门设计用来对系统进行干扰。许多人都经历过这样的事情：程序在 100 次运行中有 99 次都正常，但在使用相同的数据进行第 100 次测试时却失败了。这种问题几乎总是因为某处没有进行变量初始化，而且通常很难重现，因为在 100 次运行中有 99 次这个未初始化的变量都恰好是 0。

这种类型的测试支持工具有多种功能。

- **内存填充**　可以确保程序中没有任何未经初始化的变量。有些工具在程序运行之前会用任意值填充内存，以便未经初始化的变量不会意外地被设置为 0。在某些情况下，内存可能被设置为一个特定的值。例如，在 x86 处理器上，0xCC 是断点中断的机器语言代码。如果使用 0xCC 填充内存，并且出现了一个错误导致程序访问了一些不应该触及的内存区域，那么将在调试器中遇到一个断点并检测到该错误。
- **内存抖动**　在多任务系统中，一些工具可以在程序运行时重新安排内存，这样就可以确保不会出现任何代码依赖于绝对内存位置的数据，而都是依赖于相对位置的数据。
- **选择性内存失效**　有一些内存驱动程序可以模拟低内存的情况，在这种情况下，程序可能会耗尽内存，出现内存请求失败，在任意次内存请求成功之后出现请求失败，或者任意次内存请求失败之后出现一次请求成功。这对于测试使用动态分配内存的复杂程序特别有用。
- **内存访问检查（边界检查）**　边界检查器可以监视指针操作以确保指针运行正常。这种工具对检测未初始化的指针或空指针非常有用。

错误数据库

另一个强大的测试工具是把已经报告的错误都记录在错误数据库里。这样的数据库既是管理工具，也是技术工具。它允许人们查阅那些重复出现的错误，并对发现和纠正新错误的速率进行追踪，并跟踪每个活跃或关闭的错误的状态及其严重性。关于应该在错误数据库中保存哪些信息，详情可参见第 22.7 节。

22.6 改进测试

改进测试的步骤与改进任何其他过程的步骤十分相似。首先必须清楚地了解这个过程是怎么运行的，这样才能对之进行微调，并观察调整所产生的效果。如果观察到一个调整有积极的效果，就可以对原过程进行修改，让它朝更好的方向发展。下面将描述如何在测试上实施改进。

测试规划

关联参考　测试规划的一部分就是将计划写成书面形式。关于测试文档的详细信息，请参阅第 32 章末尾的“更多资源”。

高效测试的一个关键，是从项目开始到执行测试这期间所做的测试规划。把测试提高到与设计或编码同等重要的地位，就意味着将为测试分配充裕的时间，真正重视这一活动，且保证它是一个高质量的过程。测试规划也是保证测试过程可重复的一个重要元素。一个过程如果不能重复，就无法得以改进。

反复测试（回归测试）

假设之前已经对一个产品进行了彻底测试，没有发现任何错误。又假设随后在产品的某个区域进行了更改，希望确保软件仍然能通过更改代码之前所做的所有测试，也就是要证明新的代码更改没有引入任何新的缺陷。这种为确保软件的质量没有倒退或“回归”而设计的测试，被称为“回归测试”。

除非在做出代码更改后能够系统性地重新进行测试，否则几乎无法保证打造出高质量的软件产品。如果在每次代码变更之后运行不一样的测试用例，就无法确认该次变更是否引入了新的缺陷。因此，回归测试每次都必须运行相同的测试用例。有时，随着产品成熟度的提高，会添加新的测试用例，但仍然会保留旧的测试用例集。

自动化测试

KEY POINT

管理回归测试的惟一现实方式是将其自动化。人们往往会因为多次运行相同的测试和多次观察到相同的测试结果而变得麻木。如果采用手工测试，这样的多次重复就特别容易导致对错误视而不见，这就违背了回归测试的目的。有测试专家报告说，手工测试中的错误率与被测试代码中的错误率旗鼓相当。据他估计，在手工测试中，大约只有一半的测试得到了正确执行 (Johnson 1994)。

测试自动化有下面这些好处。

- 自动化测试比手工测试有更低的出错概率。
- 一旦为一个测试用例实现了自动化，只需稍微增加一些工作量，就可以很容易地将它应用于项目的其余部分。
- 如果测试是自动化的，就可以十分频繁地运行测试，以查看是否有新近签入的代码破坏了软件。测试自动化是各种测试密集型实践的一个基础构成部分，这些实践的常见例子有每日构建、冒烟测试以及极限编程 (XP)。
- 对于任何一个特定问题，自动化测试提高了人们尽早发现该问题的机会，这往往会让诊断和修正问题所需的工作量最小化。
- 自动化测试为大规模的代码变更提供了安全保障，因为它提高了人们在代码修改期间对于插入的缺陷进行快速检测的机会。
- 自动化测试在崭新的、动荡的技术环境中特别有用，因为它可以将环境变化引发的问题更早地显露出来。

关联参考　要想进一步了解技术成熟度和开发实践之间的关系，请参见 4.3 节。

用于支持自动化测试的主流工具通常会提供这些功能：测试脚手架、生成输入、捕获输出并将实际输出与预期输出进行比较。上一节中介绍的各种测试工具能完成其中的一部分或全部功能。

22.7 维护测试记录

KEY POINT

除了让测试过程变得可重复之外，还需要对项目进行度量，以便确定代码的改动是让项目得到了提升还是退步了。可以收集以下数据来对项目进行度量。

- 缺陷的管理性描述，比如报告的日期，报告人，标题或描述，软件版本，完成修复的日期
- 问题的完整描述
- 重现问题的步骤
- 建议的问题规避方法
- 相关的缺陷
- 问题的严重程度，例如，致命的、有影响的或无关紧要的
- 缺陷的来源：需求、设计、编码或测试
- 代码缺陷的子类别：差一错误、错误赋值、错误的数组索引值、错误的子程序调用等
- 修复时更改的类和子程序
- 受缺陷影响的代码行数
- 检测缺陷所花的时间（小时）
- 修复缺陷所花的时间（小时）

一旦收集了这些数据，就可以通过处理下面这些定量信息来判定项目是变得更糟糕还是更健康。

- 每个类中的缺陷数量，从最差的类到最好的类进行排序，还可以考虑按照类的规模大小进行归一化处理。
- 每个子程序中的缺陷数量，从最差的子程序到最好的子程序进行排序，还可以考虑按子程序大小进行归一化处理。
- 查找每个缺陷所花费的平均测试时间
- 每个测试用例发现缺陷的平均数量
- 修复每个缺陷的平均编程时间
- 测试用例覆盖的代码百分比
- 在每个严重程度级别中未解决的缺陷的数量

个人测试记录

除了项目级别的测试记录之外，可能还会发现跟踪自己的个人测试记录也非常有用。这些记录可能包括自己最常犯的错误的清单以及在编写代码、测试代码和修正错误上所花的时间。

更多资源

我必须要提一句，有几本书对测试的论述比本章更深入。有一些专注于测试的书籍讨论了系统测试和黑盒测试，这些在本章中没有涉及。有些著作也更深入地探讨了开发人员测试的主题。这些书还讲了一些正式的测试方法，比如因果图以及单独设立测试部门的相关复杂细节。

测试

Kaner, Cem, Jack Falk, and Hung Q. Nguyen. Testing Computer Software, 2nd ed. New York, NY: John Wiley & Sons, 1999. 这可能是目前关于软件测试的最棒的著作了。它特别适用于测试那些会发布至广泛客户群体的应用程序，比如大容量的网站和各种商业软件，但这本书也具有普遍适用性。

Kaner, Cem, James Bach,and Bret Pettichord. *Lessons Learned in Software Testing*, 2d ed. New York, NY: John Wiley & Sons, 2002. 这本书是针对上一本书的一个很好的补充。作者在全书 11 章的篇幅中列举了 250 个经验教训。

Tamre, Louise. *Introducing Software Testing*. Boston, MA: Addison-Wesley, 2002. 这本书面向需要理解测试的开发人员，是一本通俗易懂的测试手册。不要被书名所误导，其实这本书深入探讨了许多测试细节，有些细节甚至对有经验的测试人员也是非常有价值的。

Whittaker, James A. *How to Break Software: A Practical Guide to Testing*. Boston, MA: Addison-Wesley, 2002. 这本书列出了测试人员可以导致软件失效的 23 种攻击方法，并针对一些流行软件包给出了每种攻击方法的示例。可以把这本书当作测试的主要信息来源。由于它包含了许多独特的测试方法，也可以把它当作其他测试书籍的一个补充。*

译注
作者还有另外一本书，中译本《探索式软件测试》也介绍了一些有利于提升错误检出率的测试方法。

Whittaker,James A. "What Is Software Testing? And Why Is It So Hard?" *IEEE Software*, January 2000, pp.70-79. 这篇文章很好地介绍了软件测试问题，并解释了与高效测试软件相关的一些挑战。

Myers, Glenford J. *The Art of Software Testing*. New York, NY: John Wiley, 1979. 这是一本关于软件测试的经典著作，目前仍在重印（尽管价格相当昂贵）。这本书的内容很简单直接：自我评估测试；软件测试的心理学与经济学；代码审查、走查和评审；测试用例设计；类测试；

高阶测试；调试；测试工具和其他技术。这本书篇幅不长，只有177页，但可读性强。一开始的自我评估测试会让你从此开始像测试人员一样思考，并向你展示一段代码可以有多少种方式被测试破坏。

测试脚手架

Bentley, Jon. "A Small Matter of Programming" in *Programming Pearls, 2nd ed.* Boston, MA: Addison-Wesley, 2000. 包括了几个测试脚手架的好例子。中译本《编程珠玑》

Mackinnon, Tim, Steve Freeman, and Philip Craig. "Endo-Testing: Unit Testing with Mock Objects," eXtreme Programming and Flexible Processes Software Engineering-XP2000" Conference, 2000. 这篇经典论文最先讨论使用模拟对象来实现开发人员测试。

Thomas, Dave and Andy Hunt. "Mock Objects," *IEEE Software*, May/June 2002. 介绍了如何使用模拟对象支持开发人员测试，可读性很强。

www.junit.org 为使用 JUnit 的开发人员提供技术支持。cppunit.sourceforge.net 和 nunit.sourceforge.net 等网站也提供了类似的资源。

测试驱动开发

Beck, Kent. *Test-Driven Development: By Example*. Boston, MA: Addison-Wesley, 2003. 书中描述了测试驱动开发的许多细节，作为一种开发方法，它的特点是首先编写测试用例，然后再编写能通过测试用例的代码。尽管书里有些布道者的口吻，但他的建议是合情合理的，而且，这本书篇幅短小，言简意赅。此外，书里面还有一个包含真实代码的大型可运行示例。中译本《测试驱动开发》

相关标准

IEEE Std 1008-1987 (R1993), Standard for Software Unit Testing

IEEE Std 829-1998, Standard for Software Test Documentation

IEEE Std 730-2002, Standard for Software Quality Assurance Plans

检查清单：测试用例

❑ 应用于类或子程序的每个需求都有各自所对应的测试用例吗？

❑ 应用于类或子程序的设计中每个元素都有各自所对应的测试用例吗？

❑ 每一行代码都至少用一个测试用例进行了测试吗？是否通过计算测试每行代码所需的最小测试用例数量来对此进行了验证？

❑ 是否用至少一个测试用例对每条“已定义 - 已使用”的数据流路径进行了测试？

❑ 是由检查了代码不太可能正确的数据流模式，例如“已定义 - 已定义”“已定义 - 已退出”和“已定义 - 已撤销”？

❑ 在编写测试用例时是否参考了一个常见错误的列表来检测过去经常见的错误？

❑ 是否测试了所有的简单边界条件：最大值、最小值和差一边界？

❑ 是否测试了所有的复合边界条件，即多个输入数据的组合可能导致计算得出的变量过小或过大？

❑ 测试用例是否检查了错误的数据类型，例如，薪资管理程序中将员工数量设为负数？

❑ 是否测试了有代表性的、普遍性的取值？

❑ 是否测试了最小正常配置？

❑ 是否测试了最大正常配置？

❑ 是否对旧数据进行了兼容性测试？针对旧的硬件、旧版本的操作系统以及与旧版本的其他软件的接口是否都进行了测试？

❑ 该测试用例是否易于进行手工检查？

要点回顾

- 开发人员测试是构成项目完整测试策略的关键部分。虽然独立测试也很重要，但这不在本书的讨论范围之内。
- 在写代码之前编写测试用例与在写代码之后编写测试用例所花费的时间和精力是一样的，但是先编写测试用例缩短了“缺陷 - 检测 - 调试 - 修正”的周期。
- 即使考虑到多种可用的测试方法，测试只是一个优秀的软件质量保证项目的一部分。高质量的开发方法还包括尽可能减少需求和设计中出现的缺陷，这些活动的重要性并不亚于测试。协同开发实践在检测错误方面和测试的效率至少能达到同一水平，而且各种实践可以检测出的错误类型也各不相同。
- 通过使用基础测试、数据流分析、边界分析、不良数据类别和良好数据类别等多种方法，可以确定生成许多测试用例。还可以通过错误猜测方法来生成更多的测试用例。

- 错误往往聚集在少数容易出错的类和子程序中。找到最容易出错的代码片段，重新设计，并重写这些代码。
- 测试数据中包含的错误往往比被测试代码中的错误更密集。查找此类错误往往会浪费很多时间，也不能提升代码质量，所以测试数据的错误常常比编程错误更令人头疼。要想避免这种错误，请务必像开发代码一样谨慎开发测试用例。
- 自动化测试通常是非常有用的，并且它对于回归测试也是必不可少的。
- 从长远来看，改进测试过程的最好方法是使之规范化，对它进行度量，并利用所学到的知识来对这个过程进行改进。

读书心得

1. ____________________
2. ____________________
3. ____________________
4. ____________________
5. ____________________

第 23 章

调试

内容

相关主题及对应章节

- 软件质量概述：第 20 章
- 开发者测试：第 22 章
- 重构：第 24 章

“调试的难度是写代码的两倍。因此，如果你写的代码越清晰，那么在调试时就越不那么费劲。”
—柯宁汉 (Brian W. Kernighan，加拿大计算机科学家）

调试是识别错误的根本原因以及纠正它的过程。测试呢，则是发现错误的过程。在一些项目中，调试占据了总开发时间的 50%。对于许多程序员来说，调试是编程中最困难的部分。

调试并不一定是最困难的部分。如果遵循本书的建议，需要调试的错误会更少。在编程中遇到的大部分缺陷可能只是轻微的疏忽或是拼写错误，通过查看源代码列表或进行单步调测就很容易发现。对于那些余下的更难的缺陷来说，本章描述了如何以更容易的方式进行调试。

23.1 调试问题概述

已故海军少将霍普 (Grace Hopper) 是 COBOL 的联合发明人，她总是说软件中的“缺陷 (bug)”一词可以追溯到第一台大型数字计算机 Mark I(IEEE 1992)。程序员在追溯一次电路故障时发现一只大蛾子飞进了计算机，从那时起，计算机问题就被归咎于“虫子 (bug)”。在软件之外，这个词至少可以追溯到爱迪生的时代，他早在 1878 年就开始使用它了 (Tenner 1997)。

“虫子 (bug)”这个词很可爱，让人联想到下面这样的画面：

然而，现实是，代码的缺陷并不是当你忘记喷洒杀虫剂时而潜入代码中的“虫子 (bug)”，全部是错误。在软件中的“虫子 (bug)”意味着程序员犯了个错误。犯错的结果并不会像上面那样可爱的画面，更像是下面这样的画面：

在本书中，为了在技术上更准确地描述代码中的错误，分为三种不同的类型：“错误 (error)”“缺陷 (defect)”或“故障 (fault)”。

调试在软件质量中的作用

与测试一样，调试本身并不是提高软件质量的方法，而是一种判断缺陷的方法。软件质量必须从开发过程的早期就内建。构建高质量产品的最佳方法是仔细地需求分析、良好地设计并使用高质量的编码实践。调试是最后的手段。

不同调试技能水平的差异

为什么谈论调试？是否所有人都知道如何调试？

不，并不是所有人都知道如何调试。针对有经验的程序员的研究发现，有经验的程序员发现相同缺陷所需的时间大约是没有经验的程序员的二十分之一。此外，一些程序员能发现更多的缺陷，并更准确地进行更正。以下是一项有代表性的研究结果，该研究考察了至少有四年经验的专业程序员是如何有效地调试一个有 12 个缺陷的程序：

	最快的三位程序员	最慢的三位程序员
平均调试时间（分钟）	5.0	14.1
平均未发现的缺陷数	0.7	1.7
纠正缺陷时产生的平均缺陷数	3.0	7.7

来源：“Some Psychological Evidence on How People Debug Computer Programs”（Gould 1975）

三个最擅长调试的程序员能够在大约三分之一的时间内发现缺陷，新引入的缺陷数量仅为三个最差的程序员的五分之二。其中最好的程序员发现了所有的缺陷，并且在纠正这些缺陷时没有引入任何新的缺陷。最差的一个发现了 8 个缺陷，遗漏了 4 个，并在纠正时又引入了 11 个新的缺陷。

但是，这项研究的结果里并没有真正说明全部的情况。在第一轮调试之后，速度最快的三位程序员的代码中仍有 3.7 个缺陷，速度最慢的三位程序员的代码中却有 9.4 个缺陷。但两个组均未完成调试。我想知道如果我对额外的调试周期应用相同的缺陷查找与修复比，会发生什么。我的结果没有统计学上的意义，但仍然很有趣。当我对连续的调试周期应用相同的缺陷查找与修复比，直到每组剩余的缺陷少于一半时，最快的组需要总共 3 个调试周期，而最慢的组需要 14 个调试周期。根据我对这项研究的非科学推断，速度较慢的组的每个周期几乎是速度最快组的 3 倍，速度最慢的组完全调试其程序所需的时间大约是速度最快组的 13 倍。其他的研究也证实了这种广泛的差异 (Gilb 1977，Curtis 1981)。

关联参考　要想进一步了解质量与成本的关系，请参考 20.5 小节。

除了提供调试方面的见解外，这些研究结果还支持软件质量的普遍原则：提高质量可以降低开发成本。最好的程序员发现了最多的缺陷，最快地发现了缺陷，并且频繁地进行正确的修改。不必在质量、成本和时间之间做出选择，因为三者密切相关。

缺陷即机会

有缺陷意味着什么？假设不希望程序有缺陷，就意味着你并没有完全理解程序的执行细节。不理解该程序的执行细节是令人不安的。毕竟，写出来的程序就应该按照自己的要求来执行。如果不知道自己要告诉计算机做什么，那就只能小步前进，不停进行尝试，直到某些东西似乎起作用为止，也就是说，通过试错来进行程序设计。如果是通过试错来编程，缺陷是肯定会出现的。因此，首先要学会的是如何避免缺陷，而不是如何修复它们。

理解自己要编写的程序　需要理解程序，因为如果做到了完全理解，程序就不会有缺陷。因为，在理解的过程中，发现的缺陷早就已经改正了。

深入阅读　关于实践的详细信息，这些实践将帮助你了解容易出现的错误类型，请参见《软件工程规范》(Humphrey 1995)。

理解自己犯下的错误属于什么类型　如果写过程序，那么一定引入过缺陷。聚光灯并不是每天都能清晰地暴露弱点，但这样的一天是一个机会，所以要好好利用它。一旦发现了错误，就问问自己是如何犯错的以及为什么会犯这样的错误。怎么能更快地找出错误？怎么能防患于未然？代码是否还有类似的其他错误？是否能在造成问题之前提前纠正它们？

从代码阅读者的角度理解代码质量　必须阅读代码，才能找到缺陷。这是一个批判性地审视代码质量的机会。它容易阅读吗？怎么可以使它更好呢？利用个人的发现重构当前代码或改进接下来将要编写的代码。

从解决问题的方法中学习　解决调试问题的方法是否给自己增强了信心？方法有效吗？能很快发现缺陷吗？或者调试方法的效果很差？是否感到痛苦和沮丧了呢？是不是瞎蒙的？需要改进吗？考虑到许多项目在调试上花费的时间，如果仔细观察调试的方法，那所获得的洞察将使你不至于再浪费时间。花时间分析和调整调试方法，可能是减少开发程序所需总时间的最快方法。

从解决缺陷的方法中学习　除了从发现缺陷的方法中学习，还可以从修复它们的方法中学习。是否会简单通过 goto 语句跳过和特殊的技巧来掩饰缺陷，以改变症状而不是问题本身？或者系统性地进行修改缺陷，要求对问题的核心进行准确的诊断并开出治疗处方？

总的来说，调试是一块非常肥沃的土地，可以在其中埋下自我改进的种子。它是所有道路的交汇处：可读性、设计、代码质量，所有能想到的任何事情。这就是构建好代码的回报所在，特别是如果做得足够好，就不需要经常调试了。

无效的方法

不幸的是，大学里开设的编程课程几乎没有提供关于调试的指导。如果你上大学时学过编程，可能上过一堂关于调试的课。虽然我的计算机科学专业课程表现优秀，但我收到的调试建议的范围仅限于“在程序中放入 print 语句来找到缺陷”。这显然是不够的。如果其他程序员的教育经历和我一样，那么许多程序员都得自己重新发明调试概念。这实在是太浪费时间了！

“程序员并不总是会使用可用的数据来进行分析判断。他们做一些小的不合理的，并且他们经常不撤销不正确的维修。”
—威瑟 (Iris Vessey)

在但丁对地狱的描述中，最底层的地狱是留给撒旦自己的。在现代社会，魔鬼把那些没有学会有效调试的程序员牢牢困在最底层的地狱里。魔鬼通过让程序员使用下面这些常见的调试方法来折磨他们。

靠猜来发现缺陷　为了发现缺陷，在整个程序中随机散布 print 语句。检查输出，看看缺陷到底在哪里。如果无法用 print 语句发现缺陷，就尝试修改程序，直到输出看起来正常为止。不备份程序的原始版本，也不要保存所做变更记录。当你不太确定程序在做什么时，编程就变得很刺激了。最好备足可乐和糖果，因为你将在电脑前熬上一个通宵。

不要浪费时间去理解问题　很可能这个问题很简单，并不需要完全了解就可以解决。仅仅找到它就足够了。

用最明显的方法修复错误　通常只解决你所看到的特定问题比较好，而不是浪费大量时间去做一些会影响整个程序的大的、雄心勃勃的改动。下面是一个完美的例子：

```
x = Compute( y )
if ( y = 17 )
   x = $25.15   当 y=17 时不需要用 Compute(), 简单解决就好
```

如果可以在明显的地方为它编写一个特殊的情况，谁还需要为一个值为 17 的模糊问题一直挖掘 Compute() 呢？

迷信调试　撒旦把地狱的一部分租给了那些迷信调试的程序员。每个小组都有这么一个程序员，他会遇到无穷无尽的问题，恶魔般的机器、神秘的编译器缺陷、月圆时才会出现的隐藏的编程语言缺陷、错误的数据、丢失的重要变更，一个着了魔的无法正确保存程序的编辑器，所有能想到的问题，他都能遇到。这就是“迷信”。

如果写的程序有问题，肯定是你的错。不是计算机的错，也不是编译器的错。程序不会每次都表现出不一样的行为。它不是自己写的；是你写的，所以你要对它负责。

即使错误一开始看起来并不是你的错，也应该假设它是自己的错。这个假设可以帮助你调试。要在代码中寻找代码缺陷已经很困难了，如果再假定代码是无错误的，就更加困难了。假设错误是你的错也可以提高你的公信力。如果声称错误来自于其他人的代码，其他程序员会认为你已经仔细检查过问题了。如果假设错误是自己的，就可以避免以后发现真是自己的缺陷时不得不公开撤回之前所下结论的尴尬。

23.2 发现缺陷

调试包括发现缺陷并修复它。发现缺陷并理解它通常会占调试工作的 90%。

幸运的是，你不必与撒旦达成协议，就可以找到一种比随机猜测更好的调试方法。通过思考问题进行调试，比用蝾螈之眼和青蛙耳朵的粉末混合的魔法进行调试更有效、更有趣。

假设要求你去破解一起凶杀案。哪种方式更有趣：一种是全县范围内挨家挨户进行调查以查出每个人 10 月 17 日晚上的不在场证明，还是找到一些线索并推断凶手的身份？大多数人更愿意推断凶手的身份，大多数程序员更喜欢动脑子的调试方法。更妙的是，效率高的程序员调试所需的时间是效率低的程序员的二十分之一，他们不会随机地猜测如何修复程序。他们使用的是科学方法，即科学调查所必需的发现和论证过程。

调试的科学方法

以下是使用经典科学方法时要经历的步骤。

1. 通过可重复的实验搜集数据。
2. 形成一个解释相关数据的假设。
3. 设计一个实验来证明或证伪这个假设。
4. 证明或证伪这个假设。
5. 按需重复以上步骤。

科学方法在调试中有许多相似。以下是发现缺陷的有效方法。

1. 复现错误。
2. 定位错误（“故障”）的根源。
   a. 收集产生缺陷的数据。
   b. 分析已收集的数据，并形成关于缺陷的假设。
   c. 通过测试程序或检查代码，确定如何证明或证伪假设。
   d. 使用上个步骤中的方法来证明或证伪假设。
3. 修复缺陷。
4. 测试已修复的程序。
5. 寻找类似的错误。

发现缺陷的第一步类似于科学方法的第一步，它依赖于可重复性。如果能够复现缺陷，也就是说，使其可靠地重现，则更容易诊断缺陷。第二步采用和科学方法一样的步骤。收集能暴露缺陷的测试数据，分析已经产生的数据，并形成关于错误根源的假设。然后，设计一个测试用例或一个检验来评估假设，要么宣布成功（证明假设），要么重新努力，视情况而定。一旦证明了假设之后，就可以修复缺陷了，然后再测试已修复的程序，并在代码中搜索类似的错误。

让我们结合一个例子来看看每个步骤。假设员工数据库程序有一个间歇出现的错误。该程序应该按字母顺序打印员工及其预提所得税的列表。以下是部分输出：

```
Formatting, Fred Freeform      $5,877
Global, Gary                   $1,666
Modula, Mildred                $10,788
Many-Loop, Mavis               $8,889
Statement, Sue Switch          $4,000
Whileloop, Wendy               $7,860
```

错误在于 Many-Loop，Mavis 和 Modula，Mildred 出现乱序的情况。

复现错误

如果缺陷不能可靠地复现，是几乎不可能进行诊断的。在调试中，使间歇性缺陷可预测地复现是最具挑战性的任务之一。

无法预测的错误通常是初始化错误、时序问题或悬空指针问题。如果求和的计算有时是对的，有时是错的，那么计算中涉及的变量可

关联参考 关于安全使用指针的详细信息，请参见第 13.2 节。

能没有正确初始化，大多数时候只是碰巧从 0 开始而已。如果问题是一个奇怪且不可预测的现象，并且你正在使用指针，那么几乎可以肯定有一个未初始化的指针，或者有这样一个指针，该指针指向的内存已经被释放了。

复现错误通常需要的不仅仅是找到产生错误的测试用例。它包括将测试用例的范围缩小到最简单的用例，此时仍然能产生错误。简化测试用例的目的是使它变得如此简单，以至于改变它的任何方面都会改变错误的行为。然后，通过仔细更改测试用例并在受控条件下观察程序的行为，就可以诊断问题。如果在一个拥有独立测试团队的组织中工作，有时团队的工作就是简化测试用例。大多数时候，这都是你的工作。

为了简化测试用例，需要再次使用科学方法。假设有 10 个因素，组合使用会产生错误。接着形成关于哪些因素与产生错误无关的假设。然后更改假定不相关的因素，并重新运行测试用例。如果仍然存在错误，则可以消除这些因素，从而简化测试。然后可以尝试进一步简化测试。如果没有得到这个错误，那就否定了这个特定的假设，你知道的比以前更多了。可能是一些细微不同的更改仍然会产生错误，但你知道至少有一个特定的更改不会产生错误。

在员工代扣所得税案例中，当程序第一次运行时， Many-Loop, Mavis 出现在 Modula，Mildred 后面。但当程序第二次运行时，列表中正常了：

```
Formatting, Fred Freeform        $5,877
Global, Gary                     $1,666
Many-Loop, Mavis                 $8,889
Modula, Mildred                  $10,788
Statement, Sue Switch            $4,000
Whileloop, Wendy                 $7,860
```

直到输入数据 Fruit-Loop, Frita，并且它出现在了错误的位置上，你才会想起来数据 Modula, Mildred 也是输入之后出现在了错误的位置上。这两种情况的奇怪之处在于它们都是单独输入的。通常，员工是按组输入的。

假设问题与输入一条新员工数据有关。如果这是真的，那么再次运行程序 Fruit-Loop, Frita 就应该回到正确的位置上。这是第二次测试的结果：

Formatting, Fred Freeform	$5,877
Fruit-Loop, Frita	$5,771
Global, Gary	$1,666
Many-Loop, Mavis	$8,889
Modula, Mildred	$10,788
Statement, Sue Switch	$4,000
Whileloop, Wendy	$7,860

这次成功运行支持了这个假设。要确认它，需要尝试再添加一些新员工数据，一次添加一个，查看他们是否以错误的顺序出现以及在第二次运行时顺序是否变得正确。

定位错误的根源

定位错误的根源还需要运用科学的方法。你可能会怀疑这个缺陷是一个特定问题的结果，比如一个大小差一 (off-by-one) 错误。然后，可以改变怀疑导致问题的参数——一个在边界以下，一个在边界上，一个在边界之上——并确定假设是否正确。

在运行的示例中，问题的根源可能是添加一个新员工而不是添加两个或更多员工时，发生的大小差一缺陷。检查代码，没有发现明显的大小差一缺陷。执行 B 计划，使用单个新员工运行一个测试用例，以确定这是否是问题所在。把 Hardcase, Henry 作为一个新雇员添加进去，然后假设记录会被打乱。以下是你的发现：

Formatting, Fred Freeform	$5,877
Fruit-Loop, Frita	$5,771
Global, Gary	$1,666
Hardcase, Henry	$493
Many-Loop, Mavis	$8,889
Modula, Mildred	$10,788
Statement, Sue Switch	$4,000
Whileloop, Wendy	$7,860

Hardcase, Henry 这条记录在它应该在的地方，也就是说第一个假设是错的。这个问题不是简单地一次增加一名员工造成的。这要么是个更复杂的问题，要么是个完全不同的问题。

再次检查测试输出结果，会注意到 Fruit-Loop、friita 和 Many-Loop、Mavis 是仅有的包含连接字符的名称。Fruit-Loop 这条记录首次输入时就出了问题，但 Many-Loop 却没有，对吧？虽然没有原始条目的打印输出，在原始的错误中，Modula，Mildred 这条记录似乎是出了问题的，但它是紧邻 Many-Loop 的。也许 Many-Loop 出了问题，而 Modula 并没有问题。

再次假设问题来自带有连接字符的名称，而非单独输入的名称。

但这如何解释问题只在员工第一次输入时出现的事实呢？查看代码，发现使用了两个不同的排序子程序。一个用在员工信息输入时，另一个用在保存数据时。仔细观察员工信息首次输入时使用的子程序，可以发现它本应该对数据进行完全排序。但它只对数据做了近似排序，以便能加快保存子程序的排序。因此，问题在于数据在保存子程序排序之前就被打印出来了。使用连接字符的名称会出现问题，因为粗排序子程序不能处理诸如标点符号之类的细节。现在，可以进一步完善这个假设。

最后假设带有标点字符的名称在保存之前不会被正确排序。

后面可以使用其他测试用例来确认这个假设。

查出缺陷的小技巧

一旦复现了一个错误并提炼了产生它的测试用例，找到它的根源可能就很简单，但也可能是具有挑战性的，这取决于代码质量。如果很难发现缺陷，可能是因为代码编写得不好。你可能不愿意听，但这是真的。如果遇到麻烦，可以考虑下面这些小技巧。

使用所有可用的数据来做出假设 在创建关于缺陷根源的假设时，尽量多在假设中包含数据。在本例中，你可能已经注意到 Fruit-Loop, Frita 的顺序不正确，并就此创建一个假设，即以“F”开头的名称排序不正确。这是一个糟糕的假设，因为它不能解释 Modula, Mildred 的排序问题，或者名字在程序第二次运行时是正确的。如果数据不符合假设，不要丢弃数据，问问为什么不符合，然后创建一个新的假设。

本例中的第二个假设是，问题源于带有连接字符的名称，而不是单独输入的名称。这一假设最初似乎无法解释名称在程序第二次运行时是否正确。然而，在这种情况下，顺着第二个假设引出了一个被证明是正确的更精确的假设。假设一开始并没有考虑到所有的数据，不过这没关系，只要不断改进假设，最终都会考虑到的。

关联参考　有关单元测试框架的更多信息，请参见第 22.4 节。

精炼产生错误的测试用例　如果找不到错误根源，请尝试进一步精炼测试用例。你可能能够改变一个参数，使其超出现有的假设，而专注于其中一个参数可能会提供关键的突破。

在单元测试套件中运行代码　与大型集成程序相比，在小代码片段中更容易发现缺陷。使用单元测试来单独测试代码。

使用可用的工具　有许多工具可以支持调试会话：交互式调试器、挑剔的编译器、内存检查器、语法制导编辑器等等。正确的工具可以使困难的工作变得容易。例如，在一个很难发现的错误中，程序的一部分覆盖了另一部分的内存。这个错误很难用常规的调试方法来诊断，因为程序员不能确定程序错误重写内存的特定位置。程序员使用一个内存断点在一个特定的内存地址上设置一个监视。当程序写入该内存位置时，调试器停止代码，错误的代码就暴露出来了。

这是一个很难进行分析诊断的问题的例子，但如果使用正确的工具，就会变得非常简单。

用不同的几种方法重现错误　有时，尝试与产生错误的用例相似但不完全相同的用例是有益的。将此方法视为对缺陷进行三角剖分。如果能从一个点获得一个定位，再从另一个点获得一个定位，那么就能更好地确定这个缺陷到底在哪里。

如图 23-1 所示，以几种不同的方式重现错误有助于诊断错误的原因。一旦认为已经识别了缺陷，就运行一个与产生错误的用例接近的用例，但该用例本身不应该产生错误。如果它确实产生了一个错误，那么说明你还没有完全理解这个问题。错误通常是由各种因素组合而成的，仅用一个测试用例来诊断问题通常无法诊断到根本问题。

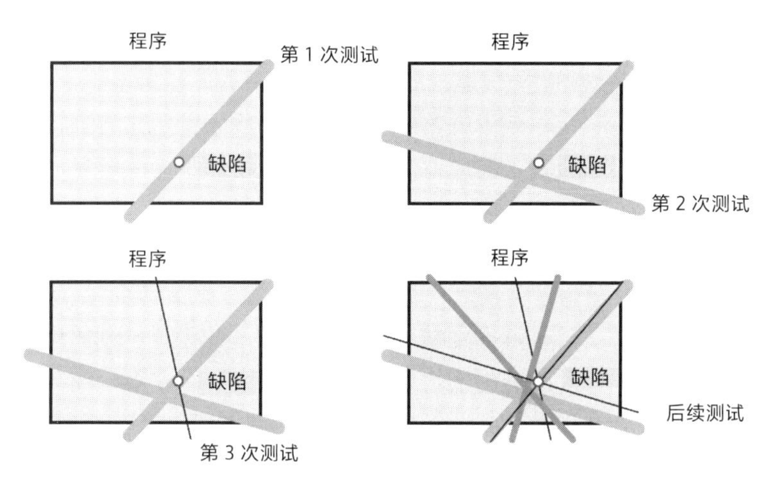

图 23-1　尝试以几种不同的方式重现错误，以确定其确切原因

生成更多数据来产生更多的假设　选择与已知错误或正确的测试用例不同的测试用例。运行它们生成更多数据，并利用新数据产生新的假设并添加到可能的假设列表中。

假如你创建了一个假设，并运行一个测试用例来证明它。进一步的这个测试用例证伪了假设，因此你仍然不知道错误的根源，但确实知道一些以前不知道的事情——也就是说，缺陷并不在你认为它在的地方。这缩小了搜索范围以及剩余的假设列表。

头脑风暴找出可能的假设　与其局限于自己能想到的第一个假设，不如试着再设法多想出几个。不要一开始就分析它们——只需在几分钟内尽可能多地想出来。然后查看每个假设，并思考能够证明或证伪它的测试用例。这种思维练习有助于打破调试僵局，这种僵局是由于过于集中于单一的推理线而导致的。

在桌子旁边放个记事本，把要尝试的事情列个清单　程序员在调试过程中陷入困境的一个原因，是他们在死胡同中走得太远。把要尝试的事情列出来，如果一种方法不起作用，就立马转向下一种方法。

缩小可疑的代码区域　如果一直在测试整个程序、整个类或子程序，那么请缩小测试的范围。使用打印语句、日志或跟踪来识别产生错误的代码段。

如果想更有效的技术来缩小代码的可疑区域，那么可以有条不紊地删除程序的某些部分，并查看错误是否仍然发生。如果不是，那么错误就在拿走的那部分代码里。如果是，那么错误就在保留的那部分里。

与其随意删除代码，不如分而治之。使用二分搜索算法聚焦于搜索。第一次尝试删除大约一半的代码。确定有缺陷的那一半，然后划分再有缺陷的部分。再次确定哪一半包含缺陷，再次将该部分切成两半。继续，直到找到缺陷为止。

如果代码中有许多子程序，只需注释掉对子程序的调用，就可以切掉部分代码。除此之外，还可以使用注释或预处理程序指令删除代码。

如果使用的是调试器，则不必删除代码片段。可以在程序的中途设置断点，并用这种方式检查缺陷。如果调试器允跳过对子程序的调用，请通过跳过某些子程序的执行，并查看错误是否仍然发生来消除可疑。使用调试器的过程在其他方面与物理删除程序片段的过程类似。

关联参考　要想进一步了解易出错代码，请参见第 24.5 节。

以前有缺陷的类和子程序值得怀疑　以前有缺陷的类可能会继续有缺陷。相比一个没有缺陷的类，一个在过去引起过麻烦的类更有可能包含一个新的缺陷。重新检查容易出错的类和子程序。

检查最近变更的代码　如果有一个难以诊断的新错误，它通常与最近变更的代码有关。可能是全新的代码，也可能是旧代码的变更。如果找不到缺陷，运行程序的旧版本，看看是否发生错误。如果没有，那很明显是新版本中有错误，或者是由于与新版本的交互引起的。仔细检查新旧版本之间的差异。检查版本控制系统的日志，查看最近有哪些代码发生了变更。如果没办法查看日志，那就使用一个差异比较工具，比较旧的、可工作的源代码和新的、损坏的源代码之间的差异。

扩大可疑的代码区域　聚焦一小部分代码是很容易的，可以确定“缺陷一定在这个部分中”。但是如果没有在该部分中找到缺陷，那么就应该考虑缺陷不在该部分中的可能性。扩展可疑的代码区域，然后通过使用前面描述的二分搜索技术，将重点放在扩展的这部分可疑代码上。

关联参考　关于集成的完整讨论，请参见第 29 章。

逐步集成　如果一次向系统添加一个代码片段，则调试很容易。当向系统中添加一个代码片段并遇到新错误时，请删除该片段并对它单独进行测试。

检查常见缺陷　使用代码质量检查表来激发你对可能的缺陷的思考。如果遵循的是第 21.3 节中描述的检查实践，那么就应该有一个常见问题检查表，这个检查表是根据自身的情况做过一些微调的。也可以使用本书中给出的检查表。参见本书目录后面的“检查表清单”。

向别人讲述问题　有些人称之为“自白式调试”。在向别人做口头解释的过程中，自己却常常突然茅塞顿开，发现其中的缺陷。例如，如果在解释前面的员工薪资数据列表的案例时，可能会是下面这样的：

> "你好！Jennifer，现在有时间吗？我遇到麻烦了。我这里有一份员工工资的清单，应该是按人名的顺序排列的，但有些人的名字顺序乱了。但是第二次打印出来的时候又好了，第一次就不行了。我检查了一下看是不是新名字引起的，但尝试了，只有一些名字会这样。我知道它们应该在第一次打印时进行排序，因为程序会在输入时对所有名称进行排序，然后在保存时会再次排序，等等，不，不会在输入时对它们进行排序。对。它只是粗略地排序。谢谢你，Jennifer。你可帮了大忙了。"

关联参考　要想进一步了解如何找个人来倾诉以使自己能更好地看清问题，请参见第21.1节。

对方一句话都没说，你的问题就解决了。这很有代表性，这个方法是解决困难缺陷的强大工具。

放下问题，先休息一下　有时候太专注了以至于无法思考。有多少次停下来喝杯咖啡，在去咖啡机的路上就解决了这个问题？或者是在午餐的时间？还是在回家的路上？或者第二天早上洗澡的时候？如果你正在调试，并且尝试了所有的选项都没有取得任何进展，那就停下来吧。去散个步做点别的。早些下班回家。让问题的解决方案从自己的潜意识里蹦出来。

暂时放弃的另一个好处是，它减少了调试时的焦虑。焦虑是个明显的信号，是时候休息一下了。

暴力调试

暴力是调试软件问题时经常被忽视的方法。我所说的"暴力"指的是一种技术，它可能是乏味的、困难的、耗时的，但肯定能解决问题。哪些特定技术可以保证解决问题视情况而定，但以下是一些常见的备选技术：

- 对被破坏的代码进行完整的设计或代码评审。
- 丢弃部分代码，并进行重新设计或重新编码。
- 丢弃整个程序，并进行重新设计或重新编码。
- 编译带有完整调试信息的代码。
- 以最挑剔的警告级别编译代码，并修复所有挑剔的编译器警告。
- 使用单元测试工具并单独测试新代码。
- 写一个自动化测试套件，然后通宵运行。
- 在调试器中手动单步执行大范围的代码，直到出现错误。

- 使用 print、display 或其他日志语句来检测代码。
- 使用不同的编译器来编译代码。
- 在不同的环境中编译和运行程序。
- 针对特殊的库或执行环境链接或运行代码，当代码被错误使用时会产生警告。
- 复制最终用户的全部机器配置
- 将新代码一小块一小块地集成，并在集成时对每一块进行全面测试。

为快而糙的调试设置最大时间　对于每一种暴力技术，你的反应很可能是："我不能这么做，这太麻烦了！"关键是，这仅仅是工作量的问题，就算它比我所说的"快而糙的调试"花费更多的时间。人们总是试图快速猜测，而不是系统地插装代码，让缺陷无处可藏。我们每个人都有赌徒心理，这让我们宁愿使用一种可能在五分钟内找到缺陷的冒险方法，也不愿使用半小时内就能找到缺陷的万无一失的方法。风险在于，如果 5 分钟的方法不起作用，你会变得异常固执。用"简单"的方法找到缺陷成为了一个原则问题，几个小时毫无成效地过去了，几天、几周、几个月也一样，……有多少次花了两个小时去调试只用 30 分钟就写出来的代码？这是一种糟糕的工作量分配，最好重写代码，而不是调试糟糕的代码。

当你决定想要快速解决缺陷时，设定一个尝试快速方法的最大时间限制。如果超过这个时间限制，就让自己接受这样一种想法，即缺陷比最初想象的更难诊断，清楚起来也更困难。这种方法可以让你立即发现简单的缺陷，然后在稍长的时间里发现更难的缺陷。

拟一个暴力技术的清单　在开始调试一个困难的错误之前，问问自己："如果我在调试这个问题时遇到了困难，是否有某种方法可以保证我能够解决这个问题？"如果能够确定至少一种暴力技术（包括重写有问题的代码），那么当有更快的替代方案时，就不太可能浪费数小时或数天的时间。

语法错误

语法错误问题正在像猛犸象和剑齿虎一样濒临灭绝。编译器在诊断消息方面做得越来越好，在 PASEAL 语言的列表中花两个小时寻找错误分号的日子，已经一去不复返了。可以下面的方式来帮助加速这种濒危物种的灭绝。

不要相信编译器消息中的行号 当编译器报告一个神秘的语法错误时，立即查看错误的前后，编译器可能误解了问题，或者只是诊断不准确。找到真正的缺陷后，尝试确定编译器将消息放在错误语句上的原因。充分理解编译器可以帮助你发现未来的缺陷。

不要相信编译器消息 编译器试图确切告诉你哪里出了问题，但编译器掩饰了真相，因而你常常必须从字里行间去理解其真正的含义。例如，在UNIX C中，对于一个被0除的整数，你会看到一条消息说“浮点数异常”。使用C++的标准模板库，你会看到两个错误消息：第一个消息是使用STL时的真正错误；第二个消息是来自编译器的消息，“错误消息太长，无法打印；信息截断。”你可能会想出很多自己遇到过的例子。

不要相信编译器的第二条消息 有些编译器比其他编译器更擅长检测多个错误。一些编译器在检测到第一个错误后变得如此兴奋，以至于它们开始发狂和过于自信，它们喋喋不休地抛出几十条毫无意义的错误消息。其他编译器则更加冷静，尽管它们在检测到错误时会有一种油然而生的成就感，但它们不会吐出不准确的消息。当编译器生成一系列级联错误消息时，如果不能快速找到第二个或第三个错误消息的根源，也不要担心。修复第一个问题并重新编译就可以了。

分而治之 将程序划分为多个部分以帮助检测缺陷的方法，对语法错误尤其有效。如果有一个麻烦的语法错误，请删除部分代码并重新编译。要么不会出现错误(因为错误在删除的那部分代码中)，要么会出现相同的错误(意味着需要删除不同的部分)，要么会得到不同的错误(因为这会诱使编译器生成更有意义的消息)。

关联参考 语法制导编辑器的可用性是早期编程环境与成熟编程环境有所区别的一个重要特征，详情可参见4.3节。

查找放错位置的注释和引号 许多编程用的文本编辑器会自动格式化注释、字符串和其他语法元素。在更早起的开发环境中，错误的注释或引号会使编译器出错。要找到多余的注释或引号，请将以下字符串插入C、C++和Java代码中：

```
/*"/**/
```

此代码串将终止注释或字符串，这在缩小隐藏的未终止注释或字符串的范围时非常有用。

23.3 修复缺陷

调试中比较困难地方是发现缺陷。修复缺陷是相对容易的部分。但就像许多简单的任务一样，简单却特别容易出错。至少有一项研究发现，在第一次缺陷修正时有超过 50% 的几率会出错 (Yourdon 1986b)。以下这些指南可以减少出错。

在修复前先理解问题　“调试的魔鬼指南”是正确的：使生活变得困难并腐蚀程序质量的最好方法，是在没有真正理解它们的情况下修复问题。在解决问题之前，请确保已经充分理解了问题。用应该重现错误的情况和不应该重现错误的情况对缺陷进行三角剖分。坚持做下去，直到对问题有了足够的了解，并且每次都能正确预测它的发生。

理解程序，而不仅仅是问题　如果能理解问题发生的上下文，就更有可能完全解决问题，而不是仅仅解决问题的某个方面。一项针对短程序的研究发现，对程序行为有全局理解的程序员比专注于局部行为、只在需要时才了解程序的程序员，成功修改程序的比例更大 (Littman et al. 1986)。因为本研究中的程序很短小 (280 行)，它不能证明在修复一个缺陷之前，应该尝试完全理解一个 5 万行的程序。不过它确实建议你至少应该理解缺陷纠正附近的代码，“附近”几百行而不是几行。

确认缺陷诊断结论　在急匆匆地着手修复缺陷前，确保已经准确诊断出了问题。花点时间运行测试用例，以证明假设并证伪相互冲突的假设。如果已经证明错误可能是由多种原因中的一种导致的，那么就还没有足够的证据来只研究其中一种原因；先排除其他的原因。

放松　某个程序员准备去滑雪。他的产品已经万事俱备，只差发布了，然而他的滑雪行程安排已经迟到了，不过此时，他只剩下一个缺陷需要修复。他改了源文件并将其签入版本控制系统。他没有重新编译程序，也没有验证变更是否正确。

“永远不要站着调试。”
—温伯格 (Gerald Weinberg)

事实上，这个变更不正确，他的经理非常愤怒。他怎么能在不检查的情况下，就在可以发布的产品中变更代码呢？还有比这更糟糕的吗？这难道不是鲁莽灭裂的行为么？

即使这不是鲁莽的行为，不过也已经接近了，并且也很常见。急于解决问题是最浪费时间的事情之一。它会导致草率的判断、不完整的缺陷诊断和不完整的修复。一厢情愿的想法，导致的结果是随机寻找解决方案。这种急切的压力通常是自我施加的，鼓励着人们随意

关联参考 具有语法分析能力的编辑器是开发环境成熟与否的标志。更多细节，请参阅第 4.3 节。

译注
畅销书《驱动力》作者平克认为："成就与目光短浅不能共存。"恐惧或急于为了完成而完成，会使人缺乏深入的洞察而陷入救火从而让自己忙死的怪圈。

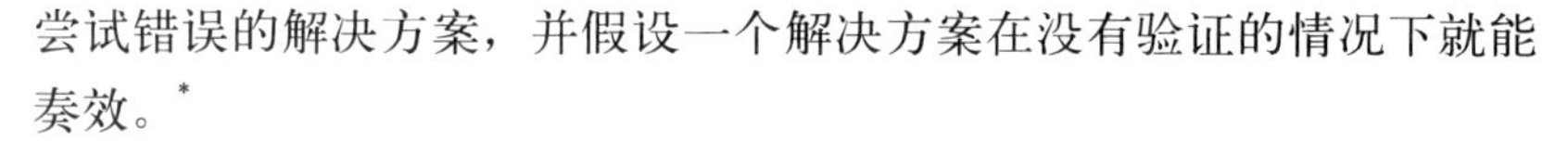

尝试错误的解决方案，并假设一个解决方案在没有验证的情况下就能奏效。*

与此形成鲜明对比的是，在 Microsoft Windows 2000 开发的最后几天，开发人员需要修复一个缺陷，该缺陷是创建候选版本之前剩下的最后一个缺陷。开发人员修改了代码，检查了修复程序，并在本地版本上测试了修复程序。但当时，他并没有马上将补丁签入到版本控制系统中。相反，他打篮球去了。他说："我现在觉得压力太大了，我觉得自己已经考虑了所有应该考虑到的事情。我需要清空大脑一个小时，然后再回来，一旦确信我自己的修复确实是正确的，我就签入代码。"

充分放松以确保解决方案是正确的。不要试图走捷径。这可能需要更多的时间，但会为将来节省不少时间。别的不说，如果正确地解决了问题，那么至少你的经理不会在你前往滑雪的旅途中把你叫回来。

保存原始代码 在开始修复缺陷之前，一定要归档一个代码版本以便后续可以利用它。很容易忘记在一组变更中哪个变更是重要的。如果有原始源代码，至少可以比较旧文件和新文件，并查看变更的位置。

修复问题，而不是症状 还应该修复症状，但重点应该放在修复潜在的问题上，而不是用程序来掩盖问题。如果不彻底理解问题，就不要修复代码。修复症状会使代码变得更糟。假设有这样一段代码：

一段需要修复的 Java 代码示例

```
for ( claimNumber = 0; claimNumber < numClaims[ client ];
claimNumber++ ) {
   sum[ client ] = sum[ client ] + claimAmount[ claimNumber ];
}
```

进一步假设当 client = 45 时，sum 少了 3.45 美元。以下是解决这个问题的错误方法：

让代码更糟糕的修复

```
for ( claimNumber = 0; claimNumber < numClaims[ client ];
claimNumber++ ) {
   sum[ client ] = sum[ client ] + claimAmount[ claimNumber ];
}

if ( client == 45 ) {
   sum[ 45 ] = sum[ 45 ] + 3.45;
}
```

修复的代码

现在假设当 client = 37，numClaims[client] 是 0 时，sum 的结果不是 0。以下是解决这个问题的错误方法：

CODING HORROR

让代码更糟糕的修复（续）

```
for ( claimNumber = 0; claimNumber < numClaims[ client ];
claimNumber++ ) {
   sum[ client ] = sum[ client ] + claimAmount[ claimNumber ];
}

if ( client == 45 ) {
   sum[ 45 ] = sum[ 45 ] + 3.45;
}
else if ( ( client == 37 ) && ( numClaims[ client ] == 0 ) ) {
   sum[ 37 ] = 0.0;
}
```

第二次修复的代码

如果这还没有让你脊背发凉，那估计你也不会受到这本书中其他内容的影响。在一本只有 1000 页左右的书中，不可能列出这种方法的所有问题，但下面三个是最重要的。

- 这里的修复代码在大多数情况下都不会运行。这些问题看起来好像都是由初始化缺陷导致的。根据定义，初始化缺陷是不可预测的，因此，client=45 时 sum 的值和今天差了 3.45 美元这一事实，并不能说明明天的情况会是啥。它可能相差一 0 000.02 美元，也可能是正确的。这就是初始化缺陷的本质。
- 这是不可维护的。当代码使用特殊的情况来处理错误时，特殊情况就会成为代码最突出的特点。3.45 美元并不总是 3.45 美元，之后会出现另一个错误。代码将再次修改以处理新的特殊情况，而 3.45 美元这种特殊情况也不会被删除。代码将越来越多地使用特殊情况。最终，这些“藤壶”* 会越来越重，代码将无法支持，最终沉入海底，一个适合它的地方。
- 它使用计算机来做一些更适合手工完成的工作。计算机擅长于可预测的、有规则的计算，但人类更擅长创造性地捏造数据。最好使用涂改液和打字机来处理输出，而不是胡乱修改代码。

译注

在生物分类学中，藤壶属于节肢动物，分布广泛，种类繁多，全球已发现有 500 多种，我国就有 100 多种，进化关系上更接近于虾和蟹。虽然成年藤壶只有指甲盖一般大小，但繁殖能力却相当惊人，初次性成熟的藤壶平均能产 3 000 ～ 4 000 个卵，直径越大，产量越大，最多能产 10 万个。幼体藤壶附生在其他海洋生物身上，尤其是海龟和大型须鲸，此后不再移动。2008 年，《哺乳动物进化》杂志称，一头成年座头鲸最多可附带 450 公斤的藤壶。

仅在有充分理由的情况下修改代码　一种修复症状的技术是随机修改代码，直到它看起来起作用为止。典型的过程是这样的：“这个循环似乎包含一个缺陷。这可能是一个大小差一错误，所以我在这里放一个 -1，然后试试。好的。那不起作用，所以我再试试放一个 +1。好的。这似乎起作用了。我会说它被修复了。”

尽管这种做法很流行，但并不有效。随机修改代码就像旋转庞蒂亚克的轮胎来解决引擎问题一样。你没有学到任何东西；只是在混日子。随机修改程序，实际上相当于“我不知道这里发生了什么，但我将尝

译注
指不求甚解只求结果的一种编程方式，最终导致编程从科学变成一种玄学及一种无法推论和预期的巫术。

试这个修改，并希望它有效。”不要随意修改代码，这是巫毒编程*。在不理解代码的情况下做出的修改越大，你对它能正确运行的信心就越小。

在做出代码修改之前，要确信它会起作用。错误的修改会让你大吃一惊。它可能会引起自我怀疑、自我再评价和深刻的自我反省。随机修改代码这种事应该尽量避免。

一次只改一处　每次只改一处就已经足够棘手了。当一次执行两处修改时，它们可能会引入与原始错误类似的微妙错误。那么就会陷入尴尬的境地，你不知道是否已经修复了错误，是否修复了原来的错误但引入了一个看起来相似的新错误，或者是否没有修复原来的错误但引入了一个类似的新错误。保持简单，一次只改一处。

关联参考　要想进一步了解自动回归测试，请参见第22.6节。

检查修复的程序　自己检查程序，让别人帮你检查，或者和别人一起结对检查。运行用于诊断问题的相同的三角剖分测试用例，以确保问题的所有方面都已得到解决。如果只解决了问题的一部分，那就会发现还有工作要做。

重新运行整个程序以检查修改的副作用。检查副作用的最简单、最有效的方法是通过JUnit、CppUnit或等效软件中的自动回归测试套件运行程序。

添加一个暴露缺陷的单元测试　当遇到一个错误没有被测试套件暴露时，添加一个测试用例来暴露此错误，以便以后不会再次引入。

寻找类似的缺陷　当发现一个缺陷时，寻找其他类似的缺陷。缺陷往往都是成群结队地出现的，关注你所制造的各种类型缺陷的价值之一是，可以纠正所有这一类的缺陷。寻找类似的缺陷需要对问题有全面的理解。请注意，如果不知道如何寻找类似的缺陷，表明你还没有完全理解这个问题。

23.4 调试中的心理因素

调试与任何其他软件开发活动一样需要智力。你的自我意识告诉你，代码是好的，没有缺陷，即使你已经看到它有一个缺陷。必须用一种对许多人来说不自然的方式来精准思考，即形成假设，收集数据，

深入阅读　关于调试中的心理问题，以及软件开发的许多其他领域的优秀讨论，请参见《计算机编程心理学》(Weinberg 1998)。

分析假设，然后有条不紊地证伪它们。如果同时在构建代码和调试代码，那么必须在设计时流动的、创造性思维和调试时严格批判性思维之间快速切换。在阅读代码时，必须与代码的熟悉程度作斗争，并防止思维惯性。

心理定势如何导致调试盲区

当在程序中看到一个 Num 的变量时，你会看到什么？会认为是“Numb”这个词拼错了吗？或者认为是“Number”这个单词的缩写呢？很可能，会认为是“Number”的缩写，这就是“心理定势”现象——看到你期望看到的东西。看看这张图上写着什么？

Paris in the
the Spring

在这个经典的谜题中，人们通常只看到一个“the”。人们只看到他们期待看到的东西。我们来看看下面这些情况。

- 当学生在学习 while 循环时，通常期望对循环进行持续评估；也就是说，他们希望只要 while 条件变为 false，循环就会终止，而不仅仅是在循环的顶部或底部 (Curtis et al.1986)。他们期望 while 循环像自然语言中的“while”一样起作用。

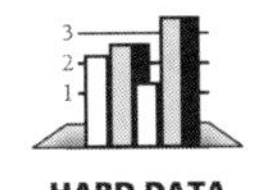

- 某程序员无意中使用 SYSTSTS 和 SYSSTSTS 作为同一个变量。直到程序运行了数百次，并且写了一本包含错误结果的书之后，他才发现这个问题 (Weinberg 1998)。
- 某程序员有时候会把下面这段代码：

```
if ( x < y )
    swap = x;
    x = y;ß
    y = swap;
```

看成是下面这样的代码：

```
if ( x < y ) {
   swap = x;
x = y;
```

```
        y = swap;
    }
```

人们期望一种新现象看起来像他们以前见过的类似现象。他们期望一个新的控制结构和旧的结构一样工作；编程语言 (langauge) 中的 while 语句，使其与现实生活中的“while”语句一样工作；变量名与以前相同。你看到了你期望看到的，因此忽略了差异，比如前一句中“语言 (language)”一词的拼写错误。

心理定势与调试有什么关系呢？首先，它谈到了良好编程实践的重要性。良好的格式、注释、变量名、子程序名和其他编程风格元素有助于构筑编程环境，从而使可能的缺陷无所遁形。

心理定势的第二个影响是，在发现错误时选择程序的某些部分进行检查。研究表明，在调试过程中，最有效地进行调试的程序员会将程序中不相关的部分切掉 (Basili，Selby 和 Hutchens，1986)。一般来说，这种做法可以让优秀的程序员缩小搜索范围，更快地发现缺陷。然而，有时程序中包含缺陷的部分被错误地切掉了。浪费时间在代码的某一部分中查找缺陷，而忽略了包含该缺陷的那部分。你在岔路口拐错了弯，需要倒车才能继续前进。第 23.2 节中关于发现缺陷技巧的讨论中的一些建议，旨在克服这种“调试盲区”。

“心理距离”有何帮助

关联参考　要想了解如何创建不会混淆的变量名，请参见第 11.7 节。

心理距离可以定义为区分两个元素的难易程度。如果在看一长串的单词，并且被告知它们都是关于鸭子的，那就会很容易把“Queck”误认为“Quack”，因为这两个词看起来很相似。两个词之间的心理距离很小。不过不太可能把“Tuack”误认为是“Quack”，即使差别也只是一个字母而已。“Tuack”不如“Queck”那么像“Quack”，因为单词中的第一个字母比中间的那个字母要更突出。

表 23-1 列出了变量名之间心理距离的示例。

表 23-1　变量名之间心理距离示例

变量 1	变量 2	心理距离
stoppt	stcppt	几乎看不出来
shiftrn	shiftrm	几乎没有
dcount	bcount	小
claims1	claims2	小
product	sum	大

在调试时，请准备好处理类似变量名之间以及类似子程序名之间，由于心理距离不足所导致的问题。在写代码时，请选择差异较大的名称，以免出现问题。

23.5 那些显而易见和不太明显的调试工具

关联参考　测试和调试工具之间的界限是模糊的。有关测试工具的更多信息，请参见第 22.5 节；有关软件开发工具的更多信息，请参见第 30 章。

可以使用现成的调试工具进行大量细致的、突破脑力限制的调试工作。能给缺陷吸血鬼致命一击的工具目前还没有问世，但每年都会在现有的工具能力上带来一些增量改进。

源代码比较工具

当修改程序的错误时，Diff 之类的源代码比较工具非常有用。如果做了一些修改，需要删除一些自己已经记不太清楚的东西，可以借助于比较工具来精确定位这些差异，唤起自己的记忆。如果在新版本中发现一个缺陷，而自己完全不记得这个缺陷在旧版本中曾经出现过，这时可以比较新旧文件的差异以确定修改的内容。

编译器告警消息

最简单、最有效的调试工具之一是自己的编译器。

将编译器的告警级别设置为可能的最高、最挑剔的级别并修复它报告的错误　对编译器错误视而不见是草率的。关闭这些告警，抱着眼不见为净的想法，更草率。孩子们有时会认为，如果他们闭上眼睛看不见大人，还就真的以为自己已经把大人赶走了。在编译器上关闭告警，只是意味着你看不到错误，并不会让它们离开，就像闭上眼睛就觉得可以让成年人离开一样。

假设编写编译器的人比你更了解你所用的编程语言。如果他们提醒你要留意某些事情，这通常意味着有机会学习编程语言的新东西。努力去理解这个告警的真正含义。

将告警视为错误　某些编译器允许将告警视为错误。使用该功能的一个原因是，它显著地提高了告警的重要性。正如将手表设置为快五分钟，会诱使你认为它比实际时间晚五分钟一样，将编译器设置为将警告视为错误，也会诱使你更认真地对待告警。将告警视为错误的另一个原因是，它们通常会影响程序的编译方式。当编译并链接一个程序时，告警通常不会阻止程序链接，但错误通常会阻止程序链接。如果要在链接之前检查告警，请设置将告警视为错误的编译器开关。

设置项目范围的编译时选项标准　设置一个标准，要求团队中的每个人使用相同的编译器设置编译代码。否则，当尝试集成由具有不同设置的不同人员编译的代码时，将收到大量错误消息，进而演变成一场集成噩梦。如果使用项目标准的 make 文件或构建脚本，则很容易实施此操作。

扩展语法和逻辑检查

可以使用其他工具比编译器更彻底地检查代码。例如，对于 C 程序员来说，lint 工具会仔细检查未初始化变量的使用情况 (把 == 误写成 =) 以及类似不易察觉的问题。

代码执行分析工具

你可能不认为代码执行分析工具是一种调试工具，但花几分钟研究程序分析的结果，可以发现一些令人惊讶的 (隐藏的) 缺陷。

例如，我怀疑过某个程序中的内存管理子程序是性能瓶颈。内存管理最初是一个小组件，这个小组件使用的是一个指向内存的线性有序指针数组。我用哈希表替换了这个线性有序数组，希望执行时间至少减少一半。但在分析了代码之后，我发现性能没有任何变化。我更仔细地检查代码，发现分配算法中存在一个浪费大量时间的缺陷。瓶颈不是线性搜索技术，这里才是缺陷。我根本不需要优化搜索。检查代码执行分析器的输出，以确保程序在每个区域花的时间是合理的。

测试框架 / 脚手架

关联参考　有关脚手架的更多信息，请参见第 22.5 节。

正如第 23.2 节发现缺陷中提到的，取出一段有问题的代码，编写代码来测试它，并执行它，这通常是从容易出错的程序中消除恶魔最有效的方法。

调试工具

商业上可用的调试工具在过去几年里稳步发展，今天这些工具的功能能够改变编程的方式。好的调试功能可以设置断点，以便在执行到达特定行、或第 n 次到达特定行、或全局变量更改或变量被赋特定值时中断。它们可以对代码进行逐行的单步调测，对子程序进行单步调测或单步调用。它们允许程序向后执行，退回到缺陷产生的地方。它们可以记录特定语句的执行，类似于把“我在这里！”这样的打印语句分散在整个程序中。

好的调试工具可以对数据进行全面检查，包括结构化和动态分配的数据。它们使得查看指针链接列表或动态分配数组的内容变得容易。它们也能理解用户定义的数据类型。它们可以对数据进行临时的查询，分配新值，并继续执行程序。

可以查看由编译器生成的高级语言或汇编语言。如果使用多种语言，调试工具会自动为每个代码段显示正确的语言。可以查看对子程序的调用链，以及快速浏览任何子程序的源代码。可以在调试工具环境中更改程序的参数。

现在，最好的调试工具还能记住每个独立程序的调试参数（断点和正在监视的变量等等），这样就不必为每个调试程序重新创建它们。

系统调试工具在系统级而不是应用程序级运行，因此它们不会干扰正在调试的程序的执行。在调试对时间或可用内存量敏感的程序时，它们是必不可少的。

考虑到现代调试工具提供的强大功能，你可能会惊讶于竟然还会有人批评它们。但是一些计算机科学界最受尊敬的人建议不要使用它们。他们建议使用大脑来完全避免调试工具。他们的论点是，调试工具是一根拐杖，与其依赖调试工具，通过大脑的思考可以更快、更准确地发现问题。他们认为，要在脑子里执行程序，以这种方式来清除缺陷，而不是使用调试工具。

不管经验证据如何，反对调试工具的基本论点都是无效的。工具可能被误用的事实，并不意味着应该把它拒之门外。就像阿司匹林，没有人会单纯因为担心服用过量而避免服用。也不会仅仅因为有可能割伤自己，就避免用电动割草机割草。任何强大的工具都可能被使用或滥用，调试工具也如此。

调试工具并不能代替好的思考。但是，在某些情况下，思考也不能代替一个好的调试工具。最有效的组合是好的思考加上好的调试工具。

检查清单：调试要点

发现缺陷的技术

- ❑ 使用所有可用的数据来创建假设
- ❑ 精炼产生错误的测试用例
- ❑ 在单元测试套件中运行代码
- ❑ 使用可用的工具
- ❑ 使用不同的方法重现错误
- ❑ 生成更多的数据以产生更多的假设
- ❑ 利用负面测试的结果
- ❑ 头脑风暴找出可能的假设
- ❑ 在桌子旁边放一个记事本，把要尝试的事情都列出来
- ❑ 缩小可疑的代码区域
- ❑ 以前有缺陷的类和子程序值得怀疑
- ❑ 检查最近修改的代码
- ❑ 扩大可疑的代码区域
- ❑ 逐步集成
- ❑ 检查常见的缺陷
- ❑ 向某人讲述发现的问题
- ❑ 把问题放一放，先休息一下
- ❑ 为快而糙的调试设置最大时间
- ❑ 整理一个暴力技术的清单，并且使用它们

语法错误的技术

- ❑ 不要相信编译器消息中的行号
- ❑ 不要相信编译器消息
- ❑ 不要相信编译器的第二条消息
- ❑ 分而治之
- ❑ 使用语法制导编辑器来发现错误的注释和引号

修复缺陷的技术

- ❑ 在修复前先理解问题
- ❑ 理解程序，而不仅仅是问题

- ❑ 确认缺陷诊断结论
- ❑ 放松
- ❑ 保存原始代码
- ❑ 修复问题，而不是症状
- ❑ 仅在有充分理由的情况下修改代码
- ❑ 一次只做一处修改
- ❑ 检查修复的程序
- ❑ 添加一个暴露缺陷的单元测试
- ❑ 寻找类似的缺陷

常用的调试方法

- ❑ 你是否将调试作为了解程序、错误、代码质量和解决问题方法的机会？
- ❑ 你是否避免了试错、迷信的调试方法？
- ❑ 你是否假设错误是你犯错导致的？
- ❑ 你是否使用科学的方法来复现间歇性错误？
- ❑ 你是否使用科学的方法来发现缺陷？
- ❑ 你不是每次都使用相同的方法，而是使用几种不同的技术来发现缺陷吗？
- ❑ 你是否验证了修复的正确性？
- ❑ 你是否使用了编译器告警消息、执行分析结果、测试框架、脚手架和交互式调试？

更多资源

下面的资源也涉及调试。

Agans, David J. *Debugging: The Nine Indispensable Rules for Finding Even the Most Elusive Software and Hardware Problems*. Amacom, 2003. 书中提供了通用的调试原则，可以应用于任何语言或环境。中译本《调试九法：软硬件错误的排查之道》

Myers, Glenford J. *The Art of Software Testing*. New York, NY: John Wiley & Sons, 1979. 这本经典著作的第 7 章专门介绍调试。中译本《软件测试的艺术》

Allen, Eric. *Bug Patterns In Java*. Berkeley, CA: Apress, 2002. 本书介绍了一种调试 Java 程序的方法，该方法在概念上与本章中描述的非常相似，包括“调试的科学方法”、区分调试和测试以及识别常见的缺陷模式。

以下两本书的共同点在于，标题表明它们仅适用于 Microsoft Windows 和 .NET 程序，但它们都包含关于调试的一般性讨论、断言的使用以及有助于避免缺陷的编码实践：

Robbins, John. *Debugging Applications for Microsoft .NET and Microsoft Windows.* Redmond, WA: Microsoft Press, 2003.

McKay, Everett N. and Mike Woodring. *Debugging Windows Programs: Strategies, Tools, and Techniques for Visual C++ Programmers.* Boston, MA: Addison-Wesley, 2000.

要点回顾

- 调试是软件开发成败的一个重要方面。最好的方法是使用本书中描述的其他技术来避免缺陷。但是，提高调试技能仍然是值得的，因为好的调试技能相比差的调试技能至少有 10 倍的差异。
- 找到并纠正错误的系统方法是成功的关键。专注调试，每次测试都能让你向前迈进一步。使用科学的调试方法。
- 在修复程序之前先了解根本问题。对错误根源的随机猜测和随机修正，都将使程序处于更糟糕的状态。
- 将编译器告警设置为最挑剔的级别，并修复其报告的错误。如果忽略了明显的错误，就很难修复不易察觉的错误。
- 调试工具是软件开发的强大辅助工具。找到它们并利用它们，记住，同时也要勤于思考。

读书心得

1. ______________________________
2. ______________________________
3. ______________________________
4. ______________________________
5. ______________________________

第24章

重构

内容

相关主题及对应章节

- 修复缺陷的技巧：第23.3节
- 代码调优方法：第25.6节
- 软件构建设计：第5章
- 可以工作的类：第6章
- 高质量子程序：第7章
- 协同构建：第21章
- 开发者测试：第22章
- 可能发生变化的区域：第5.3节

“所有成功的软件都不是一蹴而就的，都经历过变化。”
—布鲁克斯(Fred Brooks)

理想世界　一个管理良好的软件项目会进行有条理的需求开发，并定义一个稳定的程序功能清单。设计按需求进行，而且仔细进行，使编码能从开始到结束以线性方式完成。换言之，大多数代码都可以只写一次，测试，然后就忘记。在理想世界中，仅在软件维护阶段才需要对代码进行大幅修改，而这种情况只发生在系统的初始版本交付之后。

现实世界　代码在最初的开发过程中会发生大幅演化。最初编码过程中的许多变化和维护过程中的变化起码都一样显著。在一个典型的项目中，编码、调试和单元测试的工作量占比30%~65%，具体由项目规模而定（详见第27章）。如果像在理想世界中那样，编码和单元测试是一个顺畅地一次就行的过程，消耗的工作量不会超过项目总工作量的20%~30%。但是，即便在管理良好的项目中，需求每个月也会有1%~4%的变化(Jones 2000)。需求的变化必然导致代码发生相应的变化，甚至大幅度的变化。

另一个现实　现代开发实践增大了在构建过程中代码发生变化的可能性。在传统的软件开发生命周期中，无论成功与否，人们的重点都是避免代码发生变化。但是，现代开发方法正在逐渐远离编码的可预测性。目前的方法更多以代码为中心，在项目的生命周期中，代码的变化比以往更多。

24.1 软件演变的类型

译注
旧石器时代的史前人类，属于晚期智人，曾经统治欧洲大陆十五万年，与现代人在同一时空内共存了很长一段时间。有学说认为，因冰河世纪的来临，尼安德特人躲进山谷，群体之间缺少联系以及近亲婚配增多等因素，逐渐不敌智人而走向消亡。也有学说认为，铅的使用导致了某些地区尼安德特人彻底灭绝。

软件的演变就像生物进化一样，有的突变有益，其他许多则无益。好的软件演化生成的代码的发展模仿了从猴子到尼安德特人*，再到我们现在作为软件开发者的崇高地位的过程。但是，演变的力量有时会反过来打击程序，将其打入一个不断退化的螺旋。

不同的软件演变类型有一个关键区别，即程序的质量在修改后是提高了还是降低了。如果使用逻辑胶带和迷信来修复错误，质量就会下降。如果将修改当作收紧程序原始设计的机会，质量就会提高。如发现程序质量在下降，就像之前提到的矿井里不再放声高歌的金丝雀。这是一个警告，说明程序正在向错误的方向演变。

区分不同软件演变类型的另一个依据是变化发生于构建期间还是维护期间。这两种演变在几个方面有所不同。构建期的修改通常由最初的开发者进行，而且一般在程序被完全遗忘之前。这个时候，系统还没有上线，所以完成修改的压力只是进度上的压力，而不是500个愤怒的用户想知道为什么他们的系统会瘫痪所带来的压力。出于同样的原因，构建期间的修改会更自由，系统处于更动态的状态，犯错的惩罚也很低。这些情况意味着一种不同于软件维护过程中的演变方式。

软件演变哲学

“不管多么庞大、怪异、复杂的代码，维护都不会使其变得更差。”
—温伯格 (Gerald Weinberg)

在程序员对软件进行演变的各种方法中，一个常见的弱点在于，它是作为一个无意识的过程进行的。如意识到开发过程中的演变是一个不可避免的重要现象，并对其进行规划，就可以反过来加以利用。

演变固然危险，但也是接近于完美的机会。如不得不做出修改，要努力改进代码，使未来的修改更容易。刚开始写一个程序的时候，对它的了解绝对比不上你之后对它的了解。若有机会改动程序，一定要倾尽全力改进。无论是刚开始写代码，还是之后进行修改，都要注意方便以后进一步的改动。

软件演变的基本规则是，内部质量应随着代码的演变而提高。下面的章节描述了如何实现这一目标。

软件演变准则 (Cardinal Rule of Software Evolution) 是它应改进程序内在的质量。后续几个小节描述了如何实现这一目标。

24.2 重构简介

为实现软件演化准则，关键策略是重构，福勒 (Martin Fowler) 将其定义为“在不改变其可观察的行为的情况下，对软件内部结构进行修改，使其更容易理解，修改起来代价更低”(Fowler 1999)。现代编程中的“重构”(refactoring) 一词由康斯坦丁 (Larry LeRoy Constantine) 在结构化编程中最初使用的“分解”(factoring) 一词发展而来，指的是将一个程序尽可能地分解成其组成部分 (Yourdon and Constantine 1979)。

重构的理由

有的时候，代码在维护过程中会发生退化，而另一些时候，代码一开始就不是很好。无论哪种情况，这里有一些警告信号，有时被称为“臭味”(Fowler 1999)，表明哪里需要重构。

代码发生重复　重复的代码几乎总是意味着一开始就没有对设计进行充分的分解。重复的代码使你不得不进行平行的修改，每修改了一个地方，都必须在另一个地方同步进行修改。这还违反了亨特与托马斯 (Andrew Hunt & Dave Thomas) 所说的“DRY(Don' t Repeat Yourself) 原则”*。我认为，帕纳斯 (David Parnas) 总结得最精辟：“复制和粘贴是一个设计错误。”(McConnell 1998b)

译注
面向对象的设计原则之一，其他还有 SOLID 五大原则、KISS 原则、YAGNI 原则以及 LOD 原则。

子程序太长　在面向对象的编程中，很少需要比一屏还要长的子程序，这通常意味着试图将结构化编程的脚强行塞进面向对象的鞋子里。

我有个客户接手了一个任务，分解某遗留系统中最长的子程序，它有 12 000 多行。经过努力，也只能缩减至 4 000 行左右。

改进系统的一个方法是提高其模块化程度，即增加定义清晰、名称明确的子程序的数量，这些子程序只做且要做好一件事。若变化导致必须重新审视一段代码，利用这个机会检查这一部分中的子程序模块化程度。如某个子程序的一部分提取成一个单独的子程序后会更干净，就创建一个单独的子程序。

循环太长或嵌套太深　循环内部往往适合转化成子程序，这有助于更好地分解代码，降低循环的复杂性。

类的内聚力很差　如发现一个类承担了太多不相关的职责，该类应被分解成多个类，每个类负责一组内聚 (coherent，即相互关联) 的职责。

类的接口不能提供一致的抽象层级　即使类一开始就提供了内聚性的接口，也可能失去其原有的一致性。类的接口往往会随时间的推移而发生变化，这可能是由于一时兴起而进行改动，而这些改动偏向于方便而不是接口的完整性。最终，类的接口变成了一个弗兰肯斯坦式的维护怪物，对提高程序的可管理性没什么作用。

参数表有太多参数　分解得好的程序往往有许多小的、进行了良好定义的子程序，并不需要大的参数表。长的参数列表是一个警告，表明子程序接口的抽象化没有经过深思熟虑。

在类中进行的修改各自独立　有的时候，一个类有两个或多个不同的职责。当这种情况发生时，你会发现自己要么修改了类的一部分，要么改变了类的另一部分，但很少有修改会同时影响类的两个部分。这是一个信号，表明该类应按不同职责拆分为多个类。

必须并行修改多个类　我见过一个项目，它有大约 15 个类的一个核对清单。每增加一种新的输出，所有这些类都必须修改。若发现自己经常要对同一组类进行修改，表明可以重新安排这些类中的代码，使修改只影响一个类。根据我的经验，这是个很难实现的理想，但无论如何都是一个很好的目标。

必须并行修改继承层次结构　若发现自己每次创建一个类的子类，都必须创建另一个类的子类，这就属于一种特殊种类的平行修改，应予以解决。

必须并行修改 case 语句　虽然 case 语句本身并不坏，但如果发现自己要在程序的多个部分对类似的 case 语句进行平行修改，就应该问自己继承是不是更好。

一起使用的相关数据项没有被组织成类　如发现自己反复操作同一组数据项，应该问自己这些操作是否应合并到自己的类中。

一个子程序使用了另一个类 (而非它自己的类) 更多的特性　这表明该子程序应被转移到另一个类中，然后由它的旧类调用。

无脑使用基本数据类型　基本数据类型 (primitive data types) 可用来表示无限多的现实世界的实体。如程序使用像整数这样的基本数据类型表示一个常见实体，比如货币，就可考虑创建一个简单的Money类，这样编译器能对 Money 变量执行类型检查，方便为 Money 的赋值以及其他操作添加安全检查。但是，如果 Money 和 Temperature 都用整数表示，编译器就不会对像 bankBalance = recordLowTemperature(银行余额 = 极低温度) 这样的错误赋值发出警告。

类的作用不大　有的时候，对代码进行重构会造成一个旧类变得无所事事。如果一个类似乎没有发挥什么作用，就应该问自己是否应该把这个类的所有职责分配给其他类，并完全取消这个类。

子程序链传递流浪数据　如果发现将数据传递给一个子程序的目的只是为了让该子程序将其传给另一个子程序，这种数据就称为“垃圾数据” (Page-Jones 1988)。这也许是可以的，但要问一下自己，传递这种数据是否与每个子程序的接口所呈现的抽象一致。如果每个子程序的抽象没有问题，传递这种数据就没有问题。否则，想办法让每个子程序的接口更加一致。

中间对象不做任何事情　如果发现一个类的大多数代码都只是在传递对其他类中子程序的调用，应考虑是否应该取消这个中间对象，直接调用其他类。

一个类与另一个类过于亲密　封装 (信息隐藏) 可能是你所拥有的最强大的工具，它使你的程序在脑力上易于管理，并使在修改代码时的连锁反应最小化。任何时候，一旦看到某个类对另一个类的了解超过了它应该了解的程度，包括派生类对其父类了解太多，就应选择更强的封装，而不是更弱的封装。

某个子程序的名字太差劲　如某个子程序有一个糟糕的名字，就修改它在定义地方的名字。然后再重新编译。虽然现在做这件事很难，但以后会更难，所以，一旦发现有问题，就应当马上去做。

公共数据成员　在我看来，公共数据成员总是一个坏主意。它们模糊了接口和实现之间的界限，而且本质上违反了封装原则，限制了未来的灵活性。强烈推荐将公共数据成员隐藏在访问它子程序后面。

一个子类只使用了其父类的一小部分子程序　通常，这意味着该子类的创建是因为父类碰巧包含了它所需要的子程序，而不是因为该子类在逻辑上是其超类的后代。考虑将子类与超类的关系从 is-a(属于) 关系转换为 has-a(拥有) 关系来实现更好的封装；换言之，将超类转换为前子类的成员数据，并只公开前子类中真正需要的子程序。

用注释解释难以理解的代码　注释很重要，但不应用它解释坏的代码。老话说得好：“糟糕的代码不要存，必须重写。”(Kernighan and Plauger 1978)

关联参考　参见 13.3 节，了解全局变量的使用指导原则；参见 5.3 节，了解全局数据和类数据的区别。

全局变量的使用　重新审视一段使用全局变量的代码时，请再三斟酌。自上次访问这部分代码以来，可能已经想到了一种避免使用全局变量的方法。由于刚开始写这段代码时还不熟悉，所以现在可能发现全局变量非常令人困惑，所以愿意开发一种更简洁的方法。另外，也可能对如何在访问子程序中隔离全局变量有了更好的认识，并深刻意识到了不这样做带来的痛苦。所以，咬紧牙关，做一些有益的修改。离最开始写这些代码已过了足够久的时间，现在能更客观地看待你的工作，但又足够近，你还记得进行正确修订所需的大多数内容。早期修订阶段最适合改进代码。

子程序在调用前使用了设置 (setup) 代码或在调用后使用了收尾 (takedown) 代码下面这样的代码应该是一种警告：

C++ 代码示例：子程序调用前后的组装代码和拆卸代码 (糟糕的实践)

这种设置代码是一个警告

```
WithdrawalTransaction withdrawal;
withdrawal.SetCustomerId( customerId );
withdrawal.SetBalance( balance );
withdrawal.SetWithdrawalAmount( withdrawalAmount );
withdrawal.SetWithdrawalDate( withdrawalDate );

ProcessWithdrawal( withdrawal );

customerId = withdrawal.GetCustomerId();
balance = withdrawal.GetBalance();
withdrawalAmount = withdrawal.GetWithdrawalAmount();
withdrawalDate = withdrawal.GetWithdrawalDate();
```

这种收尾代码是另外一个警告

一个类似的警告信号是，你为 WithdrawalTransaction 类创建了一个特殊构造函数来获取其正常初始化数据的一个子集，以便写出下面这样的代码：

C++ 代码示例：成员函数调用前后的组装代码和拆卸代码（糟糕的实践）

```
withdrawal = new WithdrawalTransaction( customerId, balance,
   withdrawalAmount, withdrawalDate );
withdrawal.ProcessWithdrawal();
delete withdrawal;
```

但凡看到为了调用子程序而进行设置，或在调用子程序后进行收尾，就问自己子程序的接口是否呈现了正确的抽象。就本例来说，或许应修改 ProcessWithdrawal 的参数列表以支持下面这样的代码：

C++ 代码示例：无需含有组装代码或者拆卸代码的子程序（良好的实践）

```
ProcessWithdrawal( customerId, balance, withdrawalAmount,
withdrawalDate );
```

注意，这个例子反过来也存在类似的问题。如发现自己手上经常有一个 WithdrawalTransaction 对象，但需要把它的几个值传给如下所示的子程序，就应考虑重构 ProcessWithdrawal 接口，使其要求 Withdrawal Transaction 对象本身而非单独的字段：

C++ 代码示例：子程序中需要若干成员函数的调用

```
ProcessWithdrawal( withdrawal.GetCustomerId(), withdrawal.GetBalance(),
   withdrawal.GetWithdrawalAmount(), withdrawal.GetWithdrawalDate() );
```

这些方法中的任何一种都可能是正确的，任何一种都可能是错误的，具体取决于 ProcessWithdrawal() 接口的抽象是期待 4 种不同的数据，还是期望一个 WithdrawalTransaction 对象。

程序中包含的代码似乎有一天总会用得着　在猜测某一天会需要什么功能方面，程序员是出了名的糟糕。“超前设计”(designing ahead) 会出现许多可预测的问题。

- 尚未完全确定对“超前设计”代码的需求，这意味着程序员很可能猜错。所谓的“超前设计”最终会被废弃。
- 即使程序员对未来需求的猜测八九不离十，但他们通常预见不到未来需求的所有复杂情况。这些错综复杂的问题破坏了程序员的基本设计假设，“超前设计”工作最终还是会被废弃。
- 未来使用“超前设计”代码的程序员并不知道那是“超前设计”的代码，或者对这些代码有超出正常的预期。他们以为这些代码在编码、测试和审查方面和其他代码处于一样的水平。所以，他们浪费大量时间来构建使用“超前设计”的代码，最终却发现这些代码实际上并不能正常运行。

- 额外的"超前设计"代码带来了额外的复杂性，需要额外的测试、额外的缺陷修正等等。最终反而拖延了项目的进度。

专家们一致认为，为未来需求做准备的最好方法不是写空中楼阁式的代码；而是使目前需要的代码尽可能清晰明了，这样未来的程序员就会知道它做什么和不做什么，并相应地做出修改 (Fowler 1999, Beck 2000)。

检查清单：重构的理由

- ❑ 代码发生重复
- ❑ 子程序太长
- ❑ 循环太长或嵌套太深
- ❑ 类的内聚力很差
- ❑ 类的接口不能提供一致的抽象层级
- ❑ 参数表有太多参数
- ❑ 在类中进行的修改各自独立
- ❑ 必须平行修改多个类
- ❑ 必须平行修改继承层次结构
- ❑ 必须平行修改 case 语句
- ❑ 一起使用的相关数据项没有被组织成类
- ❑ 一个子程序使用了另一个类（而非它自己的类）更多的特性
- ❑ 无脑使用基本数据类型
- ❑ 类的作用不大
- ❑ 子程序链传递流浪数据
- ❑ 一个中间对象没有做任何事情
- ❑ 一个类与另一个类过于亲密
- ❑ 某个子程序的名字太差劲
- ❑ 公共数据成员
- ❑ 一个子类只使用了其父类的一小部分子程序
- ❑ 用注释解释难以理解的代码
- ❑ 全局变量的使用
- ❑ 子程序在调用前用了设置 (setup) 代码或在调用后用了收尾 (takedown) 代码
- ❑ 程序包含的代码似乎有一天会被需要

不重构的理由

人们宽泛地用“重构”一词来指代修复缺陷、增加功能、修改设计，基本上成了对代码进行任何修改的同义词。这种对术语含义的普遍稀释是很不幸的。修改本身并不是一种美德，但有目的修改，加上一点点严格的纪律，就可以成为一个重大而关键的策略，从而通过维护稳步提高程序质量，并防止我们再熟悉不过的软件熵增的死亡螺旋。

24.3 特定的重构

本节展示了一个重构目录，其中许多是对《重构：改善既有代码的设计》(Fowler 1999) 一书的详尽描述的总结。但是，我不打算使这个目录详尽无遗。从某种意义上说，本书每一个同时显示“烂代码 (拙劣的代码、糟糕的代码)”和“好代码 (良好的代码)”的例子都可供你参考一种重构方案。为节省篇幅，我将重点放在我个人觉得最有用的重构上。

数据级重构

以下重构方法旨在改善变量和其他类型的数据的使用。

用具名常量替换神秘数字　如使用了圆周率 3.14 这样的一个数值或字符串直接量，就用具名常量 (如 PI) 替换它。

用更清晰或更有信息量的名字重命名变量　如变量名不清不楚，就把它改成一个更好的名字。当然，同样的建议也适用于常量、类和子程序的重命名。

使表达式内联　若将表达式的结果赋给一个中间变量，何不直接将变量替换为表达式本身？

用子程序替代表达式　为避免在代码中重复表达式，用子程序替代表达式。

引入中间变量　将表达式赋给中间变量，后者的名称概括了表达式的目的。

将一个多用途的变量转换为多个单用途的变量　如某个变量被用于一个以上的目的 (对，说的就是 i、j、temp 和 x-- 这些)，就为每种用途创建单独的变量，为每个变量都指定一个更具体的名称。

局部的用途的就用局部变量，而不要用参数　如某个只供输入的子程序参数作为局部变量使用，就创建一个局部变量并改用它。

将数据基元转换为类　如数据基元需要额外的行为（包括更严格的类型检查）或额外的数据，就将数据转换为对象并添加你需要的行为。这一点适用于 Money 和 Temperature 等简单数值类型。也适用于 Color，Shape，Country 或 OutputType 等枚举类型。

将一组类型代码 (type codes) 转换为类或枚举　在一些较老的程序中，经常可以看到这样的关联：

```
const int SCREEN = 0;
const int PRINTER = 1;
const int FILE = 2;
```

不是定义独立的常量，而是创建一个类，这样就可获得更严格类型检查的好处，并在需要时为 OutputType 提供更丰富的语义。有的时候，创建枚举是创建类的一个好的替代方案。

将一组类型代码转换为带有子类的类　如果与不同类型相关的不同元素可能有不同的行为，考虑为类型创建一个基类，并为每个类型代码创建子类。对于 OutputType 基类，可考虑创建像 Screen，Printer 和 File 这样的子类

将数组改为对象　如果要使用一个数组，其中不同的元素是不同的类型，就创建一个对象，将之前的每个数组元素改为字段。

封装集合　如类返回集合，同时存在多个集合实例会造成同步困难。可考虑让类返回一个只读集合，并提供在集合中增删元素的子程序。

用数据类替代传统记录　创建一个类来包含记录的成员。创建类有利于集中错误检查、持久化和其他涉及记录的操作。

语句级重构

以下重构方法旨在改善单个语句的使用。

分解布尔表达式　通过引入命名良好的中间变量来简化布尔表达式，帮助澄清表达式的含义。

将复杂布尔表达式移入一个命名良好的布尔函数　如果表达式足够复杂，这样重构就可以改善可读性。如表达式在多个地方使用，重构后就不需要进行并行修改，并减少了使用该表达式时出错的几率。

合并条件语句不同部分的重复片段　如果在 else 块的末尾重复了与 if 块末尾相同的几行代码，就将这些行移至整个 if- then-else 块之后。

使用 break 或 return 替代循环控制变量　如循环内有一个用来控制循环的变量 (例如 done)，就改为使用 break 或 return 退出循环。

知道答案后立即返回，而不是在嵌套 if-then-else 语句中赋一个返回值　在知道返回值后立即退出子程序，这样的代码通常更容易理解，而且更不容易出错。相反，如果设置一个返回值，然后通过大量逻辑展开 (unwind)，则可能更难理解。

用多态替代条件语句 (尤其是重复的 case 语句)　过去许多在结构化程序中包含在 case 语句中的逻辑，现在可以被转移到继承层次结构中，并通过多态的子程序调用来完成。

创建和使用空对象，而不是测试空值　有的时候，一个空对象可以关联泛型行为或数据，就好像将一个名字不详的居民称为“住户”。在这种情况下，考虑将处理空值的责任从客户代码转移到类中。换言之，让 Customer 类直接将未知居民定义为“住户”，而不是让 Customer 的客户代码反复测试客户的名字是否已知并在未知时用“住户”代替。

子程序级重构

以下重构方法旨在改善单独子程序级别的代码。

提取子程序 / 提取方法　从子程序中移除内联代码，将其提取为自己的子程序。

内联子程序的代码　如果子程序的主体非常简单，而且一眼就能够看懂，就可以考虑在使用该子程序的地方内联其代码。

将长的子程序转换为类　如子程序太长，有时可将其转换为类，并进一步将之前的子程序分解成多个子程序，从而改善可读性。

用简单算法代替复杂算法　用更简单的算法代替复杂的算法。

增加参数　如子程序需要它的调用者提供更多信息，就增加参数来提供这样的信息。

删除参数　如子程序不再使用一个参数，请删除它。

将查询操作与修改操作分开　查询操作一般不会改变对象的状态。如果像 GetTotals() 这样的操作改变了对象的状态，请将查询功能和改变状态的功能分开，并提供两个单独的子程序。

通过参数化合并类似的子程序　两个类似的子程序可能只是内部使用的常量值有所不同。将其合并为一个，并将值作为参数传入。

分解行为依赖于传入参数的子程序　如子程序根据一个输入参数的值执行不同的代码，可考虑将其分解成可单独调用的独立子程序，避免传递那个特定的输入参数。

传递整个对象而不是特定的字段　如果从同一个对象中传递了几个值到一个子程序，考虑修改子程序的接口，改为获取整个对象。

传递特定的字段而不是整个对象　如果创建一个对象只是为了把它传给一个子程序，考虑修改子程序，使它获取特定的字段而不是整个对象。

封装向下转型　如子程序返回一个对象，通常应返回它所知道的最具体的对象类型。返回迭代器、集合、集合元素等的子程序尤其要注意这一点。

类实现重构

以下重构方法在类的级别进行改善。

将值对象修改为引用对象　如果发现自己需要创建和维护大型或复杂对象的大量拷贝，请修改这些对象的用法，使其只存在一个主拷贝 (值对象)，其余代码使用对该对象的引用 (引用对象)。

将引用对象修改为值对象　如果发现对小的或简单的对象进行了大量引用，并因此要进行大量内部杂务处理 (housekeeping)，请修改这些对象的用法，使所有对象都是值对象。

用数据初始化替代虚函数　如果一组子类只因其返回的常量值而变，就不要在派生类中覆盖 (override) 成员函数。相反，让派生类用恰当的常量值初始化类，再在基类中用泛型代码处理这些值。

改变成员函数或数据的位置　考虑对继承层次结构做出几个常规性的修改，通常是为了消除派生类中的重复。

- 使子程序上移至它的超类。
- 使字段上移至它的超类。
- 使构造函数的主体上移至它的超类。

以下修改则支持派生类中的特化。

- 使子程序下移至它的派生类。

- 使字段下移至它的派生类。
- 使构造函数的主体下移至它的派生类。

将特化代码提取到一个子类中　如果类包含的一些代码只被其实例的一个子集使用，就将这些特化的代码移到它自己的子类中。

将相似代码合并到超类中　如果两个子类有相似的代码，就合并这些代码，并移到超类中。

类接口重构

以下重构方法有助于获得更好的类接口。

将子程序移到另一个类中　在目标类中新建一个子程序，就将子程序主体从源类移到目标类。然后就可以从旧的子程序中调用新的。

将一个类转换为两个　如某个类有两个或更多不同的职责范围，将该类拆分成多个类，每个都担负一个明确的职责。

淘汰类　如某个类没什么作用，就将它的代码移到其他更有内聚性的类中，然后淘汰这个类。

隐藏委托　有时类 A 会调用类 B 和类 C，而实际上类 A 只应调用 B，再由类 B 调用类 C，认真思考 A 和 B 交互如何抽象。如 B 应负责调用 C，就让 B 调用 C。

去掉中间人　如果类 A 调用类 B，类 B 调用类 C，那么有时让类 A 直接调用类 C 会效果更好。是否应该委托给类 B 的问题取决于什么能最好地保持类 B 接口的完整性。

用委托代替继承　如某个类需使用另一个类，但又希望对其接口有更多的控制，就让超类成为原来子类的字段，然后公开一组子程序来提供一个内聚性的抽象。

用继承代替委托　如某个类公开了一个委托类 (成员类) 的所有公共子程序，就从委托类继承，而不要只是使用该类。

引入外来的子程序　如某个类需要一个额外的子程序，而你不能修改这个类来提供它，可在客户类中创建新建一个子程序来提供该功能。

引入扩展类　如某个类需要几个额外的子程序，而你不能修改这个类，可新建一个类来合并不可修改的那个类的功能与额外的功能。为此，要么创建原始类的子类并添加新的子程序，要么包装原始类并公开你需要的子程序。

封装公开的成员变量 如成员数据是公共的，将成员数据修改成私有，改为通过一个子程序来公开成员数据的值。

删除不可修改的字段的 Set() 子程序 如字段在对象创建时赋值，之后便不可修改，就在对象的构造函数中初始化它，而不是提供一个误导性的 Set() 子程序。

隐藏不打算在类外使用的子程序 如类的接口没有子程序会更有内聚性，就隐藏该子程序。

封装未使用的子程序 如发现自己经常只使用类接口的一部分，就为该类创建一个新接口，只公开那些必要的子程序。确保新接口提供一个内聚性的抽象。

合并实现非常相似的超类和子类 如子类没有提供太多的特化，就把它合并到超类中。

系统级重构

以下重构方法旨在改善系统级别的代码。

为你无法控制的数据创建一个明确的引用源 有的时候，你的一些数据由系统维护，无法从其他需要知道该数据的对象那里方便或一致地访问。一个常见的例子是在 GUI 控件吕维护的数据。这个时候，可创建一个类来镜像 GUI 控件中的数据，再让 GUI 控件和其他代码都将该类作为数据的权威来源。

将单向类关联改为双向类关联 如果有两个类需要使用对方的功能，但只有一个可以知道另一个的情况，就修改这些类，让它们彼此知道对方的情况。

将双向类关联改为单向类关联 如果有两个类知道对方的功能，但只有一个类真正需要知道对方，就修改这些类，让它们彼此知道对方，反之则不知道。

提供工厂方法而不是简单构造函数 需要根据类型代码来创建对象时，或者要处理引用对象而不是值对象时，使用工厂方法 (子程序)。

用异常代替错误代码或相反 根据你的错误处理策略，确保代码使用的是标准方法。

检查清单：重构总结

数据级重构

- ❑ 用具名常量替换神秘数字。
- ❑ 用更清晰或更有信息量的名字重命名变量。
- ❑ 使表达式内联。
- ❑ 用子程序替代表达式。
- ❑ 引入中间变量。
- ❑ 将一个多用途的变量转换为多个单用途的变量。
- ❑ 局部用途的就用局部变量，而不要用参数。
- ❑ 将数据基元转换为类。
- ❑ 将一组类型代码转换为类或枚举。
- ❑ 将一组类型代码转换为带有子类的类。
- ❑ 将数组改为对象。
- ❑ 封装集合。
- ❑ 用数据类替代传统记录。

语句级重构

- ❑ 分解布尔表达式。
- ❑ 将复杂布尔表达式移入一个命名良好的布尔函数。
- ❑ 合并条件语句不同部分的重复片段。
- ❑ 使用 break 或 return 替代循环控制变量。
- ❑ 知道答案后立即返回，而不是在嵌套 if-then-else 语句中赋一个返回值。
- ❑ 用多态替代条件语句（尤其是重复的 case 语句）。
- ❑ 创建和使用空对象，而不是测试空值。

子程序级重构

- ❑ 提取子程序。
- ❑ 内联子程序的代码。
- ❑ 将长的子程序转换为类。
- ❑ 用简单算法代替复杂算法。
- ❑ 增加参数。
- ❑ 删除参数。
- ❑ 将查询操作与修改操作分开。
- ❑ 通过参数化合并类似的子程序。

- 分解行为依赖于传入参数的子程序。
- 传递整个对象而不是特定的字段。
- 传递特定的字段而不是整个对象。
- 封装向下转型 (downcasting)。

类实现重构

- 将值对象修改为引用对象。
- 将引用对象修改为值对象。
- 用数据初始化替代虚函数。
- 改变成员函数或数据的位置。
- 将特化代码提取到一个子类中。
- 将相似代码合并到超类中。

类接口重构

- 将子程序移到另一个类中。
- 将一个类转换为两个。
- 淘汰类。
- 隐藏委托。
- 去掉中间人。
- 用委托代替继承。
- 用继承代替委托。
- 引入外来的子程序。
- 引入扩展类。
- 封装公开的成员变量。
- 删除不可修改的字段的 Set() 子程序。
- 隐藏不打算在类外使用的子程序。
- 封装未使用的子程序。
- 合并实现非常相似的超类和子类。

系统级重构

- 为你无法控制的数据创建一个明确的引用源。
- 将单向类关联改为双向类关联。
- 将双向类关联改为单向类关联。
- 提供工厂方法而不是简单构造函数。
- 用异常代替错误代码或相反。

24.4 安全重构

"与打开水槽更换垫圈相比，打开一个正常工作的系统更像是打开人的大脑并更换脑部神经。若将软件维护称为'软件脑部外科手术'，维护起来会不更轻松一些？"
—温伯格

重构是改善代码质量的一种强大技术。但和所有强大的工具一样，若使用不当，重构造成的伤害会大于它带来的好处。遵循几条简单的指导原则以避免走入重构的误区。

保存开始时的代码　重构之前，首先确保能回到开始时的代码。在版本控制系统中保存一个版本，或将正确的文件复制到一个备份目录。

保持小幅重构　有的重构在规模上比其他重构要大，而且到底什么是"一次重构"可能有点模糊。每次重构都保持小的幅度，这样就能充分理解更改所造成的全部影响。《重构：改善既有代码的设计》(Fowler 1999)一书所详尽描述的重构提供了许多好的例子来说明具体应该如何做。

一次一个重构　有些重构比其他复杂。除了最简单的重构，其他重构都一次都只进行一个。完成一个重构后，就重新编译和重新测试，再进行下一个。

列出步骤清单　伪代码编程过程的一个自然延伸是列出从 A 点到 B 点的重构清单，列出清单有助于理解每个变更的前因后果。

做一个停车场　一次重构中途，有时会发现需要进行另一次重构。而在那次重构的中途，会发现有必要进行第三次重构。对于那些不需要立即进行的修改，可以做一个"停车场"，列出想在某个时候进行但现在暂时还不需要的修改。

经常做检查点　重构期间，很容易发现代码突然开始走偏了。除了保存开始时的代码，在重构过程中的各个步骤都保存检查点。这样，如果代码进入了死胡同，可以还原之前能正常工作的程序。

利用编译器警告　一些小错误很容易被编译器漏掉。将你的编译器设置为最挑剔的警告级别，以便一开始就发现错误。

重新测试　对修改过的代码的审查应通过重新测试予以补充。当然，首先要有一套好的测试用例。回归测试和其他测试主题在第 22 章进行了更详细的描述。

关联参考　参见第21章，进一步了解代码评审。

添加测试用例　除了用旧的测试进行重测，还要添加新的单元测试来锤炼新代码。删除任何因重构而变得过时的测试用例。

审查修改　最开始的代码审查就已经很重要了，在之后的修改过程中更重要。尤登 (Edward Yourdon) 的报告称，程序员在第一次尝试修改时，通常有 50% 以上的机会犯错 (Yourdon 1986b)。有趣的是，如果程序员处理的代码量较大，而不是短短几行，做出正确修改的几率反而会提高，如图 24-1 所示。具体地说，随着修改行数从 1 行增至 5 行，做出错误修改的几率会增加。在此之后，几率反而下降。

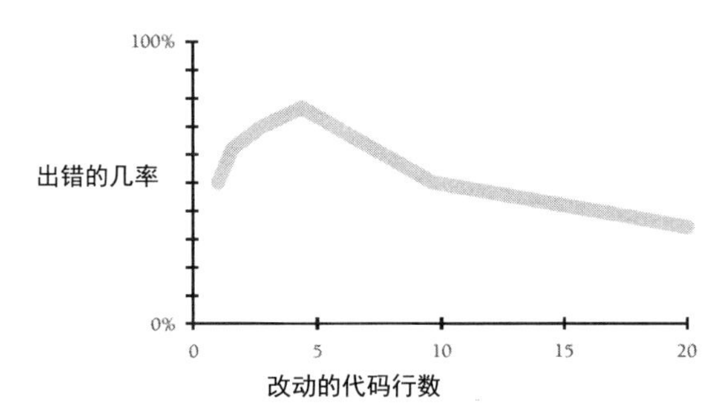

图 24-1　小幅修改比大幅修改更容易出错 (Weinberg 1983)

译注
即 desk check，指开发人员在做完当前任务之后，先用开发机器对价值和方案做一个快速的确认，参与的人员有业务分析师、开发和 QA 等，内容包括功能、性能、安全和 UI 布局等。

程序员对小的修改往往很随意。他们不做桌面确认*，也不请人审查，有时甚至不运行代码来验证修复是否正确。

道理很简单，将任何简单的修改当作复杂的修改来对待。某组织在对单行修改进行审查后发现，其错误率从审查前的 55% 下降至审查后的 2%(Freedman and Weinberg 1982)。某电信公司在对修改的代码进行审查后，正确率从 86% 上升至 99.6%(Perrott 2004)。

基于重构风险等级来调整方法　有的重构比其他的风险更大。像“用具名常量替换神秘数字”这样的重构相对没什么风险。而涉及类或子程序接口的变化、数据库模式的变化或布尔测试的变化等的重构往往风险更大。如果是较容易的重构，可考虑简化重构过程，一次进行多个重构，并简单地重新测试，无需走一遍正式审查流程。

若重构风险较大，则需谨慎行事。一次只进行一个重构。除了正常的编译器检查和单元测试，还要让其他人来审查重构，或通过结对编程来重构。

不宜重构的情况

“完成部分功能之后，就一心指望通过重构的方式予以补全？请放弃这个幻想吧。”
—曼佐 (John Manzo)

重构是一种强大的技术，但并非万能，而且存在一些滥用的可能性。

不要将重构作为编码和修复的幌子　重构最糟糕的问题在于它可能被滥用。程序员有时会说自己在重构，真正做的却是调整代码，希望找到一种方法让它跑起来。重构是指对本来就能正常工作的、不影响程序行为的代码进行修改。对损坏的代码进行调整并不是在重构，而是在 hacking。

“大规模重构是造成灾难性后果的根源。”
—贝克 (Kent Beck)

避免重构而不是重写　有的时候，代码并不需要小的改动，我们需要扔掉损坏了的代码，重来。如果发现自己需要进行大幅重构，就认真想想是否应该从头设计和实现这部分代码。

24.5 重构策略

对任何特定程序有利的重构在数量基本上是无限的。和其他编程活动一样，重构受制于收益递减法则，80/20 规则同样适用。将时间花在 20% 的重构上，这些重构能提供 80% 的好处。在决定哪些重构是最重要的时候，请考虑以下指导原则。

添加子程序时重构　添加子程序时，检查相关的子程序是否组织良好。如果不是，就对它们进行重构。

添加类时重构　新类的添加往往会使现有代码的问题凸显出来。利用这个机会，重构与所添加的类密切相关的其他类。

修复缺陷时重构　利用通过修复缺陷所获得的理解来改进其他可能容易出现类似缺陷的代码。

关联参考　参见 22.4 节，进一步了解什么样的容易出错。

瞄准容易出错的模块　有的模块比其他模块更易出错、更脆弱。是否有一段你和你团队的其他人都害怕的代码？那可能就是一个容易出错的模块。虽然大多数人的自然倾向是避开这些具有挑战性的代码，但针对这些部分进行重构可能是更有效的策略之一 (Jones 2000)。

瞄准高复杂度的模块　另一个办法是将重点放在复杂度最高的模块上。关于这些指标的细节，请参见第 19.6 节。一项经典研究表明，当维护程序员将他们的改进工作集中在复杂度最高的模块上时，程序质量会有很大的提升 (Henry and Kafura 1984)。

在维护环境中，改进你所接触的部分　从未改动过的代码无需重构。但只要亲自接触到了一段代码，就要确保你留下的比你最初发现的更好。

在干净的代码和丑陋的代码之间定义一个接口，再通过接口移动代码　现实世界往往比你设想的更混乱。这种混乱可能来自复杂的业务规则、硬件接口或软件接口。老系统的一个常见问题是必须一直运行写得不好的生产代码。

要想“振兴”老式生产系统，一个有效的策略是指定一些代码在混乱的现实世界中保持原样，一些代码在理想的新世界中保持原样，再指定一些代码成为两者之间的接口。图 24-2 解释了这个思路。

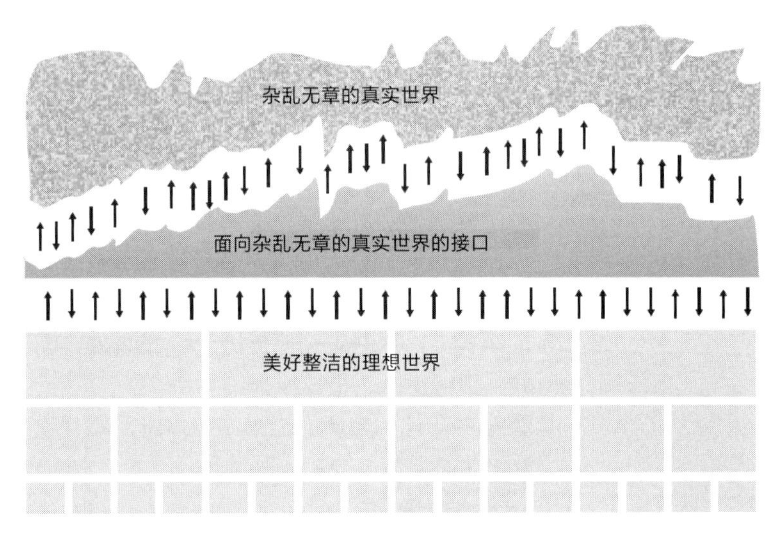

图 24-2　现实世界混乱，并不意味着你的代码也必须混乱。将系统想象成理想代码、理想 - 现实接口以及混乱的现实世界的一种组合

拿到任何一个系统，都首先将代码从“现实世界接口”移动到一个更有条理的理想世界。拿到一个遗留系统时，可能整个系统都是那些写得很差的遗留代码。一个行之有效的策略是，无论何时接触到一段混乱的代码，都必须使其符合当前的编码标准，指定明确的变量名称……，从而有效地将其转移到理想世界。随着时间的推移，这样可以迅速改善代码库，如图 24-3 所示。

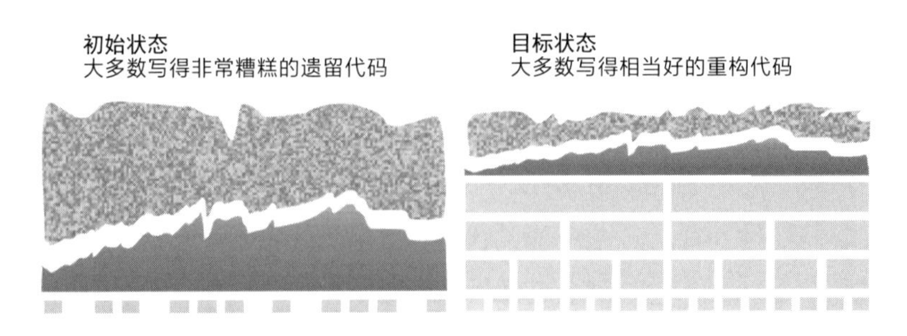

图 24-3　改进生产代码的一个策略是，一旦接触到写得不好的遗留代码就进行重构，将它转移到“混乱的现实世界的接口”的另一边

检查清单：安全重构

- ❑ 每次改动都是一个语言改动策略的一部分吗？
- ❑ 重构前是否保存了最开始的代码？
- ❑ 是否保持每次重构的幅度都很小？
- ❑ 是否一次只进行一个重构？
- ❑ 是否列出了在重构过程中打算采取的步骤？
- ❑ 是否做了一个停车场，以便记住重构中途产生的想法？
- ❑ 每次重构后都重新测试了吗？
- ❑ 若改动很复杂，或者会影响关键任务，是否进行了代码审查？
- ❑ 是否考虑过特定重构的风险等级并相应地调整了你的方法？
- ❑ 这个修改是否改善而非降低了程序的内部质量？
- ❑ 是否避免了用重构作为编码和修复的幌子，或者作为不重写坏代码的借口？

更多资源

重构过程与修复缺陷的过程有很多共通之处，请参见第 23.3 节，进一步了解关于修复缺陷的信息。与重构相关的风险类似于与代码调优相关的风险，请参见第 25.6 节，进一步了解关于管理代码调优风险的信息。

《重构：改善既有代码的设计》(Fowler 1999) 一书是关于重构的权威指南。它详细讨论了本章概括的许多重构方法，还描述了本书没有涉及的其他重构方法。作者通过大量代码示例说明了每一种重构的步骤。

要点回顾

- 无论是在最初的开发过程中还是在最初的发布之后，程序的变化都是生命中要接受的现实。
- 软件在变化过程中，要么改进，要么退化。软件进化的基本规则是：进化应该提高程序的内部质量。软件进化的基本规则是，内部质量应随着代码的进化而提高。
- 成功重构的一个关键是学会注意许多表明需要重构的警告信号 (或称“臭味”)。
- 成功重构的另一个关键是掌握多种特定的重构方法。

- 最后一个成功的关键是要有一个安全重构策略。有的重构方法比其他方法更好。
- 为了在一开始就把事情做好，开发过程中的重构是你改进程序的最佳机会。在开发过程中，要充分利用好这些机会！

读书心得

1. ______________________________
2. ______________________________
3. ______________________________
4. ______________________________
5. ______________________________

第 25 章

代码调优策略

内容

相关主题及对应章节

- 代码调优技术：第 26 章
- 软件架构：第 3.5 节

本章讨论性能调优问题，这个话题历来就有争议。在二十世纪六十年代，计算机资源受到严重限制，效率是首要考虑的问题。随着计算机从七十年代开始变得越来越强大，程序员们开始意识到自己对性能的关注对代码可读性和可维护性的危害有多大，代码调优就不再那么受关注了。到了八十年代，随着微型计算机的兴起，因为性能重新受到限制，效率问题再次被推上风口浪尖。但在随后的整个九十年代，对效率问题的关注又逐渐减弱。进入二十一世纪，在手机和 PDA 等移动设备上运行的嵌入式软件的内存限制以及解释型代码的执行时间再次使效率成为焦点。

可从两个层面解决性能问题：战略和战术。本章讨论战略性能问题：什么是性能，它有多重要，以及提高性能的一般方法。如果你已经很好地掌握了性能策略，并在寻找能提高性能的具体代码级技术，请继续阅读第 26 章。但在开始任何重要的性能调优之前，至少要略读一下本章，这样才不会在本应做其他更重要的事情的时候浪费时间去搞优化。

25.1 性能概述

代码调优是提升程序性能的一种方式。除了代码调优，通常还可以找到其他方法来提升性能，它们所需的时间更短，对代码的伤害更小。本节介绍了这些选项。

质量特性和性能

“相较于因其他任何单一原因(包括单纯的愚蠢)而犯下的计算罪行，因效率之名(还不一定真的能实现‘效率’)而犯下的计算罪行要多得多。”
—伍尔夫 (W. A. Wulf)

有些人是透过玫瑰色的眼镜感性地看世界。像你我这样的程序员则倾向于透过代码的眼镜理性地看世界。我们认为，代码做得越好，客户和顾客就越喜欢我们的软件。

这个观点可能在现实的某个地方有一个邮寄地址，但不会有街道号码，也绝不会拥有任何房地产。相比代码质量，用户对可以感知到的程序特性更感兴趣。有的时候，用户对原始性能感兴趣，但只有当它影响到自己的工作时才会如此。用户往往对程序的吞吐量比对原始性能更感兴趣。按时交付软件、提供干净的用户界面以及避免当机时间往往更有意义。

用个例子说明一下。我每周至少用数码相机拍五十张照片。为了把照片上传到电脑，相机附带的软件要求我逐张地选择所有照片，在一次只显示六张照片的窗口中查看它们。上传五十张图片是个乏味的过程，需要点击几十次鼠标，而且要经历六个图片窗口。在忍受了几个月后，我买了一个内存卡读卡器，直接插入电脑。我的电脑认为它是一个磁盘驱动器。现在我可以用 Windows 资源管理器将图片复制到电脑上。以前需要点击几十次鼠标和大量的等待，现在只需要点击两次鼠标，按一下快捷键 Ctrl+A，然后拖放即可。我真的不在乎读卡器传输每个文件的时间是其他软件的一半还是两倍，因为我的吞吐量更大。无论读卡器的代码是快还是慢，它的性能都更好。

性能与代码速度只有松散的关系。在代码速度上下了太大功夫，就没有精力在其他质量特性上下功夫。要警惕牺牲其他特性来使你的代码更快。你在速度方面的工作可能会损害整体性能，而不是提升它。

性能和代码调优

一旦选择效率优先，无论其重点是速度还是规模，在代码一级选择改善速度或规模之前，都应考虑几个选项。从以下每个角度考虑效率：

- 程序需求
- 程序设计
- 类和子程序设计
- 操作系统交互
- 代码编译
- 硬件
- 代码调优

程序需求

性能被说成是一种需求的时候远比它真的是一种需求的时候多。鲍姆 (Barry Boehm) 讲述了 TRW 的一个系统的故事，该系统最初需要亚秒级的响应时间。这个要求导致了一个高度复杂的设计和一亿美元的预估成本。进一步分析表明，用户在 90% 的情况下会对 4 秒钟的响应时间感到满意。修改响应时间的要求后，整个系统的成本减少了约 7 000 万美元 (Boehm 2000b)。

在投入时间解决一个性能问题之前，请确保正在解决的是一个需要解决的问题。

程序设计

关联参考　有关通过设计来提升程序性能的详情，可参见本章末尾提供的更多资源。

程序设计涉及针对单个程序进行设计时的主要思路，其中主要是将程序分解为类的方式。有的程序设计使实现一个高性能的系统变得十分困难。另一些则很轻松。

考虑现实世界中一个数据采集程序的例子，它的高层设计将吞吐量的测量作为一项关键产品属性。每一次测量都包括进行电气测量、校准数值、缩放数值以及将其从传感器数据单位 (如毫伏) 转换成工程数据单位 (如摄氏度) 的时间

关联参考　参见 20.2 节中的“设置目标”，进一步了解程序员如何朝目标努力。

在这个例子中，如果不首先解决高层设计中存在的风险，程序员就会发现自己需要对数学进行优化以便在软件中求值 13 阶多项式，即一个有 14 项的多项式，其中含有最高 13 次幂的自变量。相反，他们采用不同的硬件以及涉及几十个三阶多项式的一个高级设计来解决了问题。这种高层次的变更不可能通过代码调优来实现，而且任何数量的代码调优都不可能解决这个问题。这是一个必须在程序设计层面解决问题的例子。

如果知道一个程序的规模和速度很重要，就从程序架构的设计入

手，使之能合理地满足规模和速度目标。先设计一个面向性能的架构，再为各个子系统、功能和类设定资源目标。这能在以下几方面提供助益。

- 设定单独的资源目标，使得系统最终的性能可以预测。如果每个功能都能达到其资源目标，整个系统就能达到。可提早发现那些难以达到目标的子系统，并针对它们进行重新设计或代码调优。
- 仅仅是明确一下个人的目标，就能提高实现目标的可能性。当程序员明确知道自己的目标是什么时，他们就会朝目标努力；目标越明确，他们越容易达到目标。

- 可设定一些和效率没有直接关系，但从长远来看有利于提升效率的目标。效率往往最好在其他问题的背景下处理。例如，实现高度的可修改性可为实现效率目标提供一个比明确设定效率目标更好的基础。基于一个高度模块化、可修改的设计，可以很容易地将效率较低的部件换成效率较高的。

类和子程序设计

关联参考　有关数据类型和算法的详情，请参见本章最后的更多资源。

类和子程序内部结构的设计是另一个为性能而设计的机会。在这一层面上发挥作用的一个性能关键是对数据类型和算法的选择，这通常会影响到程序的内存使用和执行速度。在这个层面上，可以选择 quicksort 而不是 bubblesort，或者选择二分查找而不是线性查找。

操作系统交互

关联参考　参见第 26 章，进一步了解如何处理缓慢或者臃肿的操作系统子程序。

如果程序要与外部文件、动态内存或输出设备一起工作，它就可能要和操作系统交互。如果性能不好，可能是由于操作系统的子程序很慢或很臃肿。你可能没有意识到程序正在与操作系统交互。有的时候，编译器会生成系统调用，或者你的库会发出你做梦都想不到的系统调用。这方面的问题稍后详述。

代码编译

好的编译器能将清晰的高级语言代码转化为优化的机器码。如果选对了编译器，可能不需要再考虑速度优化的问题。

第 26 章中报告的优化结果提供了许多编译器优化的例子，相比手工代码调优，它们生成的代码效率更高。

硬件

有的时候，提高程序性能的最便宜和最好的方法是买入新的硬件。如果在全国范围内分发一个程序，供成千上万客户使用，购买新硬件自然不是一个现实的选择。但如果是为少数内部用户开发定制软件，硬件升级可能是最便宜的选择。它节省了初始性能工作的成本，节省了由性能工作引起的未来维护问题的成本，还能提高在该硬件上运行的其他所有程序的性能。

代码调优

代码调优是指对正确的代码进行修改，使其更高效地运行，这也是本章其余部分的主题。“调优”指的是小规模修改，它影响单个类，影响单个子程序，或者更常见的是影响几行代码。“调优”并不是指大规模设计改动或其他更高层次的性能改进手段。

从系统设计到代码调优的每一个层面都可以实现显著改进。本特利引用了一个论点：在某些系统中，每个层面的改进都可以是成倍的 (Bentley 1982 年)。如果能在上述 6 个层面中的每一个上实现 10 倍改进，潜在的性能改进最终可以达到 100 万倍。这样的倍增改进要求程序在一个层面上的收益独立于其他层面上的收益，虽然非常罕见，但其潜力足以鼓舞人心。

25.2 代码调优简介

代码调优的魅力何在？它不是提升性能最有效的方法，程序架构、类的设计和算法的选择往往能带来更显著的改进。它也不是提升性能最容易的方法，购买新的硬件或使用优化更好的编译器更容易。它也不是提高性能最便宜的方法，最开始需要花费更多时间来手动调优代码，而且手动调优的代码以后更难维护。

代码调优之所以吸引人，有几个方面的原因。原因之一是，它似乎违背了自然规律。一个要花 20 微秒执行的程序，调整几行就能将执行时间降到 2 微秒，这带来了令人难以置信的成就感。

之所以吸引人，另一个原因是掌握高效代码编写艺术是成为一名真正的程序员的成人礼。在网球运动中，你不会因为捡球的方式而得到任何赛点*，但仍需要学习正确的方法。不能随便俯身用手捡起球。如果做得好，你要用球拍击打它，直到它弹起到腰部，然后接住。击

译注
网球比赛中有局点、盘点和赛点的说法。局点是发球局领先再拿一分，就可以赢下己方的发球局。盘点则是再拿一分，就赢下这一盘。赛点则是再赢一分就可以赢得比赛。

打三次以上，甚至第一次没有弹起，就是严重的失败。虽然看起来无伤大雅，但捡球方式在网球文化中具有一定的重要性。同样，除了你和其他程序员，通常没人关心你的代码有多么严谨。但在编程文化中，如果能写出“微效率”(对应前面的“微秒”)的代码，就表明你真的很“酷”。

代码调优的问题在于，高效的代码不一定是“更好”的代码。这是接着几个小节的主题。

帕累托法则

帕累托法则也称 80/20 法则、关键少数法则或八二法则，是指可用 20% 的努力获得 80% 的结果。该原则适用于编程以外的很多领域，但它绝对适用于程序优化。

有报告称，一个程序 20% 的子程序消耗了 80% 的执行时间 (Boehm 1987b)。在高德纳的经典论文“An Empirical Study of FORTRAN Programs”中，他发现一个程序不到 4% 的部分经常占总运行时间的 50% 以上 (Knuth 1971)。

高德纳用一个行数分析器发现了这种令人惊讶的关系，其对优化的影响也很明显。应度量代码以找到热点，然后将资源用于优化用得最多的那百分之几。他分析了自己的行数程序，发现它有一半的执行时间花在了两个循环上。他修改了几行代码，花不到一个小时的时间，分析器的速度就翻了一番。

本特利描述了这样一个案例：一个 1 000 行的程序有 80% 的时间花在一个 5 行的平方根子程序上。通过将这个子程序的速度提高到三倍，他将程序的速度提高到一倍 (Bentley 1988)。人们也正是基于帕累托原则，才建议先用 Python 这样的解释型语言写大部分代码，再用 C 语言这样更快的编译语言重写热点。

本特利还报告了一个团队的案例，他们发现某操作系统一半的时间都花在了一个小循环上。他们用微代码重写了该循环，使其速度提高到 10 倍，但系统性能没有发生变化，他们重写的是系统的空闲 (idle) 循环！

ALGOL 语言作为大多数现代语言的鼻祖和有史以来最具影响力的语言之一，它的设计团队收到过这样的忠告：“别因强求最优而使好事难成 (The best is the enemy of the good，伏尔泰名言)。”追求完美可能会妨碍完成。先完成再完善。需要完善的通常只有很小部分。

一些无稽之谈

你所听到的关于代码调优的大部分内容都是错的，下面列出了一些常见的误解。

减少高级语言中的代码行数可提升所生成的机器码的速度或缩小其规模？错！ 许多程序员顽固地坚持这样的信念，即如果他们能将代码缩短为一两行，那将是最高效的。考虑以下代码，用于初始化 10 个元素的一个数组：

```
for i = 1 to 10
  a[ i ] = i
end for
```

和下面这 10 行做同样事情的代码相比，猜猜哪个更快？

```
a[ 1 ] = 1
a[ 2 ] = 2
a[ 3 ] = 3
a[ 4 ] = 4
a[ 5 ] = 5
a[ 6 ] = 6
a[ 7 ] = 7
a[ 8 ] = 8
a[ 9 ] = 9
a[ 10 ] = 10
```

如遵循“行数越少越快”的老教条，会认为第一段代码更快。但在 Visual Basic 和 Java 中的测试表明，后者至少比前者快 60%。下面是统计数字。

语言	for 循环时间	直接赋值时间	节省时间	性能比
Visual Basic	8.47	3.16	63%	2.5:1
Java	12.6	3.23	74%	4:1

注意：(1) 包括这个表格在内的本章所有表格的时间都以秒为单位，而且仅对每个表格中不同行的比较有意义。实际时间会因编译器、所用的编译器选项以及运行每个测试时的环境而异。(2) 基准测试结果通常来自几千到几百万次的代码片段执行，目的是在结果中抹平样本间的波动。(3) 未指明编译器的具体品牌和版本。不同品牌和不同版本的性能表现差异很大。(4) 对不同语言的结果进行比较并非总是有意义，因为不同语言的编译器并不总是提供有可比性的代码生成选项。(5) 解释型语言 (PHP 和 Python) 的结果通常基于不到其他语言 1% 的测试。(6) 由于“直接时间”(straight time，本例就是“直接赋值时间”) 和“代码调优时间”(code-tuned time，本例就是“for 循环时间”) 进行了四舍五入，所以一些“节省时间”百分比可能无法从这些表格的数据中得以再现

这当然不是说增加高级语言代码的行数总是能提高速度或减少规模。但它确实意味着，虽然用最少的代码写出的东西似乎有点“优雅”，但在高级语言的代码行数和程序的最终规模 / 速度之间，并不存在必然的联系。

某些操作可能比其他操作更快或者更小？错！　性能不存在“可能”。必须经常度量性能，以了解改动带来的是帮助还是伤害。每次更改语言、编译器、编译器的版本、库、库的版本、处理器、内存容量、你穿的衬衫的颜色(好吧，这个不算)等等，游戏规则都会发生改变。在一台机器上用一套工具可取，在另一台机器上用另一套工具就很容易不可取。

这个现象为不通过代码调优来提升性能提供了几个理由。如果希望程序具有可移植性，那么在一个环境中提升性能的技术在其他环境中可能会降低性能。如果更换了编译器或进行了升级，新的编译器可能自动按你当初手工调优的方式优化代码，所以你之前的工作就白费了。更糟的是，之前的代码调优可能会使更强大的编译器优化失效，这些优化是为直接代码 (straightforward code) 设计的。

对代码进行调优，相当于你承诺了以后每次更改编译器品牌、编译器版本、库版本等时，都要对每个优化措施进行重新分析。如果不重新分析，在一个编译器或库的版本下提升性能的优化措施，在 build 环境发生变化时，很可能会降低性能。

即刻优化？错！　一种理论认为，如果在写每个子程序时都努力编写最快、最小的代码，最终整个程序就会又快又小。这种方法会造成一叶障目的情况，即程序员会因为太忙于微观优化而忽略重要的全局优化。以下是一边写代码一边优化的主要问题。

- **几乎不可能在程序完全跑起来之前确定性能瓶颈**　程序员非常不擅长猜测哪 4% 的代码占了 50% 的执行时间，所以即刻优化的程序员平均会花费 96% 的时间来优化不需要优化的代码，几乎没时间来优化真正重要的 4%。

“在 97% 的情况下都应该忘却琐碎的效率提升：草率优化才是万恶之源。”
—高德纳

- **即使在极少数情况下开发人员正确识别出了瓶颈，他们也会过犹不及地对待这个瓶颈，以至于顾此失彼**　所以，最终结果还是性能下降。在系统完成后再进行优化，可识别出每个问题区域及其相对重要性，从而有效分配优化时间。
- **在初始开发过程中专注于优化，有碍于完成其他的程序目标**　开发人员沉浸于算法分析和搞一些莫名其妙的辩论，最终对用户来说其实并没有多大价值。正确性、信息隐藏和可读性等问题反而成了次要目标，即使相比这些问题，性能在后期更容易改进。事后的性能改进工作通常只影响不到 5% 的程序代码。你愿意回去对 5% 的代码进行性能改进的工作，还是一开始就搞定 100% 的可读性问题？

简而言之，过早优化的主要缺点在于视角有限。它有损于最终的代码速度、比代码速度更重要的性能表现、程序质量以及最终的软件用户。若将实现最简单的程序所节省的开发时间用于优化一个能跑起来的程序，其结果总是比无差别优化所开发的程序运行得更快 (Stevens 1981)。

偶尔，事后优化并不足以达成性能目标，这时必须对已完成的代码进行重大修改。但在这种情况下，小型的、局部的优化无论如何也不会提供所需的收益。在这种情况下，问题不是代码质量不够好，而是软件架构不够好。

如必须在程序完成之前进行优化，就在自己的过程中建立多方面的视角来降低风险。一个办法是设定功能的规模和速度目标，然后在实现过程中进行优化以满足这些目标。在设计规范中建立这样的目标，目的是在搞清楚当前这个“木”有多大的时候，先把自己的一只眼睛对准整个森林。

快的程序和正确的程序同等重要，错！　程序需要快而小才能正确，这几乎是不可能成立的。温伯格讲了一个故事：

深入阅读　关于其他更多富于哲理的逸闻趣事，请参见温伯格的著作《计算机编程心理学》(Weinberg 1998)。

> 有个程序员飞到底特律，帮助某个团队调试一个有问题的程序。程序员和开发团队一起工作了几天，最后得出一个结论，这个程序的问题无法修复。
>
> 在回家的航班上，经过一番思量，他意识到了问题更远。等飞机落地的时候，代码应该怎么写，他已经有了一个大概。等他花几天时间测试完代码，正准备返回底特律的时候，却收到了一封电报，说这个项目已经取消，因为程序肯定无法运行。尽管如此，他还是回到底特律，说服高管，让他们相信这个项目是可以成功的。
>
> 随后，他还需要说服原来负责这个项目的程序员。听完他的介绍，原来创建系统的开发人员问他：“那么你写的这个程序需要花多长时间？”
>
> “不一样，不过要算完每个输入的话，需要 10 秒钟。”
>
> “啊哈！我们原来这个程序的话，只需要 1 秒钟。”这位经验丰富的老司机身子往后靠了靠，满以为自己让这个新来的家伙领教了一下“姜还是老的辣”。其他程序员似乎也站在老司机这一边。但这位新手程序员并没有被他们的阵势吓倒。

他反而顺水顺推舟，回应道：“没错，不过，你的程序跑不起来啊。如果我这个程序也不需要能跑起来，我也可以让它秒速算完每个输入。”

对于某些类别的项目，速度或规模是一个主要关注点。但此类项目是少数，比大多数人想象的少得多，而且一直在变少。对于这些项目，性能风险必须通过前期设计来解决。对于其他项目，早期优化对整个软件质量（包括性能）构成了重大威胁。

何时调优

使用高质量的设计。使程序正确。使其模块化并易于修改，以便日后处理。当它完成并正确时，检查其性能。如程序很笨重，把它变得又快又小。若非必要，否则不优化。

“我的两条优化规则：第一，不要进行优化；第二，仅针对专家，还是不要进行优化，也就是说，在还没有绝对清晰的未优化方案之前，请不要进行优化。”
—杰克逊 (M. A. Jackson)

我几年前参与了一个 C++ 项目，该项目生成图形输出来分析投资数据。在我的团队完成了第一个图表的工作后，测试报告显示，程序需要 45 分钟来绘制图表，这显然不可接受。我们召开了一次团队会议，讨论如何处理这个问题。其中一个开发人员变得很生气，并喊道：“如果我们想有任何机会发布一个可接受的产品，现在就得开始用汇编重写整个代码库。”我表示反对，4% 的代码可能占性能瓶颈的 50% 或更多。最好是在项目结束时再解决这 4% 的问题。一番争吵之后，我们的经理指派我去做一些初始的性能工作，这其实正合我的心意。

和往常一样，通过一天的工作，我发现了代码中几个明显的瓶颈。少量的代码调优将绘图时间从 45 分钟缩短至不到 30 秒钟。不到百分之一的代码占了 90% 的运行时间。几个月后，当我们发布该软件时，又有几处代码调优的改动将绘图时间大大缩短仅仅只有 1 秒钟多一点。

编译器优化

现代编译器的优化可能比你预期的更强大。在前面的例子中，编译器对嵌套循环的优化做得和我以所谓更高效的风格重写的一样好。选择编译器时，要比较每种编译器对于你的程序的性能。每个编译器都有不同的优势和劣势，有的编译器比其他编译器更适合你的程序。

相较于一些难以理解的代码，编译器对于直接代码的优化更佳。如果你做一些“聪明”的事情，比如在循环索引上做手脚，编译器恐怕很难完成它的工作，程序就会受到影响。以第 31.5 节中的“每行只有一条语句”为例，直接的写法使编译器能成功优化，结果比类似的“难以理解”的代码快 11%。

好的优化编译器能使代码速度整体提升 40% 甚至更多。下一章描述的许多技术只能产生 15%~30% 的收益。为什么不直接写清晰的代码，让编译器来做这些工作呢？下面是一些测试结果，它们验证了优化器对插入 - 排序子程序的速度有多大的提高。

编程语言	（编译器优化前）执行时间	（编译器优化后）执行时间	节省的时间	性能比率
C++ 编译器 1	2.21	1.05	52%	2:1
C++ 编译器 2	2.78	1.15	59%	2.5:1
C++ 编译器 3	2.43	1.25	49%	2:1
C# 编译器	1.55	1.55	0%	1:1
Visual Basic	1.78	1.78	0%	1:1
Java VM1	2.77	2.77	0%	1:1
Java VM2	1.39	1.38	<1%	1:1
Java VM3	2.63	2.63	0%	1:1

子程序不同版本惟一的区别在于，首次编译时关闭编译器的优化选项，第二次则打开。显然，有的编译器优化得比其他编译器好。另外，在不开启优化的前提下，有的编译器一开始就比别的好。一些 Java 虚拟机 (JVM) 也明显优于其他的。必须检查自己的编译器、JVM 或同时检查两者，比较效果。

25.3 各式各样的臃肿和蜜糖

代码调优时，需找到程序中速度像冬天蜜糖一样慢且体积像哥斯拉一样大的部分。然后修改它们，使其像快如闪电但又轻盈到足以“隐身”在 RAM 中其他字节之间的缝隙里。始终都要对程序进行剖析，才能确定哪些部分是缓慢和臃肿的。但是，有的操作有长期的懒惰和臃肿历史，可从调查它们开始。

效率低下的常见根源

下面是效率低下的一些常见的根源：

输入 / 输出操作　效率低下的最主要原因之一是不必要的输入 / 输出 (I/O)。如果可以选择在内存中处理文件，而不必通过磁盘、数据库或网络处理，那么除非空间紧张，就使用内存中的数据结构。

下面是对访问 100 个元素的内存数组中的随机元素和访问 100 个记录的磁盘文件中相同大小的随机元素的代码之间的性能比较。

编程语言	访问外部文件数据执行时间	访问内存数据执行时间	节省的时间	性能比率
C++	6.04	0.000	100%	无
C#	12.80	0.010	100%	1000:1

根据这些数据，访问内存的速度是访问外部文件的 1000 倍左右。事实上，就我使用的 C++ 编译器来说，内存访问因为太快，执行时间根本测不出来。

顺序访问的性能比较与此相似。

编程语言	访问外部文件数据执行时间	访问内存数据执行时间	节省的时间	性能比率
C++	3.29	0.021	99%	150:1
C#	2.60	0.030	99%	85:1

说明：顺序访问测试中所运行的数据量是随机访问测试中数据量的 13 倍，因此两种测试的结果不具有可比性

如测试使用较慢的媒介进行外部访问，比如通过网络连接访问硬盘，差异会更大。在网络位置而非本地机器上进行类似的随机访问测试时，性能数据如下所示。

编程语言	访问本地文件执行时间	访问网络文件执行时间	节省的时间
C++	6.04	6.64	-10%
C#	12.80	14.1	-10%

当然，结果会因网络速度、网络负载、本地机器到网络硬盘的距离、网络硬盘的速度与本地硬盘的速度的差异、当前月相(好吧，这个不算)以及其他因素而有很大的不同。

总的来说，内存访问效果显著，足以让你在设计程序对速度要求高的部分时，充分考虑是否需要 I/O。

分页　导致操作系统交换内存页的操作要比只操作一个内存页慢

得多。有的时候，一处简单的修改就会带来巨大的差异。在下个例子中，某程序员写了一个初始化循环，在使用 4K 页面的系统上造成了许多缺页错误：

```
Java 代码示例：导致多个分页错误的初始化循环
for ( column = 0; column < MAX_COLUMNS; column++ ) {
   for ( row = 0; row < MAX_ROWS; row++ ) {
      table[ row ][ column ] = BlankTableElement();
   }
}
```

这是一个格式很好的循环，有很好的变量名称，那么问题出在哪里？问题在于，table 的每个元素都长约 4000 字节。如果 table 有太多的行，程序每次访问不同的行时，操作系统将不得不交换内存页。这样的循环结构决定了每次数组访问都会在不同的行之间切换，这意味着每次数组访问都会导致分页到磁盘。

程序员以这种方式重新构造了该循环：

```
Java 代码示例：导致很少分页错误的初始化循环
for ( row = 0; row < MAX_ROWS; row++ ) {
   for ( column = 0; column < MAX_COLUMNS; column++ ) {
      table[ row ][ column ] = BlankTableElement();
   }
}
```

这段代码在每次切换行时仍会造成缺页错误，但它现在切换行的次数变成 MAX_ROWS 次，而不是 MAX_ROWS * MAX_COLUMNS 次。

具体的性能惩罚差异很大。在一台内存有限的机器上，我测到第二段代码比第一段快 1000 倍左右。在内存充足的机器上，我测得的差异减小到 2 倍，而且除非 MAX_ROWS 和 MAX_COLUMNS 的值非常大，否则根本显示不出区别。

系统调用　对系统子程序的调用往往很昂贵。它们经常涉及到上下文切换，即保存程序状态、恢复内核状态以及相反。系统子程序包括对磁盘、键盘、屏幕、打印机或其他设备的输入 / 输出操作；内存管理子程序；以及某些工具子程序。如果性能是一个问题，调查你的系统调用有多昂贵。如发现它们代价太高，可考虑以下选项。

- 写自己的服务。有时只需一个系统子程序所提供的一小部分功能，并且可基于较低级别的系统例程构建自己的程序。写自己的替代程序可提供更快、更小、更适合自己需要的东西。

- 避免去找系统。
- 与系统供应商合作，使调用更快。大多数供应商都有改进其产品的意愿，并且很乐意了解其系统中性能不佳的部分。(也许一开始看起来可能有点不高兴，但他们真的很感兴趣)。

第25.2节讨论何时调优时，描述的那个程序使用了从商业版BaseTime类派生的AppTime类(这些名字都进行了修改以避嫌)。AppTime对象是这个程序最常用的对象，我们实例化了数以万计的AppTime对象。几个月后，我们发现BaseTime在其构造函数中将自己初始化为系统时间。但是，我们这个程序并不需要系统时间，所以无谓地生成了成千上万的系统级调用。简单重写(override)BaseTime的构造函数，将time字段初始化为0而不是系统时间，就带来了巨大的性能提升。提升的幅度和我们做的其他所有改动加起来一样大。

解释型语言 解释型语言往往存在严重的性能惩罚，因其必须在创建和执行机器码之前处理每条编程语言指令。在我为本章和第26章进行的性能基准测试中，我观察到了如表25-1所示的不同语言之间的大致性能关系。

表25-1 编程语言的相对执行时间

编程语言	语言类型	相对于C++语言的执行时间
C++	编译型	1:1
Visual Basic	编译型	1:1
C#	编译型	1:1
Java	字节码	1.5:1
PHP	解释型	>100:1
Python	解释型	>100:1

可以看出，C++、Visual Basic和C#都差不多。Java接近，但比其他语言慢。PHP和Python是解释型语言，它们的代码运行速度比C++、Visual Basic、C#和Java的代码慢100倍甚至更多。必须谨慎看待这个表格中的数据。对于任何特定的代码，C++、Visual Basic、C#或Java的速度可能是其他语言的两倍或一半，第26章会用详细的例子来加以说明。

错误 性能问题的最后一个来源是代码中的错误。错误包括启用调试代码(例如将跟踪信息记录到文件中)、忘记释放内存、不正确地设计数据库表、轮询不存在的设备直至超时等等。

我做过一个版本 1.0 的应用程序，它的一个特定的操作比其他类似的操作慢得多。为了解释为什么这么慢，人们对这个项目提出了许多解释。我们还是发布了 1.0 版本，却没有完全理解为何这个特定的操作会如此慢。但在做 1.1 版本时，我发现这个操作所使用的数据库表没有索引！简单地对表进行索引，就能提高性能。仅仅为该表编制索引，就使某些操作的性能提高了 30 倍之多。为常用的表定义索引不是优化，而是一个好的编程实践。

常见操作的相对性能开销

虽然不能在不亲自测量的前提下就认定某些操作比其他操作更昂贵，但某些操作确实往往更昂贵。在自己的程序中寻找缓慢流动的糖浆时，使用表25-2来帮助自己对程序中阻碍性能提升的代码做一些初步的猜测。

表 25-2　常见操作的开销

		相对时间消耗	
操作	示例	C++ 语言	Java 语言
基准（整数赋值）	i=j	1	1
函数调用			
调用无参数函数	foo()	1	无
调用无参数私有成员函数	this.foo()	1	0.5
调用含 1 个参数的私有成员函数	this.foo(i)	1.5	0.5
调用含 2 个参数的私有成员函数	this.foo(i，j)	2	0.5
对象成员函数调用	bar.foo()	2	1
派生成员函数调用	derivedBar.foo()	2	1
多态成员函数调用	abstractBar.foo()	2.5	2
对象引用			
1 层对象解引用	i=obj.num	1	1
2 层对象解引用	i=obj1.obj2.num	1	1
每次增加解引用	i=obj1.obj2.obj3...	无法度量	无法度量
整数运算			
整数赋值（局部）	i=j	1	1
整数赋值（继承）	i=j	1	1
整数加	i=j+k	1	1
整数减	i=j-k	1	1
整数乘	i=j*k	1	1
整数除	i=j\k	5	1.5

续表

		相对时间消耗	
操作	示例	C++ 语言	Java 语言
浮点运算			
浮点赋值	x=y	1	1
浮点加	x=y+z	1	1
浮点减	x=y-z	1	1
浮点乘	x=y*z	1	1
浮点除	x=y/z	4	1
超越函数			
浮点方根	x=sqrt(y)	15	4
浮点正弦	x=sin(y)	25	20
浮点对数	x=log(y)	25	20
浮点指数	x=exp(y)	50	20
数组			
用常量下标访问整数数组	i=a[5]	1	1
用变量下标访问整数数组	i=a[j]	1	1
用常量下标访问二维整数数组	i=a[3,5]	1	1
用变量下标访问二维整数数组	i=a[j,k]	1	1
用常量下标访问浮点数组	x=z[5]	1	1
用整数变量下标访问浮点数组	x=z[j]	1	1
用常量下标访问二维浮点数组	x=z[3,5]	1	1
用整数变量下标访问二维浮点数组	x=z[j,k]	1	1

说明：表格中的度量值对这些影响因素高度敏感：本地计算机的环境配置、编译器的优化选项以及由特定编译器生成的代码。度量数据在 C++ 和 Java 语言之间并没有直接可比性

自本书第 1 版以来，这些操作的相对性能已发生了很大变化。如果还是用二十年前的性能观念来处理代码调优，可能需要更新自己的想法。

大多数常见操作的开销都差不多。成员函数调用、赋值、整型运算和浮点运算大致一致。超越函数 (Transcendental Functions，即变量之间的关系不能用有限次加、减、乘、除、乘方、开方运算表示的函数，即“超出”代数函数范围的函数）非常昂贵。多态函数调用比其他类型函数调用的开销要大一些。

表 25-2 或你自己做的类似的表可以实现第 26 章描述的所有速度提升。在每一种情况下，速度的提升都来自于用一个更便宜的操作替代一个昂贵的操作。第 26 章提供了如何做到这一点的例子。

25.4 度量

由于经常都是程序的一小部分耗费了不成比例的运行时间，所以要度量代码以找到热点。一旦找到热点并对其进行了优化，就再次度量代码以评估改进程度。性能的许多方面都是反直觉的。本章前面的例子中，10 行代码比一行代码明显更快、更小，这就是代码会让你大吃一惊的明证。

经验对优化也没什么帮助。一个人的经验可能来自于旧的机器、语言或编译器。当这些东西中的任何一个发生变化时，所有经验都失效。除非亲自测一下，否则永远无法确定优化的效果。

我多年前写了一个程序，对一个矩阵中的元素进行求和。最初的代码是下面这样的：

```
C++ 代码示例：用于矩阵元素求和的简单直接的代码
sum = 0;
for ( row = 0; row < rowCount; row++ ) {
   for ( column = 0; column < columnCount; column++ ) {
      sum = sum + matrix[ row ][ column ];
   }
}
```

深入阅读　本特利报告了一个类似的经历，即转换为指针后反而使性能下降了约 10%。但在另一个环境中，同样的转换反而使性能提高了 50% 以上。详情可参见文章“Software Exploratorium: Writing Efficient C Programs”(Bentley 1991)。

这段代码很简单，但矩阵求和程序的性能很关键，我知道所有的数组访问和循环测试都代价不菲。从计算机科学课可知，代码每次访问一个二维数组时，都会执行代价高昂的乘法和加法运算。对于一个 100 × 100 的矩阵，总共需执行 10 000 次乘法和加法，还要加上循环本身的开销。我推断，通过改为使用指针记号法，我可以递增一个指针，用一万次相对便宜的递增操作取代一万次昂贵的乘法。我小心翼翼地用指针重写了代码，得到了以下结果：

```
C++ 代码示例：尝试对矩阵元素求和进行代码调优
sum = 0;
elementPointer = matrix;
lastElementPointer = matrix[ rowCount - 1 ][ columnCount - 1 ] + 1;
while ( elementPointer < lastElementPointer ) {
   sum = sum + *elementPointer++;
}
```

“没有数据作为支撑，任何程序员都无法预测或分析性能瓶颈出现于何处。无论怎么猜，都会惊奇地发现事实与自己的想象完全相反。”
—纽科默
(Joseph M. Newcomer)

虽然这段代码不像第一段代码那样好读，尤其是对那些不是 C++ 专家的程序员来说，我还是对自己感到非常满意。我算了一下，对于一个 100 × 100 的矩阵，节省了 10 000 次乘法和大量循环开销。我非常高兴，所以决定测一下速度到底有多大的提升，这是我当时不常做的事情。目的嘛，自然是 (以定量的方式) 夸一下自己喽。

知道我发现了什么吗？竟然没有任何改善。100 × 100 的矩阵没有。10 × 10 的矩阵也没有。任何大小的矩阵都没有。我非常失望，于是深入研究了编译器生成的汇编代码，看看为什么优化没起作用。令我吃惊的是，我并不是第一个需要遍历数组元素的程序员——编译器的优化器早就知道将数组访问转换为指针。这个教训让我深刻意识到，如果不亲自测一下性能，有时优化的惟一结果就是使代码变得更难读。如果不值得通过度量来确定效率变高了，就不值得为一次性能的赌博而牺牲可读性。

度量须精确

关联参考 参见第 30.3 节，进一步了解代码分析或剖测器。

性能度量需精确。用秒表或通过数大象“一只大象、两只大象、三只大象”来给程序计时并不精确 。在这个时候，分析工具很有用，或者可以使用自己的系统时钟，也可以使用记录计算操作耗时的子程序。

无论使用别人的工具还是自己写代码来进行度量，都要确保度量的只是需调优的代码的执行时间。使用分配给你的程序的 CPU 时钟滴答数量，而不要使用一天当中的时间。否则，当系统从你的程序切换至另一个程序时，你的一个子程序将因为执行另一个程序所花的时间而受到惩罚。类似，尽量将度量本身的开销和程序启动的开销算进去。这样，无论原始代码还是调优尝试，都不至于受到不公平的惩罚。

25.5 迭代

确定了性能瓶颈后，你可能会对代码调优所实现的性能提升幅度感到惊讶。很少能从单一的技术中得到 10 倍的改善，但可有效结合各种技术；所以要不断尝试，即使在找到一种有效的技术之后。

我写过数据加密标准 (DES) 的一个软件实现。实际上，我不只写了一次，而是写了大约 30 次。根据 DES 加密法，用 DES 加密的数据在没有密码的前提下无法解开。加密算法是如此复杂，以至于它似乎自己都被“加密”了。我为自己的 DES 实现制定了一个性能目标，即在一台原装 IBM PC 上，在 37 秒内加密一个 18 KB 的文件。我的第一个实现在 21 分 40 秒内完成，所以，我还有很长的路要走。

虽然大多数单独的优化都很小，累积起来就很可观了。从改进的百分比来判断，没有三项甚至四项优化能达到我的性能目标。但最后的组合是有效的。这个故事的寓意是，只要挖得足够深，终究可以取得一些令人惊讶的宝藏。

我在这个案例中所做的代码调优是我所做过的最积极的代码调优。同时，最终的代码也是我写过的最不可读、最不可维护的代码。初始算法就很复杂。高级语言转换后生成的代码几乎无法阅读。翻译成汇编程序后产生了一个 500 行的子程序，我都不敢看。一般来说，代码调优和代码质量之间的这种关系是成立的。下表显示了优化的历史。

关联参考 表格列出的方法详见在第 26 章。

优化	基准时间	改进
最初的实现，直接代码 (未优化)	21:40	—
将位域转换为数组	7:30	65%
展开最内层的 for 循环	6:00	20%
移除最后的排列	5:24	10%
合并两个变量	5:06	5%
用一个逻辑标识合并 DES 算法最初的两个步骤	4:30	12%
使两个变量共享相同的内存以减少内层循环的数据传递	3:36	20%
使两个变量共享相同的内存以减少外层循环的数据传递	3:09	13%
展开所有循环，使用字面量下标	1:36	49%
移除子程序调用，内联所有代码	0:45	53%
用汇编语言重写整个子程序	0:22	51%
最终结果	0:22	98%

注意：本表展示的稳步优化过程并不意味着但凡优化一下都会生效。我的一些尝试居然使运行时间翻了一信，这些我并没有列出。在我尝试的所有优化中，至少有三分之二不起作用

25.6 代码调优方法总结

考虑代码调优是否有助于提升程序性能时，请按以下步骤进行操作。

1. 使用良好设计的代码来开发软件，使其易于理解和修改。
2. 如果性能很差，则采取以下操作。
   a. 保存一个能正常工作的版本，以便能回到“最后已知良好状态”。
   b. 度量系统以找到热点。
   c. 确定性能低下是否来自于设计、数据类型或算法的不足，以

及是否适合代码调优。如果不适合代码调优，返回步骤 1。

d. 对步骤 (c) 中确定的瓶颈进行调优。

e. 逐一度量每一项改进。

f. 如果一项改进没有提升代码性能，就恢复步骤 (a) 保存的代码。通常，超过半数的性能调优只能产生微不足道的性能改进，甚至会降低性能。

3. 从第 2 步开始重复。

更多资源

关联参考　有关代码剖析工具的探讨，请参见第 30.3 节。

本节包含与常规性能改进有关的资源。要获取关于特定代码调优技术的更多资源，请参见第 26 章末尾的更多资源。

性能

Smith，Connie U. and Lloyd G. Williams，*Performance Solutions: A Practical Guide to Creating Responsive, Scalable Software.* Reading, MA：Addison-Wesley, 2002. 这本书介绍了软件性能工程，这是一种在软件系统开发的各个阶段保证性能的方法。它大量使用了几种程序的例子和案例研究。包括对 Web 应用的具体建议，对可扩展性予以了特别关注。

Newcomer, Joseph M. 的文章“Optimization: Your Worst Enemy”一文，2000 年 5 月，网址是 www.flounder.com/optimization.htm。作者是一名是经验丰富的系统级程序员，他以图形方式详细描述了无效优化策略的各种陷阱。

算法和数据类型

Knuth, Donald, *The Art of Computer Programming, vol. 1, Fundamental Algorithms,* 3d ed. Reading, MA: Addison-Wesley, 1997.

Knuth, Donald, *The Art of Computer Programming, vol. 2, Seminumerical Algorithms,* 3d ed. Reading, MA: Addison-Wesley, 1997.

Knuth, Donald, *The Art of Computer Programming, vol. 3, Sorting and Searching,* 2d ed. Reading, MA: Addison-Wesley, 1998.

这是算法系列的前三卷，这一系列最初打算出 7 卷。似乎这三卷已经获得了某种震撼效果。除了使用了通俗的语言，该书还使用数学符号或 MIX(针对虚构的 MIX 计算机而创建的汇编语言) 来描述算法。该书涵盖了对海量主题的详尽描述。如果读者对某种算法有浓厚的兴趣，或许找不到比这更好的参考资料了。

Sedgewick, Robert, *Algorithms in Java*，*Parts 1~5*，3d ed. Boston, MA: Addison-Wesley, 2002. 本书包含 4 个部分，涵盖了对解决各种类型问题的最佳方法的研究，涉及的主题包括基本原理、排序、搜索、抽象数据类型实现和一些高级主题以及图论算法。C++ 和 C 版本的都按类似方式组织。作者的博导是高德纳。

检查清单：代码调优策略

程序整体性能

- ❑ 考虑通过变更程序需求来提升性能了吗？
- ❑ 考虑通过修改程序设计来提升性能了吗？
- ❑ 考虑通过修改类的设计来提升性能了吗？
- ❑ 考虑通过避免程序与操作系统的交互来提升性能了吗？
- ❑ 考虑通过避免 I/O 来提升性能了吗？
- ❑ 考虑用编译型语言替代解释型语言来提升性能了吗？
- ❑ 考虑启用编译器优化选项来提升性能了吗？
- ❑ 考虑通过切换到不同的硬件设备来提升性能了吗？
- ❑ 代码调优是不是万不得已的最后选择？

代码调优方法

- ❑ 开始代码调优之前，程序是完全正确的吗？
- ❑ 在代码调优之前，度量过性能瓶颈了吗？
- ❑ 度量过每一次代码调优的效果了吗？
- ❑ 如果代码调优并没有带来预期的性能提升，是否已撤销所有的改动？
- ❑ 是否尝试过针对每一个性能瓶颈进行多次修改以提升性能（换言之，迭代过吗）?

❑ 性能只是整体软件质量的一个方面，而且通常并不是最重要的。精心调优的代码只是整体性能的一个方面，而且通常并不是最重要的。相较于代码的效率，程序的架构设计、详细设计以及数据结构和算法的选择对程序的执行速度和规模通常有更大的影响。

❑ 定量度量是实现性能最大化的关键。它是找出能真正提高性能的地方的必要手段。另外，为了验证优化是提升了性能而不是降级，还需要再次进行定量度量。

❑ 大多数程序的大部分时间都花在一小部分代码上。除非亲自度量，否则不会知道是哪些代码。

❑ 通常需要多次迭代才能通过代码调优达到预期的性能提升。

❑ 最开始编码时，为性能工作做好准备的最佳方式就是编写易于理解和修改的清晰的代码。

要点回顾

- 性能仅仅是软件整体质量的一个方面，通常并不是最重要的。精细的代码调优也仅仅是整体性能的一个方面，通常也不是最紧要的。相对于代码本身的效率，程序的架构设计、详细设计以及数据结构和算法选择对程序的执行速度和规模通常有更大的影响。
- 量化评估是实现最大化性能的关键要素。量化评估需要找到能够真正决定程序性能提升的部分，在优化之后，需要通过再次度量来验证该优化是提升了软件的性能而不是降低了其性能。
- 绝大多数程序都有一小部分代码耗费了绝大部分的运行时间。在度量之前，无法知道是哪部分代码。
- 代码调优通常需要多次迭代才能获得理想的性能提升。
- 要想在最初的编码阶段为性能优化工作做好充分的准备，最佳方式是写出易于理解和修改的整洁代码。

学习心得

1. ______________________________
2. ______________________________
3. ______________________________
4. ______________________________
5. ______________________________

第 26 章

代码调优技术

内容

相关主题及对应章节

- 代码调优策略：第 25 章
- 重构：第 24 章

在计算机编程的大部分历史中，代码调优一直是热门话题。所以，一旦决定需要提高性能并想在代码层面上做到这一点（牢记第 25 章提到的警告），就可以从一套丰富的技术做出选择。

本章的重点是提升速度，包括一些使代码变小的技巧。性能通常同时指速度和规模，但规模的减小往往更多地来自对类和数据的重新设计，而不是来自代码调优。代码调优指的是小幅改变，而不是对设计的大幅改变。

本章很少有技术是普遍适用的，所以无法直接将代码示例复制到你的程序中。讨论的主要目的是演示可针对自己的情况改编的一些代码调优技术。

本章描述的代码调优修改表面上与第 24 章描述的重构相似，但重构是通过修改来改善程序的内部结构 (Fowler 1999)。本章的修改可能更适合被称为“反重构”。这些修改远非“改善内部结构”，反而是通过使内部结构降级以换取性能上的提升。按照定义就是如此。如果这些修改没有使内部结构降级，我们就不说它们是优化。相反，我们会默认使用，并认为它们是标准的编码实践。

关联参考　代码调优采用了启发式方法。有关启发式方法的更多信息，请参见第5.3节。

有的书将代码调优技术作为“经验法则”来介绍，或引用研究结果来说明特定的调优会产生预期的效果。但正如你很快就会看到的那样，“经验法则”的概念对代码调优的适用性很差。惟一可靠的经验法则是在你的环境中度量每个调优的效果。所以，本章展示的是“可供尝试的东西”，其中许多东西虽然在你的环境中不起作用，但其中一些确实有成效。

26.1 逻辑

关联参考　要想进一步了解如何使用语句逻辑，请参见本书第14章～第19章。

编程的大部分内容都涉及逻辑处理。本节介绍如何处理逻辑表达式，使之对你有利。

知道答案后就停止测试

例如，以下语句：

```
if ( 5 < x ) and ( x < 10 ) then ...
```

一旦确定x不大于5，就无需执行另一半测试。

关联参考　有关短路求值的更多信息，请参见第19.1节。

有的语言提供了一种称为“短路求值”的表达式求值形式，这意味着编译器生成的代码一旦知道答案就会自动停止测试。短路求值是C++的标准操作符和Java条件操作符的一部分。

如果语言没有提供对短路求值的原生支持，就不要使用and和or，而是自己添加逻辑。为了引入短路求值，可以这样修改上述代码：

```
if(5<x)then
  if(x<10)then…
```

知道答案之后不继续测试，这个原则在其他许多情况下也很好用。其中最常见的是搜索循环。如果要扫描一个输入数字的数组，在其中寻找一个负值，而且只需知道是否存在一个负值，那么一个方法是检查每个值，找到负值就设置一个negativeInputFound变量。下面是搜索循环的样子：

```
C++代码示例：在获取结果后并没有停止判断
negativeInputFound = false;
for ( i = 0; i < count; i++ ) {
   if ( input[ i ] < 0 ) {
      negativeInputFound = true;
   }
}
```

更好的方法是一旦发现负值就停止扫描。以下任何一种方法都可以解决问题。

- 在 negativeInputFound = true 一行之后添加 break 语句。
- 如果语言不支持 break 语句，可以用 goto 语句来模拟，跳转到循环后的第一个语句。
- 将 for 循环改为 while 循环，除了检查循环计数器是否超过 count，还要检查 negativeInputFound。
- 将 for 循环改成 while 循环，在数组最后一个值项后面放一个哨兵值，然后直接在 while 测试中检查负值。循环终止后，检查发现的第一个值的位置是在数组中还是过了终点。本章后面会详细讨论哨兵值。

下面是在 C++ 和 Java 中使用 break 关键字后的性能数据。

编程语言	直接时间	代码调优后的时间	节省时间
C++	4.27	3.68	14%
Java	4.85	3.46	29%

注意：(1) 包括这个表格在内的本章所有表格的时间都以秒为单位，而且仅对每个表格中不同行的比较有意义。实际时间会因编译器、所用的编译器选项以及运行每个测试时的环境而异。(2) 基准测试结果通常来自几千到几百万次的代码片段执行，目的是在结果中抹平样本间的波动。(3) 未指明编译器的具体品牌和版本。不同品牌和不同版本的性能表现差异很大。(4) 对不同语言的结果进行比较并非总是有意义，因为不同语言的编译器并不总是提供有可比性的代码生成选项。(5) 解释型语言 (PHP 和 Python) 的结果通常基于不到其他语言 1% 的测试。(6) 由于“直接时间”(straight time) 和“代码调优后的时间”(code-tuned time) 进行了四舍五入，所以一些“节省时间”百分比可能无法从这些表格的数据中得以再现

取决于具体有多少个值以及你期望找到一个负值的频率，这个修改的影响有很大的不同。该测试假设平均有 100 个值，并假定 50% 的时间会找到负值。

按频率调整测试顺序

测试顺序很重要，要使最快和最有可能为 true 的测试首先执行。最常见的情况应该最先测试，如果出现了效率低下的情况，应该是花了太多时间处理不常见的情况。该原则适用于 case 语句和 if-then-else 语句链。

以下 Select-Case 语句响应字处理软件中的键盘输入：

Visual Basic 代码示例：糟糕的逻辑判断顺序

```
Select inputCharacter
   Case "+", "="
      ProcessMathSymbol( inputCharacter )
   Case "0" To "9"
      ProcessDigit( inputCharacter )
   Case ",", ".", ":", ";", "!", "?"
      ProcessPunctuation( inputCharacter )
   Case " "
      ProcessSpace( inputCharacter )
   Case "A" To "Z", "a" To "z"
      ProcessAlpha( inputCharacter )
   Case Else
      ProcessError( inputCharacter )
End Select
```

该case语句中的case是按照接近ASCII排序顺序排列的。但在case语句中，效果往往与你写了一系列复杂的if-then-else相同。所以，如果得到一个"a"作为输入字符，程序在确定它是字母之前，会先测试它是数学符号、标点符号、数字还是空格。如果知道输入字符可能的频率，可将最常见的情况放在前面。下面是重新排序的case语句：

Visual Basic 代码示例：合理的逻辑判断顺序

```
Select inputCharacter
   Case "A" To "Z", "a" To "z"
      ProcessAlpha( inputCharacter )
   Case " "
      ProcessSpace( inputCharacter )
   Case ",", ".", ":", ";", "!", "?"
      ProcessPunctuation( inputCharacter )
   Case "0" To "9"
      ProcessDigit( inputCharacter )
   Case "+", "="
      ProcessMathSymbol( inputCharacter )
   Case Else
      ProcessError( inputCharacter )
End Select
```

代码经优化后，由于最常见的情况通常会更快地发现，所以会产生更少的测试，从而提升了性能。以下是此次优化的结果，使用的样本具有典型的字符组合：

编程语言	调优前正常执行时间	调优后执行时间	节省的时间
C#	0.220	0.260	-18%
Java	2.56	2.56	0%
Visual Basic	0.280	0.260	7%

说明：测试基准数据来自组合后的输入，其中含有78%的字母、17%的空格以及5%的标点符号

Visual Basic 结果符合预期，但 Java 和 C# 结果不符合预期。显然，这是 switch-case 语句在 C# 和 Java 中的构造方式使然——每个值都必须单独枚举而不是放在一个范围中处理，C# 和 Java 代码不会像 Visual Basic 代码那样从优化中受益。这个结果强调了不要盲目遵循任何优化建议的重要性，特定的编译器实现对结果有显著影响。

你或许以为 Visual Basic 编译器为执行与 case 语句相同的测试的一组 if-then-else 生成的代码是相似的。结果如下所示。

编程语言	调优正常执行时间	调优后执行时间	节省的时间
C#	0.630	0.330	48%
Java	0.922	0.460	50%
Visual Basic	1.36	1.00	26%

结果大不相同。针对相同数量的测试，Visual Basic 编译器在未优化的情况下花费的时间是 5 倍，在优化的情况下是 4 倍。这表明编译器为 case 方法和 if-then-else 方法生成的是不一样的代码。

使用 if-then-else 的改进比使用 case 语句的改进更一致，但这要分两面看。在 C# 和 Visual Basic 中，两个版本的 case 语句方法都比两个版本的 if-then-else 方法快，而在 Java 中，两个版本都比较慢。这种结果上的差异表明了第三种可能的优化，详情见下一节。

相似逻辑结构之间的性能比较

上述测试可用 case 语句或 if-then-else 来执行。取决于不同的环境，任何一种方法都可能更好地工作。下面重新格式化前两个表格的数据，展示了对 if-then-else 和 case 的性能进行比较的“代码调优”时间。

编程语言	case 语句	if-then-else 语句	节省的时间	性能比率
C#	0.260	0.330	−27%	1:1
Java	2.56	0.460	82%	6:1
Visual Basic	0.260	1.00	-258%	1:4

这些结果没有任何逻辑可言。在其中一种语言中，case 明显优于 if-then-else，而在另一种语言中，if-then-else 明显优于 case。在第三种语言中，差异则相对较小。你可能会认为，由于 C# 和 Java 共享类似的 case 语法，所以结果会相似，但事实上它们的结果是相反的。

这个例子清楚说明了为代码调优设定任何形式的“经验法则”或“逻辑”的困难，只能亲自度量结果，没有别的替代物。

采用查询表替代复杂的表达式

> **关联参考**　要想进一步了解如何使用查询表来替代复杂逻辑，请参见第18章。

某些时候，查询表可能比遍历一个复杂的逻辑链更快。复杂逻辑链主要用于对某样东西进行分类，然后根据其所属的类别采取相应的行动。作为一个抽象的例子，假设要根据某样东西所属的三个组（即A组、B组和C组）为它分配一个类别编号：

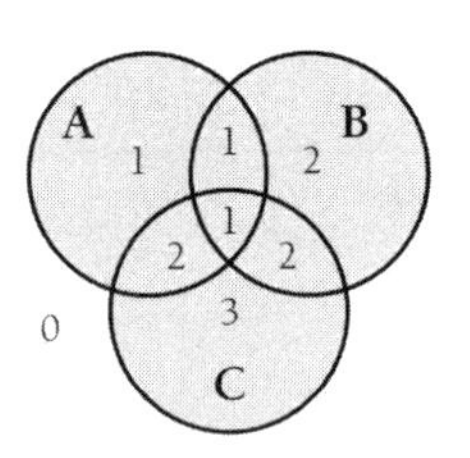

下面这个复杂逻辑链负责分配类别编号：

C++代码示例：复杂的逻辑链路

```
if ( ( a && !c ) || ( a && b && c ) ) {
   category = 1;
}
else if ( ( b && !a ) || ( a && c && !b ) ) {
   category = 2;
}
else if ( c && !a && !b ) {
   category = 3;
}
else {
   category = 0;
}
```

可用一个更容易修改、性能更高的查询表来替代这个测试：

C++代码示例：采用查询表来替换复杂的逻辑

> 理解表的定义稍微有些困难。任何能够提高表定义可读性的注释都大有裨益

```
// define categoryTable
static int categoryTable[ 2 ][ 2 ][ 2 ] = {
   // !b!c !bc b!c bc
       0, 3, 2, 2, // !a
       1, 2, 1, 1 // a
};
...
category = categoryTable[ a ][ b ][ c ];
```

虽然表格定义比较难懂，但如果贴心地为它加上注释，就不会比复杂的逻辑链代码更难懂。以后若要修改定义，该表也比之前的逻辑更容易维护。下面是性能测试结果：

编程语言	调优前正常执行时间	调优后执行时间	节省的时间	性能比率
C++	5.04	3.39	33%	1.5:1
Visual Basic	5.21	2.60	50%	2:1

使用惰性求值

我有一个前室友是重度拖延症患者。他为自己的懒惰辩解说，许多人都觉得急着要做的事情其实根本就不需要去做。他声称，只要等得足够久，那些不重要的事情就会被拖延到忘掉，所以说，完全不必浪费时间去做那些事情。

惰性求值 (lazy evaluation) 正是基于我室友的原则。如程序使用了惰性求值，除非万不得已，否则会尽量避免做任何工作。惰性求值类似于即时 (just-in-time) 策略，即事到临头才干活儿。

例如，假定程序包含 5 000 个值的一个表格。程序启动时生成整个表格，并在执行期间使用它。但是，如果程序只使用表中的一小部分条目，那么更好的方案是在需要时才计算这些条目，而不是一次性全部计算好。一旦某个条目被计算出来，它仍可存储起来供将来引用或者说“缓存”起来。

26.2 循环

关联参考 参见第 16 章，进一步了解循环。

由于循环要执行许多次，所以程序中的热点通常都在循环中。利用本节的技术使循环本身变得更快。

循环判断外提

switching 是指每次执行循环时，都要在循环内做出一个判断。如果每次循环时的判断结果都一样，可将判断拿到循环外部 (称为循环判断外提，或 unswitch)。通常，这需要将循环里外翻转，将循环放以条件里面，而不是将条件放到循环里面。下面是一个判断外提前的例子：

C++ 代码示例：在循环内部做判断

```
for ( i = 0; i < count; i++ ) {
   if ( sumType == SUMTYPE_NET ) {
      netSum = netSum + amount[ i ];
   }
   else {
      grossSum = grossSum + amount[ i ];
```

```
   }
}
```

在这段代码中，if (sumType == SUMTYPE_NET) 这个测试每次迭代都会重复，即使每次的结果都一样。所以，可以这样重写代码以提高速度：

```
C++ 代码示例：在循环外部做判断，亦即将判断外提
if ( sumType == SUMTYPE_NET ) {
   for ( i = 0; i < count; i++ ) {
      netSum = netSum + amount[ i ];
   }
}
else {
   for ( i = 0; i < count; i++ ) {
      grossSum = grossSum + amount[ i ];
   }
}
```

注意：这段代码违反了良好编程的若干规则。可读性和可维护性通常比执行速度或规模更重要，但本章的主题是性能，这意味着要与其他目标进行权衡。和上一章一样，本章会展示本书其他部分不推荐的编码实践的例子。

结果是节省了 20% 左右的时间：

编程语言	调优前正常执行时间	调优后执行时间	节省的时间
C++	2.81	2.27	19%
Java	3.97	3.12	21%
Visual Basic	**2.78**	**2.77**	**<1%**
Python	8.14	5.87	28%

这个调优的一个明显的风险是两个循环必须平行维护。如果将 count 改为 clientCount，必须记住两个地方都要改，这不仅麻烦，其他人在维护时也会头痛。

这个例子还说明了代码调优的一项关键挑战：任何特定的代码调优效果都是不可预测的。代码调优在四种语言的三种中产生了明显的改进，但在 Visual Basic 中却没有。在这个特定版本的 Visual Basic 中执行这个特定的优化，会产生可维护性变差的代码，性能上却没有任何收益。总之，必须对每个特定的优化进行度量以确定其效果，没有例外。

合并

循环合并或融合是指对操作相同元素集合的两个循环进行合并。两个循环变成一个，自然减少了循环的开销。

下例适合进行循环合并：

```
Visual Basic 代码示例：可以合并的两个独立循环
For i = 0 to employeeCount - 1
   employeeName( i ) = ""
Next
...
For i = 0 to employeeCount - 1
   employeeEarnings( i ) = 0
Next
```

循环合并时，要在两个循环中找到可合并成一个的代码。通常，这意味着循环计数器必须相同。在本例中，两个循环都从 0 运行到 employeeCount - 1，所以可以合并：

```
Visual Basic 代码示例：合并后的循环
For i = 0 to employeeCount - 1
   employeeName( i ) = ""
   employeeEarnings( i ) = 0
Next
```

调优后的性能提升如下表所示。

编程语言	调优前正常执行时间	调优后执行时间	节省的时间
C++	3.68	2.65	28%
PHP	3.97	2.42	32%
Visual Basic	**3.75**	**3.56**	**4%**

说明：本例中，测试基准数据 employeeCount 取值为 100

和之前一样，不同语言的结果差异很大。

循环合并有两个主要风险。首先，被合并的两个部分的索引可能会发生变化，造成它们不再兼容。其次，可能不容易合并循环。合并循环之前，一定确保它们相对于代码其余部分的顺序正确。

展开

循环展开的目的是减少循环的内务处理。在第 25 章中，一个循环被完全展开，10 行代码被证明比 3 行快。在这种情况下，循环从 3 行展开成 10 行，使全部 10 个数组访问均单独完成。

虽然完全展开循环是一个快速的解决方案，而且在处理少量元素时效果不错，但如果有大量元素或事先不知道会有多少元素，它就不实用了。下面是一个常规循环的例子：

通常情况下，开发人员可能会采用 for 循环来处理类似的任务。然而，在优化时，必须将其转化为 while 循环。为清晰起见，这里直接给出 while 循环

Java 代码示例：可以展开的循环
```
i = 0;
while ( i < count ) {
   a[ i ] = i;
   i = i + 1;
}
```

为了部分展开循环，每次循环迭代都处理两个或更多情况，而不是一个。这种展开会损害可读性，但不会损害循环的通用性。下面是该循环展开一次的结果：

Java 代码示例：展开一次后的循环
```
i = 0;
while ( i < count - 1 ) {
   a[ i ] = i;
   a[ i + 1 ] = i + 1;
   i = i + 2;
}

if ( i == count - 1) {
   a[ count - 1 ] = count - 1;
}
```

这段代码用来处理可能会遇到的循环递增为 2 而不是 1 的情况

该技术用两行替代了原来 a[i]=i 那一行，而且 i 递增 2 而非 1。需要在 while 循环之后增加代码，防止因 count 是奇数而造成循环终止后还剩一次迭代

当 5 行直接的代码扩展为 9 行难以理解的代码后，代码的可读性和可维护性变差了。尽管速度提升了，但质量变差了。然而，任何设计准则都有一部分要求进行必要的权衡。所以，即使某个特定的技术通常代表着糟糕的编码实践，但在特定情况下，它也可能是最适合的。

循环展开后的性能数据如下所示。

编程语言	调优前正常执行时间	调优后执行时间	节省的时间
C++	1.75	1.15	34%
Java	1.01	0.581	43%
PHP	5.33	4.49	16%
Python	2.51	3.21	-27%

说明：本例中，测试基准数据 count 取值为 100

性能上有 16% ～ 43% 的收益，非常不错，虽然还是要注意不升反降的情况，如 Python 基准测试所显示的那样。循环展开的主要风险是在循环处理了最后一个情况后出现差一错误。

如进一步展开循环，进行两次或更多次展开呢？将循环展开两次，会获得更大收益吗？

Java 代码示例：展开两次后的循环

```
i = 0;
while ( i < count - 2 ) {
   a[ i ] = i;
   a[ i + 1 ] = i+1;
   a[ i + 2 ] = i+2;
   i = i + 3;
}
if ( i <= count - 1 ) {
    a[ count - 1 ] = count - 1;
}
if ( i == count - 2 ) {
    a[ count -2 ] = count - 2;
}
```

循环第二次展开后的性能数据如下所示。

编程语言	调优前正常执行时间	循环展开两次后执行时间	节省的时间
C++	1.75	1.01	42%
Java	1.01	0.581	43%
PHP	5.33	3.70	31%
Python	2.51	2.79	-12%

说明：本例中，测试基准数据 count 取值为 100

结果表明，进一步展开循环也许能进一步节省时间，但并非肯定如此，如 Java 的度量结果所示。我们主要关注的是，代码现在变得多么有多繁复。单纯看前面的代码，也许并不觉得它有多复杂，但再看几页前那个仅 5 行的循环，就能体会是牺牲了多大的可读性才换来了这样的性能。

最小化循环内部的工作

高效的循环，一个关键是循环内部的工作最小化。如果能在循环外部求值一个语句或语句的一部分，在循环内部只使用结果，就应该将这些计算放到循环外部。这个良好的编程实践在很多情况下还有助于改善程序的可读性。

假定某个热循环（频繁运行的循环）内部有一个如下所示的复杂指针表达式：

```
C++ 代码示例：循环内部复杂的指针表达式
for ( i = 0; i < rateCount; i++ ) {
   netRate[ i ] = baseRate[ i ] * rates->discounts->factors->net;
}
```

这种情况下，将复杂指针表达式赋给一个良好命名的变量，不仅能改善代码可读性，通常还能提升性能：

```
C++ 代码示例：对复杂的指针表达式进行简化
quantityDiscount = rates->discounts->factors->net;
for ( i = 0; i < rateCount; i++ ) {
   netRate[ i ] = baseRate[ i ] * quantityDiscount;
}
```

引入的新变量 quantityDiscount 清楚表明 baseRate 数组中的每个元素都和 quantityDiscount 系数相乘以计算出 netRate。然而在循环中最初的表达式中，这样的含义并没有清楚表达出来。将复杂指针表达式放到循环外部的一个变量中，还使每次循环迭代都节省了 3 次指针解引用的时间。性能提升数据如下所示。

编程语言	调优前正常执行时间	调优后执行时间	节省的时间
C++	3.69	2.97	19%
C#	2.27	1.97	13%
Java	4.13	2.35	43%

说明：本例中，测试基准数据 rateCount 取值为 100

除了 Java 编译器，本例的代码调优对于其他编程语言的效果并没有什么太多值得说的。这些数据也给出了启示：在最初的编码阶段，开发人员可以纵情关注于可读性，放到后期再来关注代码的执行速度。

哨兵值

带复合测试的循环通常可通过简化测试来节省时间。如果是一个搜索循环，简化测试的一个方法是使用哨兵值 (sentinel value)，即一个刚刚超过搜索范围末端，而且保证能终止搜索的值。

对于搜索循环，可通过哨兵值来改进复合测试的一个典型例子是既检查是否找到了所需的值，又检查是否用完了所有值，如下例所示：

这里是复合判断

```
C# 代码示例：在搜索循环当中的复合判断
found = FALSE;
i = 0;
while ( ( !found ) && ( i < count ) ) {
   if ( item[ i ] == testValue ) {
      found = TRUE;
   }
   else {
      i++;
   }
}

if ( found ) {
   ...
```

在这段代码中，循环的每一次迭代都会测试 !found 和 i < count。前者确定何时找到了所需的元素，后者防止超出数组末端。在这个循环中，item[] 的每个值都要被单独测试，所以该循环的每一次迭代实际有三个测试。

对于这种搜索循环，三个测试可合并成一个，并在搜索范围的末端放一个“哨兵”来终止循环，这样每次循环迭代只会产生一次测试。在这种情况下，可简单地将你要找的值赋给刚好超出搜索范围末端的那个元素下图箭头所指的赋值语句。另外，记得在声明数组时为该元素留出空间。然后检查每个元素，如果在找到卡在末尾的那个元素之前没有找到目标元素，就知道你要找的值并不在范围中。下面是具体的代码。

留意在数组末尾为哨兵值预留空间

```
C# 代码示例：采用哨兵值来加快循环速度
// set sentinel value, preserving the original value
initialValue = item[ count ];
item[ count ] = testValue;

i = 0;
while ( item[ i ] != testValue ) {
   i++;
}

// check if value was found
if ( i < count ) {
   ...
```

在 item 是整数数组的前提下，性能有了显著提升，如下所示。

编程语言	调优前正常执行时间	调优后执行时间	节省的时间	性能比率
C#	0.771	0.590	23%	1.3:1
Java	1.63	0.912	44%	2:1
Visual Basic	1.34	0.470	65%	3:1

说明：搜索对象是一个拥有 100 个整数元素的数组

Visual Basic 的提升尤其显著，但其实所有结果都不错。然而，当数组类型发生变化时，结果也会发生变化。在 item 是单精度浮点数组时，结果如下所示。

编程语言	调优前正常执行时间	调优后执行时间	节省的时间
C#	1.351	1.021	24%
Java	1.923	1.282	33%
Visual Basic	1.752	1.011	42%

说明：搜索对象是一个拥有 100 个 4 字节浮点数的数组

和往常一样，结果呈现出很大差异。

哨兵技术几乎可应用于任何线性搜索的情况，包括链表和数组。惟一要注意的是，必须谨慎选择前哨值，而且必须注意将哨兵值放入数据结构的方式。

最忙的循环放在最内层

如果有嵌套循环，慎重考虑哪个循环在外以及哪个在内。以下嵌套循环值得改进：

```
Java 代码示例：可以改进的嵌套循环
for ( column = 0; column < 100; column++ ) {
   for ( row = 0; row < 5; row++ ) {
      sum = sum + table[ row ][ column ];
   }
}
```

本例改进循环的关键在于，外层循环的执行频率比内层循环高得多。循环每次执行都必须初始化循环索引，而且每次迭代都要递增索引，并在迭代之后检查索引。外层循环的总执行次数为 100 次，内层循环为 100*5=500 次，共计 600 次。只需简单地交换内层和外层循环，即可将外层循环的总迭代次数变成 5 次，内层循环 5*100=500 次，共计 505 次。

所以，通过交换内外循环，理论上能节省大约 (600-505) / 600 = 16%。下面是测得的性能差异：

编程语言	调优前正常执行时间	调优后执行时间	节省的时间
C++	4.75	3.19	33%
Java	5.39	3.56	34%
PHP	4.16	3.65	12%
Python	3.48	3.33	4%

提升效果显著。这再次表明，必须在自己的特定环境中度量效果，然后才能确定优化有效。

降低强度

降低强度意味着用更便宜的操作（如加法）取代昂贵的操作（如乘法）。有的时候，循环内部会有一个表达式依赖于循环索引乘以一个系数。加法一般比乘法快，如果能在循环的每次迭代中通过加法而不是乘法来计算同样的数字，代码通常运行得更快。下例使用的是乘法：

Visual Basic 代码示例：对循环下标采用乘法

```
For i = 0 to saleCount - 1
   commission( i ) = (i + 1) * revenue * baseCommission * discount
Next
```

这段代码很直接，但成本很高。可重写循环，通过累加来获得乘积，而不是每次都计算。像下面这样将操作的强度从乘法降为加法：

Visual Basic 代码示例：改用加法而不用乘法

```
incrementalCommission = revenue * baseCommission * discount
cumulativeCommission = incrementalCommission
For i = 0 to saleCount - 1
   commission( i ) = cumulativeCommission
   cumulativeCommission = cumulativeCommission + incrementalCommission
Next
```

乘法很昂贵，这种修改就像是拿到了厂商发的优惠券，让你在循环的成本上打了折扣。原来的代码每次都递增 i，然后乘以 revenue*baseCommission*discount，先乘以 1，再乘以 2，再乘以 3……以此类推。优化后的代码将 incrementalCommission 设为 revenue*baseCommission* discount。然后，每次循环迭代都将 incrementalCommission 加到 cumulativeCommission 上。第一次迭代，加了一次；第二次加了两次；第三次加了三次……依此类推。其效果等同于 incrementalCommission 乘以 1，再乘以 2，再乘以 3……，但它更便宜。

关键在于，原来的乘法必须依赖于循环索引。而就本例来说，循环索引是表达式中惟一变化的部分，所以表达式可以更经济地重新编码。下面基于一些测试用例展示了重写后的性能提升。

编程语言	调优前正常执行时间	调优后执行时间	节省的时间
C++	4.33	3.80	12%
Visual Basic	3.54	1.80	49%

说明：测试基准数据 saleCount 取值为 20。所有参与计算的变量都是浮点类型

26.3 数据变换

改变数据类型可为缩减程序规模和提升执行速度提供有力帮助。数据结构的设计超出了本书的范围，但通过适度改变特定数据类型的实现，也有助于性能的提升。下面是一些数据类型调优方法。

使用整数而不是浮点数

关联参考 要想进一步了解整数和浮点的使用，请参见第 12 章。

整数加法和乘法比浮点快。例如，将循环索引从浮点变为整数可节省时间：

Visual Basic 代码示例：循环中使用耗时的浮点型循环下标

```
Dim x As Single
For x = 0 to 99
   a( x ) = 0
Next
```

下面修改 Visual Basic 循环以显式使用整型：

Visual Basic 代码示例：循环中使用省时的整数型循环下标

```
Dim i As Integer
For i = 0 to 99
   a( i ) = 0
Next
```

差别有多大？下面是上述 Visual Basic 代码和相似的 C++/PHP 代码的结果：

编程语言	调优前正常执行时间	调优后执行时间	节省的时间	性能比率
C++	2.80	0.801	71%	3.5:1
PHP	5.01	4.65	7%	1:1
Visual Basic	6.84	0.280	96%	25:1

数组维度尽可能少

关联参考　要想深入了解数组，请参见 12.8 节。

多维数组开销很大。如果能用一维数组来组织数据而不是二维或三维数组，或许可以节省一些时间。以下面这段代码为例：

```
Java 代码示例：对标准的二维数组进行初始化
for ( row = 0; row < numRows; row++ ) {
   for ( column = 0; column < numColumns; column++ ) {
      matrix[ row ][ column ] = 0;
   }
}
```

如果这段代码需遍历 50 行、20 列的一个数组，那么使用我目前的 Java 编译器，运行时间将是调整为一维数组之后的两倍。修改后的代码如下所示：

```
Java 代码示例：数组的一维表示法
for ( entry = 0; entry < numRows * numColumns; entry++ ) {
   matrix[ entry ] = 0;
}
```

下表汇总了测试结果，包括和其他几种编程语言的对比：

编程语言	调优前正常执行时间	调优后执行时间	节省的时间	性能比率
C++	8.75	7.82	11%	1:1
C#	3.28	2.99	9%	1:1
Java	7.78	4.14	47%	2:1
PHP	6.24	4.10	34%	1.5:1
Python	3.31	2.23	32%	1.5:1
Visual Basic	9.43	3.22	66%	3:1

说明：Python 和 PHP 语言所用的时间无法直接与其他编程语言进行比较，因为它们所执行的重复次数不及其他编程语言的 1%

结果显示，该优化方法对 Visual Basic 语言和 Java 语言效果极佳，对 PHP 语言和 Python 语言效果良好，对 C++ 语言和 C# 语言则表现平平。当然，C# 编译器生成的代码在优化前的性能就已经出类拔萃了，所以不能对它要求太高。

测试结果的显著差异再次表明，盲目采纳各种代码调优建议是有风险的。除非在自己的特定应用场景下尝试过，否则永远无法打包票。

最小化数组引用

除了尽量减少对二维或三维数组的访问，还要尽量减少数组访问。重复使用数组中一个元素的循环就是很好的优化对象。下例进行了不必要的数组访问：

```
C++ 代码示例：在循环内部对数组元素进行了不必要的引用
for ( discountType = 0; discountType < typeCount; discountType++ ) {
   for ( discountLevel = 0; discountLevel < levelCount;
discountLevel++ ) {
      rate[ discountLevel ] = rate[ discountLevel ] * discount[
discountType ];
   }
}
```

内层循环中的 discountLevel 发生变化时，对 discount[discountType] 的引用不会变。所以可将其移出内层循环，这样每次执行外层循环就只产生一次数组访问，而不是每次执行内层循环都来一次。下例展示了修改后的代码：

```
C++ 代码示例：将数组引用转移到循环外部
for ( discountType = 0; discountType < typeCount; discountType++ ) {
   thisDiscount = discount[ discountType ];
   for ( discountLevel = 0; discountLevel < levelCount;
discountLevel++ ) {
      rate[ discountLevel ] = rate[ discountLevel ] * thisDiscount;
   }
}
```

性能测试结果如下所示：

编程语言	调优前正常执行时间	调优后执行时间	节省的时间
C++	32.1	34.5	-7%
C#	18.3	17.0	7%
Visual Basic	23.2	18.4	20%

说明：测试基准数据 typeCount 取值为 10，levelCount 取值为 100

和往常一样，不同编译器的结果呈现出很大差异。

使用辅助索引

使用辅助索引是指添加相关数据，以更高效的方式实现对某种数据类型的访问。可将相关数据添加到主数据类型中或者存放到一个并行结构中。

字符串长度索引

在各种字符串存储策略都能找到使用辅助索引的例子。在 C 中，字符串以设为 0 的一个字节终止。在 Visual Basic 字符串格式中，每个字符串的起始位置都隐藏着一个长度字节，它标识了该字符串的长度。为确定 C 字符串的长度，程序需从字符串起始位置对各个字节计数，直到发现设为 0 的字节。为确定 Visual Basic 字符串的长度，程序只需查看那个长度字节。Visual Basic 长度字节就是通过增加索引来扩展数据类型，从而使某些操作 (如计算字符串长度) 变得更快的例子。

可将这个长度索引的概念应用于任何长度可变的数据类型。跟踪数据结构的长度通常比每次需要时计算长度更高效。

独立、并行的索引结构

有的时候，与操作数据类型本身相比，操作数据类型的索引更高效。如果数据类型中的数据项过于庞大或很难移动 (或许存放在磁盘上)，那么对索引进行排序和搜索要比直接操作数据更快。如果每个数据项都很庞大，可考虑创建一个辅助结构，在其中保存键值和指向详细信息的指针。如果数据结构项和辅助结构项在大小上存在显著差异，那么即使数据不得不存放在外部，有时也可以将键存储在内存中。这样一来，所有的搜索和排序都可以在内存中完成，得知目标数据项的确切位置后，只需要一次磁盘访问就可以了。

使用缓存

缓存是指将一些值按照某种方式存储起来，使最常用的值比不太常用的数值更容易被检索到。例如，假定某程序从磁盘上随机读取记录，那么其中某个子程序或许可用缓存来存储读取最频繁的记录。子程序收到访问某条记录的请求时，首先检查缓存中是否存在这条记录；如果有，就直接从内存中返回该记录，而无需访问磁盘。

除了缓存磁盘上的记录外，缓存技术还可应用于其他方面。在某个 Windows 字体校正程序中，性能瓶颈出在每个字符显示时对其宽度的检索。缓存最近使用的字符宽度，其显示速度提高了一倍。

还可以缓存耗时计算的结果，特别是当计算的参数很简单的时候。例如，假定需要计算一个直角三角形的斜边长度，前提是已经给定其他两边的长度。该子程序的直接实现如下所示：

```java
Java 代码示例：适合采用缓存的子程序
double Hypotenuse(
   double sideA,
   double sideB
   ) {
   return Math.sqrt( ( sideA * sideA ) + ( sideB * sideB ) );
}
```

如果已知相同的值会被反复请求，那么就可以像下面一样将值缓存起来：

```java
Java 代码示例：采用缓存从而避开高昂的计算开销
private double cachedHypotenuse = 0;
private double cachedSideA = 0;
private double cachedSideB = 0;

public double Hypotenuse(
   double sideA,
   double sideB
   ) {

   // check to see if the triangle is already in the cache
   if ( ( sideA == cachedSideA ) && ( sideB == cachedSideB ) ) {
      return cachedHypotenuse;
   }

   // compute new hypotenuse and cache it
   cachedHypotenuse = Math.sqrt( ( sideA * sideA ) + ( sideB * sideB ) );
   cachedSideA = sideA;
   cachedSideB = sideB;

   return cachedHypotenuse;
}
```

第二个版本比第一个更复杂，占用空间也更多，但速度足以作为补偿。许多缓存方案会缓存一个以上的元素，相应开销更大。两个版本在运行速度上的差异如下所示：

编程语言	未调优正常执行时间	代码调优后执行时间	节省的时间	性能比率
C++	4.06	1.05	74%	4:1
Java	2.54	1.40	45%	2:1
Python	8.16	4.17	49%	2:1
Visual Basic	24.0	12.9	47%	2:1

说明：假设每次缓存了某个数值后，该数值会被命中两次

缓存成功与否取决于访问缓存元素、创建未缓存元素以及在缓存中存储新元素时产生的相对成本。成功与否还取决于缓存信息的访问

请求频率。有的时候，成功与否或许还要取决于硬件在缓存时是否给力。通常，生成新元素的成本越高，请求相同信息的次数越多，缓存就越有价值。访问缓存元素以及将新元素存储到缓存中的开销越低廉，缓存就越有价值。和其他优化技术一样，缓存增加了程序的复杂度，使得程序更容易出错。

26.4 表达式

关联参考　要想深入了解表达式，请参见第 19.1 节。

程序的许多工作都是在数学或逻辑表达式中完成的。复杂的表达式通常都很昂贵，所以本节探讨如何降低其成本。

利用代数恒等式

可以采用代数恒等式，以开销低的运算来替代开销大的运算。例如，下面两个表达式在逻辑上等价：

```
not a and not b
not(a or b)
```

如选用第二个表达式而不是第一个，就可省去一次 not 运算。

虽然避免一次 not 运算所节省时间也许微不足道，但它背后的基本原则是强大的。本特利 (Jon Bentley) 描述过一个用来测试 sqrt(x) < sqrt(y) 的程序 (1982)。由于仅当 x 小于 y 时，sqrt(x) 才会小于 sqrt(y)，所以可直接用 x < y 来替代。由于 sqrt() 子程序本身的代价就很高昂，所以可预见到大幅的优化。的确如此，测试结果如下所示。

编程语言	调优前正常执行时间	调优后执行时间	节省的时间	性能比率
C++	7.43	0.010	99.9%	750:1
Visual Basic	4.59	0.220	95%	20:1
Python	4.21	0.401	90%	10:1

降低强度

之前说过，降低强度是指用便宜的操作替代昂贵的。下面列举了一些可能的替代方法。

- 用加法代替乘法。
- 用乘法代替求幂。
- 用三角恒等式代替三角函数。

- 用 long 或 int 代替 longlong 整数，但要注意采用原生和非原生长度的整数所带来的性能差异。
- 用定点数或整数代替浮点数。
- 用单精度数代替双精度数。
- 用移位操作代替整数乘 2 或除 2。

假设需要计算一个多项式。如果你对多项式感到生疏了，不妨把它们看成 这样的东西。字母 A、B、C 都是系数，x 是变量。计算 n 阶多项式的代码一般像下面这样：

Visual Basic 代码示例：多项式求值

```
value = coefficient( 0 )
For power = 1 To order
   value = value + coefficient( power ) * x^power
Next
```

考虑降低强度时，要用怀疑的眼光去看待求幂操作符 (^)。一个方案是将求幂替换为每次循环做一次乘法运算，这类似于几个小节之前用加法代替乘法以降低计算强度。下面是降低了计算强度之后的多项式求值代码：

Visual Basic 代码示例：用于多项式求值中削减计算强度的方法

```
value = coefficient( 0 )
powerOfX = x
For power = 1 to order
   value = value + coefficient( power ) * powerOfX
   powerOfX = powerOfX * x
Next
```

如下表所示，这样的改动对二次或更高次多项式的效果相当显著 (二次多项式就是最高次项为平方的多项式)。

编程语言	调优前正常执行时间	调优后执行时间	节省的时间	性能比率
Python	3.24	2.60	20%	1:1
Visual Basic	6.26	0.160	97%	40:1

如果认真对待降低强度的问题，两次浮点乘法会让你无法释怀。降低强度的原则表明，可通过累加乘幂而不是每次都执行乘法运算来进一步降低循环中的运算强度。

Visual Basic 代码示例：多项式求值中进一步减弱计算强度

```
value = 0
For power = order to 1 Step -1
   value = ( value + coefficient( power ) ) * x
```

```
Next
value = value + coefficient( 0 )
```

这个方法消除了额外的 powerOfX 变量，并将每次循环迭代时的两次乘法运算替换为一次。性能测试结果如下所示。

编程语言	调优前正常执行时间	第 1 次优化后执行时间	第 2 次优化后执行时间	与第 1 次优化相比节省的时间
Python	3.24	2.60	2.53	3%
Visual Basic	6.26	0.16	0.31	-94%

这个例子足以证明理论在实践中可能没有获得很好的支持。降低强度的代码似乎应该更快，但实际上并非如此。一种可能是，在 Visual Basic 中，将循环递减 1 而不是递增 1 会损害性能，但只有亲自度量这个假设才能确定。

在编译时初始化

如果在子程序调用中需用到一个具名常量或神奇数字，而且它是惟一实参，就可考虑事先计算好该数字，把它放到一个常量中，从而避免子程序调用。同样的原则也适用于乘法、除法、加法和其他运算。

有一次，我需要计算以 2 为底的整数对数，结果取整为最接近的整数。系统没有以 2 为底的对数子程序，所以我自己写了一个。最无脑的是使用以下公式：

log(x)base = log(x) / log(base)

基于该恒等式，可以写出下面这样的一个子程序：

关联参考　要想进一步了解如何将变量和它们的值绑定，请参见第 10.6 节。

C++ 代码示例：基于系统函数来计算以 2 为底的对数函数

```
unsigned int Log2( unsigned int x ) {
   return (unsigned int) ( log( x ) / log( 2 ) );
}
```

这个子程序奇慢无比。由于 log(2) 值不会改变，所以我用其计算值 0.69314718 取代了 log(2)，如下所示：

C++ 代码示例：基于系统函数和常量来计算以 2 为底的对数函数

```
const double LOG2 = 0.69314718;
...
unsigned int Log2( unsigned int x ) {
   return (unsigned int) ( log( x ) / LOG2 );
}
```

既然 log() 计算往往是代价高昂的子程序（比类型转换或除法还要奢侈），所以可预期将 log() 函数的调用削减一半后能节省一半的子程序运行时间。实际度量后的结果如下所示：

编程语言	调优前正常执行时间	调优后执行时间	节省的时间
C++	9.66	5.97	38%
Java	17.0	12.3	28%
PHP	2.45	1.50	39%

在本例中，对除法和类型转换的相对重要性以及对节省 50% 时间的合理推测都非常接近于现实。但这不过是瞎猫正巧碰上死耗子罢了。本章一直在强调，不要对结果有任何预设。

小心系统子程序

系统子程序的开销很大，而且它提供的精度往往会被浪费掉。例如，典型的系统数学函数是按照将宇航员送上月球且其着陆点误差不超过正负两英尺的精度来设计的。如果不需要这么高的精度，就不必花那么多时间去计算它。

在上例中，Log2() 子程序返回一个整数值，却通过一个浮点 log() 子程序去计算它。对于整数结果，这显得过犹不及。所以，在第一次尝试之后，我写了一系列的整数测试，这对于整数 log2 的计算来说已经足够精确了。下面是优化后的代码：

C++ 代码示例：基于整数来计算以 2 为底的对数函数

```
unsigned int Log2( unsigned int x ) {
   if ( x < 2 ) return 0 ;
   if ( x < 4 ) return 1 ;
   if ( x < 8 ) return 2 ;
   if ( x < 16 ) return 3 ;
   if ( x < 32 ) return 4 ;
   if ( x < 64 ) return 5 ;
   if ( x < 128 ) return 6 ;
   if ( x < 256 ) return 7 ;
   if ( x < 512 ) return 8 ;
   if ( x < 1024 ) return 9 ;
   ...
   if ( x < 2147483648 ) return 30;
   return 31 ;
}
```

该子程序只用到了整数运算，根本没有转换为浮点数，其效率一举击败了两个使用浮点数的版本。

编程语言	调优前正常执行时间	调优后执行时间	节省的时间	性能比率
C++	9.66	0.662	93%	15:1
Java	17.0	0.882	95%	20:1
PHP	2.45	3.45	-41%	2:3

所谓“超越”函数 (transcendental function)，即变量之间的关系不能用有限次加、减、乘、除、乘方、开方运算表示的函数，也即“超出”代数函数范围的函数。绝大多数这样的函数都是为了应对最糟糕的情况而设计的，换言之，即便传入的是整数实参，这些函数在内部还是会转换为双精度浮点数进行处理。如果在某段效率低下的代码中发现了此类函数，同时无需那么高的精度，就应该立即引起重视。

另一个方法是借助于右移位操作等同于除以 2 这一事实。在结果非零的情况下，对该数字执行了多少次除以 2 的运算，其结果就等同于进行了多少次 log2 运算。下面是基于这一事实而改写的代码：

C++ 代码示例：一种替代方法，基于右移运算符来计算以 2 为底的对数函数

```
unsigned int Log2( unsigned int x ) {
   unsigned int i = 0;
   while ( ( x = ( x >> 1 ) ) != 0 ) {
      i++;
   }
   return i ;
}
```

非 C++ 程序员很难理解这段代码。while 条件中的复杂表达式属于典型的、除非有充分理由否则应当避免的编码实践。

该子程序比之前那个较长的版本多耗费了约 350% 的执行时间，即花了 2.4 秒而非 0.66 秒才完成。但还是比第一种方法快，并且能非常容易地适配 32 位、64 位以及其他运行环境。

这个例子凸显了在一次成功优化后还应继续优化的价值。第一次优化带来了可观的 30% 到 40% 的时间节省，但根本无法同第二次和第三次的优化效果相提并论。

使用正确类型的常量

向变量赋值时，使用和变量同类型的具名常量和字面量。若常量及其相关变量的类型不一致，编译器就必须做一个类型转换将常量赋给变量。好的编译器会在编译时进行类型转换，这样就不会影响运行时性能。

不太先进的编译器或解释器则会生成运行时转换的代码，所以可能影响性能。下面针对两种情况测试浮点变量 x 和整数变量 i 在初始化上的性能差异。第一种情况的初始化如下所示：

```
x=5
i=3.14
```

假定 x 是浮点变量，i 是整数，所以这种情况需要类型转换。第二种情况如下所示：

```
x=3.14
i=5
```

它不需要类型转换。性能测试结果如下所示，不同编译器的差异很大。

编程语言	调优前正常执行时间	调优后执行时间	节省的时间	性能比率
C++	1.11	0.000	100%	无法度量
C#	1.49	1.48	<1%	1:1
Java	1.66	1.11	33%	1.5:1
Visual Basic	0.721	0.000	100%	无法度量
PHP	0.872	0.847	3%	1:1

预计算结果

一个常见的底层设计决策是从两种方案中选择一个：是动态计算结果，还是计算一次并保存结果，并在需要时查找。如结果需多次使用，通常采用计算一次并在后期查找的方式，这样系统开销更低。

该决策的价值体现在多个方面。在最简单的层面，可在循环外部而非内部计算某个表达式的一部分。本章前面已展示了这样的一个例子。在更为复杂的层面上，可在程序开始执行时计算好一张查询表，之后每次需要时都使用该表。另外，还可将计算结果存储到数据文件中，或直接嵌入程序。

关联参考　参见第 18 章，进一步了解如何使用表中的数据替代复杂逻辑。

例如在一个太空大战电子游戏中，程序员最初是实时计算与太阳不同距离的重力系数。该计算很昂贵，影响了性能。但后来发现，程序只需为数不多的几个相对距离。所以，程序员可以预先计算出这些重力系数，并将其存储到一个 10 元素的数组中。和昂贵的实时计算相比，查询现有的数组要快得多。

下面是一个用于计算汽车贷款支付金额的子程序：

```
Java 代码示例：原本可以进行预先计算的复杂计算
double ComputePayment(
   long loanAmount,
   int months,
   double interestRate
   ) {
   return loanAmount /
      (
      ( 1.0 - Math.pow( ( 1.0 + ( interestRate / 12.0 ) ), -months ) ) /
      ( interestRate / 12.0 )
      );
}
```

计算贷款支付金额的公式很复杂，而且相当昂贵。将这些信息提前放入表格，而不是每次都计算，可能会更便宜。

这个表会有多大？取值范围最大的变量是 loanAmount。变量 interestRate 的范围可能从 5% 到 20%(按 0.25% 递增)，只有 61 个不同的利率。months 范围从 12 到 72，也只有 61 个不同的还款期数。loanAmount(贷款金额) 允许的范围是从 \$1000 到 \$100000，其中的条目太多，一般不会想用查询表来处理。

但是，大部分计算并不依赖于 loanAmount，所以可将计算中真正难看的部分 (整个表达式的分母) 放到一个由 interestRate 和 months 索引的表中。每次只需重新计算 loanAmount：

```
Java 代码示例：对复杂的计算进行预先计算
double ComputePayment(
   long loanAmount,
   int months,
   double interestRate
   ) {
   int interestIndex =
     Math.round( ( interestRate - LOWEST_RATE ) * GRANULARITY *
100.00 );
   return loanAmount / loanDivisor[ interestIndex ][ months ];
}
```

新建变量 interestIndex 作为 loanDivisor 边框数组的下标

在这段代码中，繁琐的计算被替换为数组索引的计算和一次数组访问，性能数据如下所示。

编程语言	调优前正常执行时间	调优后执行时间	节省的时间	性能比率
Java	2.97	0.251	92%	10:1
Python	3.86	4.63	−20%	1:1

取决于具体情况，可在程序初始化阶段预先计算好 loanDivisor 数组，也可从磁盘文件读取。另外，也可先把它初始化为 0，在首次请求访问该数组时再计算每个元素，并将结果存好以备后续查询。这就是某种形式的缓存，我们之前讨论过。

即使不创建表，也能通过预计算表达式获得性能提升。和之前几个例子相似的代码可考虑采用一种不同的预计算方式。假设以下代码用于计算多种贷款金额的支付金额：

```
Java 代码示例：第 2 个示例，原本可以进行预先计算的复杂计算
double ComputePayments(
   int months,
   double interestRate
   ) {
   for ( long loanAmount = MIN_LOAN_AMOUNT; loanAmount < MAX_LOAN
_AMOUNT;
      loanAmount++ ) {
      payment = loanAmount / (
         ( 1.0 - Math.pow( 1.0+(interestRate/12.0), - months ) ) /
         ( interestRate/12.0 )
         );
      ...
   }
}
```

接下来，代码要对 payment 进行处理。不过就本例而言，无关紧要

即使不预计算一个表，也可以在循环外部预计算表达式中的复杂部分，并在循环内部使用该结果，如下所示：

```
Java 代码示例：第 2 个示例，对复杂的计算进行预先计算
double ComputePayments(
   int months,
   double interestRate
   ) {
   long loanAmount;
   double divisor = ( 1.0 - Math.pow( 1.0+(interestRate/12.0). -
months ) ) /
      ( interestRate/12.0 );
   for ( long loanAmount = MIN_LOAN_AMOUNT; loanAmount <= MAX_
LOAN_AMOUNT;
      loanAmount++ ) {
      payment = loanAmount / divisor;
      ...
   }
}
```

这里的代码进行预先计算

这和之前建议的将数组引用和指针解引用放到循环外部的技术相似。在本例中，Java 的结果与第一次优化中使用预计算表的结果相当：

编程语言	调优前正常执行时间	调优后执行时间	节省的时间	性能比率
Java	7.43	0.24	97%	30:1
Python	5.00	1.69	66%	3:1

Python 这次有了改进，在第一次优化尝试中则没有。许多时候，当一个优化没有产生预期的结果时，一个看起来相似的优化会让你如愿以偿。

下面列举了通过预计算对程序进行优化的形式。

- 在程序执行前计算出结果，并将结果写入在编译时赋值的常量。
- 在程序执行前计算出结果，并将它们硬编码到运行时用的变量中。
- 在程序执行前计算出结果，并将结果放入在运行时加载的文件。
- 程序启动时一次性计算好结果，以后每次需要时就去引用它们。
- 尽可能在循环开始之前完成计算，最小循环内部的工作。
- 首次需要时计算并保存结果，以后再需要时就检索该结果。

消除公共子表达式

如发现某个表达式在代码中重复出现，就将其赋值给一个变量，然后在需要时引用该变量，而不是在多个位置重新计算该表达式。计算贷款支付金额的程序就包含一个应消除的公共子表达式。原始代码如下所示：

```
Java 代码示例：公共子表达式
payment = loanAmount / (
     ( 1.0 - Math.pow( 1.0 + ( interestRate / 12.0 ), -months ) ) /
     ( interestRate / 12.0 )
   );
```

在这个示例中，可以把 interestRate/12.0 赋值给一个变量，然后在程序中引用两次，而不是将表达式计算两次。如果选取了良好的变量命名，该优化方法在提升性能的同时，也改善了代码的可读性。以下是修改后的代码：

```
Java 代码示例：消除公共子表达式
monthlyInterest = interestRate / 12.0;
payment = loanAmount / (
```

```
    ( 1.0 - Math.pow( 1.0 + monthlyInterest, -months ) ) /
    monthlyInterest
);
```

本例节省的时间似乎不是特别明显：

编程语言	调优前正常执行时间	调优后执行时间	节省的时间
Java	2.94	2.83	4%
Python	3.91	3.94	-1%

Math.pow() 子程序似乎在严重消耗资源，抵消了消除子表达式所带来的优化效果。另一种可能是编译器可能已消除了子表达式。如子表达式战胜整个表达式的成本更多一些，或者编译器本身的优化不太有效，这种优化方法或许能产生更大的影响。

26.5 子程序

关联参考　要想进一步了解子程序的使用，请参见第 7 章。

代码调优最强大的工具之一是好的子程序分解。小的、定义明确的子程序可节省空间，因其避免了将相同的代码分散于多处。它们使程序易于优化，因为可重构子程序中的代码，从而改进每个调用它的子程序。小的子程序在低级语言中相对容易重写。长而缠夹不清的子程序本身就很难理解，在汇编语言这样的低级语言中，理解它们根本就不可能。

将子程序重写为内联

在计算机编程的早期岁月，一些机器对调用子程序施加了过高的性能惩罚。调用子程序意味着操作系统必须将程序换出，换入一个子程序目录，换入其中特定的子程序，执行该子程序，换出子程序，再换回发出调用的子程序。所有这些交换都会消耗资源，使程序变得缓慢。

而现代计算机的调用子程序的代价要小得多。字符串拷贝子程序内联后的结果如下所示。

编程语言	采用子程序执行时间	采用内联代码执行时间	节省的时间
C++	0.471	0.431	8%
Java	13.1	14.4	-10%

某些情况下，可通过 C++ 语言中 inline 关键字这样的语言特性将子程序中的代码内联到程序中，从而节省几纳秒的时间。如所用的语言不直接支持 inline，但支持预处理宏，可考虑用一个宏将代码放进去，

并根据需要换入或换出。但是，现代机器（其实就是你现在使用的任何机器）对子程序的调用几乎都没有性能惩罚。正如这个例子所显示的那样，代码内联和优化代码一样，都有可能使性能不升反降。

26.6 用低级语言重新编码

有一句老话不得不提，那就是在遇到性能瓶颈时，应该用低级语言重新编码。如果用 C++ 编码，低级语言可能是汇编语言。如果用 Python 编码，低级语言可能是 C。用低级语言重新编码往往会改善速度和代码规模。用低级语言进行优化的典型方式如下。

1. 100% 用高级语言写应用程序。
2. 充分测试该应用程序，验证其正确性。
3. 如发现性能需要改进，就分析 (profile) 应用程序以确定热点。由于程序中约 5% 的内容通常会占据约 50% 的运行时间，所以通常都能将程序中的小部分内容确定为热点。
4. 用低级语言重新编码几个小的部分以提升整体性能。

关联参考　程序的少量代码耗费了绝大部分运行时间，有关这一现象的详细描述，请参见第 25.2 节。

你是否会走上前人走过无数遍的这条路，取决于你对低级语言的熟悉程度、问题对于低级语言的贴合程度以及你的绝望程度。在上一章提到的 DES 程序中，我第一次接触到这个技术。当时，我已尝试了自己知道的全部优化措施，但程序的速度仍然只有目标的一半。用汇编程序重新编码部分程序是惟一剩下的选择。作为汇编程序的新手，我所能做的就是将高级语言直接翻译成汇编程序，但即使是我当时那样的“半吊子”程序员，也获得了 50% 的速度提升。

假定一个子程序负责将二进制数据转换为大写 ASCII 字符。下例用 Delphi 代码来实现：

Delphi 代码示例：更适合用汇编语言来写的代码

```
procedure HexExpand(
   var source: ByteArray;
   var target: WordArray;
   byteCount: word
);
var
   index: integer;
   targetIndex: integer;
begin
   targetIndex := 1;
```

```
   for index := 1 to byteCount do begin
      target[ targetIndex ] := ( (source[ index ] and $F0) shr 4 ) + $41;
      target[ targetIndex+1 ] := (source[ index ] and $0f) + $41;
      targetIndex := targetIndex + 2;
   end;
end;
```

虽然这段代码不好看出臃肿在什么地方，但它至少包含大量位操作，这并不是 Delphi 的强项。不过，位操作是汇编语言的强项，所以这段代码适合重新编码。下面是汇编语言代码：

```
汇编代码示例：采用汇编语言重新编码的子程序
procedure HexExpand(
   var source;
   var target;
   byteCount : Integer
);
    label
    EXPAND;

    asm
          MOV ECX,byteCount    // load number of bytes to expand
          MOV ESI,source       // source offset
          MOV EDI,target       // target offset
          XOR EAX,EAX          // zero out array offset

    EXPAND:
          MOV EBX,EAX          // array offset
          MOV DL,[ESI+EBX]     // get source byte
          MOV DH,DL            // copy source byte

          AND DH,$F            // get msbs
          ADD DH,$41           // add 65 to make upper case

          SHR DL,4             // move lsbs into position
          AND DL,$F            // get lsbs
          ADD DL,$41           // add 65 to make upper case

          SHL BX,1             // double offset for target array offset
          MOV [EDI+EBX],DX // put target word

          INC EAX              // increment array offset
          LOOP EXPAND          // repeat until finished
    end;
```

用汇编语言重写后，效果很明显，节省了 41% 的运行时间。一个合乎逻辑的推断是，重新编码后，本来就更适合执行位操作的编程语言 (如 C++) 在性能提升幅度上不如 Delphi 语言那么大。结果如下。

编程语言	采用高级语言执行时间	采用汇编语言执行时间	节省的时间
C++	4.25	3.02	29%
Delphi	5.18	3.04	41%

调优前的数据反映了两种语言在位操作上的不同实力。调优后的数据几乎一样，表明汇编代码将 Delphi 和 C++ 这两种语言最初的性能差异最小化了。

该汇编语言子程序让我们看到，用汇编语言重写的代码未必就会生成庞大、难看的子程序。相反，如本例所示，这种子程序的大小适中。有的时候，汇编语言代码几乎与高级语言版本一样紧凑。

为了用汇编语言重新编码，一种相对简单有效的方式是使用一个能将汇编代码清单作为副产物来输出的编译器。提取需要调优的子程序的汇编代码，保存到单独的源文件中。然后，以汇编代码为基础对代码进行手动优化，每一步都检查正确性并度量性能改进。有的编译器会将高级语言的语句作为注释穿插在汇编代码中。如果你的编译器是这样做的，请在汇编代码中保留它们。

检查清单：代码调优技术

同时改进速度和规模

- ❑ 用查询表替代复杂逻辑。
- ❑ 合并循环。
- ❑ 用整数而不是浮点变量。
- ❑ 编译时初始化数据。
- ❑ 使用正确类型的常量。
- ❑ 预计算出结果。
- ❑ 消除公共子表达式。
- ❑ 将关键子程序转化为低级语言。

只改进速度

- ❑ 知道结果后，便停止测试。
- ❑ 按频率对 case 语句和 if-then-else 链中的测试进行排序。

- ❑ 比较相似逻辑结构的性能。
- ❑ 使用惰性求值。
- ❑ 将循环中的 if 判断外提。
- ❑ 展开循环。
- ❑ 最小化循环内部的工作。
- ❑ 在搜索循环中使用哨兵值。
- ❑ 最忙的循环放到嵌套循环的内层。
- ❑ 降低内层循环的运算强度。
- ❑ 多维数组改为一维。
- ❑ 最小化数组引用。
- ❑ 为数据类型增加辅助索引。
- ❑ 缓存频繁使用的值。
- ❑ 利用代数恒等式。
- ❑ 降低逻辑和数学表达式的运算强度。
- ❑ 小心系统子程序。
- ❑ 重写子程序以内联。

26.7 改得越多，越不会有大的改观

在我写完《代码大全》第 1 版之后的十年，系统的性能特性会有一些变化，某些方面确实如此。计算机速度大幅提升，内存也更充裕。在第 1 版中，本章大多数测试都运行了一万到五万次，以获得有意义的、可度量的结果。在第 1 版中，大多数测试不得不运行一百万到一亿次。如果一个测试不得不运行一亿次才能获得可度量的结果，就不得不问有谁会注意到这些优化在真实程序中的影响？计算机的性能已经变得如此强大，以至于对于许多常见的程序类型来说，本章所讨论的性能提升程度已变得无关紧要。

但在其他方面，性能问题一直都存在。编写桌面应用的人可能不需要这些信息，但为嵌入式系统、实时系统和其他有严格速度或空间限制的系统编写软件的人仍然可从中受益。

高德纳在 1971 年发表他对 FORTRAN 程序的研究成果以后，我们一直坚持对每次代码调优尝试的影响进行度量。根据本章的度量，任何特定优化的效果实际上都不如十年前那样可以预测。每种代码调优

的效果都受编程语言、编译器、编译器版本、代码库、库版本和编译器设置等的影响。

代码调优无一例外都涉及对以下两个方面的权衡：一方面是复杂性、可读性、简单性和可维护性；另一方面是对提高性能的渴望。由于需要重新剖析优化效果，它引入了沉重的维护开销。

我发现，坚持可度量的改进能很好地抵抗过早优化的诱惑，也能迫使自己有意识地写清晰、直接的代码。如果一个优化重要到足以让人拿出分析器来度量优化效果，那么只要它能起作用，就表明或许应该允许。但是，如果一个优化的重要性还没有达到可以动用分析器的程度，就值不得为它牺牲可读性、可维护性和其他代码特性。未经度量的代码调优对性能的影响充其量只是一个猜测，对可读性的副作用则是确定的。

更多资源

Joe, Bentley. *Writing Efficient Programs.* Englewood Cliffs, NJ: Prentice Hall, 1982. 关于代码调优，这是我个人比较喜欢的书。该书已绝版，但如果能够找得到，绝对值得一读。人们公认这是关于代码调优的权威之作。作者描述了用时间换空间和用空间换时间的技术。他提供了几个重新设计数据类型以减少空间和时间的例子。他采用的方法比本章的方法更“野”一些，这些野路子还相当有趣。他对几个子程序执行了几个优化步骤，这样就能看到针对某个问题的第一次、第二次和第三次尝试效果。作者仅用 135 页的篇幅便完成了这本书的主要内容，但其中精华众多，是每个从业程序员都应拥有的罕见的珍宝之一。

Programming Pearls, 2d ed. Boston, MA: Addison-Wesley, 2000 的附录 4 中对前面那本书的代码调优规则进行了总结。中译本《编程珠玑》(第 2 版)

另外，还有一系列非常全面的讨论和特定技术相关的优化方法的书籍。下面列出其中几本：

- Booth, Rick. *Inner Loops: A Sourcebook for Fast 32-bit Software Development*. Boston, MA: Addison-Wesley, 1997.
- Gerber, Richard. *Software Optimization Cookbook: High-Performance Recipes for the Intel Architecture*. Intel Press, 2002.
- Hasan, Jeffrey and Kenneth Tu. *Performance Tuning and*

Optimizing ASP.NET Applications. Berkeley, CA: Apress, 2003.

- Killelea, Patrick. *Web Performance Tuning,* 2d ed. Sebastopol, CA: O' Reilly & Associates, 2002.
- Larman, Craig and Rhett Guthrie. *Java 2 Performance and Idiom Guide*. Englewood Cliffs, NJ: Prentice Hall, 2000.
- Shirazi, *Jack. Java Performance Tuning*. Sebastopol, CA: O' Reilly & Associates, 2000.
- Wilson, Steve and Jeff Kesselman. *Java Platform Performance: Strategies and Tactics*. Boston, MA: Addison-Wesley, 2000.

要点回顾

- 优化结果在不同编程语言、编译器和环境下存在显著差异。不对每次特定的优化进行度量，就无法确定优化对程序到底是提升还是损害。
- 第一次优化通常并不是最好的。即使找到了好的，也要继续寻找更好的。
- 代码调优有点像核能，是一个争议性的、情绪化的主题。有的人认为这对可靠性和可维护性非常不利，所以根本不会去做。另一些人则认为，只要有适当的保障措施，它还是有益的。无论如何，本章介绍的技术有风险，使用须谨慎。

读书心得

1. ______________________________
2. ______________________________
3. ______________________________
4. ______________________________
5. ______________________________

第Ⅵ部分 系统化考虑

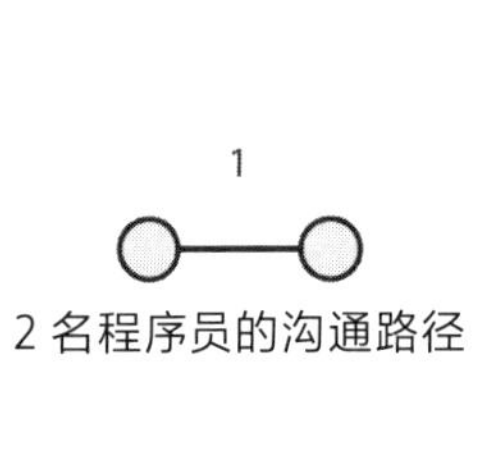

2 名程序员的沟通路径

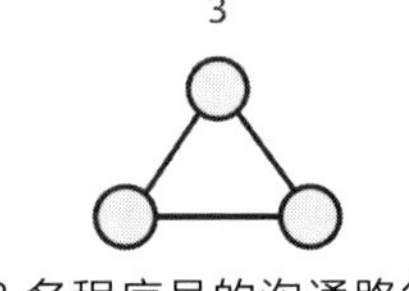

3 名程序员的沟通路径

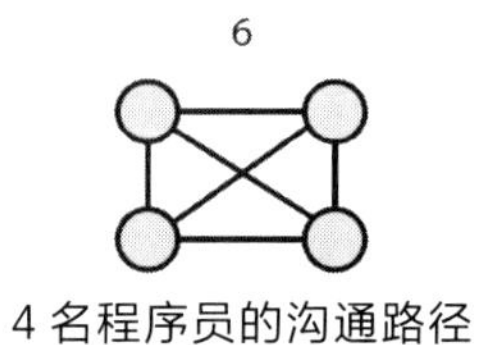

4 名程序员的沟通路径

10

5 名程序员的沟通路径

10 名程序员的沟通路径

第 27 章

程序规模对构建的影响

内容

相关主题及对应章节

- 构建的前期准备：第 3 章
- 确定要开发什么类型的类型：第 3.2 节
- 管理构建：第 28 章

在软件开发中，扩大规模并不是简单将小项目的每一部分都做大。假设用 20 个人月写了 25 000 行的一个 Gigatron 软件，现场测试发现了 500 个错误。假设 Gigatron 1.0 很成功，Gigatron 2.0 也很成功，于是着手开发 Gigatron Deluxe，这是个大幅增强的版本，预计将有 25 万行代码。

虽然规模是初版 Gigatron 的 10 倍，但开发 Gigatron Deluxe 的工作量并不是 10 倍，而是 30 倍。另外，30 倍的工作量并不意味着 30 倍的构建量。它可能意味着 25 倍的构建和 40 倍的架构和系统测试。错误也不是 10 倍，而是 15 倍或更多。

如果习惯于做小项目，你的第一个中大型项目可能会失控，成为一头你无法驾驭的野兽，而不是你所设想的令人愉快的成功。本章将告诉你会出现什么样的野兽以及在哪里找到工具来驯服它们。相反，如果你习惯于做大型项目，可能会倾向于僵化，在小型项目上使用过于正式的方法。本章描述了如何节省成本，使小项目不至于因为不堪重负而被拖垮。

27.1 沟通和规模

如果整个项目就只有你一个人负责完成，那么惟一的沟通路径就

译注
胼胝体是大脑内部的一个结构，起着联系大脑、左右大脑半球神经纤维的作用。

是你和客户之间的沟通，除非你还算上穿过胼胝体[*]的路径，也就是连接你左脑和右脑的路径。随着项目中人数的增加，沟通路径的数量也会增加。这个增加不是根据人数做加法，而是做乘法。换言之，与人数的平方成正比，如图 27-1 所示。

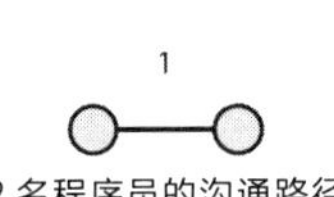

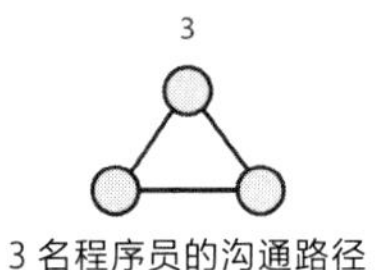

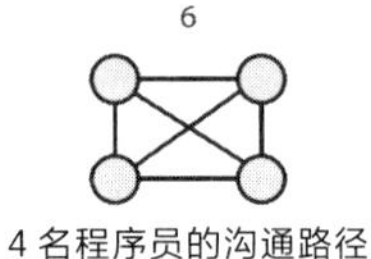

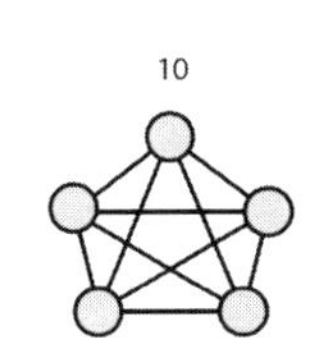

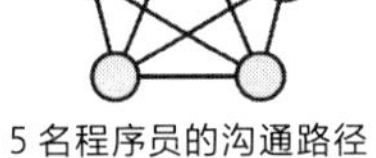

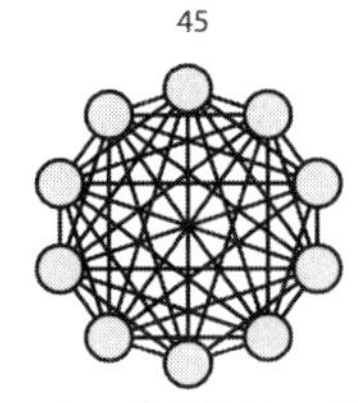

图 27-1　沟通路径的数量与团队人数的平方成正比

如图所示，两个人的项目仅一条沟通路径。5 人项目有 10 条。10 人项目有 45 条，假设每个人都和其他每个人交谈。10% 的项目有 50 名或更多程序员，其潜在的路径至少有 1 200 条。路径越多，花在沟通上的时间就越多，也就为沟通错误（各种的误解）创造了更多机会。规模较大的项目需要对沟通进行精简的组织技术，或以合理方式限制沟通。

精简化沟通所采取的典型方法是在文件中把它正式化。不是让 50 个人以各种可以想象的组合互相交谈，而是让 50 个人阅读和撰写文件。这些文件有的是文本，有的是图。有的打印在纸上，有的以电子形式存储。

27.2 项目规模的范围

你认为自己项目的规模很典型吗？由于项目规模非常宽泛，所以不能将任何单一的规模视为典型。思考项目规模的一种方式是思考项目团队的规模。下面粗略估计了所有项目中不同规模团队的占比。

团队规模（人）	占项目总数的大致比例
1~3	25%
4~10	30%
11~25	20%
26~50	15%
50+	10%

来源：节选自“A Survey of Software Engineering Practice: Tools, Methods, and Results”（Beck and Perkins 1983), *Agile Software Development Ecosystems* (Highsmith 2002), 以及 *Balancing Agility and Discipline* [2] (Boehm and Turner 2003)

项目规模数据有一个方面可能不是很引人注目，那就是各种规模的项目占比和为其工作的程序员占比的区别。由于每个大项目都会比小项目使用更多的程序员，所以也会占用更大比例的程序员。下面粗略估计了各种规模和项目中的程序员占比：

团队规模（人）	占程序员总数的大致比例
1~3	5%
4~10	10%
11~25	15%
26~50	20%
50+	50%

来源：节选自“A Survey of Software Engineering Practice: Tools, Methods, and Results”（Beck and Perkins 1983), *Agile Software Development Ecosystems* (Highsmith 2002), 和 *Balancing Agility and Discipline* (Boehm and Turner 2003)

27.3 项目规模对错误的影响

关联参考　要想深入了解具体都有哪些错误，请参见第 22.4 节。

无论错误的数量还是类型都受项目规模的影响。你可能没想到错误类型也会受影响。但随着项目规模的扩大，会有越来越多的错误被归咎于需求和设计，如图 27-2 所示。

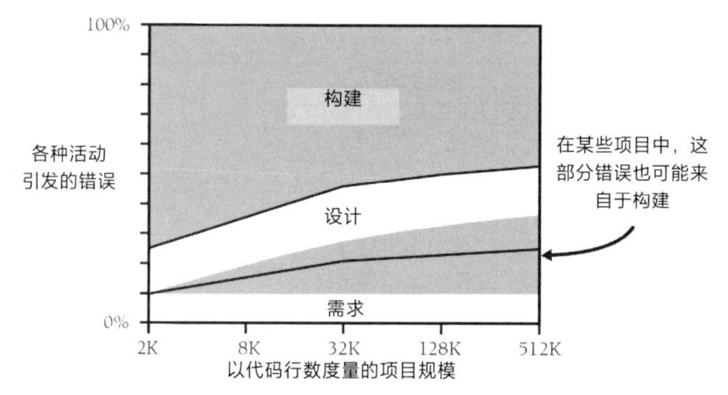

图 27-2 随着项目规模的扩大，更多的错误会来自于需求和设计。有的时候，错误仍然主要来自于构建 (Boehm 1981, Grady 1987, Jones 1998)

在小项目中，构建错误占所有被发现的错误的 75% 左右。方法论对代码质量的影响较小，对程序质量影响最大的往往是写程序的人的技术水平 (Jones 1998)。

在较大的项目中，构建错误会逐渐减少至总错误的 50% 左右；需求和架构错误占比则越来越大。推测这是由于大项目需要更多的需求开发和架构设计，所以这些活动所引发的错误也会增加。但在一些非常大的项目中，构建错误的占比依然很高；有时即使是 50 万行的代码，也有高达 75% 的错误要归咎于构建 (Grady 1987)。

缺陷的种类随规模的变化而变，缺陷数量也会随之变化。你会很自然地以为比另一个项目大一倍的项目会产生两倍的错误。但是，缺陷的密度 (每 1 000 行代码的缺陷数量) 也会增大。所以，两倍大的产品可能会有两倍以上的错误。表 27-1 总结了不同规模的项目可以预期的缺陷密度范围。

表 27-1 项目规模和典型的错误密度

项目规模 (以代码行数度量)	典型的错误密度
少于 2 000 行	每千行 0 到 25 个错误
2 000 到 16 000 行	每千行 0 到 40 个错误
16 000 到 64 000 行	每千行 0.5 到 50 个错误
64 000 到 512 000 行	每千行 2 到 70 个错误
512 000 行或者更多	每千行 4 到 100 个错误

来源：“Program Quality and Programmer Productivity”(Jones 1977)，*Estimating Software Costs*(Jones 1998)

关联参考　表中数据代表的是平均表现。一些机构报告的错误率比本表最低的数值更低。详情参见第 22.4 节。

该表的数据来自特定的项目，这些数字可能与你所从事的项目的数字没有什么相似之处。但是，作为行业的缩影，这些数据还是很有启发性的。它表明，错误的数量随着项目规模的扩大而急剧增加，非常大的项目每千行代码的错误数量达到了小项目的四倍。大型项目需要比小型项目更努力才能达到相同的错误率。

27.4 项目规模对生产力的影响

就项目规模来说，生产力 (productivity，或称生产率) 与软件质量有许多共通之处。在小项目中 (2 000 行代码或更小)，对生产率影响最大的是程序员个人的技术水平 (Jones 1998)。随着项目规模的扩大，团队规模和组织对生产力的影响越来越大。

项目需要达到多大的规模，团队的规模才会开始影响生产力？根据“Prototyping Versus Specifying: a Multiproject Experiment” 报告显示，小团队在完成他们的项目时，生产力比大团队高出 39%。团队规模具体是指什么？小项目两人，大项目三人 (Boehm，Gray & Seewaldt 1984)。表 27-2 总结了项目规模和生产力之间的一般关系。

表 27-2　项目规模和生产率

项目规模 (以代码行数度量)	每人年的代码行数 (括号里是 COCOMO II 均值)
1K	2 500~25 000(4 000)
10K	2 000~25 000(3 200)
100K	1 000~20 000(2 600)
1 000K	700~10 000(2 000)
10 000K	300~5 000(1 600)

来源：数据来自 *Measures for Excellence* (Putnam and Meyers 1992), *Industrial Strength Software* (Putnam and Meyers 1997), *Software Cost Estimation with COCOMO II* (Boehm et al. 2000), and “Software Development Worldwide: The State of the Practice” (Cusumano et al. 2003)

生产力在很大程度上取决于软件类型、人员素质、编程语言、方法论、产品复杂度、编程环境、工具支持、代码行数的统计方式、如何将非编程人员的支持工作计入“每人年的代码行数”以及许多其他因素，因此表 27-2 的具体数字会有很大差异。

但同时要意识到，这些数字所显示的总体趋势是很重要的。小项目的生产力可能是大项目的两到三倍，而且从最小到最大的项目，生产力可能相差五到十倍。

27.5 项目规模对开发活动的影响

如果做的是单人项目，对项目成败影响最大的就是你自己。如果是一个 25 人的项目，可以想象你仍然是最大的影响者，但更有可能的是，没有人会因为这一殊荣而获奖，因为组织对项目的成败有更大的影响。

活动占比和规模

随着项目规模和对正式沟通的需求的增大，项目所需的活动种类也会发生显著变化。图 27-3 展示了不同规模的项目的开发活动占比。

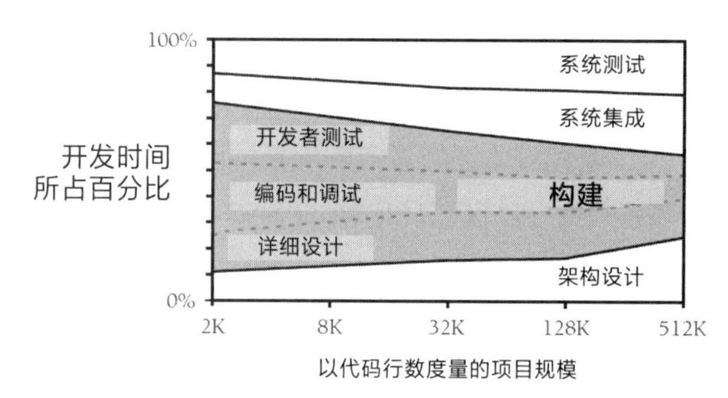

图 27-3　构建活动在小型项目中占主导地位。较大的项目需要更多的架构、集成工作和系统测试才能成功。图中未显示需求工作，因为在需求上的付出不像其他活动那样直接与项目规模相关 (Albrecht 1979; Glass 1982; Boehm, Gray, and Seewaldt 1984; Boddie 1987; Card 1987; McGarry, Waligora, and McDermott 1989; Brooks 1995; Jones 1998; Jones 2000; Boehm et al. 2000)

在小型项目中，构建是迄今为止最突出的活动，占总开发时间的 65%。在中等规模的项目中，构建仍然是最主要的活动，但它在总工作量中的比重下降至 50% 左右。在非常大的项目中，架构、集成和系统测试占用了更多时间，构建则变得不是那么占主导。简单地说，随着项目规模的扩大，构建在总工作量中的比重越来越小。这张图看起来好像你可以把它向右延伸，让构建完全消失。所以，为了保住我的工作，我把它截断在 512 K。

构建之所以越来越不占主导，是因为随着项目规模的扩张，构建活动（包括详细设计、编码、调试和单元测试）虽然规模也会相应扩张，但许多其他活动的规模扩张得更快。图 27-4 对此进行了演示。

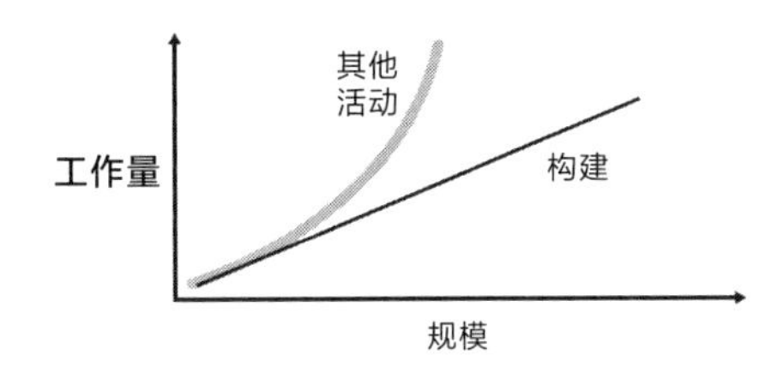

图 27-4　软件构建的工作量与项目规模呈近似线性的关系。其他类型的工作量随项目规模的扩张非线性地增大

规模相近的项目将采取类似的活动，但活动类型随项目规模而异。如本章最开头所述，当 Gigatron Deluxe 版本的规模达到 Gigatron 初始版本的 10 倍时，其构建活动的工作量是原来的 25 倍，项目规划的工作量是原来的 25~50 倍，系统集成的工作量是原来的 30 倍，架构设计和系统测试的工作量则为原来的 40 倍。

活动的比例之所以发生变化，是因为它们对不同规模的项目的重要性不一样。有报告称，对于代码不超过 10 000 行的项目，把大约 5% 的项目总成本花在架构和需求上，会使整个项目的成本最低。但对于代码不超过 100 000 行的项目，需要在架构和需求上花费 15% 到 20% 的工作量才能产生最佳结果 (Boehm and Turner 2004)。

随着项目规模的扩大，以下活动的工作量增长高于线性比率：

- 沟通
- 规划
- 管理
- 需求开发
- 系统功能设计
- 接口设计和规格
- 架构
- 集成
- 缺陷消除
- 系统测试
- 文档编写

无论项目规模如何，总有一些技术是价值的：训练有素的编码实践、其他开发人员进行的设计审查和代码审查、强大的工具支持以及高级语言的使用。这些技术对小项目很有价值，对大项目的价值更是无法衡量。

程序、产品、系统和系统产品

代码行数和团队规模并不是影响项目规模的惟一因素。一个更微妙的影响是最终软件的质量和复杂性。初版 Gigatron(即 Gigatron Jr.) 可能只花了一个月的时间来编写和调试。它是由一个人编写、测试和撰写文档的单一程序。既然 2 500 行的 Gigatron Jr. 只花了一个月的时间，为何完善的、25 000 行的 Gigatron 要花 20 个月？

深入阅读　关于这个观点的另一种解释，请参见《人月神话》(Brooks 1995) 的第 1 章。

最简单的软件是单一的程序，开发它的人留给自己用的，或者非正式地由其他几个人使用。

更复杂的程序是软件产品，一个旨在供原开发者之外的其他人使用的程序。软件产品的使用环境和产品创建时的环境不同。它在发布之前经过了全面的测试，要有文档，并能由其他人维护。软件产品的开发成本约为软件程序的三倍。

另一个层次的复杂性发生在需要开发一组协同工作的程序的时候。这样的一组程序称为软件系统。开发系统比开发简单的程序更复杂，因为这涉及到开发各个部分之间的接口的复杂性，而且需要小心翼翼地集成各个部分。总的来说，系统的成本也是简单程序的三倍左右。

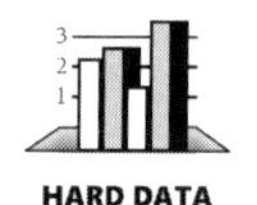

而系统产品在开发完毕后，它既有单一产品的完善度，也有系统的多个部分。系统产品的成本约为简单程序的 9 倍 (Brooks 1995, Shull et al. 2002)。

没有意识到程序、产品、系统和系统产品之间在完善度和复杂度上的差异，是导致估计错误的一个常见原因。程序员如果用他们构建“程序”的经验来估计构建“系统产品”的时间表，可能会低估近 10 倍的时间。在考虑下面的例子时，请同时参考图 27-3。若用你写 2 000 行代码的经验来估计开发一个 2 000 行的程序所需的时间，你的估计只占实际开发一个程序的全部活动所需总时间的 65%。写 2 000 行代码所花的时间并不等同于创建包含 2 000 行代码的一个完整程序的时间。如果不考虑非构建活动所需的时间，开发会比你估计的多花 50% 的时间。

随着规模的扩大，构建在项目的总工作量中变得越来越小。如果只依据构建经验来估计，估计的误差就会增加。如果用自己 2 000 行代码的构建经验来估计开发一个 32K 行程序所需的时间，你的估计将只占总时间的 50%；开发过程的耗时比你估计的多出 100%。

这里的估计错误完全归咎于你不了解规模对于开发大型程序的影响。除此之外，如果没有考虑到一个“产品”而不是一个单纯的“程序”所需的额外完善度，这个误差很容易增加三倍或更多。

方法论和规模

方法论有各种规模的项目中都有使用。在小项目中，方法论往往是随意和出于本能的。而在大项目中，它们往往是严格和精心规划的。

有的方法论很松散，以至于程序员甚至意识不到自己正在使用它们。一些程序员认为方法论过于死板，表示自己绝不会去碰。虽然程序员可能确实没有有意识地选择一个方法论，但任何编程方法都构成了方法论，无论这种方法论是多么无意识或原始。虽然没啥创意，但仅仅是早上起床和上班就是一种基本的方法论。坚持不去碰方法论的程序员实际只是在明确地避免选择一种，事实上，没人能完全避开它们。

正式方法并不总是那么有趣，而且如果被错误地应用，它们产生的开销会非常大，以至于得不偿失。但是，大项目的复杂性要求我们更有意识地关注方法论。建造摩天大楼和搭狗窝需要不同的方法。不同规模的软件项目亦是如此。在大项目中，无意识的选择不足以完成任务。成功的项目规划者会明确地为大项目选择策略。

在社交场合，活动越正式，你的衣服就越不舒服 (高跟鞋和领带什么的)。在软件开发中，项目越正式，文书越多，这样才能证明你已经做好了功课。琼斯 (Capers Jones) 指出，一个 1 000 行代码的项目，平均约 7% 的精力要花在文档工作上。而一个 10 万行代码的项目，平均约 26% 的精力要花在文档工作上 (Jones 1998)。

这些文档工作并不是为了单纯写文档的乐趣而产生的。它的产生是如图 27-1 所示的现象的直接结果：要协调的人越多，协调他们需要的正式文档越多。

任何这样的文档都不是为了创建而创建。例如，编写配置管理计划的目的并不是锻炼你的写作能力。编写计划的目的在于迫使自己仔细考虑配置管理并向其他人解释你的计划。文档只在计划和构建软件系统时所做的实际工作的一种有形的副产品。如果觉得自己正在照本宣科地写一些常规文档，那肯定是出了问题。

就方法论而言，更多并不意味着更好。鲍姆和特纳对敏捷和计划驱动的方法论进行了对比，他们警告说，相较于从一个包罗万象的方法开始，并针对小项目缩减规模，更好的做法是从小方法开始，并针对大型项目进行扩充 (Boehm and Turner 2004)。一些软件专家会谈论所谓的“轻量级”和“重量级”方法论，但在实践中，关键在于考虑项目的具体规模和类型，然后找到“适量级”(right-weight) 的方法论。

更多资源

通过以下资源进一步探索本章的主题。

Boehm, Barry and Richard Turner. *Balancing Agility and Discipline: A Guide for the Perplexed*. Boston, MA: Addison-Wesley, 2004. 两位作者描述了项目规模对使用敏捷方法和计划驱动方法会有怎样的影响，还探讨了其他一些与敏捷和计划驱动有关的话题。中译本《平衡敏捷与规范》

Cockburn, Alistair. *Agile Software Development*. Boston, MA: Addison-Wesley, 2002. 该书第 4 章描述了与选择适当的项目方法论有关的问题，包括项目规模。第 6 章介绍了作者的 Crystal 方法论，亦即用于开发不同规模、不同紧要程度的项目而采取的一系列方法。中译本《敏捷软件开发》

Boehm, Barry W. *Software Engineering Economics*. Englewood Cliffs, NJ: Prentice Hall, 1981. 本书广泛探讨了项目规模和软件开发过程中的其他变量对成本、生产率和质量的影响。本书探讨了项目规模对构建和其他活动的影响。其中第 11 章非常精彩地解释了成本因软件因规模扩大而增加的现象。有关项目规模的其他信息则散布于本书的其他章节。作者在其 2000 年出版的 *Software Cost Estimation with COCOMO II* 一书中为 COCOMO 评估模型给出了更多最新的参考资料，但前一本书就该模型的背景讨论更为深入，而且这些信息仍然适用。中译本《软件工程经济》

Jones, Capers. *Estimating Software Costs*. New York, NY: McGraw-Hill, 1998. 本书用大量表格和图表深入解析软件开发生产率的根源。如

果特别关注项目规模所带来的影响，不妨参考作者在 1986 年出版的《编程生产力》一书，第 3 章对此做了精彩论述。

Brooks, Frederick P., Jr. *The Mythical Man-Month: Essays on Software Engineering*, Anniversary Edition (2d ed.). Reading, MA: Addison-Wesley,1995. 作者是 IBM OS/360 项目的开发经理，这是一个花了 5 000 人年的大项目。他讲述了与小型团队和大型团队相关的管理问题，在这个引人入胜的论文集当中，还对首席程序员团队进行了特别生动的描述。中译本《人月神话》

DeGrace, Peter, and Leslie Stahl. *Wicked Problems, Righteous Solutions: A Catalogue of Modern Software Engineering Paradigms*. Englewood Cliffs, NJ: Yourdon Press, 1990. 书如其名，其中收编了众多软件开发方法。就像本章一直在强调的那样，采用的方法应随项目规模而变，作者更清晰地说明了这一点。第 5 章有个小节讲述了如何依据项目的规模和正式程度来定制软件开发过程。书中包含对 NASA 和美国国防部的模型讲解，还列举了大量启发性的示例。

Jones, T. Capers. "Program Quality and Programmer Productivity." IBM Technical Report TR 02.764 (January 1977): 42–78. 也见于 Jones 的 *Tutorial: Programming Productivity: Issues for the Eighties*, 2d ed. LosAngeles, CA: IEEE Computer Society Press, 1986. 作者首次深入分析了在大型项目与小型项目中，导致工作量分配支出模式不同的原因，深入探讨了大型项目和小型项目的诸多不同之处，包括需求分析和质量。内容虽然有点过时，但还是很有趣。

要点回顾

- 随着项目规模的扩大，沟通交流也需要有保障。大多数方法论的要点在于减少沟通问题，而一个方法论的存亡也取决于它是否能够有效地促进沟通。
- 其他所有条件都等同的情况下，大项目的生产率将低于小项目。
- 其他所有条件都等同的情况下，大项目的每千行代码错误率高于小项目。
- 在小项目中一些看起来理所当然的活动，在大型项目中则必须认真规划。随着项目规模的扩大，构建活动越来越不占主导。

- 与缩减“重量级”方法论相比，对“轻量级”方法论进行扩充往往效果更佳。在所有方法论当中，最有效的当属“适量级”方法论。

读书心得

1. ________________
2. ________________
3. ________________
4. ________________
5. ________________

第 28 章

管理构建

内容

相关主题及对应章节

- 软件构建的前期准备：第 3 章
- 确定要开发什么类型的软件：第 3.2 节
- 程序规模对构建的影响：第 27 章
- 软件质量：第 20 章

过去几十年里，软件开发的管理一直是一项艰巨的挑战。如图 28-1 所示，软件项目管理的一般主题超出了本书的范围，但本章讨论了直接适用于构建的一些具体的管理主题。如果你是开发人员，本章将帮助你了解管理者需要考虑的问题。如果你是管理者，本章将帮助你了解管理在开发人员看来是怎样的，以及如何有效地管理构建。由于本章涵盖了广泛的主题，所以还用几个小节描述了可以去哪里获得更多信息。

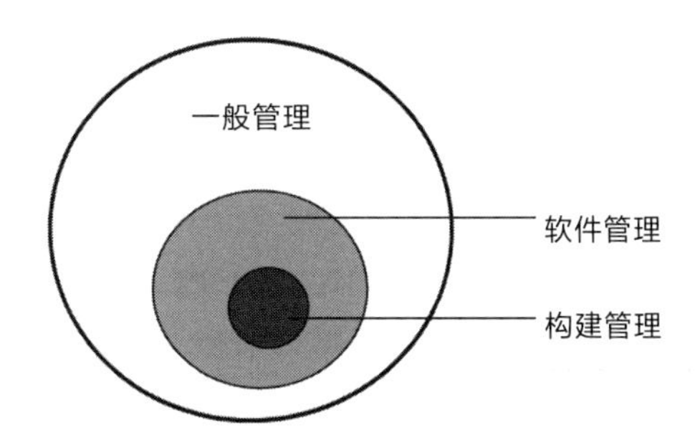

图 28-1　本章讨论与构建相关的管理主题

如果对软件管理感兴趣，请务必阅读第 3.2 节，理解传统顺序开发方法和现代迭代方法之间的区别。还要阅读第 20 章和第 27 章。质量目标和项目规模都会极大地影响一个特定的软件项目的管理方式。

28.1 鼓励良好的编码实践

由于代码是构建的主要产出，所以对构建进行管理的一个关键问题是“如何鼓励良好的编码实践？”一般来说，从管理岗位强制要求一套严格的技术标准并不是一个好主意。程序员往往认为管理者处于技术进化的低级阶段，介于单细胞生物和冰河时期灭绝的长毛象之间，如果要有编程标准，程序员必须买账才行。

如果项目中要有人定义标准，请让一个受人尊敬的架构师来定义，而不是由管理者。软件项目在“专业技术等级结构”和“权力等级结构”上的运作方式是差不多的。若架构师被认为是项目的精神领袖，则项目团队通常会遵循其制定的标准。

如选择这种方式，请确保架构师真的受尊重。有的时候，项目架构师只是因为工作年限够长而资深而已，早就和生产编码问题脱节了。如果这种“架构师”定义的标准与正在做的工作脱节，程序员会有怨气。

设定标准时的注意事项

标准在某些组织中比在其他组织更有用。一些开发者欢迎标准，因其可减少项目中随性而为的差异。如团队抵制严格的标准，可考虑一些替代方案：灵活的指导原则、一系列建议而不是指导原则或者一组体现最佳实践的例子。

促进良好编码的技术

本节描述了为实现良好的编码实践而采用的几种技术，这些编码实践不像死板的编码标准那样严厉。

关联参考　要想深入了解结对编程，请参见第 21.2 节。

为项目的每个部分都分派两个人　如果每行代码都由两个人共同完成，就可保证至少有两个人认为这段代码是可以正常工作的，而且是清晰可读的。两人组队的机制包括结对编程、师徒制以及伙伴系统评审等。

关联参考 要想进一步了解代码评审，请参见第 21.3 节和第 21.4 节。

逐行评审代码 代码评审通常涉及程序员本人和至少两名评审者。这意味着至少会有 3 个人来逐行阅读全部代码。同行评审的另一种说法是“同行压力”。除了能够为原程序员离开项目时提供一层安全保障外，评审还有助于提升代码质量，因为程序员知道会有其他人看自己的代码。即使你的组织并未明确制订编码标准，评审也会以一种微妙的方式促成小组的编码标准：小组成员会在评审过程中做出一些决定，而随着时间的推移，小组会衍生出自己的编码标准。

要求代码签核 在其他领域里，技术图纸需要由工程师主管来批准和签字。签字表明，在该工程师的认知范围内，确认这些图纸在技术上可行并且没有错误。一些组织也用相同的方法来管理代码，要求在确认代码完成之前，高级技术人员必须在代码清单上签字。

选取优秀的代码示例作参考 但凡优秀的管理，都有一个重要的方面，即清晰表达自己的目标。传达目标的一种方式是向程序员传递一些优秀的代码或者公开张贴出来。这样可通过清晰的样例来说明质量目标。类似地，编码标准手册也可以主要由一份“最佳代码清单”构成。将一些代码清单标识为“最佳”，就树立了一个其他人可以遵循的榜样。这种手册比一大堆文字的标准手册更容易更新，而且很容易将编码风格中的细微之处表达清楚，这是文字描述难以做到的。

关联参考 所谓编程，在很大程度上就是和别的人进行工作上的沟通。要想进一步了解详情，请参见第 33.5 节和第 34.3 节。

重点强调代码是公有财产 程序员有时认为自己写的代码是“自己的代码”，就像私有财产一样。虽然这是他们的工作成果，但代码属于项目的一部分，应提供给项目组中其他任何成员根据需要自由获取。即使其他时间不会公开，但至少在代码评审和维护期间应该让别人看到。

据报道称，一个最成功的项目花 11 个工作年开发了 83 000 行代码。在投入运行后的前 13 个月里，只找出了一个导致系统故障的错误。要知道，该项目是在 20 世纪 60 年代后期完成的（当时没有联机编译或交互式调试工具），所以这个成就显得更加引人注目。该项目的生产率——在 20 世纪 60 年代末期，每人年 7 500 行代码——即使按今天的标准来看也仍然令人印象深刻。该项目的首席程序员在报告中陈述，项目成功的关键因素之一就是将所有计算机的运行记录（无论出错与否）都视为公产而非私产 (Baker and Mills 1973)。这一理念延伸到好多现代的场景中，包括开源软件 (Raymond 2000) 和极限编程 (XP) 所倡导的集体所有权 (Beck 2000) 以及其他应用场景。

奖励好的代码 使用你的组织的奖励制度来激励良好的编码实践。开发激励系统时记住以下几点。

- 奖励是程序员想要的东西。许多程序员认为“干得好”这样虚的口头表扬令人厌恶，特别是当它们来自非技术岗的经理时。
- 获得奖励的代码应该是特别好的。如果给一个其他人都知道做得不好的程序员颁奖，你看起来就像辛普森 (Homer Simpson) 试图操作核反应堆 。这个程序员是否有合作精神或总是按时上班并不重要。如果奖励和技术脱节，你就会失去可信度。如果技术上不熟练，无法对代码做出准确的判断，那就索性什么都别干！根本不要颁奖，或者让你的团队选择获奖者。

一个简单的标准 如果你负责管理一个编程项目，而且你有编程背景，一个简单而有效的激励良好工作的技巧是宣布“我必须能阅读和理解为该项目写的任何代码。”管理者不是最炙手可热的技术专家，这可能反而是一种优势，因为它能阻止某些“聪明”或“难以理解”的代码。

本书的角色

本书大多数篇幅都在讨论良好的编程实践。但是，本书并不想为死板而严格的标准做辩护，更不打算被用作一套这样的标准。相反，本书旨在提供一个讨论的基础，帮助你理解什么是好的编程实践，并帮助你在自己的环境中识别那些真正有益的实践。

28.2 配置管理

软件项目是动态变化的。代码在变，设计在变，需求也在变。更重要的是，需求的变化会导致设计的更多变化，而设计的变化会导致代码和测试用例的更多变化。

什么是配置管理

配置管理是指标识出项目工件并以系统化的方式处理变更，使项目能随时间的推移保持其完整性。它的另一个名字是“变更控制”。它包含多项技术：评估提议的变更请求、跟踪变更、保留系统在不同时间点的多个历史版本。

如果对需求的变更不加以控制，就会为系统中最终会被移除的部分写代码。另外，还会写出一些和系统新增部分不兼容的代码。可能要等到集成的时候，才发现大量不兼容。这会导致相互指责的局面，因为没人真正知道到底发生了什么。

如果对代码的变更不加以控制，可能出现别人正在修改一个子程序，而你也跑去修改的情况。这会造成很难将自己的更改和别人的更改合并。不加控制的代码变更会使代码表面上看起来似乎做了更多的测试，但实则不然。测试过的很可能是旧的、未更改的版本：而修改过的版本可能还没有测试。如果没有良好的变更控制，可能会去修改一个子程序，发现新错误，但再也无法恢复到最初可以正常工作的旧版本。

这些问题产生的时间并不确定。如果不系统化地对变更加以控制，那么就像是在迷雾中随意游走，而不是直接朝着清晰的目标迈进。缺乏良好的变更控制，与其说是在开发代码，还不如说是在浪费时间。配置管理可帮助你有效地利用时间。

虽然配置管理有显而易见的必要性，但几十年来，相当多的程序员并不愿意做配置管理。二十世纪八十年代的一份调查表明，超过三分之一的程序员甚至还不熟悉这一概念 (Beck and Perkins 1983)，而且也几乎没有迹象表明这一状况有所改变。SEI 软件工程研究所的一份研究表明，在采用非正式软件开发实践的组织当中，有适当配置管理的不到 20%(SEI 2003)。

配置管理并不是由程序员发明的，但由于程序项目相当不稳定，所以配置管理对程序员极其实用。应用于软件项目的配置管理通常也称为“软件配置管理”(Software Configuration Management，SCM)。SCM 关注程序的需求、源代码、文档和测试数据。

SCM 的系统性问题是过度控制。阻止交通事故的最可靠的方法是阻止所有人开车，而阻止软件开发问题的一个可靠方法是阻止所有的软件开发。虽然这也是一种控制变更的方法，却无疑是开发软件中极其糟糕的方法。必须认真做好 SCM 计划，使其成为一种资产而非负担。

关联参考　请参见27章，进一步了解项目规模对构建的影响。

在小型单人项目中，除了计划一下非正式的周期性备份，不用 SCM 也行。尽管如此，配置管理仍然非常有用，而且事实上，我在写这本书时就用到了配置管理。在一个大型的 50 人项目里，或许就要采用最全面的 SCM 方案，包括相当正式的备份规程、控制需求变更和设计变更以及对文档、源代码、内容资源、测试用例和其他项目工件进行全面控制。如项目规模不大也不小，就需要在两种极端情况之间确定正规程度。以下几个小节描述了实现 SCM 时的几个选项。

需求和设计变更

关联参考　有的开发方法能更好地支持变更。详情可以参见第 3.2 节。

在开发过程中，一定会萌发很多关于如何改进系统的想法。如果每有一个想法就实现相应的变更，很快就会发现自己走上了软件开发的不归路：虽然系统在发生变化，离终点却渐行渐远。以下是一些用于控制设计变更的指导原则。

遵循系统化的变更控制规程　如第 3.4 节所述，在面临很多变更请求时，系统化的变更控制规程简直就是天赐之物。通过建立一套系统化的规程，就能明确变更应放在对整个项目最为有利的场景下考虑。

整体处理变更请求　人们的倾向于一有想法就去实现那些容易处理的变更。但这样处理变更的问题在于，好的变更可能会被错过。如果在项目进行到 25% 时想起一项简单的变更，当时一切都按计划顺利进行，开发者就会去实现该变更。如果在项目进行到 50% 并且进度已经滞后时又想到另外一项简单的变更，或许就不会去实现它。等到项目进行到最后，时间差不多用完，这时即使后一项变更要比前一项好上 10 倍，也都没有机会去做了。一些最好的变更就这样错过了，原因仅仅是想到它时才发现为时已晚。

解决该问题的一个办法是先记录所有想法和建议，无论它们实现起来有多容易。做好记录，直到有时间才处理。到那时，作为一个整体来处理，从中选出最有利的来实现。

评估每项变更的成本　每当客户、老板或自己试图修改系统时，不妨评估一下需要花多少时间，包括对修改的代码进行评审以及重新测试整个系统的时间。在评估时，还要把该变更所导致的连锁反应（需求、设计、编码、测试以及用户文档的变更）的耗时都考虑进去。让所有利益相关方都知道软件是错综复杂交织在一起的，而且评估变更的耗时非常有必要，哪怕要做的变更表面上微不足道。

无论首次提出变更请求时自己觉得有多么乐观，都不要信口开河，随便给出评估。这种评估通常带有两倍甚至更高的误差。

关联参考　参见第 3.4 节，尝试从另一个角度来看待变更处理。参见第 24 章，进一步了解如何安全地处理代码变更。

提防大量的变更请求　虽然某种程度的变更不可避免，但大量的变更请求是非常重要的警告信号，表明需求、架构设计或顶层设计做得不够好，无法有效地支撑有效的构建。对需求或架构进行返工表面上看起来代价昂贵，但相较于多次构建软件，或者将实际并不需要的功能的代码丢掉相比，仍然值得考虑。

成立变更控制委员会或适合自己项目的类似组织　变更控制委员会的职责是在收到变更请求后进行去芜存菁。任何提议变更的人都要将变更请求提交给变更控制委员会。这里的“变更请求”指的是任何可能改变软件的请求：对于一个新功能的想法、对现有功能的更改以及一份“错误报告”(可能报告了真正的错误，也可能没有)等等。委员会成员定期开会评审提交的变更请求。每一项变量都可能批准、驳回或推迟。变更控制委员会被认为是设定需求变更的优先级以及控制需求变更的最佳实践；然而，在商业环境中仍然应用得不够广泛 (Jones 1998，Jones 2000)。

警惕官僚主义，但不要因为惧怕官僚主义而排斥有效的变更控制缺乏规范的变更控制是当今软件行业面临的重大管理难题之一。在被认为进度落后的项目中，有相当大的比例本可按时完成，只要考虑到未做跟踪却同意变更所带来的影响。糟糕的变更控制会导致变更堆积如山，从而破坏项目状态的可见性、长期可预测性、项目计划、风险管理(这一点很重要)以及一般意义上的项目管理。

变更控制往往会滋生官僚主义，所以，重要的是想办法简化变更控制过程。如果不愿意采用传统的变更请求，那么不妨设置一个简单的“变更委员会”电子邮件别名，然后让大家将变更请求发送到该地址。或者，让人们在变更委员会的会议上进行互动，提出各自的变更建议。一种特别有效的方法就是将所有的变更请求都作为“缺陷”记录到缺陷跟踪软件中。有的纯化论者会将这些变更归为“需求缺陷”，或者你也可以将它们归为变更而不是缺陷。

既可以正式实施变更控制委员会制度，也可以设立一个产品规划小组或者作战指挥委员会，由他们履行变更控制委员会的传统职责。再或者，也可以指派某个人来担任变更最高统帅。无论怎么称呼，都要去做！

我偶尔会看到一些项目因为变更控制的粗暴实施而饱受折磨。但 10 倍以上的项目是因为根本就不存在有意义的变更控制才饱受折磨。

变更控制的精华在于确定什么最重要，所以不要因为对官僚主义的恐惧而阻止你享受它的许多好处。

软件代码变更

另一个配置管理问题是对源代码的控制。如果变更了代码，然后出现了一个似乎与你所做的变更无关的新错误，你可能会将新版本的代码与旧版本的代码进行比较，以寻找错误根源。如果找不到答案，你可能想看更早的版本。如果有版本控制工具来跟踪多个版本的源代码，这种历史考究就很容易了。

版本控制软件　好的版本控制软件很好用，你几乎注意不到它在发挥作用。它对团队项目特别有帮助。版本控制的一种方式是锁定源文件，一个文件每次只能有一个人修改。通常，在需要处理某个文件的源代码时，会将该文件从版本控制中签出。如当前已由别人签出，会通知你当前不能签出。签出后，可像在没有版本控制的情况下一样处理它，直到准备好签入。另一种方式是允许多人同时处理同一个文件，并在代码签入时处理合并修改的问题。无论哪种情况，在签入文件时，版本控制都会问你为什么要改变它，而你需要输入理由。

通过这种适度的投入，可以获得几个大的好处。

- 不会在别人修改文件时候跟他 / 她发生冲突 (或者至少在发生冲突时会知道)。
- 可以很容易地将项目中所有文件的副本更新为最新版本，通常一个指令即可。
- 可回溯到任何文件的任何版本，这些文件曾被签入版本控制系统。
- 可获得任何文件的任何版本的改动清单。
- 不必担心个人备份，因为有一个版本控制副本的安全网。

版本控制对于团队项目是不可缺少的。当版本控制、缺陷跟踪和变更管理被合并到一起时，它变得更加强大。微软的应用程序部门认为，其专有的版本控制工具是一项“主要竞争优势”(Moore 1992)。

工具版本

对于某些类型的项目，可能需要重建当初在创建软件每个特定版本时的环境，包括编译器、链接器、代码库等。在这种情况下，应将所有这些工具也纳入版本控制。

机器配置

许多公司（包括我自己的）都因创建标准化的开发机器配置而受益。具体的做法是创建一个标准开发者工作站的磁盘镜像，其中包括所有常见的开发者工具、办公应用等。然后，将该镜像加载到每个开发人员的机器上。创建标准化的配置有助于避免因为配置的少许差异、工具版本的差异而造成一系列问题。相较于必须单独安装每个软件，标准化的磁盘镜像还能大幅简化新机器的安装与配置。

备份计划

备份计划不是什么新概念，就是定期备份自己的工作。写作时，如果是手写稿，肯定不会有人把写好的书页堆在门廊上。如果这样，书稿可能会被雨淋或被风吹走，邻居家的狗也可能借走当作自己的睡前读物。你会把它们放在安全的地方。软件不那么有形，所以我们更容易忘记自己在一台机器上拥有巨大价值的东西。

电脑数据可能发生许多事情：磁盘可能失效；你或其他人可能意外删除关键文件；一个愤怒的员工可能破坏你的机器；或者你可能因为盗窃、水灾或火灾而失去一台机器。采取措施来保护自己的工作。备份计划应包括定期进行备份和定期将备份转移到异地存储，它应包括项目的所有重要资料（如文件、图形和笔记）以及源代码。

制定备份计划时，一个经常被忽视的方面是要对备份程序进行测试。试着在某个时间点做一次还原，确定备份包含你所需要的一切，而且能正常还原。

项目完成后，建立一个项目档案。保存所有东西的副本，如源代码、编译器、工具、需求、设计、文档，一切重新创建产品所需的东西，要把它们放在安全的地方。

检查清单：配置管理

概要

❑ 软件配置管理计划是设计用来帮助程序员并将开销最小化吗？

❑ 软件配置管理 (SCM) 避免了对项目的过度控制吗？

❑ 变更请求是进行了分组，当作一个整体处理的吗？无论采用非正式的方法 (例如创建一份待定变更的清单) 还是更系统化的方法 (例如设立变更控制委员会)。

❑ 系统化地评估了提交的每一项变更请求对于成本、进度和质量的影响了吗？

❑ 将重大的变更视为需求分析不够完善的一个警示了吗？

工具

❑ 采用版本控制软件来帮助配置管理了吗？

❑ 采用版本控制软件减少团队工作中的协调问题了吗 ?

备份

❑ 定期备份所有项目资料了吗 ?

❑ 定期将项目备份数据转移到异地存储了吗 ?

❑ 所有资料 (包括源代码、文档、图片和重要的笔记) 都备份了吗 ?

❑ 测试过备份与还原过程吗 ?

关于配置管理的更多资源

由于本书的主题是软件构建，所以本节是以构建的视角看待变更控制。但是，变更会从各个层面上对项目产生影响。所以，一个全面的变更控制策略也需要如此。

Hass, Anne Mette Jonassen. *Configuration Management Principles and Practices*. Boston, MA: Addison-Wesley, 2003. 这本书描述了软件配置管理的全景，还描述了如何将软件配置管理融入软件开发过程的实践细节。重点在于配置项的管理和控制。

Berczuk, Stephen P. and Brad Appleton. *Software Configuration Management Patterns: Effective Teamwork, Practical Integration*. Boston,

MA: Addison-Wesley, 2003. 和 Hass 的书一样，这本书概述了 SCM，而且相当实用。作为对 Hass 那本书的补充，书中提出了一些实用的指导原则，帮助开发团队隔离和协调他们的工作。

SPMN. Little Book of Configuration Management. Arlington, VA: Software Program Managers Network, 1998. 这本小册子介绍了配置管理活动，对成功的关键因素进行了定义。可从 SPMN 网站 www.spmn.com/products_guidebooks.html 免费下载。

Bays, Michael. *Software Release Methodology*. Englewood Cliffs, NJ: Prentice Hall, 1999. 讨论了软件管理管理，侧重于如何发布软件。

Bersoff, Edward H., and Alan M. Davis. “Impacts of Life Cycle Models on Software Configuration Management”，*Communications of the ACM* 34, no. 8 (August 1991): 104–118. 这篇文章描述了软件开发的一些较新的方法 (特别是原型法) 对 SCM 的影响。这篇文章尤其适合采用敏捷开发实践的场景。

28.3 评估构建进度表

软件项目管理是人类在二十一世纪所面临的一项重大挑战。评估项目的规模和完成项目所需要的工作量是软件项目管理中最具挑战性的工作内容之一。大型软件项目平均延期一年，且超出预算 100%(Standish Group 1994, Jones 1997, Johnson 1999)。在个人层面上，对预估和实际的进度表的调查显示，开发人员的估计值比实际值要外观 20%~30%(van Genuchten 1991)。这既与对项目规模和工作量糟糕的评估有关，也和开发能力不足有关。本节讨论评估软件项目时涉及的一些问题，并指出去哪里获得更多信息。

评估方法

深入阅读　要想进一步了解进度评估技术，请参见《快速开发》(纪念版) 的第 8 章 (McConnell 1996) 以 及《COCOMO II 软件成本估算》(Boehm et al. 2000)。

可采取以下几种方法评估项目规模及其涉及的工作量。

- 使用评估软件。
- 采用算法模型，例如鲍姆 (Barry Boehm) 提出的 COCOMO Ⅱ评估模型 (Boehm et al. 2000)。
- 外聘专家来评估项目。
- 为评估举办一次走查会议。

- 评估项目的每一部分，然后汇总。
- 先让人员评估各自的任务，然后汇总。
- 参考以往项目的经验。
- 保留之前的评估值，检查其准确度。据此调整新的评估值。

可从本节末尾的“软件评估的更多资源”获取有关这些方法的更多信息。下面是一个比较好的项目评估方法：

深入阅读　这种方法改编自《软件工程经济》(Boehm 1981)。

建立目标　为什么需要评估？评估什么？只评估构建活动，还是评估所有开发活动？只评估项目所需的工作量，还是将休假、节假日、培训和其他非项目活动都算在内？评估需要多准确才能达到你的目标？评估需要什么样的确定程度 (degree of certainty)？乐观评估和悲观评估会产生截然不同的结果吗？

为评估留出时间，并且做出计划　草率的评估是不准确的。如果评估的是大型项目，需要将评估工作当作一个迷你项目来做，并且要花时间为评估制订微计划，这样才能把评估做好。

关联参考　要想深入了解软件需求，请参见第 3.4 节。

阐明软件需求　就像建筑师无法估算一座“相当大”的房子需要花费多少钱一样，你也无法靠谱地评估一个“相当大”的软件项目。在一个“东西”还没有被定义的时候，任何人期望你估计出建造这个“东西”所需的工作量，都是不合理的。评估之前，先定义好需求，或者计划一个初步的探索阶段。

在底层细节层面进行评估　根据已确定的目标，基于对项目各项活动的详细检查进行评估。通常，检查得越细致，评估结果越准确。根据大数定律 (Law of Large Numbers)，如果整体评估存在 10% 的误差，那么只做一次评估，结果可能高出 10%，也可能低出 10%。但是，若将其拆分成 50 个小块再评估，某些块的结果会高出 10%，某些块会低出 10%，而这些误差趋向于相互抵消。

关联参考　在软件开发中，很难找出一个迭代没有价值的领域。迭代对评估也很有帮助。有关迭代技术的总结，请参见第 34.8 节。

采用多种评估方法并比较结果　本节开头列出的评估方法涉及几种技术。它们的评估结果并不完全一样，所以要多尝试多个，并研究不同方法所产生的不同结果。小孩们很早就知道，如果分别向父母要第 3 碗冰淇淋，比单独向父亲或母亲索要的成功率高一些。有的时候，家长也很聪明，会给出一致的回答；有时则不会。看看能从不同的评估方法获得哪些不同的结果。

不存在所有情况都适用的方法，而且它们之间的差异还具有一定的启发性。例如，写本书第一版时，我最初粗略估算只有 250~300 页。

但在我最终做了深入估算时，结果是 873 页。“这恐怕不对。”我想。于是，我用一种完全不同的技术来估算，结果是 828 页。考虑到估算结果的差异约为 5%，所以我得出结论，这本书将更接近 850 页而不是 250 页。这样一来，我就能相应地调整写作计划。

定期重新评估　软件项目的因素在最初的评估后会发生变化，所以做好计划定期更新。如图 28-2 所示，随着项目趋近于完成，估算的准确性应该提高。不时将实际结果与评估的结果进行比较，并据此改进对项目剩余部分的评估。

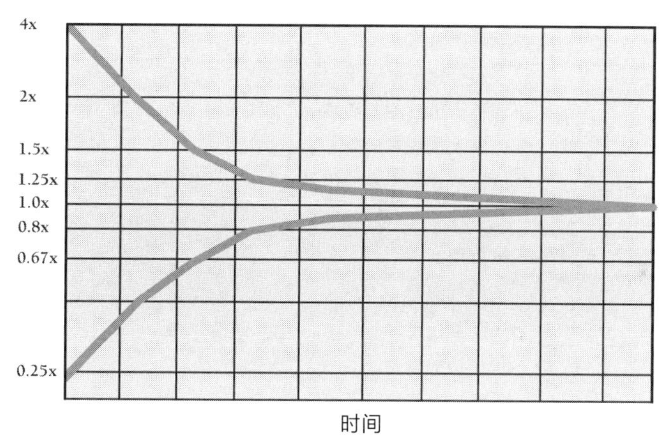

图 28-2　在项目早期创建的评估注定不准确。随着项目的进展，评估结果变得越来越准确。在整个项目中定期重新评估，并利用从每个活动中学到的知识来改进对下一个活动的评估

评估构建工作量

关联参考　要想进一步了解不同规模项目的编码工作量，请参见第 27.5 节。

构建会对项目进度造成多大程度的影响，部分取决于构建活动（详细设计、编码和调试以及单元测试等）在项目中所占的比例。如前面第 27 章的图 27-3 所示，构建所占比例随项目规模而变。除非公司保留了自己的项目历史数据，否则图中展示的各种活动时间占比就是进行新项目评估时的一个很好的出发点。

关于项目中构建活动占多大比例这一问题，最好的回答就是依项目和组织而变。保存组织的项目历史数据，并根据它们评估未来的项目要花费多少时间。

对进度的影响

关联参考 程序规模对生产率和质量的影响并非总是那么显而易见。第 27 章解释了规模对构建的影响。

对软件项目进度影响最大的就是程序的规模。但其他很多因素也会对开发进度造成影响。一些针对商业应用程序做的研究将部分因素的影响效果做了量化，如表 28-1 所示。

表 28-1 影响软件项目工作量的因素

影响因素	潜在的有益影响	潜在的有害影响
集中开发 vs. 分布式开发	−14%	22%
数据库规模	−10%	28%
文档符合项目需求	−19%	23%
解释需求时的灵活性	−9%	10%
如何积极应对风险	−12%	14%
编程语言和工具应用经验	−16%	20%
人员连续性 (流动性)	−19%	29%
平台稳定性	−13%	30%
过程成熟度	−13%	15%
产品复杂度	−27%	74%
程序员的能力	−24	34%
需要的可靠性	−18%	26%
需求分析师的能力	−29%	42%
对重用的要求	−5%	24%
最先进的应用程序	−11%	12%
存储限制 (将消耗多少可用存储空间)	−0%	46%
团队凝聚力	−10%	11%
团队在该应用领域的经验	−19%	22%
团队在该技术平台上的经验	−15%	19%
时间限制 (来自应用程序自身)	0%	63%
对软件工具的使用	−-22%	17%

来源：《COCOMO II 软件成本估算》(Boehm et al. 2000)

以下是一些影响软件开发进度但不易被量化的因素，它们选自《COCOMO II 软件成本估算》(Boehm 2000) 和《软件成本估算》(Jones 1998)。

- 需求开发人员的经验和能力
- 程序员的经验和能力
- 团队的动力
- 管理质量
- 重用代码量
- 人员流动性
- 需求稳定性
- 客户关系质量
- 用户对需求的参与度
- 客户对此类应用程序的经验
- 程序员对需求开发的参与度
- 计算机、程序和数据的分级安全环境
- 文档量
- 项目目标(进度、质量、可用性以及其他可能的目标)

每一项因素都可能极其重要，因此需要与表 28-1 列出的因素(这里的部分因素也包括在内)一同考虑。

评估与控制

“关键问题在于，是要预测，还是要控制？”
—吉尔伯 (Tom Gilb)

在为按时完成软件项目而制定的计划中，评估是非常重要的一部分。一旦确定交付日期和产品规范，剩下的主要问题就是如何控制好人员和技术资源的开销，以便能够按时交付产品。从这个角度来说，最初评估时准确度的重要性，远远比不上后期为了如期交付而成功控制好资源的重要性。

进度落后了怎么办

本章前面提到，项目平均会超出原定时间的 100%。进度落后时，增加时间通常并不可行。如果可行，就那么做。否则可以尝试以下一种或多种解决方案。

希望能迎头赶上　项目落后于进度时，人们通常的反应都是乐观的。典型的理由是：“需求所花的时间比我们预期的要长一些，但现在需求已经固定，所以我们一定会在后面省下时间。我们将在编码和测试阶段把时间补回来。”遗憾的是，这种情况几乎不会发生。一个对 300 个软件项目展开的调查显示，越接近项目后期，延误和超支的

现象越严重 (van Genuchten 1991)。项目并不能在后期把时间补回来，而是越来越落后。

扩充团队　根据布鲁克斯定律，向一个已经延期的软件项目增加人手只会使其进一步延期 (Brooks 1995)。这无异于火上浇油。布鲁克斯的解释很有说服力：新手需要先花时间熟悉项目，然后才能有高生产力。培训他们要占用训练有素的这部分人员的时间。而且，如果只是增加人员数量，会导致项目沟通的复杂度和数量随之增加。布鲁克斯指出，一个女人可以在 9 个月内怀胎生子这一事实，并不意味着 9 个女人可以在 1 个月内生个孩子出来。

毫无疑问，布鲁克斯定律应该引起更广泛的关注。人们往往更愿意往一个项目中增派人手，希望他们可以使项目按时完成。管理者需要理解的是，开发软件不同于搬砖，不是说干活的人越多，完成的工作越多。

然而，向延期的项目增加人手会使其延期更久这一论断过于简单，它掩盖了这样的事实：在某些场景下，向延期的项目增加人手是可能提速的。正如布鲁克斯在分析这一定律时所说的，若项目中的任务不可拆分而且不能单独完成，那么增加人手也无济于事。但如果项目中的任务可以拆分，就可以将其细分，然后分配给不同的人来做，甚至可以分配给项目后期才加入的成员。其他研究人员已明确了一些应用场景，在这些场景下可以向延期的项目增加人手，而不会导致项目进一步延期 (Abdel-Hamid 1989，McConnell 1999)。

深入阅读　参见《快速开发》(纪念版) (McConnell 1996) 的第 14 章，进一步了解只构建“刚需”最有价值功能的观点。

缩减项目范围　缩减项目范围这个强大的方法常常会被人们忽视。如去掉一项特性，也就消除了相应的设计、编码、调试、测试和文档工作，同时也移除了该特性和其他特性之间的接口。

最初计划产品时，需要将产品的功能划分成“必须有”“有了更好”和“可选”三类。如进度落后，就调整“可选”和“有了更好”的优先级，丢弃那些最不重要的。

如果做不到完整移除某项特征，可提供该相同功能的简化版本。或许还可以按时交付一个尚未进行性能调优的版本。还可以提供一个版本，其中最不重要的功能可以实现得相当粗略。还可以放宽对速度的要求，因为提供一个速度缓慢的版本更容易。还可以放宽对空间的要求，因为提供一个占用更多内存的版本更容易。

重新评估实现最不重要的特性的开发时间。在两小时、两天或两周之内能提供什么功能？花两周打造的版本比花两天打造的版本好在哪里？或者花两天打造的版本比花两小时打造的版本好在哪里？

软件评估的更多资源

下面列出有关软件评估的更多资源。

Boehm, Barry, et al. *Software Cost Estimation with COCOMO II*. Boston, MA: Addison-Wesley, 2000. 这本书描述了 COCOMO Ⅱ评估模型的来龙去脉，这无疑是当今最流行的模型。

Boehm, Barry W. *Software Engineering Economics*. Englewood Cliffs, NJ: Prentice Hall, 1981. 这本老书对软件项目评估做出了详细的描述，内容比 Boehm 上面那本新书更通用。

Humphrey, Watts S. *A Discipline for Software Engineering*. Reading, MA: Addison-Wesley, 1995. 这本书的第 5 章讲述了作者的探查法，该方法可用于开发者个人工作评估。

Conte, S. D., H. E. Dunsmore, and V. Y. Shen. *Software Engineering Metrics and Models*. Menlo Park, CA: Benjamin/Cummings, 1986. 这本书的第 6 章包含一份对各种评估技术的综述，包括评估的历史、统计模型、基于理论的模型以及复合模型。这本书还针对一个项目数据库演示了各种评估方法的应用，并将评估结果与项目的实际用时进行了对比。

Gilb, Tom. *Principles of Software Engineering Management*. Wokingham, England: Addison-Wesley, 1988. 这本书第 16 章的标题“评估软件特性的 10 个原则”有点儿调侃的意思。作者反对进行项目评估，赞成进行项目控制。他指出，人们并不真的想准确预测，但确实想控制最终的结果。作者给出了 10 个原则来控制项目以使其满足最后期限、成本目标或者其他项目目标。

28.4 度量

软件项目可通过许多方式来度量。以下是对过程进行度量的两个非常充分的理由。

任何项目特性都能找到一种合适的度量方法，而且肯定比完全不度量好　度量可能不是完全精确的，可能很难进行，而且可能需要随着时间的推移而改进，但度量会让你掌控软件开发过程，不度量，就不可能掌控 (Gilb 2004)。

用于科学实验的数据必须量化　你能想象一个科学家因为一组小白鼠比另一组小白鼠“似乎更容易生病”而建议禁止一种新的食品吗？这太荒谬了。你会要求一个量化的理由，例如“相比没吃的小白鼠，吃了新食品的小白鼠每月生病的天数多出了 3.7 天。”为了评估软件开发方法，必须对这些方法进行度量。像“这种新方法似乎生产率更高”这样的陈述是不够的。

留意度量的副作用　度量具有激励作用。人们在意任何被度量的东西，假设它是用来评价他们的。仔细选择你所度量的东西。人们倾向于关注那些被度量的工作，忽略那些没有的。

“测什么，成什么。”
—**彼得斯 (Tom Peters)**

反对度量相当于说最好不要知道项目中真正发生了什么　度量项目的某个方面时，会知道一些你从前不知道的事情。可以看到这个方面是变大、变小还是保持不变。度量为你提供了至少项目的这一方面的窗口。在对度量进行完善之前，这个窗口可能是小和模糊的，但总比没有好。如果仅仅因为某些度量结果不确定而反对所有度量，就相当于因为有些窗户看出去是阴天就反对所有窗户。

软件开发过程的几乎任何方面都可以度量。表 28-2 列出了其他从业人员认为有用的一些度量。

表 28-2　有用的软件开发度量

类别	描述
规模	编写的代码总行数 注释总行数 类或子程序总数 数据声明总数 空行总数
缺陷跟踪	每个缺陷的严重程度 每个缺陷的位置 (类或子程序) 每个缺陷的根源 (需求、设计、构建、测试) 修正每个缺陷的方式 每个缺陷的责任人 修正每一个缺陷所影响的代码行数 修正每一个缺陷所花费的工作时间 找到每一个缺陷的平均用时 修正每一个缺陷的平均用时 修正每一个缺陷的尝试次数 修正缺陷而引发的新错误数

续表

类别	描述
生产率	项目花费的工间 编写每个类或子程序花费的工间 每个类或子程序修改的次数 项目花费的金钱 编写每行代码花费的金钱 修正每个缺陷花费的金钱
整体质量	缺陷总数 每个类或子程序的缺陷数 每千行代码的平均缺陷数 平均故障间隔时间 编译器检测到的错误数
可维护性	每个类的 public 子程序数量 传递给每个子程序的参数数量 每个类的 private 子程序以及 / 或者 private 变量的数量 每个子程序使用的局部变量的数量 每个类或者子程序调用子程序的数量 每个子程序中决策点的数量 每个子程序中控制流程的复杂度 每个类或者子程序中的代码行数 每个类或者子程序中的注释行数 每个类或者子程序中数据声明的数量 每个类或者子程序中空白行的数量 每个类或者子程序中 goto 语句的数量 每个类或者子程序中输入语句或者输出语句的数量

大多数度量数据都可用当前已有的软件工具来收集。我们通过全书在多个地方的讨论解释了每一种度量为什么有用。目前，大多数度量都不是特别适合对程序、类和子程序做出精细的区分 (Shepperd and Ince 1989)。它们主要用于识别“出乎寻常”的子程序；子程序中的异常度量数据是一个警告信号，表明应重新检查该子程序，找出质量出乎寻常偏低的原因。

不要一开始就试图收集所有可能的度量数据，否则会淹没于过度复杂的数据中，以至于搞不清楚其中的含义。从一组简单的度量开始，例如缺陷数、工作月数、总费用和代码总行数。在所有项目中对度量进行标准化。然后，随着对自己要测量的东西的理解程度的提高，对它们进行完善和补充 (Pietrasanta 1990)。

确保收集数据是出于一个目的。设定目标，确定需要提出哪些问题以达到目标，然后通过度量来回答这些问题 (Basili and Weiss 1984)。确保只要求获得能获得的信息，并牢记数据收集的重要性总是排在最后期限之后 (Basili et al. 2002)。

软件度量的更多资源

Oman, Paul and Shari Lawrence Pfleeger, eds. *Applying Software Metrics*. Los Alamitos, CA: IEEE Computer Society Press, 1996. 这本书收录了超过 25 篇有关软件度量的重要论文。

Jones, Capers. *Applied Software Measurement: Assuring Productivity and Quality*, 2d ed. New York, NY: McGraw-Hill, 1997. 作者是软件度量领域的领军人物，书中汇集了这一领域的知识，讲述了度量方法的权威理论和实践， 描述了传统度量手段的缺陷。 书中给出了一个完整的用于收集“功能点指标”的程序。作者收集分析了大量有关质量和生产率的数据，并将分析结果提炼到本书当中，其中有一章非常精彩地描述了美国软件开发的平均水平。

Grady, Robert B. *Practical Software Metrics for Project Management and Process Improvement*. Englewood Cliffs, NJ: Prentice Hall PTR, 1992. 作者讲述了惠普公司在创建软件度量程序时的经验和教训，并且告诉读者如何在自己的组织中创建软件度量程序。

Conte, S. D., H. E. Dunsmore, and V. Y. Shen. *Software Engineering Metrics and Models*. Menlo Park, CA: Benjamin/Cummings, 1986. 该书收录了截至 1986 年的软件度量方面的知识，包括常用的度量方法、实验方法以及实验结果的评判标准。

Basili, Victor R., et al. 2002. “Lessons learned from 25 years of process improvement: The Rise and Fall of the NASA Software Engineering Laboratory”，Proceedings of the 24th International Conference on Software Engineering. Orlando, FL, 2002. 论文集收录了顶尖软件开发组织之一 NASA 软件工程实验室的经验和教训，集中反映了度量的话题。

NASA Software Engineering Laboratory. *Software Measurement Guidebook*, June 1995, NASA-GB-001-94. 这本约 100 页的手册或许是介绍如何建立并运行度量程序的最佳用信息来源。该手册可从 NASA 网站下载。

Gilb, Tom. *Competitive Engineering*. Boston, MA: Addison-Wesley, 2004. 书中讲述了一种以度量为中心的方法，可采用该方法来定义需求、评估设计、度量质量以及一般意义上的项目管理。可从作者网站下载。

28.5 以人为本，善待每一位程序员

编程活动的抽象性要求自然的办公环境和同事之间的丰富接触。高技术公司提供公园式的公司园区、有机的组织结构、舒适的办公室以及其他高度人性化的环境特征，以平衡这种有时会显得枯燥的智力密集型工作。最成功的技术公司结合了高科技和高接触的元素 (Naisbitt 1982)。本节从多个方面解释了程序员为什么不仅仅是他们的“硅谷第二人格”的生动体现。

程序员，你的时间都去哪儿了

程序员的时间花在编程上，但也会花在开会、培训、阅读邮件以及思考上。1964 年，贝尔实验室有一项研究课题就是程序员的时间开销，如表 28-3 所示。

表 28-3　关于程序员时间分配的一个观点

活动	源代码	业务	个人	会议	培训	邮件 / 各种文档	技术手册	操作规程等	程序测试	总计
交谈或者倾听	4%	17%	7%	3%				1%		32%
与管理人员交谈		1%								1%
打电话		2%	1%							3%
阅读	14%					2%	2%			18%
撰写或记录	13%					1%				14%
离开或外出		4%	1%	4%	6%					15%
步行	2%	2%	1%			1%				6%
杂项	2%	3%	3%			1%		1%	1%	11%
总计	**35%**	**29%**	**13%**	**7%**	**6%**	**5%**	**2%**	**2%**	**1%**	**100%**

来源：*Research Studies of Programmers and Programming*(Bairdain 1964，载于 Boehm 1981)

这些数据基于一项针对 70 位程序员的时间和活动所进行的研究。数据很老旧，而且不同程序员花在各项活动上的时间比例也不尽相同，

但其结果仍然发人深省。一位程序员大约有 30% 的时间花在对项目并没有直接助益的非技术活动之上：步行和个人事务等。在这份调查中，程序员有 6% 的时间花在步行上；这相当于一周约 2.5 个小时、一年约 125 个小时。看起来似乎不算什么，但一旦意识到程序员每年花在走路上的时间和花在培训上的时间相等，并且 3 倍于他们阅读技术手册的时间，6 倍于他们和管理人员交谈的时间之后，你就会感到惊讶了。到现在为止，我本人并没有觉得这个模式有了太多变化。

性能差异与质量差异

不同程序员在天赋和努力程度方面差异很大，这一点与其他所有领域一样。有项针对不同职业（写作、橄榄球、发明、警务工作和飞行驾驶）做的调查研究表明，排名在前 20% 的人员占全部产出的 50%(Augustine 1979)。这一研究结果基于对生产率数据的分析，如触地得分、专利数量和侦破案件的数量等。有的人并没有做出切实的贡献，因而未能包括在调查当中，例如没有得分的橄榄球运动员、没有获得专利的发明家和没有结案的侦探等。所以，这份数据可能还低估了生产率的实际差异。

具体到编程领域，很多研究表明，程序员在编写程序的质量、编写程序的规模以及生产率等方面，都存在着数量级的差异。

个体差异

程序员在编程生产率上呈现出巨大个体差异，早一项研究是在 20 世纪 60 年代末期做的 (Sackman, Erikson, and Grant 1968)。他们对平均工作经验为 7 年的专业程序员进行了调查，发现最优秀和最糟糕的程序员初始编码时所花的时间为 20 : 1，调试所花的时间为 25 : 1，程序规模比例为 5 : 1，程序执行速度比例为 10 : 1。他们并未发现程序员的经验与其代码质量 / 生产率之间有什么关联。

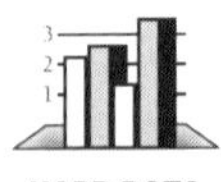

虽然像 25 : 1 这样特殊的比例并不是特别有意义，但像“程序员之间存在着数量级的差异”这样更一般的陈述却是非常有意义的，并已由其他许多针对专业程序员的研究所证实 (Curtis 1981, Mills 1983, DeMarco and Lister 1985, Curtis et al. 1986, Card1987, Boehm and Papaccio 1988, Valett and McGarry 1989, Boehm et al. 2000)。

团队差异

不同编程团队在软件质量和生产率上也存在相当大的差异。优秀的程序员倾向于抱团，糟糕的程序员也不例外，一项针对 18 个组织中 166 名专业程序员所做的研究证实了这个观点 (Demarco and Lister 1999)。

一项针对 7 个相同项目所做的研究表明，花费的工作量的变化范围大到 3.4 : 1，程序规模的比例为 3 : 1(Boehm, Gray, and Seewaldt1984)。虽然存在这样的生产率差异，上述研究中程序员的差别却并不大。他们都是经验相当丰富的专业程序员，并且都是计算机科学专业的研究生毕业。由此可以合理推断得出一个结论：如果被研究的团队并不是特别相似，那么存在的差异更大。

更早一份对多个编程团队做的研究发现，由不同的团队来完成相同的项目，其程序规模之比为 5 : 1，花费时间之比为 2.6 : 1(Weinberg and Schulman 1974)。

创建 COCOMO Ⅱ评估模型时，在对超过 20 年的数据进行研究之后，鲍姆 (Barry Boehm) 和其他研究人员得出结论，由程序员能力排名位于第 15 个百分位的人员组成的团队，其开发应用程序所需的工作月数，大约是由程序员能力排名位于第 90 个百分位的人员组成的团队的 3.5 倍 (Boehm et al. 2000)。鲍姆和其他研究人员发现，80% 的贡献来自 20% 的贡献者 (Boehm 1987b)。

这其中的含义对招聘和录用来说不言而喻。如果为了聘到排名在前 10% 而不是后 10% 的程序员而不得不支付更多薪酬，请不要犹豫！这会因为聘用了高品质和高生产率的程序员而迅速获得回报，而且这么做还有一个好处，那就是组织中其他程序员的素质和生产率也会得以维持，因为优秀的程序员倾向于抱团。

关于编程的信仰问题

软件项目经理并非总是注意到一些编程问题和信仰有关。如果你是管理者，并试图要求统一某些编程实践，可能会招致程序员的愤怒。以下是关于信仰的一些问题：

- 编程语言
- 缩进风格

- 大括号位置
- IDE 的选择
- 注释风格
- 效率与可读性的权衡
- 方法论的选择：例如，Scrum、极限编程还是演进式交付
- 编程工具
- 命名规范
- goto 的使用
- 全局变量的使用
- 度量，尤其是生产率的度量，例如每天写多少行代码

以上问题的共同特征就是，每一项都是程序员个人风格的反映。如管理者认为有必要控制程序员的某些信仰，不妨考虑以下几点：

要清楚自己进入了敏感领域 做决定前先试探一下程序员对每个敏感主题的看法。

针对这些领域要采用“建议”或“指导原则” 避免制订死板的“规则”或“标准”。

尽量不要通过强制性的规定来处理问题 为了处理缩进风格或者大括号的位置，可以要求在源代码宣告完成之前先通过一个格式化工具来处理。让格式化工具来处理格式。为了处理注释风格，可以要求对所有代码进行评审，修改不清晰的代码，直到变得清晰为止。

让程序员自己设立标准 正如本书其他地方所提到的，某个标准已经存在的事实通常比一个特定标准中的细节更重要。不要为程序员设立标准，但坚持让他们在对你来说很重要的领域设立标准。

有哪些关于信仰的话题值得分出个胜负呢？在所有方面的所有小细节上都要求一致，可能不会产生足够的好处来抵消士气低落的影响。但是，如果发现有人不分青红皂白地使用 goto 或全局变量、不可读的风格或其他影响整个项目的做法，就准备忍受一些摩擦以提高代码质量。如果碰到认真的程序员，这很少会成为问题。最大的争斗往往发生在编码风格细节的差异上，只有项目没什么损失，你完全可以置身事外。

物理环境

下面来做一个实验：到乡下去，找个农场，见到一位农场主，问他为每个工人的装备花了多少钱。农场主来到粮仓，看了看里面的几台拖拉机、一些小货车、一台联合收割机和一台豌豆脱粒机，然后回答说，每个工人的花费超过 100 000 美元。

然后，来到城市，找一家软件公司，见到负责程序开发的经理，问他为每个员工的设备投了多少钱。经理扫视一下办公室，一张桌子、一把椅子、几本书和一台电脑，然后告诉你，每个员工的花费不到 25 000 美元。

物理环境对生产力有着巨大的影响。迪马可和李斯特 (DeMarco 和 Lister) 向来自 35 个组织的 166 名程序员询问了工作环境的质量。大多数员工都对工作环境感到不满。在此后举行的一次编程竞赛中，排名前 25% 的程序员都拥有更宽敞、更安静、更私密的办公室，而且更少受到其他人员和电话的干扰。表现最好和最差的参赛者在办公环境上的差异如下表所示。

环境因素	排名在前 25%	排名在后 25%
专用办公空间	7.2m^2	4.2m^2
可接受的安静的工作空间	57%	29%
可接受的私人工作空间	62%	19%
电话静音的能力	52%	10%
电话呼叫转移的能力	76%	19%
经常性不必要的打扰	38%	76%
程序员赞赏的工作空间	57%	29%

来源：《人件》(DeMarco and Lister 1999)

这些数据表明，生产力与工作场所的质量有着很强的相关性。排名前 25% 的程序员的生产力是排名后 25% 的程序员的 2.6 倍。迪马可和李斯特 (DeMarco 和 Lister) 原以为更优秀的程序员是由于获得晋升才自然拥有更好的办公室。但是，进一步的调查显示事实却并非如此。来自同一组织的程序员，不论绩效表现如何，他们的办公设施均相差无几。

大型的软件密集型组织均有类似的经验。施乐、天合、IBM 和贝尔实验室都表示，他们以人均 1 万到 3 万美元的资本投入实现了生产力的大幅提高，这些投资通过生产力的提高得到了更多的回报 (Boehm

1987a)。建立“有利于提高生产力的办公室”后，自评报告中估计生产力提高了 39%~47%(Boehm et al. 1984)。

总之，如果个人工作环境排名在后 25%，就可以通过将工作环境改善为排名前 25% 的方式，实现大约 100% 的生产力提升。如果个人工作环境处于平均水平，仍然可以通过将工作环境改善为排名至前 25% 的方式，从而实现 40% 或更多的生产力提升。

更多资源

Weinberg, Gerald M. *The Psychology of Computer Programming*, 2d ed. New York, NY: Van Nostrand Reinhold, 1998. 这是第一本明确提出善待程序员的书籍，而且到目前为止仍然是论述编程活动作为人的活动这一主题的最佳书籍。书中饱含对程序员人性的敏锐观察，并且阐释了其蕴含的意义。中译本《程序开发心理学》

DeMarco, Tom and Timothy Lister. *Peopleware: Productive Projects and Teams,* 2d ed. New York, NY: Dorset House, 1999. 书如其名，这本书所关注的同样是编程活动中人的因素。其中包括很多奇闻逸事，内容涉及人员管理、办公环境、聘用和培养正确的人员、团队成长以及享受工作。作者依靠一些奇闻轶事来支撑自己的一些不同寻常的观点，不过有些地方其逻辑显得比较牵强。但书中以人为中心的思想却最重要，作者毫不犹豫地阐述并传达了这一理念。中译本《人件》

McCue, Gerald M. “IBM’ s Santa Teresa Laboratory – Architectural Design for Program Development”, *IBM Systems Journal* 17, no. 1 (1978):4–25。讲述了 IBM 创建 Santa Teresa 办公大楼的过程。IBM 研究了程序员的需求，以此创建出了建筑指导方案，并为程序员精心设计了办公场所。程序员全程参与了整个过程。其结果是，在每年的意见调查中，员工对 Santa Teresa 其物理设施的满意度是全公司最高的。

McConnell, Steve. *Professional Software Development. Boston*, MA: Addison-Wesley, 2004. 这本书的第 7 章总结了一些针对程序员的人口统计学研究成果，内容包括人格类型、教育背景和职业前景。中译本《软件开发的艺术》

Carnegie, Dale. *How to Win Friends and Influence People, Revised Edition*. New York, NY: Pocket Books, 1981. 当作者于 1936 年写下本书第 1 版的书名时，无法想象该书的内容在今天会有什么样的含义。听起来

像是应该与马基雅维利的书放在一起。然而，该书的思想与马基雅维利的控制手段针锋相对，作者的核心观点是真诚地关切他人相当重要。作者对如何处理日常人际关系具有敏锐的洞察力，他讲述了怎样通过更好地关切和了解他人以便与对方合作共事。书中提供了大量令人难忘的奇闻逸事，有时一页上甚至有两三个之多。任何需要提升团队协作能力的人都应在适当的时候读一下这本书，所有管理者则是更应该马上读。中译本《人性的弱点》

28.6 向上管理

“在等级制度中，每位员工似乎都倾向于升职到自己无法胜任的职位上。”
—彼得原理

在软件开发领域，非技术出身的管理者随处可见，有技术经验但落后于这个时代 10 年的管理者也比比皆是。技术出色又能紧跟技术发展趋势的管理者简直是凤毛麟角。如果开发者正在效力于这样的管理者，就千方百计保住这份工作吧，这样的机遇千载难逢。

如果你的管理者属于更典型的那种，你将要面临一项异常艰巨的向上管理的任务。向上管理意味着，需要告诉管理者要这样做而不要那样做。其中的窍门在于，你的举止行为要让管理者以为他还是老大。下面是向上管理的一些方法。

- 向其植入自己的想法与创意，等着管理者来一场头脑风暴（其实就是你的意思），跟你讨论你本来就想做的事情。
- 将正确的做事方式教给管理者。这是一项需要持之以恒的工作，因为管理者经常会被提升、调动或解聘。
- 关注管理者的兴趣，按他们真正想要的方式做事，不要让他们注意到不必要的实现细节，想象成对个人工作的一种“封装”
- 拒绝按管理者说的做，坚持用正确的方法做事。
- 另外找份工作。

最理想的长远解决方案就是教会管理者行为做事的方式。这通常不是一般地难，但可以通过卡耐基的《人性的弱点》一书来做好准备。

关于管理软件构建的更多资源

下面这些书涵盖了软件项目管理中普遍受到关注的问题。

Gilb, Tom. *Principles of Software Engineering Management*. Wokingham, England: Addison-Wesley, 1988. 作者以图表方式展现了自己

30 年的经历，并且在大多数时候，他的见解都很超前，无论其他人是否认识到这一点。这本书最先讨论演进式开发实践、风险管理以及正式审查的使用等相关专题。作者熟知前沿方法，而且事实上，这本在 1988 年出版的书已经包含敏捷开发阵营中大多数良好的实践。作者非常注重实效，而本书至今也仍然是最佳的软件管理书籍之一。

McConnell, Steve. *Rapid Development*. Redmond, WA: Microsoft Press, 1996. 本书着眼于进度压力超大的项目，涵盖项目领导力和项目管理的相关问题。以作者本人的经验来看，这正是绝大多数项目的真实写照。最新中译本《快速开发 (纪念版)》

Brooks, Frederick P., Jr. *The Mythical Man-Month*: *Essays on Software Engineering*, Anniversary Edition, 2d ed. Reading, MA: Addison-Wesley,1995. 汇集有关编程项目管理的隐喻及民间传说，趣味横生，并且对于认知自己的项目也颇有启示作用。该书基于作者开发 OS/360 操作系统这一挑战性任务而写成，虽然我对此还持有一些保留意见。书中很多诸如“我们这样做但失败了”和“我们本该这样做就成功了”这样的建议。作者在本书中对那些不成功的技术做出了令人信服的评论，但他宣称其他技术之所以行得通却是因为运气好。阅读本书时，一定要持有批判的眼光，把作者的观察和猜测区分开来。这个提醒并不会缩减本书的基本价值。相比其他任何计算机书籍，该书仍然是被引用次数最多的图书，而且即便本书初版于 1975 年发行，内容至今仍未过时。在阅读本书的过程中，每隔几页不附上一句“对极了！”的话，是相当难受的。中译本《人月神话》

相关标准

IEEE Std 1058-1998, Standard for Software Project Management Plans.

IEEE Std 12207-1997, Information Technology—Software Life Cycle Processes.

IEEE Std 1045-1992,Standard for Software Productivity Metrics.IEEE Std 1062-1998, Recommended Practice for Software Acquisition.

IEEE Std 1540-2001, Standard for Software Life Cycle Processes—Risk Management.

IEEE Std 828-1998,Standard for Software Configuration Management Plans

IEEE Std 1490-1998, Guide—Adoption of PMI Standard—A Guide to the Project Management Body of Knowledge.

要点回顾

- 良好的编码实践可通过强制的标准或更宽松的方法来实现。
- 如应用得当，配置管理(尤其是变更控制)能使程序员的工作变得更容易。
- 好的软件评估是一项重大的挑战。成功的关键在于采用多种方法，随着项目的开展调整评估，并利用之前确定的数据来创建新的评估。
- 构建管理要取得成功，度量是关键。项目的任何方面都可以找到一些方法进行度量，这比根本不测量要好。为了实现准确的进度表、质量控制和改善开发过程，准确的度量是关键。
- 程序员和管理者都是人，以人为本并善待他们，让他们取得更好的绩效。

读书心得

1. ____________________
2. ____________________
3. ____________________
4. ____________________
5. ____________________

第 29 章

集成

内容

相关主题及对应章节

- 开发人员测试：第 22 章
- 调试：第 23 章
- 构建管理：第 28 章

集成作为一种软件开发活动，是指将多个单独软件组件整合成一个系统。在小型项目中，集成活动可能是花一个上午的时间将几个类连接在一起。而在大型项目中，集成活动可能要花上几周或几月的时间将一套程序连接成一个整体的系统。不管任务的大小规模如何，集成都要遵循一些通用的原则。

集成这一主题与构建顺序的主题有重叠。构建类或组件的顺序会影响集成它们的顺序，因为我们无法集成还没有做好的类或组件。集成顺序和构建顺序都是很重要的主题。本章从集成的角度来讨论这两个主题。

29.1 集成方法的重要性

在软件以外的工程领域，恰当集成的重要性众所周知。我住在太平洋西北部，当地华盛顿大学足球场在建设过程中出现坍塌事故时，我看到了一个很戏剧性的例子，这个例子正好可以说明糟糕的集成会带来怎样的危害，如图 29-1 所示。

图 29-1　华盛顿大学的足球场坍塌事件，起因是建造过程中就不够坚固，无法支撑起自身的重量。建成后的足球场肯定足够坚固，但如果建造顺序有误，就会造成一个典型的集成错误

这里的重点不是探讨建成的球场是否足够坚固，而是建造过程中每一步都需要足够坚固。如果以错误的顺序构建和集成软件，那么代码编写、测试和调试的过程都将变得更加困难。如果每项工作在所有工作联合生效之前都无法独立生效，那么整个系统看似永远都完不成。在构建过程中，软件也可能在自身的重量下坍塌，软件缺陷的数量可能多到解决不完，项目进度的可见度可能有限，或者软件的复杂性可能不可承受，即使最终的软件产品看似跑得起来。

因为集成活动一般发生在开发者完成开发测试之后，并且通常和系统测试协同进行，所以集成有时也被认为是一种测试活动。然而，集成本身足够复杂，应该视为一个独立的活动。

我们可以从考虑周全的集成中获得以下好处：

- 缺陷诊断会变得更容易
- 更少的缺陷
- 少过渡性的脚手架代码更少
- 花更少的时间就能得到首次可用的产品
- 整体开发进度更短
- 更融洽的客户关系
- 提高员工士气
- 提高完成项目的几率

- 更可靠的进度估算
- 更准确的状态报告
- 改进代码质量
- 允许使用更少的文档

这些似乎是对系统测试某个被遗忘的“表兄弟”的高级声明，尽管很重要，却往往被忽视，也正是因为这样，本书中才专门用了一章的篇幅来完整介绍集成。

29.2 集成的频率，阶段式还是增量式

程序的集成有两种方式，要么是阶段式，要么是增量式。

阶段式集成

直到几年前，阶段式集成还是一种业内惯例。阶段式集成通常遵循以下明确定义的步骤或阶段。

1. 设计、编码、测试和调试每个类。这一步称为“单元开发”。
2. 将这些类合并成一个大的系统。这一步称为“系统集成”。
3. 测试和调试整个系统。这就是所谓的“系统崩溃”。（感谢 Meilir Page-Jones 机智幽默的洞察）

阶段式集成的一个问题是，当系统中的多个类第一次被放在一起时，新问题会不可避免地涌现，而且导致问题的原因可能散布在整个系统的任何角落。由于这个集合中有大量以前从未一起工作过的类，罪魁祸首可能是单个未经过充分测试的类，也可能是两个类之间的接口错误，或者两个类交互所引发的错误。在这样的情况下，所有的类都有嫌疑。

所有这些问题同时突然涌现出来，也进一步加剧了定位具体问题错误根源的不确定性。这就迫使我们不仅要处理类与类交互所引发的问题，还要处理由于多个问题之间本身交互纠缠而难以诊断的问题。因此，阶段式集成的另一个名称是“大爆炸式集成”，如图 29-2 所示。

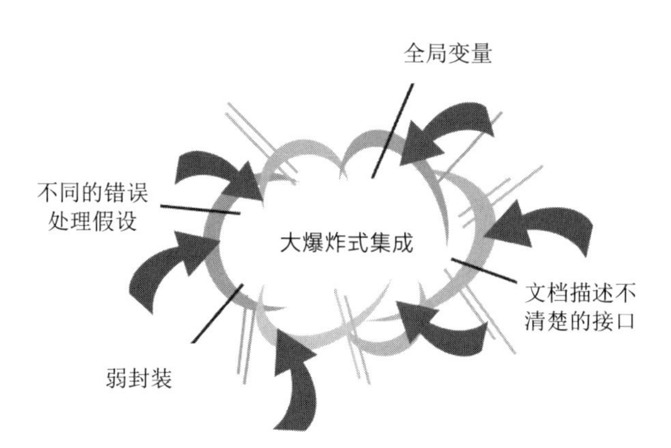

图 29-2　阶段式集成也称为“大爆炸式”集成，这是有原因的

在所有类都经过开发人员测试之后，项目后期才能开始阶段式集成。当这些类最终组合在一起之后，错误才大量出现，这时程序员会立即陷入惊慌失措的调试模式，而不是有条不紊地进行错误检测和纠正。

对于小型软件程序，不，更准确的说法是，对于迷你软件程序，阶段式集成可能是最好的方法。如果程序只有两三个类，幸运的话，阶段式集成可能有助于节省时间。但在大多数情况下，最好采用下面要讨论的另一种集成方法。

增量式集成

关联参考　第 2.3 节讨论了适用于增量式集成的隐喻。

在增量式集成中，我们以小块的形式编写和测试程序，然后每次只组合这些小块中的一块。在这种“一次一块”的集成方法中，可以遵循以下步骤。

1. 开发系统的一小部分功能。可以是最小的功能部分、最困难的部分、一个关键部分或者前述元素组合起来的部分。彻底测试和调试这个部分。它将作为系统的骨架，之后在这个骨架上继续添加肌肉、神经和皮肤（指系统的其余部分）。
2. 设计、编码、测试和调试类。
3. 将新构建的类与骨架进行集成。测试和调试骨架和这个新类的组合，成为新的骨架。在添加任何新类之前，请确保这个组合可以正确工作。如果系统中还有其余部分需要构建，则从步骤 2 开始重复执行之后的步骤。

偶尔，我们可能想要集成比单个类更大的单元。例如，如果一个组件已经经过彻底的测试，并且其中的每个类都已完成一个迷你集成活动，这时就可以把整个组件作为“一块”来集成，这仍然算是在进行增量式集成。当将各个小块添加到系统中时，系统将以从山上往下滚雪球的方式带来增长和动力，如图 29-3 所示。

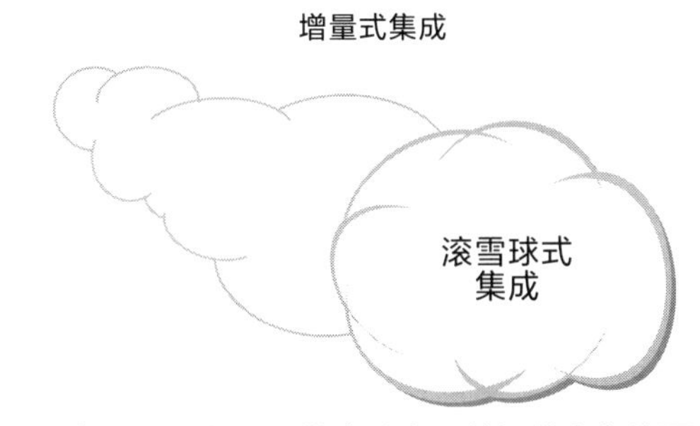

图 29-3　增量式集成可以为项目带来动力，就像从山上往下滚雪球一样

增量式集成的好处

与传统的阶段式方法相比，无论使用哪种增量式策略，增量式集成方法都有许多优点。

更容易定位错误　在增量式集成过程中，一旦出现新的问题，显然表明这个问题和新集成的类有关联。要么是新的类与程序其余部分的接口有错误，要么是这个新的类与以前集成的类交互产生了错误。如图 29-4 所示，无论哪种方式出现错误，我们都能明确定位。此外，仅仅因为这样的集成一次性产生的问题更少，就大大减少了多个问题相互作用或一个问题掩盖另一个问题的风险。接口中包含的错误越多，增量式集成这个易于定位错误的优点对项目的帮助就越显著。对一个项目的缺陷统计显示，39% 的缺陷来源于模块间接口错误 (Basili and Perricone 1984)。很多项目中，开发人员都要花高达 50% 的时间进行调试，因此，通过易于定位错误的方法来最大化调试效率有益于提高质量和生产力。

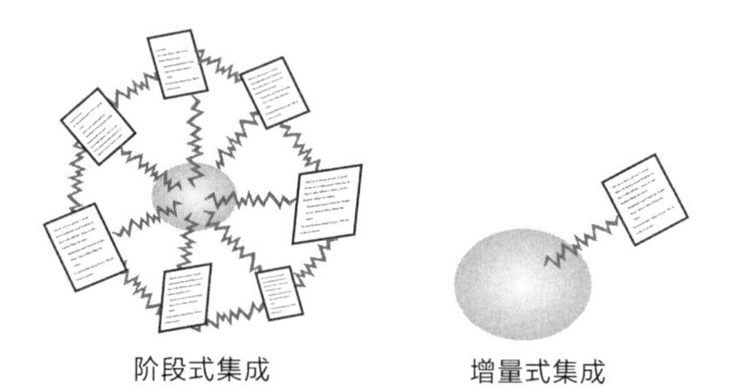

图 29-4 在阶段式集成中，一次性集成如此多的组件，将很难准确定位错误底出在哪里。错误可能存在于任何组件或它们之间的任何连接。而在增量式集成中，错误通常存在于新组件或新组件与系统之间的连接

系统在项目早期就获得成功 代码集成并运行时，即使系统当前不可用，但显然很快就会变为可用。所以，比起那些怀疑项目没有尽头的程序员，使用增量式集成后，程序员如果可以从个人工作中看到项目的早期成果，更容易士气高涨。

获得进展监控 频繁集成时，当前系统中已经实现和没实现的软件特性是显而易见的。对管理人员而言，相较于听到代码完成度为 99%，亲眼见到 50% 的系统功能运行正常，更能感知到实实在在的进展。

改善客户关系 如果说频繁集成对开发人员的士气有正面影响，那么它对客户而言也是一种鼓舞。客户都喜欢看到项目有进展，而增量式构建可以频繁提供这种表征项目进展动态的标志。

可以用更短的开发进度来完成系统构建 如果仔细规划增量式集成活动，我们可以一边设计系统的一部分，一边写另一部分的代码。虽然这并没有减少项目完成所有设计和代码所需的总工时，但它允许在项目中并行完成一些工作，这在日历时间比较紧张的情况下是一种优势。

增量式集成支持和促进其他增量式策略。应用于集成活动的增量式方法仅仅体现了基于渐进思想的诸多增量式策略其优势的冰山一角。

29.3 增量式集成策略

使用阶段式集成方法时，我们并不需要规划项目组件构建的顺序。因为所有组件都是同时集成的，所以可以按照任何顺序来构建它们，只需要保证它们在“诺曼底登陆日”（最终交付日）之前准备就绪。

使用增量式集成方法时，必须更细致地规划组件构建的顺序。大多数系统都要求先集成一些组件之后才能集成其他组件。对集成的规划因而影响到软件构建的规划，组件构建的顺序必须支持其集成的顺序。

集成顺序的策略有各种形态和规模，但没有一种策略普遍适用于任何情况。最好的集成方法因项目而异，而最佳解决方案总是为满足特定项目的具体需求而合理创建的解决方案。了解一些基本方法的要点，可以为寻找可能的解决方案提供更多思路。

自顶向下集成

在自顶向下集成中，系统中层次结构顶部的类需要先写，然后再集成。通常位于顶部的可能是程序的主窗口，应用程序的控制循环，Java 语言中包含 main() 函数的对象、Windows 编程中的 WinMain() 函数或其他类似的类。这时，必须写很多桩代码 (stub) 来运行顶级类。然后，当类自顶向下集成时，这些桩代码将逐步替换为真正的类。这种集成过程如图 29-5 所示。

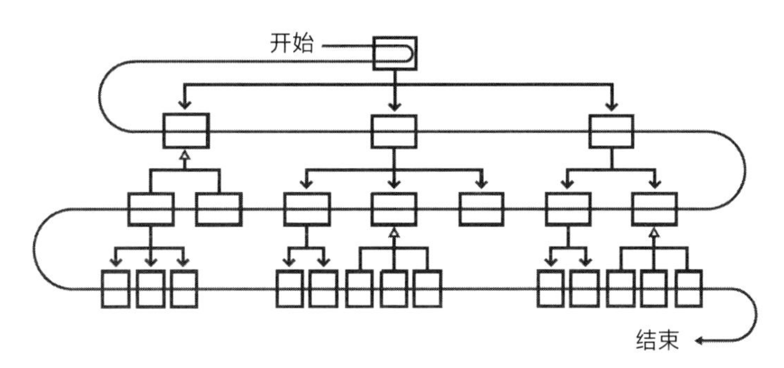

图 29-5　自顶向下集成，首先在系统架构的顶部添加类，最后在底部添加类

自顶向下集成的一个重要方面是必须仔细定义类之间的接口。调试中最麻烦的错误不是影响单个类的那些错误，而是类和类之间微交互中所产生的错误。仔细定义的接口规范有助于减少这些问题。定义接口规范虽然不是一种集成活动，但能确保接口在集成之前有良好的详细说明。

除了从前面所述增量式集成中获得的通用优势之外，自顶向下集成的额外优势是系统的控制逻辑能够得到相对较早的测试。位于系统层次结构顶部的所有类都进行了大量的运行和测试，非常有助于快速暴露出大型的、概念性的设计问题。

自顶向下集成的另一个优势是，如果仔细规划，在项目早期就可以实现部分运行的系统。如果 UI 部分位于系统层级的顶部，则可以快速获得一个可运行的基本界面并稍后继续充实其细节。用户和程序员的士气都将受益于尽早让系统的一部分以可见的方式运行起来。

自顶向下增量集成还使得我们可以在完成底层设计细节之前就开始编码。一旦所有领域的设计进入细粒度，我们就可以开始在更高的层级上实现和集成类，而不必等待每个类的细微末节之处都完成实现。

尽管有这些优势，但纯粹的自顶向下集成通常也包含一些劣势，这些劣势有时更麻烦甚至让人无法忍受。纯粹的自顶向下集成一直使用复杂的系统接口并持续到最后。如果系统的接口存在缺陷或性能问题，我们通常希望在项目结束之前越早着手处理越好。低层级的类所产生的问题最后像气泡一样冒到系统的顶层才被发现，这样的事情并不罕见，而这样的问题会导致后期不得不修改高层级的代码，这就削减了之前先完成集成工作的益处。要想尽量减少这种问题，就必须对运行系统接口的类进行细致的、早期的开发测试和性能分析。

纯粹的自顶向下集成还有一个问题是，我们从上到下进行集成的过程中需要像一辆自动卸货卡车那样一路装载着大量的桩类前进。当很多低层次的类还没有集成的时候，意味着在中间步骤的集成中需要大量的桩类。桩容易出问题，因为作为测试代码，它们更有可能包含很多错误，比如精心设计的生产代码。为了支持新类而在新桩中产生的错误实际上也违背了增量式集成的目的，增量式集成原本的目的是将错误源限制在新类中或与其相关的交互中。

关联参考 自顶向下集成与自顶向下设计仅在名称上有关联性。有关自顶向下设计的详细信息，请参阅 5.4 节。

在现实场景中，自顶向下的集成也几乎不可能纯粹地实现。在本书介绍的自顶向下集成中，从最顶层开始集成，姑且称之为级别 1，然后在下一个级别 (级别 2) 集成该层所有的类。必须集成来自级别 2 的所有类之后，我们才能开始集成来自级别 3 的类。纯粹的自顶向下集成的顺序完全是僵化的。很难想象有人使用纯粹的自顶向下集成时会遇到哪些麻烦。因此，大多数人采用混合方法进行集成，比如分成几部分之后再从上到下进行集成。

最后，如果系统里类集合没有一个名义上的顶部，则不能使用自顶向下集成。在许多交互系统中，对“顶部”的判断是很主观的。在许多系统中，可能 UI 可以视为系统的“顶部”。而在其他系统中，main() 函数可能被视为“顶部”。

图 29-6所示的垂直切片方法是一个用以替代纯粹自顶向下集成的不错的方法。在这种方法中，系统分为几个部分，每部分有自顶向下的层次结构，集成活动可能先填满这些功能区域其中的一个，然后再转入下一个区域，如此这般，逐个进行集成。

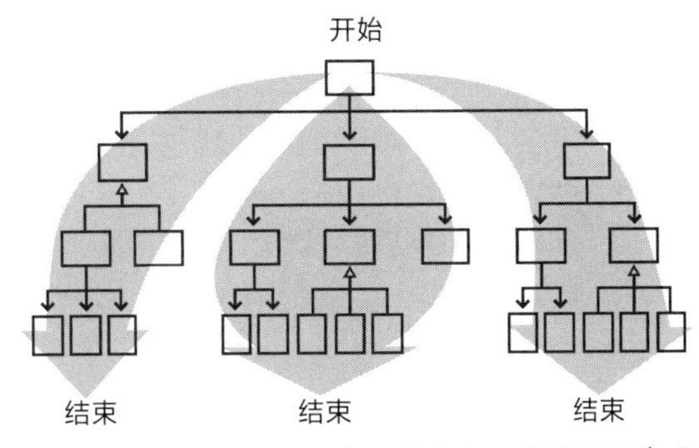

图 29-6 作为替代方法，可以在多个垂直切片中自顶向下进行集成

尽管纯粹的自顶向下集成并不切实可行，但可以帮助我们在大体上决定一种集成方法。纯粹自顶向下方法的一些益处和危害可能同样适用于一些更松散的自顶向下的集成方法，如垂直切片集成，但可能效果不那么显著，所以请记住这些要点。

自底向上集成

在自底向上集成的方法里，系统中层次结构底部的类先编写并集成。一次集成只添加一个类而不是一次性在集成中添加所有的低层类，这样一来，自底向上集成成为一种增量式集成策略。我们可以写测试驱动程序来让低层类先运行，并随着开发的进行将更多的类添加到测试驱动程序的脚手架代码中。当添加更高层级类时，我们将用真正的类来替换测试驱动程序中的类。图 29-7 显示了自底向上方法中集成类的顺序。

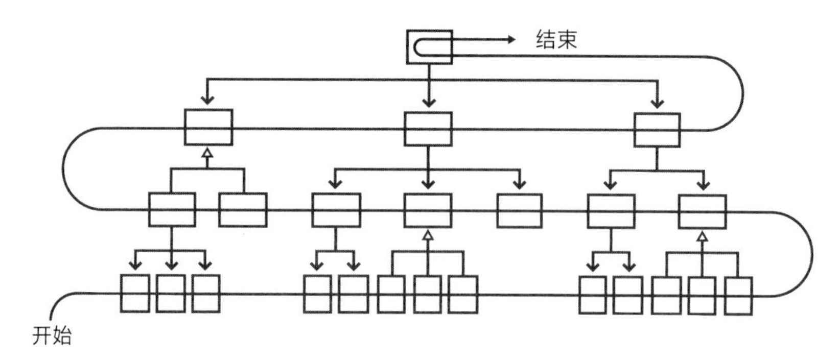

图 29-7　采用自底向上集成的方法时，首先在系统层次结构的底部集成类，最后在顶部集成类

自底向上集成方法提供了一组有限的增量式集成优势。它将可能的错误源限制为集成的单个类，因此很容易定位错误。集成活动可以在项目的早期就开始。自底向上的集成还会早期就运行容易引起麻烦的系统接口。系统的限制常常决定着我们是否最终能够满足系统目标，因此，确保系统完成全套演练是值得的。

自底向上集成的主要问题是该方法将主要的、高层的系统接口的集成留到最后。如果系统在高层存在概念性设计问题，在所有的低层细节工作完成后，软件构建才能发现这些重要问题。如果这时必须对设计进行重大的变更，可能得丢弃一些已经完成的低层工作。

自底向上集成要求我们在开始集成之前先完成整个系统的设计工作。如果不这样，那些没有被设计加以控制的错误假设可能最终会深深地嵌入各处低层代码中，从而导致之后得设计高层类来为低层代码绕开问题。让低层级的细节来驱动高层类的设计，这也违背了信息隐藏和面向对象设计的原则。相比之下，前面提到的在集成中延迟暴露高层级类错误的问题，比起没有完成高层级类的设计就开始写低层代码所造成的麻烦，就显得微不足道，不值一提了。

与自顶向下集成一样，纯粹的自底向上集成非常少见，我们可以使用混合方法来替代，包括在垂直切片中进行自底向上的集成，如图 29-8 所示。

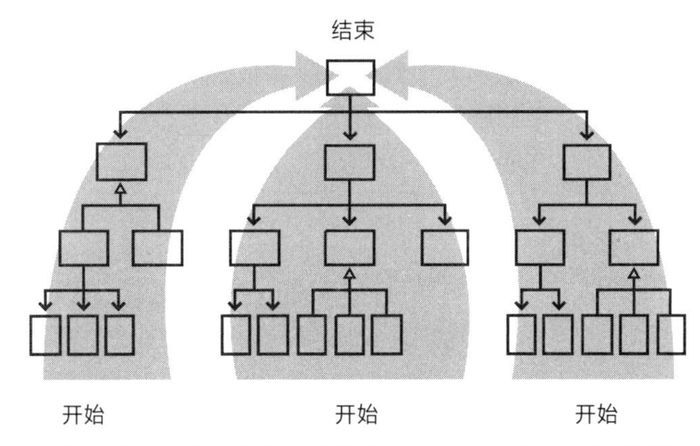

图 29-8　作为纯粹的自底向上集成的替代方案，可以在每一个垂直切片中自底向上进行集成。这在一定程度上模糊了自底向上集成和面向特性集成之间的界限，本章稍后将对面向特性集成进行详细描述

三明治集成

纯粹的自顶向下和自底向上集成所产生的问题导致一些专家推荐了一种三明治方法 (Myers 1976)。首先，在系统层次结构的顶部集成高层级业务对象类。然后，在层次结构的底部集成设备接口类以及被广泛使用的通用功能类。这些高层、低层的类就像是三明治的上下两片面包。

我们把中间的类留到稍后再集成。这些中间的类构成三明治的肉、奶酪和西红柿。如果我们是素食主义者，这些类可能就构成了三明治里面的豆腐和豆芽，但三明治集成的创造者在这一点上保持沉默，或许他嘴里已经被塞得满满当当的了。图 29-9 展示了这种三明治集成方法。

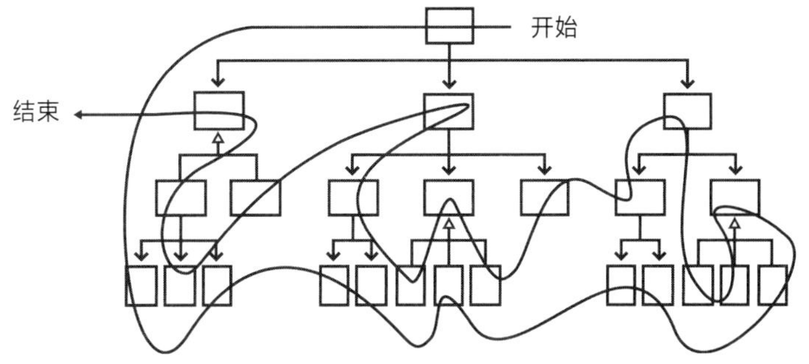

图 29-9　在三明治集成方法中，先集成层次结构中的顶层类和被广泛使用的底层类，再集成中间层的类

这种方法避免了纯粹的自底向上或自顶向下集成的僵化刻板。它首先集成那些通常容易带来麻烦的类，并且可能将我们所需要的脚手架代码数量降到最低。这是一个现实可行的方法。下面介绍的方法与三明治集成方法类似，但强调的重点不同。

面向风险的集成

面向风险的集成也称为“困难部分优先集成”。这和三明治集成方法类似，试图避免纯粹的自顶向下或纯自底向上集成中的固有问题。巧的是，这种方法也倾向于首先集成系统层次结构中顶部和底部的类，而将中层类留到最后。然而，这种方法的选取集成对象的根据和三明治方法不同。

在面向风险的集成中，需要识别与每个类所关联的风险级别。我们可以决定哪些部分实现时最有挑战，然后构建并集成这些部分。经验表明，顶层的接口往往是有风险的，因此它们通常位于风险列表的顶部。系统接口，通常位于层次结构的底层，也是有风险的，所以它们也经常位于风险列表的顶部。此外，我们可能知道中间层的某些类实现时也很有挑战性。也许一个类实现了一个晦涩难懂的算法或者有极高的性能目标。这样的类也可能被识别为高风险的类并尽早集成。

其余的代码，相对简单的，可以等到稍后再构建和集成。可能有些类后来证明比我们想象的更难实现，但这种主观判断失误也是在所难免的。图 29-10 展示了面向风险的集成方法。

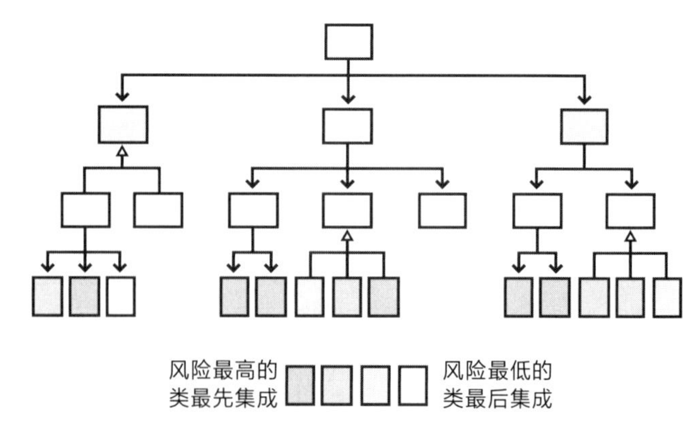

图 29-10　在面向风险的集成中，首先集成风险最高的，稍后再实现和集成风险更低的

面向特性的集成

另一种方法是一次集成一个特性。“特性”一词指代的并不是什么花里胡哨的特性，只是正在集成的系统中一个可识别的功能。如果是写一个字处理程序，那么一个特性可能是在屏幕上显示下划线或自动变换文档格式等诸如此类的功能。

当要集成的特性大于单个类时，增量式集成中的单次“增量”就会大于单个类。这样会稍稍削减增量式集成的优势，因为这种方法降低了我们定位新错误来源的确定性，但如果我们在集成新特性之前彻底测试实现这些新特性的类，那么这只是一个小缺点。我们可以递归使用增量式集成策略，先将小块软件集成为特性，然后再以增量方式把多个特性集成为系统。

我们通常希望选择一个能够支持其他特性的骨架特性开始集成。在交互式系统中，第一个特性可能是交互式菜单系统。我们可以将其余的特性逐个挂在首先集成的特性上。图 29-11 以图形方式显示了这种方法。

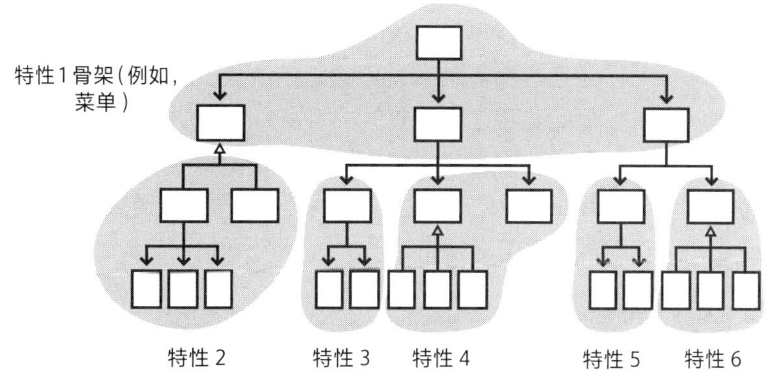

图 29-11　在面向特性的集成中，我们将类集成到组成可识别特性的分组中，通常（即使并不总是这样），一次集成多个类

组件被添加到“特性树”中，“特性树”是构成特性的类的分层集合。如果每个特性都是相对独立的，那么集成就更容易一些，不同的特性可能调用相同的作为低层库代码的类，但一个特性不会与其他特性调用相同的中间层的代码。图 29-11 中没有展示这种共享的低层库类。

面向功能的集成提供了三个主要优势。第一个主要优势是，它消除了除低层库类之外的几乎所有事物的脚手架代码。骨架可能需要一些脚手架代码，或者骨架的某些部分可能在添加特定功能之后才能运行。

然而，当每个特性都附着在结构上时，就不需要额外的脚手架代码了。由于每个特性都是齐全的，所以每个特性都包含必要的所有支持性代码。

第二个主要优势是，每个新集成的特性都会带来软件功能上的增长。这为该项目稳步前进提供了切实的证据。这种方法还获得了功能性软件，可以将这些软件提供给客户进行评估，或者可以更早发布比最初计划功能少一些的软件产品。

第三个优势是面向特性的集成可以很好地与面向对象的设计相契合。对象一般能很好地映射为特性，这使得面向特性的集成方法成为面向对象系统的一个自然选择。

纯粹面向功能的集成与纯粹自顶向下或自底向上的集成一样难以实现。通常，在集成某些重要特性之前，必须先集成一些低层的代码。

T 形集成

最后一种方法通常着重处理与自顶向下和自底向上集成相关的问题，这种方法称为“T 型集成”。在这种方法中，选择一个特定的垂直切片进行早期开发和集成。该切片应该能让系统端到端地运行起来，并且应该能够有助于排除系统设计的假设中的各种主要问题。一旦实现和集成了垂直切片，并且纠正了其相关的各种问题，就可以横向开发并拓展系统的整体宽度(例如桌面应用程序中的菜单系统)。如图 29-12 所示，在实际应用中，这种方法通常与面向风险或面向特性的集成方法结合使用。

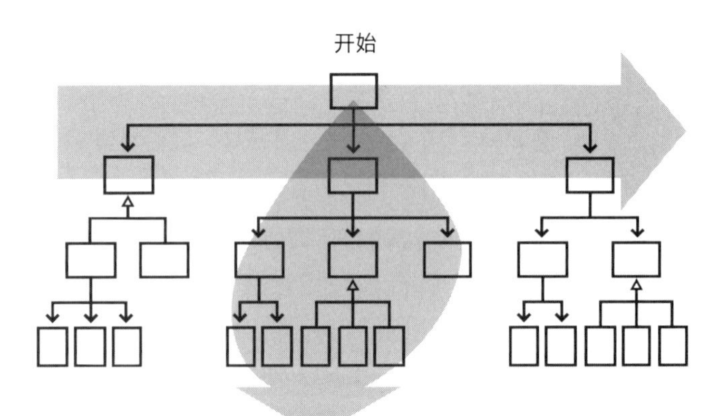

图 29-12　在 T 形集成方法中，我们构建并集成了系统的一个深层的垂直切片部分来验证整个系统的架构性假设，然后横向构建并拓展系统的整体宽度，为开发其余功能提供一个框架结构

集成方法总结

自底向上、自顶向下、三明治式、面向风险、面向特性、T 型集成，有没有觉得人们是在一边走一边在编这些名字？确实是这样的。这些方法没有一个是完全健壮的流程，并不是那种我们可以有条不紊地从步骤 1 执行到步骤 47 然后声明已经完成的流程方法。就像软件设计方法一样，这里罗列的方法更多是为了提供一些思路启发而不是直接给出一个算法。不应该生搬硬套任何流程，而是通过为具体的项目制定一个独特的策略而在软件行业中脱颖而出。

29.4 每日构建和冒烟测试

深入阅读　这些讨论大部分改编自《快速开发》(纪念版) 的第 18 章。如果已经阅读了该书中的讨论，或许可以直接跳过这部分的内容。

无论选择何种集成策略，都要用到一个公认的软件集成优秀方法“每日构建和冒烟测试”。每一天，每个文件都经过编译、链接并组合成一个可执行程序，然后对程序进行“冒烟测试”，这是一个相对简单的检查，以查看产品在运行时是否出现明显错误，即“冒烟”。

这个简单的过程带来了几个显著的好处。首先，降低了产品质量低劣的风险，不成功或有问题的集成可能引发质量低下的风险。通过每天对所有代码进行冒烟测试，可以防止质量问题对项目的恶劣影响。我们把系统引入一个已知的、可见的、良好的状态，然后让系统一直保持这个状态。通过每日构建 (build)* 和冒烟测试，不会导致系统的状态恶化到出现特别耗时的质量问题的程度。

译注
这里的“构建”是 build，而非 construction，前者重在编译、链接和生成，后者重在搭建。

这个过程也使得缺陷诊断变得更容易。由于产品每天都被构建和测试，所以很容易精确定位产品某一天出错的根源。如果产品在第 17 天还运行正常，到第 18 天却出错了，那么一定是两次构建之间发生了一些事情。

这种方法也有助于提高士气。看到产品的实际运行，会极大地鼓舞士气。只要运行起来，产品此时不管有什么功能，大家都一样高兴。哪怕只是显示出一个矩形，开发人员都可以兴奋得跳起来！随着每日构建持续进行，产品每天都会增加一丁点儿可以运行的部分，可以使大家一直保持高昂的士气。

频繁集成的一个副作用是，会无情暴露出一些有隐患的工作，以免它们日积月累，直到项目结束时才意外登场。这些日积月累的工作最终可能变成项目收尾时的泥潭，可能需要花几周甚至几个月的时间才能挣扎着爬出来。没有采用每日构建流程的团队有时觉得，每日构建会拖慢他们的进度，如蜗牛爬行的速度一般。但真相是，每日构建在整个项目中会更稳定地分摊各种工作，项目团队只是通过这种方式来可视化项目工作进度而已。

下面是使用每日构建的一些要领。

每日构建　每日构建最基本的部分是“每日”这个频率。正如麦卡锡 (Jim McCarthy) 所说的那样，要将每日构建当作项目的心跳 (McCarthy 1995)。

就像人一样，没有心跳，整个项目就面临着死亡。还可以用另一种比喻，将每日构建描述为项目的同步脉冲 (Cusumano and Selby 1995)。允许不同开发人员的代码在这些脉冲之间发生一些不同步的情况，但每次有同步脉冲出现时，代码必须重新对齐。只要时时保持与脉冲对齐，就会避免开发人员彻底失去同步的状况。

有些组织采用的方法是每周构建，而不是每日构建。这样做的问题是，如果软件构建在某一周失败了，那么在获得下一个良好状态的构建之前，可能需要花好几周的时间来调整和修复。一旦出现这样的情况，实际上意味着会失去频繁构建的所有优势。

检查失败的构建　为了使每日构建流程正常工作，所构建的软件必须正常运行。如果软件不可用，构建就会被认为失败，修复这个出错的构建就会成为优先级最高的首要任务。

每个项目都为判断“构建是否失败”设置了标准。该标准需要设置一个足够严格的质量级别，将危害性大的缺陷挡在门外，但又有足够的宽容性忽略掉一些无关紧要的琐碎缺陷，但如果一直不给予这些琐碎缺陷适当的关注，它们也可能会阻碍项目进展。

一个良好的构建，应该至少做到以下三点。

- 成功编译所有文件、库和其他组件。
- 成功链接所有文件、库和其他组件。
- 不包含任何阻碍程序启动或使程序出现危险运行的重大缺陷，换而言之，好的构建应该可以顺利通过冒烟测试。

每天进行冒烟测试　冒烟测试应从头到尾测试整个系统。它不必详尽无遗地测试系统的每一项功能，但应该保证能够暴露主要的问题。冒烟测试应该测试得足够彻底，才能保证一旦通过冒烟测试，我们就可以假设这个构建已经足够稳定，以便进行其他更彻底、更详细的测试。

如果没有冒烟测试，每日构建就没有什么价值。冒烟测试就像是岗哨一样，能防止产品质量恶化和集成问题蔓延。没有冒烟测试，每日构建就变成一种浪费时间的操练，只能确保系统每天都有一个干净的编译。

冒烟测试需要与时俱进　冒烟测试的测试内容必须随着系统的开发与时俱进。一开始，冒烟测试可能只测试一些简单的东西，比如系统是否能够说出“Hello, World”。随着系统的开发，冒烟测试会测试得更加彻底。第一个冒烟测试可能只需要几秒钟的时间来运行。随着系统功能不断增加，冒烟测试的运行时间可能增加到 10 分钟、一个小时甚至更长时间。如果冒烟测试没有做到与时俱进，每日构建可能成为自欺欺人无意义的操练，在这种每日构建中，一组只能部分验证系统的测试用例会为项目制造一种对产品质量的错误信心。

实现每日构建和冒烟测试的自动化　构建的维护和控制可能非常耗时。自动化的构建和冒烟测试有助于确保代码自行构建并运行测试。如果没有自动化，每天都进行代码构建和冒烟测试是不现实的。

建立专门负责构建的团队　在大多数项目中，维护每日构建和保持更新冒烟测试的任务其工作量已经足够大到可以成为某些人不可忽视的一部分工作。在大型项目中，这些任务可能成为多人的全职工作。例如，在 Microsoft Windows NT 开发第一个版本时，构建组有四个全职人员 (Zachary 1994)。

只在有意义时，才向构建提交代码修订……(待续)　通常，开发人员个人写代码的速度不够快，没法做到每个人每天都向系统签入有意义的代码增量。他们应该先花一些时间处理自己的代码，直到有一套调试完毕的代码时再去集成，通常每个人每隔几天集成一次。

(接上条)……但不要拖太久才提交一次代码修订　请注意，签入代码的频率不要太低。某个开发人员有可能拖很久才提交一次代码修订，以至于签入时系统中的每个文件貌似都需要做出改动。这其实损害了每日构建的价值。团队其他成员由于经常签入代码而继续实现增量式集成的优势，但这个特定的开发人员不会。如果一个开发人员好几天都没有签入一次代码修改，那么可以认为他的工作有问题。正如贝克 (Kent Beck) 所指出的，频繁的集成有时会迫使我们将单个特性的构建分解为多个片段。相对于降低集成风险、提高状态可视性、提高产品可测试性和获得频繁集成带来的其他好处，这种分解带来的开销是可以接受的 (Beck 2000)。

要求开发人员在将代码添加到系统之前进行冒烟测试　开发人员在签入自己的代码进行构建之前，需要先做测试。开发人员可以在自己的 PC 上创建一个私有的系统构建，然后对这个私有构建进行单独的测试。或者向自己的“测试伙伴”发布一个私有构建版本，这位“测试伙伴”专注于验证该开发人员的代码。这两种方式的目标都是确保新签入的代码先通过冒烟测试，然后才能被允许签入到公共构建去影响系统的其他部分。

为即将添加到构建部分的代码创建一个等待区域　每日构建流程成功的一个方面是，它能分辨哪些构建运行正常，哪些不正常。开发人员在测试自己的代码时，也需要能够找到一个已知运行良好的系统作为参考基准。

大多数软件团队通过创建一个等待区域来解决这个问题，开发人员如果认为代码已经准备就绪并可以添加到构建中，就会把代码先签入到这个区域。新代码进入等待区域之后，开始创建新的构建，如果质量可接受，则将新代码从等待区域移到源代码的主库中。

在中小型项目中，用版本控制系统可以实现这一功能。开发人员将新代码签入到版本控制系统。开发人员如果想要使用一个已知的良好构建，只需在版本控制选项文件中设置一个日期标志，该标志告诉系统取出该日期之前最后一个已知的良好构建的所有代码文件。

对于大型项目或使用简易的版本控制软件的项目，需要手动处理等待区域功能。要签入新代码的程序员向构建团队发送电子邮件，告诉他们在哪里可以找到要提交的新文件。或者，构建团队在文件服务器上建立一个签入区域，开发人员将在其中放入源文件的新版本。然后，在验证这些新代码不会破坏构建之后，构建团队负责把新代码签入到版本控制系统。

为破坏构建设立惩罚制度　大多数使用每日构建的团队都设立了破坏构建的惩罚制度。需要一开始就对团队明确强调，保持构建正常，是项目优先级最高的任务之一。构建失败应该是偶尔出现的例外情况，绝不应该是常态。还要坚持要求破坏构建的开发人员立即停止手头所有其他工作，直到修复为止。如果构建经常失败，就很难严肃认真地执行那些不至于破坏构建的工作。

轻松无害的处罚有助于强调这一首要任务的重要性。有些团队会给每个破坏构建的“笨笨”* 分发棒棒糖。然后，这个开发人员必须把这个“笨笨”标志贴在自己办公室的门上，直到解决这个问题之后才

译注
因为英文里 sucker 既指笨蛋，也指做出舔吸动作的人。

译注
在西方文化中，此举有因为自己犯错而成为罪人的寓意。

能取下来。其他一些团队则让心怀愧疚的程序员戴上山羊角*或向团队的士气振奋基金捐款 5 美元。

有些项目设置了一些更狠的惩罚。在 Windows 2000 和 Microsoft Office 等重点项目中，微软的开发人员在项目后期都必须 24 小时佩戴传呼机。如果有谁破坏了构建，即使缺陷是在凌晨 3 点被发现的，他们也必须及时赶到现场修复缺陷。

早上发版 一些团队发现自己更喜欢夜间构建，早上测试，在上午而不是下午发布新的构建版本。早上进行冒烟测试和发布构建有几个优点。

首先，如果早上发版，测试人员可以在当天全天都用这个新的版本进行测试。如果选择经常在下午发布构建版本，那么测试人员就必须在下班之前启动自动化测试，他们会为此承受很大的心理压力。一旦构建版本发布延迟，这样的情况确实经常发生，测试人员就不得不加班启动自动化测试。而且，迫使测试人员加班的并非他们自己，所以这种构建流程变得令人沮丧。

如果我们在早上完成构建，构建出现问题时，测试人员更容易找到开发人员。白天，程序员一般就在办公室的另一头好端端地坐着。而到了傍晚，开发人员的行踪就不太好定位。即使开发人员随身佩戴传呼机，也不太容易随时联系到人。

在一天结束时开始冒烟测试并在半夜发现问题时打电话给同事，这可能看起来特别有气势，但这对团队来说并非易事，这不仅浪费时间，而且最后一定会弊大于利。

即使顶着压力也要进行每日构建和冒烟测试 当进度压力制造出紧张气氛时，维护每日构建所需的工作看上去是一种奢侈的开销。而事实正好相反。面临压力，开发人员往往会有些纪律涣散。一旦感到压力，他们就会铤而走险，去走一些捷径，而在压力较小的情况下，通常不会这样做。在压力的影响下，他们审查和测试自己的代码时，不如平时仔细。与压力较小的时候相比，此时的代码更容易乱。

在这样的背景下，每日构建的执行可以保持纪律性，并迫使像高压锅一样大声响的项目始终进展顺利。虽然在高压下代码仍然趋于混乱状态，但构建流程每天都会迫使这种混乱趋势“乖乖就范”。

什么样的项目可以采用每日构建流程

一些开发人员抗议说，每天构建是不切实际的，因为项目太大了。但是，可能是（本书完成时）近来最复杂的一个大型软件项目，就成功采用了每日构建流程。到 Windows 2000 发布时，这个系统由分布在数万个源文件里的大约 5 千万行代码组成。在几台机器上完成一个完整的构建需要长达 19 个小时，但 Windows 2000 开发团队仍然设法做到了每日构建。每日构建非但没有成为 Windows 2000 团队的麻烦，该团队反而将这个巨大项目的成功很大程度上归功于每日构建实践。项目规模越大，增量式集成越重要。

有项研究审查美国、印度、日本和欧洲的 104 个项目之后发现，只有 20%~25% 的项目从项目一开始或中期采用了每日构建 (Cusumano et al. 2003)，这证明提升的空间还很大。

持续集成

一些软件相关主题的作者将每日构建作为一个起点，建议在此之上采用持续集成方法 (Beck 2000)。大多数已经发表的关于持续集成的引用文章都使用“持续”这个词来表示“至少达到每天的频率” (Beck 2000)，我认为这是合理的集成频率。但我偶尔会遇到有些人真的按字面意义执行“持续”。他们的目标是每隔几个小时就将代码变更与最新的构建集成到一起。对于大多数项目，我认为按字面意义持续集成未必是件好事。

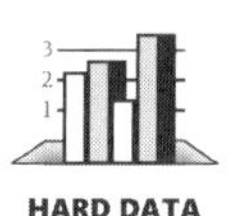

在业余时间，我组织了一个讨论小组，成员是来自亚马逊、波音、亿客行、微软、诺德思龙等西雅图地区公司的技术高管。在对这些技术高管的调查中，没有人认为持续集成优于每日集成。在中大型项目中，让代码在短时间内不同步是有价值的。当开发人员进行大规模的代码更改时，经常会暂时失去同步。然而，他们可以在短时间后重新同步。每日构建已经让项目团队代码集成得足够频繁了。只要团队能做到每天同步，就不需要持续集成代码。

检查清单：集成

集成策略

- ❑ 策略是否为集成子系统、类和程序确定了最优顺序？
- ❑ 集成顺序是否和构建顺序相互协作，以保证在正确的时间各个类将会为集成准备就绪？

- ❑ 这种集成策略是否能让缺陷的诊断变得容易？
- ❑ 这种集成策略是否能让脚手架代码数量降到最低？
- ❑ 这种集成策略是否比其他方法更好？
- ❑ 组件之间的接口已经被详细定义了吗？(虽然定义接口并不属于集成的任务，但是验证它们是否已经被良好定义是集成的任务)

每日构建和冒烟测试

- ❑ 项目是否频繁地构建（理想的情况是每日构建）以支持增量式集成？
- ❑ 是否随着每个构建都执行了冒烟测试以确定每个构建是运行正常的？
- ❑ 构建和冒烟测试实现了自动化吗？
- ❑ 开发人员签入代码是否频繁，即两次代码签入之间不会超过一天或者两天？
- ❑ 冒烟测试是否随时与最新的代码保持同步，随着代码功能扩展而扩展了测试用例？
- ❑ 构建失败是偶发事件吗？
- ❑ 即使在承受压力的情况下是否坚持构建并用冒烟测试验证软件？

更多资源

以下是与本章主题有关的更多资源。

集成

Lakos, John. *Large-Scale C++ Software Design*. Boston, MA: Addison-Wesley, 1996。作者认为，系统的“物理设计”——即文件、目录和库的层次结构——对开发团队构建软件的能力有显著的影响。如果不注意这些物理设计，构建时间将变得过长而对频繁集成造成危害。作者的讨论集中于 C++ 语言上，但与“物理设计”相关的见解同样也适用于使用其他编程语言的项目。

Myers, Glenford J. *The Art of Software Testing*. New York, NY: John Wiley & Sons, 1979. 这本经典的测试书籍将集成作为一种测试活动进行讨论。

增量式策略

McConnell, Steve. *Rapid Development*. Redmond, WA: Microsoft Press, 1996. 第 7 章详细介绍了在较灵活和非灵活的生命周期模型之间怎么做权衡。第 20 章和第 21 章，第 35 章和第 36 章讨论了支持不同程度的增量式策略的具体生命周期模型。第 19 章描述了为变更而设计，

这是支持迭代和增量式开发模型所必须要有的一个关键活动。最新中译本《快速开发》(纪念版)

Boehm, Barry W. "A Spiral Model of Software Development and Enhancement." *Computer*, May 1988: 61–72. 在文章中，作者描述了他所提出的软件开发的"螺旋模型"。他将该模型作为软件开发项目中实现风险管理的一种方法，因此主要讨论的是开发，而不是专门针对集成。在软件开发的宏观问题上，作者是全球一流的专家，他清晰明了的解释反映了他对这些问题有深刻的见解。

Gilb, Tom. *Principles of Software Engineering Management*. Wokingham, England: Addison-Wesley, 1988. 第 7 章和第 15 章详细讨论了演进式交付，这是最早的增量式开发方法之一。

Beck, Kent. *Extreme Programming Explained: Embrace Change*. Reading, MA: Addison-Wesley, 2000. 前一本书中的很多观点，在这本书中以更现代、更简洁且更深入人心的方式展现给读者。虽然我个人更喜欢前一本书中所呈现的深度分析，但有些读者可能发现这一书中的表述方式更简单易懂或能够更直接地应用于手头上在做的项目。

要点回顾

- 构建顺序和集成方法可以影响类的设计、编码和测试顺序。
- 经过深思熟虑的集成顺序可以减少测试工作并使调试变得更容易。
- 增量式集成有多种策略，除非项目规模极小，否则其中任何一种增量式集成都优于阶段式集成。
- 对于任何特定的项目，最好的集成方法通常是组合了自顶向下、自底向上、面向风险和其他集成方法的混合方法。T 型集成和垂直切片集成是两种通常很奏效的方法。
- 每日构建可以减少集成问题，提高开发人员的士气，提供有用的项目管理信息。

读书心得

1. ______________________________
2. ______________________________
3. ______________________________
4. ______________________________
5. ______________________________

第 30 章

编程工具

本章目录

相关主题及对应章节

- 版本控制工具：28.2 节
- 调试工具：23.5 节
- 测试支持工具：22.5 节

现代编程工具减少了构建所需要的时间。对先进工具的熟练使用，可以使效率提升 50% 或更多 (Jones 2000；Boehm et al. 2000)。编程工具也能减少编程过程中繁琐的细节工作。

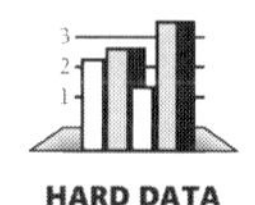

就像狗是人类最好的朋友一样，好的工具也是程序员最好的朋友。鲍姆 (Barry Boehm) 曾经提出一个工具使用的二八定律，即 20% 的工具往往占工具使用量的 80%(1987b)。好的工具真的可以做到事半功倍。

本章的内容聚焦于两个方面。首先，本章的内容只涵盖构建工具。需求规格说明、管理和端到端开发工具不在本章的讨论范围内。在本章末尾的“更多资源”中，有软件开发工具相关的更多信息。另外，本章的内容讲述了多种类型的工具但不涉及具体的品牌。本章提到的一些常见的工具由于其特定的版本、产品和公司变化太快以至于其链接可能已经失效。

程序员可能工作了很多年都没有发现自己用起来称手的工具。本章的目的是介绍一些可用的工具并帮助你发现哪些好用的工具被自己忽略了。如果是工具专家，也许不会看到更多新的信息。可以尽早直接阅读第 30.6 节，然后接着看下一章。

30.1 设计工具

关联参考 关于设计的相关细节，请参见第 5 章到第 9 章。

目前的设计工具主要由制作设计图表的图形化工具组成。设计工具有时会内置于功能丰富的计算机辅助软件工程 (CASE) 工具中，一些供应商提供独立的设计工具。图形化设计工具一般会提供设计中常用的图形符号：UML、架构框图、层次结构图、实体关系图或者类图。有些图形化设计工具只支持一种符号，有些支持多种。

从某种意义上来说，这些设计工具就只是个花哨的绘图包。用一个简单的图形软件或者铅笔和纸，也可以画出设计图。但设计工具能提供比简单图形工具更有价值的能力。比如，如果画好一个气泡图表后删除了其中一个气泡，图形化的设计工具就会自动整理其他的气泡，包括链接的箭头以及链接该气泡的下层气泡。当添加一个气泡时，设计工具也会进行很好的处理。设计工具能让人在高低层的抽象之间来回切换。设计工具会检查设计的一致性，并且有些工具还能根据设计自动生成代码。

30.2 源代码工具

源代码相关的工具比设计工具更丰富，也更成熟。

编辑

这一类工具和编辑源代码相关。

集成开发环境 (IDE)

有程序员估算过，自己会花 40% 的时间来编辑源代码 (Parikh 1986，Ratliff 1987)。如果是这样，那么花一些额外的钱使用最好的 IDE 就算是一笔很好的投资。

除了基础的字处理功能外，好的 IDE 还提供了以下特性。

- 编辑器内置的编译和错误检测。
- 集成了源代码控制、构建、测试和调试工具。
- 程序的压缩或大纲视图 (仅显示类名或没有内容的逻辑结构，也称“折叠”)。
- 跳转到类、程序和变量的定义。
- 跳转到使用的一个类、程序或变量的位置。

- 特定语言格式。
- 代码编辑时的交互式帮助。
- 花括号匹配。
- 常用语言的结构模板（例如程序员在键入 for 之后编辑器自动补全 for 循环结构）。
- 智能缩进，包括当逻辑改变时轻松改变声明块的缩进。
- 自动代码转换或重构。
- 可以用熟悉的语言进行宏编程。
- 搜索字符串列表以便不需要再重新键入常用的字符串。
- 支持使用正则表达式查找替换。
- 可以在多个文件中查找替换。
- 同时编辑多个文件。
- 可以对比不同的文件。
- 带颜色的并列差异对比。
- 多级撤销。

考虑到一些原始编辑器仍在使用中，你也许会惊讶地发现有一些编辑器会具备所有的这些功能。

多文件字符串查找替换

如果编辑器不支持多个文件间的查找替换，也可以换用其他的工具。这些工具对查找类名和程序名非常有用。一旦在代码中发现一个错误，就可以使用这种工具来检查其他文件中是否还有类似的错误。

可以精确查找、相似查找（忽略大小写的差异）或正则表达式查找。正则表达式非常强大，因为它能查找复杂的字符串。如果想找所有包含魔法数字（数字 0 到 9）的数字，那么可以使用“[”后面紧跟 0 或多个空格，然后 1 或多个数字，然后 0 或多个空格，最后以“]”结束。一个广泛使用的查找工具叫 grep。用 grep 来查找魔数的表达式如下：

```
grep "\[ *[0-9]+ *\]" *.cpp
```

可以修改查找规则，使其更复杂以便用于对查找进行微调。

能对多个文件进行字符串修改是很有用的。例如，如果想给一个程序、常量或者全局变量更好的命名，就得在多个文件中修改命名。有了可以对多个文件进行修改的工具，我们在对类名、程序名和常量名进行重构时，顾虑会更少。

用于处理多文件字符串修改的常见工具包括 Perl、AWK 和 sed。

差异对比工具

程序员经常需要比对两个文件。如果多次尝试更正错误，并且需要删除不成功的尝试，文件比对工具可以比对原始和修改过的文件，还能列出修改过的行。如果是多人一起开发程序，想看是否有人在上一次修改程序之后都做了什么，比对工具（例如 Diff）能展示出当前版本和上个版本的差异。如果发现一个新的缺陷，但并不记得在老版本中有出现过，这时，不需要去看主治健忘症的精神科医生，比对工具能帮着比较当前版本和老版本的源代码，精确定位改动，找到问题的根源。比对功能通常集成在版本控制工具里面。

合并工具

版本控制的一种方式是锁定文件，只有一个人能修改文件。另一种方式是允许多个人同时修改文件然后在签入代码时合并变更。在这种模式下，合并变更的工具是关键。这些工具通常自动执行简单合并，如果发现与其他合并合冲突或更复杂的情况，则会询问用户。

源代码美化工具

关联参考 要想进一步了解程序的布局，请参阅第 31 章。

源代码美化工具能美化代码，使其看起来整齐划一。它们高亮显示类和程序名，标准化缩进风格，使注释格式一致，还有其他类似的功能。有些美化工具可以将每个程序放到单独的网页或打印页面上，或执行更引人注目的格式化操作。很多美化工具可以用来定制美化代码的方式。

代码美化工具至少分为两类：一种类型的美化工具是在不更改原始源代码的情况下生成外观更好的样式；另一种类型的美化工具是改变源代码本身，比如标准化缩进和调整参数列表格式等。处理大量的遗留代码时，这种能力很有用。代码美化工具可以执行许多繁琐的格式设置工作，使遗留代码符合编码样式设置。

接口文档生成工具

有些工具能从源代码文件中提取详细的接口文档。在源文件的代码中使用 @tag 之类的标记来标识需要提取的文字。然后接口文档生成工具就提取标记的文本，并生成漂亮的格式。Javadoc 是此类工具中的优秀代表。

模板

模板可以帮助简化经常做的键盘输入任务并使这些输入保持一致。假如想在程序前放入一个标准的注释块，可以考虑创建一个正确语法的注释框架并且在你想要的地方插入。这个框架就是“模板”，可以存储在文件中或者键盘宏命令中的。创建一个新的程序时，可以更容易插入模板到源文件中。可以设置大的模板（如类和文件）或者小的（如循环）。

如果是项目组，模板能使编码和文档保持一致的风格。在项目开始的时候设置好模板，将使团队的工作更容易，同时还可以获得一致性的好处。

交叉引用工具

交叉引用工具会列出所有的变量和程序以及所有用到它们的位置，通常放在网页上。

类继承层次生成器

一个类继承层次生成器生成一颗继承信息树。有时，这在调试中很有用，但更常用于分析程序的结构或将程序模块化为包或子系统。有些集成开发环境 (IDE) 提供了这个功能。

分析代码质量

此类别中的工具检查静态源代码以评估其质量。

挑剔的语法 / 语义检查工具

作为编译器的一个补充，语法和语义检查工具对代码的检查比编译器更彻底。编译器也许仅仅只是检查基本语法错误。一个挑剔的语法检查器也许会使用细微的语言差别来检查更不容易察觉的错误，这种错误从编译器的角度来看不是错误，但其实本意并非如此。例如，在 C++ 语言中，下面这样写是完全合法的：

```
while ( i = 0 ) ...
```

但你实际上想要写的是：

```
while ( i == 0) ...
```

译注
lint 是最有名的 C 语言工具之一，最早是贝尔实验室史蒂夫·约翰逊在 1979 年基于 PCC 开发的。Android Studio 也提供了 lint 代码扫描工具，可以用于帮助发现并更正代码结构在质量和性能上的问题。

第一行代码在语法上是正确的，但是“=”和“==”是常见的错误，那么这一行可能是错的。静态代码扫描工具 lint* 是一个严谨的语法 / 语义检查工具，很多的 C/C++ 环境中都有。lint 能针对以下情况发出警告：未初始化的变量、未被使用的变量、已赋值但未被使用的变量、在程序间传递了没有被赋值的参数、可疑指针操作、可疑的逻辑比较 (就像前面提到的例子)、无法访问的代码以及许多其他常见问题。其他语言也有类似的工具。

指标报告工具

关联参考 关于指标的更多信息，请参见第 28.4 节

有些工具能分析代码并且报告其质量。例如，可以获得每个程序复杂度的报告，以便针对最复杂的程序进行额外的审查、测试或重新设计。有些工具能统计在整个项目或单个程序中的代码行、数据声明、注释和空行。它们能跟踪缺陷并关联制造这些缺陷的程序员，还能追踪缺陷修正的状态以及是谁修正的。它们统计对软件的修改并记录修改最频繁的程序。有研究表明，复杂度分析工具对维护人员的生产力有 20% 的正面影响。

重构源代码

有些工具有助于将源代码从一种格式转换为另一种格式。

重构工具

关联参考 更多关于重构的信息，请参见第 24 章。

重构工具支持常见的代码重构，可以是独立的工具，也可以集成到 IDE 工具中。重构工具允许我们方便地在整个项目中修改一个类的名字，能让我们更方便地修改一段程序，只需选中这段程序，输入新的程序名并调整参数列表中参数的顺序。重构工具使得代码修改更快，并且不易出错。Java 语言和 Smalltalk 语言有重构工具，其他语言的重构工具也在陆续出现。关于更多的重构工具，可以参考《重构》(Fowler 1999) 的第 14 章。

译注
Coca 是一个用 GO 语言写成的 Java 自动化重构工具。

结构重构工具

结构重构工具会将一盘带有 goto 语句的意大利面条式代码转换成更有营养的“主菜”，有更好的结构，且没有 goto 语句的代码。Capers Jones 做过研究，在系统维护环境中，代码结构重构工具对代码维护生产力有 25%~30% 的正面影响 (Jones 2000)。结构重构工具在转

换代码时会有很多的假设，如果代码的逻辑本来就很糟糕，那么转换之后的代码也会很糟糕。如果是在做手动转换，那么可以使用结构重构工具来处理一般的情况，手动处理较困难的情况。另一种方式，可以先用结构重构器运行一次代码以便获得一些启发，然后再手动处理。

代码翻译工具

有些工具能把代码从一个语言翻译成另外一种。如果要把大量代码移植到另外一个环境时，代码翻译工具就很有用了。使用语言翻译工具的危险在于，如果要处理的是一堆烂代码，它会将这段烂代码简单转换成你不熟悉的一种语言。

版本控制

关联参考　这些工具以及它们的好处在 28.2 节中有详细的描述。

为了应对激增的软件版本，可以使用版本控制工具来实现以下用途。

- 源代码控制
- 依赖关系控制，就像 UNIX 下提供的 Make 工具
- 项目文档版本管理
- 项目相关产出物管理，例如需求文档和代码的测试用例，以便能在需求变更时找到受影响的代码和测试

数据字典

数据字典是描述项目中所有重要数据的数据库。在很多情况下，数据字典主要关注数据库模式。在大型项目中，数据字典对于跟踪成千上万的类的定义也很有用。在大项目中，它有助于避免命名冲突。命名冲突可能是一种直接的语法冲突，相同的名字被使用了两次，或者是一种更隐晦的冲突（或者不同），不同的名字表示相同的东西，或者相同的名字表示有细微差别的东西。对于所有的数据项（数据库表或类），数据字典包括该项的命名和描述。字典也许还包括备注来说明其用法。

30.3 可执行码工具

可执行码工具与源代码工具一样丰富。

产生目标码

本节描述的工具用于产生目标码。

编译器和链接器

编译器能够将源代码转换为可执行码。大多数程序都是编译执行的，也有些程序是解释执行的。

标准的链接器将一个或多个目标文件（目标文件由编译器从源代码生成）与生成可执行程序的标准代码进行链接器能链接多种语言生成的目标文件，它允许选择几乎适合当前程序每个部分的语言，而不必自己处理集成的细节。

覆盖链接器能帮助你用容量为 5 磅的袋子来装 10 磅重的东西，让程序可以在低于所需的内存下运行。覆盖链接器产生一个可执行文件，在任何时候，只把自己的一部分放入内存中，其他部分留在磁盘上直到需要时再调用。

构建工具

构建工具的目的在于使从当前版本源文件构建程序的时间最小化。对于在项目中的每个目标文件而言，需要指明它所依赖的那些源文件以及如何生成它。构建工具也需要消除由于源文件不一致导致的错误；构建工具需要确保源文件始终保持一致。常见的构建工具包含 UNIX 的 make 工具以及用于 Java 的 ant 工具。

假设有一个目标文件名为 userface.obj。在 Makefile 中，指明生成 userface.obj，那么就需要编译 userface.cpp 文件。同时指明 userface.cpp 文件需要"依赖"userface.h，stdlib.h 和 project.h 文件。"依赖"的意思是，如果 userface.h，stdlib.h 或者 project.h 文件改变，userface.cpp 文件就需要重新编译。

构建程序时，make 工具会检查描述的所有依赖关系并确定需要重新编译的文件。如果 250 个源文件中有 5 个依赖于 userface.h 文件的数据定义，那么 make 会自动重新编译这 5 个文件。它不会重新编译不依赖 userface.h 文件的另外 245 个文件。使用 make 或 ant 不必重新编译 250 个文件，避免使用手动编译时忘了一个文件，会得到怪异的"未同步错误"。总的来说，make 或者 ant 之类的构建工具大大改善了"编译 - 链接 - 运行"过程的耗时以及可靠性。

有些组织发现了一些有趣的方法，它们能替代依赖检查工具，如 make。比如，Microsoft Word 团队发现，只要源文件本身经过优化，如头文件的内容等，简单重新构建所有源文件就比通过 make 广泛检查依赖关系更快。用这种方法，Word 项目中开发人员的机器重新构建整个 Word 可执行文件（有数百万行代码），大概只需要 13 分钟的时间。

代码库

一种在短时间内写出好代码的方式不是全部都自己写，而是找开源的版本或者买一个。至少能在以下这些领域找到高质量的库：

- 容器类
- 信用卡交易服务（电子商务服务）
- 跨平台开发工具。可以写能在 Microsoft Windows、Apple Macintosh、X Windows 系统上运行的代码，只需要在每个环境下编译代码
- 数据压缩工具
- 数据类型和算法
- 数据库操作与数据文件处理工具
- 图表、绘图和制图工具
- 图像工具
- 许可证管理器
- 数学运算
- 网络和互联网通信工具
- 报表生成器和报表查询生成器
- 安全与加密工具
- 电子表格和数据网格工具
- 文本和拼写工具
- 语音、电话和传真工具

代码生成向导

如果真的找不到自己想要的代码，让别人来写怎么样？你不必穿上黄格子夹克，混进汽车销售员的行列去忽悠别人帮自己写代码。可以找工具来写，并且，这样的工具通常集成在 IDE 中。

代码生成工具往往侧重于数据库应用程序，但这已经包括很多应用程序了。常用的代码生成器为数据库、用户界面、编译器写代码。代码生成器生成的代码不如程序员写的代码好，但许多应用程序并不需要手写的代码。对一些用户来说，有 10 个可工作的应用程序比有一个工作得完美的应用程序更有价值。

代码生成器对制作产品代码的原型也很有用。使用代码生成器，区区几个小时就能做成一个演示用户界面关键点的原型，或者可以尝试各种设计方法。也可以花好几周的时间手写代码做同样多的功能。如果仅仅是做实验，为什么不用最便宜的方式呢？

代码生成器常见的缺点是生成的代码普遍可读性较差。如果还需要维护这些代码，可能会让人后悔当初为什么不首选自己动手写代码。

安装

许多供应商都提供支持制作安装程序的工具。这些工具通常支持制作磁盘安装程序、CD 安装程序、DVD 安装程序或者 Web 安装程序。它们通常会检查在目标机器上是否有常用的库文件以及进行版本检查等等。

预处理器

关联参考　更多关于添加和删除调试辅助代码的内容，请参见 8.6 节。

预处理器和预处理器的宏功能对调试很有用，因为它们使得在开发代码和生产代码的切换变得很容易。在开发期间，如果想要在每个程序的起始处检查内存碎片，就可以在每个程序的开头使用宏。也许有人不希望这些检查遗留在产品代码中，因此可以在产品代码中重新定义这个宏使其不会生成任何代码。基于类似的理由，预处理器的宏对需要写在多个环境下(例如，同时需要在 Windows 和 Linux 下编译)编译的代码也非常有好处。

如果使用的语言只有最基本的控制结构(如汇编语言)，可以写一个控制流预处理器来模拟 if-then-else 循环和 while 循环。

如果语言没有预处理器，可以在构建过程中使用一个独立的预处理器。M4 是一个不错的选择，可以从 www.gnu.org/software/m4/ 获得。

调试

关联参考　这些工具及其好处在 23.5 节有详细的描述。

以下工具可以帮助调试：

- 编译告警信息
- 测试支架
- 差异比对工具(用于比较不同版本的源代码文件)
- 执行性能剖测器
- 追踪监视器
- 交互式调试器，软件版和硬件版

接下来讨论和调试工具相关的测试工具。

测试

关联参考 这些工具及其收益在 22.5 节中有详细的描述。

以下这些特性和工具有帮助你有效进行测试：

- 自动化测试框架如 JUnit，NUnit 和 CppUnit 等
- 自动化测试用例生成器
- 测试用例记录与回放工具
- 覆盖率监视器（逻辑分析器和执行性能剖测器）
- 符号调试器
- 系统扰动器（内存填充器、内存振荡器、选择性内存失效器和内存访问检查器）
- 差异比对工具（用于比较数据文件、捕获的输出和屏幕截图）
- 测试支架
- 缺陷注入工具
- 缺陷跟踪软件

代码调优

这些工具能帮助优化代码。

执行性能剖测器

执行性能剖测器观察代码运行情况，并指出每个语句运行了多少次，程序运行每个语句或每条执行路径花了多少时间。剖测运行时的代码就好像有个医生把听诊器放到你的胸口并叫你咳嗽几声。执行性能剖测器能指出程序是如何工作的、哪里是执行非常频繁的热点以及哪里需要花力气去调优。

汇编代码清单和反汇编器

也许有一天你想看看高级语言生成的汇编代码。有些高级语言编译器能生成汇编代码清单。有些则不会，需要用反汇编器来把编译器生成的机器代码反编为汇编代码。由编译器生成的汇编代码能指出编译器在把高级语言代码转化成机器代码的效率。它能指出为什么有些看起来很快的高级语言代码运行起来很慢。在第 26 章中，很多基准测试的结果都是反直觉的。当需要基准测试代码时，我通常阅读汇编代码清单以便能够充分理解测试的结果，这些结果在高级语言中看没什

么意义。

如果还不习惯汇编语言并且想要入门，这就是最好的途径，将自己写的高级语言的语句同编译器生成的汇编指令进行对比。第一次阅读汇编语言时，往往会不知所措。如果看见编译器生成了多少代码——有多少是不必要的——就不会再像以前那样看待编译器了。

30.4 面向工具的环境

有些环境被证实更适合面向工具的编程。

UNIX 环境以各种小工具而闻名，这些工具的名称很有趣，它们可以很好地协同工作：gre，diff，sort，make，crypt，tar，lint，ctags，sed，awk，vi 等等。与 UNIX 紧密结合的 C 语言和 C++ 语言也体现出相同的哲学；标准的 C++ 库由很多小功能组成，这些小功能可以很容易组合成更大的功能，因为它们可以很好地协同工作。

有些程序员善于运用这些小工具在 UNIX 环境下高效工作。在 Windows 和其他环境中，他们使用与 UNIX 类似的工具来维持在 UNIX 环境下养成的工作习惯。UNIX 哲学成功的一点是，这些工具将 UNIX 的操作习惯继承到其他机器上。例如，cygwin 提供了在 Windows 下使用的 UNIX 等效版本 (www.cygwin.com)。

开源运动领袖雷蒙德 (Eric Raymond) 的《Unix 编程艺术》(2004) 深入探讨了 UNIX 编程文化。

30.5 自己动手写编程工具

假设给你五个小时时间完成一项任务，你有两个选择：或者用全部五个小时时间悠闲地完成任务；或者头脑发热花 4 小时 45 分钟自己做了一款工具，然后再花 15 分钟用这款工具完成任务。

绝大多数高手程序员只有百万分之一的概率会选择第一选项，在其他情况下会选择第二选项。构建工具是编程活动基础工作的一部分。几乎所有的大型组织 (拥有超过 1000 名程序员的组织) 都有自己内部的工具。许多组织私有的需求和设计工具甚至优于市场上的同类工具 (Jones 2000)。

本章中描述的许多工具都可以自己动手写。虽然这么做可能不太划算，但真的没有太高的技术门槛。

项目专用工具

大部分中大型项目需要项目的专用工具。比如，也许需要工具来生成特殊类型的测试数据以验证数据文件的质量，或者模拟仿真尚未到位的硬件。以下是支持项目专用工具的一些例子。

- NASA 某团队负责开发飞行软件，以控制红外传感器并分析其数据。为了验证软件的性能，一个飞行数据记录器需要记录飞行软件的各项行为。工程师开发了一个定制的数据分析工具用来分析飞行系统的性能。在每次飞行之后，都用定制的工具来检查主系统。
- 微软计划在其 Windows 图形环境的一个版本中加入一种新的字体技术。由于字体数据文件和展示字体的软件都是新的，数据或软件都有可能产生错误。微软的开发人员写了一些定制的工具用来检查数据文件中的错误，以便增强能力来区分字体数据错误还是软件错误。
- 一家保险公司开发了一个大型系统用来计算费率增长。因为该系统很复杂并且其准确性至关重要，所以需要仔细检查数百个计算出的费率，尽管手动计算单个费率都需要好几分钟时间。该公司写了一个独立的工具来计算费率(一次一个)。借助于这个工具，该公司只花几秒钟就能计算出单个的费率并与核心系统计算出的费率进行比对，这比用手工计算和比对更节省时间。

在做项目计划时，需要留出部分时间来考虑需要哪些工具并安排时间来构建它们。

脚本

脚本就是一个可自动化重复执行例行任务的工具。在有些系统中，脚本被称作“批处理文件”或者“宏”。脚本可以简单，也可以复杂，绝大部分有用的脚本都很容易写。例如，我有记日记的习惯，为了保护隐私，我进行了加密(除了写日记的时候)。为了确保正确且频繁的加密和解密，我写了一个脚本：先解密日记，再调用执行 Word，然后再加密日记。脚本如下：

```
crypto c:\word\journal.* %1 /d /Es /s
word c:\word\journal.doc
crypto c:\word\journal.* %1 /Es /s
```

其中“%1”是密码位置，很明显它不能包含在脚本里。这个脚本节约了我输入这些参数的工作，也防止输入错误，并确保总是执行了这些操作和按照正确的顺序执行了。

如果发现每天重复好多次输入超过 5 个字符的命令，就适合用脚本或批处理文件来做这样的事。例如包括编译 / 链接时序，备份命令以及其他任何带有一大堆参数的命令。

30.6 工具的幻境

关联参考　工具可用性部分依赖于技术环境的成熟度。更多的信息，请参阅 4.3 节。

过去几十年，工具提供商和行业专家都在预言：“就要出现干掉编程的工具了。”最具讽刺意味的是，FORTRAN 居然最先获得这个称号。Frotran 或者叫“公式翻译语言”的构想是，科学家和工程师只需要简单输入公式就能计算，据此推测就没有咱们程序员什么事儿了。

FORTRAN 确实成功使科学家和工程师能够编程，但从我们现在的眼光来看，FORTRAN 似乎是一种相对低级的编程语言。它不可能消除对程序员的需要，行业对 FORTRAN 的经历就是整个软件行业发展的缩影。

软件行业不断开发新的工具，以减少或消除编程中最繁琐的工作，例如，源代码中语句的布局细节；编辑、编译、链接和运行程序所需的步骤；寻找大括号不匹配的工作；创建标准消息框所需的步骤数量等等。这些工具开始表明对生产力有增益的时候，所谓的行业专家便无限夸大收益，鼓吹能“消除对编程的需要”。但事实上，每个新的编程创新都自带些许瑕疵。随着时间的推移，这些瑕疵会被移除，该项创新的所有潜力也都会被认识到。然而，一旦了解这种工具的基本概念，进一步实现收益的办法是去除一些意外的困难，其副作用就是创造新的工具。消除这些意外困难本质上并没有增加生产力，它只是消除了“走两步，退一步”情况中的“退一步”而已。

在过去的几十年，程序员见证了大量试图消除编程的工具。首先是第三代编程语言。然后是第四代编程语言。接着是自动化编程。还有 CASE 工具。最后是可视化编程。以上每一项进步都对计算机编程起到了有价值的、增量的改善作用，在出现这些进步之前就学会编程的人看来，这就算是面目全非。但没有任何一项创新真正成功消除了

关联参考 编程困难的原因在第 5.2 节中有详细的描述。

编程。

出现这种情况的本质原因是编程很难，即使有好工具的支持。无论有哪些工具可用，程序员都不得不同混乱的现实世界搏斗；我们不得不严谨地考虑时序、依赖和异常；我们也不得不面对说不清楚自己想法的用户；我们还不得不面对接口定义模糊的其他软件和硬件；另外我们不得不处理法规、业务规则和其他复杂性的来源，这些都来自计算机编程以外的世界。

我们总需要有人去搞清楚真实世界要解决的问题和计算机假设要解决的问题。这些人就是“程序员”，不管是在汇编程序中操作机器寄存器，还是在 Visual Basic 中操作对话框。只要还有电脑，就需要有人来告诉它怎么做，这种活动叫“编程”。

如果听到工具厂商声称“这个新工具能消除对编程的需要”，建议你赶紧闪，或者是对厂商天真乐观的忽悠报以一声轻笑。

更多资源

下面列出更多关于编程工具的资源。

www.sdmagazine.com/jolts. *Software Development Magazine* 年度 Jolt 生产力大奖网站是了解当前最佳工具信息的理想资源。

cc2e.com/3012 Vaughn-Nichols,Steven. “Building Better Software with Better Tools”, *IEEE Computer*，September 2003，pp.12-14. 这篇文章通过调研讲述了 IBM、微软和升阳三个公司的工具创新项目。

Glass,Robert L. *Software Conflict*：*Essays on the Art and Science of Software Engineering*. Englewood Cliffs, NJ: Yourdon Press, 1991. 其中一篇名为 Recommended: A Minimum Standard Software Toolset 的文章对“工具多多益善”这个观点表达了不同的看法。作者的主张是，确定一套最小工具集供所有开发人员使用，并提出了启动套件一说。

Jones, Capers. *Estimating Software Costs*. New York, NY: McGraw-Hill, 1998.

Boehm, Barry, et al. *Software Cost Estimation with COCOMO II*. Reading, MA: Addison-Wesley, 2000. 这两本书都有专门的章节介绍工具是如何影响生产力的。

检查清单：编程工具

❑ 是否有一个高效的 IDE？

❑ IDE 是否集成了源代码控制工具（构建、测试和调试工具）及其他有用的功能？

❑ 是否有自动化常用重构操作的工具？

❑ 是否使用版本控制工具来管理源代码、内容、需求、设计、项目计划和其他项目工件？

❑ 如果是在做一个超大型项目，你是否有使用数据字典或者包含系统中使用的每个类的权威说明的中央知识库？

❑ 是否考虑过代码库而不是写定制代码？哪里有代码库可用？

❑ 在使用交互式调试器吗？

❑ 是否使用 make 或其他依赖关系控制软件来高效可靠的构建程序？

❑ 你测试环境是否包含自动化测试框架、自动化测试生成器、覆盖率监控、系统扰动器、差异对比工具和缺陷跟踪软件？

❑ 是否有构建任何定制的工具以支撑特定的项目需求，特别是自动化重复执行任务的工具？

❑ 总的来说，目前的环境是否有足够的支持工具？

要点回顾

- 程序员有时会长期忽视某些强大的工具，到后来才发现并使用它们。
- 好的工具能让人生活更轻松。
- 有以下工具可以使用：编辑、分析代码质量、重构、版本控制、调试、测试和代码调优。
- 可以打造符合自己特定需求的工具。
- 好的工具能减少编程中很多繁琐的工作，但不能消除对编程的需要，只不过它们会继续改变我们所说的“编程”的含义。

读书心得

1. ______________________________
2. ______________________________
3. ______________________________
4. ______________________________
5. ______________________________

第Ⅶ部分 软件匠艺

危险！
当心执念！

第 31 章

代码的布局和风格

内容

相关主题及对应章节

- 自文档代码：第 32 章
- 代码格式化工具：第 30.2 节

本章的主题转向计算机编程的审美，着重谈谈程序源代码的布局。不是程序员的话，很难欣赏到格式优美的代码在视觉和智力上体现出来的美感。优秀的程序员则不然，他们可以从代码的视觉结构优化活动中得到极大的艺术享受。

本章介绍的代码布局方式虽然不至于影响到程序的运行速度、内存的使用等性能表现，但可以帮助我们后期（比如几个月后）更容易理解、检查和修改自己写的代码，而且，即使我们不在场，其他人也能轻松地阅读、理解和修改我们写的代码。

本章的讨论看似有吹毛求疵的嫌疑。然而，正是这些看似微不足道的细节，把程序员分为两类：卓越和庸常。在整个项目生命周期中，对代码布局细节的关注会对代码最初的质量和最终的可维护性产生显著的影响。这些看似不重要的细节，需要始终贯穿于整个编码过程中，后期是无法修改和落实的。代码如何布局，在一开始动手写代码的时候，就需要敲定细节。如果是团队项目，请让所有团队成员好好读这一章，并在动手编写代码之前约定团队的代码风格。

对于本章描述的代码布局和风格，可能有人并不完全认同。说起来，我的初衷也只是启发大家从细节上认真考虑代码的布局和风格，而不是想要赢得大家的认同。有高血压的读者，请略过本章，直接阅读下一章，那一章的内容没有那么太多争议。

31.1 基本理论

本小节主要从理论上阐述代码布局，具体实践留到本章其余小节介绍。

代码布局的极端例子

请好好考虑下面这个子程序：

Java 代码示例 #1

```
/* Use the insertion sort technique to sort the "data" array in
ascending order.
This routine assumes that data[ firstElement ] is not the first
element in data and
that data[ firstElement-1 ] can be accessed. */ public void
InsertionSort( int[]
data, int firstElement, int lastElement ) { /* Replace element at
lower boundary
with an element guaranteed to be first in a sorted list. */ int
lowerBoundary =
data[ firstElement-1 ]; data[ firstElement-1 ] = SORT_MIN; /* The
elements in
positions firstElement through sortBoundary-1 are always sorted.
In each pass
through the loop, sortBoundary is increased, and the element at
the position of the
new sortBoundary probably isn't in its sorted place in the array,
so it's inserted
into the proper place somewhere between firstElement and
sortBoundary. */ for (
int sortBoundary = firstElement+1; sortBoundary <= lastElement;
sortBoundary++ )
{ int insertVal = data[ sortBoundary ]; int insertPos =
sortBoundary; while (
insertVal < data[ insertPos-1 ] ) { data[ insertPos ] = data[
insertPos-1 ];
insertPos = insertPos-1; } data[ insertPos ] = insertVal; } /*
Replace original
lower-boundary element */ data[ firstElement-1 ] = lowerBoundary; }
```

这个子程序在语法上完全正确。而且，各处都有注释，变量名称直观，逻辑也很清晰。不信你读读代码，看能不能挑出错误！但是，这个子程序的布局太不合理。这个极端的例子，如果在数轴上从差到好针对代码布局进行打分的话，估计它的得分会逼近"负无穷"那一端。相比这个极端的例子，以下代码就显得不那么极端。

```
Java 代码示例 #2
/* Use the insertion sort technique to sort the "data" array in ascending
order. This routine assumes that data[ firstElement ] is not the
first element in data and that data[ firstElement-1 ] can be accessed. */
public void InsertionSort( int[] data, int firstElement, int lastElement ) {
/* Replace element at lower boundary with an element guaranteed
to be first in a
sorted list. */
int lowerBoundary = data[ firstElement-1 ];
data[ firstElement-1 ] = SORT_MIN;
/* The elements in positions firstElement through sortBoundary-1 are
always sorted. In each pass through the loop, sortBoundary
is increased, and the element at the position of the
new sortBoundary probably isn't in its sorted place in the
array, so it's inserted into the proper place somewhere
between firstElement and sortBoundary. */
for (
int sortBoundary = firstElement+1;
sortBoundary <= lastElement;
sortBoundary++
) {
int insertVal = data[ sortBoundary ];
int insertPos = sortBoundary;
while ( insertVal < data[ insertPos-1 ] ) {
data[ insertPos ] = data[ insertPos-1 ];
insertPos = insertPos-1;
}
data[ insertPos ] = insertVal;
}
/* Replace original lower-boundary element */
data[ firstElement-1 ] = lowerBoundary;
}
```

这段代码与前面那段代码完全相同。虽然大多数人都认为它的代码布局比第一个示例好一些，但可读性还是不好。布局仍然很拥挤，不太容易看出这个子程序的逻辑组织方式。如果在数轴上从差到好为代码布局打分的话，这个例子在数轴上大约处于 0 分的位置。没错，第一个例子的确是有意给出的极端例子，但第二个例子在我们的实际工作中并不少见。我见过一些多达几千行代码的程序，代码的布局非常糟糕，绝对不输于这段代码。没有相应的文档说明，再加上糟糕的变量命名，代码的整体可读性多半比这个例子更差。简单来说，这段代码的布局是服务于计算机的，写代码的人压根儿就没有想过有人会看这样的代码。改进布局后的版本如下。

```
Java 代码示例 #3
/* Use the insertion sort technique to sort the "data" array in ascending
order. This routine assumes that data[ firstElement ] is not the
first element in data and that data[ firstElement-1 ] can be accessed.
*/

public void InsertionSort( int[] data, int firstElement, int last
Element ) {
   // Replace element at lower boundary with an element guaranteed to be
   // first in a sorted list.
   int lowerBoundary = data[ firstElement-1 ];
   data[ firstElement-1 ] = SORT_MIN;

   /* The elements in positions firstElement through sortBoundary-1 are
   always sorted. In each pass through the loop, sortBoundary
   is increased, and the element at the position of the
   new sortBoundary probably isn't in its sorted place in the
   array, so it's inserted into the proper place somewhere
   between firstElement and sortBoundary.
   */
   for ( int sortBoundary = firstElement + 1; sortBoundary <= lastElement;
      sortBoundary++ ) {
      int insertVal = data[ sortBoundary ];
      int insertPos = sortBoundary;
      while ( insertVal < data[ insertPos - 1 ] ) {
         data[ insertPos ] = data[ insertPos - 1 ];
         insertPos = insertPos - 1;
      }
      data[ insertPos ] = insertVal;
   }

   // Replace original lower-boundary element
   data[ firstElement - 1 ] = lowerBoundary;
}
```

如果在数轴上从差到好为代码布局打分的话，这里的布局绝对可以得到一个很高的分。现在，这个子程序的布局采用了本章阐述的代码布局原则。相比之前两个例子，改进布局后的子程序可读性更强，显然在文档注释和变量命名这两个方面用心了。在前面两个例子中，变量命名也不错，但代码的布局实在太糟，无法体现编写代码的人在变量命名上确实用心了。

这个例子与前面两个例子相比，惟一的区别是使用了空白，代码内容和注释完全相同。相对而言，空白的存在，只是为了方便我们人类。没有空格，计算机照样可以轻松执行这三段代码。不要因为自己不能像计算机一样而难过！

代码布局的基本原理

代码格式化的基本原理是，好的布局能够清楚地呈现程序的逻辑结构。

单纯让代码看起来优美，当然也是有价值的。只不过，美学方面的价值必须让位于清楚展现代码逻辑结构的价值。如果一种布局更能凸显代码的逻辑，而另一种布局只是使代码显得更好看，肯定要选前者。本章要给出许多例子来说明不同风格的代码布局，有些风格可能看起来优美，但无法清楚地展现代码的逻辑。实际上，更优先展示代码逻辑，通常未必会使代码布局难看，除非代码逻辑本身很糟糕。好的代码布局，并不是让所有代码都看上去很美，而是能够使好的代码看起来很好，差的代码看起来很差。

人类和计算机是怎样解读程序的

“任何傻瓜都能写出计算机能理解的代码。然而，优秀的程序员能写出让人类能够理解的代码。”
—福勒 (Martin Fowler)

代码布局可以作为一种有用的线索，帮助人们理解程序的结构。计算机可能只关心大括号 ({}) 或者 begin/end 这些表示开头和结束的关键字，我们人类则倾向于从代码的视觉呈现中得到提示。比如下面这段代码，它的缩进方式让人觉得每次执行循环的时候，都要执行 for 下面三条语句。

```
Java 代码示例，人类和计算机的理解不同
// swap left and right elements for whole array
for ( i = 0; i < MAX_ELEMENTS; i++ )
    leftElement = left[ i ];
    left[ i ] = right[ i ];
    right[ i ] = leftElement;
```

代码中没有成对出现的花括号，所以，对于第一条语句，编译器执行第一条语句的次数为 MAX_ELEMENTS，第二条和第三条语句各执行一次。但是，代码的缩进方式显然表明，写代码的人原本希望执行循环的时候，这三条语句都要执行那么多次，而且，还打算把这三条语句放入一对花括号中。但是，编译器哪里懂得他的心思呢？下面是另外一个例子：

```
Java 代码示例，人和计算机理解不同
x = 3+4 * 2+7;
```

读到这段代码时，我们人类倾向于这样理解：x 的值为 (3+4)*(2+7)，即 63。然而，计算机会忽略代码中的空格，遵循优先级运算规则将该表达式解译为 3+(4*2)+7，即 18。所以，这里想要强调的重点是，好的代码风格可以使程序的视觉呈现能够凸显代码的逻辑结构，或者说，保证我们人类和计算机的理解相同。

好的布局，有多大的价值呢

“经过我们的多次研究，这个观点得到了：对程序的总体认知和程序的论述风格对理解程序有显著的影响。《编程格调》一书中，作者也提到我们所称的程序论述规则。这些规则经过实证：程序需要采用特定的编码风格，并不只是一个美学问题。编程的时候，要采用约定俗成的惯用风格，这是有心理学基础的：每个程序员强烈地期待其他的程序员也是遵循这些编程规则的。面对不符合这些编程规则的程序，高手或者专业程序员也会和新手一样看不懂，程序中的结构与他们长期经验积累而来的认知不匹配。论文中，学生程序员——无论是新手还是高手——和专业程序员的实验结果，都清楚地证实了这个观点。”

—索洛威 & 欧利希 (Elliot Soloway & Kate Ehrlich)

对于程序，计算机对代码的理解和人对代码的理解是有差异的。相比编程所涉及的其他方面，代码的布局可以在消除这一差异中发挥更大的作用。在编程的时候，与其说是要写出计算机能够读取的程序，不如说更重要的是要写出其他人也能理解的程序。

1973 年发表的经典论文“Perception In Chess”中，对国际象棋高手和新手记忆棋局的能力进行了对比 (Chase and Simon 1973)。当棋子像正常下棋那样按游戏规则摆放在棋盘上时，高手的记忆力远远超过了新手。然而，一旦棋子完全随机排列在棋盘上，高手和新手就没有明显的差异了。对此，传统的解释是，高手的记忆力其实并不见得比新手更好，但他们的知识结构可以帮助他们记住特定类型的信息。在本例中，知识结构是国际象棋中棋子的规则摆放，一旦新的信息与自己原有的知识结构有对应关系，高手就很容易记住新的信息。然而，一旦新的信息与自己原有的知识结构没有对应关系，比如，棋子是随机摆放的，高手的记忆力就不见得能够超过新手。

译注

美国著名学者，计算机科学家和心理学家，研究领域涉及认知心理学、计算机科学、公共行政、经济学、管理学和科学哲学等多个方向。1975 年图灵奖得主，1978 年诺贝尔经济学奖得主，1994 年当选为中国科学院外籍院士。1980 年访华时，取汉名“司马贺”。

关于司马贺与一万小时定律的演变

西蒙和蔡斯的研究结果发现，虽然工作记忆容量差异不大，但在摆盘和复盘等实验上，训练有素的国际象棋大师明显领先于一级棋手和新手，三组实验对象可以记忆的棋局组块分别是 7.7，5.7 与 5.3。西蒙在这篇经典论文中首次提出专长技能习得的十年定律，根据他的推测，国际象棋大师能够在长期记忆系统中存储五到十万个棋局，这大概需要十年的时间。到 1976 年，瑞典心理学家艾利克森移民美国后，参考西蒙这篇论文的十年定律，两人联手深耕这个领域，再次合作发表论文。此后，继续扩展领域，积累到更多的证据。1993 年，他发表论文，对一个音乐学院的三组学生（明星组、专业组和普通组）进行对比研究，

（续第 738 页，关于司马贺与一万小时定律的演变）结果显示，到二十岁时，三组学生的练习时间分别为超过一万小时、8 000 小时和 4 000 小时，埃里克森随后也出版了《刻意练习》一书。再后来，一万小时定律通过格拉德威尔的《异类》得到了更广泛的传播。

关联参考　好的布局是可读性的关键因素之一。要想进一步了解可读性的价值，请参见第 34.3 节。

几年后，施奈德曼 (Ben Shneiderman) 在计算机编程领域复刻了这个实验，在一篇题为“Exploratory Experiments in Programmer Behavion”(Shneiderman 1976) 的论文中，他报告了类似的结果。他发现，当程序语句按照合理的顺序进行排列时，高手程序员比新手程序员更容易记住这些程序。但是，一旦程序语句的结构被打乱，高手的优势就没有那么明显了。而且，他的研究结果在其他研究中也得到了证实 (McKeithen et al. 1981, Soloway and Ehrlich 1984)。这个基本概念也在围棋、桥牌、电子、音乐和物理等领域中得到了证实 (McKeithen et al. 1981)。

在《代码大全》(第 1 版) 出版后，审过原稿的程序员汉克对我说：“我很惊讶，你在书里面竟然没有更强烈地支持下面这种括号风格

```
for ( ...)
{
}
```

而且，我还很惊讶，你竟然在书中采用了下面这种括号风格

```
for ( ...) {
}
```

我还以为，因为托尼和我都极力主张前面那种风格，所以你也会更喜欢它呢。”

我回答说：“你是说，你之前主张前面那种，而托尼主张后面这种。我记得之前托尼主张的是后面这种风格，而不是前面那种。”

汉克回答说：“特别有意思。上一个项目是我和托尼一起做的。一开始我更喜欢后面这种风格，托尼更喜欢前面。我们整个项目都在争论哪种风格更好。我想，我们是通过讨论才开始更喜欢对方所主张的风格的！”

这种经历和前面所提到的研究都表明，程序的结构有助于专家程序员识记和理解程序的重要特征。专家程序员常常坚持自己所主张的代码风格，即使它们完全不同于其他程序员所用的其他代码风格。最重要的底线是，在编码过程中，程序的结构必须保持一致，这比纠结于具体采用怎样的代码布局风格更为重要。

坚持只用更好的布局

毫无疑问，以自己熟悉的方式来构建理解和记忆实验环境的重要性导致研究人员预先做出假设，如果代码的布局不同于专家所使用的布局，可能会影响到专家对程序的理解 (Sheil 1981, Soloway and Ehrlich 1984)。这种可能性，再结合代码布局还牵涉到美学及逻辑的事实，意味着编程风格之争往往更像是信念之战，而不是哲学思辩。

信念之争！危险！

总的说来，某些代码的布局明显优于其他的。本章一开始，同样的代码经过持续改进后，三种不同的布局风格就是明证。本书不会仅仅因为可能有争议就对代码布局的细节避而不谈。优秀的程序员应该对代码的布局风格保持开放的态度，虚心接受证明更好的做法，适当少用或者不用自己惯用的，即使一开始可能有些不适应。

好的代码布局想要达到的目标

> “实验结果指出了编程专业领域的脆弱性：高手程序员对于程序的结构是有较多预期的，一旦达不到预期，即使是看似无伤大雅违背了惯例的细节，也会导致他们的个人表现急剧下降。”
>
> ——索洛威 & 欧利希 (Elliot Soloway & Kate Ehrlich)

关于代码的布局，许多细节方面的考虑都涉及主观上的审美，也即是说，同样的目标，通常可以通过许多方式来实现。如果明确为自己的偏好指定标准，就可以减少这些主观上的争论。因此，好的代码布局需要明确满足以下目标。

准确展现代码的逻辑结构　这也是代码风格的基本原则：好的布局，主要是想展示代码的逻辑结构。程序员通常用缩进和其他空白来展示代码的逻辑结构。

始终以一致的方式来展现代码的逻辑结构　有些代码风格包含很多规则，但又给出了很多例外，因而做不到始终如一地遵守规则。好的布局要普遍适用于大多数情况。

有利于增强代码的可读性　合理的缩进策略如果使得代码更难理解，也是无用的。比如，只在编译器需要的地方加入空格，这样的代码布局虽然合乎逻辑，但代码完全失去了可读性。好的代码布局能使代码更容易被人类读者理解。

方便对代码进行修改　好的代码布局，即使是代码有改动，也能继续保持好的格式。也就是说，修改一行代码的时候，不需要动其他的代码。

遇到简单的程序语句或者程序块时，除了这几点，还要尽量减少代码的行数。

实际应用

可以用一个好的标准来展开对代码布局的讨论，让大家公开表达为什么会喜欢一种风格，而不喜欢另一种风格。

如果以不同的方式来衡量这个标准，可能会得到不同的结论。例如，如果更注重控制屏幕上显示的行数（可能是因为所用的计算机屏幕比较小），可能会觉得另一种布局风格不好，因为在那种风格下，函数参数列表中的行数比另一种风格多了两行。

31.2 布局技术

可以通过空白（比如空格、制表位、换行或空行）与括号来实现更好的代码布局。本节将进行详细的介绍。

空白

译注
作者故意删除了这句英文中应有的空格。

可以用空白来增强可读性，否则就会变成 Usewhitespacetoenhance readability*。空白包括空格、制表位、换行和空行，它们是体现程序逻辑结构的主要手段。

关联参考　一些研究人员探索了书籍内文结构和程序结构之间的相似性。详情参见第 32.5 节。

写作的时候，相邻两个单词之间，不会不留间空，也不会不分段落和篇章。没有任何空格的书，也许有人可以从头读到尾，但几乎不可能快速得到主线思路或找出重要的段落。也许，更重要的是，无法从结构上向读者提供任何线索，帮助他们理解信息是如何组织的。作者组织信息的方式是一个重要的线索，可以体现作者组织主题的逻辑。

书本中的内容分成句子、段落和篇章，向读者展示作者是如何组织主题的。如果作者提供的组织方式不明显，那么读者就只能靠自己找，从而给阅读造成更大的负担，可能让读者搞不清楚主题的组织方式。

相比大多数书籍，程序包含的信息更为密集。一本书，一两分钟内可以阅读和理解其中的一页，但纯粹的程序代码，大多数程序员是不能以这个速度阅读和理解的。因此，如果是程序，应该能够（比书本）提供更多的线索来帮助看代码的人理解代码的逻辑。

分组　从另一个角度来看，空白是一种分组技术，用于确保相关的语句可以被分在一起。在写作中，作者的思想以段落的形式来呈现。好的段落只包含与特定思想有关的句子，不应该包含与当前特定主题无关的句子。类似，如果是一段代码，只应该包含用于完成单个任务且彼此相关的语句。

空行　空行不仅对组合相关的语句很重要，对隔开彼此不相关的语句也很重要。英文中，开始新的段落时，通常会用缩进或者空行来标识。在代码中，开始新的一段代码时，也用空行来标识。空行用于指出程序是如何组织的。可以用空行把相关的语句组合为一段、把不相关的函数彼此分开以及突出显示注释。

HARD DATA

虽然这个特殊的统计数据可能很难直接应用于实际，但有一项研究发现，程序中空行的最优占比例大约是 8% ～ 16%。如果空行比例超过 16%，调试的程序时间会显著增加 (Gorla, Benander and Benander 1990)。

缩进　用缩进来展示程序的逻辑结构。作为规则，逻辑上属于某语句的多条语句应该在该语句下方且带缩进格式。

缩进被证明与增强对程序的理解相关。有一篇题为“程序缩进与可理解性”的文章指出，有多项研究表明，缩进与增强理解之间存在相关性 (Miaria et al. 1983)。当程序有 2 到 4 个空格缩进时，受试者在理解程序测试中的得分比完全没有缩进时高 20% ～ 30%。

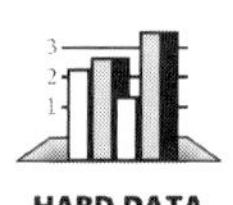

同样的研究发现，还有一个很重要的准则，对于程序的逻辑结构，既不要弱化，也不要过分强调。在没有采用缩进的程序中，受试者的理解力得分最低。得分第二低的是缩进 6 个空格的程序。研究结果显示，缩进 2 到 4 个空格是最优的。有趣的是，实验中很多受试者都觉得缩进 6 个空格优于更小的缩进量，尽管在理解采用 6 个空格缩进风格的程序时，他们的得分更低。这可能是因为缩进 6 个空格看起来很美观。

但不管看起来多么优美，缩进 6 个空格的程序都被证明可读性更低。这是审美与程序可读性相冲突的典型例子。

括号

在代码中，要尽可能多用括号。括号可以用于澄清可能有歧义的表达式。即使有些情况下可能没有必要用括号，但如果用了，表达式会更清晰，再说，还不需要任何额外的代价。我们来看个例子，下面的表达式如何执行计算呢？

C++ 版本：12 + 4% 3 * 7 / 8

Microsoft Visual Basic 版本：12 + 4 mod 3 * 7 / 8

关键的问题是，是不是必须考虑程序中表达式是如何执行计算的？能在不查阅参考相关资料的情况下对自己的答案信心满满吗？即使是经验丰富的程序员，恐怕也不能脱口说出答案。鉴于此，一旦对表达式的计算方式有任何疑问，就要用括号来更清楚地表达。

31.3 布局风格

大多数布局问题都与程序块的布局有关，即如何排列控制语句下的语句组。程序块通常包含在括号或者一些关键字之间，例如，C++ 和 Java 编程语言中成对出现的花括号 { 和 }，Visual Basic 中的 if-then-endif 关键字，以及其他语言中的类似结构。为了简单起见，随后的大部分讨论中，一般都用开始 (begin) 和结束 (end) 来泛指，且假定读者能够理解如何将本章的讨论应用于 C++ 语言和 Java 语言时替换为花括号 { }，应用于其他编程语言时替换为其他的程序分块机制。下面要描述四种常见的布局风格：

- 纯程序块
- 模拟纯程序块
- 使用成对的 begin -end 来界定程序块
- 行尾布局

纯程序块

关于代码布局的争论，很多其实来源于流行编程语言内在的缺陷。经过精心设计的编程语言本身就有清晰的程序块结构，这些块结构有助于形成自然的缩进风格。例如，在 Visual Basic 语言中，每个控制语句构造都有自己的结束符，根本不可能不用结束符。所以，程序的分块是自动的。Visual Basic 中的一些例子如下所示：

Visual Basic 的纯程序块：if 语句

```
If pixelColor = Color_Red Then
   statement1
   statement2
   ...
End If
```

Visual Basic 的纯程序块示例：while 语句

```
While pixelColor = Color_Red
   statement1
   statement2
   ...
Wend
```

Visual Basic 纯程序块示例：case 语句

```
Select Case pixelColor
   Case Color_Red
      statement1
      statement2
      ...
   Case Color_Green
      statement1
      statement2
      ...
   Case Else
      statement1
      statement2
      ...
End Select
```

Visual Basic 中，控制语句总是有一个开始语句，就像前面示例中的 if-then，While 和 Select Case，并且，总是有一个相对应的结束语句。在这样的控制语句中，内部的缩进没有争议，除了开始语句和结束语句之外，其他关键字的对齐方式有一定的限制，下面是这种布局风格的抽象表示：

在本例中，语句 A 是控制语句结构的开始语句，语句 D 是结束语句。两条语句的对齐方式清楚呈现了这个程序块的代码结构。

对控制语句的布局，争议部分来源于某些编程语言不需要程序块结构。比如，if-then 语句后可以只跟一条语句，而不是一个正规的程序块。要构造一个程序块，必须加 begin-end 来表示开始 - 结束或一对大括号，控制语句本身是不会自动形成程序块的。从控制语句结构中分出开始语句和结束语句，就像 C++ 语言和 Java 语言中用一对大括号一样，会导致一个问题，开始语句和结束语句放在哪里呢？许多缩进问题之所以会成为问题，仅仅是因为编程语言结构设计上的缺陷，我们必须加以弥补。随后几个小节将描述具体的细节。

模拟纯程序块

在不支持纯程序块的编程语言中，一种好的布局方案是将开始和结束关键字或 { 和 } 视为与其一起使用的那个控制语句结构的扩展。如此一来，就可以尝试在编程语言中模拟 Visual Basic 格式。下面是要模拟的可视化结构的抽象视图。

纯程序块布局风格的抽象示例

```
A
B
C
D
```

在这种布局风格中，控制语句整个程序块结构开始于语句 A，结束于语句 D。这意味该程序块应该从语句 A 后面开始，结束于语句 D。就抽象结构而言，如果是要模拟前面的纯程序块布局风格，就得像下面这样：

模拟纯程序块风格的抽象示例

```
A                {
B
C
D }
```

下面三段示例展示了 C++ 语言中模拟纯程序块的一些布局。

C++ 的 if 语句模拟纯程序块示例

```
if ( pixelColor == Color_Red ) {
   statement1;
   statement2;
   ...
}
```

C++ 代码示例：单纯的 while 程序块
```
while ( pixelColor == Color_Red ) {
   statement1;
   statement2;
   ...
}
```

C++ 代码示例：单纯的 switch/case 程序块
```
switch ( pixelColor ) {
   case Color_Red:
      statement1;
      statement2;
      ...
   break;
   case Color_Green:
      statement1;
      statement2;
      ...
   break;
   default:
      statement1;
      statement2;
      ...
   break;
}
```

这种对齐方式非常有效。这种风格看上去也比较美观，可以一直坚持使用，而且，它还有可维护性。它支持代码格式的基本原则，因为它有助于展现代码的逻辑结构。这种合理的布局风格值得保留。它是 Java 语言中的标准布局风格，C++ 语言中的常见布局风格。

使用成对的开始 - 结束标记 () 来界定程序块

替代纯程序块结构的另一种方法是将成对的开始 - 结束 (begin-end) 视为块的边界。在下面的讨论中，将采用开始 - 结束来泛指所有成对的开始 - 结束标记、括号以及其他等效的编程语言结构。如果采用这种方法，就可以把开始和结束语句视为控制语句的从属语句，而不是作为控制语句本身。从视觉上来看，这是理想的，下面重现了模拟纯程序块的抽象视图。

下面展示的几个例子说明了如何在 C++ 语言中用开始和结束作为程序块的边界。

```
C++ 代码示例：if 语句用开始和结束作为程序块的边界
if ( pixelColor == Color_Red )
   {
   statement1;
   statement2;
   ...
   }
```

```
C++ 代码示例：while 语句用开始和结束作为程序块的边界
while ( pixelColor == Color_Red )
   {
   statement1;
   statement2;
   ...
   }
```

```
C++ 代码示例：switch/case 语句用开始和结束作为程序块的边界
switch ( pixelColor )
   {
   case Color_Red:
      statement1;
      statement2;
      ...
      break;
   case Color_Green:
      statement1;
      statement2;
      ...
      break;
   default:
      statement1;
      statement2;
      ...
      break;
   }
```

这种对齐方式也很好。这种布局风格支持代码格式的基本原则，还能展示代码的底层逻辑结构。它惟一的不足是不能直接应用于 C++ 和 Java 语言中的 switch/case 语句，如代码清单 31-19 所示。break 关键字是右大括号的替代品，但没有等价于左大括号的。

行尾布局

另一种布局是“行尾布局”，指的是代码缩进到行的中间或结束于行尾。行尾缩进用于将程序块与其开始关键字对齐，使程序的后续参数在第一个参数下方保持对齐，可以用这种风格在 case 语句中对齐各个 case 及其他类似目的。下面是一个抽象的示例。

在本例中，控制语句结构开始于语句 A，结束于语句 D。语句 B、C 和 D 在语句 A 中程序块的开始标记下方保持对齐。

语句 B、C 和 D 的缩进保持一致，表明它们组合在一起，属于同一个逻辑结构。下面是使用这种布局策略的具体例子。

Visual Basic 代码示例：while 语句的行尾布局

```
While ( pixelColor = Color_Red )
          statement1;
          statement2;
          ...
          Wend
```

在前面的示例中，开始语句放在了行尾，而不是放在对应的关键字下面。有些人喜欢将开始语句放在关键字下面，但如果怎么都可以，可以忽略这些细节上的差异。

有些情况下，行尾布局风格是可以接受的。下面是一个例子。

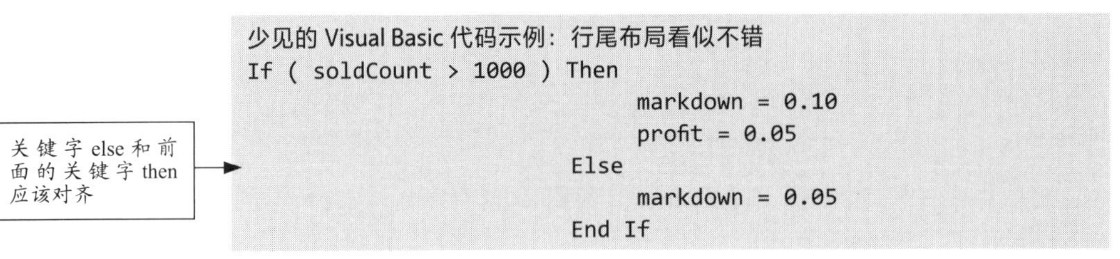

在本例中，Then，Else 和 End 这些关键字是对齐的，它们后面的从属语句也是。从视觉上看，这是一个清晰的逻辑结构。如果以审视的眼光打量前面提到的 case 语句，也许能预测以下布局风格会发展成什么样子。随着条件表达式变得更复杂，这种布局风格将无法清楚呈现逻辑结构甚至于可能产生误导。下面是一个例子，说明在使用更复杂的条件句时，这种布局风格的好处荡然无存。

一个更典型的 Visual Basic 代码示例，行尾布局风格失效

```
If ( soldCount > 10 And prevMonthSales > 10 ) Then
   If ( soldCount > 100 And prevMonthSales > 10 ) Then
      If ( soldCount > 1000 ) Then
                           markdown = 0.1
                           profit = 0.05
                        Else
                           markdown = 0.05
                        End If
                                        Else
                                           markdown =
0.025
                                        End If
                                    Else
                                       markdown = 0.0
                                    End If
```

示例末尾的 Else 子句为什么看上去那么奇怪呢？因为这些 Else 语句始终缩进且对齐于对应的 Then 关键字，但这样的缩进显然无法清楚展现代码的逻辑结构。如果代码需要进行修改，导致第一行代码的长度发生变化，那么按照这种行尾布局风格，就需要改动所有相应语句的缩进。这就会产生可维护性问题。相比之下，如果是纯程序块、模拟纯程序块和使用开始 - 结束来界定程序块，不会有这个问题。

你可能认为，这些示例只是为了说明观点而特意设计的，尽管有不足，但这种布局风格仍然可以沿用。许多教科书和编程参考资料都推荐这种风格。在我看过的书中，最早推荐这种风格的书出版于 20 世纪 70 年代中期，最新的出现于 2003 年。

总的来说，行尾布局风格不准确，在应用中很难保持一致，也很难维护。本章后面还要介绍行尾布局的其他问题。

哪种风格最好

如果用的是 Visual Basic，请使用纯程序块缩进风格。而且，因为 IDE 的缘故，想要违背这个缩进风格都难。

在 Java 编程语言中，标准的做法是用纯程序块缩进风格。

在 C++ 语言中，可以任性一些，选自己喜欢的缩进风格或者选择团队中大多数人喜欢的。无论是模拟纯程序块还是用开始 - 结束来界定程序块，都可以。对这两种布局风格进行比较之后，惟一的研究发现是，就理解代码的难易程度而言，两者并无统计学上显著的差异 (Hansen and Yim 1987)。

这两种风格并不见得就是万无一失的，偶尔也需要做出“合理而明显”的妥协。出于审美的考虑，有人可能更喜欢其中一种。本书在代码示例中使用的是纯程序块风格，因此，可以通过浏览本书示例看到更多这种布局风格。一旦选定风格，只要始终保持一致，就会大大受益于好的代码布局。

31.4 控制结构的布局

关联参考　要想进一步了解控制结构的文档注释，请参见第 32.5 节。对控制结构其他方面的讨论，则可以参见第 14 章到第 19 章。

一些程序元素的布局主要涉及美学问题，但是，控制结构的布局直接影响到代码的可读性和可理解性，如此说来，控制结构的布局在实践中优先级更高。

控制结构采用块代码风格时的注意事项

控制结构采用块代码风格时，有一些关键点需要注意。以下是具体的一些指导方针。

要避免无缩进的开始 - 结束标记　下面的示例中，开始 (左括号)- 结束 (右括号) 与控制语句的结构对齐，包含于其中的语句在开始语句的下一行有缩进。

开始标记 (左括号) 与关键字 for 对齐

该语句在开始语句之下缩进

结束标记 (右括号) 与关键字 for 对齐

Java 代码示例：无缩进的开始 - 结束 {} 标记

```
for ( int i = 0; i < MAX_LINES; i++ )
{
   ReadLine( i );
   ProcessLine( i );
}
```

虽然看起来不错，但它违背了代码格式化基本原则，没有清楚地展现出代码的逻辑结构。采用这种布局策略的话，从视觉上看，开始“{" 和结束 "}”既不属于控制结构，也不属于紧随其后的程序块。下面展示的是抽象视图。

在这个例子中，语句 B 是否从属于语句 A ？既不像属于语句 A，也不像属于它自己。如果用过这种风格，就改为先前描述的两种布局风格中的一种，使代码格式在视觉上更加一致。

避免开始和结束的双重缩进　无缩进的开始 - 结束的布局策略要避免，更要避免开始 - 结束的双重缩进。这种布局风格如下所示，开始 - 结束有缩进，内含的语句再一次缩进：

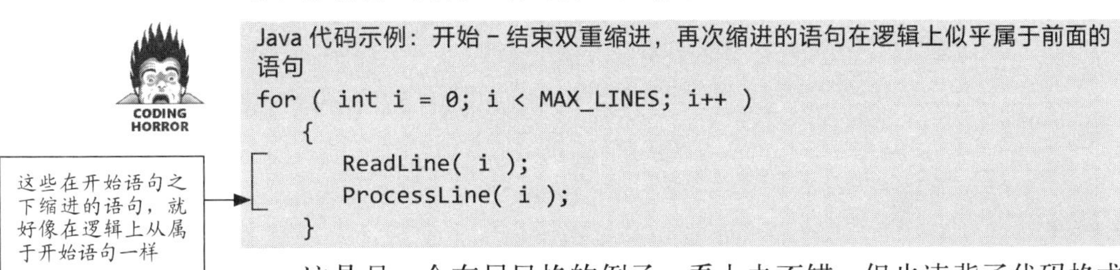

Java 代码示例：开始 - 结束双重缩进，再次缩进的语句在逻辑上似乎属于前面的语句

```java
for ( int i = 0; i < MAX_LINES; i++ )
   {
      ReadLine( i );
      ProcessLine( i );
   }
```

这是另一个布局风格的例子，看上去不错，但也违背了代码格式化基本原则。有一项研究表明，单次缩进和双重缩进在对理解程序的难易程度上没有区别 (Miaria et al.1983)，但双重缩进风格无法准确展现代码的逻辑结构。示例中执行的 ReadLine() 和 ProcessLine()，在这种布局风格下看来，逻辑上从属于开始 - 结束，但实际并非如此。

这种布局方式还使得程序的逻辑结构显得更复杂。下面两段代码中，哪个结构看起来更复杂？

其他注意事项

虽然程序块的缩进是控制结构最主要的问题，但此外还有一些其他类型的问题，下面进一步列出一些指导方针。

用空行来隔开不同的代码段　一些代码块没有用开始 - 结束来界定。逻辑块 (逻辑上属于同一组的语句) 要按英文段落的方式处理，也就是说，要用空行把逻辑块隔开。下面显示了需要隔开的代码段：

```
C++ 代码示例：应当分组和分隔
cursor.start = startingScanLine;
cursor.end = endingScanLine;
window.title = editWindow.title;
window.dimensions = editWindow.dimensions;
window.foregroundColor = userPreferences.foregroundColor;
cursor.blinkRate = editMode.blinkRate;
window.backgroundColor = userPreferences.backgroundColor;
SaveCursor( cursor );
SetCursor( cursor );
```

关联参考　如果用伪代码编程过程，代码块将自动隔开。更多详情，请参见第 9 章。

这段代码看起来不错，但加上空行后，得到了两个方面的改进。首先，如果有一组语句不需要以任何特定的顺序执行，就可以简单把它们组合在一起。不需要为计算机进一步优化语句执行顺序，但我们人类可以从代码语句的分段中得到更多线索，知道哪些语句需要按照特定的顺序执行，以及哪些语句不需要。在整个程序中加入空行，可以帮助你更仔细地考虑哪些语句真正属于同一个逻辑组。下面显示了如何组织这段代码。

这几行配置一个文本窗口

这几行配置一个游标，应该要与前面的几行分隔开

```
C++ 代码示例：代码适当分组和分隔
window.dimensions = editWindow.dimensions;
window.title = editWindow.title;
window.backgroundColor = userPreferences.backgroundColor;
window.foregroundColor = userPreferences.foregroundColor;

cursor.start = startingScanLine;
cursor.end = endingScanLine;
cursor.blinkRate = editMode.blinkRate;
SaveCursor( cursor );
SetCursor( cursor );
```

重新组织后的代码表明两点。在第一个示例中，缺少语句组织和空行，又使用了过时的等号对齐策略，使得一些语句看起来更复杂，似乎逻辑上有关联一样。

用空行来改进代码，第二个好处是为添加代码注释留出了空间。在以上代码中，如果给每个程序块加上注释，布局会更好。

单语句块的格式要保持一致　单语句块是遵循控制结构的单条语句，例如 if 语句之后的单条语句。在这种情况下，程序能正确编译。三种可选的布局风格如下所示：

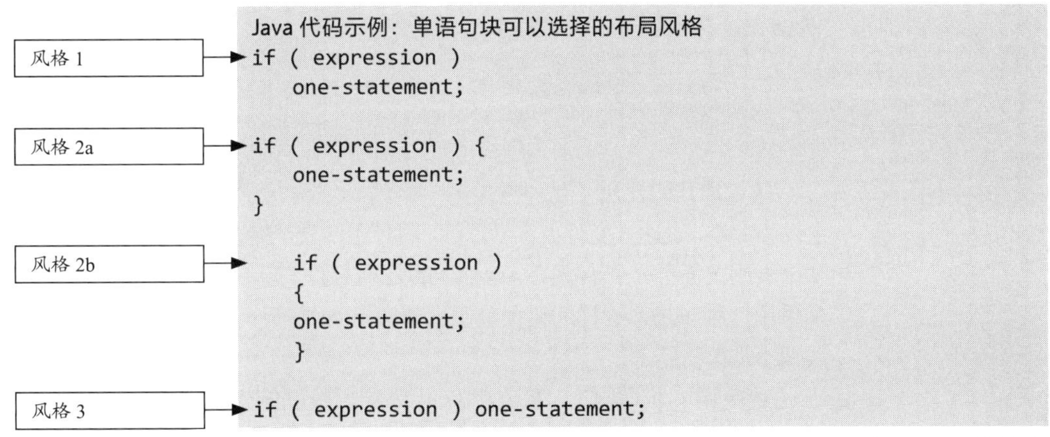

这些风格都是可以的，理由很多。风格 1 遵循程序块所用的缩进方案，所以与其他布局策略是一致的。风格 2(2a 或 2b) 也是一致的，并且，开始 - 结束减少了 if 测试条件后因为添加新的语句而忘记添加开始和结束的可能。如果出现这样的错误，很不容易察觉，因为缩进方式表明一切正常，但编译器不会这样解译缩进。风格 3 相对于风格 2，主要的优点是输入更容易。与风格 1 相比，它的优势在于，如果复制到程序中的另一个位置，正确性更高。但缺点是，在基于代码行的调试器中，调试器会把该行视为一行，并且，调试器不会显示它在 if 条件测试之后是否执行了后面的语句。

我有一段时间特别爱用风格 1，经常出错，屡屡深受其害。我不喜欢风格 3，所以在工作中我基本上不用这种风格。在一个小组协作项目中，我倾向于风格 2 的任何一种变体，因为它能保持一致且修改起来也安全。无论选择哪种布局风格，都要始终保持一致，并对 if 条件和所有循环使用相同的布局风格。

对于复杂的表达式，不同的条件放在不同的行上　下面显示了一个表达式在代码格式上没有注意到可读性：

```
Java 代码示例：一个基本没有格式 ( 且没有可读性 ) 的复杂的表达式
if ((('0' <= inChar) && (inChar <= '9')) || (('a' <= inChar) &&
   (inChar <= 'z')) || (('A' <= inChar) && (inChar <= 'Z')))
   ...
```

这个例子说明了代码格式只是为计算机而不是为人类服务的。通过将表达式分成几行，如下所示，可以提高代码的可读性。

关联参考　要想提高复杂表达式的可读性，还有一种方法是把它们放入布尔函数中。相关详情和其他提高可读性的方法，请参见 19.1 节。

```
Java 代码示例：一个有可读性的复杂表达式
if ( ( ( '0' <= inChar ) && ( inChar <= '9' ) ) ||
   ( ( 'a' <= inChar ) && ( inChar <= 'z' ) ) ||
   ( ( 'A' <= inChar ) && ( inChar <= 'Z' ) ) )
   ...
```

第二段代码使用了几种格式化：缩进、空格、竖线，使得每一行显得愈发不完整，表达式变得更容易理解。同时还凸显了缩进 if 条件测试的目的。如果表达式包含一个小错误，比如用的是小写的 z 而不是大写的 Z，那么如果采用这种布局，这样的错误就很明显，而如果换作其他布局，类似的错误则不是很明显。

关联参考　要想进一步了解 goto 的使用，请参见第 17.3 节。

避免用 goto 语句　避免用 goto 语句，最初的考虑是它们使得程序的正确性验证变得很困难。所有希望程序可以进行正确性验证的人普遍都支持这个观点，然而，事实上并没有人真的是因为这个原因而选择不用 goto 语句。对于大多数程序员，如果使用 goto 语句，更迫切的问题是代码的格式很麻烦。goto 和标签之间所有的代码是否都缩进了？如果几个 goto 语句跳转到同一个标签呢？每一个新的 goto 语句和前一个 goto 的缩进是保持一致的吗？关于 goto 语句的格式，下面给出一些建议。

"goto 语句的标签要全部大写，且左对齐，而且，额外还要注明这个 goto 语句是哪个程序员写的，同时附上他家的电话号码和他的信用卡号码。"
—尼扎尔 (Abdul Nizar)

- 避免用 goto 语句。简单一招，彻底阻断 goto 语句带来的代码布局问题。
- 代码跳转入口的标签名称全部大写，使其更醒目。
- 将包含 goto 的语句单独放一行，使 goto 语句更明显。
- 将 goto 跳转的语句标签单独放一行上，前后加空行，使标签更明显。减少缩进，将包含跳转标签的行直接左对齐，使标签更明显。

下面展示这种约定俗成的 goto 布局。

关联参考　要想知道还有哪些方法可以用于处理这个问题，请参见第 17.3 节。

```
显示在糟糕情况下（只能用 goto 语句）尽可能好的代码布局方式
void PurgeFiles( ErrorCode & errorCode ) {
   FileList fileList;
   int numFilesToPurge = 0;
   MakePurgeFileList( fileList, numFilesToPurge );

   errorCode = FileError_Success;
   int fileIndex = 0;
   while ( fileIndex < numFilesToPurge ) {
      DataFile fileToPurge;
      if ( !FindFile( fileList[ fileIndex ], fileToPurge ) ) {
         errorCode = FileError_NotFound;
         goto END_PROC;
      }
```

这里有一个 goto 语句

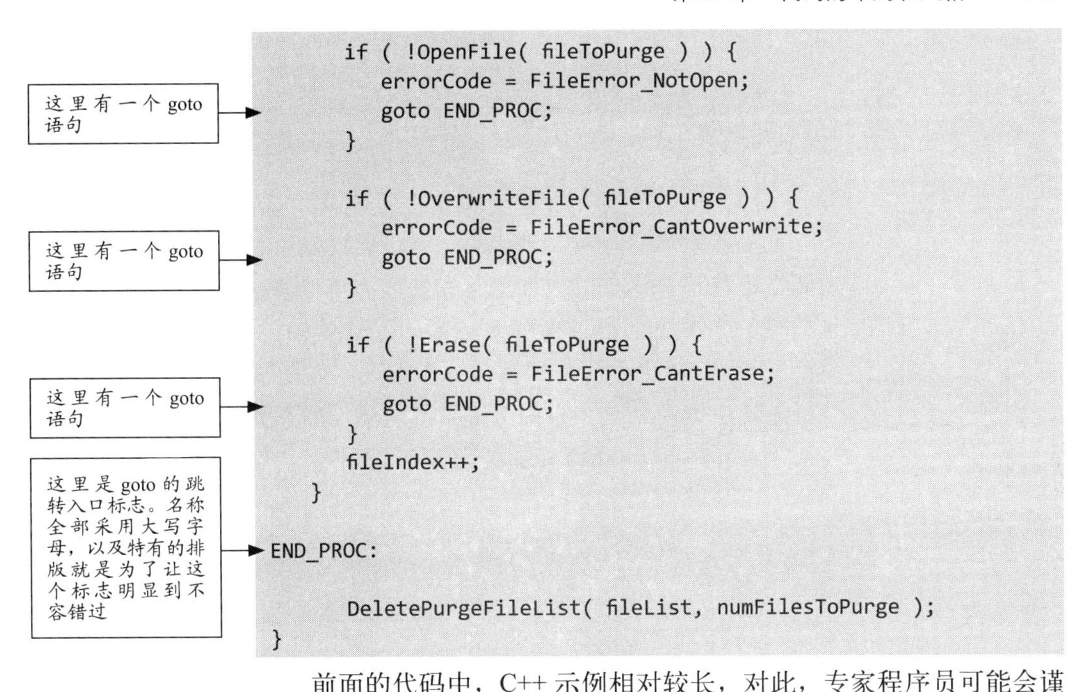

```
        if ( !OpenFile( fileToPurge ) ) {
            errorCode = FileError_NotOpen;
            goto END_PROC;
        }

        if ( !OverwriteFile( fileToPurge ) ) {
            errorCode = FileError_CantOverwrite;
            goto END_PROC;
        }

        if ( !Erase( fileToPurge ) ) {
            errorCode = FileError_CantErase;
            goto END_PROC;
        }
        fileIndex++;
    }

END_PROC:

        DeletePurgeFileList( fileList, numFilesToPurge );
}
```


前面的代码中，C++ 示例相对较长，对此，专家程序员可能会谨慎考虑是否必须得用 goto。如果使用 goto，这个布局风格就是最好的。

case 语句不要用行尾布局　行尾布局的风险体现在 case 语句上。对于 case 语句的缩进，一种流行的做法是，把每个 case 的处理语句缩进到 case 描述语句的右侧，如下所示。这种做法最大的问题是不好维护。

关联参考　要想进一步了解 case 语句的使用，请参见第 15.2 节。

```
C++ 代码示例：一个难以维护的采用行尾风格的 case 语句
switch ( ballColor ) {
    case BallColor_Blue:                Rollout();
                                        break;
    case BallColor_Orange:              SpinOnFinger();
                                        break;
    case BallColor_FluorescentGreen:    Spike();
                                        break;
    case BallColor_White:               KnockCoverOff();
                                        break;
    case BallColor_WhiteAndBlue:        if ( mainColor == BallColor_
White ) {
                                            KnockCoverOff();
                                        }
                                        else if ( mainColor ==BallColor_
Blue ) {
                                            RollOut();
```

```
                                        }
                                        break;
   default:                             FatalError( "Unrecognized kind
of ball." );
                                        break;
}
```

如果新添加的 case 条件名称太长，比现在所有名称都长，那就必须调整所有 case 语句的条件语句和处理语句。就这样，在本来就有大量缩进的情况下，很难再加入更多的逻辑结构，比如 WhiteAndBlue case。为此，解决办法是切换为标准缩进。如果循环中语句缩进三个空格，就在 case 语句中也缩进等量的空格，如下所示。

case 语句示例：恰当使用了标准缩进量

```
switch ( ballColor ) {
   case BallColor_Blue:
      Rollout();
      break;
   case BallColor_Orange:
      SpinOnFinger();
      break;
   case BallColor_FluorescentGreen:
      Spike();
      break;
   case BallColor_White:
      KnockCoverOff();
      break;
   case BallColor_WhiteAndBlue:
      if ( mainColor == BallColor_White ) {
         KnockCoverOff();
      }
      else if ( mainColor == BallColor_Blue ) {
         RollOut();
      }
      break;
   default:
      FatalError( "Unrecognized kind of ball." );
      break;
}
```

在前面的示例中，许多人可能更喜欢更美观的第一个例子。然而，对于字符数更多的长代码、保持代码的一致性和可维护性，第二个例子的优势显然更明显。

如果 case 语句中所有的 case 都是并行的，并且所有操作都很短，则可以考虑将 case 及其操作放入同一行。然而，在大多数情况下，都不能这么干。姑且不说这样的布局一开始就很麻烦，更恐怖的是后期修改代码的时候，经常得停下来调整格式，而且，一些较短的操作变长之后，很难继续保持所有 case 结构并行排列。

31.5 单条语句的布局

本小节要解释说明如何通过多种方式来改进程序中单条语句的布局。

关联参考　要想进一步了解单条语句的文档注释，请参见第 32.5 节。

一个常见但有些过时的规则是，单条语句的长度不得超过 80 个字符。理由如下。

- 单条语句如果超过 80 个字符，读起来会很困难。
- 如果有 80 个字符的限制，就意味着不鼓励代码的深度嵌套。
- 单条语句如果超过 80 个字符，在打印的时候，标准的 A4 纸通常放不下，而且更没有办法设置为一张纸打印两页代码。

如果显示器更大，设置的字体更细，选择横向打印模式，80 个字符的限制就显得不是那么必要了。相比受限于 80 个字符而不得不把一行代码分为两行，一个 90 个字符的单条语句通常读起来更容易。随着现代技术的发展，偶尔超过 80 个字符也是可以的。

用空格来澄清语句想要表达的意图

用空格来澄清逻辑表达式，提高可读性　下面的表达式：

```
while(pathName[startPath+position]<>';') and
     ((startPath+position)<length(pathName)) do
```

可读性大概和 Idareyoutoreadthis* 差不多。

译注
作者故意把“我赌你有本事来读读这个”的英文不加空格连着写。

按照书写规则，要用空格将标识符与其他标识符分隔开。因此，前面的 while 表达式看起来应该是这样的：

```
while ( pathName[ startPath+position ] <> ';' ) and
     (( startPath + position ) < length( pathName )) do
```

强调工匠精神的程序员可能建议额外用空格来进一步改善这个特定的表达式，以强调它的逻辑结构，方法如下：

```
while ( pathName[ startPath + position ] <> ';' ) and
( ( startPath + position ) < length( pathName ) ) do
```

这已经很棒了，尽管前一例子中用的空格足以确保表达式的可读性。然而，额外用的空格也没有什么毛病，可以放心放量使用。

用空格来提高数组下标的可读性　下面的表达式：

```
grossRate[census[groupId].gender,census[groupId].ageGroup]
```

和前面示例中的密集型 while 表达式相比，可读性简直是不相上下。在数组中每个索引前后都加上空格，可以提高索引的可读性。如果运用这个规则，表达式看起来会是下面这样：

```
grossRate[ census[ groupId ].gender, census[ groupId ].ageGroup ]
```

使用空格来提高函数参数的可读性　一眼看过去，下面函数的第四个参数是什么？

```
ReadEmployeeData(maxEmps,empData,inputFile,empCount,inputError);
```

那么，下面这个函数的第四个参数又是什么？

```
GetCensus( inputFile, empCount, empData, maxEmps, inputError );
```

哪一种格式的函数更容易找到第四个参数？这是个具有现实意义的、有价值的问题，因为参数位置在所有主流的编程语言中都很重要。通常在屏幕的上半屏上有一个函数的详细内容，而在下半屏上会出现该函数的调用，并将每个形参与每个实参进行逐一比较。

长语句如何续行

谈到程序布局，最恼火的一个问题是如何处理长语句的续行。下一行是正常缩进，还是在关键字下方对齐？赋值语句又怎么处理？

这里有一个明智的一致性方法，在 Java，C，C++，Visual Basic 和其他鼓励使用长变量名的编程语言中特别有用。

有意使语句显得不完整　有时候，一条语句必须断为多行，要么是因为它超过编程标准规范所允许的最大单行长度，要么是因为语句实在太长，一行放不下。要让语句的第一行看上去有明显的信号“未完，待续。”最简单的方法是断开语句，使第一行语法上明显不正确。一些例子如下所示：

Java 代码示例：语句明显不完整

```
while ( pathName[ startPath + position ] != ';' ) &&
   ( ( startPath + position ) <= pathName.length() )
...

totalBill = totalBill + customerPurchases[ customerID ] +
   SalesTax( customerPurchases[ customerID ] );
```

末尾 && 运算符表明该行并不是完整语句

多出来的＋号表明该行并不是完整语句

末尾的逗号表明该行并不是完整语句

```
...

DrawLine( window.north, window.south, window.east, window.west,
   currentWidth, currentAttribute );
...
```

除了让读者觉得语句的第一行不完整，这样的断行还有助于避免代码修改时出错。如果删除语句的后续部分，那么第一行看起来就不像是只忘记了一个圆括号或分号，显然还需要更多的代码作为补充。

另一种有效的方法是将表征延续性的字符放在下一行代码的开头，如下所示。

Java 代码示例：语句明显不完整，另一种布局风格。

```java
while ( pathName[ startPath + position ] != ';' )
   && ( ( startPath + position ) <= pathName.length() )
...

totalBill = totalBill + customerPurchases[ customerID ]
   + SalesTax( customerPurchases[ customerID ] );
```

这种布局不会有前一种风格那样明显的 && 或 + 语法错误，而且，清一色左侧对齐的操作符，相比单留在不同语句行尾以至于视觉上显得参差不齐的操作符，显然更容易看出来。此外，这种布局还有突出显示运算操作的额外优势，如下所示。

Java 代码示例：突出显示复杂的运算操作

```java
totalBill = totalBill
   + customerPurchases[ customerID ]
   + CitySalesTax( customerPurchases[ customerID ] )
   + StateSalesTax( customerPurchases[ customerID ] )
   + FootballStadiumTax()
   - SalesTaxExemption( customerPurchases[ customerID ] );
```

将语句中相关的元素放在一起　如果语句确实需要断行，属于同一组的内容要放在一起，比如数组引用和子程序的参数等。下面显示了一个反例。

Java 代码示例：断行不当

```java
customerBill = PreviousBalance( paymentHistory[ customerID ] ) + LateCharge(
   paymentHistory[ customerID ] );
```

诚然，这样的断行的确是遵循了有意使语句不完整更明显这一指导方针，但是，这种不必要的方式有意使语句变得费解。某些情况下，也许真的需要断开，但在这个例子中，不要断开。最好将数组引用放到同一行。下面的格式明显更好一些。

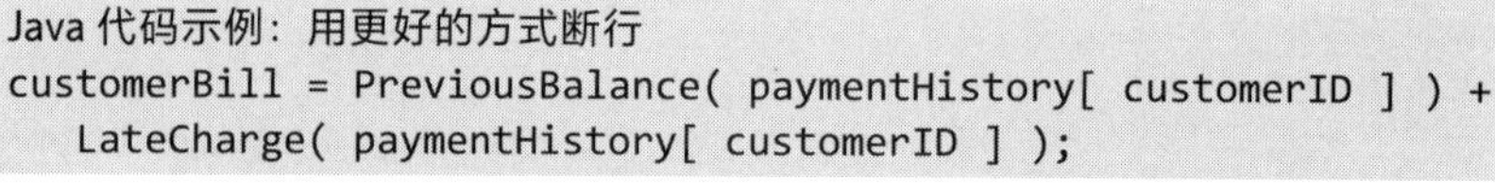

Java 代码示例：用更好的方式断行
```
customerBill = PreviousBalance( paymentHistory[ customerID ] ) +
   LateCharge( paymentHistory[ customerID ] );
```

子程序调用，换行后使用标准缩进　如果循环或条件语句中通常缩进 3 个空格，子程序调用换行后也缩进 3 个空格。示例如下所示。

Java 代码示例：子程序的调用语句，换行后采用标准缩进量
```
DrawLine( window.north, window.south, window.east, window.west,
   currentWidth, currentAttribute );
SetFontAttributes( faceName[ fontId ], size[ fontId ], bold[ fontId ],
   italic[ fontId ], syntheticAttribute[ fontId ].underline,
   syntheticAttribute[ fontId ].strikeout );
```

还有一种替代方法是，在子程序的第一个参数下方对齐，如下所示。

Java 代码示例：子程序的调用语句换行后缩进以强调子程序的名称
```
DrawLine( window.north, window.south, window.east, window.west,
          currentWidth, currentAttribute );
SetFontAttributes( faceName[ fontId ], size[ fontId ], bold[ fontId ],
                   italic[ fontId ], syntheticAttribute[ fontId
].underline,
                   syntheticAttribute[ fontId ].strikeout );
```

从美学的角度看，与第一个风格相比，这个风格看起来略微有些糙。一旦更改子程序的名称和参数名称，代码就会变得很难维护。所以，随着时间的推移，大多数程序员都会抛弃这种风格，倾向于用第一种风格。

续行的结尾要容易查找　以上风格有一个共同的问题，那就是不容易找到每行的末尾。另一种布局风格是每个参数单独放一行，并用右括号表示参数组的结束，如下所示。

Java 代码示例：子程序的调用语句，换行后一行放一个参数
```
DrawLine(
   window.north,
   window.south,
   window.east,
   window.west,
   currentWidth,
   currentAttribute
);

SetFontAttributes(
   faceName[ fontId ],
```

```
    size[ fontId ],
    bold[ fontId ],
    italic[ fontId ],
    syntheticAttribute[ fontId ].underline,
    syntheticAttribute[ fontId ].strikeout
);
```

显然，这种方法太占屏幕空间了。但是，如果子程序的参数是较长的对象域引用或指针名，就像前面例子中最后两个参数一样，那么，每行只列一个参数，就可以显著提高可读性。子程序末尾处的); 符号表示调用结束。而且，如果采用这种格式，在添加参数时，不需要考虑重新格式化，只需要插入新的一行即可。

在实际应用中，通常只需要将几个参数较多的子程序分成多行。其他简单一些的子程序，通常一行代码就可以搞定。对于跨多行的子程序调用，以上三种布局风格中，任何一种都可以。当然，前提是始终锁定同一种布局风格。

控制语句的续行，要使用标准缩进量　如果 for 循环、while 循环或 if 语句太长，续行按标准缩进量缩进到循环中或 If 语句下缩进的语句即可。下面显示两个示例。

Java 代码示例：控制语句续行的缩进

```
while ( ( pathName[ startPath + position ] != ';' ) &&
    ( ( startPath + position ) <= pathName.length() ) ) {
    ...
}

for ( int employeeNum = employee.first + employee.offset;
    employeeNum < employee.first + employee.offset + employee.total;
    employeeNum++ ) {
    ...
}
```

该延续行以标准缩进量进行缩进

就像这句语句的缩进量一样

这个例子符合前面设定的标准。语句的延续在逻辑上是连续的，所以始终缩进到前面断开的语句下方。运用缩进的，可以保持布局风格的前后一致，因为这样只比原来那一行多用几个空格。运用这种风格，代码和其他任何风格一样容易理解和维护。

在某些情况下，可以从数量上微调缩进或空格，以此来提高可读性。但在进行微调时，一定要兼顾可维护性。

不要对齐到赋值语句的右侧　在《代码大全》第 1 版中，我建议对齐包含赋值语句的右侧，如下所示。

关联参考 有时，对于复杂的条件测试，最佳解决方案是把它放入布尔函数中，示例可以参见第 19.1 节。

```
Java 代码示例：行尾风格布局用于赋值语句续行的反例
customerPurchases = customerPurchases + CustomerSales( CustomerID );
customerBill      = customerBill + customerPurchases;
totalCustomerBill = customerBill + PreviousBalance( customerID ) +
                    LateCharge( customerID );
customerRating    = Rating( customerID, totalCustomerBill );
```

十年之后，我终于有了迟到的顿悟。我发现，虽然这种缩进风格可能美观，但是一旦变量名发生变化以及代码运行于制表符被替换为空格或空格被替换为制表符的工具中时，多条赋值语句中的等号很难保持对齐。这种布局也很难维护，因为在复制和粘贴过程中，语句是在程序的不同部分移动，必须根据各部分不同的缩进量进行调整。

为了与其他缩进指导方针保持一致也考虑到可维护性，包含赋值操作的语句可以像其他语句一样，如下所示。

```
Java 代码示例：赋值语句的续行，采用标准缩进（范例）
customerPurchases = customerPurchases + CustomerSales( CustomerID );
customerBill = customerBill + customerPurchases;
totalCustomerBill = customerBill + PreviousBalance( customerID ) +
   LateCharge( customerID );
customerRating = Rating( customerID, totalCustomerBill );
```

赋值语句的续行，采用标准缩进量 在前面的代码中，第三个赋值语句的续行采用的是标准缩进量。其原因与赋值语句一般不采用任何特殊格式的原因相同，即要保持通用的可读性和可维护性。

一行只放一条语句

现代编程语言，如 C++ 和 Java，允许同一行包含多条语句。然而，同一行包含多条语句，这样的无格式代码有利有弊。例如，下面这行代码就包含了几条语句，逻辑上，这些语句可以单独占一行：

```
i = 0; j = 0; k = 0; DestroyBadLoopNames( i, j, k );
```

之所以支持将多条语句放在同一行，一个理由是，占的屏幕空间或用的打印纸更少，因而可以同时查看更多代码。同时，这也是一种对相关语句进行分组的方法，一些程序员认为这可以为编译器提供优化线索。

没错，理由都很充分，但是，每行限定一条语句的理由更加充分，具体如下所述。

- 每条语句单独放一行，可以准确看到程序是否真的很复杂。它不会使复杂的语句因为太多琐碎细节而隐藏其真实的复杂性。这么做，可以使复杂的语句看起来就很复杂，简单的语句看起来就很简单。
- 就现代编译器而言，把多条语句放在同一行并不能为它提供优化提示线索。优化编译器并不依赖于代码格式所提供的线索。本节稍后将详细说明。
- 如果每条语句单独占一行，代码就可以从上到下阅读，而不是从上到下还要结合从左到右的顺序进行阅读。在搜索特定的代码行时，通过扫描代码的左侧，就可以进行快速查找。这样的搜索不应该只因为单独某一行可能包含两条语句就必须横向深入地扫描每一行代码。
- 如果每条语句单独占一行，那么，当编译器报错时，如果只提供相应的行号，就很容易找到语句中的语法错误。如果一行中有多条语句，单凭行号看不出来是哪条语句出错了。

关联参考　关于代码级的性能优化，可参见第 25 章和第 26 章的讨论。

- 如果每条语句单独占一行，那么，调试器就很容易通过行号进行单步调试。如果多条语句放在同一行，调试器就会同时执行这些语句，你还得切换到汇编器去执行每条语句。
- 如果每条语句单独占一行，编辑起来很方便，删除一行或暂时将一行变为注释。如果多条语句放在一行，则只能夹杂在其他语句中编辑特定的语句。

在 C++ 语言中，避免在同一行语句中包含多个操作符（副作用） 副作用是指语句在执行过程中不仅会产生主要的结果，还有其他结果。例如，在 C++ 中，如果同一行代码中既包含 ++ 操作符又包含其他操作符，就有副作用。同样，为变量赋值并在测试条件语句中使用赋值语句的左侧条件，也有副作用。

副作用往往使代码的可读性变得更差。例如，如果 n 等于 4，那么下面代码的输出结果是什么？

```
C++ 代码示例：因为副作用而导致输出结果不可预测
PrintMessage( ++n, n + 2 );
```

打印输出是 4 和 6 还是 5 和 7？或者是 5 和 6？而答案是“这些答案都不对”。第一个参数，++n，结果是 5。但 C++ 语言没有定义计算表达式或多个函数参数的先后顺序，所以编译器可以在计算第一个参数之前或之后计算第二个参数 n + 2，这么一来，结果就可能是 6 或 7，计算顺序由编译器来定。下面显示了如何重写这条语句来澄清意图。

```
C++ 代码示例：避免副作用产生不可预期的结果
++n;
PrintMessage( n, n + 2 );
```

如果这些还不足以说明副作用的危害，你仍然坚持在同一行代码包含多个操作符，请看下面的函数，看看它的作用是什么。

```
C 代码示例：同一行代码中包含太多操作符
strcpy( char * t, char * s ) {
   while ( *++t = *++s )
      ;
}
```

即使是有经验的 C 程序员，也未必一眼就能看出这个例子的复杂性，因为它看上去貌似我们熟悉的函数。他们往往会说：“这不就是 strcpy() 函数嘛！”然而，在本例中，它并不完全是 strcpy()。它包含了一个错误。如果说“这就是 strcpy() 函数”，说明在看到代码时，你是“认出”了代码，并没有真的在读代码。我们在调试程序时经常遇到这种情况：往往是“认出”了代码，而不是真正在读代码，那些被忽视的代码中，包含的错误可能比实际留意到的（如果真的在读代码）更难发现。

和以上函数相比，下面显示的代码片段在功能上相同，但可读性更高。

```
C 代码示例：考虑到可读性，调整每行代码中包含的操作符
strcpy( char * t, char * s ) {
   do {
```

```
      ++t;
      ++s;
      *t = *s;
    }
  while ( *t != '\0' );
}
```

在重新布局过的代码中，程序中的错误很明显了。显然，在 *s 被复制到 *t 之前，t 和 s 已经递增，因而第一个字符没有被复制。

第二个示例看起来比第一个示例更详细，但执行的操作是相同的。第二个示例之所以看起来更详细，是因为它并没有隐藏操作符的复杂性。

把多个操作放入同一行语句可以提升性能，抱歉，这也不是一个正当的理由。前面两个 strcpy() 函数逻辑上是等价的，所以按理说编译器会生成相同的代码。然而，对这个子程序的两个版本进行运行分析后，发现第一个版本花了 4.81 秒来复制 5 百万个字符串，而第二个版本只花了 4.35 秒。

关联参考　要想进一步了解代码调优，请参见第 25 章。

把多个操作放到同一行， 聪明反被聪明误，看似高明的版本运行时间反而多出 11% 时间。当然，这个结果因编译器而异，但一般情况下，对比这两个例子，表明在考虑性能收益之前，最好先追求代码的清晰和正确，其次才考虑性能卓越。

即使很容易理解带有副作用的语句，也不要忘了体谅其他可能读到代码的人。大多数优秀的程序员都需要考虑再三，才敢肯定自己真正理解带有副作用的表达式。让这些优秀的程序员运用他们的脑细胞去搞定更重要的问题吧，即想想这些代码要如何完成功能，而不是纠结于特定表达式的语法细节。

数据声明的布局

关联参考　要想进一步了解数据声明的文档注释，请参见第 32.5 节。有关数据的使用，请参见第 10 章至第 13 章。

一行只一个数据声明　在前面的示例中，每个数据声明应该单独占一行。如果每个声明单占一行，就更容易在每个声明旁加上注释。这样一来，修改也更容易，因为每个声明都是独立的。而且，查找特定变量也变得更容易，因为可以快速从上到下扫描，而不需要从左至右地浏览每一行。查找和修复语法错误也更容易，因为编译器报错时给出的行号只对应一个数据声明。

例如，在下面的数据声明中，能一眼看出 currentBottom 是什么类型的变量吗？

```
C++ 代码示例：将多个变量声明挤在同一行中
int rowIndex, columnIdx; Color previousColor, currentColor,
nextColor; Point
previousTop, previousBottom, currentTop, currentBottom, nextTop,
nextBottom; Font
previousTypeface, currentTypeface, nextTypeface; Color choices[
NUM_COLORS ];
```

虽然这个例子有些极端，但它与以下这段代码不分上下。

```
C++ 代码示例：将多个变量声明挤在同一行中
int rowIndex, columnIdx;
Color previousColor, currentColor, nextColor;
Point previousTop, previousBottom, currentTop, currentBottom, nextTop,
nextBottom;
Font previousTypeface, currentTypeface, nextTypeface;
Color choices[ NUM_COLORS ];
```

这种变量声明虽然很常见，但乍一看还是不太容易找到变量，因为所有声明都挤在一起。变量的类型也很难看出来。现在请看看，以下代码中的 nextColor 是什么类型？

```
C++ 代码示例：一行只放一个变量声明就可以提高可读性
int rowIndex;
int columnIdx;
Color previousColor;
Color currentColor;
Color nextColor;
Point previousTop;
Point previousBottom;
Point currentTop;
Point currentBottom;
Point nextTop;
Point nextBottom;
Font previousTypeface;
Font currentTypeface;
Font nextTypeface;
Color choices[ NUM_COLORS ];
```

现在，相比前段代码中的 nextTypeface，这段代码中的变量 nextColor 可能更容易找到。这种格式的特点是一行一个声明，而且，每行都是一个完整的声明，包括单独的变量类型。

诚然，这种格式的确会占用大量屏幕空间，一共用了 20 行，而第一个示例只用了 3 行，尽管这 3 行挤在一起很难看。据我所知，没有任何研究表明这种布局风格可以出错更少或更容易理解。但是，如果是新手程序员莎莉让我审查她的代码，而她的数据声明看起来就像第一个例子那样，我会说："肯定不行，这样的代码太难读了。"如果她的代码看起来像第二个例子，我会说："嗯……，或许我回头找你。"如果它们看起来像最后这个例子，我会说："当然，帮你审查代码是我的荣幸。"

变量的声明紧接在首次使用之后　相比在一大段代码中声明所有的变量，更好的做法是在变量第一次使用时马上声明变量。这可以减少变量的"生存范围"和"存活时间"，并且便于必要时能把代码重构为更小的函数。更多相关详情，请参见 10.4 节。

如果是多条声明，要合理组织先后顺序　在前面那段代码中，声明是按变量类型进行分组的。按类型分组通常都是合理的，因为相同类型的变量往往用于相关的操作。在其他情况下，还可以选择按变量名的字母顺序进行排列。尽管很多人都支持按字母顺序排，但我觉得这样做的代价太高了。如果变量列表太长以至于需要字母排序来帮忙，那说明子程序的规模可能有些大。这样的子程序要拆分为更小的子程序和更少的变量。

在 C++ 语言中，声明指针变量或声明指针类型时，星号 (*) 要靠近变量名　在指针相关的声明中，程序员经常习惯于让星号 (*) 靠近类型名，就像下面这样。

```
C++ 代码示例：指针声明中的星号
EmployeeList* employees;
File* inputFile;
```

星号靠近类型名而不是变量名所带来的问题是，如果同一行出现多个变量声明，那么星号将只作用于第一个变量，即使看上去似乎作用于这一行中所有的变量。可以在变量名而非类型名旁加上星号来避免这个问题，如下所示。

```
C++ 代码示例：指针声明中合理使用星号
EmployeeList *employees;
File *inputFile;
```

但星号这样放的缺点是，星号看起来像是变量名的一部分，事实上并不是。其实，变量可以用星号，也可以不用星号。最好的方法是为指针声明一个类型并使用它，示例如下。

```
C++ 代码示例：在声明中合理使用指针类型
EmployeeListPointer employees;
FilePointer inputFile;
```

星号作用范围的特定问题是可以解决的，即要求代码中所有指针都使用指针类型声明，如前面的也可以通过每行只列一个变量声明来解决。这两个方案，任选一种即可。

31.6 注释的布局

观看参考　要想进一步了解注释，请参见第 32 章。

适当的注释可以大大提升程序的可读性，但是，如果注释不当，实际上是会伤害可读性的。注释的布局与增强或削弱代码的可读性密切相关。

注释的缩进与其对应的代码保持一致　视觉上的缩进对帮助理解程序的逻辑结构很有价值，而且，好的注释不会影响代码的缩进效果。例如，下面显示的逻辑结构，你能一眼看出来吗？

```
Visual Basic 代码示例：这种注释布局的缩进效果比较差
For transactionId = 1 To totalTransactions
' get transaction data
   GetTransactionType( transactionType )
   GetTransactionAmount( transactionAmount )

' process transaction based on transaction type
   If transactionType = Transaction_Sale Then
      AcceptCustomerSale( transactionAmount )

   Else
      If transactionType = Transaction_CustomerReturn Then

' either process return automatically or get manager approval, if required
         If transactionAmount >= MANAGER_APPROVAL_LEVEL Then

' try to get manager approval and then accept or reject the return
' based on whether approval is granted
            GetMgrApproval( isTransactionApproved )
            If ( isTransactionApproved ) Then
               AcceptCustomerReturn( transactionAmount )
            Else
               RejectCustomerReturn( transactionAmount )
            End If
         Else
```

```
' manager approval not required, so accept return
            AcceptCustomerReturn( transactionAmount )
         End If
      End If
   End If
Next
```

在本例中，肯定看不出太多关于逻辑结构的线索，因为代码中的注释完全干扰了代码的缩进效果。你可能很难相信居然还有人刻意使用这种缩进风格，但我真的在真实的专业程序中见过，并且，知道至少还有一本编程教材还在推荐对注释使用这种布局。

让我们来看看下面的代码，它与上一段代码示例内容完全相同，惟一的区别是注释的缩进不同。

Visual Basic 代码示例：注释的缩进有所改进好

```
For transactionId = 1 To totalTransactions
   ' get transaction data
   GetTransactionType( transactionType )
   GetTransactionAmount( transactionAmount )

   ' process transaction based on transaction type
   If transactionType = Transaction_Sale Then
      AcceptCustomerSale( transactionAmount )

   Else
      If transactionType = Transaction_CustomerReturn Then

         ' either process return automatically or get manager
approval, if required
         If transactionAmount >= MANAGER_APPROVAL_LEVEL Then

            ' try to get manager approval and then accept or
reject the return
            ' based on whether approval is granted
            GetMgrApproval( isTransactionApproved )
            If ( isTransactionApproved ) Then
               AcceptCustomerReturn( transactionAmount )
            Else
               RejectCustomerReturn( transactionAmount )
            End If
         Else
            ' manager approval not required, so accept return
            AcceptCustomerReturn( transactionAmount )
         End If
      End If
```

```
    End If
Next
```

在以上代码中，代码的逻辑结构更清楚。有一项对代码注释有效性的研究表明，加注释，并不见得有好处，据作者推测，因为有些注释"干扰了对程序的扫视"(Shneiderman 1980)。显然，从前面的例子可以看出，代码注释的布局对注释是否会产生视觉干扰有很大的影响。

每个注释，至少要空一行 如果有人想要迅速从总体上了解一个程序，最有效的方法莫过于读注释而不是读代码。因此，用空行来隔开不同的注释可以帮助读者快速浏览代码。

下面展示一个例子。

```
Java 代码示例：用空行来分隔注释
// comment zero
CodeStatementZero;
CodeStatementOne;

// comment one
CodeStatementTwo;
CodeStatementThree;
```

有人在注释前后各空一行。上下各空一行占用的显示空间更多，但有人认为这样留空比只空一行更美观。

下面展示一个例子。

```
Java 代码示例：注释上下各空一行
// comment zero

CodeStatementZero;
CodeStatementOne;

// comment one

CodeStatementTwo;
CodeStatementThree;
```

除非显示空间特别珍贵，所以空一行还是上下各一行，纯粹是一个美学范畴内的喜好问题，因人而异。在这方面，和之前其他许多领域类似，涉及代码的布局，最重要的是有一个大家约定俗成的惯例，惯例本身比其包含的细节更为重要。

31.7 子程序的布局

关联参考　要想进一步了解子程序的文档注释，请参见第 32.5 节。关于子程序如何写，详情可参见第 9.3 节。至于写得好的子程序和写得差的子程序有何区别，详情可参见第 7 章。

子程序由单独的语句、数据、控制结构和注释组成，基本囊括本章其他部分所讨论的布局对象。本节只介绍子程序的布局指导方针。

用空行来分隔子程序的各个部分　子程序的头、数据和命名的常量声明(如果有的话)及其主体代码，都用空行来进行分隔。

子程序的参数，要使用标准缩进　子程序的头，与其他许多区域的布局选项大致相同：即任意布局、行尾布局或者标准缩进。与其他大多数情况一样，采用标准缩进的代码在准确性、一致性、可读性和可修改性方面更胜一筹。

下面显示的例子中，两个子程序的头选择的是任意布局。

```
C++ 代码示例：子程序的头没有刻意进行布局
bool ReadEmployeeData(int maxEmployees,EmployeeList *employees,
   EmployeeFile *inputFile,int *employeeCount,bool *isInputError)
...

void InsertionSort(SortArray data,int firstElement,int lastElement)
```

关联参考　要想进一步了解如何使用子程序的参数，请参见 7.5 节。

单从实用意义来讲，这样做没有问题。计算机可以像读取任何其他格式的子程序头一样解译它们，但这样的格式会给人类读者造成麻烦。最糟糕的事情莫过于，明知道子程序的头不容易读却仍然不做任何补救措施。

关于子程序的头如何布局，第二个选项是行尾风格，一般来说，这种布局都还不错。下面显示了调整格式后的效果。

```
C++ 代码示例：子程序的头采用普通的行尾布局
bool ReadEmployeeData( int             maxEmployees,
                       EmployeeList    *employees,
                       EmployeeFile    *inputFile,
                       int             *employeeCount,
                       bool            *isInputError )
...
void InsertionSort( SortArray   data,
                    int         firstElement,
                    int         lastElement )
```

行尾布局简洁而美观。但如前所述，这种风格主要的问题是维护性差，而且，很难维护到往往意味着最后得不到任何维护。假设要把其中的 ReadEmployeeData() 改为 ReadNewEmployeeData()。这会使第一行与其他四行不再对齐。因而必须重新调整参数列表其他四行的格式，使其与第一个变量 maxEmployees 的新位置保持一致，因为名称变长了。如此一来，有的行就会从右边溢出，因为其中有些元素已经很靠右了。

下面的代码示例中，采用的是标准缩进，也很美观，但更容易维护。

C++ 代码示例：标准缩进，兼顾了可读性和可维护性
```
public bool ReadEmployeeData(
   int maxEmployees,
   EmployeeList *employees,
   EmployeeFile *inputFile,
   int *employeeCount,
   bool *isInputError
)
...

public void InsertionSort(
   SortArray data,
   int firstElement,
   int lastElement
)
```

采用标准缩进的优点是，修改代码的时候很方便。修改名称的时候，不会对任何参数产生影响。添加或删除参数的时候，只需要修改一行，然后加上或删去逗号。视觉效果类似于循环或 if 语句的缩进效果。要想找到有用的信息，用不着去扫视代码的其他部分，这样的布局已经使信息变得一目了然。

这种布局还可以直接转换为 Visual Basic 格式，只不过需要用续行符，如下所示：

此处“_”是表示行延续的字符

Visual Basic 代码示例：采用标准缩进的头文件，兼顾了可读性和可维护性
```
Public Sub ReadEmployeeData ( _
   ByVal maxEmployees As Integer, _
   ByRef employees As EmployeeList, _
   ByRef inputFile As EmployeeFile, _
   ByRef employeeCount As Integer, _
   ByRef isInputError As Boolean _
)
```

31.8 类的布局

本节介绍类如何布局。第一个小节描述类的接口如何布局。第二小节描述类的实现如何布局。最后一小节讨论文件和程序如何布局。

类的接口如何布局

关联参考　要想进一步了解类的文档注释，请参见第 32.5 节。要想知道好的类和差的类有何区别，请参见第 6 章。

在为类的接口布局时，通常约定以下面的顺序显示类的成员。

1. 头部的注释，对类进行描述并介绍类的总体使用情况。
2. 构造函数和析构函数
3. Public 子程序
4. Protected 子程序
5. Private 子程序和数据成员

类的实现如何布局

类的实现一般按以下顺序排列：

1. 头部的注释，描述类所在文件包含的内容
2. 类数据
3. Public 子程序
4. Protected 子程序
5. Private 子程序

如果文件中包含多个类，要清楚地标出每个类　相关的子程序要按类进行分组，以方便扫视代码的读者能够轻松辨认出哪个类是哪个类。可以在类和下一个类之间空上几行来清楚地标识每个类。一个类相当于书里面的一章。一本书当中，每一章都应该另页起，并使用大号字体作为章节标题。同样，在代码中，也要强调每个类的开始。下面的例子中，用空行来分隔不同的类。

C++ 代码示例：用空行来分隔多个类

```
// create a string identical to sourceString except that the
// blanks are replaced with underscores.
void EditString::ConvertBlanks(
   char *sourceString,
   char *targetString
   ) {
   Assert( strlen( sourceString ) <= MAX_STRING_LENGTH );
   Assert( sourceString != NULL );
   Assert( targetString != NULL );
   int charIndex = 0;
   do {
      if ( sourceString[ charIndex ] == " " ) {
         targetString[ charIndex ] = '_';
      }
      else {
         targetString[ charIndex ] = sourceString[ charIndex ];
      }
      charIndex++;
   } while sourceString[ charIndex ] != '\0';
}
```

这是一个类的最后一个函数

新建的类的开始，用多行空行隔开来，并用注释写明类名

这是新建的类的第一个函数

仅仅用空行分隔这个函数与上个函数，表明这个函数仍然属于这个新建的类

```
//----------------------------------------------------------------------
// MATHEMATICAL FUNCTIONS
//
// This class contains the program's mathematical functions.
//----------------------------------------------------------------------

// find the arithmetic maximum of arg1 and arg2
int Math::Max( int arg1, int arg2 ) {
   if ( arg1 > arg2 ) {
      return arg1;
   }
   else {
      return arg2;
   }
}

// find the arithmetic minimum of arg1 and arg2
int Math::Min( int arg1, int arg2 ) {
   if ( arg1 < arg2 ) {
      return arg1;
   }
   else {
      return arg2;
   }
}
```

还要避免注释过度。例如，如果每个子程序和每条注释都用星号而不是空行，将很难找到一种机制来有效强调开始一个新的类。下面显示了一个例子。

C++ 代码示例：类的过度格式化

```
//**********************************************************************
//**********************************************************************
// MATHEMATICAL FUNCTIONS
//
// This class contains the program's mathematical functions.
//**********************************************************************
//**********************************************************************

//**********************************************************************
// find the arithmetic maximum of arg1 and arg2
//**********************************************************************
int Math::Max( int arg1, int arg2 ) {
//**********************************************************************
   if ( arg1 > arg2 ) {
      return arg1;
   }
   else {
```

```
      return arg2;
   }
}

//**********************************************************************
// find the arithmetic minimum of arg1 and arg2
//**********************************************************************
int Math::Min( int arg1, int arg2 ) {
//**********************************************************************
   if ( arg1 < arg2 ) {
      return arg1;
   }
   else {
      return arg2;
   }
}
```

在这个例子中，许多内容都用星号突出显示，反而弄巧成拙，失去了视觉重点，都强调反而使重要的内容变得不那么重要。程序中到处都是密密麻麻的星号。虽然用什么工具来突出显示更多涉及主观审美而非技术判断，但涉及代码的格式，越简单越好。

如果必须用一长串特殊字符来分隔程序的各个部分，就需要设计一个字符层次结构(从最密集到最稀疏)，而非只依赖于星号这一种符号。例如，类的分隔，可以用星号，函数的分隔，可以用破折号，而对重要注释，可以使用空行。要避免两行星号或破折号挨在一起。下面显示了一个例子。

C++ 代码示例：格式化得当的布局

```
//**********************************************************************
// MATHEMATICAL FUNCTIONS
//
// This class contains the program's mathematical functions.
//**********************************************************************

//----------------------------------------------------------------------
// find the arithmetic maximum of arg1 and arg2
//----------------------------------------------------------------------
int Math::Max( int arg1, int arg2 ) {
   if ( arg1 > arg2 ) {
      return arg1;
   }
   else {
      return arg2;
   }
}
```

这一行的符号看上去比星号要“轻”一些，从而在视觉上强调该函数从属于这个类

```
//-----------------------------------------------------------------
// find the arithmetic minimum of arg1 and arg2
//-----------------------------------------------------------------
int Math::Min( int arg1, int arg2 ) {
   if ( arg1 < arg2 ) {
      return arg1;
   }
   else {
      return arg2;
   }
}
```

如何在一个文件中标识多个类的建议，只适用于编程语言限制程序中可用多少文件时。如果用的是 C++、Java、Visual Basic 或其他支持多个源文件的编程语言，则建议每个文件只放一个类，除非有充分的理由可以不这样做，例如，把多个小的类组合在一起。然而，在同一个类中，可能仍然有好多个子程序组，可以用这里的布局方式对它们进行分组。

文件和程序如何布局

关联参考　要想进一步了解相关的文档注释，请参见第 32.5 节。

除了类的布局方式，还有一个更大的代码格式问题：一个文件中的类和函数要如何组织？哪些类需要放在文件的最前面？

一个文件中只放一个类　一个文件不只是用于存储代码。如果编程语言允许，文件还应该包含一组子程序，而这些子程序有一个而且只有一个目的。一个文件可以强化这一组子程序属于同一个类这个概念。

关联参考　要想进一步了解类和子程序之间的差异以及如何将一组子程序放入同一个类，请参见第 6 章。

一个文件中，所有子程序共同组成这个类。这个类可能是程序真正意义上的类，也可能只是作为设计的一部分而创建的逻辑实体。

类是语义上的编程语言概念。文件是一个物理性的操作系统概念。因此，类和文件之间的对应关系纯属巧合。并且，随着时间的推移，随着越来越多的编程环境支持将代码直接放入数据库或者以其他的方式模糊子程序、类和文件之间的关系，类和文件这种对应关系将持续减弱。

文件名要与类名相关　大多数项目中，类名和文件名有一一对应的关系。例如，类名 CustomerAccount 对应于文件名 CustomerAccount.cpp 和 CustomerAccount.h。

在文件中，各个子程序之间要隔开　相邻两个子程序之间，至少要空出两行。空行与长长的一行星号或破折号一样有效，而且，空行更容易输入和维护。之所以要空出两到三行，是因为这样可以体现子程序中的空行和专门用于分隔两个子程序的空行在视觉上的差异。下面显示了一个例子。

Visual Basic 代码示例：相邻两个子程序之间空两行

```
'find the arithmetic maximum of arg1 and arg2
Function Max( arg1 As Integer, arg2 As Integer ) As Integer
   If ( arg1 > arg2 ) Then
      Max = arg1
   Else
      Max = arg2
   End If
End Function



'find the arithmetic minimum of arg1 and arg2
Function Min( arg1 As Integer, arg2 As Integer ) As Integer
   If ( arg1 < arg2 ) Then
      Min = arg1
   Else
      Min = arg2
   End If
end Function
```

至少使用两行空行来分隔两个子程序

相比其他任何类型的分隔符，空行更容易输入，而且，视觉效果也不相上下。本例中使用的是三个空行，因此在视觉上，不同子程序的间隔比每个子程序内部的空行更明显。

按字母顺序排列了程序　按字母顺序排列是在文件中将相关函数组合在一起的另一种方法。如果不能按类划分程序，或者编辑器不允许轻松查找子程序，可以借助于按字母顺序排序来节省搜索时间。

在 C++ 语言中，源文件中内容的组织很重要　下源文件内容的典型排列顺序如下。

在 C++ 语言中，按以下顺序组织内容。

1. 文件的描述性注释。
2. # include 文件。
3. 应用于多个类的常量定义（如果文件中有多个类）。
4. 应用于多个类的枚举（如果文件中有多个类）。
5. 宏函数定义。
6. 应用于多个类的类型定义（如果文件中有多个类）。
7. 从其他文件导入的全局变量和函数。

8. 从当前文件导出的全局变量和函数。

9. 当前文件私有的变量和函数。

10. 类，包括每个类中的常量定义、枚举和类型定义。

检查清单：布局

通用

- ❑ 这种代码格式是否完成了凸显代码逻辑结构的首要任务？
- ❑ 这种代码格式是否可以在使用中保持前后一致？
- ❑ 这种代码格式是否能产生易于维护的代码？
- ❑ 这种代码格式是否能提高代码可读性？

控制结构

- ❑ 在代码中是否为开始 - 结束或者 {} 避免了双重缩进？
- ❑ 连续的多个程序块是否用空行进行了分隔？
- ❑ 复杂的表达式是否调整了格式以保证其可读性？
- ❑ 所有的单条语句程序块是否格式一致？
- ❑ case 语句的布局方式是否与其他控制结构的保持一致？
- ❑ goto 语句的格式是否使其视觉上更明显？

单条语句

- ❑ 是否使用空白来使逻辑表达式、数组引用和子程序参数的可读性更好？
- ❑ 是否让不完整的语句在行断开的地方有明显的语法错误？
- ❑ 换行时是否采用了标准缩进量？
- ❑ 是否一行最多只包含一条语句？
- ❑ 编写每条语句时是否确保了不包含副作用？
- ❑ 一行是否最多只包含一条数据声明？

注释

- ❑ 注释是否与其对应的代码缩进量相同？
- ❑ 注释的布局风格是否易于维护？

子程序

- ❑ 每个子程序的参数在布局上是否保证了每个参数都便于阅读、修改和注释？
- ❑ 是否使用了空行来分隔子程序中的不同部分？

类、文件和程序

- ❑对于大多数类和文件，类和文件之间是否有一一对应的关系？
- ❑如果一个文件包含多个类，是否已经把每个类中的所有子程序组合在一起，并且每个类已经清楚地分隔开？
- ❑文件中的子程序是否以空行进行了明显的分隔？
- ❑作为一个更强大的组织原则的妥协代替方法，是否所有子程序都按字母顺序进行了排列？

更多资源

关于代码的布局和风格，大多数编程教科书中都会蜻蜓点水一般提几句，但很少有书对编程风格进行深入的讨论，对布局的详细讨论更是少之又少。下面几本书讨论了布局和编程风格。

Kernighan, Brian W. and Rob Pike. *The Practice of Programming Reading*, MA: Addison-Wesley, 1999. 本书第 1 章讨论了以 C 和 C++ 为主的编程风格。

Vermeulen, Allan, et al. *The Elements of Java Style*. Cambridge University Press. Cambridge University Press, 2000.

Misfeldt, Trevor, Greg Bumgardner, and Andrew Gray. *The Elements of C++ Style*. Cambridge University Press, 2004.

Kernighan, Brian W., and P. J. Plauger. *The Elements of Programming Style*, 2nd Ed. New York, NY： McGraw-Hill, 1978. 这是一本关于编程风格的经典书籍，也是第一本关于编程风格的书籍。

关于代码的可读性，推荐阅读下面这本书。

Knuth, Donald E. *Literate Programming*. Cambridge University Press, 2001. 这本文集描述了结合编程语言和文档语言的“文学编程”方法。作者写了大约 20 年的文章来说明与文艺编程的优点。尽管高调宣称自己是地球上最棒的程序员，但他倡导的文艺编程并没有流行起来。可以先读读他写的一些代码，然后得出自己的结论。

要点回顾

- 代码视觉布局的首要任务是凸显代码的逻辑组织结构。用于衡量代码格式是否达到这个首要任务的标准包括：准确性、一致性、可读性和可维护性。

- 相对这些衡量标准，代码美观排在它们后面，并且远远不及其他标准重要。如果已经满足这些衡量标准条件，而且底层代码的性能良好，那么代码通常也会比较美观。
- Visual Basic 语言本身就是纯程序块风格，而 Java 通常使用纯程序块风格，所以，如果用的是这两种语言，就应该使用纯程序块布局。在 C++ 语言中，无论是模拟纯程序块还是使用开始-结束来界定程序块，都可以。
- 相比布局本身，代码的布局这一行为更重要。具体遵循哪一种惯例并不重要，重要的是始终如一。代码布局如果前后不一致，实际上会损害代码的可读性。
- 布局在很多方面上都类似于信仰问题。试着把客观偏好和主观偏好区分开。对代码的布局偏好进行讨论时，最好有明确的衡量标准。

读书心得

1. ____________________
2. ____________________
3. ____________________
4. ____________________
5. ____________________

第 32 章

自文档代码

内容

相关主题及对应章节

- 代码的布局：第 31 章
- 伪代码编程过程：第 9 章
- 可工作类：第 6 章
- 高质量的子程序：第 7 章
- 编程即沟通：第 33.5 节和第 34.3 节

“写代码时，要把维护人员想象成一个知道你的住处且有暴力倾向的神经病。”
— 佚名

大多数程序员都喜欢写文档，只要文档标准并非不可理喻。比如版面，优质文档就是程序员置入程序的体现其专业素养的标志。软件文档的形式有很多种，包括称之为“注释”的特别补充版文档，本章将在全面概述完文档之后详细介绍。

32.1 外部文档

关联参考 有关外部文档的更多内容，请参见第 32.6 节。

软件项目的文档由源代码内部以及外部的信息组成，常见形式包括单独文档或单元开发文件夹。大型、正式的项目，大多数文档都是源代码以外的 (Jones 1998)。外部构建文档，通常比代码的层级高，但比问题定义、需求和架构活动的文档的层级低。

单元开发文件夹 单元开发文件夹 (UDF) 或软件开发文件夹 (SDF) 是一种非正式文档，包含供开发者在构建期间使用的备注。“单元”的定义比较宽泛，一般是指一个类，尽管也可以指代一个包或一个组件。UDF 的主要用途是提供别无他处记录的一系列设计决策的轨迹。很多

深入阅读 更详细的解读，请参见 (Ingrassia, 1976) 或 (Ingrassia, 1987)。

项目都会设定关于 UDF 应包含内容下限的标准，例如相关需求的副本、该单元所实现的顶层设计的相关部分、开发标准的副本、当前代码以及该单元开发人员的设计备注。虽然客户有时也要求软件开发人员提供项目的 UDF，但通常都只限于在内部使用。

详细设计文档 详细设计文档是低级别的设计文档。它描述了类或子程序级别的设计决策、曾考虑过的替代方案以及选择所选方案的理由。有时候，与些信息就放在某个正式文档里，这种情况下通常会把详细设计跟具体构建内容区分开。有时，就是收集起来放在 UDF 里面的开发者备注。还有些时候，就只存在于代码中。

32.2 编程风格即文档

与外部文档相比，内部文档是内嵌于程序代码中的。它位于源代码语句层级，是最详细的文档。因为跟代码的联系最为密切，所以它也最有可能是在代码被修改时保持正确的文档。

代码级别的文档主力不是注释，而是良好的编码风格。风格包括良好的程序结构、使用简明易懂的方法、良好的变量名、良好的子程序名、使用具名常量而非字面值、清晰的版面以及最低复杂度的控制流和数据结构。

下面这段代码的可读性很差：

```
Java 代码示例：编程风格导致的文档可读性差
for ( i = 2; i <= num; i++ ) {
meetsCriteria[ i ] = true;
}
for ( i = 2; i <= num / 2; i++ ) {
j = i + i;
while ( j <= num ) {
meetsCriteria[ j ] = false;
j = j + i;
}
}
for ( i = 2; i <= num; i++ ) {
if ( meetsCriteria[ i ] ) {
System.out.println ( i + " meets criteria." );
}
}
```

你认为这段子程序在做什么？完全没必要这么神秘。说它文档没写好，不是因为缺少注释，而是因为它缺乏良好的编程风格。变量名没有提供任何信息，排版也很粗糙。如下是相同代码改善后的样子，只是稍微改善一下编程风格，就能使其意图更清晰：

```
Java 代码示例：无注释但风格良好的文档
for ( primeCandidate = 2; primeCandidate <= num; primeCandidate++ ) {
   isPrime[ primeCandidate ] = true;
}

for ( int factor = 2; factor < ( num / 2 ); factor++ ) {
   int factorableNumber = factor + factor;
   while ( factorableNumber <= num ) {
      isPrime[ factorableNumber ] = false;
      factorableNumber = factorableNumber + factor;
   }
}

for ( primeCandidate = 2; primeCandidate <= num; primeCandidate++ ) {
   if ( isPrime[ primeCandidate ] ) {
      System.out.println( primeCandidate + " is prime." );
   }
}
```

关联参考　这段代码里，添加 factorableNumber 变量纯粹是为了澄清其操作。有关添加变量以澄清操作的细节，请参见第 19.1 节。

与第一段代码不同，一眼就能看出这段代码跟质数有关。再细看，会发现它在寻找 1 和 Num 之间的质数。前一段代码，单是想要搞明白循环在哪里结束，就得看上不止两遍。

两个代码片段的差异跟注释无关，它们都没有任何注释。可是第二段却更为可读，接近易读性的圣杯“自文档代码”的水平。这些代码依靠良好的编码风格来分担绝大部分的文档工作开销。对精心编写的代码来说，注释不过只是锦上添花而已。

检查清单：自文档代码

类

- ❑ 类的接口是否体现了某种一致的抽象？
- ❑ 类是否取好了名称，名称能否描述其核心意图？
- ❑ 类的接口是否让你一目了然知道如何使用这个类？
- ❑ 类的接口抽象是否足以让你无需考虑其实现方式？你能把这个类当作黑盒对待吗？

子程序

- ❑ 是否每个子程序的名称都能够准确描述它们是做什么的？
- ❑ 是否每个子程序都只执行一个明确定义的任务？

❑ 相比这些子程序被放入各自子程序之前和之后，它们有从中受益吗？

❑ 每个子程序的接口是否清晰明确？

数据名称

❑ 类型名称是否足以协助记录数据声明？

❑ 变量是否命名良好？

❑ 变量是否只用于其命名所示意的用途？

❑ 循环计数器是否使用了比 i、j、k 更有信息量的名称命名？

❑ 是否使用了精心命名的枚举类型，而非临时标识或布尔变量？

❑ 是否使用了具名常量而非魔法数字或魔法字串？

❑ 命名规范能否区分类型名称、枚举类型、具名常量、局部变量、类变量和全局变量？

数据组织

❑ 额外变量是否根据需要而用于澄清？

❑ 变量的引用是否相互接近？

❑ 数据类型是否简单达到最低复杂度？

❑ 复杂数据是否是通过抽象访问子程序（抽象数据类型）来访问？

控制

❑ 代码中的常规路径是否清晰？

❑ 相关语句都组合起来放一起了吗？

❑ 相对独立的语句组有否打包成各自的子程序？

❑ 常规路径是放在 if 语句的后面还是 else 语句的后面？

❑ 控制结构是否足够简单，达到最低复杂度？

❑ 是否每个循环也跟定义良好的子程序一样，执行一个且只执行一个功能？

❑ 嵌套有否做到最少？

❑ 有无使用新增布尔变量、布尔函数和决策表来简化布尔表达式？

布局

❑ 程序的布局能否表现其逻辑结构？

设计

- ❑ 代码是否简明直接且没有自作聪明？
- ❑ 是否尽可能隐藏了实现细节？
- ❑ 写程序时，是否尽可能多地使用了问题域的术语，而非计算机科学或程序语言结构的术语？

32.3 注释，还是不注释

注释吧，写差容易，写好难，更不要说注释帮倒忙的情况远远比派得上用场的情况多。围绕注释之美的那些热烈探讨，经常让人误会是在进行有关审美的哲学思辩。我觉得，如果苏格拉底也是程序员的话，他和他的学生们估计有过下面这样的探讨。

关于注释的一场戏

(旁白) 注释， 还是不注释

代码注释吧，写差容易，写好却很难，更不要说帮倒忙的情况了，远远比派得上用场的时候多得多。围绕着注释之美那些热烈的探讨，常常让人误会那是在进行有关审美的哲学思辩。 我觉得吧，如果苏格拉底也是程序员的话，他和他的学生们估计会有下面这样的对话。

角色

色拉叙马霍斯 (Thrasymachus)：理论派，纯粹主义者，尽信书，读什么信什么

卡利克勒斯 (Callicles)：实干派，经验丰富，“真资格的”程序员

格劳孔 (Glaucon)：年轻、自信、不嫌事儿多的计算机高手

伊斯墨涅 (Ismene)：资深程序员，厌倦“嘴炮”，只关注有效的小实践

苏格拉底 (Socrates)：睿智的老程序员

场景

(团队的每日站会结束了。)

苏格拉底：（环视团队成员）散会之前，谁还有什么别的问题？

色拉叙马霍斯：（挑事儿）我建议咱们项目得制定一个注释标准。 我们有些程序员，基本上不给代码写注释。而几乎所有人都知道，没有注释的代码简直没法看。

卡利克勒斯：（反驳）你绝对比我所能想到的应届毕业生更像是新手。 注释，在学院派看来是灵丹妙药，但只要是真正做过编程的人，都知道注释只会使代码变得更难理解，而不是更容易。英语并不见得比 Java 或 Visual Basic 更精确，而且还会产生一大堆废话。编程语言的语句简明扼要。如果一个人连代码都写不清楚，又怎么能指望他能把注释写清楚呢？再说了，一旦代码有变化，注释就会跟着过时。如果连过时的注释都相信，那你可真是掉进坑里了。

格劳孔：（火上浇油，不嫌事儿多）附议。重度注释的代码很难理解，因为它意味着还要额外再读更多的东西。读代码倒也罢了，干嘛还得要人去读一大堆注释？

伊斯墨涅：（放下价值两个币[1]的咖啡杯，开始阐述自己的看法）等等，我同意注释会被滥用，但好的注释绝对是值得的。有注释和没有注释的代码我都维护过，我还是更愿意维护有注释的代码。虽然我倒不觉得有必要制定一个标准，要求多少行代码就该加个注释什么的，但我们确实应该提倡每个人都要写注释。

苏格拉底：（抛出问题）如果注释真的只是浪费时间，为什么还会有人这样做呢？卡利克勒斯？

卡利克勒斯：（连讥带讽，呛声道）要么是被强制要求写，要么是从哪里看到后觉得它有用。认真思考过这事儿的人都不觉得它们有用。

苏格拉底：（进一步提问）伊斯墨涅觉得它们有用。她在这里待了三年了，你们写的那些代码，不管有没有注释，她都维护过，而她更喜欢有注释的代码。对此，你觉得如何解释？

卡利克勒斯：（强词夺理，嗫嚅着说出原因）注释之所以没用，是因为它们只是以一种更 嗦的方式来复述代码而已……

色拉叙马霍斯：（粗鲁地抢过话头）等等！好的注释可不只是在复述代码或者解释代码。它们的目的是澄清代码的意图。注释应该在高于代码的抽象层次来解释这段代码想要干嘛。

伊斯墨涅：（表示认同）对。我扫视注释的目的是找到哪些地方需要修改或修复。卡利克勒斯，你说的没错，单纯复述代码的注释确实没有任何用处，因为代码已经说明了一切。读注释的时候，我希望就像是在读一本书的前言或目录。注释可以先帮助我定位到正确的章节，然后才开始读代码。读一段英语注释可比解析 20 行代码快多了。（伊斯墨涅给自己又续了一杯咖啡）

---

① 古希腊货币，1 德拉克马银币重约 4.37 克，在当时，一名建筑工人的日收入为 2 德拉克马。2001 年，希腊加入欧元区，1 欧元兑换 340.75 德拉克马。

“显然，在某个层次上注释确实有用。要么相信这个，要么就是相信程序的可理解度跟读者对此程序的已知信息量无关。”
— B. A. 谢尔 (Shell)

伊斯墨涅：（接着阐述道）我觉得吧，人们不愿意写注释，大概有这么几个原因：一是觉得自己的代码已经清晰得不能更清晰了；二是误以为其他程序员对自己的代码有很浓厚的兴趣；三是高估了其他程序员的智商；四是懒惰；五是害怕别的人知道了自己是怎么写代码的。

伊斯墨涅：（补充说道）注释对代码评审很有帮助，苏格拉底。如果有人声称自己不需要写注释，那么只要是在评审的时候被同行用这样连珠炮似的问题质问过：“你这段代码到底想要干嘛？”他们就会开始写注释的。就算他们自己不主动，他们的经理也会强制要求他们写注释的。

伊斯墨涅：（停顿了一下，转过头，声明立场）我不是说你懒或是说你怕其他人搞懂了你的代码，卡利克勒斯。我看过你的代码，你是我们公司最优秀的程序员，之一。但说到友好，呵？如果能加上注释，你的代码我处理起来就容易多了。

卡利克勒斯：（负隅顽抗）但注释纯粹就是浪费资源。优秀的程序员写的代码自带文档属性，代码想要你知道的一切都会包含在代码里。

色拉叙马霍斯：（火大，拍案而起，连珠炮地发问）不会吧？！编译器需要知道的全都包含在代码里？！你还说什么需要知道的一切都包含在二进制可执行文件里？！只要你足够聪明，就能读得懂？！说真的，代码的意图根本就不在代码里！

色拉叙马霍斯：（突然意识到自己有些激动忘形，于是又坐下了）苏格拉底，这太搞笑了。我们为什么还要争论代码注释到底有没有价值？书上都说它们有价值，而且应该大量使用。我们这样的讨论简直是在浪费时间。

苏格拉底：（试图和稀泥）冷静，冷静，亲爱的色拉叙马霍斯。你问问卡利克勒斯，看看他写代码有多少个年头了。

色拉叙马霍斯：（没好气地转头，问）卡利克勒斯，多长时间了？

卡利克勒斯：（回忆往事状）嗯，这个吧，大概是十五年前从雅典卫城 IV 开始的。我想我应该见证了十几个重大系统从生到死的整个过程。我参与过部分工作的系统就更多了。其中两个系统大概有五十万行代码的样子，所以我知道自己在说什么。听我说，注释真的没啥用。

苏格拉底：（看向更年轻的程序员格劳孔）正如卡利克勒斯所言，注释确实有很多合理性问题，而且，你如果经验不够的话，是无法体会的。如果处理不当，只会适得其反，比不加注释还要糟糕。

卡利克勒斯：（心服口不服）即使做对了，也没用。注释不如编程语言精确。我更愿意完全不要注释。

苏格拉底：（接住了卡利克勒斯的话头）等等！伊斯墨涅也认为注释不够精确。她是说注释可以提供更抽象的信息，而我们都知道，抽象是程序员最有力的工具之一。

格劳孔：（出言反击）我不这么认为。相比聚焦于注释，更应该关注如何提升代码的可读性。重构可以消除大部分注释。做完重构之后，代码可能变成 20 到 30 个子程序调用，不需要任何注释。优秀的程序员看看代码就能读懂它的意图，但如果明知代码有错，还去读注释以试图理解代码的意图，有什么好处呢？（格劳孔对自己的发言很是得意。卡利克勒斯点头表示认同。）

伊斯墨涅：（轻笑表示不屑）听起来你们这些家伙似乎从来没有改过别人的代码似的。（卡利克勒斯看似突然对天花板上的铅笔划痕发生了浓厚的兴趣）为什么你们不试试隔个一年半载再回头读一下自己的代码？你可以提升自己阅读和注释代码的能力。大家不用刻意挑选。如果是读小说，你可能不想看章节标题。但如果是阅读技术类的书，你希望能够快速找到想要读的章节。 总不至于只为找出想要修改的两行代码就得进入超专注模式去读数百行代码吧。

格劳孔：（还是口服心不服，嘴硬）好吧，我明白能够扫视代码会很方便。（他看过伊斯墨涅的代码，印象很深刻）但卡利克勒斯的其他观点呢？ 代码变更导致注释过时？虽然我只写过几年代码，但也知道不会有人更新注释的。

伊斯墨涅：（态度暧昧，模凌两可）呃，对，也不对。如果你认为注释很神圣，代码很可疑，那就麻烦大了。事实上，注释和代码不一致往往意味着双方都有问题。某些注释不好，并不意味着写注释这件事儿不好。我去餐厅再拿壶咖啡来。（伊斯墨涅离开了房间）

卡利克勒斯：（放下铠甲，说出真相）我反对注释的主要原因是，它们纯粹是在浪费资源。

苏格拉底：（舒然提问）谁能够想到有什么办法可以使得写注释的时间成本降到最少吗？

格劳孔：（秒回）我知道，我知道，用伪代码来设计子程序，然后把伪代码转换成注释， 再来填代码。

卡利克勒斯：（表示认同）好吧，那样应该可以，只要注释并不是在简单重复代码就行。

伊斯墨涅：（从餐厅回来）写注释能让人更深入地思考代码的意图。如果写注释有困难，就说明要么是代码差劲，要么是你没有理解透彻。不管哪种情况，都需要在代码上多花些时间。写注释的时间并不会被浪费，因为它为你指出了还需要完成哪些工作。

苏格拉底：（欣欣然总结陈词）很好，我没有别的问题了。我的理解是，伊斯墨涅总结了大家的金句。我们鼓励写注释，但不要对它抱有太多幻想。我们会进行代码评审，让大家了解到什么样的注释才是有帮助的。如果发现谁的代码不容易理解，就要告诉他们，让他们去改进。

32.4 高效注释的关键

下面的子程序在干嘛呢？

“只要有不合理的目标、离奇的缺陷以及不切实际的进度安排，就会有真资格的程序员挺身而出，解决问题，拯救文档的未来。Fortran 万岁！”
—波斯特 (Ed Post)

Java 神秘子程序 1

```
// write out the sums 1..n for all n from 1 to num
current = 1;
previous = 0;
sum = 1;
for ( int i = 0; i < num; i++ ) {
   System.out.println( "Sum = " + sum );
   sum = current + previous;
   previous = current;
   current = sum;
}
```

你猜到了么？

这个子程序是在计算斐波那契数列的前 num 个值。它的编程风格比本章开头那个子程序的风格好一些，但注释是错的，如果盲目相信这段注释，就意味着你一脚迈向了通往温柔乡的迷途。

如下这段呢？

Java 神秘子程序 2

```
// set product to "base"
product = base;

// loop from 2 to "num"
for ( int i = 2; i <= num; i++ ) {
   // multiply "base" by "product"
   product = product * base;
}
System.out.println( "Product = " + product );
```

这个子程序是在计算整数 base 的整数 num 次方。子程序中的注释是准确的，但它们并没有为代码补充任何信息。它们只不过是代码自身的啰嗦版介绍。

这是最后一个子程序：

```
Java 神秘子程序 3
// compute the square root of Num using the Newton-Raphson approximation
r = num / 2;
while ( abs( r - (num/r) ) > TOLERANCE ) {
   r = 0.5 * ( r + (num/r) );
}
System.out.println( "r = " + r );
```

这个子程序是在计算 num 的平方根。代码一般，但注释是正确的。

哪个子程序更易于正确理解呢？这些子程序写得都不怎么样，变量名尤其糟糕。然而，它们简明扼要地展示了内部注释的强弱之处。子程序 1 的注释不对。子程序 2 的注释只是在复述代码，因而是无用的。只有子程序 3 的注释有价值。写得差的注释比没有注释更糟糕。子程序 1 和 2 的那些写得糟糕的注释，去掉更好。

随后的小节将说明如何写有效的注释。

注释种类

注释可以分为六个类别。

复述代码

复述型注释用不同的文字再次描述代码做了什么。它除了给读者增加代码之外的阅读量，并不会提供更多信息。

解释代码

解释型注释通常用于解释复杂的、机巧的或敏感的代码片段。它们在这些情况下是有用的，但通常是因为代码本身含糊不清。如果代码已经复杂到需要解释，那么改进代码几乎总胜于添加注释。先努力让代码自身变得更清晰，然后再用概述型或意图型的注释。

标记代码

标记型注释并非有意要留在代码中。它用于提醒开发者工作尚未完成。有些开发者使用错误的语法（例如“ ****** ”）做标记，使编译器把它标示出来并提醒自己还有工作要做。还有些开发者会在注释中放一组不影响编译的特定字符串，以便能通过搜索找到它们。

少有比以下情况更让人觉得差的了：客户上报问题、你调试问题并追溯到一段代码，结果发现这种内容：

```
return NULL; // ****** NOT DONE! FIX BEFORE RELEASE!!!
```

向客户发布有缺陷的代码已经够糟糕的了，发布自己已知有缺陷的代码更糟。

我发现，有必要为标记型注释的风格制定规范标准。如果不规范化，就会有人用“ ****** ”，有人用“ !!!!!! ”，有人用“ TBD ”，还有其他五花八门的各种样式。多种标注风格并存，机械化搜索未完成代码就会变得很容易出错甚至无法进行。固定一种特定标记风格后，可以将机械化搜索未完成代码的操作纳入发布检查清单作为其中一个步骤，从而避免出现前面那种指出要修复好之后再发布的问题。有些编辑器还支持使用 to do 标签来精准定位。

概述代码

概述代码的注释就是将若干行代码提炼成一两句话。这种注释比只复述代码的注释更有价值，因为相比阅读代码，读者可以更快速地扫视这些注释。尤其是在代码原作者之外的其他人试图修改代码时，概述型注释格外有用。

描述代码意图

意图层级的注释旨在描述一段代码的目的。意图型注释针对的是问题，而非针对解决方案。例如：

— 获取当前员工信息

就是一条意图型注释，而如下这句：

— 更新 employeeRecord 对象

就是一条关于解决方案的概述型注释。 IBM 进行过一项长达六个月的研究，发现负责维护的程序员有句口头禅是：“搞懂最初写代码的程序作者的意图实在是太难了！”(Fjelstad and Hamlen，1979 年)。意图型注释和概述型注释的区别并不总是很明显，通常也不重要。用来说明代码意图的注释在本章中有很多。

传达代码自身无法表述的信息

有些信息无法通过代码来表述，但又必须留存在源代码中。这种注释包括：版权声明、保密要求、版本号以及其他常务信息；关于代码设计的注意事项；相关需求或架构文档的索引；联机参考链接；优化注意事项；Javadoc 和 Doxygen 等编辑工具所要求的注释内容。

对于已完工的代码，只接受三种注释：传达代码自身无法表述的信息、意图型注释以及概述型注释。

高效注释

高效注释不会很费时。注释过多跟注释过少一样糟糕，可以高性价比的方式取得平衡。

写注释太花时间，通常有两大原因。其一，选用的注释风格很耗时或很枯燥。如果是这样，建议换一种新的风格。消耗庞大工作量的注释风格，维护起来也会很头疼。如果注释改起来很难，就不会被修改，也就会变得不准确，有误导性，这比完全没有注释更糟糕。

其二，想好用什么词来描述程序在做什么并不容易。这通常意味着自己并没有理解程序在做什么。用来“写注释”的时间，实际上是花在了更好地理解程序上，不管写不写注释，都需要投入这些时间。

高效注释的指导原则如下所示。

使用不会打断或打击修改积极性的注释风格　任何纯粹耍酷的风格，维护起来都会让人烦。例如，请指出如下注释中哪些部分不会有人维护：

Java 代码示例：难以维护的注释风格
```
// Variable        Meaning
// --------        -------
// xPos .......... XCoordinate Position (in meters)
// yPos .......... YCoordinate Position (in meters)
// ndsCmptng ...... Needs Computing (= 0 if no computation is needed,
//                                   = 1 if computation is needed)
// ptGrdTtl....... Point Grand Total
// ptValMax....... Point Value Maximum
// psblScrMax..... Possible Score Maximum
```

如果认为那些前导原点符 (……) 会难以维护，那就说对了！它们看似美观，实际上没有的话，也是可以的，也不错。它们使得修改注释多了工作量，如果可以选，会更想要准确的注释而不是好看的注释，而通常也确实如此。

另一种难以维护的注释风格如下所示：

C++ 代码示例：难以维护的注释风格
```
/***********************************************************************
 * class: GigaTron (GIGATRON.CPP)                                      *
 *                                                                     *
 * author: Dwight K. Coder                                             *
 * date: July 4, 2014                                                  *
 *                                                                     *
 * Routines to control the twenty-first century's code evaluation *
 * tool. The entry point to these routines is the EvaluateCode() *
```

```
 * routine at the bottom of this file. *
*********************************************************************/
```

这段注释美观吧。整块注释很清晰，注释块的开始和结束也很明显。但这段注释块是否容易修改并不清晰。如果需要在注释底部增加一个文件名称，很可能必须仔细调整右侧那些精心排列的星号。如果需要改变整段注释，左右两边的星号都得谨慎调整。实际上，这意味着整段注释都不会有人维护，因为工作量太大。如果只要按一个键就能得到排列整齐的星号，的确很棒，那就用吧。但问题不在于星号，而是在于它们难以维护。相比之下，下面这段注释几乎一样美观，又容易维护：

C++ 示例：易于维护的注释风格

```
/*********************************************************************
   class:  GigaTron (GIGATRON.CPP)

   author: Dwight K. Coder
   date:   July 4, 2014

   Routines to control the twenty-first century's code evaluation
   tool. The entry point to these routines is the EvaluateCode()
   routine at the bottom of this file.
*********************************************************************/
```

下面这种特别难以维护：

VB 示例：难以维护的注释风格

```
' set up Color enumerated type
' +--------------------------+
  ...

' set up Vegetable enumerated type
' +------------------------------+
  ...
```

搞不清楚各行横线段头尾的加号给注释带来了什么价值，但不难猜测每次调整注释都需要调整底行的短横线使尾部的加号能够精准对齐。如果注释过长，分成了两行，又该怎么办？该如何对齐这些加号？拿掉一些字词把注释缩减为一行？让所有行都变成相同长度？试图维持这种方式的一致性，只会让麻烦成倍增加。

有个通用原则，Java 和 C++ 都适用，就是单行注释用“//”语法，多行注释用“/* ... */”，如下所示：

Java 示例：不同目的使用不同的注释

```
// This is a short comment
...
```

```
/* This is a much longer comment. Four score and seven years ago
our fathers
brought forth on this continent a new nation, conceived in
liberty and dedicated to
the proposition that all men are created equal. Now we are
engaged in a great civil
war, testing whether that nation or any nation so conceived and
so dedicated can
long endure. We are met on a great battlefield of that war. We
have come to
dedicate a portion of that field as a final resting-place for those
who here gave
their lives that that nation might live. It is altogether fitting
and proper that
we should do this.
*/
```

第一个注释，只要一直这么简短，就容易维护。对于较长的注释，如果还有很多敲双斜线和手工断行等操作，就太得不偿失了，所以对于多行注释，用“/* ... */”语法更合适。

关键是要留意自己的时间如何分配。花大量时间增删短横线来对齐加号，并不是在编程，而是在浪费时间。换种更高效的风格。那种用加号做底行的情况，可以选择只要注释，而不要任何底行修饰。如果必须得用底行做强调，那就换换别的方式，别用加号做底行这种方式。其中一种方式是使用固定长度的标准底行，不随注释长度而变化。这样的行，无需维护，还可以用文本编辑器的宏来自动添加。

关联参考　有关伪代码编程过程的更多细节，请参见第 9 章。

使用伪代码编程过程来减少注释时间　如果在写代码之前先在注释里勾勒出代码，收获可是大大的。完成编码之时，也是注释完工之时。无需专门为注释投入时间。先写高层级的伪代码，再填充低层级的代码，这种方式带来了设计方面的好处。

把注释工作集成到开发风格里　除了把注释工作集成到开发风格里，另一种选择是等到项目最后再写注释，但缺点太多了。写注释变成一个专项任务，看起来比一点一点完成的工作量大多了。事后写注释要花更多时间，因为还得回忆或思考这段代码的意图，而不是把自己刚刚考虑到的内容写下来。由于很容易忘记设计中的假设或细节，所以写出来的注释也不够准确。

反对随手写注释的常见理由是“聚精会神编码时，不应该分心写注释”。对此，可以这样回答：“如果专心编码很难做到，连写注释都会打断思绪的话，就应该先用伪代码做设计，然后再把伪代码转为注释。”编码时要求注意力高度集中，这是一个警告信号。

如果设计很难编码实现，就要简化设计，以便不必再操心注释和代码。使用伪代码来澄清思绪，编码会变得直截了当，而注释也会随之迎刃而解。

性能不是逃避注释的好借口　第 4.3 节探讨的技术浪潮有一个被反复提起的属性，就是解释型环境，在此环境下注释会导致性能显著下降。二十世纪八十年代，注释会导致运行于早期 IBM PC 机上的 Basic 程序运行缓慢。二十世纪九十年代，.asp 页面也如此。进入二十一世纪，JavaScript 等一些需要通过网络连接来传输的代码也遇到了相似的问题。

在所有这些情况里，最终解决方案都不是杜绝注释，而是创建一个与开发版本不同的代码发布版本。这通常是通过用一个工具运行代码来完成的，它可以在构建过程中除去注释。

注释的数量

琼斯 (Capers Jones) 指出，IBM 的研究表明，大约每 10 条语句 1 条注释的密度看起来是澄清效果最好的。减少注释会导致代码难以理解。增加注释会降低代码的可理解度 (Jones 2000)。

这个研究结果经常被滥用，项目有时候会采纳诸如“程序必须至少每 5 行有 1 行注释”的标准。这种标准确实是在试图解决程序员的代码不清的问题，但并没有直击根因。

如果切实应用伪代码编程，效果很可能就是每隔几行代码就有一行注释。然而，注释的数量只不过是这种方法的副作用。与其操心注释数量，不如注意是否每条注释都有效。如果注释能够描述代码的意图，也符合本章所确立的其他要求，那就表明够了。

32.5 注释的技术

根据注释所应用的层级不同，程序、文件、子程序、段落或单独行等不同层级，有几种不同的技术可以使用。

单行代码的注释

好的代码，极少需要注释单行代码。要注释某一行代码有两个可能的原因：一是该行代码太过复杂，需要解释；二是该行代码出过错，想要记下来。

单行代码的注释怎么写？可以参考下面这些指导原则。

避免矫情型注释 多年前，我听过一个故事，有一名负责维护的程序员半夜里被叫到办公室修复程序。程序的作者已经离职了，无法联系。接手维护程序的人之前没有接触过这个程序，在仔细检查完文档内容之后，他只发现了一条注释，如下所示：

```
MOV AX, 723h ; R. I. P. L. V. B.
```

通宵研究了整个程序之后，虽然对这条注释仍然百思不得其解，但这名程序员还是成功地打上补丁后回家睡觉了。过了几个月，他在一个会议上遇见了程序作者，才知道这个注释的意思是“安息吧，路德维希·范·贝多芬。”贝多芬死于 1827 年 (十进制)，也即是 723(十六进制)。723h 之所以出现在那里，跟代码注释一点儿关系都没有。简直太让人抓狂了，让人想撞墙啊啊啊啊啊！

行尾注释及其问题

行尾注释就是出现在代码行的尾部的注释。

Visual Basic 代码示例：行尾注释

```
For employeeId = 1 To employeeCount
   GetBonus( employeeId, employeeType, bonusAmount )
   If employeeType = EmployeeType_Manager Then
      PayManagerBonus( employeeId, bonusAmount ) ' pay full amount
   Else
      If employeeType = EmployeeType_Programmer Then
         If bonusAmount >= MANAGER_APPROVAL_LEVEL Then
            PayProgrammerBonus( employeeId, StdAmt() ) ' pay std.
amount
         Else
            PayProgrammerBonus( employeeId, bonusAmount ) ' pay
full amount
         End If
      End If
   End If
Next
```

虽然行尾注释在某些情况下有用，但还是会引起若干问题。这种注释需要置于代码右侧，以免影响代码本来的外观结构。如果没有放置齐整，它们会使代码看起来像是刚被洗衣机洗过，显得皱巴巴的。行尾注释很难调整格式。大量使用的话，要花很多时间才能对齐。本可以用来加深理解代码的时间，却被用来做这些敲空格键或 TAB 键的枯燥任务了。

行尾注释维护起来也很麻烦。如果有行尾注释的那行代码变长了，就会把注释往外挤，导致所有其他行尾注释也需要调整才能够保持对齐。难以维护的风格不会被维护，改动会导致注释恶化，而不是改进。

行尾注释还会变得神神叨叨，让人不知所云。代码行右侧通常空间有限，要想让注释仍然保留为一行的话，注释必须简短。目标不是使代码尽可能清晰，而是让代码尽可能短。

避免单行代码的行尾注释 除了实践性问题，行尾注释还会导致一些概念性问题。如下是一组行尾注释的示例：

这些注释只是在复述代码

C++ 代码示例：毫无用处的行尾注释
```
memoryToInitialize = MemoryAvailable();     // get amount of memory
available
pointer = GetMemory( memoryToInitialize ); // get a ptr to the
available memory
ZeroMemory( pointer, memoryToInitialize ); // set memory to 0
...
FreeMemory( pointer );                      // free memory allocated
```

行尾注释的系统性难题是很难为单行代码写出有意义的注释。大多数行尾注释都是在复述代码，过大于功。

避免针对多行代码的行尾注释 将行尾注释用于多行代码，其格式很难表明注释是针对哪些行的：

Visual Basic 代码示例：针对多行代码的行尾注释让人困惑
```
For rateIdx = 1 to rateCount ' Compute discounted rates
   LookupRegularRate( rateIdx, regularRate )
   rate( rateIdx ) = regularRate * discount( rateIdx )
Next
```

这条注释的内容好，但位置不好。必须好好读注释和代码，才能搞懂这个注释是针对某个特定语句还是针对整个循环的。

何时使用行尾注释

虽然前面建议不要使用行尾注释，但接下来有三种情况例外。

关联参考 有关针对数据声明做行尾注释的其他方面，将在本章随后进行介绍。

使用行尾注释来标注数据声明 将行尾注释用来标注数据声明很有效，右侧空间很充裕，所以没有用于代码时的系统性问题。132 个字符的空间，一般已经足以在数据声明旁边写出有意义的注释：

Java 代码示例：用于数据声明的优良行尾注释
```
int boundary = 0;       // upper index of sorted part of array
String insertVal = BLANK; // data elmt to insert in sorted part of array
int insertPos = 0;      // position to insert elmt in sorted part
of array
```

避免用行尾注释来写维护注解　有时，行尾注释用来记录代码最初开发后的修改情况。这种注释通常由日期和程序员姓名首字母缩写或许还有错误报告编号构成。示例如下：

```
for i = 1 to maxElmts – 1 -- fixed error #A423 10/1/05 (scm)
```

通宵调试之后，添加这样一行注释确实让人感到心满意足，但产品代码中不应该出现这些注释。交由版本控制软件来处理这些注释会更好。注释要解释为什么代码现在能用，而不是为什么之前代码不能用。

关联参考　使用行尾注释来标记块尾的用法，将在本章随后进行介绍。

使用行尾注释来标记这个代码块结束　使用行尾注释标注一大块代码的结束是很有效的，比如 while 循环或 if 语句的结束。本章随后会对此做详细介绍。

除了一些特殊情况以外，行尾注释还有概念性的问题，而且往往被用于过度复杂的代码。它们还难以编排和维护。总的来说，最好避免使用行尾注释。

注释代码段落

在文档做得好的程序中，大多数注释都只有一两句话，用来描述代码。

Java 代码示例：好的注释

```java
// swap the roots
oldRoot = root[0];
root[0] = root[1];
root[1] = oldRoot;
```

注释要描述代码的意图，而不是去复述代码。这样的注释相对来说更容易维护。即便发现了问题，比如，root 参数的互换方法有错，也不需要修改注释。非意图层级的注释很难维护。

关联参考　执行简单字符串搜索的这段代码只是为了用作例证。如果是真实代码，可以使用 Java 内置的字符串库函数。更多有关理解所用语言能力的重要性的内容，请参见第 33.3 节。

编写代码意图层级的注释　描述注释后面代码块的目的。未在意图层级描述因而无效的注释示例如下：

Java 代码示例：无效注释

```java
/* check each character in "inputString" until a dollar sign
is found or all characters have been checked
*/
done = false;
maxLen = inputString.length();
i = 0;
while ( !done && ( i < maxLen ) ) {
   if ( inputString[ i ] == '$' ) {
```

```
      done = true;
   }
   else {
      i++;
   }
}
```

通过阅读代码，会发现这个循环在寻找“$”字符，注释总结了这个意思，这多少是有帮助的。该注释的问题在于它只是在复述代码，却没有指明代码本来的用途。下面的注释好一些：

// find '$' in inputString

这个注释更好，因为它指明了循环的目标就是找到“$”字符。但它还是没有告诉你有关循环更深层的意图，为什么循环想找“$”字符？如下注释更好一些：

// find the command-word terminator ($)

这个注释指出“$”字符是命令的终结符，实际这就包含代码本身没有的信息。仅靠阅读这段代码，是无法得到这个事实的，全靠注释写得好。

思考如何写意图层级注释的另一种方式，是想象你想要注释的代码，怎样给一个做同样事情的子程序命名。如果要写的代码段落，各段有各段的目的，那就不难。前面代码示例里面的注释就是一个优秀示例。“FindCommandWordTerminator()”用作子程序名称就相当不错。其他选择，比如“Find$InInputString()”或者是“CheckEachCharacterInInputStrUntilADollarSignIsFoundOrAllCharactersHaveBeenChecked()”显然都不行（或不能用）。敲下描述的文字，但无需像命名子程序那样缩短或简写。这些描述就是注释，很可能也处于表达意图的层级。

注重代码自身的文档化　郑重申明，应该首先检查的文档内容始终是代码自身。前面示例中的“$”字符应该用一个具名常量来替代，而变量也应该能够提示出有关会发生些什么的信息。如果还想要继续进一步提升可读性，就增加一个变量来存放搜索的结果。这样就能把循环计数和循环结果明确区分开。如下是使用良好风格和良好注释重写过的代码：

```
Java 代码示例：好注释，好代码
// find the command-word terminator
foundTheTerminator = false;
commandStringLength = inputString.length();
```

```
testCharPosition = 0;
while ( !foundTheTerminator && ( testCharPosition < commandStringLength ) ) {
   if ( inputString[ testCharPosition ] == COMMAND_WORD_TERMINATOR ) {
      foundTheTerminator = true;
      terminatorPosition = testCharPosition;
   }
   else {
      testCharPosition = testCharPosition + 1;
   }
}
```

此变量存放搜索的结果

如果代码写得足够好，读起来就有其义自见的效果，甚至能够代替注释对此代码进行解释。若能达到这样的高度，注释加代码就略显冗余，然而也仅有少数程序会患上这种“富贵病”。

关联参考　要想知道如何将一段代码提取为子程序，请参见第 24.3 节。

改进此段代码的另一妙招是，创建一个 FindCommandWordTerminator() 子程序，然后把示例中的代码移过去。用注释来说明思路也可以，但它很容易随着软件逐渐演进而变得越来越不准确，使用子程序名的效果更好一些。

注重用段落注释阐述为什么而不是怎么做　用于解释如何做某事的注释，一般都停留在编程语言的层级，而不是程序的层级。注释若着眼于解释某个操作是怎么完成的，几乎不太可能澄清操作的意图，这种注释往往也是多余的。如下注释有没有告诉你任何代码并没有告诉你的信息呢？

Java 代码示例：着眼于怎么做的注释

```
// if account flag is zero
if ( accountFlag == 0 ) ...
```

相比代码本身，上述注释并没有透露任何更多的内容。那么下面这段注释呢？

Java 代码示例：着眼于为什么的注释

```
// if establishing a new account
if ( accountFlag == 0 ) ...
```

这段注释就好得多，因为它描述的一些信息是无法基于代码推导出来的。代码本身也可以再改改，把 0 换成一个望文生义的枚举类型名称，变量名称也优化一下。这段注释和代码的优化版如下：

Java 代码示例：着眼于动机的注释

```
// if establishing a new account
if ( accountType == AccountType.NewAccount ) ...
```

代码可读性若能达到这种水平，就可以质疑注释的价值了。代码改进后，注释就显得有些多余，或许应该考虑删除这段注释。或者就是略微调整一下注释的目的，就像下面这样：

```
Java 代码示例：使用“小节标题”注释
// establish a new account
if ( accountType == AccountType.NewAccount ) {
   ...
}
```

如果这段注释说明的是 if 条件语句后面的整块代码，那就是一种概述型注释，用作小节标题来解释相对应的代码段落最适合。

用注释为后续内容做好铺垫　好的注释会告诉人们后面都是些什么代码。只需要瞟一眼注释，就能知道代码的意图以及可以从哪里查找某个特定操作。此规则必然带来的结果是注释始终应该写在所指述代码的前面。这种做法，编程课上并不怎么教，但在业界，却是一种应用广泛的惯例。

让每行注释都发挥其作用　过度注释并不是一个美德，注释太多反而会使原本清楚的代码变得更加晦涩难懂。真有多余的工夫，与其增加注释，不如用来增强代码的可读性。

记录惊喜　如果发现有些信息无法通过看代码直接看出来，那就把它写到注释里。如果为了提升性能而放弃简单直接的做法去选择某种机巧技术，就要在注释里指明并量化澄清由此而来的性能提升。示例如下：

```
C++ 代码示例：记录一个惊喜
for ( element = 0; element < elementCount; element++ ) {
   // Use right shift to divide by two. Substituting the
   // right-shift operation cuts the loop time by 75%.
   elementList[ element ] = elementList[ element ] >> 1;
}
```

示例里的向右移位操作是有意的。这是资深程序员都知道的常识，整数的向右移位操作等同于除二。

既然是常识，为什么还要记录呢？因为这个操作不是为了执行向右移位，而是执行除二的操作。事实清晰，即这段代码没有使用最贴合其目的的技术。此外，大多数编译器都把整数的除二操作优化为向右移位操作，这也意味着一般都没有必要这样做。对于这个特例，由于已知该编译器未对除二操作进行优化，因而确实能节省大量时间。

有了这段文档化描述，程序员在读代码的时候就知道为什么要用这种隐晦的技术。如果没有这段注释，程序员可能也会抱怨这段代码无助于提升性能，是可有可无的“抖机灵”。这种抱怨通常都是合情合理的，因此才很有必要介绍清楚这些不寻常之处。

别用缩写词　注释不要有歧义，无需揣摩缩写词就能读懂。除了最常用的缩写词，注释里避免使用其他任何缩写词。除非是写行尾注释，否则缩写词一般都没有太大的用处。即便是写行尾注释，也要意识到缩写词是对可读性的破坏。

区分主次注释　有些情况下，或许需要区分开不同层级的注释，指出某个详细的注释是先前某个概要型注释的一部分。处理方式有很多。可以尝试主要的注释加下划线和次要的注释不加下划线的方式。

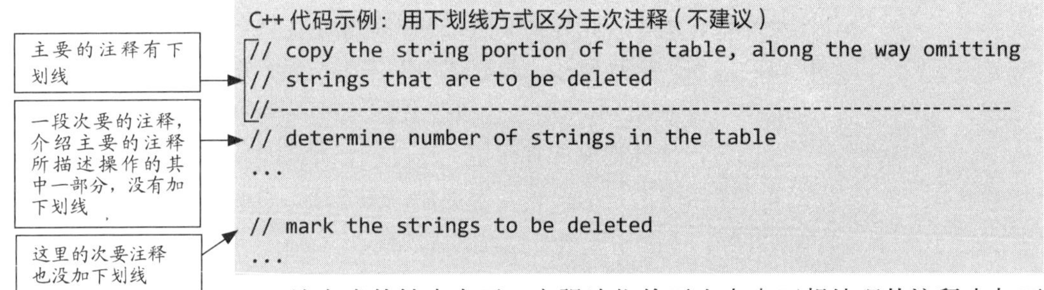

C++ 代码示例：用下划线方式区分主次注释（不建议）

```
// copy the string portion of the table, along the way omitting
// strings that are to be deleted
//--------------------------------------------------------------------
// determine number of strings in the table
...

// mark the strings to be deleted
...
```

该方式的缺点在于，它强迫你给更多本来不想处理的注释也加下划线。给一段注释添加下划线之后，仿佛随后所有未加下划线的注释就都成了它的。因此，任何一行注释，只要不属于前面有下划线的注释，就必须都加下划线。结果，要么下划线太多，要么有的地方有，有的地方没有，格式很不统一。

此方式的其他改款做法也有同样问题。例如，主要的注释用大写，次要的注释用小写，只不过是问题形式从下划线注释过多变成全大写注释过多而已。有些程序员用主要的注释首字母大写及次要的注释首字母不大写的方式，但这种视觉差异太过细微，很容易被忽略。

一种更好的方式，是在次注释开头加省略号

这里是一段次注释，介绍主注释所描述操作的其中一部分，句首用省略号开头

这里的次注释句首也用省略号开头

C++ 代码示例：使用省略号来区分主次注释

```
// copy the string portion of the table, along the way omitting
// strings that are to be deleted
// ... determine number of strings in the table
...

// ... mark the strings to be deleted
...
```

有一种效果通常最好的方法，就是把主要的注释所述操作提取为单独子程序。子程序应该是逻辑“扁平”的，所有相关行为都在同一个逻辑层次。如果需要把同一子程序主次行为的代码区分开，就说明子程序就不是扁平的。把复杂行为组合拎出来独立为子程序，可以使其变成逻辑扁平的两个子程序，而不再是逻辑差异明显的一个子程序。

针对主次注释的这些探讨，并不适用于循环及条件语句中的缩进代码。通常，循环开头有一段概括性的注释，然后缩进代码里也有更详细介绍其操作的注释。缩进已经表明了注释的逻辑结构。这里的探讨只适用于多个代码段组成一个完整操作且代码段之间存在从属关系的代码段。

若是发现特定语言或环境下有任何错误或未记录特性，要加注释 如果发现的是错误，那它很可能未被记录。即便别处已有记载，在自己代码里再记录一遍也没什么坏处。如果发现的是一个未记录的特性，顾名思义也就是在别处也没有记载，就应该在自己代码中做记录。

假设发现库函数 WriteData(data, numItems, blockSize) 在 blockSize 等于 500 时无法正常工作。尝试过 499、501 或者其他值都没问题，但发现只有在 blockSize 等于 500 时，这个子程序会出错。在调用 WriteData() 的代码里，记录下为什么要对 blockSize 等于 500 这一情况做特殊处理。如下示例：

```
Java 代码示例：记录针对某错误的临时方案
blockSize = optimalBlockSize( numItems, sizePerItem );

/* The following code is necessary to work around an error in
WriteData() that appears only when the third parameter
equals 500. '500' has been replaced with a named constant
for clarity.
*/
if ( blockSize == WRITEDATA_BROKEN_SIZE ) {
   blockSize = WRITEDATA_WORKAROUND_SIZE;
}
WriteData ( file, data, blockSize );
```

阐明违背良好编码风格的原因 如果不得不违背良好的编码风格，请务必解释原因，以免某个好心的程序员试图改良代码风格，却好心办坏事，把代码改坏了。解释清楚自己是有意为之，而非粗心大意，毕竟，做了好事要留名！

玩小聪明的代码不要加注释，重写 如下注释来自我做过的一个项目：

```
C++代码示例：注释“玩小聪明聪明的”代码
// VERY IMPORTANT NOTE:
// The constructor for this class takes a reference to a UiPublication.
// The UiPublication object MUST NOT BE DESTROYED before the Database
Publication
// object. If it is, the DatabasePublication object will cause the
program to
// die a horrible death.
```

示例很好地展示了一个流传甚广且危害甚大的编程习俗，注释是用来记录说明特别“机巧”或“敏感”的那部分代码。理由是，人们在操作代码某些地方的时候需要特别小心。

这可真是个恐怖的想法。

注释玩小聪明的代码，无异于误入歧途。注释无法拯救那些苦难的代码。正如柯宁汉与普劳戈所强调的：“不要注释糟糕的代码，重写就是了。(Kernighan and Plauger 1978)”

有一项研究发现，源代码中含有大量注释的区域，往往也是缺陷最多且消耗研发精力最多的地方 (Lind and Vairavan 1978)。两位作者猜测程序员总会大量注释难以理解的代码。

当有人说“这代码可是相当机巧”时，我听到的弦外之音却是“这代码可真是糟糕。”如果有什么东西对你来说显得机巧，就说明对其他人来说有些太难理解。即便你看着没那么机巧，对没有见识过这些技巧的人来说也是超乎寻常的错综复杂。如果需要问自己“这代码是不是太机巧？”就说明它真的太机巧。总是能够找得到不那么机巧的替代方案，重写吧。先改进代码，做到不需要注释的程度，然后再用注释加以完善，让它变得更好。

这个建议主要适用于首次写某段代码的时候。如果是在维护某个程序，也没有重写糟糕代码的自主权，加注释勉强也算是个不错的做法。

注释数据声明

关联参考 有关格式化数据的细节，请参见第 3.5 节。有关如何有效使用数据的细节，请参见第 10 章到第 13 章。

变量声明的注释要能够传递变量名称自身无法表达的信息。数据的说明记录务必谨慎，这很重要。至少有一家公司根据自身实践得出过一个结论：为数据做注解远比为使用数据的过程做注解更为重要 (SDC, Glass 1982)。如下是有关注释数据的一些指导原则。

注释数值数据的单位 如果是表示长度的数值，就指明长度是以英寸、英尺、米还是千米为单位。如果是时间，就指明其表述单位是

1980 年 1 月 1 日至今的总秒数，还是程序启动至今的总毫秒数或其他单位。如果是坐标，就指明它们是以纬度、经度和海拔来表述的，还是以弧度或角度来表述的，还是以地球中心为原点的 XYZ 坐标轴系统来表述的，等等。别以为用什么单位都是明摆着的，地球人都知道。对新手程序员来说，并非如此。对开发系统另一部分的其他人来说，也并非如此。程序经过大量修改后，也不是不言自明的。

很多情况下，都应该把单位的信息写进变量名称，而不是写入注释。像 "distanceToSurface = marsLanderAltitude" 这种表达式看起来就挺好，而 "distanceToSurfaceInMeters = marsLanderAltitudeInFeet" 这样的表达式明显有问题。

关联参考 注释变量有效值范围有一个强效技巧，就是在子程序首尾处使用断言来确保变量值在指定范围内。更多细节，请参见第 8.2 节。

注释数值的有效范围 如果变量值有一个预期范围，就把它记录下来。Ada 语言有一个强大的特性，就是可以将数值变量的值限定在某个范围内。如果语言不支持这种功能（大多数语言都不支持），就用注释记录下这个预期范围。例如，如果是表示按美元计算的变量，就表明它的预期值是在 1 美元到 100 美元之间。如果是表示电压的变量，就表明它的预期值应该在 105 v 到 125 v 之间。

注释代码寓意 如果语言支持枚举类型，比如 C++ 和 VB 就支持，就用它们来表述代码的寓意。如果语言不支持，就用注释来表达每个值所代表的意思，要用具名常量而不是给每个值写上一句话。如果是代表电流类型的变量，就用注释写明 1 代表交流电，2 代表直流电，3 代表未定义。

下面是注释变量声明的一个示例，它诠释了前述三个建议，所有的范围信息都写入注释里：

Visual Basic 代码示例：注释良好的变量声明

```
Dim cursorX As Integer  ' horizontal cursor position; ranges from
1..MaxCols
Dim cursorY As Integer ' vertical cursor position; ranges from
1..MaxRows


Dim antennaLength As Long     ' length of antenna in meters; range
is >= 2
Dim signalStrength As Integer ' strength of signal in kilowatts;
range is >= 1


Dim characterCode As Integer       ' ASCII character code; ranges
from 0..255
```

```
Dim characterAttribute As Integer ' 0=Plain; 1=Italic; 2=Bold;
3=BoldItalic
Dim characterSize As Integer       ' size of character in points;
ranges from 4..127
```

注释入口数据的限制 入口数据的来源包括传入参数、文件或用户直接输入。前一项指导原则既适用于子程序的入口参数，也适合其他类型的数据。确保预期值和非预期值都要记录下来。注释也是用来记录子程序不应该接收某些特定数据的一种方式。断言则是记录合法范围的另一种方式，而使用这种方式，代码自检能力会更强。

关联参考 有关命名标志变量的细节，请参见第11.2节。

注释“位标志” 如果变量被用作一个位域，就把每个数据位的意思记录下来：

Visual Basic代码示例：注释“位标志”

```
' The meanings of the bits in statusFlags are as follows, from most
' significant bit to least significant bit:
' MSB   0     error detected: 1=yes, 0=no
'       1-2   kind of error: 0=syntax, 1=warning, 2=severe, 3=fatal
'       3     reserved (should be 0)
'       4     printer status: 1=ready, 0=not ready
'       ...
'       14    not used (should be 0)
' LSB   15-32 not used (should be 0)
Dim statusFlags As Integer
```

如果是C++代码示例，可以用位操作语法，使位域的含义做到自带文档。

用变量名为相关注释盖戳 如果是与某个特定变量有关的注释，要确保更改变量后还要同步更新注释。有一种方式可以增进一致性修改的几率，即用变量名为这些注释盖戳。如此一来，用字符串搜索变量名时，既能找到变量、也能找到这些注释。

关联参考 有关使用全局数据的细节，请参见第13.3节。

注释全局数据 如果要用全局数据，就在数据声明处进行注解。注解应该表明数据的目的和设定为全局数据的原因。只要用到这些数据，都要明确说明数据是全局的。命名规范是凸现变量的全局性的首选。如果未采纳命名规范，可以用注释来代劳。

注释控制结构

关联参考 有关控制结构的其他细节，请参见第31.3节、第31.4节和第14章到第19章的内容。

控制结构前面自然是用来放注释的。如果是if或case语句，可以写明进行这个判定的原因以及对结果的总结。如果是循环，可以写明这个循环的目的。

C++ 代码示例：注释控制结构的目的

如下循环的目的

循环结尾（对较长的或嵌套的循环很有用，只不过需要写这种注释的都是些很复杂的代码）

循环的目的。注释的位置清楚地表明 inputString 是在为用于循环而做准备

```
// copy input field up to comma
while ( ( *inputString != ',' ) && ( *inputString != END_OF_
STRING ) ) {
   *field = *inputString;
   field++;
   inputString++;
} // while -- copy input field

*field = END_OF_STRING;

if ( *inputString != END_OF_STRING ) {
   // read past comma and subsequent blanks to get to the next input field
   inputString++;
   while ( ( *inputString == ' ' ) && ( *inputString != END_OF_
STRING ) ) {
      inputString++;
   }
} // if -- at end of string
```

这个示例建议提出了如下一些指导原则。

在每个 if、case、循环或代码块前面加注释　注释最适合放在这些地方，这些结构通常都需要解释。可以用注释来阐明这些控制结构的意图。

注释每个控制结构的结束　使用注释来示意结局，示例如下：

```
} // for clientIndex — process record for each client
```

用注释来标示长循环结束和澄清循环嵌套非常有效。下面的 Java 示例用注释指明循环结构结束：

Java 代码示例：使用注释来标明嵌套

这些注释指出此处是哪个控制结构的结束

```
for ( tableIndex = 0; tableIndex < tableCount; tableIndex++ ) {
   while ( recordIndex < recordCount ) {
      if ( !IllegalRecordNumber( recordIndex ) ) {
         ...
      } // if
   } // while
} // for
```

这种注释方式为代码缩进所体现的逻辑结构补充了视觉线索。对于非嵌套的短循环，无需如此。但在嵌套很深或循环很长的时候，这样做是值得的。

将循环尾部注释视为复杂代码的警示征兆　如果循环复杂到需要一个循环尾部注释，就要警惕，需要简化这个循环。该规则同样适用于复杂的 if 语句和 case 语句。

循环尾部注释提供了有关逻辑结构的有用线索，但不管是第一次写代码还是后续进行维护，都很让人头疼。要想避免，最好的方案是只要是复杂到需要繁冗注释的代码，一律重写。

注释子程序

关联参考 有关格式化子程序的细节，请参见第 31.7 节。要想知道如何创建高质量的子程序，请参见第 7 章。

典型的计算机教科书给出过很多糟糕的建议，其中一些与子程序这个级别的注释有关。很多教科书都竭力主张，不管多大或多复杂的子程序，都应该一开始就写上一大堆信息。

Visual Basic 代码示例：庞大且累赘的子程序前言

```
'**********************************************************************
' Name: CopyString
'
' Purpose:   This routine copies a string from the source
'            string (source) to the target string (target).
'
' Algorithm: It gets the length of "source" and then copies each
'            character, one at a time, into "target". It uses
'            the loop index as an array index into both "source"
'            and "target" and increments the loop/array index
'            after each character is copied.
'
' Inputs:    input       The string to be copied
'
' Outputs:   output      The string to receive the copy of "input"
'
' Interface Assumptions: None
'
' Modification History: None
'
' Author:       Dwight K. Coder
' Date Created: 10/1/04
' Phone:        (555) 222-2255
' SSN:          111-22-3333
' Eye Color:    Green
' Maiden Name:  None
' Blood Type:   AB-
' Mother's Maiden Name: None
' Favorite Car: Pontiac Aztek
' Personalized License Plate: "Tek-ie"
'**********************************************************************
```

简直是可笑！CopyString 大概也就是个简单的子程序，可能还不到 5 行代码。这种注释完全是在喧宾夺主。有关目的和算法的部分纯属画蛇添足，因为像 CopyString 这么简单的东西，一句“复制字符串”或是代码本来就容易理解，完全不需要填补什么细节。Interface Assumptions 和 Modification History 之类的花架子注释也并不实用，只是摆个样子罢了。标注作者姓名的要求也很多余，因为从版本控制系统中可以获取到更准确的信息。如果，每个子程序都要提供所有这些内容的要求，无疑就是一张通往不准确注释和维护失效的快车票，徒劳无功的浪费之举。

庞大的子程序头部的另一个问题在于，打击了人们对代码进行良好重构的意愿，新建子程序的管理开销太大了，以至于程序员（错误地）倾向于少创建子程序，而不是尽量多创建子程序。编码规范应该鼓励优良实践，笨重的子程序头部却与之背道而驰。

如下是注释子程序时的一些指导原则。

让注释靠近其描述的代码　子程序前言不要包含太大量的信息，因为这会使注释与其描述的对象相距甚远。一旦需要维护，离代码太远的注释往往无法跟着代码一起得到维护。注释和代码一旦开始出现不一致，接着便是注释突然失去价值。相反，要遵循亲近原则，让注释尽可能靠近它们所描述的代码。一旦可能得到维护，也就能持久发挥作用。

后面将介绍子程序前言的若干组件，可根据需要选用。为了方便起见，可以创建一个前言注释样板。不能觉得任何情况下都得用上所有信息。只填充要紧的内容，其他的删除即可。

关联参考　给子程序取个好名字是子程序文档的关键。要想进一步了解如何创建它们，请参见第 7.3 节。

在子程序头部用一两句话对它进行描述　如果无法用一两句话说清楚，那就有必要仔细思考到底想怎么用这个子程序。创建简短说明有困难，就是一个信号，说明设计不够好、没有达到理想的程度。请退回到设计图板上再尝试。原则上讲，除了简单的 Get/Set 类的访问器子程序以外，所有子程序都应该附以简短的概要说明。

在声明处对参数做说明　说明输入 / 输出变量最简便的方式是把注释写在参数声明语句的旁边：

Java 代码示例：在声明之处对输入输出数据做说明（良好的实践）

```
public void InsertionSort(
   int[] dataToSort, // elements to sort in locations firstElement..
lastElement
   int firstElement, // index of first element to sort (>=0)
   int lastElement // index of last element to sort (<= MAX_ELEMENTS)
)
```

关联参考　有关行尾注释的更多细节内容，已在本节前面讨论过。

该实践是对“不要用行尾注释”之一原则妥当而例外的应用，特别适合用来注释输入输出参数。注释的这种用法也有力说明了子程序参数清单使用标准缩进而非行尾缩进的价值，如果使用行尾缩进，还想加上有意义的行尾注释，空间就不够了。此示例中的注释，即便是用标准缩进，空间也有些紧张。还可以看出，注释并不是文档说明的惟一形式。如果变量名取得足够好，或许还可以省去注释。最后，要求给出理由，说明输入 / 输出变量也很适合用来避免使用全局数据的理由。全局数据的注释写在哪里呢？在那段前言中注释这些全局数据。这多出很多工作量，而且不幸的是，这意味着在实操中这些全局数据根本就不会注释。这简直是太糟了，因为全局数据与其他任何内容一样都需要加注释。

充分利用 Javadoc 等代码文档工具的优势　如果前面示例中的代码用 Java 来写，就可以用 Java 的文档提取功能 Javadoc 所提供的附加能力来配置代码。如此一来，“在声明之处对参数做说明”就会变成下面这样：

Java 代码示例：利用 Javadoc 的优势来注释输入输出数据

```
/**
 * ... <description of the routine> ...
 *
 * @param dataToSort elements to sort in locations firstElement..
lastElement
 * @param firstElement index of first element to sort (>=0)
 * @param lastElement   index of last element to sort (<= MAX_ELEMENTS)
 */
public void InsertionSort(
   int[] dataToSort,
   int firstElement,
   int lastElement
)
```

如果使用 Javadoc 这样的工具，为提取文档而配置代码的好处将会超过将参数描述与参数声明分离的风险。如果工作环境不支持文档提取功能，比如 Javadoc，最好的做法通常是让注释靠近参数名，以免出现修改不一致和参数名重复的情况。

区分输入和输出数据　知道哪个数据用于输入以及哪个数据用于输出是很有用的。VB 语言中，区分相对容易，因为输出数据使用 ByRef 关键字打头，而输入数据用 ByVal 关键字打头。如果语言不支持这种自动区分，就把它放到注释中。如下是一个 C++ 示例：

关联参考　这些参数的顺序遵循 C++ 子程序的标准顺序，但有悖于更普遍性的实践做法。相关细节请参见第 7.5 节。关于使用命名规范来区分输入输出数据的细节，请参见第 11.4 节。

```
C++ 代码示例：区分输入输出数据
void StringCopy(
    char *target, // out: string to copy to
    const char *source // in: string to copy from
)
...
```

C++ 语言的子程序声明颇有玄机，因为有些时候星号 (*) 意味着参数是一个输出参数，然而，更多时候它只意味着将该变量作为指针处理比作为非指针类型处理更容易。通常情况下，明确区分输入 / 输出参数更好。

如果子程序较短，输入 / 输出数据也有明确的区分，就不必要说明数据的输入或输出状态。如果子程序较长，明确区分输入 / 输出数据的做法，就会对读者更友好。

关联参考　有关子程序接口其他考虑的细节，请参见第 7.5 节。要使用断言来说明假设，详情可参见第 8.2 节。

记录接口假设　可以将注释接口假设视为是其他注释建议。如果对所接收变量的状态有任何预期假设，比如合法和不合法的值、已排序的数组、已初始化的或只包含优质数据的成员数据等，就在子程序前言里或数据声明中对此进行注释说明。所有子程序都应该做好这种注释。

确保为所有全局数据做注释。全局变量跟其他一样也是子程序的接口，但因为有时候看起来不太像是接口，因而也会变得非常危险。

写子程序时，若意识到自己正在做一个接口假设，就要随手记下来。

注释子程序的限制条件　如果子程序提供的是一个数值化结果，请指明该结果的精确度。如果有些条件下的计算还没有定义，请标出这些条件。如果子程序出错后有默认行为，请说明。如果子程序预期只对某特定大小的数组或表格有效，就指明具体情况。如果知道对程序做某些修改会破坏这个子程序，请指出来。如果在开发子程序过程中发现什么问题，也请及时记录下来。

说明子程序的全局效果　如果子程序会修改全局数据，要准确描述它会对全局数据做什么处理。正如第 13.3 节所提到的，相比只是读取全局数据，修改全局数据的危险程度至少高出一个数量级，因此必须谨慎对待全局数据的修改，而这种谨慎部分体现为清晰的注释文档。按照惯例，如果注释太多，就要重写代码以减少全局数据。

记录所用算法的来源　如果使用某本书或杂志上介绍的某个算法，请记下算法的出处。如果是自行开发的算法，请指出读者可以在哪里找到为算法做的注解。

使用注释来标示程序各个部分　有些程序员将注释用于标示程序的各个部分，以便查找。在 C++ 语言和 Java 语言中，就是每个子程序前以如下字符作为注释的开头：

```
/**
```

这样一来，只需要搜索“/**”字符串，就可以在子程序之间跳转，或者有些编辑器还能够支持自动跳转。

与之相似的另一种技术，是根据内容不同而采取不同的方式来标示不同种类的注释。例如，在 C++ 语言中，可以使用“@keyword”，其中“keyword”用来表明该注释种类的编码。“@param”表明该注释所描述的是子程序的一个参数，“@version”表明是文件版本信息，“@throws”表明是子程序抛出的异常，诸如此类。这种技术允许使用工具从源文件中提取出不同种类的信息。例如，可以搜索“@throws”获取程序中所有子程序抛出的所有异常。

这个 C++ 规范是基于 Javadoc 规范来制定的，Javadoc 规范是适用于 Java 程序的一套功能完善的接口文档规范 ((java.sun.com/j2se/javadoc/)。其他语言的规范，可以自行定义。

注释类、文件和程序

关联参考　有关布局的细节，请参见第 31.8 节。有关使用类的细节，请参见第 6 章。

类、文件和程序的共同特征是它们都有多个子程序。一个文件或一个类应该包含一组相关联的子程序。一个程序应该包含程序中用到的所有子程序。所有这些情况下，注释都要提供有意义的概览说明来描述这些文件、类或程序。

注释类的一般原则

每一个类，都用一个块注释来描述该类的一般属性。

- *描述该类的设计方法*　有些信息无法基于代码细节以反向工程的方式获得。概述性注释若能提供这类信息，就非常有用。可以描述类的设计思路、总体设计方法及考虑过但被放弃的其他设计方案等。
- *描述其局限性和用法假设等*　跟子程序类似，确保说明此类因设计而存在的局限性。同时还应注明有关输入 / 输出数据的假设、错误处理责任分工、全局效果及算法来源等信息。
- *注释类的接口*　一个类，如果其他程序员不看它的实现，能用好它吗？如果不能，就说明这个类的封装有严重的问题。类的接口包含的信息要多到够任何人使用。Javadoc 规范要求至少要对所有参数和所有返回值进行说明。类对外暴露的子程序，都要有这样的注释。

- 不要在类的接口里面记录实现细节　封装最重要的规则之一是只公开那些“需要知道”的信息，也就是说如果不确定某些信息是否需要公开，那么默认操作就是把它隐藏起来。因此，类接口文件应该只包含使用该类所需要的信息，而不应包含实现或维护该类内部工作机理的信息。

注释文档的一般原则　在文件开头处，使用块注释来说明文件的内容。

- 描述每个文件的目的和内容　文件头注释要描述文件中所包含的类或子程序。如果该程序所有子程序都在同一个文件里，那么文件的目的就很明显，它就是包含整个程序的那个文件。如果文件的目的是包含某个特定的类，其目的也很明显，它就是包含同名类的文件。如果文件包含不止一个类，则需要解释为什么要把这些类合并到一个文件里。如果因为某些原因没有选择模块化，而是将其拆分成为多个源文件，那么对这些文件目的进行描述，对修改此程序的程序员来说就非常有帮助。如果别人要寻找执行某操作的子程序，这个文件的头注释就有助于此人判断文件中是否包含这样的子程序。
- 将自己的名字、电邮和电话号码写入块注释　对大型项目来说，明确某些特定源代码区域的作者信息以及首要责任人信息非常重要。少于 10 人的小项目可以采取协作型的开发方式，比如所有团队成员对全部代码承担均等责任的共享代码所有权方式。更大型的系统则需要程序员专注于不同代码领域，无法实现团队共享代码所有权。

  在这里，作者信息就成了需要列出的重要信息。处理代码的程序员不仅可以从中了解其编码风格，还可以在需要帮助时知道能联系谁。取决于负责的是单个子程序、单个类还是单个程序，在自己负责的子程序、类或程序层级加入作者信息。
- 纳入版本控制标签　很多版本控制工具都会把版本信息插入文件。例如，在 CVS 中，字符 // Id 会自动扩展为 // $Id: ClassName.java,v 1.1 2004/02/05 00:36:43 ismene Exp $。这样一来，只需要插入初始的“$Id$”注释就可以维护文件的当前版本信息，而无需开发人员投入任何精力。

- 将法律声明纳入块注释　很多公司喜欢在程序中加入版权声明、保密声明和其他法律通告信息。如果你们也如此，可以将如下一行注释加入其中。跟公司的法律顾问进行协商，确认需要将哪些信息纳入文件。

Java 代码示例：一段版权声明

```
// (c) Copyright 1993-2004 Steven C. McConnell. All Rights Reserved.
...
```

- 给文件取一个跟内容相关的名称　一般来说，文件名通常与文件所含公开类的名字紧密相关。例如，如果类的名称是“Employee”（员工），那么文件就应该取名为“Employee.cpp”。某些语言，特别是 Java，直接要求文件名要跟类名称匹配。

深入阅读　节选自两篇文章，分别为“The Book Paradigm for Improved Maintenance”和“Typographic Style Is More Than Cosmetic”。*Human Factors and Typography for More Readable Programs* 一书对类似分析进行了详细的阐述 (Baecker and Marcus 1990)。

程序文档的书籍范式

大多数程序员老司机都认同前述注释技术的价值。尽管其中任何一项技术都缺乏确凿的、科学的证据，然而，一旦组合使用，有效性极其明显。

1990 年，欧曼和库克发表了有关文档的“书籍范式”的两项研究成果 (Oman and Cook 1990a 和 1990b)。他们试图找到一种可以支持几种代码阅读风格的编码风格。目标之一是要支持自上而下、自下而上和重点搜索。另一个目标是将一整段冗长的代码拆成小块，以便程序员更容易记忆。两人希望这种风格可以提供代码结构的概要和详细线索。

他们发现，将代码想象为一种特殊的书籍并据此进行编排，就能达到目标。按照书籍范式，要将代码及其文档分为多个组件，就像书籍组成要素那样进行管理，以帮助程序员获得对该程序的大致理解。

“序”一般放在文件头部，是一组介绍性的注释。它的功用跟书籍的序言一样，提供程序的概况。

“目录”展示顶层文件、类和子程序（相当于“章节”）。它们可能以列表形式展示，也可能像传统书籍章节那样以结构图的形式展示。

“节”则是子程序内部的划分，比如子程序声明、数据声明以及可执行语句。

为了利用书籍和代码行的相似性并从中获益，两人使用了一些低层技术，这些技术与第 31 章以及本章所介绍的技术有异曲同工之妙。

为了验证这些技术的效果，两人将一个维护任务交给一组有经验的专业程序员，同样一批程序员维护这个 1000 行程序的平均时间只有维护传统源代码所用时间的四分之三 (1990b)。而且，相比按照传统方式注释的代码，维护以书籍范式注释的代码的维护质量平均要高 20%。两人因而得出结论，通过关注书籍设计的排版原则，能够将读者的理解程度提升 10% 到 20%。多伦多大学开展的一项由程序员参与的研究，也得出了类似结果 (Baecker and Marcus, 1990)。

书籍范式强调了提供有关程序概要和细节组织结构信息的重要性。

32.6 IEEE 标准

有关超越源代码层级的注释，IEEE(电气与电子工程师协会) 软件工程标准是一个很有价值的信息源。IEEE 标准由一组专注于特定领域的实践者与学术专家们共同开发。每个标准都包括相关领域的概述，通常也包括适用于此领域工作的文档纲要信息。

还有一些国家级和国际级的组织在开展标准相关工作。IEEE 在定义软件工程标准方面走在前列。其部分标准也被 ISO(国际标准组织)、EIA(电子工业协会) 和 IEC(国际电工委员会) 所采纳。

标准的全称由标准编号、采用年份以及标准名构成。“IEEE/EIA Std 12207-1997, Information Technology—Software Life Cycle Processes” (IEEE/EIA12207-1997 国际标准，信息技术 — 软件生命周期流程) 的意思是该标准的编号是 12207.2，1997 年被 IEEE 和 EIA 所采纳。

下面是一些最适用于软件项目的国家级和国际级标准。

顶级标准“ISO/IEC Std 12207, Information Technology—Software Life Cycle Processes” (ISO/IEC12207 国际标准，信息技术 — 软件生命周期流程)，此国际标准定义了开发与管理软件项目的生命周期模型。

软件开发标准

如下是一些软件开发相关标准：

IEEE Std 830-1998, Recommended Practice for Software Requirements Specifications

IEEE Std 1233-1998, Guide for Developing System Requirements Specifications

IEEE Std 1016-1998, Recommended Practice for Software Design Descriptions

IEEE Std 828-1998, Standard for Software Configuration Management Plans

IEEE Std 1063-2001, Standard for Software User Documentation

IEEE Std 1219-1998, Standard for Software Maintenance

软件质量保证标准

如下是软件质量保证相关标准：

IEEE Std 730-2002, Standard for Software Quality Assurance Plans

IEEE Std 1028-1997, Standard for Software Reviews

IEEE Std 1008-1987 (R1993), Standard for Software Unit Testing

IEEE Std 829-1998, Standard for Software Test Documentation

IEEE Std 1061-1998, Standard for a Software Quality Metrics Methodology

管理标准

如下是一些软件管理相关标准：

IEEE Std 1058-1998, Standard for Software Project Management Plans

IEEE Std 1074-1997, Standard for Developing Software Life Cycle Processes

IEEE Std 1045-1992, Standard for Software Productivity Metrics

IEEE Std 1062-1998, Recommended Practice for Software Acquisition

IEEE Std 1540-2001, Standard for Software Life Cycle Processes - Risk Management

IEEE Std 1490-1998, Guide - Adoption of PMI Standard - A Guide to the Project Management Body of Knowledge

标准综述

下述信息源可以提供标准综述信息。

IEEE Software Engineering Standards Collection, 2003 Edition，Newyork, IEEE. 这部巨著囊括了截至 2003 年 ANSI/IEEE 最新标准的其中 40 个。每个标准都有一个纲要、纲要各组件的介绍及其依据。这份文档里的标准涵盖了质量保证计划、配置管理计划、测试文档、需求

规格说明书、验证与确认计划、设计描述、项目管理计划以及用户文档等。这本书是几百名相关领域顶尖专家的智慧结晶，可谓是无价之宝。其中有些标准也有单独版本。所有标准都可以从 IEEE 位于加州洛斯阿拉米托斯的 IEEE 计算机社区获得，或者是从 www.computer.org/cspress 网站获取。

Moore, James W.，*Software Engineering Standards: A User' s Road Map*. Los Alamitos, CA: IEEE Gomputer Society Pess, 1997. 书中对 IEEE 软件工程进行了阐述。

更多资源

除了 IEEE 标准以外，还有很多有关程序注释文档的资源。

Spinellis, Diomidis. *Code Reading : The Open Source Perspective. Boston,* MA: Addison-Wesley, 2003. 这本书很实在地探讨了阅读代码的技术，包括到哪里可以找代码来阅读、阅读大型代码库的技巧、支持代码阅读的工具以及其他很多有益的建议。中译本《代码阅读方法与实践》

“我很好奇，有多少大文学家从来不读别人的作品？有多少大画家从来不学别人的手法？有多少名医从未观摩过同行做手术？……然而，我们却指望着程序员能闷着头自个儿干。”
—托马斯
(Dave Thomas)

SourceForge.net：如何找到工业级的生产代码用作教学示例，是数十年来一直困扰着软件工程教学的顽疾。如果有真实示例，很多人都能够快速地学习成长，但大多数工业级代码库都被其创作公司视为专有信息。在互联网和开源软件的共同作用下，这种情况已经得到了极大的改善。Source Forge 网站提供了上千个程序的代码，涵盖 C、C++、Java、VB、PHP、Perl 及 Python 等很多种语言，全部可以免费下载。程序员可以在网站上看到很多的真实代码，它们可比《代码大全 (第 2 版)》一书中能展示的简单代码示例庞大得多。未见过多少产品代码的初级程序员会发现这个网站特别有价值，因为上面的各种代码良莠不齐。

“如何使用 Javadoc 工具写文档注释”这篇文章发表于 2000 年，网址为 http://java.sun.com/j2se/javadoc/writingdoccomments/。文章解释了如何用 Javadoc 为 Java 程序写注释。它还纳入了如何使用“@tag”风格注解来标记注释的详细建议。它还提供了很多如何遣词造句的具体细节。Javadoc 规范或许算是目前可用的代码级文档标准中最完善的。

软件文档领域其他议题的一些资料来源如下。

McConnell, Steve. *Software Project Survival Guide.* Redmond, WA: Microsoft Press, 1998. 这本书介绍了中等规模关键业务项目的文档要求。

配套网站提供了大量的相关文档模板。中译本《软件项目的艺术》

www.construx.com：该网站有很多文档模板、编码规范和其他涵盖软件开发各个方面的其他资源，也包括软件文档方面的资料。

Post, Ed. "Real Programmers Don' t Use Pascal"，*Datamation* July 1983, pp.263~265. 文章半开玩笑地说是否要"复兴"，重返 FORTRAN 编程时代，那时的程序员可不用担忧可读性之类的问题。

检查清单：好的注释

通用

- ❑ 别人一拿到你的代码马上就能看懂吗？
- ❑ 注释是在解释代码意图或总结代码做了什么，还是在复述代码？
- ❑ 是否采用伪代码编程法来减少注释耗时？
- ❑ 重技巧的代码，是进行重写还是注释？
- ❑ 注释是最新的吗？
- ❑ 注释是否清晰、准确？
- ❑ 所用注释风格是否有利于修改注释？

语句和段落

- ❑ 有没有避免在代码中使用行尾注释？
- ❑ 注释是着力于解释原因还是解释具体怎么做？
- ❑ 注释是否有利于代码阅读者做好准备？
- ❑ 是否每条注释都有其用处？是否已删除或改进了多余的、无关紧要或过于随性的注释？
- ❑ 是否注释了代码的非常规之处？
- ❑ 有没有避免使用缩略语？
- ❑ 主次注释的区别是否明显？
- ❑ 是否注释了用于处理某个缺陷或未公开特性的代码？

数据声明

- ❑ 是否已注释数据声明的数值单位？
- ❑ 是否已注释数值数据的取值范围？
- ❑ 是否已注释编码用意？
- ❑ 是否已注释输入数据的限制？
- ❑ 是否已注释位标志？

❑ 是否已在声明处注释各全局变量？

❑ 是否已通过命名规范、注释或命名规范加注释的方式来标识各全局变量的意义？

❑ 魔数是否已经替换为具名常量或变量，而不只限于加注释？

控制结构

❑ 所有控制语句都注释了吗？

❑ 冗长或复杂的控制结构，是否已在其结尾处进行注释？或是已竭力进行简化而不再需要注释？

子程序

❑ 是否已注释各子程序的意图？

❑ 是否已通过注释介绍子程序其他方面的相关情况（诸如输入输出数据、接口假设、限制、纠错、全局效果和算法出处等）？

文件、类和程序

❑ 程序有没有一段短文档，就像书籍范本中介绍的那样，可以提供对程序组织方式的概览？

❑ 是否已说明各文件的意图？

要点回顾

- 注释，还是不注释，这是个需要认真对待的问题。注释做得不好，只会浪费时间，有时甚至还会帮倒忙。注释做得好，才有价值。
- 源代码应纳入绝大部分与程序有关的关键信息。只要程序还在用，源代码就比其他资料更有可能维持在最新状态，因此，将重要信息融入代码是很有用的。
- 优质代码本身就是最好的文档。如果代码差到需要进行大量注释，就应该先尝试改进代码，使之不再需要很多注释。
- 注释应该描述代码本身无法表达的信息，到概要或意图这一层级即可。
- 有些注释风格会带来很多重复劳动，不可取，需要改用易于维护的注释风格。

读书心得

1. ____________________
2. ____________________
3. ____________________
4. ____________________
5. ____________________

第 33 章

个人性格

内容

相关主题及对应章节

- 关于软件匠艺的话题 第 34 章
- 复杂性 第 5.2 节和第 19.6 节

在软件开发领域中，个人性格得到了罕见的重视。自从戴克斯特拉 (Edsger Dijkstra) 在 1965 年发表那篇具有里程碑意义的文章“编程可以认为是一项人的活动”(Programming Considered as a Human Activity) 以来，程序员的性格一直被认为是一个天经地义而富有成果的研究领域。“桥梁建设心理学”“律师行为探索性实验”等标题看似荒谬，但在计算机领域，“计算机编程心理学”“程序员行为探索性实验”等类似标题对应的书却本本都是经典。

每个学科的工程师都要了解自己使用的工具和材料有哪些局限。如果是电气工程师，会知道各种金属的电导率和电压表的一百种用法。如果是结构工程师，肯定知道木材、混凝土和钢材的承载性能。

如果是软件工程师，基本的建造材料就是头脑，自己的聪明才智，主要工具就是身手。不像建筑工程师，先详细设计一个结构，然后把蓝图交给其他人施工，而是一旦完成详细设计，就算是大功告成。编程的全部工作就是建造空中楼阁，这是软件工程师所能做的最纯粹的脑力劳动之一。

因此，当软件工程师研究工具和原材料的基本属性时，会发现自己研究的是人的智力、性格和其他属性，这些可不像木头、混凝土和钢铁一样看得见和摸得着。

如果此时你正在寻找具体的编程技巧，可能会觉得本章的内容似乎太抽象，没有太大的用处。然而，一旦采纳了前面各章的具体建议，就可以在这一章中发现哪些地方自己还有待改进。先阅读下一节，然后再决定是否要跳过这一章。

33.1 个人性格与本书主题有关

编程非常耗费脑力，因而个性就显得尤为重要。要知道，一天集中精力工作 8 个小时实在是太难了。你可能有过这样的经历：前一天过于专注而导致第二天精疲力尽，或者前一个月过于耗神而导致本月精力透支过度。你可能有过这样的日子：从早上 8 点一直工作到下午 2 点，然后直接累垮。不过，你还是坚持下来，又从下午 2 点一直咬牙干到下午 5 点。然后，这一周的剩余时间，都在修改这三小时写的代码。

编程工作本质上是无法管理的，因为没有人真正知道你在做什么。我们都有过这样的经历：在项目中，我们把 80% 的时间花在自己感兴趣的一小部分工作上，然后把 20% 的时间花在其他 80% 的工作上。

雇主不能强迫你成为一名优秀的程序员，很多时候，雇主甚至无法判断你是否优秀。如果想变得伟大，得自个儿成全自个儿。这取决于你的个人性格。

一旦决定要成为一名优秀的程序员，就有了巨大的进步空间。一项又一项研究发现，创建一个程序所需要的时间，不同的人有 10 倍的差异。他们还发现，调试一个程序所需要的时间有 10 倍之差，产生的程序规模、速度、错误率和检测到的错误数量也有 10 倍差异 (Sackman, Erikson, and Grant 1968; Curtis 1981; Mills 1983; DeMarco and Lister 1985; Curtis et al. 1986; Card 1987; Valett and McGarry 1989)。

常识表明，智力无法改变，但性格是可以改变的。事实证明，要想成为一名优秀的程序员，性格更是一个决定性的因素。

33.2 聪明与谦卑

"我们通过许多单独的行动和长时间的工作，成为了实用和科学领域的权威和专家。如果一个人在工作日的每个小时都忙个不停，就有希望在某天早上醒来后发现自己已经跻身于天之骄子的行列。"
——詹姆斯（William James）

聪明与谦卑（上）

聪明与谦卑（下）

智力似乎和性格无关，事实上真的无关。巧合的是，高智商与成为一名优秀的程序员并没有太大关系。

什么？有没有搞错？！要想成为一名伟大的程序员，你真的不需要太聪明？！

没错，不需要。人再怎么聪明，也比不上电脑。全面理解一个普通的程序，需要超强的能力来吸收细节，同时也需要同样的能力来理解和消化。如何集中智力比智力水平有多高更重要。

正如第 5 章提到的，1972 年，戴克斯特拉 (Edsger Dijkstra) 发表了题为"谦卑的程序员"的演讲。他认为，大多数程序设计都旨在弥补我们人类有限的才智。最擅长编程的人是那些意识到自己脑力有限的人。他们是谦卑的。最不擅长编程的人是那些拒绝接受"大脑无法胜任"这一事实的人。他们的自负使其无法成为伟大的程序员。越是学会弥补自己的小脑袋，越可能成为一名更好的程序员。越谦卑，进步就越快。

许多良好的编程实践旨在减少大脑的负载。这里有几个例子。

- 分解系统的目的是使其更容易理解。详情可参见 5.2 节中的设计层级。
- 评审、检查和测试的目的是补偿预期的人为错误。这些评审技术起源于"无我编程" (Weinberg 1998)。如果从来没有犯过错误，就不需要检查自己的软件。但因为知道自己的智力有限，所以要借助于别人的智力来提高自己的智力水平。
- 保持日常活动常规化和简单化，可以减轻大脑的负担。
- 根据问题领域而不是底层的实现细节来编程，可以减少脑力劳动。
- 通过使用各种约定，可以将大脑从编程的繁琐细节中解放出来，尽管相应的回报很少。

有人可能认为，发展更好的心智能力难道不香吗？有了这个捷径，就不需要这些编程拐杖了。有人可能认为，使用脑力拐杖的程序员走的是一条并不平坦的道路。然而，经验表明，谦卑的程序员弥补了自己的错误，写的代码更容易让自己和他人理解，错误也更少。错误扎堆儿和进度延迟才是到处是坑的弯路。

33.3 好奇心

一旦承认自己的脑容量太小以至于无法充分理解大多数程序并且意识到有效编程才是想法补短，就意味着职业生涯规划和成长的开始。要想成为高级程序员，对技术主题的好奇心必须放在首位。相关技术信息不断变化。许多 Windows 程序员也从未用过 DOS、UNIX 或穿孔卡。技术环境的特定特性每五到十年变化一次。如果你对这些变化没有足够的好奇心，可能会发现自己是在老程序员的家里和霸王龙与雷龙姐妹一起玩纸牌游戏呢。

程序员忙于工作，经常都没有时间主动了解如何才能把工作做得更好。你也不例外。下面要描述一些具体的行动，你可以采取这些行动来培养和加强好奇心，并把学习放在首位。

关联参考　要想更全面地讨论过程在软件开发中的重要性，请参见第 34.2 节。

加深对开发过程的了解　越了解软件开发过程，无论是通过阅读还是通过对软件开发过程的观察，就越能理解变化，使团队朝着正确的方向发展。

如果分配给自己的工作只是些不能提高个人能力的短期任务，你完全可以表示不满。在竞争激烈的软件行业，目前工作中用到的知识中有一半会在三年后过时。不坚持学习，势必会落伍。

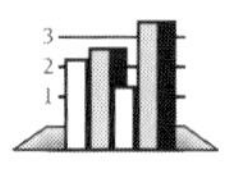

程序员其实很受欢迎，没有必要花时间讨好管理层而委屈自己去干不感兴趣的工作。尽管就业形势跌宕起伏，有些就业岗位转向国外，但从 2002 年到 2012 年，美国平均软件从业职位显著增长。系统分析师的职位数有望增长 60%，软件工程师增长 50%。将所有计算机岗位加在一起，能够将现有的 300 万个职位再增加 100 万个 (Hecker 2001, BLS 2004)。* 如果在工作中学不到什么东西，就找份新的工作吧。

译注
2020 年，全美雇主一共发布了 136 万个与计算机相关的空缺岗位 (数据来源于劳动力分析公司 Burning Glass Technoloqies)。

关联参考　实验的思路涉及编程的几个关键。详细信息请参见第 34.9 节。

试验　对编程和开发过程做试验，是学习编程的有效途径之一。如果不了解各种语言的某一特性是怎么回事，就写个小程序来检验，看看它是如何工作的。请在调试器中观察程序的执行情况。用个小程序来检验某一概念，总是胜于用不太了解的特性来写大程序。

如果小程序的执行与自己设想的不一样，怎么办？那正是接下来要研究的问题。最好通过小程序来找答案，不要用大程序。有效编程的关键之一就是学会迅速控制错误，并且每次都能有所收获。犯错不是罪过，从中学不到什么东西才是。

阅读解决问题的有关方法　解决问题是软件开发过程中的核心行

为。司马贺 (Herbert Simon)* 报告了关于人类解决问题的一系列实验，发现人们并不是总能自行找出解决问题的巧妙办法，即使这些方法很容易传授 (Simon 1996)。换句话说，就算是重新发明轮子，也不能保证能够成功，因为发明的轮子也许是方形的。

深入阅读　《突破思维的障碍》是一本讨论解题方式的伟大著作 (Adams 2001)。

译注
赫伯特·西蒙 (1916—2001)，著名学者、计算机科学家和心理学家，研究领域涉及多个方向。1975 年图灵奖得主，1978 年诺贝尔经济学奖得主。

在行动之前做分析和计划　分析和行动是一对矛盾综合体。有时，必须停止收集数据，马上采取行动。然而，大多数程序员的问题并不在于分析过度。钟摆现在距离行动还比较远，至少可以等它快到中央时再来操心，不要让自己过久停留在分析位置上。

学习成功项目的开发经验　学习编程，有个特别好的途径是研究高手写的程序。本特利 (Jon Bentley) 认为，坐下来，准备一杯白兰地，点上一根上好的雪茄，像看优秀小说那样来研读别人的代码。实际做起来可能不会这么惬意。大多数人都不会花休息时间来深究长达 500 页的源代码，但许多人喜欢研究高层设计，并选择性地研究某些地方的源代码。

软件工程要善于研究成败的先例。如果对建筑学感兴趣，可以研究沙利文 (Louis Sullivan)、赖特 (Frank Lloyd Wright) 和贝聿铭的设计图，参观他们设计的建筑物。* 如果对结构工程感兴趣，可以研究布鲁克林大桥和塔科马海峡大桥等混凝土、钢铁和木制建筑。可以学习行业中各种成败案例。

译注
沙利文 (1856—1924)，摩天大楼之父和现代主义之父，芝加哥学派的代表人物，其设计口号为“形式遵循功能”。

赖特 (1867—1959)，早年师从沙利文，“有机建筑哲学”的奠基人。代表作有“流水别墅”等。

贝聿铭 (1917—2019)，美华裔建筑师，1983 年普利兹奖得主，代表作有卢浮宫玻璃金字塔等。

库恩 (1922—1996)，物理学家、科学史学家和科学哲学家，代表作有《哥白尼革命》和《科学革命的结构》。

库恩 (Thomas Kuhn) 指出，凡是成熟的学科，都是从解决问题中发展起来的。这些问题不仅被作为本行业卓有成就的例子，而且还是继往开来的榜样 (Kuhn 1996)。软件工程刚刚能达到这种成熟程度。计算机科学和技术委员会 (Computer Science and Technology Board) 总结指出，软件工程行业鲜有可以用来研究的成败案例文献 (CSTB 1990)。

《ACM 通讯》有篇文章主张人们要研究别人的编程问题案例 (Linn and Clancy 1992)。这一主张的提出具有深远的意义。另外，最受欢迎的计算机专栏“编程珠玑 (Programming Pearls)”专门研究编程中出现的问题案例，也有启发性。《人月神话》因为讲的是 IBMOS/30 项目中的编程管理而成为软件工程行业最热门的书籍之一。

不管有没有关于编程案例研究的书，都应该找些高手写的代码来读。看看自己佩服的程序员写的代码，再看看自己不喜欢的程序员写的代码，比较差异，和自己的代码比一比，看看有什么差异？为什么会有差异？哪个更好？为什么？

不仅要读别人的代码，还要找专家指点一下自己的代码。找一些一流程序员来评论自己的代码，剔除其中的主观成分，注重解决切中要害的问题，从而改善编程质量。

阅读文档 程序员普遍都有文档恐惧症。计算机文档通常写得很差，组织结构也糟糕。尽管有这些问题，但只要克服阅读的恐惧，仍然可以从屏幕或纸质文档受益。文档中有很多好东西，值得花时间看。要是忽视其中显而易见的信息，会在新闻组和 BBS 上得到“RTFM!”(Read the !#*%*@ Manual!) 这样的缩略语，意思是“去读那该死的手册吧！”

现代编程语言一般都带有大量函数库，很有必要花时间去浏览一下说明。通常，提供产品的公司都生成有许多用得着的类，如果是这样，应确信自己了解这些类并隔两个月就翻翻文档。

阅读其他书籍和期刊 读书本身就值得称赞，尤其是你手上这本书。通过读书，很多人已经学到了比软件业中多数人都要多的知识，因为大多数程序员一年下来甚至一本书都看不完 (DeMarco and Lister 1999)。只要稍稍看一些书，就能使自己的专业知识又有精进。如果每两个月能看一本计算机好书，大约每周 35 页，过不了多久，肯定就能把稳行业的脉搏并脱颖而出。

关联参考 有关个人读书计划能用哪些书，请参见第 35.4 节。

与同业人士交往 和希望提升个人软件开发技能的人为伍。多参加交流会，加入某个用户群或者参加网上讨论。

向专业开发看齐 好的程序员总是不断寻求机会提高自己。下面是包括我公司在内的多家企业采用的职业发展阶梯。

深入阅读 有关程序员水平的其他讨论，请参见《软件开发的艺术》第 16 章。

- 1 级：入门

  新手会运用某语言的基本功能，能够写类、子程序、循环和条件语句，会使用语言的许多特性。
- 2 级：中级

  中级的程序员已经渡过入门期，能利用多种语言的基本功能，并会得心应手地至少使用一门语言。
- 3 级：熟练

  熟练级的程序员对语言或环境（或两者兼具）有着专业技能。这一级别的程序员也许精通 J2EE 的盘根错节，或者对 *Annotated C++ Reference Manual* 如数家珍。这些程序员是公司的“骨干”。很多程序员都无法超越这个级别。

- 4 级：技术带头人

  技术带头人具有了级的专业才学，并明白编程工作中只有 15% 用来和计算机交互，其余都是在与人打交道。程序员一般只花 30% 的时间单独工作，与计算机交互的时间则更少 (McCue 1978)。技术带头人会为人写代码，而非机器。真正高手写的代码，像水晶一样晶莹剔透，还配有文档。他们可不会浪费宝贵的脑力去重新组织用一句注释就能说清楚的某块代码的逻辑。

如果不注重可读性，再厉害的大神程序员通常也只能留在级别 3，但这并不常见。依据我的经验，有些人的代码之所以让人看不懂，主要还是因为代码质量太差，他们意识不到是自己的代码不好才导致其他人看不懂这些代码。”他们只是没有透彻了解自己写的代码而已，所以自然无法能让别人懂，使得自己受困于较低的级别。

我见过最糟糕的代码，写代码的人简直就是成心不想让任何人看懂。最后，上司威胁说要解雇她，如果她还不合作的话。她的代码没有注释，变量名尽是些 x、xx、xxx、xx1 和 xx2 什么的，而且都是全局变量。上司的老板却以为她是个高手，因为她能很快改正错误。其实，正是低劣的代码质量给了她大把的机会让她充分展现自己的纠错能力。

初学者或中级程序员也好，熟练级程序员（而非技术带头人）也罢，但如果明明知道如何改进却仍然一直徘徊于初级程序员或中级程序员阶段，就是人品问题了。

33.4 理性诚实

译注

2010 年，李录和张磊在分享投资理念的场合中，多次提到“理性诚实 (Intellectual Honesty，IH)”。有证据表明，以个人经历和积累的智慧来发现客观的事实和真相，是一种反射性的自我认知能力，不高估，也不低估自己。

编程生涯成熟的部分标志是养成一种“理性诚实”* 的品格。通常表现为以下几个方面：

- 如果还不是专家，就要拒绝假装自己很内行
- 闻过则喜
- 试图理解编译器警告，而不是视而不见
- 清楚地理解程序，而不是通过编译来查看它是否工作
- 提供真实的状态报告
- 提供切合实际的进度估计，并在管理层要求调整时立场坚定

清单上的前两项承认自己不知道什么，或者承认自己犯了错误，与前面讨论的智力谦卑主题相呼应。如果假装自己什么都懂，又怎么能学到新东西呢？最好假装什么都不知道。听别人解释，从他们那里

学习新东西，了解他们是否真的清楚所讨论的话题。

经常考量自己对某些问题的确定程度。如果总是感到毋庸置疑，那可是个不妙的信号。

“傻子都会为自己的失误辩护，大多数傻瓜确实也是这么做的。”
—卡耐基
(Dale Carnegie)

拒绝认错是个特别令人讨厌的习惯。如果莎莉拒绝承认错误，她显然认为不承认错误会让别人误认为她是对的。事实正好相反。每个人都知道她犯了错误。错误被认为是复杂的智力活动。人非圣贤，孰能无过呢？只要她不熟视无睹，没有人会揪住她的错不放的。

如果她拒绝认错，除了自欺欺人，就连别人也知道她是个不诚实的、傲慢的程序员。这个错误比犯一个简单的错误更严重。如果犯了错误，要迅速而果断地承认。

不理解编译器消息却假装理解，是另一个常见的盲点。如果不理解编译器警告，或者你认为自己懂，但因为太忙而无暇顾及，猜猜时间实际上会怎么浪费？最终，你可能为了解决问题而重新检查一遍，而编译器其实早就给出了解决方案。一些人向我求助过调试问题。我问他们编译有没有问题，他们回答说没有，接着便开始解释问题的症状。然后，我会说：“嗯。这听起来像是指针没有初始化，编译器应该有警告信息呀。”然后，他们会说：“哦，是的，它确实警告过。我们以为这指的是其他意思呢！”错误很难骗过别人，愚弄电脑更难，所以不要浪费时间做这样的蠢事。

如果不完全理解程序，只是编译，看它是否工作，就会出现一种相关的智力上的马虎。一个例子是运行程序，看看是否应该用 < 或 <=。在这种情况下，程序是否工作并不重要，因为你对它的理解并不充分，所以并不知道它为什么会工作。请记住，测试只能显示错误的存在，而不能显示错误的缺失。如果不理解这个程序，就不能彻底测试它。想要编译一个程序看看发生了什么，就是一个警告信号。这可能意味着需要回到设计阶段或者在确定知道自己在做什么之前就先写代码。在把程序交给编译器之前，务必，确保已经充分理解它。

“前 90% 的代码会占用前 90% 的开发时间。剩下的 10% 的代码会占用另外 90% 的开发时间。”
—卡吉尔 (Tom Cargill)

状态报告是一个令人反感的口是心非的地方。程序员常说，一个程序在项目的最后 50% 的时间当中一直处于完成了 90% 的状态。如果问题在于你感觉不到自己的进度，可以尝试加强对工作的了解。但如果问题是，因为你想取悦于管理层而并没有说出自己的想法，那就另当别论了。管理层通常希望了解项目状态的真实，即使并非他们想听到的。如果你的汇报经过深思熟虑，那么尽量冷静地私下说出来。管理部门需要有准确的信息来协调开发活动。充分配合前提。

与不准确状态报告相关的一个问题是不准确的估计。典型的场景是这样的：管理层要求伯特 (Bert)* 估计开发一个新的数据库产品需要多长时间。伯特和几个程序员交谈后估了一下，回来时说估计需要 8 个程序员 6 个月。经理说："那不是我们真正想要的。你能用更少的程序员在更短的时间内完成吗？"伯特走了，想了想，决定时间，他可以减少培训和休假，让每个人都加班。他回来说估计需要 6 个程序员 4 个月。经理说："太好了。这个项目的优先级相对较低，所以尽量按时完成，不要加班，因为预算有限，不允许加班。"

译注
这个名字代表聪明，最早来自德语、法语。

伯特的错误是没有意识到估算并没有商量的余地。他可以调一下，估算得更准一些，但与老板的协商并没有改变开发软件项目所需的时间。IBM 的韦默尔 (Bill Weimer) 说："我们发现，技术人员通常非常善于估计项目需求和进度。他们面临的问题是为自己的决定辩护，他们需要学习如何坚定立场 (Weimer in Metzger and Boddie 1996)。大山承诺在 4 个月内完成一个项目，而实际上是在 6 个月内完成，这不会比他承诺在 6 个月内完成更让经理高兴。他会因为妥协而失去信誉，他会因为坚持自己的估计而赢得尊重。

如果上司施压，要求改变估算，就应该明白要由他最终决定要不要做这个项目。可以这样说："瞧，项目费用就是这么多。我不能说这对公司是否值得，因为这得你说了算。但我可以告诉你开发软件需要多少时间，这是我的职责。我无法跟你商量项目要花多少时间，就像不能通过商量来确定一英里等于多少码一样，自然规律是没得商量余地的。不过，我们可以协商影响项目进度的其他方面，重新评估进度。我们可以少一些特性，降低性能，分阶段开发项目，少些人但时间延长一些，或者多些人手时间短些。"

我听过最让人惊恐的一次交流是一场关于软件项目管理的演讲。演讲者是某本畅销的软件项目管理书籍的作者。有位听众问："让你评估某项目，明知道给出准确估算也会让上司觉得成本太高，你会怎么办？"演讲者回答："那得要点小聪明，必须先把成本估低一些，让上司先投入项目。"他说，"一旦对项目有投入，就得不断追加投入直到项目结束。"

这简直是大错特错！管理者负责整个公司的运营。如果某个软件给公司带来 25 万元的价值，而你估计需要 75 万元，说明公司就不该开发此软件。管理者有责任做出这样的决定。这位演讲人提议隐瞒项目成本，告诉管理者需要的成本比实际少，他是在损害管理者的权威。如果你对某项目感兴趣，或者将为公司带来突破，或者能提供有价值的锻炼，就应该把这些想法说出来，让管理者权衡这些因素。但哄着上司做出错误的决定，会使公司蒙受损失。如果因此而丢了饭碗，那纯粹是活该。

33.5 沟通与合作

真正优秀的程序员知道怎样与其他队友愉快地工作和娱乐。代码要容易看懂，这是对团队成员的要求之一。计算机可能和别人一样频繁读你的代码，但是它读质量差的代码可比我们人强多了。作为一项可读性原则，应该首先考虑修改代码的人。编程首先要与人交流，然后才是与计算机交流。

33.6 创造力与规范

很难向刚毕业的计算机专业的学生解释为什么需要规范和工程纪律。在我读本科的时候，我写过最长大约有 500 行可执行代码的程序。作为一名专业人员，我也写过几十个小于 500 行的实用程序，但一般项目的平均长度为 5 000 到 25 000 行，我还参与过代码超过 50 万行的项目。这类工作不只是规模大，还需要一套全新的技能。

“当我走出校门的那一刻，我认为自己是世界上最好的程序员。我可以用五种不同的计算机语言写出一个无与伦比的三连棋游戏，然后还能写长达 1 000 行的可用程序 (真的，没有吹牛 !)。后来，我进入了现实世界。我的第一个任务是阅读和理解一个有 20 万行代码的 Fortran 程序，然后将其速度提高到原来的两倍。任何一个真正的程序员都会告诉你，世界上所有的结构化代码都不能帮助你解决这样的问题，它需要你有天分。”
—波斯特 (Ed Post)

一些有创造力的程序员认为，标准和规范的约束会扼杀自己的创造力。事实正好相反。你能想象一个网站上每个页面使用不同的字体、颜色、文本对齐、图形样式和导航线索吗？是混乱，而不是有创新。没有大型项目的标准和约定，项目完成都有困难，更谈不上什么创新了。不要把创造力浪费在无关紧要的事情上，在非关键领域建立规范，把创造力集中在重要的地方。

麦加利和帕杰斯基回顾了他们在美国宇航局 (NASA) 软件工程实验室工作的 15 年，认为规范性的方法和工具非常有效 (McGarry and Pajerski 1990)。许多非常有创造力的人都很遵守 (规范) 纪律，正如俗话所说“形式即解放”(Form is liberating)。建筑大师总是在材料物理性能、时间和成本的可承受范围内工作，艺术大师同样如此。看过达 • 芬奇作品的人，都钦佩他是个细节控；米开朗琪罗设计西斯廷教堂的穹

编注
在《游戏项目管理与敏捷方法》一书中，提到了米开朗琪罗与西斯廷教堂的故事。

顶时，将其划分为各种对称的几何形状，如三角形、圆形和正方形。他将容顶分成三个区域，对应于柏拉图哲学的三个阶段。如果没有个人的结构和约束意识，三百多个人物的排列将混乱不堪，不可能成为内涵丰富的艺术瑰宝。

精致的程序作品也需要许多约束。如果编程之前不分析需求，也不设计，就会发现要了解许多东西之后才能下手写代码。工作成果与其说是作品，还不如说是小儿涂鸦似的作业。

33.7 懒惰

懒惰表现在以下几个方面：

- 不喜欢的任务尽可能往后拖；
- 快速完成不喜欢的任务，以便尽早脱身；
- 写一个工具来完成不喜欢的任务，以免下次还要做这样的事情。

“懒惰：一种品质，促使你尽最大的努力从整体上减少自己的精力消耗。在这种品质的驱动下，你可以写出既能节省自己体力同时别人又觉得有用的程序。在这种品质的驱动下，你会为程序写好文档，以便自己不需要回答别人因为不理解程序而提出的很多问题。”
—沃尔（Larry Wall，Perl 语言之父）

有些懒惰表现形式较好。前面第一种表现没有任何好处。你可能有过这样的经历：为了不必做一些琐事，可能宁愿花上几个钟头做一些其实不必做的工作。“我讨厌输入数据，而很多程序需要一些数据输入。大家知道我在某个程序上已经拖延了好几天，仅仅是因为不想手工输入几页数字。”这样的习惯叫“实在懒”。编译某个类，看看是否工作，省得自己动脑筋，这显然也是偷懒的表现。

琐事并不像看上去那样麻烦。如果养成立即做完的习惯，就能避免这种偷懒，成为第二种形式的懒“开明懒”。尽管仍然是偷懒，但毕竟是用最少时间完成不喜欢的事情，最后还是解决了问题。

第三种形式是写一些工具来完成烦人的事情。这是“一劳永逸的懒”。这无疑是最具产值的偷懒形式（如果这个工具最终节省了时间）。由此可以看到，某种程度的懒惰还是有好处的。

在不戴着有色眼镜看问题时，就可以看到懒惰的另一面。拼（或者说勤奋与苦干）并非自带光环，而是一种徒劳、大可不必的努力。只能说明你心急，并不是工作效率高。人们很容易混淆行动和进展，混淆忙碌与多产。有效编程中最重要的工作是思考。而人在陷入思考时，通常不会看上去很忙。如果和我共事的程序员总是忙个不停，我会认为他不是个优秀的程序员，因为他没有在用自己最有价值的工具“大脑”。

33.8 没有想象中那么重要的性格因素

拼或者说勤奋，并不是在生活中其他方面备受推崇而在软件开发中失灵的惟一性格因素。

坚持

根据环境的不同，坚持可能带来财富，也可能造成负担。和大多数中性词一样，根据意图而有不同的意思。如果想表达贬义，可以说固执己见或顽固不化。如果想表达褒义，可以说有毅力或有恒心。

大多数时候，软件开发中的坚持其实就是没有什么好处的固执。在某段新代码上卡壳时，坚持很难让人称道。不妨另辟蹊径，尝试重新设计类，或者绕过去，以后回头再试。当一种方法行不通时，正好可以试着换换其他方法 (Pirsig 1974)。

关联参考 要想进一步调试中的坚持问题，请参见第 23.2 节。

调试时，花 4 个小时干掉一个错误肯定让人很有成就感，但通常情况下，最好是只要有一段时间没有进展，比如说 15 分钟，就该放弃，让潜意识来发挥作用。想个其他法子把问题绕开；从头写有问题的代码段；理清思绪后再做。和计算机错误斗气是不明智的，更好的办法是避开它们，惹不起，还不能躲不起吗！

知道何时应该放弃，很难。但这是必须的。遇到挫折，就该面对。并不是说这时就该放弃，而是要为目前的行为设置底牌：要是 30 分钟都还不能解决问题，不妨花 10 分钟想想其他办法，再花一个钟头尝试其中最可行的办法。

经验

与其他行业相比，软件开发行业的经验比书本知识的价值要小得多，原因有几个。在其他许多行业，基础知识变化得很慢。即便比你晚十年时间毕业的人，所学的基础知识还和你那时学的一模一样。而软件开发，即使基础知识也变化很快，比你晚十年毕业的人，所学的有效编程技术在数量上可能是你的两倍。一些老程序员往往被看成另类，不仅是因为从未接触过某项专项技术，还因为他们没有用过自己毕业之后才出名的基本编程概念。

在其他行业，每天工作积累的经验可能有助于日后的工作。在软件行业，如果不改掉使用先前编程语言时的思维模式，或者不放弃在旧机器上能用的代码性能优化技术，经验反而是一种负担，还不如没有。很多软件开发人员会花时间应付上一次战争，却从不花时间准备下一次战争。如果不能与时俱进，经验不但没有任何帮助，反而是个累赘。

抛开软件开发变化太快不谈，人们还常常凭经验得出错误的结论。要客观评价自己的人生很难。有意忽略掉经验中的一些关键因素，往往可能得出迥然不同的结论。最好读读其他程序员的研究材料，因为这些材料展示了其他人的经验，都经过充分的提炼，可以进行客观检验。

人们还荒唐地强调程序员需有多少经验，“我们需要有五年以上 C 语言编程经验的程序员”就是一个愚蠢的说法。如果程序员前一两年都还没有学好 C 语言，那么再加三年有意义吗？这种经验和工作效能并没有太大关系。

程序开发的信息更新快，导致经验也跟着迅速变化。在很多行业，有成就的专家可以度假、休息，尽享成功所带来的荣誉。然而在软件开发行业，任何人一旦放松，就很快会跟不上形势。为了使自己仍然有用，必须紧跟潮流。对求知欲强的年轻程序员来说，这是他们的优势。老程序员常常自认为有资历，所以讨厌年复一年地证明自己的能力。

最后一个问题是，如果工作 10 年，得到的是 10 年的经验还是 1 年经验的 10 次重复？只有时时刻刻如履薄冰，保持内省，才能获得真正的经验。只有坚持不懈地学习，才能获得经验。如果不这样，就不能获得经验，无论工作年限有多长。

“如果还没有对某个程序花至少一个月的时间，一天工作 16 小时，其他 8 小时也睡得不安稳，老是梦到它，为解决最后的问题连着熬几夜，就算不上编过真正复杂的程序，也感受不到编程带来的激情。”

—尤登 (Edward Yourdon)

编程狂人

这种编程行为简直是胡闹，几乎注定会失败。通宵达旦“肝”代码让人感觉自己俨然是世上最好的程序员。殊不知，接下来却要花几个星期纠正由此而留下的坑。可以热爱编程，但热情代替不了扎实而熟练的基本功。采取行动之前，先分清楚重点。

33.9 习惯

好的习惯很重要，因为程序员做的大部分事情都是无意识下完成的。例如，想过如何格式化缩进的循环体，但现在写新的循环体时，就不再去想了，而是以习惯的方式做。程序格式的方方面面，几乎都是如此。上次质疑编排风格是什么时候？如果有五年编程经验，最后一次提出这个问题可能是在四年半之前，其余时间都是按习惯来。

"我们的精神品德既非与生俱来，也非逆于天性……其发展归因于习惯……我们要学的任何东西都是在实际做的过程中学到的……如果房子建得好，就能成为好的建设者；反之不然……所以，小时候养成好习惯很重要，它会造成天壤之别，或者说就是世上所有差异之源。"
—亚里士多德

关联参考　要想进一步了解赋值语句中的错误，请参见第 22.4 节。

人在很多方面都有习惯性行为表现。程序员习惯于仔细检查循环下标，却不留意赋值语句，以至于赋值语句中的错误比循环下标中的更难发现 (Gould 1975)。对待别人的批评，总是习惯于以友好或不友好的方式回应。总是或 (从不) 想办法让程序更易读或更快。如果经常要在速度和易读性之间做出选择，很多决定也总是一样。实际上，你并不是在选择，而是习惯性地做出反应而已。

我们要学习源于亚里士多德精神版本的编程品德。他指出，人们并非天生好或糟。类似的是，设定的道路使人成为或好或糟的程序员。做得好与糟主要看行为。建筑师要通过建筑，程序员则要通过编程。行为养成习惯，习惯成自然，年复日久，这些好 (坏) 习惯就决定了你是怎样的程序员。

比尔•盖茨说，任何出色的程序员在入行的前几年就能够做得很好，从那以后，就定型了 (Lammers 1986)。在实际动手编程颇有一些年头后，很难突然来一句："怎么才能使这个循环更快些呢？"或者"如何让这段程序更容易理解呢？"这些都是优秀程序员在早期养成的习惯。

刚开始学的时候，要守，用正确的方法来学。因为刚开始做事情的时候，很多人还会积极思考，并能轻松决定做好做坏。干了一段时间之后，就会习以为常，习惯的力量开始起作用。请确保这些习惯是自己希望养成的。

如果没有养成最有效的习惯，怎么办？如何改掉坏习惯？如果有明确的答案，我就能在晚间电视节目上兜售自助励志类录像带了。不过，我有少许答案，即不能用没有习惯来代替坏习惯，这是人们骤然停止抽烟、停止咒骂或停止多食时会感到很难受的原因，除非有替代方法，如嚼口香糖。以新习惯代替老习惯，比干脆戒除老习惯容易。至于编程，试着养成有用的新习惯。举个例子，要开始习惯于先以伪代码写类再改为实用代码以及编译前认真检查代码。不必为改掉坏习惯而多虑，有了新的习惯，老的坏习惯自然会消失。

更多资源

关于软件开发的人为因素，还有更多资源可以参考。

Dijkstra, Edsger. "The Humble Programmer." *Communications of the*

ACM 15, no. 10 (October 1972): 859–66. 这篇经典演讲帮助我们开始探究计算机编程在多大程度上依赖于程序员的心智能力。作者一直强调，编程的基本任务是掌握计算机科学的巨大复杂性。他认为，编程是惟一要求掌握最底层到最高层共 9 个数量级上细节差异的人类活动。单就其历史价值而言，这篇文章读起来会很有趣，而且几十年后，其中许多主题听起来仍然很新鲜。它也很好地展现了计算机科学领域早期程序员的一些情况。

Weinberg, Gerald M. *The Psychology of Computer Programming: Silver Anniversary Edition*. New York, NY: Dorset House, 1998. 这本经典著作包含对无我编程的思想和计算机编程中人性的许多方面的详细阐述。它包含许多有趣的轶事，是迄今为止关于软件开发最容易读的书之一。中译本《程序开发心理学》

Pirsig, Robert M. *Zen and the Art of Motorcycle Maintenance: An Inquiry into Values*. William Morrow, 1974. Pirsig 借摩托车维修，提供了一个关于质量的扩展讨论。在写作这本书时，Pirsig 是一名软件技术作家，他富有洞察力的评论不仅适用于摩托车维护，也适用于软件项目的心理学。中译本《禅与摩托车维修艺术》

Curtis, Bill, ed. *Tutorial: Human Factors in Software Development*. Los Angeles, CA: IEEE Computer Society Press, 1985. 这是一本优秀的论文集，论述了创建计算机程序的人的因素。书中 45 篇论文分为编程知识的心理模型、编程学习、问题解决和设计、设计表示的效果、语言特征、错误诊断和方法论。如果编程是人类所面临的最困难的智力挑战之一，那么进一步了解人类的智力能力对这项努力的成功就至关重要。这些关于心理因素的论文也能帮助调整心态，了解个人如何更有效地编程。

McConnell, Steve. *Professional Software Development*. Boston, MA: Addison-Wesley, 2004. 第 7 章详细讨论了程序员的个人性格及其作用。中译本《软件开发的艺术》

要点回顾

- 人的个人性格对其编程能力有直接的影响。
- 关系最大的性格是谦逊、好奇心、理性诚实、创造力和自律以及高明的懒惰。
- 优秀程序员的性格与天赋无关，而是与主动参与个人发展有关。

- 出乎意料的是，小聪明、经验、坚持和疯狂是双刃剑，既有利也有害。
- 很多程序员不愿意主动吸收新技术和知识，只靠工作时偶尔接触新信息。如果能抽出少量时间阅读和学习编程知识，要不了多久，就能鹤立鸡群。
- 优秀品格与培养正确的习惯关系很大。要想成为一名优秀的程序员，先养成良好的习惯，之后，其他的自然水到渠成。

读书心得

1. ______________________________
2. ______________________________
3. ______________________________
4. ______________________________
5. ______________________________

第 34 章

关于软件匠艺

内容

相关主题

- 本书全部内容

本书着重讲述软件构建的细节：高质量的类、变量命名、循环、源码布局以及系统集成等等，没有过多涉及抽象的内容，目的在于只突出更具体的内容。

掌握本书前面的具体内容之后，要想理解抽象概念，只需要从各章节中挑出相关的主题并搞清楚它们之间的关联即可。本章是这些抽象主题的具体化：复杂性、抽象、过程、可读性及迭代等。这些主题在很大程度上解释了黑客技术和软件匠艺的不同。

34.1 征服复杂性

译注
在 1956 年，认知心理学家米勒 (George Miller) 发表了该领域内被引用最广的论文“神奇的数字 7±2”，基于对短时记忆能力进行的定量研究得出结论，尽管大脑可以存储我们人一生中所学到的知识，但短期记忆的储存能力平均约为 7±2 个信息块。

降低复杂度是软件开发的核心，正如第 5 章所描述的管理复杂性是软件的首要技术要求。尽管大家都试图成为英雄，在各个层面处理计算机科学问题，但没有一个人的大脑真正能够跨越 9 个数量级的细节。* 计算机科学和软件工程已经发展了很多智能工具来处理这种复杂性，本书中谈到的其他话题涉及其中一些内容。

- 在架构层面把一个系统分解成若干个子系统，以便一次只聚焦于系统的一小部分。

关联参考　要想进一步了解征服复杂性态度的重要性，请参见第 33.2 节。

- 精心定义类的接口，以便能够忽略类的内部工作机制。
- 类的接口保持抽象，以便无需记住所有细节。
- 避免使用全局变量，因为全局变量会显著增加你需要兼顾的代码。
- 避免深层次的继承，因为这需要耗费大量的精力。
- 避免循环和条件的深度嵌套，因为其实它们能被更简单的控制结构所替代，让我们少费些脑细胞。
- 避免使用 goto 语句，因为它们引入了非顺序执行，大多数人都看不懂。
- 小心定义错误处理的方法，不要滥用不同的错误处理技术。
- 系统地使用内置的异常机制。因为一旦使用不当，会同 goto 语句一样引入非顺序执行，让人看不懂。
- 不要让类过度膨胀，以至于占据整个程序。
- 保持程序短小。
- 变量命名要清楚直观，不需要浪费脑力去记住大量的细节，比如“i 表示账户的下标、j 表示客户的下标或者它们的表示刚好相反？”
- 尽可能减少参数的数量，或者更重要的是，只传递足以保持程序抽象的参数。
- 使用规范来避免大脑去记忆代码不同部分之间随意、偶然的差异。
- 一般来说，尽可能避免第 5 章所描述的偶然性难题。

“我想对认真的程序员说一句，花一部分工作时间去检查和优化方法。尽管程序员总是拼命追赶进度，但方法的抽象才是明智的长远投资。”
—弗洛伊德 (Robert W. Floyd)

如果将一个复杂的测试放入布尔函数并且抽象其意图，可以降低代码的复杂度。用表查找替换复杂的逻辑链时，也能使代码的复杂度降低。创建一个定义明确的、一致的类接口，就可以不用考虑类的实现细节，大大简化开发工作。

选择使用编码规范，主要也是为了降低复杂度。使用规范化的格式、循环、变量命名和建模符号等，能让我们的精力主要集中于处理程序问题最有挑战的部分。编码规范引发争议的一个原因是有人觉得它限制了审美的选择，同时也是专制的。人们总是为编码规范一些细小差异而争论不休。编码规范最有用的地方是避免做出随意的决定，并免受为之辩解所带来的麻烦。但如果滥用于更有意义的领域，它们的价值会降低。

至于复杂性的管理，各种形式的抽象也是特别强大的工具。通过增加程序组件的抽象性，编程领域已经取得了巨大的进步。布鲁克斯指出，计算机科学领域最大的进步是从机器语言跃进到了高级语言，这极大地解放了开发人员，让他们不再操心任何一个硬件的细节，而是专注于编程 (Brook 1995)。程序则是另外一个巨大的进步，紧接着是类和程序包。

以功能来命名变量，可以清楚说明问题是“什么”，而不是问题“怎么”实现，可以提升抽象级别。如果你说“好的，我正在弹出堆栈，意思是我正在获取最新的雇员信息”，那么抽象能帮助你省略“我正在弹出堆栈”的步骤，简单说“我正在获取最新的员工信息”就可以了。这是个很小的进步，但如果想要降到 1 到 10^9 这么大范围的复杂度，每一步都很重要。使用命名常量而不是文本常量也能提升抽象级别。面向对象编程提供了同时应用于算法和数据的抽象级别，单靠功能分解本身是做不到这一点的。

综上所述，软件设计和构建的主要目标是征服复杂性。许多编程实践背后的动机是降低程序的复杂性，而降低复杂性也是衡量高效率程序员最重要的依据。

34.2 优选开发过程

关联参考　关于保持需求稳定的详情可参见 3.4 节。关于开发方法的多种形式，请参见 3.2 节。

本书的第二个主要观点是，软件开发过程的选用非常重要。一个小的项目，开发人员的个人能力对软件质量的影响最大。促成个人开发取得成功的部分原因是选对了流程。

对于多个程序员参与的项目，组织因素的影响大于个人技能的影响。即使拥有很棒的团队，团队整体的能力也不等于单个团队成员能力之和。多人一起工作的方式决定着团队的能力是 1+1>2 还是 1+1<2。

关于开发过程的重要性，一个例子是看设计和编码前需求还不稳定所造成的后果。如果不知道正在构建什么，就不能为其做出卓越的设计。如果在开发过程中需求和设计发生了变更，必然涉及代码的修改，这样会产生系统质量降低的风险。

“没错，”你会说，“但在现实世界中，需求并不会真正稳定下来。”不过，开发过程决定着需求的稳定程度及其需要有多稳定。如果想需求更加灵活，可以使用增量开发的方法 (即分多个增量逐步) 交付软件，而不是一次性交付。这个过程需要关注，过程将最终决定项目的成败。第 3.1 节的表 3-1 清楚表明，需求出错的成本远远高于构建出错的成本，因此，关注过程也将影响成本和进度。

有意关注过程这一原则同样适用于设计。盖房子之前，必须打牢地基。如果基础不牢就匆忙上手写代码，会导致对系统架构的基础修改变得异常困难。人们之所以关注设计，是因为他们已经为设计写了代码。一旦开始建房子，就很难废掉不稳的地基重新再来。

软件开发过程很重要的主要原因是内建质量必须从头做起。这与我们通常的做法相反，以往，我们是先完成代码，然后再通过测试去除软件的错误。这种做法是完全错误的。测试只会指出软件有缺陷，并不会使程序更有用、更快、更小、更有可读性或更具扩展性。

相关链接 关于迭代的详细信息，请参看第 34.8 节。

过早优化是另一种过程错误。在有效的开发过程中，可以一开始只做粗略的调整，后期再做精细的调整，就好比雕塑家在精雕细琢之前会先雕出一个大概。过早优化是浪费时间，因为你会花时间去打磨那些不需要打磨的代码。你也许会打磨本来就已经足够小和足够快的代码，你打磨的也许是那些日后会被扔掉的代码，你也许并不想扔掉那些已经花时间打磨过的烂代码。

底层的过程也很重要。如果遵循先写伪代码后填充代码的过程，就能受益于自上而下的设计方式。还要保证在写代码的时候添加注释，而不是之后再添加。

关注大的过程和小的过程意味着停下来关注软件构建方式。这是值得花时间的。有人说："代码才是最重要的，所以必须将注意力集中于如何写好代码，而不是抽象的过程。"这简直是鼠目寸光，而且还忽略了大量与之相悖的试验和实践证据。软件开发是一个创造性的活动。如果不理解创造性的过程，将无法充分利用构建软件的主要工具——大脑。糟糕的过程只会浪费脑力，好的过程则可以将脑力充分发挥到极致。

34.3 编写程序时，先考虑人，再考虑机器

> "**你的程序**（名词）就像迷宫一样让人摸不着头脑，到处充斥着各种花招和无关的注释。**对比我的程序**。
>
> **我的程序**（名词）就像一颗完美的宝石，既在紧凑和高效编码之间取得了绝妙的平衡，又有充分清晰的注释。**对比你的程序**。"
>
> —凯利 - 布特尔 (Stan Kelly-Bootle)

贯穿于本书始终的另一个主题是强调代码的可读性。加强沟通是"自解释代码"背后的动机。

计算机不在乎代码是否可读。它更擅长读二进制机器指令，而不是高级语言代码。写可读的代码时，因为它能帮助其他人读懂你的代码。可读性在以下几个方面都有积极的影响：

- 可理解性
- 可审查性
- 错误率
- 调试
- 可修改性
- 开发时间，上述因素综合的结果
- 外部质量，上述因素综合的结果

写可读性强的代码所花的时间并不见得比写令人疑惑的代码更长，至少运行时不会。如果能写出易读的代码，那么也很容易保证它的运行，这也是写可读代码的重要原因。而且，代码在审查时有人读；在自己或别人修改错误时，也有人读；在修改代码时，也有人读；在别人试图在类似程序中使用的部分代码时，也有人读。

“在编程的早些年，程序只是程序员的个人财产。未经许可，不能看别人写的代码，就像不能看别人写的情书一样。本质上，程序就是程序员写给硬件的情书，尽是一些只有伴侣才懂的亲密细节。因此，程序变得充满了昵称和口语化表达，只有热恋中的情侣才能看懂，仿佛宇宙中就只有他们俩。这样的程序对外界来说简直是天书。”
—麦卡锡 (Michael Marcathy)

让代码可读并不是开发过程中的可选项，只考虑节省写代码的时间而不管读代码的时间，并不经济。应该花时间一次性写出好代码，而不是花时间一遍又一遍地读烂代码。

“如果我只是为自己写代码呢？为什么也要强调可读性？”因为一两周之后你正在写其他的程序，想想：“嘿！我上星期写过这个类。只需要加入我之前测试和调试过的老代码就行了，这样可以节约时间！”如果代码不容易读，那只能祝你好运！

就因为是自个儿一个人的项目而不在意代码的可读性，是非常危险的。你妈妈是不是常说：“你咋老是那种僵着的表情呢？”你老爸会随声附和：“习惯成自然呗！”习惯影响着所有工作，让你做不到收放自如，因此，要确保一开始就养成良好的习惯。专业程序员写的代码总是很容易理解的。

还要注意，“某段代码专属于你”是有争议的。康默尔 (Douglas Comer)* 对私有和公有程序进行了一个有用的区分 (Comer 1981)：“私有程序”是程序员自己用的，别人用不到，也不会修改，甚至不知道这个程序的存在。它们通常都不重要，也是很罕见的例外。“公有程序”是除作者外的其他人也会使用和修改的程序。

译注
美国普渡大学计算机科学教授，参与过 TCP/IP 的网络研究项目。

私有程序和公有程序各有各的标准。私有程序可以写得很乱，充满了各种限制，这些限制只影响作者，不影响其他人。公有程序必须用心写：它们的限制会被记录，它们应该可靠、可修改。当心！私有程序经常会变成公有程序而需要进行转换，其中部分工作就是提升可读性。

尽管你认为自己的代码只给自己读，但现实情况是其他人也很有可能需要修改你的代码。有项研究表明，一段程序在重写之前平均会经过 10 代负责维护的程序员的修改 (Thomas 1984)。负责维护的程序员要花 50%~60% 的时间去理解程序，如果在代码中加入注释，他们会非常感激你的 (Parikh and Zvegintzov 1983)。

本书前面一些章节提到有一些技术可以提高可读性：好的类、程序和变量命名；精心的布局；短小的程序；将复杂的布尔测试隐藏在布尔函数中；将中间结果赋值给变量，让复杂的计算更清晰，等等。任何单一的技术对代码可读性的改善都是微不足道的，但如果将这些小小的可读性改善累加起来，会使程序焕然一新。

如果你还是坚持认为反正没有人读自己的代码而不必关注代码的可读性，请确保自己没有本末倒置。

34.4 深入语言去编程，而不是用语言来编程

不要将编程的想象力局限于语言自动支持的范围。一流的程序员会深度思考自己的目标，然后评估如何利用手头的编程工具来达成目标。

如果某个类的成员程序与类的抽象不一致，你会为了图省事而用它，甘愿舍弃更一致的程序么？编程时，应该尽可能保留类的接口所表示的抽象编程方式。不能因为语言支持使用全局数据或 goto 语句就用它们。可以选择不使用这些危险的编程能力，而是用编程规范去弥补这些语言的弱点。使用最显而易见的方式进行编程，不只限于会使用一种语言，而要深入研究。这等于说是“如果弗雷迪从桥上跳下，你也会从桥上跳下吗？”思考自己的技术目标，然后再决定怎样深入使用编程语言用最好的方式实现这些目标。

编程语言不支持断言？那就自己动手写 assert() 程序。它也许和内建的 assert() 不完全一致，但你仍然可以获得 assert() 程序的大部分好处自己动手实现程序。语言不支持枚举类型或者命名常量？没关系，可以用全局变量来定义自己的枚举类型和命名常量，只要有清晰的命名规范。

在极端情况下，特别是在新技术环境中，工具也许很原始，以至于你不得不对自己想要的编程方式做重大的改变。这时，使用的语言很难让你如愿采用所期望的编程方式，所以只能在期望很丰满和现实很骨感之间找到平衡。但在这种情况下，可以从编程规范中获得更多

的好处，避开最危险的情况。更常见的是，想要做的和工具稳定支持的差距并不大，只需要稍微妥协一下。

34.5 借助于规范来保持专注

关联参考　关于规范用于程序布局的价值分析，请参见第 31.1 节。

规范是用于管理复杂性的知识工具。前面的章节谈论过特定的规范。这一节会用很多案例来展示规范的好处。

编程的许多细节是有些随意的。循环体中需要缩进多少个空格？怎样设置注释的格式？如何排列类的顺序？这里的大多数问题都有很多正确答案。关于这些问题，每次回答的内容要一致，这比具体回答问题的方式更重要。规范能帮助程序员避免一遍又一遍回答同样问题所造成的麻烦，避免随意做决定。在多人协作的项目中，使用规范能避免不同程序员做出不同随意决定所带来的混乱。

规范应该精确传达重要的信息。在命名规范中，单个字符就能区分局部变量、类变量和全局变量；使用大写就能精确区分类型、命名常量和变量。缩进规范能精确展示程序的逻辑结构。对齐规范能精确说明不同语句之间的关系。

规范能避免各种已知的危险。可以通过建立禁止危险实践使用的规范来说明限制在需要的时候使用它们或者规避已知的危险。例如，禁止使用全局变量或者禁止一行写多个语句这类的危险实践。另外，可以要求对复杂表达式加括号或者在指针删除后立即置为空，以免出现空指针，这些规范都可以防范可能的危险。

对低层次的任务来说，规范增加了可预测性。对处理内存请求、错误处理、输入 / 输出和类接口进行规范，能为代码带来有意义的结构，使其他程序员更容易理解，只要他们知道你的规范。正如前面的章节所提到的，消除使用全局数据，一个最大的收益是可以避免在不同类和子系统之间进行潜在的交互。对读程序的人来说，可以大致清楚局部和类数据的功能，但并不清楚改了全局数据时对子系统所造成的破坏。全局数据增加了读程序时的不确定性。有了好的规范，你和读者就能有更好的默契。需要理解细节的地方就会减少，继而加深了对程序的理解。

规范能弥补语言的不足之处。对不支持命名变量的语言（如 Python 和 UNIX shell 脚本等），规范能区分用于读 / 写的变量和用于只读的常量。限制全局数据和指针使用的规范是弥补语言不足的另一个范例。

在做大的项目时，程序员有时会过度使用规范。他们建立了许许多多的标准和指导原则，这些规范需要花大量的时间去记忆。做小的项目时，程序员往往又做得不够到位，意识不到精心设计的规范有多么好。需要理解规范真正的价值以及如何充分利用规范，要在需要的地方使用。

34.6 面向问题域编程

另一种处理复杂性的特殊方式是在尽可能高的抽象层次工作。在高层抽象工作的一种方式是面向问题域的编程而不是面向计算机科学的解决方案。

顶层代码不要充斥着涉及文件、堆栈、队列、数组和字符的细节，程序员总不至于想不出比 i、j、k 更好的名字。顶层代码要描述希望解决的问题。它应该包含带有描述性的类名以及能清楚说明程序用途的程序调用，而不应该充斥着“文件以只读方式打开”这类的细节。顶层代码不应该包含诸如“变量 i 在这里表示雇员文件中记录的索引，之后在那里用于客户账户文件的索引”之类的细节。

那是一种很笨拙的编程方法。在程序的顶层，不需要知道雇员的数据是以记录形式访问还是以文件形式存储。这个层次的细节信息应该隐藏。在更高的层次，不需要知道数据是如何存储的，也不需要用注释来说明 i 是什么及其如何使用。而应该看到针对两个不同目的的变量名，例如“employeeIndex”和“clientIndex”。

将程序划分为不同的抽象层次

显然，必须得在某些层次上按照实现层面的概念去工作，但可以隔离出工作在实现层面的程序部分和工作在问题领域的部分。如果是在设计程序，请考虑抽象的层次，如图 34-1 所示。

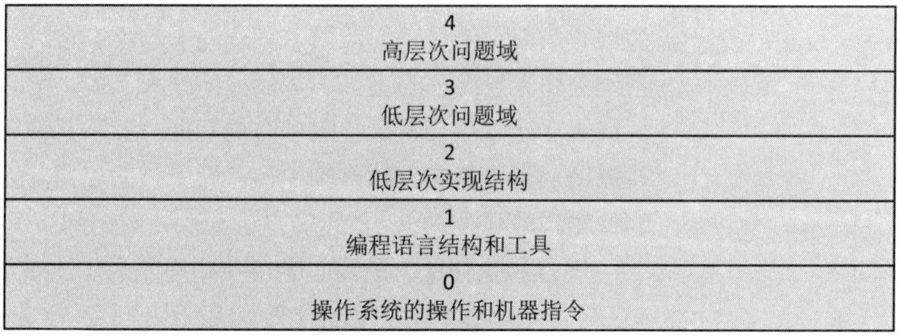

4 高层次问题域
3 低层次问题域
2 低层次实现结构
1 编程语言结构和工具
0 操作系统的操作和机器指令

图 34-1 把程序分成不同的抽象层次。好的设计要求花更多的时间专注力于较高的层次并且忽略低层次

0 层：操作系统的操作和机器指令

如果用的是高级语言，不需要担心最底层的问题，因为语言会自动处理。如果用的是低级语言，则需要创建更高层次的抽象。然而，很多程序员并不这么做。

1 层：编程语言结构和工具

编程语言结构即语言的基本数据类型和控制结构等。大多数常用的语言还提供一些额外的库和对操作系统调用的访问等。使用这些结构和工具是很自然的，因为没有它们，无法编程。很多程序员不在这个层次工作，以至于生活得很累，其实完全不必如此。

2 层：低层次实现结构

低层次实现结构比语言本身提供的结构稍高一些。它们通常是大学算法和数据类型课程中所学的操作和数据类型：栈、队列、链表、树、索引文件、顺序文件、排序算法和搜索算法等。如果程序由这个层次的代码组成，则需要处理很多细节才能征服复杂性。

3 层：低层次问题域

在这个层次，与问题域相关的原语可用。它是底层计算机科学结构和顶层高层次问题域代码之间的黏合层。为了在这个层次写代码，需要搞清楚问题域的词汇表，并创建出用于解决问题的基本部件。在许多应用里，这个层次是业务对象层或者服务层。在这个层次的类提供词汇表和构造块。这个层次的类也许最基本，它们无法直接解决问题，但它们提供了一个框架使得更高层次的类能用它们来构建问题的解决方案。

4 层：高层次问题域

这个层次提供根据问题域的术语处理问题的抽象能力。该层次的代码在某种程度上能被其他人读懂，这些人可能是非计算机科学专业的人，甚至不懂技术的客户。该层次的代码不依赖于编程语言的具体特性，因为你会自己动手做一套构建工具来解决问题。因此，该层次的代码更多依赖于在 3 层构建的工具而不是所用的编程语言的能力。

实现细节应该隐藏在其下两层“计算机科学结构层”，以免硬件和操作系统的变更影响到这一层。在该层次的程序体现了用户对世界的看法，因为它会随着用户视角的变化而变化。问题域的变化会对这一层次有很大的影响,但应该很容易通过下层写的问题域构建块来应对。

除了这些概念层之外，许多程序员还发现，将程序拆分为跨越此处描述层次的其他层很有用。例如，典型的三层架构就涉及此处描述的层次，并且提供进一步的工具来使设计和代码便于管理。

解决问题域的低层次技术

即使没有一个完整的、架构性的方法来处理问题领域，也可以用本书介绍的技术来处理现实世界的问题，而不是计算机课上教的解决方案：

- 使用类来实现在问题域中有意义的结构；
- 隐藏低层次数据类型及其实现细节的信息；
- 使用命名常量来说明字符串和数字文本的含义；
- 使用中间变量来记录中间计算的结果；
- 用布尔函数来使复杂的布尔测试更清晰。

34.7 当心落石

编程并不全是一门艺术，也不全是一门科学。通常，在实践性应用中，它是介于艺术和科学之间的“手艺”。编程充其量也是由艺术和科学的协同融合而产生的一门工程学科 (McConnell 2004)。不管是艺术、科学、工艺还是工程，创建一个可工作的软件产品仍然需要个人进行大量的判断。在计算机编程中，好的判断力部分来自于对大量小问题的警告信号是否敏感。编程中的警告信号会提示可能有问题，但它们的醒目程度通常不如“当心落石”这样的指示牌。

当你或其他人说“这段代码真心搞不定”时，这就是一个警告信号，通常意味着代码有问题。“搞不定的代码”就暗示着“不良代码”。如果认为代码很棘手，请考虑重写。

一个类产生的错误高于平均数，这也是个警告信号。一些容易出错的类往往是程序中最费力的部分。如果程序中有这样的类，那么它们很有可能继续产生比平均数更多的错误。请考虑重写。

如果编程是一门科学，那么每个警告信号都意味着一个具体而明确的纠正措施。但由于编程也是一门手艺，警告信号仅仅是提醒你应该考虑某个问题，并不是非要重写不良代码或者改进容易出错的类。

正如类中缺陷数量异常意味着警告“类的质量较低”一样，程序中 缺陷数量异常意味着开发过程有问题。好的开发过程不允许开发容易出错的代码。它应该有架构的检查和平衡之后的架构评审，设计之后有设计评审，代码之后有代码评审。当代码准备测试时，大多数的错误应该已经消除了。出色的工作表现除了要求努力工作，还要聪明工作。项目中如果出现大量调试，就意味着大家并没有聪明工作。花一天的时间写代码却要花两周的时间来调试，显然不够聪明。

设计度量也是一种类型的警告信号。大多数设计度量都对设计质量有启发性。一个类的成员如果超过 7 个，并不意味着设计得不好，但它会提醒你这个类有些复杂。同样，超过 10 个决策点的程序、超过三层的逻辑嵌套、过多的变量、与其他类的高耦合以及类或程序的低内聚都是警告标志。虽然并不意味着它们设计得不好，但都将促使你用怀疑的眼光来看待它们。

译注
皮尔斯 (1839—1914)，通才和实用主义学家，毕业于哈佛大学，任教于约翰·霍普金斯大学。

任何警告信号都应该促使你怀疑程序的质量。正如皮尔斯 (Charles Saunders Peirce)* 所说：“怀疑令人不安和不满，我们要努力从中解脱出来，进入信仰状态。”把警告信号视为“质疑之源”，会促使你找到更理想的信仰状态。

如果发现总是在一些领域中写重复代码或者做相似的修改，应该感到“不安和不满”，从而质疑类或者程序的控制。如果发现很难为测试用例创建脚手架 (因为无法轻松使用单个的类)，那么应该感受到“质疑之源”从而问自己这个类是否与其他类高度耦合。如果发现无法在其他程序中重用代码是因为有些类相互依赖，则是另一种警告信号“类的耦合度太高”。

深入到程序中，留意那些表明设计不合理的警告信号。写注释、命名变量以及将问题分解为具有清晰接口的内聚类，都很难，表明需要在编码之前更仔细地考虑设计。花哨的名字和难以用简洁的注释来描述代码的各个部分，也是预示着有麻烦的信号。只要设计清晰，层次的细节也就容易准确。

对于程序中出现的难以理解的迹象，要敏感。任何卡顿的地方都是线索。如果你都难以理解，接盘的程序员就更难理解了。他们会对你努力改善代码的举止感激涕零。如果需要猜测代码的意图，同样说明它太复杂了。有难度，就说明有问题，请务必简化。

如果想要充分利用警告信号，可以在程序中创建自己的警告信号。这样做有用，因为即使知道这些信号，也很容易忽略它们。迈尔斯 (Glenford Myers)* 做过一个缺陷纠正的研究，他发现，之所以找不到错误，最常见的原因是对错误视而不见。错误在测试输出中清晰可见，然而并没有人注意到它 (Myers 1978b)。

译注
计算机科学家、企业家和作者，拥有多项专利，其中包括微处理器芯片中寄有器计分板的原始专利。代表作有《软件测试的艺术》。

要让程序很难忽视问题。一个例子是，在释放指针后将其设置为空，这样，如果使用指针，释放后的指针可能指向有效的内存位置，将其设置为空以保证它指向无效的位置，从而使错误很难被忽视。

编译警告是经常被忽视的文字警告信号。如果程序产生了警告或者错误，请及时修正。如果连明显的警告标识都视而不见，说明你很可能注意不到那些不容易察觉的警告。

为什么在软件开发中注意警告如此重要？对程序质量的缜密程度决定着程序的质量，因此，重视警告可以直接影响到最终的产品。

34.8 迭代，迭代，迭代，重要的事情说三遍

迭代适用于许多软件开发活动。在系统规划的早期，你和用户合作，反复讨论需求，直到确定已达成共识。这是个迭代的过程。通过增量来构建和交付系统来增加过程的灵活性，也是一个迭代的过程。在投入开发最终的产品之前使用原型快速且低成本开发出多个替代方案，是另一种形式的迭代。需求的迭代比软件开发过程的其他方面更重要。项目之所以失败，是因为人们在探索替代方案之前致力于解决方案。迭代提供了一种学习的方式，以便可以在有更多信息之后才开始真正构建。

正如第 28 章指出的，因为估算技术的不同，项目初期进度的估算可能有很大的差异。使用迭代的方式进行估算比一次性的估算更精确。

软件设计是一个启发式的过程，和所有的启发式过程一样，需要不断迭代修正和改进。 软件更多是实证而不是证明，意味着需要不断迭代测试和开发，直到正确解决问题。概要设计和详细设计也都是迭代的过程。首先，尝试产生一个能工作的解决方案，而不是最好的解决方案。经过反复尝试不同的方法来洞察问题，这是用单一方法做不到的。

迭代的思想也可以应用于代码调优。一旦软件可以运行，你就可以重写其中的一小部分，从而大大提高系统的整体性能。然而，许多优化的尝试对代码而言弊大于利。这不是一个直观的过程，有些技术

看似使系统更小、更快，实际上却使系统更大、更慢了。优化技术影响的不确定性使得我们需要不断地调优、度量再调优。如果系统有性能瓶颈，可以根据需要对代码进行多次调优，并且，多次之后的尝试可能比第一次更成功。

评审贯穿整个开发过程，在迭代的任何阶段都可以插入评审。评审的目的是检查某特定时刻的工作质量。如果产品评审有问题，就返工。如果评审通过，就不需要进一步的迭代。

工程的一个定义是以最短的时间和最少的人力与物力做出有价值的东西。软件开发后期，迭代会有事倍功半的效果。布鲁克斯 (Fred Brooks) 说："务必计划着废掉一个，因为最后总会那样，都要先做个一次性的。" (Brooks 1995) 软件工程的诀窍是尽可能快速、低成本地构建一次性的部件，这是早期迭代的重点。

34.9 警惕编程中的执念

执念在软件开发中以许多形式出现，如教旨主义者坚持单一的设计方法，对特定格式或注释风格保持坚定不移的信念，或对全局数据的非理性回避。不管怎样，这些都是不合适的。

软件神谕

关联参考 要想进一步了解管理人员如何处理编程中的执念，请参见第 28.5 节。

不幸的是，我们这个行业中，一些比较杰出的人往往更加偏执。重要的是，创新的方法公开后，实践者才能去尝试。不断尝试这些方法，才能充分证实或证伪。将研究结果传递给实践者被称为"技术转移"，这对推进软件开发的实践水平非常重要。然而，传播新方法和兜售狗皮膏药完全不同。教旨主义者试图说服你让你相信他们有万能的方法，加上"高科技牛粪"的噱头，能解决你所有的问题。他们会让你忘掉所学的一切，因为这个新方法实在太棒了，它绝对可以提高生产力。

与其沉溺于最新奇、时尚的方法，不如采用一种喜新不厌旧的混合方法。试验一下令人兴奋的、最新的方法，同时继续依赖于老的、可靠的方法。

关联参考 要想进一步了解确定式和启发式方法的不同，请参见第 2.2 节。要想进一步了解设计中的折中主义，请参见第 5.4 节。

折中主义

如果想找到最有效的编程问题解决方案，盲目相信一种方法会使你失去选择。如果软件开发是确定、规则的过程，则可以按照严格的方法来解决问题。然而，软件开发并不是一个确定的过程，而是一个启发式的过程，意味着严格过程并不合适，成功的希望很渺茫。例如在设计中，有时自上而下的分解有效，然而有时，面向对象的方法、一种自底向上的结构或者一种数据结构方法更有效。得尝试好几种方法之后，才知道哪些失败了，哪些是成功的。必须得折中。

坚持只用一种方法也是有害的，因为它有削足适履的嫌疑，强制使问题适合解决方案。如果还没有充分理解问题就仓促决定解决方法，只能说明你行动太草率。如果过度约束可能的解决方案，你可能会错过最有效的解决方案。

关联参考 有关工具箱的比喻的详情可参见第 2.3 节。

最初，你可能不太习惯用新的方法，建议避免编程中的执念，并不意味着用新方法解决问题时，一碰到麻烦就立即停用。给新方法一个公平的机会，同时也给老方法一个公平的机会。

对于本书展示的技术以及其他来源描述的技术，折中是一种有用的态度。这里，关于若干主题的讨论，有一些高级的替代方法，但不能同时使用。需要针对特定的问题来做出合适的选择。需要把技术作为工具放入工具箱，自行判断为特定的工作挑选最合适的工具。大多数时候，工具的选择并不重要，可以使用梅花扳手、虎钳或月牙扳手。但有些时候，工具的选择至关重要，因而需要谨慎做出选择。工程在一定程度上是一门在不同竞争技术之间进行权衡的学科。如果把选择限定于单一的工具，你将无法做出权衡。

译注
Simple Simon 是一首儿歌中的人物，指头脑简单的人。

“工具箱的比喻”很有用，因为它使折中这种抽象的概念具体化了。假设你是一个总承包商，你的朋友西蒙 (Simple Simon)* 总是用虎钳。我们假设他拒绝使用梅花扳手或月牙扳手。你可能认为他很怪，因为他不会使用他能用的所有工具。在软件开发中，也是一样的道理，在较高的层次上，可以有多种替代的设计方法；在具体的层次上，可以从几种数据类型中选择一种来实现给定的设计；在更具体的层次上，可以选择几种不同的方案来布局和注释代码、命名变量、定义类接口以及传递程序参数。

教旨主义者的立场与软件构建中折中主义者的工具箱是冲突的，要想构建高质量的软件，这样的态度可不行。

试验

折中主义和试验有着紧密的联系。需要在整个软件开发过程中进行试验，但会受阻于偏执、不灵活的态度。为了有效进行试验，必须愿意根据试验结果改变自己的想法。如果不愿意，试验无异于白白浪费时间。

软件开发有许多不灵活的方法，其根源都归结于害怕犯错。试图避免错误才是最大的错误。设计正是一个仔细规划小错误以免犯下大错误的过程。软件开发中的试验是一个测试的过程，无论方法是成功还是失败，都能从中学习，只要能解决问题，就说明试验本身就是成功的。

试验和折中主义一样，可以用在许多层次上。在每个准备折中的层次上，都可以进行相应的试验，从中确定最好的方法。在架构设计层次，试验可能包括使用三种不同设计方法来绘制的软件架构图。在详细设计层次，试验可能是使用三种不同的详细设计方法去遵循概要架构的意图。在编程语言层次，实验可能是写一个简短的实验程序来练习编程语言中你不太熟悉的一部分操作。实验可能是调优一段代码并对其进行基准测试，验证它是否真的更小或更快。在整个软件开发过程层次，实验可能是收集质量和生产力数据以便对比正式审查是否比走查发现了更多的错误。

关键是需要对软件开发的各方面都保持开放的心态。只有这样，才能从过程和产品中有所收获。心态开放的试验和墨守成规的执念，不可以混为一谈。

要点回顾

- 编程的一个主要目标是管理复杂性。
- 编程的过程对最终的产品有着重大的影响。
- 团队编程更多的是人与人之间的沟通而不是人与计算机的沟通。个人编程更多的是同自己沟通（思考）而不是和计算机。
- 如果编程规范被滥用，可能会适得其反。如果能够谨慎而合理地使用，编程规范可以为开发环境增加有价值的结构并且有助于管理复杂性和促进沟通。

- 面向问题而不是解决方案的编程有助于管理复杂性。
- 重视“质疑之源”的警告信号在编程中特别重要，因为编程几乎是一种纯粹的智力活动。
- 开发活动迭代次数越多，活动的产出就越好。
- 教条主义方法论和高质量软件开发不能混为一谈。在我的“智力工具箱”中装备满各种不同的编程方法，并且提高技能选择合适的工具来完成工作。

读书心得

1. ____________________
2. ____________________
3. ____________________
4. ____________________
5. ____________________

第 35 章

更多信息来源

内容

译注
本章之所以保留，是因为我们不可以穿越到过去，改变历史，因为历史仍然在指导我们如何抵达更好的未来。

读到这里，读者已经知悉，本书花了大量篇幅来探讨行之有效的软件开发实践。与大多数人所意识到的相比，还有更多可以参考的信息来源。开发者眼前犯的错误有人已经全部经历过，如果不想自讨苦吃，不妨读一读前辈写的书，以免重蹈覆辙。

本书提到的那么多软件开发类书籍和文章，究竟从何入手？软件开发资料由几类信息组成：一类核心编程书籍，旨在阐释有效编程的基础概念；一些相关的书籍，阐释更为广泛的编程技术、技术管理以及知识背景；还有一些详细的参考资料，主题涉及编程语言、操作系统、开发环境以及针对特定项目非常有用的硬件信息。

最后一类书通常伴随着项目的生命周期而存在，或多或少只是暂时拿来一用，所以这里不予讨论。而对于其他，有一套能够深入探讨软件开发中各种重要活动的核心书籍则是非常有帮助的，即主题为需求、设计、构建、管理和测试等方面的书籍。本章接下来将对软件构建资源进行全面深入的描述，然后给出其他软件知识领域资料的概述。第 35.4 节列出软件开发者的阅读计划并将这些资源整理为简洁的资料包供大家参考。

35.1 与软件构建相关的信息

我写这本书的初衷是当时市面上还没有一本透彻讨论软件构建的书籍。自从本书的第 1 版发行后，市面上也出现了一些好书。

《程序员修炼之道》(Hunt and Thomas 2000) 专注于与编码密切相关的活动，包括测试、调试及断言的用法等。该书虽然没有对代码本身进行深入的探讨，但包含许多创建优质代码的基本原则。

《编程珠玑 (第 2 版)》(Bentley 2000) 探讨了小巧程序应用场景中软件设计的艺术和科学，写得非常好，始终传递着对有效构建技术的深邃洞察以及软件构建的热忱。我从中学到一些知识要点，在我每天的编程工作当中，几乎一直在用。

《极限编程详解》(Beck 2000) 对软件开发提出了以构建为中心的方法。正如书中第 3.1 节阐释的那样，极限编程的经济性意义尚未被行业研究所证实，但许多建议都有益于构建过程，无论开发团队是采用极限编程还是其他方法。

《编写安全的代码》(Maguire 1993) 是一本更专业的著作，专注于讲述商业级应用软件的构建实践，大部分是基于作者开发微软 Office 应用程序的经验总结。该书更侧重于 C 语言的技术应用，在很大程度上忽略了面向对象编程方面的问题，但提及的话题在任何环境下都是可借鉴的。

《程序开发实践》(Kernighan and Pike 1999) 是另一本更专业的书籍，专注于讲述编程的本质和编程实践，缩小了计算机科学领域中学术知识与实践经验之间的差距。该书包含有关编程风格、设计、调试以及测试方面的探讨，适合熟悉 C、C++ 编程语言的读者阅读。

尽管已经绝版，很难找到，但《顶级程序员》(Lammers 1986) 仍然值得一读。书中包含对业界顶尖程序员的采访记录。这些采访探究了他们的个性、工作习惯和编程哲学。受访者有比尔 • 盖茨 (微软创始人)、约翰 • 沃诺克 (奥多比公司创始人)、安迪 • 赫兹菲尔德 (Macintosh 操作系统的主要开发者)、巴特勒 • 兰普森 (原 DEC 公司高级工程师，后就职于微软公司)、韦恩 • 拉特里夫 (dBase 的发明者)、丹 • 布里克林 (VisiCalc 的发明者) 以及其他十几位知名人士。

35.2 软件构建之外的话题

除了上一节提到的核心书籍，本小节中介绍的一些书还涉及软件构建之外的话题。

资源

以下书籍从各种角度给出了软件开发的总体概述。

Facts and Fallacies of Software Engineering(Glass 2003) 对传统软件开发中的规则与戒律给出了通俗易懂的介绍。该书研究透彻并给出了大量附加参考资源的链接。

我的另一本书《软件开发的艺术》探讨了软件开发领域的现状以及按照常规做法的最佳状态。(最新中译本于 2022 年出版)

SWEBOK：Guide to the Software Engineering Body of Knowledge (Abran 2001) 详细剖析了软件工程的知识体系，并深入探究软件构建领域的细节。该指南包含相关领域中积淀下来的丰厚知识。

《计算机程序开发心理学》(Weinberg 1998) 充满了编程的轶闻趣事。该书涉猎广泛，因为写这本书的时候，人们把任何与软件相关的事情都看作是“程序开发”。在《ACM 计算评论》杂志上有对该书的评论，即便是现在，对该书的赞许仍然不减当年：“每位程序员的管理者都应该拥有一本，应当认真阅读，用心揣摩，按照其中的训诫行事;放一本在办公桌上以便别的程序员可以顺走。管理者应该继续再放一本，直到没人再带走为止 (Weiss 1972)。

如果读者找不到《计算机程序开发心理学》，不妨找找《人月神话》(Brooks 1995) 或者《人件》(DeMarco and Lister 1999)。这两本书的核心观点是，编程活动中的头等大事是关注人，其次才是计算机。

最后要推荐的优秀软件开发综述书籍是 *Software Creativity*(Glass 1995)。如同《人件》一样，该书对软件开发团队来说，堪称软件创新领域的突破性书籍。作者在书中探讨比较了创新与纪律、理论与实践、启发式与方法论、过程与产出等许多软件领域中事物的两面性。我与程序员同事们经过几年的讨论，认为该书的难度在于其中的短文是由作者收集编写的，而并非完全由他本人所写。对于有些读者，此书好像意犹未尽。尽管如此，我本人仍然要求公司里的每一位开发者都要阅读这本书。该书已经绝版，很难找到，但如果能够找到，也不至于让你白费工夫。

软件工程

每一位从事计算机编程的程序员或者软件程师都应该拥有一本关于软件工程的高级读本。这类书籍是对方法的概览，而不是描述特定的细节。它们提供有效软件工程的实践概述，并提炼出特定的软件工程方法。提炼浓缩后的描述并没有详尽到足以训练开发者去使用某项技术，否则，单单一本书就有几千页厚。这些书提供了足够的信息，以便于开发者学会如何将各种方法融合在一起，从而能够选择某些技术方法做进一步深入探究。

《软件工程：实践者的研究方法》(Pressman 2019) 目前最新版本是第 9 版。书中恰如其分地涵盖了软件需求、设计、质量验证和管理等诸多内容。很少涉及编程实践，但这是微不足道的小瑕疵，尤其是当开发者已经拥有了类似本书这样，着重讲述软件构建的书籍之后。

《软件工程 (第 10 版)》(Sommerville 2015) 与前面那本的书内容相似，也提供了有关软件开发过程中非常棒的综合性概述。

其他

优秀的计算机参考文献极其稀缺。这里列出的文献值得花时间深入探究。

ACM Computing Reviews 是美国计算机学会 (Association for Computing Machinery，ACM) 的专题出版物，致力于为所有计算机和编程方面的图书做书评。该书评依据广博的分类体系来组织信息，从而读者很容易就能够在自己感兴趣的领域中找到书籍。有关该出版物的详细信息以及如何成为 ACM 会员，请参考 www.acm.org 网站。

Construx Software’ s Professional Development Ladder(网址为 www.construx.com/ladder/)。该网站为软件架构师、产品经理、质量经理、技术经理以及敏捷技术教练提供了推荐的阅读计划。

35.3 出版物

顶级程序员学术期刊

IEEE Software，网址为 www.computer.org/software/。专注于软件构建、管理、需求、设计以及其他前沿的软件话题，“创建领先的软件从业者社区”。1993 年，我发表的文章中提到，这是“程序员应该订阅的最有价值的出版物”。从那时起，我就成为了该杂志的主编。到现在，我仍然认为，对于认真的软件从业者来说，它是最好的。

IEEE Computer，网址为 www.computer.org/computer/。电气与电子

工程师学会 (Institute of Electrical and Electronics Engineers，IEEE) 计算机学会的权威媒体。发表的文章涉及广泛的计算机话题，并且有严格的审核标准以确保所发表文章的质量。由于其广度的因素，相比 *IEEE Software*，开发者感兴趣的文章或许要少一些。

Communications of the ACM，网址为 www.acm.org/cacm/。最为久远并且最受尊敬的计算机出版物之一，其优势在于能够发表极具深度和广度的计算机科学文章，其主题也比几年前更加广泛。与 *IEEE Computer* 相类似，由于涉猎广泛，读者或许会发现很多文章超出了自己感兴趣的领域。该杂志倾向于学术，这既是坏事也是好事。坏的方面就是某些作者的学术文章有点晦涩难懂；好的方面就是拥有前沿的科技信息，这些信息往往数年之后才会出现在初级杂志上。

专业出版

IEEE Computer Society 出版的专题期刊，涉及软件工程、安全与隐私、计算机图形学与动画、互联网开发、多媒体、智能系统、计算历史等其他专题。请访问 www.computer.org 网站，了解更多细节。

ACM 也有专题出版物，探讨人工智能、计算机与人的交互、数据库、嵌入式系统、图形学、编程语言、数学建模软件、网络、软件工程等其他专题。请访问 www.acm.org 网站，了解更多细节。

35.4 软件开发者的阅读计划

本小节要介绍我们 Construx 公司软件开发者需要完成的阅读计划，这是获得全面专业技能进而在公司中站稳脚跟的前提。该阅读计划是针对职业软件开发者希望专注于技术开发而给出的通用基准计划。公司的指导计划中也会对该通用计划做进一步裁剪，从而满足个人的学习兴趣，在 Construx 公司内部，该阅读计划还会辅以培训和定向的专业实习。

入门级

译注
要想进一步了解 Construx 公司的人才培养知识体系，可以访问 www.construx.com/professional-development-ladder。

在 Construx 公司，要迈过入门级，开发者必须阅读下面这几本书：

- Adams, James L. *Conceptual Blockbusting: A Guide to Better Ideas,* 4th ed. Cambridge, MA: Perseus Publishing, 2001.

- Bentley, Jon. *Programming Pearls,* 2d ed. Reading, MA: Addison-Wesley, 2000.
- Glass, Robert L. *Facts and Fallacies of Software Engineering*. Boston, MA: Addison-Wesley, 2003.
- McConnell, Steve. *Software Project Survival Guide*. Redmond, WA: Microsoft Press, 1998.
- McConnell, Steve. *Code Complete,* 2d ed. Redmond, WA: Microsoft Press, 2004.

中级

在 Construx 公司，要达到中级水平，程序员还需要完成以下阅读：

- Berczuk, Stephen P. and Brad Appleton. *Software Configuration Management Patterns: Effective Teamwork, Practical Integration*. Boston, MA: Addison-Wesley, 2003.
- Fowler, Martin. *UML Distilled: A Brief Guide to the Standard Object Modeling Language,* 3d ed. Boston, MA: Addison-Wesley, 2003.
- Glass, Robert L. *Software Creativity*. Reading, MA: Addison-Wesley, 1995.
- Kaner, Cem, Jack Falk, Hung Q. Nguyen. *Testing Computer Software,* 2d ed. New York, NY: John Wiley & Sons, 1999.
- Larman, Craig. *Applying UML and Patterns: An Introduction to Object-Oriented Analysis and Design and the Unified Process*, 2d ed. Englewood Cliffs, NJ: Prentice Hall, 2001.
- McConnell, Steve. *Rapid Development*. Redmond, WA: Microsoft Press, 1996.
- Wiegers, Karl. *Software Requirements*, 2d ed. Redmond, WA: Microsoft Press, 2003.
- "Manager's Handbook for Software Development," NASA Goddard Space Flight Center. 下载地址为 sel.gsfc.nasa.gov/website/documents/online-doc.htm.

专业级

在 Construx 公司，开发人员必须阅读以下材料才能达到全面专业级水平 (领导层)。每一位开发人员都有定制版补充阅读要求，本小节描述的是通用阅读要求。

- Bass, Len, Paul Clements, and Rick Kazman. *Software Architecture in Practice,* 2d ed. Boston, MA: Addison-Wesley, 2003. 目前已有第 4 版中译本《软件架构实践》
- Fowler, Martin. *Refactoring: Improving the Design of Existing Code*. Reading, MA: Addison-Wesley, 1999. 中译本《重构》
- Gamma, Erich, et al. *Design Patterns*. Reading, MA: Addison-Wesley, 1995. 中译本《设计模式》
- Gilb, Tom. *Principles of Software Engineering Management*. Wokingham, England: Addison-Wesley, 1988. 中译本《软件工程管理原理》
- Maguire, Steve. *Writing Solid Code*. Redmond, WA: Microsoft Press, 1993. 中译本《编写安全的代码》
- Meyer, Bertrand. *Object-Oriented Software Construction,* 2d ed. New York, NY: Prentice Hall PTR, 1997. 中译本《面向对象软件构建》
- “Software Measurement Guidebook,” NASA Goddard Space Flight Center. 网址为 sel.gsfc.nasa.gov/website/documents/online-doc.htm.

有关这个专业开发计划以及阅读清单的最新详情，请访问我们的专业开发网站：www.construx.com/professionaldev/。

35.5 加入专业组织

要想更好地学习编程，最好的途径之一，是与其他同样致力于专业编程的程序员保持联系。基于特定的硬件和编程语言产品的本地用户组就是其中的一类团体，另外还有一些国家或者国际的专业组织。最好的面向实践者的组织是 IEEE 计算机学会。入会信息请访问 www.computer.org。

译注
中国计算机学会 (CCF) 旨在为计算领域的专业人士提供服务，目前也已经成长为一个拥有近 70 000 名付费会员及 38 个专业委员会的专业网络。

美国计算机学会 (ACM) 是最初的专业组织，出版发行《ACM 通讯》以及许多专题杂志。与 IEEE 计算机学会相比，更倾向于学术研究。入会信息请访问 www.acm.org。*

参考文献

"A C Coding Standard." 1991. *Unix Review* 9, no. 9 (September): 42–43.

Abdel-Hamid, Tarek K. 1989. "The Dynamics of Software Project Staffing: A System Dynamics Based Simulation Approach." *IEEE Transactions on Software Engineering* SE-15, no. 2 (February): 109–19.

Abran, Alain, et al. 2001. *Swebok: Guide to the Software Engineering Body of Knowledge: Trial Version 1.00-May 2001*. Los Alamitos, CA: IEEE Computer Society Press.

Abrash, Michael. 1992. "Flooring It: The Optimization Challenge." *PC Techniques* 2, no. 6 (February/March): 82–88.

Ackerman, A. Frank, Lynne S. Buchwald, and Frank H. Lewski. 1989. "Software Inspections: An Effective Verification Process." *IEEE Software*, May/June 1989, 31–36.

Adams, James L. 2001. *Conceptual Blockbusting: A Guide to Better Ideas*, 4th ed. Cambridge, MA: Perseus Publishing.

Aho, Alfred V., Brian W. Kernighan, and Peter J. Weinberg. 1977. *The AWK Programming Language*. Reading, MA: Addison-Wesley.

Aho, Alfred V., John E. Hopcroft, and Jeffrey D. Ullman. 1983. *Data Structures and Algorithms*. Reading, MA: Addison-Wesley.

Albrecht, Allan J. 1979. "Measuring Application Development Productivity." *Proceedings of the Joint SHARE/GUIDE/IBM Application Development Symposium, October 1979*: 83–92.

Ambler, Scott. 2003. *Agile Database Techniques*. New York, NY: John Wiley & Sons.

Anand, N. 1988. "Clarify Function!" *ACM Sigplan Notices* 23, no. 6 (June): 69–79.

Aristotle. *The Ethics of Aristotle: The Nicomachean Ethics*. Trans. by J.A.K. Thomson. Rev. by Hugh Tredennick. Harmondsworth, Middlesex, England: Penguin, 1976.

Armenise, Pasquale. 1989. "A Structured Approach to Program Optimization." *IEEE Transactions on Software Engineering* SE-15, no. 2 (February): 101–8.

Arnold, Ken, James Gosling, and David Holmes. 2000. *The Java Programming Language*, 3d ed. Boston, MA: Addison-Wesley.

Arthur, Lowell J. 1988. *Software Evolution: The Software Maintenance Challenge*. New York, NY: John Wiley & Sons.

Augustine, N. R. 1979. "Augustine's Laws and Major System Development Programs." *Defense Systems Management Review*: 50–76.

Babich, W. 1986. *Software Configuration Management*. Reading, MA: Addison-Wesley.

Bachman, Charles W. 1973. "The Programmer as Navigator." Turing Award Lecture. *Communications of the ACM* 16, no. 11 (November): 653.

Baecker, Ronald M., and Aaron Marcus. 1990. *Human Factors and Typography for More Readable Programs*. Reading, MA: Addison-Wesley.

Bairdain, E. F. 1964. "Research Studies of Programmers and Programming." Unpublished studies reported in Boehm 1981.

Baker, F. Terry, and Harlan D. Mills. 1973. "Chief Programmer Teams." *Datamation* 19, no. 12 (December): 58–61.

Barbour, Ian G. 1966. *Issues in Science and Religion*. New York, NY: Harper & Row.

Barbour, Ian G. 1974. *Myths, Models, and Paradigms: A Comparative Study in Science and Religion*. New York, NY: Harper & Row.

Barwell, Fred, et al. 2002. *Professional VB.NET*, 2d ed. Birmingham, UK: Wrox.

Basili, V. R., and B. T. Perricone. 1984. "Software Errors and Complexity: An Empirical Investigation." *Communications of the ACM* 27, no. 1 (January): 42–52.

Basili, Victor R., and Albert J. Turner. 1975. "Iterative Enhancement: A Practical Technique for Software Development." *IEEE Transactions on Software Engineering* SE-1, no. 4 (December): 390–96.

Basili, Victor R., and David M. Weiss. 1984. "A Methodology for Collecting Valid Software Engineering Data." *IEEE Transactions on Software Engineering* SE-10, no. 6 (November): 728–38.

Basili, Victor R., and Richard W. Selby. 1987. "Comparing the Effectiveness of Software Testing Strategies." *IEEE Transactions on Software Engineering* SE-13, no. 12 (December): 1278–96.

Basili, Victor R., et al. 2002. "Lessons learned from 25 years of process improvement: The Rise and Fall of the NASA Software Engineering Laboratory," *Proceedings of the 24th International Conference on Software Engineering*, Orlando, FL.

Basili, Victor R., Richard W. Selby, and David H. Hutchens. 1986. "Experimentation in Software Engineering." *IEEE Transactions on Software Engineering* SE-12, no. 7 (July): 733–43.

Basili, Victor, L. Briand, and W.L. Melo. 1996. "A Validation of Object-Oriented Design Metrics as Quality Indicators," *IEEE Transactions on Software Engineering*, October 1996, 751–761.

Bass, Len, Paul Clements, and Rick Kazman. 2003. *Software Architecture in Practice*, 2d ed. Boston, MA: Addison-Wesley.

Bastani, Farokh, and Sitharama Iyengar. 1987. "The Effect of Data Structures on the Logical Complexity of Programs." *Communications of the ACM* 30, no. 3 (March): 250–59.

Bays, Michael. 1999. *Software Release Methodology*. Englewood Cliffs, NJ: Prentice Hall.

Beck, Kent. 2000. *Extreme Programming Explained: Embrace Change*. Reading, MA: Addison-Wesley.

Beck, Kent. 2003. *Test-Driven Development: By Example*. Boston, MA: Addison-Wesley.

Beck, Kent. 1991. "Think Like An Object." *Unix Review* 9, no. 10 (October): 39–43.

Beck, Leland L., and Thomas E. Perkins. 1983. "A Survey of Software Engineering Practice: Tools, Methods, and Results." *IEEE Transactions on Software Engineering* SE-9, no. 5 (September): 541–61.

Beizer, Boris. 1990. *Software Testing Techniques*, 2d ed. New York, NY: Van Nostrand Reinhold.

Bentley, Jon, and Donald Knuth. 1986. "Literate Programming." *Communications of the ACM* 29, no. 5 (May): 364–69.

Bentley, Jon, Donald Knuth, and Doug McIlroy. 1986. "A Literate Program." *Communications of the ACM* 29, no. 5 (May): 471–83.

Bentley, Jon. 1982. *Writing Efficient Programs*. Englewood Cliffs, NJ: Prentice Hall.

Bentley, Jon. 1988. *More Programming Pearls: Confessions of a Coder*. Reading, MA: Addison-Wesley.

Bentley, Jon. 1991. "Software Exploratorium: Writing Efficient C Programs." *Unix Review* 9, no. 8 (August): 62–73.

Bentley, Jon. 2000. *Programming Pearls*, 2d ed. Reading, MA: Addison-Wesley.

Berczuk, Stephen P. and Brad Appleton. 2003. *Software Configuration Management Patterns: Effective Teamwork, Practical Integration*. Boston, MA: Addison-Wesley.

Berry, R. E., and B. A. E. Meekings. 1985. "A Style Analysis of C Programs." *Communications of the ACM* 28, no. 1 (January): 80–88.

Bersoff, Edward H. 1984. "Elements of Software Configuration Management." *IEEE Transactions on Software Engineering* SE-10, no. 1 (January): 79–87.

Bersoff, Edward H., and Alan M. Davis. 1991. "Impacts of Life Cycle Models on Software Configuration Management." *Communications of the ACM* 34, no. 8 (August): 104–18.

Bersoff, Edward H., et al. 1980. *Software Configuration Management*. Englewood Cliffs, NJ: Prentice Hall.

Birrell, N. D., and M. A. Ould. 1985. *A Practical Handbook for Software Development*. Cambridge, England: Cambridge University Press.

Bloch, Joshua. 2001. *Effective Java Programming Language Guide*. Boston, MA: Addison-Wesley.

BLS 2002. *Occupational Outlook Handbook 2002-03 Edition*, Bureau of Labor Statistics.

BLS 2004. *Occupational Outlook Handbook 2004-05 Edition*, Bureau of Labor Statistics.

Blum, Bruce I. 1989. "A Software Environment: Some Surprising Empirical Results." *Proceedings of the Fourteenth Annual Software Engineering Workshop, November 29, 1989*. Greenbelt, MD: Goddard Space Flight Center. Document SEL-89-007.

Boddie, John. 1987. *Crunch Mode*. New York, NY: Yourdon Press.

Boehm, Barry and Richard Turner. 2004. *Balancing Agility and Discipline: A Guide for the Perplexed*. Boston, MA: Addison-Wesley.

Boehm, Barry W. 1981. *Software Engineering Economics*. Englewood Cliffs, NJ: Prentice Hall.

Boehm, Barry W. 1984. "Software Engineering Economics." *IEEE Transactions on Software Engineering* SE-10, no. 1 (January): 4–21.

Boehm, Barry W. 1987a. "Improving Software Productivity." *IEEE Computer*, September, 43–57.

Boehm, Barry W. 1987b. "Industrial Software Metrics Top 10 List." *IEEE Software* 4, no. 9 (September): 84–85.

Boehm, Barry W. 1988. "A Spiral Model of Software Development and Enhancement." *Computer*, May, 61–72.

Boehm, Barry W., and Philip N. Papaccio. 1988. "Understanding and Controlling Software Costs." *IEEE Transactions on Software Engineering* SE-14, no. 10 (October): 1462–77.

Boehm, Barry W., ed. 1989. *Tutorial: Software Risk Management*. Washington, DC: IEEE Computer Society Press.

Boehm, Barry W., et al. 1978. *Characteristics of Software Quality*. New York, NY: North-Holland.

Boehm, Barry W., et al. 1984. "A Software Development Environment for Improving Productivity." *Computer*, June, 30–44.

Boehm, Barry W., T. E. Gray, and T. Seewaldt. 1984. "Prototyping Versus Specifying: A Multiproject Experiment." *IEEE Transactions on Software Engineering* SE-10, no. 3 (May): 290–303. Also in Jones 1986b.

Boehm, Barry, et al. 2000a. *Software Cost Estimation with Cocomo II*. Boston, MA: Addison-Wesley.

Boehm, Barry. 2000b. "Unifying Software Engineering and Systems Engineering," *IEEE Computer*, March 2000, 114–116.

Boehm-Davis, Deborah, Sylvia Sheppard, and John Bailey. 1987. "Program Design Languages: How Much Detail Should They Include?" *International Journal of Man-Machine Studies* 27, no. 4: 337–47.

Böhm, C., and G. Jacopini. 1966. "Flow Diagrams, Turing Machines and Languages with Only Two Formation Rules." *Communications of the ACM* 9, no. 5 (May): 366–71.

Booch, Grady. 1987. *Software Engineering with Ada*, 2d ed. Menlo Park, CA: Benjamin/Cummings.

Booch, Grady. 1994. *Object Oriented Analysis and Design with Applications*, 2d ed. Boston, MA: Addison-Wesley.

Booth, Rick. 1997. *Inner Loops : A Sourcebook for Fast 32-bit Software Development*. Boston, MA: Addison-Wesley.

Boundy, David. 1991. "A Taxonomy of Programmers." *ACM SIGSOFT Software Engineering Notes* 16, no. 4 (October): 23–30.

Brand, Stewart. 1995. *How Buildings Learn: What Happens After They're Built*. Penguin USA.

Branstad, Martha A., John C. Cherniavsky, and W. Richards Adrion. 1980. "Validation, Verification, and Testing for the Individual Programmer." *Computer*, December, 24–30.

Brockmann, R. John. 1990. *Writing Better Computer User Documentation: From Paper to Hypertext: Version 2.0*. New York, NY: John Wiley & Sons.

Brooks, Frederick P., Jr. 1987. "No Silver Bullets—Essence and Accidents of Software Engineering." *Computer*, April, 10–19.

Brooks, Frederick P., Jr. 1995. *The Mythical Man-Month: Essays on Software Engineering, Anniversary Edition* (2d ed.). Reading, MA: Addison-Wesley.

Brooks, Ruven. 1977. "Towards a Theory of the Cognitive Processes in Computer Programming." *International Journal of Man-Machine Studies* 9:737–51.

Brooks, W. Douglas. 1981. "Software Technology Payoff—Some Statistical Evidence." *The Journal of Systems and Software* 2:3–9.

Brown, A. R., and W. A. Sampson. 1973. *Program Debugging*. New York, NY: American Elsevier.

Buschman, Frank, et al. 1996. *Pattern-Oriented Software Architecture, Volume 1: A System of Patterns*. New York, NY: John Wiley & Sons.

Bush, Marilyn, and John Kelly. 1989. "The Jet Propulsion Laboratory's Experience with Formal Inspections." *Proceedings of the Fourteenth Annual Software Engineering Workshop, November 29, 1989*. Greenbelt, MD: Goddard Space Flight Center. Document SEL-89-007.

Caine, S. H., and E. K. Gordon. 1975. "PDL—A Tool for Software Design." *AFIPS Proceedings of the 1975 National Computer Conference 44*. Montvale, NJ: AFIPS Press, 271–76.

Card, David N. 1987. "A Software Technology Evaluation Program." *Information and Software Technology* 29, no. 6 (July/August): 291–300.

Card, David N., Frank E. McGarry, and Gerald T. Page. 1987. "Evaluating Software Engineering Technologies." *IEEE Transactions on Software Engineering* SE-13, no. 7 (July): 845–51.

Card, David N., Victor E. Church, and William W. Agresti. 1986. "An Empirical Study of Software Design Practices." *IEEE Transactions on Software Engineering* SE-12, no. 2 (February): 264–71.

Card, David N., with Robert L. Glass. 1990. *Measuring Software Design Quality*. Englewood Cliffs, NJ: Prentice Hall.

Card, David, Gerald Page, and Frank McGarry. 1985. "Criteria for Software Modularization." *Proceedings of the 8th International Conference on Software Engineering*. Washington, DC: IEEE Computer Society Press, 372–77.

Carnegie, Dale. 1981. *How to Win Friends and Influence People*, Revised Edition. New York, NY: Pocket Books.

Chase, William G., and Herbert A. Simon. 1973. "Perception in Chess." *Cognitive Psychology* 4:55–81.

Clark, R. Lawrence. 1973. "A Linguistic Contribution of GOTO-less Programming," *Datamation*, December 1973.

Clements, Paul, ed. 2003. *Documenting Software Architectures: Views and Beyond*. Boston, MA: Addison-Wesley.

Clements, Paul, Rick Kazman, and Mark Klein. 2002. *Evaluating Software Architectures: Methods and Case Studies*. Boston, MA: Addison-Wesley.

Coad, Peter, and Edward Yourdon. 1991. *Object-Oriented Design*. Englewood Cliffs, NJ: Yourdon Press.

Cobb, Richard H., and Harlan D. Mills. 1990. "Engineering Software Under Statistical Quality Control." *IEEE Software* 7, no. 6 (November): 45–54.

Cockburn, Alistair. 2000. *Writing Effective Use Cases*. Boston, MA: Addison-Wesley.

Cockburn, Alistair. 2002. *Agile Software Development*. Boston, MA: Addison-Wesley.

Collofello, Jim, and Scott Woodfield. 1989. "Evaluating the Effectiveness of Reliability Assurance Techniques." *Journal of Systems and Software* 9, no. 3 (March).

Comer, Douglas. 1981. "Principles of Program Design Induced from Experience with Small Public Programs." *IEEE Transactions on Software Engineering* SE-7, no. 2 (March): 169–74.

Constantine, Larry L. 1990a. "Comments on 'On Criteria for Module Interfaces.'" *IEEE Transactions on Software Engineering* SE-16, no. 12 (December): 1440.

Constantine, Larry L. 1990b. "Objects, Functions, and Program Extensibility." *Computer Language*, January, 34–56.

Conte, S. D., H. E. Dunsmore, and V. Y. Shen. 1986. *Software Engineering Metrics and Models*. Menlo Park, CA: Benjamin/Cummings.

Cooper, Doug, and Michael Clancy. 1982. *Oh! Pascal!* 2d ed. New York, NY: Norton.

Cooper, Kenneth G. and Thomas W. Mullen. 1993. "Swords and Plowshares: The Rework Cycles of Defense and Commercial Software Development Projects," *American Programmer*, May 1993, 41–51.

Corbató, Fernando J. 1991. "On Building Systems That Will Fail." 1991 Turing Award Lecture. *Communications of the ACM* 34, no. 9 (September): 72–81.

Cornell, Gary and Jonathan Morrison. 2002. *Programming VB .NET: A Guide for Experienced Programmers*, Berkeley, CA: Apress.

Corwin, Al. 1991. Private communication.

CSTB 1990. "Scaling Up: A Research Agenda for Software Engineering." Excerpts from a report by the Computer Science and Technology Board. *Communications of the ACM* 33, no. 3 (March): 281–93.

Curtis, Bill, ed. 1985. *Tutorial: Human Factors in Software Development*. Los Angeles, CA: IEEE Computer Society Press.

Curtis, Bill, et al. 1986. "Software Psychology: The Need for an Interdisciplinary Program." *Proceedings of the IEEE* 74, no. 8: 1092–1106.

Curtis, Bill, et al. 1989. "Experimentation of Software Documentation Formats." *Journal of Systems and Software* 9, no. 2 (February): 167–207.

Curtis, Bill, H. Krasner, and N. Iscoe. 1988. "A Field Study of the Software Design Process for Large Systems." *Communications of the ACM* 31, no. 11 (November): 1268–87.

Curtis, Bill. 1981. "Substantiating Programmer Variability." *Proceedings of the IEEE* 69, no. 7: 846.

Cusumano, Michael and Richard W. Selby. 1995. *Microsoft Secrets*. New York, NY: The Free Press.

Cusumano, Michael, et al. 2003. "Software Development Worldwide: The State of the Practice," *IEEE Software*, November/December 2003, 28–34.

Dahl, O. J., E. W. Dijkstra, and C. A. R. Hoare. 1972. *Structured Programming*. New York, NY: Academic Press.

Date, Chris. 1977. *An Introduction to Database Systems*. Reading, MA: Addison-Wesley.

Davidson, Jack W., and Anne M. Holler. 1992. "Subprogram Inlining: A Study of Its Effects on Program Execution Time." *IEEE Transactions on Software Engineering* SE-18, no. 2 (February): 89–102.

Davis, P. J. 1972. "Fidelity in Mathematical Discourse: Is One and One Really Two?" *American Mathematical Monthly*, March, 252–63.

DeGrace, Peter, and Leslie Stahl. 1990. *Wicked Problems, Righteous Solutions: A Catalogue of Modern Software Engineering Paradigms*. Englewood Cliffs, NJ: Yourdon Press.

DeMarco, Tom and Timothy Lister. 1999. *Peopleware: Productive Projects and Teams*, 2d ed. New York, NY: Dorset House.

DeMarco, Tom, and Timothy Lister. 1985. "Programmer Performance and the Effects of the Workplace." *Proceedings of the 8th International Conference on Software Engineering*. Washington, DC: IEEE Computer Society Press, 268–72.

DeMarco, Tom. 1979. *Structured Analysis and Systems Specification: Tools and Techniques*. Englewood Cliffs, NJ: Prentice Hall.

DeMarco, Tom. 1982. *Controlling Software Projects*. New York, NY: Yourdon Press.

DeMillo, Richard A., Richard J. Lipton, and Alan J. Perlis. 1979. "Social Processes and Proofs of Theorems and Programs." *Communications of the ACM* 22, no. 5 (May): 271–80.

Dijkstra, Edsger. 1965. "Programming Considered as a Human Activity." *Proceedings of the 1965 IFIP Congress*. Amsterdam: North-Holland, 213–17. Reprinted in Yourdon 1982.

Dijkstra, Edsger. 1968. "Go To Statement Considered Harmful." *Communications of the ACM* 11, no. 3 (March): 147–48.

Dijkstra, Edsger. 1969. "Structured Programming." Reprinted in Yourdon 1979.

Dijkstra, Edsger. 1972. "The Humble Programmer." *Communications of the ACM* 15, no. 10 (October): 859–66.

Dijkstra, Edsger. 1985. "Fruits of Misunderstanding." *Datamation*, February 15, 86–87.

Dijkstra, Edsger. 1989. "On the Cruelty of Really Teaching Computer Science." *Communications of the ACM* 32, no. 12 (December): 1397–1414.

Dunn, Robert H. 1984. *Software Defect Removal*. New York, NY: McGraw-Hill.

Ellis, Margaret A., and Bjarne Stroustrup. 1990. *The Annotated C++ Reference Manual*. Boston, MA: Addison-Wesley.

Elmasri, Ramez, and Shamkant B. Navathe. 1989. *Fundamentals of Database Systems*. Redwood City, CA: Benjamin/Cummings.

Elshoff, James L. 1976. "An Analysis of Some Commercial PL/I Programs." *IEEE Transactions on Software Engineering* SE-2, no. 2 (June): 113–20.

Elshoff, James L. 1977. "The Influence of Structured Programming on PL/I Program Profiles." *IEEE Transactions on Software Engineering* SE-3, no. 5 (September): 364–68.

Elshoff, James L., and Michael Marcotty. 1982. "Improving Computer Program Readability to Aid Modification." *Communications of the ACM* 25, no. 8 (August): 512–21.

Endres, Albert. 1975. "An Analysis of Errors and Their Causes in System Programs." *IEEE Transactions on Software Engineering* SE-1, no. 2 (June): 140–49.

Evangelist, Michael. 1984. "Program Complexity and Programming Style." *Proceedings of the First International Conference on Data Engineering*. New York, NY: IEEE Computer Society Press, 534–41.

Fagan, Michael E. 1976. "Design and Code Inspections to Reduce Errors in Program Development." *IBM Systems Journal* 15, no. 3: 182–211.

Fagan, Michael E. 1986. "Advances in Software Inspections." *IEEE Transactions on Software Engineering* SE-12, no. 7 (July): 744–51.

Federal Software Management Support Center. 1986. *Programmers Work-bench Handbook*. Falls Church, VA: Office of Software Development and Information Technology.

Feiman, J., and M. Driver. 2002. "Leading Programming Languages for IT Portfolio Planning," Gartner Research report SPA-17-6636, September 27, 2002.

Fetzer, James H. 1988. "Program Verification: The Very Idea." *Communications of the ACM* 31, no. 9 (September): 1048–63.

FIPS PUB 38, *Guidelines for Documentation of Computer Programs and Automated Data Systems*. 1976. U.S. Department of Commerce. National Bureau of Standards. Washington, DC: U.S. Government Printing Office, Feb. 15.

Fishman, Charles. 1996. "They Write the Right Stuff," *Fast Company*, December 1996.

Fjelstad, R. K., and W. T. Hamlen. 1979. "Applications Program Maintenance Study: Report to our Respondents." *Proceedings Guide 48*, Philadelphia. Reprinted in *Tutorial on Software Maintenance*, G. Parikh and N. Zvegintzov, eds. Los Alamitos, CA: CS Press, 1983: 13–27.

Floyd, Robert. 1979. "The Paradigms of Programming." *Communications of the ACM* 22, no. 8 (August): 455–60.

Fowler, Martin. 1999. *Refactoring: Improving the Design of Existing Code*. Reading, MA: Addison-Wesley.

Fowler, Martin. 2002. *Patterns of Enterprise Application Architecture*. Boston, MA: Addison-Wesley.

Fowler, Martin. 2003. *UML Distilled: A Brief Guide to the Standard Object Modeling Language*, 3d ed. Boston, MA: Addison-Wesley.

Fowler, Martin. 2004. *UML Distilled*, 3d ed. Boston, MA: Addison-Wesley.

Fowler, Priscilla J. 1986. "In-Process Inspections of Work Products at AT&T." *AT&T Technical Journal*, March/April, 102–12.

Foxall, James. 2003. *Practical Standards for Microsoft Visual Basic .NET*. Redmond, WA: Microsoft Press.

Freedman, Daniel P., and Gerald M. Weinberg. 1990. *Handbook of Walkthroughs, Inspections and Technical Reviews*, 3d ed. New York, NY: Dorset House.

Freeman, Peter, and Anthony I. Wasserman, eds. 1983. *Tutorial on Software Design Techniques*, 4th ed. Silver Spring, MD: IEEE Computer Society Press.

Gamma, Erich, et al. 1995. *Design Patterns*. Reading, MA: Addison-Wesley.

Gerber, Richard. 2002. *Software Optimization Cookbook: High-Performance Recipes for the Intel Architecture*. Intel Press.

Gibson, Elizabeth. 1990. "Objects—Born and Bred." *BYTE*, October, 245–54.

Gilb, Tom, and Dorothy Graham. 1993. *Software Inspection*. Wokingham, England: Addison-Wesley.

Gilb, Tom. 1977. *Software Metrics*. Cambridge, MA: Winthrop.

Gilb, Tom. 1988. *Principles of Software Engineering Management*. Wokingham, England: Addison-Wesley.

Gilb, Tom. 2004. *Competitive Engineering*. Boston, MA: Addison-Wesley. Downloadable from *www.result-planning.com*.

Ginac, Frank P. 1998. *Customer Oriented Software Quality Assurance*. Englewood Cliffs, NJ: Prentice Hall.

Glass, Robert L. 1982. *Modern Programming Practices: A Report from Industry*. Englewood Cliffs, NJ: Prentice Hall.

Glass, Robert L. 1988. *Software Communication Skills*. Englewood Cliffs, NJ: Prentice Hall.

Glass, Robert L. 1991. *Software Conflict: Essays on the Art and Science of Software Engineering*. Englewood Cliffs, NJ: Yourdon Press.

Glass, Robert L. 1995. *Software Creativity*. Reading, MA: Addison-Wesley.

Glass, Robert L. 1999. "Inspections–Some Surprising Findings," *Communications of the ACM*, April 1999, 17–19.

Glass, Robert L. 1999. "The realities of software technology payoffs," *Communications of the ACM*, February 1999, 74–79.

Glass, Robert L. 2003. *Facts and Fallacies of Software Engineering*. Boston, MA: Addison-Wesley.

Glass, Robert L., and Ronald A. Noiseux. 1981. *Software Maintenance Guidebook*. Englewood Cliffs, NJ: Prentice Hall.

Gordon, Ronald D. 1979. "Measuring Improvements in Program Clarity." *IEEE Transactions on Software Engineering* SE-5, no. 2 (March): 79–90.

Gordon, Scott V., and James M. Bieman. 1991. "Rapid Prototyping and Software Quality: Lessons from Industry." *Ninth Annual Pacific Northwest Software Quality Conference, October 7–8*. Oregon Convention Center, Portland, OR.

Gorla, N., A. C. Benander, and B. A. Benander. 1990. "Debugging Effort Estimation Using Software Metrics." *IEEE Transactions on Software Engineering* SE-16, no. 2 (February): 223–31.

Gould, John D. 1975. "Some Psychological Evidence on How People Debug Computer Programs." *International Journal of Man-Machine Studies* 7:151–82.

Grady, Robert B. 1987. "Measuring and Managing Software Maintenance." *IEEE Software* 4, no. 9 (September): 34–45.

Grady, Robert B. 1993. "Practical Rules of Thumb for Software Managers." *The Software Practitioner* 3, no. 1 (January/February): 4–6.

Grady, Robert B. 1999. "An Economic Release Decision Model: Insights into Software Project Management." In *Proceedings of the Applications of Software Measurement Conference*, 227–239. Orange Park, FL: Software Quality Engineering.

Grady, Robert B., and Tom Van Slack. 1994. "Key Lessons in Achieving Widespread Inspection Use," *IEEE Software*, July 1994.

Grady, Robert B. 1992. *Practical Software Metrics For Project Management And Process Improvement*. Englewood Cliffs, NJ: Prentice Hall.

Grady, Robert B., and Deborah L. Caswell. 1987. *Software Metrics: Establishing a Company-Wide Program*. Englewood Cliffs, NJ: Prentice Hall.

Green, Paul. 1987. "Human Factors in Computer Systems, Some Useful Readings." *Sigchi Bulletin* 19, no. 2: 15–20.

Gremillion, Lee L. 1984. “Determinants of Program Repair Maintenance Requirements.” *Communications of the ACM* 27, no. 8 (August): 826–32.

Gries, David. 1981. *The Science of Programming*. New York, NY: Springer-Verlag.

Grove, Andrew S. 1983. *High Output Management*. New York, NY: Random House.

Haley, Thomas J. 1996. “Software Process Improvement at Raytheon.” *IEEE Software*, November 1996.

Hansen, John C., and Roger Yim. 1987. “Indentation Styles in C.” *SIGSMALL/PC Notes* 13, no. 3 (August): 20–23.

Hanson, Dines. 1984. *Up and Running*. New York, NY: Yourdon Press.

Harrison, Warren, and Curtis Cook. 1986. “Are Deeply Nested Conditionals Less Readable?” *Journal of Systems and Software* 6, no. 4 (November): 335–42.

Hasan, Jeffrey and Kenneth Tu. 2003. *Performance Tuning and Optimizing ASP.NET Applications*. Apress.

Hass, Anne Mette Jonassen. 2003. *Configuration Management Principles and Practices*, Boston, MA: Addison-Wesley.

Hatley, Derek J., and Imtiaz A. Pirbhai. 1988. *Strategies for Real-Time System Specification*. New York, NY: Dorset House.

Hecht, Alan. 1990. “Cute Object-oriented Acronyms Considered FOOlish.” *Software Engineering Notes*, January, 48.

Heckel, Paul. 1994. *The Elements of Friendly Software Design*. Alameda, CA: Sybex.

Hecker, Daniel E. 2001. “Occupational Employment Projections to 2010.” *Monthly Labor Review*, November 2001.

Hecker, Daniel E. 2004. "Occupational Employment Projections to 2012." *Monthly Labor Review*, February 2004, Vol. 127, No. 2, pp. 80-105.

Henry, Sallie, and Dennis Kafura. 1984. “The Evaluation of Software Systems’ Structure Using Quantitative Software Metrics.” *Software–Practice and Experience* 14, no. 6 (June): 561–73.

Hetzel, Bill. 1988. *The Complete Guide to Software Testing*, 2d ed. Wellesley, MA: QED Information Systems.

Highsmith, James A., III. 2000. *Adaptive Software Development: A Collaborative Approach to Managing Complex Systems*. New York, NY: Dorset House.

Highsmith, Jim. 2002. *Agile Software Development Ecosystems*. Boston, MA: Addison-Wesley.

Hildebrand, J. D. 1989. “An Engineer’s Approach.” *Computer Language*, October, 5–7.

Hoare, Charles Anthony Richard, 1981. “The Emperor’s Old Clothes.” *Communications of the ACM*, February 1981, 75–83.

Hollocker, Charles P. 1990. *Software Reviews and Audits Handbook*. New York, NY: John Wiley & Sons.

Houghton, Raymond C. 1990. “An Office Library for Software Engineering Professionals.” *Software Engineering: Tools, Techniques, Practice*, May/June, 35–38.

Howard, Michael, and David LeBlanc. 2003. *Writing Secure Code,* 2d ed. Redmond, WA: Microsoft Press.

Hughes, Charles E., Charles P. Pfleeger, and Lawrence L. Rose. 1978. *Advanced Programming Techniques: A Second Course in Programming Using Fortran*. New York, NY: John Wiley & Sons.

Humphrey, Watts S. 1989. *Managing the Software Process*. Reading, MA: Addison-Wesley.

Humphrey, Watts S. 1995. *A Discipline for Software Engineering*. Reading, MA: Addison-Wesley.

Humphrey, Watts S., Terry R. Snyder, and Ronald R. Willis. 1991. “Software Process Improvement at Hughes Aircraft.” *IEEE Software* 8, no. 4 (July): 11–23.

Humphrey, Watts. 1997. *Introduction to the Personal Software Process*. Reading, MA: Addison-Wesley.

Humphrey, Watts. 2002. *Winning with Software: An Executive Strategy*. Boston, MA: Addison-Wesley.

Hunt, Andrew, and David Thomas. 2000. *The Pragmatic Programmer*. Boston, MA: Addison-Wesley.

Ichbiah, Jean D., et al. 1986. *Rationale for Design of the Ada Programming Language*. Minneapolis, MN: Honeywell Systems and Research Center.

IEEE Software 7, no. 3 (May 1990).

IEEE Std 1008-1987 (R1993), Standard for Software Unit Testing

IEEE Std 1016-1998, Recommended Practice for Software Design Descriptions

IEEE Std 1028-1997, Standard for Software Reviews

IEEE Std 1045-1992, Standard for Software Productivity Metrics

IEEE Std 1058-1998, Standard for Software Project Management Plans

IEEE Std 1061-1998, Standard for a Software Quality Metrics Methodology

IEEE Std 1062-1998, Recommended Practice for Software Acquisition

IEEE Std 1063-2001, Standard for Software User Documentation

IEEE Std 1074-1997, Standard for Developing Software Life Cycle Processes

IEEE Std 1219-1998, Standard for Software Maintenance

IEEE Std 1233-1998, Guide for Developing System Requirements Specifications

IEEE Std 1233-1998. IEEE Guide for Developing System Requirements Specifications

IEEE Std 1471-2000. Recommended Practice for Architectural Description of Software Intensive Systems

IEEE Std 1490-1998, Guide - Adoption of PMI Standard - A Guide to the Project Management Body of Knowledge

IEEE Std 1540-2001, Standard for Software Life Cycle Processes - Risk Management

IEEE Std 730-2002, Standard for Software Quality Assurance Plans

IEEE Std 828-1998, Standard for Software Configuration Management Plans

IEEE Std 829-1998, Standard for Software Test Documentation

IEEE Std 830-1998, Recommended Practice for Software Requirements Specifications

IEEE Std 830-1998. IEEE Recommended Practice for Software Requirements Specifications. Los Alamitos, CA: IEEE Computer Society Press.

IEEE, 1991. *IEEE Software Engineering Standards Collection, Spring 1991 Edition*. New York, NY: Institute of Electrical and Electronics Engineers.

IEEE, 1992. "Rear Adm. Grace Hopper dies at 85." *IEEE Computer*, February, 84.

Ingrassia, Frank S. 1976. "The Unit Development Folder (UDF): An Effective Management Tool for Software Development." TRW Technical Report TRW-SS-76-11. Also reprinted in Reifer 1986, 366–79.

Ingrassia, Frank S. 1987. "The Unit Development Folder (UDF): A Ten-Year Perspective." *Tutorial: Software Engineering Project Management*, ed. Richard H. Thayer. Los Alamitos, CA: IEEE Computer Society Press, 405–15.

Jackson, Michael A. 1975. *Principles of Program Design*. New York, NY: Academic Press.

Jacobson, Ivar, Grady Booch, and James Rumbaugh. 1999. *The Unified Software Development Process*. Reading, MA: Addison-Wesley.

Johnson, Jim. 1999. "Turning Chaos into Success," *Software Magazine*, December 1999, 30–39.

Johnson, Mark. 1994a. "Dr. Boris Beizer on Software Testing: An Interview Part 1," *The Software QA Quarterly*, Spring 1994, 7–13.

Johnson, Mark. 1994b. "Dr. Boris Beizer on Software Testing: An Interview Part 2," *The Software QA Quarterly*, Summer 1994, 41–45.

Johnson, Walter L. 1987. "Some Comments on Coding Practice." *ACM SIGSOFT Software Engineering Notes* 12, no. 2 (April): 32–35.

Jones, T. Capers. 1977. "Program Quality and Programmer Productivity." *IBM Technical Report TR 02.764*, January, 42–78. Also in Jones 1986b.

Jones, Capers. 1986a. *Programming Productivity*. New York, NY: McGraw-Hill.

Jones, T. Capers, ed. 1986b. *Tutorial: Programming Productivity: Issues for the Eighties*, 2d ed. Los Angeles, CA: IEEE Computer Society Press.

Jones, Capers. 1996. "Software Defect-Removal Efficiency," *IEEE Computer*, April 1996.

Jones, Capers. 1997. *Applied Software Measurement: Assuring Productivity and Quality*, 2d ed. New York, NY: McGraw-Hill.

Jones, Capers. 1998. *Estimating Software Costs*. New York, NY: McGraw-Hill.

Jones, Capers. 2000. *Software Assessments, Benchmarks, and Best Practices*. Reading, MA: Addison-Wesley.

Jones, Capers. 2003. "Variations in Software Development Practices," *IEEE Software*, November/December 2003, 22–27.

Jonsson, Dan. 1989. "Next: The Elimination of GoTo-Patches?" *ACM Sigplan Notices* 24, no. 3 (March): 85–92.

Kaelbling, Michael. 1988. "Programming Languages Should NOT Have Comment Statements." *ACM Sigplan Notices* 23, no. 10 (October): 59–60.

Kaner, Cem, Jack Falk, and Hung Q. Nguyen. 1999. *Testing Computer Software*, 2d ed. New York, NY: John Wiley & Sons.

Kaner, Cem, James Bach, and Bret Pettichord. 2002. *Lessons Learned in Software Testing*. New York, NY: John Wiley & Sons.

Keller, Daniel. 1990. "A Guide to Natural Naming." *ACM Sigplan Notices* 25, no. 5 (May): 95–102.

Kelly, John C. 1987. "A Comparison of Four Design Methods for Real-Time Systems." *Proceedings of the Ninth International Conference on Software Engineering*. 238–52.

Kelly-Bootle, Stan. 1981. *The Devil's DP Dictionary*. New York, NY: McGraw-Hill.

Kernighan, Brian W., and Rob Pike. 1999. *The Practice of Programming*. Reading, MA: Addison-Wesley.

Kernighan, Brian W., and P. J. Plauger. 1976. *Software Tools*. Reading, MA: Addison-Wesley.

Kernighan, Brian W., and P. J. Plauger. 1978. *The Elements of Programming Style*. 2d ed. New York, NY: McGraw-Hill.

Kernighan, Brian W., and P. J. Plauger. 1981. *Software Tools in Pascal*. Reading, MA: Addison-Wesley.

Kernighan, Brian W., and Dennis M. Ritchie. 1988. *The C Programming Language*, 2d ed. Englewood Cliffs, NJ: Prentice Hall.

Killelea, Patrick. 2002. *Web Performance Tuning*, 2d ed. Sebastopol, CA: O'Reilly & Associates.

King, David. 1988. *Creating Effective Software: Computer Program Design Using the Jackson Methodology*. New York, NY: Yourdon Press.

Knuth, Donald. 1971. "An Empirical Study of FORTRAN programs," *Software–Practice and Experience* 1:105–33.

Knuth, Donald. 1974. "Structured Programming with go to Statements." In *Classics in Software Engineering*, edited by Edward Yourdon. Englewood Cliffs, NJ: Yourdon Press, 1979.

Knuth, Donald. 1986. *Computers and Typesetting, Volume B, TEX: The Program*. Reading, MA: Addison-Wesley.

Knuth, Donald. 1997a. *The Art of Computer Programming*, vol. 1, *Fundamental Algorithms*, 3d ed. Reading, MA: Addison-Wesley.

Knuth, Donald. 1997b. *The Art of Computer Programming*, vol. 2, *Seminumerical Algorithms*, 3d ed. Reading, MA: Addison-Wesley.

Knuth, Donald. 1998. *The Art of Computer Programming*, vol. 3, *Sorting and Searching*, 2d ed. Reading, MA: Addison-Wesley.

Knuth, Donald. 2001. *Literate Programming*. Cambridge University Press.

Korson, Timothy D., and Vijay K. Vaishnavi. 1986. "An Empirical Study of Modularity on Program Modifiability." In Soloway and Iyengar 1986: 168–86.

Kouchakdjian, Ara, Scott Green, and Victor Basili. 1989. "Evaluation of the Cleanroom Methodology in the Software Engineering Laboratory." *Proceedings of the Fourteenth Annual Software Engineering Workshop, November 29, 1989*. Greenbelt, MD: Goddard Space Flight Center. Document SEL-89-007.

Kovitz, Benjamin, L. 1998 *Practical Software Requirements: A Manual of Content and Style*, Manning Publications Company.

Kreitzberg, C. B., and B. Shneiderman. 1972. *The Elements of Fortran Style*. New York, NY: Harcourt Brace Jovanovich.

Kruchten, Philippe B. "The 4+1 View Model of Architecture." *IEEE Software*, pages 42–50, November 1995.

Kruchten, Philippe. 2000. *The Rational Unified Process: An Introduction, 2d Ed.*, Reading, MA: Addison-Wesley.

Kuhn, Thomas S. 1996. *The Structure of Scientific Revolutions*, 3d ed. Chicago: University of Chicago Press.

Lammers, Susan. 1986. *Programmers at Work*. Redmond, WA: Microsoft Press.

Lampson, Butler. 1984. "Hints for Computer System Design." *IEEE Software* 1, no. 1 (January): 11–28.

Larman, Craig and Rhett Guthrie. 2000. *Java 2 Performance and Idiom Guide*. Englewood Cliffs, NJ: Prentice Hall.

Larman, Craig. 2001. *Applying UML and Patterns: An Introduction to Object-Oriented Analysis and Design and the Unified Process*, 2d ed. Englewood Cliffs, NJ: Prentice Hall.

Larman, Craig. 2004. *Agile and Iterative Development: A Manager's Guide*. Boston, MA: Addison-Wesley, 2004.

Lauesen, Soren. *Software Requirements: Styles and Techniques*. Boston, MA: Addison-Wesley, 2002.

Laurel, Brenda, ed. 1990. *The Art of Human-Computer Interface Design*. Reading, MA: Addison-Wesley.

Ledgard, Henry F., with John Tauer. 1987a. *C With Excellence: Programming Proverbs*. Indianapolis: Hayden Books.

Ledgard, Henry F., with John Tauer. 1987b. *Professional Software*, vol. 2, *Programming Practice*. Indianapolis: Hayden Books.

Ledgard, Henry, and Michael Marcotty. 1986. *The Programming Language Landscape: Syntax, Semantics, and Implementation*, 2d ed. Chicago: Science Research Associates.

Ledgard, Henry. 1985. "Programmers: The Amateur vs. the Professional." *Abacus* 2, no. 4 (Summer): 29–35.

Leffingwell, Dean. 1997. "Calculating the Return on Investment from More Effective Requirements Management," *American Programmer*, 10(4):13–16.

Lewis, Daniel W. 1979. "A Review of Approaches to Teaching Fortran." *IEEE Transactions on Education*, E-22, no. 1: 23–25.

Lewis, William E. 2000. *Software Testing and Continuous Quality Improvement*, 2d ed. Auerbach Publishing.

Lieberherr, Karl J. and Ian Holland. 1989. "Assuring Good Style for Object-Oriented Programs." *IEEE Software*, September 1989, pp. 38f.

Lientz, B. P., and E. B. Swanson. 1980. *Software Maintenance Management*. Reading, MA: Addison-Wesley.

Lind, Randy K., and K. Vairavan. 1989. "An Experimental Investigation of Software Metrics and Their Relationship to Software Development Effort." *IEEE Transactions on Software Engineering* SE-15, no. 5 (May): 649–53.

Linger, Richard C., Harlan D. Mills, and Bernard I. Witt. 1979. *Structured Programming: Theory and Practice*. Reading, MA: Addison-Wesley.

Linn, Marcia C., and Michael J. Clancy. 1992. "The Case for Case Studies of Programming Problems." *Communications of the ACM* 35, no. 3 (March): 121–32.

Liskov, Barbara, and Stephen Zilles. 1974. "Programming with Abstract Data Types." *ACM Sigplan Notices* 9, no. 4: 50–59.

Liskov, Barbara. "Data Abstraction and Hierarchy," *ACM SIGPLAN Notices*, May 1988.

Littman, David C., et al. 1986. "Mental Models and Software Maintenance." In Soloway and Iyengar 1986: 80–98.

Longstreet, David H., ed. 1990. *Software Maintenance and Computers*. Los Alamitos, CA: IEEE Computer Society Press.

Loy, Patrick H. 1990. "A Comparison of Object-Oriented and Structured Development Methods." *Software Engineering Notes* 15, no. 1 (January): 44–48.

Mackinnon, Tim, Steve Freeman, and Philip Craig. 2000. "Endo-Testing: Unit Testing with Mock Objects," *eXtreme Programming* and Flexible Processes Software Engineering - XP2000 Conference.

Maguire, Steve. 1993. *Writing Solid Code*. Redmond, WA: Microsoft Press.

Mannino, P. 1987. "A Presentation and Comparison of Four Information System Development Methodologies." *Software Engineering Notes* 12, no. 2 (April): 26–29.

Manzo, John. 2002. "Odyssey and Other Code Science Success Stories." *Crosstalk*, October 2002.

Marca, David. 1981. "Some Pascal Style Guidelines." *ACM Sigplan Notices* 16, no. 4 (April): 70–80.

March, Steve. 1999. "Learning from Pathfinder's Bumpy Start." *Software Testing and Quality Engineering*, September/October 1999, pp. 10f.

Marcotty, Michael. 1991. *Software Implementation*. New York, NY: Prentice Hall.

Martin, Robert C. 2003. *Agile Software Development: Principles, Patterns, and Practices*. Upper Saddle River, NJ: Pearson Education.

McCabe, Tom. 1976. "A Complexity Measure." *IEEE Transactions on Software Engineering*, SE-2, no. 4 (December): 308–20.

McCarthy, Jim. 1995. *Dynamics of Software Development*. Redmond, WA: Microsoft Press.

McConnell, Steve. 1996. *Rapid Development*. Redmond, WA: Microsoft Press.

McConnell, Steve. 1997a. "The Programmer Writing," *IEEE Software*, July/August 1997.

McConnell, Steve. 1997b. "Achieving Leaner Software," *IEEE Software*, November/December 1997.

McConnell, Steve. 1998a. *Software Project Survival Guide*. Redmond, WA: Microsoft Press.

McConnell, Steve. 1998b. "Why You Should Use Routines, Routinely," *IEEE Software*, Vol. 15, No. 4, July/August 1998.

McConnell, Steve. 1999. "Brooks Law Repealed?" *IEEE Software*, November/December 1999.

McConnell, Steve. 2004. *Professional Software Development*. Boston, MA: Addison-Wesley.

McCue, Gerald M. 1978. "IBM's Santa Teresa Laboratory–Architectural Design for Program Development." *IBM Systems Journal* 17, no. 1:4–25.

McGarry, Frank, and Rose Pajerski. 1990. "Towards Understanding Software–15 Years in the SEL." *Proceedings of the Fifteenth Annual Software Engineering Workshop, November 28–29, 1990*. Greenbelt, MD: Goddard Space Flight Center. Document SEL-90-006.

McGarry, Frank, Sharon Waligora, and Tim McDermott. 1989. "Experiences in the Software Engineering Laboratory (SEL) Applying Software Measurement." *Proceedings of the Fourteenth Annual Software Engineering Workshop, November 29, 1989*. Greenbelt, MD: Goddard Space Flight Center. Document SEL-89-007.

McGarry, John, et al. 2001. *Practical Software Measurement: Objective Information for Decision Makers*. Boston, MA: Addison-Wesley.

McKeithen, Katherine B., et al. 1981. "Knowledge Organization and Skill Differences in Computer Programmers." *Cognitive Psychology* 13:307–25.

Metzger, Philip W., and John Boddie. 1996. *Managing a Programming Project: Processes and People*, 3d ed. Englewood Cliffs, NJ: Prentice Hall, 1996.

Meyer, Bertrand. 1997. *Object-Oriented Software Construction*, 2d ed. New York, NY: Prentice Hall.

Meyers, Scott. 1996. *More Effective C++: 35 New Ways to Improve Your Programs and Designs*. Reading, MA: Addison-Wesley.

Meyers, Scott. 1998. *Effective C++: 50 Specific Ways to Improve Your Programs and Designs*, 2d ed. Reading, MA: Addison-Wesley.

Miaria, Richard J., et al. 1983. "Program Indentation and Comprehensibility." *Communications of the ACM* 26, no. 11 (November): 861–67.

Michalewicz, Zbigniew, and David B. Fogel. 2000. *How to Solve It: Modern Heuristics*. Berlin: Springer-Verlag.

Miller, G. A. 1956. "The Magical Number Seven, Plus or Minus Two: Some Limits on Our Capacity for Processing Information." *The Psychological Review* 63, no. 2 (March): 81–97.

Mills, Harlan D. 1983. *Software Productivity*. Boston, MA: Little, Brown.

Mills, Harlan D. 1986. "Structured Programming: Retrospect and Prospect." *IEEE Software*, November, 58–66.

Mills, Harlan D., and Richard C. Linger. 1986. "Data Structured Programming: Program Design Without Arrays and Pointers." *IEEE Transactions on Software Engineering* SE-12, no. 2 (February): 192–97.

Mills, Harlan D., Michael Dyer, and Richard C. Linger. 1987. "Cleanroom Software Engineering." *IEEE Software*, September, 19–25.

Misfeldt, Trevor, Greg Bumgardner, and Andrew Gray. 2004. *The Elements of C++ Style*. Cambridge University Press.

Mitchell, Jeffrey, Joseph Urban, and Robert McDonald. 1987. "The Effect of Abstract Data Types on Program Development." *IEEE Computer* 20, no. 9 (September): 85–88.

Mody, R. P. 1991. "C in Education and Software Engineering." *SIGCSE Bulletin* 23, no. 3 (September): 45–56.

Moore, Dave. 1992. Private communication.

Moore, James W. 1997. *Software Engineering Standards: A User's Road Map*. Los Alamitos, CA: IEEE Computer Society Press.

Morales, Alexandra Weber. 2003. "The Consummate Coach: Watts Humphrey, Father of Cmm and Author of Winning with Software, Explains How to Get Better at What You Do," *SD Show Daily*, September 16, 2003.

Myers, Glenford J. 1976. *Software Reliability*. New York, NY: John Wiley & Sons.

Myers, Glenford J. 1978a. *Composite/Structural Design*. New York, NY: Van Nostrand Reinhold.

Myers, Glenford J. 1978b. "A Controlled Experiment in Program Testing and Code Walkthroughs/Inspections." *Communications of the ACM* 21, no. 9 (September): 760–68.

Myers, Glenford J. 1979. *The Art of Software Testing*. New York, NY: John Wiley & Sons.

Myers, Ware. 1992. "Good Software Practices Pay Off—Or Do They?" *IEEE Software*, March, 96–97.

Naisbitt, John. 1982. *Megatrends*. New York, NY: Warner Books.

NASA Software Engineering Laboratory, 1994. *Software Measurement Guidebook*, June 1995, NASA-GB-001-94. Available from *http://sel.gsfc.nasa.gov/website/documents/online-doc/94-102.pdf*.

NCES 2002. National Center for Education Statistics, *2001 Digest of Educational Statistics*, Document Number NCES 2002130, April 2002.

Nevison, John M. 1978. *The Little Book of BASIC Style*. Reading, MA: Addison-Wesley.

Newcomer, Joseph M. 2000. "Optimization: Your Worst Enemy," May 2000, *www.flounder.com/optimization.htm*.

Norcio, A. F. 1982. "Indentation, Documentation and Programmer Comprehension." *Proceedings: Human Factors in Computer Systems, March 15–17, 1982, Gaithersburg, MD*: 118–20.

Norman, Donald A. 1988. *The Psychology of Everyday Things*. New York, NY: Basic Books. (Also published in paperback as *The Design of Everyday Things*. New York, NY: Doubleday, 1990.)

Oman, Paul and Shari Lawrence Pfleeger, eds. 1996. *Applying Software Metrics*. Los Alamitos, CA: IEEE Computer Society Press.

Oman, Paul W., and Curtis R. Cook. 1990a. "The Book Paradigm for Improved Maintenance." *IEEE Software*, January, 39–45.

Oman, Paul W., and Curtis R. Cook. 1990b. "Typographic Style Is More Than Cosmetic." *Communications of the ACM* 33, no. 5 (May): 506–20.

Ostrand, Thomas J., and Elaine J. Weyuker. 1984. "Collecting and Categorizing Software Error Data in an Industrial Environment." *Journal of Systems and Software* 4, no. 4 (November): 289–300.

Page-Jones, Meilir. 2000. *Fundamentals of Object-Oriented Design in UML*. Boston, MA: Addison-Wesley.

Page-Jones, Meilir. 1988. *The Practical Guide to Structured Systems Design*. Englewood Cliffs, NJ: Yourdon Press.

Parikh, G., and N. Zvegintzov, eds. 1983. *Tutorial on Software Maintenance*. Los Alamitos, CA: IEEE Computer Society Press.

Parikh, Girish. 1986. *Handbook of Software Maintenance*. New York, NY: John Wiley & Sons.

Parnas, David L. 1972. "On the Criteria to Be Used in Decomposing Systems into Modules." *Communications of the ACM* 5, no. 12 (December): 1053–58.

Parnas, David L. 1976. "On the Design and Development of Program Families." *IEEE Transactions on Software Engineering* SE-2, 1 (March): 1–9.

Parnas, David L. 1979. "Designing Software for Ease of Extension and Contraction." *IEEE Transactions on Software Engineering* SE-5, no. 2 (March): 128–38.

Parnas, David L. 1999. ACM Fellow Profile: David Lorge Parnas," *ACM Software Engineering Notes*, May 1999, 10–14.

Parnas, David L., and Paul C. Clements. 1986. "A Rational Design Process: How and Why to Fake It." *IEEE Transactions on Software Engineering* SE-12, no. 2 (February): 251–57.

Parnas, David L., Paul C. Clements, and D. M. Weiss. 1985. "The Modular Structure of Complex Systems." *IEEE Transactions on Software Engineering* SE-11, no. 3 (March): 259–66.

Perrott, Pamela. 2004. Private communication.

Peters, L. J., and L. L. Tripp. 1976. "Is Software Design Wicked" *Datamation*, Vol. 22, No. 5 (May 1976), 127–136.

Peters, Lawrence J. 1981. *Handbook of Software Design: Methods and Techniques*. New York, NY: Yourdon Press.

Peters, Lawrence J., and Leonard L. Tripp. 1977. "Comparing Software Design Methodologies." *Datamation*, November, 89–94.

Peters, Tom. 1987. *Thriving on Chaos: Handbook for a Management Revolution*. New York, NY: Knopf.

Petroski, Henry. 1994. *Design Paradigms: Case Histories of Error and Judgment in Engineering*. Cambridge, U.K.: Cambridge University Press.

Pietrasanta, Alfred M. 1990. "Alfred M. Pietrasanta on Improving the Software Process." *Software Engineering: Tools, Techniques, Practices* 1, no. 1 (May/June): 29–34.

Pietrasanta, Alfred M. 1991a. "A Strategy for Software Process Improvement." *Ninth Annual Pacific Northwest Software Quality Conference, October 7–8, 1991*. Oregon Convention Center, Portland, OR

Pietrasanta, Alfred M. 1991b. "Implementing Software Engineering in IBM." Keynote address. *Ninth Annual Pacific Northwest Software Quality Conference, October 7–8, 1991*. Oregon Convention Center, Portland, OR.

Pigoski, Thomas M. 1997. *Practical Software Maintenance*. New York, NY: John Wiley & Sons.

Pirsig, Robert M. 1974. *Zen and the Art of Motorcycle Maintenance: An Inquiry into Values*. William Morrow.

Plauger, P. J. 1988. "A Designer's Bibliography." *Computer Language*, July, 17–22.

Plauger, P. J. 1993. *Programming on Purpose: Essays on Software Design*. New York, NY: Prentice Hall.

Plum, Thomas. 1984. *C Programming Guidelines*. Cardiff, NJ: Plum Hall.

Polya, G. 1957. *How to Solve It: A New Aspect of Mathematical Method*, 2d ed. Princeton, NJ: Princeton University Press.

Post, Ed. 1983. "Real Programmers Don't Use Pascal," *Datamation*, July 1983, 263–265.

Prechelt, Lutz. 2000. "An Empirical Comparison of Seven Programming Languages," *IEEE Computer*, October 2000, 23–29.

Pressman, Roger S. 1987. *Software Engineering: A Practitioner's Approach*. New York, NY: McGraw-Hill.

Pressman, Roger S. 1988. *Making Software Engineering Happen: A Guide for Instituting the Technology*. Englewood Cliffs, NJ: Prentice Hall.

Putnam, Lawrence H. 2000. "Familiar Metric Management – Effort, Development Time, and Defects Interact." Downloadable from *www.qsm.com*.

Putnam, Lawrence H., and Ware Myers. 1992. *Measures for Excellence: Reliable Software On Time, Within Budget*. Englewood Cliffs, NJ: Yourdon Press, 1992.

Putnam, Lawrence H., and Ware Myers. 1997. *Industrial Strength Software: Effective Management Using Measurement*. Washington, DC: IEEE Computer Society Press.

Putnam, Lawrence H., and Ware Myers. 2000. "What We Have Learned." Downloadable from *www.qsm.com*, June 2000.

Raghavan, Sridhar A., and Donald R. Chand. 1989. "Diffusing Software-Engineering Methods." *IEEE Software*, July, 81–90.

Ramsey, H. Rudy, Michael E. Atwood, and James R. Van Doren. 1983. "Flowcharts Versus Program Design Languages: An Experimental Comparison." *Communications of the ACM* 26, no. 6 (June): 445–49.

Ratliff, Wayne. 1987. Interview in *Solution System*.

Raymond, E. S. 2000. "The Cathedral and the Bazaar," *www.catb.org/~esr/writings/cathedral-bazaar*.

Raymond, Eric S. 2004. *The Art of Unix Programming*. Boston, MA: Addison-Wesley.

Rees, Michael J. 1982. "Automatic Assessment Aids for Pascal Programs." *ACM Sigplan Notices* 17, no. 10 (October): 33–42.

Reifer, Donald. 2002. "How to Get the Most Out of Extreme Programming/Agile Methods," *Proceedings, XP/Agile Universe 2002*. New York, NY: Springer; 185–196.

Reingold, Edward M., and Wilfred J. Hansen. 1983. *Data Structures*. Boston, MA: Little, Brown.

Rettig, Marc. 1991. "Testing Made Palatable." *Communications of the ACM* 34, no. 5 (May): 25–29.

Riel, Arthur J. 1996. *Object-Oriented Design Heuristics*. Reading, MA: Addison-Wesley.

Rittel, Horst, and Melvin Webber. 1973. "Dilemmas in a General Theory of Planning." *Policy Sciences* 4:155–69.

Robertson, Suzanne, and James Robertson, 1999. *Mastering the Requirements Process*. Reading, MA: Addison-Wesley.

Rogers, Everett M. 1995. *Diffusion of Innovations*, 4th ed. New York, NY: The Free Press.

Rombach, H. Dieter. 1990. "Design Measurements: Some Lessons Learned." *IEEE Software*, March, 17–25.

Rubin, Frank. 1987. "'GOTO Considered Harmful' Considered Harmful." Letter to the editor. *Communications of the ACM* 30, no. 3 (March): 195–96. Follow-up letters in 30, no. 5 (May 1987): 351–55; 30, no. 6 (June 1987): 475–78; 30, no. 7 (July 1987): 632–34; 30, no. 8 (August 1987): 659–62; 30, no. 12 (December 1987): 997, 1085.

Sackman, H., W. J. Erikson, and E. E. Grant. 1968. "Exploratory Experimental Studies Comparing Online and Offline Programming Performance." *Communications of the ACM* 11, no. 1 (January): 3–11.

Schneider, G. Michael, Johnny Martin, and W. T. Tsai. 1992. "An Experimental Study of Fault Detection in User Requirements Documents," *ACM Transactions on Software Engineering and Methodology*, vol 1, no. 2, 188–204.

Schulmeyer, G. Gordon. 1990. *Zero Defect Software*. New York, NY: McGraw-Hill.

Sedgewick, Robert. 1997. *Algorithms in C, Parts 1-4*, 3d ed. Boston, MA: Addison-Wesley.

Sedgewick, Robert. 2001. *Algorithms in C, Part 5*, 3d ed. Boston, MA: Addison-Wesley.

Sedgewick, Robert. 1998. *Algorithms in C++, Parts 1-4*, 3d ed. Boston, MA: Addison-Wesley.

Sedgewick, Robert. 2002. *Algorithms in C++, Part 5*, 3d ed. Boston, MA: Addison-Wesley.

Sedgewick, Robert. 2002. *Algorithms in Java, Parts 1-4*, 3d ed. Boston, MA: Addison-Wesley.

Sedgewick, Robert. 2003. *Algorithms in Java, Part 5*, 3d ed. Boston, MA: Addison-Wesley.

SEI 1995. *The Capability Maturity Model: Guidelines for Improving the Software Process*, Software Engineering Institute, Reading, MA: Addison-Wesley, 1995.

SEI, 2003. "Process Maturity Profile: Software CMM®, CBA IPI and SPA Appraisal Results: 2002 Year End Update," Software Engineering Institute, April 2003.

Selby, Richard W., and Victor R. Basili. 1991. "Analyzing Error-Prone System Structure." *IEEE Transactions on Software Engineering* SE-17, no. 2 (February): 141–52.

SEN 1990. "Subsection on Telephone Systems," *Software Engineering Notes*, April 1990, 11–14.

Shalloway, Alan, and James R. Trott. 2002. *Design Patterns Explained*. Boston, MA: Addison-Wesley.

Sheil, B. A. 1981. "The Psychological Study of Programming." *Computing Surveys* 13, no. 1 (March): 101–20.

Shen, Vincent Y., et al. 1985. "Identifying Error-Prone Software—An Empirical Study." *IEEE Transactions on Software Engineering* SE-11, no. 4 (April): 317–24.

Sheppard, S. B., et al. 1978. "Predicting Programmers' Ability to Modify Software." *TR 78-388100-3*, General Electric Company, May.

Sheppard, S. B., et al. 1979. "Modern Coding Practices and Programmer Performance." *IEEE Computer* 12, no. 12 (December): 41–49.

Shepperd, M., and D. Ince. 1989. "Metrics, Outlier Analysis and the Software Design Process." *Information and Software Technology* 31, no. 2 (March): 91–98.

Shirazi, Jack. 2000. *Java Performance Tuning*. Sebastopol, CA: O'Reilly & Associates.

Shlaer, Sally, and Stephen J. Mellor. 1988. *Object Oriented Systems Analysis—Modeling the World in Data*. Englewood Cliffs, NJ: Prentice Hall.

Shneiderman, Ben, and Richard Mayer. 1979. "Syntactic/Semantic Interactions in Programmer Behavior: A Model and Experimental Results." *International Journal of Computer and Information Sciences* 8, no. 3: 219–38.

Shneiderman, Ben. 1976. "Exploratory Experiments in Programmer Behavior." *International Journal of Computing and Information Science* 5:123–43.

Shneiderman, Ben. 1980. *Software Psychology: Human Factors in Computer and Information Systems*. Cambridge, MA: Winthrop.

Shneiderman, Ben. 1987. *Designing the User Interface: Strategies for Effective Human-Computer Interaction*. Reading, MA: Addison-Wesley.

Shull, et al. 2002. "What We Have Learned About Fighting Defects," *Proceedings, Metrics 2002*. IEEE; 249–258.

Simon, Herbert. 1996. *The Sciences of the Artificial*, 3d ed. Cambridge, MA: MIT Press.

Simon, Herbert. *The Shape of Automation for Men and Management*. Harper and Row, 1965.

Simonyi, Charles, and Martin Heller. 1991. "The Hungarian Revolution." *BYTE*, August, 131–38.

Smith, Connie U., and Lloyd G. Williams. 2002. *Performance Solutions: A Practical Guide to Creating Responsive, Scalable Software*. Boston, MA: Addison-Wesley.

Software Productivity Consortium. 1989. *Ada Quality and Style: Guidelines for Professional Programmers*. New York, NY: Van Nostrand Reinhold.

Soloway, Elliot, and Kate Ehrlich. 1984. "Empirical Studies of Programming Knowledge." *IEEE Transactions on Software Engineering* SE-10, no. 5 (September): 595–609.

Soloway, Elliot, and Sitharama Iyengar, eds. 1986. *Empirical Studies of Programmers*. Norwood, NJ: Ablex.

Soloway, Elliot, Jeffrey Bonar, and Kate Ehrlich. 1983. "Cognitive Strategies and Looping Constructs: An Empirical Study." *Communications of the ACM* 26, no. 11 (November): 853–60.

Solution Systems. 1987. *World-Class Programmers' Editing Techniques: Interviews with Seven Programmers*. South Weymouth, MA: Solution Systems.

Sommerville, Ian. 1989. *Software Engineering*, 3d ed. Reading, MA: Addison-Wesley.

Spier, Michael J. 1976. "Software Malpractice–A Distasteful Experience." *Software–Practice and Experience* 6:293–99.

Spinellis, Diomidis. 2003. *Code Reading: The Open Source Perspective*. Boston, MA: Addison-Wesley.

SPMN. 1998. *Little Book of Configuration Management*. Arlington, VA; Software Program Managers Network.

Starr, Daniel. 2003. "What Supports the Roof?" *Software Development*. July 2003, 38–41.

Stephens, Matt. 2003. "Emergent Design vs. Early Prototyping," May 26, 2003, *www.softwarereality.com/design/early_prototyping.jsp*.

Stevens, Scott M. 1989. "Intelligent Interactive Video Simulation of a Code Inspection." *Communications of the ACM* 32, no. 7 (July): 832–43.

Stevens, W., G. Myers, and L. Constantine. 1974. "Structured Design." *IBM Systems Journal* 13, no. 2 (May): 115–39.

Stevens, Wayne. 1981. *Using Structured Design*. New York, NY: John Wiley & Sons.

Stroustrup, Bjarne. 1997. *The C++ Programming Language*, 3d ed. Reading, MA: Addison-Wesley.

Strunk, William, and E. B. White. 2000. *Elements of Style*, 4th ed. Pearson.

Sun Microsystems, Inc. 2000. "How to Write Doc Comments for the Javadoc Tool," 2000. Available from *http://java.sun.com/j2se/javadoc/writingdoccomments/*.

Sutter, Herb. 2000. *Exceptional C++: 47 Engineering Puzzles, Programming Problems, and Solutions*. Boston, MA: Addison-Wesley.

Tackett, Buford D., III, and Buddy Van Doren. 1999. "Process Control for Error Free Software: A Software Success Story," *IEEE Software*, May 1999.

Tenner, Edward. 1997. *Why Things Bite Back: Technology and the Revenge of Unintended Consequences*. Vintage Books.

Tenny, Ted. 1988. "Program Readability: Procedures versus Comments." *IEEE Transactions on Software Engineering* SE-14, no. 9 (September): 1271–79.

Thayer, Richard H., ed. 1990. *Tutorial: Software Engineering Project Management*. Los Alamitos, CA: IEEE Computer Society Press.

Thimbleby, Harold. 1988. "Delaying Commitment." *IEEE Software*, May, 78–86.

Thomas, Dave, and Andy Hunt. 2002. "Mock Objects," *IEEE Software*, May/June 2002.

Thomas, Edward J., and Paul W. Oman. 1990. "A Bibliography of Programming Style." *ACM Sigplan Notices* 25, no. 2 (February): 7–16.

Thomas, Richard A. 1984. "Using Comments to Aid Program Maintenance." *BYTE*, May, 415–22.

Tripp, Leonard L., William F. Struck, and Bryan K. Pflug. 1991. "The Application of Multiple Team Inspections on a Safety-Critical Software Standard," *Proceedings of the 4th Software Engineering Standards Application Workshop*, Los Alamitos, CA: IEEE Computer Society Press.

U.S. Department of Labor. 1990. "The 1990–91 Job Outlook in Brief." *Occupational Outlook Quarterly, Spring*. U.S. Government Printing Office. Document 1990-282-086/20007.

Valett, J., and F. E. McGarry. 1989. "A Summary of Software Measurement Experiences in the Software Engineering Laboratory." *Journal of Systems and Software* 9, no. 2 (February): 137–48.

Van Genuchten, Michiel. 1991. "Why Is Software Late? An Empirical Study of Reasons for Delay in Software Development." *IEEE Transactions on Software Engineering* SE-17, no. 6 (June): 582–90.

Van Tassel, Dennie. 1978. *Program Style, Design, Efficiency, Debugging, and Testing*, 2d ed. Englewood Cliffs, NJ: Prentice Hall.

Vaughn-Nichols, Steven. 2003. "Building Better Software with Better Tools," *IEEE Computer*, September 2003, 12–14.

Vermeulen, Allan, et al. 2000. *The Elements of Java Style*. Cambridge University Press.

Vessey, Iris, Sirkka L. Jarvenpaa, and Noam Tractinsky. 1992. "Evaluation of Vendor Products: CASE Tools as Methodological Companions." *Communications of the ACM* 35, no. 4 (April): 91–105.

Vessey, Iris. 1986. "Expertise in Debugging Computer Programs: An Analysis of the Content of Verbal Protocols." *IEEE Transactions on Systems, Man, and Cybernetics* SMC-16, no. 5 (September/October): 621–37.

Votta, Lawrence G., et al. 1991. "Investigating the Application of Capture-Recapture Techniques to Requirements and Design Reviews." *Proceedings of the Sixteenth Annual Software Engineering Workshop, December 4–5, 1991*. Greenbelt, MD: Goddard Space Flight Center. Document SEL-91-006.

Walston, C. E., and C. P. Felix. 1977. "A Method of Programming Measurement and Estimation." *IBM Systems Journal* 16, no. 1: 54–73.

Ward, Robert. 1989. *A Programmer's Introduction to Debugging C*. Lawrence, KS: R & D Publications.

Ward, William T. 1989. "Software Defect Prevention Using McCabe's Complexity Metric." *Hewlett-Packard Journal*, April, 64–68.

Webster, Dallas E. 1988. "Mapping the Design Information Representation Terrain." *IEEE Computer*, December, 8–23.

Weeks, Kevin. 1992. "Is Your Code Done Yet?" *Computer Language*, April, 63–72.

Weiland, Richard J. 1983. *The Programmer's Craft: Program Construction, Computer Architecture, and Data Management*. Reston, VA: Reston Publishing.

Weinberg, Gerald M. 1983. "Kill That Code!" *Infosystems*, August, 48–49.

Weinberg, Gerald M. 1998. *The Psychology of Computer Programming: Silver Anniversary Edition*. New York, NY: Dorset House.

Weinberg, Gerald M., and Edward L. Schulman. 1974. "Goals and Performance in Computer Programming." *Human Factors* 16, no. 1 (February): 70–77.

Weinberg, Gerald. 1988. *Rethinking Systems Analysis and Design*. New York, NY: Dorset House.

Weisfeld, Matt. 2004. *The Object-Oriented Thought Process*, 2d ed. SAMS, 2004.

Weiss, David M. 1975. "Evaluating Software Development by Error Analysis: The Data from the Architecture Research Facility." *Journal of Systems and Software* 1, no. 2 (June): 57–70.

Weiss, Eric A. 1972. "Review of *The Psychology of Computer Programming*, by Gerald M. Weinberg." *ACM Computing Reviews* 13, no. 4 (April): 175–76.

Wheeler, David, Bill Brykczynski, and Reginald Meeson. 1996. *Software Inspection: An Industry Best Practice*. Los Alamitos, CA: IEEE Computer Society Press.

Whittaker, James A. 2000 "What Is Software Testing? And Why Is It So Hard?" *IEEE Software*, January 2000, 70–79.

Whittaker, James A. 2002. *How to Break Software: A Practical Guide to Testing*. Boston, MA: Addison-Wesley.

Whorf, Benjamin. 1956. *Language, Thought and Reality*. Cambridge, MA: MIT Press.

Wiegers, Karl. 2002. *Peer Reviews in Software: A Practical Guide*. Boston, MA: Addison-Wesley.

Wiegers, Karl. 2003. *Software Requirements*, 2d ed. Redmond, WA: Microsoft Press.

Williams, Laurie, and Robert Kessler. 2002. *Pair Programming Illuminated*. Boston, MA: Addison-Wesley.

Willis, Ron R., et al. 1998. "Hughes Aircraft's Widespread Deployment of a Continuously Improving Software Process," Software Engineering Institute/Carnegie Mellon University, CMU/SEI-98-TR-006, May 1998.

Wilson, Steve, and Jeff Kesselman. 2000. *Java Platform Performance: Strategies and Tactics*. Boston, MA: Addison-Wesley.

Wirth, Niklaus. 1995. "A Plea for Lean Software," *IEEE Computer*, February 1995.

Wirth, Niklaus. 1971. "Program Development by Stepwise Refinement." *Communications of the ACM* 14, no. 4 (April): 221–27.

Wirth, Niklaus. 1986. *Algorithms and Data Structures*. Englewood Cliffs, NJ: Prentice Hall.

Woodcock, Jim, and Martin Loomes. 1988. *Software Engineering Mathematics*. Reading, MA: Addison-Wesley.

Woodfield, S. N., H. E. Dunsmore, and V. Y. Shen. 1981. "The Effect of Modularization and Comments on Program Comprehension." *Proceedings of the Fifth International Conference on Software Engineering*, March 1981, 215–23.

Wulf, W. A. 1972. "A Case Against the GOTO." *Proceedings of the 25th National ACM Conference*, August 1972, 791–97.

Youngs, Edward A. 1974. "Human Errors in Programming." *International Journal of Man-Machine Studies* 6:361–76.

Yourdon, Edward, and Larry L. Constantine. 1979. *Structured Design: Fundamentals of a Discipline of Computer Program and Systems Design*. Englewood Cliffs, NJ: Yourdon Press.

Yourdon, Edward, ed. 1979. *Classics in Software Engineering*. Englewood Cliffs, NJ: Yourdon Press.

Yourdon, Edward, ed. 1982. *Writings of the Revolution: Selected Readings on Software Engineering*. New York, NY: Yourdon Press.

Yourdon, Edward. 1986a. *Managing the Structured Techniques: Strategies for Software Development in the 1990s*, 3d ed. New York, NY: Yourdon Press.

Yourdon, Edward. 1986b. *Nations at Risk*. New York, NY: Yourdon Press.

Yourdon, Edward. 1988. "The 63 Greatest Software Books." *American Programmer*, September.

Yourdon, Edward. 1989a. *Modern Structured Analysis*. New York, NY: Yourdon Press.

Yourdon, Edward. 1989b. *Structured Walk-Throughs*, 4th ed. New York, NY: Yourdon Press.

Yourdon, Edward. 1992. *Decline & Fall of the American Programmer*. Englewood Cliffs, NJ: Yourdon Press.

Zachary, Pascal. 1994. *Showstopper!* The Free Press.

Zahniser, Richard A. 1992. "A Massively Parallel Software Development Approach." *American Programmer*, January, 34–41.

出版后记：从做对到做好，打造硬核的技术领导力

书籍浩如烟海，文字浩繁中有许多闪光的观点和智慧，多半都经过作者的精巧构思，机智地隐藏于字里行间，若隐若现。年轻心急的读者，如若只身贸然闯入宝山，往往不太容易找到中心，难免有空入宝山之叹。

2003 年，图灵奖得主凯 (Alan Kay) 说过一句话：“预测未来最好的方式是创造它。”2004 年，瑟夫和卡恩 (Vinton G. Cerf 和 Robert E. Kahn) 因为 TCP/IP 协议而获得图灵奖，从此拉开 Web 2.0 的序幕。同年，《代码大全 2》英文版出版，获得了空前的成功，这部一气呵成的著作 (Write once，run everywhere)，一名程序员写给其他程序员看的书，从计算机兴起之初，历经二十多年，陪伴着全球一代又一代程序员成长，帮助很多读者从学生到自学精进的程序员，进阶为开发团队中的资深程序员，最后成长为团队和组织中不可或缺的技术领导。到 2020 年，字里行间的珠玑，依然历久弥新，一直闪耀着智慧的光芒。

在技术领导力日益成为主流的今天，干净、整洁、有条理、可追溯的代码，仍然是一个组织最强大、最有持续发展潜力的竞争优势之一。作者在前言中提到，虽然近年来前卫的软件开发实践迅速发展，但是，业内通用实践的手段并没有太大变化，很多程序仍然漏洞百出、延期交付并且超出预算，甚至还有很多根本无法满足用户的需求。

作为一直关注软件开发的知识工作者，我们也注意到软件开发最近几十年的发展，尤其是敏捷开发方法的流行，进一步暴露出很多软件企业的软肋，最为突出的是缺乏扎实的代码功底与良好的工程实践，写完代码和写好代码是优秀与平庸的分水岭。有一组数据让人触目惊心：某个产品，两万条测试用例，两万多个 bug。一个测试用例一个 bug，开发和测试一一对应，这是不是有些尴尬？对此，史蒂夫在前言中说了句大实话，高手所用的那些强大有效的编程技术其实并不神秘。但他们日复一日地忙于手头上的项目，哪里还有时间对外分享自己的知识和技能呢？也许，他们不只是忙，而是没有工夫去“云思考”，

正如英国剧作家同时也是诺贝尔奖文学奖得主萧伯纳所言：“会做的不一定会教。”

到了2019年年底，这样的情况似乎有了一些改观。不一定会做的人会教了。分享的人倒是多了，各种课程和训练营，种种花式偏方妙方，不一而足，信息过载到令人眼花缭乱的地步。然而，这样的碎片或者快餐有多少经过我们的大脑选择并形成体系了呢？我们认真观察过，也问过很多学员，最终得出一个令人遗憾的结论，很多人都只是学过和热闹过而已。没有深度思考和刻意练习，这些取巧的方式并没有让人的神经元形成有意义的连接，到头来，被“李鬼”师傅们忽悠着入了门，沉没的将是自己的时间成本以及让人更加虚空，以至于不得不反复“吸课”，试图以此来缓解自己的焦虑。其实呢，找对“李逵”师傅，认真修行，每个人都有望成为八二法则中的“二”。

如何才能找对师傅，让自己专注于练习和思考呢？作为深度受益于好书的知识工作者，首推的是选定好书作为不说话的良师友伴。我们考虑再三，决定重新推出史蒂夫这本至今仍然畅销全球的集大成者《代码大全2》，作者翻书山入文海，从堆积如山的书籍和成百上千的技术期刊中，萃取出代码构建最佳实践，再加上作者本人大量的实践经验，整合成一个行之有效的体系，形成软件开发领域中的常青树，普通程序员成长为优秀程序员和技术领导者的桥梁。希望这本经典著作继续助力广大老中青程序员回归软件的本质，重新思考写好代码对整个软件开发行业的重要意义。史蒂夫说得好，如果写代码这个阶段埋下的bug占比高达75%，那么谁还敢说它的优先级不够高，改进空间不够大呢？

扫码加入学习圈

扫码收听作者访谈

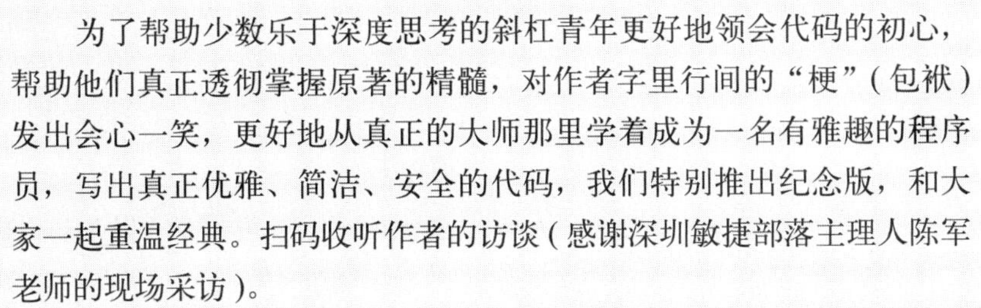

为了帮助少数乐于深度思考的斜杠青年更好地领会代码的初心，帮助他们真正透彻掌握原著的精髓，对作者字里行间的“梗”（包袱）发出会心一笑，更好地从真正的大师那里学着成为一名有雅趣的程序员，写出真正优雅、简洁、安全的代码，我们特别推出纪念版，和大家一起重温经典。扫码收听作者的访谈（感谢深圳敏捷部落主理人陈军老师的现场采访）。

扫码查看图灵奖得主及其相关介绍

诚如作者在前言中所述，这是一本程序员写给程序员看的书，祝大家阅读愉快，趁早成为一名卓有成效的程序员。

2023年，InfoQ对话《代码大全》作者

又及：本书中文版出版之后，受到数万名优秀程序员的关注和好评。在本书再次重印之际，再次感谢大家的支持。同时，还要向几位优秀的读者表示感谢，他们的认真和包容以及真诚的分享让我们出版工作者动容。他们分别是陈子佶（花名“小笼包”，奉行“代码如诗”的理念，书里书外完全研透了《代码大全》这个差不多900页的大部头）、杭州赵飞、天津大学边士泽（花名“月石在生气”）以及上海交通大学张腾。

苏格拉底对话录

关于注释（中文版剧本）

选自《代码大全 2》（纪念版），略有改动

（旁白）注释，还是不注释

代码注释吧，写差容易，写好却很难，更不要说帮倒忙的情况了，远远比派得上用场的时候多得多。围绕着注释之美那些热烈的探讨，常常让人误会那是在进行有关审美的哲学思辩。我觉得吧，如果苏格拉底也是程序员的话，他和他的学生们估计会有下面这样的对话。

（Picture from freepik.com）

角色

色拉叙马霍斯（Thrasymachus）：理论派，纯粹主义者，尽信书，读什么信什么

卡利克勒斯（Callicles）：实干派，经验丰富，“真资格的”程序员

格劳孔（Glaucon）：年轻、自信、不嫌事儿多的计算机高手

伊斯墨涅（Ismene）：资深程序员，厌倦“嘴炮”，只关注有效的小实践

苏格拉底（Socrates）：睿智的老程序员

场景

（团队的每日站会结束了。）

苏格拉底：（环视团队成员）散会之前，谁还有什么别的问题？

色拉叙马霍斯：（挑事儿）我建议咱们项目得制定一个注释标准。我们有些程序员，基本上不给代码写注释。而几乎所有人都知道，没有注释的代码简直没法看。

卡利克勒斯：（反驳）你绝对比我所能想到的应届毕业生更像是新手。注释，在学院派看来是灵丹妙药，但只要是真正做过编程的人，都知道注释只会使代码变得更难理解，而不是更容易。英语并不见得比 Java 或 Visual Basic 更精确，而且还会产生一大堆废话。编程语言的语句简明扼要。如果一个人连代码都写不清楚，又怎么能指望他可以把注释写得清楚呢？再说了，一旦代码有变化，注释就会跟着过时。如果连过时的注释都相信，那你可真是掉进坑里了。

格劳孔：（火上浇油，不嫌事儿多）附议。重度注释的代码很难理解，因为它意味着还要额外再读更多的东西。读代码倒也罢了，干嘛还得要人去读一大堆注释？

伊斯墨涅：（放下价值两个币[①]的咖啡杯，开始阐述自己的看法）等等，我同意注释会被滥用，但好的注释绝对是值得的。有注释和没有注释的代码我都维护过，我还是更愿意维护有注释的代码。虽然我倒不觉得有必要制定一个标准，要求多少行代码就该加个注释什么的，但我们确实应该提倡每个人都要写注释。

苏格拉底：（抛出问题）如果注释真的只是浪费时间，为什么还会有人这样做呢？卡利克勒斯？

卡利克勒斯：（连讥带讽，呛声道）要么是被强制要求写，要么是从哪里看到后觉得它有用。认真思考过这事儿的人都不觉得它们有用。

苏格拉底：（进一步提问）伊斯墨涅觉得它们有用。她在这里待了三年了，你们写的那些代码，不管有没有注释，她都维护过，而她更喜欢有注释的代码。对此，你觉得如何解释？

卡利克勒斯：（强词夺理，嗫嚅着说出原因）注释之所以没用，是因为它们只是以一种更啰嗦的方式来复述代码而已……

色拉叙马霍斯：（粗鲁地抢过话头）等等！好的注释可不只是在复述代码或者解释代码。它们的目的是澄清代码的意图。注释应该在高于代码的抽象层次来解释这段代码想要干嘛。

伊斯墨涅：（表示认同）对。我扫视注释的目的是找到哪些地方需要修改或修复。卡利克勒斯，你说的没错，单纯复述代码

① 古希腊货币，1 德拉克马银币重约 4.37 克，在当时，一名建筑工人的日收入为 2 德拉克马。2001 年，希腊加入欧元区，1 欧元兑换 340.75 德拉克马。

的注释确实没有任何用处，因为代码已经说明了一切。读注释的时候，我希望就像是在读一本书的前言或目录。注释可以先帮助我定位到正确的章节，然后才开始读代码。读一段英语注释可比解析 20 行代码快多了。（伊斯墨涅给自己又续了一杯咖啡）

伊斯墨涅：（接着阐述道）我觉得吧，人们不愿意写注释，大概有这么几个原因：一是觉得自己的代码已经清晰得不能更清晰了；二是误以为其他程序员对自己的代码有很浓厚的兴趣；三是高估了其他程序员的智商；四是懒惰；五是害怕别的人知道了自己是怎么写代码的。

伊斯墨涅：（补充说道）注释对代码评审很有帮助，苏格拉底。如果有人声称自己不需要写注释，那么只要是在评审的时候被同行用这样连珠炮似的问题质问过："你这段代码到底想要干嘛？"他们就会开始写注释的。就算他们自己不主动，他们的经理也会强制要求他们写注释的。

伊斯墨涅：（停顿了一下，转过头，声明立场）我不是说你懒或是说你怕其他人搞懂了你的代码，卡利克勒斯。我看过你的代码，你是我们公司最优秀的程序员，之一。但说到友好，呵？如果能加上注释，你的代码我处理起来就容易多了。

卡利克勒斯：（负隅顽抗）但注释纯粹就是浪费资源。优秀的程序员写的代码自带文档属性，代码想要你知道的一切都会包含在代码里。

色拉叙马霍斯：（火大，拍案而起，连珠炮地发问）不会吧？！编译器需要知道的全都包含在代码里？！你还说什么需要知道的一切都包含在二进制可执行文件里？！只要你足够聪明，就能读得懂？！说真的，代码的意图根本就不在代码里！

色拉叙马霍斯：（突然意识到自己有些激动忘形，于是又坐下了）苏格拉底，这太搞笑了。我们为什么还要争论代码注释到底有没有价值？书上都说它们有价值，而且应该大量使用。我们这样的讨论简直是在浪费时间。

苏格拉底：（试图和稀泥）冷静，冷静，亲爱的色拉叙马霍斯。你问问卡利克勒斯，看看他写代码有多少个年头了。

色拉叙马霍斯：（没好气地转头，问）卡利克勒斯，多长时间了？

卡利克勒斯：（回忆往事状）嗯，这个吧，大概是十五年前从雅典卫城 IV 开始的。我想我应该见证了十几个重大系统从生到死的整个过程。我参与过部分工作的系统就更多了。其中两个系统大概有五十万行代码的样子，所以我知道自己在说什么。听我说，注释真的没啥用。

苏格拉底：（看向更年轻的程序员格劳孔）正如卡利克勒斯所言，注释确实有很多合理性问题，而且，你如果经验不够的话，是无法体会的。如果处理不当，只会适得其反，比不加注释还要糟糕。

卡利克勒斯：（心服口不服）即使做对了，也没用。注释不如编程语言精确。我更愿意完全不要注释。

苏格拉底：（接住了卡利克勒斯的话头）等等！伊斯墨涅也认为注释不够精确。她是说注释可以提供更抽象的信息，而我们都知道，抽象是程序员最有力的工具之一。

格劳孔：（出言反击）我不这么认为。相比聚焦于注释，更应该关注如何提升代码的可读性。重构可以消除大部分注释。做完重构之后，代码可能变成 20 到 30 个子程序调用，不需要任何注释。优秀的程序员看看代码就能读懂它的意图，但如果明知代码有错，还去读注释以试图理解代码的意图，有什么好处呢？（格劳孔对自己的发言很是得意。卡利克勒斯点头表示认同。）

伊斯墨涅：（轻笑表示不屑）听起来你们这些家伙似乎从来没有改过别人的代码似的。（卡利克勒斯看似突然对天花板上的铅笔划痕发生了浓厚的兴趣）为什么你们不试试隔个一年半载再回头读一下自己的代码？你可以提升自己阅读和注释代码的能力。大家不用刻意挑选。如果是读小说，你可能不想看章节标题。但如果是阅读技术类的书，你希望能够快速找到想要读的章节。总不至于只为找出想要修改的两行代码就得进入超专注模式去读数百行代码吧。

格劳孔：（还是口服心不服，嘴硬）好吧，我明白能够扫视代码会很方便。（他看过伊斯墨涅的代码，印象很深刻）但卡利克勒斯的其他观点呢？代码变更导致注释过时？虽然我只写过几年代码，但也知道不会有人更新注释的。

伊斯墨涅：（态度暧昧，模棱两可）呃，对，也不对。如果你认为注释很神圣，代码很可疑，那就麻烦大了。事实上，注释和代码不一致往往意味着双方都有问题。某些注释不好，并不意味着写注释这件事儿不好。我去餐厅再拿壶咖啡来。（伊斯墨涅离开了房间）

卡利克勒斯：（放下铠甲，说出真相）我反对注释的主要原因是，它们纯粹是在浪费资源。

苏格拉底：（舒然提问）谁能够想到有什么办法可以使得写注释的时间成本降到最少吗？

格劳孔：（秒回）我知道，我知道，用伪代码来设计子程序，然后把伪代码转换成注释，再来填代码。

卡利克勒斯：（表示认同）好吧，那样应该可以，只要注释并不是在简单重复代码就行。

伊斯墨涅：（从餐厅回来）写注释能让人更深入地思考代码的意图。如果写注释有困难，就说明要么是代码差劲，要么是你没有理解透彻。不管哪种情况，都需要在代码上多花些时间。写注释的时间并不会被浪费，因为它为你指出了还需要完成哪些工作。

苏格拉底：（欣欣然总结陈词）很好，我没有别的问题了。我的理解是，伊斯墨涅总结了大家的金句。我们鼓励写注释，但不要对它抱有太多幻想。我们会进行代码评审，让大家了解到什么样的注释才是有帮助的。如果发现谁的代码不容易理解，就要告诉他们，让他们去改进。

Good code is its own best documentation. As you're about to add a comment, ask yourself, "How can I improve the code so that this comment isn't needed?" Improve the code and then document it to make it even clearer.
— Steve McConnell —
AZ QUOTES

Code never lies, comments sometimes do.
— Ron Jeffries —
AZ QUOTES

Real programmers don't comment their code. If it was hard to write, it should be hard to understand.
— Tom Van Vleck —
AZ QUOTES

苏格拉底对话录

关于注释（英文版剧本）

选自《代码大全 2》（纪念版），略有改动

剧本来源：《代码大全 2》第 32 章，作者：史蒂夫 · 麦康奈尔

To Comment or Not to Comment

Comments are easier to write poorly than well, and commenting can be more damaging than helpful. The heated discussions over the virtues of commenting often sound like philosophical debates over moral virtues, which makes me think that if Socrates had been a computer programmer, he and his students might have had the following discussion.

The Commento（意大利语）

Characters:

THRASYMACHUS A green, theoretical purist who believes everything he reads

CALLICLES A battle-hardened veteran from the old school—a "real" programmer

GLAUCON A young, confident, hot-shot computer jock

ISMENE A senior programmer tired of big promises, just looking for a few practices that work

SOCRATES The wise old programmer

Setting:

End Of The Team's Daily Standup Meeting

"Does anyone have any other issues before we get back to work?"**Socrates** asked.

"I want to suggest a commenting standard for our projects," **Thrasymachus** said. "Some of our programmers barely comment their code, and everyone knows that code without comments is unreadable."

"You must be fresher out of college than I thought," **Callicles** responded. "Comments are an academic panacea, but everyone who's done any real programming knows that comments make the code harder to read, not easier. English is less precise than Java or Visual Basic and makes for a lot of excess verbiage. Programming-language statements are short and to the point. If you can't make the code clear, how can you make the comments clear? Plus, comments get out of date as the code changes. If you believe an out-of-date comment, you're sunk."

"I agree with that," **Glaucon** joined in. "Heavily commented code is harder to read because it means more to read. I already have to read the code; why should I have to read a lot of comments, too?"

"Wait a minute," **Ismene** said, putting down her coffee mug to put in her two drachmas' worth. "I know that commenting can be abused, but good comments are worth their weight in gold. I've had to maintain code that had comments and code that didn' t, and I'd rather maintain code with comments. I don't think we should have a standard that says use one comment for every x lines of code, but we should encourage everyone to comment."

"If comments are a waste of time, why does anyone use them, Callicles?" Socrates asked.

"Either because they're required to or because they read somewhere that they're useful. No one who's thought about it could ever decide they're useful." Callicles said.

Socrates said, "Ismene thinks they're useful. She's been here three years, maintaining your code without comments and other code with comments, and she prefers the code with comments. What do you make of that?"

Callicles said "Comments are useless because they just repeat the code in a more verbose—"

"Wait right there," Thrasymachus interrupted. "Good comments don't repeat the code or explain it. They clarify its intent. Comments should explain, at a higher level of abstraction than the code, what you're trying to do."

"Right," Ismene said. "I scan the comments to find the section that does what I need to change or fix. You're right that comments that repeat the code don't help at all because the code says everything already. When I read comments, I want it to be like reading headings in a book or a table of contents. Comments help me find the right section, and then I start reading the code. It's a lot faster to read one sentence in English than it is to parse 20 lines of code in a programming language." Ismene poured herself another cup of coffee.

"I think that people who refuse to write comments (1) think their code is clearer than it could possibly be, (2) think that other programmers are far more interested in their code than they really are, (3) think other programmers are smarter than they really are, (4) are lazy, or (5) are afraid someone else might figure out how their code works.

"Code reviews would be a big help here, Socrates," Ismene continued. "If someone claims they don't need to write comments and are bombarded by questions during a review—when several peers start saying, 'What the heck are you trying to do in this piece of code?'—then they'll start putting in comments. If they don't do it on their own, at least their manager will have the ammo to make them do it.

"I'm not accusing you of being lazy or afraid that people will figure out your code, Callicles. I've worked on your code and you're one of the best programmers in the company. But have a heart, huh? Your code would be easier for me to work on if you used comments."

"But they're a waste of resources," Callicles countered. "A good programmer's code should be self-documenting; everything you need to know should be in the code."

"No way!" Thrasymachus was out of his chair. "Everything the compiler needs to know is in the code! You might as well argue that everything you need to know is in the binary executable file! If you were smart enough to read it! What is meant to happen is not in the code."

Thrasymachus realized he was standing up and sat down. “Socrates, this is ridiculous. Why do we have to argue about whether comments are valuable? Everything I’ve ever read says they’re valuable and should be used liberally. We’re wasting our time.”

Socrates said. “Cool down, **dear** Thrasymachus. Ask Callicles how long he’s been programming.”

“How long, Callicles?” **Thrasymachus** asked.

Callicles said,“Well, I started on the Acropolis IV about 15 years ago. I guess I’ve seen about a dozen major systems from the time they were born to the time we gave them a cup of hemlock. And I’ve worked on major parts of a dozen more. Two of those systems had over half a million lines of code, so I know what I’m talking about. Comments are pretty useless.”

Socrates looked at the younger programmer. “As **Callicles** says, comments have a lot of legitimate problems, and you won’t realize that without more experience. If they’re not done right, they’re worse than useless.”

“Even when they’re done right, they’re useless,” **Callicles** said. “Comments are less precise than a programming language. I’d rather not have them at all.”

“Wait a minute,” **Socrates** said. “Ismene agrees that comments are less precise. Her point is that comments give you a higher level of abstraction, and we all know that levels of abstraction are one of a programmer’s most powerful tools.”

“I don’t agree with that,” **Glaucon** replied. “Instead of focusing on commenting, you should focus on making code more readable.

Refactoring eliminates most of my comments. Once I've refactored, my code might have 20 or 30 routine calls without needing any comments. A good programmer can read the intent from the code itself, and what good does it do to read about somebody's intent when you know the code has an error?" **Glaucon** was pleased with his contribution. **Callicles** nodded.

"It sounds like you guys have never had to modify someone else's code," **Ismene** said. **Callicles suddenly seemed very interested in the pencil marks on the ceiling tiles**. "Why don't you try reading your own code six months or a year after you write it? You can improve your code-reading ability and your commenting. You don't have to choose one or the other. If you're reading a novel, you might not want section headings. But if you're reading a technical book, you'd like to be able to find what you're looking for quickly. I shouldn't have to switch into ultra-concentration mode and read hundreds of lines of code just to find the two lines I want to change."

"All right, I can see that it would be handy to be able to scan code," **Glaucon** said. He'd seen some of Ismene's programs and had been impressed. "But what about Callicles' other point, that comments get out of date as the code changes? I've only been programming for a couple of years, but even I know that nobody updates their comments."

"Well, yes and no," **Ismene** said. "If you take the comment as sacred and the code as suspicious, you're in deep trouble. Actually, finding a disagreement between the comment and the code tends to mean both are wrong. The fact that some comments are bad doesn't mean that commenting is bad. I'm going to the lunchroom to get another pot of coffee." Ismene left the room.

"My main objection to comments," Callicles said, "is that they're a waste of resources."

"Can anyone think of ways to minimize the time it takes to write the comments?" Socrates asked.

"Design routines in pseudocode, and then convert the pseudocode to comments and fill in the code between them,"Glaucon said.

"OK, that would work as long as the comments don't repeat the code," Callicles said.

"Writing a comment makes you think harder about what your code is doing," Ismene said, returning from the lunchroom. "If it's hard to comment, either it's bad code or you don't understand it well enough. Either way, you need to spend more time on the code, so the time you spent commenting wasn't wasted because it pointed you to required work."

"All right," Socrates said. "I can't think of any more questions, and I think Ismene got the best of you guys today. We'll encourage commenting, but we won't be naive about it. We'll have code reviews so that everyone will get a good sense of the kind of comments that actually help. If you have trouble understanding someone else's code, let them know how they can improve it.

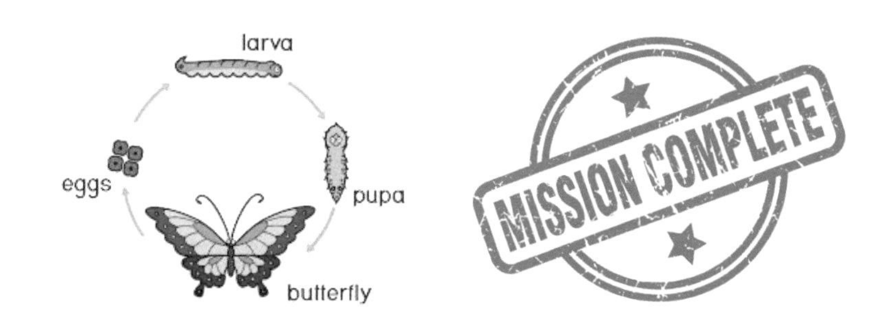

青山不改绿水长流，日后江湖相见，自当杯酒言欢，咱们就此别过

一你，莫，愁，该，有，就，有（动态更新中）

检查清单

检查清单：需求

这个需求检查清单包含一系列的问题，用于检查项目的需求工作做得如何。本书并不介绍如何做出好的需求分析，所以表里也不会有这样的问题。在开始构建之前，用这张表做一次健全检查，看看地基到底有多牢固：用需求里氏震级来衡量。

并不是所有问题都适用于具体的项目。如果是在做一个非正式的项目，就会发现一些你甚至不需要考虑的东西。你可能还会发现一些问题需要考虑但不需要做出正式的回答。然而，如果是在做一个大型、正式的项目，那么可能需要考虑每一个问题。

具体的功能需求

- ❑ 是否指定了系统的所有输入，包括其来源、精度、值的范围和出现频率？
- ❑ 是否指定了系统的所有输出，包括其目标、精度、值的范围、出现频率和格式？
- ❑ 是否为 Web 页面和报表等指定了所有输出格式？
- ❑ 是否指定了所有外部硬件和软件接口？
- ❑ 是否指定了所有外部通信接口，包括握手、错误检查和通信协议？
- ❑ 是否指定了用户想要执行的所有任务？
- ❑ 是否指定了每个任务中使用的数据和每个任务产生的数据？

特定的非功能性（质量）需求

- ❑ 从用户的角度来看，是否为所有必要的操作指定了预期的响应时间？
- ❑ 是否指定了其他时间考虑因素，比如处理时间、数据传输速率和系统吞吐量？
- ❑ 是否指定了安全级别？
- ❑ 是否指定了可靠性，包括软件故障的后果、需要在故障中得到保护的重要信息以及错误检测和恢复策略？
- ❑ 是否指定了最小机器内存和空闲磁盘空间？
- ❑ 是否指定了系统的可维护性，包括适应特定功能的更改、操作环境的更改以及与其他软件接口的更改的能力？
- ❑ 是否包括了成功和失败的定义？

需求质量

- ❑ 需求是用用户的语言编写的吗？用户这么认为吗？

- ❑ 每个需求都避免了与其他需求的冲突吗？
- ❑ 是否详细说明了竞争属性之间的可接受的折中，例如健壮性和正确性的折中？
- ❑ 是否避免了在需求中规定设计？
- ❑ 需求在详细程度上是一致的吗？是否有需求需要更详细的说明？是否有需求不需要那么详细的说明？
- ❑ 需求是否足够清晰，以至于可以移交给一个独立的团队进行构建，且不会产生误解？开发人员这么认为吗？
- ❑ 每个条款都与待解决的问题及其解决方案相关吗？能从每个条款上溯到在问题域中对应的根源吗？
- ❑ 每个需求都是可测试的吗？是否有可能通过进行独立测试来确定每个需求都被满足了？
- ❑ 是否说明了需求的所有可能变更以及每种变更的可能性？

需求的完整性

- ❑ 对于在开发中无法获得的信息，是否详细描述了信息不完全的区域？
- ❑ 需求的完备程度是否可以达到这种程度：如果产品满足所有需求，就说明它是可接受的？
- ❑ 对全部需求都感到满意吗？是否已经去掉了那些不可能实现的需求，那些只是为了安抚客户和老板的东西？

检查清单：架构

以下是一份问题列表，优秀的架构应该关注这些问题。这份检查清单并非试图作为一份有关如何做架构的完全指南，而是作为一种实用的评估手段，用来评估软件食物链到程序员这一头还有多少营养成分。这张检查清单可以作为你的检查清单的起点。就像需求的检查清单一样，如果从事的是非正式项目，就会发现其中某些条款甚至都不用去想。如果从事的是更大型的项目，那么大多数条款都很有用。

针对各架构主题

- ❑ 项目的整体组织是否清晰，包括良好的架构概述及其理由？
- ❑ 主要构件是否定义良好，包括它们的职责范围以及它们与其他构件的接口？
- ❑ 在需求中列出的所有功能都被合理覆盖了吗？
- ❑ 最关键的类是否有描述和论证？
- ❑ 数据设计是否有描述和论证？
- ❑ 是否说明了数据库的组织和内容？
- ❑ 是否确定了所有关键业务规则及其对系统的影响？
- ❑ 是否描述了用户界面设计的策略？
- ❑ 用户界面是模块化的，因此它的更改不会影响程序的其余部分吗？
- ❑ 是否描述并论证了处理 I/O 的策略？
- ❑ 是否估算了稀缺资源（如线程、数据库连接、句柄和网络带宽等）的使用量，是否描述并论证了资源管理的策略？
- ❑ 是否描述了架构的安全需求？
- ❑ 架构是否为每个类、每个子系统或每个功能域提出时间和空间预算？
- ❑ 架构是否描述了如何实现可伸缩性？
- ❑ 架构是否关注了互操作性？
- ❑ 是否描述了国际化和本地化的策略？
- ❑ 是否提供了一套一致性的错误处理策略？
- ❑ 是否提供了容错的方法（如果需要的话）?
- ❑ 是否证实了系统各部分的技术可行性？
- ❑ 是否详细描述了过度工程的方法？
- ❑ 是否包含了必要的购买还是构建的决策？

- ❑ 架构是否描述了如何加工被复用的代码，使之符合其他架构目标？
- ❑ 架构的设计是否能够适应极有可能出现的变更？

架构的总体质量

- ❑ 架构是否解决了全部需求？
- ❑ 有没有哪个部分是过度架构或欠架构？是否明确提出了这方面的具体目标？
- ❑ 整个架构是否在概念上协调一致？
- ❑ 顶层设计是否独立于用于实现它的机器和语言？
- ❑ 是否提供了所有主要决策的动机？
- ❑ 作为一个将要实现系统的程序员，你是否对架构感到满意？

检查清单：前期准备

❑ 你是否已经确定了你正在从事的软件项目的类型，并适当地调整了你的方法？

❑ 需求是否有充分明确的定义，并且足够稳定，可以开始构建（详见需求检查清单）?

❑ 架构是否有充分明确的定义，以便开始构建（详见架构检查清单。)?

❑ 你的特定项目所特有的其他风险是否得到了解决，从而使构建不会被暴露在不必要的风险中？

检查清单：重要的构建实践

编码

❑ 是否定义了有多少设计工作要预先完成，以及多少工作在编码的同时完成？

❑ 是否为名称、注释和代码格式等制定了编码约定？

❑ 是否定义了架构所隐含的特定编码实践？例如，如何处理错误条件？如何处理安全性？类接口使用什么约定？对重用代码应用什么标准？在编码时对性能要考虑到什么程度？

❑ 是否已经确定了自己在科技浪潮中所处的阶段，并调整了自己的方法来适应？如果有必要，是否已经确定了如何深入语言来编程，而不是受限于只会用语言来编程？

团队工作

❑ 是否定义了集成工序，即是否定义了程序员在将代码签入主干之前必须经过的特定步骤？

❑ 程序员是结对编程还是独立编程，还是采用两者的组合？

检查清单：软件构建中的设计

设计实践

- ❑ 是否已做过迭代，从多个结果中选择了最佳的一种，而不是简单地选择首次尝试的结果？
- ❑ 尝试过以多种方式分解系统以确定哪种最好吗？
- ❑ 同时采用了自上而下和自下而上的方法来解决设计问题吗？
- ❑ 针对系统中有风险或者不熟悉的部分进行过原型设计，写数量最少的抛弃型代码来回答特定问题吗？
- ❑ 自己的设计方案被其他人评审过吗？无论正式与否。
- ❑ 一直在推动设计，直至实现细节昭然若揭吗？
- ❑ 使用某种适当的技术（例如 Wiki、电子邮件、挂图、数码照片、UML、CRC 卡片或者代码中内嵌的注释）来记录设计了吗？

设计目标

- ❑ 设计是否充分解决了在系统架构层次确定并决定推迟实现的问题？
- ❑ 设计是分层的吗？
- ❑ 对于程序分解为子系统、包和类的方式感到满意吗？
- ❑ 对于类分解为子程序的方式感到满意吗？
- ❑ 类的设计是否使它们之间的交互最小化？
- ❑ 类和子系统的设计是否方便你在其他系统中重用？
- ❑ 程序是否容易维护？
- ❑ 设计是否精简？它的所有部分都是绝对必要的吗？
- ❑ 设计是否使用了标准技术来避免奇特的、难以理解的元素？
- ❑ 总的来说，这个设计是否有助于将偶然和本质的复杂性降至最低？

检查清单：类的质量

抽象数据类型

- ❑ 是否将程序中的类视为抽象数据类型？是否从这个角度评估了它们的接口？

抽象

- ❑ 类是否有一个中心目的？
- ❑ 类的命名是否恰当？其名字是否表达了其中心目的？
- ❑ 类的接口是否呈现了一致的抽象？
- ❑ 类的接口是否让人一眼就知道应该如何使用这个类？
- ❑ 类的接口是否足够抽象，使开发者无需考虑它的服务具体是如何实现的？能将类看成是一个黑盒吗？
- ❑ 类的服务是否足够完整，使其他类无需摆弄其内部数据？
- ❑ 是否已经从类中移除了无关信息？
- ❑ 是否考虑过把类进一步分解为组件类？是否已经尽可能地分解了？
- ❑ 修改类时是否保持了其接口的完整性？

封装

- ❑ 是否最小化了类成员的可访问性？
- ❑ 类是否避免了公开其成员数据？
- ❑ 在编程语言允许的范围内，类是否尽可能对其他类隐藏了其内部实现细节？
- ❑ 类的设计是否避免了对其用户（包括其派生类）做出预设。
- ❑ 类是否不依赖于其他类？是松耦合的吗？

继承

- ❑ 继承是否只用来建立“is a”关系？换言之，派生类是否遵循了里氏替换原则？
- ❑ 类的文档是否描述了其继承策略？
- ❑ 派生类是否避免了“覆盖”不可覆盖的方法？
- ❑ 是否将通用接口、数据和行为都放在继承树尽可能高的地方了？
- ❑ 继承树很浅吗？
- ❑ 基类中的所有数据成员是否都被定义为 private 而非 protected？

与实现相关的其他问题

- ❑ 类的数据成员是否只有 7 个或更少？
- ❑ 是否将类中直接和间接调用其他类的子程序的数量减到最少了？
- ❑ 类是否只在绝对必要时才与其他类协作？
- ❑ 是否所有数据成员都在构造函数中初始化了？
- ❑ 是否除非经过论证，否则类都被设计成深拷贝而不是浅拷贝来使用？

语言特定问题

- ❑ 针对你所用的编程语言，是否研究过语言特有的和类相关的问题？

检查清单：高质量的子程序

主体问题

❑ 是否有创建该子程序的充足理由？

❑ 在该子程序中，那些更适合抽出来放入单独子程序的部分是否都已经放入了单独的子程序中？

❑ 关于该子程序的命名，是否使用了一个清晰的强势动词加对象的动宾结构来作为一个过程的名称，或者使用了对返回值的描述来作为一个函数的名称？

❑ 该子程序的名称是否准确地描述了子程序所做的一切事情？

❑ 是否为一些常用操作建立了命名规范？

❑ 该子程序是否具有强大的功能内聚性，即做且只做一件事，并且完成得很好？

❑ 该子程序有松散的耦合性吗？该子程序与其他子程序的关联是简单的、专用的、可见的和灵活的吗？

❑ 该子程序的长度是否是由它的功能和逻辑自然决定的，而不是由人为制定的编码标准决定的？

参数传递问题

❑ 该子程序的参数列表作为一个整体而言，是否呈现了一致的接口抽象？

❑ 该子程序的参数是否以一个合理的顺序进行了排列，该排列顺序是否与其他类似子程序的参数顺序一致？

❑ 对于接口假设是否有文档化记录？

❑ 该子程序的参数数量少于或等于 7 个吗？

❑ 该子程序中是否使用了每个输入参数？

❑ 该子程序中是否使用了每个输出参数？

❑ 该子程序中是否避免了把输入参数作为工作变量使用？

❑ 如果该子程序是一个函数，它是否在所有可能的情况下都返回了一个有效值？

检查清单：防御式编程

一般事宜

- ❑ 子程序是否可以保护自己免遭错误输入数据的破坏？
- ❑ 是否使用断言来声明假设，包括前置条件和后置条件？
- ❑ 断言是否仅用于声明永远不应该发生的情况？
- ❑ 是否在架构或高层级设计中指定了一组特定的错误处理技术？
- ❑ 是否在架构或高层级设计中规定了错误处理是应更倾向于健壮性还是正确性？
- ❑ 是否建立了隔板来包容错误可能造成的破坏，并减少与错误处理有关的代码数量？
- ❑ 代码中是否使用了辅助调试代码？
- ❑ 如果要启用和停用辅助调试代码，是否不需要大动干戈？
- ❑ 防御式编程引入的代码的数量是否合适，既不太多，也不太少？
- ❑ 在开发阶段是否使用进攻式编程技术来使错误很难被忽视？

异常

- ❑ 在项目中是否定义了一种标准化的异常处理方法？
- ❑ 是否考虑过异常之外的其他替代方案？
- ❑ 错误是不是已尽可能在局部处理，而不是作为异常向外抛出？
- ❑ 代码中是否避免了在构造函数和析构函数中抛出异常？
- ❑ 是否所有的异常都与抛出它们的子程序处于同一抽象层次上？
- ❑ 每个异常是否包含了关于异常发生的所有背景信息？
- ❑ 代码中是否没有使用空的 catch 块？或者，如果使用空的 catch 块确实很合适，是不是明确声明了？

安全事宜

- ❑ 检查错误输入数据的代码是否也检查了缓冲区溢出、SQL 注入、HTML 注入、整数溢出和其他恶意输入？
- ❑ 是否检查了所有错误返回码？
- ❑ 是否捕获了所有的异常？
- ❑ 出错消息中是否避免了出现有助于攻击者攻入系统的信息？

检查清单：伪代码编程过程

- ❑ 确认已满足所有先决条件了吗？
- ❑ 定义好类要解决的问题了吗？
- ❑ 概要设计足够清晰，能为类及其每个子程序起一个好的名字吗？
- ❑ 想过应该如何测试类及其每个子程序吗？
- ❑ 主要是从可靠的接口和可读性好的实现，还是从满足资源和速度预算的角度去考虑效率？
- ❑ 在标准库或其他代码库中找过可用的子程序或组件了吗？
- ❑ 在参考书中查找过有用的算法了吗？
- ❑ 采用详细的伪代码去设计了每一个子程序吗？
- ❑ 已经在心头检查过伪代码吗？这些伪代码容易理解吗？
- ❑ 关注过那些可能会让自己重返设计的警告信息了吗？例如，关于全局数据的使用以及一些似乎更适合放在另一个类或子程序中的操作等？
- ❑ 将伪代码准确转换成实际代码了吗？
- ❑ 以递归方式运用 PPP 并根据需要将一些子程序拆分成更小的子程序了吗？
- ❑ 在做出预设时对它们进行说明了吗？
- ❑ 删除多余注释了吗？
- ❑ 是否从几次迭代中选择了效果最好的，而不是在第一次迭代之后就停止尝试？
- ❑ 是否完全理解了自己写的代码？它们是否容易理解？

检查清单：数据使用中的常规注意事项

初始化变量

❑ 每一个子程序都检查其输入参数的合法性吗？

❑ 每个子程序是否检查输入参数的有效性？

❑ 代码是否在首次使用变量的地方声明变量？

❑ 如果可能的话，代码是否在声明变量时对其进行初始化？

❑ 如果不能同时声明和初始化变量，代码是否在靠近首次使用的地方初始化变量？

❑ 是否正确初始化了计数器和累加器？如有必要，是否在每次使用时都重新初始化？

❑ 在重复执行的代码中，变量的重新初始化是否正确？

❑ 代码编译时，编译器是否发出警告？启用所有可用的警告了吗？

❑ 如果所用的语言允许隐式声明，是否为由此引发的问题做好了补偿措施？

使用数据的其他事项

❑ 所有变量都有最小的作用域吗？

❑ 对变量的引用都尽可能集中在一起吗？对同一变量的两次相邻引用以及变量的整个生命期，是否都这样做了？

❑ 控制结构是否与数据类型相对应？

❑ 是否使用了所有已声明的变量？

❑ 变量都是在适当时间绑定的吗？也就是说，是否有意在后期绑定所带来的灵活性与增加的复杂度之间做出了平衡？

❑ 每个变量是否都是有且只有一个用途？

❑ 每个变量的含义都很明确且没有隐含含义吗？

检查清单：变量命名

命名的常规注意事项

❑ 名称是否完整且准确地描述了变量所代表的内容？

❑ 名称是指现实世界的问题，而不是编程语言解决方案吗？

❑ 名称是否长到没有必要去猜测它的含义？

❑ 如果有计算值限定符，是否把它放在了命名的末尾？

❑ 名称是否使用了 Count 或 Index 而不是 Num ？

特定类型数据的命名

❑ 循环索引的命名是否有意义 (如循环超过一两行或是嵌套的，则不应是 i、j 或 k) ？

❑ 所有“临时”变量是否被重新命名为更有意义的名字？

❑ 当布尔变量的值为真时，变量名能准确表达其含义吗？

❑ 枚举类型的名称是否包含一个表示其类别的前缀或后缀，比如将 Color_ 用于 Color_Red、Color_Green、Color_Blue 等？

❑ 具名常量是以其所代表的抽象实体而不是所指代的数字来命名的吗？

命名规范

❑ 规范是否对局部数据、类数据和全局数据进行了区分？

❑ 规范是否对类型名、具名常量、枚举类型和变量进行了区分？

❑ 在不强制检测只读入参的语言中，规范是否标识了子程序中的只读入参？

❑ 规范是否能够兼容于语言的标准规范？

❑ 名称的格式是否便于阅读？

短名称

❑ 代码是否使用了长的名称 (除非有必要用短的名称) ？

❑ 代码是否避免了使用只节省一个字符的缩写？

❑ 所有单词的缩写是否一致？

❑ 名称是否可读？

❑ 是否避免了可能被误读或发音错误的名称？

❑ 短的名称是否记录在了缩写对照表中？

常见的命名问题：你是否避免了使用……

❑ ……有误导性的名称？

❑ ……含义相似的名称？

❑ ……只有一两个字符不同的名称？

❑ ……发音相似的名称？

❑ ……包含数字的名称？

❑ ……为了更短而故意拼错的名称？

❑ ……英语中经常拼错的名称？

❑ ……与标准库子程序名或预定义变量名冲突的名称？

❑ ……过于随意的名称？

❑ ……包含容易混淆字符的名称？

检查清单：基本数据类型

一般的数字

- ❑ 代码是否避免了魔法数字？
- ❑ 代码是否考虑了除零错误？
- ❑ 类型转换是否明显？
- ❑ 如果在同一个表达式中使用了两个不同类型的变量，该表达式是否会像你所期望的那样进行计算？
- ❑ 代码是否避免了混合类型的比较？
- ❑ 程序编译时是否没有警告？

整型

- ❑ 使用整数除法的表达式是否能按预期的方式工作？
- ❑ 整数表达式是否避免了整数溢出问题？

浮点型

- ❑ 代码是否避免了对大小差别很大的数字进行加减运算？
- ❑ 代码是否系统地防止了舍入错误？
- ❑ 代码是否避免了对浮点数做等价比较？

字符和字符串

- ❑ 代码是否避免了魔法字符和魔法字符串？
- ❑ 使用字符串时是否避免了差一错误？
- ❑ C 语言的代码是否区别对待了字符串指针和字符数组？
- ❑ C 语言的代码是否遵循了把字符串长度声明为 CONSTANT+1 的规范？
- ❑ C 语言的代码是否在适当的时候使用字符数组而不是指针？
- ❑ C 语言的代码是否把字符串初始化为 NULL 以避免无休止的字符串？
- ❑ C 语言的代码是否使用 strncpy() 而不是 strcpy()？以及 strncat() 和 strncmp()？

布尔变量

- ❑ 程序是否使用额外的布尔变量来记录条件判断？
- ❑ 程序是否使用额外的布尔变量来简化条件判断？

枚举类型

❑ 程序是否使用枚举类型而非具名常量来提高可读性、可靠性和可修改性？

❑ 当变量的使用不能只用 true 和 false 来表示时，程序是否用枚举类型来取代布尔变量？

❑ 使用枚举类型的判断是否能检测出无效值？

❑ 枚举类型的第一个元素是否保留为“无效值”？

具名常量

❑ 程序是否将具名常量而非魔法数字用于数据声明和循环控制？

❑ 具名常量的使用是否一致——有没有在有些地方使用具名常量而在其他地方使用字面量？

数组

❑ 所有的数组索引是否都在数组的边界范围内？

❑ 数组引用是否避免了差一错误？

❑ 多维数组的所有索引顺序是否正确？

❑ 在嵌套循环中，是否使用正确的变量作为数组索引来避免循环索引串扰？

创建类型

❑ 程序是否为每一种可能变化的数据使用不同的类型？

❑ 类型名称是否以类型所代表的现实世界实体为导向，而不是以编程语言类型为导向？

❑ 类型名是否足够具有描述性，可以帮助解释数据声明？

❑ 是否避免了重新定义预定义类型？

❑ 是否考虑过创建一个新的类而不是简单地重新定义一个类型？

检查清单：使用不常见数据类型的注意事项

结构体

- ❑ 是否使用结构体而不是使用单纯的变量来组织和操作相关的数据组合？
- ❑ 是否考虑过使用类来替代结构体？

全局数据

- ❑ 除非绝对有必要，否则所有变量都是局部作用域或类作用域？
- ❑ 变量命名规范是否区分了局部数据、类数据和全局数据？
- ❑ 所有全局变量是否都有文档说明？
- ❑ 代码中是否没有伪全局数据 (pseudoglobal data)，包含传递给每个子程序杂乱数据的巨大对象？
- ❑ 是否使用了访问器子程序替代全局数据？
- ❑ 访问器子程序和数据是否组织到了类中？
- ❑ 访问器子程序是否提供了一个在底层数据类型实现之上的抽象层？
- ❑ 所有相关的访问器子程序是否都处于同一抽象层？

指针

- ❑ 指针操作是否隔离在了子程序中？
- ❑ 指针引用是否有效？或者指针是否有可能成为野指针？
- ❑ 代码在使用指针之前是否检查了其有效性？
- ❑ 在使用指针引用的变量之前是否检查了其有效性？
- ❑ 指针释放后是否被设置为空？
- ❑ 为了提高可读性，代码是否使用了所需的所有指针变量？
- ❑ 链表中的指针是否按照正确的顺序被释放？
- ❑ 程序是否分配了一块紧急备用内存，以便在内存耗尽时可以优雅地退出？
- ❑ 是否是在没有其他方法可用的情况下最后才使用指针？

检查清单：组织直线型代码

- ❑ 代码能明确语句之间的依赖关系吗？
- ❑ 子程序的名称能明确依赖关系吗？
- ❑ 子程序的参数能明确依赖关系吗？
- ❑ 用注释描述了不甚明确的依赖关系吗？
- ❑ 使用内务处理变量来核实关键代码中的顺序依赖了吗？
- ❑ 代码能自上而下流畅地阅读吗？
- ❑ 相关语句是否进行了分组？
- ❑ 相对独立的语句组是否转为独立的子程序？

检查清单：使用条件语句

if-then 语句

- ❑ 代码中的正常路径清晰吗？
- ❑ if-then 基于相等性测试正确分支了吗？
- ❑ else 子句是否使用并添加了注释？
- ❑ else 子句用得正确吗？
- ❑ 是否正确使用了 if 和 else 子句？它们有没有被用反？
- ❑ 正常情况是否跟在 if 后面而非 else 后面？

if-then-else-if 链

- ❑ 复杂测试封装到布尔函数调用中了吗？
- ❑ 最先测试的是最常见的情况吗？
- ❑ 覆盖了所有情况吗？
- ❑ if-then-else-if 链是最佳实现方式吗？是否比 case 语句还好？

case 语句

- ❑ 所有 case 都按有意义的方式排列吗？
- ❑ 每个 case 的动作都简单吗？必要时是否调用了其他子程序？
- ❑ case 语句判断的是一个真实变量，而非只为滥用 case 语句而虚构的变量吗？
- ❑ default 子句用得正当吗？
- ❑ default 子句是不是用来检测和报告出乎预料的情况？
- ❑ 在 C 语言、C++ 语言或 Java 语言中，每个 case 的结尾处都有 break 吗？

检查清单：循环

循环的选择和创建

❑ 在合适的时候采用 while 循环取代 for 循环了吗？

❑ 循环是由内向外创建的吗？

进入循环

❑ 是从顶部进入循环的吗？

❑ 初始化代码直接放在循环前面了吗？

❑ 如果是无限循环或事件循环，其结构是否清晰，而不是采用类似 for i=1 to 9999 这样蹩脚的代码？

❑ 如果循环属于 C++、C 或者 Java 的 for 循环，循环控制代码都放在循环头部了吗？

循环内部

❑ 是否使用 { 和 } 或其等价形式来封闭循环体以免修改不当而出错？

❑ 循环体里面有内容吗？它是非空的吗？

❑ 内务处理代码集中存放在循环开始或者循环结束的位置了吗？

❑ 循环是否就像定义良好的子程序那样只执行一种功能？

❑ 循环是否短到足以让人一目了然？

❑ 循环的嵌套层数控制在三层以内吗？

❑ 长循环的内容转移到相应的子程序中了吗？

❑ 如果循环很长，是不是特别清晰？

循环索引

❑ for 循环体内的代码有没有随意改动循环索引值？

❑ 是否专门用变量保存重要的循环索引值，而不是在循环体外部使用循环索引？

❑ 循环索引是否是整数类型或者枚举类型而不是浮点类型？

❑ 循环索引的名称有意义吗？

❑ 循环是否避免了索引串扰问题？

退出循环

- ❑ 循环在所有可能的情况下都能终止吗？
- ❑ 如果已规定安全计数器标准，循环是否使用了安全计数器？
- ❑ 循环的终止条件是否显而易见的？
- ❑ 如果用到了 break 语言或者 continue 语句，它们的用法是否正确？

检查清单：不常见的控制结构

return

- ❑ 每个子程序是否都只是在必要的时候才使用 return 吗？
- ❑ return 是否增强了可读性？

递归

- ❑ 递归子程序是否包含用于终止递归的代码？
- ❑ 子程序是否使用安全计数器保证自己终止？
- ❑ 递归是否只限于一个子程序（没有循环递归）？
- ❑ 子程序递归深度是否在栈的大小限制范围内？
- ❑ 递归是实现子程序最好的方式吗？比简单的迭代好？

goto

- ❑ goto 只是用作最后的杀手锏，还是只是为了增强代码的可读性和可维护性？
- ❑ 如果为了效率而使用 goto，是否对效率的提升进行了度量和注释？
- ❑ 每个子程序的 goto 是否只限于使用一个标签？
- ❑ 所有 goto 是否都是向前的而不是向后的？
- ❑ 所有 goto 标签都用到了吗？

检查清单：表驱动法

- ❑ 考虑过把表驱动法作为复杂逻辑的替代方案吗？
- ❑ 考虑过把表驱动法作为复杂继承结构的替代方案吗？
- ❑ 考虑过把表数据存储在程序外部并在运行期间读取，使其可在不修改代码的前提下修改吗？
- ❑ 如果无法采用一种直接的数组索引（像 age 例子那样）来直接访问表，就将访问键的计算功能提取为一个单独的子程序而不是在代码中复制这些计算，是这样吗？

检查清单：控制结构问题

- ❑ 表达式中采用的是 true 和 false，而不是 1 和 0 吗？
- ❑ 布尔值是与 true 和 false 进行隐式比较吗？
- ❑ 数值是与它们的测试值进行显式比较吗？
- ❑ 通过新增布尔变量、使用布尔函数和决策表来简化表达式了吗？
- ❑ 采用的是肯定形式的布尔表达式吗？
- ❑ 花括号正确配对了吗？
- ❑ 在必要时使用花括号来使语句更清晰了吗？
- ❑ 逻辑表达式都用圆括号括起来了吗？
- ❑ 测试是按数轴顺序写的吗？
- ❑ 在适当的时候，Java 测试用的是否是 a.equals(b) 形式，而非 a==b 形式？
- ❑ 空语句看起来明显吗？
- ❑ 通过重复测试条件的一部分、转换成 if-then-else 或 case 语句、提取到单独的子程序中、转换为更面向对象的设计或采用其他改进方法来简化嵌套语句了吗？
- ❑ 如果一个子程序的决策点超过 10 个，是否有充分的理由不进行重新设计？

检查清单：质量保证计划

❑ 是否确定了对项目至关重要的具体的质量特性？

❑ 是否让其他人员了解到项目的质量目标？

❑ 是否区分了外部和内部质量特性？

❑ 是否考虑过某些特性与其他特性相互制约或相互促进的具体方式？

❑ 项目是否要求针对不同错误类型使用不同的错误检测技术？

❑ 项目计划中是否有计划有步骤地保证了软件在开发各阶段的质量？

❑ 是否以某种方式度量质量，以便你可以判断其质量是在改进还是在降低？

❑ 管理层是否理解质量保证会在前期消耗额外成本，目的是在项目后期减少成本？

检查清单：有效的结对编程

- ❑ 是否有编码规范，以便结对编程人员能够专注于编程，而不是在编码风格的讨论上纠缠？
- ❑ 结对双方是否都积极参与？
- ❑ 是否避免了对所有内容进行结对编程，而是选择真正能够受益于结对编程的任务？
- ❑ 是否定期对人员和工作任务进行轮换？
- ❑ 两人在速度和个性方面是否匹配良好？
- ❑ 是否有组长担任联络人来负责与项目外部管理层和其他人员沟通？

检查清单：有效的审查

❑ 是否有清单可以使审查人的注意力集中于过去有问题的领域？

❑ 是否将审查侧重于找出缺陷，而不是去修正它们？

❑ 是否考虑过为审查人分配特定的视角或场景，以帮助他们在做准备工作时更加专注？

❑ 审查人在审查会议前是否有充足的时间进行准备，并且每个人都做好了准备？

❑ 每个参与者是否都扮演了明确的角色：主持人、审查人和记录员等？

❑ 会议是否以高效的速度进行？

❑ 会议时间是否限制在两小时以内？

❑ 所有审查参与者是否都接受过有针对性的审查培训，以及主持人是否接受过专门的主持技能培训？

❑ 每次审查时是否收集有关错误类型的数据，以便为组织量身定制未来的检查清单？

❑ 是否收集了有关准备速度和审查速度的数据，以便优化未来的准备和审查工作？

❑ 每次审查是否分配了行动项，由主持人亲自跟进或者安排一次重新审查进行跟进？

❑ 管理层是否理解自己不应该参加审查会议？

❑ 是否有跟进计划以确保问题已经得到正确修复？

检查清单：测试用例

❑ 应用于类或子程序的每个需求都有各自所对应的测试用例吗？

❑ 应用于类或子程序的设计中每个元素都有各自所对应的测试用例吗？

❑ 每一行代码都至少用一个测试用例进行了测试吗？是否通过计算测试每行代码所需的最小测试用例数量来对此进行了验证？

❑ 是否用至少一个测试用例对每条“已定义 - 已使用”的数据流路径进行了测试？

❑ 是由检查了代码不太可能正确的数据流模式，例如“已定义 - 已定义”“已定义 - 已退出”和“已定义 - 已撤销”？

❑ 在编写测试用例时是否参考了一个常见错误的列表来检测过去经常见的错误？

❑ 是否测试了所有的简单边界条件：最大值、最小值和差一边界？

❑ 是否测试了所有的复合边界条件，即多个输入数据的组合可能导致计算得出的变量过小或过大？

❑ 测试用例是否检查了错误的数据类型，例如，薪资管理程序中将员工数量设为负数？

❑ 是否测试了有代表性的、普遍性的取值？

❑ 是否测试了最小正常配置？

❑ 是否测试了最大正常配置？

❑ 是否对旧数据进行了兼容性测试？针对旧的硬件、旧版本的操作系统以及与旧版本的其他软件的接口是否都进行了测试？

❑ 该测试用例是否易于进行手工检查？

检查清单：调试要点

发现缺陷的技术

- ❑ 使用所有可用的数据来创建假设
- ❑ 精炼产生错误的测试用例
- ❑ 在单元测试套件中运行代码
- ❑ 使用可用的工具
- ❑ 使用不同的方法重现错误
- ❑ 生成更多的数据以产生更多的假设
- ❑ 利用负面测试的结果
- ❑ 头脑风暴找出可能的假设
- ❑ 在桌子旁边放一个记事本，把要尝试的事情都列出来
- ❑ 缩小可疑的代码区域
- ❑ 以前有缺陷的类和子程序值得怀疑
- ❑ 检查最近修改的代码
- ❑ 扩大可疑的代码区域
- ❑ 逐步集成
- ❑ 检查常见的缺陷
- ❑ 向某人讲述发现的问题
- ❑ 把问题放一放，先休息一下
- ❑ 为快而糙的调试设置最大时间
- ❑ 整理一个暴力技术的清单，并且使用它们

语法错误的技术

- ❑ 不要相信编译器消息中的行号
- ❑ 不要相信编译器消息
- ❑ 不要相信编译器的第二条消息
- ❑ 分而治之
- ❑ 使用语法制导编辑器来发现错误的注释和引号

修复缺陷的技术

- ❑ 在修复前先理解问题
- ❑ 理解程序，而不仅仅是问题
- ❑ 确认缺陷诊断结论
- ❑ 放松
- ❑ 保存原始代码
- ❑ 修复问题，而不是症状
- ❑ 仅在有充分理由的情况下修改代码
- ❑ 一次只做一处修改
- ❑ 检查修复的程序
- ❑ 添加一个暴露缺陷的单元测试
- ❑ 寻找类似的缺陷

常用的调试方法

- ❑ 你是否将调试作为了解程序、错误、代码质量和解决问题方法的机会？
- ❑ 你是否避免了试错、迷信的调试方法？
- ❑ 你是否假设错误是你犯错导致的？
- ❑ 你是否使用科学的方法来复现间歇性错误？
- ❑ 你是否使用科学的方法来发现缺陷？
- ❑ 你不是每次都使用相同的方法，而是使用几种不同的技术来发现缺陷吗？
- ❑ 你是否验证了修复的正确性？
- ❑ 你是否使用了编译器告警消息、执行分析结果、测试框架、脚手架和交互式调试？

检查清单：重构的理由

- ❑ 代码发生重复
- ❑ 子程序太长
- ❑ 循环太长或嵌套太深
- ❑ 类的内聚力很差
- ❑ 类的接口不能提供一致的抽象层级
- ❑ 参数表有太多参数
- ❑ 在类中进行的修改各自独立
- ❑ 必须平行修改多个类
- ❑ 必须平行修改继承层次结构
- ❑ 必须平行修改 case 语句
- ❑ 一起使用的相关数据项没有被组织成类
- ❑ 一个子程序使用了另一个类（而非它自己的类）更多的特性
- ❑ 无脑使用基本数据类型
- ❑ 类的作用不大
- ❑ 子程序链传递流浪数据
- ❑ 一个中间对象没有做任何事情
- ❑ 一个类与另一个类过于亲密
- ❑ 某个子程序的名字太差劲
- ❑ 公共数据成员
- ❑ 一个子类只使用了其父类的一小部分子程序
- ❑ 用注释解释难以理解的代码
- ❑ 全局变量的使用
- ❑ 子程序在调用前用了设置 (setup) 代码或在调用后用了收尾 (takedown) 代码
- ❑ 程序包含的代码似乎有一天会被需要

检查清单：重构总结

数据级重构

- ❑ 用具名常量替换神秘数字。
- ❑ 用更清晰或更有信息量的名字重命名变量。
- ❑ 使表达式内联。
- ❑ 用子程序替代表达式。
- ❑ 引入中间变量。
- ❑ 将一个多用途的变量转换为多个单用途的变量。
- ❑ 局部用途的就用局部变量，而不要用参数。
- ❑ 将数据基元转换为类。
- ❑ 将一组类型代码转换为类或枚举。
- ❑ 将一组类型代码转换为带有子类的类。
- ❑ 将数组改为对象。
- ❑ 封装集合。
- ❑ 用数据类替代传统记录。

语句级重构

- ❑ 分解布尔表达式。
- ❑ 将复杂布尔表达式移入一个命名良好的布尔函数。
- ❑ 合并条件语句不同部分的重复片段。
- ❑ 使用 break 或 return 替代循环控制变量。
- ❑ 知道答案后立即返回，而不是在嵌套 if-then-else 语句中赋一个返回值。
- ❑ 用多态替代条件语句（尤其是重复的 case 语句）。
- ❑ 创建和使用空对象，而不是测试空值。

子程序级重构

- ❑ 提取子程序。
- ❑ 内联子程序的代码。

- ❑ 将长的子程序转换为类。
- ❑ 用简单算法代替复杂算法。
- ❑ 增加参数。
- ❑ 删除参数。
- ❑ 将查询操作与修改操作分开。
- ❑ 通过参数化合并类似的子程序。
- ❑ 分解行为依赖于传入参数的子程序。
- ❑ 传递整个对象而不是特定的字段。
- ❑ 传递特定的字段而不是整个对象。
- ❑ 封装向下转型 (downcasting)。

类实现重构

- ❑ 将值对象修改为引用对象。
- ❑ 将引用对象修改为值对象。
- ❑ 用数据初始化替代虚函数。
- ❑ 改变成员函数或数据的位置。
- ❑ 将特化代码提取到一个子类中。
- ❑ 将相似代码合并到超类中。

类接口重构

- ❑ 将子程序移到另一个类中。
- ❑ 将一个类转换为两个。
- ❑ 淘汰类。
- ❑ 隐藏委托。
- ❑ 去掉中间人。
- ❑ 用委托代替继承。
- ❑ 用继承代替委托。
- ❑ 引入外来的子程序。
- ❑ 引入扩展类。

- ❑ 封装公开的成员变量。
- ❑ 删除不可修改的字段的 Set() 子程序。
- ❑ 隐藏不打算在类外使用的子程序。
- ❑ 封装未使用的子程序。
- ❑ 合并实现非常相似的超类和子类。

系统级重构

- ❑ 为你无法控制的数据创建一个明确的引用源。
- ❑ 将单向类关联改为双向类关联。
- ❑ 将双向类关联改为单向类关联。
- ❑ 提供工厂方法而不是简单构造函数。
- ❑ 用异常代替错误代码或相反。

检查清单：安全重构

- ❑ 每次改动都是一个语言改动策略的一部分吗？
- ❑ 重构前是否保存了最开始的代码？
- ❑ 是否保持每次重构的幅度都很小？
- ❑ 是否一次只进行一个重构？
- ❑ 是否列出了在重构过程中打算采取的步骤？
- ❑ 是否做了一个停车场，以便记住重构中途产生的想法？
- ❑ 每次重构后都重新测试了吗？
- ❑ 若改动很复杂，或者会影响关键任务，是否进行了代码审查？
- ❑ 是否考虑过特定重构的风险等级并相应地调整了你的方法？
- ❑ 这个修改是否改善而非降低了程序的内部质量？
- ❑ 是否避免了用重构作为编码和修复的幌子，或者作为不重写坏代码的借口？

检查清单：代码调优策略

程序整体性能

- ❑ 考虑通过变更程序需求来提升性能了吗？
- ❑ 考虑通过修改程序设计来提升性能了吗？
- ❑ 考虑通过修改类的设计来提升性能了吗？
- ❑ 考虑通过避免程序与操作系统的交互来提升性能了吗？
- ❑ 考虑通过避免 I/O 来提升性能了吗？
- ❑ 考虑用编译型语言替代解释型语言来提升性能了吗？
- ❑ 考虑启用编译器优化选项来提升性能了吗？
- ❑ 考虑通过切换到不同的硬件设备来提升性能了吗？
- ❑ 代码调优是不是万不得已的最后选择？

代码调优方法

- ❑ 开始代码调优之前，程序是完全正确的吗？
- ❑ 在代码调优之前，度量过性能瓶颈了吗？
- ❑ 度量过每一次代码调优的效果了吗？
- ❑ 如果代码调优并没有带来预期的性能提升，是否已撤销所有的改动？
- ❑ 是否尝试过针对每一个性能瓶颈进行多次修改以提升性能(换言之，迭代过吗)?

❑ 性能只是整体软件质量的一个方面，而且通常并不是最重要的。精心调优的代码只是整体性能的一个方面，而且通常并不是最重要的。相较于代码的效率，程序的架构设计、详细设计以及数据结构和算法的选择对程序的执行速度和规模通常有更大的影响。

❑ 定量度量是实现性能最大化的关键。它是找出能真正提高性能的地方的必要手段。另外，为了验证优化是提升了性能而不是降级，还需要再次进行定量度量。

❑ 大多数程序的大部分时间都花在一小部分代码上。除非亲自度量，否则不会知道是哪些代码。

❑ 通常需要多次迭代才能通过代码调优达到预期的性能提升。

❑ 最开始编码时，为性能工作做好准备的最佳方式就是编写易于理解和修改的清晰的代码。

检查清单：代码调优技术

同时改进速度和规模

- ❑ 用查询表替代复杂逻辑。
- ❑ 合并循环。
- ❑ 用整数而不是浮点变量。
- ❑ 编译时初始化数据。
- ❑ 使用正确类型的常量。
- ❑ 预计算出结果。
- ❑ 消除公共子表达式。
- ❑ 将关键子程序转化为低级语言。

只改进速度

- ❑ 知道结果后，便停止测试。
- ❑ 按频率对 case 语句和 if-then-else 链中的测试进行排序。
- ❑ 比较相似逻辑结构的性能。
- ❑ 使用惰性求值。
- ❑ 将循环中的 if 判断外提。
- ❑ 展开循环。
- ❑ 最小化循环内部的工作。
- ❑ 在搜索循环中使用哨兵值。
- ❑ 最忙的循环放到嵌套循环的内层。
- ❑ 降低内层循环的运算强度。
- ❑ 多维数组改为一维。
- ❑ 最小化数组引用。
- ❑ 为数据类型增加辅助索引。
- ❑ 缓存频繁使用的值。
- ❑ 利用代数恒等式。
- ❑ 降低逻辑和数学表达式的运算强度。
- ❑ 小心系统子程序。
- ❑ 重写子程序以内联。

检查清单：配置管理

概要

❑ 软件配置管理计划是设计用来帮助程序员并将开销最小化吗？

❑ 软件配置管理 (SCM) 避免了对项目的过度控制吗？

❑ 变更请求是进行了分组，当作一个整体处理的吗？无论采用非正式的方法（例如创建一份待定变更的清单）还是更系统化的方法（例如设立变更控制委员会）。

❑ 系统化地评估了提交的每一项变更请求对于成本、进度和质量的影响了吗？

❑ 将重大的变更视为需求分析不够完善的一个警示了吗？

工具

❑ 采用版本控制软件来帮助配置管理了吗？

❑ 采用版本控制软件减少团队工作中的协调问题了吗？

备份

❑ 定期备份所有项目资料了吗？

❑ 定期将项目备份数据转移到异地存储了吗？

❑ 所有资料（包括源代码、文档、图片和重要的笔记）都备份了吗？

❑ 测试过备份与还原过程吗？

检查清单：集成

集成策略

❑ 策略是否为集成子系统、类和程序确定了最优顺序？

❑ 集成顺序是否和构建顺序相互协作，以保证在正确的时间各个类将会为集成准备就绪？

❑ 这种集成策略是否能让缺陷的诊断变得容易？

❑ 这种集成策略是否能让脚手架代码数量降到最低？

❑ 这种集成策略是否比其他方法更好？

❑ 组件之间的接口已经被详细定义了吗？(虽然定义接口并不属于集成的任务，但是验证它们是否已经被良好定义是集成的任务)

每日构建和冒烟测试

❑ 项目是否频繁地构建（理想的情况是每日构建）以支持增量式集成？

❑ 是否随着每个构建都执行了冒烟测试以确定每个构建是运行正常的？

❑ 构建和冒烟测试实现了自动化吗？

❑ 开发人员签入代码是否频繁，即两次代码签入之间不会超过一天或者两天？

❑ 冒烟测试是否随时与最新的代码保持同步，随着代码功能扩展而扩展了测试用例？

❑ 构建失败是偶发事件吗？

❑ 即使在承受压力的情况下是否坚持构建并用冒烟测试验证软件？

检查清单：编程工具

❑ 是否有一个高效的 IDE？

❑ IDE 是否集成了源代码控制工具（构建、测试和调试工具）及其他有用的功能？

❑ 是否有自动化常用重构操作的工具？

❑ 是否使用版本控制工具来管理源代码、内容、需求、设计、项目计划和其他项目工件？

❑ 如果是在做一个超大型项目，你是否有使用数据字典或者包含系统中使用的每个类的权威说明的中央知识库？

❑ 是否考虑过代码库而不是写定制代码？哪里有代码库可用？

❑ 在使用交互式调试器吗？

❑ 是否使用 make 或其他依赖关系控制软件来高效可靠的构建程序？

❑ 你测试环境是否包含自动化测试框架、自动化测试生成器、覆盖率监控、系统扰动器、差异对比工具和缺陷跟踪软件？

❑ 是否有构建任何定制的工具以支撑特定的项目需求，特别是自动化重复执行任务的工具？

❑ 总的来说，目前的环境是否有足够的支持工具？

检查清单：布局

通用

- ❑这种代码格式是否完成了凸显代码逻辑结构的首要任务？
- ❑这种代码格式是否可以在使用中保持前后一致？
- ❑这种代码格式是否能产生易于维护的代码？
- ❑这种代码格式是否能提高代码可读性？

控制结构

- ❑在代码中是否为开始 - 结束或者 {} 避免了双重缩进？
- ❑连续的多个程序块是否用空行进行了分隔？
- ❑复杂的表达式是否调整了格式以保证其可读性？
- ❑所有的单条语句程序块是否格式一致？
- ❑ case 语句的布局方式是否与其他控制结构的保持一致？
- ❑ goto 语句的格式是否使其视觉上更明显？

单条语句

- ❑是否使用空白来使逻辑表达式、数组引用和子程序参数的可读性更好？
- ❑是否让不完整的语句在行断开的地方有明显的语法错误？
- ❑换行时是否采用了标准缩进量？
- ❑是否一行最多只包含一条语句？
- ❑编写每条语句时是否确保了不包含副作用？
- ❑一行是否最多只包含一条数据声明？

注释

- ❑注释是否与其对应的代码缩进量相同？
- ❑注释的布局风格是否易于维护？

子程序

- ❑每个子程序的参数在布局上是否保证了每个参数都便于阅读、修改和注释？
- ❑是否使用了空行来分隔子程序中的不同部分？

类、文件和程序

❑ 对于大多数类和文件，类和文件之间是否有一一对应的关系？

❑ 如果一个文件包含多个类，是否已经把每个类中的所有子程序组合在一起，并且每个类已经清楚地分隔开？

❑ 文件中的子程序是否以空行进行了明显的分隔？

❑ 作为一个更强大的组织原则的妥协代替方法，是否所有子程序都按字母顺序进行了排列？

检查清单：自文档代码

类

- ❑ 类的接口是否体现了某种一致的抽象？
- ❑ 类是否取好了名称，名称能否描述其核心意图？
- ❑ 类的接口是否让你一目了然知道如何使用这个类？
- ❑ 类的接口抽象是否足以让你无需考虑其实现方式？你能把这个类当作黑盒对待吗？

子程序

- ❑ 是否每个子程序的名称都能够准确描述它们是做什么的？
- ❑ 是否每个子程序都只执行一个明确定义的任务？
- ❑ 相比这些子程序被放入各自子程序之前和之后，它们有从中受益吗？
- ❑ 每个子程序的接口是否清晰明确？

数据名称

- ❑ 类型名称是否足以协助记录数据声明？
- ❑ 变量是否命名良好？
- ❑ 变量是否只用于其命名所示意的用途？
- ❑ 循环计数器是否使用了比 i、j、k 更有信息量的名称命名？
- ❑ 是否使用了精心命名的枚举类型，而非临时标识或布尔变量？
- ❑ 是否使用了具名常量而非魔法数字或魔法字串？
- ❑ 命名规范能否区分类型名称、枚举类型、具名常量、局部变量、类变量和全局变量？

数据组织

- ❑ 额外变量是否根据需要而用于澄清？
- ❑ 变量的引用是否相互接近？
- ❑ 数据类型是否简单达到最低复杂度？
- ❑ 复杂数据是否是通过抽象访问子程序（抽象数据类型）来访问？

控制

- ❑ 代码中的常规路径是否清晰？
- ❑ 相关语句都组合起来放一起了吗？
- ❑ 相对独立的语句组有否打包成各自的子程序？
- ❑ 常规路径是放在 if 语句的后面还是 else 语句的后面？
- ❑ 控制结构是否足够简单，达到最低复杂度？
- ❑ 是否每个循环也跟定义良好的子程序一样，执行一个且只执行一个功能？
- ❑ 嵌套有否做到最少？
- ❑ 有无使用新增布尔变量、布尔函数和决策表来简化布尔表达式？

布局

- ❑ 程序的布局能否表现其逻辑结构？

设计

- ❑ 代码是否简明直接且没有自作聪明？
- ❑ 是否尽可能隐藏了实现细节？
- ❑ 写程序时，是否尽可能多地使用了问题域的术语，而非计算机科学或程序语言结构的术语？

检查清单：好的注释

通用

- ❑ 别人一拿到你的代码马上就能看懂吗？
- ❑ 注释是在解释代码意图或总结代码做了什么，还是在复述代码？
- ❑ 是否采用伪代码编程法来减少注释耗时？
- ❑ 重技巧的代码，是进行重写还是注释？
- ❑ 注释是最新的吗？
- ❑ 注释是否清晰、准确？
- ❑ 所用注释风格是否有利于修改注释？

语句和段落

- ❑ 有没有避免在代码中使用行尾注释？
- ❑ 注释是着力于解释原因还是解释具体怎么做？
- ❑ 注释是否有利于代码阅读者做好准备？
- ❑ 是否每条注释都有其用处？是否已删除或改进了多余的、无关紧要或过于随性的注释？
- ❑ 是否注释了代码的非常规之处？
- ❑ 有没有避免使用缩略语？
- ❑ 主次注释的区别是否明显？
- ❑ 是否注释了用于处理某个缺陷或未公开特性的代码？

数据声明

- ❑ 是否已注释数据声明的数值单位？
- ❑ 是否已注释数值数据的取值范围？
- ❑ 是否已注释编码用意？
- ❑ 是否已注释输入数据的限制？
- ❑ 是否已注释位标志？
- ❑ 是否已在声明处注释各全局变量？
- ❑ 是否已通过命名规范、注释或命名规范加注释的方式来标识各全局变量的意义？
- ❑ 魔数是否已经替换为具名常量或变量，而不只限于加注释？

控制结构

❑ 所有控制语句都注释了吗？

❑ 冗长或复杂的控制结构，是否已在其结尾处进行注释？或是已竭力进行简化而不再需要注释？

子程序

❑ 是否已注释各子程序的意图？

❑ 是否已通过注释介绍子程序其他方面的相关情况（诸如输入输出数据、接口假设、限制、纠错、全局效果和算法出处等）？

文件、类和程序

❑ 程序有没有一段短文档，就像书籍范本中介绍的那样，可以提供对程序组织方式的概览？

❑ 是否已说明各文件的意图？